引汉济渭工程建设志

（上卷）

陕西省引汉济渭工程建设有限公司　编

从这里走进引汉济渭

黄河水利出版社

图书在版编目(CIP)数据

引汉济渭工程建设志.上卷/陕西省引汉济渭工程建设
有限公司编.—郑州:黄河水利出版社,2022.2
ISBN 978-7-5509-3219-7

Ⅰ.①引… Ⅱ.①陕… Ⅲ.①调水工程-概况-陕西
Ⅳ.①TV68

中国版本图书馆 CIP 数据核字(2022)第 015312 号

出　版　社:黄河水利出版社　　　　　　　　网址:www.yrcp.com
　　　　地址:河南省郑州市顺河路黄委会综合楼14层　　邮政编码:450003
发行单位:黄河水利出版社
　　　　发行部电话:0371-66026940、66020550、66028024、66022620(传真)
　　　　E-mail:hhslcbs@126.com
承印单位:河南瑞之光印刷股份有限公司
开本:787 mm×1 092 mm　1/16
印张:50.25　　　　　　　　　　　　　　彩插:30
字数:940 千字　　　　　　　　　　　　　印数:1—1 500
版次:2022 年 2 月第 1 版　　　　　　　　印次:2022 年 2 月第 1 次印刷

定价:298.00 元

引汉济渭工程建设志编纂委员会

总 编 纂	杜小洲				
策 划	董 鹏				
主 编	余东勤				
执行副主编	程东金	朱 羿			
副 主 编	田再强	石亚龙	田养军	毛晓莲	王亚锋
	张艳飞	徐国鑫	张忠东	沈晓钧	苏 岩
编 委	王振林	王朝辉	井德刚	史雷庭	许 涛
	刘书怀	刘 刚	刘国平	刘福生	李永辉
	李厚峰	李晓峰	孟 晨	杨 诚	杨振彪
	宋晓峰	张延霞	张鹏利	邵军利	党怀东
	徐军明	曹双利	寇前锋		

（按照姓氏笔画排序）

编 写 组	马梦鸽	王 丹	王 军	王启国	王 俊
	王 涛	王 新	王鹏飞	牟 笑	吕建民
	闫团进	刘正根	刘束材	刘倩茹	刘翎诺
	宋文进	李 悦	李宏伟	李 磊	谷振东
	杨 曼	张 昕	张静宜	贾 宁	高 月
	高 萌	秦 奋	黄会有	程 鑫	

（按照姓氏笔画排序）

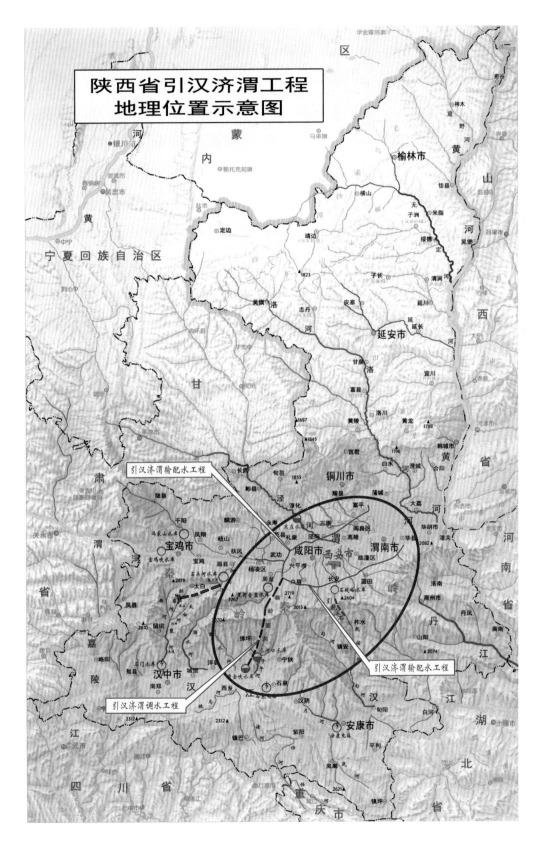

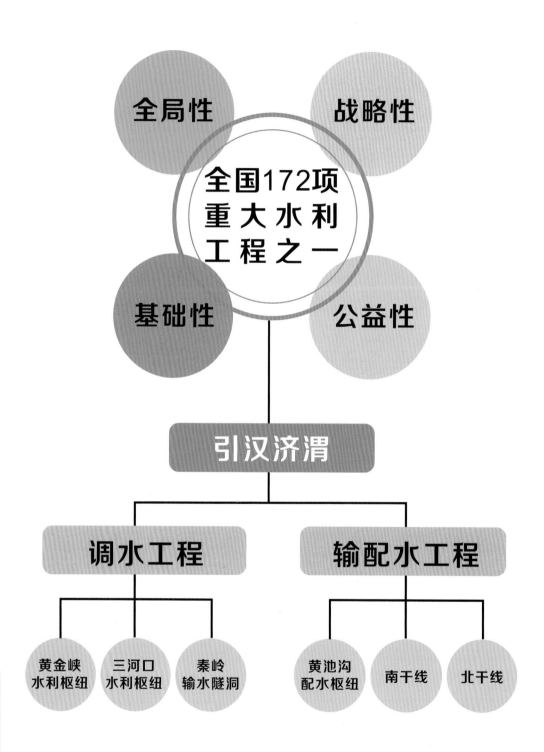

► 引汉济渭工程定位及组成

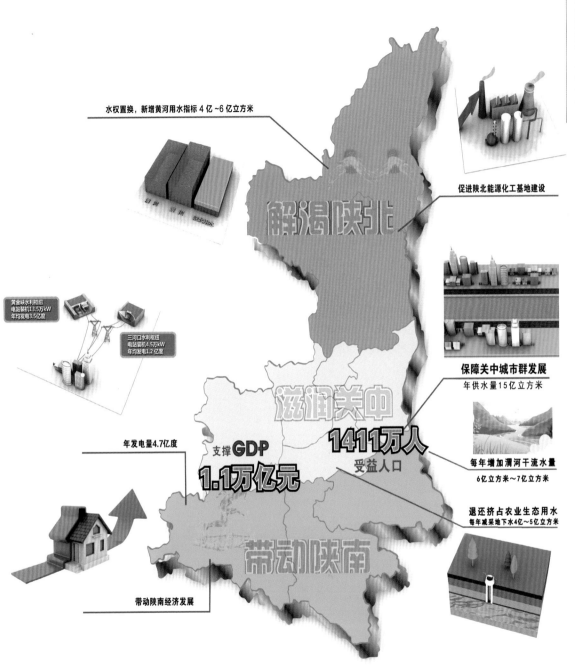

水权置换，新增黄河用水指标 4 亿~6 亿立方米

促进陕北能源化工基地建设

解渴陕北

黄金峡水利枢纽
电站装机13.5万kW
年均发电3.5亿度

三河口水利枢纽
电站装机4.5万kW
年均发电1.2亿度

滋润关中

保障关中城市群发展
年供水量15亿立方米

年发电量4.7亿度

支撑GDP
1.1万亿元

1411万人
受益人口

每年增加渭河干流水量
6亿立方米~7亿立方米

退还挤占农业生态用水
每年减采地下水4亿~5亿立方米

带动陕南

带动陕南经济发展

▶ 引汉济渭工程效益示意图

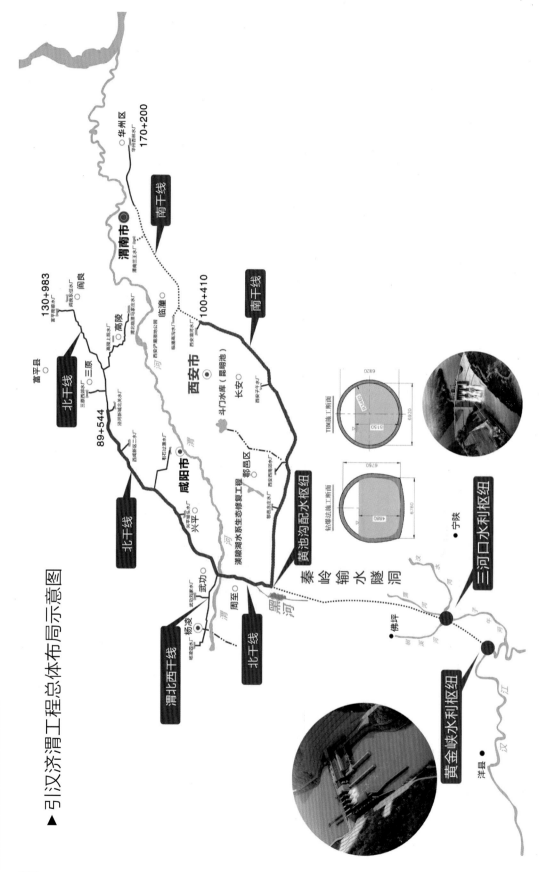

▲ 引汉济渭工程总体布局示意图

▶ 引汉济渭调水工程调水原理示意图

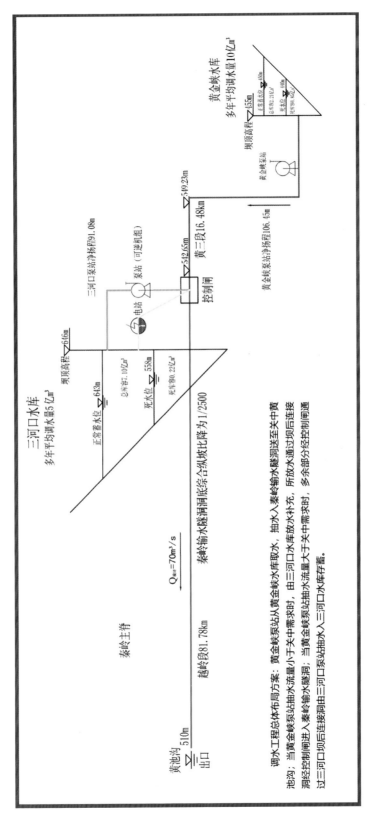

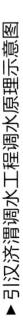

调水工程总体布局方案：黄金峡泵站从黄金峡水库取水，抽水入秦岭输水隧洞送至关中黄池沟；当黄金峡泵站抽水流量小于关中需求时，由三河口水库放水补充，所放水通过坝后连接洞经控制闸进入秦岭输水隧洞；当黄金峡泵站抽水流量大于关中需求时，多余部分经控制闸通过三河口坝后连接洞由三河口泵站抽水入三河口水库存蓄。

▶ 引汉济渭工程黄金峡水利枢纽效果图

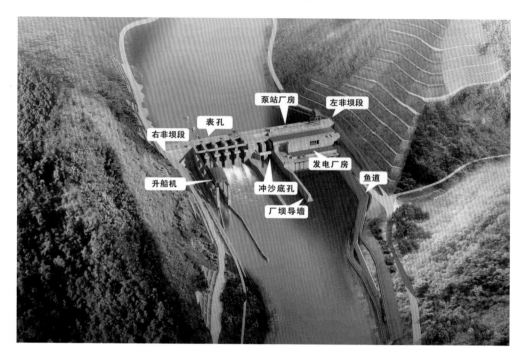

▶ 引汉济渭工程三河口水利枢纽效果图

▲ 引汉济渭秦岭输水隧洞工程布置示意图

黄池沟

1号支洞 L-1877m
K70+733

6号支洞 L-2470m
K65+164

5号支洞 L-4595m
K55+280

秦岭隧洞出口
K81+779

TBM掘进入

4号支洞 L-5784m
K38+400

TBM拆卸 K46+360
秦岭分水岭

3号支洞 L-3812m
K26+143

TBM掘进入

2号支洞 L-2692m
K21+427

1号支洞 L-2276m
K19+300

0-1号支洞 L-1513m
K13+950

0号支洞 L-1148m
K10+200

椒溪河支洞 L-324m
K2+575

控制洞
K0+000

连接洞

交通洞

三河口水利枢纽

控制闸

钻爆法施工段

TBM施工段

K16+481.16

4号支洞 L-275.34m
K15+416.88

3号支洞 L-979.97m
K10+274.49

2号支洞 L-703.38m
K5+079.20

秦岭隧洞进口
K0+000

1号支洞 L-263.56m
K0+465.09

黄金峡水利枢纽

▶ 引汉济渭工程秦岭输水隧洞纵向布置示意图

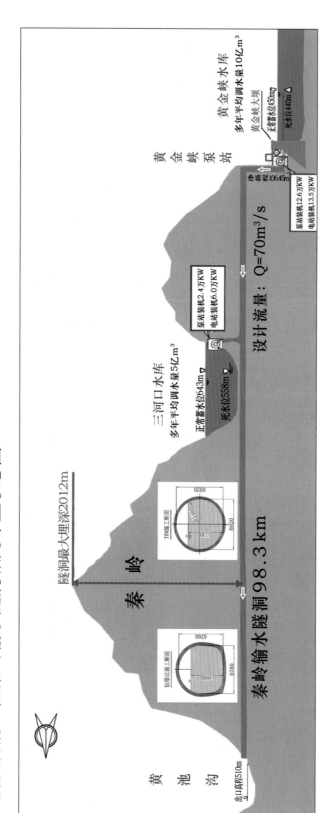

▶引汉济渭二期工程平面示意图

图例

PCCP段　压力管道　钢管段　球墨铸铁管段

重要县市所在地　河流　已成水库　施工支洞　分水口　隧洞段　盾构法　钻爆法/常规法

北干线100+410　南干线89+544

渭河分水口 (9.5m³/s)
白鹿塬隧洞 (9.39km)
泾河新城分水口 (1.5m³/s) Q=13m³/s
济河渡槽 (3.35km)
小陵塬隧洞 (8.6km)
泾河管桥 (1.18km)
渭河倒虹 (2.43km) 渭干分水口 (13m³/s) 设计流量Q=18m³/s
空秦分水口 (4.5m³/s) Q=13.5m³/s
神禾塬隧洞 (2.86km)
礼泉分水口 (1.5m³/s) Q=16.5m³/s
咸阳田家堡隧洞 (3.33km)
28号支洞
27号支洞
26号支洞
咸阳分水口 (3.0m³/s) Q=20m³/s
25号支洞
24号支洞
长安分水口 (1.5m³/s)
23号支洞
22号支洞
陂河分水口 (15m³/s) 设计流量Q=30m³/s
兴平分水口 (3.5m³/s) Q=20m³/s
隧　洞 (69.4km)
21号支洞
杨凌分水口 (4.0m³/s) Q=23m³/s
20号支洞
19号支洞
午　河
渭河管桥 (1.94km)
18号支洞
静峪分水口 (1.0m³/s)
17号支洞
压力钢管 (11.4km)
16号支洞
15号支洞
周至分水口 (1.0m³/s) Q=27m³/s
黑河倒虹 (4.05km)
14号支洞
13号支洞
12号支洞
11号支洞
黄　河
黄池沟配水枢纽
南干线 设计流量Q=47m³/s

泾阳县　渭桥区　长安区　西安市　丰东新城　丰西新城　泾河新城　空港新城　汉　秦　咸阳市　礼泉县　兴平市　鄠邑区　周至县　武功县

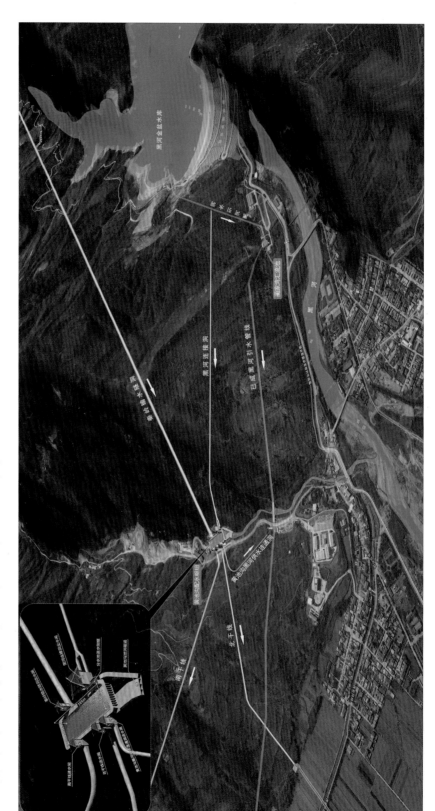

▶ 引汉济渭工程黄池沟配水枢纽布置示意图

引汉济渭工程鱼类增殖放流站

图说 | 引汉济渭 工程建设

2007年9月28日，时任陕西省委书记，现任中央政治局常委、中央纪律检查委员会书记赵乐际（前排中）调研引汉济渭工程前期工作。

　　2014 年 2 月 13 日，时任陕西省副省长祝列克（前排右二）调研引汉济渭三河口水利枢纽开工动员会前期准备工作。

　　2014 年 7 月 3 日，时任水利部部长陈雷（前排右二）深入引汉济渭工区了解工程建设情况。

　　2014 年 8 月 22 日，中国工程院院士、中国水利水电科学研究院水资源所所长王浩教授（左二）考察指导引汉济渭工程建设。

　　2014 年 9 月 1 日，时任陕西省省长娄勤俭（前排左二）深入引汉济渭工程三河口水利枢纽建设工地调研。

2015 年 12 月 17 日，时任水利部副部长周学文（右二）赴引汉济渭工程岭北工区调研。

2016 年 3 月 23 日，时任陕西省政协主席韩勇（右二）深入引汉济渭工程三河口水利枢纽工地，实地调研移民安置和工程建设情况。

　　2016年7月12日，水利部原副部长、中国水利学会理事长胡四一（右一）等专家组一行到引汉济渭施工现场进行专项调研。

　　2016年11月5日，时任陕西省委书记娄勤俭（前排右二）、时任陕西省省长胡和平（前排右一）在第22届杨凌农高会水利展厅参观引汉济渭工程沙盘模型。

　　2017年3月28日，清华大学教授、中国工程院院士王思敬（右一）调研引汉济渭工程，指导解决秦岭输水隧洞TBM施工及掘进难题。

　　2017年5月5日，时任清华大学土木水利学院院长、中国工程院院士张建民（中）调研引汉济渭工程。

　　2017 年 10 月 19 日，时任黄河水利委员会副主任赵勇（右四）一行调研引汉济渭工程。

　　2017 年 8 月，中国科学院院士陈祖煜（中）调研引汉济渭工程。

　　2018 年 7 月 10 日，时任陕西省人大副主任梁宏贤（中）一行深入引汉济渭工程岭北工地调研。

　　2018 年 7 月 13 日，中国工程勘察大师、长江水利委员会原三峡工程地质专业负责人陈德基应邀会诊引汉济渭建设难题，评估《引汉济渭工程秦岭输水隧洞（越岭段）TBM 施工段接应方案》。

2018年10月21日，时任陕西省副省长魏增军（前排右一）在引汉济渭工程佛坪县施工现场，调研工程建设进展和施工管理等情况。

2018年12月20日，时任水利部副部长蒋旭光（中）赴引汉济渭三河口水利枢纽调研，时任陕西省水利厅厅长王拴虎（右一）陪同调研。

2019 年 11 月 21 日，时任陕西省副省长赵刚（左二）深入引汉济渭工程岭南工区调研。

2019 年 12 月 5 日，时任水利部副部长陆桂华（中）调研检查秦岭北麓及引汉济渭工程水土保持工作。

2021年3月16日，陕西省水利厅厅长魏稳柱（右三）赴引汉济渭工程建设工地调研。

2021年4月12日，时任国家发改委党组副书记、副主任唐登杰（中）一行调研引汉济渭工程，时任陕西省副省长魏增军（右一）参加调研。

　　2021 年 6 月 17 日，陕西省省长赵一德（右二）出席引汉济渭二期工程开工动员会，听取引汉济渭工程建设汇报。时任陕西省委常委、西安市委书记王浩（右一）陪同出席。

　　2021 年 6 月 24 日，中国科学院院士、深部岩土力学与地下工程国家重点实验室主任何满潮（右）到引汉济渭施工现场指导工程建设。

　　2014年4月2日，由德国海瑞克公司制造的引汉济渭工程秦岭输水隧洞岭北 TBM（开敞式硬岩掘进机）完成试装，实现步进。

　　2015年2月16日，由美国罗宾斯公司制造的引汉济渭工程秦岭输水隧洞岭南 TBM（开敞式硬岩掘进机）组装完成并成功始发。

2015 年 8 月 11 日，引汉济渭工程秦岭输水隧洞岭北 TBM 第一阶段顺利贯通。

2016 年 7 月 3 日，由中铁十七局承建的引汉济渭秦岭输水隧洞 0-1 号洞顺利贯通。至此，引汉济渭工程秦岭输水隧洞（越岭段）岭南工区的人工钻爆法全线完成。

2016 年 8 月 16 日，引汉济渭工程秦岭输水隧洞越岭段与黄三段顺利贯通。

2016 年 11 月 2 日，引汉济渭工程三河口水利枢纽首仓混凝土开始浇筑。

　　2018年12月3日，引汉济渭工程秦岭输水隧洞岭南第一掘进段TBM施工实现精准贯通。

　　2018年12月18日，引汉济渭工程秦岭输水隧洞黄三段全线贯通。

2018 年 12 月 20 日，引汉济渭工程黄金峡水利枢纽主体工程首仓混凝土开始浇筑。

2019 年 2 月 19 日，清华大学研制的无人驾驶碾压技术率先在引汉济渭工程黄金峡水利枢纽碾压混凝土重力坝建造中应用。

2019 年 12 月 12 日，由省引汉济渭公司参与承办的全国水利工程建设信息化创新示范活动在西安举办，引汉济渭信息化工作受到与会代表肯定。

2019 年 12 月 12 日，省引汉济渭公司在引汉济渭工程三河口水利枢纽为与会代表展示无人机库区巡检信息化应用。

2019 年 12 月 30 日，引汉济渭工程三河口水利枢纽举行水库初期下闸蓄水。

2020 年 10 月 24 日，陕西省引汉济渭二期工程专题设计报告审查会在西安召开，与会专家就水力过渡计算、压力管道、黄土隧洞、跨河建筑物、信息化等 5 个重要专题设计报告进行讨论、审查，为完善二期工程初步设计报告奠定了重要基础。

2020 年 11 月 12 日，引汉济渭工程黄金峡水利枢纽实现汉江截流。

建设中的引汉济渭工程黄金峡水利枢纽。

2021 年 2 月 5 日，引汉济渭工程调度指挥中心建成并投入运行。

2021 年 6 月 17 日，陕西省引汉济渭二期工程开工动员会在西安市鄠邑区举行，标志着引汉济渭二期工程全面开工建设。

2021年4月6日，"引汉济渭隧洞施工岩爆预警与防范"科技成果评价会在北京召开。评价委员会认为，该项目研究成果总体上达到国际先进水平，在秦岭隧洞岩爆等级综合判定方法和分级标准方面达到国际领先水平。

2021年6月5日，陕西省引汉济渭公司在北京组织召开"陕西省引汉济渭工程秦岭输水隧洞关键技术高层次专家咨询会"，邀请"两院"院士、全国勘测设计大师和监理大师为攻克秦岭输水隧洞建设难题"把脉"。

　　2021年6月24日，省引汉济渭公司与深部岩土力学与地下工程国家重点实验室举行战略合作协议签约仪式，联合成立"深部岩土力学与地下工程国家重点实验室引汉济渭研究中心"，围绕引汉济渭工程开展具有针对性的科学研究，破解工程建设中的技术难题。

　　2021年10月底，引汉济渭工程三河口水利枢纽建设完成。

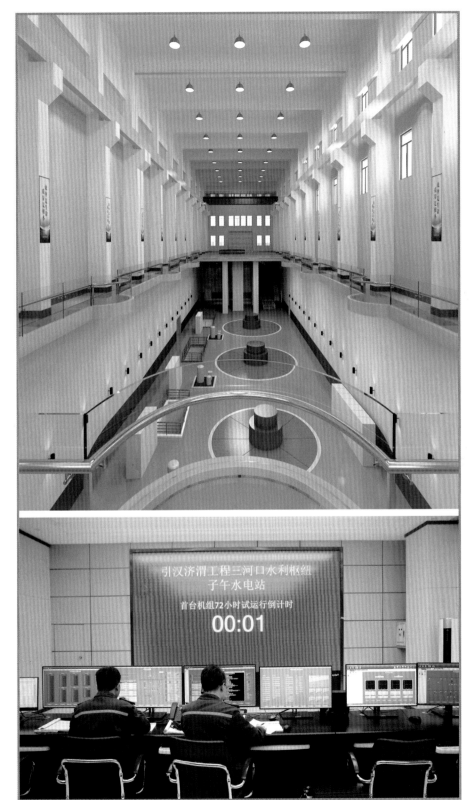

2021年12月10日13时58分，引汉济渭工程三河口水利枢纽首台机组（4号机组）顺利完成72小时试运行，正式投产发电。

　　2022年2月22日，引汉济渭工程秦岭输水隧洞实现全线贯通。陕西省省长赵一德出席活动并宣布贯通。

无人驾驶智能碾压技术在引汉济渭工程建设中广泛应用。

集现代化、智能化为一体的引汉济渭调度管理中心落户西安市浐灞生态区。2021 年 3 月 18 日，省引汉济渭公司整体迁入新址办公。

佛坪县大河坝镇引汉济渭移民安置区一角。

引汉济渭水土保持示范项目——百亩子午梅苑。

　　省引汉济渭公司为宁陕县梅子镇生凤村投资修建了跨沟大桥，并通过集资和土地流转的方式规划建设了1000余亩生态茶园，助力库区群众精准脱贫。

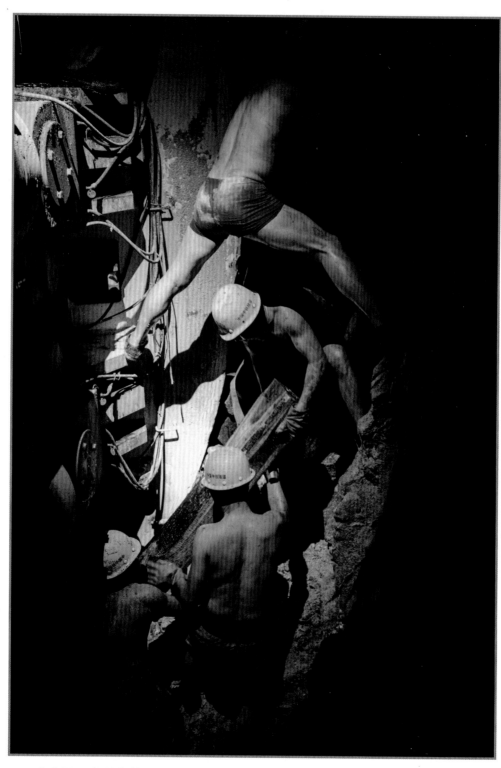

在高温、高湿条件下辛勤工作的引汉济渭建设者。

辛苦而伟大的引汉济渭建设者。

  2017年4月21日，省引汉济渭公司荣获中共陕西省委、省人民政府授予的"陕西省先进集体"光荣称号。

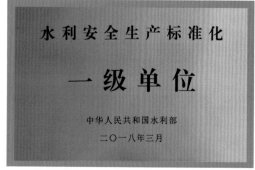

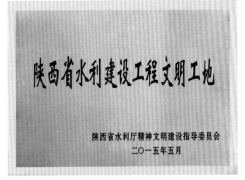

先进基层党组织

中共陕西省水利厅党组
二〇一六年六月

思想政治工作先进单位

中共陕西省国资委委员会
陕西省国资委
二〇一八年二月

授予：省引汉济渭工程建设有限公司

陕西省引汉济渭工程前期工作
先进集体荣誉称号

陕西省水利厅
二〇一五年八月

文明单位

中共陕西省国资委委员会
陕西省国资委
二〇一六年三月

荣誉证书

秦岭输水隧洞（越岭段）7号勘探试验洞至洞试验段项目

2013~2014年度全国水利建设工程
文明工地

水利部精神文明建设指导委员会
二〇一五年四月

2015年度

全省水利文明单位

陕西省水利厅精神文明建设指导委员会

厅直系统2015年度目标责任考核

先进集体

陕西省水利厅
二〇一六年三月

厅属系统2018年度目标责任考核

先进单位

陕西省水利厅
二〇一九年二月

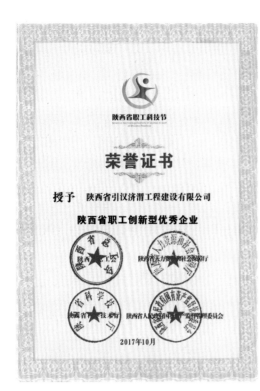

引汉济渭工程建设脉络

2015 年 11 月 27 日，引汉济渭工程三河口水利枢纽施工围堰截流成功。

2015 年 4 月 29 日，水利部批复引汉济渭工程初步设计书。

2014 年 12 月 18 日，陕西省水利厅审核通过《引汉济渭输配水干线工程南干线黄池沟至西安子午水厂段可行性研究报告》。

2014 年 5 月，国土资源部通过了引汉济渭工程土地预审。至此，可研审批所需的 15 个前置性文件全部批复。

2013 年 12 月 20 日，国家环保部批复引汉济渭工程环境影响报告书。

2013 年 7 月 31 日，陕西省引汉济渭工程建设有限公司正式注册成立，引汉济渭工程进入公司化法人主体建设阶段。

2012 年 9 月 27 日，陕西省十一届人大常委会第三十一次会议通过《关于引汉济渭工程建设的决议》，依法促进和保障引汉济渭工程顺利推进。

2008 年 11 月 17 日，秦岭输水隧洞（越岭段）2 号勘探试验洞工程开工建设，标志着秦岭输水隧洞施工准备工程全面展开。

1991 年 7 月，陕西省水利厅组织编制的《陕西关中灌区综合开发规划》和《关中地区水资源供需现状发展预测和供水对策》两项专题研究，为陕西省内南水北调工程做了进一步的前期研究。

1994 年，陕西省水利厅组织专家调研、论证，形成《陕西省南水北调查勘报告》。

2004 年，引汉济渭工程前期论证工作启动。

2014 年 9 月 28 日，国家发改委正式批复《陕西省引汉济渭工程可行性研究报告》。

2014 年 8 月 8 日，陕西省水利厅审查通过《引汉济渭输配水工程干线规划》，标志着引汉济渭输配水规划研究阶段进入项目前期工作新阶段。

2014 年 2 月 14 日，陕西省引汉济渭工程三河口水利枢纽开工动员会在佛坪县大河坝镇三河口水库坝址举行，三河口水利枢纽正式开工建设。

2011 年 12 月 8 日，陕西省召开引汉济渭工程建设动员大会，推动引汉济渭工程前期工作进程。

2011 年 7 月 21 日，国家发改委批复引汉济渭工程项目建议书。

2007 年 12 月 16-17 日，水利部与陕西省联合召开咨询会，本次会议将引汉济渭工程第一次从地方上升到国家层面，明确了引汉济渭前期工作方向，对重大问题给出了解决原则。

2007 年 6 月，陕西省政府成立引汉济渭工程协调领导小组，并授权陕西省水利厅组建引汉济渭工程协调领导小组办公室。

2003 年 1 月 21 日，时任陕西省代省长贾治邦在《政府工作报告》中明确提出"着手进行引汉济渭项目的前期工作"。

2002 年 12 月，陕西省水利厅咨询中心组织编制完成了《陕西省引汉济渭调水规划》。

2002 年 5 月，通过论证与比较研究，陕西省水利厅选取了东（引乾济石）、西（引红济石）、中（引汉济渭）三条调水线路，基本形成了省内南水北调工程的基本框架，并编制完成了《陕西省南水北调总体规划》。

20 世纪 80 年代，水利专家首次提出陕西省内南水北调设想。

1993 年，陕西省内南水北调构想真正进入实践层面。受省水利厅委托，省水利学会组织相关水利专家开始省内南水北调工程查勘工作。

1997 年 2 月，陕西省水利厅南水北调考察组提交《陕西省两江联合调水工程初步方案意见》，该查勘报告为引汉济渭工程的总体布局奠定了基础。

20 世纪 80 年代

1991.7　1993　1994　1997　2002.5　2002.12　2003.1　2004　2007.6　2007.12　2008.11　2011.7　2011.12　2012.9　2013.7　2013.12　2014.2　2014.5　2014.8　2014.9　2014.12　2015.4

2020年11月12日，引汉济渭工程黄金峡水利枢纽成功截流。

2021年4月2日，水利部批复引汉济渭二期工程初步设计报告，标志着引汉济渭二期工程迈入全面建设阶段。

2021年12月10日13时58分，引汉济渭工程三河口水利枢纽首台机组（4号机组）顺利完成72小时试运行，正式投产发电。这标志着引汉济渭工程开始发挥发电效益。

2018年12月20日，引汉济渭工程黄金峡水利枢纽首仓混凝土开始浇筑。

16年2月1日，水利厅对接国家、水利部，争取渭输配水工程在面立项。

16年1月13利部水规总《陕西省引二期工程项汉书审查意标志着引期工程前期术路线基本

2022.2

2022年2月22日，秦岭输水隧洞实现全线贯通。秦岭输水隧洞全长98.3千米，最大埋深2012米，是人类首次从底部穿越秦岭，综合施工难度堪称世界第一。

2016.11
2019.12
2020.7
2021.2
2021.6

2016.1
2016.2
2018.12
2020.11
2021.4
2021.12

2016年11月2日，引汉济渭工程三河口水利枢纽正式进入大坝主体混凝土浇筑施工阶段。

2019年12月30日，引汉济渭三河口水库初期下闸蓄水。

2020年7月15日，国家发改委批复引汉济渭二期工程可行性研究报告。

2021年2月1日，三河口水利枢纽大坝主体工程全线浇筑至顶，达到646米高程。

2月9日，引汉济渭工程三河口水利枢纽正式下闸蓄水。

2021年6月17日，陕西省引汉济渭二期工程动员会在西安市鄠邑区召开，标志着二期工程全面开工建设。

富平县
三原
阎良
西安渭北工业区（阎良组团）
北干线
华州
泾河新城
高陵
渭南市
空港新城
秦汉新城
西安渭北工业区（高陵组团）
西安渭北工业区（临潼组团）
渭 河
临潼
武功
兴平
咸阳市
杨凌
沣东新城
渭 河
周至
沣西新城
西安市
鄠邑
长安
黑河
黄池沟配水枢纽
南干线
秦岭输水隧洞
佛坪
椒溪河
蒲河
汶水河
宁陕
黄金峡水利枢纽
三河口水利枢纽
洋县
子午河
汉 江

引汉济渭工程涉及地域广，横跨黄河、长江两大水系，穿越秦岭屏障，地质复杂，是陕西省有史以来建设规模最大的水资源配置工程。工程涵盖超长隧洞、大型水利枢纽、高扬程泵站、发电厂以及生态保护、多水源联合调度等众多难题，多项施工参数突破了世界纪录，也超越了现有设计规范，既无工程实例可参考，又无相关标准可遵循。无论从工程规模，还是施工难度、技术难度方面均面临巨大挑战，综合施工难度堪称世界第一。

引汉济渭工程横穿秦岭天堑，第一次从山脉底部打通一条长度98.3千米、直径8米的山体隧洞，工程集合了隧洞（隧道）施工的大多数不良地质问题，其复杂性及综合施工难度世界罕见。

因岩石地应力作用，隧洞岩爆发生频繁。岩爆发生时，像山体爆破一般，破坏力极大，而且产生巨大气浪冲击和声音，严重威胁工人和设备安全，工人不得不身穿防弹衣、头戴钢盔帽施工。据统计，截至2021年12月底，较大岩爆发生达到2891次，其中强烈及极强岩爆1603次，利用微震监测技术共监测到微震事件6万余次。

秦岭山体水涵养丰富，突涌水以及断层裂隙水十分富集，在隧洞施工中经常会遭遇大量突涌水喷涌而出，最高时涌水量每天达4.6万立方米，不时就会汇聚成一条地下暗河，施工人员不得不应对一次又一次抢险救灾。

秦岭地质构造复杂，岩石以石英岩和花岗岩为主，石英含量高达96%，耐磨性极强。TBM施工段围岩单轴干燥抗压强度最高达到307.0兆帕，平均单轴干燥抗压强度为185.0兆帕。超硬的岩石，致使TBM平均掘进每延米消耗刀具0.7把。

相对于岭南TBM标段的"硬"，岭北TBM标段最大困难在于"软"。岭北TBM掘进过程中，掌子面常会出现大面积围岩塌方，石渣如流沙一般，从细小孔洞涌出，瞬间孔洞扩大数倍，混杂着裂隙涌水，像泥石流一样奔涌，经常造成TBM卡机。

库r
其p
工程
水r
况，

多水

综合施工难度
世界罕见

强岩爆发生频繁

引汉济

"

涌水不时突袭

硬岩软岩"南北夹击"

大地
施工河

秦岭输水隧洞无论是隧洞总长世界前列，其中主脊段长35千米，法无法施工，采用两台TBM南北双中尚无相向开挖长度大于20千米的

秦岭输水隧洞TBM施工段最长爆法施工段最长通风距离达6.4千或在建引水隧洞工程。

048

两个调蓄水库——黄金峡水
位于秦岭南坡暴雨集中区，
源调度任务交叉耦合。同时，
和流域调度还需考虑国家南
数及关中地区地下水利用情
复杂。

黄金峡水库淹没区涉及陕西汉中朱鹮国家级自然保
护区、汉江西乡段国家级水产种质资源保护区缓冲区，
秦岭输水隧洞涉及陕西天华山国家级自然保护区、陕西
周至国家级自然保护区、陕西周至黑河省级自然保护区
实验区、西安市黑河金盆水库水源保护区，生态环境脆
弱、敏感，生态保护为重中之重。

复杂

**生态环境保护
难度大**

在秦岭输水隧洞施工中不时会遇到一氧
化碳、甲烷和硫化氢等有害气体溢出，严重
影响工人生命安全和工程进度，只有有效治
理后方可正常施工。

有害气体不时溢出

役之
"

黄金峡水利枢纽泵站装设 7 台立式单吸单级
离心泵，设计净扬程 106.45 米，设计流量 70 立方
米每秒，泵站总装机功率 126 兆瓦。从单机流量、
扬程、装机规模等方面指标衡量，水泵机组在亚
洲已属前列，目前在国内外已建同等规模的高扬
程、大流量的泵站中没有工程实例。

**高扬程大流量泵站
刷新记录**

高温高湿突出

秦岭山体每垂直深入 100 米，温度升高 1℃，
施工环境温度常年高达 40℃，湿度 90% 以上，即
使在寒冷的冬天，地下隧洞与外界也是"冰火两
重天"，闷热潮湿，施工条件极为恶劣。

有

**机组变频运行
首次启用**

三河口水利枢纽拦河坝为碾压混凝土双曲拱坝，最大坝高
141.5 米，混凝土总量约为 105.66 万立方米，混凝土方量在同类
型拱坝中已属较大体量，大体积混凝土温度和裂缝控制都是工程
建设的重点和难点。其中，抽水泵站采用可逆机组，该机组运行
引入具有变频启动、变频运行功能的四象限变频调速系统，在全
国水利工程中尚属首例。

通长度都居
，普通钻爆
，国内规范
以参考。
2 千米，钻
国内外已建

引汉济渭工程综合施工难度堪称世界第一。为破解建设难题，引汉济渭公司以科研创新为引领，联合中国水利水电科学研究院、中铁第一勘察设计院、清华大学、山东大学、大连理工大学、西安理工大学等科研院所，充分发挥"院士专家工作站""博士后科研工作站"等高端科技资源平台作用，围绕秦岭输水隧洞、三河口水利枢纽、黄金峡水利枢纽的设计、建设和运行，以及水资源配置及运行调度、环境影响评价及生态修复等一线建设需要，共承担或参与科研攻关课题110余项，其中：

▶▶ 秦岭隧洞专项研究

高围岩强度、高石英含量、高温湿，强涌水、强岩爆，长距离通风施工等"三高两强一长"隧洞难题给施工带来巨大挑战。本专项研究由中铁第一勘察设计院、西安理工大学、中国水利水电科学研究院等11家科研院所承担完成，为隧洞的顺利掘进提供了有力的科技支撑。其中2项课题成果达到国内领先水平，1项课题成果达到国际先进水平，5项课题成果达到国际领先水平。

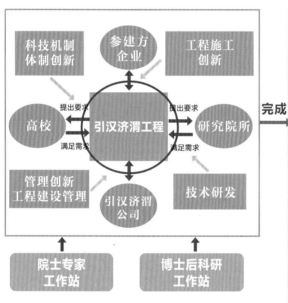

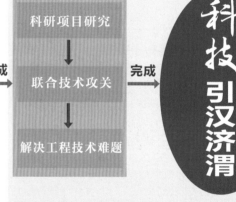

科技引汉济渭

国家"十三五规划重点研发计划"水资源高效利用"专项课题6项，水利部公益性行业科研专项经费项目1项，陕西省提升公众科学素质研究计划项目2项，陕西省科技统筹创新工程计划项目1项，陕西省水利科技计划项目21项，2019年、2021年陕西省自然科学基础研究计划－引汉济渭联合基金项目分别22项、16项。（注：下列科研成果仅为部分典型科研案例）

▶▶ 秦岭隧洞岩爆预警与防治

引汉济渭工程秦岭输水隧洞埋深大、地应力高、地质条件复杂，岩爆十分频繁，为现场施工带来巨大的安全威胁。为此开展科研攻关，深入研究岩爆预测及防治技术，提前预测岩爆的风险等级和范围。以便施工人员有针对性地采取相应的支护手段和安全防护措施进行施工作业，提高隧洞施工效率及安全性。相关研究成果已达到国际领先水平。

▶▶ 无人驾驶智能筑坝技术

研发无人驾驶智能碾压筑坝技术，通过探索适合碾压混凝土拱坝碾压作业区域规划与碾压避障的安全措施，对碾压全过程进行自动控制，该技术在三河口碾压混凝土拱坝中成功应用。之后又开展了无人驾驶摊铺技术研究，并在黄金峡水利枢纽实现了国内首次联合作业，向智能筑坝迈出了坚实步伐。

▶▶ 智能水下机器人

开展智能水下机器人技术研发，研制完成国内首个在长距离无压输水隧洞中具有自主导航定位、自主航行并抵抗高流速的检测机器人总体设计，精准检测隧洞裂缝等异常情况，可实现不停止供水情况下完成对输水隧洞的混凝土裂缝、坍塌等异常情况的自主巡查任务。

▶▶ 大口径调流调压阀模型试验研究

针对工程建设中供水阀门设计难题，开展了大口径调流调压阀的三维 CFD 流态仿真模型试验，成功研制出 DN2000 调流调压阀，满足高水头小流量、低水头大流量等复杂工况，已在工程中成功应用，是目前国内最大口径的调流调压阀。

▶▶ 高扬程大流量离心泵选型关键技术研究

开展高扬程大流量离心泵选型关键技术研究，针对黄金峡泵站水泵高扬程、大流量及泵站运行特点，围绕水泵关键技术展开研究，确定了具有国际先进水平的水泵机组能量、空蚀和稳定性等关键指标参数，保证了水泵机组的高效、安全、稳定和长期运行。

▶▶ 引汉济渭跨流域调水水库群联合调度研究

通过分析水库群入库径流丰枯遭遇及各水库水文及运行特征，研究复杂水库群系统网络图和调度规则，建立并求解引汉济渭跨流域复杂水库群多目标优化调度和方案评价模型。该研究项目在 2019 年水利部组织的项目验收中综合评价为"7A"。

▶▶ 参与制定行业标准

引汉济渭属于多种复杂条件叠加的代表性工程，在工程施工和技术应用方面积累了丰富经验，参与制定《预应力钢筒混凝土管无损检测技术要求》《预应力钢筒混凝土管分布式光纤声监测技术要求》2 项国家标准、《全断面岩石掘进机法水工隧洞工程技术规范》1 项行业标准、《供水企业安全生产标准化评审标准》1 项团体标准。主持制定 5 项陕西省地方标准，其中《水工隧洞施工通风技术规范》《长距离水工隧洞控制测量技术规范》两项已正式发布，《水工隧洞外水压力确定与应对技术规范》《水工隧洞深埋软弱围岩变形安全控制技术规范》《水工隧洞突涌水风险评估及防治技术规范》3 项已立项正在编制中。出版专著《引汉济渭跨流域复杂水库群联合调配研究》《引汉济渭大型泵阀系统开发与安全运行集成》《引汉济渭水库湿地生态修复关键技术研究》等 4 部，引汉济渭公司出版译著《流体机械》一部。

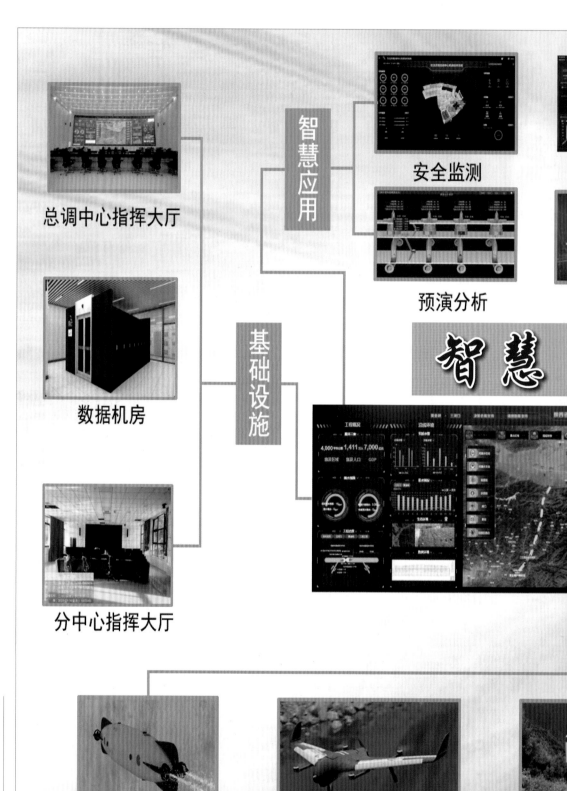

总调中心指挥大厅

数据机房

分中心指挥大厅

智慧应用

安全监测

预演分析

基础设施

智慧

水下机器人

无人机

  机器学习　工程一张图　区块链　BIM+GIS　大数据

应用服务支撑

济渭

网络管理

通信环网

  物理隔离 逻辑隔离

控制专网　　业务内网　　业务外网

水文站　　　　地面雷达　　　　视频监控

"云端"引汉济渭

借助视频、音频、电子书及AR、VR等新媒体手段，从这里走进引汉济渭，扫描二维码，即可通过手机等移动客户端了解立体、全方位的引汉济渭。

■ 精准管理

《引汉济渭精准管理模式创新与实践》

《引汉济渭公司年度社会责任报告》

■ 工程志稿

《引汉济渭工程建设志（上卷）》

■ 纪 录 片

《洞穿秦岭润三秦》

《引汉济渭 造福三秦》

《"穿阅"黄金峡》

《做好秦岭生态卫士 建设生态水利工程》

《走近科学——洞穿秦岭》

《我的家乡在陕西——引汉济渭 惠泽三秦》

《智慧引汉济渭》

《引汉济渭工程秦岭输水隧洞施工》

《名人看引汉济渭》

《子午谷茶叶》

《子午玉露山泉水》

■ 口述访问

■ 文学作品

《踏歌三河》

《子午湖》

《梅子熟了》

■ 影视作品

《妈妈嫁给了水》

《候鸟于飞》

《父亲的地图册》

《伏流激情》

《江援行动》

《荣途》

■ 研究成果

《流体机械》（译著）

《引汉济渭工程大型泵阀系统开发与安全运行集成》

《引汉济渭跨流域复杂水库群联合调配研究》

《引汉济渭水库湿地生态修复关键技术研究》

《引汉济渭工程技术丛书》（七分册）

■ 文化视窗

《引汉济渭画册》

《陕西河流环境观察》

《引汉济渭简报》

《党旗红》

《岭南先锋》

■ 工程科普

《引汉济渭200问》

《引汉济渭科教片》

陕西省引汉济渭工程建设有限公司视觉标识

LOGO 图形解释一

跨山　　引水　　聚生

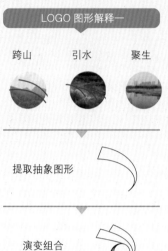

提取抽象图形

演变组合

HWRVWD
陕西省引汉济渭
工程建设有限公司
HANJIANG-TO-WEIHE RIVER VALLEY WATER DIVERSION
PROJECT CONSTRUCTION CO.LTD.,SHAANXI PROVINCE.

LOGO 图形解释二

汉江渭河

引水隧洞

水润三泰

陕北　　关中　　陕南

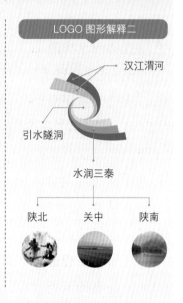

男女商务套装

男女工程套装

序

　　陕西省引汉济渭工程是连接长江和黄河两大流域、补充国家南水北调、完善国家水网、破解全省水资源短缺和时空分布不均衡的重大水资源战略工程,调来的汉江水送入渭河沿岸的城市群,可满足 1 411 万居民的生活、生产用水。工程由调水工程、输配水工程两部分组成,总投资约 500 亿元。其中,调水工程中的秦岭输水隧洞是引汉济渭的控制性工程,隧洞全长 98.3 千米,最大埋深 2 012 米。该工程首次从底部洞穿了世界十大山脉的秦岭,多项施工技术超出现有水利工程建设规范和标准,综合施工难度世界罕见。引汉济渭不仅是一项伟大的水利工程,而且是一本鲜活的"水利工程教科书"。

　　引汉济渭工程最鲜明的特征是集中展示了我国乃至世界当代水利工程建设新技术。在秦岭深处、汉江之畔,两座现代化智能建造的大坝拔地而起,汉江之水从秦岭底部穿越而过,再沿渭河两岸的地下输配水管网滋润关中平原城市群。先后有中国铁建、中国中铁、中国电建等不同行业数十个设计、施工和监理单位参建,清华大学、中国水利水电科学研究院等多个院士专家学者团队参与科研攻关,建设过程中刷新了一个又一个世界纪录。

　　引汉济渭工程的建设,既是陕西经济发展的缩影,更是我国科技和经济实力的体现。目前,三河口水利枢纽下闸蓄水、电站并网发电,秦岭输水隧洞实现全线贯通。之所以取得如此喜人的成绩,首先是党中央的重大决策以及陕西省委、省政府的高度重视和关怀指导,得益于各级政府大力支持和帮助,更离不开工程涉及的移民群众的奉献和牺牲! 作为工程主体建设单位,陕西省引汉济渭工程建设有限公司在陕西省国资委、省水利厅的直接领导下,经过八年努力,逐步形成了独具特色的引汉济渭工程建设和企业精准管理模式,形成了引汉济渭的现代企业管理制度体系和企业特色文化,工程建设管理和信息化、智能化均达到行业领先水平。

　　引汉济渭工程即将实现向西安市先期通水,在这个激动人心的时刻到来之际,编纂《引汉济渭工程建设志(上卷)》,旨在梳理工程建设的轨迹,留下一部完整的档案资料。

引汉济渭工程从前期设计、报审到施工建设全过程,倾注了各级领导、专家学者、工程技术人员和广大建设者的大量心血和付出,他们为工程建设做出了突出贡献,其历史功绩必将永远留存在三秦大地上。

陕西省引汉济渭工程建设有限公司党委书记、董事长

2022 年元月

凡　例

一、《引汉济渭工程建设志(上卷)》是一部主要记录引汉济渭调水工程可研、立项、建设历程及输配水工程前期工作的专业志书。

二、本志坚持唯物主义史观,以习近平新时代中国特色社会主义思想为指导,实事求是地记载了引汉济渭工程可研、立项、建设的重要过程以及取得的建设成果、水利工程科研成果,包括中央领导、国家相关部委、长江与黄河两大流域机构和陕西省委、省政府关于引汉济渭工程前期工作的重大决策;省级有关部门、工程所在地"三市四县"党政领导对工程建设、土地征用、移民搬迁的大力支持,以及陕西省引汉济渭工程建设有限公司作为工程项目主体法人单位,组织实施工程建设的全过程。本志坚持准确性、科学性、总结性、资料性相统一,真正达到"资治、存史、教化"的目的。

三、本志记述的内容,考虑到与《陕西水利志》《陕西江河大典》《陕西省引汉济渭工程前期工作志稿》等现有志书内容上的统一、衔接,力求减少文字上不必要的重复,对渭河、汉江及其流域的治理历史追溯从简,对相关志书中已有的自然历史现状记述从简;详细记述的内容上限起自1984年水利学者最早提出省内南水北调初步设想,下限截至2022年2月22日,引汉济渭工程秦岭输水隧洞实现全线贯通。

四、本志以事谋篇,以事系人,按事件发生、发展的顺序编排,分篇、章、节、目四个层次,篇、章、节均有标题。内容结构遵循横排门类、纵述始末的原则记述,既顾及全面又突出特点。

五、本志设凡例、序、概述、大事记、志、图、表、录。以文字记叙为主,随文配以必要的表格,照片和插图分别置于卷首和正文之中,具有存史价值的资料附于卷后。附表、附图均以篇为单位编号。

六、本志记述坚持实事求是、述而不论、寓观点于记事之中的原则。

七、计量单位采用国家颁布的通用计量单位。数字按1995年12月31日国家技术监督局颁布的《出版物上数字用法的规定》书写。

八、本志资料来源:一是陕西省引汉济渭工程协调领导小组办公室留存的档案资料;二是承担前期工作任务的相关勘测设计单位提供的资料;三是陕西省引汉济渭工程建设有限公司的档案资料;四是陕西省引汉济渭工程协调领导小组办公室提供的大量档案文献,尤其是该办 2017 年 12 月编纂出版的《陕西省引汉济渭工程前期工作志稿》。该志稿对引汉济渭工程早期研究到初步设计报告获得批复及部分先行勘探工程建设这一时段的发展历史,做了详尽的梳理与叙述,本志在记述相关内容时,参考并吸收了该志稿的部分成果。

九、本志采用规范的语体文记述,严格遵循《陕西省第二轮三级志书行文规范》,机构、单位名称首次出现时用全称,并注明简称;再次出现时用规范性简称,或者按照行业惯例加以称谓。如陕西省水利厅简写为省水利厅、陕西省引汉济渭工程协调领导小组办公室简写为省引汉济渭办、陕西省水利电力勘测设计研究院简写为省水电设计院、水利水电规划设计总院简写为水规总院,黄河水利委员会根据行文需要,或以全称或简写为黄委。陕西省引汉济渭工程建设有限公司简写为省引汉济渭公司,志书正文中出现的"公司"字样,均指省引汉济渭公司。

十、由于引汉济渭工程体系庞大,各主体建筑物开工建设进度不一,单体工程申报及批复进程中面临的环境及政策原因,秦岭输水隧洞施工支洞的编号在不同时期存在称谓不一致的情况。在整体工程批复之后,冠以"勘探试验洞"的各支洞及相应主洞段恢复原阿拉伯数字编号。但在本志编纂中遵从施工文件称谓,未做硬性统一,此系历史原因造成,有识者鉴之。

目 录

第三篇 工程布局与规划设计

第五篇 工程建设管理

第六篇　移民与环境保护

第七篇　工程科研攻关

第十一篇 人 物

第十二篇 艺 文

概　述

人类的文明之舟自古就是依水而行的。

水是一个国家重要的战略性资源,是保障人类生存和社会发展必不可少的物质基础,也是工农业生产不可替代的物质条件。

(一)

陕西是我国严重缺水的省份之一,全省水资源总量居全国第 18 位,人均和耕地亩均水资源量仅为全国平均水平的一半,尤其是渭河流域人均水资源量只有 317 立方米,远低于国际公认的人均 500 立方米的绝对缺水线。与此同时,陕西省水资源时空分布严重不均。时间分布上,全省年降水量 60%～70% 集中在 7—10 月,往往造成汛期洪水成灾,春、夏两季旱情多发。地域分布上,秦岭以南的陕南,面积占全省的 36.7%,水资源量占到全省总量的 71%;秦岭以北的关中、陕北,面积占全省的 63.3%,水资源量仅占全省总量的 29%。

关中地区位于陕西省中部,包括西安、宝鸡、咸阳、渭南、铜川、杨凌五市一区,总面积 5.55 万平方千米,常住人口超过 2 400 万。关中地区作为陕西省人口最密集、经济最发达的地区,全省 85% 的工业、70% 的农业和 60% 的人口集中在这里,所以关中地区对陕西的社会稳定、经济发展具有举足轻重的地位。

作为陕西的省会,关中地区的超大型城市——西安市是一个异常缺水的城市,水资源总量为 23.47 亿立方米,人均占有水资源量仅为 277 立方米,是陕西省人均水资源占有量的 1/4,全国人均水资源占有量的 1/7。进入 21 世纪,随着中国西部大开发 2.0 启幕以及丝绸之路经济带建设需要,承载古都长安记忆的西安正成为中国新格局的战略支点。依据国务院批复的《关中平原城市群发展规划》,西安晋升为国家中心城市。根据西安建设国家中心城市规划,全市城镇建设用地规模控制在 960 平方千米以内(含西咸新区),户籍人口超过 1 200 万,常住人口超过 1 500 万。解决城市水供给问题,是西安建设国家中心城市优先考虑的战略事项。

水资源短缺问题是陕西省情、西安市情的一个基本特征,也是西安建设国家中心城市迫切解决的前置问题。

（二）

中国自古就是治水大国,中华民族几千年的历史,从某种意义上说就是一部治水史,中国治水实践孕育和创造了光辉灿烂的中华古代文明。

善治国者必治水,善为国者必先治水。兴修水利、整治江河、防治水患是一个国家治国安邦的千年大计,也是一项重大的战略任务。综观我国历史,无论是分裂割据时期出于增强国力的考虑,还是一统天下时出于安定人心、发展经济的考虑,历朝历代有作为的统治者都将水利作为稳定江山社稷的先置要事。

陕西治水历史悠久,从大禹疏导河道、治理水患的传说,到秦始皇修郑国渠而平六国终成霸业,再到汉唐把兴修水利作为治国安邦之策,水利建设空前昌盛,奠定了古代王朝和农耕文明的基础。近代以来,我国现代水利建设先驱李仪祉先生兴建"关中八惠"开创现代水利先河,水利建设在三秦大地上一直绵延不绝,为"八百里秦川"富庶安定奠定了重要基础。

20世纪八九十年代以来,由于气候的变化以及人口的增多,陕西省水资源问题日益严峻。尤其1995年陕西省发生60年一遇罕见旱灾,连续220多天无有效降水,造成西安市严重"水荒",致使部分学校因缺水放假,不少企业因缺水停产,农业也因此严重减产。

西安自古临水而城兴,因水而城美。彼时东有浐灞、北有泾渭、西有沣涝、南有潏滈,素有"八水绕长安"的美誉。但是,近代以来,西安市水资源供需出现异常紧张局面。由于长期超采地下水,地质灾害危及城市安全。水利部原部长、全国政协副主席钱正英20世纪90年代在视察陕西时,看到西安市水资源严重不足、城区地裂缝加剧等问题,痛心地发出了"抢救西安"的强烈呼吁。

2003年10月,在陕西渭河流域连续遭遇6次大的洪灾之后,水利部召开会议专题研究渭河综合治理规划,钱正英副主席在会上充满深情地说:"渭河治理必须尽快实施,不但要解决渭河的洪水问题,还应考虑关中13亿方的缺水问题(笔者注:这是当时关中地区在强化了各种节水措施后的最低缺水量)。在不足400千米的地段上,聚集了西安、宝鸡、咸阳、渭南、铜川等这么多的大中城市,其城市、经济、文化上的密集度,在世界上屈指可数,堪与欧洲的罗纳河流域相媲美,如能很好地解决水的问题,其发展前途不可估量。"解决关中地区缺水问题势在必行。

（三）

"兴陕之要,其枢在水"。水资源短缺、洪涝灾害频繁、水土流失严重、生态环境脆弱的基本省情,决定了水利建设在陕西经济社会发展中的重要作用。随着人口的增长以及城市的发展,水资源短缺已经成为了陕西经济社会发展的最大瓶颈问题。

其实早在20世纪80年代,陕西省旱涝灾害的多发频发已引起社会有识之士对陕西水资源问题的关注。面对关中地区农业灌溉、城乡生活、工业生产供水严重不足的多重压力,以及因水资源开发过度加之其他原因导致的渭河流域水生态环境日趋恶化的严峻形势,1984年陕西省水利电力土木建筑勘测设计院规划队队长王德让第一次提出了从嘉陵江调水的初步设想,这是陕西省内南水北调的最早探索。以此为始到省委、省政府决定建设引汉济渭工程,这方面的研究探索一直进行了30多年,最终形成了陕西省南水北调跨流域水资源配置规划,促使陕西水利建设在21世纪初迈上了新的台阶。

1984年8月,陕西省水利专家王德让提出《引嘉陵江水源给宝鸡峡调水》的意见。1986年,同为陕西省水利电力土木建筑勘测设计院的高级工程师席思贤在《解决陕西省严重缺水地区供需矛盾的对策》一文中,提出了与王德让基本相同的设想。

1991年7月,陕西省水利厅组织编制《陕西关中灌区综合开发规划》和《关中地区水资源供需现状发展预测和供水对策》两项专题研究,为陕西省内南水北调工程做了进一步的前期研究。

1993年,陕西省内南水北调构想真正进入实践层面。副省长刘春茂专门批示,拨付10万元用于查勘工作。当年5月起,受省水利厅委托,省水利学会组织相关水利专家开始省内南水北调工程查勘工作。1994年、1997年,陕西省水利厅根据专家查勘调研,分别形成《陕西省南水北调查勘报告》《陕西省两江联合调水工程初步方案意见》两份查勘报告。省水利厅组织水利专家论证,认为这两份查勘报告提出的调水方案是解决关中缺水问题的重大举措,技术上可行,经济上合理,为引汉济渭工程的总体布局奠定了基础。

经过多方案比较,陕西省委、省政府和相关部门就建设引汉济渭工程达成共识:认为陕南汉江流域水量丰富、水质良好,且与关中仅以秦岭相隔,跨流域调水难度相对较小,且调水区在本省境内,调水区、受水区之间的问题易于协调解决。同时,对引汉济渭工程给予了清晰定位:建设引汉济渭工程是陕西省一项战略工程,不仅是在解决西安市缺水问题,也是解决关中地区与陕北能源化工基地中长期用水的问题。这一定位决定了引汉济渭工程成为陕西省具有全局性、基础性、公益性和战略性的水资源配置工程、城镇供水工程和渭河水生态环境的整治工程。因此,应把引汉济渭工程列为首选项目。

2003 年 1 月 21 日,陕西省代省长贾治邦在《政府工作报告》中明确提出"着手进行引汉济渭项目的前期工作"。2004 年,引汉济渭工程前期论证工作启动。2007 年 6 月,陕西省政府成立引汉济渭工程协调领导小组,并授权陕西省水利厅组建引汉济渭工程协调领导小组办公室。

2007 年 12 月,陕西省政府与水利部联合召开咨询会。本次会议将引汉济渭工程第一次从地方上升到国家层面,对工程跨流域调水给出了解决原则。2011 年 7 月 21 日,国家发改委正式批复引汉济渭工程项目建议书。

2013 年 7 月 31 日,陕西省引汉济渭工程建设有限公司正式注册成立,引汉济渭工程进入公司化法人主体建设阶段。

2013 年 12 月 20 日,国家环保部批复《引汉济渭工程环境影响报告书》。2014 年 5 月,国土资源部通过了引汉济渭工程土地预审,可研审批所需的 15 个前置性文件全部批复。2014 年 9 月 28 日,国家发改委批复《陕西省引汉济渭工程可行性研究报告》。2015 年 4 月 30 日,水利部正式批复《引汉济渭工程初步设计书》,标志着引汉济渭工程全部通过国家层面的批复,正式进入全面建设阶段。

(四)

引汉济渭工程横跨渭河、汉江两大流域,统筹陕南、关中、陕北三大区域,是陕西省缓解水资源严重短缺局面的一项重大水利工程,对解决关中、陕北缺水问题,保障全省经济社会发展和生态环境保护具有十分重要的意义。该项工程是国家南水北调的重要补充,纳入国务院确定的 172 项重大水利工程之列,是陕西历史上规模最大、影响深远的民生工程,被誉为陕西的"南水北调"工程。

工程总体布局是:在汉江干流及其支流子午河分别兴建黄金峡水利枢纽和三河口水利枢纽两大蓄水工程,由黄金峡泵站自黄金峡水利枢纽提水 117 米,再通过 16.5 千米的黄三段输水隧洞输水至三河口水利枢纽坝后右岸控制闸,大部分水量经控制闸直接进入 81.8 千米的越岭段输水隧洞输水至关中地区,少量水经控制闸由三河口泵站提升 97.7 米入三河口水利枢纽库区储存。当黄金峡泵站抽水流量较小,不满足关中地区用水需要时,由三河口水库放水经坝后水电站发电后进入越岭段输水隧洞,与黄金峡水库来水合并送至关中地区。

工程分为调水工程、输配水工程两大部分。调水工程为跨流域水源调引工程,由黄金峡水利枢纽、三河口水利枢纽和秦岭输水隧洞三部分组成,整个调水工程初设阶段工程总投资为 191.25 亿元。输配水工程为将调引水量输送到各受水对象,实现水资源配置功能的后续配套工程,由黄池沟配水枢纽、南干线、北干线组成,线路总长度401千米,规划阶段总投资约213亿元(三期工程建设投资未计)。

引汉济渭工程的可研、立项、建设是历任陕西省委、省政府领导班子及省引汉济渭工程协调领导小组坚强领导、务实推动的结果,是省水利厅历任领导甘于担当、接续努力的结果。省引汉济渭工程协调领导小组的成立为工程的组织协调、快速推进发挥了关键作用。省引汉济渭工程协调领导小组办公室作为领导小组的办事机构,为引汉济渭工程的前期可研、初设、报批、招标、地质勘探等做了大量卓有成效的工作,为工程全面开工建设奠定了基础。工程施工涉及区域包括西安市、咸阳市、安康市、汉中市等4市及所辖相关区(县)也相应成立了引汉济渭工程协调办公室,为工程的查勘设计、移民征地做出了积极贡献。

2013年7月,陕西省引汉济渭工程建设有限公司成立。工程建设管理工作由省引汉济渭公司全面组织实施,履行法人主体管理责任,并与设计单位、施工单位和监理单位协同形成管理闭环。工程建设执行行业标准和规程规范规定,按照工程建设强制性条文,实行"业主负责、施工保证、监理控制、政府监督"的全过程、全方位工程管理体系。省引汉济渭公司采用四级管理模式,公司设有工程建设业务指导部门,负责工程管理总体把关指导;工程建设现场设立分公司,负责工程现场管理,履行项目法人职责;各参建单位按合同及工程建设管理要求,建立了相应的工程管理体系:施工单位建立以项目经理为项目直接责任人的工程管理体系;监理单位建立以总监理工程师负责制的管理控制体系;设计单位建立以现场机构负责人为主的现场服务体系。

省引汉济渭公司聚焦"要把引汉济渭工程建成一项功在当代利在千秋的精品工程、生态工程、富民工程、样板工程"的战略目标,对工程实施分层分级管理,先后成立了引汉济渭工程招标投标、质量管理、安全生产、环境保护与水土保持、科技创新、考核等6个领导小组,全面统筹指导引汉济渭工程建设招标、质量、安全、环保、科技创新、考核工作;设立了工程技术部、计划合同部(工程造价中心)、安全质量部、移民环保部、机电物资部、总工办等工程建设业务部门,以及科学技术部、法务部、财务部、行政办公室、人力资源部等行政支撑部门,具体负责工程建设各项工作的检查、督导、落实。与此同时,为加强工程现场管理,成立了大河坝、金池、输配水、黄金峡、秦岭、渭北等6个分公司,并通过公开招标引进施工、监理单位,全面形成公司、分公司、参建单位、监理单位四级工程管理体系。

省引汉济渭公司不断健全完善工程管理机制和规章制度,积极学习和探索水利工程管理先进经验,建立起强有力的质量管理和安全生产管控体系,率先在水利行业开展"工程安全预评价"和"水利工程项目法人安全生产标准化一级单位"创建,大力推进"智能建造""智慧引汉济渭""科技引汉济渭"建设,引入"飞检"监控机制,建成工程质量信息追溯系统、隧洞综合超前地质预报系统,为建成精品工程提供可靠保障;大力实施精细化管理,强化经理层包抓管理,紧盯工程重大节点,不断优化施工方案,有效推进工程建设进度;重视合同履约管理,采取约谈参建单位法人、公示履约诚信等措施,促进合同有效履行;强化环境保护,把生态环保理念贯穿工程全生命周期,将秦岭环境保护和生态修复统筹推进,建立环保水保"天眼"监控系统,以最严格的措施当好秦岭生态环境守护者;广泛借助国内一流科研力量和信息化技术破解工程建设难题,积极加强与清华大学、中国水利水电科学研究院等科研院所深度合作,推动新技术、新工艺、新材料在工程建设中的广泛应用,引汉济渭工程信息化、智能化管理迈进国内先进行列。

引汉济渭调水工程自 2015 年 4 月初步设计报告获得水利部批复后,秦岭输水隧洞工程正式进入全面开工建设阶段,2022 年 2 月 22 日实现全线贯通。三河口水利枢纽工程于 2015 年 11 月截流,并开始防渗施工;大坝主体工程于 2015 年 12 月 25 日开工建设;2021 年 2 月 1 日大坝主体工程全线浇筑到顶,达到 141.5 米;2 月 9 日正式下闸蓄水;12 月 10 日三河口水利枢纽首台机组(4 号机组)开始投产发电。黄金峡水利枢纽工程于 2015 年 10 月开始前期准备工程施工,2018 年 10 月 26 日主体工程正式开工,2020 年 11 月 12 日成功实现截流。

引汉济渭工程以 2003 年为现状水平年,以 2020 年为规划水平年,年调水规模为 15 亿立方米,相当于 100 多个西湖的水量,可满足西安、咸阳、渭南、杨凌等 4 个重点城市、11 个县(市、区)、1 个工业园区以及西咸新区 5 座新城共 21 个受水区生活及工业用水,受益人口 1 411 万,支撑 7 000 亿元国内生产总值。

受水区范围基本涵盖整个关中地区中东部,工程建成后与关中地区现有供水系统联通,实现统一调度,通过发挥关中水系骨干作用,有效改变关中超采地下水、挤占生态水的状况,实现地下水采补平衡,为改善渭河流域水生态环境发挥重大作用。与此同时,通过水权置换,每年增加 4 亿~6 亿立方米渭河入黄河水量,有效补充黄河的水资源,为陕北在黄河争取更多用水指标,为陕北国家能源化工基地建设提供水资源保障。工程建设也将为陕南带来新的发展机遇,进一步促进陕南经济结构调整转型,密切陕南与关中的经济联系。

(五)

引汉济渭工程穿越秦岭屏障,连接渭河、汉江两大流域,施工范围涉及西安市、汉中市、安康市、咸阳市、渭南市、杨凌区等6个市(区),点多线长面广,地质复杂,是陕西省有史以来建设规模最大的水资源配置工程。工程包含秦岭超长隧洞、大型水利枢纽、高扬程泵站、发电厂以及生态保护、多水源联合调度等众多难题,多项施工参数突破世界工程纪录,也超越了现有设计规范,既无工程实例可参考,又无相关标准可遵循。无论是从工程规模,还是从施工难度、技术难度方面讲都是巨大挑战。

秦岭输水隧洞全长98.3千米,是人类首次从底部横穿世界十大山脉之一的秦岭。隧洞最大埋深2 012米,地质条件复杂多变,集合了长距离连续超硬岩掘进、高频强岩爆、软岩大变形、突涌水、高温湿、有害气体等隧洞(隧道)施工的绝大多数问题,是引汉济渭"卡脖子"工程,其复杂性及综合施工难度堪称世界第一。

引汉济渭工程面对的建设挑战前所未有,期间遇到:硬岩和软岩的"南北夹击"、强岩爆的频繁发生、突涌水"水灾"不时偷袭、高埋深与超长距离隧洞施工难上加难、有害气体不时溢出、高温高湿问题突出、生态敏感区环境保护难度大、多水源联合调度复杂等建设难题叠加出现,面对着一个个横陈在前的"拦路虎",建设者们攻坚克难,发扬"特别能吃苦、特别能战斗、特别能奉献"精神,在极其狭小的隧洞施工空间里,斗硬岩、避岩爆、抗高温……每一寸掘进都极为不易,书写了中国水利史上的奇迹,成为一本鲜活的隧洞施工"教科书"。

(六)

为了破解工程建设难题,省引汉济渭公司以科研创新为依托,坚持以问题导向搞科研、以需求导向搞创新,广泛聚合全国一流科研力量,围绕长距离通风、断层塌方、岩爆、硬岩、涌水、有害气体等地质灾害难题开展专题研究,为工程建设顺利推进提供强大科研支撑。

省引汉济渭公司大力推进"科技引汉济渭"建设,充分发挥科技在工程建设中的引领作用。2017年6月29日,公司设立科学技术研究中心,全面负责科研助推工程建设工作。2018年8月30日,在原科学技术研究中心的基础上组建成立了科学技术研究院(科学技术部)。2019年7月11日,成立公司学术委员会,强化科技创新顶层设计。同时,积极搭建科技创新平台,充分借智、引智,为工程建设服务。一方面,省引汉济渭公司与陕西省科技厅合作设立陕西省自然科学基金——引汉济渭联合基金,为引汉济渭科技研究提供资金支持;另一方面,先后获批成立"引汉济渭院士专家工作站"和"博士后科研工作站"创新平台,引进中国工程院院士王浩、张建民,中国科学院院士陈祖煜、何满潮等担任首席专家,领衔破解工程建设难题;联合清华大学、中国水利水电科学研究院、中铁第一勘察设计院集团有限公司、山东大学、大连理工大学、西安理工大学等高校和科研院所,围绕秦岭输水隧洞、三河口水利枢纽、黄金峡水利枢纽的设计、建设和运行,以及水资源配置及运行调度、环境影响评价及生态修复等一线建设需要,设置科研攻关课题,开展专题研究。其中,《引汉济渭工程秦岭隧洞专项研究》项目由中铁第一勘察设计院集团有限公司、西安理工大学、中国水利水电科学研究院等 11 家科研院所承担完成,并在秦岭输水隧洞建设中得到成功应用,为隧洞的顺利安全掘进提供了强有力的科技支撑。其中,5 项课题成果达到国际领先水平,1 项课题成果达到国际先进水平,2 项课题成果达到国内领先水平。

启动无人驾驶智能碾压筑坝技术研究。通过探索适合碾压混凝土拱坝碾压作业区域规划与碾压避障的安全措施,对碾压全过程进行自动控制。该技术在三河口拱坝建设中成功应用,这是国内首次在碾压混凝土拱坝施工中采用无人驾驶碾压筑坝技术。之后又开展了无人驾驶摊铺技术研究,并在黄金峡水利枢纽实现了国内首次联合作业,向智能筑坝迈出了坚实一步。

开展智能水下机器人技术研发。为便于今后秦岭输水隧洞检修,已着手研制国内首个在长距离无压输水隧洞中具有自主导航定位、自主航行并抵抗高流速的检测机器人,可精准检测隧洞裂缝等异常情况,实现不停止供水情况下完成对输水隧洞的混凝土裂缝、坍塌等异常情况的自主巡查任务。

开展大口径调流调压阀设计。针对工程建设中供水阀门设计难题,首次开展了大口径调流调压阀的模型试验,成功研制出 DN2000 减压调流阀,满足高水头小流量、低水头大流量等复杂工况,已在工程中成功应用,是目前国内最大口径的减压调流阀。

开展高扬程大流量离心泵选型关键技术研究。针对黄金峡泵站水泵高扬程、大流量及泵站运行特点,围绕水泵关键技术展开研究,确定了具有国际先进水平的水泵机组能量、空蚀和稳定性等关键指标参数,保证水泵机组的高效、安全、稳定和长期运行。

开展大型复杂跨流域调水工程预报调配关键技术研究。构建了调水工程施工期多模型自适应装配的洪水综合预报技术,提出了基于机器学习的径流适应性预测方法;建立了跨流域复杂调水工程"泵站-水库-电站"的协调调度模型,攻克了协同多目标模型的求解难题;构建了调水工程多水源-多节点-多用户的水量多目标动态配置技术与多方法集合的评价技术和方法体系;研发了基于数字水网的跨流域调水工程预报调配平台,实现了"产学研用"的深入融合,发展了跨流域调水工程预报调配理论方法，形成了大型复杂跨流域调水工程预报调配技术方法体系。研究成果获大禹水利科学技术奖二等奖。

引入 VR、AR 技术，实现工程实时交互管理。通过 VR、AR 移动在线直播等技术，与专家远程连线进行工程管理会诊。AR 技术成功应用于黄金峡大坝水利枢纽工程建设管理过程中。在岭北 TBM 遭遇有害气体时，利用 AR 技术有效解决了该相关问题，为复杂地质下引汉济渭秦岭输水隧洞工程建设提供了技术保障。

截至 2021 年 6 月，依托引汉济渭工程先后参与国家"十三五"规划重点研发计划"水资源高效利用"专项课题 6 项，水利部公益性行业科研专项经费项目 1 项；开展陕西省提升公众科学素质研究计划项目 2 项，陕西省科技统筹创新工程计划项目 1 项，陕西省水利科技计划项目 21 项，陕西省自然科学基础研究计划 - 引汉济渭联合基金项目 38 项。

积极凝练科技成果，主持和参与制定多项规范标准。引汉济渭秦岭输水隧洞作为国内"三高两强一长"等多种复杂条件叠加的代表性工程，在复杂地质掘进方面积累了丰富经验，主持制定《水工隧洞施工通风技术规范》《长距离水工隧洞控制测量技术规范》《水工隧洞外水压力确定与应对技术规范》《水工隧洞深埋软弱围岩变形安全控制技术规范》《水工隧洞突涌水风险评估及防治技术规范》等陕西省地方标准 5 项。参与制定《预应力钢筒混凝土管无损检测（远场涡流电磁法）技术要求》《预应力钢筒混凝土管分布式光纤声监测技术要求》2 项国家标准，《全断面岩石掘进机法水工隧洞工程技术规范》1 项行业标准，《供水企业安全生产标准化评审标准》1 项团体标准。依托引汉济渭工程，截至 2021 年 12 月底共计发表论文 224 篇，其中核心及以上高水平论文 93 篇；申请专利 65 件，已授权专利 17 件。

同时，依托引汉济渭工程，先后出版专著《引汉济渭跨流域复杂水库群联合调配研究》《汉江上游梯级水库优化调度理论与实践》《引汉济渭工程大型泵阀系统开发与安全运行集成》《引汉济渭精准管理模式创新与实践》4 部，译著《流体机械》1 部。

（七）

引汉济渭工程作为一个由多个大型水利工程组合起来的超级系统工程，传统手段无法满足工程建设精细化管理需要，运用数字化、智能化技术攻克工程建管和调度运行难题显得尤为必要。省引汉济渭公司从顶层规划入手，总体设计，分步实施，以信息化为引领，将信息化、数字化嵌入工程建设之中，实现对工程建设全天候、全方位、全要素、全过程的精细化管理，全力打造智慧引汉济渭。

　　为了满足工程信息化建设需要,省引汉济渭公司成立了数据网络中心,全面负责信息化系统的研发、项目实施和系统运行管理。引汉济渭工程建设之初即将数字化建设与工程建设同步并行,以工程安全、调度安全、水质安全为主线,创新示范智慧水利"预报、预警、预演、预案"四预为目标,从施工建设、动态监控、风险分析、精准调度、应急处置、系统安全等多维度开展智慧引汉济渭建设,建立了"1+10"全生命周期智能管理系统,在1个监管平台下集成智能温控、碾压质量、施工进度、变形监测、灌浆质量、反演分析等10个子系统,实现了对大坝建设全过程的关键信息进行智能采集、统一集成、实时分析与智能监控,在推进工程建设管理信息化、完善安全体系和应急手段、科技助力工程建设等方面效果显著,是目前国内融合功能模块最多、枢纽施工过程中覆盖面最广的大坝智能管理系统,开创了业内先河。

　　2017年10月,委托中国水利水电科学研究院编制了《引汉济渭工程管理调度自动化系统总体框架设计》,从工程建设管理实际需求出发,按照"总体规划、分步实施、统一标准、留足余量"的思路,进行项目总体技术方案设计,统筹以调水工程为核心,建设应用系统、应用支撑平台、数据资源管理中心、云计算中心、信息采集系统、计算机监控系统、通信与计算机网络系统以及保障系统建设与运行的实体环境、标准规范、安全体系、管理保障体系。应用系统主要包括综合服务、智能调水、监测预警、视频会商及应急管理、工程管理、水库综合管理等6个模块。

　　大力推进水利"智能建造"。省引汉济渭公司联合华北水利水电大学、中国水利水电科学研究院建立三河口水利枢纽智能建造系统集成1个平台和10个子系统,引入 BIM 技术构建监管平台,可实现模型和业务数据之间的联动交互;运用自动化监测技术、数值仿真技术实现了大坝建设的智能温控、碾压质量、加浆振捣、施工质量、灌浆质量、变形监测、车辆人员定位、施工进度、视频监控等信息的实时采集、自动分析、预报预警,实现了施工过程可追溯,为大坝的全生命周期管理奠定基础。

　　信息化推进无人驾驶碾压技术在工程建设中广泛应用。省引汉济渭公司联合中国工程院院士张建民团队研发的"无人驾驶碾压混凝土智能筑坝技术",通过预先设置碾压速度、碾压轨迹、碾压遍数等施工参数,利用传感器采集作业数据,实现混凝土碾压过程智能控制,有效克服人工驾驶碾压机作业碾压质量不稳定等缺点,使碾压过程程序化、施工质量标准化,避免受人为因素的影响。2019年10月,三河口大坝取出25.2米长碾压混凝土芯样,是国内外已知碾压混凝土双曲拱坝之最。经检测,该芯样表面光滑密实,骨料分布均匀,无空隙,层间结合良好。

此外,研发的"无人驾驶摊铺系统"已在黄金峡碾压混凝土重力坝施工中成功应用,实现无人驾驶摊铺和无人驾驶碾压技术首次在黄金峡水利枢纽联合作业。

三维 BIM 和 GIS 技术融合,引领水利枢纽全生命周期 BIM 应用的新征程。该技术通过将标准化的 BIM 模型有效导入建设管理平台和运行管理平台,实现各专业、全过程的设计协同管理,在施工组织设计、专业间构筑物相互碰撞检查等方面取得了较好的效果,已成功应用在黄金峡水利枢纽工程建设中。

秦岭隧洞 BIM 智能管理系统实现隧洞风险实时管控。省引汉济渭公司联合中铁第一勘察设计院集团有限公司开发的智能管理系统,通过对秦岭隧洞施工中的风险、质量、进度、TBM 监测四方面重点进行仿真、模拟、监控,实现高效施工。该系统能够直观地看到断裂、岩爆、变形等不同类型风险点在隧洞中的分布情况,还原了隧洞的地质情况,做到对前方围岩重点监测,提前做好处理预案,从而有效控制施工质量。

2019 年 12 月 12—13 日,"以信息化为引领、推动水利工程现代化"为主题的全国水利工程建设信息化创新示范活动在引汉济渭工地举行,水利部领导与参会代表、专家对引汉济渭信息化工作给予高度评价,中国工程院院士张建民认为"引汉济渭信息化建设具有示范引领作用"。引汉济渭工程入选 2019 有影响力十大水利工程。

结　语

盛世治水谱华章,人水和谐续新篇。修建引汉济渭工程曾是秦人数年的夙愿,现在由设想变为现实,这是中国共产党领导人民书写的又一时代华章,也是陕西省委、省政府贯彻落实习近平总书记"节水优先、空间均衡、系统治理、两手发力"治水方针,践行柔性治水、系统治水理念,实现"水润三秦、水美三秦、水富三秦"目标的生动民生实践。引汉济渭工程是集体智慧的结晶,展现了中国人民治山治水的伟大精神,昭示了中华民族无限的创造力,必将在中国乃至世界水利史上留下光辉的一页。

第一篇

地域环境

引汉济渭工程是统筹陕南、关中、陕北三大区域,从陕南汉江流域调水至渭河流域的关中地区,系统配置全省水资源的基础性工程。水源主要来自于汉江支流子午河与汉江干流黄金峡。这两处分别修建了水源工程——三河口水利枢纽和黄金峡水利枢纽,通过穿越秦岭的输水隧洞,将汉江之水调至渭河流域。工程建成后,将有效缓解关中地区水资源供需矛盾,促进陕西省内水资源优化配置,改善渭河流域生态环境,促进关中地区经济社会可持续发展。同时,通过水权置换,加大黄河取水量,润泽陕北,促进陕北国家能源化工基地健康发展。

第一章 工程区域

引汉济渭工程建设区位于陕西省中南部的秦岭山区,地跨黄河、长江两大流域,分布于陕南、关中两大自然区。

其中,黄金峡水库位于汉江干流上游峡谷段陕西南部汉中盆地以东的洋县境内,坝址位于黄金峡出口以上约 3 千米处。三河口水库地处佛坪县与宁陕县交界的子午河中游峡谷段,坝址位于佛坪县大河坝乡三河口村下游 2 千米处。秦岭输水隧洞黄三段进口位于黄金峡水利枢纽坝址下游左岸戴母鸡沟入汉江口北侧,隧洞进口接泵站出水池,线路经汉江左岸向东北方向穿行,终点位于三河口水利枢纽坝后约 300 米处右岸的汇流池;隧洞越岭段进口位于三河口水利枢纽坝后右岸控制闸,出口位于黑河金盆水库下游周至县马召镇东约 2 千米的黄池沟内。

第一节 调水区

一、调水区社会经济状况

引汉济渭工程调水区为陕西省陕南地区。水资源主要来自于陕南地区安康市宁陕县与汉中市佛坪县交界的子午河与汉中市洋县境内汉江干流。

陕南地区包括汉中、安康、商洛 3 个市,区内工农业生产、社会经济、文教科技、商贸旅游等发展水平与关中地区有一定差别。截至 2010 年底(本章数据均为项目实际规划和论证阶段工程设计人员所使用的统计口径,以下同),区内人口838.8 万,占全省总人口的 22.5%。区内人口密度 120 人每平方千米,是全省平均人口密度的 64%。

2010 年,陕南地区国内生产总值 1 122.7 亿元,占全省的 11.2%,人均国内生产总值 13 380 元;工业增加值 371 亿元,占全省的 8.9%。2010 年,全区耕地面积783.54 万亩❶,占全省耕地面积的 13.1%;有效灌溉面积 334.74 万亩,占全省的17.3%;农林牧渔业增加值 149.32 亿元,占全省的 15.1%;全区粮食总产量218.59 万吨,占全省的 18.8%。

陕南地区水资源总量为 389.34 亿立方米,其中地表水资源量 385.38 亿立方

---

❶ 1 亩＝1/15 公顷,全书同。

米,地下水资源量 72.87 亿立方米,地表水与地下水的重复量为 68.91 亿立方米。现有水库 497 座,小型水电站 767 座,农田有效灌溉面积 369 万亩,2 451 处人饮工程能有效解决 163.22 万人的安全饮水问题。陕南地区还肩负着"清水送京"的使命。

二、调水区调水量

(一)设计水平年与供水保证率

设计基准年为 2010 年。根据引汉济渭工程调水区、受水区国民经济发展水平及规划,按照有关规范要求,确定引汉济渭工程近期设计水平年为 2025 年,远期设计水平年为 2030 年。

引汉济渭工程调入关中水量主要用于渭河沿岸重要城镇及大型工业园区的生活和工业生产,根据《室外给水设计规范》(GB 50013—2006)的规定,确定引汉济渭工程调入水量与关中地区当地水联合供水的保证率不低于 95%。

(二)调水区调水量

根据 1954—2010 年径流资料计算,黄金峡坝址多年平均天然年径流量为 75.41 亿立方米,三河口坝址多年平均天然年径流量为 8.7 亿立方米。

按照当地经济社会发展规划及相关指标,在留够当地河道内、外用水后,经分析预测,汉江黄金峡水源多年平均可调水量为 58.84 亿立方米,子午河三河口水源多年平均可调水量为 7.82 亿立方米,多年平均总可调水量为 66.66 亿立方米。

但考虑对国家南水北调中线调水的影响,水利部长江水利委员会(简称长江委)委托长江委设计院基于 2025 水平年引汉济渭工程调水 10 亿立方米左右的条件下,按照优先满足当地河道内、外用水及国家南水北调中线一期工程用水的原则,提出了调水 10 亿立方米方案。根据 1956 年 5 月至 1998 年 4 月 42 年系列的子午河入汇汉江河口断面多年平均允许可调水量 10.56 亿立方米的过程,该水量实际为引汉济渭工程可能的最大多年平均可调水量,根据该过程分析,引汉济渭工程最大年可调水量为 16.36 亿立方米,最小年可调水量为 1.13 亿立方米。

2030 水平年在实施国家南水北调中线后期水源工程建设后,根据水利部办公厅和陕西省人民政府办公厅联合印发的《关于陕西省引汉济渭工程项目建议书专家咨询意见的通知》(办规计〔2008〕54 号)及长江委《关于陕西省引汉济渭工程调水规模的报告》(长规计〔2008〕577 号),引汉济渭工程可相机达到多年平均 15 亿立方米的调水规模。在长江委提出的 1956 年 5 月至 1998 年 4 月 42 年系列多年平均可调水量 10.56 亿立方米过程基础上,进行了满足 2030 水平年多年平均调水 15 亿立方米调水过程的拟定,根据拟定的调水过程,最大年可调水量 21.70 亿立方米,最小年可调水量 6.80 亿立方米。

根据预测,2025 设计水平年关中地区缺水 24.17 亿立方米,2030 设计水平年关中地区缺水 28.21 亿立方米,考虑到关中地区严重缺水的实际情况,引汉济渭工程调水量按照允许"以供定需"确定 2025 年调水规模为 10 亿立方米,2030 年调水规模为 15 亿立方米。

第二节　受水区

一、受水区受水对象范围

本项目受水区主要为陕西省关中地区。工程建设任务是向陕西省关中地区渭河沿岸重要城市、县城、工业园区供水,逐步退还被挤占的农业用水与生态用水,促进区域经济社会可持续发展和生态环境改善。受水区直接供水对象为关中地区渭河两岸的西安市、咸阳市、渭南市、杨凌区 4 个重点城市和所辖的 11 个县级城市和 1 个工业园区(渭北工业园高陵、临潼、阎良 3 个组团)以及西咸新区 5 座新城。

二、受水区社会经济状况

关中地区是陕西省政治、经济、文化、科教的中心地带,是陕西省经济社会发展的主体、核心区域,但是区内水资源短缺,已成为制约经济社会发展的瓶颈,在强化节水优先治污的条件下,也无法满足经济社会发展对水资源的基本需求,实施引汉济渭建设是保持关中地区及陕西省社会经济可持续发展的需要,是陕西省水资源优化配置影响长远的永久性措施,也是改变关中地区缺水局面现实且有效的战略性工程措施。

关中地区水资源总量为 68.03 亿立方米,其中地表水资源量 51.52 亿立方米,地下水资源量 43.77 亿立方米,地表水与地下水的重复量为 27.26 亿立方米。截至 2010 年底,关中地区已建成水库 399 座,总库容 21.07 亿立方米,水库兴利库容 13.82 亿立方米,其中大型水库 4 座、中型水库 23 座、小型水库 372 座,另有池塘 1 760 座;引水工程 1 130 处,设计供水能力 20.17 亿立方米,其中宝鸡峡、泾惠渠和洛惠渠三大引水工程,担负着渭北 500 余万亩农田的灌溉任务;提水工程 5 855 处,其中交口抽渭、东雷抽黄和港口抽黄三大抽水工程担负着关中东部 280 万亩农田灌溉任务;配套机电井共有约 12.40 万眼,设计供水能力 26.58 亿立方米。已建成污水处理及中水回用项目 15 个,形成日处理污水能力 81.8 万吨每日、中水 17 万吨每日。集雨工程 42.4 万座,总容积约 4 183 万立方米。

根据对地表水、地下水和其他水源工程可供水量的分析,2010 年关中地区总可供水量为 49.28 亿立方米,2010 年实际供水 49.10 亿立方米,其中在一些区域很大一部分是通过超采地下水、牺牲生态水维持经济社会发展的。

尽管关中地区已形成了蓄、提、引相结合,大、中、小并举的水利工程格局,其中关中受水区基本形成了以宝鸡峡引渭渠、冯家山水库、羊毛湾水库为骨干的泾西渭北片农田灌溉供水系统;以泾惠渠、交口抽渭、洛惠渠、东雷抽黄、石堡川水库、桃曲坡水库为主的泾东渭北片农田灌溉供水格局;以石头河水库为龙头,黑惠渠、涝惠渠以及井灌区共同组成渭河南(咸阳西)新河以西片农田灌溉供水系统;由沈河水库、零河水库、蒲峪水库、沣惠渠以及抽黄等工程为主结合农用井群共同形成渭河以南新河东片农田灌溉供水系统。

但由于关中地区属干旱地区,水资源匮乏,且现有供水设施以无调蓄能力的提、引水工程为主,具有调蓄能力的蓄水工程缺乏,导致供水保证率整体偏低,多数工程淤积严重,供水能力下降,加之陕西省经济社会快速发展,水利建设严重滞后,为了维持经济的快速发展,不得不挤占农业用水,牺牲生态用水。目前,区内各类供水设施的实际供水能力与实际需求相差甚远,地下水供水比例过大,超采严重,引发了大面积的地面沉陷、地裂缝活动加剧等环境地质问题,关中地区目前的水利建设状况已不能满足国民经济发展需要。

三、受水区需水量与自行供水量

2025 水平年受水对象范围内基准年人口 556 万、GDP 1 812 亿元,预测到 2025 年人口、GDP 分别为 863 万、7 160 亿元;2030 水平年受水区范围基准年人口 576 万、GDP 1 911 亿元,预测到 2030 年人口、GDP 分别为 1 202 万、14 765 亿元。

依据《陕西省节约用水规划》《城镇居民生活用水量标准》,按照强化节水条件拟定各行业用水定额。基准年、2020 年、2030 年生活用水分别为 103 升每人每日、121 升每人每日、127 升每人每日;火电工业分别为 11 立方米每千瓦、6 立方米每千瓦、3 立方米每千瓦;一般工业分别为 74 立方米每万元、35 立方米每万元、21 立方米每万元;建筑业分别为 8 立方米每万元、5 立方米每万元、4 立方米每万元;商饮服务业分别为 7 立方米每万元、5 立方米每万元、4 立方米每万元;人均绿地面积分别为 7 立方米每人、12 立方米每人、15 立方米每人;河道外补水分别为 12 立方米每人、10 立方米每人、8 立方米每人。

根据预测,2025 水平年受水区基准年需水量为 11.88 亿立方米,其中生活需水量 2.68 亿立方米、生产需水量 8.26 亿立方米、生态需水量 0.94 亿立方米;2025 年需水量为 19.26 亿立方米,其中生活需水量 4.45 亿立方米、生产需水量 13.51

亿立方米、生态需水量 1.30 亿立方米;2030 水平年受水区基准年需水量为 13.10
亿立方米,其中生活需水量 2.88 亿立方米、生产需水量 9.19 亿立方米、生态需水
量 1.03 亿立方米;2030 年需水量为 24.87 亿立方米,其中生活需水量 6.27 亿立
方米、生产需水量 17.05 亿立方米、生态需水量 1.55 亿立方米。

第三节　间接受益区

　　陕北地区东临黄河,北部属《国家主体功能区开发规划》划定的呼包鄂榆地
区,煤油气盐等资源富集,是国家规划重点建设开发的能源化工基地,地方水资源
短缺是制约建设开发的关键因素。

　　为了满足国家能源石化基地建设发展,迫切需要建设供水工程。从长远发展
看,陕北能源化工基地用水只有从黄河干流引水解决。由于陕西省黄河流域可开
发水资源量有限和国家对黄河水权的配额管理,加之近几年黄河水量减少等因
素,陕北能源化工基地近期较大规模地引用黄河干流水困难较大。陕北能源化工
基地发展对黄河调用水量迅速增长的需求也更加突出。

　　关中水资源不足以支撑国家能源基地的发展需求,就陕西省水资源而言,陕
北缺水,关中水资源已近枯竭,新增水量只有从富水的陕南调水,通过水权置换,
在不突破全省用水总量指标的前提下将陕南满足自身发展需求后多余的水资源
调入关中,将关中用水指标向陕北转移,使陕西省水资源合理配置,为陕北能源化
工基地利用黄河水资源创造条件,满足国家能源基地的经济社会发展需求。

　　因此,引汉济渭调水工程在解决近期关中缺水问题的同时,也将是近、中期解
决陕北能源化工基地用水需求的前提,是陕西省水资源统筹兼顾影响长远的永久
配置措施,对国家能源化工基地的经济社会发展具有促进作用。

第二章 水 文

陕西省简称"陕"或"秦",位于中国内陆腹地,地处东经 105°29′~111°15′,北纬 31°42′~39°35′。东邻山西、河南,西连宁夏、甘肃,南抵四川、重庆、湖北,北接内蒙古,居于连接中国东、中部地区和西北、西南的重要位置,中国大地原点就在陕西省泾阳县永乐镇。全省总面积为 20.58 万平方千米。

陕西横跨 3 个气候带,南北气候差异较大。陕南属北亚热带气候,关中及陕北大部属暖温带气候,陕北北部长城沿线属中温带气候。其总特点是:春暖干燥,降水较少,气温回升快而不稳定,多风沙天气;夏季炎热多雨,间有伏旱;秋季凉爽较湿润,气温下降快;冬季寒冷干燥,气温低,雨雪稀少,全省年平均气温 13.7 ℃。

第一节 省内水资源时空分布特点

一、水资源时空分布特点

陕西横跨黄河、长江两大流域,全省多年平均降水量 676.4 毫米,多年平均地表径流量 425.8 亿立方米,水资源总量 445 亿立方米,居全国各省(市、区)第 19 位。最大年水资源量可达 847 亿立方米,最小年水资源量只有 168 亿立方米,丰枯比在 3.0 以上。全省人均水资源量为 1 280 立方米。

水资源时空分布严重不均。

时间分布上,全省年降水量的 60%~70% 集中在 7—10 月,往往造成汛期洪水成灾,春、夏两季旱情多发;地域分布上,秦岭以南的长江流域,面积占全省的36.7%,水资源量占到全省总量的 71%;秦岭以北的黄河流域,面积占全省的63.3%,水资源量仅占全省总量的 29%。

陕西省水资源在空间、地域上分布也不均。秦岭以南的长江流域,土地面积占全省的35%,而水资源量占全省的71%;秦岭以北的黄河流域,土地面积占全省的65%,而水资源量仅占全省的29%。

二、陕西省水资源面临的问题

(一)总量不足

陕西省是全国水资源最紧缺的省份之一。全省水资源总量仅为 445 亿立方米,人均、亩均水资源占有量分别只占全国平均水平的54%和42%。特别是水资源时空分布严重不均,65%集中在汛期(7月、8月),71%集中在陕南,使得关中、陕北的水资源更加紧缺。陕北人均水资源只有890立方米,低于国际社会公认的最低需水线;而关中地区作为陕西省人口最密集、经济最发达的地区,人均水资源量只有380立方米,亩均只有250立方米,仅相当于全国平均水平的1/8和1/6,远远低于绝对缺水线。中华人民共和国成立以来,为解决水的问题,陕西人民付出了艰苦卓绝的努力,水利建设取得了举世瞩目的成就,但资源性缺水的矛盾始终无法得到解决。

(二)开采过度

西安市超采区达300平方千米,形成200余平方千米的开采漏斗和若干个漏斗中心。咸阳市市区承压水位已由开采初期下降了10~30米,形成6个区域漏斗中心,面积约20平方千米。过量开采导致地面下陷和地裂缝。西安市城西近郊、城东北近郊、城东及西南近郊地下水开采量曾超出允许开采量的9~15倍,地面沉降量大于50毫米的面积曾超过120平方千米,全市有10条地裂缝,总长约80千米,面积155平方千米。地面下沉曾造成钟楼下沉395毫米,大雁塔向西北倾斜999毫米。虽然目前这些状况因政府重视已有所缓解,但是因经济发展的需要,过度开采短期内并未得到解决。

(三)污染严重

陕西省2006年工业废水排放总量4.05亿吨,远远高于北京的1.28亿吨;而陕西省污水处理能力却远远低于北京和上海:2003年陕西省城市污水处理率仅为22.40%,而上海为82.61%,北京为50.06%。陕西省废水治理设施处理能力为340万吨每日,也远低于广东的742万吨每日和上海的436万吨每日。

(四)区域分布不均

关中地区是陕西省的经济中心,其经济总量占全省的87%,但水资源总量仅为82亿立方米,占全省的18%;陕北水资源总量为48亿立方米,占全省的11%;陕南水资源总量为315亿立方米,占全省的71%。这种水资源时空分布不均更加减少了水资源的有效供给。

第二节　汉江水源

引汉济渭调水工程是陕西省南水北调的中线工程,该工程拟在汉江干流修建黄金峡水库、汉江支流子午河上修建三河口水库作为水源,通过秦岭隧洞将汉江水引入渭河支流的黑河支流黄池沟,供关中地区用水。

一、黄金峡水利枢纽

黄金峡水库坝址位于汉江干流上游,上距洋县水文站(朱家村)约72千米,下距石泉水文站约52千米,坝址控制流域面积17 070平方千米。

(一)流域概况

汉江是长江中游的重要支流,发源于秦岭南麓,干流经陕西、湖北两省,于武汉市注入长江,全长1 577千米。

汉江流域面积约15.9万平方千米。流域北部以秦岭、外方山与黄河流域分界,东北以伏牛山、桐柏山构成与淮河流域的分水岭,西南以大巴山、荆山与嘉陵江、沮漳河为界,东南为江汉平原,与长江无明显分水界限。流域地势西高东低,由西部的中低山区向东逐渐降至丘陵平原区,干流总落差1 964米。

汉江流域水系发育,呈叶脉状分布,支流一般短小,左右岸支流不平衡,流域面积大于1 000平方千米的一级支流共有19条,其中集水面积在1万平方千米以上的有唐白河与堵河;集水面积在0.5万~1万平方千米的有旬河、丹江、夹河和南河;集水面积在0.1万~0.5万平方千米的有褒河、湑水河、酉水河、子午河、池河、天河、月河、玉带河、任河、岚河、牧马河、北河及蛮河等。

汉江干流丹江口以上为上游,河段位于秦岭、大巴山之间,河长925千米,占汉江总长的59%,控制流域面积9.52万平方千米,落差占汉江总落差的90%;河床坡降大,勉县至丹江口河段平均比降约0.6‰,水能资源丰富,入汇的主要支流左岸有褒河、旬河、夹河、丹江,右岸有任河、堵河。上游主要为中低山区,占79%,丘陵占18%,河谷盆地仅占3%。

丹江口至钟祥为中游,钟祥以下为下游,中下游河长652千米,占汉江总长的41%,控制流域面积6.38万平方千米,中下游以平原为主,入汇的主要支流左岸有唐白河、汉北河,右岸有南河和蛮河。

汉江流域属东亚副热带季风气候区,冬季受欧亚大陆冷高压影响,夏季受西太平洋副热带高压影响,气候具有明显的季节性,冬有严寒,夏有酷热。

流域降水主要来源于东南和西南两股暖湿气流。多年平均降水量为873毫米。降水年内分配不均匀,总趋势由南向北、由西向东递减。汛期出现时间:白河上游为5—10月,白河下游为4—9月。汛期降水量占全年降水量的75%~80%,年降水量的变差系数 C_v 为0.20~0.25。

流域内多年平均气温为12~16 ℃,月平均最高气温发生在7月,其变幅为24~29 ℃;月平均最低气温发生于1月,其变幅为0~3 ℃。各地区最低气温小于或等于 0 ℃的日数在 42~70 天。流域内水面蒸发变化在 700~1 100 毫米,其分布趋势大致由西南向东北递增。

汉江上游属开发性河流,干、支流上修建多处引水、蓄水工程。

汉江流域水系与水文站布置见图 1-2-1。

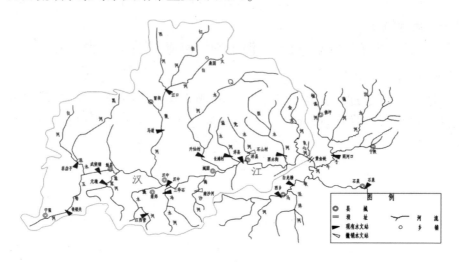

图 1-2-1　汉江流域水系与水文站布置

(二)气象

汉江上游属亚热带气候,冬季寒冷少雨雪;夏季炎热多雨。气候特点是四季分明,降水量西部大于东部,南岸米仓山区大于北岸秦岭山区。多年平均气温东部高于西部,盆地高于山区。

黄金峡坝址区无气象资料,借用上游的洋县气象站资料说明。据洋县气象站1961—2010 年实测资料统计,多年平均气温 14.6 ℃,极端最高气温 39.4 ℃,极端最低气温-11.9 ℃;多年平均降水量 803 毫米;多年平均风速 1.2 米每秒,多年平均最大风速 11.2 米每秒,最大风速 16.3 米每秒,风向南东;多年平均蒸发量1 078.5 毫米(直径 20 厘米蒸发皿);最大冻土深度 7 厘米。

(三)水文基本资料

1. 径流

经计算,由洋县站、石山村站和酉水街站实测径流推算的黄金峡坝址年径流量为 68.68 亿立方米,黄金峡坝址以上流域农业灌溉、工业用水、生活用水多年平均还原水量 7.09 亿立方米,引嘉济汉 2000—2010 年平均年引水量 1.87 亿立方米,故黄金峡坝址以上多年平均天然年径流量为 75.41 亿立方米。黄金峡坝址径流年内分配见表 1-2-1。

表 1-2-1 黄金峡坝址径流年内分配

月份	1	2	3	4	5	6	7	8	9	10	11	12	全年
多年平均径流量/亿立方米	2.29	1.21	2.04	4.48	6.08	5.97	13.00	12.06	13.67	8.56	3.85	2.19	75.41
百分比/%	3.03	1.61	2.70	5.94	8.06	7.92	17.25	15.99	18.13	11.35	5.11	2.91	100

2. 洪水

1) 暴雨洪水特性

汉江上游的暴雨最早发生在 3 月,最迟发生在 11 月,但量级和强度较大的暴雨一般发生在 7—9 月。暴雨有雷暴雨和霖暴雨两种,雷暴雨主要发生在夏季,一般为地形雨,强度大,笼罩面积小,常造成局部地区大洪水;霖暴雨一般出现在秋季,降水面积大,历时长,强度不大,造成整个流域大洪水机会较多。

分析洋县站 1954—2010 年 57 年实测洪水资料,洪水最早出现在 3 月,但洪峰流量较小,年最大洪水多出现在 7—9 月。11 月由于受霖雨的影响,亦有洪水发生。实测系列的最大洪峰流量为 13 800 立方米每秒(1981 年),一次洪水过程为 3~5 天,洪水具有陡涨陡落的特点。

2) 历史洪水及重现期

洋县最大洪水发生在 1903 年,洪峰流量为 13 800 立方米每秒;次大洪水为 1981 年,洪峰流量为 13 800 立方米每秒;第三、第四大洪水在 1949 年、1962 年,洪峰流量分别为 13 500 立方米每秒、13 200 立方米每秒。石泉站最大洪水发生在 1949 年,洪峰流量为 20 400 立方米每秒;次大洪水为 1903 年,洪峰流量为 19 600 立方米每秒;第三大洪水在 1955 年,洪峰流量为 17 100 立方米每秒。

从历史洪水分析成果看,洋县站 1903 年洪水是迄今为止 108 年内发生的最大一场洪水,石泉站 1949 年洪水是 1903 年以来 108 年内发生的最大洪水。洪水重现期确定为 108 年。

3. 泥沙

汉江上游区植被较好,泥沙含量小,主要集中在汛期。

黄金峡坝址区无实测泥沙资料,采用洋县站泥沙资料按面积比推求黄金峡坝址泥沙特征值。根据洋县站 1956—2010 年泥沙系列统计,多年平均输沙量为 487

万吨,相应含沙量 0.846 千克每立方米。据此推算坝址断面多年平均输沙量为574 万吨。坝址泥沙年内分配主要集中在 6—9 月,占全年的近 90%。

汉江上游干支流无实测推移质资料,故采用推悬比估算推移质。推悬比采用10%。黄金峡多年平均悬移质输沙量为 574 万吨,故推移质为 57.4 万吨。

根据洋县站 1972—2008 年共 37 年资料统计,多年平均中数粒径为 0.031 毫米,多年平均粒径为 0.063 毫米。

二、三河口水利枢纽

(一)流域概况

子午河是汉江上游北岸的一级支流,地理位置北纬 33°18′~33°44′,东经 107°51′~108°30′,分属宁陕县、佛坪县管辖。河流上游由汶水河、蒲河、椒溪河汇合而成,汇合后由北流向南,在两河口附近有堰坪河汇入,继续流向西南,于石泉县三花石乡白沙渡附近入汉江。河流全长 161 千米,流域面积 3 010 平方千米,河道平均比降5.44‰,流域呈扇形。

子午河流域地势北高南低,主峰秦岭梁海拔 2 965 米,流域主要为土石山区,植被良好,林木茂密,森林覆盖率达 70%,水土流失轻微。20 世纪 80 年代后,由于经济的发展,佛坪县县城附近局部林木遭到破坏,水土流失增加,造成椒溪河佛坪县城以下河流的含沙量有所增大。

子午河流域无大中型水利、水保工程。

三河口水库坝址位于子午河三河口以下约 2 千米处,坝址以上河长 108 千米,控制流域面积 2 186 平方千米,占全流域的 72.6%,坝址处河床高程 525米(黄海)。

(二)气象

子午河流域属北亚热带湿润、半湿润气候区,四季分明,夏无酷热,冬无严寒,春季升温迅速,秋凉湿润多连阴雨。三河口水库气象特性借用宁陕县气象站实测资料来说明,据该站 1961—2010 年资料统计,多年平均气温 12.3 ℃,极端最高气温 37.4 ℃,极端最低气温 -16.4 ℃;多年平均降水量 903 毫米,多年平均蒸发量1 209 毫米,多年平均风速 1.2 米每秒,多年平均年最大风速 9.1 米每秒,最大风速 12.3 米每秒,土层冻结期为 11 月到次年 3 月,最大冻土深度 13 厘米。

(三)水文基本资料

1. 径流

三河口水库坝址径流年内月分配见表 1-2-2。

表 1-2-2　三河口水库坝址径流年内月分配

月份	7	8	9	10	11	12	1	2	3	4	5	6	全年
径流量/亿立方米	1.77	1.45	1.59	1.04	0.41	0.20	0.14	0.11	0.19	0.44	0.67	0.69	8.70
流量/立方米每秒	66.1	54.1	61.3	38.8	15.8	7.47	5.23	4.55	7.09	17.0	25.0	26.6	27.6
百分比/%	20.32	16.66	18.27	12.00	4.71	2.30	1.61	1.26	2.18	5.06	7.70	7.93	100

2. 洪水

1) 洪水特性

子午河的洪水是由暴雨形成的,暴雨特性决定着该河的洪水特性,据两河口站 1963—2011 年 49 年实测洪水资料统计,该河最早洪水出现在 4 月,但洪峰流量较小。年最大洪水一般出现在 6—10 月,大洪水主要出现在 6—9 月。11 月由于受霖雨的影响,亦有洪水发生。洪水具有峰高、量大的特点,峰型多呈单峰,双峰和复峰相对较少,一次洪水过程 4~6 天,主峰历时 2~4 天。实测最大洪峰流量 6 270 立方米每秒。

2) 历史洪水和重现期

三河口段近百年来的最大洪水发生在 2002 年 6 月 9 日,其洪峰流量为 5 700 立方米每秒,洪水的重现期确定为 100 年。

3. 泥沙

子午河属山溪性河流,流域内植被良好,水流清澈,河流悬移质含沙量小。泥沙具有大水大沙、年际变化较大、年内分配不均、泥沙主要集中在汛期的几场大洪水中、沙量比水量更集中的特点。据两河口站 1963—2010 年 48 年实测悬移质输沙量资料统计,多年平均悬移质输沙量 53.5 万吨,最大年输沙量 533 万吨(2002年),最小年输沙量 0.70 万吨(2001 年);多年平均含沙量 0.491 千克每立方米,最大含沙量 58.2 千克每立方米(2002 年 6 月 9 日),最小含沙量为 0。

经计算:三河口水库坝址悬移质输沙量多年平均值为 41.5 万吨,多年平均推移质输沙量为 8.30 万吨,多年平均输沙量为 49.8 万吨。

三、秦岭输水隧洞

(一) 越岭段

秦岭输水隧洞越岭段南起黄三隧洞出口控制闸,沿东北方向经三河口水利枢纽右岸坝后穿越椒溪河,北上穿越黑河支流王家河最终到达周至县楼观镇黄池沟,全长81.779千米。越岭段共布设10条施工支洞,涉及的主要河流有蒲河、椒溪河、虎豹河、王家河、黑河、黄池沟。

秦岭输水隧洞越岭段所涉及的支洞主要有椒溪河支洞、0号、0-1号、1号、2号、3号、4号、5号、6号、7号支洞,共计10个,其中椒溪河支洞、0号、0-1号、1号、2号、3号、4号支洞进口位于秦岭主峰以南,5号、6号、7号支洞进口位于秦岭主峰以北。

1. 流域概况

本工程为引水隧洞,一端为黄三隧洞出口控制闸,一端为秦岭输水隧洞越岭段出口黄池沟,作为永久工程的隧洞工程本身无防洪要求,但需计算隧洞出口段黄池沟设计洪水,防洪标准为50年一遇设计、200年一遇校核。施工支洞中3号、6号支洞作为检修洞为永久性工程,防洪标准为50年一遇设计,200年一遇校核。椒溪河支洞、0号、0-1号、1号、2号、4号、5号、7号支洞均为施工支洞,防洪标准为20年一遇。

2. 气象

岭南子午河流域气象条件同三河口水利枢纽。

岭北黑河流域工程区属暖温带半干旱半湿润大陆性季风气候,四季分明,冬夏温差大,具有春暖干燥、夏季燥热、秋季湿润、冬寒少雪的气候特点。据周至县气象站多年资料统计,全年平均风速1.3米每秒,最大风速20米每秒。多年平均气温13.2 ℃,多年平均降水量638.3毫米,最大冻土深度24厘米,多年平均蒸发量1 151毫米。

3. 洪水

子午河流域洪水特性同三河口水利枢纽。

黑河流域工程区的洪水主要由暴雨形成,最早出现在4—5月,其峰量小,年最大洪水一般出现在7—8月,10月受霖雨影响,亦有洪水发生。由于河槽调蓄能力较小,一次暴雨形成一个洪峰。

(二)黄三段

秦岭输水隧洞黄三段南起汉江黄金峡泵站出水池,沿东北方向到达支流子午河三河口水利枢纽右岸坝后,全长16.48千米。隧洞沿线共布设4条施工支洞。其中,1号支洞进口位于远离支沟的坡地;2号支洞进口位于良心河支流东沟河左岸,距离东沟河口约1.2千米;3号支洞进口位于子午河支流沙坪河右岸;4号支洞进口位于子午河右岸、三河口水库坝址下游1.8千米处。

1. 流域概况

子午河流域概况同三河口水利枢纽。

良心河是汉江北岸的一级小支流,西邻金水河,东与子午河相接,河流全长13.7千米,流域面积46.8平方千米,河道平均比降43.8‰。东沟河是良心河的一级支流,2号支洞出口以上全长6.0千米,流域面积11.4平方千米,河道平均比降59‰。

沙坪河为子午河的一级支流,全长11.2千米,流域面积26.6平方千米,在大河坝镇附近汇入子午河。沙坪河3号支洞进口以上全长7.6千米,流域面积18.5平方千米,河道平均比降78‰。施工支洞涉及河流上游无大中型水利工程,其中3号支洞沙坪河上游900米处建有沙坪水库,控制面积16.5平方千米,总库容18万立方米,有效库容12万立方米,为小(2)型水库,防洪标准为30年一遇设计,100年一遇校核。子午河上游有部分小型水库。因为库容均较小,本次设计中暂不考虑水利工程对洪水的影响。

2. 气象

工程与黄金峡水利枢纽、三河口水利枢纽位于同一气候区,气象条件相近,气象要素借用宁陕县气象站资料。

3. 洪水

工程区的洪水是由暴雨形成的,暴雨特性决定着该河的洪水最早出现在4月,但洪峰流量较小,年最大洪水一般出现在6—10月,大洪水主要出现在6—9月,11月由于受霖雨的影响,亦有洪水发生。洪水具有陡涨陡落、峰型呈单峰的特点,洪水历时仅几小时。

第三章　地形地质

引汉济渭工程位于陕西省南部的秦岭山区,工程跨越黄河、长江两大水系,呈线状分布,工程将汉江水调入渭河水系。工程区主要位于秦岭褶皱系内,南部位于扬子准地台,有5条近东西向区域断裂分布于工程区内。

第一节　区域地质特征

一、区域地质概况

工程区域跨越了2个一级大地构造单元区,秦岭褶皱系及扬子准地台,南与松潘—甘孜褶皱系接邻,北与华北准地台接邻。

工程区内近东西向断裂最为发育,根据断裂构造规模,区域内断裂分为区域性深大断裂(一级构造)、近场区主要断裂(二级构造)、一般断层(三级构造,一般规模断层)及四级构造(小规模断层)。

区域主要发育深大断裂(一级构造)5条,即宝鸡—兰田—华阴秦岭山前断裂带、一堵墙—涝峪—草坪断裂带、古脊梁—沙沟街—十五铺断裂带、紫柏山—山阳—青山断裂带、阳平关—洋县断裂带。

近场区主要断裂(二级构造)9条,即周至—余下断裂、岐山—马召断裂、商县—丹凤断裂、凤镇—山阳断裂、西岔河—两河口—狮子坝断裂、两河口—光头山断裂、饶峰—麻柳坝—钟宝断裂、饶峰—石泉断裂、大河坝—白光山断裂。

工程区主要断层(三级构造)27条,复式背斜6个、复式向斜6个。

二、区域构造稳定性及地震基本烈度

工程区位于秦岭基岩山区,构造运动以整体上升为主,晚更新世以来断裂不活动,历史和现代震级小,遭受的地震影响烈度低,属构造较稳定地区。

根据《中国地震动参数区划图》及《陕西省引汉济渭工程地震安全性评价工作报告》和《陕西省引汉济渭工程地震安全性评价地震动参数复核报告》,工程区地震动峰值加速度以板房子—杨家山—老庄子为界,以北地区为$(0.10 \sim 0.15)g$,对应地震基本烈度分别为Ⅶ度;以南地区为$(0.05 \sim 0.10)g$,对应地震基本烈度分别为Ⅵ度。

黄金峡水利枢纽按50年超越概率10%,地震动峰值加速度为0.067g,地震动

反应谱特征周期为 0.45 秒,相应的地震基本烈度为Ⅵ度;按 100 年超越概率 2%,地震动峰值加速度为 0.178g,地震动反应谱特征周期为 0.50 秒,相应的地震基本烈度为Ⅶ度。三河口水利枢纽 50 年超越概率 10%的情况下,地震动峰值加速度为 0.062g,特征周期 0.53 秒,相应地震烈度为Ⅵ度;100 年超越概率 2%的情况下,地震动峰值加速度为 0.146g,特征周期 0.57 秒,相应地震烈度为Ⅶ度。工程地震设防分类为重点设防类。

三、黄金峡水利枢纽

坝址区主要构造类型为小断层和裂隙。坝址区共发育 34 条小断层,其中地表 6 条,平洞内出露 28 条。断层倾向以 SSE 组和 SSW 组最为发育,约占 64.7%;除 f3 断层为缓倾角(<30°)外,其余均为中、陡倾角断层。断层规模一般较小,断层带宽度一般为 10~30 厘米,最大不超过 50 厘米,断层带物质主要为碎裂岩、角砾岩,少数断层充填绿泥石及泥质,断面平直粗糙或起伏粗糙。断层长度未全部显露,平洞中可见迹长一般 2~6 米。

坝址区统计中陡倾角裂隙有 3 326 条,缓倾角裂隙(倾角<30°)211 条。裂隙长度以 5~30 米居多,平洞内裂隙迹长 0.8~4.0 米。强风化岩体中裂隙一般呈微张—张开状,裂面粗糙,充填铁锰质和泥质。弱风化岩体中裂隙一般呈闭合—微张状,少量裂面张开,裂面粗糙,充填铁锰质为主,少量钙质、长英质、绿泥石等。微新岩体中裂隙一般呈闭合状,少量呈微张状,裂面粗糙,无充填为主,铁锰质、绿泥石次之,少量钙质、长英质等。

水库区主要构造形迹为断层和裂隙,总体走向多为近东西向,主要发育阳平关—洋县断裂带(ⅠF11)、碾子坪断层(F26)、王家垭—水磨沟断裂(F27)、新铺—子午河断裂(F28)4 条主要断层及多条小断层。

四、三河口水利枢纽

坝址区发育一小型倾伏穹隆背斜构造,褶曲核部位于中坝线下游 120 米处。背斜轴向 315°~332°,两翼产状近于对称,靠近核部倾角较小,翼部倾角变大,靠近背斜轴部断层、纵向剪性裂隙及横向张性裂隙发育。

坝线及附属建筑物附近地面出露的断层共 19 条,其中跨河断层 3 条、左岸 5 条、右岸 11 条,断层规模一般不大,破碎带宽度一般 30~150 厘米,影响带宽度 1.0~8.0 米,多为逆断层,力学性质以压性及压扭性为主;坝线上 19 个平洞内共揭示小型断层 89 条,规模不大,破碎带宽度一般 5~40 厘米,最大宽度 80 厘米,多为中等倾角或高倾角的逆断层,仅在平洞内揭示缓倾角断层 8 条,左岸 2 条、右岸 6 条。

水库区地质构造较复杂,断裂构造较发育,通过库区的主要断裂有:西岔河—三河口—狮子坝断裂(Fi5-1、Fi5-2),四亩地—十亩地乡断层(F19),西岔河—三河口(西湾)—老人寨断层(F3-1,F3-2,F3-3,F3-4,F3-5,F3-6)。据库区地质测绘发现延伸数米到数十米的小断层30条,断层带宽度一般0.3~0.8米,以走向40°~65°和65°~75°为主。

五、秦岭输水隧洞

(一) 秦岭输水隧洞越岭段

隧洞沿线发育佛坪复背斜、板房子—小王涧复式破向斜、黄石板背斜、高桥—黄桶梁复式向斜;发育山阳—凤镇断裂、商县—丹凤断裂、黄台断裂3条区域性大断裂,以及33条地区性一般性断裂(含6条推覆断层)。主要节理裂隙方向为北西向及北东向。

(二) 秦岭输水隧洞黄三段

隧洞沿线分布地层岩性有古生代的变质岩及沉积岩;元古代及古生代的侵入岩,沿线横穿14条较大规模断层,断层均与洞线呈大角度相交,倾角较陡,主断层带一般由断层糜棱岩、岩屑及碎裂岩组成,宽度一般为2~15米,部分断层影响带宽度达20~90米,是围岩稳定需要重点考虑的部位,另外洞线还穿越多条小断层。褶皱主要为大龙山—秧田坝倾伏背斜、长许家台—铁炉乡倒转倾伏向斜,以及多处小型柔皱、褶皱。

第二节　区域地形地貌

一、黄金峡水利枢纽

(一) 坝址区地形地貌特征

坝址区汉江流向南东,河道较为顺直,河床高程402~413米,河床宽度160~220米;左岸临江山坡坡顶高程约700米,地形相对较缓,地形坡角37°~41°;右岸临江山坡坡顶高程760~770米,地形上缓下陡,640米高程以上坡角26°左右,640~450米间坡角38°~42°,450米高程以下坡角45°~50°。

(二) 水库区地形地貌特征

水库区长约55.68千米,库岸总长约172千米,库区总体地势西高东低。库区河谷可分为中低山峡谷、低山丘陵宽谷和构造盆地河谷三大类型。坝址—还珠庙村库段为中低山峡谷地貌,长19.3千米;还珠庙村—黄安镇东村(小峡口)库段为低山丘陵宽谷地貌,汉江干流长24.5千米;小峡口以上—党水河河口库尾段为构造盆地河谷地貌,汉江干流长14.4千米。

二、三河口水利枢纽

(一) 坝址区地形地貌特征

坝址区位于佛坪县大河坝镇东北约 3.8 千米的子午河峡谷段,属秦岭中段南麓中低山区,子午河在坝址区流向 SW52°,河流比降为 3.0‰~4.5‰。河谷呈"V"形发育,两岸地形基本对称,自然边坡坡度为 35°~50°,大部分区域基岩裸露。坝址附近河床高程 524.80~526.50 米,谷底宽 79~87 米,河床覆盖层厚度 5.8~11.8 米。

(二) 水库区地形地貌特征

水库区位于秦岭南部的中低山区,为"V"形峡谷地貌,植被丰茂。河流两岸山势陡峻,冲沟发育,总体趋势为北高南低。水库区由子午河的 3 条支流椒溪河、蒲河、汶水河组成,在坝址上游 2.0 千米的三河口处交汇。按正常蓄水位 643 米计算,椒溪河、蒲河、汶水河回水长度分别为 19.21 千米、13.37 千米、27.79 千米,三河口下游子午河段回水长度 2.17 千米。

三、秦岭输水隧洞

(一) 秦岭输水隧洞越岭段

隧洞越岭段位于秦岭西部山区,主要包括秦岭岭南中低山区、秦岭岭脊高中山区、秦岭岭北中低山区 3 个大的地貌单元。洞室埋深为 100~1 500 米,其中埋深小于或等于 100 米的洞段长约 0.6 千米,埋深为 100~500 米的洞段长约 19.9 千米,埋深为 500~1 000 米的洞段长约 34.1 千米,埋深为 1 000~1 500 米的洞段长约 23.0 千米,埋深大于或等于 1 500 米的洞段长约 4.2 千米。

(二) 秦岭输水隧洞黄三段

黄三段隧洞位于南秦岭中段、汉江以北的中低山区,局部为中山区,地势北高南低。隧洞起点位于汉江左岸山坡,终点位于子午河右岸山坡,沿线地形起伏较大,总体呈中部高、两端低的形态。隧洞埋深 34~567 米,其中埋深小于 300 米的洞段长 8.698 千米,占 52.8%;埋深为 300~500 米的洞段长 6.761 千米,占 41.0%;埋深大于 500 米的洞段长 1.026 千米,占 6.2%。

第三节　地层、岩性特征

一、黄金峡水利枢纽

坝址区出露基岩为早元古代青白口期闪长岩,第四系松散堆积层根据成因可分为冲洪积层砂砾卵石、残坡积层碎石土、粉质壤土夹砾石或碎石、人工堆积层碎石土夹块石、卵石夹漂石,主要分布于沟谷地带。

坝址区岩体划分为强风化、弱风化和微新岩体 3 个风化带,根据风化特性的相对差异,又将弱风化带分为上、下 2 个亚带,即弱风化上带和弱风化下带。

水库区主要出露早元古代侵入岩体,支流库尾见少量寒武—奥陶系和志留系变质岩系,第四系松散堆积层主要分布在河谷、斜坡地带。

二、三河口水利枢纽

坝址区基岩为志留系下统梅子垭组变质砂岩段变质砂岩、结晶灰岩,局部夹有大理岩及印支期侵入花岗伟晶岩脉、石英岩脉。大理岩与变质砂岩及结晶灰岩多呈切层分布或断层接触;伟晶岩脉、石英岩脉与围岩(结晶灰岩及变质砂岩)一般多呈紧密接触关系。沟谷及坡面断续覆盖有第四系人工堆积、冲积、冲洪积、坡洪积及崩坡积松散堆积物。坝址区分布的可溶岩有大理岩及结晶灰岩,与非可溶岩变质砂岩呈互层状结构。坝址区可溶岩地层中岩溶发育程度轻微,连通性差,对工程无明显影响。

库区岩性可分为三大类,即变质岩、岩浆岩、第四系松散堆积物。岩性主要为奥陶系上统—志留系云母片岩为主,夹条带状薄层结晶灰岩和大理岩;泥盆系中统公馆组,结晶灰岩夹大理岩;志留系下统梅子垭组变质砂岩、二云片岩、结晶灰岩夹大理岩。其中,印支期侵入岩岩性为花岗岩,主要分布于蒲河竹园子以上河段及汶水河上游张家梁以北库尾段。在三河口一带分布有花岗伟晶岩脉和石英脉。第四系地层主要堆积于河床、漫滩及残留阶地部位,岸坡平缓地带及坡脚多有崩坡积分布。

库区可溶岩主要为大理岩及结晶灰岩,岩溶形态多以溶隙、溶孔为主,溶洞甚少。回水范围内可溶岩分布区岩溶发育程度较弱,连通性差。

三、秦岭输水隧洞

(一)秦岭输水隧洞越岭段

隧洞区受多期构造运动影响,断裂构造发育,岩浆活动强烈,变质作用复杂,主要分布变质岩、侵入岩两大类。岩性主要以变砂岩、千枚岩、片岩、石英岩、变粒岩、大理岩、片麻岩和花岗岩、花岗闪长岩、闪长岩等为主。

(二)秦岭输水隧洞黄三段

隧洞沿线分布地层岩性有古生代的变质岩及沉积岩;元古代及古生代的侵入岩,另外沿山坡零星分布或沿河沟呈带状分布冲洪积、坡积、残积、崩积等第四系堆积物。

第四节　地下水水文地质特征

一、黄金峡水利枢纽

(一)坝址区水文地质特征

坝址区地下水根据埋藏条件可分为基岩裂隙水与第四系孔隙潜水两类。基岩裂隙水分布于岩体裂隙中,呈山高水位高、埋深越大的分布趋势,受大气降水补给,以潜流的形式向河谷等低凹方向排泄,补给第四系孔隙潜水,或以下降泉水形式向河流排泄。第四系孔隙潜水主要赋存在河床及漫滩的砂砾卵石层中分布,主要接受河水补给,其次接受基岩裂隙水的补给,沿河流方向向下游排泄。根据水质分析成果,工程区地表水和地下水对混凝土结构无腐蚀性,对钢筋混凝土中的钢筋无腐蚀性,对钢结构具弱腐蚀性。

(二)水库区地形地貌特征

水库区地下水可分为基岩裂隙水和第四系孔隙潜水两种类型。基岩裂隙水分布于库区岩体构造裂隙、风化裂隙以及断裂破碎带中,受大气降水补给,以潜流的形式向河谷等低凹方向排泄,或以小流量下降泉水形式向河流排泄,泉水出露点均高于正常库水位高程;第四系孔隙潜水主要分布于河漫滩、阶地及残坡积层等松散堆积层中,主要受降水及基岩裂隙水的双重补给,沿下游方向往河流、沟谷排泄,汉江为库区最低排泄基准面。

二、三河口水利枢纽

(一)坝址区水文地质特征

坝址区地下水类型主要为第四系松散堆积层孔隙潜水和基岩裂隙水两种类型。第四系孔隙潜水分布于河谷漫滩及低级阶地上,主要接受大气降水补给,向河流排泄;基岩裂隙水分布于河谷基岩强~弱风化带裂隙中,主要受大气降水补给,向河流或沟谷以下降泉形式排泄。两岸地下水位远高于河床,呈现山高水高的特征。环境水对混凝土及钢筋混凝土结构中的钢筋无腐蚀性,对钢结构有弱腐蚀性。

根据河床抽水试验数据,河床砂卵石层渗透系数 $K=62$ 米每日,部分断层破碎带为糜棱岩夹断层泥,其渗透系数 $K=2.82\times10^{-3}\sim3.54\times10^{2}$ 米每秒,属中等~强透水性。

(二)水库区地形地貌特征

水库区地下水可分为基岩裂隙水和第四系孔隙潜水两种类型。基岩裂隙水分布于库区岩体构造裂隙、风化裂隙以及断裂破碎带中,受大气降水补给,以潜流的形式向河谷等低凹方向排泄，或以小流量下降泉水形式向河流排泄，泉水出露点均高于正常库水位高程；第四系孔隙潜水主要分布于河漫滩、阶地及残坡积层等松散堆积层中，主要受降水及基岩裂隙水的双重补给，沿下游方向往河流、沟谷排泄，汉江为库区最低排泄基准面。

三、秦岭输水隧洞

（一）秦岭输水隧洞越岭段

根据隧洞沿线出露的地层岩性及地质构造特征，结合含水介质的不同，勘测区地下水可分为第四系松散岩类孔隙水、碳酸盐岩类岩溶水和基岩裂隙水三大类。环境水水中侵蚀性二氧化碳基本不含或含量很低，不具侵蚀性。

隧洞围岩富水性可划分为强富水区、中等富水区、弱富水区和贫水区4个区，其中强富水区长度6 099米，约占7.5%，中等富水区长度38 351米，约占46.8%，弱富水区长度22 209米，约占27.2%，贫水区长度15 120米，约占18.5%。预测隧洞正常涌水量约87 340立方米每日，最大涌水量约196 160立方米每日。大理岩地层，岩溶水发育，属强富水区；断裂带和影响带及岭南的印支期花岗闪长岩、华力西期闪长岩，岭北的加里东晚期花岗岩、下元古界片麻岩、下古生界片岩地层中地下水较发育，属中等富水区，其余地段多为弱富水区及贫水区。

（二）秦岭输水隧洞黄三段

工程区地下水类型主要有第四系松散层孔隙潜水、基岩裂隙水、灰岩溶隙裂隙水三大类。第四系松散层孔隙水以潜水为主，受大气降水和上游地表水的两岸裂隙水补给为主，向冲沟或河流排泄，部分下渗补给基岩裂隙水；基岩裂隙水主要赋存于表层风化岩体、新鲜基岩的层理及构造裂隙中，主要接受大气降水及上覆松散岩层的潜水补给，以泉形式向河谷排泄，总体显示了山高水高的特点；灰岩溶隙裂隙水主要分布在ⅠF11断裂带内，主要接受大气降水及上覆松散岩层潜水补给，以下降泉形式向沟谷排泄。环境水对混凝土无腐蚀性，对钢筋混凝土中钢筋具有微腐蚀性，对钢结构具弱腐蚀性。

第二篇

前期工作

　　陕西省是一个水资源异常紧缺的省份。长期以来,干旱缺水一直是制约陕西经济社会发展的主要因素。善治秦者先治水,陕西自古就有治水的光荣传统,留下了灿烂光辉的治水历史。20 世纪八九十年代,渭河流域关中地区水资源紧张问题日益严重。面对关中地区农业灌溉、城乡生活、工业生产供水严重不足的多重压力,以及水资源开发过度加之其他原因导致的渭河流域水生态环境日趋恶化的严峻形势,陕西水利界逐步把解决关中缺水问题的目光转向了如何从陕南调水。经过广大水利工作者 20 多年的研究探索,最终形成了陕西省南水北调规划,进而开始了引红济石、引乾济石和引汉济渭三大调水工程建设,促使陕西水利建设在 21 世纪初迈上了新的台阶。陕西省委、省政府高瞻远瞩、科学规划,决定举全省之力建设引汉济渭这项跨流域调水工程。

第一章　决策背景

陕西缺水的省情是省内南水北调研究探索的最大背景。20 世纪 80 年代,陕西省水资源紧缺问题日益显现,成为制约全省经济社会发展的重大制约因素,社会各界对解决水资源紧缺问题进行了持续不断的探索研究。面对渭河流域关中地区日趋紧张的水资源供需矛盾及其引发的诸多生态环境问题,人们把解决水资源的希望寄托在秦岭以南的汉江、嘉陵江流域。

第一节　工程兴建缘由

省内南水北调方案论证始于 20 世纪 80 年代,到陕西省委、省政府确定建设引汉济渭工程,历时 20 多年。当初,水利电力勘测设计单位的专家提出最初设想后,省水利厅几届领导班子、规划计划处、水资源处、总工办、水利工程咨询中心的专家学者为各种调水方案的论证、完善、审定以及报省政府研究,做了大量工作,使省内南水北调工程逐渐得到省委、省政府领导的高度重视和支持。

与此同时,省水利厅于 2001 年还组织相关单位配合开展了引洮(甘肃的洮河)济渭调水方案的探索与研究,并拿出了具体方案;水利部于 2004 年 2 月安排由黄河水利委员会(简称黄委)牵头、长江委配合,开展引江济渭入黄方案研究,于 2008 年拿出了从长江、汉江和嘉陵江调水济渭入黄的三个方案(简称小江调水)。

省内南水北调、引洮济渭、小江调水经多方比较、相互借鉴、实施难易程度和时机选择等因素考虑,最终陕西省委、省政府确定立足于省内调水,优先实施省内引红济石工程、引乾济石工程和引汉济渭工程三项南水北调工程。

水利专家的探索得到水行政主管部门和省委、省政府决策层的高度关注,不断加大推进力度并相继完成了以下三个阶段工作。

一、1993—1995 年全面普查阶段

1993 年,省水利厅委托省水利学会组织专家开展了省内南水北调工程查勘工作,提出了 9 条调水线路和 18 个取水点,即引嘉陵江济渭河、引褒河济石头河水库、引湑水河济黑河、引子午河济黑河、引旬河济涝河、引乾佑河济石砭峪水库、引金钱河济灞河等。

1994 年初,省水利厅厅长刘枢机主持党组会讨论了省内南水北调工程查勘报

告,认为提出的调水工程是解决关中缺水问题的重要途径,技术上可行,经济上合理,推荐近期实施引红济石,远期实施引嘉济渭、引子济黑,实现年调水20亿立方米。同年4月28日,省水利厅向省计划委员会报送了查勘成果,紧接着于1995年组织普查了三河口水库,为引汉济渭工程确立迈出了重要一步。

二、1996—2003年综合规划阶段

在此期间,省水利厅南水北调考察组于1997年提交了《陕西省两江联合调水工程初步方案意见》,在此基础上对引嘉入汉进行了深入查勘和规划研究,由省水电设计院编制了《陕西省引嘉入汉调水工程初步规划报告》。

2003年,经过对多种调水线路组合方案的论证与比较,由省水利厅完成了《陕西省南水北调总体规划》。这项规划确定了以引汉济渭调水工程为骨干线路,与引红济石、引乾济石组成的省南水北调总体方案。在综合规划过程中,引乾济石、引红济石工程前期工作全面铺开,并相继开工建设。

先是对引乾济石率先完成了单项工程规划、项建和可研工作,并于2003年开工建设,2005年7月5日建成长18.5千米的引水隧洞工程,同时建设了老林河、龙潭河、太峪河三大引水系统工程,工程完成总投资2.38亿元,实现年调水4 697亿立方米,增加了西安市城市生活供水。

紧接着对列入"九五"规划的引红济石工程进行了查勘,由省水电设计院先后提交了《陕西省引红济石工程查勘报告》《陕西省引红济石调水工程预可行性研究》及后续工作,并于2006年开工建设,目前已建成受益。这项工程通过穿越秦岭的19.76千米隧洞自流调水进入渭河支流上的石头河水库,年调水9 000万立方米。

三、2004—2005年引汉济渭工程规划论证阶段

引汉济渭工程规划过程中,针对关中的缺水问题,曾先后研究过不同的解决途径,包括对国家修建黄河古贤水库、建设南水北调大西线工程的可能性以及实际的预判,重点研究比较了引洮入渭调水工程、小江调水两大工程,省水利厅和相关专家得出的结论是:黄河古贤水库具有较强的调控能力,但在国家南水北调西线工程建成前,无水可向关中调引,而国家南水北调大西线工程的实施尚无明确期限;引洮济渭技术难度小,但调水量小,而且是跨省从小河向大河调水,从半干旱地区向半干旱半湿润地区调水,在国家大西线调水实施以前,洮河流域水量同样不足的条件下,近期实施基本无望;小江调水的方案近期也很难实现。相对而言,陕南汉江流域水量丰富,水质良好,且与关中仅以秦岭相隔,跨流域调水难度相对较小,且调水区在本省境内,调水区、受水区之间的问题易于协调解决。因

此,应把引汉济渭工程列为首选项目。

经过多方案比较,陕西省委、省政府和相关部门在建设引汉济渭工程上基本达成共识,并对引汉济渭调水赋予了新的意义,就是在解决关中近期缺水问题的同时,也是解决近、中期陕北能源化工基地用水的重要前提。这一因素决定了引汉济渭工程将成为陕西省具有全局性、基础性、公益性和战略性的水资源配置工程、城镇供水工程和渭河水生态环境的整治工程。

此后的 2005 年 12 月,国务院批准了水利部组织编制的《渭河流域重点治理规划》。这一规划充分肯定了从外流域调水解决关中缺水的必要性,并要求加快引汉济渭调水工程前期工作。为此,省水利厅组成专门班子,委托陕西省水利水电工程咨询中心编制了《引汉济渭调水工程规划报告》,对引汉济渭工程的调水规模、受水范围、工程方案进行了优化完善。

第二节　省内南水北调总体规划

根据多年研究成果以及与引洮济渭、两江联合调水等方案比较,陕西逐步对省内南水北调这一战略措施形成共识,并于 2003 年组织编制完成了《陕西省南水北调工程总体规划》。

陕西省内南水北调规划编制,经历了从初步设想到完成总体规划的较长过程。

1993 年,省水利厅组织完成了《陕西省南水北调查勘报告》,推荐先行实施引红济石调水工程,并经省政府列为近期建设项目,完成了可行性研究阶段的前期工作。

1996 年,省水利厅组织对查勘报告进行了补充研究论证,于 1997 年 2 月,完成了《陕西省两江联合调水工程初步方案意见》(引嘉入汉和引汉济渭工程的总称)。

1997 年 1 月,省政府组织有关部门对汉江干流规划逐级进行考察,其间省长程安东指示要把引嘉入汉工程纳入汉江梯级开发规划一并考虑。同年 5 月,省水电设计院完成了引嘉入汉工程规划。

2000 年,为利用西康高速公路建设的有利时机,把引乾(佑河)入石(石砭峪)调水工程的越岭隧洞与秦岭终南山公路隧道建设结合起来,达到一洞两用,早建设、早收益的目的,按照省水利厅的安排,由省水利厅咨询中心于 2001 年 4 月完成了引乾济石调水工程规划。此后,省水利厅组成由总工田万全,副总工吴建民、邓贤艺,规划计划处处长李永杰,项目规划办主任张亚平组成的领导小组,由省水利厅咨询中心主任王建杰、副主任田进分别为总负责人和执行负责人,开始编制《陕西省南水北调工程总体规划》。

这项工作从 2001 年初正式开始,其间又与引洮入渭调水方案进行了比较。

2002 年 4 月至 2003 年 8 月,省水利厅曾多次组织有关专家对报告进行了研讨、初审和审查,基本确定了省内南水北调总体规划所确定的调水规模、调水工程方案以及实施安排意见等。同时,按照国家有关部门的意见,为了尽量减免国家南水北调中线工程和陕西省南水北调工程调水后对汉江下游的影响,总体规划还增加了引嘉(嘉陵江)入汉(汉江)补水工程的有关内容。

第三节 引汉济渭工程规划

引汉济渭工程规划是省内南水北调总体规划的主要组成部分,并作为总体规划的附件,在总体规划编制与审定过程中就形成了初步框架意见。总体规划基本定型以后,省水利厅又组成了由省水利厅总工孙平安总负责,有省水利厅副总工吴建民、邓贤艺、程子勇和规划计划处处长黄兴国,总工办常务副主任张克强参加的领导小组,委托陕西省水利水电工程咨询中心,进一步开展了引汉济渭工程规划的深化与修订完善工作。这项工作由咨询中心主任田进总负责,咨询中心总工苏关键为执行负责人,组织席思贤、王德让、王建杰、吴宽良、阎星、赵建宇、张克强、白炳华、刘生秦、郑克敬、王伯阳、岳进升、杨宏、赵志善等专家完成了规划的编制工作。此后,全稿经苏关键、刘生秦审核,田进审定,最终于 2006 年 10 月通过省水利厅审定,同时得到了省发改委和省政府的认可。

引汉济渭工程规划的编制与修订完善,省发改委、国土资源厅等部门给予了大力支持,也受到省委、省政府的高度重视和国家水利部、发改委和水规总院等机构的大力支持。特别是在编制全省"十一五"发展规划过程中,省委、省政府组织开展了陕西省若干重大问题调查研究,其中第一号专题——'十一五'陕西水资源开发利用调查研究",由省委书记李建国和分管水利工作的副省长王寿森负责,组成了由省水利厅厅长谭策吾和副厅长洪小康、省委研究室副主任岳亮、省政府研究室副主任杨三省等领导和专家学者参加的调研组,开展了为期两个多月的调查研究工作。这次调研得出了一个重要结论:"在粮食、能源与水资源三大战略资源中,我省能源资源丰富,粮食基本自给,而水资源短缺的矛盾十分突出,已成为当前和今后一个时期制约我省经济社会发展的重要因素"。

根据这一结论,陕西省委、省政府明确提出"十一五"期间陕西水利发展的指导思想、总体思路和"两引八库"十大水源建设项目(见《陕西水利发展若干问题研究》第 167 页),其中"两引"一是引红济石,一是引汉济渭。这份调研报告在当年的全省领导干部会议上做了交流,并被评为 2005 年度全省调查研究一等奖。此后很长时期,这份调研报告一直是陕西水利发展极为重要的纲领性文件,并对引汉济渭工程规划的编制与后来的整个前期工作发挥了至关重要的指导作用。

2005 年 12 月,国务院批准了水利部组织编制的《渭河流域重点治理规划》。这一规划在分析关中现状缺水形势和未来水资源需求的基础上,充分肯定了从外流域调水解决关中缺水的必要性,明确提出要加快引汉济渭调水工程的前期工作。这一要求对陕西省编制《引汉济渭调水工程规划报告》提供了规划上的重要依据。同时,规划的编制也吸收了《渭河流域重点治理规划》编制过程中对引汉济渭调水方案的研究成果,并根据陕西经济社会发展的新情况,在对引汉济渭调水规模、受水范围、工程方案的确定和优化过程中,对引汉济渭调水赋予了新的历史意义,即在解决近期关中缺水问题的同时,它也将是近、中期解决陕北能源化工基地用水需求的重要前提,是解决关中缺水问题和实现全省水资源优化配置的关键性工程。

《引汉济渭调水工程规划报告》,除"前言""规划提要"内容外,其主体内容共分为 12 个部分:一是规划依据和工程建设的必要性;二是建设条件;三是受水区及需调水量;四是调水线路选择;五是调水工程方案;六是工程施工与实施计划;七是水量配置及配套工程;八是环境影响、淹没与占地;九是工程管理;十是投资估算及资金筹措;十一是经济评价;十二是结论与建议。

《引汉济渭调水工程规划报告》还有 17 份附图:①陕西省南水北调工程查勘选线示意图;②陕西省南水北调总体规划平面图;③陕西省引汉济渭调水工程平面示意图;④汉江黄金峡枢纽平面布置图;⑤混合方案三河口水库地理位置示意图;⑥混合方案三河口水库(高坝)平面布置示意图;⑦混合方案黄金峡泵站地理位置示意图;⑧抽水方案三河口水库(低坝)枢纽平面布置示意图;⑨抽水方案三河口水库枢纽泵站位置示意图;⑩抽水方案黄金峡泵站位置示意图;⑪黑河陈家坪枢纽平面布置示意图;⑫引汉济渭混合方案三—黑越岭隧洞纵剖面图;⑬引汉济渭混合方案黄—三支渠纵剖面图;⑭引汉济渭抽水方案钟—黑干渠纵剖面图;⑮引汉济渭抽水方案黄—钟支渠纵剖面图;⑯引汉济渭抽水方案三—钟支渠纵剖面图;⑰引汉济渭自流方案黄—田干渠(隧洞)纵剖面图。

第二章　项目建议书

引汉济渭工程项目建议书编制从 2003 年 11 月 20 日启动到 2011 年 7 月 21 日获得国家发改委批复,历时 8 年。其间经历了许多艰难的技术攻关过程,也经历了层层审查、咨询、重大技术方案调整、优化完善、报审批复等各个阶段大量艰巨的协调过程。在各方合力推进与大力支持下,在工程协调领导小组直接领导下,在省级有关部门和工程所在地"三市四县"党委、政府支持配合下,省水利厅、省引汉济渭办组织相关勘测单位,在做了大量勘探、勘测等工作基础上,相继完成了项目建议书阶段的主体工作及其审查、咨询、完善、报审等方面的支撑性工作,同时提前启动穿插开展了可行性研究和初步设计阶段的筹划与基础性工作。

第一节　编制过程

《陕西省引汉济渭调水工程规划》完成以后,陕西省政府立即启动了项目建议书的编制工作。从编制到获得批准历时 11 年,其间经历了项目建议书编制、省内审查、省水规总院技术审查、水利部行政性审查、中国国际工程咨询公司咨询、协调各方关系和国家发改委审批等一系列工作过程。

项目建议书编制工作启动并于 2003 年 12 月 29 日完成招标工作以后,省水电设计院、铁道部第一设计院(简称铁一院)分别开展了三河口水库、秦岭隧洞标段项目建议书的编制工作。

2008 年 8 月 11 日,省长袁纯清主持召开省政府常务会议,决定按照"一次规划、统筹配水"的原则进一步论证完善工程规划。此后,两家勘测设计单位根据省政府常务会的决定,对项目建议书编制工作进行了相应调整,同时增加黄河勘测规划设计有限公司参与"黄三隧洞"(黄金峡水利枢纽至三河口水利枢纽)项目建议书阶段的勘测设计工作,明确由省水电设计院承担总体设计协调工作。

项目建议书阶段设计历程。2004 年 2 月,引汉济渭工程项建勘测设计工作启动。2004 年 3 月,测绘、地质勘察人员进驻现场,至 2007 年 6 月完成了所有六个部分的地形测绘和地质勘察工作。

2006 年 11 月至 2007 年 1 月,在省水电设计院院长王建杰,项目总协调、副院长兼项目经理吕颖峰和技术总负责刘斌的协调组织下,测量、地质、设计人员多次赴现场完成联合踏勘和资料收集工作。

2007年3月,项目组对引汉济渭工程项目建议书工作进行了详细策划准备,编制完成了项目建议书工作计划和编制大纲。

2007年7月完成全部内业工作。测量队和地质队按照任务书要求,于2007年5月完成地形图补测、水文断面测量、库区断面测量,以及黄金峡、泵站、黄三隧洞、三河口、黑河增建工程的地质勘察外业工作,补充完成三河口水库拱坝方案地质资料。此后经过一年多时间的集中加班,于2007年8月完成了项目建议书的编制工作。同时与铁一院多次沟通协调,对秦岭隧洞进口方案做了必要调整,完成了引汉济渭工程项目建议书阶段总报告、单项报告和专题报告共计14册的编制工作,对水文、工程规划和规模、水库淹没和占地、调水区影响、受水区水资源配置等专题报告进行分析论证。

第二节　主要成果

项目建议书阶段取得的技术成果极为丰富,并在许多技术研究方面是开创性的。累计形成的技术成果概括地体现在项目建议书总报告中;同时,在水文分析报告、工程地质勘察报告、工程总体布局与建设规模、黄金峡水库、黄金峡泵站、黄三隧洞、三河口水利枢纽、秦岭隧洞、节能设计、淹没与占地、投资估算、贷款能力测算及经济评价等十二个分册中有更详细的记录;还对调水规模、受水区配置规划、对汉江干流及国家南水北调一期工程影响分析、信息系统规划、环境影响分析、秦岭隧洞施工、秦岭隧洞特殊地质、供水水价及资金筹措方案、运行管理体制以及模式等做了九个方面的专题研究;另外还形成了三册设计图册。

具体而言,项目建议书阶段的技术成果在工程规划的基础上主要解决了如下最为关键的六大技术问题:

一是通过对不同调水方案的分析论证,确定了本工程对陕西乃至全国的重要性和必要性。

二是经多方案论证、国内高水平高规格的咨询活动,确定了引汉济渭工程年调水15亿立方米的调水规模。

三是经过高抽方案和低抽方案对比,研究确定了引汉济渭工程采用低抽费省的总体方案。

四是基本确定了秦岭隧洞设计流量70立方米每秒、出口洞底高程510米和秦岭隧洞的选线方案。

五是基本选定了黄金峡水利枢纽和三河口水利枢纽坝址。

六是基本论证了水源工程规模,黄金峡水利枢纽正常蓄水位 450 米、死水位 440 米、总库容 2.36 亿立方米,三河口水利枢纽正常蓄水位 643 米、死水位 558 米、总库容 7.1 亿立方米。

项目建议书阶段取得的技术成果,凝结了承担编制工作的省水电设计院和中铁一院等勘测设计单位专家学者的聪明才智和辛勤汗水,凝结了承担咨询工作的水规总院、中国国际工程咨询公司等相关单位专家学者的聪明才智和辛勤汗水。

第三节　审查、咨询与批复

2007 年 9 月 11—15 日,省水利厅在西安组织召开《陕西省引汉济渭工程项目建议书》(简称《项目建议书》)审查会。

2007 年 12 月 16—17 日,水利部与陕西省人民政府在西安召开联席咨询会,对《项目建议书》进行咨询。水利部副部长矫勇和陕西省副省长张伟出席会议并讲话,参加会议的有水利部规划计划司、南水北调规划设计管理局、水利水电规划设计总院、长江水利委员会、黄河水利委员会,以及陕西省发改委、财政厅、水利厅、国土资源厅、交通厅、环保局等单位及特邀专家。

咨询会议后,勘测设计单位根据咨询专家意见,全力开展了项目建议书的修改完善工作,于 2008 年 4 月 5 日完成全部修改任务。

2008 年 12 月 23—28 日,水规总院在北京召开会议,对《项目建议书》进行审查。参加会议的有特邀专家和水利部规划计划司、长江水利委员会、黄河水利委员会,陕西省人民政府以及省发改委、水利厅、引汉济渭办,长江勘测规划设计研究院,长江流域水资源保护科学研究所,陕西省水电设计院,铁一院和陕西省水利电力咨询中心等单位的领导、专家和代表。

2008 年 12 月 26 日,省水利厅副厅长王保安主持召开会议,就引汉济渭工程前期工作及咨询意见落实进行了专题研究,要求各有关部门和项目建议书编制承担单位充分领会和理解项目意图及走势,继续密切与上级业务部门和高层专家的联系和沟通,加强过程咨询,提高编制质量,加快工作进度,确保 2008 年 2 月底前完成所有专题研究报告及项建章节修改补充,3 月底前完成整体项目建议书的补充完善,4 月底前正式向水利部上报引汉济渭工程项目建议书。

2009 年 3 月 22—24 日,水利部水规总院在北京召开会议,对《项目建议书》进行了复审。

完成复审以后,《项目建议书》开始进入国家发改委审批前的咨询审查阶段。

2009 年 7 月 6 日,水利部以水规计〔2009〕355 号文将《项目建议书》审查意见报送国家发改委。2009 年 11 月 6—13 日,中国国际工程咨询公司组织专家组在西安市对《项目建议书》进行评估。参加会议的有长江水利委员会规划局、湖北省水利厅计财处、湖北省南水北调办规划处、湖北省水利水电科学研究院、长江水资源保护科学研究所、西安交通大学,以及陕西省政府办公厅、发改委、财政厅、国土资源厅、住房与城乡建设厅、环保厅、林业厅、水利厅、省移民领导小组办公室、省引汉济渭办、省水利水电工程咨询中心,设计编制单位省水电设计院和铁一院等单位的领导、专家和代表。

2010 年 5 月 11 日,中国国际工程咨询公司以咨农发〔2010〕278 号文向国家发改委报送引汉济渭工程项目建议书咨询评估报告。2011 年 7 月 21 日,国家发改委批复《关于陕西省引汉济渭工程项目建议书》,标志着引汉济渭在国家正式立项。

依据上述咨询意见和结论,国家发改委于 2011 年 7 月 21 日以发改农经〔2011〕1559 号文件批复了引汉济渭工程项目建议书。批复意见如下:

(1)原则同意所报引汉济渭工程项目建议书及补充报告。

(2)该工程由黄金峡水利枢纽、黄金峡泵站、黄三隧洞、三河口水利枢纽、秦岭隧洞等五部分组成。工程规划近期多年平均调水量 10 亿立方米,远期多年平均调水量 15 亿立方米,初拟采取"一次立项,分期配水"的建设方案,逐步实现 2020 年配水 5 亿立方米,2025 年配水 10 亿立方米,2030 年配水 15 亿立方米。工程总工期约 11 年。

(3)按 2009 年第四季度价格水平估算,该工程总投资 154 亿元。

(4)下阶段,要重点在以下几个方面做好和完善前期工作:

①在充分考虑受水区节水、治污等措施的基础上,进一步调查复核受水区需水预测。

②进一步研究工程对南水北调中线调水和汉江下游用水的不利影响,制定工程调度方案。

③进一步优化工程布局及建设方案。

④优化工程设计。

⑤建立科学的水资源管理体制和水价形成机制。

⑥深化工程建设管理体制机制改革,根据精简效能的原则,研究提出项目法人组建方案。

⑦全面复核淹没及占地范围内的各项实物指标。

⑧根据有关法律规定,做好环境影响评价、建设用地预审、节能审查等工作。

⑨根据相关法律规定,提出招标投标方案。

(5)请据此编制工程可行性研究报告,按程序报批。

项目建议书在报国家发改委后的审批过程中,国家发改委对工程建设的必要性、受水区节水与治污以及建设过程中的筹融资机制、建设管理体制和如何协调汉江下游湖北省的关系提出了许多要求,为争取项目建议书获得尽快批准,省政府分管领导多次赴国家发改委汇报情况,省水利厅、引汉济渭办领导多次与湖北省相关部门协商,获得了有关各方的理解与支持,使项目建议书最终获得批准。

第三章　可行性研究

2009年5月4日，《项目建议书》编制完成并通过水规总院审查；同年7月6日，水利部以水规计〔2009〕355号文将《项目建议书》审查意见报国家发改委；7月7日，省水利厅副厅长、引汉济渭办常务副主任田万全与省水电设计院及铁一院签订了引汉济渭工程可研勘测设计任务合同，正式启动了可研阶段的各项工作；2014年9月30日，国家发改委以发改农经〔2014〕2210号文批复引汉济渭工程可行性研究报告，标志着引汉济渭工程前期工作全面完成，引汉济渭工程进入全面加快建设阶段。可行性研究报告阶段的工作历时5年又2个月，再加上相关的支撑可行性研究报告审批的20项前置性专题研究工作，相关单位为之付出了艰苦努力。

第一节　工作过程

引汉济渭工程可研工作从正式签订任务合同，到国家发改委正式批复，整个工作经历了省内审查、水规总院审查、中国国际工程咨询公司咨询、国家发改委批复等历史性阶段；另有支撑可研报告批复的20项专题研究也经历了大致相同的工作过程。

可行性研究工作包括总报告编制、三河口枢纽、秦岭隧洞、黄金峡枢纽、黄三隧洞等四大主体工程和可研报告审批前置的20项支撑性专题研究。

2009年，引汉济渭工程项目建议书通过水利部审查后，省水利厅副厅长、引汉济渭办常务副主任田万全随即召开了工程可行性研究阶段勘测设计工作座谈会，对承担项目建议书编制工作的省水电设计院、中铁第一勘测设计院集团有限公司开展可行性研究的准备工作，提出了明确要求。同年7月7日，田万全主持与省水电设计院、铁一院签订了任务合同，正式启动了可研阶段的各项工作。

2009年7月15—16日，引汉济渭控制性工程——秦岭特长隧洞设计方案论证会在西安召开。北京交通大学、西南交通大学、西北大学、中铁建设总公司、国电机械设计研究院、中铁第三勘测设计研究院等单位专家和两院院士张国伟、王梦恕、梁文灏及设计大师史玉新、刘培硕，西南交通大学关宝树教授等国内隧洞工程专家，听取了勘测设计单位汇报，肯定了秦岭特长隧洞总体设计方案，同时强调可行性研究阶段要从这一单项工程的重要性和技术上的复杂性出发,站在建设历史性遗产工程的高度深入研究和落实其建设方案。

2009年10月16日,引汉济渭工程可研阶段地质成果咨询会在西安举行,咨询专家听取了省水电设计院汇报,并进行了现场查勘。形成的专家咨询意见认为:地质勘查成果达到了可行性研究阶段深度的要求,工程地质条件和重大工程地质问题基本查明,黄金峡水库、黄金峡泵站、黄三隧洞、三河口水利枢纽四个单项工程具备建设的地质条件。

2009年12月7—9日,引汉济渭工程可行性研究阶段测绘成果和地质成果验收会议在西安召开。省引汉济渭办、省水电设计院和铁一院等单位代表及特邀专家共30多人听取了设计单位汇报,专家组审查后同意通过验收。

2010年2月3日,引汉济渭工程可研报告编制工作座谈会在西安召开。各参会代表针对可研阶段需要解决、注意的问题提出了很多建议。设计大师石瑞芳在水资源供需分析、调水运行方式、优化工程水位、资金筹措等方面提出了宝贵建议,对可研报告编制起到了重要的指导作用。

第二节　重要节点

2010年3月11日,省水利厅总工孙平安在西安召开引汉济渭工程秦岭隧洞出口与受水区控制高程技术论证会。会议认为,这一控制高程事关引汉济渭工程和输配水工程建设大局,对完成后续设计至关重要。与会专家原则同意以510米高程作为秦岭隧洞出口的最低控制高程,高程范围确定在510~520米是合理的,要求相关单位进一步细化分析不同高程方案对受水区输配水工程的主要影响,并考虑供水系统配水功能和联合调度的需要,通过多方案比选,尽快确定秦岭隧洞出口的准确高程。

同年4月23日,省水利厅总工孙平安再次主持召开会议,确定秦岭隧洞出口与受水区控制高程为510米,此后的相关设计工作以此为依据相继展开。

2010年7月7—11日,水规总院在西安召开《陕西省引汉济渭工程可行性研究报告》技术咨询会。水利厅厅长王锋、副厅长兼引汉济渭办主任洪小康、水利厅总工孙平安、勘测设计单位代表及特邀专家160多人参加会议,会议对加快引汉济渭工程前期工作、保证技术工作方向和深度、促进设计单位尽快按要求完成可研报告编制工作发挥了重要作用,为顺利通过水规总院技术审查打好了基础。会议期间,副省长洪峰看望了与会专家。

2010年12月7日,引汉济渭办召开会议,听取了设计单位关于可研阶段工作的汇报,认为可研报告经过水规总院咨询和修改完善后,基本满足报审要求,要求设计单位进一步完善细化后提交省内审查。

2011年3月7—10日,水规总院在西安市召开会议,对引汉济渭工程可行性研究报告(初稿)进行全过程技术咨询。省发展改革委、水利厅、江河水利水电咨询中心、省引汉济渭办、省水电设计院、中铁第一勘察设计院等单位的领导、专家和代表共150余人参加了会议。会议听取了报告编制单位关于可研报告编制情况的汇报,部分专家查勘了工程现场,进行了认真的讨论,形成了专家咨询意见。通过全过程技术咨询,提出的技术咨询意见对进一步提高可研阶段设计工作质量、完善技术方案,确保项目建议书批复后可立即上报和今后顺利通过水利部技术审查具有重要意义;同时达到了少走技术弯路、节约可研阶段审批时间的目的,并为前期开工的试验性工程提供有力的技术保障和支持,为一刻不停地推进引汉济渭工程建设提供了良好条件。副省长姚引良在北京过问和安排此事,水利厅副厅长、引汉济渭办主任洪小康和常务副主任蒋建军、副主任杜小洲参加了会议。

2011年7月21日,国家发改委以发改农经〔2011〕1559号文批复引汉济渭工程项目建议书,为完善和报审引汉济渭工程的可研报告提供了前提条件。

7月22日,省发改委副主任权永生、省水利厅副厅长兼引汉济渭办主任洪小康共同主持召开引汉济渭工程可研报告技术审查会议,形成的专家审查意见认为:可研报告科学严谨、内容完整、总体布局合理、工程方案可行,具备向国家水利部、发改委报审的条件,同意通过省内审查。

第三节　审查审批

2011年8月17—21日,受水利部委托,水规总院在西安主持召开陕西省引汉济渭工程可行性研究报告审查会。审查会由水规总院副院长董安建主持。副省长祝列克出席会议并讲话。与会专家和代表听取了设计单位的汇报,分7个小组对可研报告进行了认真审阅,与设计人员进行了深入讨论,形成的审查意见认为,实施从汉江向渭河流域调水的引汉济渭工程,可以实现区域水资源的优化配置,有效缓解关中地区的水资源供需矛盾,尽快实施该工程是十分必要的;报告书的编制符合有关法律法规和技术规范要求,基本同意引汉济渭工程总体布局和建设规模以及建设范围,基本同意推荐的黄金峡水利枢纽和三河口水利枢纽坝址以及秦岭隧洞洞线布置。会议期间,水规总院还穿插召开了环境影响报告书预审会、水土保持方案报告书审查会和移民安置规划及库周交通恢复方案审查会。可研审查会议的召开,使引汉济渭工程总体方案、主要技术问题得以确定和解决,对加快可行性研究报告的批复具有重要意义。

2012年1月10日,水利部水规总院以水总设〔2012〕33号文向水利部报送了《关于陕西省引汉济渭工程可行性研究报告审查意见的报告》。审查意见认为:引汉济渭工程可行性研究报告基本达到设计深度要求,工程建设必要性论证充分,工程规模基本合理,工程技术方案可行,同意将该可研报告上报水利部审定。2012年4月5日,水利部以水规计〔2012〕134号文将引汉济渭工程可研报告审查意见函报国家发改委。

2012年6月11—15日,受国家发改委委托,中国国际工程咨询公司在西安召开引汉济渭工程可行性研究报告评估会议。评估专家形成的评估意见认为:可研报告提出的工程优化调整方案及推荐的各单项工程规模基本合适,工程线路选择和总体布置格局合理,秦岭隧洞等主要技术方案论证较充分,不存在重大工程技术和环境问题,工程设计深度基本满足可研阶段要求,同意引汉济渭工程可研报告通过评审。同时,建议尽早建立适宜的水资源统一管理和水价调整机制,促进工程运行初期水量的合理消纳;尽早开展输配水工程建设的各项前期工作,研究运行管理的合理体制与机制,使工程尽早建成受益。

2012年6月20日,省引汉济渭办常务副主任蒋建军召开引汉济渭工程可研报告修改完善安排部署会议,落实省水利厅厅长王锋6月13日在引汉济渭工程可行性研究报告评估总结会议上的讲话精神,安排布置可研报告修编工作。要求设计单位7月5日前完成全部可研报告的修改完善工作。

2012年9月29日,中国国际工程咨询公司以咨农发〔2012〕2512号文向国家发改委报送了引汉济渭工程(可行性研究报告)的咨询评估报告。咨询评估报告肯定了可研阶段的工作成果,为尽快得到国家批复奠定了良好基础。至此,引汉济渭工程可行性研究工作进入国家发改委审批阶段。省引汉济渭工程建设有限公司成立以后,与引汉济渭办共同推进了可研报告在国家层面的审批工作。

第四节　咨询意见与批复

中国国际工程咨询公司对引汉济渭工程可研报告的咨询评估意见是国家发改委批复的重要依据。2012年6月11—15日,受国家发改委委托,中国国际工程咨询公司在西安完成了对引汉济渭工程可行性研究报告的评估,并形成了专家组评估意见。2012年6月20日,省引汉济渭办常务副主任蒋建军召开专门会议,安排布置可研报告修编工作,要求设计单位7月5日前完成全部可研报告的修改完善工作。2012年9月29日,中国国际工程咨询公司以咨农发〔2012〕2512号文向国家发改委报送了引汉济渭工程(可行性研究报告)的咨询评估报告。

2012年9月29日,中国国际工程咨询公司向国家发改委报送了引汉济渭工程(可行性研究报告)的咨询评估报告,2014年9月28日,国家发改委以发改农经〔2014〕2210号文批复了引汉济渭工程可行性研究报告。这一过程历时2年,其间国家发改委做了进一步审查与协调工作,省引汉济渭办、省引汉济渭公司在省政府相关部门的大力支持下,相继完成了总计15个支撑性专题研究项目中的"环境影响评价报告书""建设用地预审""节能评估报告""社会稳定风险分析评估报告"等4项专题研究成果在国家相关部委的审查审批工作,使可研报告最终获得国家批复。其批复如下:

一、原则同意所报引汉济渭工程可行性研究报告。该工程主要任务为向陕西省渭河沿岸重要城市、县城、工业园区供水,逐步退还挤占的农业与生态用水,促进区域经济社会可持续发展和生态环境改善。

工程采取"一次立项,分期配水"的建设方案,逐步实现2020年配水5亿立方米,2025年配水10亿立方米,2030年配水15亿立方米。

二、该工程由黄金峡枢纽、三河口枢纽和秦岭输水隧洞等组成。黄金峡水利枢纽水库坝型采用混凝土重力坝,最大坝高68米,正常蓄水位450米,总库容2.29亿立方米,调节库容0.69亿立方米,电站装机容量13.5万千瓦,泵站装机12.95万千瓦,设计流量70立方米每秒,设计净扬程112.6米。三河口水利枢纽水库坝型采用混凝土拱坝,最大坝高145米,正常蓄水位643米,总库容7.1亿立方米,调节库容6.62亿立方米,电站装机容量4.5万千瓦,泵站装机容量2.7万千瓦,设计流量18立方米每秒,设计净扬程93.16米。秦岭输水隧洞设计流量70立方米每秒,洞长98.30千米。

引汉济渭工程等别为Ⅰ等。黄金峡水利枢纽主要建筑物混凝土重力坝挡水、泄水建筑物级别为2级,河床式泵站厂房为1级,坝后电站厂房为3级,升船机与坝体结合部分为2级,上、下游升降段为3级,下游引航道为4级。重力坝设计洪水标准为100年一遇,校核洪水标准为1 000年一遇;泵站厂房设计洪水标准为100年一遇,挡水部分校核洪水标准与大坝一致为1 000年一遇,非挡水部分校核洪水标准为300年一遇;电站厂房设计洪水标准为50年一遇,校核洪水标准为200年一遇;消能防冲建筑物设计洪水标准为50年一遇。三河口水利枢纽主要建筑物混凝土拱坝为 1 级建筑物,泵站厂房为 2 级,电站厂房为 3 级。大坝设计洪水标准为 500 年一遇,校核洪水标准为 2 000 年一遇;泵站和电站厂房设计洪水标准为 50 年一遇,挡水部分校核洪水标准与大坝一致为 200 年一遇;下游消能防冲建筑物设计洪水标准为 50 年一遇,并按 200 年一遇进行校核。秦岭输水隧洞为 1 级建筑物。

根据国土资源部用地预审意见,项目用地规模应控制在 4 485.17 公顷以内,其中农用地 2 617.21 公顷(含耕地 832.87 公顷)。规划水平年搬迁 9 612 人,其中水库淹没搬迁安置 9 145 人。

三、该工程为地方水利项目。同意陕西省引汉济渭工程建设有限公司作为工程项目法人,负责项目前期工作、工程建设和运营管理。陕西省有关部门和项目法人要进一步落实各项建设资金,保证资金足额及时到位;按照《中华人民共和国招标投标法》及有关规定,委托招标代理机构公开招标选择勘测、设计、施工、监理以及与工程建设有关的重要设备材料供应等单位;要按照精简高效原则,进一步理顺管理体制,协调好各方面意见,落实工程管护责任主体、管理维护经费和各项措施。要根据当地水资源利用形势,从促进区域水资源高效利用、加快用水结构调整的角度,考虑预期与可能,兼顾当地群众生产生活实际和工程运行需要,制定并落实正式、合理反映当地水资源稀缺程度和工程建设运行成本的水价实施方案,确保工程建成后的良性运行。

四、在初步设计阶段,要根据审查意见和评估报告提出的要求,重点做好以下工作:在充分考虑受水区节水、治污等措施的基础上,进一步复核水资源供需平衡分析结果,优化水资源配置方案,复核工程规模和各行业用水量指标;加强流域和区域水资源统一调度、统一管理,在满足南水北调中线调水和汉江中下游用水的条件下,落实工程调度方案;深化地勘工作,结合地形地质条件,综合考虑建筑物结构形式、工程占地、施工条件及配水目标等因素,优化工程总体布局,细化工程设计;从严控制建设用地规模,节约和集约用地,落实安置规划;加快受水区输配水工程建设,与主体工程同步建成,尽早发挥工程效益。

五、请根据上述原则进一步优化工程方案,编制初步设计。初步设计投资概算经核定后,初步设计由水利部审批。

第四章　初步设计

　　2011年8月17—21日,受水利部委托,水规总院在西安召开引汉济渭工程可行性研究报告审查会,基本肯定了可研报告的技术成果。此后,省水利厅、引汉济渭办在组织勘测设计单位加快完善可研报告的同时,引汉济渭办于2011年12月正式启动了工程初步设计工作,到2015年4月29日,水利部以〔2015〕198号文批复引汉济渭工程初步设计报告,初步设计工作历时将近4年时间。其间2013年6月底以前的工作推进由省引汉济渭办负责,此后的工作由省引汉济渭公司推进。

第一节　工作过程

　　初步设计工作主要包括三大部分:一是初步设计总报告;二是13个专题报告;三是包括初步设计总报告设计图册、黄金峡水利枢纽、三河口水利枢纽、秦岭输水隧洞黄三段、秦岭输水隧洞越岭段、建设征地与移民安置初步设计图册在内的6大图册。

　　引汉济渭工程初步设计工作正式启动以后,省引汉济渭办为加快初步设计工作进度,同时考虑初步设计总体审查的需要,将初步设计工作划分为总体初步设计和三河口水利枢纽、黄金峡水利枢纽、秦岭隧洞越岭段、秦岭隧洞黄三段5个标段。

　　2011年12月,省引汉济渭办通过公开招标,选择省水电设计院、长江勘测规划设计研究有限责任公司(简称长江设计公司)、中铁第一勘察设计院集团有限公司、黄河勘测规划设计有限公司(简称黄河设计公司)为中标单位。

　　Ⅰ标段为总体初步设计,引汉济渭工程初步设计报告编制,由省水电设计院承担。其任务是:复核引汉济渭工程任务及水文成果,复核确定工程规模、总体布置和调度运行方案,进行输水系统水力过渡分析和工程调度运行方式研究,制定初步设计报告编制需要统一的要求,明确各设计单位应采用标准和规范,指导、协调Ⅱ、Ⅲ、Ⅳ、Ⅴ标段工作;提出各标段的工程管理、信息化系统、节能等设计的总体思路和要求;提出Ⅱ、Ⅲ、Ⅳ、Ⅴ标段经济评价的工作思路和要求,完成引汉济渭工程经济评价;统一概算编制的标准和要求;按照初步设计报告编制规程,协调、汇总Ⅱ、Ⅲ、Ⅳ、Ⅴ标段的劳动安全与工业卫生、消防设计、施工组织设计、工程占地、环境保护设计、水土保持设计、设计概算等初步设计成果,编制完成总体初步设计文件。

Ⅱ标段为三河口水利枢纽,由省水电设计院承担。勘察设计任务为:三河口水利枢纽初步设计、招标设计、施工图设计三阶段,内容包括工程测量、地质、设计、专项科研试验及设计服务等全部工作。

Ⅲ标段为黄金峡水利枢纽,由长江设计公司承担。勘察设计任务为:黄金峡水利枢纽初步设计、招标设计、施工图设计三阶段,内容包括工程测量、地质、设计、专项科研试验及设计服务等全部工作。

Ⅳ标段为秦岭隧洞越岭段,由铁一院承担。勘察设计任务为:秦岭隧洞越岭段初步设计、招标设计、施工图设计三阶段,内容包括工程测量、地质、设计、专项科研试验、施工地质及设计服务等全部工作。设计范围:上至三河口控制闸(秦岭隧洞越岭段方向)渐变段,下至黄池沟出口。

Ⅴ标段为秦岭隧洞黄三段,由黄河设计公司承担。勘察设计任务为:秦岭隧洞黄三段初步设计、招标设计、施工图设计三阶段,内容包括工程测量、地质、设计、专项科研试验及设计服务等全部工作。设计范围:上至黄金峡泵站出水池后渐变段末端,下至三河口控制闸与秦岭隧洞越岭段、三河口连接洞渐变段末端(包含控制闸)。

第二节 进度安排

按照合同,引汉济渭工程勘察设计工作分两个时间段:第一阶段是完成初步设计,第二阶段是完成施工准备、建设实施阶段的勘察设计工作。

初步设计阶段工作分两步:第一步是依据可研报告技术审查与评估意见,在总体初步设计单位协调下,各单位按照初步设计报告编制规程完成三河口水利枢纽、黄金峡水利枢纽、秦岭隧洞越岭段、秦岭隧洞黄三段各单项工程初步设计。其中,三河口水利枢纽、秦岭隧洞越岭段、秦岭隧洞黄三段初步设计要求 2012 年 6 月底前完成,黄金峡水利枢纽初步设计要求 2012 年 8 月底前完成。各项初步设计完成后分别进行咨询,由各设计单位根据咨询意见修改完善。第二步是按照引汉济渭工程一次性审查的要求,以总体初步设计单位为主编制引汉济渭工程初步设计报告,其他设计单位配合,共同完成初步设计报告送审稿编制,在可行性研究报告审批后以最短时间完成并上报初步设计报告。此后的工作基本达到了当初安排的要求。

2012 年 10 月,各中标单位分别完成了各自承担任务部分的"初步设计报告"(咨询稿)及"初步设计总报告"(咨询稿)。

2012 年 10 月,省引汉济渭办委托江河水利水电咨询中心对引汉济渭工程各部分的"初步设计报告"(咨询稿)及"初步设计总报告"(咨询稿)进行了咨询;2013 年 3 月,省引汉济渭办委托江河水利水电咨询中心对引汉济渭工程初步设计阶段有关秦岭输水隧洞断面形式、一期支护、控制闸设置、施工支洞布置、黄金峡和三河口水利枢纽骨料场选择以及初步设计总报告编制等专题成果进行了咨询。

2013 年 4—6 月,各勘察设计单位先后分别编制完成了《陕西省引汉济渭工程黄金峡水利枢纽初步设计报告》《陕西省引汉济渭工程三河口水利枢纽初步设计报告》《陕西省引汉济渭工程秦岭输水隧洞黄三段初步设计报告》《陕西省引汉济渭工程秦岭输水隧洞越岭段初步设计报告》及《陕西省引汉济渭工程初步设计总报告》。

2014 年 11 月,水规总院对完成的各部分"初步设计报告"进行了审查,各设计单位根据审查意见,对各部分"初步设计报告"进行了修改完善,于 2015 年 2 月完成了各部分"初步设计报告"审定稿。

第三节　技术咨询

引汉济渭工程初步设计编制完成后,相继进行了 4 次大的技术咨询活动。江河水利水电咨询中心分别对初步设计总报告、黄金峡水利枢纽、三河口水利枢纽、秦岭隧洞越岭段、秦岭隧洞黄三段等分部工程提出了具体的咨询意见,勘测设计单位不断完善了初步设计的技术成果。

2012 年 6 月,江河水利水电咨询中心在西安召开会议,对铁一院编制完成的《陕西省引汉济渭工程秦岭隧洞(越岭段)初步设计报告》进行了技术咨询。

2012 年 7 月,江河水利水电咨询中心在北京召开会议,对省水电设计院编制的《陕西省引汉济渭工程三河口水利枢纽初步设计报告》进行了技术咨询。

2012 年 10 月,江河水利水电咨询中心在西安召开会议,对《黄金峡枢纽工程初步设计报告》《引汉济渭工程秦岭隧洞(黄三段)初步设计报告》《引汉济渭工程初步设计总报告》进行了技术咨询。

2013 年 3 月,江河水利水电咨询中心在西安召开会议,对引汉济渭工程初步设计阶段有关专题成果进行了技术咨询,包括秦岭隧洞断面设计、4 号施工支洞布置、黄金峡和三河口水利枢纽骨料料场选择,以及初步设计总报告编制等专题内容。

第四节 批　复

初步设计报告上报水利部后,经历了水规总院审查、国家发改委核定工程概算和水利部批复三个工作阶段。

一、批复过程

引汉济渭工程可研报告获得国家发改委正式批复以后,省水利厅很快组织省引汉济渭办、省引汉济渭公司召开专题会议,安排部署引汉济渭工程初步设计报告的修编工作,省引汉济渭公司立即召开初步设计联络会,集中梳理归纳了初步设计工作的主要问题,制定了设计工作奖励办法,动员勘测设计单位抓紧按照可研批复意见加快初步设计修编工作。各设计单位积极响应,集中精兵强将,在较短时间内完成了初步设计报告的修编完善工作。

2014年省水利厅会同省发改委,以陕水字〔2014〕91号文向水利部报送了《关于上报陕西省引汉济渭工程初步设计的请示》;经水规总院审查后,2015年3月12日,初步设计概算由水利部报送国家发改委核定;同年4月29日,水利部以水总〔2015〕198号文正式批复了引汉济渭工程初步设计报告。

二、审查与批复意见

水规总院的审查意见与水利部批复意见基本一致。水利部批复意见摘要如下:

(1)引汉济渭工程建设任务是向关中地区渭河沿岸重要城市、县城、工业园区供水,逐步退还挤占的农业与生态用水,促进区域经济社会可持续发展和生态环境改善。工程实施后,可实现区域水资源优化配置,有效缓解关中地区水资源供需矛盾,为陕西"关中—天水"经济区可持续发展提供保障,还可替代超采地下水和归还超用的生态水量,增加渭河下泄水量,遏制渭河水生态恶化和减轻黄河水环境压力。因此,建设该工程是必要的。

(2)同意引汉济渭工程2025年多年平均调水量10亿立方米,在南水北调后续水源工程建成后,2030年多年平均调水量15亿立方米;2025年和2030年分别向受水区供水9.3亿立方米和13.95亿立方米(黄池沟节点)。

基本同意黄金峡水库正常蓄水位为450米,水库总库容2.21亿立方米;电站装机容量135兆瓦,多年平均发电量3.87亿千瓦时;泵站设计抽水流量70立方米每秒,总装机126兆瓦。

基本同意三河口水库正常蓄水位为 643.00 米,水库总库容 7.12 亿立方米;电站装机容量 60 兆瓦,多年平均发电量 1.325 亿千瓦时;可逆式机组设计抽水流量 18 立方米每秒。

基本同意秦岭输水隧洞设计流量 70 立方米每秒。

(3)同意引汉济渭工程为大(1)型Ⅰ等工程。同意黄金峡水利枢纽主要建筑物混凝土重力坝挡水、泄水坝段为 2 级建筑物;河床式泵站厂房根据装机容量为 1 级建筑物,坝后电站厂房为 3 级建筑物;升船机和过鱼建筑物与坝体结合部分为 2 级建筑物,上、下游升降段为 3 级建筑物;大坝左岸边坡级别为 1 级,右岸边坡级别为 2 级,2 号滑坡体边坡级别为 5 级。重力坝设计洪水标准为 100 年一遇,校核洪水标准为 1 000 年一遇;泵站厂房设计洪水标准为 100 年一遇,挡水部分校核洪水标准与大坝一致为 1 000 年一遇,非挡水部分校核洪水标准为 300 年一遇;电站厂房设计洪水标准为 50 年一遇,校核洪水标准为 200 年一遇;消能防冲建筑物设计洪水标准为 50 年一遇。

同意三河口水利枢纽主要建筑物混凝土拱坝及其边坡、供水系统流道部分为 1 级建筑物,供水系统厂房及坝后消能防冲建筑物为 2 级建筑物,大坝下游雾化区边坡级别为 3 级。大坝设计洪水标准为 500 年一遇,校核洪水标准为 2 000 年一遇;供水系统厂房设计洪水标准为 50 年一遇,校核洪水标准为 200 年一遇;下游消能防冲建筑物设计洪水标准为 50 年一遇,并按 200 年一遇洪水进行校核。

同意秦岭输水隧洞主要建筑物隧洞主洞、交通洞、检修洞及控制闸为 1 级建筑物;各隧洞出口主要建筑物设计洪水标准采用 50 年一遇,校核洪水标准采用 200 年一遇。

基本同意黄金峡水利枢纽主要建筑物抗震设计烈度采用Ⅵ度,其他工程主要建筑物抗震设计烈度采用Ⅶ度。

(4)基本同意黄金峡水利枢纽工程总布置,主坝为混凝土重力坝,最大坝高 63 米;基本同意三河口水利枢纽总布置,主坝为混凝土拱坝,最大坝高 145 米;基本同意秦岭输水隧洞的布置,总长 98.26 千米,其中黄三段长 16.481 千米,越岭段长 81.779 千米,隧洞最大埋深 2 000 米。

(5)基本同意各单项工程施工进度安排和工程施工总进度计划。黄金峡水利枢纽工程施工总工期 52 个月,三河口水利枢纽工程施工总工期 54 个月,秦岭隧洞工程施工总工期 78 个月。引汉济渭工程施工总工期 78 个月。

(6)按 2014 年第四季度价格水平,核定工程静态投资 1 751 253 万元,总投资为 1 912 549 万元(不含送出工程投资)。

三、后续工作要求

水利部批复意见要求,陕西省水利厅要按照基本建设程序要求,认真做好开工前的准备工作,抓紧开工建设;根据审查意见要求,进一步完善优化工程设计;在工程实施过程中,要认真做好征地补偿和移民安置工作,维护移民合法权益,妥善解决移民安置工作中出现的问题,接受群众和社会监督;按照项目法人责任制、招标投标制、建设监理制、合同管理制及批复的设计文件要求,认真组织好项目实施,确保按工程质量按期完成工程建设任务并及早发挥效益。严格验收管理,工程竣工验收由水利部主持,阶段验收由黄河水利委员会会同陕西省水利厅主持。

引汉济渭工程初步设计报告经水利部批复后,国家发改委、水利部下达了2015年重大水利工程第一批中央预算内投资,陕西省引汉济渭工程作为首批投资对象,获得了2015年中央预算内投资26亿元。

第五章 输配水工程前期工作

引汉济渭工程包括调水工程和输配水工程两部分。引汉济渭输配水工程是引汉济渭工程的重要组成部分,工程从关中配水节点黄池沟起,输水干线西到杨凌,东到华州区,北到富平,南到鄠邑,输配水区域范围东西长约163千米,南北宽约84千米,总面积约1.4万平方千米,受水区直接供水对象为关中地区渭河两岸的西安市、咸阳市、渭南市、杨凌区4个重点城市及其所辖的11个县级城市、1个工业园区(渭北工业园高陵、临潼、阎良3个组团)以及西咸新区5座新城。工程由黄池沟配水枢纽、南干线、北干线及相应的输水支线组成。

引汉济渭输配水干线工程分二期工程和三期工程建设实施。二期工程为输配水工程国家审批段,由黄池沟配水枢纽和南、北干线的前段组成,线路全长192.09千米。2021年4月,《二期工程初步设计报告》通过水利部审批,2021年6月17日进入全面建设阶段,预计2026年建成。三期工程是二期工程的接续,由南、北干线的中下游段和渭北西干线(已批复的二期工程中称"杨武支线")组成,是完善输配水工程总体布局的最后环节,将输水范围扩展至整个受水区,线路全长153.62千米。

第一节 二期工程报审和批复过程

2015年9月,经省政府同意,省发改委、省水利厅联合印发了《引汉济渭输配水干线工程总体规划》。11月,受省水利厅委托,水规总院组织专家对《引汉济渭输配水干线工程项目建议书》进行了技术审查并出具审查意见。

2016年上半年,经省委、省政府与国家发改委多次沟通对接,8月国家发改委同意对输配水工程中"设计年引水量3亿立方米以上、供水对象较为重要的骨干工程建设内容,可由我委直接审批工程可研报告(代项目建议书),并按规定予以中央投资补助,统筹纳入172项重大水利工程范围",命名为"陕西省引汉济渭二期工程",确定二期工程在国家层面立项。

自2016年8月国家发改委同意将引汉济渭输配水工程纳入国家172项重大水利建设项目以来,输配水工程审批立项报批思路发生调整,由陕西省内转变为国家层面,确定以"引汉济渭二期工程"办理审批立项,而国家层面立项审批所需前置要件较多,共计需要1项可研报告和35项前置要件。

一、可研阶段

2016 年下半年,通过省水利厅沟通协调,省政府办公厅以水利 98 号办文处理单向各厅局、市政府征求引汉济渭输配水工程线路及水厂布置线路意见,组织设计单位对反馈意见充分沟通吸收基础上完成了输配水工程输水线路定线工作。同时,结合全省土地利用规划调整的契机,积极协调省国土资源厅及市国土资源局将输配水工程用地纳入了正在调整的省级土地利用总体规划,有效避让了基本农田,为工程后期实施预留了建设通道。

2017 年 4 月,省引汉济渭公司组织完成二期工程可研报告编制并上报水利部。5 月,省政府发布《关于禁止在引汉济渭输配水干线工程(一期)占地范围内新增建设项目和迁入人口的通告》,省引汉济渭公司在压茬推进移民实物调查、社会稳定风险分析调查、社会稳定风险评估调查的同时,协调水规总院于 7 月召开了二期工程可研技术审查会。2017 年累计办结完成前置要件 9 项。

2018 年,因工程线路涉及秦岭,环境敏感点多,二期可研工作受到多种新增因素影响:楼观台风景名胜区、黑河多鳞铲颌鱼保护区等环评有关专题,秦岭保护加强,以及国家政策调整新增节水评价专题等。2018 年 9 月,水规总院正式出具审查意见。该年累计办结完成前置要件 19 项。

2019 年 3 月,水利部向国家发改委报送了引汉济渭二期工程可研审查意见。7 月,生态环境部批复了引汉济渭二期工程环境影响报告书。至此,35 项前置要件全部办结。

2019 年,因国家宏观经济下行,国家发改委要求去杠杆压减投资,对于引汉济渭二期工程制定了口袋方案(总投资控制在 120 亿元左右,资本金仅为 50 亿元)。这一方案与陕西省 2017 年在国家发改委项目监管平台注册申报通过的投资规模(191.38 亿元)以及水利部审定的投资规模(177.17 亿元)相差巨大。由于减少了中央资金补助,省内筹融资压力加大。为争取国家投资,省委、省政府组织省发改委、水利厅多次与国家发改委对接,国家发改委同意对二期工程中骨干项目加大中央资金补助比例。省引汉济渭公司按照与国家发改委沟通意见将二期工程划分为"骨干段项目"和"延伸段项目"两部分,组织完成了《引汉济渭二期工程骨干项目划分论证报告》。2019 年 9 月,省发改委向国家发改委报送了二期工程可研报告,国家发改委于 2020 年 1 月正式受理二期可研报告。

按照原计划,2020 年春节后组织二期工程可研报告评估会议,但突逢新冠肺炎疫情爆发,严重制约评估进程。面对疫情影响,省引汉济渭公司经请示汇报国家发改委及中咨公司同意,创新工作方法,在疫情期间组织开展电子审查、局部视频专业讨论会,同步组织设计单位落实专家内审意见并补充完善可研报告;主动对接中咨公司和专家,组织设计单位与相关专家深入沟通,完成评估意见修订;积极协调以视频会议形式开展正式评估,加快评估进程;促成并顺利组织了中咨公司现场查勘引汉济渭工程,有力推进评估意见和批复进程。6月,中咨公司出具评估意见报送国家发改委。

2020年7月15日,国家发改委批复引汉济渭二期工程可研报告,标志着引汉济渭二期工程完成立项,进入实施阶段。

二、初设阶段

引汉济渭二期工程初步设计工作自2019年6月启动,10月底组织完成地质勘探等外业工作验收。

2020年4月底,初步设计报告完成汇总稿。

6月12日,省引汉济渭公司组织召开初步设计成果汇报会。

6月18日,省引汉济渭公司组织召开初步设计阶段设计咨询工作启动会,部署对项目的设计咨询工作。

8月,省引汉济渭公司组织设计单位根据中咨公司关于二期工程可研咨询意见和公司组织完成的初步设计咨询意见完成引汉济渭二期工程初步设计报告修编,形成报审稿。

8月29日完成初设水利部在线申报,积极争取水规总院在3个月时间内先后召开项目初步设计初审会、专题审查会和复审会三次会议。

12月初,水规总院院长办公会审议通过二期工程审查意见。

2021年4月2日,水利部批复引汉济渭二期工程初步设计报告。

2021年6月17日,引汉济渭二期工程开工动员会在西安市鄠邑区召开。

第二节　影响二期报审过程的因素

引汉济渭二期工程可研报告报批工作中,受到若干政策性不可抗力和意想不到的外部条件的影响。

一、政策性不可抗力

(一)秦岭生态环境整治

2017年9月开始的陕西省"秦岭生态环境保护整改"和2018年7月起开展"秦岭生态环境整治"工作、国家七部委实施的"绿盾2017""绿盾2018",加大了项目监管和审批管控。

2018年8月,省、市、县专项整治管理机构按照中央第六环境保护督察组的要求,对包括引汉济渭工程在内的秦岭北麓所有项目合法合规性重新进行复核。一是环保部、省渔业局要求在二期工程报审前应增加编制一期调水工程涉及的 2 个保护区修复方案，并取得批复意见；二是西安市规划局和秦岭办要求对引汉济渭输配水工程 2016 年 9 月启动至 2018 年 7 月办理的用地预审、项目选址、环评、水土保持、秦岭准入等 11 项前置要件进行重新复核，项目选址和秦岭准入两个批件由管理机构和乡(镇)、县、市政府逐级重新会商办理；三是二期工程可研报告选定的黄柏峪料场、9 个涉及秦岭北麓的弃渣场要按照新的秦岭保护条例重新办理选址。再加之秦岭违建别墅整治任务艰巨，各级政府和行政主管部门办理责任压力加大，审批更加慎重，周期延长。上述政策性不可抗力致使 2019 年 7 月才办结可研报审所需的 35 项前置要件。

(二)水利部新增加可研阶段工作内容

2018 年 7 月，水规总院出具可研审查意见期间，水利部党组按照习总书记"节水优先、空间均衡、系统治理、两手发力"治水思路，要求项目可研阶段新增节水评价专题编制。

2018 年 9 月 25 日，水利部组织印发了节水评价专题编制大纲，10 月完成专题报告编制。

12 月 26 日，水规总院将整体可研审查意见上报水利部。

2019 年 3 月，水利部向国家发改委报送了可研审查意见。

引汉济渭二期工程为全国第一个编制节水评价专题的项目，专家审查和出具审查意见周期较长，导致可研审查意见报送国家发改委较正常周期延后。

(三)国家宏观经济政策调整

2019 年，国家宏观经济下行，国家发改委去杠杆压减投资，对于引汉济渭二期工程制定的口袋方案，与水利部审定的投资规模相差巨大。经过扎实的对接，国家发改委同意对二期工程中骨干项目加大中央资金补助比例。对此，省引汉济渭公司按照上级意见将二期工程划分为"骨干段项目"和"延伸段项目"两部分，组织完成了《引汉济渭二期工程骨干项目划分论证报告》，国家发改委于 2020 年 1 月正式受理二期可研报告。受此影响，国家发改委正式受理可研推后。

二、不可抗力外部条件

楼观台风景名胜区缺少总体规划，影响项目审批及建设。二期工程南干线需穿越楼观台风景名胜区，且因选线限制无法避让。

2017 年 11 月，省引汉济渭公司组织完成《陕西省引汉济渭输配水干线工程(楼观台风景名胜区段)选址专题报告》并逐级上报。按照国务院颁布的《风景名胜区管理条例》(国务院令第 474 号)第二十一条规定"风景名胜区规划未经批准的，不得在风景名胜区内进行各类建设活动"，由于楼观台风景名胜区总体规划未获批复,项目审批及建设受影响,导致文件在省、市、县上下多次反复研究办理,经省级多方协调,由省引汉济渭公司做出职责范围之外的承诺之后,省住建厅于2018年11月以"容缺机制"办理了仅供立项使用的选址意见书。

第三节　二期工程前期工作重要节点

2015年4月,《陕西省引汉济渭二期工程项目建议书》编制完成。

2015年5月24—26日,江河水利水电咨询中心对《陕西省引汉济渭二期工程项目建议书》进行了技术咨询。

2015年10月,根据咨询意见,完成了项目建议书的修改补充和完善工作。

2015年11月4—8日,受陕西省水利厅委托,水利部水规总院对项目建议书报告进行了技术审查。

2017年7月,编制完成了《陕西省引汉济渭二期工程可行性研究报告》。

2017年7月24—26日,水规总院组织专家对可研报告进行了审查。

2018年1月14—15日,水规总院对审查修改后的《陕西省引汉济渭二期工程可行性研究报告》进行了复核。

2018年12月,《陕西省引汉济渭二期工程可行性研究报告》通过水利部审查。

2019年3月,水利部以水规计〔2019〕75号文对《陕西省引汉济渭二期工程可行性研究报告》进行了批复。

2020年4月,国家发改委组织中咨公司对《陕西省引汉济渭二期工程可行性研究报告》进行了评估。

2020年6月,编制完成了《陕西省引汉济渭二期工程初步设计报告》(咨询稿)。

2020年7月15日,国家发改委批复引汉济渭二期工程可研报告。

2021年4月2日,水利部批复引汉济渭二期工程初步设计报告。

第四节　三期工程

引汉济渭三期工程是输配水工程中二期工程之外由省内审批的剩余输配水骨干工程。2021年4月,省引汉济渭公司通过公开招标确定《陕西省引汉济渭三期工程可行性研究报告》的编制工作由陕西省水利电力勘测设计研究院承担,5月起启动可研工作,11月底完成《陕西省引汉济渭三期工程可行性研究报告》编制。2021年10月9日,经省引汉济渭公司与省发改委积极对接,引汉济渭三期工程在陕西省政务平台注册成功并获取项目代码。2022年3月,引汉济渭工程三期可行性研究报告技术审查会议在西安召开。

　　引汉济渭三期工程作为省内审批的输配水工程剩余干线部分,总长 153.62 千米,工程涉及的受水对象包括渭南市、杨凌区两个重点城市,临潼区、高陵区、阎良区、武功县、三原县、华州区、富平县及西安渭北工业园区三个组团。

　　引汉济渭三期工程范围包括引汉济渭二期工程后续干线工程,为Ⅰ等大(1)型工程,主要建筑物级别为 2~3 级。三期工程起点接二期工程末点,布设南、北、渭北西共三条输水干线。其中南干线长 76.14 千米,始端设计流量 9 立方米每秒,采用无压隧洞、压力管道输水;北干线长 46.21 千米,始端设计流量 13 立方米每秒,采用压力管道输水,在线路后段设红荆泵站,提水至富平;渭北西干线长 31.27 千米,始端设计流量 4 立方米每秒,采用压力管道输水,在线路中段设高北泵站,提水至杨凌、武功。

一、南干线工程布置

　　南干线三期起点接二期末端的灞河分水口,位于灞河左岸汉陵墓园以南,终点位于华州区西环路东 300 米。线路全长 76.14 千米,其中无压隧洞 3 座,长 46.55 千米;管桥 3 座,长 3.58 千米;倒虹 4 座,长 1.88 千米;压力管道长 24.14 千米;退水 2 处,长 1.75 千米。沿线共设有临潼、渭南兰王、蒋家、西渭东区及华州 5 个分水口。三期工程分为灞河分水口—渭南蒋家分水口段和渭南蒋家分水口—华州分水口段。

二、北干线工程布置

　　三期北干线起点接二期干线末点,自泾阳县三渠镇宫家寨村西北起,途经泾阳县、高陵区、三原县、临潼区、阎良区、富平县,至富平县城关街办南塬水厂结束,线路呈东北向布置,全长 46.21 千米,共布设压力管道 45.92 千米;管桥 1 座,长 0.29 千米;泵站 1 座;布置泾河新城东、三原、高临支线、阎良组团、阎良、富平分水口 6 处。

三、渭北西干线工程布置

　　渭北西干线接北干线杨武分水口,由东向西呈西北向布置,自武功县小村镇黄家堡东北起,至杨凌区四水厂结束,途经武功县、杨凌区,全长 31.27 千米,共布设压力管 31.19 千米,倒虹吸 1 座,长 0.08 千米;泵站 1 座;布置武功、杨凌分水口 2 处。

第三篇

工程布局与规划设计

引汉济渭工程规划从长江最大支流汉江调水,穿越秦岭山脉进入黄河最大支流渭河流域的关中平原。从技术上,引汉济渭工程分为调水、输配水骨干管网和受水区市县配套设施建设、改造三大部分。其中,调水工程是整个引汉济渭工程的关键,主要由秦岭输水隧洞、黄金峡水库和三河口水库三大块组成,其主体工程可概括为"两库、两站、两电、一洞两段"。"两库"即总库容2.29亿立方米的汉江干流黄金峡水库和最大坝高141.5米、总库容7.1亿立方米的汉江支流子午河三河口水库;"两站""两电"指两座水库坝后泵站和电站;"一洞两段"指总长98.3千米的输水隧洞,由黄金峡水利枢纽至三河口水利枢纽段(黄三段)和穿越秦岭主脊段(越岭段)两段组成。

引汉济渭输配水工程是引汉济渭工程的重要组成部分,工程从关中配水节点黄池沟起,经由南北干线,西到杨凌区,东到华州区,北到富平县,南到鄠邑区,输配水区域范围东西长约163千米,南北宽约84千米,总面积约1.4万平方千米,受水区直接供水对象为关中地区渭河两岸的西安市、咸阳市、渭南市、杨凌区4个重点城市及其所辖的11个县级城市、1个工业园区(渭北工业园高陵、临潼、阎良3个组团)以及西咸新区5座新城。整个工程由黄池沟配水枢纽、南干线、北干线及相应的输水支线组成。因输配水工程中的三期工程段尚在批复阶段,本篇主要介绍二期工程。

第一章　工程总体布局

引汉济渭工程由调水工程和输配水工程两部分组成。调水工程由黄金峡水利枢纽、三河口水利枢纽及98.3千米秦岭输水隧洞组成。工程总体布局是在调水区汉江干流和支流子午河上分别修建水源工程黄金峡水利枢纽和三河口水利枢纽,通过穿越秦岭山脉的输水隧洞调水至关中周至县境内的黄池沟。输配水工程从关中配水节点黄池沟起,输水干线西到杨凌区,东到华州区,北到富平县,南到鄠邑区,输配水区域范围东西长约163千米,南北宽约84千米,总面积约1.4万平方千米,由黄池沟配水枢纽、301千米输水干线及112千米支线组成。

第一节　工程概况

引汉济渭调水工程区位于陕西省中南部的秦岭山区,地跨黄河、长江两大流域,分布于陕南、关中两大自然区。其中,黄金峡水库位于汉江干流上游峡谷段陕西南部汉中盆地以东的洋县境内,坝址位于黄金峡出口以上约3千米处。三河口水库地处佛坪县与宁陕县交界的子午河中游峡谷段,坝址位于佛坪县大河坝镇三河口村下游2千米处。

引汉济渭二期工程位于陕西省中部的关中地区。南干线的黄池沟至灞河分水口段为南干线前段,线路西起周至县马召镇黄池沟配水枢纽,东至灞桥区洪庆街办车丈沟村西,干线工程全长100.41千米,沿线途经西安市周至县、鄠邑区、长安区和灞桥区。北干线的黄池沟至泾河新城北关水厂分水口段为北干线前段,南起黄池沟配水枢纽,北至泾阳县城北泾干镇龚家寨村,干线工程全长89.54千米,沿线途经西安市周至县,咸阳市武功县、兴平市、秦都区、渭城区、礼泉县和泾阳县(泾河新城)。

一、引汉济渭调水工程

调水工程由黄金峡水利枢纽、三河口水利枢纽和98.3千米秦岭输水隧洞三大部分组成。

黄金峡水利枢纽位于汉江干流黄金峡锅滩下游2千米处,多年平均径流量76亿立方米,多年平均调水量10亿立方米,是引汉济渭工程的龙头水源工程,也是汉江上游梯级开发规划的第一级。枢纽工程由挡水建筑物、泄洪消能建筑物、泵站、电站、通航建筑物及过鱼建筑物组成，其主要任务是调蓄干流来水，向关中地区供水，兼顾发电。拦河坝为碾压混凝土重力坝，最大坝高63米，坝顶高程455米，总库容2.21亿立方米，调节库容0.98亿立方米，正常蓄水位450米；河床式泵站安装7台水泵机组（6用1备），单机功率18兆瓦，总装机功率126兆瓦，泵站设计流量70立方米每秒；设计净扬程106.45米。坝后式电站安装3台发电机组，单机容量45兆瓦，总装机容量135兆瓦，多年平均发电量3.87亿千瓦时。

三河口水利枢纽位于佛坪县与宁陕县交界的子午河峡谷段，在椒溪河、蒲河、汶水河交汇口下游2千米处，是引汉济渭工程的2个水源之一，多年平均调水量5.46亿立方米。工程由挡水建筑物、泄洪消能建筑物、泵站、电站、引水建筑物以及连接秦岭输水隧洞控制闸的坝后连接洞组成，其主要任务是调蓄支流子午河来水及一部分抽水入库的汉江干流来水，向关中地区供水，兼顾发电，是整个调水工程的调蓄中枢。拦河坝为碾压混凝土双曲拱坝，最大坝高141.5米，坝顶高程646米，正常蓄水位643米，总库容7.1亿立方米，调节库容6.62亿立方米。坝后泵站和电站共用一个厂房，安装2台水泵水轮机组（可逆式机组）和2台常规水轮发电机组。水泵水轮机组单机功率12兆瓦，总装机功率24兆瓦，设计流量18立方米每秒，设计净扬程91.08米。电站的2台水轮发电机组和泵站的2台可逆式机组可共同发电，总装机容量60兆瓦（单台常规20兆瓦，单台可逆10兆瓦），多年平均发电量1.33亿千瓦时。

秦岭输水隧洞全长98.3千米，最大埋深2 012米，设计流量70立方米每秒，纵坡1/2 500，由黄三段和越岭段两部分组成。黄三段进口位于黄金峡水利枢纽坝后左岸，出口位于三河口水利枢纽坝后（约300米处）的控制闸，全长16.48千米，采用钻爆法施工，沿线共布设4条施工支洞；越岭段进水口位于三河口水利枢纽坝后的控制闸，出口位于陕西省周至县境内黑河右岸支流黄池沟内，全长81.78千米，采用钻爆法（46.81千米）和TBM法（34.97千米）施工，其中穿越秦岭主脊段，采用2台TBM由南北双向对打，沿线共布设10条施工支洞。

二、引汉济渭二期工程

引汉济渭二期工程由黄池沟配水枢纽、南干线黄池沟至灞河分水口段和北干线黄池沟至泾河新城分水口段输水干线工程组成。南干线长度100.41千米，始端设计流量47立方米每秒；北干线长度89.54千米，始端设计流量30立方米每秒。

黄池沟配水枢纽由分水池、池周进出水闸、黄池沟泄洪设施、黑河水库连接洞、黄池沟黑河供水连通洞五部分组成。黑河水库连接洞和黄池沟黑河供水连通洞的设计流量分别为 35 立方米每秒和 15 立方米每秒。南干线工程由隧洞、倒虹吸、渡槽、箱涵及分退水设施等组成。北干线工程由隧洞、压力管道、倒虹吸、管桥、箱涵、进出水池及分退水设施等组成。

第二节　工程任务和总体布局

一、工程任务

引汉济渭工程向陕西省渭河沿岸重要城市、县城、工业园区供水，逐步退还挤占的农业用水与生态用水，促进区域经济社会可持续发展和生态环境改善。

二、工程总体布局

引汉济渭调水工程的总体布局为，在汉江干流黄金峡和支流子午河分别修建黄金峡水利枢纽和三河口水利枢纽蓄水，并修建黄金峡泵站从黄金峡水利枢纽取水，通过秦岭输水隧洞黄三段输水至三河口水利枢纽坝后的秦岭输水隧洞控制闸。所抽水的大部分由秦岭输水隧洞越岭段送至关中地区，少量水（黄金峡泵站抽水流量大于关中用水流量部分）经控制闸由三河口泵站抽入三河口水利枢纽库内存蓄，当黄金峡泵站抽水流量较小，不满足关中地区用水需要时，由三河口水利枢纽放水补充，所放水经控制闸进入秦岭输水隧洞越岭段送至关中地区。在完成调水任务前提下，修建黄金峡电站和三河口电站，兼顾利用水能进行发电。

引汉济渭二期工程任务是将引汉济渭工程调入水量输送供给关中地区渭河两岸重点城市、县城和工业园区。引汉济渭二期工程可研阶段，21 个受水对象的水厂数量为 22 座。南干线承担鄠邑区、西安市区、沣西新城、沣东新城、长安区、临潼区、渭南市（临渭区）和华州区等 8 个供水对象的输水任务。根据各受水点高程及有关地市相关规划，南干线沿线共布置了 9 个分水口（含预留的周至集贤、草堂分水口）。北干线承担周至、武功、杨凌、兴平、咸阳、秦汉新城、空港新城、泾河新城、三原、高陵、阎良、富平、渭北工业园等 13 个受水对象的输水任务。根据各受水点高程及有关地市相关规划，北干线沿线共规划了 12 个分水口（含礼泉分水口）。

引汉济渭工程与当地水源联合供水后，能够满足工程供水量及时段保证率要求，但各分水口引汉济渭配水过程、地下水供水过程变幅（旬最大值/平均值）仍较大，工程实际调度运行较为困难，需要调蓄水库进行调蓄。

三、调水规模

设计基准年为 2007 年。

引汉济渭调水工程近期设计水平年为 2025 年,调水规模 10 亿立方米;远期设计水平年为 2030 年,调水规模 15 亿立方米。

2025 年,引汉济渭工程在秦岭输水隧洞越岭段进口的多年平均调水量为 10.0 亿立方米,至黄池沟节点受水区多年平均调水量为 9.3 亿立方米。扣除损失水量,引汉济渭工程到受水区供水量为 9.01 亿立方米。通过外调水与本地水源联合调度可满足 2025 年受水区供需平衡及城镇供水的保证率要求。

四、工程规模

(一)调水工程

1. 黄金峡水利枢纽

黄金峡水利枢纽由挡水建筑物、泄水建筑物、泵站电站建筑物、通航建筑物和过鱼建筑物等组成。

拦河坝为混凝土重力坝,最大坝高 68 米,总库容 2.29 亿立方米,调节库容 0.69 亿立方米,正常蓄水位 450 米,死水位 440 米,泵站抽水流量 70 立方米每秒,设计扬程 117 米,总装机 129.5 兆瓦,电站装机容量 135 兆瓦,多年平均发电量 3.632 亿千瓦时,通航建筑物通航吨位为 100 吨级,鱼道长度 1 970 米。

2. 三河口水利枢纽

三河口水利枢纽由拦河坝、泄洪放空建筑物、坝后泵站及电站等组成。

拦河坝为碾压混凝土拱坝,最大坝高 141.5 米,总库容 7.1 亿立方米,调节库容 6.6 亿立方米,正常蓄水位 643 米,汛限水位 642 米,死水位 558 米,坝后泵站设计抽水流量 18 立方米每秒,设计总扬程 97.7 米,安装 3 台水泵电动机组,泵站总装机功率约 27 兆瓦。坝后电站装机容量 45 兆瓦,多年平均发电量 1.024 亿千瓦时。

3. 秦岭输水隧洞

秦岭输水隧洞工程全长 98.3 千米,包括黄三段和越岭段。

黄三段全长 16.52 千米,设计流量 70 立方米每秒,纵坡 1/2 500,横断面为马蹄形,断面尺寸 6.76 米×6.76 米。沿线共布设 4 条施工支洞,总长为 2 621 米。

越岭段全长 81.78 千米,设计流量 70 立方米每秒,纵坡 1/2 500,钻爆法施工横断面为马蹄形,断面尺寸 6.76 米×6.76 米,TBM 法施工断面为圆形,断面直径 6.92 米/7.52 米。沿线布置施工支洞 10 条,总长 22 367 米。

(二)二期工程

引汉济渭二期工程建设范围按照"设计年引水量 3 亿立方米以上、供水对象重要的骨干工程"标准确定,工程内容包括:①黄池沟配水枢纽,由分水池、池周进出水闸、黑河水库连接洞、黑河引水管道连通洞、黄池沟泄洪设施五部分组成,设计流量70立方米每秒;②南干线黄池沟至灞河分水口段工程,干线工程范围全长100.41千米,始端设计流量47立方米每秒;③北干线黄池沟至泾河新城分水口段工程,干线工程范围全长89.54千米,始端设计流量30立方米每秒。

第三节　工程淹没与占地

一、实物指标

引汉济渭调水工程总占地面积4 791.46公顷,其中永久占地4 412.68公顷,临时占地378.78公顷。水库淹没影响8 931人(黄金峡水库4 561人、三河口水库3 910人、秦岭隧洞工程310人、大黄公路150人),拆迁房屋615 796平方米,淹没影响集镇4个(黄金峡库区金水镇、三河口水库十亩地乡、石墩河乡、梅子乡)、等级公路98千米、桥梁11座,以及部分输电线路、通信线路、文物古迹等专业项目。引汉济渭调水工程占地见表3-1-1。

表3-1-1　引汉济渭调水工程占地面积　　　　单位:公顷

项目		占用土地面积	占地性质	
			临时占地	永久占地
黄金峡水利枢纽工程	水库淹没	2 583		2 583
	工程占地	150.96	114.54	36.42
	小计	2 733.96	114.54	2 619.42
三河口水利枢纽工程	水库淹没	1 688		1 688
	工程占地	138.65	99.23	39.42
	小计	1 826.65	99.23	1 727.42
秦岭隧洞工程	黄三段	43.73	42.05	1.68
	越岭段	132.66	96.23	36.43
	小计	176.39	138.28	38.11
大黄公路		54.46	26.73	27.73
合计		4 791.46	378.78	4 412.68

二、移民安置

(一)调水工程

至规划水平年,工程生产安置 9 142 人(含大黄公路安置 152 人),生产安置采取以调剂土地安置为主的大农业安置;搬迁安置 9 612 人(含大黄路安置 150 人),其中后靠安置 2 362 人,安置点、集镇迁建等异地安置 7 250 人,安置方式包括分散后靠安置、集中建点安置和集镇迁建三种方式。

(1)至规划水平年 2018 年,黄金峡枢纽工程生产安置 5 273 人(含枢纽工程占地区 37 人);搬迁安置 5 001 人(农村 3 236 人、集镇 1 765 人)。迁建集镇 1 个,新建 9 个农村集中安置点、5 个分散安置点。

(2)至规划水平年 2015 年,三河口水利枢纽库区生产安置 3 486 人(含枢纽工程占地区 74 人),搬迁安置 4 144 人(农村 2 996 人、集镇 1 148 人)。迁建集镇 3 个,新建 12 个农村集中安置点(佛坪县、宁陕县各 6 个)。

(3)秦岭输水隧洞黄三段不涉及人口搬迁。越岭段至规划水平年 2012 年生产安置人口 231 人,搬迁安置人口 317 人。

(二)二期工程

引汉济渭二期工程建设征地区总面积 19 025.00 亩,其中永久占地 1 211.15 亩、临时用地 17 813.85 亩。土地面积中包含国有土地 1 215.52 亩、集体土地 17 809.48 亩。涉及基本农田 118.19 亩,不涉及 25°以上坡耕地。

涉及搬迁 63 户 290 人,拆迁房屋面积 29 612.04 批复平方米,零星树木 36 348 株。建设征地涉及小型工业企业 7 个,影响交通设施 46.48 千米、输变电工程设施 19.52 千米、电信工程设施 10.21 千米、通信光缆 0.68 千米、通信铁塔 3 座、灌溉渠道 0.67 千米、供水管道 1.67 千米、天然气管道 1.21 千米、石油管道 1.08 千米。工程建设征地区涉及搬迁 63 户 296 人(规划水平年人口),进行后靠搬迁安置。

第四节　工程等别

引汉济渭工程设计调水流量 70 立方米每秒,远期年调水量 15 亿立方米,其供水对象为陕西省关中地区渭河两岸的重点城市、县城以及大型工业园区,属特别重要的供水对象。按照《调水工程设计导则》(SL 430—2008)规定,引汉济渭工程等别为Ⅰ等工程,工程规模为大(1)型。

一、调水工程

(一)黄金峡水利枢纽

黄金峡枢纽大坝为 2 级建筑物;坝后泵站建筑物级别为 1 级;坝后电站厂房为 3 级建筑物,通航建筑物与大坝结合布置具有挡水功能部分按 2 级建筑物设计,上、下游垂直升降段为 3 级建筑物,下游引航道为 4 级建筑物;枢纽次要建筑物级别为 3 级;枢纽临时建筑物级别为 4 级。黄金峡水利枢纽工程场地设防地震烈度采用 Ⅵ 度。

(二)三河口水利枢纽

三河口枢纽大坝为 1 级建筑物;泄水消能防冲建筑物级别为 2 级;泵站建筑物级别为 2 级;坝后电站厂房按枢纽次要建筑物考虑,建筑物级别为 3 级;枢纽次要建筑物级别为 3 级;枢纽临时建筑物级别为 4 级。三河口水利枢纽工程场地设防地震烈度采用 Ⅶ 度,其他建筑物设防地震烈度采用 Ⅵ 度。

(三)秦岭输水隧洞

秦岭输水隧洞主要建筑物为 1 级,次要建筑物为 3 级,临时建筑物为 4 级。秦岭隧洞为大埋深地下建筑物,岭南、岭北地震基本烈度均不高于 Ⅶ 度,因此不进行地震烈度设防。

二、二期工程

引汉济渭二期工程属 Ⅰ 等大(1)型工程,黄池沟配水枢纽主要建筑物级别为 1 级,黑河连接洞为 2 级建筑物,次要建筑物黄池沟沟道护岸为 3 级。干线主要建筑物输水干线及其交叉控制建筑物均为 2 级;次要建筑物级别为 3 级;北干线渭河管桥、泾河倒虹吸为高水头建筑物,相应级别提高到 1 级。输水干线永久管理交通道路为 4 级。

第五节 工程特性

一、引汉济渭调水工程特性

引汉济渭调水工程特性见表 3-1-2。

表 3-1-2　引汉济渭调水工程特性

序号及名称	单位	数量	说明
一、水文			
（一）汉江干流黄金峡水利枢纽			
1. 流域面积			
全流域	平方千米	159 000	
坝址以上	平方千米	17 070	
2. 利用的水文系列年限	年	55	1954—2008 年
3. 多年平均年径流量	亿立方米	76.17	坝址断面
4. 代表性流量			
多年平均流量	立方米每秒	241.5	坝址处天然
实测最大流量	立方米每秒	13 800	洋县站
实测最小流量	立方米每秒	4.94	洋县站
调查历史最大流量	立方米每秒	13 800	1903 年洋县站
正常运用（设计）洪水标准及流量	立方米每秒	18 800	$P=1\%$ 坝址
非常运用（校核）洪水标准及流量	立方米每秒	26 400	$P=0.1\%$ 坝址
施工导流标准及流量	立方米每秒	10 800	$P=10\%$ 坝址
5. 洪量			
实测最大洪量（120 小时）	亿立方米	27.7	洋县站
设计洪水洪量（120 小时）	亿立方米	29.5	$P=1\%$ 坝址
校核洪水洪量（120 小时）	亿立方米	40.6	$P=0.1\%$ 坝址
6. 泥沙			
多年平均悬移质年输沙量	万吨	564	坝址
多年平均含沙量	千克每立方米	0.817	
实测最大含沙量	千克每立方米	30.3	洋县站
（二）子午河三河口水利枢纽			
1. 流域面积			
全流域	平方千米	3 010	
坝址以上	平方千米	2 186	
2. 利用的水文系列年限	年	55	1954—2008 年

续表 3-1-2

序号及名称	单位	数量	说明
3. 多年平均年径流量	亿立方米	8.7	坝址处
4. 代表性流量			
多年平均流量	立方米每秒	27.6	坝址处
实测最大流量	立方米每秒	6 270	2002 年 6 月 9 日
实测最小流量	立方米每秒	0.18	2002 年 5 月 24 日
调查历史最大流量	立方米每秒	4 800	1925 年
正常运用(设计)洪水标准及流量	立方米每秒	7 180	$P=0.2\%$
非常运用(校核)洪水标准及流量	立方米每秒	8 870	$P=0.05\%$
施工导流标准及流量	立方米每秒	2 550	$P=10\%$
5. 洪量			
设计洪水洪量(72 小时)	亿立方米	5.06	$P=0.2\%$坝址处
校核洪水洪量(72 小时)	亿立方米	6.03	$P=0.05\%$坝址处
6. 泥沙			
多年平均悬移质输沙量	万吨	43.1	坝址处
多年平均推移质输沙量	万吨	8.62	坝址处
二、工程规模			
年调水量	亿立方米	15	
设计最大输水流量	立方米每秒	70	
泵站总装机功率	兆瓦	156.5	黄金峡、三河口泵站
电站总装机容量	兆瓦	180	黄金峡、三河口电站
(一)黄金峡水利枢纽			
1. 水库			
校核洪水位	米	453.05	
设计洪水位	米	448.01	
正常蓄水位	米	450	
汛限水位	米	448	
死水位	米	440	
回水长度	千米	58.04(干流)、18.74(金水河)、30.15(酉水河)	正常蓄水位

续表 3-1-2

序号及名称		单位	数量	说明
总库容		亿立方米	2.29	
调节库容		亿立方米	0.69	
死库容		亿立方米	0.45	
调节性能		日调节		
校核洪水位时最大泄量		立方米每秒	24 160	1 000 年一遇
相应下游水位		米	427.24	
设计洪水位时最大泄量		立方米每秒	18 670	100 年一遇
相应下游水位		米	424.2	
下泄生态流量		立方米每秒	25~72.6	常年下泄
2.泵站				
设计流量		立方米每秒	70	
多年平均抽水量		亿立方米	9.66	
泵站总装机功率		兆瓦	129.5	
3.电站				
装机容量		兆瓦	135	
保证出力		兆瓦	10.8	$P=90\%$
多年平均发电量		亿千瓦时	3.63	
年利用小时		小时	2 703	
发电设计流量		立方米每秒	390	
(二)秦岭输水隧洞				
设计流量		立方米每秒	70	
(三)三河口水利枢纽				
1.水库				
校核洪水位		米	644.7	
设计洪水位		米	642.95	
正常蓄水位		米	643	
汛限水位		米	642	
死水位		米	558	
回水长度	汶水河	千米	29.65	
	蒲河	千米	17.67	
	椒溪河	千米	21.37	

续表 3-1-2

序号及名称	单位	数量	说明
总库容	亿立方米	7.1	
调节库容	亿立方米	6.6	
死库容	亿立方米	0.23	
调节性能	多年调节		
校核洪水位时最大泄量	立方米每秒	7 580	2 000 年一遇
相应下游水位	米	540.18	
设计洪水位时最大泄量	立方米每秒	6 610	500 年一遇
相应下游水位	米	538.9	
下泄最小生态流量	立方米每秒	2.71	常年下泄
2. 泵站			
设计流量	立方米每秒	18	
多年平均抽水量	亿立方米	0.585	
泵站总装机功率	兆瓦	27	
3. 电站			
装机容量	兆瓦	45	
保证出力	兆瓦	5.76	$P=90\%$
多年平均发电量	亿千瓦时	1.024	
年利用小时	小时	2 275	
发电设计流量	立方米每秒	72.71	
三、淹没损失及工程永久占地			
(一)黄金峡水利枢纽			
淹没耕地	亩	4 899.96	含防护工程 356 亩
淹没林地	亩	6 995.41	含防护工程 20 亩
搬迁人口	人	5 001	
拆迁房屋	平方米	253 245.61	
工程永久占地	亩	546.32	
(二)秦岭输水隧洞			
1. 黄三段			
工程永久占地	亩	25.26	
2. 越岭段			

续表 3-1-2

序号及名称	单位	数量	说明
搬迁人口	人	317	
拆迁房屋	平方米	10 664.3	
工程永久占地	亩	546.5	
(三)河口水利枢纽			
淹没耕地	亩	6 833.74	
淹没林地	亩	13 425.78	
搬迁人口	人	4 144	
拆迁房屋	平方米	345 665.89	
工程永久占地	亩	591.41	
四、主要建筑物及设备			
(一)黄金峡水利枢纽			
1.挡水建筑物			
拦河坝形式		混凝土重力坝	
地基特性		闪长岩	
地震基本烈度		Ⅵ	
坝顶高程	米	455	
最大坝高	米	68	
坝顶长度	米	364	
2.泄水建筑物			
(1)表孔			
形式		开敞式溢流堰	
数量	孔	5	
堰顶高程	米	425	
孔口尺寸	米×米	14×25	宽×高
最大单宽流量	立方米每秒	294.7	
消能方式		宽尾墩加戽流消能	
工作闸门形式		弧形钢闸门	
启闭机形式		液压启闭机	
(2)底孔			

续表 3-1-2

序号及名称	单位	数量	说明
形式	短有压孔		
数量	孔	5	
进口底槛高程	米	406	
孔口尺寸	米×米	8×12.5	宽×高
最大单宽流量	立方米每秒	292	
消能方式	底流消能		
工作闸门形式	弧形钢闸门		
启闭机形式	固定卷扬启闭机		
(3)生态泄水闸			
形式	开敞式宽顶堰		
数量	孔	1	
进口底槛高程	米	435.00	
孔口尺寸	米×米	5×15	宽×高
消能方式	挑流消能		
工作闸门形式	平板钢闸门		
启闭机形式	门式启闭机		
3. 泵站建筑物			
设计流量	立方米每秒	70	
设计扬程	米	117	
主厂房尺寸	米×米×米	116.21× 22.2×44.2	长×宽×高
单吸单级离心泵	台	7	6用1备
13.8千伏同步电动机 $N=18.5$ 兆瓦	台	7	
120兆伏安变压器	台	2	
高压变频启动装置	套	2	
4. 电站建筑物			
厂房形式	河床式		
主厂房尺寸	米×米×米	93.00× 48.00×69.30	长×宽×高

续表 3-1-2

序号及名称	单位	数量	说明
开关站形式	GIS 开关楼		
水轮机台数	台	3	
额定出力	兆瓦	46.15	
发电机台数	台	3	
单机容量	兆瓦	52.9	
主变压器数量及规格	台×兆伏安	3×63	三相变压器
5.通航建筑物			
形式	门式升船机		垂直干运
过船吨位	吨	100	
承船厢外形尺寸	米×米×米	41×15×5	长×宽×高
上游最高通航水位	米	450	
上游最低通航水位	米	440	
下游最高通航水位	米	411.21	
下游最低通航水位	米	404.52	
6.过鱼建筑物			
形式	竖缝式鱼道		
鱼道长度	米	2 080	
鱼道宽度	米	2.5	
鱼道斜坡段坡比		1:40	
(二)秦岭输水隧洞			
1.黄三段			
长度	千米	16.52	
输水方式	明流输水		
断面形式	马蹄形		
尺寸(内径)	米×米	6.76×6.76	
衬砌厚度及形式	米	0.4~0.5	C25 混凝土复合衬砌
进口控制闸(泵站出水闸)	孔数	1	7.0 米×5.5 米平门
出口控制闸	孔数	1	7.0 米×5.5 米平门
退水闸	孔数	1	6.8 米×5.8 米平门
最大洞顶埋深	米	575	

续表 3-1-2

序号及名称	单位	数量	说明
最小洞顶埋深	米	60	
退水洞	米/条	506/1	
施工支洞	米/条	2 621/4	
2.越岭段			
长度	千米	81.779	
输水方式	明流		
TBM 施工段断面形式	圆形		
钻爆法施工段断面形式	马蹄形		
TBM 施工段断面尺寸(内径)	米/米	6.92/7.52	
钻爆法施工段断面尺寸(内径)	米×米	6.76×6.76	
最大埋深	米	2 012	
3.施工支洞			
总长度/个数	米/个	22 367/10	
断面尺寸	米×米	6×6	圆拱直墙
衬砌形式	锚喷衬砌		
4.附属设备			
进口工作闸门	孔数	1	7.0 米×5.5 米平门
(三)三河口水利枢纽			
1.挡水建筑物			
形式	碾压混凝土拱坝		
坝基最低高程	米	501	岩基
坝顶高程	米	646	
最大坝高	米	145	
坝顶长度	米	476.2	
地震基本烈度	Ⅶ		
2.泄洪表孔			
形式	坝顶溢流表孔		
溢流段长度	米	45	
闸孔数	孔	3	每孔宽度 15 米
泄洪流量	立方米每秒	6 020	校核工况

续表 3-1-2

序号及名称	单位	数量	说明
消能方式	挑流消能		
工作闸门尺寸	米×米	15×16.5	弧形钢闸门,3扇
启闭机容量	千牛	3×2 000	液压式启闭机,3台
3.泄洪底孔			
形式	压力底孔		
进口高程	米	550	
断面尺寸	米×米	4×5	
孔数	孔	2	
设计流量	立方米每秒	1 560	校核工况
消能方式	挑流消能		
工作闸门尺寸	米×米	4×5	弧形钢闸门
启闭机容量	千牛	2 500	
4.放水建筑物			
设计流量	立方米每秒	72.71	
形式	放水压力管道		
控制形式	调流阀		
5.连接洞			
长度	米	293.34	
输水方式	明流		
断面形式	马蹄形		
尺寸(内径)	米×米	6.94×6.94	
衬砌厚度及形式	米	0.4~0.5	
进口控制闸门	孔数	1	7.0米×5.5米平门
6.泵站			
设计流量	立方米每秒	18	
设计扬程	米	97.7	
主厂房尺寸	米×米×米	61.8×22.4×31.4	长×宽×高
卧式双吸离心泵	台	3	
10.5千伏卧式同步电动机 $N=7.1$ 兆瓦	台	3	

续表 3-1-2

序号及名称	单位	数量	说明
40 兆伏安变压器	台	1	
高压变频启动装置	套	1	
7. 电站			
厂房形式		河床式	
主厂房尺寸	米×米×米	60.3×34.43×19	长×宽×高
升压站形式		户内	
升压站尺寸	米×米×米	29.04×12×24.5	长×宽×高
水轮机台数(形号 HL250-LJ-173)	台	3	
额定出力	兆瓦	16.24	
发电机台数(型号 SF15-16/3250)	台	3	
单机容量	兆瓦	15	
8. 输电线			
电压	千伏	110	
回路数	回路	2	
输电距离	千米	55+4.5	
9. 分层取水及生态放水设施			
分层取水方式		取表层水	
分层取水进水口形式		分层取水叠梁门	
分层取水进水口叠梁门尺寸	米×米	7.5×9.8	宽×高
10. 生态放水管直径	米	0.6	
五、施工			
1. 主体工程数量			
明挖土石方	万立方米	546.64	
洞挖石方	万立方米	647.08	
填筑土石方	万立方米	49.52	
混凝土和钢筋混凝土	万立方米	384.62	
钢筋	吨	84 785	
锚杆	根	1 005 780	
金属结构安装	吨	13 768	
帷幕灌浆	米	56 669	

续表 3-1-2

序号及名称	单位	数量	说明
固结灌浆	米	604 933	
2. 主要建筑材料数量			
木材	米	13 541	
水泥	吨	1 612 484	
钢筋	吨	92 884	
3. 所需劳动力			
总工日	万工日	10 643	
高峰工人数	人	9 882	
4. 施工动力及来源			
供电	千瓦	27 500	高峰期

越岭隧洞岭南部分由龙王坪 110 千伏变电站和五根树变电所供给;越岭隧洞岭北部分由王翠线板翠线马召 110 千伏变电站供给;秦岭隧洞黄三段、黄金峡、三河口水利枢纽由大河坝 110 千伏变电站供给

5. 对外交通			
距离	千米	61.7	公路运输
运量	万吨	184	
6. 施工导流			
黄金峡水利枢纽			

分期导流方式,围堰挡水,河床过流;导流建筑物为 4 级,10 年一遇洪水标准

三河口水利枢纽			

河床一次拦断,围堰挡水,隧洞导流,导流建筑物为 4 级,10 年一遇洪水标准

7. 施工期限			
筹建期	月	12	
总工期	月	78	
六、经济指标			
1. 总体工程静态总投资	亿元	162.18	引汉济渭工程总体
黄金峡水利枢纽	亿元	45.93	
秦岭输水隧洞	亿元	70.38	
其中:			
黄三段	亿元	7.71	

续表 3-1-2

序号及名称	单位	数量	说明
越岭段	亿元	62.67	
三河口水利枢纽	亿元	45.87	
2.工程总投资	亿元	180.43	引汉济渭工程总体

二、引汉济渭二期工程特性

引汉济渭二期工程特性见表 3-1-3。

表 3-1-3　引汉济渭二期工程特性

序号	项目	单位	数量	说明
一	工程规模			
1.1	配水量(2025 年/2030 年)	亿立方米	9.30/13.95	黄池沟总配水量
1.2	设计流量	立方米每秒	70	
1.2.1	南干线	立方米每秒	47	进口
(1)	黄池沟至子午水厂分水口段	立方米每秒	47、30	
(2)	子午水厂至灞河水厂分水口段	立方米每秒	18	
1.2.2	北干线	立方米每秒	30	进口
(1)	黄池沟至杨凌、武功分水口段	立方米每秒	30、27	
(2)	杨凌、武功分水口至板桥出水池段	立方米每秒	23	
(3)	板桥出水池至泾河新城分水口段	立方米每秒	23、20、16.5、13.5	
1.3	供水保证率	%	≥95	
1.4	输水线路长度			
1.4.1	南干线黄池沟至灞河分水口段	千米	100.41	干线
1.4.2	北干线黄池沟至泾河分水口段	千米	89.54	干线
1.5	设计水位			
1.5.1	黄池沟配水枢纽设计水位	米	514.88	
1.5.2	南、北干线进水闸设计水位	米	514.38	闸后水位
二	建设征地与移民安置			
(1)	永久占地	亩	1 351.20	
(2)	临时占地	亩	16 513.56	

续表 3-1-3

序号				
（3）	迁移人口	人	505	119 户
（4）	拆迁房屋	平方米	40 624.52	
三	主要建筑物			
3.1	黄池沟配水枢纽	座	1	
3.1.1	分水池			
（1）	形式			钢筋混凝土矩形
（2）	地基特性			绿泥石片岩,已成箱涵顶板
（3）	地震动参数设计值		0.2~0.24g	
（4）	地震基本烈度		Ⅷ	
（5）	地震设防烈度		Ⅷ	
（6）	设计水位	米	514.88	
（7）	池顶高程	米	518.40	
（8）	最大池高	米	10.56	
（9）	分水池尺寸	米×米	105×35	长×宽
（10）	退水侧堰堰顶高程	米	514	
（11）	退水侧堰宽度	米	16	2×8 米
（12）	秦岭隧洞出口高程	米	510	
（13）	黑河连接洞出口高程	米	510	
（14）	北干线进口高程	米	504.5	
（15）	南干线进口高程	米	510	
（16）	黄池沟黑河供水连通洞进口高程	米	509.78	
3.1.2	池周进、出水闸			
3.1.2.1	南干进水闸			
（1）	闸孔尺寸	米×米	5.0×6.2	宽×高,平板钢闸门
3.1.2.2	北干进水闸			
（1）	闸孔尺寸	米	5.0×5.0	宽×高,平板钢闸门
3.1.2.3	秦岭隧洞出水闸			
（1）	闸孔尺寸	米	6.5×6.4	宽×高,平板钢闸门
3.1.2.4	黄池沟黑河供水连通洞进水闸			
（1）	闸孔尺寸	米	3.1×6.42	宽×高,平板钢闸门

续表 3-1-3

序号	项目	单位	数量	说明
3.1.2.5	堰顶平板闸门			
（1）	平板闸门尺寸	米	8×1	宽×高,平板钢闸门
3.1.3	泄洪设施			
3.1.3.1	泄洪箱涵设计洪峰流量	立方米每秒	105	设计标准:50 年一遇
3.1.3.2	泄洪箱涵校核洪峰流量	立方米每秒	154	校核标准:200 年一遇
3.1.3.3	已成箱涵段			
（1）	长度	米	138.2	
（2）	纵坡			11%、2%
（3）	横断面尺寸	米×米	6×4	3 孔
3.1.3.4	新建箱涵段			
（1）	长度	米	40	
（2）	纵坡			2%
（3）	横断面尺寸	米×米	6×4	3 孔
3.1.4	黑河连接洞			
（1）	连接洞			
1)	长度	千米	1.17	
2)	输水方式			压力输水
3)	断面形式			圆形
4)	断面尺寸	米	3.5	内径
5)	控制阀	毫米	DN2200×2	活塞阀
6)	检修阀		1	检修蝶阀、偏心半球阀,各 1
3.1.5	黄池沟黑河供水连通洞			
（1）	输水方式			无压流输水
（2）	断面形式			圆拱直墙形
（3）	断面尺寸	米×米	3.1×3.5	
（4）	长度	米	282	
3.2	南干线			
3.2.1	黄池沟至子午水厂分水口段	千米	69.74	
3.2.1.1	黄午隧洞	座	1	
（1）	输水方式			无压流输水
（2）	长度	千米	69.46	

续表 3-1-3

序号	项目		单位	数量	说明
（3）	设计纵比降			1/2 500	
（4）	断面形式				圆拱直墙形/圆形
（5）	断面尺寸	南干 0+033.10~南干 41+934.00	米	5.05×6.2	$Q=47$ 立方米每秒
		南干 41+934.00~南干 65+905.00		4.2×5.3	$Q=30$ 立方米每秒
		南干 65+905.00~南干 66+045.00		$D=5.64$	$Q=30$ 立方米每秒
		南干 66+045.00~南干 69+455.00		4.2×5.3	$Q=30$ 立方米每秒
（6）	衬砌厚度		米	0.3~0.5	
3.2.1.2	1 号箱涵		处	1	
（1）	输水方式				无压流输水
（2）	长度		千米	0.265	
（3）	设计纵比降			1/2 500	
（4）	断面尺寸		米×米	4.2×5	$Q=30$ 立方米每秒，单孔钢筋混凝土箱涵
3.2.1.3	节制分水闸				
（1）	周至集贤分水闸		座	1	
（2）	鄠邑分水闸		座	1	
（3）	西南郊分水闸		座	1	
（4）	子午分水闸		座	1	
3.2.2	子午至灞河段		千米	30.67	
3.2.2.1	2 号箱涵		处	1	
（1）	输水方式				无压流输水
（2）	长度		千米	0.34	
（3）	设计纵比降			1/2 500	
（4）	断面尺寸		米×米	4.2×5	$Q=18$ 立方米每秒，单孔钢筋混凝土箱涵
3.2.2.2	神禾塬隧洞		座	1	
（1）	输水方式				无压流输水

续表 3-1-3

序号	项目	单位	数量	说明
(2)	长度	千米	2.86	
(3)	设计纵比降		1/3 000	
(4)	断面形式			圆形
(5)	断面尺寸	米	$D=4.4$	$Q=18$ 立方米每秒，内径
(6)	衬砌厚度	米	0.35	预制钢筋混凝土管片
3.2.2.3	少陵塬隧洞	座	1	
(1)	输水方式			无压流输水
(2)	长度	千米	8.625	
(3)	设计纵比降		1/3 000	
(4)	断面形式			圆形
(5)	断面尺寸	米	$D=4.4$	$Q=18$ 立方米每秒，内径
(6)	衬砌厚度	米	0.35	预制钢筋混凝土管片
3.2.2.4	白鹿塬隧洞	座	1	
(1)	输水方式			无压流输水
(2)	长度	千米	9.388	
(3)	设计纵比降		1/3 000	
(4)	断面形式			圆形/圆拱直墙形
(5)	断面尺寸 (南干 90+994~南干 98+794)	米	$D=4.4$	$Q=18$ 立方米每秒，内径
(6)	断面尺寸 (南干 90+994~南干 98+794)	米×米	3.6×4.6	$Q=18$ 立方米每秒，内轮廓
(7)	衬砌厚度	米	0.35/0.4	预制钢筋混凝土管片/现浇混凝土衬砌
3.2.2.5	灞河倒虹	座	1	
(1)	长度	千米	4.624	
(2)	管材、管压			PCCP 管,0.6 兆帕
(3)	管径	毫米	2×DN3000	$Q=18$ 立方米每秒，双根

续表 3-1-3

序号	项目		单位	数量	说明
3.2.2.6	澧河倒虹		座	1	
(1)	长度		千米	2.43	
(2)	管材、管压				PCCP 管,0.6 兆帕
(3)	管径		毫米	2×DN3000	$Q=18$ 立方米每秒,双根
3.2.2.7	浐河渡槽		座	1	
(1)	长度		千米	2.35	
(2)	断面形式				拉杆式矩形槽
(3)	断面尺寸		米×米	3.8×2.75	$Q=18$ 立方米每秒
3.2.2.8	分水闸				
(1)	灞河分水闸		座	1	
3.3	北干线				
3.3.1	黄池沟至板桥出水池段		千米	39.49	
3.3.1.1	黄池沟隧洞		座	1	
(1)	输水方式				压力流输水
(2)	长度		千米	0.82	
(3)	断面形式				圆形
(4)	断面尺寸		米	$D=5$	$Q=30$ 立方米每秒
(5)	衬砌厚度		米	0.45、0.8	
3.3.1.2	压力管道				双管、压力管道
(1)	长度		千米	39.41	
(2)	管材、管径	北干 0+862.12~北干 0+974.87	毫米	2×DN3400	$Q=30$ 立方米每秒,钢管,0.8 兆帕
		北干 0+974.87~北干 3+850.27	毫米	2×DN3400	$Q=30$ 立方米每秒,PCCP 管,1.0 兆帕
		北干 3+850.27~北干 4+211.91 北干 5+291.91~北干 7+328.49	毫米	2×DN3400	$Q=27$ 立方米每秒,PCCP 管,1.2 兆帕
		北干 7+328.49~北干 10+695.01	毫米	2×DN3400	$Q=27$ 立方米每秒,钢管,1.4 兆帕
		北干 10+695.01~北干 15+355.09 北干 15+745.57~北干 16+649.85 北干 18+589.85~北干 38+551.15	毫米	2×DN3400	$Q=27$ 立方米每秒、23 立方米每秒,钢管,1.6 兆帕
		北干 38+551.15~北干 39+101.15	毫米	2×DN3400	$Q=23$ 立方米每秒,钢管,1.4 兆帕
		北干 39+101.15~北干 39+444.8	毫米	2×DN3400	$Q=23$ 立方米每秒,钢管,1.0 兆帕

续表 3-1-3

序号	项目		单位	数量	说明
3.3.1.3	黑河倒虹		座	1	
(1)	长度		千米	1.08	
(2)	形式				沟埋式
(3)	管材、管径	北干 4+211.91~北干 5+291.91	毫米	2×DN3400	$Q=30$ 立方米每秒,钢管
3.3.1.4	沙河倒虹		座	1	
(1)	长度		千米	0.39	
(2)	形式				沟埋式
(3)	管材、管径	北干 15+355.99~北干 15+745.57	毫米	2×DN3400	$Q=27$ 立方米每秒,钢管
3.3.1.5	渭河管桥		座	1	
(1)	长度		千米	1.94	
(2)	形式				水滴型多塔斜拉
(3)	管材、管径	北干 16+649.85~北干 18+589.85	毫米	2×DN3400	$Q=27$ 立方米每秒,钢管
3.3.1.6	上黄池进水池		座	1	
(1)	设计水位		米	514.13	
(2)	池体形式				钢筋混凝土矩形结构
(3)	池体尺寸		米×米×米	17.4×6.9×16.9	长×宽×高
3.3.1.7	板桥出水池		座	1	
(1)	设计水位		米	498.00	
(2)	池体形式				钢筋混凝土矩形结构
(3)	池体尺寸		米×米×米	46.2×15.2×10	长×宽×高
3.3.2	板桥出水池至泾河新城分水口段		千米	49.77	
3.3.2.1	箱涵		处	2	1号、2号箱涵
(1)	输水方式				无压流输水

续表 3-1-3

序号	项目		单位	数量	说明
（2）	长度		千米	2.06	
（3）	比降			1/3 000 1/4 000	
（4）	断面尺寸	北干 39+493.7~北干 40+793.7	米×米	3.9×4.8	$Q=23$ 立方米每秒，钢筋混凝土箱涵
		北干 74+600.7~北干 74+850.0	米×米	3.5×4.1	$Q=16.5$ 立方米每秒，钢筋混凝土箱涵
		北干 74+850~北干 75+365.5	米×米	3.5×4.1	$Q=13.5$ 立方米每秒，钢筋混凝土箱涵
3.3.2.2	咸阳塬隧洞		座	1	
（1）	输水方式				无压流输水/有压隧洞
（2）	长度		千米	33.8	
（3）	断面尺寸	北干 40+793.7~北干 43+681.7	千米	2.89	$Q=23$ 立方米每秒，圆形，$D=4.7$ 米
		北干 43+681.7~北干 51+131.7	千米	7.45	$Q=20$ 立方米每秒，圆形，$D=4.5$ 米
		北干 51+131.7~北干 56+862.7	千米	5.74	$Q=20$ 立方米每秒，圆拱直墙，3.9 米× 4.7 米
		北干 56+862.7~北干 65+443.7	千米	8.58	$Q=16.5$ 立方米每秒，圆形，$D=4.4$ 米
		北干 65+443.7~北干 74+600.7	千米	9.16	$Q=16.5$ 立方米每秒，圆形，$D=4.1$ 米
（4）	预制管片厚度		米	0.35	预制钢筋混凝土管片
（5）	衬砌厚度		米	0.4~0.55	钢筋混凝土
3.3.2.3	压力管道				
（1）	长度		千米	14.1	
（2）	断面形式				双管压力输水
（3）	管材管径	北干 75+388.5~北干 77+238.5	毫米	2×DN2400	$Q=13.5$ 立方米每秒，PCCP 管
		北干 79+488.5~北干 89+543.5	毫米	2×DN2400	$Q=13.5$ 立方米每秒，K9 级球墨铸铁管
3.3.2.4	泾河管桥				
（1）	长度		千米	1.18	

续表 3-1-3

序号	项目		单位	数量	说明
(2)	形式				明管
(3)	管材管径	北干 77+238.5~北干 79+488.5	毫米	2×DN2400	$Q=13.5$ 立方米每秒,钢管
3.3.2.5	张阁村进水池		座	1	
(1)	设计水位		米	485.68	
(2)	池体形式				钢筋混凝土矩形结构
(3)	池体尺寸		米×米×米	23×16.2×9.5	长×宽×高
四	次要建筑物				
4.1	南干线退水渠(管)道		处	7	总长 15.72 千米
4.1.1	涝河退水				
(1)	长度		千米	3.18	与 18 号支洞联合布置
(2)	闸前设计水位		米	502.766	
(3)	退水方式				无压流退水
(4)	隧洞段				
a	长度		千米	1.42	
b	设计比降			1/2 000	
c	横断面尺寸		米×米	7.0×6.0	圆拱直墙式
d	衬砌厚度		米	0.35~0.45	
(5)	箱涵段				
a	长度		千米	1.68	
b	设计纵比降			1/1 000	
c	断面形式				单孔钢筋混凝土箱涵
d	断面尺寸		米×米	3.2×3.8,4.0×6.0	宽×高
e	衬砌厚度		米	0.4	
4.1.2	曲峪退水				与 21 号支洞联合布置
(1)	长度		千米	3.14	
(2)	闸前设计水位		米	197.603	

续表 3-1-3

序号	项目	单位	数量	说明
（3）	退水方式			无压流隧洞、压力管道结合方式退水
（4）	隧洞段			
a	长度	千米	1.04	
b	设计比降		1/2 000	
c	横断面尺寸	米×米	7.0×6.0	圆拱直墙式
d	衬砌厚度	米	0.35~0.45	
（5）	管道段			
a	长度	千米	2.12	
b	管材、管压			球墨铸铁管，0.6兆帕
c	管径	毫米	2 200	单根
4.1.3	沣峪退水			
（1）	退水方式			无压流退水
（2）	长度	千米	0.96	
（3）	隧洞段			
a	长度	千米	0.883	
b	设计比降		1/2 500	
c	横断面尺寸	米×米	3.7×5.3	圆拱直墙式
d	衬砌厚度	米	0.30~0.40	
4.1.4	滈河退水			
（1）	长度	千米	4.11	
（2）	闸前设计水位	米	484.94	
（3）	退水方式			无压流箱涵退水
（4）	设计纵比降		1/350	
（5）	断面形式			单孔钢筋混凝土箱涵
（6）	断面尺寸	米×米	2.3×3.0	宽×高
（7）	衬砌厚度	米	0.4	
4.1.5	潏河退水			
（1）	退水方式			压力管道退水

续表 3-1-3

序号	项目	单位	数量	说明
(2)	长度	千米	1.17	
(3)	管材、管压			球墨铸铁管,1.4 兆帕
(4)	管径	毫米	1 800	单根
4.1.6	浐河退水			
(1)	退水方式			压力管道退水
(2)	长度	千米	0.56	
(3)	管材、管压			球墨铸铁管,1.4 兆帕
(4)	管径	毫米	2 400	单根
4.1.7	灞河退水			
(1)	退水方式			压力管道退水
(2)	长度	千米	2.6	
(3)	管材、管压			球墨铸铁管,1.4 兆帕
(4)	管径	毫米	1 800	单根
4.2	北干线退水管道	处	6	
4.2.1	黑河退水			位于北干 4+048.43 处
(1)	退水方式			压力管道退水
(2)	流量	立方米每秒	3.63	
(3)	长度	千米	0.82	
(4)	管材、管压			K9 级球墨铸铁管,1.0 兆帕
(5)	管径	毫米	1 200	单根
4.2.2	蔡家庄退水			位于北干 11+313.25 处
(1)	退水方式			压力管道退水
(2)	流量	立方米每秒	3.63	
(3)	长度	千米	1.45	
(4)	管材、管压			K10 级球墨铸铁管,1.0 兆帕
(5)	管径	毫米	1 200	单根
4.2.3	渭河管桥进口退水			位于北干 16+714.85 处

续表 3-1-3

序号	项目	单位	数量	说明
（1）	退水方式			压力管道+涵闸退水
（2）	流量	立方米每秒	3.63	
（3）	长度	千米	0.99	
（4）	管材、管压			K10 级球墨铸铁管，1.0 兆帕
（5）	管径	毫米	1 200	单根
4.2.4	渭河管桥出口退水			位于北干 18+540.12 处
（1）	退水方式			压力管道+涵闸退水
（2）	流量	立方米每秒	13.5	
（3）	长度	千米	0.61	
（4）	管材、管压			K9 级球墨铸铁管，1.2 兆帕
（5）	管径	毫米	1 200	单根
4.2.5	泾河进口退水			位于北干 77+570 处
（1）	退水方式			压力管道退水
（2）	流量	立方米每秒	1.81	
（3）	长度	千米	0.715	
（4）	管材、管压			K9 级球墨铸铁管
（5）	管径	毫米	DN800	单根
4.2.6	泾河出口退水			位于北干 79+428 处
（1）	退水方式			压力管道退水
（2）	流量	立方米每秒	1.81	
（3）	长度	千米	0.199	
（4）	管材、管压			K9 级球墨铸铁管
（5）	管径	毫米	DN100	单根
五	临时建筑物			
5.1	南干线施工支洞			
5.1.1	黄午隧洞施工支洞			
（1）	条数	条	18	18 条支洞

续表3-1-3

序号	项目		单位	数量	说明
(2)	支洞总长度		千米	19.22	
(3)	支洞断面形式				圆拱直墙形
(4)	支洞断面尺寸		米×米	7.0×6.0、 5.2×6.0	宽×高
(5)	隧洞比降范围		%	−9.00~0.05	
5.1.2	白鹿塬隧洞施工检修支洞				
(1)	条数		条	1	
(2)	总长度		千米	2.23	
(3)	断面形式				圆拱直墙形
(4)	尺寸		米×米	5.2×6.0	宽×高
(5)	比降		%	−8.39	
5.2	北干线施工支洞(竖井)				北干线咸阳塬隧洞
(1)	条数		条	11	3条支洞,82处竖井
(2)	支洞长度		米	1 398	
(3)	竖井深度		米	16~38	
(4)	断面形式	竖井			圆形
		支洞			圆拱直墙形
(5)	尺寸	竖井	米	$D=6、15×41$	
		支洞	米×米	4.0×5.0	宽×高
六	金属结构				
6.1	黄池沟配水枢纽				
6.1.1	南干线进水闸				
(1)	检修闸门		孔	1	
1)	孔口尺寸		米×米	5×6.5	平面滑动钢闸门
2)	启闭机		台	1	卷扬式, QP 2×320 kN−10 m
(2)	工作闸门		孔	1	
1)	孔口尺寸		米×米	5×6.5	平面滑动钢闸门
2)	启闭机		台	1	卷扬式, QP 2×320 kN−10 m

续表 3-1-3

序号	项目	单位	数量	说明
6.1.2	北干线进水闸			
（1）	检修闸门	孔	1	
1）	孔口尺寸	米×米	5×5	平面滑动钢闸门
2）	启闭机	台	1	卷扬式，QP 2×630 kN−16 m
（2）	工作闸门	孔	1	
1）	孔口尺寸	米×米	5×5	平面滑动钢闸门
2）	启闭机	台	1	卷扬式，QP 2×630 kN−16 m
6.1.3	秦岭隧洞出水闸			
（1）	工作闸门	孔	1	
（2）	孔口尺寸	米×米	6.5×6.7	平面滑动钢闸门
（3）	启闭机	台	1	卷扬式，QP 2×400 kN−9 m
6.1.4	黑河连通洞出水闸			
（1）	检修闸门	孔	1	
（2）	孔口尺寸	米×米	5.1×8.12	平面滑动钢闸门
（3）	启闭机	台	1	卷扬式，QP 2×320 kN−12 m
6.1.5	黑河供水连通隧洞进、出水闸			
（1）	进水闸			
1）	工作闸门	孔	1	
2）	孔口尺寸	米×米	3.1×6.72	平面滑动钢闸门
3）	启闭机	台	1	卷扬式，QP 500 kN−10 m
（2）	出水闸			
1）	工作闸门	孔	1	
2）	孔口尺寸	米×米	3.1×3.6	平面滑动钢闸门
3）	启闭机	台	1	卷扬式，QP 160 kN−8 m

续表 3-1-3

序号	项目	单位	数量	说明
(3)	改建段			
1)	检修闸门	孔	1	
2)	孔口尺寸	米×米	3.1×3.6	平面滑动钢闸门
3)	启闭机	台	1	卷扬式，QP 160 kN-8 m
4)	工作闸门	孔	1	
5)	孔口尺寸	米×米	3.1×3.6	平面滑动钢闸门
6)	启闭机	台	1	卷扬式，QP 160 kN-8 m
6.1.6	分水池侧堰钢闸门			
1)	退水闸门	孔	2	
2)	尺寸	米×米	8×1	钢坝门
3)	启闭机	台	2	200 千牛液压启闭机
6.2	南干线黄池沟至子午水厂分水口段			
6.2.1	鄠邑分水闸			
(1)	节水闸			
1)	工作闸门	孔	1	
2)	孔口尺寸	米×米	5.0×5.2	平面滑动钢闸门
3)	启闭机	台	1	卷扬式 2×160 kN-10 m
4)	检修闸门	孔	1	
5)	孔口尺寸	米×米	5.0×5.2	平面滑动钢闸门
6)	启闭机	台	1	卷扬式 2×160 kN-10 m
(2)	分水闸			
1)	检修闸门	孔	1	
2)	孔口尺寸	米×米	5.0×5.2	平面滑动钢闸门
3)	启闭机	台	1	卷扬式，2×160 kN-10 m
6.2.2	西南郊分水闸			

续表 3-1-3

序号	项目	单位	数量	说明
（1）	节制闸			
1）	工作闸门	孔	1	
2）	孔口尺寸	米×米	4.2×5.2	平面滑动钢闸门
3）	启闭机	台	1	卷扬式，2×160 kN-10 m
4）	检修闸门	孔	1	
5）	孔口尺寸	米×米	4.2×5.2	平面滑动钢闸门
6）	启闭机	台	1	卷扬式，2×160 kN-10 m
（2）	分水闸			
1）	检修闸门	孔	1	
2）	孔口尺寸	米×米	4.2×5.2	平面滑动钢闸门
3）	启闭机	台	1	卷扬式，2×160 kN-10 m
6.2.3	子午分水闸			
（1）	节制闸			
1）	工作闸门	孔	1	
2）	孔口尺寸	米×米	4.2×4.5	平面滑动钢闸门
3）	启闭机	台	1	卷扬式，2×125 kN-15 m
4）	检修闸门	孔	1	
5）	孔口尺寸	米×米	4.2×4.5	平面滑动钢闸门
6）	启闭机	台	1	卷扬式，2×125 kN-15 m
（2）	分水闸			
1）	工作闸门	孔	1	
2）	孔口尺寸	米×米	3.8×4.5	平面滑动钢闸门
3）	启闭机	台	1	卷扬式，2×125 kN-15 m
4）	检修闸门	孔	1	
5）	孔口尺寸	米×米	3.8×4.5	平面滑动钢闸门

续表 3-1-3

序号	项目	单位	数量	说明
6)	启闭机	台	1	卷扬式，2×125 kN-15 m
6.2.4	涝河退水闸			
（1）	工作闸门	孔	1	
1)	孔口尺寸	米×米	3.2×4.5	平面滑动钢闸门
2)	启闭机	台	1	卷扬式，200 kN-12 m
（2）	检修闸门	孔	1	
1)	孔口尺寸	米×米	3.2×4.5	平面滑动钢闸门
2)	启闭机	台	1	卷扬式，200 kN-12 m
6.2.5	曲峪退水闸			
（1）	工作闸门	孔	1	
1)	孔口尺寸	米×米	2.2×2.2	平面滑动钢闸门
2)	启闭机	台	1	卷扬式，100 kN-10 m
6.2.6	沣峪退水闸			
（1）	工作闸门	孔	1	
1)	孔口尺寸	米×米	3.7×3.2	平面滑动钢闸门
2)	启闭机	台	1	卷扬式，2×100 kN-9 m
（2）	检修闸门	孔	1	
1)	孔口尺寸	米×米	3.7×3.2	平面滑动钢闸门
2)	启闭机	台	1	卷扬式，2×100 kN-9 m
6.3	南干线子午至灞河水厂分水口段			
6.3.1	滈河倒虹			
6.3.1.1	进口			
1)	检修闸门	孔	2	
2)	孔口尺寸	米×米	2.2×4.5	平面滑动钢闸门

续表 3-1-3

序号	项目	单位	数量	说明
3)	启闭机	台	2	卷扬式，160 kN-10 m
6.3.1.2	出口			
1)	检修闸门	孔	2	
2)	孔口尺寸	米×米	2.3×3.8	平面滑动钢闸门
3)	启闭机	台	2	卷扬式，160 kN-10 m
6.3.2	潏河倒虹			
6.3.2.1	进口			
1)	检修闸门	孔	2	
2)	孔口尺寸	米×米	2.0×3.8	平面滑动钢闸门
3)	启闭机	台	2	卷扬式，160 kN-10 m
6.3.2.2	出口			
1)	检修闸门	孔	2	
2)	孔口尺寸	米×米	2.3×3.8	平面滑动钢闸门
3)	启闭机	台	2	卷扬式，160 kN-10 m
6.3.3	浐河渡槽			
6.3.3.1	进口			
1)	工作闸门	孔	1	
2)	孔口尺寸	米×米	4.0×3.8	平面滑动钢闸门
3)	启闭机	台	1	卷扬式，2×100 kN-9 m
4)	检修闸门	孔	1	
5)	孔口尺寸	米×米	4.0×3.8	平面滑动钢闸门
6)	启闭机	台	1	卷扬式，2×100 kN-9 m
6.3.4	滈河退水闸			
6.3.4.1	进口			

续表 3-1-3

序号	项目	单位	数量	说明
(1)	工作闸门	孔	1	
1)	孔口尺寸	米×米	2.2×3.2	平面滑动钢闸门
2)	启闭机	台	1	卷扬式，160 kN-10 m
(2)	检修闸门	孔	1	
1)	孔口尺寸	米×米	2.2×3.2	平面滑动钢闸门
2)	启闭机	台	1	卷扬式，160 kN-10 m
6.3.4.2	出口			
(1)	检修闸门	孔	1	
1)	孔口尺寸	米×米	2.2×2.8	平面滑动钢闸门
2)	启闭机	台	1	卷扬式，160 kN-10 m
6.3.5	潏河退水			
6.3.5.1	进口			
1)	工作闸门	孔	1	
2)	孔口尺寸	米×米	2.0×3.8	平面滑动钢闸门
3)	启闭机	台	1	卷扬式，160 kN-10 m
4)	检修闸门	孔	1	
5)	孔口尺寸	米×米	2.0×3.8	平面滑动钢闸门
6)	启闭机	台	1	卷扬式，160 kN-10 m
6.3.5.2	出口			
(1)	检修闸门	孔	1	
1)	孔口尺寸	米×米	2.0×2.0	平面滑动钢闸门
2)	启闭机	台	1	卷扬式，100 kN-10 m
6.3.6	浐河退水			
6.3.6.1	进口			

续表 3-1-3

序号	项目	单位	数量	说明
1)	工作闸门	孔	1	
2)	孔口尺寸	米×米	2.0×3.8	平面滑动钢闸门
3)	启闭机	台	1	卷扬式，160 kN-10 m
4)	检修闸门	孔	1	
5)	孔口尺寸	米×米	2.0×3.8	平面滑动钢闸门
6)	启闭机	台	1	卷扬式，160 kN-10 m
6.3.6.2	出口			
(1)	检修闸门	孔	1	
1)	孔口尺寸	米×米	2.4×2.4	平面滑动钢闸门
2)	启闭机	台	1	卷扬式，100 kN-10 m
6.3.7	灞河退水			
6.3.7.1	进口			
1)	工作闸门	孔	1	
2)	孔口尺寸	米×米	2.0×3.8	平面滑动钢闸门
3)	启闭机	台	1	卷扬式，160 kN-10 m
4)	检修闸门	孔	1	
5)	孔口尺寸	米×米	2.0×3.8	平面滑动钢闸门
6)	启闭机	台	1	卷扬式，QPQ125 kN-10 m
6.3.7.2	出口			
(1)	检修闸门	孔	1	
1)	孔口尺寸	米×米	2.0×2.0	平面滑动钢闸门
2)	启闭机	台	1	卷扬式，100 kN-10 m
6.3.8	南干线末端节制闸			
1)	工作闸门	孔	2	

续表 3-1-3

序号	项目	单位	数量	说明
2)	孔口尺寸	米×米	2.0×3.7	平面滑动钢闸门
3)	启闭机	台	2	卷扬式， 160 kN-10 m
4)	检修闸门	孔	2	
5)	孔口尺寸	米×米	2.0×3.7	平面滑动钢闸门
6)	启闭机	台	2	卷扬式， 160 kN-10 m
6.4	北干线上黄池至板桥出水池段			
6.4.1	上黄池控制闸			
(1)	工作闸门	孔	2	
(2)	孔口尺寸	米×米	3.4×3.4	平面滑动钢闸门
(3)	启闭机	台	1	卷扬式， QPQ800 kN-16 m
6.4.2	防洪闸			
(1)	蔡家庄防洪闸			
1)	工作闸门	孔	1	
2)	孔口尺寸	米×米	1.5×1.8	平面滑动钢闸门
3)	启闭机	台	1	卷扬式， 100 千牛固定卷扬机
(2)	渭河管桥进口防洪闸			
1)	工作闸门	孔	1	
2)	孔口尺寸	米×米	1.5×1.8	平面滑动钢闸门
3)	启闭机	台	1	卷扬式， 100 千牛固定卷扬机
(3)	渭河管桥出口防洪闸			
1)	工作闸门	孔	1	
2)	孔口尺寸	米×米	1.5×2.5	平面滑动钢闸门
3)	启闭机	台	1	卷扬式， 100 千牛固定卷扬机
6.5	北干线板桥出水池至 泾河新城北关水厂分水口段			

续表 3-1-3

序号	项目	单位	数量	说明
6.5.1	兴平分水闸			
（1）	分水闸			
1）	工作闸门	孔	1	
2）	孔口尺寸	米×米	2.0×2.1	平面滑动钢闸门
3）	启闭机	台	1	卷扬式，QP-200 kN-8 m
4）	检修闸门	孔	1	
5）	孔口尺寸	米×米	2.0×2.1	平面滑动钢闸门
6）	启闭机	台	1	卷扬式，QP-200 kN-8 m
6.5.2	咸阳分水闸			
（1）	节制闸			
1）	工作闸门	孔	1	
2）	孔口尺寸	米×米	4.4×3.9	平面滑动钢闸门
3）	启闭机	台	1	卷扬式，QP-2×100 kN-7 m
4）	检修闸门	孔	1	
5）	孔口尺寸	米×米	4.4×3.9	平面滑动钢闸门
6）	启闭机	台	1	卷扬式，QP-2×100 kN-7 m
（2）	分水闸			
1）	工作闸门	孔	1	
2）	孔口尺寸	米×米	4.4×3.9	平面滑动钢闸门
3）	启闭机	台	1	卷扬式，QP-2×100 kN-7 m
4）	检修闸门	孔	1	
5）	孔口尺寸	米×米	4.4×3.9	平面滑动钢闸门
6）	启闭机	台	1	卷扬式，QP-2×100 kN-7 m
6.5.3	西咸新区空秦分水闸			

续表 3-1-3

序号	项目	单位	数量	说明
（1）	节制闸			
1）	工作闸门	孔	1	
2）	孔口尺寸	米×米	3.2×3.8	平面滑动钢闸门
3）	启闭机	台	1	卷扬式，QP-2×100 kN-6 m
4）	检修闸门	孔	1	
5）	孔口尺寸	米×米	3.2×3.8	平面滑动钢闸门
6）	启闭机	台	1	卷扬式，QP-2×100 kN-6 m
（2）	分水闸			
1）	工作闸门	孔	1	
2）	孔口尺寸	米×米	1.6×1.8	平面滑动钢闸门
3）	启闭机	台	1	卷扬式，QP-125 kN-6 m
4）	检修闸门	孔	1	
5）	孔口尺寸	米×米	1.6×1.8	平面滑动钢闸门
6）	启闭机	台	1	卷扬式，QP-125 kN-6 m
6.5.4	礼泉分水闸			
（1）	分水闸			
1）	工作闸门	孔	1	
2）	孔口尺寸	米×米	1.5×1.5	平面滑动钢闸门
3）	启闭机	台	1	卷扬式，QP-125 kN-7 m
4）	检修闸门	孔	1	
5）	孔口尺寸	米×米	1.5×1.5	平面滑动钢闸门
6）	启闭机	台	1	卷扬式，QP-125 kN-7 m
6.5.5	咸阳塬隧洞			
（1）	1号低压洞进口竖井控制闸			
1）	检修闸门	孔	1	

续表 3-1-3

序号	项目	单位	数量	说明
2)	孔口尺寸	米×米	3.9×3.9	平面滑动钢闸门
3)	启闭机	台	1	卷扬式，QP-2×100 kN-13 m
(2)	1号低压洞出口竖井控制闸			
1)	工作闸门	孔	1	
2)	孔口尺寸	米×米	3.9×3.9	平面滑动钢闸门
3)	启闭机	台	1	卷扬式，QP-2×100 kN-23 m
4)	检修闸门	孔	1	
5)	孔口尺寸	米×米	3.9×3.9	平面滑动钢闸门
6)	启闭机	台	1	卷扬式，QP-2×100 kN-23 m
(3)	2号低压洞进口竖井控制闸			
1)	检修闸门	孔	1	
2)	孔口尺寸	米×米	4.4×3.7	平面滑动钢闸门
3)	启闭机	台	1	卷扬式，QP-2×100 kN-28 m
(4)	2号低压洞出口竖井控制闸			
1)	工作闸门	孔	1	
2)	孔口尺寸	米×米	3.5×3.8	平面滑动钢闸门
3)	启闭机	台	1	卷扬式，QP-2×100 kN-9 m
4)	检修闸门	孔	1	
5)	孔口尺寸	米×米	3.9×3.8	平面滑动钢闸门
6)	启闭机	台	1	卷扬式，QP-2×100 kN-9 m
七	施工			
7.1	主体工程量			
(1)	土方开挖	万立方米	1 905.20	
(2)	石方开挖	万立方米	18.03	
(3)	土方洞挖	万立方米	173.85	

续表 3-1-3

序号	项目	单位	数量	说明
(4)	石方洞挖	万立方米	302.35	
(5)	土方回填	万立方米	860.05	
(6)	石方回填	万立方米	553.85	
(7)	模板	万立方米	363.95	
(8)	混凝土	万立方米	339.29	
(9)	钢筋	万吨	21.25	
(10)	钢材	万吨	3.69	
(11)	PCCP 管	千米	27.61	
(12)	钢管	千米	78.81	
(13)	球墨铸铁管	千米	34.04	
(14)	固结灌浆	万立方米	67.29	
(15)	回填灌浆	万立方米	80.05	
(16)	喷混凝土	万立方米	14.56	
(17)	挂网钢筋	万吨	0.88	
7.2	主要材料数量			
(1)	水泥	万吨	170.98	
(2)	钢筋	万吨	24.40	
(3)	钢材	万吨	4.48	
(4)	木材	立方米	6 648	
(5)	乳化炸药	吨	3 912	
(6)	砂子	万立方米	296.07	
(7)	碎石	万立方米	331.94	
(8)	柴油	万吨	6.94	
(9)	汽油	吨	2 862	
(10)	工时	万工时	19 079	
(11)	施工总工期	月	60	

第六节 工程运行方案

一、黄金峡水利枢纽

在发挥黄金峡水库调蓄库容、调水区与受水区联合调节、满足工程任务的情况下，2025 水平年泵站抽水流量为 52 立方米每秒，2030 水平年泵站抽水流量为 70 立方米每秒。

在满足坝址下游河道需水量要求的情况下，黄金峡水库从死水位 440 米开始蓄库，汛期 6—9 月最高蓄到汛限水位 448 米，其余月份蓄到正常蓄水位 450 米。库满后，当天然来水小于 38 立方米每秒时，遵循生态保护优先的原则，黄金峡水库不调水，天然来水量全部下泄。当天然来水大于 38 立方米每秒时，在按不小于 38 立方米每秒的流量进行下泄后，满足调水任务要求。

黄金峡电站出力原则为：①在黄金峡水库正常蓄水位与死水位之间，黄金峡电站按水库生态水量、水库的弃水与下泄水量进行发电；②在 11 月与次年 2 月之间水库尽可能蓄满，以提高电站的保证出力；③按坝址下河道最小下泄流量，控制发电站的保证出力。

二、三河口水利枢纽

在满足三河口坝址下游河道最小生态下泄水量 2.71 立方米每秒情况下，三河口水利枢纽水库从死水位开始蓄库，汛期蓄到限制水位 642 米，非汛期蓄到正常蓄水位 643 米。水库水位处于未满库状态，在黄金峡水量、黑河水库、受水区地下水共同满足工程需水情况下，多余水量可通过三河口二级泵站抽黄金峡水量注入三河口水利枢纽中；多余水量下泄河道，增加下游河道水量；当三河口水利枢纽处于供水状态，水位最低降到死水位 558 米，三河口水利枢纽、黄金峡水库与黑河水库、受水区地下水联合调蓄共同满足工程供水任务，完成整个蓄供水周期。

三河口电站出力原则为：①在满足三河口水库下游用水与工程防洪条件下，电站利用水库供水、下泄流量以及水库水位与电站尾水之间的落差进行发电；②三河口泵站抽水时，三河口电站不发电。

三、秦岭输水隧洞

秦岭输水隧洞承担着将调水区汉江水输送到关中受水区的任务，结合黄金峡枢纽与三河口枢纽联合调节调度运行方式的要求，将其分为黄三段和越岭段。黄三段承担的主要任务是将黄金峡泵站扬高的汉江干流水输送至子午河的三河口水库坝后，越岭段的主要任务是将两枢纽联合调节的水量输送至关中受水区。

根据引汉济渭工程调水原则及四水源联合调度运用方式,近期 2025 年,黄三段设计流量为 52 立方米每秒,越岭段设计流量为 50 立方米每秒;远期 2030 年,黄三段、越岭段设计流量均为 70 立方米每秒。

第七节　调度运行方案

引汉济渭工程调入水量主要用于受水区城市生活用水和生产用水,受水区内是多水源供水,调入水量与当地水源联合配置,共同满足受水区时段保证率要求。

工程可研报告提出四水源联合调度方案,即调水区的黄金峡水库、三河口水库与受水区的黑河金盆水库、地下水四水源,根据受水区需水,进行水资源供需配置,联合调度。

一、水资源配置原则

①优先利用受水区中水,用于城市绿化、河湖补水等生态环境用水;②供水对象城镇生活、生产用水优先使用受水区城镇专用水源的供水,不足时由引汉济渭调水工程、地下水补充;③受水对象区内原来承担灌溉任务的水源工程满足其原有的灌溉任务;④受水对象区内供水水库调度规则不变(除黑河水库外):首先满足下游最小生态流量,然后供给农业,最后供城镇生活、生产;⑤受水对象的供水保证率:城镇生活、工业时段保证率不低于 95%,农灌供水保证率 50%,河道外生态保证率 50%;⑥当地地下水供水量以多年平均可开采量为总量控制,并在特枯年份和枯水年份采用应急预案,适当启用关停的企事业单位的自备井和地下水;⑦引汉济渭调水工程优先供给城镇生活用水与工业用水,农业用水、河湖生态环境用水则主要由当地水源供给,当地水源必须留有一定的储备,在外来水不能满足城镇生活与工业供水时,须作为后备水源应急。

二、调度运行方式

调水区水源地包括黄金峡水库和三河口水库,供水主要以三河口水库为中心,实现三河口水库和黄金峡水库的联合调度,调度目标尽量充分利用汉江可调水量,通过多年调节,减少年际供水差别,提高枯水年调水量。

受水区水源地包括黑河水库和地下水。主要以黑河金盆水库调度线实现黑河水库和地下水供水的联合运用,根据需水量与汉江来水及当地地表水供水,进行补偿调节解决缺水问题,黑河金盆水库主要解决年际不均匀的缺水过程,地下水主要解决年内不均匀的缺水过程。

(1)时段水库水位在防弃水线之上:三河口水库优先供水,黄金峡水库补充供水,保持三河口泵站停机状态以节省泵站抽水电量,与黑河金盆水库以及地下水联合调节后工业供水满足受水区需水要求,且秦岭输水隧洞(越岭段)按不小于50立方米每秒流量供水。

(2)时段水库水位在防弃水线~控制供水调度线之间,黄金峡水库、三河口水库同时供水,其中黄金峡水库优先供水,黄金峡水库多余水量利用三河口泵站抽水至三河口水库进行调蓄,与黑河金盆水库以及地下水联合调节后工业供水满足受水区需水要求,越岭输水隧洞(越岭段)流量按最大50立方米每秒供水。

(3)时段水库水位在控制供水调度线~联调供水保证线之间,黄金峡水库优先供水、三河口水库补充供水,黄金峡水库多余水量利用三河口泵站抽水至三河口水库进行调蓄,与黑河金盆水库以及地下水联合调节后工业供水满足受水区需水要求,秦岭输水隧洞(越岭段)流量按最大21立方米每秒供水。

(4)时段水库水位在联调供水保证线之下,黄金峡水库优先供水、三河口水库补充供水,黄金峡水库多余水量利用三河口泵站抽水至三河口水库进行调蓄,与黑河金盆水库以及地下水联合调节后工业供水不满足受水区需水要求,考虑供水破坏深度要求,秦岭输水隧洞(越岭段)流量最大按12.45立方米每秒供水。

(5)时段供水不足正常运行最小流量12.45立方米每秒运行时,动用三河口水库内预留544.0~558.0米之间库容1 774.0万立方米运行,动用此部分库容时,秦岭输水隧洞(越岭段)流量最大按11.5立方米每秒供水。

第二章　秦岭输水隧洞

秦岭输水隧洞进口位于黄金峡水利枢纽坝后左岸,出口位于关中周至县黑河右岸支流黄池沟内,隧洞全长98.3千米。其中,越岭段长81.779千米。隧洞设计流量70立方米每秒,纵比降1/2 500,全程无压引水。沿线共布置10座施工支洞,总长26 551米。主洞采用钻爆法+TBM法施工,横断面钻爆法采用马蹄形(成洞尺寸宽6.76米×高6.76米),TBM法采用圆形(TBM直径8.02米)。黄三段长16.481千米,沿线布设施工支洞4条,总长2 323米。主洞采用钻爆法施工,横断面形式为6.76米×6.76米的马蹄形。黄三段末端设控制闸。

第一节　项目组成

秦岭输水隧洞工程项目组成情况见表3-2-1。

表 3-2-1　秦岭输水隧洞工程项目组成情况

工程项目		工程组成
永久工程	洞身段	黄三段长16.52千米,钻爆法施工;越岭段81.799千米,进口段26.14千米及出口段16.55千米采用钻爆法施工,穿越秦岭主脊段39.08千米采用TBM法施工
	出口控制闸	黄三段控制闸布置在三河口枢纽坝后右岸约300米处,基本为"Y"形布置,地下洞室结构,南北向长约60米,东西向宽约30米
	退水洞	黄三段4号施工支洞施工结束后改建成退水洞,全长506米
	施工支洞	黄三段:沿洞线共布设施工支洞4条,全长2 621米,其中4号支洞兼退水洞。越岭段:越岭段全线共布设施工支洞10条,全长22 367米,其中3号、6号施工支洞为永久运营检修通道

续表 3-2-1

工程项目		工程组成
临时工程	场内交通	黄三段 16 条、越岭段 3 条
	施工工厂	黄三段。①在大河坝八字台布置 1 套砂石加工系统,与三河口枢纽共享。在史家梁布置 1 套砂石加工系统,与黄金峡枢纽共享。②布置 4 个施工区,各施工区布置 1 处施工辅助强企业,包括办公生活区、物资仓库、钢木加工厂、混凝土拌和系统、实验室及机械停放保养场等。 越岭段。①在石墩河乡布置 1 套砂石加工系统;在王家河布置 1 套砂石加工系统;②布置 11 个施工区,包括生活办公区、物资仓库、钢木加工场、混凝土拌和系统、实验室以及机械停放保养场等
	料渣场	黄三段。1 号、2 号支洞工区料场与黄金峡枢纽料场共享;3 号、4 号支洞料场与三河口枢纽料场共享。设 4 处弃渣场。 越岭段。料场包括岭南建材分布区和岭北建材分布区,共选择 3 个砂砾料场、2 个土料场和 2 个石料场。设 9 处弃渣场
移民安置工程	农村移民安置	黄三段工程占地范围内不涉及人口。 至规划水平年越岭段需生产安置人口 231 人,搬迁人口 317 人,均采取分散后靠安置

从各部分建筑物的布置、连接关系及水流链接条件等考虑,若隧洞采用有压方式输水,其水力过渡条件极其复杂,与明流输水相比,压力输水会使得工程运行条件非常不方便,因此最后确定秦岭输水隧洞采用明流方式输水。

第二节　洞线布置

一、洞线

(一)黄三段洞线

坝后站址洞线起点位于黄金峡枢纽坝址下游左岸,末端位于三河口枢纽右岸坝后,通过在末端设置控制闸与越岭段和三河口枢纽坝后连接洞相接,洞线长 16.52 千米。沿线共布设 4 条施工支洞,总长为 2 621 米。

(二)越岭段洞线

自三河口水利枢纽坝后右岸接黄三段,洞线在子午河右岸穿行 1.5 千米后穿越椒溪河,然后穿越秦岭至周至县的黄池沟出洞,线路全长 81.78 千米,沿线布置施工支洞 10 条,总长 22 367 米。

二、主要建筑物选型

(一)黄三段

黄三段由洞身段、出口控制闸、退水洞、施工支洞组成,进口底板高程 549.26 米,出口(控制闸)底板高程 542.65 米,洞底比降 1/2 500,采用钻爆法施工,详见图 3-2-1。

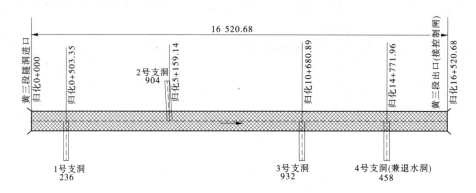

图 3-2-1　黄三段支洞平面示意图　(单位:米)

(二)越岭段

越岭段由洞身段、施工支洞组成,进口底板高程 542.65 米,出口底板高程 510 米,洞底比降 1/2 500。进口段 26.14 千米及出口段 16.55 千米采用钻爆法施工,穿越秦岭主脊段 39.08 千米采用 TBM 法施工,详见图 3-2-2。

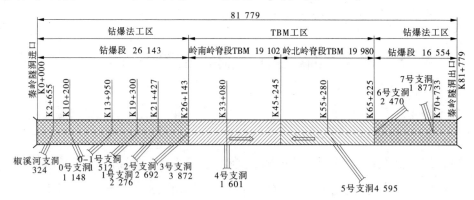

图 3-2-2　越岭段支洞平面示意图　(单位:米)

第三节　主体工程施工

一、黄三段

(一)支洞施工

支洞采用全断面法开挖,两臂液压凿岩台车钻孔,3 立方米轮胎式装载机配 15 吨自卸汽车运至弃渣场。

一次支护紧跟掌子面。在遇到断层破碎带时采用短进尺、强支护,钢拱架及钢筋网均在加工场加工,现场焊接。

(二)主洞施工

1. 开挖

采用钻爆法施工。进口边坡开挖采用潜孔钻配手风钻钻爆破孔、人工装药自上而下梯段爆破开挖,开挖石渣人工推至坡下,采用 1.5 立方米液压反铲挖掘机配 20 吨自卸汽车转运至弃渣场。洞身采用光面爆破法开挖,Ⅱ、Ⅲ类围岩开挖采用全断面开挖方法,Ⅳ、Ⅴ类围岩开挖采用台阶法,各开挖工作面选用两臂液压凿岩台车,3 立方米轮胎式装载机配 15 吨自卸汽车运至弃渣场。

2. 支护

一次支护紧跟掌子面。在遇到严重风化的围岩或遇到断层破碎带时采用短进尺及时挂网喷混凝土或钢拱架支护,必要时进行超前锚杆或超前灌浆进行加固。锚杆孔采用手风钻钻孔,用高压风清除孔内岩屑,采用 MZ-1 注浆机将砂浆注入孔内,人工将杆体插入锚孔。钢筋网在场外编焊,运至工作面后,人工铺挂。混凝土用 6 立方米混凝土搅拌运输车运料,采用 AL-240 型喷射机湿喷工艺施工。钢支撑在洞外加工成型,洞内进行拼装。喷混凝土主要采用 AL-240 型喷射机湿喷工艺施工。

3. 施工通风

主洞钻爆法施工段独头掘进最大长度 3.6 千米,分别从出口、各施工支洞布置压入式通风。

4. 施工排水

开挖中出现的围岩渗水、施工废水,通过排水沟集中到集水井,然后抽至洞外。集水井每隔 200 米设置一个。

5. 混凝土衬砌施工

洞身混凝土衬砌分 8 个工作面施工,分别从 1 号~4 号支洞衬砌。

　　顶拱和边墙采用整体式钢模台车浇筑,混凝土运输采用 6 立方米混凝土搅拌运输车运输。混凝土入仓采用混凝土泵送,插入式振捣器振捣,底板混凝土浇筑部位采用平板式混凝土振捣器,采用人工洒水养护。

　　6. 隧洞灌浆

　　隧洞灌浆先进行回填灌浆,后进行固结灌浆,灌浆在隧洞衬砌完成 3 个浇筑段时即可进行,用手风钻在预埋灌浆管中钻孔,灌浆采用移动式施工台架,注浆设备选用带自动记录仪的灌浆泵。

二、越岭段

(一)支洞施工

　　光面爆破施工,选用手风钻钻孔,人工装药爆破,开挖后及时进行初期支护。装载机装渣,A25 沃尔沃自卸汽车出渣。一次支护紧跟掌子面。遇断层破碎带时采用短进尺、强支护,钢拱架及钢筋网均在加工场加工,现场焊接。模筑混凝土采用组合式钢模板,混凝土由洞外自动计量拌和站生产,试验洞内模筑混凝土由汽车式混凝土罐车运输进洞,泵送入模,插入式振捣器振捣。

(二)主洞施工

　　1. 钻爆法施工段

　　开挖。出口边坡开挖采用潜孔钻配手风钻钻爆破孔、人工装药自上而下梯段爆破开挖。开挖石渣人工推至坡下,采用 1.5 立方米液压反铲挖掘机配 20 吨自卸汽车转运至弃渣场。洞身采用光面爆破法开挖,Ⅱ、Ⅲ类围岩开挖采用全断面开挖方法,Ⅳ、Ⅴ类围岩开挖采用台阶法,各开挖工作面选用两臂液压凿岩台车,3 立方米轮胎式装载机配 15 吨自卸汽车运至弃渣场。

　　支护。一次支护应紧跟掌子面,在遇到严重风化的围岩或遇到断层破碎带时采用短进尺及时挂网喷混凝土或钢拱架支护,必要时进行超前锚杆或超前灌浆进行加固。

　　锚杆孔采用手风钻钻孔,用高压风清除孔内岩屑,然后采用 MZ-1 注浆机将配制合格的砂浆注入孔内,人工利用作业平台将杆体插入锚孔。

　　钢筋网在场外编焊,运至工作面后人工铺挂,混凝土用 6 立方米混凝土搅拌运输车运料,采用 AL-240 型喷射机湿喷工艺施工。

　　钢支撑在洞外加工厂加工成型,洞内进行拼装。喷混凝土主要采用 AL-240 型喷射机湿喷工艺施工。

　　施工通风。最长通风长度约为 6.47 千米,采用普通软质风管独头压入式通风。

施工排水。开挖中出现的围岩渗水、施工废水,通过排水沟集中到集水井,然后抽至洞外,集水井每隔200米设置一个。

混凝土衬砌。施工边顶拱采用整体式钢模台车浇筑,混凝土运输均采用6立方米混凝土搅拌运输车运输。混凝土入仓采用混凝土泵送,插入式振捣器振捣,底板混凝土浇筑部位采用平板式混凝土振捣器,采用人工洒水养护。

隧洞灌浆。隧洞灌浆分为回填灌浆和固结灌浆。回填灌浆在隧洞衬砌完成后进行,采用填压式灌浆法。固结灌浆在每段回填灌浆结束后进行,用手风钻在预埋灌浆管中钻孔,灌浆采用移动式施工台架,注浆设备选用带自动记录仪的灌浆泵。

2. TBM 法施工段

开挖支护。硬岩初期支护主要进行喷混凝土支护,局部进行锚网喷支护;软岩支护主要由锚网喷支护、型钢支护、超前锚杆、超前注浆或管棚支护等形式组成,施工支护所用材料均在洞外加工成型,运输车运送进洞至工作面。

在TBM主机进行掘进的同时,主机及后配套附属设备完成一个循环的初期支护及钢轨梁铺设安装等辅助施工作业。

模筑混凝土衬砌施工。衬砌采用两台穿行式模板台车施作,为保证衬砌施工速度,衬砌期间设浮放道岔,每台机车牵引两个混凝土运输罐。

灌浆。隧洞灌浆分为回填灌浆和固结灌浆。回填灌浆在隧洞衬砌完成后进行,采用填压式灌浆法。固结灌浆在每段回填灌浆结束后进行,手风钻在预埋灌浆管中钻孔,灌浆采用移动式施工台架,注浆设备选用带自动记录仪的灌浆泵。

施工通风。用大风量风机配大直径风管向工作面送风,为压入式通风。

施工排水。掘进前打超前钻孔,结合破碎带探孔,探测钻孔出水量、水压,确定涌水点里程;打超前放水孔进行放水,并时刻观察水压及水量变化,如水压减小,在做好排水系统的条件下,TBM继续掘进;如排水孔水压及水量不减,开挖后会造成工作面及侧壁坍塌或排水设施跟不上,必须采用注浆堵水。

涌水或注浆后的剩余水量及时排离工作面;对侧壁的漏水采用挡遮、引排措施,保证喷混凝土质量;喷混凝土后,采用引排方法或壁后注浆法封堵。当水压过高、水量过大时,采用围岩注浆,将水堵在围岩内部。

施工出渣及运输。采用皮带机出渣。TBM掘进中的石渣经TBM自身皮带机将石渣运至后配套,再经主洞皮带机和支洞皮带机将石渣转运出洞。

第四节　施工布置与规划

一、施工交通

(一)黄三段

1. 对外交通

秦岭输水隧洞黄三段对外交通不便,大河坝镇到黄金峡坝址新建的进场道路,长度约 18 千米。

2. 场内交通

为满足工程施工需要,需修建临时道路 16 条,总长 14.3 千米。

(二)越岭段

1. 对外交通

越岭段岭南工程区位于陕南安康地区宁陕县与汉中地区佛坪县交汇地段,工程区有佛坪—宁陕公路及 108 国道通过,佛坪—宁陕公路接 108 国道;佛坪—宁陕公路途经椒溪河支洞、0 号支洞、0-1 号支洞、1 号支洞。岭北工程区位于西安市周至县,6 号支洞及 7 号支洞洞口附近有 108 国道通过,隧洞出口有关中环线通过。

2. 场内交通

越岭段进口的三河口水库坝后子午河右侧,现有佛—石公路通过。四亩地乡至蒲河上游及支流有简易道路通行,施工时需对该段道路进行改造,改造长度约 23.105 千米;王家河河谷狭窄,有乡村道路自王家河口至小王涧乡,施工时需对该段道路进行改造,长度约 18.406 千米;秦岭输水隧洞出口黄池沟沟谷狭窄,有乡村道路自沟口至黄池沟内,施工时需对该段道路进行改造,长度约 2.2 千米。

二、施工区布置及施工工厂

(一)黄三段

1. 施工区布置

黄三段分 4 个施工区布置,即隧洞 1 号~4 号支洞工区,各施工区包括生活办公区、物资仓库、钢木加工场、混凝土拌和系统、实验室以及机械停放保养场等。砂石料加工系统分 2 处布置。

其中,1 号支洞施工区布置在洞口附近戴母鸡沟沟道中;2 号支洞施工区布置在洞口白毛湾附近的河滩地上;3 号支洞施工区布置在洞口附近穆家湾的河滩地上;4 号支洞施工区布置在洞口附近高家坪的河滩地上。

2.施工工厂

1）砂石加工系统

大河坝镇砂石料加工系统布置于大河坝镇八字台，属三河口水利枢纽与黄三段3号、4号支洞工区共同使用。

史家梁砂石料加工系统布置于史家梁村，属黄金峡水利枢纽与黄三段1号、2号支洞工区共同使用。

2）混凝土拌和系统

本工程混凝土施工高峰月强度为7 370立方米，根据各工区的混凝土施工强度需要，在1号、2号、3号支洞工区分设一60立方米每小时混凝土搅拌站，拌和系统每日二班生产，占地面积3 000平方米。4号支洞拌和系统的生产能力为100立方米每小时，拌和系统每日二班生产，占地面积5 000平方米。

3）其他辅助企业

各工区设置的辅助加工厂有钢木加工厂、机械修配停放场、综合加工厂等。

4）生活办公区布置

生活办公用房占地面积为19 500平方米，1号~3号支洞工区生活办公用房分别占地4 500平方米，4号工区生活办公用房占地面积为6 000平方米。

5）施工风、水、电系统

施工供风。工程用风点比较分散，4个支洞工区用风量为27立方米每分钟。为满足各工区施工开挖施工需要，在各支洞工区配制一台40立方米每分钟空压机和一台9立方米每分钟的移动式空压机向工作面供风。

施工供水。水源选用各工区附近的河水，供水系统各自独立布置，各工区用水点的自由水头控制在20~50米。各工区用水量约为100立方米每小时，在各工区附近山坡上，修建高位水池，水池容量300立方米。在各工区采用2台100立方米每小时的水泵将河水抽至水池，再从水池将水引至生产区、生活区，生活用水经净化后再饮用。

施工供电。黄三段沿线布置4个施工点，总用电负荷5 800千瓦。选择大河坝镇在建的110千伏变电所作为黄三段的主要施工电源。初拟在1号~4号支洞施工区、出口洞施工区的掌子面各配备500千瓦柴油发电机组1台，共8台，以确保洞内施工供电的安全及可靠性。

(二)越岭段

1.施工区布置

越岭段布置11个施工区，各工区包括生活办公区、物资仓库、钢木加工场、混凝土拌和系统、实验室以及机械停放保养场等。

其中,在椒溪河老庄子河岸边上布置椒溪河支洞工区;在回龙寺附近的旱地上布置 0 号支洞工区;在小郭家坝的河滩地上布置 0-1 号支洞工区;在四亩地的河滩地上布置 1 号支洞工区;在凉水井村的旱地上布置 2 号支洞工区;在五根树村的旱地上布置 3 号支洞工区;在麻房子村的河滩地上布置 4 号支洞工区;在王家河黄石板的河滩地上布置 5 号支洞工区;在王家河的河滩上布置 6 号支洞工区;在黑河的河滩上布置 7 号支洞工区;在出口黄池沟附近空地上布置出口工区。

2. 施工工厂

1) 砂石加工系统

砂石料加工系统分 2 处布置。

石墩河乡砂石料加工系统布置于石墩河乡政府附近,椒溪河支洞、0 号～4 号支洞工区使用该砂石加工系统。

王家河砂石料加工系统布置于王家河沟内,5 号～7 号支洞工区使用该加工系统。

系统主要设施有毛料受料仓、破碎车间、筛分楼、成品料堆、胶带机运输系统等。成品料堆活容积可满足高峰期 7 天用量。

2) 混凝土拌和系统

在椒溪河支洞和 0 号～2 号、4 号、5 号、7 号支洞及出口工区分设一 60 立方米每小时混凝土搅拌站,拌和系统每日二班生产。3 号、6 号支洞及出口工区拌和系统的生产能力为 100 立方米每小时,拌和系统每日二班生产。

3) 其他辅助企业

各工区设置的辅助加工厂有钢木加工厂、机械修配停放场、综合加工厂等。

4) 生活办公区布置

生活办公用房建筑面积为 28 800 平方米,占地面积为 72 000 平方米;0 号～7 号支洞及出口工区、椒溪河支洞工区生活办公用房分别占地 6 000 平方米;3 号及 6 号工区生活办公用房占地面积为 9 000 平方米。

三、料、渣场规划

(一) 黄三段

1. 料场

黄三段 1 号、2 号施工支洞工区采用黄金峡建材分布区供料,3 号、4 号支洞及出口控制闸工区采用三河口建材分布区供料,共包括 10 个砂砾料场、6 个石料场。

史家村料场供应隧洞 1 号支洞段、2 号支洞段混凝土施工;三河口Ⅰ1 号、Ⅰ4

号料场供应 3 号支洞段、4 号支洞段及出口控制闸段主洞混凝土施工;1 号、2 号施工支洞石料主要采自郭家沟石料场;3 号、4 号支洞及出口控制闸工区石料主要采自位于三河口的Ⅱ1、Ⅱ3、Ⅱ4 号料场。

2. 渣场

黄三段共布置 4 个弃渣场,分别布置在各工区附近的沟道内,其中 1 号支洞弃渣纳入黄金峡水利枢纽戴母鸡沟渣场,4 号支洞弃渣纳入三河口水利枢纽蒲家沟弃渣场。

(二) 越岭段

1. 料场

越岭段天然建筑材料划分为岭南建材分布区和岭北建材分布区,共选择了 3 个砂砾料场、2 个土料场和 2 个石料场。

1) 砂砾料场

越岭段岭南施工所需砂砾料从石墩河、三河口及九关沟料场开采;岭北施工所需砂砾料从王家河及黑河料场开采。

2) 石料

岭南石料场。碎石及块石料主要由九关沟料场供应 0 号支洞、0-1 号支洞。正洞部分段落开挖出来的石渣自采加工供应,可满足工程施工的需要。

岭北石料场。块石、碎石主要由工程沿线的王家河山坡岩石自采加工供应。

3) 天然建筑材料开采

石料场顶部有壤土覆盖层,厚度约 3 米,前期先进行清表,覆盖层土料在料场一侧河滩地处集中堆存,后期料场开采完成后再进行恢复。石料运输以四亩地至麻房子及 108 国道至小王涧乡进场道路为主。开采施工采用机械人工相辅助,分层开挖,每层开采厚度为 10 米。手风钻钻孔爆破开挖,装载机装运,10 吨自卸汽车运输至施工区。对爆破后块径较大的石料,现场进行解爆后再装运。

2. 渣场

秦岭输水隧洞越岭段共布置 10 个弃渣场。

四、土石方量

(一) 黄三段

黄三段隧洞工程挖方总量为 109.67 万立方米,填方总量为 11.68 万立方米,弃方 97.99 万立方米。

(二) 越岭段

越岭段隧洞工程挖方总量为 550.6 万立方米,填方总量为 24.3 万立方米,弃方 526.3 万立方米。

五、工程占地

(一) 黄三段

1. 工程占地

工程占地总面积 43.73 公顷,其中永久占地 1.68 公顷,临时占地 42.05 公顷。

2. 施工设施占地

工程施工设施建筑总面积 16 400 平方米,占地面积 420 700 平方米。

(二) 越岭段

1. 工程占地

工程占地总面积 132.66 公顷,其中永久占地 36.43 公顷,临时占地 96.23 公顷。

2. 施工设施占地

工程施工设施建筑总面积 36 650 平方米,占地面积 1 421 617 平方米。

六、材料供应

(一) 黄三段

工程建设所需水泥、钢材、木材、油料等均可从佛坪县、石泉县或汉中市采购,以上材料可通过佛—石公路或西—汉高速公路运抵工地,外购器材设备及其他物资可经铁路运至工地附近,再经公路转运至工地,或直接通过公路运至工地。

(二) 越岭段

工程建设所需块石、碎石、砂均可在本地区域内就近取材。块石、碎石由王家河采石场及九关沟采石场供应。岭北砂料由黑河采砂场供应,平均运距 30 千米;岭南砂料由三河口和石墩河采砂场供应,平均运距 10 千米;水泥、钢材、木材、爆破器材可从西安、宝鸡、汉中等地采购。

七、施工总进度

(一) 黄三段

秦岭输水隧洞黄三段总工期 54 个月,其中准备期 2 个月,主体工程施工期 50 个月,工程完建期为 2 个月。

(二) 越岭段

秦岭输水隧洞越岭段总工期 78 个月,其中准备期 3 个月,主体工程施工期 73.5 个月,工程完建期为 1.5 个月。

八、技术供应

(一) 黄三段

1. 劳动力供应

秦岭输水隧洞黄三段劳力总用量为 932 万工时,施工高峰期人数为 900 人,平均施工人数 750 人。

2. 主要施工机械设备

黄三段隧洞工程主要施工机械设备见表 3-2-2。

表 3-2-2 黄三段隧洞工程主要施工机械设备

序号	机械名称	型号及规格	单位	数量
1	凿岩台车	3 臂	台	1×8
2	抽水泵	IS125-100-315	台	1×8
3	抽水泵	IS100-65-200	台	2×8
4	混凝土喷射机	AL-240	台	4×8
5	混凝土输送泵	HBT60-16	台	2×8
6	混凝土输送搅拌车	GHS30-1	个	2×8
7	钢模台车		套	2×8
8	平板式振捣器		台	2×8
9	电焊机		台	3×8
10	轮胎式装载机	3 立方米	台	1×8
11	自卸汽车	15 吨	辆	8×8
12	通风机	GAL18-2000/2000	台	1×8
13	插入式振捣器	CZ-25	台	30×8
14	气腿式风钻	YT-25	台	6×8
15	反铲		台	2×8
16	混凝土搅拌站	H240-2F750	座	1×8
17	机械加工设备		套	1×8
18	钢筋加工设备		套	1×8
19	空压机	20 立方米每分	台	1×8
20	空压机	9 立方米每分	台	1×8

(二)越岭段

1.劳动力供应

秦岭输水隧洞越岭段劳力总用量为 7 628 万工时,施工高峰期人数为 4 940 人,平均施工人数 4 117 人。

2.主要施工机械设备

越岭段隧洞工程主要施工机械设备见表 3-2-3。

表 3-2-3 越岭段隧洞工程主要施工机械设备

序号	机械名称	型号及规格	单位	数量
1	凿岩台车	3 臂	台	1×8
2	抽水泵	IS125-100-315	台	1×8
3	抽水泵	IS100-65-200	台	2×8
4	混凝土喷射机	AL-240	台	4×8
5	混凝土输送泵	HBT60-16	台	2×8
6	混凝土输送搅拌车	GHS30-1	个	2×8
7	钢模台车		套	2×8
8	平板式振捣器		台	2×8
9	电焊机		台	3×8
10	轮胎式装载机	4.5 立方米	台	1×8
11	自卸汽车	15 吨	辆	8×8
12	通风机	GAL18-2000/2000	台	1×8
13	插入式振捣器	CZ-25	台	30×8
14	气腿式风钻	YT-25	台	6×8
15	反铲		台	2×8
16	混凝土搅拌站	HZ40-2F750	座	1×8
17	机械加工设备		套	1×8
18	钢筋加工设备		套	1×8
19	空压机	20 立方米每分	台	1×8
20	空压机	9 立方米每分	台	1×8

九、工程占地实物指标

(一)黄三段

黄三段占地指标类型为耕地、林地及裸地三类。耕地为水田和旱地;林地为灌木林地,无其他实物指标和专项设施,不涉及人口及房屋。

工程占地共计 655.99 亩,其中永久占地 25.26 亩,施工临时占地 630.73 亩。永久占地中水田 1.62 亩,旱地 0.61 亩,灌木林地 23.03 亩;临时占地中占用裸地 46.23 亩,占用灌木林地 584.5 亩。

(二)越岭段

越岭段工程占地指标类型包括耕地、林地、其他土地三类,耕地为水田和旱地,林地为经济林和用材林,其他土地为裸地。工程区内涉及的人口共计 63 户 310 人,房屋共计 10 664.3 平方米,少量专业项目实物。

工程占地 1 990 亩,其中永久占地 546.5 亩,施工临时占地 1 443.5 亩。永久占地中耕地 383.1 亩,林地 89.7 亩;临时占地中耕地 1 244 亩,林地 199.5 亩。

第三章　黄金峡水利枢纽

黄金峡水利枢纽位于汉江干流上游峡谷段,地处陕西南部汉中盆地以东的洋县境内,为引汉济渭工程主要水源之一,也是汉江上游干流河段规划中的第一个开发梯级,坝址下游 55 千米处为石泉水电站。该工程的建设任务是以供水为主,兼顾发电及改善水运条件。

根据该工程的开发任务和功能要求,黄金峡水利枢纽由挡水建筑物、泄水建筑物、泵站电站建筑物、通航建筑物和过鱼建筑物等组成。拦河坝为混凝土重力坝,最大坝高 63 米,总库容 2.21 亿立方米,调节库容 0.98 亿立方米,正常蓄水位 450 米,死水位 440 米;河床式泵站安装 7 台水泵机组,总装机功率 12.6 万千瓦,泵站设计流量 70 立方米每秒,多年平均抽水量 9.69 亿立方米,设计扬程 106.45 米;坝后式电站安装 3 台发电机组,总装机容量 13.5 万千瓦,多年平均发电量 3.51 亿千瓦时;通航建筑物为规模 300 吨的垂直升船机;过鱼建筑物为竖缝式鱼道。

第一节　项目组成

黄金峡水利枢纽工程项目组成情况见表 3-3-1。

表 3-3-1　黄金峡水利枢纽工程项目组成情况

工程项目		工程组成
永久工程	挡水建筑物	混凝土重力坝,最大坝高 68 米
	泄水建筑物	表孔位于右岸主河槽,5 孔;泄洪冲沙底孔紧靠电站进水口右侧,2 孔;生态泄水闸布置于底孔与表孔之间,1 孔
	电站、泵站建筑物	泵站、电站布置在左侧河床,河床式泵站、坝后电站顺流向前后布置,电站布置于泵站下游。泵站安装 7 台 18.5 兆瓦立式水泵机组,总装机功率为 129.50 兆瓦,电站安装 3 台 45 兆瓦水轮发电机组,总装机容量为 135 兆瓦
	通航建筑物	由上游引航道、上游提升段、水平过坝段、下游提升段和下游引航道组成
	过鱼建筑物	鱼道布置在左岸边坡上,长 2 080 米,由厂房集鱼系统、鱼道进口、过鱼池、鱼道出口及补水系统组成
	永久道路及桥梁	6 条永久道路、3 座永久桥、1 处涵洞

续表 3-3-1

工程项目		工程组成
临时工程	导流工程	导流标准选择 10 年一遇。采用三期基坑分期导流
	场内交通工程	10 条临时道路
	施工工厂	施工场地分 2 个区布置。①在枢纽上游右岸 1 000 米史家村布置混凝土拌和站、办公生活区、辅助企业、仓库等。②在枢纽左岸下游 1.5 千米的史家梁附近的坡地布置砂石料加工系统
	料渣场	4 处砂砾料场、1 处土料场、2 处石料场、4 处渣场
移民安置工程	农村移民安置	规划水平年生产安置 5 273 人,大农业安置。农村搬迁 3 236 人(集中安置 1 569 人,分散安置 1 667 人)。建农村集中安置点 9 处
	集镇迁建	迁建集镇为金水镇,迁建 1 765 人,用地面积为 264.74 亩
	专业项目恢复	库周交通恢复、电力与通信线路恢复、水利水电设施恢复、8 处文物古迹等
	防护工程	防护范围东起洋县小峡口,西至西汉高速公路桥,长约 10 千米内的汉江干流及该区间的一级支流汇入口河段。工程项目有新修干支流堤防、加高培厚堤段、护岸、穿堤排涝涵闸、排涝泵站及新修上堤道路等

第二节 枢纽工程总布置及主要建筑物

黄金峡水利枢纽由挡水建筑物、泄水建筑物、泵站电站建筑物、通航建筑物和过鱼建筑物等组成。其布置格局为:主河槽布置泄洪表孔,其左侧布置泄洪冲沙底孔,左岸布置泵站、电站,泄洪表孔右侧边孔布置升船机,左岸边坡布置鱼道,其余坝段布置混凝土挡水坝段。

一、挡水建筑物

大坝采用混凝土重力坝,坝顶高程 455.00 米,最大坝高 68.00 米,坝轴线长 364.00 米。主要建筑物从左至右依次为:左非坝段(35 米)、泵站坝段(97 米)、导墙坝段(20 米)、底孔坝段(32 米)、生态放水闸/纵向围堰坝段(23 米)、表孔坝段(102 米)及右非坝段(55 米)。

二、泄水建筑物

为满足泄洪及冲沙要求,在河床中部布置 5 个泄洪表孔和 2 个泄洪冲沙底孔。泄流表孔布置于右岸主河槽，共 5 孔，孔口尺寸 14 米×25 米（宽×高），堰顶高程 425.0 米，每孔设弧形工作闸门 1 扇，5 孔共享 1 扇叠梁检修闸门，闸墩顶部与坝顶齐平，中墩厚 5.5 米，边墩厚 5.0 米，表孔下游采用宽尾墩戽式消力池联合消能。

泄洪冲沙底孔紧靠电站进水口布置于其右侧，共 2 孔，孔口尺寸 8 米×12.5 米，进口底板高程 406.0 米。中墩及边墩厚度皆为 4.0 米，每孔布置 1 扇弧形工作闸门，2 孔共享 1 扇事故检修闸门，下游采用底流消能，设置消力池。

生态泄水闸布置于泄洪冲沙底孔和泄流表孔之间，1 孔，孔口尺寸 5 米×15 米，进口底板高程 435.00 米，下游采用挑流消能，挑流鼻坎高程为 428.17 米。设置事故检修门和工作门各 1 扇，均为平板门，由坝顶门式启闭机启闭。

三、泵站、电站建筑物

泵站、电站布置在左侧河床，河床式泵站、坝后电站顺流向前后布置，电站布置于泵站下游。泵站安装 7 台 18.5 兆瓦立式水泵机组，总装机容量为 129.50 兆瓦，电站安装 3 台 45 兆瓦水轮发电机组，总装机容量为 135 兆瓦。泵站、电站建筑物包括引水渠、泵站厂房、泵站扬水管道和出水池、电站厂房、尾水渠、进厂道路等。

河床式泵站厂房为挡水建筑物，和大坝一线并列布置，左侧接左岸非溢流坝段，右侧连接导墙坝段。泵站厂房挡水前缘总长 97.00 米，分为 4 个坝段，分别为 1 个 25 米长的安装场段和 3 个 24.00 米长的机组段，每个机组段安装 2 台水泵，分别安装 1 号~6 号水泵，7 号水泵安装在厂坝导墙坝段。其中，安装场段布置于泵站厂房左侧。泵站厂房顺流向宽 63.10 米，最大高度为 61.50 米。

泵站扬水管道布置于泵站下游侧和左侧山体内，扬水总管平行坝轴线布置，由水平段、圆弧段和竖井段组成，水平段长 260.47 米，圆弧段长 28.27 米，竖井段长 103.73 米，总长为 392.47 米。扬水总管内径 6.00 米，在出口长 14.50 米洞段内径扩大为 8.00 米。

出水池布置于扬水竖井顶部，底板高程 542.73 米，池宽 10.00 米，总长 51.00 米，包括 10.00 米长收缩段和 10.00 米长渐变段，收缩段和渐变段底板高程 549.23 米，渐变段末端接黄三隧洞。

电站厂房布置于泵站下游，厂房长 93.00 米，顺流向宽 48.00 米，最大高度 69.30 米，分为安装场段和 3 个机组段，安装场段布置于左侧，长 28.00 米，2 个标准机组段长 21.00 米，右侧边机组段长 23.00 米。黄金峡发电单机流量 120 立方米每秒，最小发电流量 40 立方米每秒。

四、通航建筑物

通航建筑物采用钢丝绳卷扬提升移动式垂直升船机,主要由上游引航道、上游提升段、水平过坝段、下游提升段和下游引航道组成。

上游引航道长 160.0 米,有效底宽大于 32.0 米。引航道左侧紧邻上游提升排架布置有 45.0 米长的支墩式导航浮堤;引航道右侧距上游提升排架上游面 115.0 米处,往上游方向布置有 3 个中心距为 18.0 米的靠船墩。

上游提升段长 57.0 米,由 4 个排架柱组成,排架柱左、右两侧对称布置,排架柱纵向中心距为 28.0 米,横向净距为 16.0 米。

水平过坝段长 128.2 米,与右岸泄洪表孔结合布置。泄洪表孔为 WES 实用堰,堰顶高程为 425.00 米,孔宽 14.00 米,采用宽尾墩戽式消力池。闸墩顶部布置有升船机行走轨道以及坝顶门机行走轨道,两轨道垂直平交。消力池侧墙顶部布置有升船机水平过坝段的支承排架柱,排架柱纵向中心距为 27.0 米,横向净距为 16.0 米。

下游提升段长 56.2 米,由 6 个排架柱组成,排架柱左、右两侧对称布置,排架柱纵向中心距为 27.0 米,横向净距为 16.0 米。

下游引航道长 160.0 米,宽 32.0 米。引航道左侧紧邻消力池侧墙布置有 160.0 米长的隔流堤。引航道右侧紧邻消力池侧墙布置有 77.0 米长的导航墙,距消力池侧墙下游端 115.0 米处,往下游方向布置有 3 个中心距为 18.0 米的靠船墩。

五、过鱼建筑物

过鱼建筑物采用鱼道,鱼道布置在左岸边坡上,全长约为 2 080 米。主要建筑物有厂房集鱼系统、鱼道进口、过鱼池、鱼道出口及补水系统等。从上游到下游依次布置有上游高水位出口工作闸门、上游低水位出口工作闸门、防洪挡水门和下游进口检修门。

厂房集鱼系统由集鱼渠和进鱼孔组成。集鱼渠平行坝轴线,宽 1.5 米,长度为 70 米,布置在电站尾水平台上。集鱼渠上设有 3 个 50 厘米宽的竖缝进鱼孔。

鱼道下游进口包括主进口和集鱼渠进鱼孔。主进口布置在电站尾水渠左侧,净宽 2.5 米,底板顶高程为 403.50 米,侧墙顶部高程为 413.00 米,距坝轴线距离约为 117 米,通过会合池和集鱼渠连接。主进口采用整体 U 形结构,净宽 2.5 米,底板顶高程为 403.50 米,侧墙顶部高程为 413.00 米。主进口与坝轴线及下泄水流交角分别为 60°和 30°,通过电站下泄水流达到吸引鱼类进入的目的。

过鱼池采用整体 U 形结构,建基面宽 5.5 米,槽宽 2.5 米,左、右边墙各宽 1.5 米,两侧边墙之间以 50 厘米×50 厘米拉杆连接。单个过鱼池长 3.0 米,底坡 1:40,每间隔 10 个过鱼池设置一个长 6.0 米的平底休息池。

上游出口净宽 2.5 米,分高、低 2 个。低水位出口底板顶高程为 438.45 米,侧墙顶部高程为 451.00 米,距坝轴线距离约为 330 米;高水位出口位于坝轴线上游约 570 米处,底板顶高程为 444.45 米,侧墙顶部高程为 451.00 米。

补水系统设有补水管、检修门、工作门和补水渠等。补水管长约 400 米,采用管径 600 毫米的钢管;补水渠平行集鱼渠布置,宽 1.0 米,长 70.0 米。

第三节   施工导流

一、导流标准、方式及规划

黄金峡枢纽工程导流标准选择为 10 年一遇的洪水标准,采用三期基坑的分期导流方式。

二、导流建筑物

(1)左岸一期基坑导流建筑物:枯水期子围堰、纵向大导墙及上、下游土石围堰等。

(2)右岸二期基坑导流建筑物:上、下游土石围堰及一期混凝土纵向大导墙。

(3)左岸三期电站基坑导流建筑物:电站纵向混凝土导墙、上游混凝土拱围堰及下游围堰。

三、基坑排水

基坑排水包括初期排水和经常性排水。

初期排水主要是大坝基坑在上游围堰合龙闭气后基坑内积水;经常性排水主要是基坑内开挖渗水、雨水和施工废水。一期基坑初期排水总量约为 31.2 万立方米,二期基坑初期排水总量约为 13.2 万立方米。一、二期基坑均采用固定式水泵与移动式水泵相结合的排水方式。

四、截流

根据工程的规模大小、进度安排和水文条件,截流时间宜选在 11 月初,选择从左岸向右岸立堵进占的方式。

第四节　主体工程施工

一、土石方开挖

岸坡石方明挖采用潜孔钻配手风钻钻孔,梯段控制爆破,自上而下分层开挖,并预留保护层,小炮爆破配人工撬挖。河床砂卵石开挖出渣采用 3 立方米装载机采装,装 20 吨自卸汽车运输至上游弃渣场。河床采用潜孔钻钻孔,人工装药爆破,3 立方米装载机配 20 吨自卸汽车转运石渣,基础面保护层采用手风钻钻孔配人工撬挖。

泵站竖井开挖采用从上部采用天井钻机自上而下钻 0.25~0.30 米直径的导孔,自下而上将导孔扩大成导井,最后从上而下采用钻爆法扩挖至设计尺寸。

钻孔机械采用手风钻,人工装药爆破。出渣利用已成泵站出水洞,采用装载机配 15 吨自卸汽车运至渣场。

二、混凝土施工

(一)一期基坑施工

在泄洪底孔坝段上下游,顺水流方向各布置 1 台 SDMQ1260/60 门机,主要承担纵向导墙混凝土垂直入仓。垂直水流方向各布置 1 台 7050 型塔机,主要承担导流底孔坝段、生态泄水闸坝段和厂房坝段混凝土垂直运输、厂房金属结构安装及钢筋、模板及其他材料的垂直吊运。

纵向导墙碾压混凝土浇筑,在 405 米高程以下采用 20 吨自卸汽车直接入仓为主,405 米高程以上以 SDMQ1260/60 门机入仓为主。泄洪底孔坝段、生态泄水闸坝段的底板及闸墩混凝土水平运输采用 20 吨自卸汽车运至基坑,闸墩混凝土垂直运输以 SDMQ1260/60 门机配 3~6 立方米吊罐入仓为主,门机控制不到的部位采用混凝土泵送入仓。电站厂房导墙碾压混凝土施工方法同一期导墙施工。泵站电站基础混凝土水平运输采用 20 吨自卸汽车由拌和楼运至左岸基坑,20 吨自卸汽车直接入仓。上部混凝土采用 7050 型塔机吊 3~6 立方米吊罐入仓。挡水坝段混凝土水平运输采用 20 吨自卸汽车由拌和楼运至左岸基坑。垂直运输采用 SDMQ1260/60 门机吊 3~6 立方米吊罐入仓。

(二)二期基坑施工

在泄洪闸坝段上下游 401 米高程各布置 1 台 SDMQ1260/60 门机和 1 台 MQ600/30 高架门机,主要承担泄洪闸段混凝土浇筑的垂直运输。在泄洪闸右坝肩布置 1 台 MQ600/30 高架门机,主要承担升船机段及右岸挡水坝段混凝土运输。

(三) 鱼道混凝土施工

鱼道沿左岸岸坡布置,大部分在厂房坝段门塔机控制范围之外,混凝土施工主要采用履带吊或泵送混凝土入仓的方式。

(四) 混凝土施工方法

1. 泄洪闸、升船机闸室段

405 米高程以下的碾压混凝土浇筑水平运输采用 20 吨自卸汽车直接入仓,405 米高程以上的碾压混凝土和常态混凝土浇筑垂直运输采用 SDMQ1260/60 门机配 3~6 立方米吊罐入仓。汛期停工基坑过水,汛后继续进行闸墩混凝土浇筑,门机控制不到的部位采用混凝土泵送入仓。施工方法同导墙。

2. 右岸挡水坝段

右岸挡水坝段施工同一期挡水坝段混凝土施工。

三、金属结构安装

金属结构组装场布置在坝址上游的史家村。安装前将已组装的部件用平板车运至安装地点。

大坝金属结构主要包括 5 孔溢流表孔、2 孔泄洪冲沙底孔、1 孔生态泄水孔的弧形工作门、事故闸门、启闭机及其埋件,泵站电站进水口拦污栅、检修门、快速门,鱼道防洪挡水门等,采用坝顶 SDMQ1260/60 门机吊装。

厂房金属结构采用厂房下游 7050 型塔机吊装,船闸金属结构采用 SDMQ1260/60 吊装,鱼道出口工作门、进口检修门等采用汽车吊安装。

第五节　施工布置与规划

一、施工交通

(一) 对外交通运输

黄金峡水利枢纽工程区对外交通不便,大河坝镇到黄金峡坝址已新建的大黄进场道路,长度约 18.0 千米。该道路起止点为大河坝镇—黄金峡水利枢纽,沿途经过黄金峡水利枢纽、秦岭输水隧洞黄三段的 1 号、2 号、3 号支洞,是连接场内外交通的主干道。

(二) 场内交通运输

场内交通运输主要满足施工要求,兼顾生活。以枢纽施工为中心修建至作业面、渣场、料场、施工生产生活区等部位的道路共 15 条,主干道参照公路三级标准设计,其他道路参照公路四级标准设计。

15 条施工道路中有永久道路 6 条、永久桥梁 3 座、永久涵洞 1 处,其余均为场内临时道路。

二、施工区布置及施工工厂

(一)施工区布置

黄金峡枢纽施工场地分 2 个区布置。以拦河坝为施工控制对象,在枢纽右岸上游 1 千米的史家村布置混凝土拌和站、办公生活区、辅助企业、仓库等。在枢纽下游右岸 1.5 千米的史家梁布置砂石骨料筛分系统,负责史家梁料场及史家村料场砂石料的加工及存储。

(二)施工工厂

施工工厂布置包括砂石加工系统、混凝土拌和系统、混凝土预制厂、钢木加工厂、机械修配保养厂、金属结构加工厂、施工风水电系统、综合实验室、综合仓库、生活及办公区等布置。

1. 砂石加工系统

砂石加工系统的生产规模为 19 万吨每月,占地面积为 30 000 平方米。处理能力 600 吨每小时,生产能力 550 吨每小时。系统主要设施有毛料受料仓、破碎车间、筛分楼、成品料堆、胶带机运输系统等。筛分系统每日两班生产。

2. 混凝土拌和系统

混凝土高峰期月浇筑强度为 6.9 万立方米,小时浇筑强度为 197 立方米。拌和设备为 3 座 HL115−3F1500 混凝土拌和楼,布置在坝址上游右岸 1 千米处的史家村。拌和系统每日两班生产。考虑骨料储备,占地面积为 25 000 平方米。

3. 混凝土预制厂

考虑骨料储备,占地面积为 6 000 平方米。

4. 钢木加工厂

木料加工与钢筋加工厂联合布置,占地面积为 10 000 平方米。

5. 机械修配保养厂

机械修配厂、汽车修理厂、汽车保养站、制氧厂、修钎厂、轮胎翻修车间以及工地消防站等联合布置,占地面积为 10 000 平方米,并为消防车辆设置单独出口。

6. 金属结构加工厂

在史家村生产生活区设置金属结构加工厂。占地面积为 3 000 平方米。

7. 施工风、水、电系统

1)施工供风

左岸供风站内设 5 台 7L−100/8 型空压机,1 台 L8−60/8 型空压机;右岸供风站内设 3 台 L8-60/8 型空压机,在史家村拌和系统内布置一空压机房,内设 3 台 5L-40/8 型空压机。其中,左岸供风系统占地面积为 2 000 平方米,右岸供风系统占地面积为 2 000 平方米;混凝土供风系统设置于混凝土拌和系统内。

2) 施工供水

生产、生活用水全部从汉江抽取,在施工现场设 2 个取水泵站。1 号泵站布置在坝体右岸汉江边,主要是供坝体施工用水及史家村工区拌和系统、筛分系统、加工厂及生活用水。2 号泵站布置在汉江坝址下游右岸史家梁料场工区附近,主要供该工区筛分系统用水。

3) 施工用电

供电方案采用从大河坝 110 千伏变电所架设 1 回 35 千伏大黄专用线,线路总长约为 14.8 千米。在黄金峡枢纽处设置 1 座 35 千伏变电站,装设两台容量为 5 000 千伏安电压为 3.5/10 千伏的变压器。

4) 施工通信

施工期临时通信与永久通信系统结合,从坝址上游金水河镇架设通信线路对外联系,辅以无线通信。施工区内可采用步话机通信联络。

8. 综合实验室

在史家村工区布置一综合实验室,负责黄金峡水利枢纽及秦岭输水隧洞黄三段前段的现场试验、检测。占地面积为 1 000 平方米。

9. 综合仓库

史家村工区布置一综合仓库,用于储放本工程各类生产、生活物资和机电材料。占地面积为 10 000 平方米。

10. 生活及办公区

生活办公营地设在史家村,采用集中盖楼房布置,占地面积为 10 000 平方米。其中,建筑面积 4 885 平方米后期作为永久管理站。在生产生活区范围内的史家沟设置涵洞,将沟内汇水引出。

三、料、渣场规划

(一) 料场

本阶段初选 4 个砂砾料场、1 个土料场和 2 个石料场共 7 处天然料场(见表 3-3-2)。4 个砂砾料场分别是史家村、史家梁、高白沙和白沙渡料场,史家村、史家梁料场为主料场,高白沙、白沙渡料场为备用料场。2 个石料场分别是锅滩料场、郭家沟料场。1 处土料场位于黄金峡坝址上游汉江右岸的史家村。

1. 砂砾料场

史家村料场位于坝址上游约 600 米处的汉江右岸漫滩,分布高程 409.7~413.5 米,呈长条状分布,面积 12.9 万平方米,地形较平坦,地下水埋深 1.9~3.6 米。

史家梁料场位于坝址下游右岸高漫滩。地面高程 409.7~415.3 米,面积约 22.4 万平方米,地形平坦,地下水埋深 1.6~5.5 米。

各料场开采条件较好,受季节及石泉水库回水影响,河漫滩地下水埋深较浅。各料场与坝址之间仅有简易的小道相通,交通不便。

2. 石料场

锅滩料场位于良心河口左岸的基岩斜坡上,距坝址约 2.5 千米。料场分布高程 425~580 米,自然坡度约 38°,面积约 2.0 万平方米,平均厚度 35 米,斜坡表层局部覆盖薄层坡积土,厚度一般 0.5~3 米。郭家沟料场位于良心河支流东沟河河口右岸山坡,为当地民用建筑的主要块石料料源,距坝址约 5.5 千米,料场分布高程 568~700 米,面积约 2.4 万平方米,平均厚度 30 米,自然坡度约 40°。

3. 土料场

土料场位于黄金峡坝址上游汉江右岸的史家村,距坝址约 600 米,分布高程 413~476 米,相对高差 63 米,面积 3.4 万平方米,有用层平均厚度约 7.5 米。

表 3-3-2　黄金峡水利枢纽天然建筑材料储量　单位:万立方米

料场编号		砂砾料		黏土料	石料
		混凝土粗骨料	混凝土细骨料		
砂砾料场	史家村	37.3	39.2		
	史家梁	84.8	74.4		
	高白沙	68.9	32.6		
	白沙渡	101.1	65.2		
土料场	史家村			24.0	
石料场	锅滩				70.0
	郭家沟				72.0
天然储量合计		299.1	211.4	24.0	142.0
需要量		95	59		

(二)渣场

工程共布置 4 个弃渣场,分别为史家梁弃渣场、良心沟弃渣场、党家沟弃渣场、戴母鸡沟弃渣场。各弃渣场概况见表 3-3-3。

表 3-3-3　黄金峡水利枢纽弃渣场概况

序号	弃渣场名称	位置	类型	占地/公顷	弃渣量/万立方米
1	史家梁弃渣场	黄金峡坝址下游	河滩阶地弃渣场	7.00	100
2	良心沟弃渣场	汉江左岸支沟,黄金峡坝址上游,全部位于死库容	沟道型弃渣场	10.20(库区)	74.94
3	党家沟弃渣场	汉江右岸支沟沟道,黄金峡坝址上游	沟道型弃渣场	7.80	60
4	戴母鸡沟弃渣场	汉江左岸支沟沟道,黄金峡坝址上游	沟道型弃渣场	9.70	147.33

四、土石方平衡及流向

本工程挖方总量为 392.12 万立方米,填方总量为 191.7 万立方米,借方 165 万立方米,弃方 365.42 万立方米。

五、工程占地

(一)工程占地

黄金峡枢纽工程占地总面积 2 733.96 公顷,其中永久占地 2 619.42 公顷,临时占地 114.54 公顷,详见表 3-3-4。

表 3-3-4　黄金峡水利枢纽工程占地面积　　　　单位:公顷

	工程项目	耕地	灌木林地	建设用地	水域、河滩地	其他土地	小计
永久占地	水利枢纽区		22.05		7.39	2.85	32.29
	水库淹没区	326.67	466.33	79.07	1 515.33	195.60	2 583
	工程永久生产生活区(含管理范围)	1.23					1.23
	永久路桥	2.90					2.90
	小计	330.80	488.38	79.07	1 522.72	198.45	2 619.42
临时占地	施工生产生活区	7.63	2.43			1.54	11.60
	临时路桥		27.46			13.54	41.00
	取料场		1.00			26.24	27.24
	弃渣场		34.70				34.70
	小计	7.63	65.59			41.32	114.54
合计		338.43	553.97	79.07	1 522.72	239.77	2 733.96

(二)施工设施占地

黄金峡枢纽施工设施总面积34 400平方米,占地面积1 223 000平方米,详见表3-3-5。

表3-3-5　施工设施占地面积　　　　单位:平方米

序号	项目	建筑面积	占地面积	说明
1	砂石加工系统	2 000	30 000	工棚,位于史家梁附近
2	混凝土拌和系统	2 000	25 000	工棚
3	混凝土预制厂	200	6 000	露天
4	钢木加工厂	2 000	10 000	工棚
5	机械修配保养厂	1 000	10 000	工棚
6	金属结构加工厂	200	3 000	工棚
7	压缩空心系统	1 000	3 000	工棚
8	施工供水系统	2 000	3 000	工棚
9	施工供电系统	500	5 000	工棚
10	综合实验室	500	1 000	工棚
11	综合仓库	5 000	10 000	石棉瓦结构
12	办公生活区	18 000	10 000	砖混结构
13	料场开采		350 000	露天
14	弃渣场		347 000	露天
15	临时道路		410 000	露天
合计		34 400	1 223 000	

六、材料供应

工程建设所需水泥、钢材、木材、油料等均从洋县、石泉县或汉中市市场采购,通过佛—石公路或西—汉高速公路运抵大河坝乡,再通过进场道路运抵工地。大坝所需粉煤灰可直接从陕西省渭河火电厂采购,外购器材设备及其他物资可经铁路运至工地附近,再经公路转运至工地,或直接通过公路运至工地。

本工程主要建筑材料用量见表3-3-6。

表3-3-6　本工程主要建筑材料用量

材料	水泥	钢筋	粉煤灰	炸药	柴油	汽油	砂子	石子	块石
单位	吨	吨	吨	吨	吨	吨	立方米	立方米	立方米
数量	312 896	34 885	30 750	1 314	7 480	178	651 430	1 032 968	27 260

七、施工总进度

黄金峡水利枢纽劳力总用量为 1 264 万工时。

黄金峡水库总工期 52 个月,其中准备期 9 个月,主体工程施工期 41 个月,工程完建期为 2 个月。

八、技术供应

(一)劳动力供应

施工高峰期人数为 1 800 人,平均施工人数 1 500 人。

(二)主要施工机械设备

黄金峡水利枢纽主要施工机械设备见表 3-3-7。

表 3-3-7 黄金峡水利枢纽主要施工机械设备

序号	设备名称	规格及型号	单位	数量	说明
一	围堰施工设备				
1	装载机	立方米	辆	5	
2	自卸汽车	10~20 吨	辆	8	
3	推土机	TY-16	台	5	
4	振动碾	15 吨	台	4	
5	平板振动碾	15 吨	台	4	
6	挖掘机	1.6 立方米	台	3	
7	长臂挖掘机	1.6 立方米	台	2	
8	地质钻机	XU-100	台	10	
9	高喷台车		台	6	
二	大坝、泵站和电站施工设备				
2.1	开挖施工				
1	手风钻		把	20	
2	装载机	DZL-50	台	8	
3	挖掘机	1.6 立方米	台	5	
4	推土机	TY-16	台	5	
5	自卸汽车	10~20 吨	辆	40	
6	潜孔钻	CLQ-80	台	10	
2.2	基础处理施工				
1	手风钻		把	6	
2	地质钻机	XU-100	台	4	

续表 3-3-7

序号	设备名称	规格及型号	单位	数量	说明
3	潜孔钻	CLQ-80	台	10	
4	混凝土喷射机	PH-30	台	2	
5	灌浆机	TBW-50/15	台	2	
2.3	混凝土施工				
1	振动碾	BW-200	台	3	
2	混凝土振捣器	CZ-25/35	把	15	
3	门机	MQ600/30	台	2	
4	门机	SDMQ1260/60	台	2	
5	履带吊	W-4	台	1	
6	混凝土泵	HB-30	台	2	
7	振动碾	BW-75	台	2	
8	推土机	200HP	台	3	
9	平仓振捣机	ZD4140 型	台	2	
10	塔机	7050	台	2	
三	泵站出水洞及竖井				
1	天井钻机	ZFY1.4/300	台	1	
2	装载机	DZL-50	台	2	
3	手风钻		把	5	
4	自卸汽车	15 吨	辆	5	
5	混凝土泵	HB-30	台	2	
6	混凝土振捣器	CZ-25/35	把	5	
四	筛分系统				
1	鄂式破碎机	PEF900×1200	台	1	
2	圆锥破碎机	PYY1750/250	台	1	
3	圆锥破碎机	PYY1650/100	台	1	
4	槽式给料机	700×1000	台	3	
5	振动给料机	GZG1003	台	8	
6	双螺旋槽式洗石机	CXK-8300×2400	台	2	
7	溢流式螺旋分级机	2FG-12	台	1	
8	装载机	3 立方米	台	3	

续表 3-3-7

序号	设备名称	规格及型号	单位	数量	说明
9	水泵(立方米每小时)	200	台	4	
10	皮带输送机($B = 800$ 毫米)	TD75 型	米/条	2 年 300/20	
五	拌和系统主要设备表				
1	拌和楼	HL115-3F1500	台	3	
2	水泥罐/粉煤灰罐	1 000 吨		4	
3	空压机	L8-60/8	台	1	
4	散装水泥运输车	15 吨	辆	3	
5	自卸汽车	20 吨	辆	10	
6	惯性振动给料机	GZ6	台	8	
7	水泥拆包机			2	
六	基坑排水				
1	水泵	IS200-150-315	台	5	400 立方米每小时
2	水泵	IS200-150-400	台	4	400 立方米每小时
3	水泵	IS150-125-400	台	8	200 立方米每小时

九、水库淹没与工程占地实物指标

(一)水库淹没

黄金峡水库淹没影响洋县 10 个乡(镇)(桑溪乡、金水镇、槐树关镇、黄金峡镇、黄家营镇、龙亭镇、贯溪镇、黄安镇、磨子桥镇、洋洲镇)的 43 个行政村,淹没集镇 1 个(金水街);淹没影响 4 561 人;淹没耕地 4 899.96 亩(含防护工程 356 亩)、林地 6 995.41 亩(含防护工程 20 亩);淹没影响房屋 253 245.61 平方米;淹没影响交通、水利、输电、通信线路等专项设施。

(二)枢纽占地

枢纽占地类型为水域及水利设施用地、耕地、林地、其他土地四类。水域及水利设施用地为河道水面,耕地主要是水田与旱地,林地为灌木林地,其他土地为裸地。此外,无其他实物指标和专项设施,亦无搬迁人口。

枢纽工程永久占地共计 546.32 亩,其中坝区布置占地 172.98 亩,泵站电站占地 29.99 亩,管理范围占地 309.57 亩,永久道路占地 18.38 亩,工程管理站占地为 15.40 亩。永久占地中,河道水面 110.79 亩,灌木林地 330.78 亩,水田 18.52 亩,旱地 43.45 亩,裸地 42.78 亩。

施工临时用地 1 718.06 亩,其中施工道路、生产生活区、料场 619.79 亩,渣场 983.87 亩,辅助企业 114.4 亩。施工临时用地中,灌木林地 983.87 亩,耕地 114.4 亩,裸地 619.79 亩。

第四章　三河口水利枢纽

三河口水利枢纽是引汉济渭的重要水源工程之一,也是整个引汉济渭工程中具有较大水量调节能力的核心项目,具有调蓄子午河径流量和汉江干流由黄金峡水利枢纽抽存水量并向关中供水、生态放水、结合发电等综合利用功能。枢纽位于整个引汉济渭工程调水线路的中间位置,是整个引汉济渭工程的调蓄中枢。

三河口水利枢纽位于佛坪县与宁陕县境交界、汉江一级支流子午河中游峡谷段,坝址位于大河坝镇三河口村下游约 2 千米处。枢纽主要由拦河大坝、泄洪放空系统、供水系统和连接洞等组成。水库总库容为 7.1 亿立方米,调节库容为 6.62 亿立方米(50 年淤积后 6.5 亿立方米),死库容 0.22 亿立方米;设计抽水流量为 18 立方米每秒,抽水采用 2 台可逆式机组,发电除采用 2 台常规水轮发电机组外,还与抽水共用 2 台可逆式机组。发电总装机容量为 60 兆瓦,其中常规水轮发电机组 40 兆瓦,可逆式机组 20 兆瓦,年平均抽水量 1.078 亿立方米,年平均发电量 1.22 亿千瓦时;引水(送入输水洞)设计最大流量 70 立方米每秒,下游生态放水设计流量 2.71 立方米每秒。

第一节　项目组成

三河口水利枢纽工程项目组成情况见表 3-4-1。

表 3-4-1　三河口水利枢纽工程项目组成情况

工程项目		工程组成
永久工程	挡水建筑物	碾压混凝土拱坝。最大坝高 141.5 米
	泄水建筑物	3 孔表孔,各孔设一道弧形工作闸门;底孔设在表孔两侧,设平面检修闸门,设弧形工作闸门。 下游消力塘长 200 米,宽 60 米,护坦厚 4 米
	引水建筑物	减压阀设计引水流量 72.71 立方米每秒。进水口下游侧接压力主管道,主管道分别接电站机组和减压阀

续表 3-4-1

工程项目		工程组成
永久工程	电站	主厂房安装 3 台混流式发电机组,装机容量 45 兆瓦。主变为室内布置。电站进水口宽 7.5 米,设叠梁隔水闸门,闸门前布置拦污栅,后接引水隧洞,进口设平面事故闸门。取水方式为分层取表层水,设计水头为 10 米水头差,运行方式为静水启闭。尾水平台设 1 台 2×160 千牛门机。尾水池布置于尾水平台下游侧。生态放水管为不设阀门、不受人为控制的 DN600 钢管,位于电站尾水池池底临河侧
	泵站	泵站紧挨电站厂房下游布置,共安装 3 台卧式双吸离心水泵电动机组,其中单台机组设计流量 6.0 立方米每秒,由进水建筑物、主厂房、副厂房和压力管道组成
	连接洞	连接洞分别与秦岭输水隧洞控制闸、泵站前池(电站尾水池)相连,总长度 293.34 米,过流流量 70 立方米每秒
	永久道路、桥梁	3 条永久道路、1 座永久桥
临时工程	导流工程	导流标准选择 10 年一遇。采用河道一次断流、隧洞导流方式
	场内交通工程	11 条临时道路、3 座临时桥
	施工工厂	分三区布置:枢纽下游左岸 1 200 米布置混凝土拌和系统、混凝土预制场;枢纽下游左岸 2 千米的瓦房坪布置其他施工辅助企业及生活区;坝址上游右岸 4.5 千米大河坝镇八字台布置砂石加工系统
	料渣场	6 处砂砾料场、2 处土料场、4 处石料场、2 处渣场
移民安置工程	农村移民安置	①生产安置 3 486 人;②农村搬迁 2 996 人(分散安置 688 人、集中安置 2 308 人)。建农村集中安置点 12 个
	集镇迁建	3 个迁建集镇:佛坪县十亩地乡、佛坪县石墩河乡、宁陕县梅子乡。共搬迁 1 148 人,集镇占地 172.11 亩
	专业项目恢复	小型工业企业处理、输电及通信线路恢复方案、水利水电工程、3 处文物古迹

第二节　枢纽工程总布置及主要建筑物

三河口水利枢纽由拦河坝、泄洪放空建筑物、坝后泵站及电站等组成。

大坝布置于三河口以下2千米处,在坝体中部以河床中心线为轴,径向对称布置3孔泄洪表孔和2孔泄洪底孔,在坝下游200米范围内布置钢筋混凝土护坦及护坡,护坦末端设置尾坎,形成坝后消力塘。

引水系统减压阀、泵、电站布置于坝后右岸,在减压阀室、电站厂房和泵站厂房间布置电站尾水池(兼作泵站进水池),压力引水管道沿坝下右岸岸坡布置,进水口位于坝体上,泵站机组从前池取水,出水管道穿越泵站、电站副厂房后,采用坝后背管布置穿过坝体送水进入水库。

连接洞布置于坝后右岸山体内,一端接秦岭输水隧洞控制闸,另一端与电站尾水池(泵站前池)连接,是泵站引水至前池、坝后电站尾水至控制闸的共享水流通道。

一、大坝

大坝为单圆心双曲拱坝,坝顶高程646米,最大坝高141.5米;坝顶宽10米,坝底厚42米,坝顶弧长476.272米。

二、泄水建筑物

3孔表孔堰顶高程628米,孔口尺寸15米,各孔设1道尺寸15米×16.5米弧形工作闸门;底孔布置在550米高程,分设在表孔两侧,进口孔口尺寸4米×7米(宽×高),设平面检修闸门,出口孔口尺寸4米×5米(宽×高),设弧形工作闸门。

下游消力塘长200米、宽60米,护坦厚4米,顶面高程515.0米,两岸护坡高程541.0米,末端尾坎顶高程526.0米。

三、引水系统减压调流阀

减压阀设计引水流量72.71立方米每秒。进水口下游侧接压力主管道,主管道呈"卜"形分岔,分别接电站机组和减压阀,主管道设计流量72.71立方米每秒,为明管铺设,外包2.0米厚的混凝土。

四、电站

主厂房平面尺寸62.8米×19.0米×34.43米(长×宽×高),电站水头变化范围为100~10.3米,厂房内安装3台混流式发电机组,电站装机容量45兆瓦。为避免泄洪雾化影响,主变采用室内布置。三河口发电单机流量24.5立方米每秒,最小发电流量12立方米每秒。

电站进水口引水流量 72.71 立方米每秒,进水口宽 7.5 米,底槛高程 543.65 米,进水口设叠梁隔水闸门,隔水闸门前布置有 1 道拦污栅,隔水闸门后接引水隧洞,洞径 4.5 米,其进口设 1 扇平面事故闸门。取水方式为分层取表层水,设计水头为 10 米水头差,运行方式为静水启闭。

尾水管出口高程 541.21 米,尾水平台高程 554.29 米,设置 1 台 2×160 千牛门机。尾水池布置于尾水平台下游侧,尾水池底高程 540.21 米,尾水池也是下游侧泵站的前池。尾水池设生态放水管。

五、泵站

泵站紧挨电站厂房下游布置,泵站设计扬程 97.7 米,设计流量 18.0 立方米每秒,泵站共安装 3 台卧式双吸离心水泵电动机组,其中单台机组设计流量 6.0 立方米每秒,配套电机功率 9.0 兆瓦,总装机功率 27.0 兆瓦。主要由进水建筑物、主厂房、副厂房和压力管道等 4 部分组成。

六、连接洞

连接洞总长度 293.34 米,平底,无压洞设计,底部高程 542.65 米,过水流量 70 立方米每秒,马蹄形,断面尺寸 6.94 米×6.94 米,钢筋混凝土衬砌厚度 0.4 米。

第三节　施工导流

一、导流标准、方式及规划

三河口枢纽导流标准选择为 10 年一遇的洪水标准,采用河道一次断流、隧洞导流方式。

二、导流建筑物

导流建筑物包括泄水建筑物导流洞和挡水建筑物上、下游围堰。

导流洞布置在河道右岸,总长 561.86 米;上游围堰顶最大堰高 20.5 米。堰体主要由堆石、防渗斜墙、上游干砌石护坡、混凝土护面组成。防渗墙厚 0.8 米,墙深 6 米,深入基岩 0.5 米。下游围堰布置于导流洞出口与大坝之间,采用土石围堰,堰体主要由堆石和防渗土工膜、混凝土防渗墙组成。最大堰高 5.5 米,围堰顶宽 4.0 米。混凝土防渗墙厚 0.8 米,墙深 6 米,深入基岩 0.5 米。导流洞封堵后,为了不影响底孔过流,下游围堰全部拆除。

三、基坑排水

基坑排水包括初期基坑积水排除和经常性排水两部分。一期基坑面积 3.1 万平方米,抽水强度 750 立方米每小时,经常性排水抽水强度为 280 立方米每小时。

第四节　主体工程施工

一、土石方开挖施工

坝肩石方开挖自上而下分梯段进行,梯段高度 10~12 米,主要采用光面爆破和预裂爆破,对于岩石整体性略差处采用预裂爆破。钻孔利用 YQ100 型潜孔钻及手风钻钻孔,爆破后由 3 立方米装载机装 20 吨自卸汽车出渣。

河床砂卵石覆盖层采用 2 立方米挖掘机直接开挖,配 20 吨自卸汽车运输。岩石开挖采用潜孔钻或手风钻钻孔,梯段预裂爆破开挖。建基面部位,应预留 2~3 米的岩层作为保护层,保护层采用小孔爆破配人工撬挖的方式进行。推土机集渣或直接用 3 立方米挖掘机配 20 吨自卸汽车出渣。

帷幕灌浆采用手风钻全断面开挖,人工装药光面爆破,出渣采用人工装车,人力手推车运输。洞外 2~3 立方米正铲挖掘机配 15~20 吨自卸汽车转运石渣。

二、大坝混凝土施工

550 米高程以下的坝基基础垫层混凝土为常态混凝土,采用 35 吨履带式起重机吊 3 立方米混凝土罐入仓,550 米高程以下的碾压混凝土采用 10~20 吨自卸汽车直接入仓,混凝土运输道路利用下游基坑公路逐层回填后形成。

550 米以上采用自卸汽车和负压溜槽相结合的入仓方法,负压溜槽在左右坝头 646 米高程各布置 1 个集料斗,考虑到 550 米以上混凝土运输高差较大,在 600 米高程左右马道设置一套中间转料平台,布设转料斗。

550 米高程以上,在大坝下游坝坡布置 1 台 C7050 塔机,担负钢筋、模板等用材入仓垂直运输任务。闸墩及溢流面常态混凝土主要由设于左岸坝头 646 米高程的负压真空溜槽结合自卸汽车运输及 C7050 塔机入仓。在 C7050 塔机未装前部分混凝土浇筑及塔机覆盖范围外常态混凝土浇筑,在坝体下游面布置 1 台 35 吨履带式起重机,部分混凝土采用 35 吨履带式起重机(或 16 吨轮胎吊)配吊罐入仓。

混凝土浇筑采用平仓机平仓,大仓面薄层通仓法连续铺筑,12 吨以上重型振动碾碾压,边角部位采用小型振动碾压实。

三、导流洞施工

进、出口石方明挖采用手风钻钻孔爆破,推土机推送石渣至积渣平台,1~2 立方米挖掘机配 10~20 吨自卸汽车运渣。洞身开挖采用台阶法施工,多臂凿岩台车或手风钻钻孔,光面爆破,上部台阶用装载机出渣。下部台阶采用钻车打竖直孔,由外向内延期爆破,挖掘机配自卸汽车出渣。开挖时根据地质情况进行挂网锚喷支护及钢拱架支撑。洞内混凝土衬砌在开挖完成后施工,由混凝土搅拌车运料,混凝土泵入仓浇筑,模板全部采用钢模板。

导流洞封堵塔高 20.1 米,为岸塔式进水口,施工采用人工立模现浇混凝土,采用 10 吨汽车吊吊运混凝土和其他材料入仓。

四、金属结构安装

安装前将已组装的部件用平板汽车运至安装地点。大坝启闭机采用轮胎式起重机吊装,闸门及拦污栅采用启闭机安装。厂房内设备先安装桥式起重机,桥式起重机在厂房盖顶前进行安装,采用轮胎吊吊运安装。水轮发电机组设备在安装间内组装后用桥式起重机吊运安装就位。

第五节　施工布置与规划

一、施工交通

(一)对外交通运输

三河口水利枢纽对外交通方便,坝址处有县级佛—石公路通过,路面宽度约 6.5 米,公路等级为 4 级,佛—石公路北接 108 国道,南连 210 国道;西安—汉中高速公路从坝址下游约 4 千米处的大河坝镇通过,对外交通便利,满足对外交通和物资运输要求。

(二)场内交通运输

1. 场内交通桥

新建跨河桥 4 座,其中 1 座在大坝下游约 1.2 千米处,为解决水库建成后库区交通问题按永久桥梁设计,桥面宽 8 米,桥长 100 米。新建施工临时桥 3 座,1 座为跨导流洞出口,桥面宽 8 米,桥长 60 米;2 座为坝址上游连接砂石筛分场的跨汶水河及蒲河桥,桥面宽 8 米,桥长 80 米。

2. 场内道路

永久路、临时路均为四级,1 号、3 号、13 号施工道路为永久施工道路,前期作为施工道路,为泥结石路面,后期改为混凝土路面,为永久路。其他为临时路,为泥结石路面。

二、施工区布置及施工工厂

(一) 施工区布置

三河口枢纽施工场地分三区布置:枢纽下游左岸 1.2 千米处布置混凝土拌和系统、混凝土预制场,下游右岸 2 千米瓦房坪布置其他施工辅助企业及生活区,坝址上游右岸 4.5 千米处的八字台布置一套砂石骨料筛分系统。

(二) 施工工厂

1. 砂石料加工系统

砂石加工系统主要设施有毛料受料仓、破碎车间、筛分楼、成品料堆、胶带机运输系统等,占地面积为 60 000 平方米。砂石系统处理能力 680 吨每小时,砂石系统生产能力 580 吨每小时,破碎车间处理能力 520 吨每小时,制砂能力 100 吨每小时。

2. 混凝土加工系统

混凝土浇筑高峰期强度 10.2 万立方米每月,混凝土拌和系统小时生产能力 300 立方米。

3. 机械修配厂

机械修配厂包括机械修配及汽车保养,现场仅承担大中型施工机械二级以上的保养,小型机械的修理,简单零星配件的加工以及汽车一、二保及小修任务。

4. 综合加工厂

综合加工厂包括钢筋加工厂、木材加工厂和混凝土预制件厂等。

5. 生活及办公区布置

生活区采取集中布置,占地面积为 20 000 平方米。

6. 风、水、电及通信

1) 施工用风

左、右岸坝肩以及基坑旁各布置一固定式空压站。坝肩开挖结束后,将设备移至基坑的空压站,选择设备:L8-60/8 空压机 5 台,5L-40/8 空压机 2 台。

2) 施工用水

施工用水项目主要包括坝区混凝土拌和用水、骨料加工用水、生活区用水等,蒲河及子午河水质满足生产用水、生活用水要求。拟在施工现场设 5 个取水泵站。

1 号泵站布置在坝区子午河左岸,主要供坝体施工用水,泵站内设 D155-30×6 型供水泵 3 台,抽水至左岸山体 660 米高程处的水池 1 座,水池容量 500 立方米。

2 号泵站布置在坝区子午河右岸,主要供坝体施工用水,泵站内设 D155-

30×6 型供水泵 3 台,抽水至右岸山体 660 米高程处的水池 1 座,水池容量 500 立方米。

3 号泵站布置在下游混凝土拌和系统附近,主要供混凝土拌和系统用水,用水量约 300 立方米每小时。抽水至该系统旁山体 570 米高程处的水池 1 座,水池容量 500 立方米。

4 号泵站布置在瓦房坪生产生活区附近,主要供施工辅助企业及生活用水,用水量约 100 立方米每小时。抽水至左岸山体 740 米高程处的水池 1 座,水池容量 300 立方米。

5 号泵站布置在砂石加工厂附近,主要供该工厂用水,用水量约 800 立方米每小时。泵站内设 IS125-100-250 型供水泵 6 台,抽水至该工区旁山体 615 米高程处的水池 1 座,水池容量 1 000 立方米。

3)施工用电

三河口水利枢纽施工用电可从坝址下游大河坝镇后坪新建的 1 座 110 千伏变电所引 35 千伏母线出 1 回 35 千伏线路至施工区供电。

4)施工通信

施工通信包括施工工区内部通信和对外通信两部分。

三、料、渣场规划

(一)料场

本阶段规划了 6 个砂砾料场、2 个土料场和 4 个石料场。

1.砂砾料场

6 个砂砾料场,编号分别为Ⅰ1、Ⅰ2、Ⅰ3、Ⅰ4、Ⅰ5、Ⅰ6 号料场,分别位于蒲河、椒溪河及子午河河漫滩。除Ⅰ5 号料场位于坝址下游,其余料场均位于坝址上游。

Ⅰ1 号料场位于坝区上游八子台村附近的蒲河河漫滩,距离坝区 5 千米左右,料场地下水埋深 0.5~2.5 米。

Ⅰ2 号料场选在古庙岭村附近的椒溪河河漫滩,距离坝区 8.0~11.0 千米,地下水位埋深 0.5~2.0 米。

Ⅰ3 号料场选在八亩田村附近的椒溪河河漫滩,距离坝区 5.0~7.0 千米,地下水埋深 0.5~3.5 米。

Ⅰ4 号料场选在三河口村附近椒溪河与蒲河交汇地带的河漫滩,距离坝区 4.5 千米左右,地下水埋深 0.5~1.9 米。

Ⅰ5 号料场选在坝址下游艾心村附近的子午河河漫滩,距离坝址 10 千米左右,地下水埋深0.5~1.2米。为备用料场。

Ⅰ6号料场选在坝址上游回龙寺村附近的蒲河河漫滩,距离坝址15千米左右,地下水埋深0.5~1.2米。

各料场总的特点是,地下水位以上厚度一般0.5~3.0米,地下水位以下厚度均大于5.0米,汛期料场大部分被洪水淹没;单块面积小,河谷狭窄,储量较少,位置较分散。各料场均有简易公路相连,开采运输较为方便。汛期被淹没,非汛期以水下开采为主。

2. 土料场

本阶段在坝址的上游选了Ⅲ1、Ⅲ2号2个土料场。

Ⅲ1号料场选在三河口村北,位于椒溪河与蒲河交界的二级阶地上的坡积层上,距坝址3.50千米左右,料场长约300米,宽约160米,深度为6米,壤土层厚度10.0米左右。估计储量约48万立方米。

Ⅲ2号料场位于蒲河的枣树岭村,位于蒲河的一级阶地和二级阶地上的坡积层上,距坝址3.5千米左右,料场长约240米,宽约150米,壤土层厚度大于10米。估计储量约36万立方米。

2个料场表层均有0.5米厚的耕作层。土质较均匀,黏粒含量较高,呈硬塑状,含零星钙质结核及砾石,料场为山坡地形,自然坡度10°~25°。

3. 石料场

本阶段共选Ⅱ1、Ⅱ2、Ⅱ3、Ⅱ4号4个石料场。

Ⅱ1号料场位于坝址上游的蒲河右岸,黄草坡山梁上,地形较陡,自然坡角47°左右,山体高度大于200米,距坝址区约5.5千米,料场基岩裸露,山体雄厚,开采场地开阔,料场储量大。石料储量1 104万立方米。为当地群众正在开采的石料场,本阶段推荐为主料场。

Ⅱ2号料场位于坝址上游的蒲河右岸,立船沟对面山梁,地形较陡,自然坡角35°左右,高度大于200米,距坝区约7.5千米,料场基岩裸露,单层厚度0.4~0.7米。石料储量760万立方米,本阶段推荐为备用料场。

Ⅱ3、Ⅱ4号料场位于坝址下游子午河的左、右岸,大河坝上游二郎砭山梁,地形较陡,自然坡角35°~48°,距坝区2千米左右,料场储量为285万立方米,为当地群众正在开采的石料场。

(二)弃渣场

工程共布置2处渣场,即西湾弃渣场和蒲家沟弃渣场。

西湾弃渣场位于坝址上游蒲河右岸,距坝址4.5千米,渣场面积约11万平方米,该渣场堆存大坝河床岩石开挖料。

蒲家沟弃渣场位于坝址下游右岸蒲家沟内,距坝址约 2.3 千米,渣场面积约 8.5 万平方米,该渣场堆存除大坝河床岩石开挖料外所有的开挖料,详见表 3-4-2。

表 3-4-2　三河口水利枢纽工程弃渣场概况

弃渣场名称	位置	类型	占地/公顷	弃渣量/万立方米
西湾弃渣场	三河口坝址上游蒲河右岸,距坝址约 4.5 千米	河滩阶地弃渣场	5.47(库区)	109.68
蒲家沟弃渣场	三河口坝址下游右岸蒲家沟内,距坝址约 2.3 千米	沟道型弃渣场	10	173.9

四、土石方平衡及流向

三河口水利枢纽工程挖方总量为 325.23 万立方米,填方总量为 192.53 万立方米,借方 124.00 万立方米,弃方 256.70 万立方米,详见表 3-4-3。

表 3-4-3　三河口水利枢纽工程土石方汇总　　单位:万立方米

	项目	挖方	填方	调入方	调出方	借方	弃方
枢纽区	拱坝		124			124	
	导流洞	14.61			8.14		6.47
	围堰	20.18	7.53	7.53			20.18
	大坝边坡,河床	203.86			27.08		176.78
	坝后电站	46.83	0.84				45.99
	坝后泵站	6.16	0.54				5.62
施工生产生活区			27.69	27.69			
场内施工道路		33.50	31.84				1.66
输水输电线路		0.09	0.09				
合计		325.23	192.53	35.22	35.22	124	256.70

五、工程占地

(一)工程占地

经统计,三河口枢纽工程占地总面积 1 826.65 公顷,其中永久占地 1 727.42 公顷,临时占地 99.23 公顷,详见表 3-4-4。

表 3-4-4　三河口水利枢纽工程占地面积　　　　　单位:公顷

工程项目		县域	耕地	灌木林地	建设用地	水域、河滩地	其他土地	小计
永久占地	水利枢纽区	佛坪	4.60	21.05		5.59		31.24
	水库淹没区	佛坪	276.17	530.96	58.48	98.00	75.90	1 039.51
		宁陕	179.41	364.09	38.99	66.00		648.49
		小计	455.58	895.05	97.47	164.00	75.90	1 688.00
	工程永久生产生活区	佛坪	0.78	2.13				2.91
		西安			5.27			5.27
		小计	0.78	2.13	5.27			8.18
	小计		460.96	918.23	102.74	169.59	75.90	1 727.42
临时占地	施工生产生活区	佛坪	9.47	9.27				18.74
	临时路桥	佛坪		26.84				26.84
	料场	佛坪					38.18	38.18
	弃渣场	佛坪		15.47				15.47
	小计		9.47	51.58			38.18	99.23
合计			470.43	969.81	102.74	169.59	114.08	1 826.65

(二)施工设施占地

三河口水利枢纽施工设施建筑总面积 32 500 平方米,占地面积 993 500 平方米,详见表 3-4-5。

表 3-4-5　三河口水利枢纽施工设施占地面积　　　　　单位:平方米

系统名称	房建面积	占地面积	所在位置
混凝土系统	2 000	12 000	工棚
筛分系统	2 000	60 000	工棚
钢筋加工厂	1 000	3 000	工棚
木材加工厂	1 000	3 000	工棚
机械修配及停放厂	2 500	6 000	工棚
综合仓库	7 000	10 000	石棉瓦结构
金属加工厂	1 000	2 000	工棚
混凝土预制场	1 000	4 000	露天

续表 3-4-5

系统名称	房建面积	占地面积	所在位置
办公生活	15 000	20 000	石棉瓦结构
料场开采		350 000	露天
弃渣场		195 000	露天
临时道路		268 500	露天
合计	32 500	993 500	

六、材料供应

工程建设所需水泥、钢材、木材、油料等均可从佛坪县、石泉县或汉中市市场采购,碾压混凝土坝水泥可直接从生产厂家采购,通过佛—石公路或西—汉高速公路运抵工地,所需粉煤灰直接从陕西省渭河火电厂采购,通过西—汉高速公路运抵工地;外购器材设备及其他物资可经铁路运至附近车站,再经公路转运至工地,或直接通过公路运至工地。

本工程主要建筑材料数量见表 3-4-6。

表 3-4-6　本工程主要建筑材料用量

材料	水泥	钢筋	粉煤灰	炸药	柴油	汽油	砂子	石子	块石
单位	吨	吨	吨	吨	吨	吨	立方米	立方米	立方米
数量	364 315	22 776	141 123	1 356	7 859	106	752 914	1 333 623	8 691

七、施工总进度

三河口水利枢纽工程施工总工期为 58 个月。

施工总工期分施工准备期、主体工程施工期、工程完建期。

八、技术供应

(一)劳动力供应

三河口枢纽施工高峰期人数为 2 500 人,平均施工人数 2 200 人。

(二)主要施工机械设备

三河口水利枢纽主要施工机械设备详见表 3-4-7。

表 3-4-7　三河口水利枢纽主要施工机械设备

一、导流洞、围堰施工设备

序号	机械设备名称	规格、型号	单位	数量
1	自卸汽车	20 吨	辆	6
2	反铲挖掘机	1.6 立方米	台	4
3	手持风钻		台	10
4	潜孔钻	YQ-100	台	2
5	混凝土喷射机	HP-30	台	2
6	空压机	1-20/8	台	2
7	混凝土输送泵	60 立方米每小时	台	2
8	搅拌车	6 立方米	辆	3
9	汽车吊	10 吨	辆	1
10	推土机	T150	台	2
11	自卸汽车	10 吨	辆	6
12	振动碾	10 吨	台	1
13	冲击钻	C220 型	台	2

二、混凝土拌和系统主要设备

序号	名称	规格	单位	数量
1	拌和楼	HL230-2Q3000	台	2
2	水泥罐/粉煤灰罐	1 000 吨		6
3	空压机	L8-60/8	台	1
4	散装水泥运输车	15 吨	辆	3
5	自卸汽车	20 吨	辆	10
6	胶带输送机	$B=800$ 毫米	米/台	400/6
7	惯性振动给料机	G26	台	10
8	水泥拆包机		台	2
9	螺旋输送机	$\phi300$	米/台	200/6

续表 3-4-7

三、主要制冷设备

序号	名称	规格	单位	数量
1	螺杆式制冷压缩机	LG20IIIA	台	2
2	螺杆式制冷压缩机	LG16IIIA	台	2
3	螺杆冷水机组	LSLGF300	台	1
4	冷却塔	DFNGP-400	台	2
5	冷风机	1000 平方米	台	1
6	冷风机	700 平方米	台	2
7	水泵	IS80-50-200	台	1

四、砂石料加工系统主要设备

序号	设备名称	规格型号	单位	数量
1	鄂式破碎机	PEF1200×1500	台	1
2	圆锥破碎机	PYY1750/250	台	1
3	圆锥破碎机	PYY1750/150	台	1
4	棒磨机	MB22130	台	2
5	槽式给料机	700×1000	台	3
6	振动给料机	GZG1003	台	12
7	双螺旋槽式洗石机	CXK-8300×2400	台	2
8	溢流式螺旋分级机	2FG-12	台	4
9	装载机	3 立方米	台	3
10	水泵(立方米每小时)	200	台	6
11	皮带输送机($B=800$ 毫米)	TD75 型	米/条	2 600/22
12	自卸汽车	20 吨	辆	15
13	自定义中心振动筛	S2271500×4000	台	2
14	重型圆振筛	SZX21750×3500	台	2
15	重型圆振筛	S21500×3000	台	2

五、坝体施工主要设备

序号	机械设备名称	规格、型号	单位	数量
1	正铲挖掘机	3 立方米	台	2
2	反铲挖掘机	2 立方米	台	3
3	自卸汽车	20 吨	辆	25

续表 3-4-7

序号	机械设备名称	规格、型号	单位	数量
4	自卸汽车	10 吨	辆	6
5	潜孔钻机	YQ-100	台	8
6	混凝土喷射机	HP-30	台	4
7	手持风钻	YT-28	把	20
8	空压机	1-20/8	台	8
9	装载机	3 立方米	台	4
10	推土机	100HP	台	2
11	回转地质钻机	SGZ-1A	台	8
12	灌浆机	SGB-6-10	台	4
13	高速搅拌机	GJ-A	台	4
14	储浆机	JJS-10 型	台	2
15	输浆泵	SGB6-10	台	2
16	振捣器	HIB130	台	12
17	振动碾	BW202AD	台	4
18	振动碾	BW75S	台	2
19	平仓机	D31PL-20	台	3
20	履带式起重机	35 吨	台	1
21	轮胎式起重机	16 吨	台	1
22	塔式起重机	C7050	台	1
23	负压溜槽	半径 32.5 厘米	米	400
24	推土机	D31P	台	1
25	仓面起重机	QLY-8A	台	1
26	汽车起重机	QY25A	台	1

六、厂房施工主要机械设备表

序号	机械设备名称	规格、型号	单位	数量
1	自卸汽车	10~15 吨	辆	10
2	反铲挖掘机	2~3 立方米	台	2
3	手持风钻	7655	台	10
4	潜孔钻	YQ-100	台	2
5	混凝土喷射机	HP-30	台	2

续表 3-4-7

序号	机械设备名称	规格、型号	单位	数量
6	空压机	1-20/8	台	8
7	塔式起重机	C7050	台	1
8	混凝土搅拌车	6 立方米	辆	3
9	混凝土输送泵	60 立方米每小时	台	2
1	挖掘机	PC-200	台	13
2	装载机	DZL-50	台	26
3	手风钻	YT28	把	260
4	自卸汽车	15 吨	辆	104
5	混凝土泵	HB-30	台	26
6	混凝土振捣器	C2-25/35	把	130
7	变压器	S9-1250kVA/10	台	13
8	发电机组	500 千伏安	台	13
9	通风机	115×2	台	13
10	衬砌台车		台	13
11	空压机	20 立方米	台	78
12	高压配电柜	10 千伏	组	13
13	低压配电柜		组	13
14	混凝土湿喷机		台	39

九、水库淹没及工程占地实物指标

(一)水库淹没

三河口水库淹没影响涉及佛坪和宁陕 2 个县 5 个乡 17 个村 39 个村民小组,其中佛坪县有十亩地乡、大河坝镇、石墩河乡的 8 个村 24 个村民小组;宁陕县有筒车湾镇、梅子乡的 9 个村 15 个村民小组。淹没佛坪县十亩地集镇和石墩河集镇,淹没宁陕县梅子集镇。

正常蓄水位 643.00 米以下水库淹没影响 3 910 人(农村 3 109 人,集镇 801 人);淹没耕地 6 833.74 亩,淹没影响林地 13 425.78 亩,淹没影响农村房屋 345 665.89 平方米,淹没集镇 3 处(十亩地乡、石墩河乡、梅子乡),淹没农村小型企业 3 处,淹没专项设施有石佛公路 19.5 千米、三陈路 11.4 千米、筒大路 50.6 千米、铁索桥 25 座以及水利设施及输电、通信线路等。

(二) 枢纽占地

三河口水利枢纽占地指标类型为水域、耕地、林地、其他土地四类,其中永久占地 591.41 亩(坝区占地 131.22 亩,电站 14.52 亩,泵站 15.29 亩,大坝前方基地 32 亩,引汉济渭工程管理局 79 亩,三河口水利枢纽管理站 11.7 亩,管理范围 307.68 亩)。永久占地中,河道水面 83.91 亩,耕地 80.7 亩,灌木林地 315.8 亩,建设用地 79 亩,用材林 32 亩。

施工临时用地 1 488.37 亩,其中料场 572.71 亩,渣场 232 亩,辅助企业 281.11 亩,施工道路 402.55 亩。施工临时用地中,旱地 142 亩,灌木林地 773.66 亩,裸地 572.71 亩。

第四篇

工程建设过程

引汉济渭工程分为调水工程和输配水工程,将分期建成。这里着重记叙调水工程建设过程。调水工程主要由秦岭输水隧洞、三河口水利枢纽、黄金峡水利枢纽三部分组成。

引汉济渭调水工程自 2015 年 4 月初步设计报告获得水利部批复后,秦岭输水隧洞工程正式进入全面开工建设阶段,2022 年 2 月 22 日实现全线贯通。三河口水利枢纽工程于 2015 年 11 月初期截流,并开始防渗施工,大坝主体工程于 2015 年 12 月 25 日开工建设,2021 年 2 月 1 日浇筑到顶,2021 年 12 月开始单机发电。2015 年 10 月黄金峡水利枢纽工程开始前期准备工程施工,2018 年 10 月 26 日主体工程正式开工,2020 年 11 月 12 日实现汉江截流。

第一章　工程建设重要节点

引汉济渭工程建设的进度控制是一项系统工程,涉及勘测设计、批复、施工、水文气象、土地征用、材料设备供应、设备安装调试、资金筹措、工程体系各环节的链接与配套等众多内容。本章简述了重要工程节点和年度建设进度。

第一节　重要节点

2011年7月21日,国家发改委以发改农经〔2011〕1559号文对《陕西省引汉济渭工程项目建议书》予以批复。

2011年12月8日,省委、省政府在西安市周至县举行引汉济渭工程建设动员会。

2013年1月27日,秦岭输水隧洞2号支洞与3号支洞间实现主洞贯通。

2013年8月13日,秦岭输水隧洞1号支洞与2号支洞间实现主洞贯通。

2014年2月14日,省委、省政府在汉中市佛坪县大河坝镇举行三河口水利枢纽工程开工动员会。

2014年9月28日,国家发改委以发改农经〔2014〕2210号文对《陕西省引汉济渭工程可行性研究报告》予以批复。

2014年10月24日,秦岭输水隧洞岭北TBM成功试掘进。

2015年1月8日,秦岭输水隧洞岭南TBM成功试掘进。

2015年1月22日,秦岭输水隧洞0号支洞与0-1号支洞间实现主洞贯通。

2015年4月29日,水利部以水总〔2015〕198号文对《陕西省引汉济渭工程初步设计报告》予以批复。

2015年8月11日,秦岭输水隧洞岭北TBM成功实现5号支洞与6号支洞间主洞贯通。

2015年9月26日,黄金峡水利枢纽前期准备工程开工建设。

2015年11月27日,三河口水利枢纽成功截流。

2016年7月3日,秦岭输水隧洞0-1号支洞与2号支洞间主洞顺利贯通,岭南人工钻爆法施工段隧洞全部贯通。

2016 年 11 月 2 日,三河口水利枢纽大坝第一仓混凝土开始浇筑。

2017 年 1 月 16 日,黄金峡至三河口段 3 号支洞间完成全线贯通,并进入主洞段施工阶段。

2017 年 4 月 25 日,秦岭输水隧洞 7 号支洞顺利与上游 6 号支洞实现主洞精准贯通。

2017 年 8 月 23 日,三河口水利枢纽厂房工程首仓混凝土浇筑(2016 年 10 月 5 日厂房工程开工)。

2017 年 11 月 10 日,三河口水利枢纽柳木沟料场开采区至拓展区交通洞顺利贯通。

2017 年 11 月 25 日,秦岭输水隧洞出口延伸段实现贯通(2015 年 10 月 10 日开工)。

2017 年 12 月 31 日,黄金峡水利枢纽一期土埂围堰顺利合龙。

2018 年 2 月 2 日,秦岭输水隧洞黄三段 Ⅰ 标隧洞实现贯通。

2018 年 10 月 26 日,黄金峡水利枢纽主体工程正式开工建设。

2018 年 12 月 18 日,秦岭输水隧洞黄三段 Ⅱ 标 3 号支洞与 4 号支洞间主洞顺利贯通,秦岭输水隧洞黄三段全线贯通。

2018 年 12 月 20 日,黄金峡水利枢纽主体工程首仓混凝土浇筑。

2018 年 12 月 26 日,秦岭输水隧洞越岭段岭北 TBM 施工段完成合同掘进任务。

2019 年 12 月 30 日,三河口水库初期(导流洞)下闸蓄水。

2020 年 4 月 8 日,三河口水利枢纽大坝工程导流洞封堵施工完毕。

2020 年 7 月 15 日,国家发改委批复《引汉济渭二期工程可行性研究报告》。

2020 年 11 月 12 日,黄金峡水利枢纽二期截流完成。

2020 年 12 月 21 日,三河口水利枢纽正常蓄水位下闸蓄水成功。

2021 年 1 月 31 日,黄金峡水利枢纽右岸二期工程首仓混凝土开始浇筑。

2021 年 2 月 1 日,三河口水利枢纽大坝主体工程全线浇筑到顶。

2021 年 4 月 2 日,水利部批复《引汉济渭二期工程初步设计报告》。

2021 年 6 月 17 日,引汉济渭二期工程开工动员会在西安市鄠邑区召开。

2021 年 12 月 10 日,三河口水利枢纽 4 号发电机组正式投产发电。

2022 年 2 月 22 日,秦岭输水隧洞全线贯通。

第二节 工程建设进展

截至 2013 年 6 月底,省引汉济渭办组织实施了 25 项准备工程建设,并全面完成了其中的 13 个项目。秦岭输水隧洞越岭段在 11 个工作区全线开工,共形成 15 个工作面,隧洞总开挖 36.92 千米,其中,支洞掘进 16.73 千米,占支洞总长度的 70%;完成主洞掘进 15.84 千米,占越岭段主洞总长度的 18%;累计建成施工供电线路 45.7 千米;施工道路 54.38 千米,桥梁 27 座,公路隧道 4 353 米。勘探试验与准备工程共计完成投资 39.595 亿元。

2013 年,完成隧洞开挖支护 10.9 千米,其中主洞 7.1 千米,支洞 3.8 千米;三河口水利枢纽开工准备就绪,左岸上坝道路、下游交通桥工程基本完成。

2014 年,完成投资 13.16 亿元。秦岭输水隧洞全年完成隧洞掘进 16 千米,越岭段各标段均进入主洞施工,1 号、2 号、3 号,0 号与 0-1 号支洞间主洞实现了精准贯通;三河口水利枢纽完成导流洞工程和左、右坝肩开挖;黄金峡水利枢纽准备工程进入实施阶段;输配水工程南干线"四通一平"工作全部完成。

2015 年,完成投资 32.82 亿元。秦岭输水隧洞完成掘进 17.33 千米;三河口水利枢纽成功截流,开始大坝主体施工;黄金峡水利枢纽准备工程进入施工阶段。

2016 年,全年完成投资 17.5 亿元。秦岭输水隧洞完成开挖支护 16.8 千米;三河口水利枢纽大坝浇筑 10.5 米;黄金峡水利枢纽右岸坝肩开挖基本完成。

2017 年,全年完成工程建设投资 10.8 亿元。秦岭输水隧洞完成掘进 18.3 千米;三河口水利枢纽大坝全年浇筑高度 38.5 米,黄金峡水利枢纽具备全面开工条件。

2018 年,调水工程完成投资 20.93 亿元。秦岭输水隧洞完成开挖支护 9 254 米;三河口水利枢纽全年浇筑高度 48 米,累计完成浇筑 100 米;黄金峡水利枢纽前期准备工程完工,大坝首仓混凝土实现浇筑,主体工程建设拉开序幕。

2019 年,调水工程全年完成投资 24.2 亿元。全年累计完成土石方开挖 141.4 万立方米,混凝土浇筑 82.0 万立方米,钢筋制安 1.3 万吨。秦岭输水隧洞全年掘进 2.41 千米,岭南 TBM 施工段历时 3 个多月完成转场检修工作,继续向第二掘进段挺进;岭北 TBM 施工段设备检修改造克服种种困难,顺利通过验收,恢复掘进。三河口水利枢纽大坝碾压混凝土浇筑到顶,水库初期下闸蓄水成功。黄金峡水利枢纽工程一期截流成功,主体工程建设全面展开。引汉济渭调度管理中心大楼主体结构封顶。

2020年,全年完成投资21.54亿元,其中调水工程全年完成投资18.20亿元。全年累计完成土石方开挖81.71万立方米,混凝土浇筑37.35万立方米,钢筋制安1.13万吨,金属结构安装3 860.62吨。秦岭输水隧洞黄三段合同施工任务全部完成,越岭段克服施工难题,安全有序完成掘进2.27千米;三河口水利枢纽大坝浇筑到顶,具备底孔下闸蓄水条件,相关的厂房与机组安装工程全部完成;黄金峡水利枢纽上下游围堰全部完成;底孔弧门及启闭机安装调试达到安全度汛条件,成功实现二期截流,开始全坝段施工;具有亚洲最高标准的黄金峡鱼类增殖放流站建成,投入试运行;引汉济渭调度管理中心主要建筑工程及装修任务全面完成。

2021年,全年完成工程投资30亿元。调水工程秦岭输水隧洞成功穿越施工难度最大区间,2022年2月22日实现了全线贯通;黄金峡水利枢纽浇筑混凝土43.5万立方米;三河口水利枢纽下闸蓄水,水电站3号、4号机组相继投产发电。二期工程初步设计报告获水利部批复,主体工程开工建设,黄池沟配水枢纽、南干线、北干线施工按计划向前推进。三期工程前期工作有序开展,可研报告编制完成,并通过省水利厅审查。

第二章　工程建设难点与应对

　　引汉济渭工程技术复杂,多项参数突破世界工程纪录,也超越了现有设计规范,无相关标准可循。早在项目建议书阶段,参与相关技术成果审查的国内一流水利专家、院士强调指出,引汉济渭工程建设将面临诸多世界级技术难题,要求提早进行创新性技术研究,拿出切实可行的重大技术风险防控措施,保证引汉济渭工程建设顺利推进。为应对一系列艰巨的工程技术和管理挑战,引汉济渭建设者联合水利界科研力量开展了多项关键技术研究和攻关,在工程建设中应用多项创新性手段,取得了良好的工程效益。

第一节　工程建设难点

一、秦岭输水隧洞

　　经查阅全球 40 多个国家和地区的 350 余项调水工程资料,秦岭输水隧洞是人类第一次从底部横穿世界十大山脉之一的秦岭,埋深超长属世界第一,单台 TBM 连续掘进 20 千米属世界第一。秦岭输水隧洞建设面临众多难题,主要有:

　　(1)工程的总体布局、规划、实施难度空前。秦岭输水隧洞越岭段长 81.78 千米,最大埋深 2 012 米。隧洞穿越区地层地质条件极其复杂,且山体宽厚,埋深大。困难段(40 千米)洞线两侧 4 千米范围较难选择合理的支洞口位置,最长支洞 5.82 千米。工程布局、施工组织确定及实施难度空前。

　　(2)长距离施工通风难度世界罕见。秦岭输水隧洞(岭脊段)施工通风距离长,钻爆法施工段已实施独头通风距离分别为 3 号支洞工区 6 386 米,7 号支洞工区 6 430 米,出口工区 6 493 米,4 号支洞超过 7 000 米。规划岭北 TBM 最长通风距离达 13 540 米,岭南达 14 642 米,若考虑工区不平衡接应,则距离或更长。无论是钻爆法还是 TBM 掘进法,上述通风距离均远远超越了现有的工程实践,鲜有类似工程实例。加之埋深大、地温高(实测最高达 41 ℃),施工通风难度极大。

　　(3)深层围岩特性的推断及判释相当困难。秦岭输水隧洞为超长、深埋隧洞,最大埋深 2 012 米,穿越区的地形地貌、地质构造和岩性分区等极为复杂,设计制约因素多,施工条件复杂。地质构造对隧洞围岩的稳定性影响重大,围岩变形作用机制非常复杂。虽然国内学者已从秦岭山区构造特性、矿物特性、工程特性等方面展开了大量的研究,但对于秦岭深部围岩的工程特性、水文地质条件,如何依靠现有的技术手段进行科学合理的分析、评价值得深入研究。

(4)TBM 单机连续掘进距离超长、施工难度大。秦岭输水隧洞岭脊 TBM 施工段长 34.96 千米,采用 2 台 TBM 掘进施工,要求单台掘进机开挖长度约 20 千米。岭北 TBM 围岩相对软弱,主要由千枚岩、变砂岩、千枚岩夹变砂岩、角闪石英片岩及局部碳质千枚岩组成,岩性变化大,变质岩中劈理面发育,其间掘进机穿越多条断层及次生小断层,断层破碎带物质复杂,由此造成的岩石力学性质及强度差异很大,岩体稳定性变差,在高地应力条件下可能出现挤压性隧洞大变形问题。2016 年 5 月 31 日,TBM 通过断层时出现卡机。卡机时机器油缸压力达 32.3 兆帕,洞内压力和围岩压力显示为 10.22 兆帕,30 厘米间距的密排钢架最大应力达 322 兆帕,部分钢架屈服。岭南段主要由硬岩组成,岩体较为完整,现场揭示岩石平均抗压强度 150 兆帕,最高达 306 兆帕。在掘进机开挖过程中,刀具磨损大,岩爆频发。岭脊段长距离 TBM 施工的难度极大。

(5)高地应力及岩爆、高岩温、软岩变形、深层地下水等地质问题突出。秦岭输水隧洞埋深大,超过 500 米埋深的段落有 61.369 千米。在洞址 9 个深孔中具有较为明显的水平构造应力的作用,现场实测主应力最大值为 65.5 兆帕,线性回归分析最大主应力可达 100 兆帕,施工极易产生岩爆灾害。截至 2020 年 12 月底,区内共发生不同程度岩爆超过 2 469 次,其中发生中等以上岩爆 1 791 次,对施工生产和人员安全带来诸多不利影响,部分工区的岩爆灾害曾造成了重大的财产损失。随着秦岭输水隧洞施工的不断深入,隧洞埋深超过 1 500 米,在高应力条件下岩爆发生次数还会继续增加,发生岩爆的等级也越来越强。

引汉济渭工程穿过多个复杂地质单元和构造带,断层多且规模大,岩性复杂而多变。越岭段引水隧洞无法绕避的要通过 3 条区域性大断裂带及 4 条次一级断层和 33 条区域性一般断层共计 40 条,通过断层破碎带长度 2 565 米。穿越地层岩性为大理岩、石英片岩、千枚岩夹变质砂岩、片麻岩、花岗岩、花岗闪长岩、闪长岩等变质岩和岩浆岩地段,岩性复杂多变。

隧洞穿越埋深大、地应力高的软岩、断层等段落时,坍塌、变形等地质问题突出;隧洞通过各断层破碎带、大理岩地段时,由于构造裂隙水及岩溶水发育,地下水循环较快,施工中发生突涌水风险非常大。目前,区内共出现过不同程度突涌水 600 余处,其中涌水量大于 1 000 立方米每天的点段有 123 处,对施工生产带来诸多不利影响。部分工区的局部点、段的突涌水曾造成了工期延误和重大的财产损失。其中钻爆段椒溪河主洞区涌水量达 23 600 立方米每天;TBM 岭南工区

K30+382.6 处,涌水量达 20 640 立方米每天。

(6)应对深层地下水对结构影响的难度巨大。秦岭输水隧洞区域地表水系发育,洞线穿越多处地质构造带及透水岩层,高水头也是工程面临的巨大挑战;如何对最大埋深达 2 012 米的秦岭输水隧洞进行合理、经济、有效的结构设计是国内外岩土专家关注的焦点;而能否精准地确定外水荷载更是直接决定着衬砌结构设计方案成败的关键。合理应对秦岭输水隧洞外水压力的难点主要表现为:隧洞跨度超长,穿越地层的构造多,水力边界条件极其复杂;隧洞埋深大,水头高,隧洞结构参数对外水的影响敏感,缺乏科学支护设计依据;地下水应对方面措施多、机制少,应对技术效果不明。

(7)超长距离的贯通测量难度未见同例。秦岭超长隧洞是世界上在建贯通距离最长的山岭隧洞。国内长大隧洞多为长隧短打,尚未有对向开挖贯通距离超出 20 千米的先例。本项目 3 号—4 号支洞及 4 号—5 号支洞间的隧洞贯通距离分别达 21 926 米和 27 259 米,远远超出了现有的工程实践。另外,目前国内外相关的测量规范中,对于相向开挖长度大于 20 千米的隧洞,还没有相应的洞内外测量控制技术标准。

二、三河口水利枢纽

三河口水利枢纽拦河坝为碾压混凝土双曲拱坝,最大坝高 141.5 米,与贵州象鼻岭水电站并列为我国碾压混凝土拱坝第二高坝。混凝土总量约为 110.36 万立方米,其中碾压混凝土总量为 90.7 万立方米,混凝土方量在同类型拱坝中已属较大体量。大体积混凝土结构温度场和温度应力的分析、温度控制和防止裂缝的措施以及施工质量控制是三河口水利枢纽建设的重点和难点。

三、黄金峡水利枢纽

(1)高扬程、大流量泵站技术难度高。黄金峡泵站装设 7 台立式单吸单级离心泵,设计扬程 106.45 米,设计流量 70 立方米每秒,泵站总装机容量 126 兆瓦。从单机流量、扬程、装机规模等方面指标衡量,水泵机组在亚洲已属前列,设计、制造面临一定的挑战。

(2)左、右岸边坡地质条件复杂。黄金峡左岸坝肩边坡范围内发育 5 条冲沟,坝肩部位两侧为冲沟切割,形成向汉江凸出的弧形坡,不利于稳定且易风化。边坡岩石为闪长岩,风化强烈,完整性差。强风化带厚 5~34 米,岩体纵波波速 1 904~3 500 米每秒,完整性系数 0.10~0.35,岩体呈极破碎—破碎状。

右岸坡面近河水面大部分基岩裸露,上部覆盖残坡积碎石土。出露岩性为闪长岩,风化强烈,完整性差,地质构造主要类型为小断层和裂隙。强风化带厚8~26米,岩体结构呈散体结构—碎块状结构。

工程区岩体为元古代青白口期闪长岩,岩层古老,经历了多期构造运动,结构面发育,且普遍具有泥化现象,性状差,对边坡稳定不利。2016年7月,在一场大暴雨后,黄金峡左岸边坡高程650米以下发生垮塌。

四、引汉济渭二期工程研究重点

(1)输水隧洞检测机器人技术研究。针对引汉济渭工程输水隧洞检测难题,提出基于水下机器人的引汉济渭工程输水隧洞自主检测方案,研发具有自主导航定位、可抵抗高流速自主航行的输水隧洞检测机器人,可实现在不停止供水情况下完成对输水隧洞的混凝土裂缝、坍塌等异常情况的自主巡查任务。在此基础上,针对上述异常情况信息,开发自主识别检测软件,自动处理水下机器人采集的图像数据,快速高效地获取异常情况信息(类型、位置等信息),此项技术在我国输水隧洞智能化检测行业尚属创新型应用。

(2)长距离大口径预应力钢筒混凝土管结构性能及安全评价研究。引汉济渭二期工程采用内径3.4米大口径PCCP管线,工程沿线地质条件复杂,不确定因素多,工程难度较大。通过对PCCP管线进行结构性能与安全监测研究,可以最大限度地降低风险,确保引汉济渭二期工程PCCP管线的安全性、可靠性和耐久性。

(3)复杂地质环境盾构施工关键技术与数字化平台研究。

引汉济渭二期工程南干线穿越秦岭北麓地区,沿线地质条件复杂,同时面临大埋深、横穿河道、小半径等问题。项目从盾构机掘进技术及信息平台搭建两个方向开展重点研究,以系统解决复杂地质环境下盾构机安全施工技术难题。研究结果可有效解决引汉济渭二期工程近30千米段的盾构施工技术难题,确保工程建设顺利推进。搭建的盾构施工信息化平台,有助于提高盾构机掘进效率,降低工程安全风险。同时,研究对完善盾构安全快速施工成套技术、提高智能掘进发展水平等方面具有重要的科学及应用价值。

第二节　工程技术创新

一、施工关键技术

(1)秦岭输水隧洞超长距离施工通风技术成功应用,并不断刷新纪录。钻爆法洞段,4号支洞及接应段超过7千米,TBM施工段实际通风距离14.7千米。实施岭北TBM接应后,通风距离将超过16.5千米。

（2）隧洞贯通测量方面，建立起由黄委设计院施测隧洞外控制网、施工单位对控制网进行复测并进行洞内控制测量的两级测量控制系统。隧洞外控制网测量采用高精度的双频 GPS 技术，数据处理采用美国麻省理工学院研制的 GAMIT 等软件；洞内控制测量采用交叉导线或双导线测量方法，满足测量控制的精度要求。已经贯通洞段贯通误差均在允许限差范围之内。

（3）洪水预警预报系统已在黄金峡及三河口施工度汛中成功应用，为工程施工度汛和应急处理提供了可靠的技术支撑。

（4）三河口碾压混凝土拱坝首次采用施工过程仿真技术，在混凝土坝浇筑施工系统分析的基础上，结合计算机仿真技术，对三河口大坝施工进行多方案的比选及优化设计，解决了高碾压混凝土拱坝建设中快速施工、设备利用率、设备配套等关键技术问题，提高了建设质量，减少了费用及工期。

（5）三河口大坝碾压混凝土施工引入的高性能无人驾驶碾压智能技术，有效避免了人为因素造成的质量缺陷，极大地提高了工程施工质量和效率，减轻了作业人员的劳动强度。

（6）秦岭输水隧洞 7 号勘探试验洞（7 号支洞）项目部成立的科技攻关小组，先后开展长隧洞施工发电机供电网络、隧洞施工风机远程控制系统、长隧洞洞内通风系统等 9 项科研攻关，并成功应用于施工现场。

二、关键设备设计、制造

（1）三河口水利枢纽拥有目前世界上最大口径的减压调流阀（直径 2 米）。它的成功研制，有效促进了关键设备的研发、特性掌握、试验和验收标准的制定。

（2）黄金峡泵站是目前亚洲最大的引调水工程泵站（设计扬程 106.45 米，设计流量 70 立方米每秒，泵站总装机 126 兆瓦，单机装机 18 兆瓦）。针对其设计、制造开展的关键技术研究，为水泵优化设计及安全经济运行提供了可靠支撑，提高了我国在高扬程、大流量水泵方面的设计、制造水平，使水泵装置具有国际领先水平。

（3）三河口电站机组首次提出采用高压四象限定子变频调速装置，既实现了水泵工况低扬程的变频抽水运行，又能实现四台机组低水头变频发电运行，改善机组运行条件，充分利用水能，增加水电站的经济效益，同时四象限变频调速技术应用具有非常重要的示范和推广意义。

三、新材料、新设备、新工艺、新技术的推广与应用

随着现代施工技术及机械设备的迅速发展，互联网、大数据、人工智能等高新

产业的创新运用，为洞穿秦岭建设千年工程提供了可能：

在秦岭输水隧洞钻爆法施工段，引进多功能快速钻机、多臂钻台车等先进设备，提高效率，降低成本。

利用堆石混凝土技术建设柴家关弃渣场挡墙，具有水泥用量少、水化热小、综合成本低的优点。

引入超前地质钻机、三维地震波法、瞬变电磁法、激发极化法等多种超前地质预报手段，确定掌子面前方不良地质体三维位置、空间形态、充填水量等信息，为后序掘进、衬砌施工提供依据。

针对岩爆影响，在岩爆频发的高地应力区，引入微震监测，实现对岩爆潜在危险进行实时的分析及预测预报，准确率达70%，有效保障了施工设备及人员安全。

针对35千米的TBM施工段超长隧洞精准贯通难题，引入第三方测量服务，采用高精度陀螺全站仪加测导线边的陀螺方位角来提高隧洞内导线的精度，减小贯通误差，有效解决了联系测量环境影响大、洞内引测方位角条件受限、洞内定向的精度保证难等问题。

针对引汉济渭工程点多、面广、线长，作业环境复杂的特点，创新性地引入无人机技术，充分发挥无人机机动灵活、续航时间长、影像数据实时传输的技术优势，采用无人机分队承担工程建设中的防汛巡查、应急救援、环水保监测、施工现场监测等任务。

针对三河口水利枢纽大坝施工管控，开发应用了目前行业最为先进的"1+10"智能化管理系统，以BIM数字图形信息为纽带，在智能化控制管理平台下，统一协调智能温控、智能碾压、智能灌浆、综合监控等十个施工管理子系统，实现了物联网、大数据、云计算、人工智能等技术的高度融合，有效地促进了工程施工的标准化、控制的智能化、管理的集中化。

第三章　秦岭输水隧洞建设

秦岭输水隧洞是引汉济渭工程的重要组成部分,是连通调水区和受水区的输水工程,洞线长,埋深大,在施工进度上具有控制性,包括黄金峡—三河口段(黄三段)、控制闸段、穿越秦岭段(越岭段)三部分。进口位于黄金峡水利枢纽坝后左岸,出口位于西安市周至县黑河右岸支流黄池沟内,隧洞全长98.260千米。主洞采用钻爆法+TBM法施工。

第一节　工程建设简况

秦岭输水隧洞早在勘探试验与准备工程建设阶段就已开始了施工。根据项目建议书确定的建设目标,引汉济渭工程拟采取"一次立项,分期配水"的建设方案,逐步实现2025年配水10亿立方米,2030年配水15亿立方米。为了保证实现配水目标,在推进前期工作的同时,省委、省政府要求"一刻不停地推进工程建设"。为充分利用2007年工程实质性启动以来形成的建设条件,在确保技术稳妥的前提下,引汉济渭工程建设者不失时机地推进主体工程施工,争取早日通水。(为行文方便,以下记述隧洞编号时采用汉字标号,"号"同"#")

一、秦岭输水隧洞0号勘探试验洞(0号施工支洞)工程

秦岭输水隧洞越岭段0号勘探试验洞位于佛坪县石墩河乡迥龙寺蒲河右岸山坡,洞口以上蒲河流域面积为458平方千米,河道平均比降为26.6‰,洞口50年一遇洪水流量为1 534立方米每秒,200年一遇洪水流量为2 113立方米每秒,是结合0号施工支洞实施的勘探试验洞工程。主洞段洞室最大埋深约为610米,施工支洞与主洞交汇里程为K10+200,主洞段设计输水流量70立方米每秒。

该工程由省发改委以陕发改农经〔2012〕177号文件批准建设,建设资金来自政府投资。0号勘探试验洞工区支洞斜长1 154.44米,综合纵坡为10.13%。主洞段长7 262米(桩号K6+638～K13+900),由0号施工支洞洞底分别向上、下游方向勘探3 562米和3 700米。主洞段按1级建筑物设计,防洪标准为50年一遇洪水设计,200年一遇洪水校核。0号施工支洞作为永久运行检修通道,工程级别为3级,防洪标准与主洞相同,按50年一遇洪水设计,200年一遇洪水校核。支洞按双车道设计,净空尺寸7.0米×6.0米(宽×高),主洞段纵坡比降为1/2 527,马

蹄形断面,成洞尺寸6.76米×6.76米。主洞段全断面采用复合式衬砌,Ⅲ类围岩段采用锚、喷、网初期支护,C25混凝土衬砌,底板设单层钢筋网;Ⅳ、Ⅴ类围岩段采用锚、喷、网和钢拱架初期支护,C25钢筋混凝土衬砌。Ⅲ类围岩段8~12米设计一条环向施工缝,Ⅳ、Ⅴ类围岩20米设计一条环向变形缝。施工支洞支护形式以喷锚为主,对围岩较差段、支洞与主洞交叉部位采用复合式衬砌。

工程由中铁五局承建,由陕水监理公司监理,合同金额为22 825万元。工程于2012年7月开工。

二、秦岭输水隧洞0-1号勘探试验洞（0-1号施工支洞）工程

0-1号勘探试验洞洞口位于佛坪县石墩河乡小郭家坝蒲河右岸山坡,与主洞交汇里程为K13+950。洞口以上蒲河流域面积为415千米,河道平均比降为26.6‰。洞口50年一遇洪水流量为1 436立方米每秒,200年一遇洪水流量为1 979立方米每秒。

该工程由省发改委以陕发改农经〔2012〕178号文件批准建设,建设资金来自政府投资。0-1号勘探试验洞支洞斜长1 521.12米,主洞段长3 034米(桩号K13+900~K16+934.226),由0-1号施工支洞洞底分别向上、下游方向勘探50米和2 984米。主洞段洞室最大埋深约为734米,支洞最大埋深约为540米。主洞段按1级建筑物设计,防洪标准为50年一遇洪水设计,200年一遇洪水校核。施工支洞作为永久运行检修通道,工程级别为3级,防洪标准与主洞相同,按50年一遇洪水设计,200年一遇洪水校核。主洞段设计输水流量70立方米每秒。支洞综合纵坡为10.44%,采用无轨运输,均为圆拱直墙型断面,按单车道设计,每隔200米设20米长错车道,净空尺寸5.2米×6.0米(宽×高)。主洞段纵坡比降为1/2 527,马蹄形断面,成洞尺寸6.76米×6.76米,全断面采用复合式衬砌,Ⅲ类围岩段采用锚、喷、网初期支护,C25混凝土衬砌,底板设单层钢筋网;Ⅳ、Ⅴ类围岩段采用锚、喷、网和钢拱架初期支护,C25钢筋混凝土衬砌。Ⅲ类围岩段8~12米设计一条环向施工缝,Ⅳ、Ⅴ类围岩20米设计一条环向变形缝。施工支洞支护形式以喷锚为主,对围岩较差段、支洞与主洞交叉部位及支洞错车道段采用复合式衬砌。

工程由中铁十七局承建、陕西大安监理公司监理,合同金额为14 321万元。工程于2012年7月开工。

三、秦岭输水隧洞1号勘探试验洞（1号施工支洞）工程

秦岭输水隧洞1号勘探试验洞工程进口位于宁陕县四亩地镇附近的蒲河右

岸山坡,是根据秦岭输水隧洞施工总体布置,结合斜井实施的勘探试验工程。

该工程由省发改委以陕发改农经〔2009〕700号文批准实施,工程概算总投资为5 200万元,建设资金来源为政府投资。1号勘探试验洞原设计与秦岭输水隧洞正洞交汇里程为K14+200,与正洞轴线夹角为39.52°,试验洞斜长1 891.24米。洞口底板高程为745.64米,与主洞交汇处洞底高程为567.19米,与主洞连接处设110米平段,综合纵坡9.48%,最大纵坡10.88%。横断面为圆拱直墙型,单车道断面净空尺寸5.2米×6.0米(宽×高),错车道断面净空尺寸7.66米×6.55米(宽×高)。根据中咨公司评估意见,1号勘探试验洞最终斜长变更为2 286米。

试验洞工程由中铁二十二局四公司承建、上海宏波监理公司监理,合同金额为4 304万元。工程于2009年7月开工,2010年11月完工。

四、秦岭输水隧洞2号勘探试验洞(2号施工支洞)工程

秦岭输水隧洞2号勘探试验洞位于宁陕县四亩地镇凉水井村,是按照秦岭输水隧洞施工总体布置,结合2号施工斜井实施的勘探试验洞工程。

该工程由省发改委以陕发改农经〔2008〕1159号文批准实施,工程概算总投资为6 000万元。建设资金来源为政府投资。工程原设计与秦岭输水隧洞正洞交汇里程为K14+500,与正洞中线夹角为45°49′30″,试验洞斜长1 993.16米,设计洞口底板高程为802.05米,与主洞交汇处洞底高程为602.38米,根据2009年4月经水利部审查的项目建议书设计成果,2号试验洞斜长变更为2 440米,与正洞交汇里程为K16+400,与正洞中线夹角为66°32′28″,与主洞交汇处洞底高程变为565.19米。根据中咨公司评估意见,2号勘探试验洞最终斜长变更为2 707米。

工程由中铁十七局承建、陕水监理公司监理,合同金额为50 901万元。工程2008年11月开工,2010年4月完工。

五、秦岭输水隧洞3号勘探试验洞(3号施工支洞)工程

3号勘探试验洞进口位于宁陕县四亩地镇五根树村蒲河右岸,是结合秦岭输水隧洞岭南TBM运输支洞实施的勘探试验工程。

秦岭输水隧洞3号勘探试验洞由省发改委以陕发改农经〔2009〕717号文批准实施,工程概算总投资为13 900万元。建设资金来源为政府投资。3号勘探试验洞原设计与秦岭输水隧洞的轴线交点位于隧洞K21+000桩号处,与秦岭输水隧洞轴线夹角为37.1°,试验洞斜长3 544.31米。洞口底板高程为848.99米,与主

洞交汇处洞底高程 561.00 米,综合纵坡 8.15%,最大纵坡 9.03%,与主洞连接处设 80 米长平段。试验洞标准横断面为 7.7 米×6.75 米(宽×高)的圆拱直墙断面。洞身采用复合式衬砌方案,初期支护以锚喷支护为主,Ⅲ、Ⅳ类围岩洞段二次衬砌用 C25 现浇混凝土,衬厚 35 厘米,Ⅴ类围岩洞段二次衬砌采用 C30 钢筋混凝土,衬厚 45 厘米。根据中咨公司评估意见,3 号勘探试验洞最终斜长变更为 3 885 米。

工程由中铁隧道集团承建、陕西大安监理公司监理,合同金额为 11 401 万元。工程 2009 年 7 月开工,2011 年 8 月完工。

六、秦岭输水隧洞 6 号勘探试验洞(6 号施工支洞)工程

6 号勘探试验洞是结合秦岭输水隧洞岭北 TBM 运输支洞实施的勘探试验工程,进口位于周至县王家河入黑河口上游约 1 千米处。

秦岭输水隧洞 6 号勘探试验洞工程由省发改委以陕发改农经〔2009〕720 号文批准实施,工程概算总投资为 11 000 万元。建设资金来源为政府投资。6 号勘探试验洞原设计与秦岭输水隧洞的轴线交点位于隧洞 K60+400,与正洞轴线夹角为 37.5°,试验洞斜长 2 398.55 米。设计洞口底板高程为 721.93 米,与主洞交汇处洞底高程为 525.17 米,试验洞与正洞交接部位设 60 米长平段,综合纵坡 8.23%,最大纵坡 9.10%。试验洞标准横断面为 7.77 米×6.75 米(宽×高)的圆拱直墙断面。设计洞身采用复合式衬砌方案,初期支护以锚喷支护为主,Ⅲ、Ⅳ类围岩段二次衬砌用 C25 现浇混凝土,衬厚 35 厘米;Ⅴ类围岩段二次衬砌采用 C30 钢筋混凝土,衬厚 45 厘米。根据中咨公司评估意见,6 号勘探试验洞最终斜长变更为 2 466 米。

工程由中铁十八局承建、陕西大安监理公司监理,合同金额为 7 775 万元。工程于 2009 年 7 月开工,2010 年 12 月完工。

七、秦岭输水隧洞 7 号勘探试验洞(7 号施工支洞)工程

秦岭输水隧洞 7 号勘探试验洞工程由省发改委以陕发改农经〔2011〕155 号文批准建设,建设资金来自政府投资。工程位于周至县陈河乡黑河上游 2 000 米处黑河右岸陡坡上,与正洞交汇里程为 K70+579,与正洞线路中线夹角为 85°22′59″,承担主洞工区范围为 8 422 米,其中进口方向 3 559 米,出口方向 4 563 米。

试验洞斜长 1 880.52 米,设计洞口高程为 623.27 米,洞底高程为 514.37 米,综合纵坡为 5.80%,横断面为 7.0 米×6.0 米(宽×高)的圆拱直墙断面,按双车道

设计。勘探试验洞出口跨黑河桥梁 1 座,桥长 99.26 米,桥面宽 4.75 米。

工程沿线主要涉及地层为片麻岩。进口段围岩类别为 Ⅴ 和 Ⅳ 类,Ⅴ 类长 15 米,Ⅳ 类长 45 米;洞身段以 Ⅲ 类围岩为主,长 1 820 米。Ⅴ 和 Ⅳ 类,采用复合式衬砌。Ⅴ 类喷层厚度 23 厘米,衬砌厚度 40 厘米;Ⅳ 类喷层厚度 20 厘米,衬砌厚度 30 厘米;Ⅲ 类围岩采用锚喷衬砌,喷层厚度 23 厘米,衬砌厚度 12 厘米。

工程由中铁十八局承建、上海宏波监理公司监理,合同金额为 4 504 万元。工程于 2011 年 5 月开工,2013 年 5 月完成隧洞开挖。

八、秦岭输水隧洞出口勘探试验洞(主洞出口)工程

秦岭输水隧洞出口位于渭河一级支流黑河金盆水库右侧的黄池沟内,距黑河约 800 米。该工程由省发改委以陕发改农经〔2011〕1652 号文批准建设,建设资金来自政府投资。

秦岭输水隧洞出口高程为 510.0 米,出口段控制工区总长 6.5 千米,比降为 1/2 530,采用钻爆法施工,断面为马蹄形,断面尺寸 6.76 米×6.76 米。

出口勘探试验洞设计长 3 千米,主要涉及地层为第四系全新统坡积碎石土,中元古界宽坪群四岔口岩组、云母片岩夹石英片岩、绿泥片岩。Ⅲ 类围岩长 200 米,占 6.7%;Ⅳ 类围岩长 1 921 米,占 90%;Ⅴ 类围岩长 99 米,占 3.3%。

工程由中铁十七局承建、湖北长峡监理公司监理,合同金额为 19 615 万元。工程于 2012 年 12 月开工。

九、椒溪河勘探试验洞工程

椒溪河勘探试验洞洞口位于椒溪河右岸黄泥嘴,与主洞交汇里程为 K2+655,该段河道比降 18.7‰,洞口 20 年一遇洪峰流量为 1 410 立方米每秒。该工程由省发改委以陕发改农经〔2012〕176 号文批准建设,建设资金来自政府投资。

椒溪河工区支洞斜长 325.99 米,主洞段长 6 638 米(桩号 K0+000～K6+638),由椒溪河施工支洞洞底分别向上、下游方向勘探 2 655 米和 3 983 米。主洞段洞室最大埋深约为 610 米,椒溪河部分段落位于三河口水库正常蓄水位以下。

主洞段按 1 级建筑物设计,防洪标准为 50 年一遇洪水设计,200 年一遇洪水校核。椒溪河支洞为临时施工支洞,施工完成后封堵,工程级别为 4 级,防洪标准为 20 年一遇洪水设计。

椒溪河支洞综合纵坡为 10.71%,采用无轨运输。断面为圆拱直墙型,按双车道设计,净空尺寸 7.0 米×6.0 米(宽×高)。主洞段纵坡比降为 1/2 527,马蹄形断

面,成洞尺寸6.76米×6.76米。主洞段设计输水流量70立方米每秒。

主洞段全断面采用复合式衬砌,Ⅲ类围岩段采用锚、喷、网初期支护,C25混凝土衬砌,底板设单层钢筋网;Ⅳ、Ⅴ类围岩段采用锚、喷、网和钢拱架初期支护,C25钢筋混凝土衬砌。Ⅲ类围岩段8~12米设计一条环向施工缝,Ⅳ、Ⅴ类围岩20米设计一条环向变形缝。下穿椒溪河段洞身采用锚喷网初期支护,C25钢筋混凝土全断面衬砌的强化结构。

该工程由中水十五局承建、上海宏波监理公司监理,合同金额为23 424万元。

十、1号勘探试验洞主洞延伸工程

主洞试验段设计里程为K16+934.226~K19+427.226,全长2 493米,其中由1号勘探试验洞洞底向上、下游方向的掘进长度分别为2 366米和127米。同意1号勘探试验洞主洞试验段工程按1级建筑物设计,防洪标准采用50年一遇洪水设计、200年一遇洪水校核,施工期防洪标准为20年一遇洪水。

试验段隧洞纵坡为1/2 527,洞身采用马蹄形断面,成洞尺寸为6.76米×6.76米。洞身采用复合式衬砌。Ⅲ类围岩段初期支护采用锚喷网,二次衬砌拱墙采用C25混凝土,仰拱采用C25钢筋混凝土。Ⅳ类围岩段初期支护采用锚喷网和钢拱架,二次衬砌采用C25钢筋混凝土。

引汉济渭工程秦岭输水隧洞(越岭段)1号、2号、3号、6号勘探试验洞主洞延伸段工程由省发改委以陕发改农经函〔2012〕235号文批准建设,建设资金来自政府投资。1号主洞延伸段仍为中铁二十二局承建、上海宏波监理公司监理,合同金额为8 896万元。工程于2012年7月开工。

十一、2号勘探试验洞主洞延伸工程

2号勘探试验洞主洞试验段为秦岭输水隧洞的一部分,设计里程为K19+427.226~K24+527.226,全长5 100米,其中由2号勘探试验洞洞底向上、下游方向的施工长度分别为2 000米和3 100米。同意2号勘探试验洞主洞试验段工程按1级建筑物设计,防洪标准采用50年一遇洪水设计、200年一遇洪水校核,施工期防洪标准为20年一遇洪水。

隧洞纵坡为1/2 527,洞身采用马蹄形断面,成洞尺寸为6.76米×6.76米。试验段洞身采用复合式衬砌。Ⅱ、Ⅲ类围岩段初期支护采用锚喷网,其中Ⅱ类围岩段锚杆随机局部布设,Ⅲ类围岩段锚杆布设于顶拱;二次衬砌拱墙采用C25混凝土,仰拱采用C25钢筋混凝土。Ⅳ类围岩段初期支护采用锚喷网和钢拱架,二次衬砌采用C25钢筋混凝土。2号主洞延伸段施工和监理单位同原支洞单位,合同

金额为9 643万元。工程于2012年7月开工,2013年6月完成合同开挖。

十二、3号勘探试验洞主洞延伸工程

3号勘探试验洞主洞试验段为秦岭输水隧洞的一部分,设计里程为 K24+527.226~K27+643.006,全长3 116米,其中由3号勘探试验洞洞底向上、下游方向的施工长度分别为1 616米和1 500米。主洞试验段工程按1级建筑物设计,防洪标准采用50年一遇洪水设计、200年一遇洪水校核,施工期防洪标准为20年一遇洪水。

试验段隧洞纵坡为1/2 527,洞身采用马蹄形断面,成洞尺寸为6.76米×6.76米。洞身采用复合式衬砌。初期支护采用锚喷网,其中Ⅱ类围岩段锚杆随机局部布设,Ⅲ类围岩段锚杆布设于顶拱;二次衬砌拱墙采用C25混凝土,仰拱采用C25钢筋混凝土。3号主洞延伸段合同金额为9 643万元,承建单位仍为中铁隧道集团,监理单位为上海宏波监理公司。工程于2012年7月开工,2013年6月完成合同开挖。

十三、6号勘探试验洞主洞延伸工程

6号勘探试验洞主洞试验段为秦岭输水隧洞的一部分,设计里程为 K62+902.517~K67+163.517,全长4 261米,其中由6号勘探试验洞洞底向上、下游方向的施工长度分别为2 261米和2 000米。主洞试验段工程按1级建筑物设计,防洪标准采用50年一遇洪水设计、200年一遇洪水校核,施工期防洪标准为20年一遇洪水。

试验段隧洞纵坡为1/2 530,洞身采用马蹄形断面,成洞尺寸为6.76米×6.76米。洞身采用复合式衬砌。Ⅱ、Ⅲ类围岩段初期支护采用锚、喷、网,其中Ⅱ类围岩段锚杆随机局部布设,Ⅲ类围岩段锚杆布设于顶拱;二次衬砌拱墙采用C25混凝土,仰拱采用C25钢筋混凝土。Ⅳ类围岩段初期支护采用锚、喷、网和钢拱架,拱墙喷C20混凝土,拱部和边墙均布设锚杆;二次衬砌采用C25钢筋混凝土。Ⅴ类围岩段拱部设超前小导管注浆加固地层,初期支护采用锚、喷、网和钢拱架,全断面喷C20混凝土,拱部和边墙均布设锚杆;二次衬砌采用C25钢筋混凝土。

6号主洞延伸段合同金额为14 111万元,由中铁十八局承建、陕西大安监理公司监理。工程于2010年6月开工,2012年7月完成合同开挖。

十四、7号勘探试验主洞试验段工程

7号勘探试验主洞试验段结合主洞工程建设,按1级建筑物设计,7号支洞口运行期防洪标准为50年一遇洪水设计、200年一遇洪水校核,施工期防洪标准为

20年一遇洪水。

主洞试验段设计桩号为 K67+163.517~K75+286,由 7 号勘探试验洞洞底向主洞上、下游延伸段分别长 3 415.483 米和 4 707 米,共长 8 122.483 米。隧洞设计流量 70 立方米每秒,隧洞比降为 1/2 530,横断面为马蹄形,断面净尺寸为 6.76 米×6.76 米。

Ⅱ、Ⅲ类围岩段初期支护采用锚喷支护,采用 C30 混凝土衬砌,衬砌厚分别为 0.3 米和 0.35 米;Ⅳ、Ⅴ类围岩段采用锚、喷、网和钢拱架初期支护,采用 C30 钢筋混凝土衬砌,衬砌厚分别为 0.4 米、0.45 米。

十五、秦岭输水隧洞 TBM 施工段

秦岭输水隧洞(越岭段)是引汉济渭的控制性工程,根据施工组织设计,其岭脊段 3 号、6 号支洞段主洞采用 TBM 法施工。TBM 法施工段是决定秦岭输水隧洞(越岭段)工期的关键部分。

该工程由省发改委以陕发改农经〔2011〕1652 号文批准建设,建设资金来自政府投资。

岭脊段采用两台 TBM,分别由岭南的 3 号、岭北的 6 号支洞进入主洞相向施工。3 号支洞控制主洞长度 18 717 米(K27+643~K46+360),6 号支洞控制主洞长度 16 543 米(K46+360~K62+903),比降均为 1/2 474,开挖直径 8.02 米,按照围岩类别分别采用锚喷、钢筋混凝土等不同支护衬砌形式。4 号和 5 号两个施工支洞,长度分别为 1 601 米和 4 595 米,断面均为城门洞形,以喷锚支护为主,局部采用复合衬砌,成洞尺寸分别为 4.5 米×4.64 米和 5.2 米×6.0 米。

3 号试验段的 3 号、4 号施工支洞洞口分别位于蒲河和蒲河支流麻河,配套的柴家关弃渣场位于蒲河河漫滩。

4 号施工支洞设计方案。支洞全长 1 601 米,综合坡比 38.06%;断面采用城门洞形,成洞尺寸 4.5 米×4.64 米,以喷锚支护为主,局部采用复合衬砌。3 号试验段工程竣工后,作为秦岭输水隧洞永久检修管理通道,洞口设置管理用铁门一套;4 号支洞洞口和洞底均采用 C15 片石混凝土封堵。

试验段内的 5 号、6 号施工支洞口均位于黑河一级支流王家河,配套的双庙子弃渣场位于王家河支流东沟河滩。

5 号施工支洞全长 4 595 米,综合坡比 9.96%;断面形式为城门洞形,成洞尺寸 5.2 米×6.0 米,以喷锚支护为主,局部洞段采用复合衬砌。6 号试验段工程竣工后,在 5 号、6 号支洞洞口各设置管理用铁门一套,6 号支洞洞口外设置防洪拦水坝一道。

岭南 TBM 段合同金额为 103 220 万元,由中铁隧道集团承建、四川二滩监理公司监理,工程于 2012 年 3 月开工;岭北 TBM 段施工合同金额为 92 851 万元,由中铁十八局承建、陕西大安监理公司监理,工程于 2012 年 3 月开工。

第二节　隧洞建设重要节点及事件

一、钻爆法施工段

秦岭输水隧洞黄三段洞线总长 16.52 千米,沿线布设 4 条施工支洞,总长 2 621 米。越岭段洞线总长 81.78 千米,沿线布置施工支洞 10 条,总长 22 367 米。除岭脊段主洞 35 千米因地形地质条件限制而采用 TBM 法施工外,其余隧洞施工均采用钻爆法。

(一)秦岭输水隧洞 0 号勘探试验洞延伸段与 0-1 号勘探试验洞延伸段贯通

2015 年 1 月 22 日,秦岭输水隧洞 0 号勘探试验洞延伸段与 0-1 号勘探试验洞延伸段顺利贯通。

0 号勘探试验洞延伸段由中铁五局承建,全长 6 262 米,最大埋深 600 米。下游 2 700 米隧洞围岩复杂多变,穿越 3 个逆断层碎裂带,地下裂隙水及岩溶水丰富,平均日涌水量 9 000 立方米以上。0-1 号勘探试验洞延伸段由中铁十七局承建,全长 4 034.22 米,上游 1 050 米隧洞途经多个断层,围岩变化频繁,最大埋深约 734 米,最大日涌水量达 26 865 立方米。

面对复杂的施工和地质环境,参建各单位采取多种措施确保工程顺利进行。中铁五局项目部通过加强隧道地质超前预报,在不良地质段严格遵循"弱爆破、短进尺、强支护、早封闭、勤测量"施工工序,积极引进水压爆破新技术,克服了石英砂夹土软弱岩层、涌水等施工困难和风险,确保隧洞开挖施工安全、质量和进度,创造了隧洞开挖月掘进 218 米的纪录。中铁十七局项目部面对超大涌水,在勘探试验洞延伸段设置了大型水仓,配备多台大型水泵,利用隧洞坡度将上游涌水汇集在水仓后及时排出,有效解决了涌水影响正常施工的问题。同时,坚持每循环开挖前对开挖轮廓进行测量放样,通过对炮孔间距、单孔装药量及钻孔角度等多方面控制,最终Ⅲ类围岩残孔率达 90% 以上,Ⅳ类围岩残孔率达 75% 以上,严格控制超挖和欠挖,实现了工程建设质量和进度双赢。

(二)椒溪河项目部战胜重大涌水险情

2015 年 4 月 30 日凌晨 3 时左右,由中水十五局承建的秦岭输水隧洞椒溪河勘探试验洞下游主洞 2.75 千米处,在开挖掌子面施工钻孔作业时突遇重大涌水险情,10 多米的水柱从掌子面直射而出,巨大的水流迅速蔓延至整个施工现场。险情突发,施工被迫停止,现场紧急撤离。

据现场勘察和测算,初始涌水量大约在每小时 500 立方米左右。面对重大险情,项目部立即启动应急预案,及时撤离施工人员及设备,抽排水系统满负荷运行。

大河坝分公司、上海宏波监理部和中铁一局设计院迅速组织相关人员赶赴现场,召开业主、承建、设计和监理四方险情处置现场会,对涌水险情进行查勘和分析,决定继续在掌子面钻孔,释放岩体内的水压,加强抽排力量,观察变化情况。项目部立即安排部署,增加钻孔,加大抽排力度。在实施钻孔、强排过程中,早期钻孔内的水压减少,新钻孔内的水压依然很大,总的涌水量没有减少迹象。

对此,大河坝分公司再次召开四方险情处置现场会,认为掌子面基岩良好,出现涌水应为裂隙水,通过抽排、钻孔释放,可实现开挖穿越本段;同意项目部提出的采用注浆封堵进行彻底处理的措施,并要求上海宏波监理部、项目部紧密配合,加强现场管理,增加抽排设备,加大抽排力度。

5 月 5 日下午,佛坪地区高压线路因雷阵雨出现短路,造成大面积停电。抢险现场断电,隧洞内一片漆黑,抢险设备停止运行,水位迅速上升。项目部迅速启用备用电源,同时紧急联系地方供电部门冒雨抢修,在短时间内恢复了供电,确保了抢险排水正常进行。项目部投入了 12 台抽排水泵,全力不停抽排。由于涌水点距离洞口相对较远,坡度较大,形成了逆坡、长距离、接力式的抽排水工作环境,加上洞内潮湿积水,电路设备故障频发,抢险人员在齐腰深的水中抢修故障,确保设备正常运行。经过 15 个小时的连续奋战,涌水险情基本得到了控制。

5 月 8 日,抢险组终于完成 10 天来第一次全断面开挖。洞内掌子面涌水基本得到控制,下游掌子面的洞挖施工也在可控的情况下开始掘进。至此,抢险工作基本完成,施工得以安全顺利推进。

(三) 秦岭输水隧洞出口段提前完成掘进

2015 年 9 月 9 日,秦岭输水隧洞出口段顺利完成掘进,比年初制定的年度计划提前了 51 天。

秦岭输水隧洞(越岭段)出口勘探试验洞长 3 000 米,于 2011 年 12 月 8 日开工。施工过程中,多次遭遇软弱层、突涌水等复杂地质情况,一度进展缓慢。针对这些情况,省引汉济渭公司通过约谈施工单位法人、推行绩效考核和电子结算管理等办法,激发施工方的建设激情。施工方加强项目部工作力量,引进超前钻等先进设备,采取多种措施,化解各种风险,确保了勘探试验洞掘进任务的安全有序可控。

(四)椒溪河勘探试验洞顺利贯通

2016年1月15日,椒溪河勘探试验洞主洞与0号支洞实现精准贯通。

椒溪河勘探试验洞主洞全长6 592米,位于秦岭输水隧洞越岭段始端。2012年6月,中水十五局引汉济渭工程椒溪河项目部进场,经过37个多月1 148个昼夜的艰苦施工,先后战胜2013年历时11个月的超大涌水和2015年6月20年一遇的特大洪水,克服了围岩性质频繁变化等不利因素,全面完成开挖施工任务。

(五)秦岭输水隧洞7号支洞以科技创新手段解决超长距离通风难题

中铁十七局引汉济渭项目部承担了秦岭输水隧洞7号支洞的施工任务。科技查新资料显示,目前国内钻爆法施工的隧洞最大独头通风距离是5 501米。而7号支洞现有独头通风已达5 370米,距打破纪录仅差131米,后期还有2 060米的施工任务,最终独头通风长度达到7 430米,超过世界现有钻爆法施工的最长隧洞通风距离。

常规的施工方案是在洞口布置一台或多台大功率风机,通过风带向作业面输送新鲜空气,在距离较长,供风难以满足时,再采用较小功率的风机接力。这一方法对电能消耗极大,成本较高。

在以项目部总工程师陈进明为首的技术骨干联合研究攻关下,开发设计了一种新式通风方法,即在洞口设置一台小功率风机,洞内设置几处蓄风房,里面设置功率稍大的风机,在蓄风房之间布设直径不一的风带,以满足隧洞长达7 430米的独头通风要求。这一创新的通风方式具有两个优点,其一,通过不同段落风带直径的变化,降低了风带阻力,进而降低了风机功率;其二,小功率风机布设洞外,大功率风机布设洞内,洞外风机只供应风量,洞内风机负责供应风压,每个风机作用不同,风量、风压参数得到了平衡,再次降低了风机功率,从而大大降低了通风运行成本。

两年多施工期间,项目部还有其他多项发明:高压空气游离水分离器、反坡隧道自动抽排水装置及多级抽排水系统、弓背式仰拱栈桥、抽排水管道淤泥过滤器等。其中,"挖掘机在丧失动力之后的拖行装置"这一新的专利发明已向国家知识产权局申报。陈进明还计划把中铁十七局参与引汉济渭工程的施工经验综合起来,以"引汉济渭工程秦岭输水隧洞钻爆试验段施工关键技术"为主题,撰述成书,用于指导今后的超长大埋深隧洞施工。2016年6月28日,中铁十七局引汉济渭秦岭7号支洞项目部以陈进明研发团队为核心成立了"陈进明创新工作室"。

(六)引汉济渭工程运用多种先进超前地质探测技术确保隧洞施工安全

2016年3月,中铁第一勘察设计院运用目前国内领先的综合超前地质预报设施,对秦岭输水隧洞7号支洞项目进行了全面勘测。

本次超前地质预报主要采用三维地震波法、瞬变电磁法与激发极化法三种方法。三维地震波法主要利用围岩与不良地质的波速、密度等差异,通过三维地震波解译软件计算,实现了掌子面前方80~100米范围内断层及破碎带、空洞的空间位置的远距离定位;瞬变电磁法对水体响应敏感,可实现对掌子面前方60~80米范围含水构造的中距离定性预报;激发极化法对水体响应敏感,基于围岩与含水体电阻率等参数的差异,可实现对掌子面前方30~40米范围内含水情况近距离三维成像与定位。技术人员采用上述三种方法,通过约束联合反演和融合联合反演,再经隧洞与地下工程大数据科学中心云平台大数据处理分析,对掌子面前方不良地质体三维位置、空间形态、充填水量等信息加以预测,保障了施工安全。

(七)4号施工支洞科技施工应对岩爆难题

4号支洞是秦岭输水隧洞岭南TBM施工的接应支洞,为岭南TBM第二阶段施工提供转场检修、运输、通风等作业支撑。

由于诸多不良地质条件的叠加影响,4号支洞施工过程中岩爆灾害频发。科学应对岩爆灾害,确保施工安全,成了中铁隧道集团4号支洞项目部工作的重中之重。为了减少岩爆灾害对施工人员的伤害,项目部引进了多臂钻台车施工工艺,该工艺的钻孔速度是人工钻孔的3~5倍,还可以使作业人员在距离掌子面7米以外作业,大大降低了施工安全风险,提升了掘进速度。在钻孔过程中,施工人员通过预先钻好的5个超长释压孔释放岩石应力。爆破后及时喷洒水,加快岩石应力释放速度,并及时使用挖掘机排险,清除可能剥落的岩石。针对岩爆灾害严重的地段,项目部及时进行锚杆挂网喷浆支护。通过这一系列严密的岩爆防护措施,保证了施工的连续性和人员施工安全。

项目部在使用钻孔释压、洒水、锚杆喷护等常规措施的基础上,还在如何保护工人安全上下功夫,购置了警用防弹衣和钢盔供作业人员使用,大大提升了一线施工安全防护标准,缓解了现场人员的紧张情绪。

(八)黄三段隧洞项目完成主洞掘进1 000米

2016年5月15日,秦岭输水隧洞黄三Ⅱ标4号支洞主洞段完成开挖掘进1 000米。至此,黄三段隧洞项目第一个节点工期顺利完成。

秦岭输水隧洞黄三Ⅱ标由中铁十七局承建,项目包含2个施工支洞和1个交通洞,支洞总长1 768米,控制主洞段长8 552米。项目部2015年10月进场后,坚持"快速进场、快速征迁、快速开工"的原则,根据黄三段隧洞的施工特点,不断优化施工组织和方案,克服了围岩差、涌水量大、不良地质断层多等困难,取得了主洞段平均单日进尺 11.77 米、最大单日进尺 18.5 米的好成绩,提前完成主洞掘进 1 000 米的节点目标任务。

(九) 安全帽+智能芯片提升施工管理水平

为提高施工安全管理水平,秦岭输水隧洞 0-1 号支洞项目部使用了一种带有定位芯片的安全帽,芯片内存储着佩戴者个人信息,施工人员每人一顶,对号入座,经过隧洞的信号收发器时,即被系统识别并记录。该系统设施还包括信号收发器、无线标示芯片、安全检测管理系统软件、工控主机等。其定位监控系统可以与防盗报警等其他安全技术防范体系联动运行,具有定位、告知功能,能够及时发现安全事故隐患,预防和减少生产事故的发生,实现施工现场人员的动态管理。

(十) 秦岭输水隧洞越岭段与黄三段提前 3 个月贯通

2016 年 8 月 16 日,秦岭输水隧洞黄三段 4 号支洞主洞段下游与椒溪河主洞上游精确贯通,较计划工期提前 3 个月。

秦岭输水隧洞黄三段 4 号支洞位于佛坪县大河坝镇三河口村,支洞长度 275.34 米,控制主洞段下游 1 064.28 米,围岩以Ⅲ类围岩为主,隧洞埋深浅,地质变化频繁,涌水、断层常见,极大地影响了施工进度。自 2015 年 12 月开工以来,项目部坚持"保安全、保质量、保进度"的原则,不断优化施工方案,采取水压爆破技术,严明进度奖罚,克服了涌水、断层等困难,确保了"零安全事故、零质量事故、全工区进度最快"的好成绩。

2016 年 3 月以来,4 号支洞主洞段下游开挖支护日均进尺 6.4 米,最高日进尺 9.8 米,最高月进尺 224 米。

(十一) 秦岭输水隧洞 0-1 号支洞主洞段顺利贯通

经过 1 375 个日日夜夜的艰苦鏖战,2016 年 7 月 3 日,由中铁十七局承建的秦岭输水隧洞 0-1 号支洞主洞段贯通,至此秦岭输水隧洞(越岭段)岭南工区的人工钻爆法段全线完成。

秦岭输水隧洞(越岭段)0-1 号支洞主洞段工程位于佛坪县陈家坝镇,工程全长 5 547 米。因项目所处地形起伏较大,地质情况复杂,围岩变化频繁,随时伴随着涌水、岩爆、塌方等不良地质风险,施工中最大涌水量高达 32 000 立方米每天,属于特长高风险隧洞,施工难度巨大。项目部不畏艰险,勇啃硬骨头,终于实现了该段的贯通。

（十二）秦岭输水隧洞 7 号支洞下游段主洞掘进顺利完成

2016 年 12 月 24 日，秦岭输水隧洞越岭段 7 号支洞主洞工程下游段掘进完成，同时创造了钻爆法无轨运输独头通风 6 430 米的国内纪录。

秦岭输水隧洞越岭段 7 号支洞主洞全长 8 122 米，其中上游段长 3 569 米，下游段长 4 553 米，斜井全长 1 877 米。自 2013 年 11 月开工以来，中铁十七局秦岭 7 号支洞项目部参建人员克服了隧洞围岩变化频繁、高地应力岩爆、超长距离通风、涌水量大等诸多困难，发扬新铁军精神，科学编排施工组织方案，大力开展劳动竞赛活动，顺利完成了下游段的掘进任务。

（十三）秦岭输水隧洞出口延伸段项目施工生产创新高

2016 年 10 月，中铁十七局引汉济渭秦岭输水隧洞出口延伸段项目部创造了自开工以来Ⅳ类围岩立拱架掘进 165 米的新纪录。在引汉济渭公司组织的 2016 年 3 次季度综合考核中，项目部取得了两次综合排名第一的佳绩。

为保质保量完成工作目标，项目部制定了各节点目标，确保落实到位，积极优化各项资源配置：随着施工里程的不断增加，在洞内及时增设变压器，以满足用电需求；在洞内 3 千米处增设 1 座空压站，解决了里程较长所产生的风量供应不足问题；增加了 2 辆出渣车，解决了由于运距远所产生的出渣问题；及时更换大功率通风机、大口径通风带，增加通风量，提升了洞内空气净化效率。

（十四）黄金峡至三河口段 1 号支洞主洞段控制区上游顺利贯通

2017 年 1 月初，由中铁二十一局承建的秦岭输水隧洞黄金峡至三河口段Ⅰ标项目 1 号支洞主洞段控制区上游顺利贯通。

黄三段 1 号支洞主洞控制区上游全长 455 米，隧洞最大埋深 154 米，地质均为Ⅳ、Ⅴ类围岩，岩石风化严重，破碎易坍塌，安全风险等级高，施工难度大。参建单位克服地质困难，努力奋进，顺利完成了上游段的贯通任务。

（十五）秦岭输水隧洞越岭段 4 号支洞开挖突破 5 000 米

2017 年 2 月 28 日，由中铁隧道股份 TBM 四公司施工的岭南 4 号支洞全断面钻爆开挖达到 5 004.7 米，成功突破 5 000 米大关。

秦岭输水隧洞岭南 4 号支洞全长 5 820 米，断面高 6.5 米、宽 6.7 米，最大坡度达 11.96%，最大埋深达 1 600 米，采用三臂凿岩台车打眼钻爆开挖。在开挖过程中，项目部克服了工程大斜坡开挖与运输、长距离隧洞通风以及岩爆频发等工程难题，在项目部全体员工的共同努力下，实现了月最大开挖进度 242 米的好成绩。

（十六）秦岭输水隧洞控制闸交通洞顺利贯通

2017 年 4 月，由中铁十七局承建的秦岭输水隧洞控制闸交通洞顺利贯通，标志着秦岭输水隧洞控制闸施工即将拉开序幕,为整个秦岭输水隧洞引调水中枢控制闸按期完工奠定了基础。

秦岭输水隧洞控制闸交通洞位于三河口大坝导流洞下游 50 米处子午河右岸,全长 517.17 米,其中直线段 290 米,环向段 227.17 米。自 2016 年 10 月开工以来,施工人员克服了断面小、环向弧度大、循环进尺短、机械布置及超欠挖控制难等施工难题,以光面爆破效果、超欠挖控制和洞室轴线作为质量控制重点,通过不断优化爆破参数,控制装药量,曲线段缩短循环进尺、换手测量和委外复测等手段,确保了交通洞与秦岭输水隧洞黄三段、越岭段和三河口段 3 个闸室精准贯通。

为确保工期,项目部提前安排交通洞开工,实际完工时间较计划提前 3 个月。交通洞提前完工为下一步闸室开挖、闸室段土建和机电安装施工留足了工期。

(十七) 黄三段 Ⅰ 标二衬首仓混凝土完成浇筑

2017 年 4 月 15 日,黄三段 Ⅰ 标二衬首仓混凝土在 1 号支洞主洞上游完成浇筑,标志着秦岭输水隧洞黄三段二衬施工全面展开。

为保证此次浇筑顺利进行,施工方精心制定专项施工方案,并由监理单位组织业主、设计和施工四方按要求对模板、基础面、钢筋、止水工程等进行严格验收。4 月 15 日上午 11 时,首仓混凝土浇筑。施工单位中铁二十一局黄三Ⅰ标项目部严格按照既定的工艺、工序进行作业,监理全程严格把关。此次二衬施工按照先拱墙、后仰拱的工序,历时 13 个小时,于当晚 12 时完成了首仓浇筑。

(十八) 秦岭输水隧洞 7 号支洞与 6 号支洞间主洞实现精准贯通

2017 年 4 月 25 日,经过 1 236 天的奋战,由中铁十七局承建的秦岭输水隧洞 7 号支洞顺利与上游 6 号支洞间主洞实现精准贯通。

秦岭输水隧洞 7 号支洞地处周至县陈河乡,毗邻黑河水库库尾。主洞全长 8 122 米,是引汉济渭工程最长的钻爆法施工段。项目区地质复杂、围岩多变、长距离通风等多种困难叠加,先后多次发生坍塌、岩爆、软岩等地质灾害,隧洞施工异常艰难。

2015 年 7 月 7 日,掌子面突发涌水,喷射到了 18 米开外,涌水量最大达到每天 43 000 立方米,相当于一个县城的日供水量。面对突涌水险情,项目部技术人员多次划着橡皮筏到掌子面现场研究除险方案。经多方会商研究,项目部最终确定使用帷幕灌浆封堵涌水的方法进行施工。每循环帷幕灌浆施工可向前注浆 25 米,注浆完成后可向前开挖 20 米,每循环施工平均需要一个月时间。最终花了 7 个月,才成功穿越富水带。

面对重重困难,项目部积极投入运用三维地震、瞬变电磁、超前钻等新科技,同时成立攻关小组,开发申报 13 项专利技术,成功解决了通风、供电、运输、除尘等多种难题。以通风难题为例,下游段通风距离长达 6 340 米,在国内没有类似的施工案例,远远超出现有的技术范围。项目部采用分段接力送风的通风方案,掌子面空气明显清新,温度也显著降低,不仅保障了施工人员的健康,还为项目部节约了 1 000 万元的电费成本。

秦岭输水隧洞 7 号支洞主洞在接下来的一个月内完成二次衬砌,4 个月内完成灌浆工作,当年年底全部竣工。

(十九) 黄三隧洞废水处理系统投入运行

2017 年 5 月,在完成前期的安装调试后,黄三隧洞的废水处理系统投入使用。

废水处理设施运抵 4 个支洞口后,中铁二十一局黄三 I 标项目部、中铁十七局黄三 II 标项目部立即联系厂家进行安装调试,在调试完毕后,对项目部现场安全员和维护操作设备的员工进行了培训和技术交底。项目部同时制定了废水处理系统操作流程和管理制度,每日由专人对废水处理系统进行检查维护,检查加药设备与搅拌设备,还对设备运转压力进行检测。

环保水保系统处理流程为:1~4 级沉淀池中的隧洞涌水经过加药、搅拌,进入第 5 级沉淀池,经过罐中活性炭的过滤,再由出水管排到第 6 级沉淀池,作为中水使用。

(二十) 黄三段 3 号支洞排洪渠及时完工

2017 年 5 月,中铁十七局黄三 II 标项目部赶在汛期来临之前,及时完成了黄三段 3 号支洞排洪渠一期的施工任务,有力保障了平稳度汛和下游群众安全。

黄三段 3 号支洞洞口临近沙坪河,河道狭窄,附近住有村民,防汛压力很大。项目部按照防汛和环水保要求,及时安排施工。防洪渠道一期工程全长 260 米,高差 7.5 米。渠道底宽 3.5 米、深度 3.5 米、顶宽 10.5 米,为开放式明渠设计,渠身坡比 1:1,采用浆砌石砌筑,渠道高程分 3 个台阶,呈台阶式下降。

(二十一)《引汉济渭秦岭输水隧洞外观质量评定标准》获水利部质量监督站确认

2017 年 6 月 26 日,《引汉济渭秦岭输水隧洞工程外观质量评定标准》获水利部质量监督总站引汉济渭项目站确认。

依据《水利水电工程外观质量评定办法》中的相关要求,省引汉济渭公司组织监理、设计、施工等参建各方根据评定规程及工程设计标准,结合本工程实际情况,补充完善了《引汉济渭秦岭输水隧洞外观质量评定标准》并上报水利部质量监督站确认。该标准具体明确了隧洞工程的外观质量标准、外观质量评定表及填写说明。

(二十二) 秦岭输水隧洞黄三段主洞开挖突破万米

2017 年 7 月 25 日,秦岭输水隧洞黄三段主洞开挖突破万米大关,累计达到 10 213 米。

秦岭输水隧洞黄三段地处洋县和佛坪县境内,全长 16 481 米,包括两个标段。其中,黄三Ⅰ标全长 7 929 米,黄三Ⅱ标全长 8 552 米。工程施工线路长,协调难度大,环保水保要求高。施工主隧洞多次穿越地质破碎带,地质变化频繁,施工安全风险等级较高。面对工期紧、地质构造复杂等难题,参建各方合理配备施工资源,先后攻克软围岩易坍塌、断层破碎带长度大等施工难题,使得工程进展迅速,安全质量稳步提升。

(二十三) 秦岭输水隧洞出口延伸段冲刺最后 500 米

2017 年 7 月 28 日,由中铁十七局承建的秦岭输水隧洞出口延伸段项目完成掘进 2 993 米,项目部正齐心协力,全力冲刺最后 500 米掘进任务。

秦岭输水隧洞出口延伸段项目全长 3 493 米,于 2015 年 10 月 10 日开工建设。在施工中,项目部不断加大施工机械设备的投入和人员要素的配置,强化掌子面工序管控和整个过程的控制与协调,做到人员到位、机械设备到位、现场管控到位和材料安全保障到位。施工人员克服了洞内较大涌水 4 次、塌方 7 次的突发事件以及施工用料断顿的困难,最终保证了施工进度目标,确保了项目安全生产与工程质量。

(二十四) 秦岭输水隧洞越岭段 4 号支洞与主洞实现精准贯通

2017 年 8 月 18 日,秦岭输水隧洞 4 号支洞与主洞精准贯通。

秦岭输水隧洞 4 号支洞全长 5.8 千米,是为解决岭南 TBM 施工掘进运输和通风问题而设置的施工支洞。断面净空尺寸高 6.5 米,宽 6.7 米,综合纵坡 -11.79%,最大高差约 680.00 米。采用无轨斜井施工,被誉为"亚洲第一长斜井",具有坡度大、涌水量大、强岩爆、高岩温、独头施工距离长等特点,施工综合难度极大。

4 号支洞于 2013 年 10 月 1 日开始施工,用时近 4 年。参建方合理配备施工资源,负责开挖任务的中隧装备公司 2015 年 7 月 4 日调来一台三臂凿岩台车。为应对强岩爆,2016 年 5 月 14 日又投入一台湿喷台车和机械手进行喷混凝土支护。

施工过程中,100 多个涌水点先后发生 11 次围岩较大渗涌水。全隧洞最大涌水量一度达到 21 058 立方米每天,是预测最大涌水量的 8 倍。涌水对下坡段施工影响很大,如果不及时抽水,将直接影响到打眼和装药的速度,其中最严重的一次突涌水处理制约施工进度近半年时间。

从 2014 年 8 月 22 日开始,项目部用时 4 个月,对斜 11+06～斜 11+87 段分别采取超前帷幕注浆与后期径向注浆的方式实施隧洞堵水工作,使得全隧洞渗涌水量降至 5 800 立方米每天左右,基本不影响台车钻眼施工。同时,在施工掌子面增加大型抽水机,隧洞中部增设分级抽水泵站,增加铺设两道直径 200 毫米的钢管,洞外建设一级施工排水处理站,确保施工废水达标排放。

4 号支洞施工以来累计发生强烈岩爆 58 次,岩爆段长度累计达到 2 482.3 米。岩爆坍落的大石块多次砸坏凿岩台车等施工机械设备,砸垮刚立好的钢拱架,严重制约施工进度和人员的生命安全,一时间工程进展缓慢。为此,省引汉济渭公司特别邀请了中国科学院院士王思敬、杜彦良前来现场对岩爆灾害进行会诊,制定专项方案,并与国内高校联合进行科研攻关,制定了应对岩爆的科学方法,还针对性进行培训,切实提高隧洞施工人员应变处置能力。采取的具体措施包括:一是引进大连理工大学的 TRT、HSP、地质雷达微震监测技术手段,进行岩爆超前预测,同时收集和总结国内外类似工程岩爆资料,分析探索本标段岩爆的发生规律。目前岩爆预测准确率接近 70%,有效防范了岩爆对人员设备造成的伤害。二是对出露护盾段围岩喷水初步软化,快速施做超前超长锚杆,并采取挂网、喷混凝土等措施进行封闭。人工开挖段注意观察,控制药量,加强支护手段,通过挂设柔性钢丝绳网、加密钢拱架、喷射纳米纺纤维材料等手段进行强行封闭,控制岩爆发生。三是加强车辆、设备、电线机具的保护。四是加强人员的安全意识教育,提高主动防护意识。穿戴好防护用品,规定装药人员必须穿戴防弹衣。

2017 年以来,4 号支洞开挖到 5 千米以后,地热、设备运转、喷射混凝土产生的温度使洞内掌子面附近达到 42 ℃左右,已到人体承受的极限,不少工人出现中暑现象,通风降温问题亟待解决。为此,项目部在 4 号支洞召开了通风专题讨论会,决定更换全部通风机和风管,从东北项目部调配 2 台 200 千瓦的风机取代原来的 2 台 90 千瓦的风机,风管由 1.8 米直径变为 2.2 米。7 月 7 日,设备到场,施工人员奋战 4 天,完成 5 000 多米大风管的更换作业,将新鲜空气引入洞内,大大改善了施工环境。

4 号支洞号称"亚洲最长斜井",一个特有的安全隐患就是斜井长,坡度大。为确保大下坡斜井施工安全,洞内每 300 米设有一道车辆防撞墙,并设有明显的彩光提醒标志,每 300 米设置一段平坡便于车辆调整车速。按照规定,人员和物资设备进洞都要有车辆接送。因各工序的转换,专门配置负责接送人员的中巴车每天要来回 20 趟次。工区安质部和设备部联合制定了车辆进洞前的安全保护措施,强制限制车辆的刹车磨损标准,强制维修时间要求。

(二十五)秦岭输水隧洞黄三段4号支洞主洞段下游衬砌全部完成

2017年9月,秦岭输水隧洞黄三段4号支洞主洞段下游衬砌完成。

秦岭输水隧洞黄三段Ⅱ标4号支洞位于佛坪县大河坝镇三河口村,支洞长度275.34米,控制主洞段下游1 064.28米。围岩以Ⅲ类围岩为主,隧洞埋深浅,地质变化频繁。

该隧洞采用钻爆法施工,现浇混凝土衬砌。衬砌施工主要工序为施工前准备、钢筋绑扎、模板安装、混凝土浇筑、脱模养护。为安全高效、优质快速完成衬砌施工,大河坝分公司召开了二次衬砌施工方案评审会,对"先拱墙、后仰拱"的施工方案进行了科学论证。在施工过程中,严格执行"三检"制度及"监理工程师验收"制度,强化过程控制,发现问题及时解决。

(二十六)秦岭输水隧洞出口段开展最长距离施工通风效果现场测试

2017年11月8日,秦岭输水隧洞最长距离施工通风现场测试工作在秦岭输水隧洞(越岭段)出口工区进行。

秦岭输水隧洞(越岭段)具有埋深大,山体宽厚的特点,埋深超过900米的施工段长度超过40千米,且山体宽度在4千米以上。辅助坑道规模大,选取困难,独头施工距离长。施工通风问题直接影响着工程的辅助坑道建设规模及工程实施。因此,通风方案的制定工作迫在眉睫。

2017年11月8日,秦岭超长隧洞施工通风技术研究课题组联合西南交通大学相关研究人员入驻现场,对秦岭输水隧洞的出口工区展开了洞内环境现场测试。技术人员对不同施工阶段的现场风管漏风率、风速、风压、污染物浓度等进行了实测及分析,得到了长距离施工通风施工期翔实的洞内环境质量及气象参数。

(二十七)秦岭输水隧洞出口延伸段贯通

2017年11月25日,秦岭输水隧洞出口延伸段实现贯通。至此,秦岭输水隧洞越岭段常规钻爆法施工全面完成,并打破国内隧洞钻爆法无轨运输独头通风掘进纪录。

秦岭输水隧洞全长98.3千米,隧洞出口延伸段是全线地质条件最为复杂、施工难度最大、不可预见因素最多的标段之一。该标段采用钻爆法单口独头掘进,无轨运输出渣进料。工程自2015年10月10日开工以来,参建单位中铁十七局二公司面对隧洞丰富的地下水和复杂的地质状况,引进了日本矿研RPD-180CBR多功能钻机,进行超前钻探。严格执行"先放水、短进尺、弱扰动、强支护、快封闭、勤量测"的施工要求,积极加大施工机械设备的投入,优化人员要素配置,强化掌子面工序管控,取得了 24 个多月每月平均开挖进尺均在 140 米以上的好成绩。项目部先后战胜洞内 4 次较大涌水、7 次塌方,较合同工期提前 83 天完成开挖任务,自开工以来连续安全生产 2 175 天,施工生产零伤亡。

(二十八) 黄金峡工区黄三段Ⅱ标 4 号支洞主洞开挖任务圆满完成

2018 年 1 月 30 日,秦岭输水隧洞黄三段Ⅱ标 4 号支洞主洞掘进经过全体参建员工 654 天鏖战,最终顺利完成。

黄三段Ⅱ标工程 4 号支洞主洞横断面为 6.76 米×6.76 米的马蹄形横断面,全长 4 004.16 米,采用钻爆法施工。4 号支洞位于田坝梁处县道 207 公路旁,临近子午河,下部坡度较陡,上部坡度较缓。该区主要分布变质砂岩、云母斜长片岩,地质情况复杂,围岩变化频繁,穿越 9 条断层带,给施工进度管理和光面爆破效果控制带来很大困难,施工难度较大。为解决这一难题,现场管理人员在开挖施工中严格控制导线测量,聚焦周边眼间距、掏槽眼角度,控制每循环开挖进尺,确保每个循环的开挖进尺及光面爆破效果优良。项目部每天召开现场碰头会,每周召开生产分析会,实行动态管理,及时解决各环节或工序中出现的问题,确保了施工任务的最终完成。

(二十九) 秦岭输水隧洞黄三段Ⅰ标顺利贯通

2018 年 2 月 2 日,连通黄金峡和三河口两大水利枢纽的秦岭黄三段Ⅰ标隧洞经过 700 多个日夜艰苦奋战,顺利贯通。

此段隧洞位于调水工程的起始端,隧洞总长 7 929 米,约占黄三段输水隧洞总长度的一半。项目采用全断面钻爆法施工,现浇混凝土衬砌。建设期间,工程面临围岩结构复杂、破碎断层带多、开挖断面小、爆破开挖风险大等诸多不利因素,施工一度严重受阻。面对诸多困难,项目部多次召开专题技术会议,研究具有针对性的施工方案,制定安全质量保证措施,最终实现了隧洞顺利贯通。

(三十) 黄三段 3 号支洞排洪渠全线完工

2018 年 5 月初,在汛期来临前,黄金峡工区黄三段 3 号支洞排洪渠全线完工。

3 号支洞排洪渠位于 3 号支洞弃渣场内,渠道按原有轴线修建,将水引至下游河道内。渠道底宽 3.5 米、深度 3.5 米、顶宽 10.5 米,为开放式明渠设计,渠身坡比 1∶1,采用浆砌石砌筑,渠道高程呈台阶式下降。

自开工以来,承建方充分利用工地资源优势,克服诸多困难,历经艰苦奋战,最终赶在汛期来临之前顺利完工,对保障周边居民生命财产安全、发挥防汛功能起到重大作用,同时为水土保持工作、文明工地创建及下一步渣场复耕提供了良好的条件。

(三十一)"5·25"滞后性岩爆处理

2018年5月25日凌晨,秦岭输水隧洞岭南TBM施工段钻爆接应段下游掌子面正常开挖爆破,在通风散烟完成,正准备进行出渣作业时,K39+308~K39+334.3段拱顶至右拱肩部位出现强烈滞后性岩爆,爆坑深度最深处超3米,发生时响声较大,后续闷响声持续发生,由于支护措施制定得当,未发生人员、设备损伤。

此次岩爆事件发生段埋深约1 220米,发生强烈滞后性岩爆的主要原因,是右侧围岩发育一组北东向的陡倾角长大结构面与右侧北西向缓倾角的节理相交,在掌子面爆破作业后,隧洞应力重新调整所致。从岩爆后隧洞剩余的支护措施来看,该段落支护措施到位。

事件发生后,岭南"冲锋号"党员突击队第一时间内奔赴现场进行查看,召开专题会议制定应对措施,并结合后续TBM第二掘进段设备步进需求整体进行了考虑。

(三十二)钻爆接应段岩爆预防及治理专家咨询会

2018年7月24日,省引汉济渭公司组织召开钻爆接应段岩爆预防及治理专家咨询会。会议分析了岩爆发生的原因,评估了项目施工面临的岩爆风险,研讨了项目后续施工岩爆预防及治理。秦岭输水隧洞TBM施工段4号支洞主洞钻爆接应段自施工以来岩爆频发,尤其是近期以来,下游接应段突发滞后性强烈至极强岩爆,形成了施工以来最大规模的岩爆坍塌,现场进度受制,同时面临极大安全风险。

咨询会现场综合采用地应力测试、微震监测、地质素描、TSP超前预报等多种手段相结合的方法对岩爆进行综合预判后认为,岭南TBM标段岩体完整性好、强度高、埋深大、地应力高。在机械化施工的同时,可采取超前深孔应力解除爆破与高压注水等主动防治措施。可根据岩爆等级,选择合理的开挖方式,控制循环开挖进尺,极强岩爆段可考虑采取分部开挖。对不同等级岩爆段应采用不同支护手段。通过超前预防、强化现场支护、不断优化施工方案等综合措施,达到预防和治理效果。

中电集团西北设计院、长江科学院、中国铁建重工集团、西安科技大学、西安理工大学、中铁隧道集团等单位的有关专家及中铁第一设计院、四川二滩国际工程咨询公司、中铁十八局等单位相关人员参会。

(三十三)超前地质预报安全守卫黄三隧洞开挖

2018年8月,黄三隧洞超前预报工作多次成功预报掌子面前方不良地质体,为施工安全起到了良好的预警作用。

黄三隧洞由于山高洞长、地形地质条件复杂以及地表勘察技术手段有限,在施工前期难以全面准确地掌握工程区域的地质状况,加之断层、破碎岩体等不良地质体具有较强的隐蔽性,很难准确揭示隧洞沿线的不良地质情况。这些都严重影响到工人开挖作业时的安全,所以在隧洞掘进时对不良地质提前预警尤为重要。

黄三隧洞超前地质预报常用的方法有地质雷达法、TSP 和瞬变电磁超前探测技术。地质雷达法是目前分辨率最高的地球物理方法,多用于岩溶洞穴、含水带和破碎带的探测预报。工作原理是利用电磁波在隧洞掌子面前方岩体中的传播、反射原理,根据测到的反射脉冲波走时计算反射界面距隧洞施工掌子面的距离。TSP 法则是应用地震波在传播过程中遇到不均匀地质体(存在波阻抗差异)时会发生反射的原理,结合隧洞的特点,利用沿隧洞后方布置的震源和传感器来探测隧洞前方地质条件和水文地质条件的观测系统。瞬变电磁超前探测技术通过测试掘进工作面和隧洞开挖纵向的地磁场变化情况,根据介质的辐射红外波段长的能量变化,判析前方是否为隐伏含水构造体,其有无发生突涌水的可能。

(三十四)秦岭输水隧洞黄三段 2、3 号支洞间主洞贯通

2018 年 8 月,秦岭输水隧洞黄三段 3 号支洞主洞段上游与 2 号支洞主洞顺利贯通,较计划工期提前 1 个半月完成。

黄三段 Ⅱ 标工程 3 号支洞全长 979.97 米,综合纵坡 9.27%(反坡),控制主洞段长度 4 549 米(上游 2 346 米、下游 2 203 米),采用钻爆法施工,断面为 6.76 米× 6.76 米的马蹄形断面,纵比降 1/2 500。岩性以云母片岩、云母石英片岩和角闪斜长片岩为主,岩石强度低,遇水易泥化失稳。围岩设计以 Ⅲ 类围岩为主,实际开挖以 Ⅳ 类为主,围岩等级降低率达 38.3%。隧洞沿线横穿多条较大规模断层,开挖过程中出现多次坍塌和围岩变形,施工安全、质量和进度控制难度大。针对这些问题,项目部通过超前地质预报预测围岩变化情况,严格控制循环进尺,及时跟进支护,将监控量测纳入工序管理。项目部主要领导轮流驻守工地带班生产,落实各项保证措施。在全体参建员工的努力下,实现了隧洞顺利贯通。

(三十五)秦岭输水隧洞 4 号支洞 35 千伏变电站工程顺利竣工并投入使用

2018 年 10 月 23 日,4 号支洞 35 千伏变电站工程竣工,变电站完成验收并投入使用。

由于此前的变电站线路太长以及洞内施工设备增加导致岭南 TBM 专线电压下降,无法满足 TBM 第二掘进段工程施工用电需求,4 号支洞电力扩容需求迫切。项目部于 4 月 30 日正式开工电力扩容工程。该工程改造 35 千伏西成客专线路

27 千米,新建架空线路 2.94 千米。

参建各方克服了雨季施工进度缓慢、道路维修导致相关设备器材无法快速进场等困难。在历经土建、线路、电气安装等工作后,10 月 23 日,现场技术人员顺利完成启动投运的所有操作及测试任务,变电站正式投入运行。新变电站的成功投运将彻底改变 4 号洞电力薄弱的现状,有效缓解项目工程施工用电压力,确保第二掘进段 TBM、洞内抽排水和通风设备等稳定用电。

(三十六)黄三隧洞环向控制闸土建完工

2018 年 11 月 21 日,秦岭输水隧洞环向控制闸土建工程建设及金属结构预埋件安装全部完成。

环向控制闸及附属交通洞在引汉济渭工程调水工程中处于"配水中枢"的地位。通过对 3 座闸室(黄三段、三河口段、越岭段)的控制,可实现各种调配水方案。控制闸由 3 层不同功能的隧道群组成,各种隧道洞室交错布置,结构复杂,如何科学组织、优化施工,是摆在施工方面前的难题。

3 层隧洞群开挖难度大。控制闸闸室群由黄三段控制闸、越岭段控制闸、三河口连接洞控制闸、输水岔管段(汇流洞)和环向交通洞组成,上层为控制闸启闭机室,中层为交通洞,下层为输水隧洞。施工方通过召开专题技术讨论会,对各种洞室结构特点进行对比分析,作各种方案比选,选定了汇流洞→环形交通洞→闸室的施工顺序,通过开挖石渣→回填石渣→二次开挖的顺序,顺利、安全、高效地完成了控制闸开挖施工。

交通洞断面小,环形段半径小。交通洞净空断面仅 5.0 米×5.56 米(宽×高),环形段最小半径 24 米,隧洞断面小且曲率小,开挖过程中超欠挖控制难度大。为保证施工质量,施工方通过严格控制循环进尺在 1.0 米之内、加密测量放样点、提高钻孔精度等措施,解决了小断面小曲率隧洞开挖控制难题。

洞内闸室施工,安全风险高。控制闸闸室顶部距引水隧洞底板高差 22.5 米,闸室宽度 11.5 米,该洞室空间与交通洞断面差异较大,致使大型机械无法进入,开挖难度大,安全风险高。经过多次技术攻关,设计了一款可自由升降的作业台架,利用装载机进行移置,自下而上,逐层进行开挖,每个闸室经过 1 个半月的施工,开挖至设计部位。

马蹄形断面渐变矩形,断面控制难度大。秦岭输水主隧洞采用的马蹄形断面不利于闸门的水封要求。为解决闸门水封问题,在闸门前设置了渐变段,通过 12 米过渡将马蹄形断面渐变为矩形断面。但马蹄形渐变为矩形断面,断面变化无规律,线性控制难度大。为解决该问题,项目部在开挖时,通过三维建模得到每米的断面,在开挖时,每循环进尺控制在 1 米内,每个循环调整爆破参数,调整周边眼位置,从而达到开挖断面渐变的目的。

二次衬砌混凝土浇筑难度更大。在二次衬砌混凝土浇筑施工时,为最大程度降低水阻,需要控制衬砌混凝土错台和断面突变。前期选定方案为将该段衬砌划分为 300 余块定型模板,在专业厂家数控机床制作,之后在现场拼装,加固牢靠后浇筑混凝土。在方案比选时发现,该方案模板重量超过 50 吨,单块模板超过 150 千克,实际拼装时难度极大,浇筑时可能出现模板移位,造成混凝土外观尺寸控制失败。为此,项目部在计算和方案比选的基础上,借鉴类似工程施工经验,采用小模板拼装法进行浇筑,通过每 0.5 米制作安装轮廓控制骨架,人工用木板拼装模板,虽然人工消耗量增加,但施工灵活,最终保证了施工质量。

(三十七)秦岭输水隧洞 7 号支洞在陕西周至黑河湿地省级自然保护区建设行政许可取得省林业局同意

2019 年 3 月 12 日,省林业局向省引汉济渭公司下发了准予行政许可决定书(陕林护许准〔2019〕31 号),同意秦岭输水隧洞 7 号支洞项目在陕西周至黑河湿地省级自然保护区实验区建设。

引汉济渭调水工程使用周至县、洋县、佛坪县和宁陕县林地 1 320.320 7 公顷,涉及陕西周至黑河湿地省级自然保护区,以及陕西朱鹮、陕西天华山、陕西周至三个国家级自然保护区林地 83.403 3 公顷。2019 年 2 月,引汉济渭调水工程使用林地组件材料报送至国家林业和草原局待审。工程使用保护区林地取得相关林业主管部门的行政许可同意是整个调水工程使用林地批复的前置要件。

(三十八)秦岭输水隧洞黄三段Ⅰ标 1 号支洞主洞段二衬全部完成

2019 年 7 月 21 日,由中铁二十一局承建的黄金峡黄三段Ⅰ标 1 号支洞顺利完成主洞段最后一模混凝土衬砌浇筑作业,1 号支洞主洞段二衬任务全部完成。

黄三段二衬采用定制钢模台车现浇混凝土的方式,成洞断面形式为洞径 6.76 米×6.76 米的马蹄形。衬砌施工主要面临以下问题:洞内地质条件复杂,由岩层富水、集水性强引起的作业面积水积渣严重,洞径狭窄不能满足灌浆与衬砌同时作业。本次完成二衬施工任务的 1 号支洞控制区主洞段长达 3 032 米,混凝土浇筑达 2.9 万余立方米,比拟定计划提前 24 天。其中,上游段衬砌采用先拱墙、后仰拱的方式组织施工,共耗时 184 天;下游段衬砌采用拱墙与仰拱同步跟进方式施工,共耗时 368 天,总计耗时 552 天。

在具体施工过程中,黄金峡黄三段Ⅰ标以创建引汉济渭"优质工程"为目标,通过技术交底、质量培训、规范标准宣贯等一系列活动,辅以现场严控重管的管理机制,严格控制施工质量。自开挖作业结束后,洞内安全控制重点由爆破安全转向用电安全及高处作业。为此,项目部配备了电工及安全员为工程建设保驾护航。项目建设期间未发生任何安全等级事故。

(三十九) 秦岭输水隧洞出口延伸段衬砌开裂处理方案审查会

2020年7月10日,省引汉济渭公司在西安召开秦岭输水隧洞出口延伸段衬砌开裂处理方案内部审查会。金池分公司、公司总工办、工程管理部、计划合同部、安全质量部,中铁第一设计院相关负责同志参加会议。

会议听取了设计单位中铁第一设计院关于秦岭输水隧洞出口延伸段衬砌开裂处理方案的汇报,并就裂缝发展情况、处理方案及施工组织、投资概算等方面内容进行了详细讨论,基本确定了裂缝处理方案及下一阶段的工作程序。

目前,通过增设排水孔等措施,出口延伸段衬砌裂缝已基本收敛,裂缝成因已基本查清,现场已经具备裂缝处理的实施条件。

(四十) 秦岭输水隧洞黄三段灌浆任务全部完成

经过近一年的艰苦奋战,2020年8月13日,黄三段Ⅰ标2号洞主洞控制区固结灌浆施工完成,至此秦岭隧道黄三段输水隧洞灌浆任务全部完成。

黄三段隧洞主洞总长16.48千米,灌浆任务分为回填灌浆和固结灌浆两部分。春节后受新冠病毒疫情影响,大部分外地施工队伍不能及时返岗,给施工造成了一定影响。复产复工以来,黄金峡分公司要求各参建单位重新部署计划安排,就近组织施工队伍进场,优化施工方案,着力保障复产复工所需的资金、设备和人员,努力把疫情影响的时间抢回来。各参建单位积极响应,加大资源投入,抢抓时间节点。黄金峡分公司还组织开展"大干一百天,夺取疫情防控和复工复产'双胜利'"劳动竞赛,采用多种激励措施确保施工任务顺利完成。为确保生产安全有序,分公司通过组织防汛演练、观看安全警示教育片、开展安全体验馆体验等活动,实现了零事故目标。

黄三段灌浆施工任务的全部完成,为黄三段隧洞排水孔全面施工、工程缺陷处理提供了有利条件。

(四十一) 黄金峡黄三段Ⅰ标全面完成合同任务

2020年8月,秦岭输水隧洞黄三段Ⅰ标全面完成合同任务,即将进入竣工验收阶段。

黄三段Ⅰ标是秦岭输水隧洞的起始段,工程建设主要任务包括引水隧洞主洞7 929米,两个支洞1 057米。洞身开挖期间,工程施工面临围岩结构复杂、破碎断层带多、开挖断面小、爆破开挖风险大、施工电线管路受阻、雨季汛期持续时间长等诸多不利因素,严重阻滞了工程的施工进程。黄金峡分公司积极协调参建各方,解决技术难题,组织分配劳务资源,确保施工的正常进行。隧洞开挖过程中遭遇5条断层破碎带,围岩完整性及稳定性差,黄金峡分公司多次组织专题会研究探讨技术方案,通过采取"短进尺、弱爆破、强支护、勤量测"等措施进行施工,最终提前20天完成隧洞开挖任务。

二、TBM 施工段

秦岭输水隧洞全长98.26千米,其中穿越秦岭岭脊段35千米,设计最大埋深2 012米,分为岭南段和岭北段2个施工标段。由于受地质地形等条件影响,无法采取传统钻爆法施工,因而采用2台TBM南北双向掘进。该洞段TBM施工须穿越众多复杂地质单元和构造带,断层多且规模大,岩性复杂多变,施工综合难度堪称世界第一,是秦岭输水隧洞甚至整个调水工程的控制性工程。

(一)岭北 TBM 试掘进

2014年6月初,由中铁十八局隧道工程公司引汉济渭项目部负责的岭北TBM开始试掘进。

截至2015年4月25日,岭北TBM第一施工段累计掘进4 932.6米,最高月进尺达到769.04米,最高日进尺达47.65米,创造了TBM施工稳产高效新纪录。

为使这台由德国海瑞克公司生产制造的TBM掘进机发挥最大的掘进效率,项目部根据施工计划和施工总体部署,逐月、逐日分解施工进度计划,每周对日进度进行汇总分析。如果连续三天日进尺达不到计划任务,项目部即组织进度分析会,研究解决存在的问题,确保月度施工计划的完成。

在保证施工进度的同时,项目部高度重视设备管理和施工安全,及时根据进度计划及施工需求,提前筹措,保证物资和设备采购供应。项目部安排专人负责易损易坏的机械设备保养维修工作,制定科学合理的保养维修计划,防止因设备故障而造成进度拖延和迟缓。项目部成立了安全生产领导小组,健全完善安全管理制度,落实各项安全措施和安全检查制度,控制关键岗位操作。

(二)岭南 TBM 掘进机试掘进

由岭南向北掘进的TBM掘进机由美国罗宾斯公司生产制造,承担着18千米的秦岭输水隧洞掘进工作。其掘进施工由中隧集团暨中水十五局联合体经理部承担。

2013年10月,岭南TBM开始进行设备制造。省引汉济渭公司密切关注制造进展情况。因国外加工部件设计图纸延误、国外供应商人员不足及对分包商管理不到位等原因,TBM刀盘等核心部件制造滞后,公司通知项目监理部门派员赴现场加强监造。随后,公司领导带领相关部门负责人赶赴上海,现场检查设备制造情况,督促加快进度。

2014年12月14日,TBM掘进机机头架进场,岭南TBM洞内组装工作全面展开。

由于工期紧,中隧集团暨中水十五局联合体经理部加大人员及设备投入,在中铁隧道集团公司总部协调下,抽调专业技术工人组成团队,24小时连续作业,严控节点计划,同时科学安排工序,保证组装质量。项目部仅用了15天时间,于2014年12月29日完成了TBM主机部分的组装工作,后续配套组装用时仅18天,短短33天完成了TBM主要结构件的全部组装,创造了该集团TBM组装用时最短纪录。

2015年2月15日,岭南TBM掘进机正式试掘进。但由于其洞室埋藏深,涉及的地层主要为印支期花岗岩,岩体强度高,石英含量高,岩爆频发,加之TBM掘进机处于掘进调试阶段,截至4月24日,岭南TBM掘进机施工仅完成120米进度。

面对近来发生的多次岩爆影响掘进、支护处理难度大等问题,项目部积极采取措施,在现场采用McNally系统加强支护;管理上,出台考核激励机制,对掘进班与设备保养技术人员进行考核,着力降低设备故障率,确保正常掘进时间。同时扎实做好不良地质应急预案,加大人员、设备以及相关材料投入,施工进度和质量有了明显提高。

(三)岭北TBM转场方案评审会

2015年8月7日,引汉济渭工程大安监理项目部召开岭北TBM转场方案评审会。金池分公司、工程技术部、计划合同部、安全质量部、移民环保部和中铁十八局引汉济渭项目部等单位负责人以及相关技术人员参加会议。

中铁十八局引汉济渭项目部介绍了TBM(岭北)标段建设总体情况和设备转场整体工作安排,详细汇报了转场工作方案。与会人员对设备转场的安全、质量、工期、环保等工作保证措施,TBM转场过程和设备检修等内容进行了论证,提出了优化建议。

随后,项目部立即在5号支洞的检修洞室对TBM进行全面检修,快速完成TBM电力、通风、运输皮带、排水等配套系统的转场工作。同时,邀请TBM专家"把脉问诊",及时更换维修损坏、磨损的相关机械部件,使TBM功能恢复到最佳状态。

在超长隧洞工程施工中,TBM设备及各施工系统在完成前一施工段掘进及支护工作后,转移至下一工作面,称为 TBM 转场。在 TBM 转场过程中,经过 TBM 步进、检修、调试,辅助系统设备拆卸、运输、检修、安装、调试,TBM 及其他各系统空载运行调试等工作,确保 TBM 及其辅助系统连续高效完成下一段施工任务。其中,TBM 主机设备尤其是主轴承检修,是整个转场工作的关键。

(四)岭北 TBM 完成第一阶段掘进任务

2015 年 8 月 11 日,岭北 TBM 完成第一阶段 7 272 米的施工任务,较原计划工期提前 3 个月。

(五)岭北 TBM 全面进入第二阶段施工

2015 年 10 月 30 日,经过为期 2 个月维修保养后的岭北 TBM 从秦岭输水隧洞 5 号支洞再次启动向岭南方向掘进,这标志着引汉济渭工程岭北 TBM 全面进入第二阶段施工。

岭北 TBM 第二阶段隧洞掘进任务全长 8 427 米,其中硬度较高的Ⅳ类、Ⅴ类围岩占 27.3%,同时需要穿越 3 条地质断层。工程建设将面临由强硬围岩、高埋深带来的岩爆、突涌水、突涌泥、高温等一系列地质灾害以及超长距离通风、运输、同步衬砌等施工困难,工程建设难度将远远超越第一阶段。

(六)岭北 TBM 施工采取新施工方案克服软弱围岩

岭北 TBM 自进入第二阶段施工以来,穿过了 3 个较大断层,在埋深 1 300 米的地下遭遇软弱破碎岩体,作业进度一度受阻,平均每天只能掘进 13 米,掘进速度比以前慢了一半。

为了追赶工程进度,确保工程安全质量,项目部多次联合金池分公司、设计单位和监理单位,共同会诊,制定了"短掘进、强支护、厚喷浆"的施工方案。具体措施为:每个循环开挖完成后,及时进行加密钢拱架支护,同时在钢拱架之间横向密集地铺设钢筋,形成钢拱架的钢筋防护层,有效抵抗岩石坠落;随后,加厚喷射混凝土进行二次支护,进一步巩固松散围岩,从而有效防止坍塌事故。同时,项目部通过合理调整作业程序,利用机器整备时间同步开展拱架支护和混凝土喷射作业。为确保工程进度,项目部还不断加大洞内小火车运输能力,布置了 2 辆小火车专门运输钢筋和拱架,2 辆专门负责运输混凝土,1 辆专门负责运输工人。

新施工方案明显提升了作业效率,保证了工程的安全质量。2016 年 4 月累计掘进 517 米,架设钢拱架 620 榀。

(七)国内外专家"会诊"TBM 施工难题

秦岭输水隧洞岭南 TBM 试掘进以来,受硬岩掘进、岩爆、突涌水等不良地质影响,已掘进段月均进尺仅 170 米,施工进展缓慢。

2016 年 5 月 10 日,中国工程院院士周丰峻、中国铁路工程总公司原副总工刘春、罗宾斯美国全球刀具经理 Steve Smading、罗宾斯美国全球现场服务经理 John McNally 等 20 多名国内外隧洞工程知名专家,齐聚秦岭输水隧洞岭南 TBM 项目部,实地踏勘隧洞施工情况,共同"会诊"TBM 掘进施工难题。

5 月 11 日,中隧集团岭南 TBM 项目部在西安召开岭南 TBM 标段掘进施工及技术专家会。与会专家通过听取汇报和现场询问,对项目后续 TBM 施工进度指标、面临风险及应对措施进行了充分的论证,达成下列意见:

一是岭南 TBM 标段隧洞具有标高低、岩体完整性好、强度高、埋深大、地应力高、反坡排水、地下水袭夺范围大的特点。TBM 掘进面临岩体高强度、高石英含量地层掘进的困难,同时面临岩爆、突涌水治理等施工技术难题,工程综合难度大。

二是隧洞内局部地下水发育、裂隙涌水发生将导致工程整体施工效率降低,施工中须加强超前探水工作,必要时进行超前预注浆,以堵为主,堵排结合。

三是根据已施工段岩爆情况及剩余高埋深施工段落岩爆预测工作,需要按预测的岩爆等级做好相应洞段的安全支护。

四是本标段已施工段围岩石英含量高、耐磨值大,导致刀具严重消耗,建议参建各方与罗宾斯公司进一步做好未掘进硬岩段技术攻关,从刀具与掘进参数等方面挖掘改进及优化的空间。

(八)岭北 TBM 齐心协力战"软岩"

自 2014 年 6 月开始掘进以来,岭北 TBM 先后创造了日掘进 50.5 米、月掘进 868 米的高产纪录,并成功实现了 5 号、6 号支洞的精准贯通。但就在两年持续掘进即将突破万米的关头,遭遇了严重的地质断层,被迫停止前进。

2016 年 5 月 31 日清晨 7 时 32 分,岭北 TBM 掘进至秦岭输水隧洞越岭段 K51+598 时,护盾后方拱顶围岩松散,左侧护盾下方有砂砾状渣体大量涌出,短时间内卡住了护盾和刀盘,TBM 被迫停机。

建设方、设计方、施工方、监理方从当天下午开始,先后 4 次进洞进行现场勘查,并召开专题会研究处置方案。经勘查研究确认,该段岩石松散,自稳能力极差,在掌子面右上部地下水发育呈股状流出。掘进完成后,临空面形成,应力重新调整,加之本段位于高地应力区,松散的极不稳定的断带物质不断剥落,裂隙通道逐渐贯通,地下水由右上部发展至左下部,加剧岩体剥落速度,塌腔向上扩大延伸,护盾上方松散体厚度在扩大。高地应力、地下水及软弱的围岩共同作用下,护盾及已支护段上方压力越来越大。

受该断层影响,护盾后方已开挖段部分钢拱架及钢筋排有明显挤压变形现象。主机操作室护盾压力监控数据显示,护盾顶部压力已达到设备极限值,刀盘无法转动。四方一致认为,需及时对该段加强支护,制定 TBM 脱困方案,并进行超前地质预报,指导下一步施工。

为制定科学的脱困方案,必须详细掌握前方地质条件。6 月 3 日,洞内采取三维地震法和激发极化法对前方工程地质和水文地质条件进行了预报,预报结果显示前方 25~30 米范围为断层主带及影响带。根据预报结果,确定了对后方影响带段进行注浆加固、对前方预注浆加固后清渣试掘进的方案。具体操作为:破碎部位增设钢筋排,后方实施径向注浆,前方小导管预注浆,左侧护盾下方流渣处采用槽钢及钢板封口,防止渣体继续外流。实际操作中,施工人员在现场将刀盘顶部堆积渣体部分进行卸载,但由于护盾顶围岩压力过大,TBM 并未实现脱困。

为确保人员及设备安全,随即对初步方案做了以下调整:从护盾后方右侧基本稳定岩体开挖小导洞,并逐步向左侧不稳定岩体扩挖,最终清除 TBM 护盾上方沉积的虚渣。然后利用护盾上方空间向刀盘前方破碎带实施超前注浆加固后开挖,刀盘中心线以上部分采用人工分台阶分区开挖,两侧撑靴位置施做撑靴梁,最终使 TBM 缓慢掘进通过断层带。

6 月 15 日,中铁十八局集团公司组织专家团队到现场,会同金池分公司及工程监理人员,对抢险脱困方案进行了进一步论证,经会商后认为,上述方案在实施过程中,存在一定的安全风险,护盾左上方、刀盘附近存在塌腔的可能性很大,且规模大、范围广,直接开挖不易控制,因而对调整后的方案继续优化,在护盾顶小导洞扩挖前,增加大管棚以保证护盾顶的顺利扩挖。

断层处理全部由人工进行,但是现场作业空间狭小,施工作业区高温高湿,粉尘大、噪声高,施工效率较低,长时间作业存在安全风险。为此,施工方增加作业人员,每个作业班组分成 2~3 个小队,每个小队轮换作业 10~20 分钟,不作业的小队撤到安全区域休息。岭北 TBM 项目部还想方设法调动工人的积极性,按照既定方案,安全高效推进,尽快恢复 TBM 掘进施工。根据施工难度,施工人员每天的任务量各不相同,项目部出台了激励措施:只要每天能够完成任务,就给予重奖。一系列的措施进一步激发了施工人员的工作热情。

6 月 6 日,塌方体流渣全部清理完毕。10 月 10 日,岭北 TBM 战胜软岩,彻底清除了障碍,恢复了正常掘进施工。建设者奋战 132 天,终于铺平了 TBM 前行的道路,比方案中计划的 10 月 31 日恢复掘进提前了 21 天。

(九)岭南 TBM 恢复正常施工

2017 年 2 月 20 日,历时一个多月修整,因刀盘磨损严重而被迫停机的岭南

TBM 恢复掘进。

岭南 TBM 作为整个秦岭输水隧洞的控制性工程,其施工进度直接影响到整个引汉济渭工程的建设进程。为使 TBM 掘进机达到最佳的施工状态,自 2017 年 1 月 19 日开始,秦岭输水隧洞岭南 TBM 项目部决定对 TBM 进行全方位的维护,对刀盘进行焊接保养,对撑靴液压系统、TBM 皮带机运输系统进行系统性保养。为早日恢复正常施工,项目部加大了人力物力投入,3 班 24 小时不间断作业,使 TBM 恢复到最佳状态。

(十) 岭南 TBM 岩爆塌方抢险

2017 年 7 月 7 日上午 9 时,岭南 TBM 隧洞十分钟内出现两次岩爆,护盾后侧围岩拱部 120 度内发生滞后性强烈岩爆,围岩大面积弹射、崩塌,隧道拱顶爆坑深度初步观测最高达 4 米。

此次岩爆破坏了 K33+655～K33+665 段已安装完成的共计 11 榀钢拱架(钢结构中一般指由柱和梁构成的一个框架立面)。钢拱架瞬间下沉与变形,平均下沉高度约 25 厘米,最大下沉量达 45 厘米,同时出现钢拱架链接钢筋、链接型钢脱落的情况,部分钢拱架扭曲、断裂。

项目部负责人立即命令 TBM 停车,并要求现场带班人员在主机平台及平台下部设置隔离区,观察岩爆发展情况,第一时间与现场监理、设计单位代表进入掌子面查看。施工、设计、监理三方在现场拟定了临时方案及措施,一是对与该段下沉拱架相邻的小里程方向(大里程指线路或隧洞终点方向,小里程指线路或隧洞起点方向)共 4 榀拱架进行加固,防止岩爆范围扩大并进一步破坏现有初支体系,二是对已下沉的 11 榀拱架在拱架与 TBM 主机平台之间安设型钢立柱支撑,抵抗拱架继续下沉,并对监控量测点进行加密,每小时观测一次。

次日,省引汉济渭公司、大河坝分公司、中铁第一设计院西安总部相关人员赶到工地,四方会商明确了下一步技术可行方案。专家组经讨论认为,这是一次因岩爆诱发引起的节理发育地带的塌方,需加强后部的支撑体系,防止二次大塌方发生。

事故现场,掘进班工人利用 TBM 主机平台作为临时支撑点,用工字钢顶住,并要求量测人员跟踪测量下沉数据,待稳定后又用数个 50 吨的千斤顶同时往上顶,然后焊接固定。一榀加固好以后再开始清理拱上的松动石块,然后用喷射混凝土进行封闭。平台下部的人员则利用间隙,冒着落石的风险,将平台下面的石头搬运到清渣斗里。经过抢险封闭和清渣,对每一榀钢拱架加固处理,终于使这次岩爆事故造成的损失降到了最小程度。

(十一) 岭北 TBM 工程进展专题推进会

2017 年 8 月 21 日,岭北 TBM 项目部召开岭北 TBM 工程进展专题推进会,专题解决岭北 TBM 工程 7 月和 8 月进度滞后的情况。

会议详细分析了 TBM 掘进受阻的具体原因。一是 35 千伏大网电压一直过高,且很不稳定,现场电压波动范围超过现有变压器调整范围,造成 TBM 设备及皮带机频繁出现电气故障以及变压器被击穿、变频器被烧毁等一系列事故。二是由于隧洞埋深加大,岩温升高,现场作业面高温高湿,洞内温度已达到 42 ℃,湿度达到 91%,工人工作效率降低,影响正常施工。三是围岩强度明显增强,原设计为Ⅲ类围岩,岩石抗压强度为 50~90 兆帕,实际岩石抗压强度普遍达到 170 兆帕以上,TBM 推进速度缓慢,刀具磨损严重,更换量大。四是随着 TBM 的不断掘进,埋深越来越大,设备故障率持续增加。

(十二) 岭南 TBM 推进刀盘检修恢复掘进

2017 年 12 月 10 日,经过 33 天的检修,引汉济渭岭南 TBM 掘进机再次启动。此次检修自 11 月 6 日开始,持续到 12 月 8 日。在检修过程中,大河坝分公司及项目部克服设备磨损严重、检修项目多、地质条件差、工期紧张等不利因素,认真研究专项施工方案,合理安排检修计划,卡控关键检修工序,最终 33 天完成检修任务,较原计划工期缩短 5 天。

在 12 月 8 日召开的验收评估会上,与会专家通报了 TBM 掘进机历次检修情况和本次刀盘磨损情况,对此次检修工作给予高度评价,并针对设备改造、新型耐磨材料更换使用、提高掘进效率等方面提出了建设性的建议。会议要求施工方采取各种措施延长设备寿命,全力以赴完成剩余掘进任务。

(十三) 岭南 TBM 施工定额测算工作启动会

2017 年 12 月 12 日,大河坝分公司在岭南 TBM 项目部召开了岭南 TBM 施工定额测算工作启动会。

施工定额测算是指在合理组织劳动生产、合理使用材料和机械的条件下,对完成合格产品所消耗的资源数量标准进行的测算。本次岭南 TBM 施工定额测算工作,将对公司充分掌握 TBM 施工的实际工效,量化分析对比施工进度与合同进度,优化施工方案与资源,提升施工动态管理,精准预测后期施工进度,降低工程成本提供合理的量化依据,也将为国内类似工程提供重要的参考依据。

会上,各方就岭南 TBM 标段的工程概况、高石英含量硬岩、地质断层、突涌泥水、高地温、岩爆等施工重难点及影响施工工效的因素进行了交流。对施工定额测算的必要性和意义进行了探讨,各方一致认为此项工作对于工程项目管理、合同问题处理及行业内类似工程的参考指导均具有重要意义。分公司就定额测算的目的、范围、内容、方法、计划、工序划分、测算要点、资源配置、成果要求等与各方进行了详细讨论,对测算任务和各方配合工作进行了安排部署。

(十四)TBM 工效定额测定工作启动

2018 年 3 月,北京峡光工程咨询有限公司专业工效测定小组正式进驻引汉济渭秦岭输水隧洞岭南 TBM 项目部。3 月 24 日小组正式开展施工一线跟班测定工作。

工效定额测定是指在正常施工条件下,对完成单位任务目标所需人工、材料、机械的标准数量进行测定,并通过整合资源,达到最优状态,实现经济效益最优化的系统过程。工效定额测定能够反映出 TBM 硬岩掘进施工水平、管理水平。此次工效定额测定对于整合施工资源、优化施工组织、提高工效、节约项目成本、提升项目盈利水平具有重要意义。

(十五)岭南 TBM"冲锋号"党员突击队召开项目专题协调会

2018 年 5 月 10 日,岭南 TBM"冲锋号"党员突击队各小组在大河坝分公司会议室召开项目专题协调会。

会议旨在解决岭南 TBM 施工过程中暴露出来的各类问题,涉及第二掘进段的排水方案、仰拱块跳段处理方案、第一掘进段衬砌方案、设备改造方案等。与会各小组针对每项问题确定了基本的解决原则,提出了清晰的解决思路,并对 TBM 后续施工进行了详细规划。会上,施工方如实摆出建设过程中面临的问题和困难,突击队各小组积极发言,并提出了切实可行的解决方案。

(十六)岭南 TBM 掘进突破 7 000 米大关

2018 年 5 月 28 日,秦岭输水隧洞岭南段 TBM 掘进顺利突破 7 000 米大关。此次掘进突破 7 000 米为隧洞首段贯通(其中钻爆接应 1.5 千米)奠定了基础。

随着掘进里程和深度的增加,岭南 TBM 掘进段岩体强度及石英含量居高不下,岩爆频率与规模逐步加大,隧洞渗涌水仍在继续,长距离独头施工与作业区高温问题更加严峻。2017 年以来,TBM 段发生岩爆 79 次,岩爆段长达 1 420 米。尤其是 2018 年以来,TBM 掘进基本全在中等及强烈岩爆地层施工,4 号支洞岩爆已演变为中等至强烈程度。同时,长距离、大坡度施工条件下,隧洞超长距离通风问题及车辆运输安全风险增大了施工难度。

针对诸多施工难题,在各参建单位和全体员工的不懈努力下,项目部通过不断狠抓现场施工组织管理、严格任务目标责任落实、科技创新优化现场技术方案,高效快速地克服了各项施工难题,施工进度得到大幅度提升,安全、质量及环水保工作进步明显,取得较为显著的成绩。

(十七)岭南 TBM 召开设备专题会

在岭南 TBM 施工中,受极端恶劣不良地质条件和原设计因素等影响,TBM 刀盘及其附属结构易受损坏。尤其是 2018 年以来,TBM 掘进段岩体强度及石英含量居高不下,岩爆频率与规模逐步增加,经过数次检修的刀盘近期在不同部位出现焊接裂纹和结构裂纹现象。

2018 年 6 月 15 日,岭南 TBM 项目部召开 TBM 设备专题会。会议邀请了中铁集团装备顾问张宁川等业内专家,旨在通过分析项目 TBM 刀盘受损情况及设备本身现状研讨后续解决方案。

参会人员通过查看现场、汇报交流等方式了解了工程概况和项目进展情况,听取了项目机械总工对掘进刀盘受损情况、刀盘现状、受损原因分析、刀盘整修计划及方案、TBM 性能提升改进以及 TBM 连续皮带机目前存在问题的汇报。

会议对刀盘目前面临的问题进行了深入分析,认为岭南 TBM 刀盘是否更换需要从剩余施工任务、刀盘耐用性评估等技术层面和业主意见、工期要求、经费保障等商务层面综合考虑。同时,对是否更换以及就地检修给出了合理化建议,认为项目要做好两手准备,加强内部沟通和外部协调,确保刀盘修复或更换能够满足生产需要,推进工程施工。

(十八)岭南 TBM 刀盘焊接工作稳步推进

根据前期 TBM 设备专题会和四方会议意见,经过细致的准备后,项目方于 2018 年 7 月 9 日正式开始焊接刀盘。

TBM 是集机、电、液、光、气等系统集成的工厂化流水线隧洞掘进利器。精密的主机室、完备的后配套、拖着长长尾巴送渣的皮带,无论是主控系统,还是动力系统,整个设备的着力点都在不停转动的刀盘上。TBM 刀盘如同一把超级钻,将坚硬的岩石一层层磨掉,留下了一面平整的满是"年轮"圆圈的掌子面。正因如此,首当其冲的刀盘承受着与"石"俱进的阻力,保证刀盘的硬度和受力均衡尤为重要。

此次刀盘焊接工作经过多方科学论证,由专业焊接人员焊接,有利于后续 TBM 施工平稳推进。

(十九)省引汉济渭公司历时近一年研究论证岭北 TBM 接应计划

为加快推进 TBM 施工段实施进度,省引汉济渭公司于 2018 年初着手研究论证 TBM 施工段岭北工程 TBM 完成合同掘进任务后接应 TBM 施工段岭南工程的可行性及其方案。

2018 年 7 月中旬,省引汉济渭公司召开《引汉济渭工程秦岭输水隧洞(越岭段)TBM 施工段接应方案》咨询会,邀请景来红、陈德基、薛备芳等 5 位专家对接应方案进行技术咨询。专家一致认为,"TBM 施工段岭北工程 TBM 即将完成合同掘进任务,继续向上游掘进,接应 TBM 施工段岭南工程施工,预计可节约工期 11个月,对保障项目通水目标的实现是十分必要的;接应段施工前对 TBM 施工段岭北工程 TBM 及配套设备进行针对性的改造和维修是必要的,建议对 TBM 设备改造进行专项论证"。

2018 年 10 月中旬,省引汉济渭公司召开《引汉济渭工程秦岭输水隧洞(越岭段)岩爆预测与防治报告》咨询会,邀请丁秀丽、佐佐木清美(日本)、洪行远等国内外岩爆领域 9 位知名专家进行技术咨询。会议认为,"秦岭输水隧洞(越岭段)具有埋深大、地应力高、岩体完整性好、强度高等特点。目前,秦岭输水隧洞(越岭段)采取的岩爆预防及治理措施是基本合理的。建议现场应综合采用多种手段相结合的方法进行综合预判,加强强烈~极强岩爆风险预防及治理"。

2018 年 10 月下旬,省引汉济渭公司召开《引汉济渭工程秦岭输水隧洞(越岭段)岭北 TBM 设备状态检测与评估报告》专家审查会,邀请薛备芳、沙明元、徐明新等 5 位专家进行技术审查。会议认为,"《引汉济渭工程秦岭输水隧洞(越岭段)岭北 TBM 设备状态检测与评估报告》内容基本完整,结论合理,按专家意见修改后可以作为后续设备维修改造的依据"。

2018 年 10 月底,省引汉济渭公司召开《引汉济渭工程秦岭输水隧洞(越岭段)岭北 TBM 设备检修改造实施方案》专家评审会,邀请薛备芳、沙明元、张宁川等 5 位专家进行技术评审。会议认为,"《引汉济渭工程秦岭输水隧洞(越岭段)岭北 TBM 设备检修改造实施方案》技术经济合理可行;根据岭南已有施工经验,在后续施工过程中,刀盘需每千米检修一次;建议完善维修改造工序安排,以缩短维修时间"。

2019 年 3 月 8 日,省引汉济渭公司召开《陕西省引汉济渭工程秦岭输水隧洞(越岭段)TBM 施工段论证报告》咨询会,邀请江河水利水电咨询中心进行技术咨询。会议认为,"在目前条件下,南北接应有利于降低工程施工风险,控制工程总体建设进度;岭北 TBM 接应段掘进姿态为逆坡掘进,在 QF4 断层等不良地质洞段遭遇突涌水问题时,顺坡排水有利于施工安全。因此,调整原合同工区、采用岭北 TBM 接应施工是合适的"。

至此,经过近 1 年的论证分析,5 次高层次专家技术咨询和 4 项支撑专题,公司会同各参建单位确定了一个技术经济合理可行、具有较高操作性的接应方案,并通过专家技术评审。

(二十)岭北 TBM 项目抢通 35 千伏供电专线

进入汛期以来,引汉济渭岭北工区暴雨频发,工程电力设施多次遭遇滑坡、塌方损毁,严重影响工程建设进度。参建各方在陕西地电集团的大力配合下,及时修复受损设施,保障了工程建设用电需求。

2018 年 7 月 16 日凌晨 3 时 20 分,岭北 TBM 项目部营区前方山体约 50 米高度处塌方,塌体砸坏 TBM 施工专用 35 千伏供电铁塔,导致送电中断,TBM 掘进暂停,洞内通风、抽排地下水受到严重影响。

险情发生后,金池分公司立即启动抢险应急预案,第一时间派出工作组,开展地质灾害隐患排查,并召集参建单位、陕西地电集团西安市分公司、周至县分公司两级电力抢险工作队确定解决方案。陕西地电集团西安市分公司、周至县分公司两级电力抢险工作队立即进入现场勘查,冒着落石的危险,快速制定了抢险修复工作方案,将相邻的两处铁塔布设专用临时电缆连接,快速实现正常供电,而后再对倒塌铁塔及受损电路进行修复、加固。经过 80 多个小时的抢修,7 月 19 日 20 时 8 分完成送电,岭北 TBM 恢复生产。

(二十一)岭南 TBM 第五次刀盘检修提前一周完成

2018 年 7 月 26 日,岭南 TBM 在经过了紧张高效的检修之后,又一次重新转动。

在 2018 年第一季度施工过程中,隧洞岩石抗压强度和石英含量较高,对刀盘和刀具的磨损较为严重。4 月又进入 f7 断层带,围岩完整性较差,强支护措施严重影响有效掘进时间,加之岩爆频繁,造成了铲齿座变形及焊缝开裂、挡渣板磨损掉落、V 形耐磨块磨损严重、耐磨板边块区域磨损严重等情况,刀盘修复难度再次加大;皮带损伤情况频发,整体停机次数增加,对施工进度造成了较大的影响。

面对上半年现场出现的各种棘手问题,岭南 TBM "冲锋号"党员突击队第一时间专项研究判断,将主要工作转移到 TBM 设备检修上来。在对 TBM 进行了仔细的"体检"后,建立了完整的设备缺陷台账,共同研究确定了"治疗"方案。大家一致认为 TBM 设备检修工作刻不容缓,明确了刀盘检修与推进油缸更换、撑靴油缸外端盖密封更换、TBM 附属设备检修、连续皮带机皮带更换同步开展的总体方案。

检修准备工作就绪后,7 月 8 日全面停机检修。突击队员加班加点,优化各项检修工序、搭接推进关键线路工作,最终比原计划提前 7 天完成了所有检修工作,TBM 重新启动。

(二十二) 岭南 TBM 皮带硫化处理促进快速施工

2018 年 7 月底,秦岭输水隧洞岭南 TBM 项目部完成了 TBM 刀盘检修,与此同时,皮带班也对运输皮带完成了检修和延伸。刀盘焊接和皮带硫化的完成使得生产施工及时恢复并实现快速掘进。

岭南 TBM 整个标段围岩皆是硬岩,TBM 掘进产生的渣体较大,棱角锋利,对皮带磨损严重,常常发生断裂,严重影响正常施工,因此需要及时进行皮带硫化。

皮带硫化是皮带检修和延伸的核心技术和关键步骤。项目部锻造出的技术过硬、经验丰富的皮带硫化团队——皮带班,严格按照设备部的皮带硫化交底进行操作。经过必要的准备工作后,专业的硫化人员将皮带带体剥头 1.5 米,搭接两端的 73 根钢丝绳,然后覆胶,用硫化机对皮带接头加压加温硫化,最后冷却检查,完成硫化过程。

此次硫化包括支洞更换 1 350 米、正洞 1 400 米和延伸皮带,为后续施工奠定了基础。

(二十三) 岭北 TBM 设备检修改造实施方案评审会成功召开

2018 年 10 月 26—27 日,省引汉济渭公司在西安召开引汉济渭工程秦岭输水隧洞岭北 TBM 设备检修改造实施方案专家评审会。中铁第一设计院、北京峡光经济技术咨询有限责任公司、中铁工程装备集团技术服务有限公司、广州海瑞克隧道机械有限公司等单位的专家及公司相关负责人参加了会议。

会议听取了第三方设备评估单位对海瑞克 S795 号 TBM 整机设备评估成果的汇报,详细了解了岭北 TBM 设备当前的机况。随后,中铁十八局对岭北 TBM 设备检修改造实施方案进行了汇报。专家组针对刀盘改造、主轴密封、皮带机系统升级等技术要点进行了详细的问询和讨论,一致认为 TBM 设备检修改造实施方案依据充足,内容完整,具有较强的可操作性,建议进一步完善施工组织和工序安排以缩短维修改造时间,加快工程进度。

(二十四) "冲锋号" 党员突击队召开岭南 TBM 第一掘进段贯通工作推进会

2018 年 11 月初,岭南 TBM "冲锋号" 党员突击队召开现场工作推进会。

会议提出 4 点要求:①突击队成员单位做好 TBM 第一掘进段贯通前的精准贯通测量工作,以确保第一掘进段精准贯通。②TBM 第一掘进段贯通在即,需时刻关注 TBM 掘进段和主洞钻爆上游侧围岩情况,确保人员、设备安全。③TBM 掘进过程中会对主洞钻爆上游侧围岩造成一定扰动,贯通距离越近应力传递产生的效果越明显,应力容易集中,对 4 号支洞的支护情况是一个较大的考验,现场管理组应在上游侧支护面适当布置监控量测点,关注围岩变化,并观察喷混凝土表面是否存在开裂情况,以便及时采取应对措施。④现场管理组对于 TBM 第一掘进段贯通完成后一系列相应的步进、检修以及调试等工序的开展,需提前做出方案,方案中应有具体的时间规划和节点。

(二十五)岭北 TBM 变更处理现场工作会

为加快秦岭输水隧洞 TBM 施工段岭北工程历史遗留变更处理进度,进一步规范工程变更办理程序,确保春节前项目资金及时足额拨付到位,2018 年 11 月27 日,工程技术部召开岭北 TBM 变更处理现场工作会,计划合同部、移民环保部、金池分公司、中铁第一设计院、陕西大安监理和中铁十八局相关人员参加了本次会议。

中铁十八局岭北 TBM 项目部汇报了目前设计变更办理的具体情况、存在的主要问题。与会人员共同剖析了影响办理进度的主要原因,讨论了解决方案和工作流程。

(二十六)岭南 TBM 施工段第一阶段贯通

2018 年 12 月 3 日,岭南 TBM 施工第一阶段 10 千米顺利完工,秦岭输水隧洞3 号洞与 4 号洞成功贯通。这标志着秦岭输水隧洞岭南 TBM 工程施工任务过半。

贯通后,岭南 TBM 将在秦岭输水隧洞 4 号支洞内接受专家团队全面的“体检”,同时进行全方位的维修和保养。目前,岭北 TBM 即将完成合同标段,岭南TBM 标段还剩余第二阶段掘进任务 6 235 米。为早日洞穿秦岭,公司制定了岭北TBM 接应岭南 TBM 的施工方案。

(二十七)省引汉济渭公司与美国罗宾斯地下工程设备有限公司就岭南TBM 第二阶段施工相关事项开展座谈交流

2018 年 12 月 12 日,美国罗宾斯地下工程设备有限公司总裁 Lok Home 与中铁隧道股份有限公司副总经理梁奎生一行 11 人来公司进行交流座谈。

与会人员就岭南 TBM 施工第一掘进段顺利贯通的工作经验总结和目前岭南TBM 设备现场检查评估状况,以及 TBM 第二阶段掘进中即将遇到的强岩爆问题的处理和应对方案进行了交流。公司要求罗宾斯公司全力协助中铁隧道集团对TBM 设备全面“体检”,确保全方位的维修和保养,为下一阶段更加艰巨的施工做好准备,努力实现岭南 TBM 第二阶段工期目标。

(二十八)岭北 TBM 接应计划启动实施

2019 年 1 月,岭北 TBM 接应段开始掘进。

截至 2018 年底,秦岭输水隧洞累计完成主洞开挖支护 91.44 千米,常规钻爆施工洞段已完成全部开挖支护任务,TBM 施工段岭北工程于 2018 年 12 月 26 日完成合同掘进任务,TBM 施工段岭南工程于 2018 年 12 月 3 日实现第一掘进段施工,剩余 6.82 千米尚未贯通。按照调水工程建设计划,三河口水利枢纽计划 2019 年 11 月下闸蓄水,而秦岭输水隧洞 TBM 施工段受不良地质条件影响,工期明显滞后,成为制约调水工程前期通水目标的"卡脖子"工程。

考虑到剩余 6.82 千米是秦岭输水隧洞埋深最大、围岩强度最高的洞段,同时还存在 QF4 区域性断层等不良地质条件,施工难度将更加凸显。为降低单台 TBM 独头掘进的施工风险,确保早日实现引汉济渭工程通水目标,经省引汉济渭公司与参建单位分析讨论,并经请示省水利厅同意,决定调整原 TBM 施工工区,对岭北 TBM 设备进行针对性检修改造后,接应岭南标段。

(二十九)岭南 TBM 重整行装再出发

岭南 TBM 自 2018 年 12 月 3 日完成第一掘进段施工后,即进入转场检修。2019 年 3 月 27 日,历时 3 个多月,岭南 TBM 转场检修工作全部完成,比计划提前 14 天向第二掘进段挺进。检修改造的刀盘、液压、电气、皮带主系统及排水、通风系统经联合试运转状态良好,为后续安全稳定施工打下坚实基础。

参建各方编制完成 TBM 掘进施工方案、反坡排水方案、岩爆专项施工方案,做好了打通最后 6 800 余米的充分准备。

(三十)岭南 TBM 隧洞遭遇强烈岩爆

自引汉济渭岭南 TBM 隧洞掘进从第一掘进段转场到第二掘进段以来,遭遇了一次长距离强烈岩爆,导致工程施工受阻。

本段工程是穿越秦岭山脉最高主峰的越岭段,埋深 1 500~2 200 米,全部属于 I 类围岩,多处于强烈和极强烈岩爆地段。2019 年 8 月,岩爆现象尤为严重,具体表现为滞后性强烈、极强岩爆频繁、声响大,岩层剥落、掉块严重,使现场施工受制,支护立拱、网片安装、渣石清理、刀具换修等工作面临极大安全风险。同时,受岩爆严重影响,TBM 设备利用率不到 20%,支护加固和清理落石全靠人力,效率十分低下,现场工人顶着 40 ℃的高温作业,异常艰辛。

参建各方代表每天召开碰头会,针对现场情况制定方案,通过加密钢拱架等改变支护体系的方式,安全稳步推进工程顺利实施。为打通秦岭输水隧洞全面贯通面临的最后 6 千米,省引汉济渭公司计划邀请国内知名隧洞专家进行现场调研、指导施工,以期优化岩爆段施工方案,降低岩爆对施工的影响,力争啃下硬骨头,确保隧洞如期贯通。

(三十一)金池分公司开展工地驻勤活动

为积极践行省引汉济渭公司开展的服务年活动,及时协调解决岭北TBM设备改造工作中存在的问题,金池分公司自2019年8月起开展分批轮流工地驻勤活动,助力岭北TBM设备改造工作。目前,第一批人员已经驻守工地并按要求开展工作。

自岭北TBM进入接应段施工以来,强烈岩爆、初支严重变形、仰拱上浮等现象频发,给施工带来极大困难,尤其是2019年6月底出现的强烈岩爆,对设备造成了严重损害,导致无法继续掘进,必须就地维护。结合施工进度、安全、设备等因素,参建各方会商后明确了设备维护和设备综合改造工作共同进行的总体方案,改造洞室设置,并从掌子面前方调整到护盾后方。

本次工地驻勤活动采取分为三批轮流驻守工地的方式,每批人员驻守一周,与施工单位同吃同住、同步工作。分公司要求驻守人员坚守岗位,随时掌握现场施工进展情况,协调解决施工中遇到的问题,督促按期完成阶段任务。

(三十二)岭北TBM设备改造

2019年6月26日,岭北TBM因强烈岩爆造成主驱动故障,被迫停机处理,进行设备检修改造。

7月,TBM设备改造如期进行。8月底,完成K45+715~K45+747段洞室扩挖、拱架更换,护盾顶管棚超前支护和围岩加强支护措施正在按计划进行。下一步将开展刀盘边块更换辅助基坑开挖,刀盘边块更换及修复改造和主轴承修复工作也将同步交叉进行。同时,根据改造工作进展,刀盘边块已具备出厂条件,主轴承密封和转接座定位环等进口部件也将陆续进场。下一步,在确保安全的前提下,将重新编排剩余工作网络图,加快关键工序、关键线路工作进展,确保设备改造及恢复掘进按期完成节点目标。

(三十三)岭北TBM加速向岭南掘进

2019年12月下旬,经过精心检修改造的岭北TBM重新启动,全力向岭南加速突进。

为加快秦岭输水隧洞建设,2018年12月岭北TBM合同开挖任务完成后继续向前掘进,全面接应岭南TBM。但经过6年来16千米的掘进,岭北TBM设备已接近设计寿命,加之前进方向围岩条件发生变化,硬度超出设备原有设计作业标准,因此设备改造迫在眉睫。受大埋深和极高地应力影响,隧洞内岩爆频频出现,造成底拱岩体隆起、拱部岩体崩塌以及钢拱架下沉变形,导致岭北TBM受损,严重影响了现场施工进度。对此,参建各方成立TBM突击小组,经业主、项目方、设计方与监理现场四方对 TBM 现状、工期、安全等因素分析判别,决定提前执行原定计划,开始 TBM 设备改造工作。

岭北 TBM 进行设备检修改造以来,由于受高地应力、岩爆、地质条件影响,TBM 在后退过程中出现机头下沉,加之受拱顶、仰拱挤压上浮侵限等问题,极大增加了土建工程量和安全风险。经过各方持续努力,最终顺利完成了岭北 TBM 设备改造工作。

(三十四)岭北 TBM 施工区强烈岩爆引发省地震监测台网关注

在 2020 年 3 月 27—30 日短短 4 天时间内,省地震局监测网点在岭北 TBM 施工区附近监测到 96 次地震,最大震级达 ML1.6 级,引起了省地震局关注。4 月 13 日,省地震局监测预报处负责同志走访调查了引汉济渭工程,并与公司就共享岩爆监测数据进行了座谈。

岭北 TBM 设备检修改造完成恢复掘进后就全部进入了闪长岩洞段,随着掘进的推进,隧洞埋深也逐步加大,岩爆强度、频次都明显增加,高峰时日岩爆次数可达 60 多次,且强、极强岩爆比例大增,岩爆发生部位也前移至护盾前后甚至掌子面前方,拱顶形成的爆坑深达近 10 米。

频繁的岩爆给作业人员造成极大的心理压力,作业效率降低,同时处理和回填爆坑占用大量有效作业时间,挤压掘进时间,导致了现场施工进度大幅下降,月度进度由原来的两百米左右急剧降至不足百米,其间一次严重岩爆造成卡机致使现场停工 40 余天。

(三十五)岭北 TBM 接应段掘进突破千米大关

2020 年 8 月 3 日,岭北 TBM 接应段掘进工作突破 1 000 米大关。

岭北 TBM 接应段任务共 3 000 米,自 2019 年初开始接应掘进。随着埋深逐步加大,地应力大幅攀升,岩爆频发,通风、运输、排水等各项工作难度增大。为贯彻南北两台 TBM"不见不散"的总体部署,早日实现贯通秦岭输水隧洞越岭段的目标,金池分公司会同施工、监理、设计单位,以"红缨枪"党员突击队全体队员为骨干,发扬铁军精神,精心组织,科学施工,先后克服了岩爆卡机、设备检修改造、初支护变形、底拱隆起等诸多困难,保障了施工稳步推进。2020 年初,受突发新冠疫情影响工地一度停工,但全体建设者多方积极协调,在短时间内恢复了生产,体现了党员突击队的战斗堡垒作用。

(三十六)金池分公司成立岭北 TBM 岩爆现场应急处置小组

随着岭北 TBM 持续掘进,隧洞埋深逐步加大,岩爆发生频次大幅上升,岩爆强度明显增大。为加强岩爆应对工作的统一协调领导,切实做好岩爆处置过程中的信息反馈、应急处置、措施落实、安全保障等工作,达到及时高效进行岩爆处置、减小其不利影响的目的,金池分公司以"红缨枪"党员突击队有关党员干部为骨干,结合公司"创新年"活动,组建了岭北 TBM 岩爆现场应急处置小组,在施工关键时刻充分发挥党员模范带头和战斗堡垒作用,助力工程建设。

现场应急处置小组由参建四方组成,共 10 人,成员多是各单位的党员和业务骨干,小组职责除及时协调和研究出台现场岩爆处置方案外,还肩负采取各种方式预测预报前方地质情况、不断试验和总结岩爆规律与有效应对措施等任务。

小组成立后立即高效开展工作,组建了 QQ 工作群及时进行信息沟通和反馈。2020 年 6 月 25 日夜间,隧洞内出现异常情况,原本一直干燥的围岩出现大面积明显渗水、滴水甚至股状涌水。小组成员顾不上休息,洞内、洞外迅速进行信息交换,地质专业人员从水量、水温、压力及是否含有杂物并结合围岩各种信息进行综合分析和判定,会同其他人员提出施工注意事项和相应对策,保证了现场安全稳步推进。在后续施工过程中,小组时刻关注和掌握现场情况,必要时深入作业现场进一步核实,根据实际情况随时调整应对措施指导现场施工,取得了预定效果,受到现场施工人员肯定。

岭北 TBM 距离预测的 QF4 区域性大断层只有 100 余米的距离,不良地质条件随时可能出现,施工风险越来越大。应急处置小组充分发挥模范作用,科学施策,以助力秦岭输水隧洞早日贯通。

(三十七)秦岭输水隧洞关键技术高层次专家咨询会

2021 年 6 月 5 日,引汉济渭工程秦岭输水隧洞关键技术高层次专家咨询会在北京召开。钱七虎、陈祖煜、曾恒一、何满潮、武强、邓铭江、冯夏庭等 7 位两院院士,陈德基、蒋树屏、史海欧、高玉生、邓念元等 5 位全国勘测设计大师和监理大师及来自全国科研院所和高校的 20 余位特邀专家出席会议。水规总院院长沈凤生主持会议。

中铁第一设计院就秦岭输水隧洞 TBM 施工段典型施工问题、工程进展及剩余工期分析、存在的问题进行了总体汇报。中铁隧道集团和中铁十八局分别就秦岭输水隧洞 TBM 施工段岭南工程和岭北工程建设进展、施工过程中遇到的问题及应对措施、TBM 工期与费用影响分析等进行了详细汇报,并就专家质询问题答疑解惑。

与会专家认为,秦岭输水隧洞 TBM 施工段所遇到的施工难题既是工程问题,也是科学问题,综合施工难度世界罕见。已采取的工程方案、管理手段、应对措施有效克服了高频强岩爆、突涌水、高温湿、有害气体、软岩变形卡机等施工难题,确保了工程建设安全、平稳、有序。下一步,建议全面总结不良地质洞段勘察、设计、研究、施工等方面的经验和教训,充分考虑剩余段落施工中不良地质问题的各种安全风险,及时编制设计、施工等专题论证报告,科学制定相应的应急预案,进一步优化工程措施和工期,为 TBM 稳步安全掘进提供技术支撑和保障。

水规总院、省水利厅相关领导和专家、中铁第一设计院、中铁隧道集团、中铁十八局以及二滩国际监理公司、陕西大安监理公司等单位相关负责同志参加会议。

(三十八) 秦岭输水隧洞全线贯通

2022 年 2 月 22 日上午 11 时许,随着隧洞硬岩掘进机刀盘破岩而出,引汉济渭工程秦岭输水隧洞实现全线贯通,标志着引汉济渭工程关键控制性工程取得重大胜利。建设者将全面加快隧洞内二次衬砌工作以及引汉济渭二期输配水管网工程建设。

当日,省、市有关部门在西安市举行了贯通活动仪式。活动以视频连线方式举行。陕西省省长赵一德出席并宣布贯通,副省长蒿慧杰主持活动。西安市市长李明远、省政府秘书长方玮峰、省直有关部门负责人、省引汉济渭公司代表参加活动。

第四章 三河口水利枢纽建设

三河口水利枢纽是引汉济渭工程的重要水源工程之一,也是整个引汉济渭工程中具备较大水量调节能力的核心项目,负有调蓄子午河径流量和汉江干流由黄金峡水利枢纽抽存水量向关中供水、生态放水、结合发电等综合利用功能。枢纽位于整个引汉济渭工程调水线路的中间位置,是整个引汉济渭工程的调蓄中枢。枢纽主要由拦河大坝、泄洪放空系统、供水系统、连接洞和发电系统等组成。

第一节 工程建设简况

三河口水利枢纽工程于 2012 年 10 月开始进行对外交通、征地移民及招标评标、签约等筹建工作,2013 年 12 月,省水利厅批复场内交通、导截流工程、渣场工程、坝肩开挖工程等工程初步设计,开始进行施工准备工程。2015 年 11 月 27 日实现截流,2016 年 9 月 22 日,大坝垫层首仓混凝土开始浇筑,2019 年 12 月 30 日实现初期下闸蓄水(550 米高程以下),2020 年 9 月大坝碾压混凝土浇筑到顶,按照施工进度计划,2021 年 1 月大坝常态混凝土浇筑完成。主要参建单位见表 4-4-1。

一、施工准备

2013 年 12 月,省水利厅批复引汉济渭工程场内交通、导截流工程、渣场工程、坝肩开挖工程等初步设计,开始进行施工准备工程。2014 年 3 月 13 日左岸上坝道路及下游交通桥工程完工;2015 年 11 月 6 日,永久交通工程(左岸低线进场道路 2 号路、大坝基坑至交通桥下游道路 4 号路、筒大公路左坝肩段)完工;2016 年 4 月 28 日,大坝左右坝肩开挖工程、交通工程、围堰工程、渣场防护完工;2014 年 11 月 28 日,三河口水利枢纽导流洞工程完工;2015 年 11 月 27 日,完成主河床截流;2016 年 4 月底,围堰工程完工具备挡水条件。

二、工程开工报告及批复

引汉济渭三河口水利枢纽工程前期准备一期工程及导流洞工程于 2014 年 6 月 4 日完成省水利厅备案工作,砂石骨料系统及施工辅助工程于 2015 年 8 月 18 日完成省水利厅备案工作,施工供电工程于 2016 年 3 月 3 日完成省水利厅备案工作,大坝工程于 2016 年 1 月 6 日完成省水利厅备案工作,厂房工程于 2016 年 10 月 12 日完成省水利厅备案工作。

表 4-4-1　三河口水利枢纽工程主要参建单位(工程标)

项目法人	陕西省引汉济渭工程建设有限公司	
勘测设计单位	陕西省水利电力勘测设计研究院	
第三方质量检测单位	黄河勘测规划设计研究院有限公司 黄河水利委员会黄河水利科学研究院(原黄河水利委员会基本建设工程质量检测中心)	
工程监理单位	四川二滩国际工程咨询有限责任公司	
施工单位	详见表 4-6-2	
主管部门	行政主管部门	陕西省水利厅
	流域主管部门	水利部长江水利委员会 水利部黄河水利委员会
项目法人验收监督管理机关	陕西省水利厅	
工程质量监督机构	水利部水利工程建设质量与安全监督总站引汉济渭项目站	
移民安置机构	与项目法人签订移民安置协议的地方人民政府	汉中市人民政府
		安康市人民政府
	项目法人	陕西省引汉济渭工程建设有限公司
	设计单位	陕西省水利电力勘测设计研究院
	监评单位	江河水利水电咨询中心引汉济渭工程移民监督评估项目部
	实施单位	佛坪县人民政府
		宁陕县人民政府

三、主要工程开工及完工日期

(一)道路、交通桥及导流洞工程

(1)引汉济渭工程三河口水利枢纽左岸上坝道路及下游交通桥工程于2013年3月24日开工,2014年3月13日完工。

(2)部分场内永久交通工程(左岸低线进场道路2号路、大坝基坑至交通桥下游道路4号路、简大公路左坝肩段)于2014年4月13日开工,2015年11月6日完工。

(3)大坝左右坝肩开挖工程、交通工程、围堰工程、渣场防护等于2014年2月21日开工,2016年4月28日完工。

(4)三河口水利枢纽导流洞工程于2014年2月21日开工,2014年11月28日完工;2015年11月27日实现主河床截流,导流洞过流,2019年12月30日进行初期下闸,导流洞封堵。

(二)大坝工程

三河口水利枢纽大坝工程2015年12月25日开工,2015年12月26日开始基坑开挖。2016年9月18日完成坝基开挖;2016年9月22日,大坝垫层首仓混凝土开始浇筑,2016年11月2日开始坝体碾压混凝土浇筑,2021年1月31日全线浇筑到顶。2019年12月底,导流洞下闸,2020年3月12日水库蓄水至高程550.0米,大坝底孔过流,消力塘充水。

(三)供水系统及厂房工程

2016年10月14日开始厂区开挖,2017年8月15日开挖完成。2017年8月23日开始厂房工程混凝土浇筑。2020年10月30日,厂房结构混凝土全部施工完成,4台机组进水蝶阀、2台调流调压阀及附属设备全部无水调试完成,尾水支洞混凝土完成全部施工,退水闸进口出口段、闸室段混凝土完成全部施工。

(四)蓄水安全鉴定及蓄水验收工作计划

三河口水利枢纽2020年12月完成第二阶段下闸蓄水安全鉴定工作,取得安全鉴定报告,计划2021年2月完成蓄水阶段验收后择机下闸蓄水。

四、主要工程施工过程

(一)导流洞工程

三河口水利枢纽导流洞工程于2014年2月21日开工,2014年5月29日导流洞新建段贯通;2014年8月8日导流洞底板混凝土完成浇筑;2014年11月4日导流洞洞身衬砌混凝土完成浇筑;2014年11月27日导流洞灌浆工程完成;2014年12月3日导流洞单位工程验收完成。

(二)坝肩开挖

三河口水利枢纽坝肩开挖主要施工内容:左、右岸坝肩开挖;左、右岸坝肩支护;安全监测工程的固定式测斜仪、活动式测斜仪及多点位移计;左岸高程 646 米、610 米、565 米处灌浆平洞及右岸高程 646 米、610 米、565 米处灌浆平洞开挖与支护。

2014 年 2 月 21 日左岸坝肩开挖及支护开工,2014 年 7 月 3 日右岸坝肩开挖及支护开工,2015 年 4 月 30 日右岸坝肩开挖及支护完工,2015 年 5 月 20 日左岸坝肩开挖及支护完工。2014 年 12 月 7 日大坝安全监测工程开工;2015 年 4 月 8 日左右岸灌浆洞开挖及支护开工,2016 年 1 月 10 日左右岸灌浆洞开挖及支护完工,2016 年 4 月 28 日大坝安全监测工程完工。

(三)大坝土建及安装工程

1. 基础开挖施工

土石方施工内容包括坝肩 535.00 米高程以下河床基坑土石方开挖、建基面断层石方槽开挖、消力塘土石方开挖等。

2016 年 1 月 12 日开始,左岸高程 535.0~525.0 米开始施工,于 2016 年 1 月 17 日开挖结束;2016 年 2 月 1 日,右岸高程 535.0~525.0 米开始施工,于 2016 年 2 月 23 日开挖结束;2016 年 3 月 5 日,左、右岸高程 525.0~515.0 米开始施工,于 2016 年 3 月 27 日开挖结束;2016 年 3 月 24 日,大坝基坑高程 515.0~504.5 米开始施工,2016 年 10 月 31 日开挖结束。

2. 大坝混凝土施工

大坝混凝土施工内容主要有:坝体碾压混凝土;大坝基础垫层常态混凝土;闸墩、支撑大梁、启闭机室混凝土;溢流面抗冲耐磨混凝土;孔口门槽等部位二期混凝土;坝后电梯井混凝土;消力塘混凝土;集水井衬砌混凝土;灌浆平洞衬砌;断层处理洞衬砌、回填;地质平洞回填;导流洞封堵等。

大坝工程于 2015 年 12 月 25 日开工,2016 年 9 月 22 日大坝垫层首仓混凝土开始浇筑,2016 年 11 月 2 日开始坝体碾压混凝土浇筑,2021 年 1 月 31 日全部浇筑到顶。2019 年 12 月底导流洞下闸,2020 年 3 月 12 日水库蓄水至高程 550.0 米,大坝底孔过流,消力塘充水。

1) 常态混凝土

常态混凝土主要涉及坝后电梯井、进水口、底孔上下游闸墩及表孔高程 602.0 米以上等结构,采用分段分层浇筑,现场根据浇筑部位实际情况分别采用布料机、塔机、门机、泵机、溜槽等入仓设备,振捣采用人工+振捣台车组合振捣。2021 年 1

月,坝体常态混凝土全部浇筑完成。

2)碾压混凝土

碾压混凝土主要涉及坝体左右非溢流坝段高程 644.5 米以下、溢流坝段高程 602.0 米以下部位,采用分段分层浇筑。现场根据浇筑部位实际情况分别采用坝后溜槽、自卸车直接入仓方式为辅,坝前胶带机、坝肩满管溜槽为主的入仓方式,碾压混凝土通仓薄层铺筑、按平行于坝轴线方向碾压,摊铺厚度 34 厘米,压实厚度 30 厘米。2020 年 9 月底,坝体碾压混凝土全部浇筑完成。

为确保上游面二级配防渗碾压混凝土的层间结合良好,每一碾压层在覆盖碾压混凝土前,喷洒 2 毫米厚的水泥粉煤灰净浆。

缝面处理主要采用高压冲毛机冲毛,以清除混凝土表面浮浆及松动骨料,冲毛标准是露砂微露石。

碾压混凝土施工过程中,仓内采用移动式喷雾机喷雾:一是对仓内混凝土进行增湿保水作用,防止混凝土表面发干变白,影响碾压;二是改变仓面小气候,形成雾化区,使仓面温度降低,湿度增大。

3)变态混凝土

变态混凝土主要用于大坝上下游面、止水埋设处、廊道周边和其他孔口周边等不能用振动碾碾压部位。通过在碾压混凝土摊铺层面注入适量的水泥净浆或粉煤灰水泥浆后,用振捣器振捣密实,形成新形态混凝土。随着碾压混凝土填筑逐层施工,通过高程 646.0 米集中制浆站向仓内供浆,变态区采用人工+振捣台车组合方式进行振捣,变态和碾压区结合处搭接碾压。

4)温控

大坝温控措施主要有:二次冲洗筛分→一次、二次风冷骨料降温→加冰水、冰拌和→自卸车遮阳降低运输回升→胶带机遮阳措施→仓面喷雾保湿,改变小气候→及时碾压、及时覆盖,防止温度回升→通水冷却,降低坝体内外温差→混凝土养护、表面材料保温、坝体上下游面全年保温等综合方案。

大坝主体开工前,根据碾压混凝土各项指标、综合因素以及实际条件,进行了坝体温度控制仿真计算,重点对各浇筑部位和时段以及采取 3 米、6 米分层各项综合温控措施全面比较和分析研究,提出了施工期间温控措施优化意见和建议。施工期间进行大坝施工跟踪反演分析工作,全面真实地反映了施工期坝体混凝土温度及温度应力变化过程,为指导施工期温控工作和大坝运行期安全评价提供必要的技术支撑。

3. 灌浆施工

1) 大坝固结灌浆

根据坝基地质条件及地震工况下地基受荷状况及对上部结构布置的适应性,将坝基固结灌浆分为A、B、C、D、E、F、G七个区。

A区为河床坝段帷幕灌浆轴线上游区域。固结灌浆孔孔深12米。

B区为河床坝段帷幕灌浆轴线下游部位。固结灌浆孔孔深8米。

C区为岸坡坝段帷幕灌浆轴线上游区域。固结灌浆孔孔深12米。

D区为岸坡坝段帷幕灌浆轴线下游部位。固结灌浆孔孔深8米。

E区为岸坡坝段高程600米以上帷幕灌浆轴线上游区域,固结灌浆孔孔深8米。

F区为岸坡坝段高程600米以上帷幕灌浆轴线下游部位,固结灌浆孔孔深6米。

G区为灌浆洞室顶部和导流洞顶部固结灌浆保护区域。固结灌浆孔孔深9米和3米。

固结灌浆孔布孔形式采用梅花形布置,排距3米,孔距3米。孔向垂直建基面,固结灌浆孔均采用自上而下分段钻孔、压水、灌浆的施工工艺;有取芯要求的孔全部采用地质钻机,其他钻孔和扫孔用风动钻机和液压钻机;固灌结束后采用"导管注浆封孔法"进行封孔。

2016年9月27日,基坑固结灌浆及基坑断层带固结灌浆(A、B、C区)开始施工,2017年1月11日施工完成;2016年11月21日,右岸坝肩固结灌浆(A、B、C、D区)开始施工,2019年8月31日,高程600米以下全部施工完成;2016年12月13日,左岸坝肩固结灌浆(A、B、C、D、E、F区)开始施工,2018年6月22日施工完成。

2) 消力塘固结灌浆

消力塘底板基础采用固结灌浆加强,间排距为3米×3米,入岩深度为5米,矩形布置,灌浆孔均为铅直孔,灌浆施工方法与大坝固结灌浆相同。

压力管道基础采用固结灌浆加强,间排距为2米×2米,入岩深度为5米,梅花形布置,灌浆孔均为铅直孔,灌浆施工方法与大坝固结灌浆相同。

二道坝基础采用固结灌浆加强,间排距不大于3米,入岩深度为5米,梅花形布置,固结灌浆孔孔向与建基面垂直,灌浆施工方法与大坝固结灌浆相同。

2016年10月26日,开始进行消力塘底板建基面固结灌浆,2019年8月30日施工完成;2017年12月6日开始施工压力管道基础固结灌浆,2018年9月22日压力管道固结灌浆完成全部施工;2018 年 1 月 21 日开始进行二道坝 2 单元固结灌浆,2019 年 5 月 14 日二道坝固结灌浆完成全部施工。

3) 帷幕灌浆

帷幕灌浆涉及左、右岸高程 515 米、565 米、610 米、646 米灌浆洞。高程 646 米灌浆洞为单排帷幕孔,其他部位为双排帷幕孔。不同高程灌浆洞之间设置搭接帷幕,搭接帷幕设三排帷幕孔。

帷幕灌浆孔分三序(Ⅰ、Ⅱ、Ⅲ)施工,在施工Ⅰ序孔之前,先进行先导孔的施工,每个单元选取 1~2 个Ⅰ序孔作为先导孔,先导孔进行正规的灌前单点法压水检查,以获取该单元范围内的地质情况。灌浆按分序加密的原则进行。灌浆施工顺序为:两排孔时先施工下游排,后施工上游排,最后施工端头帷幕加密孔;同一排内先施工Ⅰ序孔,再施工Ⅱ序孔,最后施工Ⅲ序孔。帷幕灌浆采用"孔口封闭,孔内循环,自上而下分段不待凝"的施工方法。

4) 接缝灌浆

三河口水利枢纽工程大坝共 10 个坝段,分设 5 条横缝和 4 个诱导缝,最高坝段共 22 层接缝灌浆区。灌区高度为 4.0~8.0 米,标准灌区平均高度约为 6.0 米,共 126 个灌区,灌浆面积 17 772.76 平方米。

坝体接缝灌浆前,坝体内部混凝土温度必须达到设计封拱温度。灌区混凝土满足设计龄期,灌区上部盖重混凝土温度与灌区混凝土温度基本一致。缝面开度不小于 0.5 毫米。灌浆管道系统和缝面畅通,灌区周边止浆封闭完好。

2018 年 3 月 14 日,高程 527 米以下接缝灌浆(5 号横缝、2 号诱导缝、1 号诱导缝),自 5 号横缝开始灌注,逐层依高程自下而上灌注,2018 年 3 月 20 日灌浆结束;2019 年 3 月 8 日高程 527~578.4 米接缝灌浆,自 5 号横缝开始,逐层依高程自下而上灌注,2019 年 4 月 25 日完成全部施工。

5) 钢衬接触灌浆

钢衬接触灌浆主要有压力钢管底部接触灌浆及左右岸泄洪放空底孔钢衬接触灌浆等。

灌浆原始记录应以手工记录为主,自动记录仪为辅。灌浆结束 14 日后,用锤击法或声波脉冲回波法脱空进行灌后质量检查,独立脱空面积不得大于 0.5 平方米,且脱空部位不集中。

2019 年 4 月 20 日进水口压力钢管钢衬接触灌浆开始施工,2019 年 4 月 22 日施工完成;2019 年 5 月 16 日右底孔钢衬接触灌浆开始施工,2019 年 5 月 18 日施工完成;2019 年 5 月 31 日左底孔钢衬接触灌浆开始施工,2019 年 6 月 2 日施工完成;2019 年 7 月 30 日对进水口压力钢管及左、右底孔钢衬接触灌浆进行敲击检查,检查结果独立脱空面积均不大于 0.5 平方米。

6) 回填灌浆

三河口水利枢纽工程回填灌浆包含导流洞封堵段回填灌浆、灌浆平洞回填灌浆、断层处理洞回填灌浆、地质勘探洞回填灌浆等。回填灌浆采用纯压式灌浆方法,自较低的一端开始,向较高的一端推进。灌浆采用三参数灌浆自动记录仪。2020 年 10 月底上述部位灌浆工作均已完成全部施工,灌后压浆检查均满足设计要求。

7) 坝体排水孔

坝体排水孔设在防渗区上、下层廊道之间,高程 515 米和高程 565 米排水廊道之间、高程 565 米和高程 610 米排水廊道之间。所有坝体排水孔为单排孔,孔距为 3 米,排水孔孔径为 110 毫米。

2019 年 6 月 4 日开始施工高程 565.0~515.0 米坝体排水孔。此后,高程 610.0 米以下坝体排水孔全部施工按期完成。

8) 坝基排水孔

三河口水利枢纽为减小坝基扬压力,防渗设计采用以防渗为主并辅助排水手段。排水孔设计在左、右岸高程 515 米、高程 565 米、高程 610 米、高程 646 米灌浆平洞下游防渗帷幕幕后,排水孔为单排孔,孔距为 3 米。

2019 年 3 月 20 日开始高程 515 米廊道排水孔施工,2019 年 5 月 29 日施工完成。

9) 消力塘排水廊道排水孔

消力塘排水廊道(2 米×2.5 米、2.5 米×3 米)排水沟部位布置单排排水孔。排水孔排距为 3 米,入岩深度为 10 米。

2019 年 9 月 1 日消力塘排水廊道排水孔开始施工,并按合同工期完成施工。

4. 大坝金属结构安装

(1)大坝中部设 3 孔泄流表孔和 2 孔泄洪放空底孔,交错相间布置,每个泄流表孔设有 1 扇弧形工作闸门、共用 1 扇平面叠梁检修闸门;每个泄洪放空底孔依次各设有 1 扇平面事故检修闸门和弧形工作闸门;左右泄洪底孔过流面全段均设有双相不锈钢复合钢衬。

2017 年 11 月 19 日左泄洪放空底孔钢衬开始安装,2018 年 1 月 25 日安装完成。2017 年 12 月 14 日右泄洪放空底孔钢衬开始安装,2018 年 2 月 28 日安装完成。2019 年 10 月左右底孔弧形工作闸门及启闭机完成安装调试。2020 年 12 月底左右泄洪底孔事故闸门及启闭机安装调试完成。

（2）2018年4月10日，进水口设有1扇平面拦污栅、1扇上层隔水闸门、1扇下层隔水闸门、1扇平面事故闸门，门槽埋件开始安装。此后，门槽埋件安装至高程646.0米，拦污栅槽及栅叶安装至高程587.8米，下层隔水闸事故门安装完成具备挡水条件。

（3）引水压力钢管，管径4.5米，钢管起始于坝内桩号（0+000处），"S"形弯管接坝后钢管。2017年11月5日坝内压力钢管开始安装，2019年10月3日全部安装完成。

（四）厂房土建及安装工程

厂房工程主要施工内容：厂区一次开挖及支护；主、副厂房基础二次开挖及支护；主、副厂房混凝土浇筑；尾水闸墩的浇筑；供水阀室混凝土浇筑；尾水、退水闸门、启闭机、门机设备的安装；常规机组、双向机组、供水阀室压力管道的安装；供水阀室成套设备的安装工程；机电安装工程。

1. 厂房开挖及支护

1）厂房边坡开挖

厂房边坡高程545.0~640.0米采取自上而下和分层梯段爆破的开挖方式进行施工，永久坡面处采用预裂爆破技术，爆破开挖分层高度为10米。

2016年10月5日厂房边坡开挖开工，2017年4月24日厂房边坡开挖完工。

2）厂房基坑开挖

厂房基坑高程519.95~545.0米采取自上而下开挖程序和分层梯段爆破的开挖方式进行施工，设计坡面处采用预裂爆破技术，预裂孔爆破分层高度为10米。

2017年4月25日厂房基坑开挖开工，2017年8月15日厂房基坑开挖完工。

3）边坡支护

边坡支护包括挂网喷混凝土、装锚杆、钻排水孔等。支护工程跟进开挖施工，边坡支护滞后开挖工作面不超过两级马道。

2016年11月6日边坡支护开工，2017月8月13日边坡支护完工。

2. 厂房混凝土工程施工

厂房主体混凝土分12块进行浇筑，分别为供水压力管道段、安装间段、3号/4号机组段、1号/2号机组段。分层控制高度为3米，局部根据混凝土结构进行调整。

混凝土入仓采用溜槽、塔机、泵车、拖泵、挖机等多种方式进行。下部大体积混凝土采用台阶法进行施工；上部墙体结构采用平铺法进行混凝土浇筑。主要采用手提插入式振捣器振捣。

2017年8月23日开始厂房工程混凝土浇筑,2020年10月底,安装间及供水阀室、主厂房、副厂房、主变室、厂区挡墙、连接洞、尾水支洞及退水闸混凝土完成全部施工。

3.厂房金属结构及机电安装

1)厂房段压力钢管安装

厂房段压力钢管主要包括水平段、岔管、支管及尾水支管。先安装供水支管,接着安装常规机组压力支管,再安装双向机组压力支管,最后安装总管及岔管;厂房段压力总管及岔管安装顺着水流从上游往下游依次安装。2017年11月2日厂房段压力钢管开始安装,2019年4月13日完成全部安装。

2)蝶阀安装

三河口水利枢纽工程坝后厂房共设有2台常规机组水轮机进水蝶阀DN2600、2台可逆机组水轮机进水蝶阀DN1600、2台引水系统蝶阀DN2000、1台生态放水管蝶阀DN1000,共计7台蝶阀。2019年6月25日进水蝶阀开始安装,2019年10月20日完成安装。

3)大坝、消力塘、厂房集水井水泵排水系统安装

大坝、消力塘、厂房集水井水泵排水系统安装由厂房标施工单位实施,由于下闸蓄水前枢纽区永久供电线路无法形成,因此下闸蓄水前先安装各集水井永久设备和可靠的临时供电线路来保证水泵的调试及应急抽排水。

2019年10月30日,厂房集水井、大坝集水井和消力塘集水井水泵、尾水闸门全部安装调试完成。2021年1月15日,退水闸门已完成全部安装。

五、主要设计变更

(一)大坝建基面抬高优化

初步设计阶段三河口水利枢纽拱坝建基面高程为501米,大坝坝高145米。2016年4月中旬,大坝左、右两坝肩拱肩槽基础已经基本开挖到位,大坝在主河床基础开挖至高程515.0米附近,根据现场施工地质实际情况,主河床段大坝坝基的地质条件优于前期的地质勘察预测,通过对大坝主河床段基础岩体进一步的地质详细勘察,深入研究、分析大坝建基面岩体的质量标准及指标,复核坝基岩体及结构面物理力学参数值,最终坝体河谷段建基面由高程501.0米抬高至高程504.5米,比初步设计阶段大坝建基面抬高3.5米。

将拱坝河谷段建基面抬高3.5米后,仅坝体高度从145.0米降低为141.5米,工程规模、工程布置及建筑物形式均没有变化,对工程安全和功能等没有影响,工

程对生态、水保和环境等的影响基本没有变化。大坝坝体碾压混凝土方量从117.56 万立方米减至116.26 万立方米,减少1.30 万立方米(其中 C25 二级配防渗混凝土减少 0.384 万立方米,C25 三级配混凝土减少 0.916 万立方米);大坝石方开挖量从 152.41 万立方米减至 150.90 万立方米,减少 1.51 万立方米;坝体接缝灌浆量从 17 930 立方米减至 17 810 立方米,减少 120 立方米。此外拱坝底部高程抬高至高程 504.5 米以后,按原设计采用的计算参数进行应力和稳定复核后,其应力值及抗滑稳定安全系数均满足规范要求。

总体来讲,大坝建基面抬高,对工程本身以及经济效益均有利。

(二)二道坝加高设计变更

施工图阶段水工模型验证试验对消力塘冲击压力和脉动压力的控制标准与初设阶段一致,即在 50 年一遇及其以下频率洪水时,消力塘冲击压力不超过 15×9.81 千帕,脉动压力不应超过 60 千帕,其控制标准在工程界认可的范围值内。

试验单位对泄洪建筑物调整后体型进行试验,发现消力塘脉动压力超过控制标准。经过分析研究与反复试验,试验单位最终确定了表孔鼻坎与二道坝的体型。根据试验结果,为满足泄洪消能安全,二道坝坝顶高程需由 533.0 米抬高至 535.5 米,比之前的二道坝抬高 2.5 米。

由于二道坝的加高,消力塘内水位相应加高,在下泄 200 年一遇洪水时,消力塘内浪高超过护坡高程 546.5 米,考虑到塘内涌出的水流会影响下游电站厂房的安全,故在消力塘右岸护坡高程 546.5 米马道设置防浪墙等设施。

六、专项工程处理

(一)裂缝普查

2019 年 11 月 30 日,三河口水利枢纽大坝初期蓄水前,在进行坝体外观检查时,发现 1 号、4 号、7 号、8 号非溢流坝段有 6 条裂缝,裂缝走向为顺河向,平行于横缝和诱导缝,裂缝起始高程均在 600 米以上。2020 年 8 月 28 日,对混凝土外观验收检查时,发现大坝碾压混凝土 2 号坝段、10 号坝段出现新增 2 条裂缝。

(二)裂缝成因、影响及处理方案论证

发现裂缝后,公司组织参建各方对大坝坝面裂缝进行系统普查和统计,通过观测、钻孔取芯、压水、孔内电视等多种手段基本查清了裂缝性状,形成了裂缝普查报告;同时,委托中国水利水电科学研究院对裂缝成因及影响进行研究,编制了《三河口水利枢纽工程碾压混凝土拱坝特殊条件下整体安全性评价研究报告》(简称《研究报告》);组织勘察设计单位省水电设计院编制完成了《陕西省引汉济渭工程三河口水利枢纽大坝裂缝处理方案设计报告》(简称《方案设计报告》),根据裂缝影响确定了处理方案。

2020年9月29日,省引汉济渭公司委托江河水利水电咨询中心组织专家在项目现场召开咨询会,对《方案设计报告》和《研究报告》进行了技术咨询,提出了咨询意见。报告编制单位对上述两报告进行了补充、修改,2020年11月8日,江河水利水电咨询中心对修改后的报告进行了复核咨询,最终确定了坝体裂缝成因、影响及处理方案。

裂缝成因。温度条件恶劣、地基约束较强以及混凝土浇筑长间歇期影响是坝体出现裂缝的主要原因。

裂缝影响。在蓄水前和库水位较低情况下,如再次遭遇寒潮或坝体温度继续降低,已有裂缝存在进一步扩展的可能性;对裂缝缝面采取灌浆措施是必要的、有效的,灌浆处理后的变形、应力可与无缝工况基本相当,可保持大坝超载安全系数与无缝工况相差不大,不会对工程安全造成实质性影响。

处理方案:采用"水泥灌浆+化灌补强+环氧封缝+SR防渗盖片+排水孔"的处理方案。

此外,根据江河水利水电咨询中心专家组咨询建议,省水电设计院牵头编制了《陕西省引汉济渭工程三河口水利枢纽大坝裂缝处理专题报告》。

(三) 裂缝处理及质量检查

为确保裂缝处理质量,经参建各方会商,先期在4号坝段开展裂缝处理生产性试验,确定了水泥灌浆、化学灌浆、环氧胶泥、SR防渗盖片等施工方法及施工工艺。4号坝段裂缝处理生产性试验成果确定后,现场根据确定的施工方法及工序进行裂缝处理工作。2021年3月底完成。

在裂缝处理水泥灌浆质量检查孔,均取出较完整的芯样结石,其填充密实,胶结良好。委托检测机构对芯样试件进行了轴向抗拉检测,试件结果为1.87~2.12兆帕。

灌浆结束14天后,每条缝布置2个检查孔(共布置14个质量检查孔)进行压浆检查,向孔内注入2:1水泥浆液,灌浆压力采用0.5兆帕,初始10分钟内注入量均小于10升,浆液注入量满足设计要求,质量检查合格。

上游面补强化学灌浆共布置24个质量检查孔进行压水试验,检查孔压水试验的压力采用0.3兆帕,并稳压10~20分钟后结束,所有检查孔透水率均小于设计要求0.5吕荣值的标准。

通过大坝非溢流坝段裂缝处理灌前、灌浆过程及灌后质量检查的整体效果来看,水泥灌浆及化学灌浆材料选取、浆液配合比参数、工艺试验、施工方法、质量检查及取芯成果均满足设计要求,达到了预期效果。

(四)裂缝监测情况

裂缝处理完成后,除要进行常规的巡视检查外,在 610 米廊道内相应裂缝出露处的两侧进行打点标识,用游标卡尺进行测量。裂缝灌浆期间对其进行测量,应每天 1 次;裂缝灌浆完成后初期每 2 天测量 1 次。8 条裂缝灌浆完成后裂缝均未发生变化。同时,计划在 610 米廊道内布设振弦式表面裂缝计进行永久性自动化监测。

七、施工期防汛度汛

三河口水利枢纽施工期采用全断面一次截流、全年围堰挡水、隧洞过流的导流方式。导流标准为 10 年一遇洪水标准,相应洪峰流量为 2 640 立方米每秒,导流洞最大过流量 1 384 立方米每秒。三河口水利枢纽工程于 2015 年 11 月截流,2015 年 11 月 28 日至 2016 年 4 月进行坝肩开挖及围堰填筑施工,由围堰挡水,导流洞过流,导流标准为 10 年一遇分期洪水,相应流量为 541 立方米每秒。2016 年 5 月至 2019 年 4 月进行大坝混凝土施工,汛期由围堰挡水,导流洞过流,导流标准为 10 年一遇洪水,相应洪峰流量为 2 640 立方米每秒。

三河口水库已于 2019 年 12 月导流洞下闸蓄水,同时对导流隧洞进行了封堵,当前蓄水位 550 米。2020 年汛期由坝体挡水,泄洪底孔过流,度汛设计洪水选用 100 年一遇,相应洪峰流量为 5 420 立方米每秒,坝前水位高程为 599.6 米;校核洪水选用 200 年一遇,相应洪峰流量为 6 280 立方米每秒,坝前水位高程为 609.3 米,底孔下泄流量为 1 206 立方米每秒。

在下闸蓄水前,为确保三河口水利枢纽工程施工安全,根据设计单位提出的《2021 年防洪度汛技术要求》,建设单位已组织编制 2021 年汛期调度运用计划,并报上级主管部门批复。

八、当前实施的工程建设

(一)下闸蓄水前遗留尾工计划

2021 年汛前,工程洪水标准按 100 年一遇洪水设计、200 年一遇洪水校核考虑,坝址洪峰流量采用 12 月至次年 4 月分期设计洪水成果,泄洪设施为泄洪底孔。经调洪计算,200 年一遇洪水坝前最高水位为 577.20 米,因此当前接缝灌浆及聚脲涂刷完成高程均不影响下闸蓄水,后续进度计划安排满足 2021 年度汛要求。

(二)下闸蓄水后工程建设项目安排

1. 大坝工程

1) 混凝土工程

2021年3月6日,进水口启闭机房排架浇筑至663米高程。

2) 灌浆及排水工程

2021年2月28日,坝体接缝灌浆全部施工完成。

2021年4月15日,帷幕灌浆全部施工完成。

2021年4月30日,坝基、坝体排水孔全部施工完成。

2. 金属结构安装工程

2021年4月13日,进水口台式启闭机及固定式卷扬启闭机安装完成。

2021年4月28日,进水口事故门加配重。

2021年4月30日,进水口拦污栅安装完成。

2021年4月30日,进水口下层隔水闸门安装调试完成。

2021年5月15日,进水口上层隔水闸门安装调试完成。

2021年6月19日,坝顶门机轨道梁施工完成。

2021年7月6日,坝顶交通桥施工完成。

2021年7月11日,坝顶门式启闭机安装、调试完成。

2021年4月4日,叠梁检修闸门安装完成。

2021年5月10日,左表孔弧形闸门及启闭机安装调试完成;2021年5月15日,中表孔弧形闸门及启闭机安装调试完成;2021年4月29日,右表孔弧形闸门及启闭机安装调试完成。

3. 厂房工程

2021年3月30日,主变设备安装、调试完成。

2021年3月30日,GIS设备安装完成。

2021年3月30日,110千伏高压电缆敷设完成。

2021年5月30日,高压电气设备系统具备倒送电条件。

2021年3月30日,3号、4号机组无水调试完成。

2021年11月5日,1号~4号机组有水调试完成,并投入运行。

第二节　工程建设重要节点及事件

一、三河口水利枢纽建设动员会举行

2014年2月14日,三河口水利枢纽开工动员会在佛坪县大河坝镇举行,引汉济渭调水工程进入快速全面实施阶段。

二、三河口水利枢纽左岸上坝道路终点子午河隧道贯通

2014年4月6日,由陕水集团第三工程公司承建的三河口水利枢纽左岸上坝道路终点子午河隧道工程实现洞室贯通,贯通误差精确到8毫米。

子午河隧道为上坝路终点改线工程,全长95米,成型断面尺寸9.18米×7.84米。围岩级别为Ⅳ、Ⅴ级,进、出口均存在局部偏压。

隧道项目部自2014年1月2日进洞以来,始终将安全放在首位,坚持现场安全质量管理高起点、高标准,严格规范化施工。每次爆破前,先进行安全预检、警戒,爆破后进行全面安全排查、断面测量、验算和纠偏,喷锚支护过程中增加质量检测频率,对每道工序、每个节点实行全过程安全质量监督,确保了工程质量,实现"零事故"目标。经过83天的艰苦奋战,隧道如期贯通。

三、三河口水利枢纽左岸上坝道路工程路基完工

2014年5月16日,三河口水利枢纽左岸上坝道路工程完成全段路基填筑、防护和碾压调平等施工任务,并经业主、监理等相关单位五方联合验收合格,转入路面结构层施工阶段。

三河口水利枢纽左岸上坝道路工程全长2.875千米,宽度8.5米,双向车道,设计四级公路标准;路基主体工程包括土石方开挖、回填,浆砌石挡墙防护与金属钢波纹涵管安装;路面结构层施工包括30厘米泥结碎石底基层、20厘米水泥稳定碎石基层与混凝土面层。

工程自开工以来,项目部面临山区施工地势险峻、地方外围协调难度大、施工图纸频繁变更、业主资金紧张等重重困难,采取多开工作面,加大人员、机械设备投入等有力措施,排除外围干扰,确保了路基主体工程按时完工。项目累计完成土石方开挖18万立方米,土石方回填6.73万立方米,浆砌石挡墙砌筑1.21万立方米,路基边沟砌筑2.33千米,金属钢波纹管涵安装70米,另外终点子午河隧道改线工程也已实现洞室全面贯通。

四、三河口水利枢纽成功截流

2015年11月27日,三河口水利枢纽截流成功。

为保证三河口水利枢纽的顺利截流,省引汉济渭公司多次组织相关单位召开专题会议,专人负责,确保高质量、按节点完成截流前的工程建设任务。通过努力,场内交通、上下游围堰、导流洞工程、坝肩开挖及支护、常态和碾压混凝土拌和站场地填筑、砂石加工系统及辅助工程等施工项目相继完成,为截流做好了充分

的准备。

五、三河口水利枢纽砂石系统及辅助工程 2 号施工桥混凝土工程完工

2016 年 1 月 3 日，三河口水利枢纽砂石加工系统及辅助工程 2 号施工桥混凝土工程全部完成。本次桩基施工完成后，施工将进入最后一道工序贝雷桥的安装。

该桥由中水四局引汉济渭项目部承建，共有 4 根桩基、2 根墩柱、2 根桥台。由于受制于现场环境，在桩基造孔过程中，遇到 6 米高的孤石，给施工带来困难。为了确保工程质量，项目部多次现场勘查，分析爆破后石渣走向，对两层孤石采取水下爆破，之后迅速进行泥浆护壁，确保了桩基造孔的完整性，保证了大桥的施工质量。

六、三河口水利枢纽消力塘右岸边坡开挖施工启动

2016 年 1 月 4 日，三河口水利枢纽大坝工程消力塘右岸边坡 546.5~561.5 米高程梯段开挖施工启动。

三河口水利枢纽是引汉济渭调水工程的调蓄中枢，已于 2015 年 11 月 27 日成功截流。作为主要泄洪建筑物，三河口水利枢纽大坝下游消力塘底板宽 70 米、长 200 米，厚度为 3 米，底板顶面高程 514.0 米，消力塘两岸岸坡 546.5 米高程以下采用贴壁式 C30 钢筋混凝土护坡，右岸护坡内侧 531.0 米高程处设有直径 4.5 米的电站压力管道。此次消力塘右岸边坡爆破钻孔分为预裂孔（孔距 1 米）、爆破孔（孔距 3.5 米×3.0 米）、缓冲孔（孔距 1.5 米）三个类别，孔径 90 毫米，孔深 16.7 米，共 22 孔，装药量约 150 千克。为了确保安全，项目部设置了四个安全警戒点加强监控。通过爆破后的仔细清查，此次爆破达到了理想的处理效果，为后续爆破作业开了好头。

七、三河口水利枢纽大坝坝基开挖工程完工

2016 年 5 月 13 日，三河口水利枢纽大坝工程坝基开挖施工全部完工，转入大坝主体混凝土浇筑施工阶段。

三河口水利枢纽工程由大坝、坝身泄洪放空系统、坝后引水系统、抽水发电厂房和连接洞等组成。大坝基坑开挖及支护工程从基坑上游至消力塘下游护坦区域，施工长度范围约为 352.18 米，坝肩开挖高度为 34 米，消力塘高度为 74 米，开挖总量近 79.01 万立方米，施工范围广，工程量较大，高差较大，工期紧，强度高。

在施工中，项目部将土石方开挖规划为 5 个大施工区域，每个大开挖区再分

若干个小区,形成多个工作面,确保施工工序连续,实现了流水化作业。针对雨季施工特点,项目部利用气象灾害预警信号随时掌握天气情况,及时优化调整施工方案,狠抓现场安全监控,确保了工程质量和安全生产。

八、三河口水利枢纽低位混凝土生产系统调试成功

2016年5月20日,三河口水利枢纽低位混凝土生产系统调试成功,进入试运行生产。

三河口水利枢纽低位混凝土生产系统由一座HZS120-1S2000拌和楼、骨料收料仓、胶凝材料罐、送风系统、外加剂等设备组成,是主坝混凝土生产系统的主要组成部分。该系统从南水北调双泗河项目调入。根据三河口混凝土生产强度的需要,将2.0立方米的主机搅拌机改造为3.0立方米的主机搅拌机,并对整机进行了维修、改造及防腐处理。该系统全部设备及构件于5月1日到达现场,历经20天的安装调试,于5月20日进行了混凝土试生产。由于前期的准备工作比较充分,现场整个试运行过程十分顺利,圆满通过验收。

三河口水利枢纽低位混凝土生产系统投入运行后,将是三河口项目部前期临建项目以及二道坝、水垫塘施工浇筑混凝土的主要来源。

九、三河口水利枢纽大坝高位2号拌和楼成功试运行

2016年5月30日,三河口水利枢纽大坝工程高位拌和系统成功试运行。

位于大坝上游柳树沟渣场的高位拌和系统承担着三河口大坝混凝土生产任务。根据施工需要,工程生产系统配置一座HL320-2S4500L型强制式搅拌楼、一座HL240-4F3000L型自落式搅拌楼。单座搅拌楼常态混凝土铭牌生产能力分别为320立方米每小时、240立方米每小时,预冷混凝土铭牌生产能力250立方米每小时、180立方米每小时。

此次成功试运行的高位2号HL240-4F3000L型拌和楼,安装高度38.2米。存在着安装项目多、安装场地小、安装工期紧、安装大件集中、工程量大、可利用吊装设备限制多等难点。为保证安装进度,项目部优化组织,做好技术交底,合理规划场地,优化安装构件,确保了工程质量和施工安全。

十、三河口大坝左岸上坝路主动防护网施工完成

2016年6月13日,由中水四局承建的三河口水利枢纽大坝工程左岸上坝路路基边坡主动防护网通过验收,标志着左岸上坝路基边坡整体防护工程即将完工。

该项工程自5月底开始施工,项目部克服了施工面广、山高坡陡、地表岩层风

化严重导致无法着力、个别边坡稳定性差发生掉块等困难,通过布置支撑绳、铺设钢绳网、架设格栅网等工序,完成了 SNS 主动柔性防护网的铺设。

十一、三河口水利枢纽大坝工程项目部开展首次锚杆无损检测

2016 年 6 月 14 日,中水四局引汉济渭三河口水利枢纽大坝工程项目部对基坑左岸下游锚杆进行首次无损检测试验。

本次检测针对达到 7 天龄期的锚杆,采用"应力波反射法"测试,通过附在锚杆端的传感器,收集激振后产生的弹性应力波信号,分析波形,判断出锚杆的密实情况。

此次试验测得锚杆 20 组。其中,Ⅰ 类锚杆 19 组,Ⅱ 类锚杆 1 组,全部合格。数据证明了此前砂浆配比、注浆方法、锚杆方式等工作的安全有效性

十二、三河口水利枢纽右岸坝基固结灌浆试验施工顺利完成

2016 年 6 月 14 日,三河口水利枢纽大坝右岸坝基固结灌浆试验正式完工。

这项试验自 4 月 1 日开工后,受边坡高陡影响,灌浆作业排架搭设、设备吊装难度大,安全风险高。项目部各部门积极联动,科学组织,保证了试验过程中无质量安全事故发生。试验施工中收集到大量灌浆数据,将为后期大坝固结灌浆提供充实的依据。

十三、邀请专家为三河口枢纽拱坝基面优化提供技术咨询

2016 年 6 月 18—20 日,省引汉济渭公司特邀国内 7 名专家为三河口水利枢纽拱坝建基面提供技术咨询。

以水规总院原副院长、教授级高工董安建为首的专家组深入三河口水利枢纽施工现场进行了实地查勘,通过查看设计图纸,详细询问各施工难点,对三河口水利枢纽坝基面的相关情况进行全面了解。在随后召开的技术咨询会上,专家组听取了设计单位对《陕西省引汉济渭工程三河口水利枢纽拱坝建基面优化专题报告》的介绍,指出了报告中存在的问题,并进行了认真讨论,最后形成了专家咨询意见。公司随后依据此次专家技术咨询会意见对三河口水利枢纽坝基进行了优化,为日后明确大坝建基面的合理高程、拱坝的建设稳定性等提供了技术支撑。

十四、三河口水利枢纽砂石及附属分部工程通过验收

2016 年 6 月 24 日,中水四局引汉济渭三河口水利枢纽砂石系统建安及附属八个分部工程顺利通过验收。水利部水利工程建设质量与安全监督总站、省引汉

济渭公司、设计单位及监理单位相关负责同志参加了验收。

验收组检查了现场施工情况、内业资料、质量体系资料、试验检测结果,听取了项目部、监理单位的汇报,对 1 号施工桥、2 号施工桥、砂石系统各车间、供电工程等 8 个分部工程进行了全面验收,并对工程完成情况给予一致好评。

三河口水利枢纽大坝工程砂石骨料加工系统于 2015 年 8 月开工,项目部克服了前期征地、汛期抢工、设计变更等困难,稳步推进砂石系统基础开挖、土建、金结安装,确保了工程施工进度。项目建成后,将具备 650 吨每小时的砂石加工成品料生产能力,保障三河口水利枢纽大坝浇筑骨料需求。

十五、三河口水利枢纽高位拌和系统骨料系统成功试运行

2016 年 7 月 2 日,三河口水利枢纽高位混凝土骨料生产系统成功试运行。

三河口水利枢纽高位混凝土生产系统布置于坝址上游柳树沟渣场平台上。骨料系统由 4 个振动筛、25 条胶带机等设备组成,是主坝混凝土生产系统的主要组成部分。该骨料系统设备于 5 月 6 日进场,中水四局反复优化施工组织设计,合理配置资源,经过 56 天的安装调试,于 7 月 2 日开始运行。

十六、三河口水利枢纽大坝工程消力塘顺利完工

2016 年 8 月,经过 8 个多月紧张施工,三河口水利枢纽大坝工程消力塘全部完工。

消力塘作为大坝工程的主要泄洪建筑物,是减缓大坝下泄水流流速,保证大坝正常运作的重要工程。三河口水利枢纽大坝消力塘开挖总工程量 7.2 万立方米,底板宽 70 米、长 200 米、厚 3 米,两岸 546.5 米高程以下采用钢筋混凝土护坡,右岸护坡内侧 531 米高程处设有电站压力管道。

边坡开挖过程中,施工单位严格按照图纸放样,紧靠边坡线开挖施工,克服了边坡过陡的困难,避免了欠挖及超挖等问题。在石方开挖过程中,采取先预裂后爆破的方法,清除建基面的松动岩石,凿除开挖面上的风化薄层,并用高压风枪清除建基面石渣,以便于浇筑。经过精心组织,项目部最终完成了消力塘土石方开挖及外运工作,确保了后续混凝土浇筑施工按时推进。

十七、三河口水利枢纽大坝基坑开挖工作全部完成

2016 年 8 月 16 日,三河口水利枢纽大坝基坑开挖至 504.5 米高程,至此大坝基坑开挖工作全部完成。

工程自开工以来,大河坝分公司积极组织监理、施工、设计单位召开专题研讨会,认真研究了施工细节和工序的合理衔接等问题,在施工过程中会同水利部专

家进行建基面的优化研究,保证了坝基开挖的质量与进度,节省了建设成本。待验收完成后将顺利转入大坝建基面垫层混凝土浇筑准备阶段。

十八、三河口砂石骨料开采项目加快推进

2016年8月,随着三河口水利枢纽骨料开采区前期移民征地工作的完成,大河坝分公司组织骨料开采项目的各参建单位开展施工大干,抢抓项目工期。

砂石骨料开采项目是三河口水利枢纽工程建设的重要辅助工程,对大坝碾压混凝土施工有着直接影响。由于工期紧、任务重,大河坝分公司积极组织监理及施工单位做好现场施工超前策划,优化施工方案,科学调配现场资源,严格执行奖罚制度。施工单位制定赶工计划,在保证安全的前提下,战高温,抢工期,抓进度。截至2016年8月22日,项目覆盖层开挖完成15万立方米。

十九、三河口水利枢纽大坝高位拌和系统正式投入运行

2016年9月,由中水四局承建的三河口水利枢纽高位拌和系统整体安装完成,并正式投入生产。

根据施工需要,三河口水利枢纽大坝工程设有高位、低位两个混凝土拌和系统,分别承担大坝混凝土生产任务和消力塘、厂房混凝土生产任务。系统设置有拌和楼、冰楼、二冷车间、外加剂房、胶带机等设备,由上到下设有进料层、称量层、集料层、搅拌层及放料层,工程项目多,施工及安装难度大。

系统自2015年12月21日开工建设以来,项目部优化施工组织设计,做好技术交底,合理规划施工场地及吊装顺序,克服了项目多、工程量大、工期紧、安装强度高、高空作业多、安装现场场地狭小及可利用吊装设备有限等施工困难,顺利完成了各项安装任务。

目前,项目部正进一步加强系统消缺处理,加大员工培训力度,完善各项应急预案措施,做好安全生产管理,全力以赴为大坝混凝土浇筑提供可靠保障。

二十、三河口大坝工程帷幕灌浆试验进展顺利

2016年9月,三河口大坝右岸坝肩帷幕灌浆试验顺利开展。

大坝帷幕灌浆试验区位于右坝肩坝顶公路,主要设计工程量帷幕灌浆钻孔2 145米,抬动观测孔80米,帷幕灌浆2 069米。灌浆方式第一段采用"阻塞灌浆法"的方式,第二段及以下各段采用"孔口封闭、孔内循环、自上而下的分段灌浆"方式,每段长度依次为2米、3米、5米。

针对帷幕灌浆施工难度大、技术要求高等特点,项目部积极组织监理、设计、施工单位召开专题会,借鉴同类工程的施工经验,制定了翔实的技术交底方案。

在钻孔前严格控制钻机的校正、调平,保证钻孔的质量,确保了施工的顺利进行。

二十一、三河口水利枢纽大坝垫层混凝土浇筑开始

2016年9月22日,三河口大坝坝基垫层混凝土正式开始浇筑。这是继三河口水利枢纽成功截流后的又一重大节点。

为确保拱坝首仓垫层混凝土浇筑顺利进行,大河坝分公司多次组织设计、监理、施工单位召开专题会议,讨论、研究及优化混凝土浇筑方案。在浇筑前,针对砂石料、拌和系统、运输手段等施工环节,制定了切实可行的施工方案,要求施工单位配置充足的施工资源,对各项准备工作进行全面检查,充分做好混凝土浇筑施工准备,为首仓垫层混凝土顺利浇筑创造了有利条件。

二十二、三河口水利枢纽固结灌浆施工拉开序幕

2016年9月25日,三河口水利枢纽坝基固结灌浆抬动孔开始造孔,拉开了三河口水利枢纽固结灌浆施工的序幕。预计10月20日完成左右岸AB区河床坝段固结灌浆第一次上面施工。

二十三、三河口水利枢纽2号断层处理洞喷锚支护完成

2016年9月24日,三河口水利枢纽工程2号断层处理洞喷锚支护完工。

为保障2号断层处理洞施工顺利进行,项目部不断优化施工方案,加强安全、质量技术交底及培训工作,使现场技术人员熟练掌握施工工艺流程和注意事项,严把质量关,对喷锚支护施工全程监管,确保了工程顺利完工。

二十四、三河口大坝MZQ1000门机安装调试完成

2016年9月27日,经过近1个月的紧张施工,三河口水利枢纽大坝工程项目部消力塘MZQ1000门机安装调试完成。该门机由多种电气设备与司机室、平衡重、臂架等部件组成。为了安全、有序地完成门机安装及调试,项目部提前制定安装方案、安全措施,于9月5日开始施工,同时在安装调试前进行逐项安全技术交底,由项目部与专业的安装队伍配合施工,圆满完成了门机的安装调试工作任务。该门机将承担三河口大坝混凝土入仓、设备吊装等重大施工任务。

二十五、三河口水利枢纽左右坝肩及导流洞监测仪器移交完成

2016年9月30日,三河口水利枢纽左右坝肩及导流洞的监测仪器移交完成。

该标段监测仪器由中水十五局安装埋设,主要用于掌握施工过程中坝肩边坡变形、导流洞围岩和支护的力学动态信息及稳定程序并及时反馈,从而指导施工作业,保证施工安全。

为促进已完工标段检测仪器的圆满交接,大河坝分公司多次会同监理、设计、中水十五局和南京南瑞公司监测标的相关人员查勘现场,及时修复损坏的部分仪器,并多次召开协调会推进移交进程。通过各方共同努力,三河口水利枢纽左右坝肩及导流洞的监测仪器监测资料齐全,满足移交条件,顺利完成全部移交工作。

二十六、三河口大坝工程完成控制网复测加密

2016 年 10 月,三河口大坝工程控制网复测及加密工作完成。控制网作为三河口大坝混凝土浇筑、开挖、放样、金属结构安装和机电设备安装等工序的平面和高程控制点,对大坝建设起着重要作用。

施工历时一个多月。在测算过程中,复测坐标挂靠于原有的独立施工坐标系统,高程系统采用国家高程标准,测量人员依照国家测绘标准和要求的精度、等级,测定施工控制网点的平面位置和高程,并对施工控制网加密布设。

二十七、三河口大坝石料场进入有用料开采阶段

2016 年 10 月 15 日,位于三河口坝址上游柳木沟的Ⅱ区 690~675 米高程 1 小区的骨料砂石料场进入有用料开采阶段,骨料开采量达 8 000 多立方米。随着下一步 675 米高程开采工作的展开,料场的骨料生产能力还将扩大。

施工期间,大河坝分公司根据实际情况,对料场开挖过程中的钻孔、爆破、出渣等工序的循环流水作业进行监督指导,对场内的施工设备和人员的合理调度做出严格要求,确保开挖钻爆、机械出渣与边坡支护工作的协调进行,并充分发挥机械效率,平衡资源配置,保证料场骨料的供应,确保大坝施工的顺利进行。此外,还定期会同设计、监理、施工单位四方开展现场专项调研,就砂石料开采过程中所遇到的问题制定解决方案。

二十八、碾压混凝土配合比及碾压工艺试验咨询会

2016 年 11 月 1 日,大河坝分公司召开大坝碾压混凝土配合比及碾压工艺试验咨询评审会。

省引汉济渭公司、中电建西北设计院、水利部质检站、省水电设计院、黄委检测公司、二滩国际监理公司、中水八局、中水四局等单位的 15 位专家组成了咨询论证组,通过审查资料、听取汇报、现场论证等方式,对试验成果的科学性、合理性和经济性进行了分析论证。评审会认为,中水四局所做的碾压混凝土配合比试验成果符合规范要求,能够满足三河口水利枢纽大坝混凝土施工技术复杂且对抗渗、抗冻及极限拉伸值设计要求高的特点。同时,评审专家组就选用适宜的水胶比、适当提高粉煤灰掺和量、联掺缓凝高效减水剂和引气剂等方面提出了建议。

二十九、三河口水利枢纽大坝正式浇筑

2016年11月2日，三河口水利枢纽第一仓混凝土开始浇筑，水利枢纽建设由基础开挖全面转入主体浇筑阶段。

目前，三河口水利枢纽已完成一期导流洞开挖、左右坝肩开挖、上下游围堰填筑、砂石骨料加工系统以及交通路桥工程。按照工程建设计划，年底前将完成浇筑碾压混凝土10万立方米，大坝浇筑到515米高程，浇筑高度10.5米。

三十、三河口大坝项目部骨料运输线正式通车

2016年11月，三河口水利枢纽大坝6号施工道路与筒大公路左坝肩道路完成对接，连接起三河口大坝项目部的砂石系统和高位拌和系统，标志着三河口骨料运输线正式通车。

该道路起点位于三河口水库大坝上游左岸筒大路末端，终点经1号施工桥连接原三陈路改造段，全长1.927千米，路基宽7.5米，路面宽6.5米，主要满足项目部的砂石骨料运输任务，是保证正常施工建设的生命线。

自2015年10月施工以来，为早日实现通车目标，项目部先后克服了征地难、汛期施工等多重困难，加大资源投入和现场管理，确保了6号施工道路按期通车。

三十一、三河口水利枢纽BIM技术亮相"秦汉杯"首届BIM应用大赛

2016年12月，在省"秦汉杯"首届BIM应用大赛中，三河口水利枢纽勘察设计中广泛应用的BIM技术斩获多个大奖。

BIM，即建筑信息模型，是以工程建设的各项信息数据为基础，建立三维的建筑模型，通过数字信息模拟建筑物所具有的真实信息。在三河口水利枢纽建设中，由于工程建筑物种类多，各建筑物之间协调难度大，BIM技术被广泛应用于地形地质勘测、枢纽开挖、工程布置、机电、金结、建筑等方面。在省"秦汉杯"首届BIM应用大赛中，《BIM技术研究及在引汉济渭工程勘察设计中的应用》荣获一等奖；《水电工程大坝开挖BIM解决方案》《水机设备库和管路零件库的建立以及在引汉济渭工程三河口水利枢纽中的应用》《闸门参数化建模及二维工程图实现》荣获三等奖。

三十二、三河口水利枢纽大坝基坑固结灌浆施工完成

2016年12月20日，三河口水利枢纽大坝基坑固结灌浆施工完成。

基坑固结灌浆施工是大坝主体工程建设中至关重要的环节，对提高大坝岩体的整体性与均质性，提升岩体的抗压强度与弹性模量，减少岩体的变形与不均匀

沉陷有着重要的作用。

三河口水利枢纽大坝基坑固结灌浆分 A、B 两区施工,分别位于基坑坝段帷幕灌浆轴线上、下游区域,基坑固结灌浆总孔数 539 个,基岩钻灌 4 940 米。经综合考虑,大坝基坑灌浆采用无盖重灌浆与有盖重灌浆相结合的方法,将施工强度均匀分配,确保上层碾压混凝土如期浇筑。此项工程历时 2 个月完成。

三十三、三河口水利枢纽大坝 6 米升层施工研讨会

根据大坝浇筑需要,2016 年 12 月 28 日,大河坝分公司召开三河口水利枢纽大坝工程 6 米升层施工研讨会。会议确定在 2017 年高温季节前采取 6 米升层施工,并对施工措施持续论证。

三十四、三河口水利枢纽大坝项目部成立安全工程师工作室

按照"先行试点、抓点示范、真抓实干、逐步推行"要求,三河口水利枢纽大坝工程项目部于 2017 年 1 月 9 日挂牌成立安全工程师工作室。

工作室配备 3 名工作人员,集企业技术创新和管理实践为一体,通过学习借鉴,探索出符合企业自身特点的安全管理方式。工作室承担的职能包括:及时采用新技术、新工艺、新设备,开展安全文化建设和安全生产标准化建设,采取遏制重大、特大事故的有效措施,承担企业有关安全生产管理的课题研究和交流,指导企业应急救援、职业健康、安全生产培训教育,有效预防安全事故的发生。

三十五、三河口水利枢纽料场现场会

2017 年 2 月 9 日,省引汉济渭公司召开三河口水利枢纽料场现场工作会,专题研究解决三河口水利枢纽砂石料生产供应工作。

会议实地查看了柳木沟砂石骨料场的开采生产工作,认真听取了省水电设计院、中水四局、二滩国际监理公司、大河坝分公司等单位就枢纽砂石骨料设计、施工、生产、监理、管理工作开展情况的汇报。会议指出,三河口水利枢纽是千年工程,承担工程设计、施工、监理的各方必须提高认识,按照精品工程、一流工程的标准开展各项工作。在工程砂石骨料选用上必须严格执行设计标准,不能有任何的麻痹思想和侥幸心理。各部门及施工方要严把砂石骨料质量关口,坚决守住底线。

佛坪县移民局、国土局、水利局相关负责人,省水电设计院相关专家,省引汉济渭公司相关部门、大河坝分公司、黄金峡分公司负责人参加了会议。

三十六、三河口水利枢纽拌和制冷系统整装待发

2017 年 4 月,三河口大坝工程项目部高位拌和系统 9.92 吨液氨充装完成,历

时 3 个多月的制冷设备检修任务彻底完工。

液氨充装是一项较为危险的工作。三河口大坝工程项目部严格执行《氨泄露事故现场处置方案》，对充氨工作做出细致安排，对充氨现场实行严格的警戒，并邀请安全及环保部门现场指导。充氨人员严谨操作，顺利完成液氨充装任务。

三河口水利枢纽高位拌和系统承担着三河口大坝浇筑施工生产混凝土的重任。自系统建成后，已完成 40 多万立方米混凝土生产任务。系统分设一冷车间和二冷车间两个区域，共有 117 台套制冷设备。一冷车间共有设备 66 台套，其标准工况总制冷容量 3 489 千瓦，配置 3 台 LG25BMZ 螺杆制冷压缩机，主要功能是为一次料仓提供风冷冷源，对一次风冷料仓内粗骨料进行脱水和初步预冷。二冷车间共有设备 66 台套，配置 3 台 KA25CBL 型和 1 台 KA20CBL 型螺杆制冷压缩机，标准工况总制冷容量 4 512 千瓦，主要功能为二次风冷、制冰，提供冷水冷源。制冷系统的检修和充氨将有效解决高温天气对混凝土质量的影响，保证施工骨料质量。

三十七、三河口水利枢纽大坝帷幕灌浆开始施工

2017 年 4 月，三河口水利枢纽大坝帷幕灌浆施工正式开始。

三河口水利枢纽大坝帷幕设计为四层灌浆廊道，在大坝左、右岸 515.0 ～ 646.0 米高程分别设置有单排、双排帷幕孔，帷幕孔排距 1.2 米，间距 2 米，呈梅花形布置。本标段帷幕灌浆要求在不同高程的灌浆洞之间设置搭接帷幕。根据帷幕灌浆工程量及现阶段施工条件，将综合考虑帷幕灌浆施工段与坝体衔接的问题。

三十八、三河口水利枢纽大坝首台 ACW3840 冷水机组安装完成

2017 年 5 月 19 日，中水四局引汉济渭三河口水利枢纽大坝工程项目部 ACW3840 首台冷水机组安装调试完成。

ACW3840 冷水机由深圳雪人制冷有限公司生产，制冷量 1 122 千瓦，相当于 500 个家用空调制冷量的总和。最高进水温度 16 ℃，最低出水温度 9 ℃，全自动微机控制。冷水机组可上下 40 米范围供水，单台冷水机组每小时生产冷水量 170 立方米。

冷水机组对三河口水利枢纽大坝混凝土温控起着关键作用。根据大坝施工进度计划，大坝 570 米高程以下冷水机组分两期布置，满足大坝混凝土施工一期冷却温控要求，削减浇筑层一期水化热温升，控制混凝土最高温度不超过容许范围，并减少内外温差。

面对冷水机组安装困难大、任务紧、危险性高、技术性能要求高等诸多不利因素，项目部邀请技术专家现场指导，对每个安装环节及步骤反复进行推敲研究，对安装机组人员进行安全技术交底，经过近两周的努力，安装调试作业顺利完成。

三十九、大河坝分公司推进料场征地工作

2017年5月22日，汉中市林业局批复通过三河口水利枢纽柳木沟备用料场一期临时道路占用林地申请。

自2017年6月26日起，为解决柳木沟料场Ⅰ期及Ⅱ期扩征用地问题，大河坝分公司在前期协调的基础上，多次协调县、镇、村及相关单位、占地群众，开展了为期5天的料场实物清点工作。料场用地涉及的群众情况非常复杂。各户对彼此间界线及自家林种均有争议，且经地方村镇多次协调无果。在近日的逐步清点过程中，涉及征占地的群众户数由2户增至8户，界线由3条增加至21条，且多有争议，协调分界任务艰巨。

2017年6月28日，大河坝分公司结合实际情况设计优化清点方式，制定了分块定界、逐步破解的清点方案，在向群众宣讲了清点路线、分界方法及测量设备的准确度后，派出测量人员爬上坡度近70度的山体，用砍刀劈开荆棘，在陡坡上挖出落脚坑，一步步测定了分界线，圆满完成了勘界任务。

四十、三河口水利枢纽大坝碾压混凝土浇筑突破10万立方米大关

2017年5月25日，三河口水利枢纽大坝工程完成6、7坝段高程526~529米碾压混凝土浇筑，大坝累计浇筑104 373.5立方米。大坝右岸一区浇筑至高程529.0米，左岸二区浇筑至高程519.5米。

三河口水利枢纽大坝高程553.0米以下主要采用坝前皮带机入仓浇筑，进水口坝前牛腿高程532.0米以下采用门机浇筑，高程532.0米以下采用泵车浇筑，电梯井采用门机浇筑，底孔坝前、坝后牛腿采用门机和塔机浇筑，底孔钢衬周边常态采用塔机浇筑。自4月复盘浇筑以来，项目部克服各项资源紧张、骨料开采拓展区征地受阻等问题，多方协调人员、机械、物资，全力保证了大坝施工的顺利推进。

四十一、三河口碾压混凝土拱坝智能化碾压施工技术可行性研究报告评审会召开

2017年6月28日，三河口碾压混凝土拱坝智能化碾压施工技术可行性研究报告评审会在西安召开。清华大学土木水利学院、中水四局、省水电设计院及二滩国际监理公司相关人员和评审专家参加了会议。

与会专家及各方代表经过专业讨论,一致认为智能碾压施工技术用于大坝工程施工具有很强的创新性和可行性,对于进一步保障碾压混凝土施工质量具有重要意义。此外,会议也对如何继续开展好本次科研项目提出了相关要求。

无人驾驶碾压系统由无人驾驶压路机、基准站、远程监控室三部分构成。无人驾驶碾压机利用GPS卫星进行定位,自动实现远程监控室布置的碾压任务。在大坝工程中使用无人驾驶碾压混凝土筑坝技术能够克服以往人工驾驶碾压机作业的人为不可控因素,实现筑坝技术从被动监测到主动控制过程的根本性转变,在提高工程质量和保证安全的同时,还可实现施工过程控制电气化、信息数字化、通信网络化以及运行智能化。

四十二、三河口水利枢纽大坝工程高位拌和系统中转料仓投入使用

2017年7月,经过近半年的精心施工,三河口水利枢纽大坝工程高位拌和系统中转料仓具备投产储料条件。新建成的中转料仓设计储存能力为5 300立方米(其中大石1 590立方米、中石2 120立方米、小石1 590立方米),砂料堆设计储量为3 000立方米。高位中转料仓的建成使用,弥补了高位拌和系统原砂石料仓储存能力不足的现状。

三河口水利枢纽高位中转料仓项目设计土、石方开挖18 300立方米,钢结构制安230吨,土方回填约2 000立方米,胶带机铺设800米。中转料仓新增设800多米长的胶带机将与原系统中2号胶带机紧密衔接,最终形成整体的备用砂石骨料输送系统,运输能力达到534立方米每小时。

项目地处高位拌和系统与西湾砂石料场的6号道路边,施工区域地处秦岭山脉山高路陡地段,存在交通干扰大、地基稳定性差、料仓场地狭窄等问题,施工难度大。对此,大河坝分公司及参建各方认真组织施工,克服了一系列困难,解决了冬、雨期施工的技术问题;利用钢板对道路施工区域进行临时铺砌,确保交通道路的畅通,保证了拌和系统砂石料的正常运输;同时,利用溜槽浇筑手段稳固道路边坡,预防开挖时造成的边坡下滑塌方,为实施料仓场地开挖、胶带机沿线土方开挖及基础浇筑创造了条件;胶带机架安装时,在距离胶凝材料罐近的高难度作业点,采用多点吊装法,既避免了对粉料运输车辆的干扰,又防止桁架与胶凝材料罐的碰撞,保质保量地完成了胶带机钢结构桁架吊装以及胶带机铺设。

7月8~9日,三河口水利枢纽高位拌和系统混凝土生产班产量创下新高,碾压混凝土实现日产达4 403立方米,刷新了混凝土班产量最高纪录。

四十三、三河口水利枢纽工程右岸 8 号桥 TC6015-8 塔机正式投入运行

2017 年 7 月 10 日,三河口水利枢纽右岸 8 号桥 TC6015-8 塔机完成试运营,正式投入使用。

三河口水利枢纽右岸上坝路起点位于佛坪至石泉路段。按照设计,8 号桥桥梁起终点均需新建连接线连接两端道路,直至三河口水利枢纽右岸坝顶。此前,8 号桥混凝土施工一直采用吊车料斗浇筑,现两侧桥台已全部浇筑完毕,然而吊车浇筑范围不能满足桥身主体浇筑。为了保证 8 号桥的混凝土浇筑施工需求,项目部决定在桥旁布置一台 TC6015-8 塔机以满足 8 号桥上部结构及 0 号、1 号桥台浇筑等施工。

TC6015-8 塔机于 6 月 24 日开始安装,由于塔机布置在靠近佛石公路隧洞旁的冲沟处,为不妨碍佛石线交通的正常运行,设计塔机安装高度为 40 米,最大回转半径 60 米,全面覆盖 8 号桥的施工范围。6 月 29 日完成塔机安装工作,6 月 30 日正式进入试运行状态,极大便利了 8 号桥的施工浇筑。

四十四、大河坝分公司召开三河口水利枢纽金属结构专题会议

为加快三河口水利枢纽厂房工程建设,加强设备制造及施工管理,2017 年 7 月 24 日,大河坝分公司召开三河口水利枢纽金属结构专题会,集中协调解决当前各参建单位施工中存在的问题。

四十五、三河口水利枢纽厂房工程正式浇筑

2017 年 8 月 23 日,三河口水利枢纽厂房工程首仓混凝土开始浇筑,标志着厂房工程建设由基础开挖全面转入主体混凝土浇筑施工阶段。

自 2016 年 10 月 5 日厂房工程开工以来,三河口水利枢纽厂房工程按照工程建设计划进行施工。三河口厂房工程是三河口水利枢纽的重要组成部分,主要承担供水、调蓄、发电功能。电站利用筑坝抬高的库水位资源进行发电,可提高引汉济渭工程的经济效益,降低引汉济渭调水工程的单位供水成本。

四十六、专家会商三河口水利枢纽工程温控施工方案

2017 年 10 月 12 日,大河坝分公司召开三河口水利枢纽大坝工程温控施工方案专家咨询会,集中分析和讨论了大坝温控施工方案中的相关措施和实施标准。

咨询论证组通过听取汇报、现场论证等方式对大坝工程温控施工方案开展了集中研讨。会议认为,中水四局所做的三河口水利枢纽大坝工程温控施工方案符

合规范要求,能够满足三河口水利枢纽大坝施工要求。同时,专家组就冷却水管埋设及通水参数、特殊气候条件下的温控手段以及后期的接缝灌浆要求等方面提出了指导性建议。

水利部质监站、水利部检测中心、省水电设计院、二滩国际监理公司、中水四局等单位相关负责人参加了咨询会。

四十七、三河口大坝项目部抢通骨料运输生命线

2017年10月18日,受连续阴雨影响导致塌方的6号路顺利实现通车。

6号路是三河口水利枢纽骨料运输生命线,路线起点位于三河口水库大坝上游左岸筒大路末端,终点经1号施工桥连接原三陈改造段,全长1.9千米,宽6.5米,主要满足三河口水利枢纽工程砂石骨料运输任务。

9月以来,岭南工区阴雨连绵,6号路部分路段塌方,骨料运输一度受阻,大坝浇筑受到影响。为推进工程施工,水电四局引汉济渭项目部顶着连阴雨,冒着山体塌方的危险,克服了车辆无法通行等困难,积极组织施工机械设备进场,及时清理道路塌方路段。100名员工经过48个小时的不懈努力,最终实现6号路全线通车,骨料拉运恢复正常。

四十八、三河口水利枢纽大坝"穿衣"保质量

2017年入秋以来,为避免因温度骤降所诱发的危害性裂缝产生,引汉济渭三河口水利枢纽大坝工程项目部为大坝"穿衣",积极做好大坝温控工作,确保工程建设质量。

大坝温控工作主要从保温措施、保温材料、保温工艺三方面着手。其中,保温措施主要有:针对上、下游坝面等永久暴露面采用全年保温方式;对大坝侧面及仓面采取临时保温方式;对于基础的长间歇面,可采取加厚保温等措施;导流底孔、大坝内廊道等部位形成的孔洞混凝土采取加厚保温等。

三河口大坝工程混凝土温控的主要范围有坝体上游及下游的永久面、纵横缝面、施工仓面、廊道、电梯井、消力塘岸坡以及二道坝等表面部位。借鉴以往工程经验,根据坝身条件以及相关技术要求,项目部在大坝上下游永久面均采用5厘米厚的苯板保温,苯板采用点粘法施工,保温效果显著。纵横缝面、施工仓面、廊道口和电梯井口封堵、消力塘岸坡以及二道坝表面等部位采取3厘米厚的聚乙烯泡沫卷材,表面铺设平整,且用木条进一步加工稳定。对已完成保护的所有部位,定期检查,及时解决局部脱落和损害问题。

各项保温措施都起到了良好效果,有效地控制了大坝表面的温度应力,保障

了冬季大坝混凝土浇筑。

四十九、三河口水利枢纽水情测报系统工程永久征地完成兑付及清表工作

2017年11月1日,大河坝分公司配合佛坪县移民办完成三河口水利枢纽水情测报系统分中心站工程用地补偿兑付,开始清表工作。

水情测报系统分中心站工程永久占地79.45亩,均为乔木和灌木林地,植被繁茂。施工单位加班加点,动用多台机械设备进行清表,截至11月9日,清表全部完成,施工单位正积极准备开挖工作。

三河口水利枢纽水情测报系统分中心站结合三河口大坝砂石料生产而建,其征地进度直接影响三河口水利枢纽大坝的浇筑进展。

五十、三河口水利枢纽砂石骨料扩展区交通洞顺利贯通

2017年11月10日,三河口水利枢纽柳木沟料场开采区至拓展区交通洞顺利贯通。

该交通洞全长207米,主要承担工程扩展开采区近110万立方米开挖料的运输工作,其贯通将直接关系到大坝连续浇筑。前期钻孔显示,拓展区料场岩体风化厚度变化较大,地质条件复杂,覆盖层剥离工作迫在眉睫。交通洞开挖至192米时,顶拱垮塌,厚度超过1.5米。为保证施工安全,项目部优化施工方案与资源配置,选择从出口段进行开挖,克服了洞出口边坡坡度大、岩石风化严重和频繁出现的塌方倒灌问题,有针对性地对塌方上侧边坡进行削坡处理。11月10日,项目部完成垮塌积渣的清理工作,交通洞顺利贯通。随后,项目部开始洞内支护作业,争取提前完成交通洞衬砌,达到通车条件。

五十一、三河口大坝QTZ7075塔机投入试运行

2018年4月,为满足三河口水利枢纽2018年大坝浇筑施工需求,水电四局项目部在主坝坝前进水口安装的一台QTZ7075塔机完成全部安装工序,经验收投入试运行。

根据大坝混凝土入仓方式规划,该塔机安装高程532.3米,起吊范围高程542.0~646.0米,其中30米范围内可起吊12.50吨,40米范围内可起吊10.26吨,70米范围内可起吊5.2吨。

塔机位于大坝上游进水口左侧,塔机基础标高高程530.7米,底部高程532.3米,基础厚1.6米。塔机由塔身(11个标准节)、顶升套架、回转总成、驾驶室、回转塔身、塔顶、平衡臂、起重臂、拉杆等组成。塔机主要用于大坝进水口常态混凝

土浇筑、门叶设备、大坝材料吊运等工作。塔机基础为固定式钢筋混凝土基础结构，基础尺寸为7.5米×7.5米×1.6米。安装时需要将塔机注脚预埋件埋进基础中，并与基础上层及中层钢筋网连接牢固。

该塔机于2018年3月1日开始安装，3月10日安装完毕，3月12日进行了荷载试验，试验结果满足要求，3月13日进入为期一个月的试运行阶段。截至目前塔机已运行20余天无异常。

五十二、三河口大坝进水口压力钢管坝后背管段开始拼装

2018年4月，三河口水利枢纽大坝工程引水系统压力钢管完成坝后背管段Y7-Y12管节的安装，该段压力钢管为坝后空间弯管的上弯管段。

三河口大坝引水系统压力钢管分为坝内埋管、坝后直管，采用空间弯管连接。空间弯管水平长度24.556米，高差14.25米。安装过程中，直径4.5米的钢管需在半空中加固，且控制点测量难度较大，安装精度要求高。对此，项目部优化施工方案及资源配置，采用弯管管节在地下拼装成管段然后整体吊装的安装工艺。

枢纽大坝引水压力钢管后续金属结构安装工程主要包括表孔金属结构、底孔金属结构及钢衬、引水系统进水口金属结构、引水系统主管，包括闸门（拦污栅）及其埋件、固定卷扬启闭机、移动式启闭机、液压启闭机、检修用桥机、测压装置、电梯及其他附属件等内容。

五十三、三河口大坝放空泄洪底孔首节闸门门槽埋件安装完成

2018年4月，引汉济渭三河口水利枢纽大坝工程放空泄洪底孔事故闸门首节6米范围主轨、反轨、侧轨埋件安装完成，具备焊接条件。该门槽埋件的安装为后期门槽一期直埋新工艺的应用奠定了基础。

三河口大坝共布置两个泄洪放空底孔。进口处事故闸门门槽宽1.3米，孔口宽4米、垂直高度96米。事故闸门倾斜布置，倾角83°，斜长96.921米。事故门槽中心桩号为左底上0+005.086，底槛安装高程为550.0米，闸门为上游止水，属于平面滚动门。事故门门槽安装高程范围为549.8~646.0米，安装精度要求较为严格。项目部借鉴了国内同类水利水电工程闸门门槽"一次安装，一次混凝土浇筑"的施工方法，事故闸门门槽埋件均采用一期直埋安装技术，在保证门槽埋件安装精度的同时，实现快速施工。

三河口大坝项目部还参考以往安装经验，经过技术论证，结合事故闸门斜门槽的特点，最终确定了"云车设备在首节门槽轨道安装时不入槽，后续门槽均采用

云车固定"的安装方案,保证了施工精度,为后期云车设备的应用创造了安装条件,保证节点工期顺利完成。

五十四、三河口水利枢纽大坝右岸一桥一路牵手

2018年4月中旬,三河口水利枢纽大坝工程右岸8号桥主体结构工程顺利完工,路基填筑基本完成,一桥一路牵手,大坝工程右岸主要运输道路8号路即将交付使用。

8号路连接西汉高速佛坪连接线和右坝肩,道路总长330米,公路等级为四级,路基宽度8.5米,路面宽度8.5米,设计行车速度20千米每小时。沿线受地形影响,绕山而行,通过8号桥穿越冲沟接646标高平台。8号桥作为8号路的重要组成部分,基本垂直方向跨越田坝梁冲沟,桥梁起终点均连接两端道路。桥梁设计荷载为公路-Ⅰ级,人群荷载2.5千牛每平方米;桥梁全长87.55米,桥面净宽9米+2×1.5米(人行道);本桥为1孔60米钢筋混凝土钢架拱,下部为组合式桥台。施工中,项目部克服基岩面岩体破碎、空间狭小、桥两边相对位置交通不便等影响,2016年10月8日开始施工,历时一年半主体工程完工。

五十五、三河口水利枢纽大坝碾压混凝土浇筑班产量创新高

2018年7月中旬,三河口水利枢纽大坝混凝土浇筑总量达到单班2 333.5立方米,小时强度约300立方米,刷新了大坝碾压混凝土开仓浇筑以来的最大生产量及浇筑强度。

2018年是三河口水利枢纽大坝混凝土施工关键年。经过统筹规划,合理安排各项施工资源投入,三河口大坝浇筑施工创造了自开仓浇筑以来的最大浇筑强度。

五十六、三河口大坝满管溜槽完成施工

三河口水利枢纽每年5~10月为雨季,雨季涵盖整个夏秋季节,持续时段长,降水量大。进入汛期后,持续的高温和降水天气影响了大坝混凝土的正常施工。项目部积极制定高温及雨季施工方案,采取合理施工措施保证雨季安全顺利生产。结合2018年混凝土浇筑计划及现场浇筑手段布置条件,项目部经过多次技术论证后,确定在左岸坝肩槽布设2条满管溜槽,其单条满管溜槽浇筑强度达180~220立方米每小时,能够满足大坝573米高程以上碾压混凝土浇筑强度要求。目前满管溜槽已正式投入使用。

在大坝2号~5号坝段573.5~578.0米高程碾压混凝土浇筑期间,为确保碾

压混凝土浇筑温度达到规范要求,将温度损失降到最低,现场生产人员顶着炎炎烈日为溜槽表面敷贴了保温卷材,确保混凝土入仓温度的可控。在满管溜槽首次投入使用时,设备磨合过程中发生堵管,现场技术工人以丰富经验对溜槽进行疏通,第一时间恢复了生产。

经过一线生产及管理人员的艰辛付出,大坝碾压混凝土浇筑强度创新高,标志着大坝施工正式进入高温、汛期、高强度的施工阶段,全体人员继续保持良好的工作状态,积极进行满管溜槽的消缺补漏,保证2018年施工计划顺利完成。

五十七、三河口水利枢纽大坝工程迎水面聚脲喷涂施工全面完成

2018年7月8日,三河口水利枢纽大坝工程上游迎水面535.0~512.0米高程聚脲喷涂施工全部完成。喷涂之后,大坝混凝土抗腐蚀、抗碳化及抗渗透的能力将大大提高。

在施工现场,项目部安排专职质检人员和生产管理人员进行质量监控,现场管理人员严格遵守项目部质量方针,严格控制每一道施工工序质量。经过一个多月的喷涂施工,共计完成总面积约4 500平方米。经检测,涂层黏结强度符合设计及规范要求,涂层厚度完全达标,施工质量得到了监理工程师的一致认可。

三河口水利枢纽大坝坝高141.5米,总库容7.1亿立方米,设计最高水位高程643.0米,水头较高,防渗要求较高,大坝坝体上游面为提高大坝防渗能力设置了碾压混凝土防渗区。同时,在坝体表面进行聚脲喷涂,保证了大坝的防渗质量,为大坝发挥挡水、蓄水作用及安全运行提供了强有力的保障。

喷涂型聚脲弹性防水涂料是无溶剂快速固化双组分防水涂料,该涂料是由异氰酸酯组分(A组分)与氨基化合物组分(B组分)反应生成的弹性防水涂料。

五十八、降温"组合拳"为三河口大坝浇筑营造"清凉小气候"

2018年7月,陕西大部分地区出现40 ℃高温。在三河口水利枢纽施工现场,地面的温度更是高达39 ℃。碾压混凝土施工对温度要求很高,坝体温度必须控制在23 ℃,否则容易产生大坝裂缝,给大坝运行带来隐患。

在40 ℃高温天气下,如何让大坝作业面保持在23 ℃,对参建单位来讲是一个不小的挑战。为此,参建单位为大坝防暑降温制定了一套组合方案,为大坝浇筑营造出了清凉的局部小气候,确保大坝施工顺利进行。

紧邻三河口大坝1 000米的高位拌和站是大坝建设的"中央厨房",浇筑大坝

施工的混凝土都是在这个工厂内生产的。技术人员密切关注拌和站内的各类监控视频，24 小时巡查液氨制冷设备。砂石骨料运到拌和站后，通过风冷让超过 40 ℃的骨料降至 26 ℃左右，用密闭的运输带送到搅拌站，加入冷水、冰片搅拌，生成 12 ℃的混凝土后，再用保温车厢运到大坝施工的工地上。而从混凝土装车到通过满管溜槽进入大坝，半个小时内温度回升不能超过 2 ℃。大坝上，高压旋转喷雾系统配合人工喷雾水管，将冰水雾化喷出。与此同时，坝体内埋设的蛇形冷却水管不间断地将混凝土水化热导出坝体。通过这两种降温措施，作业面的空气温度始终比坝外温度低 3~4 ℃，从而保证了大坝浇筑温度控制在 23 ℃的质量标准。

为了精确控制坝体温度，省引汉济渭公司引进了"10+1"智能大坝建设控制系统，在坝体建设中埋入大量智能监测芯片和传感器，通过无线传输和大数据汇总分析，实现坝体温度实时监控并预警。

五十九、三河口水利枢纽钢岔管水压试验成功

2018 年 9 月 3 日，三河口水利枢纽首组压力管道钢岔管水压试验顺利完成。本次水压试验的两个"卜"形贴边钢岔管为陕西省内首例，主管直径 4.5 米，支管直径 1.6 米，单个岔管重量约 31.5 吨。试验过程是将两个同样的岔管串联在一起试压，注水后总重量约 374.7 吨。

按照批复的水压试验方案，施工单位从 9 月 1 日开始注水，依次经过排气、升压、保压、降压等环节，升至试压最高值 2.0 兆帕。监测单位时刻监测应力及外形数据变化，经现场检查各个管路、阀门等连接部位均无渗漏，检测数据均无异常，试验结果满足设计要求，开始逐级卸压，试验完满结束。

2018 年 12 月 13 日，引水系统最后一组 $\Phi3.8$ 米/$\Phi2.6$ 米岔管完成水压试验。为保证本次水压试验达到预期目标，在近期气温达到零度以下的情况下，制造单位通过在试验场搭设保温棚、采取加温措施等手段，经过 24 小时的加温，使水温达到规范要求。这组压力钢管试验结束，标志着压力钢管制造全部完成。三河口引水系统压力钢管施工进入最后冲刺阶段。

六十、碾压混凝土配合比调整专家咨询会和《水工碾压混凝土施工规范》专题讲座顺利进行

2018 年 9 月 21—22 日，大河坝分公司在三河口水利枢纽项目部举办了碾压混凝土配合比调整专家咨询会和《水工碾压混凝土施工规范》专题讲座。

碾压混凝土配合比调整专家咨询会邀请了 5 名国内水利水电工程领域专家。

中水四局三河口项目部汇报了原材料试验检测成果、混凝土配合比初步成果。与会专家根据相关的检测数据进行计算、分析,并分别从原材料提前送小样检测、碾压混凝土配合比设计指标、水胶比等方面各自发表了意见。专家组针对现场提出的水胶比高低的影响以及碾压混凝土大坝施工其他问题给予了解答。最终通过质询、讨论和分析,与会人员就碾压混凝土新配合比能够用于本工程混凝土施工达成了一致意见。

《水工碾压混凝土施工规范》专题讲座由中国水力发电工程学会碾压混凝土筑坝专业委员会副主任田育功教授授课,分公司及项目部干部员工70余人参加。田教授以规范为主题,结合自身工程建设实际,从人工砂的石粉含量控制、不同的RCC拌和物VC值动态选用和控制、岩面上砂浆铺设等十个方面详细讲解了碾压混凝土施工过程中存在的问题以及需要注意的事项。针对讲座现场,尤其前方施工人员提出的关于水泥水化热与强度权衡、铺层间隔时间、水管间距布设等问题,田育功教授给予了深入剖析。

六十一、三河口水利枢纽施工期监控管理智能化项目专家评审会

2018年9月27日,省引汉济渭公司召开三河口水利枢纽施工期监控管理智能化项目大坝混凝土温度智能监控管理系统功能需求分析评审会及大坝施工跟踪反演分析决策系统实施方案评审会。

三河口水利枢纽施工期监控管理智能化项目具有水利工程与计算机软件技术融合的突出特点,可利用计算机相关技术实现大体积混凝土温控及大坝施工决策的智能化和信息化。大坝混凝土温度智能监控管理系统紧密结合三河口水利枢纽施工期的特点,以大体积混凝土防裂为根本目的,涵盖了大体积混凝土防裂控制的主要环节。大坝施工跟踪反演分析决策系统运用反演计算和仿真分析技术,可对大坝温控措施的改进提供重要技术支撑。

评审专家认真听取了汇报,结合相关单位的意见,审查了相关材料,并进行了质询和讨论。评审专家一致认为项目研究资料翔实,技术路线正确,研究方法得当,同意通过评审并据此开展后续工作。

省引汉济渭公司数据网络中心、工程技术部、计划合同部、安全质量部、大河坝分公司及华北水利水电大学、中水四局、二滩国际监理公司、省水电设计院等单位相关负责人及评审专家参加会议。

六十二、三河口厂房项目连接洞全线贯通

2018年9月28日,三河口水利枢纽电站厂房项目工程连接洞全线贯通,厂房

工程顺利与秦岭输水隧洞、黄三隧洞完成对接。

厂房工程连接洞是控制闸至尾水池的无压水流通道,总长度228米,底面为平底,断面形式为马蹄形,尺寸为7.74米×7.64米。连接洞洞身段采用全断面开挖,周边光面控制爆破。由于连接洞位置与厂房混凝土工程相邻,为减小对厂房工程混凝土影响,项目采用"分层开挖、短进尺、弱爆破"的方式进行开挖,历时两个月,开挖量达11 000立方米。

六十三、三河口水库专用地震台网可行性研究报告评审会召开

2018年10月31日,省引汉济渭公司在西安召开三河口水库专用地震台网可行性研究报告评审会。省地震局、汉中市地震局、佛坪县人民政府、省水电设计院相关负责人员参加会议。

与会专家和代表听取了三河口水库专用地震台网可行性研究汇报,对项目建设必要性、台站布局、设备选型、进度计划、投资估算等内容进行了详细审查及质询,一致认为三河口水库属于高坝大库,存在诱发地震的可能,建设水库专用地震监测台网十分必要。会议基本同意通过评审。

六十四、子午河大桥完成铺装具备通车条件

2018年10月31日,由中铁十五局承建的引汉济渭子午河大桥项目沥青路面摊铺工作全部结束,具备了通车条件。大桥建设最后一道关键工序的完成标志着黄金峡水利枢纽工程建设对外交通的"生命通道"全面打通。

子午河大桥项目主线全长1 024米,采用30千米每小时的设计标准,设计荷载为公路Ⅱ级,是黄金峡水利枢纽建设对外交通的生命线。

大桥沥青路面摊铺于10月29日正式开始。铺设中,石佛公路通车不畅等问题给沥青铺装带来很大挑战。为保证铺装施工的有序进行,大河坝分公司、监理单位、施工单位工程人员铺设前多次召开专题会研究讨论施工细节,制定了科学的施工方案,提前储备了足量的优质原材料,不断优化施工工艺,按计划完成了各项施工任务。

六十五、三河口水利枢纽大坝闸门门槽浇筑采用新工艺

三河口水利枢纽大坝引水系统进水口依次设有拦污栅、隔水闸门和事故闸门,两个放空泄洪底孔进口各布置一套事故闸门。中水四局三河口项目部改革传统的门槽安装和二期埋设方式,借鉴国内类似水利水电工程闸门门槽"一次安装、一次混凝土浇筑"的施工方法,结合三河口大坝闸门"高水头、大倾角"的安装特

点,对进水口拦污栅、隔水闸门、事故闸门及泄洪底孔事故闸门共6套门槽埋件均采用了一期直埋安装技术,在保证门槽埋件安装精度的同时,实现了快速施工,缩短了节点工期。

一期直埋的关键技术是"门槽云车"工装。云车集成了门槽埋件标准化安装、一期混凝土浇筑埋件精度控制、台车自爬升和施工安全作业平台4个关键功能,利用爬升式门槽台车辅助门槽埋件安装及加固,使其整体性更加稳定,保证了闸门门槽埋件一期安装质量。云车上具有门槽定位和夹紧机构,将每段门槽的左右侧构件与自爬升机构连接,门槽安装完成后保持下端固定,用钢模板闭合门槽浇筑空间,之后浇筑混凝土。每浇筑一层混凝土,门槽爬升装置上升一段,实现门槽安装与混凝土机械化快速施工。

截至2018年11月,三河口水利枢纽大坝进水口拦污栅栅槽、下层隔水门门槽、事故闸门门槽以及左右泄洪底孔事故门门槽所用云车均已拼装就位,各部位首仓混凝土浇筑也已完成,浇筑效果良好,形体尺寸完全符合设计要求。实践表明,门槽云车为门槽埋件安装提供的操作平台能够实现埋件快速安装和混凝土一次性浇筑,有利于保证埋件安装过程中的精度控制,避免了二期浇筑采用的深井施工以及由此引起的混凝土离析等问题,有效保证了安装质量和工期。

六十六、碾压混凝土拱坝取芯刷新国内纪录

2018年11月1日,项目部在三河口水利枢纽拱坝7坝段C25二级配防渗区成功取出一根直径为219毫米、长度为22.6米的芯样,刷新了国内碾压混凝土双曲拱坝取芯最长纪录。

混凝土芯样是检测混凝土施工质量的重要手段,可以观测混凝土的浇筑质量,核实混凝土浇筑的均匀性,正确判断和检查碾压层厚度、压实情况及层间结合情况等。

三河口水利枢纽大坝坝高141.5米,为碾压混凝土双曲拱坝,混凝土单仓浇筑升层为3米,胚层厚度30厘米,本次混凝土取芯高程585.0米,孔位随机布置。该仓混凝土浇筑完成时间为2018年9月1日20时30分,混凝土质量检查高程范围585.0~562.4米。该芯样共贯穿7个冷升层面、68个热升层面,从取出的混凝土芯样直观显示,芯样表面光滑而密实,层间结合良好,完整度较高,客观反映了引汉济渭三河口水利枢纽大坝工程碾压混凝土施工质量。

2019年10月17日,三河口水利枢纽大坝工程碾压混凝土拱坝1坝段高程644.0米至高程618.8米处取出一根碾压混凝土芯样,其直径为189毫米、长度为25.2米。该芯样共贯穿9个冷升层面,84个热升层面。相关人员通过观测,发现

芯样表面光滑密实,骨料分布均匀,无空隙,层间结合良好。这是继 2018 年 11 月 1 日成功取出 22.6 米碾压混凝土长芯后,三河口大坝取出的又一根优质长芯,标志着三河口水利枢纽大坝工程混凝土施工质量和工艺均达到了国内领先水平。

六十七、三河口水利枢纽工程主厂房 75 吨/16 吨桥式起重机主梁顺利吊装

2018 年 12 月 22 日,三河口水利枢纽工程主厂房 75 吨/16 吨桥式起重机主梁吊装完成。

三河口水利枢纽坝后电站厂房布置在坝址下游约 280 米处右岸岩石基础上。安装间紧邻主厂房机组段下游侧布置,紧靠主厂房沿河一侧布置副厂房。主厂房为单层框排架结构,跨度为 17.50 米,长度为 70.24 米。主厂房内设有一台 75 吨/16 吨桥式起重机。主厂房桥机轨顶高程 556.47 米,跨度 15.0 米,轨道长 67.54 米。

主厂房内沿上下游各一榀 75 吨/16 吨桥式起重机主梁。桥机平台与主梁拼装完成后吊重约 10 吨,吊装高度约为 16 米,座环吊装高度高,难度大,危险系数高。经过精心组织,主厂房两榀 75 吨/16 吨桥式起重机主梁顺利吊装完成。

六十八、三河口水利枢纽 35 千伏变电站工程顺利投入运行

2018 年 12 月 27 日,三河口水利枢纽 35 千伏变电站调试完毕投入运行。

该工程是三河口水利枢纽永临结合变电站,主要包括约 5 千米的 35 千伏架空输电线路、35 千伏变电站(容量为 2×8 000 千瓦)和 15 千米的 10 千伏架空输电线路。12 月 27 日,在完成土建工程、线路工程和电气安装工程等前期工作后,现场技术人员顺利完成启动投运的所有操作及测试任务,变电站正式投入运行。

35 千伏变电站工程投入运行后,彻底改变了三河口水利枢纽电力薄弱的现状,有效缓解了项目施工用电压力。

六十九、三河口水利枢纽双向机组座环蜗壳整体吊装顺利完成

2019 年 1 月 4 日上午,三河口水利枢纽工程 1 号双向机组座环蜗壳整体吊装顺利完成。

三河口水利枢纽坝后厂房设有 2 台常规水轮发电机组及 2 台双向可逆机组。双向可逆机组座环主要由上下环板、固定导叶、大舌板、基础环及蝶形边等部件构成。座环与蜗壳在工厂组焊成整体运输到工地,吊重约 15 吨,吊距约 28 米。

受场地条件与吊装手段等因素限制,座环蜗壳吊装距离远,难度大,危险系数

高。经过精心组织,各方齐心协力,1号双向可逆机组座环蜗壳于1月4日上午采用180吨汽车吊整体吊装完成。

七十、三河口水库库底清理实施方案等项目技术咨询会召开

2019年1月22日,中电建西北设计院在西安主持召开引汉济渭工程三河口水库库底清理实施方案等项目技术咨询会。

与会代表和专家先后听取了设计单位关于《陕西省引汉济渭工程三河口水库库底清理实施方案》《陕西省引汉济渭工程黄金峡水利枢纽汉黄公路田坝至还珠庙被淹段抬高改建工程连接段施工图设计文件》《三河口右岸黑虎垭岸坡防护工程滑塌处理方案》编制情况的汇报,围绕各个方案和设计文件进行了分析讨论,一致认为三河口水库库底清理实施方案和汉黄公路田坝至还珠庙被淹段抬高改建工程连接段施工图设计文件依据规范编制,内容全面,设计深度基本达到规范要求,基本同意三河口右岸黑虎垭岸坡防护工程滑塌处理贴坡方案,建议进一步对相关内容进行修改完善。

省库区移民办、汉中市移民办、洋县移民办、省引汉济渭公司移民环保部、省水电设计院、江河咨询中心移民安置监督评估项目部相关负责人参加会议。

七十一、三河口水利枢纽水轮发电机组导水机构顺利交货

2019年1月27日,三河口水利枢纽水轮发电机组3号、4号导水机构运抵三河口水利枢纽施工现场并交付施工单位。

根据施工进度要求,两台导水机构应不晚于1月25日发货。为保障导水机构顺利发货,省引汉济渭公司机电物资部针对三河口常规水轮机组进行了节前巡检,并派员驻厂督造。经过7天的驻场巡查及协调,制造单位优先安排三河口导水机构加工及防腐等后续工作,最终确保了两台导水机构在保证质量的前提下于1月25日按期发运。

水轮机导水机构是水轮发电机组的核心部件之一,在运行中控制进入机组的水流方向和大小,对整个机组运行的稳定性和安全性至关重要。两台导水机构的顺利交货标志着三河口水利枢纽水轮发电机组主体部件正式进入组装阶段。

七十二、三河口水利枢纽消力塘交通廊道封堵闸门安装顺利完成

2019年7月,三河口水利枢纽大坝工程消力塘上游交通廊道封堵闸门安装顺利完成。该闸门为三河口大坝金属结构安装的第一个分部工程。该套闸门将大

坝高程 515.0 米廊道与消力塘交通廊道隔开,大坝投入运行后,将发挥大坝及消力塘抽排水量调节作用。

三河口水利枢纽金属结构主要布置于泄流表孔、泄洪放空底孔、电站进水口和尾水闸、导流洞等建筑物。项目部承担的主要金属结构设备安装工程包括:闸门 9 扇、拦污栅 1 扇、清污和启闭设备 16 台、检修用桥机 6 台、压力钢管 1 条,合同安装工程量约 4 700 吨。

项目部通过优化安装方案,论证各项技术措施,从金属结构制作、安装、焊接、防腐、验收各个工序实现全过程质量控制,先后引入闸门门槽埋件一期安装、底孔钢衬单片错峰安装等新工艺,既提高了施工进度,又优化了施工资源,节约成本。自 2017 年 11 月 8 日首节压力钢管安装以来,项目部已完成引水系统进水口压力钢管、泄洪放空底孔钢衬、上游交通廊道封堵闸门安装,底孔事故闸门、进水口隔水门及事故闸门门槽埋件也随混凝土施工完成了同步安装。

七十三、三河口水利枢纽完成蓄水阶段环境保护验收工作

根据《建设项目竣工环境保护验收暂行办法》及环评批复文件,2019 年 7 月 30 日,省引汉济渭公司特邀陕西水利学会、中电建北京设计院等相关专家,对三河口水利枢纽工程蓄水阶段环境保护工作进行验收检查。

验收组专家通过现场踏勘、听取汇报,对蓄水阶段的环保实施情况进行详细考察评估,经反复讨论和评议,认为该项目按环评批复要求认真落实了施工期各项环境保护措施,建立了环境保护管理制度,开展了施工期环境监理和监测,工程建设期间未发生重大环境污染事故,符合下闸蓄水阶段环境保护验收条件,一致同意该项目通过蓄水阶段环境保护验收。验收组还对后续环保工作的计划和落实提出了时间要求。

2019 年 10 月,三河口水利枢纽调查报告完成公示,三河口水利枢纽完成蓄水阶段环境保护验收工作。

七十四、《三河口水库下闸蓄水专题报告》评审会

2019 年 7 月 31 日,省引汉济渭公司召开《三河口水库下闸蓄水专题报告》评审会,特邀中电建西北设计院张锦堂、水规总院孙双元、黄河设计公司王亚春等六位专家对设计单位编制的下闸蓄水技术要求、导流洞封堵设计方案、蓄水方案及调度运用方案、2020 年度汛方案四个关键技术专题进行评审。

会议听取了设计单位汇报的四个报告。专家组针对蓄水期防洪标准、防洪调度、蓄水分期、生态流量泄放、导流洞封堵等内容进行质询和讨论,一致认为四个

报告的编制内容基本全面,建议设计单位补充细化蓄水前的形象面貌、蓄水期防洪调度方案、生态流量泄放方式、蓄水期清污措施等,复核导流洞封堵防洪标准、封堵塔结构及隧洞进口段衬砌稳定、堵头抗滑系数等,为设计单位完善下闸蓄水技术准备提供了技术支持。

七十五、《三河口双曲拱坝坝顶悬挑观光平台及连接桥项目结构设计方案》咨询会召开

2019年8月14日,省引汉济渭公司在大河坝分公司召开《三河口双曲拱坝坝顶悬挑观光平台及连接桥项目结构设计方案》咨询会,会议特邀中电建西北设计院张曼曼、西安理工大学李守义、长江设计公司孔凡辉等六位专家对设计单位编制的设计方案进行咨询。

会议听取了设计单位对设计方案的汇报,专家组针对观光平台结构、设计边界条件、计算结果等内容进行质询和讨论,一致认为设计方案基本满足规范要求,建议设计单位研究取消锚固锚杆的可行性,优化坝体顶部压重体的钢筋配置,复核观光平台自振等,为设计工作提供了技术支持。

七十六、三河口水利枢纽大坝碾压混凝土顺利浇筑至顶

2019年8月21日,三河口水利枢纽大坝标左岸非溢流坝段1号~2号坝段高程640.0~644米碾压仓顺利浇筑完成,标志着三河口水利枢纽大坝碾压混凝土顺利浇筑至顶,工程建设迎来关键节点。

自2016年11月2日三河口水利枢纽碾压混凝土双曲拱坝首仓浇筑以来,参建各方多措并举,克服了骨料不足、水泥煤粉灰供应不足等不利因素,顺利完成2017年度、2018年度防汛任务及年度节点目标要求。

七十七、三河口水库导流洞下闸蓄水安全鉴定工作顺利完成

2019年10月12—17日,水利水电规划设计总院对三河口水库导流洞下闸蓄水进行了安全鉴定。

专家组通过现场查勘、听取各参建单位汇报、检查自检报告和相关资料、质询等方式,对下闸蓄水安全鉴定初步意见进行交流讨论,一致认为三河口水库工程高程550.0米以下具备下闸蓄水条件。

七十八、大坝泄洪底孔弧门安装调试交流会

2019年11月,为确保三河口水利枢纽后期节点工程顺利完成,大河坝分公司召开三河口水利枢纽大坝泄洪底孔弧门安装调试技术交流会。大河坝分公司、省

水电设计院、二滩国际监理公司、中水四局、设备厂家等单位相关负责人参加会议。

参建各方对左、右底孔弧门及液压启闭机安装中出现的问题及处理方案进行了交流讨论,并针对下一步弧门联合调试、动作试验、带载试验及后期验收工作进行了详细安排及部署。

三河口水利枢纽泄洪闸为 4 米×5 米的弧形闸门,闸门底槛高程为 550.0 米。大坝底孔弧门已顺利完成弧门、启闭机安装及单机调试。

七十九、三河口水利枢纽库底清理工作加快进行

2019 年 11 月,三河口水利枢纽库底清理工作进入收尾阶段。

为了确保按期下闸蓄水,三河口水库涉及的佛坪、宁陕两县政府从 2019 年 7 月开始组织实施库底清理工作。受 8 月中旬至 10 月初的连续降水影响,库区周边山体滑坡等地质灾害频发,道路阻断,库区底清理工作异常艰难。

2019 年 10 月 11 日,省水利厅在佛坪县召开三河口水库库底清理工作座谈会,现场督促三河口水库库底清理工作。

宁陕县为确保按期完成清库任务,县委县政府组织水利、农业、林业、卫生等多部门成立联合工作组,放弃节假日,深入一线督战,有力推动了工程进展。作业人员累计砍伐树木 2 110 亩,完成坟墓清理 100 余座,拆除房屋 320 余户,电力专项迁改工作于 9 月底完成。

佛坪县库底清理林木 2 200 亩(共 7 964 亩清理任务),房屋拆迁 25 户,库区内政府机关、学校、医院、供销社、粮站等企事业单位全部拆迁到位,卫生消毒、垃圾处理、灭鼠等工作已基本完成。

八十、三河口水库初期下闸蓄水成功

2019 年 12 月 30 日,三河口水库初期下闸蓄水。下闸蓄水后,省引汉济渭公司按照与设计、施工和监理单位共同研究优化的工期和措施,确保 2020 年 10 月底前完成导流洞封堵和 610.0 米高程以下帷幕灌浆和接缝灌浆任务,643.0 米高程以下库底清理和移民安置专项验收及底孔进口、供水系统进水口启闭机安装调试,实现第二阶段下闸蓄水。

八十一、三河口水利枢纽完成亚洲最大口径调流调压阀整体安装及无水调试

2020 年 6 月,三河口水利枢纽顺利完成目前亚洲最大口径调流调压阀整体安装及无水调试工作。

为推进安装进度,省引汉济渭公司多次组织安装单位与阀门制造商召开专题技术研讨会,攻克安装中出现的技术难题,为阀门顺利安装提供有力保障。

调流调压阀又称多功能控制活塞阀,安装于三河口电站厂房供水阀室,可对供水进行压力调节与流量控制,能有效消除噪声与震动等不利因素,提升三河口水利枢纽供水调节的功能性与稳定性。调流调压阀门整体安装及无水调试的顺利完成,标志着三河口水利枢纽具备了可靠、自动调节、水量稳定、压力可控的精准供水条件。

八十二、《三河口水利枢纽大坝泄洪表孔弧门支铰大梁专项施工方案》专家评审会召开

2020 年 6 月 1 日,省引汉济渭公司召开《三河口水利枢纽大坝泄洪表孔弧门支铰大梁专项施工方案》专家评审会。

会议听取了水电四局对三河口大坝泄洪表孔弧门支铰大梁专项施工方案的汇报,与会专家就桁架关键节点计算复核、施工期变形监测、首层混凝土浇筑上升速度控制、支铰大梁分缝情况和分缝质量控制等方面进行了质询和讨论。与会专家一致认为施工方案基本要素齐全,能够作为指导施工作业的依据,同意施工方案通过评审。

大河坝分公司,省引汉济渭公司总工办、工程管理部、安全质量部,省水电设计院、二滩国际监理公司、中水四局等单位相关负责人参加本次会议。

八十三、省引汉济渭公司召开三河口水利枢纽大坝裂缝处理方案讨论会

2020 年 6 月 18 日,省引汉济渭公司召开三河口水利枢纽大坝裂缝处理方案讨论会。公司总工办、安全质量部、工程管理部、大河坝分公司,三河口水利枢纽设计、监理、施工等参建单位项目部主要负责人参加会议。

会议听取了中水四局关于大坝裂缝普查情况的汇报,并就裂缝性状及发展趋势进行了质询。随后,省水电设计院汇报了《三河口水利枢纽大坝裂缝处理方案设计报告》,与会人员就裂缝影响、限制裂缝发展措施、灌浆材料性能要求进行了详细讨论,初步确定了处理方案。

八十四、省引汉济渭公司召开三河口水库第二阶段下闸蓄水工作推进会

为进一步明确工程建设节点目标,统筹推进阶段验收各项准备工作,2020 年 6 月 18 日,省引汉济渭公司召开三河口水库第二阶段下闸蓄水工作推进会。

会议听取了省水电设计院关于《三河口水库第二阶段下闸计划和调度方案》的汇报,围绕今年下闸蓄水进度形象要求和2021年度汛要求进行了深入讨论,基本明确了三河口大坝、厂房、安全监测各相关标段的进度形象要求和阶段验收工作安排。

八十五、"引汉济渭工程技术丛书"之《三河口水利枢纽》分册编纂工作讨论会顺利召开

2020年8月20日,省引汉济渭公司召开了"引汉济渭工程技术丛书"之《三河口水利枢纽》分册编纂工作讨论会。

引汉济渭一期工程已接近尾声,全面系统地梳理工程技术和建设管理资料,编纂"引汉济渭工程技术丛书",不仅是总结工程建设成就、宣传工程效益的重要途径,更是凝练工程技术成果、全面展示技术队伍实力的重要手段。会上,丛书编纂整理单位西安理工大学相关负责同志汇报了《三河口水利枢纽》分册编纂的总体思路和章节框架,之后与会人员就整体架构与内容布局开展了深入讨论,初步确定了《三河口水利枢纽》分册的章节目录,明确了各章节的具体内容以及负责单位和人员。

省引汉济渭公司大河坝分公司、科学技术研究院,西安理工大学,省水电设计院,中水四局,中水八局,二滩国际监理公司三河口项目部等相关单位负责人参加会议。

八十六、应用新技术完成柳木沟料场边坡生态修复

2021年1月,三河口水利枢纽柳木沟料场边坡生态修复工程全面完工。

柳木沟位于三河口水利枢纽上游10千米处,承担着为三河口水利枢纽工程建设提供砂石料的任务。自投入运行以来,省引汉济渭公司秉持"绿色发展"施工理念,科学制定方案,采取苫盖、喷水、除尘等措施,最大程度地减少环境污染和水土流失。生产过程中,采用水利部推广的水生态保护修复新技术——CBS植被混凝土生态防护技术,结合高次团粒喷播和客土喷播等传统技术,有效解决了裸露岩石坡面高效覆土难题,完成坡面复绿面积约13万平方米。

CBS植被混凝土生态护坡技术是三峡大学开发的专利,采用特定的商品混凝土配方和种子配方,是集岩石工程力学、生物学、土壤学、肥料学、硅酸盐化学、园艺和环境生态等学科于一体的综合环保技术。该技术应用于高陡岩质边坡的绿化治理,不但能降低施工难度,保证工程的可操作性及边坡绿化治理的整体效果,而且可解决岩石边坡的浅层防护问题,实现边坡防护和绿化两大功能的完美

结合。

八十七、三河口水利枢纽大坝全线浇筑到顶

2021年2月1日,三河口水利枢纽核心建筑物大坝主体工程全线浇筑到顶。

三河口水利枢纽大坝为碾压混凝土双曲拱坝,属1级永久建筑物,坝顶高程646.0米,最大坝高141.5米,为国内施工同类型第二高坝。

八十八、三河口水利枢纽下闸蓄水阶段移民安置通过终验

2021年2月6—8日,引汉济渭工程三河口水利枢纽下闸蓄水阶段移民安置终验会议在西安召开。

会议成立了由相关单位代表组成的验收委员会,并特邀五位专家组成验收专家组。在实地走访勘验、听取汇报的基础上,验收委员会经讨论形成了终验报告,同意通过终验。此次验收顺利通过标志着三河口水利枢纽移民搬迁安置任务的全面完成。在此之前的2020年12月8—10日,公司召开了三河口水利枢纽下闸蓄水阶段佛坪县移民安置初(自)验会议。

省水利厅、省水土保持和移民工作中心、省水利发展调查与引汉济渭工程协调中心,汉中市移民办、安康市库区移民工作中心、佛坪县水利局、佛坪县移民办、宁陕县水利局、宁陕县库区移民工作站、省水电设计院、江河水利水电咨询中心有限公司等单位相关负责人参加会议。

八十九、三河口水利枢纽通过下闸蓄水阶段验收

2021年2月初,水利部黄河水利委员会、省水利厅联合组织验收委员会对三河口水库正常蓄水位下闸蓄水进行阶段验收。

验收委员会专家通过查看资料、实地察看、会议讨论,通过了阶段验收鉴定书。验收委员会认为,三河口水库工程形象面貌基本满足正常蓄水位蓄水要求,与下闸蓄水有关的已完结工程经评定均达到合格标准,已通过正常蓄水位下闸蓄水安全鉴定,正常蓄水位以下移民安置和库底清理已通过专项验收,蓄水后未完工程的建设计划和施工措施已落实,下闸蓄水准备工作已完成,可以择机下闸蓄水。

2021年2月9日,三河口水利枢纽工程下闸蓄水。

第五章　黄金峡水利枢纽建设

黄金峡水利枢纽位于汉江干流上游峡谷段,地处陕西南部汉中盆地以东的洋县境内,为引汉济渭工程主要水源之一,也是汉江上游干流河段规划中的第一个开发梯级,坝址下游55千米处为石泉水电站。该工程的建设任务是以供水为主,兼顾发电,改善水运条件。根据该工程的开发任务和功能要求,黄金峡水利枢纽由挡水建筑物、泄水建筑物、泵站电站建筑物、通航建筑物和过鱼建筑物等组成。

第一节　工程建设简况

一、施工准备

2015年3月,逐步开始黄金峡水利枢纽黄金峡大桥工程,砂石加工和混凝土生产系统,供电工程,左、右岸边坡开挖等前期工程施工。截至目前,供电工程已投入运行,砂石加工和混凝土生产系统均已通过试生产验收,主体工程的施工单位和监理单位已经招标确定,且已进场完成了四通一平及各项施工准备工作。

二、主要工程开工及完工时间

黄金峡水利枢纽前期准备工程施工Ⅰ标(施工供电工程)于2016年1月7日开工,2018年3月2日通过验收并正式投运。

黄金峡水利枢纽前期准备工程施工Ⅱ标(左坝肩开挖支护)于2015年10月6日开工,2019年10月1日完工;黄金峡水利枢纽前期准备工程施工Ⅲ标(右坝肩开挖支护)于2015年10月6日开工,2018年12月31日完工;黄金峡砂石加工、混凝土生产建设及运行工程于2016年7月1日开工,2018年4月20日具备投入条件。

黄金峡水利枢纽安全监测标于2016年3月29日开工,跟随土建工程进度同步实施;黄金峡水利枢纽土建及金属结构安装工程于2018年10月26日开工,2019年1月19日通过一期导流阶段验收。

三、主要工程施工过程

(一)枢纽前期准备工程施工供电工程

本工程开工日期为2016年4月25日,2016年11月19日完工。2016年12月1日完成变电站房建设,2017年4月18日完成110千伏变电站电气安装,2017

年 4 月 19 日,110 千伏线路两端接线完成,主变压器带电 24 小时运行。2017 年 12 月 30 日,施工供电工程 4 个分部工程通过验收;2018 年 3 月 2 日单位工程验收完成,2018 年 3 月 6 日 110 千伏变电站主变压器带电,砂混标、主体大坝标使用变压器、架空线路检查及试验鉴定通过,2018 年 3 月 8 日正式投入运行。

(二)枢纽前期准备工程施工Ⅱ标

1. 左坝肩开挖、支护

本标段工程开工时间 2015 年 10 月 6 日,至 2016 年 7 月 16 日,已大面积开挖支护至 502.0 米高程,最低处开挖至 470.0 米高程;高程 519.0~536.0 米边坡锚索及格构梁施工完成,高程 502.0~519.0 米施工Ⅰ区和Ⅳ区边坡锚索及格构梁完成 502.0 米高程,Ⅱ区和Ⅲ区边坡正在进行浅层支护,锚杆施工基本完成。

2016 年 7 月 19 日,因地质断层(f3、f4、f6、f8、f12)原因,左坝肩发生大面积塌方,最高处 645.0 米高程。2016 年 10 月下旬确定了 553.0 米高程以上设计处理方案。2016 年 12 月 1~15 日进行临时道路施工,2016 年 12 月 16 日左坝肩正式开挖,2017 年 5 月 15 日全断面开挖至 553.0 米高程。2017 年 12 月左坝肩Ⅱ、Ⅲ、Ⅳ区已大面积开挖至 470.0 米高程、支护至 485.0 米高程。2019 年 10 月完成 455.0 米高程以上开挖及设计新增锚索、混凝土板施工。

2. 左岸场内道路及渣场

3 号道路、5 号道路及出水池专用道路已于 2017 年 5 月 30 日完成并投入使用。戴母鸡沟弃渣场已于 2016 年 6 月 30 日防护完毕并分别移交砂混标及主体工程使用。良心沟弃渣场已于 2018 年 5 月 31 日填筑、防护完毕。

3. 完成的主要工程量

完成的主要工程量为土方 44.3 万立方米、石方 169.4 万立方米、混凝土 6.3 万立方米、钢筋制安 1 115 吨、浆砌石 6.0 万立方米。

(三)枢纽前期准备工程施工Ⅲ标

1. 右坝肩开挖、支护

该标段于 2015 年 10 月 6 日开工,由于在开挖过程中,地质条件较差,设计要求上一级边坡深层支护完成后方可进行下一级边坡的开挖施工,2018 年 12 月 31 日本标段右坝肩主体工程及 2 号道路、4 号道路等附属工程施工完工。

2. 完成的主要工程量

完成的主要工程量为土方 7.9 万立方米、石方 62.3 万立方米、混凝土 2.2 万立方米、钢筋制安 466 吨、浆砌石 4 127.2 立方米。

(四)左岸 1 号道路及黄金峡大桥工程标

本工程于 2015 年 12 月 7 日开工,2016 年 12 月 28 日黄金峡大桥主体合龙,

2017年5月30日1号道路除左坝肩塌方占压段外全部完成,2018年9月30日黄金峡大桥护栏施工完成,2019年11月2日大桥全面竣工。

完成的主要工程量:土方4 640立方米、石方4.1万立方米、混凝土1.4万立方米、钢筋制安1 141吨、浆砌石1 366.5立方米。

(五)砂石加工系统、混凝土生产系统建设及运行管理工程

本工程于2016年7月1日开工,2016年12月两大系统土建施工基本结束,2017年完成两大系统设备安装及单机调试,2018年4月20日完成两大系统联机调试,具备生产条件。

完成的主要工程量:土方3.5万立方米、混凝土2.7万立方米、钢筋制安1 926吨、浆砌石5 507立方米。

(六)安全监测工程

安全监测于2016年3月29日开工,跟随土建工程进度同步实施。

完成的主要工程量:多点位移计50套、水平位移观测墩42个、水准标24个、基岩变形计7支、测缝计6支、测斜孔6个、锚杆应力计130支、锚索测力计93台、渗压计14支、温度计12支、单向应变计8支、无应力计6支、五向应变计组4组(20支)、钢筋计29支。

(七)黄金峡水利枢纽土建及金属结构安装工程

2017年12月进场,2018年4月27日完成土埝围堰408.5米高程以下工程,2018年10月20日土埝围堰施工完成,2018年10月26日正式开工,2018年12月20日纵向混凝土围堰首仓混凝土开始浇筑,2019年1月19日完成枢纽一期导流阶段验收,2019年5月31日完成纵向围堰及一期上下游土石围堰施工,2019年6月1日陆续开始底孔及消力池、厂坝导墙及导墙坝段、厂房上下游围堰施工。截至2021年末,底孔消力池、厂房上下游围堰及厂坝导墙施工已完成,厂坝导墙坝段、纵向围堰坝段上游挡水面浇筑至高程429.8米,底孔坝段完成442.0米高程以下混凝土浇筑及弧形闸门安装,具备截流验收条件。

至2021年末完成的主要工程量:土方开挖48.7万立方米、石方开挖154.6万立方米、混凝土浇筑46.4万立方米、钢筋制安5 935吨、干砌石2.6万立方米、锚杆5 047根、锚筋桩1 059根、锚索480束、金属结构安装577吨。

四、主要设计变更

黄金峡水利枢纽主要设计变更为:引汉济渭工程黄金峡水利枢纽大坝边坡设计变更。

黄金峡水利枢纽大坝边坡地质条件复杂,自2015年底动工开挖以来,揭示出

多个性状较差结构面及其组合块体,边坡稳定性受到较大影响,发生了多处边坡变形及局部破坏。在工程施工过程中,大坝左、右岸边坡受断层等因素影响出现滑移变形等现象。2016 年 7 月 19 日,黄金峡左岸边坡高程 650.0 米以下发生滑塌,严重影响现场施工安全及工程进度。

边坡变形和局部破坏的主要原因是结构面组合的潜在不稳定块体。已发生变形破坏的边坡须进行第二次开挖处理,设计单位通过对块体进行稳定性验算,部分处于欠稳定状态,需要对块体进行加强支护处理,由此产生了相应的设计变更。变更项目为黄金峡水利枢纽大坝边坡工程,变更内容为边坡开挖支护设计、监测设计、优化调整边坡植被恢复方案等。

五、重大技术问题处理

为确保黄金峡水利枢纽大坝边坡的安全稳定,满足枢纽工程施工及运行要求,省引汉济渭公司组织勘察设计单位对大坝左、右岸边坡地质条件进行了施工期补充勘察,进一步查明了边坡地质条件与影响边坡稳定的主要地质问题,以地质简报或专项报告的形式提交了补充勘察成果。2016 年 9 月完成了《陕西省引汉济渭工程黄金峡水利枢纽左岸坝肩边坡专项勘察工程地质报告》,2017 年 11 月完成了《陕西省引汉济渭工程黄金峡水利枢纽电站尾水渠边坡专项工程地质勘察报告》,2019 年 9 月完成了《黄金峡水利枢纽大坝边坡深化设计专题报告》,并于2019 年 10 月通过江河水利水电咨询中心技术咨询。按照《水利工程设计变更管理暂行办法》(水规计〔2012〕93 号)有关要求和程序,在边坡处理设计方案及咨询意见基础上,组织设计单位长江勘测规划设计研究有限责任公司编制了《黄金峡水利枢纽大坝边坡设计变更报告》,于 2019 年 12 月 25 日上报陕西省水利厅。

监测资料和现场巡查表明,按照深化设计方案进行施工改造后,大坝左岸边坡变形基本收敛,大坝左、右岸边坡整体稳定安全。

六、施工期防汛度汛

根据省水电设计院《黄金峡水利枢纽 2021 年度汛报告》,省引汉济渭公司结合工程建设实际进展,编制了《黄金峡水利枢纽 2021 年度汛方案》,并上报省水利厅批复,按照批复意见组织专家评审会,根据评审意见完善度汛方案,并报省防汛办备案。根据度汛方案的要求,黄金峡分公司及辖区施工、监理和设计等相关参建单位联合成立黄金峡水利枢纽防汛指挥部,各参建单位现场负责人均为防汛指挥部成员。施工单位制定了相关防汛预案,并报黄金峡分公司备案。防汛预案与当地洋县黄金峡镇、桑溪镇政府的防汛方案密切接轨,预案中各项防汛措施、防汛物资、人员安排细致合理。在2021年汛前,将针对防洪度汛应急预案做到培训全覆盖,并组织涉及二期基坑施工作业的各参建单位共同进行防洪度汛应急演练,确保出现超标洪水时防汛指挥部能够指挥到位,基坑全部作业人员能够反应迅速,撤离有序。

第二节　工程建设重要节点及事件

一、黄金峡工区全线开工

2016年6月下旬,黄金峡水利枢纽工区全线开工。

截至2016年6月,黄金峡工区内开工建设(土建)项目六个,其中包括枢纽前期准备工程Ⅰ、Ⅱ、Ⅲ标段,黄金峡大桥及1号道路标段和黄三隧洞1、2两个标段,合同总额约10亿元人民币。

秦岭输水隧洞(黄三段)四个支洞全部开工,累计进尺约550米。其中,4号支洞完成了全长275米的开挖支护任务,主洞段完成开挖初支90米。黄金峡大桥工程进入主桥施工阶段,1、2号桥墩承台浇筑完成。枢纽左岸坝肩以上边坡处理工程开挖至高程519.0米马道,开挖量约13万立方米。场内5号道路、出水池专用道路、3号道路开始施工。枢纽右岸坝肩以上边坡处理工程开挖至高程519.0米马道,开挖量约3万立方米。场内2号道路、4号道路均已开始施工。黄金峡水利枢纽施工供电工程(EPC项目)勘测设计工作基本完成,准备进入施工阶段。

二、砂石混凝土系统设计方案专家咨询会

2016年8月23日,黄金峡分公司召开砂石、混凝土系统设计方案专家咨询会,集中讨论了项目砂石、混凝土两大系统设计存在的问题,并形成了专家咨询意见稿。

专家组听取了施工单位对两大系统施工方案的介绍,就方案中混凝土制冷、毛料的储存与中转、污水处理、料仓建设存在的问题进行了详细讨论,与会专家、分公司负责人、公司计划合同部、工程技术部分别提出了意见与建议。

会议要求,施工单位要按照主体工程的组织安排,进一步优化并完善两大系统的施工方案,制定可控的施工计划,严格履行工程环水保责任义务,切实做到达标排放;施工方要结合工程建设实际,对施工设备、工程原材料、环水保等方面做出相应调整,确保两大系统建设做到高质、安全、环保。

三、黄金峡水利枢纽5号公路通车

2016年8月20日，由中水十局承建的黄金峡水利枢纽项目5号公路完成混凝土挡墙和路基填筑施工，达到重车通行条件。

该道路连接大黄公路与黄金峡枢纽大坝上游围堰，是黄金峡大桥、砂石料加工系统、混凝土拌和系统、枢纽右岸以及黄三隧洞的施工运输通道，为水利工程场内三级道路，设计速度20千米每小时。道路总长约640米，宽6.5米，路基宽8.0米，路面横坡坡度2%，路肩横坡坡度3%，采用泥结碎石路面。

自2015年11月1日开工以来，项目部合理调配资源，注重技术交底，严格质量管控，落实安全措施，克服了地质条件复杂、雨季施工、峭壁上钻爆开挖与支护、块石混凝土入仓等诸多施工难题，确保施工安全稳步推进，并顺利实现了通车目标。

四、黄金峡水利枢纽前期Ⅱ标项目部排查安全隐患

2016年11月26日，中水十局引汉济渭黄金峡水利枢纽项目部对施工区域安全进行全面检查，为岁末年初安全生产做好防范保障。

鉴于"江西丰城发电厂'11·24'施工平台倒塌"特大事故教训，项目部重点对高空作业、施工临时用电、消防设备设施、脚手架施工、机械设备和道路交通等方面进行了系统排查，对现场存在的习惯性违章行为及时制止并予以纠正，对存在的安全隐患提出了整改措施，并形成书面和影像记录，限期整改，跟踪落实。

在检查结束的专题会上，项目部重申了安全生产的第一重要性，要求全体人员深刻吸取事故教训，切实履行主体责任及职责，严格执行"四个责任体系"和"五个必须"，做到不安全不生产，抓好警示教育培训，过程监控不放松，切实提高风险管控和事故防范能力，确保各项工作落到实处，筑牢冬季施工安全"防火墙"。

五、黄金峡大桥主桥合龙，施工进度过半

2016年12月28日，中铁十七局承建的黄金峡1号公路大桥顺利实现主桥合龙。

作为"四通一平"重要配套工程的黄金峡大桥为3跨预应力混凝土连续梁桥，跨径为120米，大桥全长260米，设置双向两行车道和人行道，桥面总宽度为11.5米，桥梁下部桥墩采用实心墩、钻孔灌注桩为基础，桥台采用"U"形重力式。

为了确保施工进度，项目部制定了合理的工期计划及奖罚制度。详细分解各工序，精确制定工期计划到小时，并根据工序及人员的配置制定了合理的奖罚制度，制定"一节段一考核"制度，实行进度、质量、安全一票否决制。主桥施工采用

菱形挂篮施工工艺,具有结构轻、拼制方便、场地要求低、施工时间稳定等优点,达到了月施工进度21米的成绩。截至2016年12月底,1、2号墩共完成19个节段、135米的施工,进度过半。

六、黄金峡大桥完成桥面铺装

2017年5月,黄金峡大桥完成桥面铺装,基本具备了通车条件。

桥面铺装是大桥施工的一道重要工序,可保护桥面板防止车轮或履带的直接磨耗,保护主梁免受雨水侵蚀。在桥面铺装施工中,遇到雨天的干扰,中铁十七局项目部及时调整施工时间,采用先进的施工工艺保障了施工质量及施工效率。

七、黄金峡水利枢纽混凝土生产系统基本建成

2017年5月中旬,经过全体参建人员的艰苦奋战,黄金峡水利枢纽混凝土生产系统基本建成。

该系统由1号拌和楼和2号拌和站组成,1号拌和楼已安装完成,具备单机调试条件。相应的空压机房、实验室、制冷车间等配套设施正在紧锣密鼓地建设中。2号拌和站于2017年1月4日开始试生产混凝土,已安全运行4个多月。通过4个多月的试生产,拌和机械设备运行稳定、性能可靠。试生产的混凝土主要用于两大系统的临建项目,包括场地、道路硬化及胶带机立柱基础等。

八、黄金峡水利枢纽砂混标供水及废水处理系统设计方案专家咨询会议召开

2017年7月11日,黄金峡水利枢纽砂混标供水及废水处理系统设计方案专家咨询会议在黄金峡分公司召开。

黄金峡水利枢纽位于汉江干流,而汉江是南水北调工程的重要水源地,因此,混凝土生产系统及砂石加工系统的废水处理关系重大。黄金峡分公司组织本次会议,重点在于论证"两大系统废水处理设施设计方案"的合理性,本着集思广益的原则,在专家的指导下完善设计方案,确保做到废水零排放,保护好南水北调水源。

会议在二滩国际监理公司黄金峡水利枢纽工程监理部主持下,针对黄金峡水利枢纽混凝土生产系统、砂石加工系统的供水及废水处理系统施工图、设计方案,以及砂石加工系统扬尘处理设计方案等多个议题进行了专家咨询,着重探讨了两大系统供水的取水方式及供水保证率、两大系统废水处理工艺、砂石加工系统生产扬尘控制等重要问题。

九、黄金峡水利枢纽左坝肩开挖设计方案专题会顺利召开

2017年8月16日，黄金峡工区召开专题会议，集中解决黄金峡水利枢纽左坝肩高程553.0米以下设计、施工方案中存在的问题。长江委设计院、二滩国际监理公司、中水十局等单位代表参加专题会。

本次方案讨论会通过现场实际踏勘，组织开展设计方案的评审，并与各参建单位充分沟通，省引汉济渭公司同意设计单位提出的"缓边坡、弱支护"设计方案，以确保枢纽工程建设期及后期运行安全。

讨论会为设计方案出台提供了原则依据，为黄金峡工区下一阶段施工指明了方向，为后续施工进度总体控制奠定了良好基础。在场的各参建单位表示将全力以赴为左坝肩施工护航，精确编制施工方案，充分配置"人、材、机"等资源，确保如期完成任务。

十、黄金峡水利枢纽砂石混凝土系统2号拌和站试运转

2017年12月27日，黄金峡水利枢纽砂混系统2号拌和站系统联动试运转圆满完成，达到了系统联动试生产条件。

十一、黄金峡水利枢纽一期土埂围堰防渗墙完成浇筑

2018年5月初，黄金峡水利枢纽一期土埂围堰防渗墙水下部分顺利浇筑完成，提前实现2018年汛前施工节点目标。

黄金峡水利枢纽分两期导流，一期围堰需在2019年汛前完成。在此期间，需要完成土埂围堰（基础含3~5米卵石层需防渗处理）的填筑、拆除，纵向坝段开挖及中导墙、堰身段混凝土施工，任务艰巨，时间紧迫。为了给后续施工留出充足时间，黄金峡分公司充分利用汛前宝贵的施工时段，提前启动一期土埂围堰防渗墙施工。承建方积极利用准备期进行土埂围堰防渗墙这一关键工序施工，倒排施工计划节点时段，克服了用电难及不利水文气象条件的影响，提前完成施工节点目标，为10月主体标下江施工争取了2个月的宝贵工期，为缓解2019年第一个枯水期施工度汛压力赢得了宝贵的时间。

十二、黄金峡枢纽视频监控系统正式投入使用

经过前期的监控点位现场踏勘和设备安装后，2018年7月9日，黄金峡枢纽视频监控系统正式投入使用。

黄金峡枢纽工区已有三个标段进入施工阶段。随着10月大坝主体标下江施工，大量的人员、设备、物资将涌入。为进一步加大枢纽现场管理力度，项目方及时掌握施工现场动态，借助现代通信科技，结合先进的远程视频技术，视频监控系

统将工程信息管理系统和视频技术有效结合,成为一个综合实用的工程建设管理系统。

枢纽视频监控系统的投入使用,为建设高标准、高质量的工程提供了有力的技术保障。视频监控系统安装之后,工地上的安全生产、质量控制、文明施工管理,甚至于现场劳动力分布等都一目了然。分公司借此可以有效地对进出工地的车辆、人员进行监控,对机械操作人员的操作流程是否规范进行管理,对仓库、原材料库等易发生偷盗事件的地方进行控制,并能够对所有工地进行集中管理,提升了工程安全文明施工管理水平,提高了工作效率和管理能力。

十三、子午河大桥项目建设取得重要进展

2018 年 8 月 9 日,子午河大桥吊装完成施工。

子午河大桥是黄金峡水利枢纽工程建设对外交通的生命线。主线全长 1 024 米,采用 30 千米每小时设计标准,设计荷载为公路 Ⅱ 级。

该工程施工区域涉及宁陕县梅子镇、佛坪县大河坝镇,征迁工作一直是项目施工的绊脚石。自 2015 年底开工以来,由于种种外围环境因素影响,施工进展缓慢,一度被迫停工近一年之久,制约了黄金峡水利枢纽下一步建设计划。

近期,移民环保部组织工程技术部、大河坝分公司和地方政府有关部门妥善协调解决了现场遗留问题,7 月 30 日复工。截至目前,大桥主体已完成箱梁架设,路基填筑基本到位,其他工序也按照计划井然有序全面铺开。

十四、黄金峡水利枢纽鱼类增殖站正式开工

2018 年 8 月 29 日,黄金峡鱼类增殖站开工仪式在黄金峡工区良心沟渣场举行。

为了维护汉江流域水生物多样性,保护水生生物的生存环境,省引汉济渭公司严格执行现行建设项目环境影响评价和保护的有关规定,配套建设鱼类增殖站。鱼类增殖站的开工建设对保护汉江流域水生态环境、恢复工程河段连通性、实现坝址上下游鱼类种质资源基因交流及汉江流域珍稀特有鱼类育苗研究工作有着至关重要的意义。建成后的鱼类增殖站具有从亲鱼饲养到大规格鱼种培育的一整套人工繁育系统,并形成科普展示,能够全面达到环境保护部对保护鱼类的增殖放流要求,将成为陕西省渣场循环利用和水生态文明建设的典范。

十五、省引汉济渭公司与黄委建管局进行阶段验收工作对接

根据水利部对引汉济渭工程初步设计的批复,引汉济渭工程阶段验收由黄河

水利委员会会同省水利厅主持。

2018年9月18日,为确保后期工程阶段验收以及黄金峡水利枢纽一期导(截)流验收的顺利进行,省引汉济渭公司领导带队,就引汉济渭工程阶段验收向黄河水利委员会建管局相关领导进行了专题汇报。公司将于近期组织开展(导)截流验收前期准备工作,部署落实具体任务,确保按期进行(导)截流验收。

十六、黄金峡水利枢纽一期导流验收方案及主体工程施工组织设计方案审查会召开

根据黄金峡水利枢纽年度工作计划,2018年10月25日,由黄金峡分公司牵头,省引汉济渭公司工程技术部组织计划合同部、安全质量部、移民环保部、机电物资部、数据网络中心等部门召开了黄金峡水利枢纽一期导流验收方案及主体工程施工组织设计方案审查会。

会议由二滩国际监理部主持,主要研究讨论三个议题:一是审核长江勘测设计院编制的《黄金峡水利枢纽施工导流设计报告》和《黄金峡水利枢纽2019年度汛方案》;二是审核主体大坝标编制的《一期导流施工方案》;三是审核主体大坝标编制的《黄金峡水利枢纽土建及金属结构安装工程实施性施工组织设计》。会议听取了设计单位、施工单位及监理单位的汇报。通过讨论、各部门提问、汇报单位答疑等形式,会议原则上通过上述导流设计、度汛方案、导流施工方案及主体工程施工组织设计审查。

会议明确了下江导流技术要求、节点目标及主体工程施工的技术方案、措施及资源配置,特别是对2019年汛期应达到的形象进度目标、底孔坝段闸门安装、垂直入仓设备、温控、厂房等部位外观质量等关键事项进行了强调,为主体工程导流施工提供了关键技术支持。

十七、黄金峡水利枢纽右坝肩前期准备工程完工

2018年10月30日,黄金峡水利枢纽前期准备工程右岸坝肩建设任务全部完工。10月31日,黄金峡分公司在施工现场举行枢纽前期准备工程Ⅲ标右坝肩完工暨向主体标移交工作面仪式。

黄金峡水利枢纽右坝肩地质条件差,初期交通条件极差。在后期施工过程中,设计新增锚索、格构梁、混凝土板成几何倍数增加,加上设计需要补充地勘而暂停施工等原因,总工期相对滞后。此次右坝肩的完工给主体标施工创造了有利条件,前期Ⅲ标将在5天之内拆除混凝土拌和站,用于黄金峡水利枢纽主体标开工动员会会场。

十八、黄金峡分公司召开统供材料供应专题协调会

随着黄金峡水利枢纽主体标开工，现场各工作面正有序推进，工程建设需要的主要原材料如水泥、钢筋等急需进场。根据合同及施工计划要求，2018 年 11 月 7 日黄金峡分公司组织各材料供应商、监理及现场施工单位召开了统供材料供应专题协调会。

黄金峡分公司将引汉济渭工程统供物资管理办法及现场实施细则进行了宣贯，解释说明了重点条目。各材料供应商结合各自的生产情况以及前期供应准备工作中发现的问题逐一进行了汇报；现场施工单位介绍了工程进度及现场准备条件；监理对材料供应质量、计量方式等提出了要求。公司机电物资部及黄金峡分公司对材料需求计划的报送与下达、到货的计量方式、结算的时间节点等问题做出了详细的解答和明确的要求。

黄金峡分公司负责人强调，各材料供应商要以合同条款为原则，履行好约定的义务；材料主供方与辅供方应同时做好准备工作，提前谋划，互为替补，保证原材料足量供应。

十九、黄金峡分公司召开黄金峡水利枢纽主体标混凝土配合比试验成果审查专家咨询会

2018 年 11 月 27 日，黄金峡分公司召开了黄金峡水利枢纽主体标混凝土配合比试验成果审查专家咨询会。

咨询专家组到主体标现场实验室对提交的碾压混凝土配合比进行了现场试拌，听取了主体标碾压、常态混凝土配合比试验报告汇报。咨询专家对试验报告进行了分析和讨论，一致认为主体标提交的碾压、常态混凝土配合比试验报告符合《黄金峡水利枢纽主体工程混凝土施工技术要求》。同时，咨询专家对碾压混凝土级配比例、防渗区域处理、石粉含量、粉煤灰掺量、浆砂体积比、出机口 VC 值、现场 VC 值等关键控制参数提出了建议。咨询专家组一致认为"层间结合、温控防裂"是碾压混凝土筑坝的核心技术，按照碾压混凝土全面泛浆和具有"弹性"控制 VC 值，且以经碾压能使上层骨料嵌入下层混凝土为宜。

二十、黄金峡水利枢纽主体工程建设启动

2018 年 12 月 20 日，黄金峡水利枢纽主体工程首仓混凝土浇筑仪式举行，标志着黄金峡水利枢纽主体工程正式开工建设。

黄金峡水利枢纽作为引汉济渭工程的龙头水源工程，多年平均调水量 9.69 亿立方米，承担整个工程 67% 的调水任务，是工程效益发挥的关键。

黄金峡水利枢纽主体工程分两期导流施工,工程计划工期 1 584 天。截至 2017 年 12 月底,黄金峡水利枢纽左、右岸坝肩 455 米高程以上开挖完成;砂石系统、混凝土生产系统通过验收并试生产;土埂围堰施工完毕。

二十一、无人驾驶碾压技术首次运用于黄金峡碾压混凝土重力坝建设

2019 年 2 月 19 日,无人驾驶碾压混凝土筑坝技术在黄金峡水利枢纽工程中正式开启应用。

引汉济渭黄金峡水利枢纽工程采用两期导流方式施工,工程的首要任务是 2019 年汛前完成纵向围堰约 22 万立方米混凝土施工,工期紧,任务重,要求高。为了实现度汛目标,确保工程质量,公司与清华大学张建民院士团队联合开展的无人驾驶碾压混凝土筑坝技术应用于现场碾压混凝土施工,助推现场生产。春节期间,现场坚持正常施工,启动仓的基础准备和现场的备仓工作已全部完成,具备碾压混凝土的浇筑条件。

二十二、黄金峡水利枢纽施工期洪水预报系统项目通过验收

2019 年 3 月 29 日,黄金峡水利枢纽施工期洪水预报系统项目完工验收会在省水文局召开。

黄金峡水利枢纽施工期洪水预报系统项目建设包括水位站和水文监测站建设。工程于 2017 年 2 月开工,同年 7 月底完成了系统框架的构建,并采用不同方法编制完成三套引汉济渭工程黄金峡水利枢纽施工期洪水预报方案,同年 11 月基本完成项目建设任务。2018 年 3 月进入全面试运行阶段,并按照服务方案内容严密监控水雨情信息,报送实时水雨情信息。

引汉济渭工程黄金峡水利枢纽施工期洪水预报系统项目通过验收,标志着洪水预报系统的研发、建设以及试运行满足合同及相关规范要求,能够确保黄金峡枢纽在施工期的洪水预报准确、及时,为施工安全度汛提供了保障。

二十三、黄金峡砂石加工系统废水处理设备改造完成

2019 年 3 月,黄金峡水利枢纽砂石加工系统中的浓缩沉淀罐吊装安装完工,这标志着黄金峡水利枢纽砂石加工系统废水处理设备升级改造工作基本完成。

黄金峡水利枢纽砂石加工系统为大坝主体工程生产成品骨料,其生产能力直接影响大坝的浇筑速度,也是 2019 年大坝能否实现汛前施工目标的关键因素。自该标段 2018 年砂石加工系统恢复以来,因原设计的四级沉淀废水处理系统自

然沉淀效率低,末端沉淀池短期沉淀后的回用水悬浮物含量太高,难以满足砂石加工系统高负荷使用要求。经过近阶段的生产验证,砂砾石料冲洗废水处理量超过了已有设备处理能力,导致原废水处理工艺无法满足生产要求。黄金峡分公司根据现场实际情况,坚持生态环境红线,要求项目部重新设计废水处理方案,以满足废水处理后循环回用的要求,严格执行零排放标准。

参建各方管理思路统一后,施工单位克服资金周转困难,多次外出考察类似项目的废水处理成功案例,并结合现场实际施工特点,制定了本次化学沉淀与物理沉淀相结合的处理改造方案。处理流程为:筛分车间和棒磨机车间冲洗废水,自流进入原一级沉淀池,较大颗粒物料在沉淀池自然沉淀,定期采用反铲配自卸汽车清理沉淀池内物料;含有较浓悬浮物的废水自沉淀池溢流口通过钢管自流进入浓缩沉淀罐内,期间通过管道混合器加药,浓缩沉淀罐将大部分悬浮物沉淀在罐体底部,清液从浓缩罐上部自流进入清水池内,循环生产;浓缩罐底部淤泥在罐体上部水压下自流进入带式压滤机中,带式压滤机将淤泥干化处理,处理后形成的泥饼通过胶带机送入干化泥储存池堆存,装载机配自卸汽车将泥饼运至指定渣场;带式压滤机滤液由下部池体收集,滤液收集池底部放置渣浆泵,通过渣浆泵将带药性的滤液送至锥罐,循环处理。

经过一周左右的调试运行,新系统处理效能达到了预期目标。经抽检检测,系统入口废水悬浮物含量约为 29 950 毫克每升,处理后的废水悬浮物含量为 165 毫克每升,是原四级沉淀系统回用废水悬浮物含量(19 850 毫克每升)的 1/120,大幅提高了废水回用利用率,从根本上解决了原系统存在的处理效能问题。

经过本次改造后,废水处理系统完全可以满足砂石加工系统的废水处理量要求,从源头杜绝砂石加工对汉江水环境的破坏,以保护汉江水源。

二十四、《大河坝至黄金峡交通道路大坪隧道交通工程及附属设施完善工程施工图设计》评审会召开

2019 年 4 月 19 日,省引汉济渭公司在西安召开专家评审会,特邀长安大学、铁一院、省交通规划设计院相关专家对西安公路研究院编制的《大河坝至黄金峡交通道路大坪隧道交通工程及附属设施完善工程施工图设计》进行技术评审。

会议听取了西安公路研究院对大坪隧道交通工程及附属设施完善工程设计方案的汇报,并就消防、监控、供配电和工程预算等内容进行了详细的问询和讨论。专家组一致认为,按照公路工程相关规范要求,补充完善监控、消防、供配电等内容是十分必要的,设计单位编制的设计文件内容齐全,图表文字清晰,方案可

行,预算合理,能够作为指导施工作业的依据,同意通过审查。

二十五、黄金峡鱼类增殖放流站综合楼顺利封顶

2019年5月24日,黄金峡鱼类增殖放流站建设工程综合楼主体框架结构屋顶斜屋面浇筑完成,至此综合楼主体框架结构全部完工。

综合楼位于场区主入口轴线中点,呈高台基式对称建筑,为四层混凝土框架结构,长50.2米、宽26.1米、高20米,占地面积588平方米,建筑面积约1953平方米,作为多功能综合性办公楼,在有限的占地范围内承接多项使用功能,合理有效地节省了鱼类增殖放流站紧张的占地面积,并将办公、科普展示等内容结合在一起,实现了资源的综合利用。

二十六、黄金峡水利枢纽一期围堰工程度汛节点目标实现

2019年5月31日,永临结合的一期纵向混凝土围堰混凝土浇筑完成,全部达到防洪度汛设计要求的高程,即上纵段及纵堰坝段浇筑至425.0米高程,中导墙及下纵段浇筑至423.0米高程,上下游土石围堰填筑至设计度汛高程。该关键节点目标任务的完成,标志着黄金峡水利枢纽一期围堰全部达到10年一遇防洪度汛设计标准,设计洪水流量10 800立方米每秒,左岸基坑内建筑物具备全年施工条件。

黄金峡水利枢纽采用分期导流施工,主体大坝工程开工后,建筑物施工每年都要与洪水赛跑,特别是2019年一期纵向混凝土围堰浇筑目标。每年汛前任何一个节点目标未完成,都将使总工期至少推后一年。

一期纵向混凝土围堰施工时间紧、任务重,从2018年11月导流到基坑开挖,再到建筑物清基、混凝土浇筑、基础灌浆,直至2019年5月底完工,仅有6个月时间,而需要开挖土石方达170万立方米,混凝土浇筑达21.5万立方米,月浇筑强度达8万立方米,工程量浩大。黄金峡分公司经过论证,决定在承担一定风险的前提下,提前下江进行土埂围堰防渗墙施工。该方案若成功实施,可为基坑开挖及混凝土浇筑提前近2个月工期,有效降低了后续施工的强度及难度。进入2019年,黄金峡分公司以纵向混凝土围堰基础处理、混凝土浇筑为主线,狠抓主体标"人、材、机"等资源配置、砂混标砂石加工及混凝土供应,在全工区内开展"大干一百天,全力保度汛"劳动竞赛活动,提高各参建单位积极性。黄金峡分公司成立夜班巡视督导小组,不间断督促检查跟踪,确保进度、质量、安全及环保水保等满足设计及规范要求。在黄金峡分公司全体员工及各参建单位共同努力下,4月30日一期纵向混凝土围堰超额2米完成汛期目标,5月7日顶住了超标2倍的洪水。5

月 23 日黄金峡党员突击队成立。

二十七、黄金峡混凝土生产系统全力保障围堰浇筑

为了满足枢纽纵向混凝土围堰日夜浇筑的进度需要,黄金峡分公司严格监管混凝土生产系统,全力保障围堰浇筑。

2019 年汛前是黄金峡枢纽混凝土浇筑的第一个高峰期,本次高峰期生产量是系统整个运营周期内生产强度最大、生产任务最紧的一个时段。能否顺利完成既定的混凝土生产任务,将直接决定主体标的安全度汛和计划工期能否顺利完成。在黄金峡分公司及参建各方的不懈努力下,黄金峡混凝土生产系统日产能达到 3 000 立方米,为主体标安全度汛节点目标的实现提供了重要保障。

面对成品骨料储存少、毛料源级配起伏较大、环保水保压力等影响正常生产的诸多困难,参建各方顶住压力,紧盯生产各环节,灵活调整料场开挖区域和开挖工艺。面对系统长期搁置导致的设施部件老化、设备故障频发等问题,黄金峡分公司逐一排查,在生产不停的情况下逐步进行替换和改造,确保每天尽可能多的有效生产时间。面对围堰浇筑空前的生产进度压力,分公司通过分析利害,积极调动参建各方的工作积极性,并和监理方、施工方日夜紧盯混凝土生产系统,对每次出现故障需要维修的部位,立即到场,及时督导,快速处理。

二十八、黄金峡水利枢纽边坡生态修复试验区植被初见成效

2019 年 5 月,黄金峡水利枢纽右岸坝肩的边坡生态修复试验区植被初见成效。

本次生态修复试验区选定的区域是黄金峡水利枢纽右岸框格梁支护坡面,施工采用了坡面喷射 12 厘米厚的植被混凝土的技术方案,初喷 10 厘米厚的基层植被混凝土,复喷 2 厘米厚的面层植被混凝土(含混合植物种子),随后进入养护管理阶段。植被混凝土由种植土、水泥、有机物料、植被混凝土添加剂和复合肥等混合拌制而成。养护管理主要包括喷灌洒水、病虫防治和局部修复等措施,重点突出喷灌洒水管理,喷灌养护保证喷洒覆盖率大于或等于 95%,避免幼苗生长出现长期缺水现象。

经试验发现,喷洒覆盖率低的区域长势较差,框格梁下部区域绿草生长更旺,长势情况与植被混凝土厚度、喷洒覆盖率、保水能力等控制因素存在显著相关关系,生态试验基本达到了预期目标,为下一步完善设计、大面积开展生态修复工程提供了技术支撑。

二十九、黄金峡水利枢纽左岸1号公路外侧人行走道开始安装

2019年8月31日,黄金峡水利枢纽左岸钢结构调度平台和人行走道正式进入现场安装阶段。

该设施为悬挑钢结构平台,人行走道宽度为2米,沿路长度约200米;调度平台宽度为8米,沿路长度为23米。为保证施工的顺利开展,黄金峡分公司组织各参建单位针对设计、制作工艺以及装配、焊接等施工技术问题开展技术及安全交底工作,严格把控钢构件的制作与加工进度。针对现阶段降水频繁问题,在钢结构的制作、安装、焊接等方面制定详细的雨季施工保证措施,确保施工安全及进度。

工程建成后,沿1号公路外侧将形成专用人行通道,实现人车分流,有效保证了交通有序及行车、行人安全,兼顾工程建设、运行调度及枢纽参观等使用功能。

三十、黄金峡分公司加快枢纽重点部位施工

为持续推进现场工程进度,黄金峡分公司继2019年上半年成功完成"4·30"和"5·31"度汛目标后,全力向10月全国水利信息化创新示范会各项目标任务发起冲刺。

底孔坝段、底孔消力池、导墙坝段及厂坝导墙施工全面展开,作为二期基坑施工时主要泄流建筑物,需在2020年9月前完成底孔坝段、底孔弧门及其启闭机安装,使底孔具备过流条件。

底孔坝段于2019年6月21日开始施工,混凝土浇筑3 000立方米,完成了基础全覆盖,施工进度满足年度计划要求。

底孔消力池于2019年6月8日浇筑首仓混凝土,已浇筑15 000立方米,锚杆完成1 000根,累计完成设计工程量的80%。

在施工前,黄金峡分公司要求项目部对现场管理人员及作业人员进行全面详细的技术交底,每仓混凝土施工前由技术部门进行仓面设计,并在开仓前由技术部门向所有参与施工工序的施工人员进行技术交底。施工过程中严格执行"三检制",每道工序完成前班组自检、施工队复检、项目部质检员终检,三检验收合格后由项目部终检质检员通知监理工程师验收。每仓开浇前检查仓面机械设备、人员配置、入仓道路、通信设施、仓内照明以及检测仪器,浇筑条件满足后方可开仓。每仓混凝土浇筑过程中,仓面派驻技术、质量人员各一名,按照批复的技术方案现场监督施工。

同时,黄金峡分公司还重点推进柳树沟信息楼建设。信息楼将是全国水利信息化创新示范会的会场之一,2019年7月开始施工。黄金峡分公司挑选优质施工作业队进行作业,委派专职安全员、技术人员现场指导,定点负责,克服"时间紧、任务重、要求高"的多重困难,严格按照施工设计要求,层层落实各项管理制度和工程质量责任制,认真施工、科学施工,在炎热高温下顺利完成了排水管涵的开挖安装、信息楼基础混凝土浇筑、主楼钢结构安装以及楼面混凝土施工。

三十一、大黄路边坡塌方现场处理

2019年9月下旬,受前期连续降水影响,黄金峡工区主干道大黄路边坡出现多处塌方,其中一处严重塌方体完全将道路阻断,施工人员和车辆无法前往工区,给施工带来极大影响。

9月24日,雨情稍缓,省引汉济渭公司相关负责人前往黄金峡工区一线实地踏勘现场,及时处理大黄路边坡塌方问题。经过现场踏勘,现场工作组召开了处理方案碰头会,达成如下意见:设计方认真踏勘现场地质情况,特别是滑坡开口线外的挂裂破坏情况,在对原始稳定山体少扰动的前提下,尽快制定处理方案,在保持安全的前提下尽快组织实施;分公司进一步加强对塌方体的监测,做好安全管理工作,确保过往行人和车辆安全,并对此处塌方体进行妥善处理;迅速修建一条施工便道,打通工区生命线,确保现场施工、生产、生活正常运行。

三十二、黄金峡水利枢纽边坡 GNSS 自动化监测系统安装调试完成

经过近一个月的现场测试和施工,2019年9月29日,黄金峡水利枢纽边坡外观 GNSS 自动化监测系统设备安装完成。10月3日,28个观测点和2个参考点坐标解算成功,系统进入试运行阶段,数据稳定,未见异常情况。

黄金峡水利枢纽两岸边坡岩体破碎,节理发育,稳定性较差,为掌握边坡受力及变形情况,初期采用全站仪、多点位移计、测力计、测斜孔等方式进行边坡变形监测。

GNSS 自动化监测系统可以进行全天候实时观测,通过软件系统分级预警,及时预报,克服了上述方法的缺点。经过现场测试,枢纽片区卫星信号、网络通信、交通、供电等基础设施满足实施 GNSS 自动化监测的条件,且数据精度符合设计要求。

黄金峡水利枢纽 GNSS 自动化监测系统,包括数据采集系统、数据传输系统、数据处理与控制系统、辅助系统等四大硬件系统,以及监测解算控制软件、监控预

警预报软件两大软件系统,由左岸 24 个观测点、右岸 4 个观测点、2 个参考点、3 处接收机机柜、1 间数控中心机房、无线网桥、电缆和防雷等辅助设施组成。

三十三、黄金峡水利枢纽 1 号公路硬化施工顺利完成

2019 年 10 月 2 日,黄金峡水利枢纽 1 号公路的路面硬化施工完成,计划 10 月下旬全幅正式通车。黄金峡水利枢纽 1 号公路的建成将加快人员通行及物资设备供应速度,加强主体标上下游及河道左右岸的快速连接。

1 号公路结合左岸上坝路和厂房进厂路布置,起始于坝址上游约 140 米处,接现有大黄进场公路,经左岸坝顶、混凝土系统、水文站、施工变电所,终点至黄金峡大桥左岸桥头,路面宽 7.5 米,总长约 0.90 千米,为永久道路。1 号公路作为左岸交通要道,主要承担水利枢纽的施工机械、人员通行及设备物资供应等任务。

1 号公路建设期间,面临多家联合作业、施工干扰、天气影响等多重困难,为保证道路建设顺利进行,黄金峡分公司积极协调,召开专题会议认真讨论,确定采用分段、分幅、分区间隔施工的方式,最大限度地减小施工干扰,确保其他建设任务同步跟进;并严控各单位相关工作面工期,严把施工质量,指派专人巡查道路施工,根据工期节点增设夜班作业,实行两班倒制度,快速有序地推进工程建设。

三十四、黄金峡水利枢纽大坝边坡加固处理设计专题技术咨询会召开

2019 年 10 月 15 日,省引汉济渭公司特邀水规总院专家对《黄金峡水利枢纽大坝边坡加固处理设计专题报告》进行技术咨询。

专家详细听取了长江设计公司关于黄金峡水利枢纽大坝左、右岸边坡加固处理方案的汇报,重点围绕工程地质揭露情况、监测数据反馈以及开挖支护方案比选进行了质询和讨论,同时就下一步设计变更处理提出了意见及建议。会议最终通过了设计单位提出的边坡加固处理方案。

黄金峡水利枢纽大坝边坡自 2015 年底开挖施工以来,不断揭露新的地质断层和构造,且岩体强风化厚度变大,由此造成边坡稳定条件恶化,发生了多处地表变形和不同程度滑塌,对工程安全及进度造成了很大影响。本次专家咨询会为黄金峡水利枢纽大坝边坡加固处理提供了可靠的技术支撑,确保了大坝边坡施工及运行期稳定。

三十五、黄金峡水利枢纽电站工程进行首仓混凝土浇筑

2020 年 4 月 30 日,黄金峡水利枢纽控制性工程电站 3 号机组最低处尾水肘管基础位置首仓混凝土浇筑。该机组下游尾水渠护坦正在进行钢筋及模板安装,

其上游泵站坝段 5 号、6 号机组基础已清理完毕,自 5 月 1 日起依次进行混凝土浇筑。电站首仓混凝土浇筑预示着黄金峡水利枢纽电站泵站项目工程即将进入大规模钢筋混凝土浇筑施工阶段,其金属结构安装也同步展开施工。

黄金峡水利枢纽工程是引汉济渭龙头工程,电站泵站项目建设是其发挥效益的关键所在。黄金峡分公司自枢纽工程开工以来,以安全度汛为基础,以导截流项目为抓手,精心统筹电站泵站项目建设,按设计规划的时间节点进行施工,全力推进枢纽工程建设进度。

三十六、黄金峡水利枢纽出水洞 2 号施工支洞顺利贯通

2020 年 6 月 2 日,黄金峡水利枢纽出水洞 2 号施工支洞贯通。

出水洞 2 号施工支洞位于黄金峡水利枢纽左坝肩出水平洞右侧,断面尺寸为 4.5 米×5.5 米,城门洞形,洞长 223.92 米,与出水平洞连接处洞底高程为 417.2 米,洞室出口底板高程为 446.5 米,最大纵坡为 14.28%。2 号施工支洞整体上围岩稳定性较差,为确保施工安全,进洞前先布置管棚支护体系,在管棚保护下开挖作业,且在施工过程中密切关注围岩变形和稳定检测,及时调整作业程序和支护参数,确保洞室开挖、支护的质量和施工安全。

黄金峡水利枢纽左坝肩共有 5 条洞挖工程(1 号、2 号施工支洞,1 号、2 号排水洞,尾水渠边坡 417.6 米高程抗剪洞)同时施工。为确保左坝肩洞挖工程安全质量、进度得到保障,黄金峡分公司在过程管理中实行"高标准、严要求、零容忍"的态度,确保各个工序符合设计要求,保证施工顺利进行。

三十七、黄金峡黄三Ⅰ标 2 号弃渣场复垦完成

2020 年 7 月,秦岭输水隧洞黄三段Ⅰ标工程项目 2 号弃渣场农田复垦完工。

为推进 2 号渣场复垦施工进度,打造"绿色"工地,构建生态环境,黄金峡分公司提出在保证不影响工程整体建设布局的基础上,集中资源,推动渣场复垦工作,尽早完成施工任务。随后,黄三Ⅰ标立即做出响应,根据地方环保水保相关要求,加大资源投入,包括挖掘机、装载机、自卸车在内的多辆大型设备服务现场场地平整、石料运卸、田坎砌筑、拉运土料等工作。经过 20 天紧锣密鼓的施工,黄三Ⅰ标 2 号渣场保质保量完成了农田复垦施工任务,农户也已经在复垦后的渣场种上了庄稼。

三十八、黄金峡水利枢纽左岸尾水渠边坡抗剪洞开挖顺利完成

继黄金峡水利枢纽左坝肩出水池 1 号通气交通洞、2 号施工支洞开挖完成之

后,2020 年 7 月 7 日,黄金峡水利枢纽左岸尾水渠边坡 417.6 米高程抗剪洞也顺利开挖完成。

尾水渠边坡 417.60 米高程抗剪洞全长 70 米,断面尺寸 3.0 米×3.5 米(宽×高)。抗剪洞采用全断面爆破开挖,周边采用光面爆破,中间采用直眼掏槽。由于抗剪洞断面斜切 fz15 断层,围岩以Ⅳ~Ⅴ类强风化岩体为主,过程中渗水、滑塌及掉块现象时有发生,给洞室开挖造成极大困难。

为确保施工安全和质量,黄金峡分公司在开挖过程中,要求每循环开挖作业前设计代表和监理工程师必须查看围岩情况,同时进行地质素描,根据围岩变化和稳定的检测成果,调整作业程序和支护参数。根据断层走向调整掘进水平方向,严格遵循"短进尺、弱爆破、紧支护、勤监测"的原则,周密安排施工循环作业,确保洞室开挖、支护的质量和施工安全。

作为一种穿越软弱结构面的大体积混凝土,抗剪洞具有较高的抗剪强度,能够有效改善深部软弱结构面的强度,提高边坡抗滑稳定性,抑制边坡变形趋势。尾水渠抗剪洞开挖顺利完成,将大大提高黄金峡水利枢纽左岸边坡的稳定性。

三十九、黄金峡水利枢纽排沙底孔弧门开始吊装

2020 年 9 月 1 日,随着 2 号底孔工作弧门门叶由堆放场安全平稳地转运至底孔安装位置,底孔弧门门叶安装施工正式拉开序幕。

黄金峡底孔弧门,单节门叶宽 3.945 米(除侧水封宽度外),重量超过 49 吨,一扇弧门由两节门叶拼接而成,属于超重超宽设备,由葛洲坝机船厂生产。受疫情及汛情双重影响,弧门从制造到运输过程中都存在很大的困难,经过多方共同努力协调,最终保证了底孔弧门安全、顺利运抵现场。

底孔弧门安装为黄金峡水利枢纽二期截流关键工作。本次弧门安装工期紧,工作面交叉作业多,安装空间狭小,底孔孔口净宽 8 米,门叶吊装采用汽车吊配合底孔弧门固卷同步进行,一节门叶放进孔口后,另外一节再吊装进去就只剩 11 厘米的间隙,施工难度大。黄金峡分公司通过精心组织,积极协调各方配合工作,施工单位合理安排工期,做好安全技术交底工作,严格控制安装质量,监理单位对进度、质量、安全进行严格把关,设计单位及厂家积极协调配合,共同保障弧门安装工作的顺利进行,确保年度二期截流任务圆满完成。

四十、黄金峡水利枢纽泵站出水洞下平段顺利贯通

2020 年 9 月 5 日,黄金峡水利枢纽泵站出水洞下平段破山而出,与黄金峡水利枢纽泵站完美接触。

黄金峡水利枢纽泵站安装 7 台 1.8 万千瓦立式水泵机组,总装机功率为 12.6 万千瓦,泵站设计流量 70 立方米每秒,泵站出水洞下平段位于左坝肩内部,是泵站出水系统扬水总管"L"形中的水平部分,泵站抽水先进入左坝肩长达 184.37 米的下平段,再经过长 28.27 米的圆弧段后,通过垂直向上的 87.23 米竖井段进入出水池。

泵站出水洞下平段断面尺寸为 7.8 米×7.9 米(长×高),长 184.37 米,底板高程 417 米。出水洞开挖由左坝肩 2 号施工支洞进入,双向爆破。洞内围岩以Ⅲ~Ⅳ类闪长岩弱风化为主。因处在山体中心位置,开挖过程中渗水严重,落石现象时有发生。洞口处位于基坑泵站安Ⅰ段和电站安装的厂边坡位置,爆破开挖严重影响基坑施工人员及设备安全。面对开挖的重重困难,黄金峡分公司要求严格遵循"短进尺、弱爆破、紧支护、勤监测"的施工原则,周密部署施工循环作业,要求参建各方及时进行地质素描和四方验收,缩短岩石裸露时间。在距坡面 7 米开始缩小断面尺寸至 3 米×3 米,采用先挖导洞后扩挖方式,并安排专职安全员全过程对边坡坡面稳定进行监管,保障基坑边坡下方施工安全进行,实现了安全高效掘进的施工目标。

四十一、黄金峡水利枢纽左坝肩 1 号排水洞贯通

2020 年 9 月 15 日,黄金峡水利枢纽左坝肩 1 号排水洞精准贯通。

左坝肩 1 号排水洞为新增项目,位于黄金峡水利枢纽左岸高程 455 米山体内部。设计全长 491.60 米,断面尺寸 3.0 米×3.5 米(宽×高),最大纵坡 4.4%,进口衔接 1 号公路(高程 454.6 米)。1 号排水洞 K150+225.00 处向汉江侧开挖 35 米,衔接左岸灌浆平洞,连接处底板高程为 455.7 米,最大纵坡 2%。排水洞出口与出水池专用公路相接。

排水洞是治理山体滑坡的有力措施之一。左坝肩 1 号排水洞通过洞内向山体密布散射的深排水孔降低山体含水量,减轻山体重量,提高山体稳定性,可有效防止山体滑坡,进而增加了黄金峡水利枢纽左"肩膀"的可靠性。

在施工过程中,项目施工方根据洞室不同的地质条件,采用相适应的施工方法,减少围岩扰动,充分利用围岩的自稳条件,周边孔采用光面爆破技术,减少超欠挖。对已成型的顶拱和侧墙,经常检查和安全检测。在围岩破碎地带,洞壁埋设变形观测设施,随时检测洞壁变形情况,确保施工安全。

四十二、黄金峡水利枢纽泵站电站厂房上下游围堰完工

2020 年 9 月 15 日,黄金峡水利枢纽主体工程泵站电站厂房上游混凝土围堰

浇筑封顶,达到429.8米设计高程。至此,泵站电站厂房上下游围堰全部完工,具备枢纽主河床二期截流挡水条件。

2020年是黄金峡水利枢纽主体工程最关键的一年,工程面临二期截流及泵站电站土建与金属结构安装等重大任务。黄金峡分公司根据枢纽分期导流每年与洪水赛跑的特点,提前谋划,制定了翔实的实施方案,并全力推进落实。

截至2020年9月,完成5个重要目标,即黄三隧洞合同内项目建设完工、枢纽主体工程底孔坝段达到442.0米安装高程、厂坝导墙封顶、泵站电站厂房上下游土石围堰完工、电站1号及3号机组引水压力钢管安装完工。还有2个节点目标进行中:导墙坝段已浇筑至426.3米高程,再有一仓混凝土就达到二期截流度汛设计高程;底孔闸门与启闭机已完成2号闸孔安装,9月底前完成1号闸孔安装。

四十三、黄金峡分公司召开右岸边坡开挖与处理分部工程验收会

2020年10月18日,黄金峡分公司召开黄金峡水利枢纽右岸边坡开挖与处理分部工程验收会,特邀水利部引汉济渭项目站朴昌学站长、尹晓飞监督员列席。

验收组通过听取施工、监理单位关于工程建设和单元工程质量评定情况的汇报、查看相关资料等方式,认为该分部工程已按照设计及合同文件要求全部完成,同意通过验收。下一步,黄金峡分公司将继续严格监管各参建单位做好相关事项,争取早日完成该标段的合同工程完工验收工作。

四十四、黄金峡水利枢纽二期截流阶段验收会议顺利召开

2020年10月19—21日,水利部黄河水利委员会会同省水利厅在汉中市佛坪县大河坝镇召开引汉济渭工程黄金峡水利枢纽二期截流阶段验收会议。

会议成立了以水利部黄河水利委员会副总工程师何兴照为主任委员的验收委员会,特邀六位专家成立验收专家组。验收委员会成员和专家组实地查看了工程现场,查阅了相关资料,听取了项目法人、设计、监理、施工、安全检测、质量监督等单位汇报。经充分讨论,会议认为引汉济渭黄金峡水利枢纽工程具备二期截流阶段验收条件,并出具了专家意见,形成了验收结论,同意通过二期截流阶段验收。

省水利建设工程中心、省防汛抗旱指挥部办公室、省水利工程质量安全中心、水利部水利工程建设质量与安全监督总站、汉中市和洋县有关部门代表及项目参建单位负责人参加会议。

四十五、引汉济渭工程黄金峡水利枢纽汉江截流

2020年11月12日,黄金峡水利枢纽汉江成功截流。黄金峡水利枢纽汉江截

流完成后,将尽快进行表孔坝段和右坝段混凝土浇筑施工,确保右岸坝体混凝土浇筑按期具备过流条件,为安全度汛和后期实现下闸蓄水奠定基础。

截至截流日,黄金峡水利枢纽厂坝导墙坝段浇筑至 429.8 米高程,底孔坝段浇筑至 442.0 米高程,泄洪冲沙底孔已浇筑至 442.0 米高程以上,弧形工作门安装调试完成。

四十六、黄金峡水利枢纽右岸二期工程首仓混凝土开始浇筑

2021 年 1 月 31 日,黄金峡水利枢纽右岸二期工程首仓混凝土开始浇筑。二期混凝土施工包括表孔坝段、表孔消力戽、升船机引航道及右非坝段等主要构筑物。

黄金峡水利枢纽主体工程 2021 年建设任务非常繁重。自二期截流开始,黄金峡分公司多次召开现场办公会议,优化施工组织,细化施工方案。黄金峡党员突击队充分发挥党员带头作用,攻克了二期围堰防渗墙塌孔等诸多难题,确保施工连续开展。经过 80 天鏖战,成功完成 4 000 平方米防渗墙施工和 22 万立方米土石方开挖任务,转入混凝土浇筑的全新阶段。

四十七、黄金峡水利枢纽施工期监控管理智能化项目系统需求规格说明书通过评审

2021 年 3 月 17 日,省引汉济渭公司召开《黄金峡水利枢纽施工期监控管理智能化项目系统需求规格说明书》专家评审会。

黄金峡分公司、公司数据网络中心、计划合同部、工程管理部、机电物资部、安全质量部,陕西赛威信息工程监理评测有限公司,中软信息系统有限公司,中水十二局,中电建建筑有限公司,二滩国际监理公司等单位相关负责人参加会议。

会议特邀 5 名行业知名专家组成评审组。专家们听取了承建单位对项目需求分析形成的规格说明书汇报,就公司工程信息化建设总体规划、黄金峡水利枢纽工程建设情况及项目所涉及的工程进度管理、物资管理、质量管理、安全管理四大监控管理功能模块进行了讨论和质询。专家组认为汇报方案基本满足工程施工期建设监管需求,一致同意通过评审,并就进一步修改完善提出了指导建议。

本次评审通过的需求规格说明书,是为全面覆盖黄金峡水利枢纽工程施工期建设实际监管的需求,以信息化手段助推工程远程实时监管落地。下一步,公司将督促承建方迭代更新需求规格说明书,结合工程建设实况,细化项目建设任务,以更高标准满足工区业务实际监管需求。

第六章　主要参建单位

引汉济渭工程的各参建单位,包括施工单位和监理单位,均由委托招标、公开投标的方式产生。其中,秦岭输水隧洞工程分为 20 个标段,三河口水利枢纽工程分为 11 个标段,黄金峡水利枢纽工程分为 9 个标段。本章以图表的形式列出了主要参建单位的名录及其施工标段。

第一节　秦岭输水隧洞主要参建单位

秦岭输水隧洞工程标段和参建单位见表4-6-1。

表 4-6-1　秦岭输水隧洞工程标段和参建单位

标段名称	设计单位	施工单位	监理单位	主要施工区域
秦岭隧洞(越岭段)椒溪河勘探试验洞工程	中铁第一勘察设计院集团有限公司	中国水电建设集团十五工程局有限公司	上海宏波工程咨询管理有限公司	秦岭隧洞(越岭段)K0+000~K6+638 里程长 6 638 米主洞开挖掘进、衬砌施工;位于椒溪河右岸黄泥嘴、平距 324 米、斜长 325.99 米的支洞开挖掘进施工
秦岭隧洞(越岭段)0 号勘探试验洞工程		中铁五局(集团)有限公司	陕西省水利工程建设监理有限责任公司	秦岭隧洞(越岭段)K6+638~K13+900 里程长 7 262 米主洞开挖掘进、衬砌施工;位于佛坪县石墩河乡迴龙寺蒲河右岸山坡上平距 1 148 米、斜长 1 145.44 米的支洞开挖掘进施工
秦岭隧洞(越岭段)0-1 号勘探试验洞		中铁十七局集团有限公司	陕西大安工程监理有限责任公司	秦岭隧洞(越岭段)K13+900~K16+934.226 里程长 3 034.226 米的主洞开挖掘进、衬砌施工;位于佛坪县陈家坝镇小郭家坝蒲河右岸山坡上、平距 1 512 米、斜长 1 521.12 米的支洞开挖掘进施工
秦岭隧洞 1 号勘探试验洞工程		中铁二十二局集团第四工程有限公司	上海宏波工程咨询管理有限公司	位于宁陕县四亩地镇粮站背后山坡坡脚下、平距 1 882 米、斜坡距为 1 891.24 米的支洞开挖掘进施工
秦岭隧洞 2 号勘探试验洞工程		中铁二十二局集团第四工程有限公司	陕西省水利工程建设监理有限责任公司	位于宁陕县四亩地镇凉水井附近蒲河右岸、长 1 993.16 米的支洞开挖掘进施工

续表 4-6-1

标段名称	设计单位	施工单位	监理单位	主要施工区域
秦岭隧洞 3 号勘探试验洞工程	中铁第一勘察设计院集团有限公司	中铁隧道集团有限公司	上海宏波工程咨询管理有限公司	位于秦岭南子午河支流蒲河上游四亩地镇五根树村、长 3 885 米的支洞开挖掘进施工
秦岭隧洞（越岭段）1 号勘探试验洞主洞延伸段工程		中铁二十二局集团第四工程有限公司	上海宏波工程咨询管理有限公司	秦岭隧洞（越岭段）K16＋934.226～K20＋050.226 里程长 3 116 米的主洞开挖掘进、衬砌施工
秦岭隧洞（越岭段）2 号勘探试验洞主洞延伸段工程		中铁十七局集团有限公司	陕西省水利工程建设监理有限责任公司	秦岭隧洞（越岭段）K20＋050.226～K23＋642.226 里程长 3 592 米的主洞开挖掘进、衬砌施工
秦岭隧洞（越岭段）3 号勘探试验洞主洞延伸段工程		中铁隧道集团有限公司	上海宏波工程咨询管理有限公司	秦岭隧洞（越岭段）K23＋642.226～K27＋643.006 里程长 4 000.78 米的主洞开挖掘进、衬砌施工
秦岭隧洞 TBM 施工段岭南工程		中铁隧道集团有限公司暨中国水电建设集团十五工程局有限公司联合体	四川二滩国际工程咨询有限责任公司	秦岭隧洞（越岭段）K27＋643～K46＋360 里程长 18 717 米的主洞 TBM 掘进施工；长 1 601 米的 4 号支洞开挖掘进施工
秦岭隧洞 TBM 施工段岭北工程		中铁十八局集团有限公司	陕西大安工程建设监理有限责任公司	秦岭隧洞（越岭段）K46＋360～K62＋903 里程长 16 543 米的主洞 TBM 掘进施工；长 4 595 米的 5 号支洞开挖掘进施工
秦岭隧洞 6 号勘探试验洞工程		中铁十八局集团有限公司	陕西大安工程建设监理有限责任公司	位于周至王家河出口北侧平距 2 390 米的支洞开挖掘进施工
秦岭隧洞 7 号勘探试验洞工程		中铁十八局集团有限公司	上海宏波工程咨询管理有限公司	全长 1 880.52 米的支洞掘进开挖施工

续表 4-6-1

标段名称	设计单位	施工单位	监理单位	主要施工区域
秦岭隧洞（越岭段）6 号勘探试验洞主洞延伸段工程施工	中铁第一勘察设计院集团有限公司	中铁十八局集团有限公司	陕西大安工程建设监理有限责任公司	秦岭隧洞（越岭段）K62+902.517～K67+163.517 里程长 4 261 米的主洞开挖掘进、衬砌施工
秦岭隧洞（越岭段）7 号勘探试验洞主洞试验段工程		中铁十七局集团有限公司	中国水利水电建设工程咨询西北公司	秦岭隧洞（越岭段）K67+163.517～K75+286 里程长 8 122.483 米的主洞开挖掘进、衬砌施工
秦岭隧洞（越岭段）出口勘探试验洞工程		中铁十七局集团有限公司	湖北长峡工程建设监理有限公司	秦岭隧洞（越岭段）K78＋779～K81+779 里程长 3 千米的主洞开挖掘进、衬砌施工
秦岭隧洞（越岭段）出口延伸段工程		中铁十七局集团有限公司	陕西大安工程建设监理有限责任公司	秦岭隧洞（越岭段）K75＋286～K78+779 里程长 3 493 米的主洞开挖掘进、衬砌施工
秦岭隧洞黄三段Ⅰ标工程	黄河勘测规划设计有限公司	中铁二十一局集团有限公司	上海宏波工程咨询管理有限公司	秦岭隧洞（黄三段）K0＋000～K7+929.00 里程长 7.929 千米的主洞开挖掘进、衬砌施工，1 号、2 号支洞开挖施工
秦岭隧洞黄三段Ⅱ标工程		中铁十七局集团有限公司		秦岭隧洞（黄三段）K7＋929.00～K16+481.16 里程长 8.552 千米的主洞开挖掘进、衬砌施工，3 号、4 号支洞开挖施工
秦岭隧洞（越岭段、黄三段）安全监测工程	中铁第一勘察设计院集团有限公司/黄河勘测规划设计有限公司	长江空间信息技术工程有限公司	秦岭隧洞各家监理单位	秦岭输水隧洞主洞工程安全监测系统的施工建设及资料分析归档

第二节 三河口水利枢纽主要参建单位

三河口水利枢纽工程标段和参建单位见表4-6-2。

表 4-6-2 三河口水利枢纽工程标段和参建单位

标段名称	设计单位	施工单位	监理单位	主要施工区域
三河口水利枢纽前期准备工程一期工程	陕西省水利电力勘测设计研究院	中国水电建设集团十五工程局有限公司	四川二滩国际工程咨询有限责任公司	大坝左右坝肩开挖工程、交通工程、围堰工程、渣场防护等
三河口水利枢纽前期准备工程导流洞工程		中国水电建设集团十五工程局有限公司		导 0 + 274.227 ~ 导 0 + 600.2 长 733.076 米的三河口导流洞改造、改建工程
三河口水利枢纽二期准备工程第二标项砂石料加工系统及施工辅助工程		中国水利水电第四工程局有限公司		新建 6 号路,12 号施工道路及 1 号、2 号施工临时桥,改建三陈公路,建设砂石骨料生产系统
三河口水利枢纽二期准备工程第一标施工供电工程		陕西送变电工程公司		三河口水利枢纽施工期供电
三河口水利枢纽左岸上坝道路及下游交通桥工程		陕西水利水电工程集团有限公司		起点位于西汉高速佛坪连接线子午河大桥桥头,线路全长 2.875 千米的左岸上坝道路建设;位于三河口水库坝址下游 900 米处总长为 108 米的交通桥建设
三河口水利枢纽大坝工程	陕西省水利电力勘测设计研究院	中国水利水电第四工程局有限公司	四川二滩国际工程咨询有限责任公司	三河口水利枢纽拦河坝、消力塘土建施工、金属结构安装及辅助工程施工
三河口水利枢纽坝后电站及厂房工程		中国水利水电第八工程局有限公司		三河口水利枢纽新建坝后电站厂房,厂房段压力管道、金属结构、电气设备安装,预埋件的制作与埋设等
引汉济渭工程安全监测项目三河口水利枢纽安全监测工程		南京南瑞集团公司		三河口水利枢纽工程安全监测系统的施工建设及资料分析归档
110 千伏大河坝变站内 35 千伏接入系统设备安装、调试、维护	汉中电力设计院	汉中汉源电力安装有限公司		35 千伏接入系统涉及的设备安装、调试、维护

续表 4-6-2

标段名称	设计单位	施工单位	监理单位	主要施工区域
三河口水利枢纽施工期监控管理智能化项目	陕西省水利电力勘测设计研究院	华北水利水电大学	成都久信信息技术股份有限公司	三河口水利枢纽施工期智能监控管理平台及 10 个配套监控子系统的建设
子午河大桥及交通道路工程	西安公路研究院	中铁十五局集团有限公司	陕西鑫联建设监理咨询有限责任公司	K0－036.753～K0＋927.682 长约 0.964 千米的路面路基施工,并建设 186 米长大桥一座、37 米长小桥一座

第三节 黄金峡水利枢纽主要参建单位

黄金峡水利枢纽工程标段和参建单位见表 4-6-3。

表 4-6-3 黄金峡水利枢纽工程标段和参建单位

标段名称	设计单位	施工单位	监理单位	主要施工区域
黄金峡水利枢纽前期准备工程Ⅰ标(施工供电工程)	汉中电力设计院	陕西送变电工程公司	四川二滩国际工程咨询有限责任公司	2×10 兆瓦施工变电所建设维护、110 千伏施工主供线路、场内 10 千伏施工配电网络建设
黄金峡水利枢纽前期准备工程施工Ⅱ标	长江勘测规划设计研究有限责任公司	中国水利水电第十工程局有限公司		黄金峡水利枢纽左岸 440～455 米高程以上坝肩开挖和渣场防护等
黄金峡水利枢纽前期准备工程施工Ⅲ标		厦门安能建设有限公司		黄金峡水利枢纽右岸 440～455 米高程以上坝肩开挖和渣场防护等
黄金峡水利枢纽左岸 1 号公路及黄金峡大桥工程		中铁十七局集团有限公司	陕西省水利工程建设监理有限责任公司	长约 0.91 千米、设计时速 40 千米每小时的一条 1 号公路建设及黄金峡附近长 260 米一座大桥建设

续表 4-6-3

标段名称	设计单位	施工单位	监理单位	主要施工区域
大河坝至黄金峡公路大坪隧道机电工程	西安公路研究院	盛云科技有限公司	陕西省地方电力监理有限公司	大坪隧道 4.21 千米,机电工程系统的采购、安装、调试等
黄金峡水利枢纽土建及金属结构安装工程	长江勘测规划设计研究有限责任公司	中国水利水电第十二工程局有限公司	四川二滩国际工程咨询有限责任公司	黄金峡大坝工程、下游消能工程、泵站工程、电站工程、鱼道、管理站装修工程、下游岸坡防护工程等建设
大河坝至黄金峡交通道路边坡治理工程	西安公路研究院	陕西江夏建设实业有限公司	上海宏波工程咨询管理有限公司	大黄路原有路基边沟内杂物及落石的清理与疏通等
引汉济渭工程鱼类增殖放流站建设工程	长江勘测规划设计研究有限责任公司	陕西建工集团有限公司	四川二滩国际工程咨询有限责任公司	修建良心沟鱼类增殖站厂房、建筑物,完成配套设备电气安装及试运行等
引汉济渭工程安全监测项目黄金峡水利枢纽安全监测工程		中国电建集团西北勘测设计研究院有限公司	四川二滩国际工程咨询有限责任公司	黄金峡水利枢纽工程安全监测系统的施工建设及资料分析归档

第五篇

工程建设管理

严密、严格的工程建设管理是保障工程质量、生产安全的生命线。引汉济渭工程建设管理由省引汉济渭公司主导组织实施,履行工程建设法人主体责任,同时与设计单位、监理单位和施工单位协同形成管理闭环。工程建设严格按照行业标准和规程规范规定,执行工程建设强制性条文,全面落实安全质量责任制,实行"业主负责、施工保证、监理控制、政府监督"的全过程、全方位、全员参与的工程管理体系。

省引汉济渭公司定期和不定期对各参建单位质量体系建设及运转情况、单元工程质量检验与评定、施工单位质量"三检"工作、监理单位质量平行检测及内业资料情况进行检查。组建引汉济渭工程安全生产、质量管理方面的专家库,抽调专家采取"四不两直"的方式对工程建设现场进行检查会诊,查找各参建单位在质量管理体制、质量生产责任制等方面的薄弱环节,指出日常管理工作中存在的不足、施工现场的安全隐患及质量问题,依托专业力量帮助各参建单位提升质量管理能力。

引汉济渭工程自开工以来,未发生质量事故,工程质量总体处于受控状态,质量管理体系运行良好。

第一章　工程建设管理体制

引汉济渭工程管理体制,按照"政府控导、市场运作、建管一体化"的原则构建。省引汉济渭公司根据引汉济渭工程的实际特点,积极探索和实践超大型水工建筑物的建设与管理模式。

第一节　管理单位性质

2012 年,根据《陕西省人民政府关于同意成立省引汉济渭工程建设有限公司的批复》(陕政函〔2012〕227 号文)文件精神,确定由陕西省人民政府牵头组建引汉济渭工程建设有限公司,由其具体负责陕西省引汉济渭工程的建设及运营管理,依法享有授权范围内国有资产收益权、重大事项决策权和资产处置权,以及负责引汉济渭调水工程和输配水骨干工程的建设和管理,负责移民安置、环境保护等工作,研究提出和落实工程建设项目投融资方案,组织编报并实施工程建设投资计划,承担省政府委托的其他工作。

省引汉济渭公司的性质为大型国有企业,由陕西省国资委负责资产监管,省水利厅负责业务管理。内设综合管理部、计划合同部、财务审计部、人力资源部、工程管理部、安全质量部、移民环保部等部门。按照省引汉济渭公司管理运行机制规划,工区建管机构按照企业法人制度要求不断变革,还分别下设大河坝分公司、黄金峡分公司、金池分公司、秦岭分公司和渭北分公司。

大河坝分公司成立于 2013 年,是省引汉济渭公司派出的项目管理机构,主要负责三河口水利枢纽、秦岭输水隧洞(岭南段)工程等关键标段的建设和管理工作。

黄金峡分公司设立于 2013 年,是省引汉济渭公司派出的项目管理机构,主要负责黄金峡水利枢纽工程前期规划设计和黄金峡水利枢纽、秦岭输水隧洞等标段工程建设与现场管理工作。

金池分公司设立于 2013 年,负责秦岭隧洞岭北 TBM 段及出水口段的建设和管理工作。

渭北分公司和秦岭分公司成立于 2020 年,分别负责引汉济渭二期工程北干线和南干线的建设和管理工作。

第二节　建设管理体系

为高效解决引汉济渭工程规划实施的各项具体问题,陕西省建立和完善了议事协调机构,明确了项目法人和监管部门的责任。

一是省政府建立有议事协调机构。省政府"重大水利工程建设领导小组"和"省引汉济渭工程协调领导小组",办公室均设在省水利厅,成员包括相关单位和项目涉及市,负责工程建设重大事项的组织协调和政策研究。

二是省政府组建了"陕西省引汉济渭工程建设有限公司",按照省政府批复(陕政函〔2012〕227号)具体负责引汉济渭工程的建设和运营管理。公司于2013年7月组建成立,为具有独立法人资格的国有独资企业。

三是相关市、县、区成立了"引汉济渭工程协调办公室",负责牵头对接和解决项目实施相关事项。

四是由省国资委负责资产监管,省水利厅负责业务管理。

五是各级主管部门在具体业务范围内对工程建设行为进行监督管理。水利部长江水利委员会及水利部黄河水利委员会作为流域管理部门对涉及流域管理的业务工作进行监督管理。陕西省水利厅作为项目法人验收监督管理机关,对项目法人验收条件、内容及程序进行监督。水利部水利工程建设质量与安全监督总站引汉济渭项目站和省引汉济渭公司签订了质量监督协议,对工程建设质量行为进行监督。

省引汉济渭公司负责工程建设及管理,采用二级管理模式。公司设有工程建设业务指导部门,负责工程管理总体把关指导;工程建设现场设立分公司,负责工程现场具体管理,履行项目法人职责。目前下设黄金峡分公司、大河坝分公司、金池分公司、秦岭分公司及渭北分公司。各参建单位按合同及工程建设管理要求,建立工程管理体系;施工单位建立以项目经理为项目直接责任人的工程管理体系;监理单位建立以总监理工程师负责制的管理控制体系;设计单位建立以现场机构负责人为主的现场服务体系。

第三节　建设期管理

一、建设期管理体制

工程建设期,由省引汉济渭公司作为工程建设项目法人和责任主体,严格执行项目建设程序(总体规划、项目建议书、可行性研究报告、初步设计、招投标工作、施工准备、建设实施、生产准备、竣工验收等几个阶段),规范工程的建设管理,确保工程的质量、安全、进度及投资控制。分公司具体承办项目建设期间的工程施工、工程监理、工程验收等任务。

二、建设管理总体职责

省引汉济渭公司在工程主体施工期间严格执行项目法人制、招标责任制、建设监理制、合同管理制等,主要完成以下工作:

(1)履行管理职责,贯彻执行上级主管单位陕西省人民政府的决策,配合完成研究提出的工程建设与运行有关政策和管理办法。

(2)制定建设项目实施细则,组织和协调有关部门对建设项目进行审查、施工、管理工作。

(3)协调、落实和监督主体工程建设资金的筹措、管理和使用。

(4)负责主体工程投资及年度投资计划的实施监控。

(5)负责协调征地拆迁及移民搬迁安置等工作。

(6)参与协调各地实施节水治污及生态环境保护等工作。

(7)协调、指导、监督和检查工程其他各项工作。

(8)具体承办主体工程阶段性验收及竣工验收、各分项工程验收的组织协调工作。

三、建设管理体系

引汉济渭工程建设过程中,建立健全各项规章制度,执行建设程序,加强管理,加快工程建设进度,以尽快发挥工程效益。

(一)管理组织体系

按照"统一指挥、责权相符、精简效能"的原则,建立健全职责明确、管理高效的引汉济渭输配水工程建设管理组织体系。该体系包括"决策调控层、管理执行层、监督参与层"三个层面,具体由政府机构、项目法人管理机构、专家咨询委员会等组成。

(二)技术标准体系

引汉济渭调水和输配水工程建设技术标准体系由与工程有关的国家强制性标准和行业规程规范组成,规定工程建设中直接关系工程质量、安全、环境保护、公众利益等需要控制的技术要求。

(三)招标投标监管体系

公司成立工程建设招标投标工作委员会,按照公开、公平、公正的原则,依法对工程建设招标投标工作进行组织和领导。

(四) 监理制度

采取招标形式择优选择工程建设监理单位。充分利用监理单位的工程管理优势和业务专长为工程建设服务,督促监理单位提高自身水平,以适度独立的工作、高度专业的管理来确保工程建设顺利完成。

(五) 合同条约制度

公司建立完善平等的合同制度,明确合同双方的权利和义务;严格界定各方的职责,建立和运用有效的管理、监督手段,确保工程建设高效优质,保证建设资金的安全、有效使用和效益,制止建设工程中的违法违纪行为。

(六) 内部制度管理体系

根据不同时期调水和输配水建设进展情况和实际需要,有重点、有计划、有步骤地组织制定建设招标投标、合同管理、质量管理、安全生产、信息报送、科研技术管理等规章制度,逐步完善工程建设内部管理制度。

(七) 工程质量管理体系

工程质量实行项目法人负责、监理单位控制、施工单位保证和政府监督相结合的质量管理体制。建立健全工程质量监管体系,同时积极发挥行业协会组织和专业人员的质量管理作用,大力推进质量法规建设,全面形成质量制约机制,确保工程质量。

(八) 安全生产监管体系

公司成立安全生产领导小组和重大事故应急处理小组,作为工程安全生产的监督管理领导机构,明确安全生产责任和目标,制定安全生产规章制度和保证安全生产的方案、措施和应急预案。

(九) 建设进度管理体系

公司根据国家对项目的批复和省委、省政府确定的建设目标要求,组织编制科学合理的工程总体建设进度计划,并要求承担勘察设计、建设管理、施工等任务的单位,制定详细的工作进度计划,分解任务,落实措施,明确各级机构的职责,严格按照进度计划完善管理、监理监督、设计与施工单位保证的进度管理制度。

(十) 资金监管制度

工程建设资金数额巨大,为保证资金落实到位,需要严肃财经纪律,对政府财政资金的分配使用和管理进行依法监督、依法管理,发现问题依法整改。

(十一) 建设环境协调体系

工程建设环境开放,利益相关者众多。公司建立沟通顺畅、衔接严密、运转高效、保障有力的工作机制,以保障工程建设顺利进行。

第四节 建设管理制度

省引汉济渭公司严格按照"政府主导、法人责任制"的体制完成工程的建设,规范引汉济渭调水和输配水工程的建设管理,确保工程质量、安全、进度和投资控制。

一、项目法人责任制

按照陕西省政府、省水利厅、省编制委员会的规定,组建项目法人,并要求组织机构健全,人员结构合理,配备满足工程建设需要的技术、经济、财务、招标、管理等方面的人员,完善规章制度。

二、招标投标管理

工程严格执行招标投标制,招标投标行为按照国家招标投标管理办法执行,省引汉济渭公司行使行政监督管理。

根据国家对水利工程招标投标管理的规定,工程属于地方重点水利项目,应当采用公开招标方式进行各标段的招标工作。省引汉济渭公司根据工程布置特点及各建筑物等级,并考虑便于施工管理,在施工阶段将工程划分为若干个标段,并对工程主体施工标进行公开招标。

建设管理过程中,对工程勘测设计、施工、监理等参建方实行招标管理,按照《中华人民共和国招标投标法》执行,成立以公司领导为主任、各有关部门负责人为成员的招标委员会,对招标工作进行全过程的管理,并根据本工程的规模、重要性对参建单位的资质做出合理的要求。

公司以工程所需的设备、建筑材料等为对象,制定工程施工总体进度计划,合理分标。标段的划分以设计文件为依据,便于施工为原则,宜粗不宜细,过细会增加合同界面,增加建设公司施工管理工作量,同时还会增加招标成本和人为干预因素。

三、合同管理

工程采用合同管理制,严格按照合同法规定执行。合同的订立采用规范性合同文本,引汉济渭公司依法对工程项目合同的执行情况实施监督管理。

公司慎重对待合同的洽谈与签订,对于合同漏洞则追究相关人员责任;合同签订后按照合同进行建设管理。明确成立专门合同管理责任部门,以对合同进行认真研究和管理,专职负责工程索赔与反索赔。

四、建设监理管理

公司按照《中华人民共和国招标投标法》和水利部《水利工程建设监理规定》等通过招标择优选定监理单位,并与监理单位签订书面监理合同,保证监理单位责任和权利的统一,充分发挥监理作用。

在监理合同中明确规定监理工作的内容以及所赋予的权限,并在实施监理前以书面形式通知承包单位;按合同对监理单位进行管理,并执行《水利工程建设监理规定》及相关法规。

五、质量管理

工程的质量监督工作,采用统一集中管理、分项目实施的质量监督管理体制。质量监督部门依法对主体工程质量实施监督管理。项目法人、勘测设计、监理、施工等单位依照法规承担相应的工程质量责任。

工程质量监督采用巡回抽查和派驻各分项目进行现场监督相结合的工作方式。严格按照《建设工程质量管理条例》《水利工程质量事故处理暂行规定》等执行。

六、安全生产管理

项目法人负责工程建设区域的安全秩序,依法对主体工程安全生产实施监督管理,具体操作严格按照国家有关法律法规执行,地方政府配合和支持工程建设区域的安全秩序维护。

七、信息与进度管理

工程建设实行信息报告制度。设立专门的信息管理机构,配备专兼职的信息管理专员,定期汇总工程设计、建设信息,分别按照月、季、年编制工程建设信息报告。

根据可行性研究报告和初步设计报告编制工程建设进度计划,并报发改委批准。工程进度控制严格按照合同执行,出现变动的则按程序报批备案。

八、投资计划与资金管理

工程总投资严格按概算和有关规定进行控制。严格执行专款专用,严禁挤占、挪用工程建设资金。其中,财政拨款部分按照财政国库管理制度改革方案的总体要求实现规范化管理。

按规定设置独立的财务机构,负责建设资金的财务管理和会计核算工作,建立健全内部财务管理制度,并依法设置会计账簿、处理会计业务和编制会计报表,正确核算工程成本,合理分摊费用,及时、准确、完整地反映工程建设资金的使用情况,如实提供会计信息资料,并接受审计、财政等部门的监督检查。

九、工程验收管理

工程建设严格执行验收制度,制定严密的验收规程并严格执行。验收分为单位工程验收、阶段验收和竣工验收。未经验收或验收不合格的工程不得进行后续工程施工和交付使用。

工程在投入使用或竣工验收前,组织相关验收单位对重点隐蔽工程、关键部位、重要设备材料等进行检测。工程竣工验收前,对环境保护项目、水土保持项目、征地拆迁及移民安置、工程档案等内容进行专项验收,并完成竣工财务总决算及审计工作。

十、工程建设移民管理

工程建设征地和工程移民结合国内其他大中型水利枢纽工程征地移民安置管理经验,并按照《大中型水利水电工程建设征地补偿和移民安置条例》等规定,实行"省级人民政府负责,市县配合调查,项目法人参与"的管理体制。

第二章　安全与质量管理

省引汉济渭公司是引汉济渭工程项目法人单位,在工程建设过程中,始终把安全生产和质量管理放在工程建设的突出位置,牢固树立"生命至上、安全第一"的安全管理理念和"零隐患"的质量管理目标,以水利工程项目法人安全标准化为抓手,注重对施工全过程的监督管理,强化质量监管,守牢验收关口,确保参建各方安全质量职责全面落实。

第一节　安全生产

一、安全生产管理体系建设

省引汉济渭公司按照项目法人管理架构,建立了总部、分公司两级安全生产监督体系。公司设立安全质量部作为专职安全生产管理部门,配置 3 名专职安全生产管理人员,各分公司根据工程规模,配置了专职安全生产管理人员。同时还成立了以公司各部门负责人为成员的陕西省引汉济渭工程建设有限公司安全生产委员会和公司各部门负责人、各参建单位项目负责人为成员的陕西省引汉济渭工程安全生产领导小组,定期召开会议,研究解决引汉济渭工程安全生产重大事项,安排部署相关工作。

公司先后制定了《安全生产费用管理制度》《隐患排查治理管理制度》《事故报告调查处理制度》等 27 项安全生产规章制度。

2018 年公司通过了水利部水利工程项目法人安全生产标准化一级达标认证,取得了标准化一级证书,成为省内首家通过水利部认可的水利工程项目法人单位,也是全国水利行业为数不多的几家项目法人达标企业。2021 年公司顺利通过三年复审再次取得本认证。

二、安全生产费用管理

省引汉济渭公司高度重视安全生产投入保障,建立了《安全生产费用管理制度》,规范了安全生产费用的申报程序、审核标准、使用范围、拨付方式等,以此提高安全生产费用的利用率,切实保障了工程建设安全生产。主要做法为在合同额建安费基础上计提 2% 作为安全生产费用,按照施工单位现场投入、监理单位现场审核、分公司抽查确认、公司审批拨款的"实报实销"模式执行。2013 年公司成立以来,通过实施该项制度,保障了工程施工现场安全生产投入,现场防范措施明显改善,切实促进了安全生产管理工作。

三、安全教育培训与安全文化建设

省引汉济渭公司按照年初有计划、过程重落实、培训有总结的方式分层次开展安全教育培训工作,形成通知、签到、会议记录、效果评估一体化的教育培训资料。先后开展了安全生产法律法规及水利工程强制性条文宣贯、消防安全、交通安全等教育培训工作。大力弘扬安全文化,努力营造"以人为本、关注安全、关爱生命"的良好氛围。认真组织落实好"安全生产月"、"安康杯"、安全生产知识竞赛等各项活动,依托集中开展安全生产相关活动的优势,充分利用简报、网站、杂志等宣传平台,积极开展形式多样的安全生产宣传报道,进一步培育引汉济渭浓厚的安全文化氛围。

四、隐患排查治理与危险源管理

建立隐患排查治理制度,规范了排查的范围、频率、分级管理、有奖举报等内容,依托广大一线职工,做好事故隐患排查治理工作。按照排查频率,公司每个季度、分公司每月对施工现场开展一次安全生产和隐患排查治理工作,按照"谁检查、谁签字、谁验收、谁负责"的总体要求,对隐患排查情况发检查通报,要求各参建单位按照隐患整改"五定"(定整改措施、定责任人、定整改时限、定整改资金、定应急预案)原则认真整改。

建立重大危险源管理制度,明确了重大危险源的辨识评价、跟踪管控及措施方案的制定与落实的相关方职责及管理要求。对危险性较大的工程节点、工作程序等实行动态化清单式管理,确定专项方案、安全设施、监控手段、责任人等,实行一跟到底。

2020 年,公司全面推行安全生产管理信息系统。安全生产管理信息系统以危险源管理和风险分级管控为抓手,以隐患排查治理为根本,以安全生产投入为保障,以数据撷取、大数据分析、一键生成报表等功能为特色,堪称水利工程安全管理智能化的解决方案。该系统可实现 PC 端与 APP 移动端的数据同步共享,能够将历史数据以多种图形化的方式进行安全管理绩效对比和大数据统计分析,评估安全管理现状,指出薄弱环节,为改进安全管理方式、提高工作效率提供科学依据。2020 年当年,共计录入隐患排查、危险源辨识、应急预案等数据 5 134 条。

五、应急管理

结合引汉济渭工程实际,制定了引汉济渭工程综合应急预案和 19 项专项应急预案,经评审后,分别在主管部门备案。编制并下发了引汉济渭公司应急手册,要求各参建单位按照公司下发的应急预案,结合实际完成现场处置方案的编制、评审与备案工作。依据工程建设实际,公司先后组织开展了高处坠落事故演练、坍塌事故演练、液氨泄露事故应急演练、防汛应急演练等。邀请相关专家对演练过程进行观摩、点评,通过专家的点评,进一步完善应急预案,为提升应对突发事件的能力奠定了坚实基础。

2015年9月17日,水利部在京开展重大水利工程建设项目质量与安全管理谈心对话活动,公司总经理杜小洲作为10个在建重大水利工程建设项目法人代表之一,就做好项目安全生产和工程质量工作交流了经验。水利部副部长矫勇对引汉济渭工程质量与安全工作给予了高度肯定,他称赞引汉济渭公司对安全质量管理工作认识到位,机构健全,规章制度完善,各种措施到位,特别是避险机制做得很好。

六、防洪度汛

引汉济渭工程横跨秦岭南北深山区,是陕西省暴雨、泥石流频发高发区,极易引起洪水、泥石流、滑坡、坍塌等灾害。因在建工程各项目部大部分驻地临河、临沟,且汛期不能停止施工,突发暴雨时,极易引发滑塌、泥石流、洪水倒灌隧洞等事故。

牢固树立底线思维,始终把防汛备汛工作作为汛期的首要工作来抓。

为提高防汛度汛应急能力,认真做好防汛度汛工作,成立了由公司董事长为组长,公司总经理、副总经理担任副组长,各部门、分公司及各参建单位负责人为成员的引汉济渭工程防汛领导小组。

按照省防总和省水利厅的总体部署,公司从每年临近汛期的4月初,就开始对在建工程各标段施工现场备汛工作进行检查,逐标段安排部署防汛各项工作。汛期内坚持领导带班和24小时值班制度;和省、市、县各级防汛部门建立汛情传递平台,及时掌握气象信息和地质灾害动向,保障信息传递的渠道畅通。

公司与分公司、分公司与各参建单位层层签订安全度汛目标责任书,落实施工、监理单位防汛责任,明确各标段工程项目经理对辖区安全度汛工作负总责,按照属地管理、分级负责的原则,全面落实安全度汛工作责任。同时,把防汛责任细化到各项目部、各个重点部位,形成了处处重安全、人人管防汛的工作格局。

结合工程建设实际,每年汛前编制度汛方案,并按规定进行报备。不定期地开展汛前、汛中和汛后检查,下发检查通报,要求责任单位认真进行整改闭合存在的问题。监督各参建单位开展防汛应急演练,不断完善各项防范措施,保障安全度汛。

针对引汉济渭工程地处秦岭山区,山洪、泥石流多发的实际,引汉济渭公司要求施工单位按照 200 年一遇的洪水标准,在支洞洞口适当位置修建应急避险洞。施工区共建立 7 个应急避险洞,均配备了救生器具、应急通信、食物和淡水等物资。结合工程建设实际,公司编制了科学可行的防汛应急预案,根据潜在度汛风险制定了有效的防御措施。

第二节　质量管理

省引汉济渭公司全面贯彻落实《质量发展纲要》和中央、省上关于"开展质量提升行动"的指导意见及实施方案。坚持"质量第一、科学管理、创新引领、建造精品"的质量方针,以创建优质水利工程为目标,认真履行质量管理职责,积极开展质量培训教育,营造人人重视质量、追求质量、关注质量的浓厚氛围,并强化对施工全过程的监督检查,加强工程质量检测,确保参建各方质量职责全面落实,确保工程质量持续向好。

一、质量管理体系

引汉济渭工程质量管理体系由省引汉济渭公司、设计单位、监理单位和施工单位构成。公司按照行业标准和规程规范规定,建立质量责任制,实行"业主负责、施工保证、监理控制、政府监督"的全过程、全方位、全员参与的工程质量管理体系。

省引汉济渭公司采用二级管理模式,公司有主管质量的副总经理,并设安全质量部,负责建立健全工程质量管理体系,制定公司质量管理制度,分解责任,监督落实。

公司下属的大河坝分公司、黄金峡分公司、金池分公司、渭北分公司、秦岭分公司,负责工程现场具体管理,履行项目法人职责。各分公司分别对应设立质量管理职能部门,实施工程建设日常管理、日常质量检查,监督检查参建单位的质量管理体系运行情况;检查参建单位资源配置情况;检查施工过程中质量是否规范;检查工程原材料、中间产品、构配件及工程实体的质量;检查监理人员质量控制工作落实情况。

各参建单位按合同及工程质量管理要求,建立质量管理体系。施工单位建立了以项目经理为项目质量直接领导责任人的质量保证体系,监理单位建立了总监工程负责制的质量控制体系,设计单位建立了以现场机构负责人为主的现场服务体系。各参建单位按合同规定明确了分管质量负责人,独立设置质量管理部门,并配备了相关的质量管理人员。

公司成立以来在质量管理方面先后制定了《陕西省引汉济渭工程建设有限公司引汉济渭工程质量管理办法》《陕西省引汉济渭工程建设有限公司引汉济渭工程质量管理职责》《陕西省引汉济渭工程质量、安全法律法规识别和获取管理制度》《安全质量专家管理办法》《工程文件归档整理办法》《引汉济渭工程质量方针、目标管理制度》《陕西省引汉济渭工程建设有限公司引汉济渭工程质量、安全检查制度》《陕西省引汉济渭工程建设有限公司引汉济渭工程质量、安全责任追究制度》《陕西省引汉济渭工程建设有限公司引汉济渭工程检测试验工作管理办法》《陕西省引汉济渭工程质量奖罚实施细则(试行)》《陕西省引汉济渭工程验收管理办法》《陕西省引汉济渭工程质量终身责任制实施办法》等质量管理制度。

自开工以来,未发生质量事故,工程质量总体处于受控状态,质量管理体系运行良好。

二、工程质量检查

省引汉济渭公司每季度对引汉济渭工程各参建单位开展质量检查,重点检查各参建单位质量体系建设及运行情况、单元工程质量检验与评定、施工单位质量"三检"工作、监理单位质量平行检测及内业资料情况。检查过后发布质量检查通报,要求各参建单位认真整改存在的质量管理问题。

组织质量专家进行"飞检"。为了更好地履行水利项目法人管理职能,始终保持引汉济渭工程各参建单位工程质量处于可控状态,公司成立了引汉济渭工程安全生产、质量管理方面的专家库,抽调专家采取"四不两直"的方式对工程建设现场进行检查会诊,查找各参建单位在质量管理体制、质量生产责任制等方面的薄弱环节,指出日常管理工作中存在的不足和施工现场的安全隐患和质量问题,依托专业力量帮助各参建单位提升质量管理能力。

三、工程质量检测

引汉济渭公司通过国内公开招标确定具有水利工程质量检测甲级资质的黄河勘测规划设计有限公司和黄河水利科学研究院进行工程质量检测。

公司质量检测中心安装了视频监控系统,及时、全面掌握各工地实验室检测工作的准确性、完整性,保证检测工作的科学、公正、准确、真实,并有效规范检测行为,保证试验检测结果的真实准确。公司还引进了质量检测管理系统,实现检测数据实时上传服务器、检测结果及时反馈等管理功能,最大限度地减少人为操作对检测结果的影响,实现质量检测工作信息化。管理系统覆盖省引汉济渭工程质量检测中心实验室、水电四局三河口大坝实验室、电建建筑集团黄金峡砂石料及混凝土系统项目实验室、水电十二局黄金峡枢纽实验室等工地实验机构。

四、质量教育培训

引汉济渭公司按照"年初有计划,过程重落实,培训有总结"的方式分层次开展工程质量教育培训工作。先后开展了水利工程质量管理、水利工程强制性条文宣贯、工程质量检测、水利部质量安全监督检查办法等培训,以及隧洞混凝土衬砌质量观摩、隧洞灌浆质量交流、金属结构制造安全质量观摩等交流培训。同时,认真组织落实好"质量月",大力宣传国家质量工作方针政策,引导全体人员树立质量第一的发展理念,营造人人关注质量的良好氛围。

五、全面接受质量监督

根据《水利工程质量监督管理规定》,省引汉济渭公司于 2015 年 8 月申请组建陕西省引汉济渭工程质量监督项目站,对引汉济渭工程进行质量监督工作。在工程建设中,引汉济渭质量监督项目站多次对各参建单位资质进行复核;对建设单位的质量管理体系、监理单位的质量控制体系、施工单位的质量保证体系以及设计单位现场服务体系等实施情况进行监督检查;对工程项目划分进行确认;监督检查技术规程、规范和质量标准的执行情况;在分部工程验收时派代表列席验收会议,检查施工单位和建设、监理单位对工程质量检验和质量的评定情况,并对工程质量进行核备。

第三节   验收管理

工程验收作为项目建设程序规定的重要环节,主要工作内容是检验各阶段施工任务是否按照批准的设计进行建设、是否完成合同任务和要求的质量标准,对工程建设做出评价和结论,是对工程建设过程控制的最后把关。引汉济渭工程验收层级分为单元工程验收、分部工程验收、单位工程验收、合同工程完工验收、阶段验收、竣工验收等。省引汉济渭公司高度重视工程验收工作,抽调人员,集中精力负责工程验收工作,进一步明确了验收工作的程序和参建各方的工作任务。根据各分公司、设计、监理及施工等参建单位部署和要求,各负其责,密切配合,加快工程扫尾,及时整改已发现的问题,严格按照国家规程规范及引汉济渭工程项目验收工作办法和时间节点安排,推进验收工作。

一、主要工作经验

（1）制定验收管理办法，明确验收流程。2014年印发了《引汉济渭工程验收管理办法》，2017年对验收办法进行了修订完善，办法重点明确了各阶段验收的职责分工、验收标准、验收具备条件、验收组织及验收程序等，统一验收文件的编写深度，规范工程验收管理工作。

（2）专人负责，强调计划。2017年，根据《水利水电建设工程验收规程》(SL 223—2008)的相关规定，结合引汉济渭工程建设进度计划安排，编制了法人验收工作计划，报省水利厅进行备案。每年初根据工程施工进展情况，结合合同要求，制定工程年度验收计划，对各阶段验收工作明确责任分工与节点时间任务，与各部门专职人员进行工作对接，定期检查验收工作进度，及时解决存在的问题。

（3）协同配合，充分准备。做好验收工作的组织协调和监督检查工作，定期检查各部门、各分公司验收工作任务的完成情况，按期提交督办部门作为考核依据，并加强与水利部引汉济渭项目站、黄河水利委员会、省水利厅等上级单位的沟通协调，稳步推进验收工作。

二、项目划分

2016年8月5日，水利部水利工程建设质量与安全监督总站引汉济渭项目站下发《陕西省引汉济渭工程项目划分确认书》，正式批复了引汉济渭工程项目划分。工程建设期间由于设计变更等原因于2019年5月20日对项目划分进行了调整，并经水利部水利工程建设质量与安全监督总站引汉济渭项目站进行了确认。

依据该项目划分确认书，引汉济渭工程项目共划分为38个单位工程，388个分部工程，其中主要单位工程2个，主要分部工程87个，为工程施工质量控制、验收评定以及档案管理工作奠定了基础。

三、工程验收管理

截至2021年12月，已完成如下工程验收工作：

（一）黄金峡水利枢纽

阶段验收：完成了黄金峡水利枢纽一、二期截流2项阶段验收。

合同工程完工验收：完成了子午河大桥、大黄路边坡治理、大坪隧洞机电、黄金峡大桥、大黄路Ⅰ、大黄路Ⅱ、大黄路Ⅲ、大黄路Ⅳ等8个标段的合同工程完工验收。

单位工程验收：完成了子午河大桥、大黄路边坡治理、大坪隧洞机电、黄金峡大桥、大黄路Ⅰ、大黄路Ⅱ、大黄路Ⅲ、大黄路Ⅳ等标段全部单位工程验收。

(二)三河口水利枢纽

阶段验收:完成了三河口水库截流、水库初期下闸蓄水、正常蓄水位下闸蓄水3项阶段验收。

合同工程完工验收:完成了三河口水利枢纽前期准备工程一期工程、导流洞工程、左岸上坝路工程、大河坝基地对外交通道路工程及三河口砂石骨料系统等5个标段的合同工程完工验收。

单位工程验收:完成了三河口水利枢纽前期准备工程一期工程、导流洞工程、左岸上坝路工程、大河坝基地对外交通道路工程、三河口砂石骨料系统等标段全部单位工程验收。

(三)秦岭输水隧洞(越岭段)

合同工程完工验收:完成椒溪河、0-1号勘探试验洞、周小路、1号支洞、2号支洞、3号支洞、6号支洞、7号支洞等8个标段合同工程完工验收。

单位工程验收:完成椒溪河、0-1号勘探试验洞、周小路、1号支洞、2号支洞、3号支洞、6号支洞、7号支洞等标段共计25个单位工程的验收。

第四节　安全质量重要事件

一、会议与培训

(一)TBM施工段项目划分及质量评定工作讨论会

2014年7月15日,引汉济渭工程TBM施工段项目划分及质量评定工作讨论会在西安召开。

TBM施工段相较于传统钻爆法施工段具有一定的特殊性,给项目划分及质量评定工作带来了一定的难度。针对秦岭隧洞TBM施工段在实际工作中遇到的分部工程调整、新旧规范使用范围、评定表样填写、TBM施工段新增评定表样式等诸多新问题,参会者进行了深入讨论,并提出了改进意见。公司结合会议提出的建议,联系国内同类工程进行系统的考察调研,梳理项目划分和质量评定工作中的具体问题,制定可控可行的操作标准,确保施工质量。

(二)省引汉济渭公司在水利部重大水利工程建设项目质量与安全管理谈心对话活动作经验交流

2015年9月17日,水利部在京开展重大水利工程建设项目质量与安全管理谈心对话活动,水利部副部长矫勇以谈心对话的方式,与64个重大水利工程项目法人代表共同研究水利安全生产和质量工作。省引汉济渭公司总经理杜小洲作为 10 个在建重大水利工程建设项目法人代表之一,就做好项目安全生产和工程质量工作交流了经验。矫勇副部长对引汉济渭工程质量与安全工作给予高度肯定。他指出,引汉济渭公司对安全质量管理工作认识到位,机构健全,规章制度完善,各种措施到位,特别是避险机制做得很好。

(三)秦岭隧洞质量专题讨论会

2016 年 10 月 12 日,公司召开秦岭隧洞质量专题讨论会。工程各参建方就秦岭隧洞外观质量验收评定标准、TBM 仰拱预制块安装质量标准、钢边止水带施工工艺可行性、砂浆锚杆设计标准、富水区增设防水板必要性,以及岭北隧洞弧底改平底混凝土缺陷处理方案等内容进行了讨论,从设计、监理、施工、验收各环节进行了交流探讨。

会议明确了各相关质量验收标准,要求各施工单位高度重视施工质量,改进施工工艺,严格执行设计及规范要求。

(四)《水利工程建设标准强制性条文》培训会

为确保水利工程建设标准强制性要求在引汉济渭工程中得到贯彻落实,省引汉济渭公司分别于 2017 年 2 月 15 日、2020 年 6 月 24 日,举办《水利工程建设标准强制性条文》宣贯培训会,特邀黄河勘测规划设计有限公司副总工程师、国家注册岩土工程师路新景教授对《水利工程建设标准强制性条文》进行了辅导解读。公司机关及分公司相关业务管理部门、参建单位相关管理人员共百余人参加了培训。

路新景教授就《水利工程建设标准强制性条文》产生的背景、内容和意义进行了详细讲解,就新条文与现行强制性标准的关系、新条文存在问题的讨论与处理等内容进行了重点讲授,使与会人员对新版《水利工程建设标准强制性条文》有了更深入的理解。

二、检查、评审

(一)省引汉济渭公司安全生产标准化建设评审工作圆满结束

根据水利部《关于同意陕西省三和工程公司等 3 家单位开展水利安全生产标准化一级单位评审机构评审的函》的要求,2016 年 10 月 31 日至 11 月 7 日,由京水江河(北京)工程咨询有限公司组成的标准化评审工作组,对省引汉济渭公司安全生产标准化建设与试运行情况进行了为期 8 天的评审。

评审组听取了公司安全生产标准化建设及运行、自评情况的工作汇报,详细查看了公司安全质量部、工程技术部、计划合同部、人力资源部、后勤服务中心以及大河坝分公司、黄金峡分公司、金池分公司在安全生产标准化管理制度落实、运行以及对参建各方的监管记录资料,并现场查看了岭南 TBM 4 号支洞、三河口水利枢纽大坝、黄三段Ⅱ标等标段的业务管理资料及现场管理情况。

在 11 月 7 日召开的公司安全生产标准化评审末次会议上,评审组肯定了省引汉济渭公司在安全生产标准化建设方面所取得的成绩,对检查中存在的不足提出了具体的整改工作建议。

(二)安全质量部组织隧洞混凝土外观质量专项检查

为进一步加快秦岭隧洞椒溪河段至 2 号主洞段共 5 个标段后续外观质量评定、单位工程验收、合同完工验收等进度,2018 年 8 月 16—17 日,公司安全质量部组织大河坝分公司、相关施工、监理、设计等单位对秦岭隧洞椒溪河段至 2 号主洞段隧洞混凝土外观质量进行专项检查,邀请水利部引汉济渭质量监督站共同参与检查。

检查人员徒步走了 5 个标段 10 余千米的洞段,认真查看每一个部位,详细掌握混凝土缺陷处理情况。从检查情况看,缺陷处理后的混凝土外观质量较前期大幅改观,混凝土渗水已基本封堵住,不平整部位已基本打磨平整,但与外观质量评定标准尚有一定差距。检查组要求施工单位继续加强处理,并确定了完成的时限要求。

三、验　收

(一)三河口水利枢纽通过截流阶段验收

2015 年 1 月 14—15 日,省水利厅在石泉县主持召开了引汉济渭工程三河口枢纽截流阶段验收会议。会议成立了阶段验收委员会。验收委员会听取了工程建设备参建单位工作报告和工程质量监督报告,现场检查了工程进度、质量、移民等工程建设情况,查阅了有关资料,讨论并形成了验收结论,同意通过截流阶段验收。这标志着三河口水利枢纽具备主体工程施工条件。

(二)三河口水库初期下闸蓄水通过验收

2019 年 12 月 20—22 日,水利部黄河水利委员会会同陕西省水利厅在汉中市佛坪县主持召开了陕西省引汉济渭工程三河口水库初期下闸蓄水阶段验收会议。会议成立了阶段验收委员会。项目法人、设计、监理、施工、主要设备制造商等工程参建单位参加了验收会议。

验收委员会查看了工程现场,查阅了相关资料,听取了项目法人、设计、监理、施工、安全鉴定、质量监督等单位及验收专家组的汇报,经充分讨论,形成了三河口水库初期下闸蓄水阶段验收鉴定书,并通过了验收。验收后,三河口水库底孔开始过流,大坝逐步挡水。

(三)椒溪河勘探试验洞合同工程通过完工验收

2020年9月27日,公司组织召开了秦岭隧洞(越岭段)椒溪河勘探试验洞合同工程完工验收会。会议成立了由公司相关部门、分公司及设计、监理、施工等单位代表组成的合同工程完工验收工作组。水利部水利工程建设质量与安全监督总站引汉济渭项目站负责同志应邀列席会议。

验收工作组通过听汇报、看现场、查资料等方式,检查了工程完成情况、工程质量、完工结算情况、档案整编情况,确定了合同工程完工日期,讨论并形成了合同工程完工验收鉴定书。验收工作组一致认为,本合同项目已全部完成合同规定的内容,施工质量符合规范、合同、设计文件要求,工程投资控制合理,验评资料齐全,资料整编规范并满足验收要求。验收工作组同意该合同工程通过验收,工程质量等级为优良。

秦岭隧洞(越岭段)椒溪河勘探试验洞合同工程完工验收是秦岭隧洞主体工程首次进行合同工程完工验收。

(四)黄金峡水利枢纽一期截流阶段通过验收

2019年1月18—19日,黄河水利委员会会同省水利厅在汉中市召开陕西省引汉济渭工程黄金峡水利枢纽一期导流阶段验收会议。会议成立了验收委员会,各参建单位派代表参加了会议。

验收委员会查看了工程现场,查阅了相关资料,听取了工程建设管理、设计、施工、监理工作报告、工程质量监督报告和验收专家组意见,形成了黄金峡水利枢纽一期截流阶段验收鉴定书,并通过了验收。黄金峡水利枢纽通过一期截流阶段验收标志着黄金峡水利枢纽进入主体工程施工阶段。

(五)黄金峡水利枢纽二期截流阶段通过验收

2020年10月19—21日,黄河水利委员会会同省水利厅在汉中市佛坪县大河坝镇组织召开黄金峡水利枢纽二期截流阶段验收会议。

会议成立了以黄河水利委员会副总工程师何兴照为主任委员的验收委员会,特邀6位专家成立验收专家组。验收委员会成员和专家组实地查看了工程现场,查阅了相关资料,听取了项目法人、设计、监理、施工、安全检测、质量监督等单位汇报。经充分讨论,认为引汉济渭黄金峡水利枢纽工程具备二期截流阶段验收条件,并出具了专家意见,形成了验收结论,同意通过二期截流阶段验收。此举标志着黄金峡水利枢纽底孔开始过流,右岸具备施工条件。

(六)三河口水库正常蓄水位下闸蓄水通过验收

2021年2月20—22日,黄河水利委员会会同陕西省水利厅在汉中市佛坪县主持召开了引汉济渭工程三河口水库正常蓄水位下闸蓄水阶段验收会议。会议成立了阶段验收委员会。省引汉济渭公司,施工、设计、监理等参建单位代表及主要设备制造商代表参加了验收会议。

验收委员会查看了工程现场,查阅了相关资料,听取了项目法人、设计、监理、施工、安全鉴定、质量监督等单位及验收专家组的汇报,经充分讨论,形成了三河口水库正常蓄水位下闸蓄水阶段验收鉴定书,并通过了验收。这标志着三河口水库具备正常蓄水位的挡水条件。

(七)三河口水利枢纽消力塘单位工程完成验收

2021年5月7日,公司组织大河坝分公司、工程管理部、安全质量部,以及相关施工、监理、设计、安全监测、质量检测等单位召开三河口水利枢纽消力塘单位工程验收会。水利部质量监督总站引汉济渭项目站、省水利工程质量安全中心相关负责同志应邀参会。

会议听取了施工、监理、设计单位的建设情况汇报。验收工作组查勘现场并核查资料,经讨论和评审,认为三河口水利枢纽消力塘单位工程已按设计及合同要求完成建设内容,施工过程中未发生质量事故,施工质量满足设计及合同要求,单位工程施工质量检验与评定资料齐全,施工期安全监测分析成果符合合同条件及国家行业标准要求。依据《水利水电工程施工质量检验与评定规程》(SL 176—2007),三河口水利枢纽消力塘单位工程质量评定为优良。本次验收是三河口水利枢纽主体单位工程通过验收。

第三章　计划与合同管理

计划与合同管理工作是引汉济渭工程建设管理中的重要一环。省引汉济渭公司成立之初,就设置了计划合同部,负责计划统计、投资控制、招标管理及合同管理等工作。几年来,计划合同部结合工程建设实际和发展需求,加强施工计划管理,严格执行招标投标制度,做好合同管理,尤其是妥善处理了各种因历史遗留因素和地质复杂状况超预期而产生的合同变更问题,有力保障了引汉济渭工程建设的顺利推进。

第一节　招标投标管理

招标投标工作作为工程建设中一项重要制度,用于规范公司招标管理工作,建立程序化、标准化的招标工作流程,是工程建设管理的重要组成部分。依据《中华人民共和国招标投标法》《中华人民共和国招标投标法实施条例》等法律法规,公司作为项目招标投标管理的责任主体,在引汉济渭工程各项招标工作中,严格遵守国家现行法律法规、省水利厅管理制度和公司招标管理办法等相关规定,坚持公开、公平、公正的基本原则。为使招标工作规范化、制度化、程序化、标准化,确保招标质量,公司先后三次对《引汉济渭工程招标管理办法》进行了修订。

截至 2021 年 6 月底,引汉济渭工程招标项目有 256 项。其中,省引汉济渭办招标项目 68 项(设计标 5 项、监理标 26 项、施工标 29 项、采购标 2 项、移民征迁 3 项、其他项目 3 项),省引汉济渭公司调水工程招标 156 项(设计标 6 项、监理标 27 项、施工标 38 项、采购标 47 项、服务标 27 项、移民征迁 3 项、其他项目 8 项),引汉济渭工程二期工程招标 31 项(设计标 6 项、监理标 5 项、施工标 12 项、采购标 2 项、服务标 6 项),引汉济渭工程三期工程招标项目 1 项。

一、招标组织机构及职责

省引汉济渭公司于 2015 年 1 月 5 日成立了由公司党委书记、董事长为组长的招标领导小组,全面指导招标工作,招标领导小组下设办公室,具体负责公司项目招标的日常管理工作。

二、招标纪律及监督工作

每个招标项目均成立招标监察领导小组,对工程开标和评标过程进行监督,确保整个招标过程公开、公正、公平。所有招标、投标、评标的人员、单位,不得违反招标纪律。对违反招标纪律的将由有关行政机关或纪律检查部门给予相应的行政处罚或纪律处分,构成犯罪的,由司法机关追究其刑事责任;对违反纪律的投标单位,将取消其合格投标人资格;对违反纪律的招标代理机构,将取消其在公司范围内的招标代理资格。

三、招标范围、招标方式

(一)招标范围

(1)施工单项合同估算价在 400 万元人民币及以上。

(2)重要设备、材料等货物的采购,单项合同估算价在 200 万元人民币以上。

(3)勘察、设计、监理等服务的采购,单项合同估算价在 100 万元人民币以上。

(4)非建设工程项目单项合同估算价在 100 万元人民币及以上的设备、物资及服务等项目必须进行招标。

(5)国家法律、法规以及省管理制度规定的其他必须进行招标的项目。

(二)招标方式

招标分为公开招标和邀请招标。

满足公开招标规模的项目由计划合同部组织公开招标。满足陕西省实施《中华人民共和国招标投标法》办法中邀请招标条件的,由计划合同部向上级监管部门请示,经批准同意由计划合同部组织实施。

四、招标计划

公司招标工作实行统一的计划管理。招标计划按年度编制。招标计划的主要内容包括项目名称、项目范围、概(估)算金额、计划工期、招标方式或发包方式、招标文件审查时间、招标文件集中收口复核时间、合同签订时间等。

招标计划由公司招标领导小组办公室组织编制,报公司总经理办公会、党委会审批,公司相关部门(按招标审查范围划分)参加审查,经公司总经理办公会、党委会审定后,由公司招标领导小组办公室负责实施。拟采用邀请招标的项目,经省水利厅招标办批复后方可实施。

未列入公司投资计划和招标计划、重大或关键项目的招标实施方案未审批、招标设计(图纸)和招标文件未审查的项目原则上不安排招标。必须安排项目招标的,应按程序专题报告公司招标领导小组研究,并取得同意后方可组织实施。

五、招标工作程序

(一)招标设计

招标设计编制由设计单位按规范规程进行,公司相关职能部门、分公司、项目现场设代、监理人、咨询专家等参加招标设计审查。公司相关业务部门负责并主持招标项目的招标设计审查。招标设计审查意见按程序汇总、报告,由公司招标分管领导签发,形成正式文件。在招标设计编制、审查过程中,当发生公司专业管理制度规定的请示事项时,应征求公司相关职能部门和公司专业分管领导意见并取得同意。

(二) 招标实施方案

招标实施方案根据项目实际情况进行编制,招标实施方案主要包括招标依据、标段划分说明、招标范围、工期说明、投标人资格条件、招标组织方式、招标工作安排等。

招标实施方案由公司招标领导小组办公室组织审核,公司相关职能部门参加审查。招标实施方案经招标领导小组会议审议后,按程序报告、签发、上报。

(三) 招标文件编制和审查

(1)招标文件应根据审定的招标实施方案、招标设计和国家相关行业招标文件范本进行编制,若因项目特殊情况需要对招标文件范本做实质性调整的,必须报公司招标领导小组审批。招标文件的编制应充分考虑招标项目的特点和需要。招标文件审查应采取内审(公司内部审查)和外审(聘请专家审查)相结合的方式,在坚持做好内审的基础上进行外审,保证招标文件整体质量。公司招标领导小组办公室(视招标项目重要程度决定参加)、公司相关职能部门(按招标审查范围划分,根据专业管理要求和招标项目的重要程度决定是否参加)、分公司、项目现场设计代表、监理人、招标代理机构、咨询专家等参加招标文件外审。

计划合同部负责商务文件审查,相关业务部门负责技术文件审查。招标文件审查意见按程序汇总、报告,由业务分管领导及招标分管领导签发,形成正式文件。

(2)招标文件编制不能违反《中华人民共和国安全生产法》《中华人民共和国建筑法》《中华人民共和国合同法》《中华人民共和国招标投标法》及《建设工程质量管理条例》《建设工程安全管理条例》《中华人民共和国招标投标法实施条例》的前置性和强制性规定。

(3)招标文件中投标人资质条件应依据国家发布的企业资质等级标准确定,设置的投标门槛不能抬高、降低或具有排斥性。

(4)法律未有强制性资质(资格)要求的,招标文件中不得额外增加资质(资格)限制。

(5)法律未有强制性要求的,招标文件中原则上不得对企业注册资本金进行要求。

（6）招标文件中投标人业绩要求应与招标项目要求相当，与建设需求相适应。对于机电设备类项目，代理商和制造商业绩应分开要求。

（7）招标文件中应明确投标人投标保证金来源于投标人基本账户。

（8）招标文件中应明确投标人须提供投标项目的项目经理（总监）、总工（副总监）、安全副经理、质量负责人、财务负责人合法的劳动人事关系和社保关系证明。

（9）招标文件中应明确投标人捏造事实、伪造材料或者以非法手段取得证明材料进行投诉，招标人将不予退还投标保证金。

（10）招标文件中不能约定主要设备、材料厂家及品牌。根据项目特点，部分设备、材料等招标阶段需明确厂家及品牌的，在招标文件中提供供应商短名单，名单数量不少于三家。

（11）招标文件清单中的暂估价不能超出法定招标限额及内容，超出的应安排单独招标或联合招标。

（12）招标文件中应明确合同价款调差方式，一般工期短、技术成熟、设计深度满足施工阶段的要求，应采取总价承包、不调差方式发包。

（13）招标文件合同预付款比例不高于法规的相应规定。

（14）招标文件中不得有违反省水利厅相关规定、公司管理办法明文规定的条款。

（15）合同编号按《陕西省引汉济渭工程建设有限公司合同管理办法》进行管理，要求一个标段编一个合同编号。

（16）招标项目最高投标限价的编制、审查、审核、批准应符合公司管理办法的要求，其最终成果应按程序报告、签发，经招标工作分管领导审核，招标领导小组审批。公司纪检、监察部门参加招标项目最高投标限价的审查。

（四）招标文件集中收口复核

公司计划合同部落实商务文件的审查意见，相关业务部门落实技术文件审查意见，招标文件修改、完善后，公司招标领导小组办公室组织招标文件规范性、符合性收口复核，原则上每月上、下旬各组织一次集中收口复核。

集中收口复核采取专题会方式，公司相关职能部门、分公司、公司法律顾问等参加。

招标文件集中收口复核主要内容包括：专业审查意见是否落实，资格条件是否符合法律法规、是否具有排斥性，评标办法是否符合公司管理办法、是否存在不合理评标条款、废标条款,合同支付方式与履约担保是否匹配、合同条款是否存在风险和漏洞,工程量清单(采购清单)是否与计量、图纸、技术条款相一致,公司工程建设管理相关管理办法及要求是否体现在招标文件中,招标文件基本要件是否齐全,招标文件是否存在明显法律风险,招标文件审查等前端工作成果是否通过招标分管领导的审批。

招标文件集中收口复核不改变招标文件编制单位、审查单位的相应职责和义务。

(五) 确定邀请投标人名单及发出投标邀请书

(1)采用邀请招标方式的,应在取得省水利厅招标办批复意见后,公司招标领导小组办公室拟定邀请的投标人名单,公司招标领导小组审查、审批。

(2)采用邀请招标方式的,应向3家以上具备履约能力、资信良好的特定投标人发出投标邀请书。

(六) 发布招标公告

(1)招标项目招标文件审查、修订、定稿后,公司招标领导小组办公室提出招标公告,经招标工作分管领导审核,领导小组组长审批后,交招标代理公司发布。

(2)采用公开招标方式的,在指定媒介上发布及刊登招标公告。

(3)招标公告原则上需公告10天,公告期间仅受理潜在投标人电话咨询。公告结束后由招标代理公司发售招标文件,为期5天。

(七) 投标人资格审查

投标人资格审查分为资格预审和资格后审。招标项目一般应采用资格后审方式。资格审查依据法定程序开展,其审查内容至少应包括:

(1)具有独立法人资格。

(2)具备相应标段招标文件规定的资质条件和业绩要求以及履行合同的能力,包括专业、技术资格和能力,资金、设备和其他物资设施状况,管理能力,经验、信誉和相应的从业人员。

(3)没有处于被责令停业、投标资格被取消、财产被接管、冻结、破产状态。

(4)在最近三年内没有骗取中标和严重违约及重大工程质量、安全问题。

(5)法律、行政法规规定的其他资格条件。

(八) 发售招标文件

发售的招标文件应加盖招标代理公司印章,加盖印章前应在公司进行书面登记确认。按照招标公告或者投标邀请书中规定的时间、地点发售招标文件。自招标文件发售之日起至停止发售之日止,最短不得少于五日。

(九) 现场踏勘和招标文件的补充与答疑

现场踏勘及招标文件的补充与答疑由相关业务部门负责并组织审查,经业务分管领导及招标分管领导审批后,交招标代理公司发布。原则上投标截止时间 18 日前收到的投标人任何疑问,将视情况予以书面答复。招标文件的补充与答疑的文件应在距投标截止时间 15 日前发给所有购买招标文件的投标人。

(十) 组建评标委员会

(1)评标委员会是全面负责招标项目评标工作的机构,负责全过程评标工作,提出评标报告并推荐中标候选人。评标委员会根据省水利厅批复招标实施方案进行组建。评标委员会由招标人或其委托的行业专家,以及省专家库有关技术、经济等方面的专家组成,成员人数为 5 人及 5 人以上单数,其中三分之二的成员应从省评标专家库中随机抽取(专家的专长、从业年限、专业水平应满足招标项目的要求)。需要抽取的专家,应当在开标前 1 个工作日内抽取确定。其余三分之一的成员为招标人代表,招标人代表需从公司技术委员会名录中选取。

(2)评标委员会主任由评标委员会推荐。评标委员会下设商务组、技术组,商务组组长由具备资格的专业人员担任,技术组组长原则上由行业技术专家担任。商务组主要负责商务评标,审阅投标文件的商务部分,书面提出要求投标人澄清的有关问题,进行商务澄清,分析并整理汇总投标人报价,计算评标价格,编写商务组评标报告。技术组主要负责技术评标,审阅投标文件的技术部分,书面提出要求投标人澄清的有关技术问题,进行技术澄清,编写技术组评标报告。招标代理公司主要负责评标过程中清标、文字编辑、资料管理、报告打印、收发文件、档案收集与移交、后勤保证等。

(十一) 投标

(1)两个以上法人或者其他组织可以组成一个联合体,以一个投标人的身份共同投标。同一专业不同资质等级的单位组成的联合体资质按等级最低的单位等级确定资质等级。联合体应当具备招标文件规定的资质条件。联合体之间应签订联合体协议,载明各成员间的分工情况。联合体各方签订共同投标协议后,不得再单独投标,也不得组成新的联合体或参加其他联合体在同一项目中投标。联合体各方必须指定牵头人,授权其代表所有联合体成员负责投标和合同实施阶段的主办、协调工作,并应提交由所有联合体成员法定代表人签署的授权书。

(2)投标人不得以他人名义投标。

(3)国内制造厂家直接供货的设备,不接受代理商的投标。

(4)投标文件有下列情形之一的不予受理:在投标文件截止时间后到达的;未

按招标文件要求密封的。

（5）如果递交投标文件的投标人少于 3 个，一般情况应重新招标。遇到特殊情况或者重新招标时，递交投标文件的投标人仍然少于 3 个，按规定经批准后可采用其他采购方式。

（十二）开标

开标会由招标代理机构组织，公司招标领导小组办公室派员参加。开标会应在招标文件规定的时间和地点公开进行，并由省水利厅招标办对开标过程及结果进行监督。

开标时，发现投标文件已开封的，招标代理机构应暂停开标，并负责查明原因。

（十三）评标

（1）评标工作由评标委员会负责。

（2）为配合评标委员会评标工作，招标领导小组办公室负责评标期间的服务工作。

（3）为确保评标工作质量，招标项目应当实行清标工作制。清标工作由招标代理及招标领导小组办公室有关代表负责。清标工作应根据评标办法规定的评价因素及各投标人投标文件的内容进行原始性清理、汇总，包括投标报价算术错误复核、工程量清单报价对照表整编及投标文件需澄清问题整理，形成各投标人投标文件商务、技术评价因素内容对比表及投标澄清问题汇总资料，供评标委员会评标参考。清标遵守相应工作纪律和保密要求。

（4）评标必须严格保密。评标工作应按初步评审、详细评审的程序进行。

（5）在评标工作完成后，技术组负责完成涉及专业的技术评标意见，商务组完成商务评标意见。评标委员会汇总各组评标意见并编写综合评标报告，综合评标报告应由评标委员会全体成员签字。

（6）按照评标结果，评标委员会根据需要可对中标候选人的投标文件再次复审并澄清或补正相关问题，以进一步确保评标工作质量。

（十四）废标

（1）投标文件有下列情形之一的，由评标委员会初审后按废标处理：

①无投标人单位盖章并无法定代表人或法定代表人授权的代理人签字或盖章的；

②未按规定的格式填写,内容不全或关键字迹模糊、无法辨认的;

③投标人递交两份或多份内容不同的投标文件,或在一份投标文件中对同一招标项目报有两个或多个报价,且未声明哪一个有效,按招标文件规定提交备选投标方案的除外;

④投标报价低于成本或者高于招标文件设定的最高投标限价;

⑤投标人资格条件不符合招标文件规定的要求,或投标人名称或组织结构与资格预审时不一致的;

⑥未按招标文件要求提交投标保证金的;

⑦联合体投标未附联合体各方共同投标协议的;

⑧投标文件中有不响应招标文件的实质性要求和条件的;

⑨投标文件中质量和工期或交货期不满足招标文件的规定;

⑩明显不符合技术规格、技术标准的要求;

⑪单位负责人为同一人或者存在控股、管理关系(含母子公司关系)的不同单位,同时作为投标人参与同一标段投标或未划分标段的同一招标项目投标;

⑫符合招标文件规定的其他废标条件的;

⑬投标人以他人的名义投标、串标围标、以行贿手段谋取中标或者以其他弄虚作假方式投标的。

(2)商务组和技术组提出不进入详评投标人名单及不进入详评的原因,形成书面文件。每次评标对同一问题废标原则应保持一致。

(3)评标委员会对商务组和技术组提出不进入详评投标人名单及不进入详评原因进行讨论,并在综合评标报告中说明。

(十五)定标

(1)在评标结束后1日内,招标代理公司应将招标过程材料及评标报告(含电子版)整理后汇总到公司招标领导小组办公室。

(2)公司招标领导小组办公室根据评标工作完成情况及时组织招标领导小组会议进行定标。

(3)定标应遵守《中华人民共和国招标投标法》实施条例第五十五条"国有资金占控股或者主导地位的依法必须进行招标的项目,招标人应当确定排名第一的中标候选人为中标人"的规定。

(4)根据评标报告推荐的中标候选人确定中标人。评标结束后3日内须发布招标公示。

(5)定标会议应形成会议纪要,经会议通过的决议作为下达评标结果和发布中标通知书的依据。

(6)定标决议形成后、合同预谈判及中标通知书发出前,应根据《中华人民共和国招标投标法实施条例》第五十六条规定进行中标候选人履约能力复查。

(7)经二次挂网招标失败并提交公司招标领导小组审议后的项目,由招标领导小组办公室书面上报省水利厅。经批准后直接委托合同谈判或者询价,并由招标领导小组办公室将合同谈判、询价邀请单位、询价评审成果报招标领导小组审议。

(十六)评标结果公示

原则上须在公告发布网站公示 10 日。

(十七)合同谈判

计划合同部根据评标情况、定标结果组织合同谈判。投标文件有关需澄清或补正的问题应在合同谈判中解决。

合同谈判重大事项应经公司招标领导小组办公室审核、公司招标分管领导审批。

合同谈判由计划合同部主持,机电设备采购合同技术谈判由机电物资部负责,相关业务部门参加。

(十八)发出中标通知书

在合同谈判结束后,招标代理机构根据公司定标会决议或已下达的评标结果向中标人发出中标通知书。

(十九)合同文件整理与签订

(1)招标代理机构按照招标文件(含补充通知及答疑文件)、中标人的投标文件(投标补充及澄清文件)、合同谈判等内容整理合同文件底稿,计划合同部完成会签工作。招标项目合同签订过程中遇到的重大问题应报公司招标领导小组研究。

(2)合同签订的正式文本应遵守《中华人民共和国招标投标法》《中华人民共和国招标投标法实施条例》的规定,符合已审定招标文件的要求,不能订立违背合同实质性内容的其他协议。

(3)在合同签订前,中标人应提交符合招标文件要求的合同履约保函,由计划合同部审核,并将原件保存。合同履约保函复印件装入合同文件。

(4)计划合同部应当自中标通知发出之日起 30 日内与中标人完成合同签订。若因受客观条件影响,不能在规定期限内完成合同签订的,应及时将有关情况、处理意见向公司招标领导小组汇报。

（5）中标人不得无故拒绝或拖延与发包人签订合同,因中标人原因拒绝签订合同时,招标人有权取消其中标人资格,没收其投标保证金,取消该中标人在今后一段时间内的投标资格,并按规定程序报原评标委员会重新确定中标人或重新招标。

（6）合同签订后,由计划合同部组织业务相关部门进行合同交底,分公司或相关部门应加强项目实施管理工作,督促合同履行。对于在合同执行过程中出现的承包人延迟履行、工程质量、安全等问题,应及时上报公司招标领导小组,公司相关部门按职责分工协调解决各分公司在合同执行过程中出现的问题,计划合同部将承包人的不良记录汇总登记,实现内部信息共享,并在后续的招标评标中予以考虑。不诚信履约行为按公司相关规定要求处理。

第二节　招标投标情况

招标按国家规定采用公开招标的方式,依据相关法律法规,结合项目情况拟定招标实施方案,招标实施方案经请示陕西省水利厅且取得批复后进行招标工作,招标公告按要求在指定媒介上发布及刊登招标公告,招标文件发售、开标、评标、招标结果公示等均符合《中华人民共和国招标投标法》的相关规定。

在招标过程中,始终坚持"公平公正、科学择优"的原则,依照法定程序组织公开招标,委托中海建国际招标有限责任公司、三峡国际招标有限责任公司、中航技国际经贸发展有限公司等招标代理机构负责实施,并在网上发布招标公告,招标活动在省水利厅招标办及相关处室的全过程监督下进行。截至目前,按规定须进行公开招标的项目均进行了公开招标,招标结果未出现上访、投诉等问题。

各标段招标工作结束后,招标代理机构将招标结果分别在媒体上进行了公示,并分别将招标、投标及开评标工作情况报相关部门备案。公示期满后,项目法人和招标代理机构向中标人发出了中标通知书,并签订了合同。

一、三河口水利枢纽

三河口水利枢纽工程目前共完成招标 50 个,其中勘察设计标 2 个,施工标 10 个,监理标 6 个,物资采购标 6 个,机电、金结和电气设备采购标 18 个,服务类标 8 个。三河口水利枢纽（主要）招标情况见表 5-3-1。

表 5-3-1 三河口水利枢纽(主要)招标情况

项目名称	中标单位	中标金额/万元	签订日期	说明
勘测设计Ⅱ标(三河口水利枢纽)	陕西省水利电力勘测设计研究院	12 000.06	2012 年 1 月	
引汉济渭工程测量中心项目第Ⅰ标段(三河口)	国家测绘地理信息局第一地形测量队/自然资源部第一地形测量队	628.558 3	2017 年 3 月	
三河口水利枢纽左岸上坝道路及下游交通桥工程	陕西水利水电工程集团有限公司	2 155.71	2013 年 1 月	
三河口水利枢纽前期准备工程一期工程	中国水电建设集团十五工程局有限公司	11 893.54	2014 年 1 月	
三河口水利枢纽导流洞工程	中国水电建设集团十五工程局有限公司	3 527.89	2014 年 1 月	
三河口水利枢纽二期准备工程第Ⅱ标项砂石骨料加工系统及施工辅助工程	中国水利水电第四工程局有限公司	7 796.27	2015 年 7 月	
三河口水利枢纽二期准备工程项目第Ⅰ标项施工供电工程	陕西送变电工程公司	1 411.08	2015 年 9 月	
三河口水利枢纽大坝工程	中国水利水电第四工程局有限公司	90 367.17	2015 年 11 月	
三河口水利枢纽坝后电站厂房土建及机电安装工程	中国水利水电第八工程局有限公司	16 653.75	2016 年 7 月	
三河口水利枢纽安全监测工程	南京南瑞集团公司	1 949.56	2016 年 3 月	
三河口供水工程	中铁十七局集团有限公司	3 937.43	2020 年 5 月	
三河口水利枢纽电站厂房装修工程	陕西海天建筑工程有限公司	823.85	2020 年 5 月	
三河口水利枢纽左岸上坝道路及下游交通桥工程监理	四川二滩国际工程咨询有限公司	66.93	2013 年 1 月	
三河口水利枢纽前期准备工程一期工程及导流洞工程监理	四川二滩国际工程咨询有限公司	273.91	2014 年 1 月	

续表 5-3-1

项目名称	中标单位	中标金额/万元	签订日期	说明
三河口水利枢纽二期准备工程第Ⅱ标项砂石骨料加工系统及施工辅助工程监理	四川二滩国际工程咨询有限公司	148.72	2015 年 7 月	
三河口水利枢纽工程监理	四川二滩国际工程咨询有限公司	2 614.76	2015 年 11 月	
三河口水利枢纽机电设备制造监理	郑州国水机械设计研究所有限公司	114.47	2016 年 11 月	
三河口水利枢纽金属结构设备制造监理	江河机电装备工程有限公司	187.54	2016 年 11 月	
三河口水利枢纽水泥采购	尧柏特种水泥集团有限公司	10 857.00	2015 年 9 月	供应比例 70%
三河口水利枢纽水泥采购	冀东海德堡(泾阳)水泥有限公司	10 421.40	2015 年 9 月	供应比例 30%
三河口水利枢纽钢筋采购	陕西省水电工程物资有限公司	7 826.41	2015 年 9 月	供应比例 70%
三河口水利枢纽钢筋采购	中铁物资集团西北有限公司	7 907.85	2015 年 9 月	供应比例 30%
三河口水利枢纽粉煤灰采购	陕西电力华西公司	3 412.50	2015 年 9 月	供应比例 70%
三河口水利枢纽粉煤灰采购	陕西天烘轩商贸有限公司	4 034.78	2015 年 9 月	供应比例 30%
三河口水利枢纽泵站及电站可逆机组机电设备采购	东方电气集团东方电机有限公司	2 775.05	2016 年 10 月	
三河口水利枢纽水轮发电机组及其附属设备采购	天津市天发重型水电设备制造有限公司	1 697.00	2016 年 11 月	
三河口水利枢纽闸门及其附属设备采购	郑州水工机械有限公司	7 138.29	2016 年 11 月	
三河口水利枢纽供水系统设备采购	陕西省外经贸实业集团有限公司	3 457.03	2016 年 12 月	
三河口水利枢纽启闭机及卷扬机设备采购Ⅰ标	中国水利水电夹江水工机械有限公司	3 605.32	2017 年 9 月	
三河口水利枢纽启闭机及卷扬机设备采购Ⅱ标	博世力士乐(常州)有限公司	2 112.58	2017 年 10 月	

续表 5-3-1

项目名称	中标单位	中标金额/万元	签订日期	说明
三河口水利枢纽 110 千伏电力变压器及其附属设备采购	特变电工股份有限公司	470.00	2017 年 12 月	
三河口水利枢纽 126 千伏户内气体绝缘金属封闭开关设备采购	山东泰开高压开关有限公司	227.92	2018 年 8 月	
三河口水利枢纽变频调速系统设备采购	天水电气传功研究所有限责任公司	5 731.68	2018 年 7 月	
三河口水利枢纽 10 千伏绝缘管型母线及其附件采购	西安神电高压电器有限公司	366.57	2019 年 4 月	
三河口水利枢纽 110 千伏交联聚乙烯绝缘电力电缆及其附件采购	特变电工山东鲁能泰山电缆有限公司	236.33	2019 年 6 月	
三河口水利枢纽厂坝区高低压系统设备采购	西电宝鸡电气有限公司	1 399.00	2019 年 6 月	
三河口水利枢纽消防系统设备采购	陕西省外经贸实业集团有限公司	157.87	2019 年 7 月	
三河口水利枢纽机组辅助系统设备采购	云南弗瑞特科技有限公司	358.00	2019 年 6 月	
三河口水利枢纽计算机监控、安防监控、继电保护及交直流系统设备采购	国电南瑞科技股份有限公司	865.00	2019 年 6 月	
三河口水利枢纽 10 千伏电压等级以下电缆及附件采购	特变电工山东鲁能泰山电缆有限公司	598.47	2019 年 6 月	
三河口水利枢纽水库专用地震监测台网系统建设项目	珠海市泰德企业有限公司	365.15	2020 年 5 月	

续表 5-3-1

项目名称	中标单位	中标金额/万元	签订日期	说明
三河口水利枢纽电力接入系统设备采购	国电南京自动化股份有限公司	239.37	2021 年 6 月	
三河口水利枢纽及秦岭隧洞施工期环境监理及综合管理服务	陕西众晟建设投资管理有限公司	496.00	2014 年 12 月	
三河口水利枢纽及秦岭隧洞越岭段施工期水土保持监测服务	北京华夏山川生态环境科技有限公司	162.07	2014 年 12 月	
三河口水利枢纽及秦岭隧洞越岭段施工期水土保持监理及综合管理服务	北京华夏山川生态环境科技有限公司	198.27	2014 年 12 月	
三河口水利枢纽及秦岭隧洞施工期水生态调查、陆生生态调查、地下水环境监测项目	西北勘测设计研究有限公司	963.05	2014 年 11 月	
陕西省引汉济渭工程质量检测项目	黄河勘测规划设计有限公司	1 308.43	2016 年 3 月	
引汉济渭工程水工机械和水工金属结构第三方检测项目	黄河水利委员会基本建设工程质量检测中心	627.26	2018 年 3 月	
三河口水利枢纽运行维护人员培训	安康市汉泉实业总公司	372.79	2018 年 8 月	
三河口水利枢纽初期蓄水阶段环境保护验收项目	中国电建集团西北勘测设计研究院有限公司	88.01	2019 年 7 月	

二、黄金峡水利枢纽

黄金峡水利枢纽工程共完成招标 34 个,其中勘察设计标 2 个,施工标 8 个,监理标 5 个,物资采购标 7 个,机电、金结和电气设备采购标 10 个,服务类标 2 个。黄金峡水利枢纽(主要)招标情况见表 5-3-2。

表 5-3-2　黄金峡水利枢纽(主要)招标情况

项目名称	中标单位	中标金额/万元	签订日期	说明
勘察设计Ⅲ标(黄金峡水利枢纽)	长江勘测规划设计研究有限公司	9 993.00	2011 年 12 月	
引汉济渭工程测量中心项目第Ⅱ标段(黄金峡水利枢纽)	陕西核工业西北测绘院有限公司	628.558 3	2017 年 3 月	
黄金峡水利枢纽左岸 1 号公路及黄金峡大桥工程	中铁十七局集团有限公司	2 842.23	2015 年 5 月	
黄金峡水利枢纽前期准备工程施工Ⅱ标	中国水利水电第十工程局有限公司	14 764.44	2015 年 9 月	
黄金峡水利枢纽前期准备工程施工Ⅲ标	厦门安能建设有限公司	7 614.59	2015 年 9 月	
黄金峡水利枢纽砂石加工系统、混凝土生产系统建设及运行管理工程	中电建建筑集团有限公司	24 299.62	2016 年 6 月	
黄金峡水利枢纽土建及金属结构安装工程	中国水利水电第十二工程局有限公司	78 162.06	2017 年 1 月	
引汉济渭工程鱼类增殖放流站项目	陕西建工集团有限公司	11 243.96	2017 年 5 月	
黄金峡水利枢纽机电设备安装与调试工程	中国水利水电第十一工程局有限公司	6 328.91	2020 年 6 月	
黄金峡水利枢纽施工期监控管理智能化项目施工标	中软信息系统工程有限公司	4 877.10	2020 年 8 月	
黄金峡水利枢纽左岸 1 号公路及黄金峡大桥工程监理	陕西省水利工程建设监理有限责任公司	71.2	2015 年 5 月	
黄金峡水利枢纽工程施工监理	四川二滩国际工程咨询有限责任公司	2 438.83	2015 年 8 月	

续表 5-3-2

项目名称	中标单位	中标金额/万元	签订日期	说明
黄金峡水利枢纽等工程施工期水保监理	陕西华正生态建设设计监理有限公司	62.00	2016 年 1 月	
黄金峡水利枢纽等工程施工期环境监理	陕西众晟建设投资管理有限公司	168.57	2016 年 1 月	
黄金峡水利枢纽机电设备及金属结构设备制造监理	江河机电装备工程有限公司/郑州国水机械设计研究所有限公司	513.88	2017 年 10 月/2021 年 3 月	
黄金峡水利枢纽水泥采购主供	尧柏特种水泥集团有限公司	6 749.16	2016 年 4 月	供应比例70%
黄金峡水利枢纽水泥采购辅供	四川南威水泥有限公司	3 010.30	2016 年 4 月	供应比例30%
黄金峡水利枢纽钢材采购主供	西安东岭钢铁物资有限责任公司	5 612.40	2016 年 4 月	供应比例70%
黄金峡水利枢纽钢材采购辅供	陕西龙门钢铁(集团)有限责任公司	2 703.39	2016 年 4 月	供应比例30%
黄金峡水利枢纽粉煤灰采购主供	陕西正策工贸有限公司	1 506.94	2016 年 4 月	供应比例70%
黄金峡水利枢纽粉煤灰采购辅供	西安混凝土星化工科技有限公司	629.12	2016 年 4 月	供应比例30%
黄金峡水利枢纽闸门及其附属设备采购	葛洲坝机械工业有限公司	7 178.36	2017 年 6 月	
黄金峡水利枢纽混凝土外加剂采购	中国水利水电第十二工程局有限公司	871.70	2017 年 9 月	
黄金峡水利枢纽电站设备采购	浙富控股集团股份有限公司	11 799.00	2017 年 9 月	
黄金峡水利枢纽水泵及其附属设备采购	哈尔滨电机厂有限责任公司	8 660.00	2019 年 2 月	

续表 5-3-2

项目名称	中标单位	中标金额/万元	签订日期	说明
黄金峡水利枢纽工程泵站及电站压力钢管钢板采购	陕西省水电物资总公司	2 177.02	2019 年 7 月	
黄金峡水利枢纽启闭机、卷扬机及其附属设备采购 I 标	郑州水工机械有限公司	4 452.24	2019 年 12 月	
黄金峡水利枢纽启闭机、卷扬机及其附属设备采购 II 标	常州液压成套设备厂有限公司	2 888.33	2019 年 12 月	
黄金峡水利枢纽电气一次及其附属设备采购	西电宝鸡电气有限公司	6 373.00	2020 年 4 月	
黄金峡水利枢纽控制保护通信设备采购	国电南京自动化股份有限公司	2 457.75	2020 年 4 月	
黄金峡水利枢纽水泵同步电动机及变频装置采购	上海电气集团上海电机厂有限公司	12 790.00	2020 年 4 月	
黄金峡水利枢纽水力机械辅助系统、通风空调系统、给水排水系统、消防系统设备采购	陕西省水电物资总公司	7 282.28	2020 年 7 月	
黄金峡水利枢纽安全监测工程	中国电建集团西北勘测设计研究院有限公司	1 031.38	2016 年 3 月	
黄金峡水利枢纽施工期洪水预报系统项目	陕西省水文水资源技术工程公司	339.68	2017 年 3 月	

三、秦岭输水隧洞

秦岭输水隧洞工程共完成招标 41 个,其中勘察设计标 2 个,施工标 19 个,监理标 18 个,采购标 2 个。秦岭输水隧洞(主要)招标情况见表 5-3-3。

表 5-3-3　秦岭输水隧洞(主要)招标情况

项目名称	中标单位	中标金额/万元	签订日期	说明
勘察设计Ⅳ标(秦岭隧洞越岭段)	中铁第一勘察设计院	20 588.00	2011 年 12 月	
勘察设计Ⅴ标(秦岭隧洞黄三段)	黄河勘测规划设计有限公司	2 690.97	2011 年 12 月	
秦岭输水隧洞 1 号勘探试验洞工程监理	上海宏波工程咨询管理公司	86.1	2009 年 7 月	
秦岭输水隧洞 2 号勘探试验洞工程监理	陕西省水利工程建设监理有限责任公司	117.031 7	2008 年 1 月	
秦岭输水隧洞 3 号勘探试验洞工程监理	大安工程建设监理公司	141.358 1	2009 年 7 月	
秦岭输水隧洞 6 号勘探试验洞工程监理	大安工程建设监理公司	90.078 0	2009 年 7 月	
秦岭隧洞 7 号勘探试验洞工程监理	上海宏波工程咨询管理公司	93.500 0	2011 年 4 月	
秦岭隧洞(越岭段)出口勘探试验洞工程监理	湖北长峡工程建设管理公司	234.796 0	2011 年 11 月	
秦岭隧洞(越岭段)椒溪河勘探试验洞工程监理	上海宏波工程咨询管理有限公司	304.000 0	2012 年 6 月	
秦岭隧洞(越岭段)0 号勘探试验洞工程监理	陕西省水利工程建设监理有限责任公司	308.277 8	2012 年 6 月	
秦岭隧洞(越岭段)0-1 号勘探试验洞工程施工监理	陕西大安工程建设监理有限责任公司	235.580 0	2012 年 6 月	
秦岭隧洞(越岭段)1 号勘探试验洞主洞延伸段工程监理	上海宏波工程咨询管理有限公司	202.000 0	2012 年 6 月	
秦岭隧洞(越岭段)2 号勘探试验洞主洞延伸段工程监理	陕西省水利工程建设监理有限责任公司	211.746 2	2012 年 6 月	

续表 5-3-3

项目名称	中标单位	中标金额/万元	签订日期	说明
秦岭隧洞(越岭段)3 号勘探试验洞主洞延伸段工程监理	上海宏波工程咨询管理有限公司	232.000 0	2012 年 6 月	
秦岭隧洞(越岭段)6 号勘探试验洞主洞延伸段工程监理	陕西大安工程建设监理有限责任公司	239.690 0	2012 年 6 月	
秦岭隧洞 TBM 施工段岭南工程监理	四川二滩国际工程咨询有限责任公司	1 186.931 9	2012 年 1 月	
秦岭隧洞 TBM 施工段岭北工程监理	陕西大安工程建设监理有限责任公司	1 282.000 0	2012 年 1 月	
秦岭隧洞 7 号勘探试验洞工程环境监理	陕西众晟建设投资管理公司	48.5	2011 年 9 月	
秦岭隧洞 6、7 号勘探试验洞施工区环保治理工程监理	陕西省水利工程建设监理有限责任公司	66.81	2013 年 3 月	
黄三段隧洞工程施工监理	上海宏波工程咨询管理有限公司	924.00	2015 年 9 月	
秦岭输水隧洞 1 号勘探试验洞工程	中铁二十二局集团第四工程有限公司	4 304.285 5	2009 年 7 月	
秦岭输水隧洞 2 号勘探试验洞工程	中铁十七局集团有限公司	5 090.977 6	2008 年 1 月	
秦岭输水隧洞 3 号勘探试验洞工程	中铁隧道集团有限公司	11 401.423 6	2009 年 7 月	
秦岭输水隧洞 6 号勘探试验洞工程	中铁十八局集团有限公司	7 774.478 1	2009 年 7 月	
秦岭隧洞 7 号勘探试验洞工程	中铁十八局集团有限公司	4 587.569 9	2011 年 4 月	

续表 5-3-3

项目名称	中标单位	中标金额/万元	签订日期	说明
秦岭隧洞(越岭段)出口勘探试验洞工程	中铁十七局集团有限公司	20 692.077 3	2011 年 11 月	
秦岭隧洞(越岭段)椒溪河勘探试验洞工程	中国水电建设集团十五工程局有限公司	23 424.060 9	2012 年 6 月	
秦岭隧洞(越岭段)0 号勘探试验洞工程	中铁五局(集团)有限公司	22 824.872 5	2012 年 6 月	
秦岭隧洞(越岭段)0-1 号勘探试验洞工程施工	中铁十七局集团有限公司	14 320.803 0	2012 年 6 月	
秦岭隧洞(越岭段)1 号勘探试验洞主洞延伸段工程	中铁二十二局集团第四工程有限公司	8 895.898 4	2012 年 6 月	
秦岭隧洞(越岭段)2 号勘探试验洞主洞延伸段工程	中铁十七局集团有限公司	9 642.798 5	2012 年 6 月	
秦岭隧洞(越岭段)3 号勘探试验洞主洞延伸段工程	中铁隧道集团有限公司	12 100.000 0	2012 年 6 月	
秦岭隧洞(越岭段)6 号勘探试验洞主洞延伸段工程	中铁十八局集团有限公司	14 110.883 1	2012 年 6 月	
秦岭隧洞 TBM 施工段岭南工程	中铁隧道集团有限公司和中国水利水电建设集团十五工程局有限公司联合体	78 665.000 0	2012 年 1 月	
秦岭隧洞 TBM 施工段岭北工程	中铁十八局集团有限公司	92 850.816 8	2012 年 1 月	

续表 5-3-3

项目名称	中标单位	中标金额/万元	签订日期	说明
秦岭隧洞 6 号勘探试验洞施工区环保治理工程	江苏百纳环境工程有限公司	1 470.127 5	2013 年 3 月	
秦岭隧洞 7 号勘探试验洞施工区环保治理工程施工	博天环境集团股份有限公司	1 057.534 3	2013 年 3 月	
秦岭隧洞岭南 TBM 施工段采购硬岩掘进机项目	罗宾斯(上海)地下工程设备有限公司(牵头方)和美国罗宾斯公司联合体	24 555.000 0	2013 年 8 月	
秦岭隧洞岭北 TBM 施工段采购硬岩掘进机项目	广州海瑞克隧道机械有限公司	23 642.062 4	2012 年 6 月	
秦岭隧洞黄三段 Ⅰ 标工程施工	中铁二十一局集团有限公司	25 831.958 9	2015 年 9 月	
秦岭隧洞黄三段 Ⅱ 标工程施工	中铁十七局集团有限公司	30 169.922 9	2015 年 9 月	

第三节　合同管理

　　引汉济渭工程建设中的勘察、设计、施工、监理、采购、技术服务及土地占用补偿等经济活动均以订立书面合同的形式明确双方的权利义务,并以合同书为履行的依据。合同在订立前均经过相关专业部门对合同内容的技术、经济和法律方面进行审查,审查通过并经主管领导批准后加盖合同专用章。截至 2021 年 6 月底,引汉济渭工程共订立各类合同 1 300 余份,签约合同金额约为 139 亿元。

　　省引汉济渭公司设立了计划合同部,专司工程建设合同管理,全面跟踪和监督合同的执行,组织相关部门定期对合同执行情况进行监督、检查、纠偏。协助法务部进行合同风险控制,负责检查履约、跟踪与监督变更、索赔、调差、计量与支付、竣工结算、最终结清及合同结束。

为规范合同管理,公司制定了《建设工程合同管理办法》《工程计量支付管理办法》《陕西省引汉济渭工程电子计量支付审批系统使用管理办法》《陕西省引汉济渭工程参建单位不良行为记录管理办法》《陕西省引汉济渭工程暂列金额管理办法》《陕西省引汉济渭工程施工单位劳务工工资管理办法》《投资项目监督管理办法》《违规经营投资责任追究办法》《投资项目后评价管理办法》等一系列管理办法,为进一步规范合同管理工作打下基础。

一、合同管理概况

(一)三河口水利枢纽

截至 2021 年 6 月底,三河口水利枢纽已完工施工项目 6 个,正在执行的施工项目 6 个。合同执行情况如下:

1. 已完工项目

已完工合同有:左岸上坝道路及下游交通桥工程、三河口水利枢纽导流洞工程、三河口水利枢纽前期准备工程一期工程、三河口水利枢纽二期工程Ⅱ标项砂石骨料及施工辅助工程、三河口水利枢纽二期供电工程、子午河大桥工程,共 6 个施工合同。

2. 正在执行的项目

正在执行的施工项目有:三河口水利枢纽大坝工程、三河口水利枢纽坝后电站厂房土建及机电安装工程、三河口枢纽安全监测工程、三河口水利枢纽施工期监控管理智能化项目施工工程、三河口水利枢纽电站厂房装修工程、三河口供水工程共 6 项。

正在执行的物资采购合同 3 项,金结及设备采购合同 16 项,其他服务类合同(含监理)24 项。

(二)黄金峡水利枢纽工程情况

截至 2021 年 6 月底,黄金峡工区已完工施工项目 5 个,正在执行的施工项目 5 个。合同执行情况如下:

1. 已完工项目

已完工施工项目有:黄金峡水利枢纽施工Ⅰ标(供电标)、黄金峡水利枢纽前期准备工程施工Ⅱ标(左坝肩)、黄金峡水利枢纽前期准备工程施工Ⅲ标(右坝肩)、大河坝至黄金峡交通道路边坡治理工程和左岸 1 号公路及黄金峡大桥工程共 5 个。

2. 正在执行的项目

正在执行的主要施工项目有:黄金峡水利枢纽土建及金属结构安装工程,黄金峡水利枢纽安全监测工程,黄金峡砂石加工、混凝土生产建设及运行管理工程,引汉济渭工程鱼类增殖放流站建设工程,引汉济渭工程大河坝至汉江黄金峡交通道路附属设施完善工程,共 5 个。

正在执行的金结及设备物资采购合同 20 个,其他及服务类合同(含监理)23 个。

(三)秦岭隧洞工程

截至 2021 年 6 月底,秦岭输水隧洞已完工施工合同 16 个,正在执行的施工合同 6 个。合同执行情况如下:

1. 已完工施工合同

已完工施工项目包括:椒溪河勘探试验洞工程、0 号勘探试验洞工程、0-1 号勘探试验洞工程、1 号勘探试验洞主洞延伸段工程、2 号勘探试验洞主洞延伸段工程、周至 35 千瓦陈河用户变电站、6 号勘探试验洞工程、7 号勘探试验洞工程、6 号勘探试验洞施工区环保治理工程、7 号勘探试验洞施工区环保治理工程、周至 108 国道至小王洞道路改建工程、秦岭输水隧洞(越岭段)出口勘探试验洞工程、秦岭输水隧洞(越岭段)出口延伸段工程、秦岭输水隧洞(越岭段)7 号勘探试验洞主洞试验段工程、大黄路边坡治理、左岸 1 号公路及黄金峡大桥工程共 16 个施工项目。

2. 正在执行的项目

正在执行的施工项目有:3 号勘探试验洞主洞延伸段工程、TBM 施工段岭南工程、TBM 施工段岭北工程、6 号勘探试验洞主洞延伸段工程、秦岭输水隧洞黄三段Ⅰ标、秦岭隧洞黄三段Ⅱ标,共 6 个施工项目。

正在执行的监理合同有:3 号勘探试验洞主洞延伸段工程监理、TBM 施工段岭南工程监理、TBM 施工段岭北工程监理、6 号勘探试验洞主洞监理、秦岭输水隧洞黄三段工程监理共 5 个。

二、合同管理措施

(一)加强制度管理

为加强合同履约,规范现场管理,不断对现有的《建设工程合同管理办法》《工程计量支付管理办法》等管理办法,结合实际对制度补充完善。为健全管理机制,新编制了《投资项目监督管理办法》《违规经营投资责任追究办法》《投资项目后评价管理办法》等办法,为进一步规范合同管理提供了有力保障。

(二) 做好新签合同的组织审核

根据《合同管理办法》明确的合同签订原则、流程、注意事项及职责权限,严格程序管理,对每份新签订合同都严格按照合同立项、评估、会签程序进行认真审核,与相关部门和合同方详细沟通,并提交公司法律顾问审核,确保新签合同的权利、责任、义务明确。

(三) 严格计量支付和变更审核

严格执行《计量支付管理办法》,严格计量审核,量价分审(工程管理部审量、计划合同部审价),结算资料必须齐全,按程序审签,先结算后付款,并实行电子计量支付,提高结算效率,所有计量支付报表及价款申请的审核均在 4 个工作日内完成。

(四) 严格工程变更审核批复

严肃变更审批,先立项后实施,严格按权限审批,并坚持按照招投标原则进行审批。合同管理人员主动深入现场,积极协调解决合同经济问题,定期梳理现场发生的变更、索赔工作,并督促上报,及时按照公司相关权限规定审核处理。严格根据规范、定额、合同及《变更管理实施办法》进行变更项目的费用审查。截至 2021 年 6 月底,超过 500 万以上变更项目共批复 55 份,涉及变更金额 7.226 5 亿元。

引汉济渭工程批复超过 500 万元以上的变更项目,见表 5-3-4。

表 5-3-4　引汉济渭工程批复超过 500 万元以上变更项目

名称	变更内容	审批金额/万元
三河口水利枢纽柳树沟渣场防护新增及变更项目	为满足工程建设需要,对柳树沟渣场重新进行规划设计并增加相应的防护。新的渣场规划及防护形式与招标文件相比变化较大	1 155.29
三河口水利枢纽前期准备一期工程消力塘工程变更	原计划 2014 年底实施的三河口水利枢纽截流工作,推后至 2015 年 10 月以后择机实施。因 2015 年汛期河床行洪要求,承包人对原堆存在柳树沟沟口用于上游围堰回填的渣料、堆存于 4 号路外侧临时道路用于下游围堰回填的渣料全部进行了清除,造成截流上下游围堰填筑料源严重不足。会议决定将消力塘开挖工程作为围堰填筑料源。为控制填筑质量,方便管理,将消力塘消 0+085 以后的开挖支护工程交由中国水电建设集团十五工程局有限公司引汉济渭三河口水利枢纽项目部施工	1 457.17

续表 5-3-4

名称	变更内容	审批金额/万元
三河口水利枢纽前期准备一期工程交通桥下游渣场防护工程	交通桥下游渣场防护工程是对原左岸上坝道路及下游交通桥工程标段的弃渣场地进行防护,作为三河口枢纽大坝工程的拌和站场地使用。设计图纸要求先进行挡墙施工,再进行分层填料,最后进行坡面防护。在前期准备一期工程施工时,发现此渣场弃渣的范围、高程与图纸内容不符,已发生变化。后经四方同意,对渣场防护工程进行了调整	574.610 5
三河口水利枢纽枫筒沟渣场防护新增及变更项目	为满足工程建设需要,对枫筒沟渣场重新进行规划设计并增加相应的防护,新的渣场规划及防护形式与招标文件相比变化较大	641.155 2
三河口水利枢纽工程筒大公路左坝肩道路 K0+780~K1+684.886 变更项目	根据《筒大公路左坝肩段道路(K0+780~K1+684.886 段)施工图册》《关于对"筒大路左坝肩道路 K0+900~K1+430 段增加上挡墙的"设计通知》(2016 年第 8 号,坝总字 34 号)、《关于对"筒大路左坝肩道路 K1+054~K1+080 柳树沟滑坡处理"的设计通知》(2016 年第 10 号,坝总字 36 号)、《关于对"筒大路左坝肩道路 K1+020~K1+090 段增加上挡墙处理"的设计通知》(2016 年第 11 号,坝总字 37 号)、《关于筒大路左坝肩段(K0+780~K1+684.886)若干段挡墙基础处理的通知》(2017 年第 8 号,坝总字 51 号),以及相关会议纪要,筒大公路左坝肩段(K0+780~K1+684.886)变更项目属实	698.433
秦岭隧洞 TBM 岭南工程 5 项变更	秦岭隧洞 TBM 施工段岭南工程废水处理站图纸工程量无单价项目、秦岭隧洞 TBM 施工段岭南工程 2 号支洞排水单价、岭南 TBM 项目部隧洞坍塌突发事故应急救援演练费用、秦岭隧洞 TBM 施工段岭南工程掘进段堵水灌浆、秦岭隧洞 TBM 掘进段备用电源费用 5 项变更项目	1 714.919 1
黄金峡水利枢纽前期准备施工Ⅲ标右岸坝肩高程 470 米以上新增项目	黄金峡右岸坝肩高程 470 米以上边坡支护方案调整,并新增了格构梁、锚筋桩等工作内容	754.715 1
秦岭隧洞黄三段Ⅱ标 2 项变更审核批复	黄三Ⅱ标地质超挖项目、交通洞、控制闸石方洞挖围岩级别变更	699.719 5
秦岭隧洞 TBM 岭北工程 3 项变更项目批复	C15 片石混凝土挡墙费用增加项目、弃方外运项目、路基石方破碎锤开挖项目、下河便道与河道清理新增项目	1 383.191

续表 5-3-4

名称	变更内容	审批金额/万元
三河口水利枢纽大坝工程 10 项变更项目批复	坝基固结灌浆试验调整、小枫筒沟防护项目、高程 617 米平台新增优化项目、消力塘抽排水系统设计图纸新增单价变更项目、导流洞出口至基坑下游侧出渣道路修复施工、环境保护宣传牌新增施工项目、设计蓝图新增集水井、消力塘交通廊道、大坝坝趾及贴脚混凝土施工项目、右坝肩及消力塘右岸边坡加固处理设计图纸新增施工项目、消力塘 0+85 后保护层石方开挖费用补偿项目	1 284.163 6
秦岭隧洞(越岭段)7 号勘探试验洞主洞工程帷幕注浆变更	7 号勘探试验洞主洞工程帷幕注浆	2 109.991 5
三河口水利枢纽大坝工程外供混凝土单价及混凝土配合比设计费	三河口水利枢纽大坝工程新增了 C15 外供混凝土,对 6 个原有混凝土品种提出新特性要求,且承包人进行了相关配合比试验	614.232 4
秦岭隧洞 TBM 施工段岭南工程 K30+005 段排水设施	根据 QLSD-C3-3-006-隧变(2016)字第 006 号设计变更通知单,由于 TBM 掘进至桩号 K30+005 时出现基岩裂隙水,后期掘进中涌水量达到 16 900 立方米每天,已有设备无法满足抽排水需求,需增强抽排水能力,因此增加排水设施	655.506 9
秦岭隧洞 TBM 施工段岭南工程 3 号、4 号支洞涌水处理	根据隧变(2016)字第 004 号设计变更通知单,由于岭南 TBM 最大涌水量已达到 46 000 立方米每天,原设计的临时污水处理工艺已经不能满足达标排放的条件,为避免环境污染事件的发生,3 号、4 号支洞增加了加药及搅拌系统	1 090.723 6
秦岭隧洞 TBM 施工段岭南工程 4 号支洞电力扩容	由于秦岭隧洞 4 号支洞后续施工任务调整,用电负荷增加,现有供电线路不能满足施工需要,同时为保证 TBM 第二阶段掘进用电需求,新增 4 号支洞电力扩容项目	1 481.207
TBM 施工段岭北工程瑞诺材料固结灌浆及回填灌浆费用	根据秦岭隧洞 TBM 施工段岭北工程 QLSD-C6-3-ZD81、82-隧变(2016)字第 28 号,QLSD-C6-3-ZD83-隧变(2017)字第 01 号,QLSD-C6-3-ZD84-隧变(2017)字第 02 号,QLSD-C6-3-ZD89-隧变(2017)字第 07 号设计变更通知单及相关会议纪要,秦岭隧洞 TBM 施工段岭北工程在施工过程中岩体出现大面积塌方,经建设单位、设计单位、监理单位、施工单位相关人员现场查勘,并对处理方案进行研究,确定进行化学灌浆,采用聚氨酯类双组分化学浆液对岩体进行固结加固	2 071.035 3

续表 5-3-4

名称	变更内容	审批金额/万元
岭北 TBM 有害气体单价的批复	2018 年 2 月 23 日凌晨 3 点，岭北 TBM 施工至 K47+912.7 里程段出现了有害气体	1 832.265 5
三河口水利枢纽大坝工程右岸上坝路工程	根据《右岸上坝路(8 号施工道路)相关问题协调会》(会议纪要编号:XTH-2016-001/SHK-JL-C3)，三河口水利枢纽右岸上坝路(8 号施工道路)因设计方案迟迟未定，道路施工从前期准备一期工程标项转交大坝工程标项实施，属合同外新增工程	777.315
秦岭隧洞 TBM 施工段岭南工程"2·28"突涌水抢险第 1 期费用	秦岭隧洞 TBM 施工段岭南工程为"2·28"涌水抢险增加了人员和设备投入并造成 4 号支洞和 TBM 工区其他设备误工	1 440.519 6
黄金峡水利枢纽前期准备施工 Ⅱ 标调整左坝肩 Ⅰ 区边坡高程 454.45～485.00 米支护方案	对左岸坝肩 Ⅰ 区边坡高程 454.45～485.00 米进行加强支护措施，提高边坡稳定性，增加混凝土板 C25、钢筋制安、排水系统、边坡锚索等工程量	1 342.322 6
秦岭隧洞 TBM 施工段岭北工程卡机塌方项目	秦岭隧洞 TBM 施工段岭北工程 K51+581～K51+638 段、K51+547～K51+581 段、K51+483～K51+547 段、K51+431～K51+483 段、K51+173～K51+198 段实际开挖过程中出现断层、塌方、岩体变形等不良的地质状况	2 762.368 3
岭南 TBM 施工段 4 号支洞主洞接应洞项目	根据设计单位 4 号支洞接应洞设计图(设计里程:K36+800～K38+300 和 K38+625～K40+125)。按照招标阶段设计，设计里程 K36+800～K40+125 为 TBM 施工段，4 号支洞主要解决中间 TBM 长段落施工通风、出渣等问题，为了加快施工进度，早日实现秦岭隧洞贯通，4 号支洞进入主洞，由 TBM 法施工变更为钻爆法施工	9 162.752 4
岭南 TBM 施工段第一掘进段排水设施费用	根据《引汉济渭工程秦岭隧洞 TBM 施工段岭南工程设计变更通知单》(QLSD-C3-3-2016-06 总 15-隧变(2016)字第 036 号)，岭南突涌水期间，TBM 三岔口泵站、1 号、2 号、3 号泵站增加了相关排水设施	655.106
秦岭隧洞 TBM 施工段岭南工程 4 号支洞凿岩台车费用	根据《关于岭南 TBM 相关方案、前期变更处理专题会纪要》(编号:2018-005-ZTHYJY-QLSD-C3_)，由于 4 号支洞岩爆频发，为降低岩爆段施工风险，现场采用凿岩台车进行钻孔	693.667 1

续表 5-3-4

名称	变更内容	审批金额/万元
黄金峡水利枢纽主体标左岸Ⅰ区 EL538～EL637 米减载支护工程	根据设计通知《关于左岸Ⅰ区减载边坡高程 553～583 米增设预应力锚索的通知》（长黄设通枢（坝）字〔2019〕第 08 号）、《关于左岸Ⅰ区边坡 EL635～EL519 米局部开挖支护的通知》（长黄设通枢（坝）字〔2019〕第 04 号）及左岸坝肩高程 EL635～EL519 米抢险减载专题会议纪要（二滩国际〔2019〕纪要 011 号），在左岸Ⅰ区减载边坡范围（EL637～EL538 米）增设支护措施，增加土石方开挖、挂网喷混凝土、面板混凝土、锚杆、锚索等工程量	782.815 5
黄金峡水利枢纽前期准备施工Ⅱ标左岸边坡 1 号公路～高程 553 米开挖及支护变更报价	根据设计图纸《左岸边坡 1 号公路至高程 553.00 米区间开挖平面图》（图号：217(1)E60-01-06-23R）和设计图纸《左岸边坡 1 号公路至高程 553.00 米区间支护图（1/4～4/4)》（图号：217(1)E60-01-06-24～27），将左岸边坡 1 号公路至高程 553.00 米区间塌方后的开挖及边坡支护方案进行调整，新增 40 厘米厚 C20 混凝土板、平碴回填、格构梁、钢筋制安、锚杆、锚索等工作内容，并对覆盖层开挖、石方明挖工程量进行了调整	3 262.249 6
关于鱼类增殖放流站项目延迟开工费用补偿	引汉济渭工程鱼类增殖放流站项目计划建设期为 2017 年 6 月至 2018 年 9 月（计 16 个月），实际开工时间 2018 年 10 月 11 日，开工时间推迟 497 天。由于开工时间的推迟，导致承包人在鱼类增殖放流站建设施工中实际承担的物价市场风险范围（投标截止日至 2020 年完工时间）与投标报价中的预期风险范围（投标截止日至 2018 年 9 月）产生实质性变化。本着公平公正原则，同意对超出预期风险的合理价差予以补偿	1 046.131
黄金峡水利枢纽主体标左岸 1 号公路以下边坡锚索及支护工程	根据施工图纸《左岸 1 号公路以下边坡锚索布置及护坡结构钢筋图》（图号 217(1)E63--02-07-10R～12R）在左岸 1 号公路以下边坡增设面板混凝土、钢筋制安、锚索等工作内容	1 168.324 2
岭北 TBM 施工段塌方卡机停工期间人员误工及设备闲置费用	2016 年 5 月 31 日，岭北 TBM 掘进至 K51+597.6 处，突遇长大段落断层破碎带，护盾尾部左侧下方有极破碎渣体不断流出，渣体高度超过主梁后停止外流，岩体变形，护盾被抱死，设备被卡，直至 2017 年 2 月初恢复掘进，在此时间段出现 3 次卡机和 1 次塌方，累计 181 天	683.469 1

续表 5-3-4

名称	变更内容	审批金额/万元
岭北 TBM 施工段有害气体增加措施工程费用	增加了有害气体监测仪器、通风设施、备用电源等措施	1 187.107 7
岭北 TBM 施工段 108 国道塌方及西汉高速限行材料运输增加费用	因秦岭山区持续降水,2017 年 10 月 12 日,108 国道周至段 K1393+500 处路基发生严重垮塌道路中断,直至 2019 年 6 月 30 日恢复正常通行。在此期间,陕西省公路局联合陕西省公安厅交警总队下发《关于京昆高速西汉段实施货车分流的通告》,京昆高速西安至汉中段因路面养护施工,在 2018 年 5 月 25 日至 2018 年 7 月 25 日期间禁止货车在西汉高速通行,导致施工单位材料运输距离增加	519.895 6
7 号支洞主洞段上游节理密集带 K68＋851～K68＋835 段堵水变更	根据中铁第一勘察设计院集团有限公司《秦岭隧洞 7 号支洞主洞段上游节理密集带堵水设计图》(图号:YHJW-SB-QLSD-XJ7-ZD-02-01)、《工地现场问题处理意见会签单》(编号:QLSD-C-2--35)及相关合同条款,同意该项目按照设计变更处理	892.389 1
秦岭隧洞 0-1 号勘探试验洞排水管道变更	0-1 号勘探试验洞主洞埋深较大,地质复杂,岩性为易富水大理岩,洞室全部在地下水位线以下,施工区属地下水强富水区,为保证洞内抽排水的正常进行,需在 K14+259～斜 00+00 段增加 1 根 DN400 钢管用于洞内抽水	835.450 6
黄金峡水利枢纽砂石加工系统、混凝土生产系统建设及运行管理工程停工补偿费用	因非承包人原因发生停工事件。停工日期从 2017 年 9 月 1 日至 2018 年 11 月 11 日(计 437 天),扣除两大系统联调联试期 10 天,本次停工延误共计 427 天,同意按照相关合同条款对停工期间承包人损失予以补偿	813.593 9
三河口水利枢纽大坝工程新增供水工程场坪、厂区挡墙、排洪暗渠及进场道路项目	根据《水厂场坪体型设计图》(GSH-SGT-CP-01(1/5～4/5)(修改)、5/5)、《水厂厂区挡墙设计图》(GSH-SGT-DQ-03(1/3～3/3))、《排洪暗涵设计图》(GSH-SGT-PH-02(1/6(修改)、2/6、3/6(修改)、4/6、5/6(修改)、6/6))、《三河口供水工程进场道路施工图》,三河口水利枢纽大坝工程新增供水工程场坪、厂区挡墙、排洪暗渠及进场公路等工作	667.1
三河口水利枢纽大坝工程马家滩中转料仓成品骨料二次装运项目	依据三河口水利枢纽 2020 年防洪度汛标准和下闸蓄水要求,大坝工程砂石加工系统在汛期前拆除。根据工程建设进度和骨料需求,参建四方同意在马家滩渣场设置成品骨料中转料仓,将现有堆存骨料转运至马家滩料仓	528.81

续表 5-3-4

名称	变更内容	审批金额/万元
秦岭隧洞黄三段工程Ⅱ标废水处理设施建设及运行费用	根据秦岭环保水保相关要求和《黄金峡分公司关于黄金峡工区相关技术问题专题会会议纪要》(2016)第 10 次及一般设计变更(Ⅰ类)建议书(变更编号：QLSD-CHs-o1(2019)(Ⅰ类)变03号)，公司委托黄河勘测规划设计有限公司对该标段废水处理设施进行了补充设计，设计图纸中新增了设备，明确了设备运行、药剂添加等相关要求	943.78
秦岭隧洞黄三段工程Ⅰ标废水处理设施建设及运行费用	根据秦岭环保水保相关要求和《黄金峡分公司关于黄金峡工区相关技术问题专题会会议纪要》(2016)第 10 次及一般设计变更(Ⅰ类)建议书(变更编号：QLSD-CHs-o1(2019)(Ⅰ类)变02号)，公司委托黄河勘测规划设计有限公司对该标段废水处理设施进行了补充设计，设计图纸中新增了设备，明确了设备运行、药剂添加等相关要求	938.09
秦岭隧洞 0 号勘探试验洞工程施工废水处理费用	根据《陕西省引汉济渭工程秦岭隧洞(越岭段)0 号工区勘探试验洞招标文件设计图》(YHJW-ZB-QLSD-XJO-25~28)并结合招标分组工程量清单 4 施工排水及涌水处理设施部分，招标时隧洞涌水采用 5 座隔油沉砂池、5 座隔油沉淀池、5 座污泥浓缩池和 5 座集油井进行自然沉淀处理，其工艺流程为隧洞涌水经隔油沉砂池、隔油沉淀池集中处理后达标排放。根据《秦岭隧洞(越岭段)0 号勘探试验洞施工图隧洞废水处理站给水排水工程设计》(YHJW-SS-QLSD-XJO-PC-01~9)，隧洞涌水处理增加了絮凝反应池，其工艺流程为隧洞涌水经隔油沉砂池除油除砂后，进入絮凝反应池，投加混凝剂和助凝剂，经充分搅拌混合形成絮凝体，进入隔油沉淀池沉淀后达标排放。根据《秦岭隧洞(越岭段)0 号勘探试验洞施工图隧洞施工废水处理站给水排水工程变更设计》(YHJW-SS-QLSD-XJO-PC-01~10变)，由于 0 号勘探试验洞施工场地总体布置调整，原施工图设计的 4 座沉淀池及远期预留的 9 座沉淀池无法实施，需将原设计的废水处理站位置及结构进行调整，以满足远期涌水处理要求，其涌水处理工艺与原施工图相同。经对比施工阶段与招标阶段涌水处理工艺，增加了絮凝沉淀工艺	746.28

续表 5-3-4

名称	变更内容	审批金额/万元
秦岭隧洞 TBM 施工段岭南工程 4 号支洞涌水处理池技改费用	根据引汉济渭工程秦岭隧洞 TBM 施工段岭南工程设计变更文件《引汉济渭工程秦岭隧洞 TBM 施工段岭南工程 4 号支洞涌水工程》(变更编号:QLSD-C3-3(2019)Ⅰ类变001 号-隧变〔2019〕字第 001 号)、《岭南 TBM 施工段 4 号支洞涌水处理扩容方案专题会》(编号:2019-001-ZTHYJY-QLSD-C3-3)和《陕西省引汉济渭工程建设有限公司大河坝分公司关于岭南 TBM 4 号支洞口施工废水处理扩容等事宜的专题会会议纪要》(〔2019〕第 3 次),按照总体施工部署及排水方案规划,4 号支洞涌水处理能力需达到15 000 立方米每天,而目前 4 号支洞涌水处理能力仅有8 000 立方米每天,为了满足环保水保要求,需对 4 号支洞涌水处理池进行扩容技术改造	1 081.67
秦岭隧洞黄三段工程施工Ⅰ标 2019 年度工程价格调整	依据该标段招标文件(商务文件)第 4 章专用合同条款16.1 条"物价波动引起的价格调整方式:按《陕西统计年鉴》中建筑安装工程指数的 85% 进行调整,每年调价一次,以合同签订当月建筑安装工程指数(合同签订当月建筑安装工程指数=100)为基准,按指数的涨幅进行调价,从 2016年 9 月开始调价。2017 年 9 月调整 2016 年的结算价,以此类推。"约定,同意按物价波动引起的价格调整方式,对本标段 2019 年 1 月至 2019 年 12 月工程价格进行调整	565.74
秦岭隧洞黄三段工程施工Ⅱ标 2019 年度工程价格调整	依据该标段招标文件(商务文件)第 4 章专用合同条款16.1 条"物价波动引起的价格调整方式:按《陕西统计年鉴》中建筑安装工程指数的 85% 进行调整,每年调价一次,以合同签订当月建筑安装工程指数(合同签订当月建筑安装工程指数=100)为基准,按指数的涨幅进行调价,从 2016年 9 月开始调价。2017 年 9 月调整 2016 年的结算价,以此类推"约定,同意按物价波动引起的价格调整方式,对本标段 2019 年 1 月至 2019 年 12 月工程价格进行调整	737.76
岭南 TBM 施工段 4 号支洞主洞接应洞	根据设计单位 4 号支洞接应洞设计图(设计里程:K36+800~K38+300 和 K38+625~K40+125)。按照招标阶段设计,设计里程 K36+800~K40+125 为 TBM 施工段,4 号支洞主要解决中间 TBM 长段落施工通风、出渣等问题,为了加快施工进度,早日实现秦岭隧洞贯通,4 号支洞进入主洞,由 TBM法施工变更为钻爆法施工	620.31

续表 5-3-4

名称	变更内容	审批金额/万元
三河口水利枢纽大坝工程柳木沟料场绿化工程	根据设计单位出具的《三河口水利枢纽柳木沟料场边坡植物措施设计方案》，柳木沟料场区域采取栽植树木、撒播草籽、客土喷播、CBS 植被混凝土生态修复和高次团粒喷播等方式实施复绿工程，料场复绿方案和实施时间较合同文件发生较大变化。依据《关于三河口水利枢纽柳木沟料场边坡绿化专题会议纪要》（引汉济渭大河坝分公司〔2019〕第 21 次），明确该工作为三河口水利枢纽大坝工程的合同外新增项目，同意按照合同变更项目处理	2 791.43
秦岭隧洞黄三段Ⅱ标 4 号支洞物资储备仓库变更	根据施工图纸《陕西省引汉济渭黄三段 4 号支洞地下物资储备仓库工程》（图号 YHJW-HSD-CK-TJ-01-02、YHJW-HSD-DQ-TJ01-03）及 4 号支洞物资储备仓库专题会议纪要（HSZT-070）、《关于黄金峡水利枢纽仓库面积的情况说明》（长黄设联（综）〔2019〕第 11 号）、《关于三河口水利枢纽永久机电设备仓库工作情况的说明》等相关文件，需要在 4 号支洞区域增设物资储备仓库，增设的物资储备仓库项目为黄三Ⅱ标合同外新增项目	2 025.18
三河口水利枢纽大坝工程上蒲家沟弃渣场弃渣倒运项目	根据《施工变更建议书（一）》（变更编号：SHK-C04（2020）（建议）变 01 号）及《上蒲家沟弃渣场设计图》（编号：SHK-SPJG-SG（1/6-6/6）），承包人对上蒲家沟渣场部分弃渣体进行翻渣、堆置和倒运	1 033.52
黄金峡水利枢纽信息化现场管理站及参建者联合办公楼工程变更	根据《陕西省引汉济渭工程建设有限公司黄金峡分公司关于黄金峡信息化现场管理站及参建者联合办公楼专题会议纪要》（〔2019〕第 38 次），黄金峡水利枢纽土建及金属结构安装工程新增黄金峡信息化管理站及参建者联合办公楼项目	1 053.9
三河口水利枢纽大坝工程瓦房坪滑坡体综合治理项目建筑工程变更	根据《陕西省引汉济渭工程建设有限公司大河坝分公司关于三河口水利枢纽瓦房坪滑坡体综合治理项目专题会议纪要》（〔2019〕第 28 次），为保障道路通畅、消除瓦房坪古滑坡体对周边建筑物的安全威胁，决定对瓦房坪古滑坡体及其影响范围进行综合治理，并统筹实施植被恢复、水土保持、配套景观等相关工作	1 351.55

续表 5-3-4

名称	变更内容	审批金额/万元
黄金峡水利枢纽主体标左岸 I 区 EL519 米—EL558 米边坡减载支护工程变更	根据设计通知《关于左岸 I 区边坡 558~519 米局部开挖支护的通知》（长黄设通枢（坝）字〔2018〕第 15 号）、《关于左岸 I 区边坡 EL538~EL519 米开挖支护的通知》（长黄设通枢（坝）字〔2019〕第 19 号）及《左岸坝肩高程 EL635~EL519 米抢险减载专题会议纪要》（二滩国际〔2019〕纪要 011 号），在左岸 I 区 EL519~EL558 米边坡增设减载措施，增加土石方开挖、挂网喷混凝土、面板混凝土、锚杆、排水孔、锚索等工作内容	560.72
三河口水利枢纽大坝工程泄洪底孔事故闸门新增钢排架项目	根据《陕西省引汉济渭工程三河口水利枢纽放空泄洪底孔事故闸门钢排架施工图图册》（YHJW-SHK-XHDK-JS-8），泄洪底孔事故闸门启闭机房由混凝土框架结构调整为钢排架结构情况属实，同意按照合同变更项目处理	1 106.34
三河口水利枢纽大坝工程 7 号出行道路古滑坡体治理变更项目	合同工程量清单中 7 号出行道路因地质缺陷、边坡滑塌、地形变化多因素影响，道路边坡出现不稳定状态。经合同四方勘查讨论后决定对 7 号出行道路滑坡体进行综合治理。根据《7 号路边坡处理设计图》（SHK-SGT-SG-HB-01~05）和系列设计通知单，新增抗滑桩项目并对其外露部分采取石渣回填、钢筋石笼反压等措施。同时调整了路肩型式和尺寸，设置了衡重式混凝土挡墙。对滑坡体边坡采取了钢筋混凝土框格梁、锚筋桩、混凝土挂钢筋网喷护处理等措施	2 789.17
三河口水利枢纽大坝工程瓦房坪滑坡体综合治理项目绿化工程变更	根据《陕西省引汉济渭工程建设有限公司大河坝分公司关于三河口水利枢纽瓦房坪滑坡体综合治理项目专题会议纪要》（〔2019〕第 28 次），为保障道路通畅，消除瓦房坪古滑坡体对周边建筑物的安全威胁，决定对瓦房坪古滑坡体及其影响范围进行综合治理，并统筹实施植被恢复、水土保持、配套景观等相关工作	1 620.53
秦岭隧洞 TBM 施工段岭南工程 4 号支洞主洞接应段设计变更	根据《设计变更通知单》（编号：QLSD-C3-3-隧变〔2017〕字第 030 号-036 号、QLSD-C3-3-（19）变〔2018〕字第 001 号-003 号、QLSD-C3-3-隧变〔2018〕字第 001 号-023 号，029 号-034 号），4 号支洞主洞接应段在 K37+015.5~K39+526.0 段施工过程中，部分段落有岩爆发生，且局部形成塌腔，为保证施工安全，需进行应力释放和加强支护，并对塌腔进行回填处理。根据《4 号支洞接应洞设计图纸答疑及交底专题会议》（编号：2017-017-ZTHYJY-QLSD-C3-3），钻爆接应洞、TBM 检修洞铺底混凝土强度标号由 C20 调整为 C25，TBM 检修洞底板厚度由 62 厘米调整为 40 厘米	1 597.524 7

续表 5-3-4

名称	变更内容	审批金额/万元
黄金峡主体标升船机下游引航道开挖及支护施工图新增项目	根据施工图纸《升船机下游引航道开挖及支护图(1/3)》(217(1)E64-03-06-06)和《升船机下游引航道开挖及支护图(3/3)》(217(1)E64-03-06-08),新增了锚桩、锚索、排水孔和截水沟 C20 混凝土,减少了砂浆锚杆和边坡排水孔等工作内容	634.669 8
秦岭隧洞黄三段Ⅱ标4号支洞主洞段地质塌方项目变更	根据陕西引汉济渭工程黄三段工程设计通知(2018 年黄三字 9 号、17 号、19 号)及 4 号支洞主洞上游 K13+903～K13+895 段隧洞塌方处理方案专题会议纪要(HSZT-052)、4 号支洞主洞上游 K13+903～K13+908 段隧洞塌方处理方案专题会议纪要(HSZT-056)等相关文件,需要对 4 号支洞主洞上游 K13+903～K13+895 和 K13+903～K13+908 两段隧洞地质塌方进行处理,同意按照合同变更项目处理	626.850 3
合计		72 264.730 2

(五) 加强监管

每半年对各标段的合同执行、工程分包、人员履约、劳务工资发放等情况开展履约检查,针对合同履约不到位、问题突出的单位进行约谈。与各标承建单位签订资金监管协议,确保工程资金专款专用。与各承建单位签订农民工工资三方监管协议,设立农民工工资专用账户,委托银行按照公司审批支付,落实工程资金监管工作并实行农民工工资专用账户。

(六) 健全台账

建立了招标、合同、结算支付、变更索赔、投资完成等台账,及时更新,确保随时能够提供所需的统计数据,掌握合同履行、执行及投资完成情况。

第四节 合同变更处理

根据《水利工程设计变更管理暂行办法》(水规计〔2012〕93 号)以及历次各级水行政主管部门稽察、督察反馈意见,目前调水工程所涉较大、重大设计变更缺乏审批手续,客观上对设计变更实施的合理性、合规性甚至后期工程调概造成了较大影响。调水工程设计变更的处理,需要省水利厅的支持和帮助,协调解决引汉济渭调水工程设计变更批复的相关问题。省引汉济渭公司建议由省水利厅牵头,公司具体负责,与水规总院沟通,一是确定目前已发生变更的类型划分,二是明确设计变更的处理方式。

为进一步规范引汉济渭工程设计变更管理工作,明确省引汉济渭公司相关部门、各分公司设计变更管理职责,进一步完善设计变更管理程序,2018年12月5日,省引汉济渭公司组织召开了引汉济渭工程设计变更管理专题会。公司相关部门、各分公司围绕工程设计变更管理程序、时限、职责、权限等进行了详细的讨论分析。一致认为省引汉济渭公司目前发布的工程设计变更管理办法经过近一年的运行,还存在一定的问题,与会人员就如何处理存在的问题进行了研究,并提出修订意见。

引汉济渭调水工程在建设过程中,为确保施工质量,保障施工安全,加快施工进度,设计单位根据实际情况,经过充分技术经济论证,提出了三河口大坝建基面优化设计变更、三河口柳木沟人工骨料场设计变更、秦岭隧洞(越岭段)出口及7号勘探试验洞"弧改平"设计变更、秦岭输水隧洞(越岭段)TBM施工段设计变更和黄金峡水利枢纽左坝肩边坡处理设计变更等。这些设计变更均按照省引汉济渭公司变更管理办法履行了内部程序,个别较大或重大设计变更则经上报省水利厅取得相关审批同意。

一、调水工程设计变更

(一)秦岭隧洞(越岭段)出口及7号勘探试验洞"弧改平"设计变更

出口及7号勘探试验洞圆弧反拱结构对施工交通干扰很大,严重制约合同进度。出口勘探试验洞原设计断面形式为马蹄形,断面内轮廓尺寸6.76米×6.76米,拱脚处倒角半径为150厘米。合同段于2011年12月8日开工,截至2012年12月15日,隧洞实际掘进仅314米,较合同进度滞后约670米,预计总工期滞后2年有余。通过技术经济分析,研究采用平底断面或标准马蹄形断面方案,取消底部倒角或采用较小倒角,对方便施工、加快施工进度十分必要。

在满足结构安全、水力衔接、流量规模、净空余幅及后期运营的前提下,经过充分论证后,对秦岭隧洞(越岭段)K67+163.517~K80+779段做出如下变更:①主洞断面在原设计马蹄形断面的基础上将弧形仰拱变更为水平底板形式,水平底板净宽5.8米。②根据主洞段落位置和结构计算结果,对二次衬砌参数(衬砌厚度、配筋)进行分段调整。

2012年12月15日,省引汉济渭工程协调领导小组办公室在西安主持召开了秦岭隧洞出口勘探试验洞开挖支护方案技术研讨会,要求设计单位根据专家意见,进一步分析研究秦岭隧洞断面的结构形式,研究采用平底断面或标准马蹄形断面的可行性,争取取消底部倒角或采用较小倒角,为方便施工交通创造条件。

公司成立后,组织参建各方通过充分论证和调研同类工程施工经验,在满足结构安全、水力衔接、流量规模、净空余幅及后期运营的前提下,经过充分论证后,于 2017 年 3 月 13 日以引汉建字[2017]28 号文件将《陕西省引汉济渭工程建设有限公司关于报送〈陕西省引汉济渭工程秦岭隧洞(越岭段)出口弧改平工程重大设计变更报告〉的报告》上报省水利厅。

变更影响:①工程规模。隧洞工程整体规模基本未发生变化,仅断面和工程数量有少许增加。②工程安全。变更设计的结构断面为水平底板形式,对比原方案,结构受力较差。经过结构计算,对薄弱部位进行了衬砌增厚或配筋增强的措施,确保了工程结构安全。③工程投资及工期。项目工程变更总投资为 197.21万元。平底断面施工复杂程度略优于原设计断面,且由于断面底部从弧形改为平底,更有利于工程施工车辆组织等,从而有利于节约工期。

(二)三河口水利枢纽拱坝建基面优化

三河口水利枢纽大坝为碾压混凝土双曲拱坝,初步设计阶段最大坝高 145米,水库总库容为 7.1 亿立方米,调节库容为 6.62 亿立方米。在坝肩实际开挖过程中,设计单位根据开挖面揭示情况、地质平硐、钻孔等资料,初步判断坝基建基面有优化的可能。根据现场施工地质实际情况,主河床段大坝坝基的地质条件优于前期的地质勘察预测。通过对大坝主河床段基础岩体进一步的地质详细勘察,深入研究、分析大坝建基面岩体的质量标准及指标,复核坝基岩体及结构面物理力学参数值,最终坝体河谷段建基面由 501.0 米抬高至 504.5 米高程,比初步设计阶段大坝建基面抬高 3.5 米。

省水电设计院于 2016 年 6 月编制完成了《陕西省引汉济渭工程三河口水利枢纽拱坝建基面优化专题报告》。受省引汉济渭公司委托,江河水利水电咨询中心组织专家于 2016 年 6 月 19—21 日在西安市召开会议,对《陕西省引汉济渭工程三河口水利枢纽拱坝建基面优化专题报告》进行了技术咨询。咨询意见认为,根据地质勘探和坝基岩体波速测试成果,将河床段坝基建基面适当抬高是合适的。建议根据现场地质测试和物理力学指标复核,以及爆破松动范围确定坝基实际建基面高程。

设计单位在进行了坝体应力、坝肩稳定等复核对比研究工作后,出具设计更改通知单《关于大坝河床段建基面抬高的通知》(2016 年第 07 号),将大坝建基面高程由 501 米抬高至 504.5 米高程。省引汉济渭公司于 2018 年 5 月 25 日以引汉建字[2018]57 号文件将《陕西省引汉济渭工程三河口水利枢纽拱坝建基面抬高设计变更报告》上报陕西省水利厅。

变更影响:①工程规模。坝体高度从 145 米降低为 141.5 米,工程规模、工程布置及建筑物型式均没有变化。②工程安全及环境。本变更对工程安全和功能等没有影响,工程对生态、水保和环境等的影响基本没有变化。③工程工期及投资。大坝坝体碾压混凝土方量减少 1.30 万立方米;大坝石方开挖量减少 1.51 万立方米,最终可节省工程直接投资约 535 万元,节省工期 2 个月。大坝建基面抬高,对工程本身以及经济效益都是有利的。

(三)三河口料场设计变更

三河口柳木沟人工骨料场初步设计阶段规划开采高程 740~585 米,开采面积 82.5 亩(临时征地),开挖量 285 万立方米,剥离量 91 万立方米。工程施工过程中料场总体强风化厚度较初设阶段有所增大,下游开采区在 675~630 米高程揭露黑色岩脉、断层、裂隙带等不良地质构造组合影响有用料获得。按照《水利水电工程施工组织设计规范》(SL 303—2017)设计需要量、规划开采量相关规定,需要扩大料场开采范围,同时重新进行料场开采规划。

通过料场规划变更,确认规划开采面积 288.8 亩(其中永久征地 188 亩,临时征地 100.8 亩)。开采高程:柳木沟上游 800~610 米,下游 740~585 米。总开挖量 617 万立方米,剥离量 340 万立方米。

2017 年 3 月初,省引汉济渭公司组织江河水利水电咨询中心就三河口柳木沟人工骨料场进行专题咨询。咨询意见明确:设计单位前期对柳木沟料场的勘察工作满足规范要求,料场混合花岗岩作为三河口人工骨料料源是合适的。

变更影响:①工程规模。料场位置、骨料质量未发生变化,变更对工程规模没有影响。②工程安全。开采规划的调整对工程安全无影响。③工程投资及工期。料场实际开采中受强风化层变厚、断层破碎带及暗色矿物条带揭露影响,有用料减少,为保证主体工程施工正常供料,料场开采规划发生较大变更,征地范围、水保措施、开采方案等均发生变化,增加静态总投资超过 1 亿元。受料场供料影响,大坝停工 4 个月,直接导致下闸蓄水工期推后 1 年,工程总工期滞后 1 年。

(四)秦岭隧洞 TBM 施工段设计变更

引汉济渭工程秦岭输水隧洞(越岭段)全长 81.779 千米,其中隧洞主脊段(3 号支洞和 6 号支洞之间)长 39.082 千米,设计最大埋深 2 012 米,采用 2 台 TBM 南北双向掘进。截至 2018 年 12 月底,黄三段、岭南 TBM 施工段 3~4 号主洞第一阶段、岭北 TBM 合同段相继贯通。

由于前期勘探试验洞作为后期施工支洞,加之 TBM 设备进场较晚,从而导致现场施工进度与原设计不一致。为加快施工进度,确保与工程总体布局方案工期一致,根据现场施工情况,岭脊段3号、4号、5号、6号支洞均采用钻爆法接应主洞TBM施工;在岭北TBM合同段贯通后,岭北TBM在进行针对性的改造和整修后具备接应岭南TBM施工的条件。岭南TBM掘进过程中受制于围岩高强度、高磨蚀性、节理裂隙不发育等因素,刀具消耗数量高,影响现场施工,需要对刀具消耗重新测算。总体而言,设计变更方案可以减少TBM掘进距离,钻爆法接应施工较TBM施工投资更省,刀具消耗重新测算补充以及岭北TBM设备改造可以提高现场施工掘进速度,并保证总工期目标的实现。

省引汉济渭公司于2018年12月27日以引汉建字〔2018〕201号文件将《陕西省引汉济渭工程秦岭输水隧洞(越岭段)TBM施工段变更设计报告》上报省水利厅。

2019年3月初,省引汉济渭公司组织江河水利水电咨询中心就秦岭隧洞(越岭段)TBM施工段设计变更进行专题咨询。咨询意见明确:岭南剩余洞段施工方案由独头掘进调整为南北接应的施工方案,对隧洞施工工期和投资影响较大,建议作为重大设计变更处理。同时,考虑到"施工工法及工区变更"与"岭北TBM设备改造"相关联,建议一并纳入重大设计变更内容。后经省引汉济渭公司与水规总院沟通,"刀具消耗"也一并纳入重大设计变更内容进行处理。

变更影响:①工程规模。隧洞工程整体规模和功能无变化。②工程安全。钻爆法施工工艺成熟,在秦岭隧洞进出口段已大量采用,断面衬砌厚度及配筋均经过有限元结构计算软件的验算,可以确保工程结构安全。岭北TBM接应施工,可以有效降低总体工程的施工风险,避免单台TBM掘进的工期风险,并具有顺坡排水的优势,可以降低突涌水带来的危害,减少TBM被淹没的风险,有助于突涌水时设备的脱困。③工程工期及投资。按现场岭南TBM实际施工进度指标考虑,实施钻爆法接应,理论上岭南工程可节约工期17.8个月,岭北工程可节约工期8.7个月。通过岭北TBM对岭南TBM接应,可节约工期11.5个月。④工程投资。通过对设计变更方案的投资概算进行分析,本工程岭南施工段原设计概算为72 812万元,设计变更后岭南施工段概算为80 103万元,增加投资7 291万元;岭北施工段原设计概算为99 197万元,设计变更后岭北施工段概算为113 510万元,增加投资14 313万元。合计增加投资21 604万元。

(五)黄金峡左坝肩边坡加固处理设计变更

黄金峡水利枢纽于2015年11月10日进行左岸坝肩开挖,2016年7月19日,受连续暴雨及不良结构面作用,黄金峡左岸边坡Ⅱ、Ⅲ区自高程650米向下发生大面积滑塌。由于左岸坝肩边坡已发生滑塌破坏,原设计方案已不适用。另外,在左坝岸Ⅰ区发现断层、裂隙等不利结构面,岩体较破碎,性状较差,受坡脚开挖切脚及爆破震动影响,部分结构面已经破裂、张开并向下游侧扩展,岩体完整性进一步破坏,局部发生崩塌,目前变形尚未收敛。左岸坝轴线下游、1号路以下边坡揭露地质条件复杂,块体范围内多点位移计测值至今一直增大,1号路及高程485米边坡喷混凝土坡面及马道发现多条裂缝。在进一步地质勘察和设计工作基础上,以边坡破坏区处理为重点,结合现场实际情况,对左岸坝肩边坡进行变更处理设计。因左岸Ⅰ区变形监测尚不收敛,边坡处理方案仍存在进一步优化调整的可能。

自左岸坝肩边坡发生滑塌以来,参建各方高度重视。设计单位开展了大量的补充勘察和地质复核工作,先后组织勘察大师陈德基,设计大师徐麒祥、王小毛等深入一线查勘指导,在此基础上通过大量分析计算提出了相应的处理方案;省引汉济渭公司会同参建单位加强了现场安全监测及日常巡查,有效保证了边坡及施工安全,同时组织水利部江河水利水电咨询中心开展了三次专题技术咨询,有效保障了处理方案的安全、经济、可行。①2016年11月下旬,省引汉济渭公司组织江河水利水电咨询中心就黄金峡左岸坝肩边坡处理方案进行专题咨询。咨询意见明确:同意设计单位提出的以553.0米为界的上下两级处理方案,553.0米平台下部开挖方案采用动态设计。②2017年9月中旬,省引汉济渭公司组织江河水利水电咨询中心就黄金峡左岸坝肩553.0米以下边坡处理方案进行专题咨询。咨询意见明确:施工过程中根据开挖揭露的地质条件及时调整开挖方案,边坡防护总体上采取"挂网喷混凝土+系统锚杆、局部采用锚索支护"的方案基本合适。③2019年5月中旬,省引汉济渭公司组织江河水利水电咨询中心就黄金峡左岸坝肩Ⅰ区边坡加固处理方案进行专题咨询。咨询意见明确:设计单位提出的边坡加固方案原则可行,建议研究大开挖或抗减洞等加固方案的可行性,从边坡地质条件、施工现状等方面综合比较,进一步论证确定边坡加固方案。

变更影响:①工程规模。左岸坝肩边坡处理没有对工程规模造成影响。②工程安全。黄金峡坝肩边坡施工开挖过程中不断揭露新的地质断层和构造,且岩体强风化厚度变大,由此造成边坡稳定条件恶化,发生了多处地表变形和不同程度的滑塌,对工程安全造成了一定影响。③工程投资及工期。在原初步设计的基础上,黄金峡水利枢纽左岸坝肩边坡处理方案设计变更,采取的各项工程措施导致工程费用增加9 458.75万元,考虑各项工程独立费用的增加和预备费后,工程部分投资增加11 411.48万元。另外,移民和环境部分投资增加450.53万元。工程静态投资共计增加11 862.01万元。与初步施工组织设计对比,左岸坝肩边坡Ⅱ、

Ⅲ区处理(455米以上,1号公路路基以上)工期约23个月,目前已直接造成工程工期滞后2年。此外,左岸Ⅰ区加固处理的不确定性影响,左岸坝肩边坡对工程总体进度的影响仍在持续发展中,如后期455米以下边坡设计发生调整,或将会影响到左岸建筑物相关布置,实际影响尚不可控。

二、设计变更处理建议

(1)TBM施工段设计变更及黄金峡左坝肩边坡处理设计变更涉及工程总工期调整,且费用变化较大,按照重大设计变更履行变更手续。

(2)三河口大坝建基面优化设计变更、三河口料场设计变更和秦岭隧洞(越岭段)出口及7号勘探试验洞"弧改平"设计变更按照一般设计变更处理,由省引汉济渭公司组织审查后实施,报省水利厅核备或审批。

第四章　机电物资管理

省引汉济渭公司自成立初起,即设立机电设备总监,全面负责黄金峡、三河口两大水利枢纽的电站、泵站以及金属结构的技术文件审查、机电设备制造、物资供应等管理工作。随着工程建设的推进,机电设备物资采购管理工作越来越繁重。2017年2月,省引汉济渭公司成立机电物资部,主要职责是审查招标技术文件,组织招标选择合适的供货制造商,制造合同管控及监造以及机电设备的安装、调试、试运行、验收等,此外还负责大量统供材料的管理工作。

第一节　机电物资管理概况

一、技术咨询与招标技术文件审查

由长江水利委员会、陕西省水电设计院分别承担设计并编写招标技术文件的黄金峡、三河口水利枢纽金属结构、泵站、电站设备多项技术性能指标国际国内领先。整个工程体系包含的2个水电站,年发电量约5亿千瓦时,其中三河口水电站可逆机组和发电机组合二为一以适应功能要求,系国内首创;黄金峡枢纽泵站,抽水能力70立方米每秒,为亚洲第一大泵站,仅有欧洲、日本和国内哈电6个制造商可生产;三河口水利枢纽四象限变频启动、变频运行属国内首例,各标段设备间数据交互、匹配、控制逻辑等都涉及大量计算工作,且没有过往工程实绩可供参考。这些都是引汉济渭工程的亮点,也是难点,给机电物资采购管理带来了挑战。省引汉济渭公司机电物资部克服人手少、专业技术面宽、对接单位多、生产厂家分散等诸多不利因素,积极作为,较好地完成了机电设备采购管理工作。

2016—2017年,省引汉济渭公司与工程设计、外聘专家等相关方面共同努力,逐条拟定和解析条款,完成了设备招标采购技术文件的编写工作,先后组织了《黄金峡水利枢纽3×45MW轴流式水轮发电机组及其附属设备采购招标文件》《黄金峡水利枢纽闸门及其附属设备采购招标文件》《黄金峡水利枢纽水泵机组及其附属设备采购招标文件》《黄金峡水利枢纽电动机及其附属设备采购招标文件》《黄金峡水利枢纽机电设备及金属结构监造》《引汉济渭机电设备及金属结构第三方检测》《三河口126千伏户内气体绝缘金属封闭开关设备采购招标文件》《三河口枢纽电力变压器设备采购招标文件》《三河口水利枢纽液压启闭机设备采购招标文件》《三河口水利枢纽机电设备制造监理招标文件》《三河口水利枢纽卷扬启闭机设备采购招标文件》等 11 标项技术文件的审查工作。

2019 年,先后组织完成三河口水利枢纽 10 千伏绝缘管型母线、110 千伏交联聚乙烯绝缘电力电缆、厂坝区高低压系统设备、计算机监控系统、安防监控系统设备、继电保护系统及交直流电源系统设备、10 千伏及以下动力及控制电缆、消防系统设备、水力机械辅助设备采购招标文件技术部分编审工作;完成黄金峡水利枢纽机电安装、厂房桥机、坝顶门机、固定卷扬机、液压启闭机、泵站水泵出口蝶阀及球阀、电动机及变频装置、辅机及消防、电气一次设备、电气二次设备招标文件技术部分编审工作。通过邀请专家等相关人员,组织会议对招标文件认真逐条分析、梳理,使得文件满足工程技术要求,为采购设备的品质优良奠定了基础。抓住管理工作的关键节点,准确掌控供货时间,根据实际进度把控生产进度,做到了提前预判,避免出现设备供货紧张的局面,减轻现场仓储压力。

二、制造合同管控及供应商巡查

引汉济渭工程被列为国家重点建设项目,省委、省政府重点关注项目,其机电设备的制造管理繁重而艰巨。机电物资部严格按照《陕西省引汉济渭工程计量支付管理办法》及相关法规、制度、合同条款,通过加强对建造过程的管理力度及设备生产厂家的巡查抽检,全力保障机电设备生产及统供物资供应,确保各个标段合同执行可控。机电物资部多次组织三河口水利枢纽供水系统成套设备、闸门及其附属设备、压力钢管、水轮发电机组、可逆发电机组等设计联络会,及时解决制造、设计和土建、安装之间的交叉技术问题;抓住监造工程师管理这个制造过程的关键,催促监造工程师完成月报、季度报、半年报、年终报,多次召开协调会及时解决监理报告中涉及的设计、进度、质量问题,保证了设备制造进度满足现场施工要求;针对监理工作和设备厂家制造质量开展巡查。2017 年,先后两次奔赴天津发电设备厂、郑州水工设备厂、东方电机厂、株洲阀门厂、水电三局等地巡查,检查监理工作到位情况及设备制造质量,对于巡查中发现的质量、资料问题,当场责令改正。

2018 年之后,随着工程建设的逐步推进,黄金峡、三河口水利枢纽机电设备全面投产,对机电物资管理工作提出了新的要求。

按省引汉济渭公司要求梳理建设进度,抓紧关键线路,加强设备供货管理。对水电站机电安装而言,设备是重要前置要件。设备供货必须有超前意识,避免制造、运输等延误造成的影响。公司以工程目标为依据,要求编制详细的设备采购、供货计划,责任到人并付诸实施。

2018年,机电物资部共组织完成三河口水利枢纽启闭机及卷扬机Ⅰ标Ⅱ标、闸门及其附属设备、泵站电站及其附属设备、主变压器、供水系统、126千伏GIS、变频调速系统、黄金峡水利枢纽电站设备设计联络会,及时解决了制造、设计和土建、安装之间的交叉技术问题,确保了工程顺利进展;完成三河口水利枢纽机组、启闭机、闸门、供水系统制造商设备生产质量、进度及监造单位监管情况对标共8次;完成三河口水利枢纽底孔事故闸门、启闭机及卷扬机设备采购Ⅰ标厂房桥机及尾水门机出厂验收、尾水闸门及消力塘封堵闸门埋件出厂验收、供水系统压力钢管岔管及生态放水段出厂验收、三河口水利枢纽常规机组4号机导水机构验收工作,共6项。

三、设备调试、安装与验收

2019年是三河口水利枢纽机电安装的高峰期。2018年12月,机电物资部与大河坝分公司及相关单位进行了深入讨论,明确了设备必须到货的时间节点。根据此节点与各生产厂家对接,要求及时调整生产计划,满足工地建设要求。黄金峡水利枢纽于2018年12月全面开工建设,机电物资部提前与长江委设计院对接,对黄金峡机电及金属结构设备招标文件的提交提出明确要求。2019年初,根据黄金峡水利枢纽工程总体目标和土建进度,制定设备采购及安装网络控制计划,确保2019年各项工作有序推进。

2019年全年,机电物资部组织完成三河口水利枢纽可逆机组进水阀、主变压器、调流调压阀、常规机组蝴蝶阀、可逆机组转轮、常规机组定子、常规机组调速器、大坝表孔弧门、进水口事故闸门、隔水闸门等设备出厂验收工作,并对常规机组与可逆机组重要部件生产过程进度督造巡检。

2019年是三河口水利枢纽项目机电设备交货及安装的高峰期。水轮发电机组是水电站系统的核心,对整个运行过程有着至关重要的作用。在机组各部件生产过程中,机电物资部积极与制造单位、设计单位、监理单位进行沟通,并定期对制造单位进行厂内巡检。其中,在转轮叶片铸件检查过程中发现转轮叶面有砂眼,同时检测个别机械性能指标也不合格,随即采取了产品报废重新制作的处理方案,保证了机组核心部件质量。

2019年以来,三河口水利枢纽3号机转轮由于制造厂家原因造成迟迟不能按要求供货,机组关键部件质量问题频出。机电物资部派专人驻现场督造40天,最终高质量完成了电站标3/4号机组导水机构、上/下机架预装、转子组装、定子吊装进水蝶阀安装调试;1/2号机组进水蝶阀安装调试;大坝/消力塘/厂房集水井排水系统安装调试,主厂房桥机安装调试等工作。完成大坝标金属结构安装

2 861.19吨,压力钢管及左右底孔钢衬、进水口各类埋件222.75吨,泄洪放空底孔系统埋件365.86吨;完成消力塘廊道上下游封堵门2扇、底孔弧门2扇、底孔弧门液压启闭机2台、拦污栅拼装8节等作业。

2020年是三河口水利枢纽机电设备安装调试与试运行最重要的一年,关系着项目建成后实现调水与发电的时间节点。黄金峡水利枢纽也将迎来机电设备生产制造、供货的关键时期。截至2020年底,三河口水利枢纽机电设备已全部完成并发货至工地,水轮机组、辅机系统设备已全部到货并完成安装,正在进行分部无水调试工作;金属结构类设备除了部分表孔弧门、拦污栅等均已完成生产到货,满足现场施工需求。电气设备已经完成生产供货,部分设备正在进行安装。黄金峡水利枢纽方面,所有机电及电气设备已全面进入生产阶段。电站3台基础埋件、尾水管、1台蜗壳及转轮室、底孔事故门埋件、工作弧门及埋件、底孔弧门启闭机已全部供货,其他机电、电气设备也按照交货进度计划进行了合理可控的安排。

三河口水利枢纽发电上网接入系统线路初步设计审查已完成,招标即将完成,计划2021年2月开工,5月完工;积极推进三河口上网线路及引汉济渭工程执行电价的工作。解决了大河坝变电站至三河口枢纽6.5兆瓦上网线路的建设实施问题;引汉济渭工程用电电价也达成优化计量,实现公司用电成本最低。完成二期工程施工Ⅲ、Ⅳ标段、监理Ⅱ标段技术文件的编制和审核。完成施工Ⅲ标段招标及合同谈判工作。

机电物资部还发挥自身专业优势,优化工程设计,节省建设成本。在二期工程用电工作中,机电物资部通过实地勘察,提出方案,将前期初设中1座110千伏变电站、22座35千伏变电站的建设规模优化到只需要4座35千伏变电站,满足了工程需求。

四、统供物资管理

在统供材料管理方面,机电物资部根据工程建设需要,紧密跟踪水泥、钢材、粉煤灰等物资供应,多次去供货现场、供货厂家调研,协调好各方关系,确保供货及时。

提前计划、及时协调,应对物资供应中存在的可变因素,确保统供物资的正常供应。2018年,统供材料市场发生较大变化,三河口水利枢纽水泥用料主要供货厂家因突发安全事故而停产,粉煤灰供货厂家粉煤灰性能指标调整,钢筋价格起伏较大,这些突发扰动都直接影响到三河口水利枢纽大坝的建设工期。机电物资部与供货厂家严正交涉,以质量合格、性能稳定为基础,以合同为依据,责令供货厂家进行整改,以最快的速度恢复了统供材料的正常供应。

2018年12月下旬,黄金峡水利枢纽全面开工在即,为保证统供材料的正常供应,公司及时召开物资供应商启动会布置各自任务,超前谋划。对有问题的供货厂家,及时督促生产进度,提前预判,统筹规划,确保了黄金峡水利枢纽的正常施工。

第二节 机电设备管理制度

一、机电物资采购管理规章制度

为加强引汉济渭工程机电设备、物资管理工作,机电物资部编制完成了管理办法清单。几年来,机电物资部编制并下发了《陕西省引汉济渭工程设备监造管理办法(试行)》和《陕西省引汉济渭工程统供材料管理办法(试行)》《陕西省引汉济渭工程机电设备管理办法(试行)》《陕西省引汉济渭工程设计变更管理办法(试行)》机电设备及金属结构部分等多部管理规范。

二、机电设备管理体系

引汉济渭工程建设期间,公司采购供应的机电及金属结构设备门类及数量众多,包括水轮发电机组、水泵水轮机–发电电动机组、水泵机组、变频器、水力机械辅助设备、桥机设备、电气一次设备、电气二次设备、闸门及液压启闭机设备、平面闸门及启闭机设备等,由此产生的管理问题涉及设备采购管理、合同实施管理、验收管理、安装管理、技术服务管理、资料档案管理等各个方面。

引汉济渭设备管理工作的依据有:①国家法律、法规、规章、规范和技术标准。②设备采购合同。③施工图纸、设备制造图纸及技术说明书等。④《陕西省引汉济渭工程建设有限公司工程质量管理办法》《陕西省引汉济渭工程建设有限公司招标管理办法》《陕西省引汉济渭工程设计变更管理办法》等相关规章制度。

省引汉济渭公司对工程机电设备统一管理和监督检查。公司机电物资部为机电设备管理归口部门,是机电设备管理合同主体,负责机电设备日常事务管理;计划合同部联合机电物资部进行机电设备合同的商务部分管理;工程技术部联合机电物资部进行机电设备合同的技术部分管理;安全质量部负责机电设备第三方检测的管理;公司下属分(子)公司负责辖区内机电设备到货后的日常管理工作。

具体管理职责分工如下。

(一)机电物资部管理职责

(1)依据国家和国务院水行政主管部门有关工程设备的法律、法规及规章及规范规定,制定陕西省引汉济渭工程机电设备管理办法。

（2）负责组织审查引汉济渭工程机电设备招标技术方案,配合计划合同部完成机电设备的招标采购工作。

（3）组织、监督、协调机电设备制造、设计联络会、技术协调会、出厂验收、技术培训;参与现场交接、安装调试、试验、试运行和机电安装工程验收工作,并就分(子)公司反馈的机电设备到货后相关问题进行协调、处理。

（4）参与机电设备制造、机电安装工程质量事故调查、处理及验收。

（5）负责联合工程技术部、计划合同部、分(子)公司确定机电设备合理交货进度,汇总分析分(子)公司上报的机电安装工程进度、质量、事故等各项统计报表。

（6）接受上级部门对机电设备管理工作的检查。

（二）计划合同部管理职责

（1）负责机电设备的招标采购工作。

（2）联合机电物资部进行设备制造单位、监造单位、机电安装单位合同商务部分管理。

（3）参与机电设备设计联络会、协调会,审核会议当中涉及的商务问题。

（三）工程技术部管理职责

（1）负责引汉济渭工程机电设备总体技术方案的审查。

（2）联合机电物资部进行设备制造单位、监造单位、机电安装单位合同技术部分管理。

（3）参与机电设备设计联络会、协调会、审核会议当中涉及的技术问题。

（四）安全质量部管理职责

（1）负责组织、协调、管理机电设备的第三方检测工作。

（2）负责机电设备的安装工程验收工作。

（3）负责组织、协调机电设备制造、机电安装工程质量事故调查、处理及验收。

（4）参与机电及金属结构设备出厂验收。

（五）分(子)公司管理职责

（1）根据公司制定的有关机电管理的规定、办法,并结合工程项目具体情况,制定机电设备管理实施细则。

（2）组织、监督、协调现场交接、安装调试、试验、试运行和机电安装工程验收等设备到货后的日常管理工作,并将管理工作中涉及合同条款的相关问题反馈至机电物资部;参与机电设备制造、设计联络会、技术协调会、出厂验收、技术培训。

（3）参与并配合机电安装工程质量事故调查、处理及验收。

（4）负责按期上报机电安装工程进度、质量、事故等各项统计报表。

（5）接受上级部门对机电设备管理工作的检查。

第三节　机电设备采购与安装重要事件

一、相关会议与交流

（一）引汉济渭工程黄金峡水利枢纽水泵机组技术交流会

2017年11月21—26日，引汉济渭工程黄金峡水利枢纽水泵机组技术交流会在西安召开。会议有助于公司全方位了解目前国内外水泵机组制造厂商的设计制造水平以及大型立式离心泵站的设计制造水平，为即将开始的黄金峡水利枢纽水泵机组招标文件的合理编制及机组成功招标提供了技术支撑。

黄金峡水利枢纽为引汉济渭工程的第一水源地，其主要任务是以供水为主，兼顾发电，改善水运条件。因此，水泵机组的设计能力和生产质量将决定引汉济渭工程的供水能力及泵站的经济效益。其水泵机组的设计、制造质量，对整个工程调水能力的发挥具有重要影响。

日立泵业有限公司、奥地利安德里茨泵业公司等国内外6家制造厂商代表主要针对各自企业的设计能力、制造工艺、模型试验能力与试验方法、同台性能对比试验等问题进行了介绍。省引汉济渭公司、长江勘测规划设计研究有限公司、三峡国际招标有限公司参会代表及特邀专家对各制造厂商的水泵设计、生产能力、水泵额定转速、必需空化余量NPSH、水轮机模型试验台、技术装备、业绩等方面进行了认真的讨论与研究。各制造厂商的技术方案均体现了其在大型离心泵机组设计、制造、运行和检修维护等方面的特点和经验。

（二）机电安装工程质量管理培训

为进一步提升引汉济渭工程机电安装管理水平，确保机电设备安装质量，2018年8月24日，公司安全质量部邀请三峡机电工程技术有限公司高级工程师李海军、靳坤在大河坝公司举办了机电安装管理教育培训。培训专家结合三峡集团在乌东德、白鹤滩、长龙山机电工程建设中的先进管理经验，分别从机电安装的质量管理目标、管理体系、措施、关键节点注意事项等多方面进行深入、全面的授课，并在培训中就目前引汉济渭工程机电安装管理工作中存在的问题与参会人员进行了深入的互动交流。

（三）三河口水利枢纽DN400调流调压阀模型验收试验会议

2018年5月18日，省引汉济渭公司在北京召开三河口水利枢纽DN400调流调压阀模型验收试验会议,特邀专家及项目参与单位负责人参加了会议。

专家组和验收人员在试验现场对试验过程进行了见证。验收试验选择了DN400 调流调压阀在 6 种开度下 4 种上下游压差工况。经现场试验,得到各验收工况阀门出口水流流态、压力脉动、阀体振动等试验结果,经过数据处理获得了调流调压阀的流量系数-开度、流阻系数-开度、流量-压差-开度的关系曲线。经过试验见证和数据对比,验收组认为模型验收试验结果符合试验大纲和验收标准要求,与初步试验结果基本一致,一致同意通过验收。

DN2000 PN16 调流调压阀是引汉济渭工程三河口水利枢纽的重要调控设备,也是目前世界上最大口径的调流调压阀。其运行主要处于低水头大流量、高水头小流量状态,此规格的阀门设计和运行尚无统一标准和成熟经验可循。

公司依托省级水利科技计划项目对阀门展开攻关研究,通过设计开发 1∶5 模型机——DN400 PN 调流调压阀进行试验,为 DN2000 调流调压阀设计、安全运行提供科研支撑。

(四)《引汉济渭工程高扬程大流量离心泵选型关键技术研究》专题报告评审会

根据陕西省水利科技计划项目——《引汉济渭工程高扬程大流量离心泵选型关键技术研究》进度安排,2018 年 10 月 28—29 日,省引汉济渭公司在杭州桐庐主持召开了"高扬程大流量离心泵水力模型研发"报告评审会,中国工程院院士张勇传等 5 位专家对专题报告进行了评审。

水泵模型试验测试结果表明:所研发的模型水泵的能量、空化、稳定性、倒转飞逸和零流量等主要性能指标均达到或超过了专题"高扬程大流量离心泵水力模型研发"的要求,其中模型水泵最优效率 91.24%(以出口直径为标准换算),额定点效率为 91.18%,模型加权平均效率 90.98%,对应原型最优效率 93.10%,额定点效率 93.04%,原型加权平均效率 92.83%,上述指标具有国际先进水平。

经过汇报演示、质询答疑和讨论评议,大会形成了评审意见,认为该研究完成了任务要求,拥有全面的自主知识产权,在高水头大流量泵站工程中具有广泛的应用前景。专家组一致同意通过评审。

(五)三河口水利枢纽金属结构监理工作交流会

为确保三河口水利枢纽大坝 11 月下闸蓄水的大节点目标按期完成,2019 年2 月 14 日,公司机电物资部组织江河机电装备工程有限公司负责人在公司召开了引汉济渭工程三河口水利枢纽监理工作交流会。会议对黄金峡水利枢纽机电设备、金属结构制造监理工作进行了部署。

会议强调相关单位汲取三河口水利枢纽金属结构监造过程中的管理经验,确保设备制造质量及进度,并对制造过程中的监理管理工作提出了要求:一是监理周报、月报和年报应详细描述设备实际制造进度、质量验收情况,对于滞后项目应特别说明,需能提前预判并提出控制措施。二是更换不符合要求的监造人员,及时报送和报备驻厂现场监造人员到岗情况及人员变动情况。三是监理单位要加强对驻厂监造人员的管理,及时反映设备制造过程中存在的问题,严格控制好设备交货时间节点。四是监理单位相关人员要深入学习机电设备管理办法,保证机电设备生产、交付、安装、调试等工作高效、有序进行。

此次监理工作交流会对设备制造过程中监理日常工作的管理、质量控制、进度控制等方面提出了更高的要求,监理单位引起了高度重视,确保了设备按期保质完成交货。

(六)三河口水库度汛及下闸前金属结构(设备)及电气安装专题讨论会

2019年3月29日,三河口水利枢纽2019年度防洪度汛暨下闸前金属结构(设备)及电气安装施工项目及工程量梳理专题会在大河坝分公司召开。公司机电物资部、省水电设计院、水电四局、水电八局、二滩国际监理公司等相关负责人参加会议。

会议以三河口水利枢纽2019年度度汛及下闸蓄水为重要节点,水电四局、水电八局根据最新的施工进展情况,针对最新的施工进展计划梳理了相关设计图的供应时间。设计院做出了肯定明确的答复。同时,参会各方以度汛和下闸蓄水为目标,再次梳理了各金属结构、电气设备的阶段性到货时间。会议有效推进了各个配套设备与土建施工的结合衔接问题。

(七)引汉济渭工程供电工程接入系统可研评审会

2019年10月18日,引汉济渭工程供电工程接入系统可研评审会在西安召开。

会上,省电力设计院汇报了关于三河口水利枢纽和黄金峡水利枢纽电站及泵站、110千伏大河坝变电站间隔扩建、330千伏洋县变电站间隔扩建可行性研究,重点围绕接入电力系统的电压等级、回路数和接入点、电站的送出条件和电气主接线方案、继电保护及安全自动装置配置、通信和调度自动化设备配置四项方案进行了详细说明。经与会专家及相关评审人员交流讨论,对可研方案提出了意见及建议,最终通过了引汉济渭工程接入系统方案。

本次会议的顺利召开为引汉济渭工程供电工程接入系统提供了可靠的技术支撑,为下一步完成上网发电业务奠定了良好基础。

二、设备验收

(一) 黄金峡泵站水泵母材泥沙磨损试验结果通过验收

2017 年 6 月 18—19 日,引汉济渭工程黄金峡泵站水泵母材泥沙磨损研究会在北京召开,成功验收了黄金峡泵站水泵母材泥沙磨损的研究试验结果。省水利厅、省引汉济渭公司、长江勘测设计规划研究有限公司、中国水科院水电科技有限公司等单位代表及特邀专家参加了会议。

会上,中国水科院水电科技有限公司对引汉济渭黄金峡泵站水泵母材泥沙磨损研究项目的立项背景、研究内容、技术路线、研究成果等进行了全面的汇报,与会专家及各单位代表就研究内容、技术路线和研究成果进行了充分的讨论,并同意该项目通过验收,并对研究提出了意见和建议,最终形成了验收意见。

随后,与会单位代表及专家受邀参观了中国水科院大兴试验基地水力机械实验室,观看了水力机械磨蚀测试系统和试验过程,查看了经过磨蚀试验后的黄金峡泵站水泵叶轮及蜗壳母材的磨蚀情况。

《引汉济渭工程黄金峡泵站水泵母材泥沙磨损研究》为 2016 年省级水利科技项目《引汉济渭工程黄金峡泵站高扬程大功率离心泵及调节方式关键技术研究》中的一个专题研究。该项目针对黄金峡库区泥沙特点,开展泵站水泵母材泥沙磨损研究,掌握水泵过机泥沙的磨损能力和特性,以及不同材料的抗泥沙磨损特性,并依据试验研究结果和水泵机组特征工况的特征速度值、水泵过机泥沙资料(含沙量、级配等),结合类似工程或已运行的高扬程水泵泥沙磨损的经验,预估引汉济渭工程黄金峡水泵的磨损程度及合理的机组大修周期,提出减轻水泵泥沙磨损的一些措施,从而为泵站机组招标、水泵设计(包括结构设计、水力设计和材料选择等)以及保障水泵安全与稳定运行等方面提供技术参考。

(二) 三河口水利枢纽水泵水轮机模型试验通过验收

2017 年 9 月 11—14 日,引汉济渭工程三河口水利枢纽水泵水轮机模型试验验收会在北京中国水利水电科学研究院大兴试验基地召开。

省引汉济渭公司、省水电设计院、郑州国水机械设计研究所有限公司、东方电气集团东方电机有限公司、中国水科院水电科技开发有限公司等单位代表及特邀专家参加了会议。

中国水科院水电科技有限公司对引汉济渭三河口水利枢纽水泵水轮机初步模型试验成果与合同保证值的对比、最终模型试验大纲等内容进行了全面汇报。与会专家及各单位代表就初步模型试验成果、最终模型试验大纲进行分析讨论,确认了模型验收试验流程、项目和具体工况,并参与、见证整个模型验收过程。

本次验收结果表明,三河口水泵水轮机在正常运行范围内全部满足合同保证值要求。其中,水轮机工况与合同保证值相比,原型加权平均效率提高 0.8%以上,水轮机超发区域得以扩大,稳定性等性能指标也有明显提升;水泵工况与合同保证值相比,在保持了原有水力稳定性、设计扬程流量、驼峰裕量和轴向水推力特性的基础上,原型加权平均效率提高 0.6%以上,最低净扬程时最大入力降低 5%以上,空化性能的改进更适合三河口枢纽扬程变幅巨大的实际运行情况,具备最小净扬程 74 米以上范围运行不需投入变频装置的能力。水力性能的提升,降低了设备实际投运后的公司运营成本,经济效益可观。

(三) 三河口水利枢纽水轮发电机组导水机构验收

2018 年 12 月 6 日,三河口水利枢纽水轮发电机组 4 号导水机构出厂验收会议在天津市天发重型水电设备制造有限公司召开。公司机电物资部组织安全质量部、大河坝分公司及相关参建单位参加会议。

验收组对导水机构生产制造全过程资料进行了详细审查,并在组装车间见证了导水机构预组装质量抽检和动作试验。在多方见证下,三河口水利枢纽水轮发电机组 4 号导水机构顺利通过验收。

作为水轮发电机组核心部件之一,导水机构高效稳定运行是关系机组效率和安全稳定的重要部件。首台导水机构的顺利验收标志着三河口水利枢纽水轮发电机组主体部件正式进入交货阶段。

(四) 三河口水利枢纽表孔弧形工作闸门液压启闭机通过出厂验收

2020 年 7 月 7—8 日,机电物资部组织各相关业务部门及单位赴设备制造厂家对三河口水利枢纽表孔弧形工作闸门液压启闭机进行出厂验收。验收人员听取了监理单位对液压启闭机制造过程、质量控制情况、验收大纲的汇报,审查了制造厂家的质量证明文件,现场见证了液压启闭机油缸总成及机电液联调等主要项目的试验过程,同时对主要外购件品牌进行了逐一核查。经审查、鉴证与核查,设备检验资料和质量证明文件齐全,相关性能参数符合合同文件与相关规范要求,通过出厂验收。

(五) 黄金峡水利枢纽底孔弧形工作闸门固定卷扬式启闭机通过出厂验收

2020 年 7 月 21—22 日,省引汉济渭公司组织各相关业务部门及单位赴设备制造厂对黄金峡水利枢纽底孔弧形工作闸门 2×2 500 千牛固定卷扬式启闭机进行出厂验收。

验收人员听取了监理单位对液压启闭机制造过程、质量控制情况、验收大纲的汇报,审查了制造厂家的质量证明文件,现场检测了固定卷扬式启闭机空载运转过程中主要机构的工作参数,同时对主要外购件品牌进行了逐一核查。

经审查、鉴证与核查,设备检验资料和质量证明文件齐全,相关性能参数符合合同文件与相关规范要求,顺利通过出厂验收。本次验收的固定卷扬式启闭机受新冠肺炎疫情影响,生产周期不足 5 个月,且重要部件主轴承的产地为受新冠肺炎疫情影响的欧洲重灾区。时间紧,任务急,经过多方协调沟通,现场巡检,齐心协力,共克时艰,最终用了 4 个月时间完成了生产制造与出厂验收,满足了现场设备供货需求,为黄金峡水利枢纽二期截流奠定了良好的基础。

(六)三河口水利枢纽 3 号机组转轮通过出厂验收

2020 年 7 月 22 日,三河口水利枢纽最后一台水轮机组核心部件 3 号机组转轮通过出厂验收。公司组织分公司、设计单位、监理单位相关人员组成验收组在制造单位现场对转轮进行了严格的出厂验收,经查,转轮各项技术参数满足设计要求且符合合同约定。

机组制造过程中,因转轮制造单位内部经营管理问题及新冠肺炎疫情的影响,该单位所有项目设备生产大面积停滞。而三河口工程现场急需供货,公司在满足疫情防控要求的前提下,派遣员工驻厂督造,连续 40 天的现场跟踪与质量把控,在经过打磨、探伤、机加工、静平衡等多个工序后,于 7 月 22 日顺利完成出厂验收工作。与该制造单位其他项目设备生产相比,进度大大加快,质量也更有保证。

此次 3 号机组转轮顺利出厂验收,标志着三河口水利枢纽机组设备生产制造全面完成,也为机电安装工作的圆满完成奠定了基础。

三、调试与安装

(一)大黄路大坪隧道机电设备试运行成功

2016 年 1 月 16 日,大河坝至汉江黄金峡交通道路工程大坪隧道机电设备通电。机电设备通电后,相关人员对隧道机电设备进行了调试,调试后连续试运行72 小时。试运行期间,输配电、照明、通风设备皆正常运转,且照明亮度足、风机风量大,经测试符合标准。此次机电设备试运行成功,标志着大坪隧道机电工程主体完工,其 4 个分部工程同时具备验收条件。

(二)黄金峡水利枢纽 110 千伏施工供电系统投入运行

2018 年 3 月 1—2 日,省引汉济渭公司组织召开黄金峡水利枢纽施工供电工程单位工程验收及投运前验收会议,经过现场查验和专家评议,认为黄金峡枢纽施工供电工程具备投运条件。2018 年 3 月 6 日,引汉济渭工程黄金峡水利枢纽110 千伏施工供电系统调试完毕投入运行。该项目的并网运行彻底解决了黄金峡水利枢纽工程建设电力不足的问题,有力地促进了工程建设。

黄金峡水利枢纽 110 千伏施工供电系统起点位于佛坪县大河坝镇 110 千伏变电站,终点位于黄金峡水利枢纽施工变电站,主要包括 14.9 千米的 110 千伏架空供电线路、110 千伏施工变电站和 22.8 千米的 10 千伏施工配电网络工程等,主要承担着黄金峡水利枢纽施工用电。由于电网杆塔均布置于山顶,无施工道路,施工材料均需用骡马驮运至山顶,因此施工难度极大。在国网汉中供电公司的大力协调支持下,参建各方密切配合,加大资源投入,克服夏季高温、降水等不利因素,全力加快杆塔架立及放线施工。

110 千伏施工供电系统投入运行后,困扰黄金峡水利枢纽工程建设的电力问题迎刃而解,一批大功率的机械设备陆续投入到大坝导流围堰建设,砂石骨料生产系统开始正常投产,促进了黄金峡水利枢纽工程建设整体进度。

(三)三河口水利枢纽工程首台机座环顺利吊装

2018 年 7 月 2 日,引汉济渭三河口水利枢纽工程首台机(4 号机)座环完成吊装。

三河口水利枢纽位于佛坪县与宁陕县交界的子午河中游峡谷段,坝址位于大河坝镇三河口村下游 2 千米处。三河口水利枢纽工程坝后厂房设有 2 台常规水轮发电机组及 2 台可逆式机组。抽水总装机 24 兆瓦,发电总装机容量为 60 兆瓦,其中常规水轮发电机组 40 兆瓦,可逆式机组 20 兆瓦。

4 号机组的座环主要由上下环板、固定导叶、大舌板、基础环及蝶形边等部件构成,采用钢板焊接结构。座环整体到货,其固定导叶、大舌板、基础环、蜗壳管节第 1318 节等在工厂组焊成整体运输到工地,吊重约 6.2 吨,吊距约为 27.5 米,座环吊装距离远,难度大,危险系数高。经过精心组织,各方齐心协力,4 号机组座环于 7 月 2 日下午采用 150 吨汽车吊顺利吊装完成。

首台机(4 号机)座环顺利吊装标志着三河口水利枢纽工程厂房机电安装一个重要节点目标完成。

(四)黄三隧洞环向控制闸闸门及启闭机到货安装

2018 年 11 月 21 日,秦岭输水隧洞环向控制闸土建工程建设及金属结构预埋件安装全部完成,该部位闸门及启闭机抵达施工现场,经验收合格后开始进行安装。

环向控制闸及附属交通洞在引汉济渭工程调水工程中处于"配水中枢"的地位。通过对 3 座闸室(黄三段、三河口段、越岭段)的控制,可实现引汉济渭工程各种调配水方案。控制闸由 3 层不同功能的隧洞群组成,各种洞室交错布置,结构复杂,如何科学组织,优化施工,是施工单位的一道难题。对此,黄金峡分公司采取多种方式确保工程建设。首先,制定了详细的安装方案和安装计划,确保工期质量安全等工作;其次,严格控制过程管理,加强监管,对门槽安装重点部位进行盯点和旁站控制;最后,分公司多次召开专题会,加强沟通,探讨安装方案和工艺特点,及时解决过程中出现的问题,确保整项工作及时稳定推进。

(五)三河口水利枢纽可逆机组座环、蜗壳及附件验收顺利进行

可逆机组蜗壳由东方电气集团东方电机有限公司生产,经过省引汉济渭公司机电物资部及厂家前期协调和多方努力,确保1、2号机组座环、蜗壳及附件2018年12月12日之前全部到货,开箱验收顺利完成,为三河口水利枢纽可逆机组安装工作顺利开展奠定了坚实的基础。

(六)三河口水利枢纽水轮机组安装交底会

2019年2月26日,公司机电物资部组织工程技术部、大河坝分公司、省水电设计院、中国水利水电第八工程局有限公司、四川二滩国际工程咨询有限责任公司、天津市天发重型水电设备制造有限公司相关人员在大河坝分公司召开了三河口水利枢纽水轮机组安装交底会。会议由监理单位主持,制造单位人员对常规机组各部件安装要求、标准进行全面说明,并进行答疑。

三河口水利枢纽水轮机组结构可分为埋入部分、导水机构、转动部分、水导轴承、主轴密封、接力器、水气管路部分、尾水管排水阀、发电机部分等,其中2台机组的埋入部分已全部抵达工地现场并进行了预埋,2台导水机构已抵达工地现场并待开箱验收,其余各部件正在有序地进行生产制造。制造单位详细讲解了水轮机组结构及安装时需注意的事项。各参会单位针对水轮机组安装专用工具、安装难点、图纸细节等进行了提问,制造单位依次详细解答。

交底会对水轮机组安装时存在的问题、安装难点、安装疑问等进行全面答疑,并要求安装单位、监理单位高度重视此次安装交底,认真梳理水轮机组安装规范及安装说明书;制造单位要细化安装说明书,指派经验丰富、工作能力强的售后服务人员到达现场进行技术服务工作,确保按期保质完成引汉济渭工程三河口水利枢纽水轮机组安装工作,保证三河口水利枢纽大坝11月下闸蓄水的大节点目标按期完成。

(七)三河口电站厂房主桥机安装调试完成

2019年6月11日,三河口电站厂房完成主桥机负载试验,正式投入使用。

三河口电站厂房项目使用的是通用桥式起重机,主钩额定荷载75吨,副钩额定荷载16吨。在轨道安装、桥机吊装、电气配置、机电调试及荷载试验过程中,大

河坝分公司提前介入,积极协调制造、安装单位,想方设法解决遇到的实际问题,协调办理特种设备备案手续,保证桥机顺利投入使用。厂房桥机的投入使用,为后续水轮机、发电机等主机安装提供了必要保障。

(八)三河口水利枢纽工程首台机组开始安装

2019 年 6 月 17 日,引汉济渭三河口水利枢纽工程首台机组(4 号机)转子支架及发电机轴吊入安装间,进行清扫检查。

三河口水利枢纽工程坝后厂房设有 2 台常规水轮发电机组及 2 台可逆式机组。抽水总装机容量 24 兆瓦,发电总装机容量为 60 兆瓦,其中常规水轮发电机组 40 兆瓦,可逆式机组 20 兆瓦。首台常规机组的转子采用无风扇、浮动磁轭结构,由转子支架、发电机轴、磁轭、磁极、转子引线等部件组成,其中磁轭冲片的叠装与磁极挂装等组装工作在工地进行。

首台机组转子支架及发电机轴顺利吊入安装间进行组装,为首台机组年底完成安装奠定了基础。

(九)工程接入系统(上网线路)工作取得阶段性新进展

2019 年 12 月 27 日,引汉济渭工程接入系统(上网线路)方案通过评审。

国网陕西省电力公司就引汉济渭工程接入系统复核报告进行了评审,形成最终评审意见,一是同意引汉济渭工程兴建的三河口水利枢纽坝后电站、黄金峡水利枢纽坝后电站接入陕西电网。二是同意黄金峡水利枢纽出线 2 回接入洋县 330 千伏变电站、三河口水利枢纽出线 2 回分别接入 110 千伏大河坝变电站和黄金峡水利枢纽。

为顺利解决引汉济渭工程接入系统(上网线路)问题,公司多次组织机电物资部与公司相关部门进行技术交流,安排机电物资部负责人带队赴国网陕西省电力公司、国网陕西经研院规划评审中心、国网汉中供电公司等业务主管部门汇报协调,并安排专人配合省电力公司进行评审工作,使得引汉济渭工程接入系统(上网线路)方案最终通过评审。此次接入系统方案复核评审,确定了接入国网电力系统的电压等级、回路数和接入点;电站的送出条件和电气主接线;继电保护及安全自动装置配置;通信和调度自动化设备配置等方案,为下一步按时完成上网发电业务扫清了障碍。

(十)三河口水利枢纽首台发电机转子吊装成功

2020 年 4 月 27 日,三河口水利枢纽首台发电机转子完成吊装。

吊装作业前,安装单位和监理单位分别对转子进行了全面清扫检查和复核,其绝缘测试、耐压试验等各项数据皆优良。在大河坝分公司和公司机电物资部的精心部署和科学组织下,各参建单位密切配合,将重达 57.4 吨的 4 号机组发电机转子平稳穿过机坑,精准放入安装位置,整个吊装历时近 2 个小时,吊装过程平稳顺利,井然有序。

三河口水利枢纽 4 号水轮发电机组由省水电设计院设计,天发重型水电设备公司生产制造,水电八局承担安装,二滩国际负责监理。其发电机转子直径为 3 481 毫米,高度为 980 毫米,转子采用无风扇磁轭结构,磁极对数 8 对,是水轮发电机组最重部件之一。此次三河口水利枢纽 4 号机组转子的顺利吊装,为下一阶段机电安装工作奠定了基础。

(十一)三河口水利枢纽 4 号机组盘车顺利完成

2020 年 6 月 27 日,三河口水利枢纽 4 号机组盘车工作完成。

三河口水利枢纽 4 号机组设计为混流立式水轮发电机组结构,单机容量 2 万千瓦,电站总装机容量 6 万千瓦。盘车部位为水导轴承、发电机上导轴承、发电机下导轴承、连轴法兰 4 个部位。采用人工盘车,首先发电机部分单盘,盘车数据合格后再进行水发连轴盘车。盘车工作是机组安装过程中重要的节点工序,是机组安装质量控制的重要过程,其结果直接影响后期机组是否能够安全稳定运行。为顺利实现机组安装目标,高质量完成此次盘车工作,各单位充分做好盘车前所有准备工作。现场施工人员分工明确,任务清楚,统一指挥,上、下各测量部位联络通畅。通过盘车数据分析,主机设备安装质量优良,各部位导轴承摆度均满足规范标准,为机组附件的回装创造了有利条件,同时为后续机组稳定、可靠运行打下了良好的基础。

引汉济渭工程机电设备主要供应商见表 5-4-1。

表 5-4-1 引汉济渭工程机电设备主要供应商

序号	标段	供货厂家
三河口水利枢纽		
1	三河口水利枢纽泵站及电站可逆机组机电设备采购合同	东方电气集团东方电气有限公司
2	三河口水利枢纽水轮发电机组及其附属设备采购	天津市天发重型水电设备制造有限公司
3	三河口水利枢纽闸门及其附属设备采购合同	郑州水工机械有限公司
4	三河口水利枢纽供水系统设备采购合同	陕西省外经贸实业集团有限公司
5	三河口水利枢纽启闭机及卷扬机设备采购合同 I 标	中国水利水电夹江水工机械有限公司

续表 5-4-1

序号	标段	供货厂家
6	三河口水利枢纽启闭机及卷扬机设备采购合同Ⅱ标	博世力士乐(常州)有限公司
7	三河口水利枢纽110千伏电力变压器及其附属设备采购	特变电工股份有限公司
8	三河口水利枢纽126千伏户内气体绝缘金属封闭开关设备采购	山东泰开高压开关有限公司
9	三河口水利枢纽变频调速系统设备采购合同	天水电气传动研究所有限责任公司
10	三河口水利枢纽10千伏绝缘管型母线及其附件采购	西安神电高压电器有限公司
11	三河口水利枢纽110千伏交联聚乙烯绝缘电力电缆及其附件采购	特变电工山东鲁能泰山电缆有限公司
12	三河口水利枢纽厂坝区高低压系统设备采购	西电宝鸡电器有限公司
13	三河口水利枢纽机组辅助系统设备采购	云南弗瑞特科技有限公司
14	三河口水利枢纽消防系统设备采购	陕西省外经贸实业集团有限公司
15	三河口水利枢纽计算机监控、安防监控、继电保护及交直流系统设备采购	国电南瑞科技股份有限公司
16	三河口水利枢纽10千伏电压等级以下电缆及附件采购	特变电工山东鲁能泰山电缆有限公司
17	三河口水利枢纽电力接入系统设备采购	国电南京自动化股份有限公司

黄金峡水利枢纽

序号	标段	供货厂家
1	黄金峡水利枢纽闸门及其附属设备采购合同	葛洲坝机械工业有限公司
2	黄金峡水利枢纽电站设备采购合同	浙富控股集团股份有限公司
3	黄金峡水利枢纽水泵及其附属设备采购	哈尔滨机电厂有限公司
4	黄金峡水利枢纽启闭机、卷扬机及其附属设备采购Ⅰ标	郑州水工机械有限公司
5	黄金峡水利枢纽启闭机、卷扬机及其附属设备采购Ⅱ标	常州成套设备有限公司
6	黄金峡水利枢纽电气一次及其附属设备采购	西电宝鸡电器有限公司
7	黄金峡水利枢纽控制保护通信设备采购	国电南京自动化股份有限公司
8	黄金峡水利枢纽电动机和变频设备采购	上海电气集团上海电机有限公司
9	黄金峡水力辅助系统、通风空调系统、给水排水及消防系统设备采购合同	陕西省水电物资总公司

第五章　筹融资与财务管理

　　省引汉济渭公司自成立以来,围绕工程建设和融资筹资需求,积极探索"强化融资平台,保障工程建设资金需求",通过中央财政、省财政和银行多途径筹集建设资金,并通过卓有成效的财务控制与管理,努力实现建设资金的合理计划和有效使用与监督,保障了工程建设的稳步推进。

第一节　财务机构设置

　　省引汉济渭公司2013年注册成立时就设立了财务部门。

　　设立财务审计部。2013年6月6日,省水利厅《关于省引汉济渭工程建设有限公司机构设置有关事项的通知》明确财务审计部为公司内设机构,具体职能:负责协调项目投资计划下达,落实资金到位及资金管理;负责工程财务决算;负责工程审计及内设机构审计;负责年度财务报告的编报工作;负责固定资产管理工作。自成立起,财务审计部立即投入公司的组建运营中,先后筹措注册资本4亿元,为公司的成立奠定基础;2个月内完成公司的验资及注册工作,办理组织机构代码证、税务登记证、开户许可证、机构信用代码证和贷款卡等手续,开设公司基本账户、结算账户,为公司顺利运行提供了保障。2014年12月30日,公司按照省引汉济渭办《关于引汉济渭工程资产移交有关情况的通知》(引汉济渭发〔2014〕51号)接收了引汉济渭办的资产、负债和所有者权益等财务数据,接收资产总额25.59亿元,负债0.55亿元,并按照移交清册完成了接收财务账务处理,确保了引汉济渭工程建设财务接交平稳有序顺利。

　　设立筹融资部。2013年12月28日,《陕西省引汉济渭工程建设有限公司关于设立筹融资部的通知》明确公司内设筹融资部,编制5人,部长1名、副部长1名、科员3名。主要职能是按照工程建设资金需求制定总体和分年度筹融资计划;开展市场筹融资工作,联系银行等金融机构做好筹融资、贷款等工作;根据公司化、市场化运作条件,拓展筹融资渠道,研究制定多元化筹融资方案,保证建设资金需求;完成领导交办的有关工作。

　　分别设立财务部、审计部,同时撤销财务审计部,财务部与筹融资部合署办公。2017年10月28日,公司党委会议和执行董事办公会议研究决定:设立财务部、审计部,撤销财务审计部,财务部和筹融资部合署办公。2017年11月2日,公司《关于设立财务部和审计部及撤销财务审计部的通知》明确财务部职能是负责财务管理制度及流程建设、预算管理、资金管理、财务核算与稽核、资产管理等工作。岗位6个,编制9人,部长1人、副部长1人、会计2人、出纳2人、预算管理1人、税务及报表管理2人。至此,财务部作为公司内设机构,岗位明确,编制固定,主要履行筹融资管理、预算管理、工程建设资金使用与管理、财务核算、会计监督、税务筹划与实施等职能。

2020年7月28日,公司党委会研究决定,财务部增加产权管理职能。8月12日,公司下发《关于财务部职能调整的通知》(引汉建发〔2020〕91号),对财务部增加产权管理职能进行了明确。

第二节　财务制度建设

建立健全财务管理制度是企业管理的重要内容之一。公司自成立以来,高度重视财务规章制度建设,结合公司建设实际,围绕工程建设财务供应保障,及时出台完善各类财务管理办法,特别是2017年12月29日修订完善形成了公司十三项财务规章制度,为公司加强财务管理、规范财经秩序、严肃财经纪律、强化财务监督提供了制度依据。

2014年12月31日,公司印发《陕西省引汉济渭工程建设有限公司会计核算及稽核制度(试行)》《陕西省引汉济渭工程建设有限公司会计基础规范实施细则(试行)》等六项财务管理制度,进一步完善了公司财务管理制度体系。

2015年2月3日,公司印发《陕西省引汉济渭工程建设有限公司差旅费管理办法(试行)》《财务审计部岗位责任制度(试行)》《公务卡管理暂行(试点)办法》,进一步规范了财务方面的制度。

2016年5月6日,公司印发《陕西省引汉济渭工程建设有限公司财务审批制度(试行)》《全面预算管理办法(试行)》《差旅费管理办法(试行)》,同时印发2016年(部门)预算,公司全面预算管理正式施行。

为进一步加强公司资金管理,降低资金成本,规范资金结算行为,防范经营和财务风险,2020年1月,公司第六次总经理办公会根据《现金管理暂行条例》《银行账户管理办法》《基本建设财务规则》等有关规定及公司相关要求,审议通过了《陕西省引汉济渭工程建设有限公司资金管理办法(试行)》。该管理办法详细规定了引汉济渭资金管理工作的管理体制、筹融资、收支管理、银行账户管理、库存现金管理及检查与责任追究等。

2020年2月11日，《关于公司疫情防控期间使用财务共享系统进行财务结算报销业务办理的通知》印发执行。这是公司认真贯彻落实上级有效防控新冠肺炎疫情指示精神，有效遏制疫情扩散和蔓延的有力举措，确保了疫情防控期间财经秩序正规、财务供应有序、资金保障有力。

第三节　筹融资管理

公司筹融资部自2013年10月成立，以及2017年10月与财务部合署办公以来，按照公司总体安排部署，从引汉济渭公司功能性企业实际出发，以"确保工程建设资金需求、发挥公司融资平台作用、提高资金使用效益"为目标，积极探索多种融资方式，推进筹资工作，努力破解建设资金短缺难题。

一、多渠道融资

（1）充分利用市场机制多渠道筹措建设资金。特别是公司成立之初，多方争取金融机构支持，在项目未批复情况下，通过市场运作方式解决了建设资金极度短缺问题，保障了建设所需。

（2）建立多套建设期资金保障方案。与多家银行签订授信协议，截至2020年9月，落实中长期项目贷款授信247.37亿元，累计完成提款93.49亿元，累计偿还贷款本金33.60亿元，有效保障了调水工程建设资金。

（3）努力降低融资成本，先后用低成本的短中长期贷款，对较高成本委托贷款进行了置换；将输配水项目列入了省级PPP合作项目库，与多家企业探讨投资合作事宜，引入社会资本；提前编制输配水工程筹融资方案建议书，根据输配水工程前期工作的深入，及时完善筹融资方案。

二、筹融资重要事项

2013年11月28日，公司与北京银行在西安签订5 000万元流动资金贷款合同。该贷款由陕水集团担保，合同的成功签订，标志着公司筹融资工作有了实质性突破。

2013年12月27日，公司再与北京银行签订3.5亿元流动资金贷款合同。该合同的签订，有效缓解了引汉济渭工程春节前建设资金短缺压力，保障了在建工程项目的安全稳定和顺利推进。

2014年3月18日，北京银行股份有限公司向公司30亿元综合授信。

2014年4月8日，北京银行向公司出具20亿元融资性保函，公司与齐鲁证券有限公司(委托贷款人)、长安银行股份有限公司(代理人)三方共同签订20亿元2年期委托贷款合同,贷款资金4月11日全部到账。合同的签订和资金到位使公司2014年度建设资金有了保障。

2014年5月20日,公司与成都银行股份有限公司西安分行签订5 000万元1年期借款合同,标志着引汉济渭工程融资结构多元化有了新突破。

2014年6月11日,国家开发银行根据调水工程可研审批需要,向公司出具80亿元的贷款承诺函,安排将引汉济渭项目列入国家开发银行2014年三季度项目贷款评审计划。

2014年12月29日,公司与兴业银行在西安先期签订基准利率20亿元、期限18年的信用免担保项目贷款合同。该项目贷款合同的签订,标志着引汉济渭项目中长期贷款有了实质性突破。

2015年2月6日,为偿还较高成本资金,公司与兴业银行签订2亿元信托贷款合同,贷款期限2年,贷款利率7.6%。

2015年3月16日,中国农业发展银行为公司批复额度10亿元,期限3年,贷款利率为同期基准利率下浮20%的过桥贷款授信。

2015年3月19日,中国农业发展银行为公司批复额度72亿元、期限28年、利率为基准利率、担保方式为纯信用项目贷款授信,使引汉济渭调水工程项目贷款在国有商业银行取得突破。

2015年4月10日,中国农业发展银行与公司签订了10亿元过桥贷款合同。

2015年4月15日,成都银行批复2年期2亿元信用担保流动资金贷款,利率为央行规定的基准利率上浮10%,贷款用途不限。

2015年4月29日,偿还北京银行委托贷款剩余的12亿元。至此,北京银行成本较高的20亿元委托贷款全部提前偿还完成。

2015年5月18日,公司与成都银行签订了额度5 000万元、期限1年、利率为5.61%的流动资金贷款合同,贷款资金以贷新还旧的方式用于公司开发性项目上。

2015年7月20日,公司提前归还兴业银行7亿元信托贷款,降低了公司的融资成本和公司负债。

2015年10月21日,公司完成了引汉济渭二期工程筹融资方案的编制。该方案以工程规划测算的最大贷款能力作为基础,对引汉济渭二期工程不同资本金比例进行了投资效果敏感性分析,并结合工程建设期年度资金需求强度,提出较为优化的建设资金结构。

2016年2月23日,公司与成都银行签署了编号为H930101151214100的《借款合同》的补充协议,该协议约定上述《借款合同》项下的10 000万元流动资金贷款利率调整方式变更为"以同期基准利率下浮5%为准",并于2016年3月16日生效。

2016年3月18日,公司与农业银行签署了编号为61010420160000046的《中国农业银行股份有限公司固定资产借款合同》并提款1 000元。由于农业银行批复的引汉济渭调水工程项目贷款提款权将于2016年3月19日到期,为保留该项目贷款提款权,签署该协议。

2016年6月12日,公司与北京银行签署关于为陕水集团于北京银行贷款提供担保的《担保合同》(合同编号:0348194-002),该合同项下担保的债权是指北京银行依据与陕水集团在2016年6月12日至2018年6月11日期间所签署的总规模不超过1亿元的主合同而享有的一系列债权。

2016年9月30日,宁陕开发公司与长安银行安康分行签订"长银安小企借〔2016〕052号"贷款协议,贷款额度700万元,期限1年,利率为1年期同期基准下浮5%。贷款资金于9月30日到账,及时解决了宁陕开发公司资金短缺的燃眉之急。

2016年11月17日,成都银行以"2016总行级58次28号"审批单,批准引汉济渭公司总额5亿元的集团授信,其中总公司授信额度4.5亿元,子公司授信额度5 000万元,贷款期限3年,利率为同期基准利率下浮10%。11月18日,宁陕开发公司与成都银行签订5 000万元贷款合同。11月19日,先期提款3 500万元用于归还到期贷款和近期经营发展。

2017年4月28日,归还兴业银行1.5亿元项目贷款,降低公司负债。

2017年8月31日,落实长安银行二期工程前期流动资金贷款,提款1亿元。

2017年10月24日,与国家开发银行签订《人民币资金借款合同》(合同编号:61102017011000000930),利率4.16%,按建设进度进行提款并归还前期过桥资金及利率较高的流动资金贷款,降低公司建设期资金成本。

2018年12月31日,与建设银行签订《固定资产借款合同》(合同编号:建陕兴贷〔2018〕045号),并提款4.8亿元。

2018年3月31日起,陆续归还长安银行二期前期流动资金贷款,并于2020年6月30日将1亿元存量贷款全部归还完毕。

2019年2月25日,公司党委书记、董事长杜小洲与长安银行行长王作全就引汉济渭工程水利风景区建设深化合作开展座谈。王作全表示,长安银行下一步将强化沟通,灵活运用金融货币政策,全力支持引汉济渭工程建设和公司发展。

2019 年 9 月 23 日,成都银行为二期工程前期新增流动资金贷款授信 3.5 亿元。

2019 年 11 月 8 日,公司为宁陕引汉济渭开发公司在成都银行办理存单质押担保贷款业务,共质押贷款 9 855 万元。

2020 年 5 月 29 日,公司顺利发行 10 亿元政府专项债券,利率 3.57%。

2020 年 9 月 25 日,配合农业银行、兴业银行、建设银行、邮政储蓄银行等银行降息工作,同时置换高利率贷款,将所有贷款存量降至 4.165%(含)以下。

三、私募股权基金专题调研

2020 年 5 月,为扩宽融资渠道,省引汉济渭公司对私募股权基金进行了专题调研,并将调研报告呈送省国资委。

调研报告认为:引汉济渭工程正处在建设阶段,且在工程建设资金使用方面,必须严格按照基本建设财政专项资金要求专款专用,因此暂时不具备私募股权基金发行条件;但在项目建成发挥效益后,公司获得水费收入,各方面条件成熟后,仍有可能有序开展资本运作相关业务。

四、资本公积金申请转注册资本金

2020 年 6 月,省引汉济渭公司向省国资委请示,申请将中省财政拨付的财政资金转为公司注册资本金。

2014 年 9 月,国家发改委批复下发《关于陕西省引汉济渭工程可行性研究报告的批复》(发改农经〔2014〕2210 号),批复引汉济渭工程总投资 181.7 亿元,中央预算内投资安排 58 亿元,银行贷款 75.2 亿元,省政府预算内投资 48.5 亿元。至 2019 年底,中省财政共拨付引汉济渭工程财政资金 95.86 亿元。

申请的主要理由有下列四项:①按照中省财政拨付文件要求"投入资金按资本金方式管理";②引汉济渭工程后期建设资金来源以银行贷款为主,为真实反映省引汉济渭公司财务状况,提升公司信用,增强融资和议价能力,保障引汉济渭工程顺利进行;③《企业财务通则》第二十条规定,"属于国家直接投资、资本注入的,按照国家有关规定增加国家资本或者国有资本公积。属于投资补助的,增加资本公积或者实收资本。国家拨款时对权属有规定的,按规定执行;没有规定的,由全体投资者共同享有";④《中华人民共和国公司法》第一百六十八条规定:"公司的公积金用于弥补公司的亏损、扩大公司生产经营或者转为增加公司资本。但是,资本公积金不得用于弥补公司的亏损。法定公积金转为资本时,所留存的该项公积金不得少于转增前公司注册资本的百分之二十五"。

基于上述四项理由,省引汉济渭公司申请将中省财政拨付资金95.86亿元的75%,即72亿元转为公司注册资本金,加之以前注册资本金8亿元,合计注册资本金为80亿元。

第四节　投资计划与资金管理

引汉济渭工程建设资金来源主要由中央财政资金、省级财政资金和各类金融机构有偿资金组成。公司按照财政部《基本建设财务管理规定》和省国资委及省水利厅相关财经法规制度,依据上级批复的工程概算、年度预算、建设进度等控制和使用工程建设资金。工程建设资金使用范围包括引汉济渭工程建安投资、设备投资、材料采购、前期工作费、可行性研究费、征地补偿和移民安置费、待摊投资、固定资产购置等。

一、投资资金重要事项

2014年1月23日,省水利厅和省财政厅《关于下达2014年引汉济渭工程省级财政专项资金计划的通知》(陕水规计发〔2014〕19号),拨付引汉济渭工程省级财政专项资金1亿元。

2014年5月5日,省水利厅和省财政厅《关于下达引汉济渭工程2014年第二批省级投资计划的通知》(陕水规计发〔2014〕75号),拨付引汉济渭工程省级财政专项资金0.5亿元。

2014年9月2日,省财政厅《关于下达引汉济渭工程建设省级专项资金的通知》(陕财办预〔2014〕125号),拨付引汉济渭工程省级财政专项资金0.5亿元。

2014年9月11日,省水利厅和省财政厅《关于下达引汉济渭工程2014年第三批省级投资计划的通知》(陕水规计发〔2014〕344号),拨付引汉济渭工程省级财政专项资金2亿元。

2014年11月10日,省发改委和省水利厅《关于下达2014年引汉济渭工程中央预算内投资计划的通知》(陕发改投资〔2014〕1368号),拨付引汉济渭工程中央预算内资金1亿元。

2014年12月23日,公司收到省级财政水利前期(输配水工程)资金500万元。

2014年12月24日,公司收到省财政厅下达引汉济渭工程建设项目资本金2亿元。

2014年12月30日，公司收到中央预算内资金1亿元。

2015年4月22日，国家发改委、水利部《关于下达2015年重大水利工程第一批中央预算内投资计划的通知》（发改投资〔2015〕809号），拨付引汉济渭工程中央预算内资金26亿元。5月18日，陕西省发改委、水利厅《关于下达2015年引汉济渭工程中央预算内投资计划的通知》（陕发改投资〔2015〕656号），拨付引汉济渭工程中央预算内资金26亿元。

2016年8月17日，公司收到陕财办建〔2016〕178号文件，根据财政部财建〔2016〕329号和省发改委、省水利厅陕发改投资〔2016〕427号文件，下达公司2016年中央预算内基建支出预算（拨款）12亿元。

2016年11月29日，公司收到陕财办建〔2016〕291号文件，根据财政部财建〔2016〕713号和省发改委、省水利厅陕发改投资〔2016〕1273号文件，下达公司2016年中央预算内基建支出预算（拨款）5亿元。

2016年11月30日，公司收到陕财办农〔2016〕67号文件，省财政厅一次性下达引汉济渭工程建设补助资金1.2亿元。

2017年1月9日，省水利厅下发《关于在国家发改委投资项目审批监管平台注册申报引汉济渭输配水工程的意见》，同意在国家发改委在线审批监管平台进行注册申报，范围为：南干线灞桥水厂以上段（104.92千米），北干线泾河新城张家水厂以上段（92.03千米），估算总投资约160亿元。

2017年3月7日，省财政厅、水利厅《关于下达2017年引汉济渭工程省级财政专项资金项目计划的通知》，下达省级财政专项资金项目计划21 548万元，专项用于秦岭输水隧洞、三河口水库和黄金峡水库工程建设。

2017年4月24日，省水利厅《关于下达2017年度省级水利前期工作费项目计划的通知》，下达省级水利前期工作费1 200万元（暂列），专项用于输配水干线工程可研报告编制，实际到位资金1 000万元。

2017年5月3日，省财政厅《关于下达2017年重大水利工程中央预算内基建支出预算（拨款）的通知》，下达公司2017年中央预算内基建支出预算（拨款）4亿元，专项用于引汉济渭工程建设。

2018年5月31日，收到省级财政宁陕兰花湖天然山泉水项目专项资金500万元，《陕西省人民政府国有资产监督管理委员会关于陕西省引汉济渭工程建设有限公司2018年国有资本经营预算支出的批复》（陕国资收益发〔2018〕140号）。

2018年8月9日，收到省财政厅《关于下达2018年中央基建投资预算（拨款）的通知》（陕财政办建〔2018〕41号）2亿元。

2019 年 3 月 6 日,水利部致函国家发改委,正式报送引汉济渭二期工程可行性研究报告的审查意见(水规计〔2019〕75 号)。审核项目总投资 177.17 亿元,其中工程部分投资 156.01 亿元、建设征地移民补偿投资 11.30 亿元、环境保护工程投资 3.26 亿元、水土保持工程投资 1.89 亿元、建设期融资利息 4.72 亿元。

2019 年 5 月 21 日,省发改委、省水利厅及公司负责人赴国家发改委对接二期工程项目报审,分别与国家发改委农经司和投资司进行对接。国家发改委认为:①引汉济渭二期工程报审要件基本完备,但项目总投资 177 亿元和资本金 143 亿元,与委内专呈汇报估计总投资 120 亿~130 亿元差距较大,需在项目范围复核,会商确认补助政策后再行报审。②中央对西部地区投资补助最大为资本金 50%比例(可浮动)。③需要地方政府根据资金筹措意见适时出具地方政府资金承诺函。

二、二期工程初步设计投资变化情况

2020 年 7 月 15 日,国家发改委以发改农经〔2020〕1160 号文正式批准二期工程可研报告,批复工程静态总投资 1 882 781 万元,总投资 2 002 314 万元。其中,工程部分投资 1 718 531 万元,建设征地移民补偿投资 112 824 万元,环境保护工程投资 32 571 万元,水土保持工程投资 18 855 万元。

在初步设计阶段,主要做了以下调整复核:一是设计基准年由 2015 年调整为 2018 年,复核了用水需求。二是征求了文物、电力、公路、铁路、水利等 39 家单位(63 处交叉点)的意见,优化了输水线路布置,补充了移民征地调查相关工作,确定了交叉穿越方案及投资。三是研究将跨越泾河建筑物设计形式由倒虹调整为管桥。四是按照最新政策完善了秦岭等环保和水保措施。五是增加了建设秦岭输水隧洞 7 号支洞泵站抽水入黑河金盆水库调蓄方案。六是按照全国水利工程建设信息化创新示范现场会要求,提升了引汉济渭工程信息化设计。根据报审提交的初步设计成果,工程静态总投资 2 048 549 万元,总投资 2 199 343 万元。其中,工程部分投资 1 820 354 万元,建设征地移民补偿投资 143 406 万元,环境保护工程投资 60 753 万元,水土保持工程投资 24 036 万元。

工程部分投资增加 101 823 万元,主要原因为:政策变化引起投资增加 86 847 万元,价格因素调整减少 40 916 万元,设计变化增加投资 55 892 万元。

第五节　财务信息化建设

省引汉济渭公司致力于建设"智慧引汉济渭"工程,对各业务子系统信息化工

作也比较重视,尤其在财务信息化规划、设计、实施方面给予了强有力的支持。针对公司集团化、多元化、高质量发展实际,为满足公司财务管理数字转型、柔性共享精细管控的需要,实现移动报账、移动审批、管理标准自动控制、任务智能推送和提醒、基础账务自动处理、建立完整电子档案、多维数据穿透,公司从2018年初开始,通过可行性研究、考察学习、决策立项、整体方案设计、系统开发、测试上线运行和正式上线运行等阶段,逐步建立符合公司发展实际的财务共享中心(初级阶段)。财务共享中心作为财务信息化建设的重要组织部分,完全建立后能有效促进公司业财深度融合,采用共享模式,打通数据供应链,有效提高信息质量,为公司快速适应市场变化提供准确的第一手数据,为公司科学决策提供依据,也能够有效支撑公司持续创新发展。

一、财务共享系统建设

2018年7月,为提高公司整体财务数据质量和报账效率,加快财务转型、提升财务价值,支撑公司决策支持和战略落地,公司决定启动财务共享服务中心组建项目。财务共享服务中心以现代化、信息化的管理平台为载体,实现线上填单、线上审批与线上报账,实现核算的集中处理,将与决策支持相关性较低、重复度高、工作量大的会计核算工作归集到财务共享服务中心统一处理,实现信息收集、信息处理与会计核算的标准规范,促进财务会计与管理会计的分离,构建能够支撑企业战略目标实现的财务管控体系,促使财务工作在统一规范、信息准确、风险控制、资源配置、高效运作、管理提升等方面获得实质改进。通过组建财务共享服务中心,将实现以下目标:推转型、促发展;提效率、降成本;严管控、降风险;提能力、转职能;大共享、强支撑。

财务共享系统覆盖了公司各部门、分(子)公司。项目实施时间分为三个阶段。第一阶段:现状调研阶段,2018年8月初至8月下旬;第二阶段:咨询设计阶段,2018年8月下旬至10月底;第三阶段:系统落地阶段,2018年9月至12月。项目内容包括财务共享服务中心的总体规划、组织架构、核算体系、报表体系、预算费控体系、运营管理、信息化规划、信息化落地等方面。在项目开展过程中,各单位及部门积极协助、支持项目组工作,提供相关资料,配合项目组调研访谈;加强自身的业务学习,全面理解财务共享理念,掌握共享平台的业务操作;一些部门还结合使用情况,提出财务共享中心构建的宝贵建议并得到及时的反馈确认。

主要建设过程如下:

2018年1月,财务部按照财务信息化建设需要,利用3个月时间完成了财务共享中心可行性研究和考察学习。经公司研究决定,同意建立公司财务共享中心。

2018年,4—6月完成了决策立项并启动招标程序。从7月初开始,由华鼎方略公司组建项目团队完成整体方案设计。

2018年8月16日,公司召开财务共享中心系统建设项目启动会。公司党委书记、董事长杜小洲参加会议,副总经理田养军主持会议。

2018年9—11月,财务部与用友公司项目团队一起对公司财务共享中心进行了系统开发。12月17—19日,公司组织报账员进行财务共享系统业务培训,副总经理田养军主持并讲话。

2019年1月1日,财务共享中心正式上线试运行,同时在各子公司进行了推广。财务共享通过覆盖全地区、全业务流程,实现人员、业务、数据的大共享,有效控制财务风险,提高会计信息质量,实现预算管理、资金管理和经营决策分析全方位数据支撑,体现财务管理的规模效应。

2020年初,受新冠肺炎疫情影响,春节假期延迟复工,采用远程和现场两种办公方式。针对有员工隔离居家办公的实际和尽可能减少密闭空间员工接触的要求,财务部第一时间对接财务共享工程师团队,加班加点完成财务共享中心和NC系统的修改、调试,实现远程办公、网上审批和非接触式报账的财务保障模式。公司财务共享中心的使用发挥了重要作用,既落实了疫情防控要求,又杜绝了断供漏供问题的发生,还确保了工作高效顺畅。

二、计量审批支付改革

2019年,在该年主题教育活动全面自查中,省引汉济渭公司发现原有的计量支付审批系统已不能满足当前工程建设需要。针对发现的问题,公司通过广泛调研,结合水利工程行业特点和公司审批流程及职责、时限,指导技术服务单位全面完善优化了电子计量支付审批系统。

新系统具有审核速度快、过程公开透明、可操作性强、流程规范准确的特点。通过数据填报、网上签审、审核提醒、进度查询,实现了计量支付审核流程的全面升级,保证了数据分类存储、审核信息留痕、拨款单审核进度集成的要求。不仅明确了各级审核权限及时限要求,实现了移动终端及时审核,还通过与财务共享系统拨款单流程对接,可动态获取拨款单流程进度。新的计量支付审批系统上线之后,计量支付审核时长从原来的45天缩短为19天,并实现了价款拨付的闭环,提升了设计变更、结算支付工作的效率。

第六节　财务队伍建设

　　财务工作具有货币计量尺度功能,且财务部是公司唯一串联人、财、物、供、产、销等一切价值链条的职能管理部门,在公司一期和二期工程建设中发挥着重要作用,保证了公司工程建设资金的顺利运转,为工程项目的展开提供了有力保障。目前,财务部主要负责财务管理制度及流程建设、预算管理、资金管理、财务核算与稽核、资产管理等工作。部门现有员工 11 人。其中,中级以上职称 4 人,占部门人员的 36.36%;研究生以上学历 4 人,占部门人员的 36.36%;男性 5 人,女性 6 人,男女比率基本均衡;80 后 4 人,90 后 6 人,团队整体年轻有活力。

　　2015 年 12 月 14 日,省国资委组织召开"全省企业国有资产统计暨省属企业财务和审计工作会",公司荣获"2014—2015 年度财务管理先进集体"称号,李永辉、刘丽君 2 名同志荣获"2014—2015 年度财务管理先进个人"称号。

　　2015 年 12 月 21 日,公司对各部门、各分(子)公司的报账员、资产管理员等进行了财务管理培训,对上级财经法规和公司在用的财务管理制度进行政策宣讲,对贯彻落实中的疑难问题进行解答。

　　2016 年 12 月 16 日,公司参加 2016 年度全省企业国有资产统计和省属企业财务、内部审计工作会,公司员工田宝玲、张延霞同志分别荣获"2016 年度省属企业财务管理与内部审计工作先进个人"称号。

　　2017 年 12 月 14 日,省国资委组织召开 2017 年度省属企业国有资产统计暨监管企业财务、审计、信息化工作培训会,公司被省国资委授予"2017 年度省属企业财务管理工作先进单位"荣誉称号。

　　2017 年 12 月 27 日,公司举办了财务工作管理暨党风廉政建设学习会。一是公司副总经理田养军围绕"清白做人、干净做事"上廉政教育党课,二是会上宣讲了财经法规制度和税务筹划知识,三是费用会计结合工作岗位实际对报销流程、审批程序、结算报销规范化管理组织了专题授课,各部门和分公司负责人及报账员参加会议。

　　2019 年,累计召开三次报账员会议进行报账培训、集中解决问题和政策宣贯,提高报账员财务水平,完善公司财务体系建设。

　　2019 年 6 月 18 日,公司组织财务人员及报账员开展财务保密工作培训,并深入开展学习探讨,以进一步提高财务人员的保密防范意识,规范财务保密工作,提升财务管理水平,筑牢引汉济渭财务保密防线。

2019 年 12 月 11 日,省国资委印发《2019 年度全省企业国有资产统计和监管企业财务管理、内部审计工作情况通报》,公司荣获省属企业财务管理工作先进集体,财务部李瑞娟荣获省属企业财务管理工作先进个人。

2020 年 2 月中旬,财务部集中 3 个工作日,利用远程视频系统开展了财务业务培训。用友公司工程师示范了财务软件联网远程的操作使用,介绍了财务 NC 系统与财务共享系统的系统架构、相互之间的数据关系、财务管理者的核算监督实现等内容。同时,针对公司下一步财务管理中需要重点加强的预算管理、固定资产管理、资金管理、企业绩效管理等内容,工程师结合财务软件中的模块,采用精讲解、真练习、答疑惑、解难题的方法,对有关知识点进行了强化巩固。财务部人员结合工作岗位实际,就软件使用操作中的问题以及疫情防控期间财务供应保障中的难题,畅所欲言进行了讨论交流,研究了解决办法和对策措施。部门负责人对财务部全体人员提出要求,一是要结合岗位工作实际,全力做好疫情防控期间财务保障工作,特别是要为公司疫情防控提供坚强的资金保障,确保公司重点工作和中心任务财务供应有力有序;二是要利用疫情防控期间的点滴时间,抓好业务培训内容的学习,积累专业知识,完善知识结构,提高业务水平,为公司集团化、多元化发展贡献力量;三是面对疫情做到理性看待,科学防控,不折不扣落实中央、省和公司疫情防控要求,确保身体健康和生命安全。

2020 年 2 月 24—28 日,财务部利用远程视频系统开展公司财务制度措施修改讨论会。讨论会采用通读文稿、集体讨论、交流见解、统一意见、专人统稿的方式,结合公司实际对 2018 年 1 月 1 日执行的规定办法进行了梳理,围绕资金筹措、会计核算、工程保障、税务筹划、预算管控、报销审核、开支审批、资金管理等关键环节热烈交流,结合岗位实际提出修改意见和建议。讨论会是财务部落实公司复工防疫管理方案的有力举措之一。在居家办公完成好本职工作的同时,大家积极学习上级制度规定,同时极力完善现有制度。通过对规定的修订讨论,就工作中遇到的问题进行交流碰撞,寻找到更为完善的解决办法,同时进一步理清了工作思路。

2020 年 7 月 30 日,财务部集中开展了会计档案规范化管理集中学习。会议全文学习了国家财政部、国家档案局《会计档案管理办法》《关于规范电子会计凭证报销入账归档的通知》文件;围绕工作实际就当前公司会计档案管理工作中存在的薄弱环节进行交流,统一思想认识,明确会计档案管理需要做好的重点工作;围绕建设"智慧引汉济渭"工程、加快公司集团化发展步伐、做好财务规范建设专题展开激烈讨论,有效激发了大家积极履职尽责的主动性。

第六章　审计与监督

引汉济渭工程启动实施以来,省委、省政府十分重视建设资金的监督管理,要求省级各部门、市县政府和省引汉济渭公司分工合作,相互配合,各司其职,各尽其责,不断加强资金监督管理工作,努力提升监管效用和威慑力,实现监管手段相互交融、监管内容全覆盖,形成齐抓共管的监督管理格局。

第一节　审计机构设置

省引汉济渭公司的审计机构设置和工作开展随着中央、省政策的发展变化而变化。2013年6月,陕西省水利厅批准公司内设财务审计部,审计工作职责是负责工程审计及内设机构审计。

为加强国有企业内部审计工作,2017年10月,公司撤销财务审计部,设立审计部,主要职能是负责内审制度及流程建设、内部审计,配合上级单位或外部的年度审计、专项审计工作。部门编制5人,其中部长、副部长及职员2人均配备到位。

第二节　配合外部审计工作

外部审计包括国家审计机关、上级管理部门安排的审计事项,以及公司聘请社会中介机构进行的审计事项等。

审计部配合外部审计工作,主要包括:①与外部审计机构及人员沟通,了解审计要求;②协调业务部门配合审计工作;③监督对外报送资料,协调业务部门答复审计机构提出的问题;④及时向公司主要负责人汇报审计情况,重大问题第一时间上报;⑤向公司主要负责人汇报与外部审计机构沟通的结果。

一、接受的政府审计

引汉济渭工程被国务院列入"十三五"重大节水供水工程172项之首,投资额大,受到中央部委和陕西省高度重视,省审计厅从工程开工持续开展跟踪审计。公司先后在2013年和2016年接受了工程跟踪审计。

2013年4—10月,省审计厅对省引汉济渭办负责管理的引汉济渭调水工程

2012 年 7 月至 2013 年 6 月的建设情况进行了跟踪审计,延伸审计了宁陕、佛坪、洋县、周至移民资金的管理使用。审计中发现的主要问题由省引汉济渭办负责整改,涉及公司的有大河坝基地建设、施工监理和现场施工等三方面问题。2014 年 3 月 28 日,公司将整改情况上报省审计厅。

2016 年 6—12 月,省审计厅对省引汉济渭办和省引汉济渭公司先后负责管理的引汉济渭调水工程 2013 年 7 月至 2015 年底的建设情况进行了跟踪审计,同时对重要事项和汉中市、西安市、安康市以及宁陕、佛坪、周至、洋县相关移民资金的管理使用情况进行了延伸审计,对大河坝至汉江黄金峡交通道路 Ⅰ、Ⅲ、Ⅳ标段及大河坝基地对外交通道路工程等 9 个单项工程进行了结算审计。审计中发现的主要问题包括公司管理、招标投标、工程计量支付、工程变更管理、项目建设管理、财务管理、移民安置及资金使用等 7 个方面共 42 个问题。2017 年 3 月,公司以《陕西省引汉济渭工程建设有限公司关于 2016 年度跟踪审计问题整改情况的报告》向审计厅报送了整改情况。

二、年报及经营业绩审计

引汉济渭公司作为陕西省属国有企业,每年接受由省国资委指派中介机构对公司年度财务报告、经营业绩及薪酬进行审计。

2014—2018 年度,省国资委指派三秦会计师事务所对公司及子公司进行了年报审计;指派秦约会计师事务所对公司经营业绩及薪酬进行了审计。2019 年度指派陕西华德诚会计师事务所对年度财务报告和经营业绩及薪酬进行了审计。

省国资委 2014 年度企业财务决算审核意见指出,公司存在财务入账不及时、存贷双高、部分个人借款余额较大、宁陕公司内控不完善等问题。2015 年 9 月,公司以《陕西省引汉济渭工程建设有限公司关于财务决算提出问题整改情况的报告》向省国资委报送了整改情况。

省国资委 2015 年度企业财务决算的审核意见指出,公司存在财务及经营管控、风险管控、子公司管控、内控制度不完善等问题。2016 年 7 月,公司以《陕西省引汉济渭工程建设有限公司关于财务决算提出问题整改情况的报告》向省国资委报送了整改情况。

省国资委 2016 年度企业财务决算审核意见指出,公司存在财务核算、资产管理情况、风险管控、上年度问题未整改落实等问题。2017 年 6 月,公司以《陕西省引汉济渭工程建设有限公司关于财务决算提出问题整改情况的报告》向省国资委报送了整改情况。

省国资委 2017 年度企业财务决算的审核意见指出,宁陕公司同一建设项目在不同主体列报;熹点公司原始单据不规范,存货账实不符;佛坪公司内控制度不健全、不完善等。2018 年 8 月,公司以《陕西省引汉济渭工程建设有限公司关于财务决算提出问题整改情况的报告》向省国资委报送了整改情况。

省国资委 2018 年度企业财务决算审核意见指出,公司存在内部稽核程序未严格执行,资产处置不及时,项目竣工决算不及时,企业内控不完善,对外担保存在风险等问题。2019 年 8 月,公司以《陕西省引汉济渭工程建设有限公司关于财务决算提出问题整改情况的报告》向省国资委报送公司财务决算问题整改情况的报告。

省国资委 2019 年度企业财务决算审核意见指出,子公司存在完工项目未及时转固、存货及应收账款余额大、未及时办理实收资本工商变更等问题。目前处于整改落实阶段。

三、审计署延伸审计

2017 年 1 月至 3 月,审计署对陕西省 2015 年至 2016 年中央和地方财政安排的水利专项资金的分配、管理、使用和绩效情况进行审计,延伸审计了引汉济渭工程等重大水利建设项目。审计中发现的主要问题有部分工程合同未进行招标、重大建设项目部分单项工程超概算涉及金额、未按规定对设计变更进行分级管理、上报主管部门审批或核备等问题,2017 年 6 月,公司向省水利厅上报了整改情况。

2019 年 9 月,审计署 2019 年第三季度陕西省贯彻落实国家重大政策措施情况跟踪审计,延伸审计了引汉济渭工程。审计中发现的主要问题是陕西省引汉济渭工程二期输配水工程推进缓慢,将影响项目建成后整体效益的发挥。2020 年 8 月,公司以《陕西省引汉济渭工程建设有限公司关于提交审计署 2018 至 2019 年向陕西省政府出具的审计报告问题清单整改情况的复函》向审计厅上报了整改情况。

第三节　内部审计

一、内部审计制度的建立

为贯彻落实审计署、陕西省和省国资委关于内部审计的规定和要求,在组织和制度上保障公司内部审计工作的正常开展,审计部拟定了《内部审计制度(试行)》《内部经济责任审计实施办法(试行)》和《内部审计工作规程》,2020 年 9 月经公司第 28 次党委会、第 1 次董事会审议通过并印发执行。

内部审计机构在公司党委和董事会的领导下开展审计工作,向其负责并报告工作。对于内部审计范围内的公司或部门,审计机构可根据需要采取直接审计、委托审计、联合审计的方式进行审计。

公司设立审计部负责全公司的审计工作,实行集中审计的方式,所属各分(子)公司不再设置内部审计机构或配备内部审计人员。内部审计人员具备审计岗位所必备的会计、审计等专业知识和业务能力,未有负责本单位业务活动及内部控制和风险管理的决策和执行。

公司开展内部审计工作的准则依据《内部审计流程(试行)》,内容包括内部审计工作中的审计准备、审计实施、审计终结、审计决定、督察检查、审计档案管理、配合外部审计的工作流程等。

年度审计计划由审计部编制。根据审计事项选派审计人员组成审计组,审计组组长由审计部主要人员担任。重大审计项目根据工作需要,提请主管审计工作的领导批准,抽调相关部门专业人员参加审计,或视工作需要聘请具有相应资质的社会中介机构承担审计。

审计实施,包括调查了解基本情况、测试和评价内部控制制度、审核财务资料、取得审计证据、评价审计项目、编制内部审计工作底稿等环节。实施审计时,审计人员采取审核、观察、监盘、询问、函证、计算、分析性复核等方法获取审计证据。

审计终了,包括编写审计报告、征求被审计单位意见、审查、报送审计报告、审批审计报告及审计决定的申辩、审计案件移送、整理审计资料,立卷归档等环节。

完成审计报告30日内,以公司名义出具审计决定书(NS007)报送主管审计工作的领导审阅、报送董事会审批、董事长签发。

公司及其所属单位和部门注重对审计结果的运用,将审计结果列入年度考核、考评内,强化了审计效果。对审计报告中提出的突出问题或带有普遍性、倾向性、苗头性的问题,被审计单位及时制定和完善相应的管理制度加以防范,避免了更大的损失。对审计中发现的重大违规违纪问题及时移送纪检监察室调查处理。

二、内部经济责任审计

为加强省引汉济渭公司内部管理干部的监督管理,客观公正地评价其任期内经济责任履行状况,根据省委办公厅、省政府办公厅《陕西省党政主要领导干部和国有企业领导人员经济责任审计实施办法》和公司《内部审计制度》的有关规定,结合实际制定了《内部经济责任审计实施办法(试行)》。

公司内部经济责任审计的对象,包括公司下属全资或控股公司的法定代表人或主要负责人。包括离任经济责任审计、任中经济责任审计和专项经济责任审计。

对公司管辖干部履行经济责任情况实施审计后,根据审计查证或者认定的事实,依照法律法规、国家有关政策和规定、责任制考核目标、行业标准等,对其履行经济责任情况做出客观公正的评价。审计评价没有超出审计的职权范围和实际实施的审计范围。评价结论有充分的审计证据支持。

第六篇

移民与环境保护

　　引汉济渭工程建设涉及西安、汉中、安康三市的周至、洋县、佛坪、宁陕四县。工程移民工作实行开发性移民方针,采取前期补偿、补助与后期扶持相结合的办法,使移民生活达到或者超过原有水平。移民工作坚持以人为本,秉承建设一项水利工程、造福一方百姓的理念,切实保障移民合法权益,通过工程建设带动移民群众增收、致富,实现移民群众"搬得出、稳得住、能致富"的总体目标。

　　引汉济渭工程横跨长江、黄河两大流域,经过汉中朱鹮、天华山、周至三个国家级自然保护区,省级黑河湿地、汉江西乡段国家级水产种质资源两个保护区,以及西安市黑河金盆水库水源保护区,点多面广,战线较长。为把工程建设对生态环境的影响降到最低,引汉济渭公司坚持环保措施与主体工程建设同时设计、同时施工、同时投产的"三同时"原则,制定了《重点部位环境保护实施方案》《工程施工期环境保护与水土保持管理办法》等严格的环境保护与水土保持制度,把环境保护工作纳入施工单位季度考核,实行"一票否决";公开招标引进环保、水保监理,通过无人机对环保工作进行监测。同时,委托长江水利委员会水资源保护研究所等国内多家科研单位开展了环境影响评价和相关研究工作,全方位健全环保体系、严控环保标准,确保工程环保、水保措施落实到位。

第一章　移民安置

　　引汉济渭工程征地总面积 78 297 亩,淹没影响总人口 9 756 人、各类房屋建筑 694 579 平方米,淹没 4 处集镇、98 千米等级公路、6 家中小型工业企业以及部分电力通信线路、文物古迹等专业项目。

　　水库移民为非自愿移民,移民安置就是对非自愿搬迁移民的居住、生活和生产设施条件进行全面规划与建设实施,以达到或超过搬迁前的水平,并保证他们在新环境下生产、生活的可持续发展。移民安置工作作为水利水电工程建设的重要组成部分和前置性工作,移民能否按时搬迁、妥善安置,直接影响工程建设的总体进程,安置效果的好坏直接关系到工程建设的进展、效益发挥乃至当地社会的稳定。引汉济渭工程自启动以来就严格按照移民条例规定,坚持开发性移民方针,采取前期补偿、补助与后期扶持相结合的办法,使移民生活达到或者超过原有水平,实现移民群众“搬得出、稳得住、能致富”的总体目标。工程建设过程当中始终坚持以人为本、保障移民合法权益的宗旨,秉承“建设一项工程、造福一方百姓”的理念,通过工程建设带动移民群众增收、致富。

第一节　移民安置规划

一、征地移民安置规划前期工作情况

　　(1)“停建令”发布。2007 年 11 月 30 日,省政府发布《陕西省人民政府关于禁止在三河口水库工程占地和淹没影响区新增建设项目和迁入人口的通告》(陕政发〔2007〕65 号);2008 年 6 月 27 日,发布《陕西省人民政府关于禁止在黄金峡水库工程占地和淹没区新增建设项目和迁入人口的通告》(陕政发〔2008〕27 号)。引汉济渭工程移民安置进入前期工作阶段。

　　(2)实物指标调查。省政府“停建令”发布后,省引汉济渭办委托省水电设计院编制了《陕西省引汉济渭工程三河口水库淹没及工程占地实物指标调查细则》《陕西省引汉济渭工程黄金峡水库淹没及工程占地实物指标调查细则》。省库区移民办于 2007 年 11 月 23 日、2008 年 5 月 4 日分别以陕移发〔2007〕77 号、陕移便函〔2008〕24 号文件批复了三河口水库和黄金峡水库实物指标调查实施细则。根据批复,省引汉济渭办于 2007 年 12 月至 2008 年 5 月组织设计单位和佛坪、宁

陕县政府及相关部门、镇村组,对三河口水库工程建设征地区实物指标进行调查;于 2008 年 7—10 月组织设计单位和洋县政府及相关部门、镇村组,对黄金峡水库工程建设征地区实物指标进行了调查;于 2010 年 11—12 月组织设计单位和周至、佛坪、宁陕、洋县政府及相关部门、镇村组对秦岭输水隧洞等工程占地实物指标进行了调查。调查成果经参与的各方代表和被调查对象签字确认、三榜公示,2011 年 5—6 月经地方政府、移民安置监督评估及设计等单位复核后,周至县政府以《关于确认引汉济渭工程建设区实物指标的函》,洋县以洋政字〔2011〕66 号、洋政函〔2011〕18 号,佛坪县以佛政字〔2011〕11 号、佛政函〔2011〕20 号,宁陕县以宁政函〔2011〕40 号、宁政函〔2011〕56 号,对工程建设征地实物指标调查成果进行了确认。

(3)移民安置规划大纲编制及批复。在实物指标调查的基础上,按照《大中型水利水电工程建设征地和移民安置条例》(国务院令第 471 号)要求,设计单位于 2009 年 5 月完成了《陕西省引汉济渭工程建设征地移民安置规划大纲》,水利部于 2011 年 9 月 7 日以水规计〔2011〕461 号文件进行了批复。

(4)可行性研究阶段建设征地移民安置规划编制及批复。根据水利部批复移民安置规划大纲确定的“征地范围、移民安置规划原则、标准”等内容,设计单位于 2012 年 1 月完成了《陕西省引汉济渭工程可行性研究阶段建设征地移民安置规划设计报告》,水利部以水规计〔2012〕134 号报国家发改委,于 2014 年 9 月 28 日以发改农经〔2014〕2210 号文件批复。批复引汉济渭工程可研阶段静态投资 1 634 148 万元,总投资 1 816 657 万元。其中,概算征地移民安置总投资 373 830 万元。

(5)初步设计移民安置规划报告编制及批复。可研报告批复后,设计单位按照《水利水电工程建设征地移民安置规划设计规范》(SL 290—2009)的要求,进一步复核了水库设计洪水回水计算成果、实物指标,对移民集中安置点地质进行勘查,以村民小组为单位复核移民安置环境容量,落实移民安置去向及生产开发,在进行移民安置点基础设施、专业项目复建、防护工程、库底清理等设计的基础上,编制了《陕西省引汉济渭工程建设征地移民安置规划设计报告》,水利部于 2015 年 4 月 29 日以水总〔2015〕198 号文件予以批复,建设征地移民安置概算总投资 431 189 万元。

二、征地移民安置规划

(一)工程建设征地范围

工程建设征地范围包括:水库淹没区和影响区(含防护工程)、枢纽工程建设区、农村移民集中安置点建设区、集镇迁建安置点建设区、库周交通恢复建设区、秦岭输水隧洞建设区、其他工程(大黄路等)建设区。

黄金峡水库淹没影响区涉及汉中市洋县的桑溪乡、黄金峡镇、金水镇、槐树关镇、黄家营镇、龙亭镇、黄安镇、贯溪镇、洋洲镇、磨子桥镇共10个乡(镇)的43个行政村以及金水集镇镇政府所在地。

三河口水库淹没影响涉及汉中市佛坪县的十亩地乡、大河坝乡、石墩河乡的8个行政村以及十亩地集镇、石墩河集镇镇政府所在地;涉及安康市宁陕县的筒车湾镇、梅子乡的9个行政村以及乡政府所在地的集镇。

秦岭输水隧洞工程建设区涉及安康市宁陕县四亩地镇四亩地、凉水井、柴家关4个村8个村民小组;涉及周至县王家河乡、陈河乡和楼观镇的十亩地村、黑虎村、团标村等;涉及佛坪县石墩河乡、陈家坝镇的回龙寺村和小郭家坝村。

大黄路工程建设区涉及汉中市佛坪县大河坝镇沙坪村等4个村10个村民小组;涉及汉中市洋县桑溪乡等2个乡(镇)金华村等5个村的8个村民小组。

(二)主要实物指标

引汉济渭工程建设征地总面积78 297亩,包含永久征收71 466亩、临时征用6 831亩,其中耕地面积16 131亩、林地面积25 205亩、草地6亩、住宅用地1 231亩、道路用地1 824亩、仓储用地43亩,其他土地7 722亩、水域26 056亩、公共用地79亩。

基准年征地影响9 756人,其中黄金峡水库4 926人、三河口水库4 236人、秦岭输水隧洞444人、其他工程150人。影响各类房屋总面积694 579平方米,淹没集镇4处、等级公路98.04千米、10千伏等级以上输电线路115.32千米、各类通信线路546.37千米、中小型工业企业6个、古文化遗址13处,淹没及蓄水影响中小型水电站8座等。

(三)移民安置规划

引汉济渭工程设计水平年生产安置9 401人,搬迁安置10 375人。根据当地环境容量条件,结合当地政府意见,经过调查论证,确定移民安置方式为在当地(本县)境内集中安置和分散安置,在洋县、佛坪县、宁陕县共设置20个集中安置点搬迁安置移民,其中包括4个集镇迁建安置点和16个农村集中安置点。

(四)专业项目设施复(改)建

库周交通恢复。三陈路复建工程,复建长度14.06千米,道路等级三级;筒大路复建工程,复建长度26.373千米,道路等级四级;西汉高速佛坪连接线改线工程,改线长度16.8千米,道路等级二级;库区村道复建工程,复建长度19.52千米,村道等级选用农村公路标准,路基宽 4.5 米,路面宽 3.5 米;108 国道金水淹没段改线新建工程,改线新建长度 3.118 千米,道路等级三级;洋县磨黄路田坝—环珠庙段淹没部分抬高改建工程,抬高改建 7.29 千米,道路等级三级;金水镇新址对外交通新建工程,新建长度 1.8 千米,道路等级三级;库区村道复建工程,复建长度 21.09 千米,村道等级选用农村公路标准,路基宽 4.5 米,路面宽 3.5 米;码头恢复工程,渡口 26 座。

防护工程。洋县防护工程东起洋县小峡口,西至西汉高速公路桥,河段长度约 10 千米,包括汉江干流及区间一级支流汇入河段。防护工程按农防设计,防洪标准为 20 年一遇洪水,建筑物级别为 4 级,共新建堤防 13.15 千米,加高培厚堤防 5.34 千米,新建护岸 2.85 千米,修建排涝泵站 4 座,排涝涵闸 21 座;三河口水库防护工程为汶水河黑虎垭塌岸防护工作。

电力线路和通信线路恢复。三河口水库区恢复 35 千伏电力线路 10.5 千米,恢复 10 千伏电力线路 120 千米,恢复通信线路:中国移动 91.76 千米,中国电信 115.9 千米,中国联通 78.08 千米,广电线路 11.9 千米;黄金峡水库区恢复 35 千伏电力线路 1.13 千米,恢复 10 千伏电力线路 25.02 千米,恢复通信线路:中国移动 43.3 千米,中国电信 75.4 千米,中国联通 74 千米,广电线路 17.6 千米。

(五)概算投资

建设征地移民安置概算总投资 431 189.12 万元,其中农村移民安置补偿费 147 726.04 万元、集镇迁建补偿费 36 617.84 万元、工业企业补偿费 1 213.04 万元、专业项目补偿及复建费 96 375.88 万元、防护工程建设费 43 814.24 万元、库底清理费 1 813.34 万元、其他费用 34 679.41 万元、预备费 30 567.86 万元、有关税费 33 881.48 万元、城市征地费 4 500 万元。

第二节　移民安置实施

一、移民安置试点

为摸索积累移民安置工作经验,在移民安置规划大纲审批过程中,省引汉济渭办于 2010 年 3 月 1—3 日召开引汉济渭工程征地拆迁和移民安置工作座谈会。会议听取了三河口水库移民安置试点规划设计、补偿标准和三个移民安置试点规划设计汇报,讨论了移民安置实施资金临时用地暂行管理办法和三河口水库 552 米高程以下移民安置工作。此后,省库区移民工作领导小组办公室分别下发了《关于引汉济渭工程三河口水库移民安置试点工作的实施意见》(陕移发〔2010〕2

号文)和关于印发由省水电设计院编制的《三河口水库移民安置试点实施各类项目补偿(补助)临控标准的通知》(陕移发〔2010〕26号文),对三河口水库移民安置试点工程提出了具体指导意见。

为了依法规范引汉济渭工程移民安置工作,省引汉济渭办会同省移民安置办公室共同拟定了《陕西省引汉济渭工程建设征地移民安置实施管理办法》(草案),并经多次讨论、修改、完善,形成了比较成熟的送审稿。

2010年7月7日,陕西省委常委、副省长洪峰在西安主持召开了引汉济渭工程三河口水库移民安置试点工作动员大会,省引汉济渭办与安康、汉中两市政府签订了移民安置试点工作协议。引汉济渭工程移民安置试点工作开始实施,佛坪县大河坝镇五四村及宁陕县梅子镇作为移民工作试点区域。之后,省水电设计院受委托完成了《引汉济渭工程三河口水库建设征地移民安置试点工程初步设计报告》《佛坪县大河坝镇五四村安置点基础设施建设初步设计报告》和《宁陕县梅子集镇迁建安置点基础设施建设初步设计报告》,并由省库区移民办于2010年9月25日以陕移发〔2010〕76号文件予以批复。移民安置试点工作经过几年坚持不懈的努力,到2013年6月底,移民安置基础设施建设全部完成,通过了省库区移民办主持的试点工作验收。

二、移民安置实施

(一)管理机构

按照《大中型水利水电建设征地补偿和安置条例》(国务院令第679号)要求,省、市、县各级建立健全水库移民安置工作管理机构。省水利厅在机构改革中成立工程移民处,原省库区移民办和原省水土保持局合并成立省水土保持和移民工作中心,保留省水利发展调查与引汉济渭工程协调中心,共同承担引汉济渭工程移民安置及省级移民管理工作。各市、县成立了水库移民工作领导小组,保留了市、县移民管理机构。省引汉济渭工程公司设置了移民环保部,专职履行移民安置项目法人职责,参与和配合地方政府开展移民安置工作。

(二)管理制度建设

为做好引汉济渭工程移民安置工作,原省库区移民工作领导小组制定了《关于全面实施引汉济渭工程移民安置工作的意见》(陕移〔2014〕1号)、《关于引汉济渭工程三河口水库移民安置试点工作的实施意见》(陕移发〔2010〕22号)、《引汉济渭工程建设征地移民安置实施各类项目补偿(补助标准)》(陕移发〔2014〕18号)、《关于加强引汉济渭移民安置单项工程验收管理工作的通知》(陕移发〔2016〕98号)、《引汉济渭工程建设征地移民安置工作考评暂行办法》(陕移发

〔2017〕67号)以及移民资金管理和会计核算管理等一系列管理办法。相关市、县根据自身工作实际需要,也相继出台了专项管理办法。

(三)工作机制及执行

引汉济渭工程移民安置工作机制为:西安、汉中、安康三市人民政府负责本区域引汉济渭工程移民安置工作的组织领导,与相关县签订目标协议,落实规划、协议的各项任务。佛坪、洋县、宁陕三县人民政府是移民安置工作的责任主体、实施主体和工作主体;省库区移民办(机构改革后相应职能划归省水利厅工程移民处)负责移民安置的管理、监督职责,会同有关部门完成移民安置前期各阶段的审查审核。省引汉济渭公司执行项目法人职责,每年与两市政府协商年度移民安置计划,并与两市人民政府签订移民安置协议,制定完善移民安置工作相关管理办法,保障资金足额按时到位,做好现场协调服务纠偏工作。省水电设计院、江河水利水电咨询中心按照合同要求履行设计、监督评估职能。

(四)实施进展

移民搬迁进展。截至2021年6月底,佛坪县搬迁安置水库移民2 606人,宁陕县搬迁安置水库移民1 350人,均已完成移民搬迁安置任务。洋县搬迁安置移民2 573人(完成率59%)。加上其他工程移民555人,共搬迁7 084人。三河口水库移民安置任务基本完成,通过下闸蓄水阶段移民安置验收;黄金峡水利枢纽移民搬迁安置工作正在全面推进。

安置点建设进展。截至2021年6月底,4个集镇安置点中,3个已经建成,1个正在进行基础设施配套建设和移民建房;16个农村移民集中安置点中,15个已经基本建成,1个正在建房。

工矿企业补偿处理。工程影响工矿企业13个。其中,小型企业4个及矿产压覆2个已补偿处理到位;小水电站8个,已补偿处理到位4个。

截至2021年6月底,专业项改建、防护工程、库底清理实施情况如下:

(1)交通道路复建实施情况。6条等级公路中的西汉高速佛坪连接线(长度16.8千米)、三陈路(长度14.06千米)、筒大路(24.34千米)、磨黄路(7.29千米)等4条已建成通车,108国道、金水集镇对外交通已进场施工;复建村道10条,其中佛坪县的2条和宁陕县的2条已经建成,洋县的6条正在进行前期工作。

(2)电力、通信线路迁改实施情况。规划迁改的三河口水库电力通信线路工程基本完成,黄金峡水库的电力通信线路迁改工程正在实施。

(3)防护工程建设情况。三河口水库汶水河右岸西汉高速黑虎垭观景平台防护工程已竣工;黄金峡汉江平川段防护主体工程已基本完成,正在进行泵站等辅助工程施工。

(4)库底清理工作。三河口水库下闸蓄水阶段(643 米)库底清理任务已基本完成,黄金峡水库下闸蓄水阶段库底清理工作即将启动。

(五)验收工作开展

2014 年 11 月,三河口水利枢纽导流 570 米高程移民搬迁安置工作通过省级终验,2021 年 2 月,三河口水利枢纽下闸蓄水阶段的移民安置工作通过了省级终验;2018 年 12 月,黄金峡水利枢纽一期导流高程移民安置工作通过了终验,2020 年 11 月,黄金峡水利枢纽二期截流阶段的移民安置工作通过了终验。

第三节　精准扶贫

按照 2017 年 5 月 18 日《中共陕西省国资委委员会关于成立省国资系统助力脱贫攻坚领导小组及合力团的通知》(陕国资党发〔2017〕78 号)要求,省引汉济渭公司加入助力脱贫攻坚汉中合力团(以下简称合力团),和其他 9 家国有企业,助力汉中市脱贫攻坚工作。公司成立了以公司党委书记、董事长为组长、班子成员为副组长、相关部门负责人为成员的脱贫攻坚领导小组,领导小组下设办公室,配备专职工作人员负责脱贫攻坚日常工作。

2018 年 4 月,省引汉济渭公司接到陕西省脱贫攻坚领导小组办公室下发的《关于增加宁陕县省级参扶单位的通知》(陕脱贫办函〔2018〕15 号),增加省引汉济渭公司为宁陕县省级帮扶单位,驻村帮扶生凤村。公司迅速选派 3 名政治素质过硬、工作能力突出的同志组成扶贫工作队,前往生凤村现场驻村,制定并印发《助力宁陕县梅子镇生凤村脱贫攻坚工作方案》,助力生凤村脱贫攻坚。

一、合力团助力脱贫攻坚工作

结合实际,在汉中市洋县、佛坪县总共纳入国资委项目库 6 个项目,其中佛坪县大河坝镇供水改造项目已经建成,可保障佛坪县大河坝镇驻地周围居民安全用水;洋县纸坊办事处草坝村文化广场项目已建成,提升了当地村民文化基础设施条件,同时与其临近配套的有机农产品展厅吸引更多游客,侧面拉动地方经济;引汉济渭工程弃渣造地项目已造地 120 亩,用于开展大棚、天麻种植等农业产业,为防止石墩河镇已脱贫的 8 户 19 人返贫提供了物质基础;汉黄公路田坝至还珠庙被淹段抬高改建工程连接段项目已经建成,确保当地农产品顺利外运;引汉济渭大河坝接待中心项目处于试运行阶段,目前就业人员中 2 人来源于贫困户;在引汉济渭工区吸纳贫困户家庭劳动力务工,目前有 10 人来源于贫困户家庭。

2018年10月10日,由省国资系统助力脱贫攻坚汉中合力团团长单位——省地电集团与汉中市政府共同发起,汉中合力团成员单位和汉中市投控集团共同参与的汉中市产业扶贫投资开发有限公司10月10日正式揭牌成立。省引汉济渭公司出资1 000万元参股,为其股东单位,并当选第一届董事一名。该公司经营汉中市消费帮扶生活体验馆、陕西兴正智通能源科技有限公司等分子公司,助力汉中市开展脱贫攻坚工作。

二、生凤村脱贫攻坚工作

省引汉济渭公司按照助力宁陕县梅子镇生凤村脱贫攻坚工作方案,在基础设施建设、农业产业等五个方面,投入扶贫资金74.56万元,助力梅子镇生凤村脱贫攻坚。同时制定了《助力生凤村脱贫攻坚结对帮扶方案》,公司领导班子成员全力完成18户贫困户的结对帮扶任务,助力贫困户按期摆脱贫困。

2018年,为生凤村基础设施建设投入资金30万元,修建8座便民桥,解决19户贫困户112人出行问题,受益群众268户743人。同年11月,助力生凤村陕南移民易地扶贫搬迁政策落实,为入住生凤村寇家湾移民安置点的41户贫困户购置入住家具,投入资金10.37万元。

2018年6月5日,公司组织开展"扶危济困,扶弱助贫,献爱心"捐款活动,公司领导带头、全体员工踊跃捐款,为该村筹集扶贫资金4.19万元,用于给生凤村购置6台旋播机和为梅子镇幼儿园添置12套折叠椅。

2019年3—11月,助力宁陕县梅子镇生凤茶园建设,先后投入资金21万元,帮助生凤茶园建园、扩园购买茶苗。6月,再次为助力生凤村陕南移民易地扶贫搬迁政策落实,投入资金6万元,为生凤村30户搬迁贫困户购置入迁家具;投入资金3万元,为生凤村村文化广场添置太阳能路灯6盏。

同时,省引汉济渭公司子公司熹点水文化科技有限公司聘请专业技术人员为宁陕县梅子镇生凤村生凤茶园提供茶树修剪技术指导,并对茶农进行茶树冬季养护培训,扶贫工作队参与组织生凤村集体经济主要成员赴汉中市西乡县学习茶叶种植与管理技术,组织生凤村中蜂养殖合作社负责人及村内养蜂大户前往宁陕县龙王镇棋盘村,深入中蜂养殖基地学习养殖技能与产业发展模式。

三、消费扶贫工作

熹点公司采用"企业+合作社+贫困户"模式,依托宁陕县、洋县、西乡县当地特色农业企业及合作社,通过创建公众号、微商城等方式宣传生态农产品,开展购销帮扶。为洋县永辉农业提供价值10万元的西安旗舰店策划服务帮扶(包括西安旗舰店品牌策划、店铺形象设计、产品运营规划)和价值 28.35 万元的设计服务帮扶。累计购销宁陕县生凤村村民合作社蜂蜜 236 斤,金额 1.06 万元,生凤村全体村民 268 户 743 人参与分红;购销洋县永辉农业黑米金额合计 3.68 万元,使洋县马畅镇建档贫困户 113 户 202 人受益;购销西乡县外贸绿茶金额 726 万元,西乡县沙河镇西河村、洋溪村建档贫困户 119 户 307 人受益;职工福利、职工食堂购买农产品 98.03 万元。共计用于消费扶贫资金 867.12 万元。

几年来,省引汉济渭公司认真贯彻落实省委、省政府,省扶贫办,省国资委,汉中合力团一系列工作部署,在 2021 年召开的全国脱贫攻坚总结表彰大会上,公司所属的陕西省国资系统助力脱贫攻坚汉中合力团,被中共中央国务院授予"全国脱贫攻坚先进集体";2017—2020 年公司连续四年被评为"陕西省助力脱贫攻坚优秀企业",驻村扶贫工作 2019 年、2020 年连续两年被省乡村振兴局(省扶贫办)评为优秀等次,2018 年、2019 年先后被安康市委、市政府授予"助力脱贫攻坚优秀企业""社会扶贫先进集体"称号。2019 年 6 月,省引汉济渭公司子公司宁陕开发公司子午水厂被评为"宁陕县就业扶贫基地",其产品"子午玉露"系列山泉水产品获准上线国家"扶贫 832"网络销售平台,也进入陕西省总工会消费扶贫平台产品名录。

第四节　文物保护

作为可行性研究报告审批支撑专题研究之一的引汉济渭工程文物影响评价由省引汉济渭办委托省考古研究院编制。2008 年 10 月 23 日,省文物局以陕文物函〔2008〕264 号文批复了这一报告。

2012 年 12 月 28 日,省文物勘探有限公司编制完成了《陕西省引汉济渭工程文物勘探报告》,2013 年 2 月 19 日,省文物局以《关于引汉济渭工程考古工作的函》批复了文物勘探报告。根据《陕西省引汉济渭工程文物勘探报告》,引汉济渭工程建设征地区共发现庙宇、古庙址及清代墓葬、墓葬群 13 处,其中庙宇、古庙址5 处,明清时期古墓葬、墓葬群 8 处,分别为大觉寺、太白庙、关岭村王爷庙遗址、十亩地胡启富墓、十亩地村南侧古墓群、古庙岭遗址、北昌沟佛爷庙遗址、王隆秀墓、蚂蝗嘴杨石氏墓、坟园坪闵立志墓、叶家碥吴何氏墓、石墩河墓葬、孀林湾村高李氏墓。

2014 年 1 月,省引汉济渭公司与省考古研究院签订了《基本建设工程考古发掘协议》(YHJW-KG-01),约定引汉济渭工程文物挖掘保护分为两个阶段:金水镇旧石器遗址文物挖掘保护为一个阶段,除金水镇旧石器遗址外文物挖掘保护为另外一个阶段。

2014 年 9 月,省考古研究院编制完成了《引汉济渭工程三河口库区考古发掘工作报告》。2014 年 10 月,省文物局以《关于引汉济渭工程三河口库区考古发掘工作的批复》(陕文物函〔2014〕289 号)进行了批复,三河口库区文物发掘保护工作全面完成。目前,黄金峡库区文物现场发掘工作已经基本完成。

第五节 移民安置重要事件

2010 年

3 月 21 日,省库区移民办在西安召开引汉济渭工程移民安置试点工程临时控制补偿标准论证会议,启动试点移民安置规划工作。

4 月 25 日,省库区移民办在西安召开引汉济渭试点移民安置工程规划设计审查会议,启动了移民安置试点工程。

7 月 7 日,省政府在西安召开引汉济渭工程三河口水库移民安置试点工作动员会,省委常委、副省长洪峰出席会议并讲话。引汉济渭三河口水库移民安置试点工作正式开始。

12 月 9 日,引汉济渭复建专业项目西汉高速佛坪连接线改线工程在佛坪大河坝隆重开工。移民安置专业项目建设进入实施阶段。

12 月 24 日、29 日,引汉济渭移民安置试点工程佛坪县五四移民安置点、宁陕县梅子集镇迁建移民安置点分别开工。移民安置点基础设施建设开始。

2011 年

8 月 2 日,水规总院在北京召开引汉济渭工程建设征地移民安置规划大纲审查会议。

2012 年

6 月 30 日至 7 月 1 日,省库区移民办在西安主持召开引汉济渭工程佛坪县马家沟、宁陕县干田梁、洋县万春、草坝、孤魂庙等 5 个农村集中安置移民点规划设计咨询会议。省引汉济渭办,汉中、安康市移民局(办)及西乡、佛坪、宁陕县移民局(办),设计、监评等单位负责同志参加会议。

2014 年

1 月 11—12 日,省库区移民办在西安组织召开佛坪县十亩地、石墩河集镇,宁陕县寇家湾、油坊坳、许家城,洋县磨子桥、五郎庙、柳树庙Ⅰ、柳树庙Ⅱ等9个集中安置移民点初步设计文件审查会。省引汉济渭办,汉中、安康市移民局(办)及西乡、佛坪、宁陕县移民局(办),设计、监评等单位代表参加会议。

1月12日,省库区移民办印发《关于全面实施引汉济渭工程移民安置工作的意见》(陕移〔2014〕1号)文件,引汉济渭移民安置工作进入全面实施阶段。

2月26—27日,省库区移民办在西安召开引汉济渭工程2014年度移民安置工作部署会议,省引汉济渭公司与汉中、安康市政府签订《陕西省引汉济渭工程2014年建设征地补偿和移民安置工作协议书》。省引汉济渭办,汉中、安康市政府及移民局(办),洋县、佛坪、宁陕县政府及移民局(办),设计、监评等单位负责同志参加会议。

3月10日,省库区移民办在西安召开《引汉济渭工程建设征地移民安置规划实施各类项目补偿(补助)标准》评审会。省引汉济渭办,汉中、安康市移民局(办)及西乡、佛坪、宁陕县移民局(办),设计、监评等单位相关人员参加会议。

3月26日,省库区移民办印发了《关于印发〈引汉济渭工程移民安置规划设计变更管理暂行办法〉的通知》(陕移发〔2014〕7号),规范了各方移民安置项目实施行为。

7月3—4日,省引汉济渭公司在宁陕县召开三河口水库导(截)流工程征地移民安置规划及库底清理交底会。确定了三河口水库导(截)流高程的库底清理范围、任务及要求。佛坪、宁陕县政府及设计、监评等相关部门负责同志参加会议。

8月8日,省库区移民办在宁陕县召开宁陕县筒车湾镇油坊坳集中安置点初步设计审查会。省引汉济渭公司、安康市移民局、宁陕县政府及县移民局、工程设计、监评等单位相关人员参加会议。

8月13日,省库区移民办在佛坪县召开引汉济渭工程建设征地移民安置工作协调会。会议讨论研究了佛坪县三河口水利枢纽导(截)流阶段移民安置验收和石墩河、十亩地集镇迁建移民安置点整合规划设计变更等事宜。汉中市水利局及市移民办、省引汉济渭公司、工程设计、监评、佛坪县政府及县移民办、大河坝镇、石墩河镇政府派员参加会议。

9月15日,省库区移民办在佛坪组织召开三河口水库导(截)流移民安置验收督导会议,成立库底清理督导工作组,指导汉中市、安康市、佛坪县、宁陕县开展导(截)流阶段移民安置和库底清理自验和初验工作。汉中、安康市移民局(办),佛坪、宁陕县政府及县移民局(办),省引汉济渭公司,设计、监评等单位相关人员参加会议。

2015 年

3月17日,省库区移民办在西安召开引汉济渭工程2015年度工程建设征地移民安置工作部署会。省引汉济渭公司与汉中、安康市政府签订《陕西省引汉济渭工程2015年建设征地补偿和移民安置工作协议书》。汉中、安康市移民局(办)、洋县、佛坪、宁陕县政府及县移民局(办)、设计、监评等单位相关人员参加会议。

6月17—19日,省库区移民办分别在洋县、佛坪县、宁陕县召开2015年上半年移民安置工作座谈会。

9月1日,省国土资源厅在西安召开引汉济渭工程建设项目先行用地报批工作会议,安排部署先行用地组件报批工作。西安、汉中、安康市及周至、洋县、佛坪、宁陕县国土资源局,省引汉济渭公司等单位相关人员参加会议。

9月15—17日,省水利厅副厅长薛建兴带领省库区移民办、省引汉济渭办、省引汉济渭公司、设计、监评等单位相关人员对汉中市移民安置工作进行督导检查。

9月29日,省林业厅在西安召开引汉济渭工程建设用林地报批协调会议,安排部署先行用林地报批事宜。西安、汉中、安康市及周至、洋县、佛坪、宁陕县林业局,省引汉济渭公司等单位相关负责人参加会议。

11月2—5日,省引汉济渭公司在西安召开佛坪县石墩河、十亩地集镇,洋县金水集镇、柳树庙Ⅲ、磨子桥、张村、常牟等7个移民安置点实施方案修编咨询会议。洋县、佛坪县政府及县移民办,设计、监评等单位相关人员参加会议,邀请省库区移民办指导会议。

2016 年

2月22日,省林业厅以《关于引汉济渭工程先行使用林地的批复》(陕林资字〔2016〕36号)批准引汉济渭先行工程使用的林地。

3月1日,省库区移民办在西安召开引汉济渭工程2016年度移民安置工作部署会。省引汉济渭公司与汉中、安康市政府签订《陕西省引汉济渭工程2016年建设征地补偿和移民安置工作协议书》。省水利厅副厅长薛建兴出席会议,汉中、安康市政府及市移民局(办)、洋县、佛坪、宁陕县政府及县移民办,设计、监评等单位有关人员参加会议。

6月14—15日,水利部水规总院移民处潘尚兴处长对引汉济渭移民安置工作进行检查指导。省库区移民办、省引汉济渭公司等单位相关领导陪同检查。

省引汉济渭公司组织完成了《洋县黄金峡渭门村高白沙组移民搬迁安置方案》，督促和指导洋县人民政府在2个月内完成了黄金峡枢纽砂石料加工系统征地范围内21户92人的搬迁工作。

7月13—15日，水利部移民局巡视员黄凯带队对引汉济渭移民安置工作进行督导检查。

11月9—13日，省库区移民办组织汉中市、安康市和洋县、佛坪县、宁陕县移民局(办)及工程设计等单位相关人员，赴贵州黔中水利枢纽考察学习移民安置实施管理工作。

12月1日，省库区移民办印发《关于加强引汉济渭移民安置单项工程验收管理工作的通知》(陕移发〔2016〕98号)，明确了移民安置项目验收的相关事宜。

12月8日，省引汉济渭公司配合省国土资源厅将引汉济渭(调水)工程用地审批组卷材料报送至国土资源部。

12月10日，省林业厅在西安召开《陕西省引汉济渭工程使用林地可行性报告》评审会，通过了《引汉济渭工程使用林地可行性报告》。

2017 年

2月15日，省库区移民办以《关于对〈陕西省引汉济渭输配水工程建设征地移民实物调查细则〉的批复》(陕移发〔2017〕7号)批复输配水工程建设征地移民实物调查细则。

2月23日，省库区移民办组织召开引汉济渭工程2017年度征地移民安置工作部署会议。省引汉济渭公司与汉中、安康市政府签订了《陕西省引汉济渭工程2017年建设征地补偿和移民安置工作协议书》。省政府办公厅副秘书长薛建兴、水利厅副厅长管黎宏出席会议并讲话。汉中、安康市政府及市移民局(办)，洋县、佛坪、宁陕县政府及县移民局(办)，工程设计、监评等单位相关人员参加会议。

5月15日，省人民政府以《陕西省人民政府关于禁止在引汉济渭输配水干线工程(一期)占地范围内新增建设项目和迁入人口的通告》(陕政发〔2017〕18号)发布停建令。

5月18日，中共陕西省国资委委员会印发《关于成立省国资系统助力脱贫攻坚领导小组及合力团的通知》(陕国资党发〔2017〕78号)，公司成为助力脱贫攻坚汉中合力团成员单位，配合团长单位陕西省地方电力(集团)有限公司，助力汉中市脱贫攻坚工作。

6月28—30日，省库区移民办组织省引汉济渭公司，工程设计、监督评估等单位，对宁陕、佛坪、洋县2017年上半年移民安置工作进行督导考评。

10月10日,省库区移民办印发了《引汉济渭工程建设征地移民安置工作考评暂行办法》(陕移发〔2017〕67号),从此建立健全了引汉济渭征地移民安置考评工作机制。

2018 年

1月3日,省脱贫攻坚指挥部印发《关于省国资系统度助力脱贫攻坚工作考核结果的通报》,公司被评定为"陕西省助力脱贫攻坚优秀企业"。

1月8—9日,省库区移民办组织省引汉济渭办、省引汉济渭公司、省水电设计院、监督评估项目部等单位组成的考评组赴洋县、佛坪县、宁陕县,对2017年度引汉济渭工程建设征地移民安置工作任务完成情况进行了考评。

2月6日,省库区移民办组织召开引汉济渭工程2017年度征地移民安置工作部署会议。省引汉济渭公司与汉中、安康市政府签订了《陕西省引汉济渭工程2018年建设征地补偿和移民安置工作协议书》。省政府办公厅副秘书长薛建兴、水利厅副厅长管黎宏出席会议并讲话。汉中、安康市政府及市移民局(办),洋县、佛坪、宁陕县政府及县移民局(办)及工程设计、监评等单位相关人员参加会议。

3月22日,陕西省脱贫攻坚领导小组办公室下发《关于增加宁陕县省级参扶单位的通知》(陕脱贫办函〔2018〕15号),增加省引汉济渭公司为宁陕县省级帮扶单位,驻村帮扶生凤村。

6月6—8日,省库区移民办组织省引汉济渭办、省引汉济渭公司、省水电设计院、移民安置监督评估项目部等单位,对汉中市佛坪县、洋县,安康市宁陕县2018年上半年移民安置工作进展情况进行了督导检查。

8月15日,省引汉济渭公司召开引汉济渭工程建设征地移民信息管理系统技术方案咨询会议。

10月10日,由省国资系统助力脱贫攻坚汉中合力团团长单位——省地电集团与汉中市政府共同发起,省引汉济渭公司和其他汉中合力团成员单位及汉中市投控集团共同参与的汉中市产业扶贫投资开发有限公司正式揭牌成立,省引汉济渭公司为其股东单位。

11月13日,水利部水库移民司稽查组一行8人在特派员袁松龄的带领下,对引汉济渭工程建设征地补偿和移民安置资金管理情况进行专项稽查,并召开专题会议听取引汉济渭工程建设征地移民安置工作实施情况汇报。

12月11日,省国资委在西安召开省国资系统助力脱贫攻坚汉中合力团考核会议,公司顺利通过考核。

12月12—13日,黄金峡水利枢纽导流(一期)阶段移民安置初(自)验验收会议在洋县召开。12月20—21日,黄金峡水利枢纽导流(一期)阶段移民安置工作通过验收。

2019 年

1月16日,省脱贫攻坚指挥部办公室印发《关于省国资系统年度助力脱贫攻坚工作考核结果的通报》,公司被评定为"陕西省助力脱贫攻坚优秀企业"。

4月2日,水利部、省政府联合批复了《引汉济渭二期工程建设征地移民安置规划大纲》(简称《移民规划大纲》),基本同意《移民规划大纲》编制原则和主要内容,可将其作为开展建设征地移民安置规划设计工作的依据。自此,引汉济渭二期工程前期工作已经进入冲刺阶段。

4月10日,省水利厅召开2019年度移民安置工作部署会议,与汉中、安康两市签订工作协议书,明确各方任务和要求。省水利厅副厅长管黎宏出席会议并讲话。

为加强移民安置业务人员专业能力,5月28—30日,省引汉济渭公司组织移民安置工作人员赴河南信阳出山店水库考察学习移民安置工作。

7月8日,国家生态环境部以《关于陕西省引汉济渭二期工程环境影响报告书的批复》(环审〔2019〕84号)批复二期工程环评。

7月17日,国家林业和草原局以《关于同意陕西省引汉济渭工程项目使用林地及配套黄金峡水利枢纽及库尾防护工程等项目在陕西汉中朱鹮等国家级自然保护区实验区建设的行政许可决定》(林资许准〔2019〕382号)对引汉济渭工程使用林地和工程涉及的三个国家级自然保护区行政许可进行了批复,标志着工程使用林地手续办理告捷。

8月26日,省引汉济渭公司协调省水利厅召开三河口水库下闸蓄水阶段移民安置工作推进会议。

10月25日,省引汉济渭公司在西安召开《引汉济渭工程移民安置点石墩河镇和干田梁村生活污水处理方案研究》项目验收会。

11月16日,自然资源部以《关于引汉济渭工程建设用地的批复》(自然资函〔2019〕676号)批复了工程建设用地,保证了工程建设各项工作的顺利推进。

11月18日,省扶贫办、省国资委在西安召开省国资系统助力脱贫攻坚汉中合力团考核会议。2019年,省引汉济渭公司投入资金6 000多万元用于佛坪县、洋县脱贫攻坚项目建设,通过项目带动、农产品购销等方式全力改善地方基础设施,助力贫困群众脱贫致富。

11月18日,省环境调查评估中心在西安环保大厦召开会议,评审通过《引汉济渭移民安置区项目环境影响报告表》。引汉济渭工程移民安置区项目中草坝安置点、孤魂庙安置点等4个安置点涉及汉中朱鹮国家级自然保护区试验区。

省脱贫攻坚领导小组办公室印发《关于2019年度省国资系统助力脱贫攻坚工作考核结果的通报》,公司被评定为"陕西省助力脱贫攻坚优秀企业"。

2020 年

1月9日,省引汉济渭公司《关于引汉济渭工程移民安置区环境影响报告相关事宜的请示》(引汉建字〔2019〕190号)获得省生态环境厅批复(陕环评批复〔2020〕3号)。

1月20日,省引汉济渭公司召开二期工程初设阶段移民安置规划设计补充调查工作会,明确移民补充实物调查工作内容和计划安排。

3月9日,二期工程建设征地移民安置实物补充调查工作正式开始。

7月23日,省水利厅在西安市召开引汉济渭工程移民安置工作推进会,通报引汉济渭工程建设进展,检查移民安置工作情况,部署下半年移民安置工作。省水利厅工程移民处,省水保和移民工作中心,省水利发展调查和引汉济渭工程协调中心,汉中、安康市及洋县、佛坪、宁陕县人民政府、水利局、移民管理机构,省引汉济渭公司、省水电设计院、省江河水利水电咨询中心等单位负责同志参加了会议。

9月7—15日,水规总院对陕西引汉济渭工程移民安置政策落实情况进行监督检查,由特派员顾茂华带领项目检查专家、财务检查专家、特派员助理、水规总院代表13人开展监督检查。

10月18—19日,引汉济渭工程黄金峡水利枢纽二期截流阶段移民安置初(自)验验收会议在洋县召开,移民安置顺利通过验收。

11月3—5日,引汉济渭工程黄金峡水利枢纽二期截流阶段移民安置终验验收会议在洋县召开,移民安置通过省级终验。

12月8—10日,引汉济渭工程三河口水利枢纽下闸蓄水阶段佛坪县移民安置初(自)验验收会议在佛坪县召开,移民安置顺利通过验收。

12月11日,汉中合力团2020年度工作考核会议在西安召开,公司顺利通过考核,并取得优异成绩。

2021 年

1月27—29日,引汉济渭工程三河口水利枢纽下闸蓄水阶段宁陕县建设征地移民安置初(自)验验收会议在宁陕县召开,移民安置顺利通过验收。

2月6—8日,引汉济渭工程三河口水利枢纽下闸蓄水阶段移民安置终验会议在西安召开。此次验收顺利通过标志着三河口水利枢纽移民搬迁安置任务的全面完成。

2月25日,在全国脱贫攻坚总结表彰大会上,公司所属陕西省国资系统助力脱贫攻坚汉中合力团被中国共产党中央委员会、中华人民共和国国务院授予"全国脱贫攻坚先进集体"。

4月28日,中共陕西省国资委委员会印发《关于省国资系统2020年度助力脱贫攻坚工作考核结果的通报》,公司被评定为"陕西省助力脱贫攻坚优秀企业"。

7月30日,咸阳市政府召开引汉济渭二期工程咸阳市建设征地移民安置工作动员会。咸阳市政府与省引汉济渭公司签订了《引汉济渭二期工程建设征地补偿移民安置工作协议书》。

第二章　环境保护与水土保持

引汉济渭一期工程从底部穿越秦岭,经过多个国家级、省级自然保护区以及西安市黑河水源保护区,点多面广,战线较长。省引汉济渭公司以"建一处水利工程,多一处水利景观"为宗旨,按照环评报告批复要求,积极践行环保理念,坚持和谐开发、绿色开发,在开工之初就确立了"生态工程、绿色工程""争创生产建设项目国家水土保持生态文明工程"的目标,始终坚持环保措施与主体工程建设同时设计、同时施工、同时投产的"三同时"原则,健全体系、严控标准,扎实做好环境保护与水土保持工作。

第一节　组织与管理

一、环保理念

引汉济渭一期工程从底部穿越秦岭,经过 3 个国家级、1 个省级自然保护区以及西安市黑河水源保护区,点多面广,战线较长。省引汉济渭公司按照环评报告批复要求,积极践行环保理念,坚持和谐开发,绿色开发,在开工之初就确立了"生态工程、绿色工程""争创生产建设项目国家水土保持生态文明工程"的目标,始终坚持环保措施与主体工程建设同时设计、同时施工、同时投产的"三同时"原则,健全体系、严控标准,扎实做好环境保护工作。为了尽量减小工程对环境的影响,在工程设计之初,科学规划,取消越岭段一个支洞,并将渣场等设计远离保护区,最大限度地减轻由于工程建设对天华山自然保护区的影响。

二、组织机构

引汉济渭工程建立了公司、分公司、监理监测单位、施工单位四级环保管理体系。公司成立施工期环境保护领导小组,公司主要领导任组长,分管环保领导任副组长,领导小组下设办公室,设在移民环保部。移民环保部配备专职环境管理人员,负责工程环保日常工作,下设岭南、岭北现场工作部,配备有专兼职管理人员。5 个分公司(大河坝分公司、黄金峡分公司、金池分公司、秦岭分公司、渭北分公司)均配备有专职环保管理人员,负责工程现场环保日常管理工作。公司通过公开招标引进环境监理、监测单位,对工程进行现场监督、对工程施工期环境保护措施效果进行监测,协助管理环保工作,给工程环保管理工作提供了强有力的支撑。各参建单位均设立了环境保护机构,配备专职人员负责环保水保工作。

三、监管措施

省引汉济渭公司相继出台了《陕西省引汉济渭工程施工期环境保护与水土保持管理办法》《陕西省引汉济渭工程环境保护、水土保持工作考核基金管理办法》《陕西省引汉济渭工程施工期飞行检查办法》《陕西省引汉济渭工程建设有限公司环境与水土保持监理管理办法(试行)》等规章制度,涵盖管理、检查、监理、考核、处罚等内容,为规范化管理奠定了基础。为落实环保主体责任,在每个标段开工之初就与施工单位签订《环境保护与水土保持目标责任书》,进一步明确责任,并要求其制定《施工期环境保护与水土保持实施方案》,严格按照实施方案管理施工,有效管控环保措施落实。在建设过程中创新实施"引汉济渭工程施工期环境保护与水土保持工作考核基金管理办法",将环评报告书和水保报告书的各项措施纳入招标文件,将环保"三同时"制度落到了实处。

省引汉济渭公司定期不定期开展全工区环保水保日常检查及"飞检"工作,发现问题立即要求进行限期整改,并按公司相关办法进行考核。为了进一步做好环水保工作,创新管理措施,在三河口、黄金峡大坝施工区及砂石骨料开采加工区、各隧洞排水处理站等环境敏感点,均安装了高清全景摄像头。在岭北黑河水库上游隧洞涌水处理重点区安装了水质在线监测设施,公司管理人员可通过电脑及手机 App 实时查看环保措施落实情况。公司成立了"朱鹮无人机中队",不定时深入工区,通过无人机高空拍照、河道取水,光谱分析仪现场分析等方式开展无人机"飞检"工作,严格检查施工环保落实情况。同时,将环保工作纳入年度考核,实行一票否决制,严格奖惩环保工作。环保水保实施"天眼"监控工程,建立了覆盖整个工区的信息化管理网,240 路高清视频系统实现了全工区及山泉水厂的 24 小时无死角实时远程监控;73 个环保及水质监控摄像头,实时监测一线施工排水及运行情况,实现了手机 App 同步操控,确保管理无死角。

第二节 环境保护措施

一、施工涌水治理

在施工涌水处理方面,岭南工区每个隧洞支洞口均修建了涌水沉淀池,施工涌水经过初沉、加药搅拌及三级沉淀后达标排放。在岭北工区,公司耗资 3 500 万元修建了高标准的"高效池+石英砂池+活性炭池"三级处理工艺的施工涌水处理设施,处理后的涌水达到地表Ⅱ类水质水平。

各施工单位在混凝土拌和站修建了拌和废水沉淀池,拌和废水经过加药沉淀后用于场区及道路洒水降尘。三河口砂石料加工系统采用先进的 DH 废水循环利用系统,实现了"零"排放。

在各施工营区均修建了卫生厕所,配置有标准的地埋式一体化生活污水处理设施,生活废水经生化处理后,定期外运。

二、生物多样性保护

为减缓水利开发对鱼类资源的影响,在黄金峡水库建设鱼类增殖站及鱼道,在三河口水库配套建设捕捞过坝等措施,有效减低工程对鱼类的影响。

在黄金峡水利枢纽良心沟弃渣场上游段(距离下游河口 1.3 千米),高标准建设鱼类增殖放流站。放流青鱼、草鱼等 12 种鱼类,试验性放流鳡、蛇鮈等 4 种鱼类,放流总规模 65 万尾每年。增殖放流站用地面积 67.3 亩,主要建筑物由生产建(构)筑物、排洪建筑物和取水建筑物三部分组成。站内建有鱼苗培育厂房、亲鱼孵化催化厂房、室外鱼池、室外仿生态池、综合办公楼、蓄水池、污水处理站和人工湿地等。2020 年 11 月,鱼类增殖站建设完成并投运。2021 年 9 月 29 日,开展了首次鱼类增殖放流,放流青鱼、草鱼、鲢鱼、鳙鱼等 7 种 17.5 万尾。

鱼道:在黄金峡大坝上修建鱼道,是根据各类过鱼建筑物的特点,结合洄游性鱼类的习性、鱼体大小以及技术条件,可以让鱼类繁殖群体借助过鱼设施翻过大坝到达特定场所,为亲鱼繁殖、鱼卵孵化、幼鱼索饵以及幼鱼和繁殖后的亲鱼降河创造必要条件,从而达到在一定程度上改善大坝上下游鱼类种群交流的效果。

捕捞过坝:三河口水库所在的子午河中分布的 32 种鱼类在汉江干流均有分布。三河口水利枢纽坝高 141.5 米,地形条件和坝高决定不适宜修建鱼道等过鱼设施。大坝建设后,为了减少对鱼类繁殖的影响,采用捕捞过坝方式增进鱼类种质资源的基因交流,主要是采用坝址上下游捕捞鱼苗、幼鱼过坝放流。具体采用定置张网、拦网进行捕捞,用活鱼运输车将渔获物运输过坝。

第三节 水土保持

引汉济渭工程建设涉及西安、汉中、安康 3 市的周至、洋县、佛坪、宁陕 4 县,位于西南土石山区且涉及汉江上游重点预防保护区、丹江口水源区治理区;秦岭南坡的重点预防保护区和秦巴山区水土流失重点治理区,秦岭北坡重点预防保护区和秦岭北麓重点治理区。按照水土保持批复要求,严格执行水保"三同时"制度,在已动工的主体工程区、工程永久生产生活区、交通道路区、施工生产生活区、弃渣场区等区域,完成了防洪排导工程、斜边防护工程、拦渣工程和植被建设工程等水土保持防护措施,对控制和减少施工期的人为水土流失发挥了良好的作用。

一、水土保持方案编报、审查、批复情况

根据《中华人民共和国水土保持法》以及陕西省水土保持实施办法的规定,省引汉济渭办于 2008 年 8 月委托省水电设计院承担引汉济渭工程可研阶段水土保持方案的编制工作。

2011 年 7 月,编制完成了《陕西省引汉济渭工程水土保持方案报告书》(送审稿)。2011 年 8 月 19—20 日,水规总院在西安市召开会议,对《陕西省引汉济渭工程水土保持方案报告书》进行了审查(审查意见初稿附后),根据初审意见,省水电设计院于 2012 年 2 月修改完成了《陕西省引汉济渭工程水土保持方案报告书》(报批稿)。

2012 年 5 月 8 日,水利部以《关于陕西省引汉济渭工程水土保持方案报告书的批复》(水保函〔2012〕128 号)批复了水土保持方案报告书。

省引汉济渭公司严格按照《水利部生产建设项目水土保持方案变更管理规定(试行)》(水保办〔2016〕65 号)文件要求,委托省水利电力勘测设计研究院牵头中铁一院、黄河勘测规划设计研究院、长江勘测规划设计研究院共同完成《陕西省引汉济渭工程水土保持变更方案报告书》编制工作,2019 年 7 月,国家水利部以水利部行政许可文件《陕西省引汉济渭工程水土保持方案变更审批准予行政许可决定书》批复了陕西省引汉济渭工程水土保持方案变更报告书。

二、水土保持防治措施

(一)渣场

引汉济渭调水工程共 17 处渣场,严格按照"先拦后弃"的原则修建挡护工程,同时坚持"完成一片治理一片"的原则对长时间不扰动的区域开展覆绿工作。在开工前对表土区域进行剥离集中堆存,并采取沙袋临时拦挡、密布网密闭并播撒草籽措施。弃渣场挡墙采用格栅反包工艺,弃渣场大多选取河滩荒地,待渣场使用完毕将其复垦改建成农田。在佛坪县大河坝镇三河口村杨家沟、石墩河镇大堰沟、下湾 3 处,利用引汉济渭工程弃渣 6 万立方米,造地 197 亩,有效助力群众生产生活。截至 2021 年 12 月底,已在石墩河下湾处完成了 120 余亩荒地的回填与覆土工作。

开工前对存在表土区域进行剥离并集中堆存,按照水土保持方案要求,由施

工单位划定表土收集区,集中堆存表土,并采取沙袋临时拦挡、密布网密闭并播撒草籽措施。后期待草籽对表土有绿化和固土作用后拆除临时措施并树立宣传牌及表土收集标识、责任牌。

(二)高边坡治理

省引汉济渭公司以建设"生态文明工程"为目标,针对水利水电工程高陡硬质边坡生态修复"措施少、效果差、维护难"的特点,同相关科研单位、院校展开合作,积极开展边坡修复试验试点工作,目前效果显著。

(1)黄金峡水利枢纽边坡生态修复。采取 CBS 植被混凝土生态恢复技术对大坝左、右岸坝肩开挖形成的边坡进行生态恢复,坝肩边坡为混凝土锚喷坡面和框格梁支护坡面。边坡恢复前首先进行平整并清理坡面浮土、碎石,对局部凹陷或负坡区进行填平,再采用 CBS 植被混凝土生态恢复技术对边坡进行生态恢复,马道平台采用种植槽内覆土 0.3 米后灌草结合绿化。

(2)柳木沟骨料场生态修复。柳木沟料场绿化面积约 150 000 平方米,针对不同的地质边坡情况采用相匹配的处理方法进行绿化修复:土石混合坡面采用客土喷播工艺进行绿化;马道平台采用播撒草籽和覆土后播撒草籽两种方式进行处理;岩质坡面、混凝土锚喷坡面实施植被混凝土(CBS)生态修复技术和高次团粒喷播法进行绿化处理;其余平台通过种植冬青达到绿化效果。

三、水土保持方案年度实施情况报告报送

根据中华人民共和国水利部《关于陕西省引汉济渭工程水土保持方案的批复》(水保函〔2012〕128 号)的有关要求,截至 2021 年 5 月,共报送 7 期(2014 年度、2015 年度、2016 年度、2017 年度、2018 年度、2019 年度、2020 年度)《陕西省引汉济渭工程水土保持方案实施情况的报告》。

四、水土保持补偿费缴纳

引汉济渭工程需缴纳水土保持设施补偿费 1 225.6 万元,已全部缴纳。

第四节　水土保持监测

一、水土保持监测

北京华夏山川生态公司承担引汉济渭工程三河口水利枢纽及秦岭隧洞越岭段水土保持监测工作,2015 年 3 月 1 日进驻现场开展工作。中国电建集团西北勘测设计研究院有限公司承担引汉济渭工程黄金峡枢纽及越岭隧洞黄三段水土保持监测工作,2016 年 3 月进驻现场开展工作。

2015 年 3 月至 2020 年 4 月,监测工作人员驻点开展现场监测工作,定期编制完成了《陕西省引汉济渭工程三河口水利枢纽及秦岭隧洞越岭段工程水土保持监测季度报告(NO.1~NO.21)》《陕西省引汉济渭工程黄金峡水利枢纽及秦岭隧洞黄三段工程水土保持监测季度报告表(NO.1~NO.17)》和《陕西省引汉济渭工程三河口水利枢纽及秦岭隧洞越岭段工程水土保持监测年度报告》《陕西省引汉济渭工程黄金峡水利枢纽及秦岭隧洞黄三段工程水土保持监测年度报告》。

截至 2020 年一季度,公司按规定及时向流域机构及省、市、县(区)水土保持监督部门报送了水土保持监测季报、年报。

二、水土保持监理

北京华夏山川生态公司承担引汉济渭工程三河口水利枢纽及秦岭隧洞越岭段水土保持监理,2015 年 3 月 1 日进驻现场开展工作。陕西华正生态建设设计监理有限公司承担引汉济渭工程黄金峡枢纽及越岭隧洞黄三段水土保持监理工作,2016 年 3 月进驻现场开展工作。

水土保持监理对已建成的水土保持专项设施进行巡视检查,全面监督和检查各施工单位水土保持措施实施情况和实际效果,评价分析运行效果,同时积极配合主体工程监理对已完工的水土保持工程质量进行复核检验,已建成的水土保持设施符合设计要求和水土保持技术规范要求,工程质量合格。

2015 年 3 月至 2020 年 4 月,水土保持监理定期编制完成了《陕西省引汉济渭工程三河口水利枢纽及秦岭隧洞越岭段水土保持监理月报(NO.1~NO.62)》《陕西省引汉济渭黄金峡水利枢纽及秦岭隧洞黄三段工程水土保持监理月报(NO.1~NO.50)》和《陕西省引汉济渭工程三河口水利枢纽及秦岭隧洞越岭段水土保持年度监理报告》《陕西省引汉济渭工程黄金峡水利枢纽及秦岭隧洞黄三段工程水土保持年度监理报告》。

第五节　环境保护监理监测与生态调查

一、环境监理

陕西众晟建设投资管理有限公司从 2011 年 9 月开始承担引汉济渭工程 6 号、7 号勘探试验洞工程、三河口水利枢纽及秦岭隧洞越岭段和黄金峡枢纽工程的环境保护监理及综合管理工作。在周至县王家河乡和佛坪县大河坝镇设置了 2 个环境监理项目部,共 13 名监理人员。

环境监理人员定期对工程施工中的环境污染及生态破坏进行监督检查,重点加强环境敏感目标黑河水源保护、周至自然保护区、天华山自然保护区内施工活动的环境污染和破坏监督,有效减缓了隧洞涌水、生产废水、生活污水、施工噪声、施工扬尘、施工弃渣、生活垃圾、危险废弃物和生态破坏,保护了秦岭、汉江、黑河的青山绿水和珍稀鱼类资源。

2011年9月至2020年4月,环保监理定期编制完成《陕西省引汉济渭工程环境监理(岭南、岭北)月报(NO.1~NO.86)》《陕西省引汉济渭工程环境监理年度报告》《陕西省引汉济渭工程秦岭6号勘探试验洞环境监理报告》《陕西省引汉济渭工程秦岭7号勘探试验洞环境监理报告》。

二、环境监测

陕西环境监测技术服务咨询中心承担引汉济渭工程三河口水利枢纽及秦岭隧洞越岭施工期环境监测,于2015年10月开展工作,并承担引汉济渭工程黄金峡水利枢纽施工期环境监测,于2016年1月开展工作。

环境监测主要是对引汉济渭工程一期施工期所涉及的环境空气、噪声、地表水、饮用水、生产废水和生活污水按期开展监测工作,关注施工期工程周边环境质量。积极配合省引汉济渭公司做好环境保护,在环保监测中起到实质性的作用,为引汉济渭工程环保工作保驾护航。

2015年至2020年12月,环境监测按期开展工作,并适时编制了《环境监测报告》。

三、生态调查

中国电建集团西北勘测设计研究院有限公司承担引汉济渭工程三河口水利枢纽及秦岭隧洞水生生态调查、陆生生态调查、地下水环境监测工作,2015年1月起进场开展各项工作。

中国电建集团西北勘测设计研究院有限公司承担引汉济渭工程黄金峡水利枢纽工程水生生态及陆生生态调查监测工作,2016年1月起进场开展调查监测工作。

2015年1月至2020年底,监测工作人员按期开展现场监测工作,定期编制监测调查报告。

2015—2020年每年完成《陕西省引汉济渭工程三河口水利枢纽水生生态调查报告》《陕西省引汉济渭工程三河口水利枢纽水生生态调查报告》《陕西省引汉济渭工程三河口水利枢纽水生生态调查报告(年度总结)》报告;《陕西省引汉济渭工程秦岭隧洞地下水位监测报告》《陕西省引汉济渭工程秦岭隧洞地下水位监测

报告(年度总结)》《陕西省引汉济渭工程秦岭隧洞地下水水质监测报告》《陕西省引汉济渭工程秦岭隧洞地下水水质监测报告(年度总结)》。

第六节　水源地规划

2013年12月,环保部以环审〔2013〕326号批复了《陕西省引汉济渭工程环境影响报告书》。环评批复中明确要求,应尽快编制引汉济渭工程饮用水源保护区划分方案,提请地方政府审定水源保护区;制定并严格落实上游水源保护规划。为满足陕西省内水资源优化配置需求,加强引汉济渭工程水源地水质保护与污染防治,保障用水安全,省引汉济渭公司于2013年10月委托中国电建集团西北勘测设计研究院有限公司开展引汉济渭工程饮用水水源保护区划分工作。

接受委托后,中电建西北院组织技术人员开展水源地保护工作的踏勘和资料收集等工作。根据国家和陕西省饮用水源保护相关法律法规及《饮用水水源保护区划分技术规范》的要求,划分了引汉济渭工程水源地一级保护区、二级保护区以及准保护区,并编制完成了《陕西省引汉济渭工程饮用水水源保护区划分技术报告》。2015年10月,通过了省环保厅和省水利厅联合召开的审查会。2016年10月,省人民政府办公厅以陕政办函〔2016〕249号文批复同意设立引汉济渭工程饮用水水源保护区。

一、黄金峡水库水源保护区划分

根据水源地保护区划分原则和方法,并结合水源地分水岭边界,确定黄金峡水库各级水源地保护区范围如下。

(一)一级保护区范围

一级保护区水域范围为:除汉江通航航道外,黄金峡大坝坝址(取水口)以上29千米范围内正常蓄水位的水域,支流良心沟从汇合口上溯2千米的水域,总面积819.23公顷。一级保护区陆域范围为:一级保护区水域正常蓄水位线两侧的向水坡;部分区域因为G5、G108、X101公路设施影响不能满足陆域范围要求的,以公路的向水侧作为一级保护区陆域边界。考虑到引汉济渭工程金水移民安置集镇已经开工建设,为了兼顾水源地划分的可操作性,金水移民安置集镇不纳入一级保护区陆域范围,一级保护区陆域范围总面积2 667.03公顷。

(二)二级保护区范围

二级保护区水域范围为:一级保护区上界至黄金峡水库库尾断面的水域范围,总面积488.71公顷。二级保护区陆域范围为:在峡谷段为二级水域两侧的向水坡,在平原段按水域两侧纵深50米的范围划定;因为G5、G108、X101公路设施影响不能满足陆域范围要求的,以上述公路的向水侧作为二级保护区陆域边界。考虑到引汉济渭工程万春村移民安置点已经开工建设,为了兼顾水源地划分的可操作性,不将万春村移民安置点纳入二级保护区陆域范围。二级保护区陆域范围总面积1 418.02公顷。准保护区范围:黄金峡坝址以上全部的产汇流区域,总面积1 433 050.51公顷,主要涉及汉中市佛坪县、城固县、留坝县、勉县、略阳县、宁强县、南郑县、西乡县等乡(镇)的汇水区域。

二、三河口水库水源保护区划分

(一)一级保护区范围

一级保护区水域范围为:坝址(取水口)以上至三河口水库椒溪河库尾、蒲河库尾、汶水河库尾正常蓄水位下的全部水域面积,总面积1 594.41公顷。一级保护区陆域范围为:一级保护区水域两侧向水坡;因为G5、X206、X207等公路设施影响不能满足陆域范围要求的,以上述公路的向水侧作为一级保护区陆域边界。考虑到三河口水库库周各移民安置点已开工建设或建成入住,为兼顾水源地划分的可操作性,不将水库两侧移民安置点纳入一级保护区,一级保护区陆域范围总面积为2 997.28公顷。

(二)二级保护区范围

二级保护区水域范围为:三河口水库椒溪河库尾、蒲河库尾、汶水河库尾各上溯2千米的水域范围,总面积51公顷。二级保护区陆域范围为:二级保护区水域两侧向水坡;因为G5、X206、X207等公路设施影响不能满足陆域范围要求的,以上述公路的向水侧作为二级保护区陆域边界。二级保护区陆域范围总面积为330.76公顷。

(三)准保护区范围

三河口坝址以上全部的产汇流区域,总面积197 521.91公顷,主要涉及汉中市佛坪县、安康市宁陕县相关乡(镇)的汇水区域。

第七篇

工程科研攻关

引汉济渭工程横跨黄河、长江两大流域,穿越秦岭天堑,无论从规模和技术难度上都是陕西省水利史上具有里程碑意义的工程。工程涉及地域范围大、地质复杂、配水方案多样,建设难度巨大,包含秦岭超长隧洞、泵站设备专门设计、生态保护、多水源联合调度等众多难题。尤其是秦岭输水隧洞,首次从秦岭山脉底部穿越而过,全长 98.3 千米,最大埋深 2 012 米,工程面临高地应力及岩爆、突涌水(泥)、高磨蚀性硬岩、软岩变形、围岩失稳以及超长距离施工通风与排水等一系列施工难题,综合难度世界少有。省引汉济渭公司以科研创新为依托,联合中国水利水电科学研究院、中铁第一勘察设计院集团有限公司、清华大学、山东大学、大连理工大学、西安交通大学、西安理工大学等科研院所,充分发挥"院士专家工作站""博士后科研工作站"等高端科技资源平台作用,围绕秦岭输水隧洞、三河口水利枢纽、黄金峡水利枢纽的设计、建设和运行,以及水资源配置及运行调度、环境影响评价及生态修复等一线建设需要,积极开展科研攻关,为工程建设提供了坚强技术保障。

第一章　科研创新与成果应用

引汉济渭工程范围大,牵涉面广,影响因素多,带来诸多科学技术难题,工程建设面临极大考验。省引汉济渭公司自成立以来坚持科技创新驱动,开展科研联合攻关,积极推进新技术应用,破解了多项世界级工程难题。公司深入推进产学研融合发展,不断提升工程建设技术水平,为建立以企业为主体的技术创新体系开展有益探索,也为形成科学研究的多元化投资合作模式提供了示范。

第一节　困扰工程建设难题

打通巍巍秦岭,引汉水滋润关中,引汉济渭工程无论是规模还是技术难度上都是陕西省水利史上具有里程碑式的工程,其施工建设综合难度超越常规,有着多项国内及世界第一,建设难度巨大,涉及秦岭超长深埋隧洞贯通、大型机电设备研发、生态环境保护、多水源联合调度等众多难题。

一、秦岭输水隧洞

秦岭输水隧洞是人类首次尝试从底部横穿世界十大主要山脉之一的秦岭,隧洞总长98.3千米,最大埋深2 012米,超长深埋综合施工难度世界罕见。秦岭输水隧洞面临超长距离施工通风、高地应力及岩爆、突涌水、高磨蚀性硬岩、软岩变形、围岩失稳等一系列施工难题,远超规范和行业认知,为施工带来严峻挑战和困扰。

超长距离施工通风:秦岭输水隧洞超长深埋、山体宽厚,辅助坑道选择异常困难,致使隧洞施工通风距离超长,风管布置受限、漏风率大、风阻大、风机配置难、通风参数难以精准量化等问题极为突出。秦岭输水隧洞施工通风创造了钻爆法无轨运输施工通风距离7.2千米、TBM法独头掘进施工通风距离16.5千米的世界纪录。

超长距离精准贯通测量:秦岭输水隧洞最大相向开挖贯通长度达27.3千米,而国内尚无贯通长度大于20千米的控制测量技术标准,且洞外地形复杂,洞内高温、高湿、粉尘、旁折光等诸多不利因素影响突出,致使高精度施测控制面临极大挑战。

突涌水：秦岭输水隧洞需穿过多个复杂地质单元和构造带，断层多且规模大，岩性复杂而多变。其中，无法绕避断层破碎带有 49 条，总长 2 685 米，施工中极易发生突涌水灾害，预测及处理难度罕见。自开工建设以来，已发生多次不同程度大股状突涌水或集中涌水，突涌水事故中最大涌水量超过 4 万立方米每天。

强岩爆：秦岭输水隧洞 TBM 掘进过程中遭遇了严峻的岩爆挑战，最严重的情况下，岩石像子弹一样弹射出来，非常危险，施工人员头戴钢盔，身穿防弹衣才能进行作业。截至 2021 年 12 月底，影响较大岩爆累积发生 2 891 次，其中强烈及极强岩爆 1 603 次，利用微震监测技术共监测到微震 6 万余次。

高磨蚀性硬岩：秦岭岩质坚硬，围岩强度最高 307 兆帕，平均 185 兆帕，石英含量高达 96%，耐磨性极强，TBM 刀头如同在高耐磨钢板上掘进，在隧洞施工中极其罕见。超硬的岩石致使 TBM 平均掘进每延米消耗刀具 0.7 把。岭南 TBM 在掘进过程中，每天更换损坏刀具是常态，最多时达 20 多把。

软岩：相对于岭南 TBM 标段的"硬"，岭北隧洞开挖的最大困难在于"软"。围岩主要由变砂岩、破碎岩、断层泥砾构成，松散不成结构。在 TBM 掘进过程中，掌子面曾出现大面积塌方，石渣如流沙一般，从细小孔洞涌出，瞬间孔洞扩大数倍，流沙突变为沙暴，混杂着裂隙涌水，严重影响掘进施工，轻则导致 TBM 卡机，重则导致主机损坏。

清华大学教授、中国工程院院士王思敬深入岭南岭北 TBM 施工现场后感叹："在超长隧洞施工中，遇到岩爆、涌水、硬岩三种地质灾害中的任何一个，都非常困难。引汉济渭工程 TBM 施工时多种地质灾害叠加，施工难度国内外极其罕见，远远超过阿尔卑斯山隧道的施工难度。引汉济渭秦岭输水隧洞建成后，将让地质界重新认识秦岭的地质构造。"

二、碾压混凝土拱坝

三河口水利枢纽拦河坝为碾压混凝土双曲拱坝，最大坝高 141.5 米，混凝土总量约为 110.36 万立方米，其中碾压混凝土总量为 90.7 万立方米，混凝土方量在同类型拱坝中已属较大体量。大体积混凝土结构温度场和温度应力的分析、温度控制和防止裂缝的措施以及施工质量控制是三河口水利枢纽建设的重点和难点。

三、减压调流阀

三河口水利枢纽的供水阀是供水重要设备，采用 DN2000 减压调流阀，既可以实现消能也可以实现调节流量。该阀门供水流量大,调节幅度大。但在我国一些工程中已经发现该型阀门的流量、流速、气蚀、振动等性能不能完全满足工程设计要求,因此确定阀门关键参数、特性是否符合设计要求至关重要。

四、高扬程、大流量泵站

黄金峡水利枢纽泵站装设 7 台立式单吸单级离心泵,设计净扬程 106.45 米,设计流量 70 立方米每秒,泵站总装机功率 126 兆瓦。从单机流量、扬程、装机规模等方面指标衡量,水泵机组在亚洲已属前列,设计、制造面临一定的挑战。

五、生态敏感区环境保护

黄金峡水库淹没区涉及陕西汉中朱鹮国家级自然保护区、汉江西乡段国家级水产种质资源保护区缓冲区,秦岭输水隧洞涉及陕西天华山国家级自然保护区、陕西周至国家级自然保护区、陕西周至黑河省级自然保护区实验区、西安市黑河金盆水库水源保护区等。要做到既保护生态环境,又保证工程质量和进度,无疑显著增加了工程建设的难度。

六、多水源联合调度

引汉济渭工程运行调度涉及面广、技术复杂。工程建成后,引水线路上的两个重要水源和调蓄水库——黄金峡水库和三河口水库,正好位于秦岭南坡暴雨集中区,其防洪调度和水资源调度任务交叉耦合,调度系统复杂,实时性要求高。工程运行后,关中地区现有供水系统面临重大调整,水资源的优化配置将成为工程效益发挥的关键。年际和流域调度方面,还要考虑国家南水北调中线运行参数和关中地区地下水利用的联合调度。

七、二期工程地质问题

引汉济渭二期工程南、北干线穿越秦岭北麓和渭河北塬地区,沿线存在破碎带、黄土塬、渭河阶地、灞河阶地等,盾构隧洞将穿越砂土、破碎带、湿陷性黄土、软塑黄土、岩土二元介质等特殊地层,地质条件复杂。同时,还面临大埋深(深达三百余米)、浅覆土、高水压(高达 80 米水头)、穿河道、小半径等问题,工程环境严苛。

八、长距离大口径输水管线

长距离大口径输水管线如钢管、PCCP 等将在二期工程中应用,但工程关键技术还未完全掌握,其施工过程组织管理、建成后监测等一系列问题有待解决。

第二节　科研组织机构

一、组织机构演化

省引汉济渭公司科技创新组织机构随着工程建设的推进,经历了"科技创新领导小组(相关业务由工程技术部负责)—科学技术研究中心—科学技术研究院(科学技术部)"的演进,形成了统一领导、联合攻关的科技创新管理体制。

2015年,为加强科技攻关,在引汉济渭工程建设中更好地运用科技创新成果,公司成立了"陕西省引汉济渭工程科技创新工作领导小组",主要负责指导引汉济渭工程建设过程中有关科技创新的工作,包括审定公司科技创新工作规划、年度计划,召开科技创新工作大会、科技工作会议,研究确定重大科技项目以及新技术、新设备的推广和应用,审定公司科技成果报奖,审定引汉济渭工程相关优秀科技论文的评选,督促、检查关于科技创新工作的有关事项等事宜。领导小组办公室挂靠在工程技术部,负责领导小组日常工作。

2017年,公司成立了科学技术研究中心,主要负责制定并实施科技工作的中长期规划,创新科技管理模式,建立健全科技创新体系;储备项目评优、科技创新报奖、专利申请等成果,组织申报相关奖项和专利;统筹管理科技攻关、研发、成果管理及转化工作,促进工程建设顺利推进;组织实施水利技术标准(行业或企业)创建及修订工作;探索和创新科技项目管理模式,省级、国家级联合基金和国家级专项研发计划项目的创建及管理工作,提升项目的整体研究水平,提高引汉济渭在科研领域的影响力;引进和吸收国内外先进技术和成果,广泛开展科技交流与合作。

2018年,为贯彻落实新时期新形势下的治水理念,同时为公司多元化、集团化的发展战略提供强大智力支撑,切实提高科技对公司发展的引领和推动作用,公司成立了科学技术研究院(科学技术部),主要负责科技工作制度及科技规划制定、科技研发、科技项目管理、对外科技合作、科技资料整理等工作。

2019年,公司为加强对引汉济渭工程科技创新工作的指导,为公司科技创新工作提供决策支持,成立了"陕西省引汉济渭工程建设有限公司学术委员会"。学术委员会是公司对引汉济渭工程科学技术研究等学术问题进行评议、决策机构,主要负责引汉济渭工程科技创新工作规划的审定、科研项目立项评审、优秀论文评选和推荐、优秀科研成果评选和推荐报奖等相关工作,以及公司博士后学术成果的审定。

二、内设机构和职责

根据公司《关于有关部室设立及调整内设机构的通知》，科学技术研究院（科学技术部）设立综合管理室、研发管理室 2 个内设机构。

（一）综合管理室

职责：负责组织编制引汉济渭工程科研规划，负责遴选各类符合公司发展要求的研发平台，并组织申报和建立；具体负责公司博士后创新基地和院士专家工作站及其他研发平台的管理工作。

（二）研发管理室

职责：负责各类科技计划项目和公司自立课题的工作；负责引汉济渭工程相关工法、工艺的编制和申报工作；负责公司与其他部门（国家基金委、省科技厅等）联合基金的设立、征集、管理等工作；负责引进和吸收国内外先进技术和成果，广泛开展科技与合作。

人员配备情况：截至 2021 年 9 月，科学技术研究院现有专职人员 13 名，其中院长 1 名，由公司副总经理兼任，常务副院长 1 名，副院长 1 名，员工 10 名，其中博士后 1 人，博士 2 人，硕士 7 人。

科研平台情况：科学技术研究院负责"博士后科研工作站""院士专家工作站""陕西省科普教育基地""深部岩土力学与地下工程国家重点实验室引汉济渭研究中心"等平台的日常事务工作。

第三节　科技制度建设

为规范科技项目、科研经费及平台的管理工作，激励广大职工积极参与科技创新工作，公司先后制订科技创新相关管理办法 9 部，科技创新管理制度体系基本建立。

具体情况见表 7-1-1。

表 7-1-1　引汉济渭公司科研管理制度规定

序号	制度名称	制定时间	制定部门	主要内容
1	《公司科技项目管理办法》	2017 年 11 月（2020 年 12 月（修订））	科学技术研究院（科学技术部）	本办法是在遵守公司各项相关制度的原则和总体要求的前提下，对公司科技项目的立项、管理和验收等专项事宜做出具体规定

续表 7-1-1

序号	制度名称	制定时间	制定部门	主要内容
2	《公司科研经费管理办法》	2017 年 11 月（2020 年 12 月修订）	科学技术研究院（科学技术部）	本办法为规范公司科研经费的使用和管理,明确相关部门责任,确保科研资金的合规、合理使用
3	《陕西省自然科学基础研究计划企业联合基金项目管理办法(试行)》(引汉济渭联合基金)	2018 年 6 月	陕西省科技厅	本办法明确了引汉济渭联合基金设立与管理、项目申请与评审、经费管理、组织实施等内容
4	《公司博士后创新基地管理办法（试行)》	2018 年 8 月	学技术研究院（科学技术部）	本办法明确了设立博士后创新基地的目的、组织机构与职责、博士后人员的合作方式、博士后人员的进站管理、博士后人员的在站管理、博士后人员的出站管理、博士后人员的经费管理、博士后人员的待遇内容
5	《公司博士后科研工作站管理办法(试行)》	2021 年 8 月		
6	《公司院士专家工作站管理办法（试行)》	2018 年 8 月	科学技术研究院（科学技术部）	本办法明确了院士专家工作站的组织机构与职责、管理规定、考核、经费管理和研究成果归属及保密规定等内容
7	《公司科技成果奖励管理办法》	2019 年 12 月	科学技术研究院（科学技术部）	本办法为了提升公司科技创新能力和科技成果水平,加快创新型企业建设,明确了组织机构和管理职能、奖励申报、奖励奖金等具体内容
8	《公司关于引汉济渭工程相关知识产权管理的通知》	2020 年 6 月	科学技术研究院（科学技术部）	本通知对知识产权范围即包括(不限于)依托引汉济渭工程所产生的科技论文、专著、专利、软件著作权、工法、规范(标准)等进行了明确规定

续表 7-1-1

序号	规制名称	制定时间	规制制定部门	主要内容
9	《公司科技创新基金管理办法》	2020 年 8 月	科学技术研究院（科学技术部）	本办法明确了科技创新基金主要用于支持结合公司战略发展规划和目标、围绕工程建设和公司发展遇到的问题开展的自然科学和社会科学等领域的研究项目；注重支持科技创新与实际应用并重、针对制约性关键技术开展研究的项目。给出了申请与评审、实施与管理、经费管理、结题管理等方面内容

第四节　科研平台建设

省引汉济渭公司坚持依托科研支撑，充分利用国内外科技资源，联合相关高校和科研机构，建立完善了产学研合作平台。

一、院士专家工作站

2016 年 6 月，经陕西省科学技术协会批准，省引汉济渭公司正式设立"引汉济渭院士专家工作站"，旨在推动产学研合作，发挥院士专家的技术引领作用，协助公司解决引汉济渭工程在建设及运行管理工作存在的技术难题，加快重大科技成果转化。几年来，已签约行业内多位院士、专家，为工程建设提供了有力的技术支撑。

王浩，中国工程院院士，水文水资源学家。2016 年 7 月，受聘为省引汉济渭公司顾问专家。王浩院士团队先后开展"陕西省引汉济渭工程关键技术研究计划""陕西省引汉济渭工程关键技术补充研究计划""长距离调水工程闸泵阀系统关键设备与安全运行集成研究及应用"及"陕西省引汉济渭工程初期运行(三河口—黄池沟段)调度模型研究"等研究工作，为解决长距离调水工程关键设备安全运行相关问题，实现引汉济渭工程调水的自动化和智能化提供了强有力的技术指导与智力支撑。

陈祖煜，中国科学院院士，水利水电、土木工程专家。2018 年 10 月，入驻引汉济渭院士专家工作站。由陈祖煜院士牵头,公司启动编制"引汉济渭工程技术丛书"和行业技术标准《全断面岩石掘进机法水工隧洞工程技术规范》。此外,陈院士团队先后开展"引汉济渭工程深埋引水隧洞衬砌结构外水压力确定研究""引汉济渭工程长距离大口径预应力钢筒混凝土管结构性能及安全评价研究""引汉济渭二期工程复杂地质环境下盾构施工关键技术与数字化平台研究""人工智能在引汉济渭工程岩爆预测中的应用研究"及"黄金峡水利枢纽基于区块链技术的混凝土生产信息管理系统开发"等研究工作。在陈祖煜院士带领下,公司在预应力钢筒混凝土管施工和运行、盾构施工、区块链技术与水利工程融合发展等研究领域均走在了水利行业的前列,提高了公司科技软实力和影响力。

张建民,中国工程院院士,土动力学及岩土工程抗震领域专家。2019 年 2 月,受聘为省引汉济渭公司顾问专家,张建民院士团队开展了"无人驾驶碾压混凝土筑坝技术研究""无人摊铺无人碾压混凝土筑坝技术研究"及"引汉济渭二期工程南干线地下调蓄水库可行性研究"等研究。其中,无人驾驶智能碾压和智能摊铺筑坝技术在引汉济渭工程施工中得到成功运用,提高了碾压混凝土的工程质量和筑坝效率,开启了引汉济渭工程智能化管理的新征程。张建民院士多次把脉问诊工程建设,提出了众多具有建设性的意见和建议,为促进工程顺利实施提供了重要保障。2021 年 7 月,在张建民院士的带领下,清华大学水利水电工程系生产实习基地落户引汉济渭,为双方在科研创新、人才培养等领域广泛深入合作打下了坚实基础。

二、博士后科研工作站

2017 年 3 月 30 日,陕西省人力资源和社会保障厅批准在省引汉济渭公司设立"陕西省博士后创新基地",该基地成为陕西省首家水利行业博士后创新基地。同年,公司与清华大学签订了联合招收和培养博士后的合作协议,与中国水利水电科学研究院签订了联合招收博士后的框架协议,为科研体系的长远规划迈出重要一步,为科研人员的培养铺设了道路。2020 年 4 月,博士后创新基地首位博士后陶磊顺利出站。经过 3 年的建设,2021 年 1 月,经国家人力资源和社会保障部、全国博士后管理委员会批准,省引汉济渭公司成功获批设立国家级博士后科研工作站。

博士后科研工作站的建立不仅标志着公司在吸引高层次科技人才、提升企业核心竞争力方面迈上新台阶,而且对高校、科研院所与企业联合开展科学研究,促进科研成果转化,建立以企业为主体的技术创新体系都具有示范作用。实践证明,这是实现校企双赢、共同发展的有效举措,是探索产学研相结合的人才培养机制的一个重要举措。

三、联合省科技厅设立"陕西省自然科学基金-引汉济渭联合基金"

公司会同省科学技术厅设立"陕西省自然科学基金-引汉济渭联合基金",每年投入总额 1 000 万元。联合基金设立以来,吸引了省内外众多高校、科研院所申报引汉济渭相关研究课题。截至 2021 年 9 月底,累计两批 38 个项目获立项。联合基金的实施有效促进了基础研究、应用研究与产业化对接融通,对引智聚力、完善创新体系、推进成果转化、构筑科技创新人才高地、增强企业自主创新能力具有重要意义。

四、实践教育基地

通过与水利专业院系合作,建立实践教育基地,为工程实践和课堂理论之间搭起教学科研平台,深化产学研有机结合。

2017 年 12 月 19 日,西北农林科技大学"陕西省引汉济渭工程建设有限公司实践教学基地"成立。

2017 年 12 月 26 日,中国水利水电科学研究院研究生校外实践教学基地成立。中国水利水电科学研究院研究生引汉济渭校外实践教学基地是水利教育的第二课堂。

2018 年,省引汉济渭公司与西安理工大学联合申报的"西安理工大学-陕西省引汉济渭工程建设有限公司创新创业实践教育基地"获批陕西省大学生校外创新创业教育实践基地建设项目。

2021 年 7 月 7 日,清华大学水利水电工程系生产实习基地落户引汉济渭。

五、钻爆法超长距离独头掘进示范性隧洞工程生产实践基地

2018 年 4 月,"中铁十七局钻爆法超长距离独头掘进示范性隧洞工程生产实践基地"在省引汉济渭公司揭牌成立。依托引汉济渭工程建立钻爆法超长距离独头掘进示范性隧洞工程生产实践基地,对持续深入推进超长隧洞标准化作业,攻克超长大隧洞的特殊地质条件下施工等世界性难题起到技术支撑和科学保障作用。

六、深部岩土力学与地下工程国家重点实验室引汉济渭研究中心

2021 年 6 月 24 日,公司与深部岩土力学与地下工程国家重点实验室举行战略合作协议签约仪式,联合成立"深部岩土力学与地下工程国家重点实验室引汉

济渭研究中心"。研究中心以企业需求为导向,结合引汉济渭公司"十四五"发展规划,开展前瞻性、战略性的科学研究与技术攻关,重点解决影响水利行业发展的岩爆控制关键技术难题,研究适应引水隧洞领域未来发展的智能装备制造技术,为推动科技创新成果应用与推广搭建平台。

七、通过"中国产学研合作创新示范企业"认定

2022年1月,省引汉济渭公司通过"2021年中国产学研合作创新示范企业"认定。"中国产学研合作创新示范企业"的成功认定,对公司在企业战略研究和发展规划、自主品牌打造、企业影响力及核心竞争力提升具有重要的意义。全国共80家企业荣获"2021年中国产学研合作创新示范企业"认定,省引汉济渭公司是唯一一家获此殊荣的大型水利工程建设企业。

第五节　科研项目管理

省引汉济渭公司坚持以科技创新为引领,联合中国水利水电科学研究院、中铁第一勘察设计院、西安理工大学、清华大学、山东大学、大连理工大学等科研院校,充分发挥"院士专家工作站""博士后科研工作站"等高端科技资源平台作用,截至2021年12月底,先后开展秦岭输水隧洞、三河口水利枢纽、黄金峡水利枢纽、水资源配置及运行调度、环境影响评价及生态修复等相关科研课题110余项。其中,国家"十三五"规划重点研发计划"水资源高效利用"专项课题6项,水利部公益性行业科研专项经费项目1项,陕西省提升公众科学素质研究计划项目2项,陕西省科技统筹创新工程计划项目1项,陕西省水利科技计划项目21项,2019年陕西省自然科学基础研究计划-引汉济渭联合基金项目22项,2021年陕西省自然科学基础研究计划-引汉济渭联合基金项目16项。

公司建立科研项目"全过程"管理机制,形成了项目规划、立项、大纲评审、执行检查、中期成果评审、初步验收、正式验收及成果推广应用等全链条管理模式,为工程建设和公司发展服务。

一、多渠道立项

省引汉济渭公司根据工程建设进展及遇到的技术难题,及时联合相关高校、科研院所开展科研课题探究。①积极申请科技部、水利部、省科技厅、省科协、省水利厅等各类省部级科技计划项目;②联合省科技厅,设立"陕西省自然科学基础研究计划-引汉济渭联合基金",总经费3 000万元,省科技厅与公司出资比例2∶8,有效促进基础研究、应用研究与产业化对接融通,提升联合单位的创新能力;③针对

工程建设难题,委托相关设计院、科研院所开展企业自立课题研究;④自主出资设立"引汉济渭科技创新基金",用于支持结合公司战略发展规划和目标、围绕工程建设难题开展的研究项目,鼓励广大职工立足本职工作,发挥专业优势,投身创新实践。

二、中间过程严格管理

制定并印发《科技项目管理办法》《科研经费管理办法》等管理制度,从制度层面确定项目管理机制,对在研科技项目实施"三查+抽查"监督管理,定期对承担项目进行"三查",邀请专家对项目进展情况进行咨询,及时修正技术路线,不定期对项目进行抽查,查人员科研落实情况、进度执行情况、经费使用情况,确保项目能按照预期目标完成。在具体落实中,定期开展项目执行情况检查,现场处理执行中存在的问题,并将检查结果以通报的形式下发承担单位,明确存在问题、整改措施、时间节点等,为项目顺利开展保驾护航。

为保证科研经费更加科学合理地执行,公司科学技术研究院加强与公司财务部、计划合同部合作,建立了科研经费收支台账,实行科研经费科学技术研究院二级审核制度,保障了科研经费真正用到项目,为项目组成员出差、论文版面费等各项报销提供咨询和审核。

三、推动项目高质量通过验收

根据项目执行期限,多措并举严格保障项目任务及指标保质保量完成。按照项目分类,进行中间成果验收、初步验收和最终验收,在项目最终验收之前,根据省、市及公司相关规定,对项目进行财务验收审计,确保科研经费按规定收支。在项目通过验收后,根据专家意见和建议修改完善,为后续成果鉴定、评优和推广做好铺垫。

第六节　科技支撑与成果应用

省引汉济渭公司开展的多项课题研究成果应用于引汉济渭工程建设,为工程顺利实施把脉度势,提供了强有力的科技支撑。

一、引汉济渭工程秦岭隧洞专项研究

秦岭输水隧洞具有"三高两强一长"的特性,即高围岩强度、高石英含量、高温湿,强涌水、强岩爆,长距离通风,给施工带来巨大挑战,施工难度极为罕见。《引汉济渭工程秦岭输水隧洞专项研究》项目为此专门设立,针对上述特性,开展了九大方面的研究,由中铁第一设计院、西安理工大学、中国水利水电科学研究院等11家科研院校承担完成。2020年8月,项目正式通过验收,由中国科学院院士陈祖煜、张国伟等7位国内外知名专家组成的专家组对项目给予了高度评价:2项课题

技术水平达到国内领先水平,1 项课题技术水平达到国际先进水平,5 项课题技术达到国际领先水平。专项研究成果在秦岭输水隧洞工程建设中得到了成功应用,最大程度地保障了现场施工安全,有效保障了引汉济渭工程的顺利开展,具有重大的指导意义和极高的推广价值。

秦岭输水隧洞施工通风距离超长,风管布置受限、漏风率大、风阻大、风机配置难、通风参数难以精准量化等问题极为突出,施工通风方案确定困难。针对秦岭隧洞超长施工通风难题,课题组创立了完整的超长隧洞 TBM 法和钻爆法新的施工通风成套技术体系,施工人员创造了钻爆法无轨运输施工通风距离 7.2 千米、TBM 法独头掘进施工通风距离 16.5 千米的世界纪录。相关研究成果达到国际领先水平。

针对岩爆频发的安全威胁,课题组深入研究岩爆预测及防治技术,提前预测岩爆的风险等级和范围,以便施工人员有针对性地采取相应支护手段和安全防护措施进行作业,提高了隧洞施工效率及安全性。相关研究成果已达到国际领先水平。

秦岭山区洞外地形复杂,洞内高温、高湿、粉尘、旁折光等诸多不利因素影响突出,致使测量工作顶层设计中的分析评估及高精度施测控制面临极大挑战。课题组开展深入研究,创建了集多源构网、最优边确定、陀螺边加测、自由测站设立等技术为一体的平面控制测量体系,突破了相向贯通长度超越规范 20 千米的测量技术难题,满足了工程测量精度控制实际需求。相关研究成果达到国际领先水平。

二、大型复杂跨流域调水工程预报调配关键技术研究

大型复杂跨流域调水工程预报调配关键技术研究依托引汉济渭工程,围绕大型复杂跨流域调水工程预报调配关键技术问题,构建了调水工程施工期多模型自适应装配的洪水综合预报技术,提出了基于机器学习的径流适应性预测方法;建立了跨流域复杂调水工程"泵站-水库-电站"的协调调度模型,攻克了协同多目标模型的求解难题;构建了调水工程多水源-多节点-多用户的水量多目标动态配置技术与多方法集合的评价技术和方法体系;研发了基于数字水网的跨流域调水工程预报调配平台,实现了"产学研用"的深入融合,发展了跨流域调水工程预报调配理论方法,形成了大型复杂跨流域调水工程预报调配技术方法体系。该成果有力地促进了引汉济渭工程项目立项,且支撑了项目可研、初设报告的批复,并在工程中推广应用,价值显著。研究成果获大禹水利科学技术奖科技进步奖二等奖。

三、无人驾驶智能摊铺及碾压筑坝技术

公司联合清华大学研发无人驾驶智能碾压筑坝技术,通过探索适合碾压混凝土拱坝碾压作业区域规划与碾压避障的安全措施,对碾压全过程进行自动控制,

克服了以往人工碾压作业的诸多弊端。该技术在三河口碾压混凝土拱坝中得到成功应用,有效保证了坝体建设质量与施工进度,是国内首次在碾压混凝土拱坝施工中采用无人驾驶碾压筑坝技术。与此同时,为了解决人工作业摊铺面不平整等弊端,公司又联合清华大学开展了无人驾驶智能摊铺技术研究,并在黄金峡水利枢纽实现了联合作业,属国内首次,向智能筑坝迈出了一步。无人驾驶智能筑坝技术的研发和应用解决了水利工程建设须采用人工智能技术开展工程智能建造的问题,开创了水利筑坝施工从被动监测过程到主动控制过程的根本性转变,实现了水利工程建设的控制电气化、信息数字化、通信网络化和运行智能化,具有显著的社会效益和经济效益。

四、水利工程信息化建设

在水利工程信息化建设方面,省引汉济渭公司联合国内知名科研院所与高校,研发信息化系统,将信息化建设与工程建设同步并行有机结合,实现信息化对工程建设全过程全范围的覆盖,具有行业示范和带动作用。

典型案例有:

(1)三河口水利枢纽"1+10"施工期监控管理智能化系统,在1个监管平台下集成智能温控、碾压质量、施工进度、变形监测、灌浆质量、反演分析等10个子系统,实现了对大坝建设全过程的关键信息进行智能采集、统一集成、实时分析与智能监控,有效减少了人为因素的影响,在推进工程建设管理信息化、完善安全体系和应急手段、科技助力工程建设等方面效果显著,是目前国内融合功能模块最多、枢纽施工过程中覆盖面最广的大坝智能管理系统,开创了业内先河。

(2)秦岭输水隧洞BIM智能管理平台,进行风险实时管控、质量管控、进度管理以及TBM数据的采集与利用。

五、输水隧洞智能检测机器人

公司联合哈尔滨工程大学开展智能水下机器人的技术研发,突破声呐水下短信息控制,研制国内首个在长距离无压输水隧洞中具有自主导航定位、可抵抗高流速自主航行的输水隧洞检测机器人,精准定位隧洞裂缝等异常情况,实现不停止供水情况下完成对输水隧洞的混凝土裂缝、坍塌等异常情况的自主巡查任务,及时采集信息并实现三维成像,进而进行缺陷修补。研究成果可极大推进输水隧洞自主检测智慧化水平,在提升水利工程机械化、智能化水平方面,起到带头示范作用,为我国输水隧洞自主检测奠定了技术基础。相关研究成果也可应用于水库、堤防等水利工程的环境检测工作,市场前景广阔。

六、长距离大口径预应力钢筒混凝土管结构性能、安全评价研究及断丝监测技术研究

引汉济渭二期工程采用内径 3.4 米大口径预应力钢筒混凝土管（PCCP）。二期工程地势复杂，工程沿线地质条件复杂，不确定因素多，工程难度大。通过对引汉济渭 PCCP 进行结构优化、耐久性与安全监测研究，可以最大限度降低风险，确保二期工程 PCCP 管线的安全性、可靠性和耐久性。建立的承载能力评价标准以及纵向变形控制标准可直接运用于我国长距离大口径 PCCP 的设计、施工；提出的 PCCP 断丝检测技术、新型实时在线监测技术将可以直接应用到长距离大口径 PCCP 安全监测领域。

七、大口径调流调压阀模型试验研究

针对工程建设中供水阀门设计难题，公司联合中国水利水电科学研究院、陕西省水电设计院开展了大口径调流调压阀的模型试验，成功研制出 DN2000 减压调流阀，符合气蚀、振动、噪声相关要求，满足高水头小流量、低水头大流量等复杂工况，已在工程中成功应用，是目前国内最大口径的减压调流阀，成果创新性明显。研究过程中首次制定了模型机试验大纲和真机设计、验收标准，起到行业示范作用，能够为国内外大型减压调流阀的设计和生产提供重要参考。

八、高扬程大流量离心泵选型关键技术研究

公司联合长江勘测规划设计公司开展了高扬程大流量离心泵选型关键技术研究。针对黄金峡泵站水泵高扬程、大流量及泵站运行特点，围绕水泵关键技术展开研究，确定了具有国际先进水平的水泵机组能量、空蚀和稳定性等关键指标参数，保证了水泵机组的高效、安全、稳定和长期运行。经长江勘测规划设计研究有限责任公司、中国水利水电科学研究院等科研院所专家综合评议确定：项目研究成果的技术指标达到了国际先进水平，提高了我国 110 米扬程段高扬程大流量大型离心泵水力及结构设计水平。

九、VR、AR 技术

公司引入 VR、AR 技术，提供工程虚拟化现场体验，实现了与工程本身的实时交互、协同管理，有效提升水利工程建设管理理念。公司将 AR 技术首次成功应用于黄金峡大坝水利枢纽工程建设管理过程中，利用 AR 实景识别定位技术，将虚拟仿真大坝模型与现实场景叠加，在手机、电子显示屏等终端上展现黄金峡水利枢纽建成后的实时景象。此外，还可实现远程会诊应用，通过 VR、AR 移动在线直播等技术，与专家远程连线进行工程管理远程会诊。专家能以第一视角观察现场情

况,了解问题所在,指导相关人员紧急处置现场问题。不仅缩短了问题处置时间,减少了信息传达误差,避免出错,还大幅提升了处理问题的效率。

十、黄金峡水利枢纽基于区块链技术的混凝土生产信息管理系统开发

公司结合引汉济渭黄金峡大坝建设,开展基于区块链技术的混凝土生产信息全过程管理,实现了混凝土生产过程中从原材料采购、材料出入库管理、拌和楼混凝土生产、混凝土运输至浇筑仓面的生产全过程管理;采用区块链及电子签名技术,实现混凝土工程生产过程中重要信息的快速、高效的标准化处理与流程化管理,保证混凝土生产全过程重要信息真实可靠。此外,还开发混凝土生产过程中从原材料采购、材料出入库管理、拌和楼混凝土生产、混凝土运输至浇筑仓面的全过程管理系统。这一基于区块链技术的混凝土生产信息管理系统,可根据不同业务需求,针对不同管理阶段的相关表单,实现电子签名服务。

第七节　知识产权和成果管理

随着科技攻关基础工作的开展,自然产生了成果积累和管理的问题。近年来,省引汉济渭公司在规范知识产权归属、鼓励成果产出、成果积累转化、成果评价、报奖申优等方面得到一系列进展。

一、规范和加强知识产权管理

在参建单位考核中新增科技创新板块,内容包括知识产权管理和科技创新工作开展与配合两大板块,旨在进一步加强各参建单位科技创新工作,规范工程相关知识产权管理,提升工程科技创新水平,同时达到增强公司与参建单位创新能力、提升行业影响力的双赢效果。

建立知识备案登记管理制度,进一步明确知识产权范围、申请备案、日常管理等内容。针对参研、参建单位在知识产权方面存在的归属不清、成果流失等问题,公司印发《关于引汉济渭工程科技成果管理的通知》《关于引汉济渭工程相关知识产权管理的通知》,及时梳理参研、参建各方知识产权,全面掌握依托引汉济渭工程成果情况,在此基础上每月报送收集,持续更新,为公司对外宣传、报奖申优等工作奠定了基础。同时,明确出台"依托引汉济渭工程产生的知识产权为省引汉济渭公司与相关单位共同所有"相关规定,保护公司知识产权,参研、参建单位发表相关论文,申请专利、工法等,均需得到公司事先同意。

二、鼓励科技创新、激励成果产出

公司多措并举,通过参建单位考核、成果奖励、科创基金以及与知名期刊和专利代理签约等途径,推动科技创新,激励成果产出。具体措施如下:

(1)鼓励参建各方科技创新,将科技创新工作纳入参建单位季度考核。

(2)出台《科技成果奖励管理办法》,鼓励员工及时总结工程经验,凝练科技成果。

(3)出台《科技创新基金管理办法》,推进工程建设,激发科技创新活力。

(4)与《水利水电技术》《人民黄河》《人民长江》《水利建设与管理》《水利技术监督》等5家学术期刊开展合作,与专利代理机构、中国知网签订协议,指定专人为员工论文发表、专利申请、软著登记等提供服务,减少员工在科研成果发表烦琐流程上的精力投入。

三、成果积累和转化

截至2021年12月,依托引汉济渭工程取得专利95项,软件著作权27项,专(译)著5部,发表论文500余篇。其中,公司为专利权人获得专利29项,软件著作权18项,编撰完成专(译)著5部,公司职工发表科技论文224篇,其中核心及以上期刊论文85篇。参编国家标准2项,参编水利行业标准1部,参编团体标准1项,主持制定陕西省地方标准5项,其中2项已发布。

(一)参编规范、制定标准,贡献引汉济渭经验

参编国家标准《预应力钢筒混凝土管无损检测(远场涡流电磁法)技术要求》《预应力钢筒混凝土管分布式光纤声监测技术要求》。秦岭输水隧洞属于"三高两强一长"等多种复杂条件叠加的代表性隧洞工程,省引汉济渭公司在复杂地质掘进方面积累了丰富经验,受邀参编水利行业标准《全断面岩石掘进机法水工隧洞工程技术规范》。该规范是我国首部针对岩石掘进机工程技术的水利水电行业标准,涵盖设计、施工等TBM隧洞施工全部技术要求,对促进我国水利水电工程建设向安全、高效和智慧型方向发展具有重要指导意义。参编团体标准《供水企业安全生产标准化评审标准》;同时,申请制定《长距离水工隧洞控制测量技术规范》《水工长隧洞施工期通风技术规范》《水工隧洞突涌水风险评估及防治技术规范》《水工隧洞外水压力确定与应对技术规范》《水工隧洞深埋软弱围岩变形安全控制技术规范》五项陕西省地方标准并获批立项,其中《长距离水工隧洞控制测量技术规范》和《水工长隧洞施工期通风技术规范》两项标准已发布,填补了水工长隧洞在控制测量和施工期通风方面的地方标准空白。

(二) 自主专利申请

省引汉济渭公司紧密联系引汉济渭工程申请国家发明及实用新型专利共计65项,其中《一种长埋深隧洞突涌水灾害危险性等级预判的方法》《构网形式隧道平面联系测量的方法》2项发明专利和《一种碾压混凝土坝无人驾驶碾压系统》《一种水下机器人的固定辅具》等27项实用新型专利已获授权。

(三) 依托工程,软件著作权数量逐步增加

省引汉济渭公司着眼于信息化、智能化工程建设管理,开展系列计算机软件研发。其中《基于AR技术的水利枢纽仿真模型软件》《基于VR技术的水利枢纽工程仿真观摩软件》《拱坝坝肩稳定分析系统》《基于AHP-灰色定权聚类的水务一体化管理评估软件》《隧洞内自由测站边角交会网数据处理自动化系统》等18项已获软件著作权,并成功应用于工程建设管理,取得良好效益。

(四) 论文数量和质量稳步提升

省引汉济渭公司及时发现、研究工程重难点问题,促进成果凝练,组织技术人员发表科技论文224篇,其中SCI/EI/CSCD/核心等高水平论文85篇,涉及输水隧洞施工关键技术、水工建筑物结构和材料研究、水文水资源调度、生态环保、信息化及施工管理等多个领域。在《中国水利》出版专刊1辑,在《水利水电技术》出版专刊1辑,在《人民黄河》出版引汉济渭专栏7期,在《水利建设与管理》出版引汉济渭专栏2期。

(五) 专著、丛书齐头并进,有序编纂

依托引汉济渭工程出版专著《引汉济渭跨流域复杂水库群联合调配研究》《汉江上游梯级水库优化调度理论与实践》《引汉济渭工程大型泵阀系统开发与安全运行集成》《引汉济渭精准管理模式创新与实践》,出版译著《流体机械》。

组织编纂《引汉济渭工程技术丛书》,丛书全面系统地梳理工程技术和建设管理资料,总结工程建设成就,宣传工程效益,凝练工程技术成果,展示技术队伍实力。截至2021年12月,《三河口水利枢纽》《秦岭输水隧洞》2个分册已完成初稿编纂。

四、成果评价、报奖申优等工作

截至2021年12月,完成验收项目成果登记12项,其中包括《陕西省引汉济渭工程水资源合理利用和调配的关键技术研究》《引汉济渭工程深埋引水隧洞衬砌结构外水压力确定研究》《引汉济渭工程高扬程大流量离心泵选型关键技术研究》等11项省级水利科技计划项目,以及1项陕西省科技统筹创新工程项目子课题《秦岭超长隧洞突涌水、岩爆预测与防治技术研究》。

2019年度,首次开展省部级科技奖项申报工作。"中小河流施工期洪水预警

预报研究及应用""引汉济渭工程运行调度关键技术开发及应用"两项科技成果通过陕西省水利厅评审并推荐至陕西省科技厅。2020年,公司参与由大连理工大学牵头开展的"强震区高拱坝工程微震监测与数值仿真方法"科技成果编写与报奖工作,获2020年度中国大坝工程学会科技进步二等奖。

2020年5月,开展"大型复杂跨流域调水工程预报调配关键技术研究"科研成果评价与报奖工作,研究成果在中国水利学会组织的科技成果评价会上获得93.3的高分,获2020年度大禹水利科学技术奖科技进步二等奖。

2021年4月,开展"引汉济渭隧洞施工岩爆预警与防范"科研成果评价与报奖工作。在中国岩石力学与工程学会组织召开的科学技术成果评价会上,钱七虎院士、何满潮院士、方岱宁院士、张国伟院士、李术才院士等组成的评价委员会认为,项目研究成果总体上达到国际先进水平,在秦岭隧洞岩爆等级综合判定方法和分级标准方面达到国际领先水平。该成果获2021年中国岩石力学与工程学会科学技术奖科技进步奖一等奖。

2021年5月,开展"引汉济渭超长深埋秦岭隧洞施工关键技术及应用"科研成果评价与报奖工作。在陕西省技术转移中心组织召开的科技成果评价会上,以张国伟院士为组长的评价专家组一致认为,该项目关键技术成果达到国际领先水平。评分结果为93.1分。该成果申报2021年度陕西省科学技术奖科技进步奖一等奖。

2021年8月,公司参与由大连理工大学牵头开展的"深埋高地应力隧洞动力灾变的精细诊断关键技术"研究成果,获2021年中国产学研合作创新成果奖一等奖。

第八节 科普与科技交流

省引汉济渭公司借助工程优势,面向公众,加强科技交流与合作,先后开展了多种类型的科普与科技交流活动。

一、参加行业学会、协会

2019年,省引汉济渭公司先后加入中国水利学会、中国大坝工程学会、中国水利工程协会、中国土木工程学会和中国岩石力学与工程学会等5个学会、协会,成为会员单位。2019年9月,加入陕西省科技馆教育联盟,并当选为联盟常务理事单位。2020年,当选为中国水利学会理事单位,增选为中国大坝学会理事单位。

二、承办中国水利学会2017学术年会

2017年10月19日,中国水利学会2017学术年会在西安开幕,主题为"创新

驱动,助力水治理体系和能力现代化"。会上,公司党委书记、执行董事杜小洲以《柔性治水硬支撑之引汉济渭工程》为题,重点从应用先进技术、打造智能工程,创新安全措施、建立安全体系,重环保水保、建设生态工程,结合地域文化、同步景观设计等四个方面,向与会专家学者汇报了引汉济渭工程的精准化管理经验,介绍了科研项目开展情况,以及破解工程建设中遇到的大埋深、超长隧洞施工、多水源联合调度、生态敏感区环保难题的有关情况。与会专家学者表示愿为引汉济渭工程建设出谋划策,攻克这一千年工程建设难题。

三、举办第一届引汉济渭科技节

2018 年 12 月,以"筑梦青春,追随引汉济渭,科技引领,共创宏伟蓝图"为主题的第一届引汉济渭科技节开幕。开幕式当天,来自省科技厅、省水利厅、省科协、省国资委、相关出版社、科研院所、参建单位等 40 多位来宾和引汉济渭公司员工 100 多人参加活动。此次活动梳理五年来公司科技创新工作,表彰了"科技工作先进个人""优秀科技论文",邀请参与引汉济渭科研工作的国内知名学者开展 3 场专题讲座,组织水利工程相关知识有奖问答和以水利工程专有名词"我来描述你来猜"等科普与趣味活动,并专题展示了公司科研成果。

四、承办第三届全国隧道掘进机工程技术研讨会

2019 年 12 月 1—3 日,第三届全国隧道掘进机工程技术研讨会在西安举行。本次研讨会由省引汉济渭公司承办,主题为"面向重大工程的隧道掘进机挑战与创新",旨在推动隧道掘进机工程技术的持续创新和快速发展。中国科学院院士陈祖煜担任大会主席并致开幕词,中国工程院院士李术才出席开幕式并致辞,中国工程院院士杜彦良、邓铭江应邀做报告。全国各地从事隧道工程理论研究、勘察设计、工程施工及掘进机装备制造等领域的近 300 位专家学者参会,代表们围绕重大工程的隧道掘进机挑战与创新作大会主题报告 13 场,分会场报告 20 场。与会学者就隧道掘进机领域新理念、新技术、新工法、新装备进行了热烈讨论,分享了重大工程建设案例与经验,探讨了行业发展前沿与方向。部分专家学者赶赴引汉济渭工程秦岭输水隧洞岭南 TBM 施工段现场开展调研,实地了解 TBM 掘进段所面临的问题,并在现场深入探讨了岩爆处理措施、TBM 掘进效率改进等技术难题。此外,依托本次活动,引汉济渭工程入选"中国水利记忆·TOP10 评选"2019 有影响力十大水利工程之一。

五、承办全国水利工程建设信息化创新示范活动

2019 年 12 月 12—13 日,"全国水利工程建设信息化创新示范活动"在引汉济

渭工程建设现场召开。水利部有关司局、直属单位负责同志,各流域管理机构、省级水行政主管部门有关负责同志,部分重大水利工程项目法人代表及设计、施工单位代表和专家学者共 200 余人参加活动。参会者考察了引汉济渭工程建设现场,深入了解了现代信息化技术对引汉济渭工程提升管理效率、保障工程质量安全的巨大推动作用。引汉济渭工程信息化建设得到众多专家学者肯定。水利部副部长蒋旭光认为:"引汉济渭工程是信息化技术应用方面的优秀代表,为水利建设管理领域信息化建设提供了成功的、可借鉴的经验";中国工程院院士张建民认为:"引汉济渭站位高、理念新、创新多、落地实,从设计到施工实现智能化全过程覆盖,在信息化、智能化方面均具有行业示范支撑引领作用"。

六、依托陕西省科普教育基地,开展科普宣传工作

2021 年 3 月,省科学技术协会、省科技厅联合下发《关于认定西安医学院弘德馆等单位为第二批"2018—2022 年陕西省科普教育基地"的通知》,认定陕西省引汉济渭工程科学技术研究院为陕西省科普教育基地。近年来,基地依托引汉济渭工程开展了多项科普活动。

(1)创建了国家水情教育基地,建设了集环保、繁殖、科普、游学为一体的黄金峡鱼类增殖站,依托引汉济渭水土保持示范园建设了占地面积 120 余亩的子午梅苑。

(2)承担部分水利院校教学实践,已累计接待清华大学、天津大学、西安理工大学、西北农林科技大学等大专院校师生开展专业教学实践活动 20 余次,累计接待大专院校师生超 2 000 人次。

(3)先后承办了"全国水利工程建设信息化创新示范会""第三届全国隧道掘进机工程技术研讨会""中国水利学会年会""水利信息化技术(产品)推介会"等全国性会议 4 次,累计接待超 6 000 余人次。

(4)依托重大水利工程,肩负科普责任,先后开展两项科普项目研究。承担的省科协"陕西省提升公众科学素质研究计划项目"及"重大引调水工程科普教育与工业旅游融合发展对策研究"已通过结题验收,"重大引调水工程基于省级科普教育基地助力乡村振兴的研究与实践"正在开展。

第九节　科技创新获奖情况

2014 年,省引汉济渭公司获省水利厅"全省水利科技工作先进集体"荣誉称号。

2015 年,公司以全国劳动模范李元来为核心,成立"李元来劳模创新工作室",围绕工程建设关键技术和重难点问题进行创新攻关,弘扬新时期劳模精神,

发挥劳模示范引领作用。

2017年,公司获"陕西省职工创新型优秀企业"荣誉称号,孟晨创新工作室被授予"陕西省示范性职工(劳模)创新工作室"。

2017年,公司获"陕西省第四届职工科技节优秀组织单位"荣誉称号。

2018年,董鹏获"陕西省国资委科技创新标兵"荣誉称号。

2018年,公司员工发表的论文"引汉济渭工程秦岭隧洞TBM的刀具选型试验"荣获2018年度水利优秀科技论文一等奖,"引汉济渭工程三河口水库组合移民安置方式探讨"荣获2018年度水利优秀科技论文二等奖,"三河口拱坝不同体型破坏对比分析""复杂地质环境对TBM掘进效率影响研究""特大断面TBM组装洞室爆破施工技术研究"荣获2018年度水利优秀科技论文三等奖,"变质砂岩地质条件下的帷幕灌浆试验研究"等8篇论文荣获2018年度水利优秀科技论文优秀奖。同时,公司荣获省2018年度水利优秀科技论文优秀组织奖。

2018年,"引汉济渭院士专家工作站"获得由中国科学技术协会组织评选的"2018年度模范院士专家工作站"荣誉称号。

2019年,参加首届"TBM掘进参数数据分享与机器学习竞赛",并获得优胜奖。

2019年,公司参与申报的"黄金峡水利枢纽三维协同设计与应用"获第二届中国水利水电勘测设计BIM应用大赛二等奖。

2020年,科技论文"引汉济渭工程调水区水库群调水模式研究"荣获省第十四届自然科学优秀学术论文奖。

2020年,第十七届中国科学家论坛在北京召开,公司获评"司南奖·中国科技创新先进单位",公司自主研发并已投入应用的"一种自动升降的话筒支架及控制话筒支架自动升降的方法"被授予"金翅奖·中国科技创新优秀发明成果"。

2020年,公司牵头完成的"无人驾驶碾压混凝土筑坝技术研究"技术列入《2020年度水利先进实用技术重点推广指导目录》,认定为水利先进实用技术。

2020年,公司报送的《高水头大流量减压调流阀的研制仿真及关键参数研究》成果获陕西省创新方法大赛三等奖,《VR/AR技术在黄金峡水利枢纽中的应用》《碾压混凝土坝无人驾驶碾压方法、系统及应用》《自动升降麦克风支架系统》等3项成果获陕西省创新方法大赛优胜奖,公司荣获2020年陕西省创新方法大赛"优秀组织单位"荣誉称号。

2020年,公司参加完成的《强震区高拱坝工程微震监测与数值仿真方法》成果获中国大坝工程学会科技进步二等奖。

2020年,全国水利科技最高奖项"大禹水利科学技术奖"揭晓,由省引汉济渭公司承担,西安理工大学、省水文水资源勘测局、珠江水利委员会珠江水利科学研究院参加完成的《大型复杂跨流域调水工程预报调配关键技术研究》成果获大禹水利科学技术奖科技进步二等奖。这是引汉济渭科研成果首次获得此殊荣,实现了公司在省部级奖励方面零的突破。

2021年,公司发表的论文"渭河下游主要问题和治理对策建议"荣获2020年度水利优秀科技论文一等奖,"AR技术在黄金峡水利枢纽建设管理中的应用""陕西省引汉济渭工程受水区退水河流纳污能力研究""引汉济渭秦岭输水隧洞硬岩TBM掘进施工技术"荣获2020年度水利优秀科技论文二等奖,"三河口水利枢纽施工组织设计优化""秦岭隧洞TBM皮带机出渣系统的改造设计研究""基于D-S证据理论的子午河流域洪水预报模型优选"等7篇论文荣获2020年度水利优秀科技论文三等奖。同时,公司荣获省2020年度水利优秀科技论文优秀组织奖。

2021年,中国岩石力学与工程学会2021年科学技术奖评选结果揭晓,由省引汉济渭公司牵头,中铁第一勘察设计院集团有限公司、大连理工大学、中国水利水电科学研究院、辽宁科技大学、中铁隧道股份有限公司、中铁十八局集团有限公司参与完成的"引汉济渭隧洞施工岩爆预警与防治"成果获得"第十二届中国岩石力学与工程学会科学技术奖(科学技术进步奖)一等奖"。

2021年,陕西省企业"三新三小"创新竞赛获奖项目名单公布,公司报送的"高水头大流量减压调流阀的研制、仿真及关键参数研究"和"基于虚拟和增强现实技术的水利枢纽可视化平台"2个项目荣获一等奖,"一种棒磨机及碾压砂制备系统"荣获二等奖。

2021年,陕西省创新方法大赛获奖名单揭晓,公司报送的《大口径调流调压阀节流套筒开孔方案设计与验证》获一等奖,《基于TRIZ创新方法的锚索张拉安装装置》获二等奖。

2021年,中国创新方法大赛获奖结果公布,公司参赛项目《基于TRIZ理论大口径调流调压阀节流套筒创新设计》获二等奖。

第二章　智慧引汉济渭

　　传统水利工程大多将信息化建设放在运行管理阶段,在工程施工期信息化应用较少。引汉济渭工程横跨长江、黄河两大流域,施工地点涉及6个地级市,点多线长面广。特别是总长98.3千米的秦岭输水隧洞,是人类首次从底部横穿世界十大山脉之一秦岭,多位院士评价其综合难度世界第一。面对这样一个由多个大型水利工程组合起来的超级系统工程,传统管理手段已无法满足工程建设管理的真正需要。

　　省引汉济渭公司自成立以来,就形成创新管理理念,以建设过程管理精准、实时、高效为目标,在引汉济渭调水工程初步设计阶段,就按照"一次设计、分步实施、统一标准、留足空间"的思路,从工程建设与后期运营需求出发,让信息化建设与工程建设同步进行,成为水利行业信息化的排头兵。

第一节　信息化组织与实施

一、信息化实施机构

　　省引汉济渭公司信息化建设组织机构随着工程建设的推进,经历了由工程技术部(2013年)负责到信息化管理项目小组(2016年,办公室设在工程管理部)负责,再由数据网络中心(2017年)负责的沿革过程。2020年成立的陕西智禹信息科技有限公司将配合数据网络中心完成引汉济渭公司信息化系统的运维和优化。

　　数据网络中心成立于2017年7月11日,主要职责为负责公司信息化"信息系统前期论证—信息系统开发实施—信息系统运维管理"全流程。具体职能有:负责公司信息自动化系统工程建设、运行维护及相关协调工作;负责对信息自动化系统项目参建单位的管理,审查合同费用结算工作;负责工区所有信息化项目及数据管理工作;负责信息自动化系统相关网络安全和保密工作;负责计算机维护、软件管理、网络信息技术支持工作;负责信息自动化系统培训工作;全面负责智慧引汉济渭的整体规划与推进。

　　陕西智禹信息科技有限公司成立于2020年11月4日,由上市央企太极计算机股份有限公司、江苏亨通海洋光网系统有限公司、省引汉济渭公司三家共同推动央企进陕、优势资源整合,合资组建混合所有制的公司。公司核心业务是"一云一池两平台"即基于云架构的数据资源池、智慧调水平台、智慧运维平台,以调度任务智慧化、运维体系标准化、工作流程规范化、诊断分析智能化、维护操作自动化、进度状态可视化、质量评估数字化、生产运行连续化、运筹决策科学化为目标,致力成为中国水利工程智慧调水整体解决方案和智慧运维服务的领跑者。

同时,依托公司成立的科学技术研究院(科技部)、"创新工作室"与陕西智禹信息科技有限公司协作完成信息化系统规划、研发、实施和运行管理。

二、信息化建设阶段划分

省引汉济渭公司信息化建设截至2021年12月底可分为三个阶段:

第一阶段(2013年6月至2016年5月):公司成立初期,主要完成办公室基础信息系统建设。

第二阶段(2016年6月至2019年5月):信息化建设一期工程整体规划实施,全过程数字引汉济渭略具雏形。

2016年,委托中国水利水电科学研究院编制《引汉济渭工程管理调度自动化系统总体框架设计》,建立了以调水工程为核心,以数据采集、数据传输、数据存储和管理为基础,设计建立包括综合服务、智能调水、监测预警、视频会商及应急、工程管理、水库综合管理系统六大应用板块的引汉济渭工程信息化系统。先期建成调水工程骨干通信光缆,逐步完成各个终端,使信息化从工程建设阶段就充分发挥作用。

第三阶段(2019年6月至2021年12月底):信息化二期工程建设启动,补齐前期信息化建设短板,构建"一云一池两平台",实现"智慧水利"规划目标,打造智慧水利工程新样板。

2020年11月成立的陕西智禹信息科技有限公司将负责公司信息化项目建设实施,以全生命周期服务智慧引汉济渭和推动水利水务智慧化为使命,致力成为中国水利工程智慧调水整体解决方案和智慧运维服务的领跑者。实现调度任务智慧化、运维体系标准化、进度状态可视化、工作流程规范化、诊断分析智能化、维护操作自动化、生产运行连续化、质量评估数字化、统筹决策科学化的公司既定目标。

三、信息化建设概况

引汉济渭工程建设之初即将数字化建设与工程建设同步并行,以工程安全、调度安全、水质安全为主线,从施工建设、动态监控、风险分析、精准调度、应急处置、系统安全等多维度,统筹谋划智慧引汉济渭建设。

（一）一期工程建立信息化系统总体框架

一期工程初步设计阶段委托中国水利水电科学研究院编制《引汉济渭工程管理调度自动化系统总体框架设计》，从工程建设管理实际需求出发，按照"总体规划、分步实施、统一标准、留足余量"的思路，进行项目总体技术方案设计，指导各个层次的建设内容有序安排。以调水工程为核心，建设应用系统、应用支撑平台、数据资源管理中心、云计算中心、信息采集系统、计算机监控系统、通信与计算机网络系统以及保障系统建设与运行的实体环境、标准规范、安全体系、管理保障体系。应用系统主要包括综合服务、智能调水、监测预警、视频会商及应急管理、工程管理、水库综合管理等 6 个模块。

（二）二期工程确立智慧引汉济渭目标

引汉济渭二期工程在初步设计阶段即实行信息化初步设计标段单独招标、专题设计，确保设计的完整性和系统性。以"融合一期、建设二期、兼顾三期"为建设总轴线，以"统一业务应用、统一应用支撑平台、统一数据存储维护、统一通信网络设施、统一信息采集传输"为 5 个统一建设原则，确立 7 项建设目标：透彻感知的采集监控体系、高速互联的通信传输网络、集约共享的基础设施环境、统一汇聚的数据资源体系、数字赋能的支撑服务平台、工程建管全过程智慧应用、运行高效的安全保障环境。根据水利部智慧水利总体方案，二期工程数字化建设将以应用层、支撑层、数据层、基础设施层、网络层、采集与监控层，以及标准规范体系、安全及运维保障体系的"六横两纵"技术架构，将引汉济渭工程数字化建设推向新的高度。

（三）三期工程持续完善智慧赋能应用

三期工程主要建设输配水工程剩余干线的通信网络、物联感知、视联网络、设施监控等，继续夯实基础设施层，完善感知采集与监控体系建设。遵循统一调度、两级管理、三级控制调度模式，利用数据挖掘、数据分析、数据融合、数据协调、数据同化、图像识别、深度学习等关键技术，深度挖掘数据资源，用数据资源完善模型迭代、算法优化和赋能应用，实现多尺度、多种类、多空间、多时态、多结构、多来源的涉水数据深度融合和互联互通，开创基于情景分析、态势判别的预报预警预演预案耦合系统，形成实时动态变化的数字孪生体系，为水资源调度、工程运行管理等提供全空间、全过程、全要素、智能化的决策支持环境，实现智能化调度运行和智慧化运维保障，全面建成智慧引汉济渭工程。

第二节 信息化建设成果

引汉济渭工程信息化系统建设由省引汉济渭公司牵头建设为主，结合各参建方自身已有的和新开发的信息系统,建立了涵盖人员管理、安全监督、生产调度、工程实时监控、生态保护等六大方面的全流程管理信息化系统。融合运用先进信息技术,全过程数字引汉济渭略具雏形。结合引汉济渭工程建设和公司管理实际,运用多种信息技术和手段,推进工程管理公司管理全天候、全方位、全要素、全过程管控,取得了显著成效。

引汉济渭工程已实现信息化全覆盖、智能化应用于生产、智慧化进入设计阶段。2019年12月,全国水利工程建设信息化创新示范活动在省引汉济渭公司举行,公司信息化建设成果受到与会领导和专家的一致好评,公司信息化水平达到行业领先。水利部副部长蒋旭光评价指出,引汉济渭工程是信息化技术应用方面的优秀代表,为水利建设管理领域信息化建设提供了成功的、可借鉴的经验。"陕西引汉济渭工程开展信息化创新示范活动"入选"激浪杯"2019有影响力十大水利工程。

一、水源监控信息化

引汉济渭工程的主要施工区域之一位于黑河水源地,西安市最大的地表水饮用水源地。引汉济渭工程在黑河水源保护区的施工区域排水口、拌和站、砂石骨料场、渣场等61个重点部位布设了环水保监控系统(含2套水质监测系统),监控数据进行定期和长期储存,实现了信息追溯功能,同时实现了手机APP同步操控,使得管理人员可随时随地察看工地情况。环境监测人员根据系统反馈的数据和图像,可第一时间发现环保问题,为工程环保工作决策提供依据,实现引汉济渭水资源自动监控及信息化应用模式,为打造绿色工程、生态工程,保证西安市的用水安全提供信息支撑。

二、工程建设信息化

三河口碾压混凝土双曲拱坝是国内在建最高的碾压混凝土双曲拱坝之一,最大坝高141.5米,混凝土浇筑方量110.7万立方米,工程规模大,建设工期长,施工过程受自然环境、结构形式、工艺要求、组织方式以及浇筑机械与建筑材料等诸多因素的影响,使得施工计划安排、进度控制和资源优化配置十分复杂,又地处高山峡谷区,地形、地质条件复杂,水推力大,工程整体防裂要求高、控制难度大,且年温差大,温控条件较恶劣,防裂极其困难。面对这一系列工程建设难题,省引汉济渭公司在三河口水利枢纽施工中建立三河口施工期监控管理智能化系统,打造了水利工程智能建造范例。该平台集成"1+10"的系统模块,将BIM技术引入三河口水利枢纽工程的建设中,包括大坝建设智能温控、综合质量、车辆跟踪、进度仿真等功能,运用自动化监测技术、数值仿真技术等实现大坝智能温控、灌浆质量、碾压质量等信息实时采集、自动分析,出现问题可及时自动预警,有效避免人为因素,实现了施工过程可追溯,为大坝的全生命周期管理奠定基础;联合清华大学张建民院士团队研发的"无人驾驶碾压混凝土智能筑坝技术",首次成功应用于三河口碾压混凝土双曲拱坝施工。该技术通过预先设置碾压速度、碾压轨迹、碾压遍数等施工参数,通过机载传感器可采集作业数据,实现混凝土碾压过程智能控制,有效克服人工驾驶碾压机作业碾压质量不稳定等缺点,使得质量的标准化、程序化不受人为因素的影响,提高了碾压混凝土大坝施工质量。

黄金峡水利枢纽三维协同设计引领水利枢纽全生命周期 BIM 应用的新征程。在黄金峡水利枢纽施工中,联合长江勘测规划设计研究有限责任公司将三维 BIM 和 GIS 技术融合应用到黄金峡工程建设过程中,实现了各专业、全过程的设计协同管理,在施工组织设计、专业间构筑物相互碰撞检查等方面取得了较好的效果。后期将标准化的 BIM 模型有效地导入建设管理平台和运行管理平台,为引汉济渭数字孪生工程提供了基础保障。黄金峡水利枢纽三维协同设计与应用荣获 2019年第二届中国水利水电勘测设计 BIM 应用大赛二等奖;清华大学研发的"无人驾驶摊铺系统",在黄金峡碾压混凝土重力坝施工中成功应用,混凝土坝的无人驾驶摊铺和无人驾驶碾压技术首次在黄金峡水利枢纽实现了联合作业。

公司联合中铁第一设计院将智能管理系统应用于秦岭输水隧洞施工。该系统通过对秦岭隧洞施工中的风险、质量、进度、TBM 监测四方面重点进行仿真、模拟、监控,从而实现秦岭隧洞的高效施工;引汉济渭办公大楼建设施工过程中,基于 BIM 系统,对工程结构、场地布置、施工组织、机电安装等工程进行仿真模拟测算,实现了项目管理精细化。

三、管理调度自动化

引汉济渭工程管理调度自动化系统利用先进的通信与计算机网络、信息采集、监视监控、数据汇集管理和信息应用技术,旨在实现引汉济渭工程调水工程的信息采集、监测监视、预测预警、调度控制、工程管理和调度会商决策支撑等。在"十三五"期间,按照合同文件要求,该项目先后完成应用支撑平台、数据资源管理平台、应用软件系统、计算机监控系统需求规格说明书的编制、优化、专家评审工作和原型系统部分功能的迭代设计与开发;实体环境、云计算中心完成深化方案编制和专家评审工作,总调中心已进场施工;综合通信系统完成海缆试验段的敷设,并根据试验段敷设结论,优化了海缆敷设方案;标准规范体系根据专家意见完成修改、报批工作和第一批中 8 个标准规范的编制;环水保分部建设完成,并具备验收条件。项目建设整体可控。

四、协同办公自动化

建立了公司办公自动化 OA 管理系统,实现了统一用户登录、流程集合、数据整合等功能,公司公文处理、会签、文件收发、事项督办、部门间业务往来、印章使用、请销假、新闻公告等日常性工作事务将全部通过 OA 系统处理,有效增强部门间协作和资源共享,打破传统管理模式下的孤岛效应,各部门间业务往来通过线上的标准化、规范化流程进行协作,办公不受时间、地点限制,手机 APP 可实现随时随地高效办公,大幅度提高了工作效率和质量,节约了运行成本。

五、移民管理信息化

建成引汉济渭建设征地移民信息管理系统,从移民工作管理角度出发,实现了从实物指标、安置规划到安置实施全过程管理;数据管理具体到户、到企业、到项目,能查看每户实物指标数据、搬迁安置去向,能查看每个企业受淹没影响、处理方式、在地图中位置信息,能看到每个专业项目受淹没影响、处理方式、建设进度等信息;项目实现了从规划、计划、实施、控制到验收全流程管理,移民工作各阶段庞杂的数据可通过可视化展示平台直观、清晰呈现。系统帮助相关单位和部门及时掌握、分析移民安置过程,及时调整建设计划并采取各种调控措施,使得复杂的建设征地移民安置过程更加清晰和易于控制,为移民工作提供强大的管理工具和科学决策支持,实现"实物成果可核查、资金使用可追溯、安置实施进度可追踪"的管理目标。

六、人员考勤管理信息化

建立参建单位面部识别考勤系统,能够满足多种情况(移动考勤、固定考勤)下实时数据采集、统计分析,考勤终端借助 AI 人脸识别技术、现代通信技术,集成夜视红外光学摄像头,可实现考勤机的全天候使用。系统满足公司内部考勤信息管理及参建单位考核信息管理,具备信息查询、请假申请和审批、报表一键导出等功能,有效提高了管理人员工作效率,规范审核流程,且数据长期保存备查。通过对施工单位的主要管理人员实行面部识别考勤,对缺勤人员实施处罚措施,有效遏制了参建单位主要管理人员脱岗的现象,解决了现场管理人员与投标约定人员不一致的全国性难题,维护了合同的严肃性。

七、财务管理信息化

建立计量支付审批系统和财务共享系统,同步并行、无缝衔接,实现了施工结算、付款、发票三者间的信息联动,让合同、资金的管理更加简洁高效。计量支付审批系统通过计量支付模块和统计台账模块的运用,实现了工程建设合同计量、审批、支付等工作的网络化管理,减少了中间报送环节,解决了引汉济渭工程参建单位多,资金结算周期长的问题。引汉济渭财务共享系统以财务云为核心,前端建设电子影像系统、商旅平台、预算系统、移动办公APP,同时与OA系统、计量支付系统、合同系统、资产管理系统等协同管理,实现了业务前端数据一次性抓取、全过程自动流转、流程风险自动控制、管理标准自动校验。

八、企业信息化资源的开发与利用

2017年7月11日,数据网络中心成立之初,从公司各部门抽调相关专业人员组建了一支4人信息化队伍,随着公司的发展,部门不断招才引智,引入高学历、具有丰富信息化经验的专业人才,经过两年多的发展,已经形成一支包括综合管理、基础设施、软件应用3个专业小组,共16人的信息化团队,结合部门内定期开展的学习交流活动,全力打造一批具有较高水平的、集业务管理经验和IT信息化建设经验于一身的综合性人才。

数据网络中心全面梳理了已建和在建的诸多业务应用系统,在现有信息系统的基础上,利用Intranet技术集成企业分散在各部门的工程建设、经营管理信息和应用,构建企业统一的信息平台,把以前的一个个“信息孤岛”集成到统一的浏览器平台上,建成了数字引汉济渭管理平台,为管理者提供统一的信息访问和管理平台,打破各部门“信息孤岛”,方便系统的使用和维护,降低信息滞后和短缺带来的负面影响,帮助管理者更好地利用现有信息资源。

同时,公司高度重视信息化建设的标准化、规范化、科学化工作,先后编制信息化相关的数据标准、网络标准、应用标准、安全标准、系统测试与评估标准、信息资源评价标准等,建立了引汉济渭工程信息化标准规范体系;编制完成《陕西省引汉济渭工程建设有限公司建设期隧洞视频管理办法》《陕西省引汉济渭工程信息化项目建设管理办法》《陕西省引汉济渭公司信息化系统运维管理办法》等7个相关制度规范,长效提升了信息化建设运维的规范化水平。目前,正在着力推进引汉济渭工程BIM模型标准和调度自动化标准规范体系的编制工作。

第三节　二期工程智慧化试点

引汉济渭一期工程信息化建设取得初步成果,促进了工程建设进程。引汉济渭工程被列入国家骨干水网体系后,工程的地位和作用更加凸显,对工程建设管理运行提出新的更高要求。省引汉济渭公司联合科研院所、信息化公司等跨行业、跨学科机构组成设计团队，以"安全、实用、先进、示范"为原则，以"施工管理、动态监控、诊断分析、应急处置、优化管理、生环保护、移民安置"等重点难点问题为导向，加快与新一代移动通信、人工智能、大数据、物联网、区块链、机器人、虚拟现实等信息新技术深度交叉融合，率先建成新型水利基础设施、水利关键信息基础设施。

在引汉济渭工程一期信息化成果基础上，省引汉济渭公司在开工实施的二期工程中遵循智慧水利总体框架，科学构建水利双基础设施（新型水利基础设施、水利关键信息基础设施），全面推进引汉济渭调水工程建设运行管理现代化。重点在以下几个领域实现突破：

一、树立通信技术在水利工程应用新标杆

利用 5G 通信技术低延迟、大带宽的强大优势为无人机、机器人、云存储、云计算、大数据分析、AR/VR 等智能应用提供支撑，将有力提高整体感知能力、反馈能力、操控能力、挖掘能力、分析能力，打通大型水利工程管理从数字化和信息化阶段迈入智能化阶段的技术瓶颈。

二、打造调水工程全生命周期管理的新样板

运用全生命周期管理模式，整合从工程规划、设计、建造，到投运、调度及维护升级的各环节的信息与过程，打造样板工程。

三、以物联网与智能监控为纽带，全面建成 BIM+GIS 建设管理平台

参建各方统一协同，落实工程安全监管、质量管控、进度管控、成本管控、廉洁管理"五大控制"，全面实现工程全生命周期管理。

四、提出大秦岭水生态文明建设与保护新模式

针对大秦岭地区良好的生态环境禀赋，结合引汉济渭调水工程分布，建设基于多种微传感器和区块链的大秦岭首家野外水生态基地与实验站、水生态实验室、样本中心和展示互动中心，践行大秦岭生态保护与经济发展双引擎模式，践行生态文明战略。

五、创建水利智能无人系统精准应用的新品牌

针对复杂气象水文应用环境，引进中航集团多系列工业级无人机，发展长航时、大航程、多载荷的水利工业级无人机系统，集成实现工程实时水雨情、工情精准收集、突发事件应急照明与指挥调度。针对引水隧洞流速大、流程长等难点，设

计研发引水隧洞定期巡测与工程裂缝精准修复的水下机器人,服务于引水隧洞工程管理,创建工程智慧应用的空中大脑和水下卫士。

六、铸造全口径优化调度运行新示范工程

将调水工程的水量水质目标、生态目标、工程风险进行分解细化,引导建立覆盖水库枢纽、泵站、隧洞水文学与水力学评估模型,建立目标(任务)-项目(措施)-水量水质(生态)链条,最终实现水库枢纽、泵站、隧洞、涵管的水文、水力学全过程优化和工程全口径调度,全面提高生态效益、技术效益、经济效益。

七、构建引调水工程水资源银行新体系

充分利用工程措施与非工程措施,科学调度利用水资源,丰水年份充分蓄水,枯水年份引入水银行进入市场,采取计划与市场结合的水资源灵活定价机制,向工矿企业、农业等用户出售水资源,通过市场机制来优化用水行为,提高节水效率,应对水资源危机。

八、创建学习型大型调水工程新标杆

基于大数据、人工智能技术,通过不断的自我强化学习,在监控设备、调整参数、应急突发情况等方面形成正向学习机制,进一步提高自我分析、处理和操控能力,创建学习型大型调水工程标杆。

智慧引汉济渭是工程建设、运行管理的大脑和中枢。系统紧密贴合工程的实际需求,以"数字调蓄库"为统领,以"一云一池两平台"为基础,以"工程安全、调度安全、水质安全"和实现"四预"为目标,综合运用计算机技术、通信技术、自动控制技术、大数据、云计算、人工智能、数字孪生、BIM+GIS、AR、VR、无人机飞检飞视等技术及现代管理学理论、水力学理论和其他学科的优秀成果,融合工程建管的实践经验,建设 1 个调度总中心、3 个分中心、7 个管理站,建设涵盖引汉济渭工程主要业务的现代化管理运营体系和支撑平台,实现引汉济渭工程的智慧化建设,智慧化运行,智慧化管理,助推引汉济渭成为我国引水工程的标杆和样板,为智慧水利贡献引汉济渭方案。

引汉济渭二期工程初步设计报告将信息化专题列入了整体规划,在可研报告中列入调度自动化设计的基础上,扩充智慧水利和水利双基础设施设计内容,对信息化整体投资进行了调增。

第三章　代表性科研攻关

省引汉济渭公司自成立以来坚持科技创新后驱动,开展科研联合攻关,积极推进新技术、新工艺应用,破解了多个世界级施工难题,部分课题技术水平达到行业领先乃至国际领先。

第一节　秦岭输水隧洞专项研究

引汉济渭工程秦岭隧洞专项研究由中铁第一勘察设计院集团有限公司、西安理工大学、中国水利水电科学研究院等 11 家科研院所承担完成,2020 年 8 月顺利通过验收。

课题成果破解了超长深埋隧洞通风、岩爆、测量、突涌水、外水压力等超规范和现有工程的施工难题,在秦岭输水隧洞建设中得到了成功应用,为隧洞的顺利掘进提供了有力的科技支撑,最大程度地保障了现场施工安全。经综合评估,节约工程建设投资约 5 亿元。2 项课题技术水平达到国内领先水平,1 项课题技术水平达到国际先进水平,5 项课题技术水平达到国际领先水平。其中,岩爆、通风等方面的研究得到行业内部多位院士专家关注,相关成果被写入行业规范、地方标准。

子课题一:《超长深埋隧洞深层地下水预测及处理措施研究》

(1)通过分析秦岭隧洞突涌水发生条件与地质条件的关系,构建了超长深埋水工输水隧洞水文地质和突涌水灾害发生的分级评价体系,提出了地层岩性、岩层倾角、不良地质、地表汇流条件、隧洞上方压力水头、可溶岩与非可溶岩接触带、层面(间)节理裂隙与地表汇流条件结合度等 7 个指标组成的指标体系,确定了各指标相应的水文地质条件和致灾程度,包括强富水区、中等富水区、弱富水区、贫水区四个等级划分,并建立了长达 12 年以上的隧洞渗水观测数据库,验证了该分级体系的可行性和实用性。

(2)针对不同水文地质单元,建立了相应的隧洞突涌水预测模型,提出了极高、高、中、低、轻微危险性 5 个风险程度评估,在上述风险评价分级体系的基础上,在秦岭地区首次将先进的三维地震、固源阵列瞬变电磁及聚焦测深电阻率法等地球物理超前预报技术和突涌水灾害危险性分级分区预报方案纳入超前地质预报体系中,有效提高了超前地质预报的准确率,大大降低了施工安全风险,形成了一套完整的超长深埋隧洞突涌水灾害综合超前地质预报体系,提高了预报准确率。

子课题二:《超长深埋隧洞深层高地应力岩爆预测与防治技术研究》

(1)勘察设计阶段,在埋深260~660米范围内进行了6孔地勘应力测试;施工阶段,在埋深770~1 360米范围内进行了5个断面的三维地应力测试,结合秦岭隧洞地质背景和施工实际情况,得到了秦岭隧洞地应力分布特征,为秦岭隧洞岩爆评价提供了重要基础;建立了秦岭隧洞岩爆等级判定方法、分级标准,对常用的岩爆发生判据做出了改进。

(2)历时9年对隧洞内岩爆进行了统计分析,共发生1 800余次,其中轻微岩爆585次,中等岩爆532次,强烈岩爆671次,极强岩爆32次,针对秦岭隧洞不同岩爆等级形成了不同施工方法下岩爆的防治技术体系。

(3)将微震监测技术纳入超前地质预报体系中,有效提高了超前地质预报的准确率,微震监测连续监测距离超过9千米,最终监测距离将达到13.2千米,大大降低了施工安全风险,形成了一套完整的超长深埋隧洞岩爆综合超前地质预报体系。

子课题三:《秦岭超长隧洞施工通风技术研究》

本研究依托秦岭引汉济渭隧洞工程,通过室内试验、数值模拟、理论推导、现场测试等方法,对超长距离引水隧洞施工通风标准、超长距离引水隧洞施工通风设计参数优化、超长距离施工通风方案及实施方法、引水隧洞超长距离TBM施工降温除尘等内容进行了研究,取得如下创新成果:

(1)探明了秦岭超长、深埋隧洞的洞内施工环境特征和高温的特殊需求,给出了相应的钻爆法施工和TBM施工环境控制标准。获得了初始风量、风管形态等对风管漏风率的影响规律、施工通风计算的主要参数,建立了长距离隧洞施工的风管漏风率计算方法,制定了适用于超长深埋隧洞施工的通风方案。

(2)在秦岭超长隧洞施工中采用了接力式风仓的通风技术,进行了系统研究,首次提出了接力式风仓的设计方法,在秦岭超长深埋隧洞施工通风实践中效果显著。

(3)建立了高温、高湿、有害气体等复杂环境条件下长距离TBM施工隧洞的洞内温度及粉尘分布的预测方法,给出了配套的施工措施。

(4)在气候分割带区域,基于约175万组隧址区气象测试数据,首次探明了多斜井隧洞自然风的作用规律,给出了自然风作用下的施工通风计算方法。

（5）创造了7.2千米钻爆法独头通风的国内纪录,实现了独头长度14.3千米的TBM隧洞施工通风。

子课题四:《硬岩长距离TBM与围岩特性相关性研究》

（1）通过对TBM开挖的隧洞岩体进行分区分段评价,提出了TBM开挖岩体分段质量评价方法。基于TBM隧洞围岩岩体质量评价、室内滚刀破岩试验,对TBM施工掘进速度及滚刀磨损进行了预测,对各岩体条件段的施工参数提出了优化建议并结合TBM实际施工进行验证及修正,提出高地应力下TBM的优化施工措施,提出降低刀具磨损的施工措施,提高了TBM掘进参数与开挖岩体条件的匹配性,为现场TBM安全高效施工提供了技术支持。

（2）通过引汉济渭TBM施工段的地质资料和施工数据的收集,统计TBM施工停机时间,分析TBM利用率及停机因素与围岩类别的相关性,确定岩体条件对TBM利用率及掘进性能的影响,建立了基于RMR岩体分级系统与岩石磨擦性指数CAI值的TBM利用率预测模型,能够为不同岩体条件下TBM施工利用率进行预测及评价。

（3）选取典型的岩体条件段进行TBM施工损伤区测试,采用数值方法分析不同岩体条件下掘进机开挖后的损伤区范围,对比分析实际测试损伤区与数值计算损伤区的范围,为TBM施工各岩体条件的支护设计参数提供参考。

子课题五:《超长深埋隧洞深层围岩基本工程特性研究》

（1）首次将以板块构造和陆内构造为核心的秦岭造山带理论应用于秦岭地区隧洞围岩地质环境研究中,提出了应用的实施方法,为评价深埋隧洞围岩工程特性提供了理论依据。

（2）从岩体结构、岩石显微构造、多期变形特征、围岩力学特征及应力场等因素着手,对岩石不同破坏机制从地质角度提出了指导性意见。

（3）采用岩石微观组构与岩体宏观构造分析相结合,阐明岩体力学特征,为地质条件区域划分和设计提供了依据。

子课题六:《隧洞衬砌结构外水压力确定及应对技术研究》

（1）建立了基于施工期围岩内水压监测数据与围岩内渗流连续方程理论相结合的洞轴线部位初始水压确定方法,并经现场水压实测,得到了验证。

（2）通过对秦岭隧洞13个不同区段典型断面,经过2年多的地下水现场监测,取得了隧洞多个典型洞段施工期各个阶段的围岩水压数据。结果表明,隧洞施工期围岩内渗透压力水头在2~15米,复核验证了设计采用的折减系数。

（3）提出了建立在三维裂隙网络模拟和解析基础上的确定衬砌结构外水压力

的理论分析方法。该方法对于确定外水压力折减系数具有重要的参考价值。

（4）提出了应对外水压力措施的量化设计方法，并应用该方法对秦岭隧洞的排水措施进行了量化分析和优化设计。

子课题七：《超长深埋隧洞深层高地应力软岩变形及防治技术研究》

秦岭隧洞岭北区位于秦岭板块山阳—凤镇断裂与商丹断裂带特殊构造部位，地质构造复杂多变，发育多条断裂，主要岩性由千枚岩、变石英砂岩和构造岩组成。构造应力为 30~50 兆帕，最大主应力方向接近水平，与洞轴线大角度相交，岩石单轴饱和抗压强度为 25~35 兆帕，属中等偏软。在施工过程中出现了围岩大变形和卡机现象。本项目围绕这一地质灾害风险开展了系统的现场调查和科学研究，为隧洞支护设计和施工方案制定提供了支撑，具有重要意义。

（1）结合现场地应力测试成果，提出了考虑应力分区的超长深埋隧洞地应力场非线性反演分析方法，获得了不同岩性、不同洞段的地应力分布特征。

（2）通过引入内变量演化特征量描述岩石强度参数的卸荷时效性劣化规律，并考虑力学参数的围压效应，创建了反映卸荷岩石时效力学机制的复合黏弹塑流变模型，并应用于秦岭深埋隧洞 TBM 卡机脱困措施论证以及后续稳定性评价中。经后期实际工程验证，数值模拟结果符合现场实际，所采取的超前导洞、拆除拱架、扩挖换拱等脱困措施是合理的。

（3）首次揭示了特殊复杂地质条件下开敞式 TBM 卡机脱困全过程围岩变形和钢拱架相互作用及其演化规律，集围岩变形和支护系统监控、钻孔电视等超前地质探测、超前导洞扩挖拆拱换拱技术和三维时效数值分析于一体，形成了一整套 TBM 卡机脱困技术，有效解决了秦岭深埋隧洞大变形围岩 TBM 卡机难题，保障了围岩稳定和施工安全。

（4）系统监测了岭北软岩大变形段的围岩收敛和内部变形以及钢拱架受力状况，并全面整编了监测资料，为类似工程积累了经验，对促进学术进步具有重要科学意义。

子课题八：《超长深埋隧洞测量设计分析评估及施测精度控制分析研究》

（1）针对复杂山区长大隧洞进洞联系边难以确定的难题，独创了多源数据联合构网的平面联系测量方法，确保了联系边精准可靠。

（2）针对长大深埋隧洞贯通测量旁折光和对中误差影响测量精度的难题，首次提出在长大输水隧洞洞内平面控制测量中采用自由测站边角交会网测量方法，保证了洞内测量精度。

（3）针对长大深埋隧洞复杂环境因素对角度测量影响的问题，研究了加测陀螺边对长大隧洞横向贯通误差的增益规律,提出了洞内控制网陀螺方位角分布优化方案,显著提升了成果可靠性。

(4)针对高差大、起算边短的难题,提出了垂线偏差改正模型,通过垂线偏差改正,有效提高进洞方位角的精度。

(5)结合科研成果及相关工程经验,编制了《长距离水工隧洞控制测量技术规范》,填补了行业空白。

第二节　无人驾驶碾压混凝土智能筑坝技术研究

引汉济渭调水部分包括黄金峡、三河口两个水利枢纽工程,其中三河口碾压混凝土双曲拱坝是同类型中第二高坝。两个水利枢纽工程都采用相同的碾压混凝土筑坝技术。这种筑坝技术的特点是机械化程度高、施工快速简单、适应性强、工期短、投资省、绿色环保,备受世界坝工界的重视。

自从碾压混凝土筑坝技术在 20 世纪 80 年代引进我国以来,至今碾压混凝土重力坝与拱坝已修建近 200 座,我国坝工界积累了丰富的实践经验,并形成了碾压混凝土设计与施工规范。但在碾压混凝土筑坝实践过程中,也发现普遍存在着碾压遍数不够、搭接漏压、行驶超速、激振力低等现象。这些问题将直接影响碾压混凝土坝的施工质量。另外,在施工机械与质量检测之间也存在着干扰问题,在一定程度上影响了碾压混凝土的施工进度与质量。

利用信息化技术的无人驾驶碾压机施工技术已经在碾压土石坝施工中获得了成功。鉴于碾压混凝土与碾压土石的工艺相似性,探索碾压混凝土筑坝过程中引入无人驾驶碾压技术,并开展相应的工艺优化、质量在线检测等研究工作,对于保证碾压混凝土施工质量,提高大坝的整体性能十分必要。

一、研究内容

本研究主要包括无人驾驶碾压机通信网建设与调试、碾压机改造与调试、碾压混凝土施工过程模拟与试验。

无人驾驶碾压机通信网络是无人驾驶碾压系统的“生命线”,根据拱坝施工现场条件,设计微波无线通信网络;研究适合碾压机行驶的天线形式与最优波段,设计接收天线最大接收范围,保证覆盖整个施工区域;设计无人驾驶碾压机系统通信协议,开发客户端、服务器端网络应用程序以及现场调试。

碾压机智能化改造是无人驾驶碾压混凝土的基础,机械碾压设备通过添加伺服电机、GPS、机载计算机等,形成碾压机机-电-液-信一体化智能系统,使碾压机能够感知作业环境,而且能够与作业环境动态协调;开发碾压机无人驾驶作业操作系统,开发碾压机发动机、变量泵等控制子系统的驱动程序,开发碾压机无人驾驶安全保障系统。

碾压混凝土施工过程模拟程序化是无人驾驶碾压作业的关键。现场试验与调试是开发计算机软件程序模拟人工碾压作业参数的过程,应用计算机软件模仿施工机械作业过程及驾驶员操作过程,实现碾压机自动完成指定的碾压任务。提取碾压混凝土施工各环节,设计相应程序模块,形成无人驾驶碾压混凝土施工工法。

二、研究创新性

(一)完成了碾压混凝土拱坝曲线碾压路径规划

由于碾压混凝土拱坝体型、坝轴线的曲线特性,无论模板,还是预埋冷却水管都是曲线布置。因此,碾压混凝土摊铺与碾压自然也需要按平行坝轴曲线方式作业。这要求碾压机在碾压区域规划与路径设计时充分考虑到其曲线复杂性。碾压机按预定曲线路径巡航对碾压机控制软件无论控制精度还是稳定性都提出高要求。而无人驾驶碾压筑坝技术还未在混凝土重力坝与拱坝中得到试验与应用。

(二)设计了碾压仓面预埋件规避方法

碾压混凝土拱坝不但体型复杂,而且还埋有大量监测仪器预埋件以及施工临时设施,这对于碾压混凝土大仓面连续施工不利。对于可以事先设计好预埋件位置,在无人驾驶碾压过程中增加了避障功能。但还存在大量施工过程中临时增加的障碍物,这使得无人驾驶碾压作业面临艰巨困难。如何让碾压机能够探测或感知这些障碍物,且能够采取有效措施是需要解决的关键问题。

三、研究成果

(1)成功改装5台不同厂家、不同型号无人驾驶碾压机。无人驾驶碾压机具备远程唤醒、休眠碾压机功能;具有 RTK-GPS 高精度定位;能自动检测施工质量;可设定行驶速度,不超速;在指定区域内自主规划碾压作业,不漏压;能按施工规范要求进行不同作业模式变换;具有巡航碾压路径大范围稳定性;具有7项安全防范措施。

(2)成功将无人驾驶碾压机应用于三河口碾压混凝土拱坝工程。

(3)开发碾压机操作系统、调度系统、信息化显示系统3套无人驾驶智能碾压软件系统。

(4)实现施工质量校验电子报表、回放查询系统。

四、技术经济效益分析

(一)保证三河口水利枢纽大坝建设质量与进度

三河口碾压混凝土拱坝采用无人驾驶碾压智能筑坝技术能够严格实现碾压混凝土拱坝碾压施工组织设计方案,严格按照碾压作业参数实施混凝土碾压,避免碾压施工环节出现漏压、超速、激振力低的问题,能够有效保证三河口水利枢纽大坝建设质量与进度,潜在的经济效益巨大。

(二)提供国内外第一次使用无人驾驶碾压筑坝技术工程样板

本研究是国内外第一次在碾压混凝土拱坝上使用无人驾驶碾压筑坝技术,这不但能够形成一套碾压混凝土大坝无人驾驶碾压施工方法(工法),而且也能为行业与企业学习与掌握这种新技术提供实际工程示例,尤其是使驾驶员避免了强振、高噪声等恶劣工作环境,具有明显的社会效益。

(三)推广应用前景广阔

无人驾驶碾压混凝土智能筑坝技术仅改变通常碾压混凝土施工流程的碾压环节:将驾驶员驾驶的碾压机替换为无人驾驶的碾压机,具有使用简单,操作容易,非常适合碾压混凝土重力坝、拱坝的碾压施工作业。本项研究可以先应用到三河口碾压混凝土拱坝,然后应用到黄金峡水利枢纽的碾压混凝土坝建设,将来还可推广应用到国内外其他碾压混凝土坝建设中。

第三节　主持制定省级技术标准《水工隧洞施工通风技术规范》

水工隧洞施工通风作为隧洞规划、施工阶段一个重要的因素,备受关注。长大隧洞的施工通风方案将直接影响工程的前期规划和实施中的工作环境质量。因此,制定隧洞施工通风的统一标准极为重要。

引汉济渭秦岭隧洞(岭脊段)的各工区受控因素多,施工通风距离长。钻爆法施工段独头通风最长,距离分别为:无轨斜井工区7.5千米,无轨主洞工区6 493米。TBM施工段完成独头通风15.3千米,计划独头通风最长16.6千米。无论是钻爆法,还是TBM法,上述通风距离均远超现有的工程实践,另外,隧洞施工中针对TBM法的瓦斯处理等亦鲜有工程实例可借鉴。科研人员依托引汉济渭工程开展了《秦岭超长隧洞施工通风技术研究》,解决了隧洞施工通风问题,形成了一套施工通风技术体系。为便于隧洞工程特别是特长隧洞工程的前期规划,保障隧洞施工期的洞内环境,规范陕西省境内水工隧洞的施工通风作业,在总结已建隧洞(道)工程施工通风经验的基础上,借鉴引汉济渭工程秦岭超长隧洞施工通风技术研究,制定《水工隧洞施工通风技术规范》。

该标准科研支撑项目为 2013 年陕西省科技统筹创新工程计划项目《引汉济渭工程安全生产关键技术研究》(省引汉济渭公司为总牵头单位)子课题 2《秦岭超长隧洞施工通风技术研究》(2013KTZB03-01-02)。

一、研究成果

(1)通过现场测试,探明了长距离施工隧洞的洞内环境特征。

通过测试,得出对于 TBM 施工隧洞掌子面附近温度较高;掌子面附近相对湿度超过 82%,空气含湿量增大;施作喷射混凝土时,隧洞内的粉尘浓度较高,主要集中在掌子面至施作仰拱、二衬断面处;CO 浓度最高的时段为出渣阶段,CO 的分布范围较广等结论。

(2)获得了初始风量、风管形态等对风管漏风率的影响规律,建立了长距离隧洞施工的风管漏风率计算方法,制定了长距离隧洞施工通风方案:一是探明了初始风量、风管弯曲角度对风管漏风率的影响规律,经过室内原型试验测试表明,初始风量越大漏风率越小。二是对风道、风管类型进行了比选。

(3)得到了不同通风方式的基本参数、存在问题及适用条件。

首次对长距离隧洞施工通风的接力式风仓进行了详细的理论研究。接力式风仓起到"中间接力"的作用,以弥补由于沿程阻力和局部阻力产生的压力损失;通过增加供风量,以弥补由于风管漏风导致的供风量损失,起到"积蓄风流"的效果;对于斜井与主洞交界处,利用压入式风机的正压和接力风机的负压作用,使风流顺利转向,以减少急剧转弯产生较大的涡流,进而导致较大的压力损失和风量损失;接力式风仓有利于在较小风量损失和压力损失的情况下,由一个方向向多个方向分流。

提出了混合式通风方案。得出压入、吸出风机间隔越远,影响越小,风机间风速也越小,污风回流最少;当风机间隔大于 200 米后,已基本无回流情况。

解决了秦岭隧洞施工长距离通风方案、施工通风及环境监测方法等工程技术难题,使各工作面施工环境满足要求。设计了隧洞温度预测方法和隧洞内粉尘粒径分布计算方法,制定了相关的降温除尘措施。定制岗位空调,以降低分散作业点处的温度,在 TBM 检修时,采用冰制冷,以便于隧洞内施工人员的检修作业。掌子面采用喷水掘进,传送带在 TBM 段设置除尘罩,设置除尘风机。

二、成果主要创新点

主要技术创新之处包括:在理论推导与工程实践相结合的基础上,提出了水工隧洞施工长距离通风方式和 TBM 法、钻爆法施工环境控制标准,还提出了隧洞降温、除尘的主要方案、相关计算、测试方法、施工设备;提出了长距离隧洞通风接力式风仓的尺寸设计方法;通过大量资料调研、数值模拟、现场测试等研究方法,对隧洞内的温度分布规律进行了研究,并提出了人工制冷措施及制冷设备;确定了施工期隧洞内的粉尘满足双 R 分布函数分布规律;推导了仅采用加大通风量降温隧洞长度适用公式;对隧洞施工通风的环境测试、风管性能测试、通风效果测试、隔板风道测试等现场测试内容做出了明确的规定;解决了长管路漏风率和风压损失等技术难题。

三、标准起草

本规范由省引汉济渭公司、中铁第一勘察设计院集团有限公司和西南交通大学组成规范编制组。编制组在广泛调查研究、认真总结引汉济渭工程秦岭超长输水隧洞施工通风技术,参考有关标准并广泛征求意见的基础上,编写了陕西省地方标准《水工隧洞施工通风技术规范》。该标准具有广泛的社会影响和科研价值。

(一) 为特长大隧洞工程的辅助坑道选取提供了有力的技术支撑

通过施工通风技术关键指标的应用,极大地减少了辅助坑道的规模,通过系统科学研究,为秦岭隧洞辅助坑道的布置提供了重要依据,减少了辅助坑道设置数量,节省了工程投资,并达到了洞内钻爆法施工的供风要求。通过软质风管、吊顶风道、洞内环境等多项实测工作,取得了大量的测试数据,为我国特长大隧洞工程的辅助坑道选取提供了有力的技术支撑。成果应用于引汉济渭工程秦岭隧洞辅助坑道的方案确定及施工,解决了设计与施工中的难题,保证了安全施工,节省了工程投资约 1.05 亿元。另外,在西成铁路、敦格铁路、西银铁路的特长隧道辅助坑道方案选择时,均采用、借鉴了该技术成果。

(二) 为长距离供风及长距离斜井施工的洞内环境研判提供第一手基础资料

目前,国内已进行过隧洞内钻爆法施工的洞内环境参数实测,但多局限于供风距离较短的独头供风施工,而对于长距离独头供风的洞内污染物浓度的研究尚属空白。通过该项目洞内环境参数的现场实测,为长距离供风及长距离斜井施工的洞内环境研判,提供了第一手基础资料。

(三) 助推隧洞修建技术的发展

该标准的应用,推动了水工、交通等长大隧洞修建中的辅助坑道选取及施工组织安排,并助推隧洞修建技术的发展。

（四）与国际、国外同类标准水平的对比

国家已有《水工建筑物地下开挖工程施工规范》（SL 378—2007）、《水利水电地下工程施工组织设计规范》（SL 642—2013）、《公路隧道施工技术规范》（JTG/T 3660—2020）、《铁路隧道运营通风设计规范》（TB 10068—2010）和《铁路隧道设计规范》（TB 10003—2016）等相关标准，但目前水工隧洞施工通风系统的设计、实施、管理没有统一的标准可依。在充分吸收采纳现有标准的基础上，本标准结合《秦岭超长隧洞施工通风技术研究》的现场实测资料及数值模拟分析，同时参考其他类似项目的实测资料，提出了基于现场实际的相关参数，在标准的采用上更科学、更切合实际。

第八篇

运行管理与调度

引汉济渭工程是陕西省的战略型水资源配置工程,工程牵涉面广,影响因素多,建设难度大。科学合理的运行调度是充分发挥引汉济渭工程经济效益、社会效益和生态效益的关键,也是跨流域调水工程成功的基本保障。省引汉济渭公司积极推进智慧水利建设,针对工程类型多样、水力边界复杂、关中无调蓄库等特点,充分运用多种高科技手段,实现智能精准调度运行管理和智慧运维保障,显著提高引汉济渭工程调度运行可靠性和供水保证率。

第一章 运行期调度

引汉济渭工程由建设期转入运行管理期后,管理重点将发生重大变化,由保障引汉济渭工程建设安全转向确保引汉济渭工程长期安全运行和持续发挥综合效益。如三河口水利枢纽及秦岭输水隧洞越岭段工程建成投运后,运行管理机构行使其职能,首先实现工程部分经济效益功能;同时实现引汉济渭工程水资源利用与保护、工程综合调度与管理、移民稳定与发展、水环境质量与安全、生态系统保护与管理应急系统建设与处理等目标。

第一节 工程调度模式选择

引汉济渭工程是陕西省有史以来最大的跨流域调水工程。工程运行后,关中地区现状供水系统格局面临重大调整,调度运行业务将面临涵盖径流预测/洪水预报、水库调度、水电站运行调度、泵站运行调度、水资源配置等问题;时间上涉及长期、中期、短期,实时调度任务环节众多,时空交织,业务交叉。此外,还要考虑国家南水北调中线和关中地区地下水利用的联合调度,使得跨流域调水工程的预报调配工作面临巨大的难题和挑战。引汉济渭工程调度合理与否,直接决定了工程调水效益的发挥、关中地区的经济发展及城镇用水安全。

跨流域调水工程预报调配已成为国内外调水领域面临的共同难题。跨流域调水工程的水量调配是一个来水-调水-输水-配水-用水多节点动态联动的系统工程问题,又是一个多业务、多层次、多尺度交叉耦合问题,跨流域调水工程预报调配有其特殊性和新要求,导致国内外现有理论及技术方法尚不能满足跨流域调水工程预报调配需要。

在水利部、科技部及陕西省科技厅、水利厅等部门和单位的大力支持下,在10余个国家、省部级生产科研项目资助下,省引汉济渭公司、西安理工大学、陕西省水文水资源勘测局和珠江水利科学研究院经过十多年的研究和应用,形成了大型复杂跨流域调水工程预报调配关键技术系列创新成果。该成果总结提炼了《引汉济渭跨流域调水水库群联合调度研究》《陕西省引汉济渭工程水资源合理利用和调配的关键问题研究》等5项国家级、省部级和厅局级科研项目。

该项目以实际问题与需求为导向,以规模大、技术复杂、特点突出的具有世界级难度的引汉济渭跨流域调水工程为研究对象,研究缺乏水文气象观测资料流域的水文预报、多个流域综合典型年选择、基于"抽–调–蓄–输–配"的"泵站–水库–电站"多目标协同调度、多水源–多节点–多用户的水量多目标动态配置、不同时空尺度联动的输配水一体化数字水网协同预报调度平台,创建大型复杂跨流域调水工程预报调配关键技术。

项目采用数据分析、数学建模、数值模拟、系统开发和应用验证相结合的研究方法,构建了施工期多模型自适应装配的洪水综合预报技术,提出了基于机器学习的径流适应性预测方法;建立了跨流域复杂调水工程"泵站–水库–电站"的协同调度模型,攻克了协同多目标模型的求解难题;构建了调水工程多水源–多节点–多用户的水量多目标动态配置技术与多方法集合的评价技术和方法体系;研发了基于数字水网的跨流域调水工程预报调配平台,实现了"产学研用"的深入融合,发展了跨流域调水工程预报调配理论方法,形成了大型复杂跨流域调水工程预报调配技术方法体系。主要创新点有:

第一,针对山区中小流域资料缺乏、预见期短的问题,基于水文相似流域间的模型参数移植方法,构建了多模型自适应装配洪水预报综合技术,提出了基于机器学习的径流适应性预测方法。

第二,提出基于熵权法的跨流域综合典型年选取方法,解决了多个流域综合典型年确定的难题;构建了"抽–调–蓄–输–配"全过程耦合贯通的调控模式,提出了跨流域多水源嵌套的"泵站–水库–电站"协同调度技术,包括多水源嵌套的"泵站–水库–电站"协同调度模型和规则、多年调节水库年末消落水位控制方程等。

第三,提出多水源、多用户、多目标动态配置与评价技术,包括多水源、多节点、多用户的水量多目标动态配置模型,调水工程受水区水资源配置方案评价指标体系和多方法集合评价技术等。

第四,针对跨流域调水工程的不同时空尺度联动的水资源调配问题,构建复杂跨流域调水工程预报调配新模式,提出了输配水一体化数字水网构建技术,构建了调水工程全过程耦合贯通协同调度及动态配置技术方法体系,研发了基于数字水网的跨流域调水工程预报调配平台。

通过长期系统研究、成果积累与推广应用,项目团队取得了4项成果和12项关键技术创新。该成果理念新颖,技术方法前沿,适用性强,创新点突出,成效显著,推广应用前景良好,被中电建西北院、太极计算机公司等设计、施工、建设单位采用,在引汉济渭工程、塔里木河水资源配置等10余个工程中应用推广,累计取得经济效益约15亿元。

本项目的实施,为引汉济渭工程的调度和管理提供了科学依据和技术支撑,也为解决我国跨流域复杂调水工程预报调配问题提供了一个样板。随着项目研究成果的应用,将产生显著的经济效益、社会效益和生态效益。

第二节　管理调度自动化建设

引汉济渭工程设计标准为大(1)型Ⅰ等工程,工程采取"一次立项,分期配水"的建设方案,逐步实现 2025 年配水 10 亿立方米,2030 年配水 15 亿立方米。

引汉济渭工程管理调度自动化系统以数据采集、数据传输、数据存储和管理为基础,以基础支撑、应用组件、公共服务、应用交互为平台,建设一个以智能调水业务为核心,运用先进的通信与计算机网络技术、信息采集技术、自动监控技术、数据管理技术和信息应用技术,建设服务于信息采集、监测监视、预测预警、调度控制、工程管理等业务的信息化作业平台和调度会商决策支撑环境,实现"信息技术标准化,信息采集自动化,运行监控网络化,信息管理集成化,功能结构模块化,分析处理智能化,决策支持科学化,日常办公电子化"的目标,实现安全调水、精细配水、准确量水,为合理调配区域内水资源、充分发挥引汉济渭工程效益起到技术支撑作用。

一、建设内容

工程管理调度自动化系统以提供服务为核心,建设任务涵盖网络通信、信息采集、数据支撑、应用支撑、视频安防、计算机监控、业务应用、应用交互以及支撑系统运行的信息安全和标准规范。系统建设区域范围包括整个引汉济渭工程范围以及相应的各级机构。系统建设内容主要包括应用系统、应用支撑平台、数据资源管理中心、云计算中心、信息采集系统、综合通信网络系统、计算机监控系统、实体环境、三大体系(信息安全体系、标准规范体系、管理保障体系)。

工程管理调度自动化系统把工程安全监测、电站及泵/闸站监控、计算机网络、通信系统等列入设计内容。自动化系统不仅仅是计算机与网络设备的简单组合,而是一个以调水业务为核心的信息化系统,是"引汉济渭"工程实现安全输水、精确量水的基本保障,对工程的高效运行、可靠监控、科学调度和安全管理起着至关重要的作用。

该系统是一个大型复杂的信息化项目,具有如下特征:建设内容多、任务重;建设周期长、初期运行阶段信息化系统建设工期紧;建设内容相互联系紧密;同时开工的建设内容多;系统集成复杂,工作量大。

二、总体业务流程

工程管理调度自动化系统的核心业务主要包括工程调度和工程管理两大部分。其中,工程调度主要体现在调水、调好水、安全调水、自动化调水和应急调水五方面的业务。工程管理业务主要涵盖工程巡查维护、工程维修养护、工程突发事件响应和工程管理考核等,主要体现在巡查维护、维修养护、突发事件响应和管理考核四方面业务。

工程管理调度自动化系统业务主要涉及调水管理、计算机监控、水库综合管理、监测预警、综合服务、决策会商、工程管理、综合办公以及门户网站等环节。

三、项目资金及实施进度

陕西省引汉济渭工程管理调度自动化系统分二期建设,其中调水工程信息系统计划投资约 2.5 亿元,包括初设批复资金约 1.6 亿元,工程安全监测系统计划资金 0.8 亿元,水情测报系统计划资金 0.12 亿元。为保证系统运行维护的正常进行,需要设置专项维护资金,取费标准按项目总投资的 5% 计算。

合同计划工期 66 个月完成。依据土建工程建设进度,其中总调中心大楼、三河口水利枢纽和越岭隧洞先期具备工作面交接条件;黄金峡水利枢纽及相应配套设施预估推后 30 个月具备工作面交接条件。调度自动化系统已于 2018 年 3 月 23 日签订合同,2018 年 4 月项目整体开工并组织实施。计算机网络子系统于 2019 年 1 月编制方案,初步确定计算机网络的整体拓扑、网络结构。2019 年 3 月,现场踏勘综合通信系统各支洞通信光缆敷设的整体环境情况,2019 年 8 月组织计算机网络系统综合通信光缆敷设试验,确定通信敷设方案。视频会商子系统于 2016 年 5 月 23 日签订合同,2016 年 5 月 24 日项目开工,2019 年 7 月系统上线调试,系统优化。

第三节　智慧水利建设

根据省引汉济渭公司 2021 年"数字赋能年"活动实施方案,公司聚焦数字化工程设计、数字化工程建管、数字化调度运行、数字化运维保障、数字化经营管理 5 个板块,以统一集成、安全实用、集约共享、示范创新为原则,一方面认真贯彻落实水利部《加快推进智慧水利指导意见》《智慧水利总体方案》等文件精神,结合中咨公司的二期可研评估建议和水利部关于引汉济渭二期工程初设的批复意见,对数字化建设方案进行细化、强化、深化、优化,深度融合一期工程的信息化成果,兼顾三期信息化方案,全面建设智慧引汉济渭;另一方面紧扣引汉济渭工程建设与运行管理的复杂性、艰巨性、挑战性需求,尤其是针对工程类型多样、水力边界复杂、关中无调蓄库等特点,充分运用人工智能、数字孪生、OTN 传输、空天地一体化透彻感知等高科技手段,以"预测预报-过程仿真-优化调度-智能修正-知识图谱"为主线,构建"数字调蓄库";以"一云一池两平台"为基础,实现智能精准调度运行管理和智慧运维保障,显著提高引汉济渭工程调度运行可靠性和供水保证率。

公司以"融合一期、建设二期、兼顾三期"为建设总线,以"工程安全、调度安全、水质安全"为 3 条安全主线,以"统一业务应用、统一应用支撑平台、统一数据存储维护、统一通信网络设施、统一信息采集传输"为 5 个统一建设原则,落实 7 大建设目标:透彻感知的采集监控体系、高速互联的通信传输网络、集约共享的基础设施环境、统一汇聚的数据资源体系、数字赋能的支撑服务平台、工程建管全过程智慧应用、运行高效的安全保障环境,努力把引汉济渭工程建设成为智慧水利工程的标杆。

一、数字化工程设计

打造"引汉济渭智慧水利样板工程"的重要基础,做好引汉济渭工程 BIM 模型标准研究编制工作,研究编制施工图阶段《引汉济渭工程信息模型分类编码标准》《引汉济渭工程信息模型设计交付标准》《引汉济渭工程信息模型施工应用标准》,实现对工程从设计到运营全过程科学化、标准化管理。

致力引汉济渭工程全数字化设计,将《YHJW-IT 引汉济渭工程信息化标准规范》贯彻应用于在建信息化项目的始终,各设计单位全面采用工程设计数字化技术。在二期工程初步设计、施工图阶段采用 BIM 模型设计,实现各专业设计人员、多设计单位的协同工作,可基于 BIM 模型进行可视化沟通和交流,为设计方案或重大技术问题解决方案的综合分析、技术论证及设计各专业间的接口协调提供便利,使建模、仿真在施工组织设计、专业间构筑物的干涉检查等方面取得显著效果。同时补齐一期 BIM 设计,并结合一期、二期信息化建设,组织设计单位开展三期工程可研阶段 BIM 设计工作,满足整体智慧引汉济渭。以数字化为工程设计增速、增能、增效、增智,给工程建管、调度运行、运维保障提供数字化支撑。

二、数字化工程建管

融合一期已建信息化系统,围绕"安全、质量、投资、进度、风控、移民、生态"七大控制目标,基于 BIM+GIS、三维可视化建模技术、区块链技术等,建设一套满足各参建方在线协作的工程项目智慧管理平台,包括工程门户、移动应用、系统管理、工程数据中心、系统业务中心 5 个中心和概(预)算、合同、安全、质量、进度、物资、文档、计量支付、决算转固、风险防控、智慧工地等功能模块。在工程建设过程中,通过该平台搭建地理形态、水工建筑物或设施分布的可视化模型,挂接工程进度信息、质量验评数据、安全监测数据、视频监控数据等,实现工程施工建设的信息化、智能化管理,提高工程项目综合信息管理的水平与效率,为管理决策提供数据支撑和智能化分析参考。

同时,研究将工程项目智慧管理平台逐步实现在工程建设周报、月例会、工程建管年会等会议时使用场景式汇报,真正让数字化工程的成果服务于日常工作。

加强安全生产管理。安全检查以随手拍、随时反馈、限时整改的方式,加强隐患排查、风险管控,实现多层次全方位的安全闭环管理。认真落实质量终身责任制,强化施工过程质量检查与整改闭环管理,集成单元(工序)质量检验评定信息、原材料及中间产品检验信息、施工单位自检及监理单位复核人员信息,实现工程质量可追溯。

加大引汉济渭工程生态环境保护管控力度。引汉济渭"天眼"监控系统充分利用水质在线监控设施数据、人工生态环境监测数据,对隐患进行分析-发现-反馈-处置,做到生态安全可控;加强引汉济渭工程建设征地移民信息管理系统运用,为移民安置管理工作提供强大的管理工具和科学决策支持,使复杂的建设征地移民安置过程更加清晰和易于控制。

创新开展无人机自主研发工作,增强无人机平台使用的环境适应性和续航时间,不断拓展无人机应用范围,探索图像识别、智能预警、巡查巡检等应用领域,实现巡查成果数据的可视化集成展示。

三、数字化调度运行

稳步推进调度自动化系统建设,管理调度自动化系统业务范围包括以自动化调度与监控为主,以及工程安全监测及运行维护、水质监测、工程管理、综合办公、决策综合支持等的各个方面,涵盖信息采集、传输、存储、信息标准与管理、应用系统等。调度自动化系统是引汉济渭运行管理的神经系统,对工程实现高效运行、可靠监控、科学调度和安全管理至关重要。

科学编制数字调蓄方案,逐步成立专业调度管理机构,完善机构设置和人员配置。根据前期国内先进水利工程调研学习经验、收集整理成功调水案例资料等,按照"统一调度、两级管理、三级控制"原则,结合引汉济渭工程建设实际情况,基于管理调度自动化系统建设现状,以及分阶段分批次供水的目标任务,委托专业的团队根据工程特点及调度运行需求编写数字化调度运行方案,为数字化调度运行打好基础,分批分阶段实现引汉济渭全过程模拟仿真和智能调度,确保工程安全、调度安全、水质安全。

四、数字化运维保障

建立专业运维团队，做好引汉济渭一期工程信息化系统的运行维护服务工作，为其稳定可靠运行提供坚强保障。调研相关单位先进经验，收集整理运维保障资料，梳理引汉济渭数字化运维保障框架，着手建立运维服务各项规章制度、运维服务标准化工作流程，编制各类设施设备的运维服务标准、各类设施设备的运维服务操作手册、运维服务安全手册和运维服务各类表单。

结合二期工程信息化系统，以实现引汉济渭工程信息系统运维的数字化、智慧化为目标，研发以"数字孪生"为基础的智意运维平台，构建空天地网多维互联的透彻感知体系、穿透整个生命周期的智慧运维体系、实时互动数字孪生的多重保障体系、水利智能无人系统的精准应用体系、真实案例情景再现的运维演练体系，逐步在"四预"基础上真正实现数字化智慧运维。

五、数字化运营管理

利用信息化手段集成和整合企业的工作流、信息流、物资流、资金流，实现业务数据一次产生、全过程自动流转、管理标准自动校验，风险防控、审计监督自动预警（包括事件提醒和消息推送），达到四流合一和企业资源的优化配置、高效利用。

（一）打通工作流

着手建设集团化公司智慧办公 OA 系统，统一企业门户，统一身份认证，实现单点登录、流程集合、业务协同。用事件、表单、流程、数据驱动办公全过程，增强部门间协作和资源共享，提高工作效率和质量，倡导无纸化办公，节约运营成本。

（二）畅通信息流

搭建引汉济渭公司数字化运营管理的基础大数据平台，由基础支撑、应用组件、数据服务完成应用交互，实现企业运营管理信息全面共享，党建、运营、人力资源、法务、风控、审计监督、纪检监察、科研等应用系统的数据可统计、可分析、可比对，以可视化数据为绩效考核、运营管理和辅助决策提供全面信息服务。

（三）优化物资流

建设物资管理系统，规范运营物资的计划、采购、合同、库存、消耗等管理业务，提高供应效率、降低物资消耗、保障物资质量。

（四）管控资金流

财务共享系统 OA、计量支付审批系统有机衔接，实现工程建设合同计量、审批、收支、差旅报销等工作的网络化管理，提高资金结算效率。

(五)数字化档案

根据省档案局文件《关于转发〈国家档案局办公室关于印发数字档案室建设评价办法的通知〉的通知》,充分运用先进技术,实现公司档案管理的"智能化",通过网络管理功能和档案室一体化管理,实现档案精准管理、快速准确查阅、操作安全、兼具智慧环境监测、安全监控、恒温净化控制和安防监控控制系统。

六、引汉济渭"数字调蓄库"

引汉济渭"数字调蓄库"是以精准监测为基础,以精细化调度模型为核心,以数字孪生为关键技术,在虚拟空间中将水源、水库群、输水管网、闸阀、退水、用水户等物理对象,与调度模型、预测模型、流量演进等专业模型融为一体,充分利用引汉济渭现有调蓄工程(含规划)、汉江、渭河流域其他水利工程以及地下水库等非传统调蓄措施,通过构建复杂巨系统模型,优化工程调度方案,实现智能化、精细化调度,保障调水安全和实现调水目标。

"数字调蓄库"概念系引汉济渭建设者在研究和解决引汉济渭工程复杂调度问题的过程中首次提出并积极应用于实践。这一旨在实现工程调度智能化和精准化的系统包括4个部分:

(1)构建引汉济渭工程全生命周期的监测体系、数据传输和处理体系、网络体系等,获得可用于驱动"数字调蓄库"的历史数据、实时数据、预测数据等的数据仓库。

(2)建立"预测-调度-反演-配置"相融合的精细化调度模型,基于数据和知识融合驱动的建模技术,构建跨流域调水工程运行状况与物理边界的虚拟数字环境,刻画各用户取水活动与关键断面控制指标间的映射过程,构建调水全过程输水管网水流逆序演进仿真模型。

(3)基于"数字孪生技术",实现真实物理实体与虚拟空间信息的交互与融合,建立实体调蓄工程、非传统调蓄措施与"数字调蓄库"之间的映射关系,将实体调蓄工程数字化、非传统调蓄措施虚拟化,实现实体调蓄工程与数字调蓄工程等效变换。利用数字技术在信息空间中对实体调蓄工程进行分析,将实体工程概化为物理模型,将物理模型抽象为逻辑模型,实现实体调蓄工程的特征描述、状态感知、数据分析等,进而构建对应的数字模型,建立"数字调蓄库"。

(4)统筹实体调蓄工程与非传统调蓄措施,以数字孪生技术为支撑,构建以"数字调蓄库"为基础的引汉济渭工程整体的调蓄网络体系。根据引汉济渭工程的调度需求,建立并优化受水区水资源调蓄方案库。据此实现引汉济渭工程调度的智能化、精细化调度。

第二章　水价机制

水价机制和测算是供水工程财务评价分析的前提,也是供水工程决策和顺利实施的保障和依据。合理测算水价,制定水价机制和水资源管理体制,促使水资源得到合理而有效的利用,减少水资源的浪费,对保障工程的良性运行,确保工程供水任务的实现具有重大意义。

第一节　水价机制相关法规与政策

水价调节机制、水资源管理体制要以保护水资源的可持续利用和发展为核心,反映水资源的稀缺程度和市场供求关系,促进水资源的合理配置。

影响水价机制制定的相关规定有:《水利工程供水价格管理办法》《水利工程供水定价成本监审办法(试行)》《政府核准投资项目管理办法》《水利建设项目经济评价规范》《水利建设项目贷款能力测算暂行规定》《建设项目经济评价方法与参数》《水利产业政策》《国务院关于固定资产投资项目试行资本金制度的通知》《水利工程供水成本、费用核算管理规定》《城市供水定价成本监审办法(试行)》《企业财务通则》《企业会计准则》等。

国家和地方现行水资源管理的相关规定有:《中华人民共和国水法》《中华人民共和国水污染防治法》《取水许可和水资源费征收管理条例》《实行最严格水资源管理制度考核办法》《中华人民共和国水资源防治法实施细则》《水权交易管理暂行办法》《关于严格水资源管理促进供给侧结构性改革的通知》《水量分配暂行办法》《取水许可管理办法》《建设项目水资源论证管理办法》等。

依照上述法律及政策性规定,引汉济渭工程水价机制制定原则是:第一,应符合国家相关政策法规,全面客观反映供水成本;第二,水价制定必须充分考虑城镇居民用水户的承受能力,水价不能超过用水户承受能力;第三,水价至少要能弥补工程的运行成本;第四,对不同行业实行不同水价;第五,推行定额用水制度;第六,引汉济渭工程运行期长,必须建立调价机制,根据水市场的供求关系变化和供水成本的变化情况,适时调整水价;第七,用水户参与。

省水利厅《陕西省水利厅关于深化水权水价改革的意见》(陕水发〔2017〕39号)是陕西省现行水价管理的主要政策性文件,也是引汉济渭工程水价机制制定的主要依据。该文件就水权、水价改革提出了以下四条意见：

一、有序推进水权改革

文件将水权改革划分为水资源产权改革和水工程产权改革两部分，提出2025年以前按照水资源管理制度确定的用水总量控制指标，扎实开展主要江河水量分配，据此确定初始水权，适时搭建省、市、县三级水权流转交易平台，推动水资源实现优化配置、科学利用和有效保护。

二、扎实开展水价改革

力争用5年左右时间建立能够合理反映成本的农业水价形成机制，使其逐步达到满足运行维护的要求。到2020年底全面推行居民生活用水阶梯式水价制度、非居民生活用水超定额累进加价制度，积极推行水利工程向工业和城镇供水两部制水价改革，力争使城镇居民生活用水与非居民生活用水原水价格趋向一致。

三、全力做好渭河水流产权确权试点

结合渭河生态区建设和河长制推行，划定渭河水域、岸线等水功能区，确定水域、岸线等水生态空间权属，按照自然资源统一确权登记的要求做好登记造册和确权发证。推进渭河生态区行政立法，规范渭河水生态空间管理、利用和保护行为。力争用两年左右时间，摸索出一套符合渭河生态区建设和管理实际、能够有效保障和维护渭河流域水生态空间的方案措施，为推动全国水流产权制度改革提供借鉴。

四、加强组织领导

落实主体责任，精心策划，周密安排，凝聚推动水权水价改革的合力。省水利厅的改革文件涉及水价调整，水利工程、水资源、河流及其保护范围占地的产权问题，牵扯发改、国土、财政、环保、地方政府等责任主体。此外，文件不是以省政府名义，而是由省水利厅独家印发的，文件落实的主体是各级水行政主管部门和有关水管单位，客观上导致落实该文件后续需要协调的工作量很大。引汉济渭工程仍处于建设期，但该文件的印发为推动水价水权有关工作提供了重要契机。

第二节 引汉济渭工程水价机制研究

按照工程建设计划，2022年基本实现引汉江水到关中，省引汉济渭公司将逐步实现由单纯的工程建设管理向城乡供水生产经营的过渡。为实现主业顺利过渡,公司对国内外成功的供水企业经营模式及水价水权政策进行研究,对公司供水成本进行测算分析,结合公司实际及时提出与公司有关的水价、水权政策建议,组织与受水区政府或相关企业签订供水意向、协议,逐步建立设置科学、运行高效的生产经营组织架构。

一、水价机制研究背景

调水工程是国民经济的重要基础设施,是解决水资源分布不均、供需不平衡问题的一项重要举措,可发挥巨大的社会经济效益,但也面临着一些问题,其中调入流域如何配置水资源、如何促进节约用水以及如何保证调水工程的良性高效运行等问题正受到广泛关注。国内外众多研究和实践已证明:有效合理地运用水价机制可以降低对水的额外需求,促进水资源的合理配置和有效利用,并可保证调水工程得到高效良性运行。

现行的对调水工程水价方案的设计存在许多不足之处。正是这些不足使得水价机制很难发挥其应有的作用。因此,开展引汉济渭工程水价机制、管理体制等专题研究尤为重要。我国长期以来水利工程供水价格结构的不合理以及水权的不明晰,造成资源配置效率低下,水资源浪费现象严重,这又反过来进一步加剧了水资源的供需矛盾。

价格是调控资源配置、促使资源有效利用的手段。但长期以来,我国水价水平大大低于供水成本,价格不能起到调节水资源供需的杠杆作用,导致水资源的供需矛盾突出,产生"市场失灵",进而产生"政府失灵",即政府虽然千方百计弥补供水成本,水价还是低于水资源的社会成本,造成用水效率不高、生态环境恶化,供需矛盾日益尖锐。近年来,随着水价体制改革逐步深入,认识到了合理水价机制的重要性,各地水价标准都有了大幅度的提高,水价管理体系逐步完善,水利工程供水也逐步从公益供水阶段、低价供水阶段、成本水价低级阶段过渡到成本水价阶段。但我国供水成本仍然主要从供水工程角度考虑成本回收,往往忽略了作为稀缺资源的水资源的机会成本、外部成本。完全的水价应当是资源水价、环境水价和工程水价的综合体,我国水价构成中主要核定的是工程水价,资源水价、环境水价尚未引起有关部门的高度重视,更缺乏具体实施手段。因此,需对工程的供水价格进行全面的分析测算,选择合理的水价方案,使供水工程可以良性运行。

二、水权、水价工作重点

引汉济渭工程水价机制研究需着重研究解决好以下 3 个问题:

（1）依据现行水利工程供水成本费用核算及价格管理办法，尽快对引汉济渭工程的成本费用进行测算分析，为省政府水价决策及后续与各受水区地方政府原水价格谈判奠定基础。

（2）运用水权理论，结合国内外大型调水工程成功经验，研究初始水权分配与投资分摊、供水水价相联系的工作机制，为输配水工程融资以及公司推进两部制水价奠定基础。

（3）对经营初期公司的供水量和可能出现的亏损进行分析，结合国内已经运行的调水工程经验，提出弥补亏损的补偿办法。其中，初始水权分配是否考虑与输配水工程的投资挂钩是首先要明确的重要问题。如果与输配水工程挂钩将改变输配水工程的产权结构，问题比较复杂。如果不与投资挂钩，可以将初始水权的分配与容量水价挂钩。如果第二种思路成为工作重点，需要：①搜集输配水工程水量分配资料，按照供水成本费用核定及水价管理的有关规定核算容量水价；②研究有关政策规定和国内成熟经验，提出容量水费收取的办法及有关政策建议；③研究国内水权流转案例，结合工程实际，提出引汉济渭工程供水水权流转的模式和规则。

三、工程投资及筹资方案

引汉济渭一期工程可行性研究报告批复总投资 181.7 亿元，其中静态总投资 163.4 亿元，中央预算内投资安排 58 亿元，利用银行贷款 75.2 亿元，其余投资由省政府安排解决。初步设计批复投资 191.3 亿元，其中静态总投资 175.1 亿元。

根据水利部上报国家发改委关于引汉济渭二期工程可行性研究报告审查意见的函，引汉济渭二期工程总投资 177.2 亿元，贷款 29.4 亿元，建设期利息 4.7 亿元，资本金 143.1 亿元（企业资本金 36.6 亿元，中央补助政府公益性投入 71.0 亿元，剩余部分由地方政府通过贷款、吸引社会资本和地方财政投入等方式解决）。

2019 年 5 月以来，通过省发改委、省水利厅与国家发改委就项目报审进行沟通衔接，依据国家发改委对引汉济渭工程中央财政补贴的意见，重新复核调整骨干项目及续建延伸项目的建设内容和投资。根据《陕西省引汉济渭二期工程骨干项目划分报告》，根据 2017 年第四季度价格水平，引汉济渭二期工程总投资 186.41 亿元，贷款本金 86.91 亿元，资本金 85.54 亿元，建设期利息 13.96 亿元。骨干工程总投资 158.15 亿元，其中资本金 72.56 亿元，贷款本金 73.74 亿元，建设期利息 11.85 亿元，资本金中申请国家补助 36.28 亿元，省财政承担 36.28 亿元骨干段项目，其余投资由省内筹措解决。延伸段总投资 28.25 亿元，其中资本金 12.97 亿元，贷款本金 13.17 亿元，建设期利息 2.11 亿元。

四、水价方案主要构成

(一) 收入

引汉济渭工程主要收入为售水及发电收入。

参考国家财政部探索设立引汉济渭工程建设基金,专项用于工程建设,降低企业贷款,研究引汉济渭工程提前收益的可行性。

(二) 成本费用

一期工程成本费用包括材料费、燃料及动力费、修理费、工资及福利费、工程管理费、库区基金、水资源费、其他费用和固定资产保险费等经营成本与折旧、利息之和。

二期工程成本费用包括材料费、燃料及动力费、修理费、工资及福利费、工程管理费、库区基金、水资源费、其他费用和固定资产保险费等经营成本与折旧、利息之和。

对成本费用构成及相关参数进行调整。

通过筹融资方案和水权对成本费用进行影响。通过拓宽筹融资渠道、水权资本化以及受水区合理分摊筹资责任和用水风险等,降低企业贷款负担,从而降低成本,保障受水区外调水与当地水水价的平稳衔接。

(三) 水价承受能力

(1) 通过对受水区各类用户分析梳理,进一步核实居民可支配收入、工业的万元产值用水量,分析用户可承受水价。

(2) 利用现有资料,初步分析骨干工程末端到用户区间的合理水价。

(3) 推算骨干工程末端可承受水价。

(四) 水价方案选择

1. 单一制水价

基于合理的工程筹资方案和收入、成本费用,按现行政策要求分析测算骨干工程单一制水价。

2. 两部制水价

结合已建跨流域调水工程经验,基于合理的工程筹资方案和收入、成本费用,分析测算骨干工程两部制水价。

(五) 水价研究路径

依据现行水利工程供水生产成本、费用核算管理等有关规定及价格管理办法,对引汉济渭工程的成本费用进行测算分析,提出供水价格测算分析报告。

参考国内大型调水工程项目,结合引汉济渭工程受水区现状供水价格,对用户水价承受能力进行分析,考虑工程运行初期供水量的不确定性等运行风险,提出工程水价机制研究报告。

对引汉济渭工程受水区水资源管理体制现状进行调查,对工程的管理体制进行分析,提出引汉济渭工程管理体制研究报告。

第九篇

组织领导机构

　　引汉济渭工程从提出初步设想到开始前期工作,进而全面开工建设,前后历时30多年。为了推进引汉济渭工程建设,陕西省委、省政府及省引汉济渭工程领导小组、省水利厅、省引汉济渭办、省引汉济渭公司等接续努力,开展了大量富有成效的工作,为引汉济渭工程可研、立项、建设做出了重要贡献。

　　2007年6月12日,省政府成立引汉济渭工程协调领导小组,并授权省水利厅组建引汉济渭工程协调领导小组办公室。2007年6月15日,省引汉济渭办正式成立,标志着引汉济渭工程正式进入项目实施阶段。2013年7月,为了适应市场运作和工程建设需要,经省政府批准,陕西省引汉济渭工程建设有限公司注册成立,建立起了以"政府主导、建管一体、准市场运作与现代企业制度管理"为核心的建设与运行管理机制,全面负责引汉济渭工程建设及运营管理,引汉济渭工程由此进入项目法人主体建设阶段。

第一章 前期工作重大决策

自20世纪80年代陕西水利界提出省内南水北调构想以来，省水利厅在省委、省政府支持下，组织相关单位进行了长达二十多年的持续探索，相继完成了引汉济渭工程初步研究、方案比选、工程规划等阶段工作。

第一节 查勘与规划编制

1993年，省水利厅委托省水利学会依据拟定的工作大纲，组织水利专家历时7个月，开展了省内南水北调工程查勘，并拟定了7条调水线路。1994年，省水利厅厅长刘枢机主持党组会讨论省内南水北调工程查勘报告，认为查勘报告提出的调水工程是解决关中缺水问题的重大举措，且技术上可行，经济上合理，推荐近期实施引红济石工程，以解决西安、咸阳的城市用水问题，将引嘉济渭、引湑济黑列为远景项目，实现年调水20亿立方米的目标。同年4月28日，省水利厅向省计划委员会报送了查勘成果。

1997年2月，省水利厅组成南水北调考察组，完成了《陕西省两江联合调水工程初步方案意见》，并根据省政府《关于加快汉江梯级开发带动陕南经济发展的决定》（陕政发〔1997〕9号）文件精神，对引嘉入汉进行了更深入的查勘和规划研究，由省水电设计院于1997年5月提交《陕西省引嘉入汉调水工程初步规划报告》。此后，根据水利厅的工作安排，经多方案比较研究，2002年12月，省水利厅咨询中心组织编制完成了《陕西省引汉济渭调水工程规划》。

2003年1月21日，代省长贾治邦做《政府工作报告》时明确提出："坚持以兴水治旱为中心，抓好骨干水源工程建设……着手进行'引汉济渭'项目的前期工作。"这是引汉济渭工程第一次写进省政府重要文件。

2003年6月3—5日，省长贾治邦、副省长王寿森带领省级有关部门负责同志和工程技术人员赴宝鸡市、汉中市，实地考察省内南水北调"引红济石""引汉济渭"工程规划选址，并在汉中市召开南水北调考察汇报座谈会。省长贾治邦在座谈会上指出：建设引汉济渭调水工程事关我省经济社会发展大局，是荫及子孙后代的大事、好事，要进一步加快省内南水北调工程的前期工作进度。座谈会建议尽快成立省南水北调工程领导小组，统一负责规划的组织协调工作。会议责成省水利厅尽快启动引汉济渭调水工程前期工作。

2003年8月13日,省水利厅以陕水字〔2003〕62号文向省政府上报关于引汉济渭工程前期工作总体安排意见和2003年工作计划的请示。请示报告汇报了省水利厅贯彻落实省长贾治邦6月5日汉中召开的省内南水北调座谈会精神和《省内南水北调工程总体规划》《引汉济渭调水工程规划》完善修改情况,以及因与西汉高速公路交叉而组织专家对三河口水库规划方案调整的研究成果和省水利厅的建议,提出引汉济渭调水工程前期工作由省水利厅负责。同时,建议省政府向国务院专题报告,请求国务院在批准国家南水北调工程中线时预留陕西省调水量;并利用各种机会争取国家领导人对陕西省引汉济渭工程给予理解和支持;建议省计委积极做好国家发改委的工作,尽最大努力保证陕西省的用水权,并为引汉济渭工程立项创造条件。

第二节 项目建议书编制组织领导

2003年11月20日,受省水利厅副厅长、引汉济渭前期工作领导小组组长王保安委托,省水利厅总工、引汉济渭前期工作领导小组副组长田万全主持召开引汉济渭前期工作领导小组第一次会议,专题研究引汉济渭工程项目建议书招标问题,省水电设计院、铁道部第一设计院中标。

2004年2月6日,省政府决定成立以常务副省长陈德铭为组长、副省长王寿森为副组长,省政府办公厅、省水利厅、省计委、省财政厅、省国土资源厅、省交通厅、省环保局和安康市、汉中市主要负责同志为成员的省内南水北调工程筹备领导小组,并以陕政办函〔2004〕16号文印发关于成立省内南水北调工程筹备领导小组的通知。

2004年7月19日,省政府以陕政字〔2004〕61号文向国务院报送关于南水北调中线工程中考虑陕西用水问题的请示,恳请国务院考虑陕西省作为国家南水北调中线工程的水源区和调出区,水源保护任务十分艰巨,需付出巨大代价,而关中地区缺水十分严重,近期无法从其他途径解决,从汉江调水条件优越、较为现实的实际,在批复国家南水北调中线工程时,近期能给陕西省留出20亿立方米水量调入渭河,在远期三峡工程向丹江口水库补水后,再适当增加入渭水量,以支持陕西省经济社会可持续发展和改善生态环境。

2004年12月31日,省长陈德铭主持召开2004年省政府第30次常务会议,决定在省水利厅内设负责引汉济渭工程前期工作的专门工作班子,并决定从2005

年起,每年多渠道安排 2 800 万元用于重大水利建设项目前期工作。

2005 年 8 月,省委、省政府在制定"十一五"发展规划时,省委书记李建国、分管副省长王寿森组织开展了全省水资源开发利用调研活动,形成的调研报告认为,"在粮食、能源与水资源三大战略资源中,我省能源资源丰富,粮食基本自给,而水资源短缺的矛盾十分突出,已成为当前和今后一个时期制约我省经济社会发展的重要因素",提出了"五水齐抓""两引八库"的水利发展思路,其中的"两引"是指引红济石和引汉济渭。

2005 年 12 月 16 日,国务院以国函〔2005〕99 号文批准《渭河流域重点治理规划》,明确将我省陕南地区汉江上游水量调入渭河流域关中地区的大型跨流域调水工程作为渭河治理的重要措施,要求加快做好项目前期工作,此举为建设引汉济渭工程提供了规划上的依据。后来国务院批准的《关中—天水经济区建设规划》要求加快建设引汉济渭工程。

第三节 实质性启动后组织领导

2007 年 4 月 29 日,省政府决定实质性启动引汉济渭工程前期工作。此后,省政府或其协调领导小组每年都要召开会议,专题研究引汉济渭工程前期工作,大力推进准备工程建设、移民安置等事项,既加快了前期工作,又推进了准备工程、勘探试验工程建设和移民安置工作,为工程全面开工建设赢得了时间。

引汉济渭工程前期工作推进过程中,省人大、省政协领导多次深入前期工作现场视察指导,对前期工作给予了很大支持,并多方奔走呼吁国家尽快批准工程立项。省人大做出专项决议,从立法层面支持工程建设,对推动工程前期工作发挥了重要作用。

第二章　前期工作组织实施

引汉济渭工程前期工作实质性启动以后,省政府于2007年4月29日召开第59次专题会议决定成立引汉济渭工程协调领导小组,工作机构主要由省水利厅抽调精干力量组建,并立即开展具体工作。在此基础上,省机构编制委员会于2009年12月10日正式批复设立引汉济渭工程协调领导小组办公室,履行项目前期工作和准备工程建设的法人职能。2012年12月19日,经省政府同意成立省引汉济渭工程建设有限公司,作为引汉济渭工程建设法人,负责引汉济渭工程建设及运营管理。

第一节　引汉济渭工程协调领导小组

2007年4月29日,省政府第59次专题会议研究决定,成立陕西省引汉济渭工程协调领导小组。2009年12月10日,省机构编制委员会正式批复设立陕西省引汉济渭工程协调领导小组办公室,主要由省水利厅抽调力量组建,开展具体工作,履行项目前期工作和准备工程建设的法人职能。之后领导小组经省政府常务会议研究变为陕西省重点水利工程建设协调领导小组,有关成员单位依然沿用。

以时间为序,相继有省委常委、常务副省长,省委常委、副省长洪峰,副省长姚引良,副省长祝列克担任引汉济渭工程协调领导小组组长。

相继有副省长张伟、省政协副主席王寿森、副省长姚引良、省政府副秘书长胡小平、省水利厅厅长王锋任协调领导小组副组长。

省引汉济渭工程协调领导小组成员单位有省政府办公厅、省水利厅、省发改委、省财政厅、省国土资源厅、省环保厅、省住建厅、省交通厅、省农业厅、省林业厅、省引汉济渭办、省电力公司、省地方电力公司和西安市、安康市、汉中市以及周至县、宁陕县、洋县、佛坪县人民政府。各成员单位负责人为协调领导小组组成人员。

省政府办公厅相继有副秘书长李明远、副巡视员徐春华、副秘书长史俊通为协调领导小组成员。

省水利厅相继有厅长谭策吾、副厅长田万全、副厅长洪小康为协调领导小组成员。

省发改委总工程师(副主任)权永生为协调领导小组成员。

省财政厅相继有副厅长上官吉庆、副厅长苏新泉为协调领导小组成员。

省国土资源厅相继有总工程师喻建宏、副厅长燕崇楼为协调领导小组成员。

省交通厅副厅长胡保存为协调领导小组成员。

省林业厅副厅长陈玉忠为协调领导小组成员。

省农业厅副厅长郭志成为协调领导小组成员。

省环保厅相继有副厅长王新荣、副厅长李孝廉为协调领导小组成员。

省住建厅总工程师张孝成、副厅长张文亮为协调领导小组成员。

省地方电力公司副总经理刘斌、副总经理李永莱为协调领导小组成员。

省引汉济渭办常务副主任、主任蒋建军为协调领导小组成员。

西安市相继有副市长朱智生、市长助理乔高社、副市长张宁为协调领导小组成员。

安康市相继有副市长薛建兴、副市长邹顺生为协调领导小组成员。

汉中市相继有常务副市长刘玉明、副市长杨达才、常务副市长魏建锋为协调领导小组成员。

宁陕县相继有县长陈伦宝、县长邹成燕为协调领导小组成员。

周至县相继有县长张印寿、县长王碧辉为协调领导小组成员。

佛坪县相继有县委书记杨光远、县长刘德力为协调领导小组成员。

洋县县长胡瑞安为协调领导小组成员。

第二节　引汉济渭工程协调领导小组办公室

省引汉济渭办系引汉济渭工程协调领导小组的工作机构。2007年4月29日,省长袁纯清主持召开省政府专题会议,决定实质性启动引汉济渭工程前期工作,同时决定成立省引汉济渭工程协调领导小组,其工作机构主要由省水利厅抽调精干力量组建,并立即开展工作。会后,省水利厅立即决定以关中灌区改造工程领导小组指挥部(省关中灌区改造工程利用世界银行贷款办公室)原班人马为主,同时抽调省厅机关和直属单位部分骨干组成引汉济渭工程协调领导小组下设的临时工作机构,代行项目法人职责。具体由省水利厅副厅长田万全负责,雷彦斌为负责人助理,下设4个小组,分别由靳李平任综合组组长,张克强任技术组组长,周安良任工程组组长,王寿茂任移民组组长,全面接手引汉济渭工程各项前期工作的组织实施。

在此基础上,省机构编制委员会于 2009 年 12 月 10 日正式批复设立省引汉济渭工程协调领导小组办公室,履行项目前期准备工作和工程建设的法人职能。批复主要内容如下:

一是撤销关中灌区改造工程领导小组工程指挥部(省关中灌区改造工程利用世界银行贷款办公室),组建陕西省引汉济渭工程协调领导小组办公室,事业性质。待国家正式批复引汉济渭工程项目后,改设为陕西省引汉济渭工程建设局,工程项目建设完成后,改设为陕西省引汉济渭工程管理局,为省水利厅管理的副厅级事业单位。

二是省引汉济渭工程协调领导小组办公室是领导小组的办事机构,同时在引汉济渭工程建设局正式设立前,履行引汉济渭工程建设项目法人职责。其主要职责是:①协调联系引汉济渭工程协调领导小组各成员单位,认真贯彻落实协调领导小组的各项决定;②贯彻执行中央及省上水利工程建设与管理的各项方针、政策和法规,负责工程规划设计和立项前期工作;③贯彻国家有关固定资产投资管理的政策,研究提出和落实工程建设项目的投融资方案,组织编报工程建设投资计划及年度计划,并组织实施;④贯彻执行项目法人责任制、建设监理制、招标投标制和合同管理制等管理制度,负责工程建设质量、进度和安全管理;⑤组织研究工程建设的有关重大问题,向协调领导小组提出意见和建议;⑥协助、指导地方政府和有关部门做好移民安置和环境保护等工作;⑦组织制订、上报在建工程度汛计划,负责工程的度汛安全;⑧完成协调领导小组交办的日常工作任务。

三是内设机构。省编委核定内设机构 5 个,即综合处、规划计划处、工程建设管理处、移民与环保处、财务审计处。

四是经费形式。引汉济渭工程正式立项前,办公经费实行全额拨款,工程建设期间,原在职人员经费实行全额拨款,新进人员经费从建设管理费中列支。

五是人员编制及领导职数。核定人员编制 45 名,其中:从关中灌区改造工程领导小组工程指挥部(省关中灌区改造工程利用世界银行贷款办公室)划入 25 名;其余 20 名编制从省水利厅系统其他事业单位调人带编解决,待人员确定后,另文核发。核定办公室主任 1 名(由省水利厅厅长兼任,不占编制),常务副主任和副主任各 1 名(副厅级),总工程师 1 名(副厅级)。2 名副主任和总工程师职数,在省引汉济渭工程建设局(管理局)设立后,调整为省引汉济渭工程建设局(管理局)领导职数。处级领导职数 13 名。此后,省政府正式任命省水利厅厅长谭策吾任主任,省水利厅副厅长田万全任常务副主任。

2009 年 10 月 10 日,省水利厅厅长、省引汉济渭办主任谭策吾在引汉济渭办全体职工大会上宣布省江河局局长蒋建军任引汉济渭工程协调领导小组办公室副主任。

2010年1月7日,省水利厅以陕水任发〔2010〕1号文任命张克强为引汉济渭办主任助理、副总工程师,王寿茂为引汉济渭办主任助理、综合处处长,靳李平为引汉济渭办副总工程师、移民与环保处处长,严伏朝为引汉济渭办规划计划处处长,周安良为引汉济渭办工程建设管理处处长,曹明为引汉济渭办综合处副处长,李绍文为引汉济渭办综合处副处长,田伟为引汉济渭办规划计划处副处长,李丰纪为引汉济渭办工程建设管理处副处长,刘宏超为引汉济渭办移民与环保处副处长,李永辉、葛雁为引汉济渭办财务审计处副处长。

2010年8月,省人民政府任命杜小洲为省引汉济渭办副主任。

引汉济渭办设立后,除开展大量的前期工作外,还组织推进了勘探试验与准备工程建设。为了争取主体工程尽早开工建设,2007年6月12日,时任常务副省长主持召开引汉济渭工程协调领导小组第一次会议,研究贯彻落实省长袁纯清4月29日在佛坪县召开的现场会议精神的具体措施,要求省级各有关部门加大工作力度,在强力推进前期工作的同时,加快供电、交通、勘探试验、信息化设施以及管理基地等方面的准备工程建设。由此,引汉济渭勘探试验与准备工程陆续展开。

截至2013年6月底,引汉济渭办组织实施了25项准备工程建设,并全面完成了其中的13个项目。其中,秦岭隧洞越岭段11个工作区全线开工,共形成15个工作面,隧洞总开挖36.92千米。其中,支洞掘进16.73千米,占支洞总长度的70%;完成主洞掘进15.84千米,占越岭段主洞总长度的18%;累计建成施工供电线路45.7千米;施工道路54.38千米,桥梁27座,公路隧道4353米。勘探试验与准备工程共计完成投资39.595亿元。未完成的其余勘探试验与准备工程在2013年6月30日以后由引汉济渭工程建设有限公司组织实施,为秦岭隧洞与三河口水利枢纽建设做好了准备。

此外,在制度建设方面,随着引汉济渭工程前期工作的不断深入开展,特别是移民安置与勘探试验、准备工程建设的全面铺开,各项管理工作任务日渐繁重。为适应这一迫切要求,引汉济渭办根据国家和陕西省关于水利工程前期工作与建设管理的相关法规,相继制定了一系列规章制度。

其中,综合管理方面的规章制度9个:①《陕西省引汉济渭办办公自动化系统管理及操作细则》;②《陕西省引汉济渭办保密制度》;③《陕西省引汉济渭办公文处理实施办法》;④《陕西省引汉济渭办机关文书档案管理办法》;⑤《陕西省引汉济渭工程协调领导小组办公室车辆管理办法》;⑥《陕西省引汉济渭工程协调领导小组办公室处置引汉济渭工程建设突发事件应急预案》;⑦《陕西省引汉济渭工程协调领导小组办公室外聘人员管理办法》;⑧《陕西省引汉济渭工程协调领导小组办公室目标责任考核办法》;⑨《陕西省引汉济渭工程协调领导小组办公室职工考勤请休假管理办法》。

技术管理方面的规章制度 2 个:①《陕西省引汉济渭工程技术工作制度》;②《陕西省引汉济渭前期准备工程设计变更管理办法》。

财务审计方面的规章制度 3 个:①《陕西省引汉济渭工程建设征地移民安置资金会计核算》;②《陕西省引汉济渭工程协调领导小组办公室关于财务支付审批程序的规定》;③《陕西省引汉济渭工程协调领导小组办公室差旅费和施工现场津贴管理实施细则》。

移民环保方面的规章制度 3 个:①《陕西省引汉济渭工程临时用地复垦管理办法》;②《陕西省引汉济渭工程建设征地和移民安置实施管理暂行办法》;③《陕西省引汉济渭工程建设征地移民安置资金管理暂行办法》。

工程建设管理方面的规章制度 6 个:①《陕西省引汉济渭前期准备工程施工、监理单位考核办法》;②《陕西省引汉济渭前期工程安全生产管理办法》;③《陕西省引汉济渭前期工程施工期环境管理办法》;④《陕西省引汉济渭前期准备工程实施管理办法》;⑤《陕西省引汉济渭前期准备工程验收管理办法》;⑥《陕西省引汉济渭前期准备工程施工合同费用变化申报审批程序(暂行)》。

2007—2015 年陕西省引汉济渭工程协调领导小组办公室主要领导见表9-2-1。

表 9-2-1　2007—2015 年陕西省引汉济渭工程协调领导小组办公室主要领导

姓名	性别	文化程度	党派	籍贯	职务	任职时间(年-月)
谭策吾	男	大学	中共党员	陕西勉县	主任	2007-06—2010-04
田万全	男	大学	中共党员	陕西黄陵	副主任	2007-06—2009-10
洪小康	男	博士	中共党员	湖北丹江口	主任	2010-04—2013-12
蒋建军	男	硕士	中共党员	陕西渭南	主任	2013-12—2021-08
杜小洲	男	硕士	中共党员	陕西宝鸡	副主任	2010-08—2015-07

第三节　区县引汉济渭办

省引汉济渭工程协调领导小组成立后,工程所在地的三市四县也相继组建了为工程建设提供保障服务工作的协调领导小组办公室。

西安市引汉济渭工程协调领导小组由副市长朱智生任组长,市政府副秘书长冯慧武、市发改委主任王学东、市水利局局长杨立任副组长,杨立兼任办公室主任。

安康市引汉济渭工程协调领导小组由副市长薛建兴任组长,市政府副秘书长冉立新任副组长,市水利局副局长陈晓虎兼任办公室主任。

汉中市引汉济渭工程协调领导小组由常务副市长杨达才任组长,副市长郑宗林、市长助理兼发改委主任李宝玉、市政府副秘书长马大勇任副组长,市水利局局长王基刚任办公室主任。

宁陕县引汉济渭工程协调领导小组由县长邹成燕任组长,县委副书记郭珉,县委常委、纪委书记邝贤君,县委常委、副县长唐新成任副组长,副县长吴大芒任办公室主任,县移民办主任杨志琼负责办公室日常工作。

周至县引汉济渭工程协调领导小组办公室由县长王碧辉任组长,副县长王建任副组长,县水务局局长袁增荣任办公室主任,县水务局副局长吴兴怀、县防汛办副主任周海强任办公室副主任。

洋县引汉济渭工程协调领导小组由县长胡瑞安任组长,县委副书记杜家才、常务副县长张辉、副县长曹志安任副组长,县水利局局长冯长青任办公室主任,县水利局副局长、县移民办主任汪平负责日常工作。

佛坪县引汉济渭工程协调领导小组由县委书记杨光远任组长,县委副书记、县长刘德力,县委副书记吴崇林,县委常委、常务副县长邹恩贵,县委常委、副县长韩明君,副县长郭海华任副组长,县水利局局长庞靖峰任办公室主任,县移民办主任负责日常工作。

第三章　全面建设阶段

2013年6—7月,随着省引汉济渭办与省引汉济渭公司交接工作的完成,引汉济渭工程建设管理体制进入公司制管理阶段。

第一节　省引汉济渭公司成立

2012年12月19日,陕西省人民政府以陕政函〔2012〕227号文件同意成立陕西省引汉济渭工程建设有限公司。文件明确规定,省引汉济渭工程建设有限公司为具有独立法人资格的国有独资企业,省国资委负责资产监管,省水利厅负责业务管理。

省引汉济渭公司主要职能为:负责引汉济渭工程建设及运营管理,依法享有授权范围内国有资产收益权、重大事项决策权和资产处置权;负责引汉济渭调水工程和输配水骨干工程的建设和管理,负责移民安置、环境保护等工作;研究提出和落实工程建设项目投融资方案,组织编报并实施工程建设投资计划;承担省政府委托的其他工作。

省引汉济渭公司初期注册资本金8亿元,同时对已投入工程建设的资金,按规定清产核资并进行审计后投入公司。

文件要求省引汉济渭公司要按照《中华人民共和国公司法》和现代企业制度逐步建立法人治理结构,在工程建设期暂实行总经理负责制,总经理为公司法定代表人,并抓紧制定省引汉济渭公司章程并办理工商登记,尽快启动实质性运作。

2013年7月31日,陕西省工商行政管理局通过审批,颁发企业法人营业执照,标志着陕西省引汉济渭工程建设有限公司正式成立。当月,省引汉济渭办与省引汉济渭公司完成工作移交。

2020年3月,陕西省国资委将所持省引汉济渭公司49%的股权转让给长安汇通有限责任公司,股权变更后,省国资委占有51%的股权,长安汇通有限责任公司占有49%的股权。2020年6月,长安汇通有限责任公司将10%的股权转让于西部机场集团有限公司,公司股权再度变更,变更后省国资委占有51%的股权,长安汇通有限责任公司占有39%的股权,西部机场集团有限公司占有10%的股权。

第二节　机构沿革

省引汉济渭公司自成立以来,始终坚持以工程建设为中心,打造精干高效的组织机构,力求管理无缝对接,职工队伍稳定,进行了多次机构改革调整。

2013年7月,公司成立之初,省水利厅对公司内设机构设置进行了批复。公司内设综合管理部、计划合同部、财务审计部、人力资源部、工程技术部、安全质量部、移民环保部7个部门,下设大河坝分公司、金池分公司。

2014年3月,为加强企业文化建设和工程宣传力度,设立信息宣传中心。

2015年4月,根据工程建设实际需要,设立黄金峡分公司。

2015年6月,为加强纪检监察工作,并全面落实党风廉政建设监督责任,设立纪检监察室。

2015年9月,为加强公司党的组织建设和日常管理工作,充分发挥工会和共青团的积极作用,设立党群工作部。

2016年2月,为加强后勤管理和服务工作,设立后勤服务中心。

2016年5月,为合理利用资源,加大对引汉济渭工程的宣传力度,扩大其社会影响力,成立全资子公司陕西熹点文化传播有限公司。

2017年1月,根据工程建设和公司发展需要,设立机电物资部。

2017年6月,根据工程建设管理需要,为加大科技研发力度,实现科技兴企,设立科学技术研究中心。

2017年6月,为加强对工程的运行、监控、科学调度和安全管理,规范公司信息化管理,加快推进工程管理调度自动化系统建设,设立数据网络中心。

2017年6月,根据输配水工程运营管理需要,为开发引汉济渭受水区经营板块及水资源市场,成立全资子公司陕西上水水务有限公司。

2017年6月,根据工程建设和运营管理需要,加强完工工程维护运营管理,促使工程建设与运营管理有序衔接,成立全资子公司陕西子午建设管理有限公司。

2017年7月,为提升公司经营开发综合实力,提高影响力,强化招商引资能力,更好地服务引汉济渭工程,成立全资子公司陕西天道实业有限公司。

2017年9月,根据中央、省上关于"党对国有企业的领导是重大政治原则"有关规定,《中华人民共和国公司法》《公司章程》"法人治理企业的原则"和公司《中长期发展战略》,为贯彻"四个意识",落实巡查意见,切实加强公司党的建设,发挥党在国有企业的独特优势,撤销综合管理部,设立党委办公室、行政办公室、党委组织部、党委宣传部。

2017 年 10 月,根据省国资委党委巡查反馈意见,撤销财务审计部,设立财务部、审计部。

2018 年 1 月,撤销筹融资部,将其职能及人员划归财务部。

2018 年 7 月,为贯彻落实依法治国和法治陕西建设的战略部署,设立法务部。

2018 年 8 月,为适应新时期新形势下的治水理念,同时为公司多元化、集团化的发展战略提供强大的治理支持,提高科技对公司发展的引领作用和推动作用,撤销科学技术研究中心,设立科学技术研究院(科学技术部)。

2018 年 12 月,依据《陕西省深入实施国企国资改革攻坚 加快推动高质量发展三年行动方案(2018—2020 年)》等文件精神和深化国企改革提质增效要求,将基地筹建办公室和后勤服务中心合并,设立综合事务部。

2019 年 1 月,为健全工会工作组织体系,设立工会工作办公室,与党群工作部合署办公。

2019 年 6 月,为推动公司集团化高质量发展,成立全资子公司陕西引汉济渭勘测设计研究院有限公司。

2019 年 8 月,根据公司发展及工程建设需要,将工程技术部变更为工程管理部。

2019 年 8 月,根据公司发展及工程建设需要,设立总工办。

2019 年 8 月,根据公司发展及工程建设需要,撤销输配水分公司,成立长安分公司和空港分公司。

2020 年 7 月,为适应宣传工作形势,抢占宣传工作主导权、主动权,将信息宣传中心变更为宣传部。

2020 年 8 月,根据上级工会、团委要求,撤销工会工作办公室。

2020 年 10 月,根据工程建设实际,将长安分公司变更为秦岭分公司,空港分公司变更为渭北分公司。

2021 年 5 月 13 日,公司成立工程造价中心,旨在有效控制工程建设成本,进一步规范工程造价计价行为,提高项目投资管理水平和资金使用效益,提升公司投资控制核心竞争力。该中心设在计划合同部。

2021 年 8 月 5 日,为加强发电板块运营管理,公司成立全资子公司陕西引汉济渭子午发电运营有限公司。

2021 年 8 月 5 日,根据公司发展需要,为降低公司管理成本,提高运营效率,充分整合内部资源,注销陕西善水水务发展有限责任公司。

2021 年 10 月 14 日,为加强创新研究工作,提升公司创新能力,公司成立秦创原引汉济渭研究中心,与熹点公司合署办公。

第三节 现有机构设置

陕西省引汉济渭工程建设有限公司内部机构设置有:党委办公室(行政办公室)、计划合同部(工程造价中心)、财务部、党委组织部(人力资源部)、工程管理部、总工办、安全质量部、移民环保部、机电物资部、综合事务部、党群工作部、纪检监察室、党委宣传部(宣传部)、审计部、法务部、数据网络中心、科学技术研究院(科学技术部)等 15 个部门,设立了大河坝、黄金峡、金池、秦岭、渭北 5 个分公司,注册成立了宁陕开发有限公司、陕西天道实业有限公司、陕西熹点水文化科技有限公司、陕西子午建设管理有限公司、陕西引汉济渭勘测设计研究院有限公司、陕西子午发电运营有限公司 6 个全资子公司,以及陕西智禹信息科技有限公司 1 个控股子公司,见图 9-3-1。

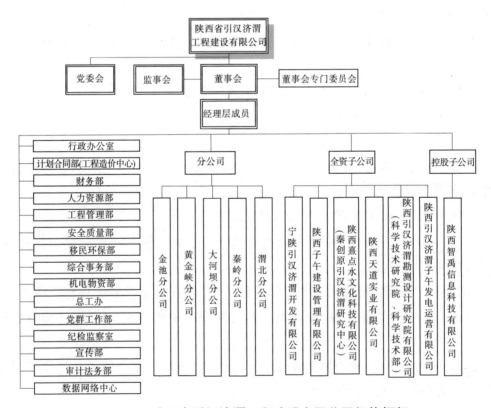

图 9-3-1 陕西省引汉济渭工程建设有限公司机构框架

依据省引汉济渭公司《部门、分公司职能说明书》(引汉建发〔2020〕34号),各部门、分公司职能如下。

一、党委办公室/行政办公室

党委办公室与行政办公室合署办公,前身为综合管理部。

党委办公室职责为:①制定和完善公司党委相关制度办法,检查贯彻执行落实情况。②承担党委会决定事项的督办工作,督促检查各党支部、部门及分(子)公司贯彻落实公司党委各项决策部署的执行情况。③公司党委会、党委扩大会会议组织及会议记录、会议纪要撰写及归档等工作。④公司党委文电、机要、文件管理、档案和保密工作。⑤党委领导班子成员日常文秘、会议、学习、培训、行程等方面事务承办。

行政办公室职责为:①公司总体管理制度、企业发展战略和规划制定;推进国企改革及现代企业制度建设和董事会建设相关工作;推进公司法人治理结构完善相关工作。②公司内部及外来文件的收发、批转和处理。③公司总体工作计划、总结、领导讲话、汇报材料、通知等材料、文件的编写。④公司督办工作。⑤负责公司机要、保密、档案管理、安保工作。⑥公司重要会议会务安排、外事活动、对外接待及外部联络工作。⑦企业品牌建设及商标管理工作;公司大事记、工程建设志书编撰。⑧公司领导班子、监事会,公司领导的日常服务工作,协调各部门、分(子)公司。

现任正职许涛(兼任董事会秘书、总经理助理),现任副职翟宇,历任负责人徐国鑫、马省旗、高勇。

二、党委组织部/人力资源部

党委组织部与人力资源部合署办公。

党委组织部职责为:①贯彻执行党的组织路线和干部政策,公司中层干部的选拔使用、培养教育、考察考核工作;公司中层领导班子调整、配备和换届工作;公司后备干部队伍建设。②人才队伍建设相关工作。坚持党管人才的原则,充分发挥牵头抓总、协调相关部门做好人才工作。③公司"三项机制"具体落实运用相关工作。④公司党委书记、总经理外出报备工作;公司中层及其以上干部相关数据的统计和上报;公司中层和高级职称以上人员因私护照管理;党员、干部出国(境)的政审;党员干部政审外调相关事务。

人力资源部职责为:①规划及人才工作。包括:制定公司人力资源规划;人力资源支出预算编制与成本控制;制定公司人才工作制度办法并督导执行,落实上级部门人才工作具体安排。②招聘选拔与配置管理。包括:制定年度人力资源需求计划,编制公司招聘实施方案,批准后予以执行;与各高校、招聘方面主流网站保持联系,执行公司招聘计划;组织开展面试、测评、甄选、体检等具体环节工作;公司人员的内部调配、轮岗工作。③培训与开发管理。包括:制定公司员工培训与开发制度,建立培训与开发体系,编制年度培训计划,并督导落实;公司级培训项目的具体实施,对基层培训活动举行督导检查,开展培训活动的评估工作,公司培训档案的管理工作;公司员工职称评定工作的组织,专业技术人员的聘用工作,相关专业考试信息的收集与发布。④绩效管理。包括:制定公司部门及员工考核管理制度方法,建立健全考核体系,组织实施绩效考核工作,并对考核结果进行统计与运用;上级相关部门对公司考核工作的对接联络。⑤薪酬社保福利。包括:制定完善公司薪酬社保及福利相关制度,拟订工资、奖金、社保及福利标准,经批准后执行;办理公司员工社会保险及补充保险、企业年金的核算、调整及管理;核算公司员工各类补贴、津贴、奖金及工资,负责各种劳资报表的填报;员工的考勤、休假制度制定修订和日常管理。⑥劳动关系及档案管理。包括:公司员工劳动合同的签订、管理,劳动合同纠纷的处理;员工入职、升迁、调动、离职、退休手续的办理,离退休人员服务管理工作;公司员工档案的调入、整理、信息更新、调查等工作。⑦组织设计及定岗定编。包括:公司组织架构设计、成立、变更工作;公司工作分析、岗位设置及岗位职责的审定和调整工作;岗位人员任职资格及人员编制的确定、变更和调整工作。

现任正职王朝辉,现任副职段美旺,历任负责人董鹏。

三、党群工作部

职责为:①党委中心组学习和民主生活会的组织协调工作,公司党建工作计划及总结、专题报告、先进评选材料、调研材料等文字材料起草编写工作。②上级党组织对公司党建目标责任考核资料准备和联络工作。③公司党委的组织建设、制度建设和基层党组织的日常指导、监督和管理工作。④公司精神文明建设相关工作。⑤上级党组织和公司党委有关文件的承办落实及党内重大教育、整改等专项专题活动方案的制定、布置、督导和总结上报。⑥牵头组织公司党建及党风廉政建设考核工作。⑦公司党组织换届选举、党组织关系迁转、发展党员、党费收缴、党务干部培训等组织工作。⑧公司工会、共青团、统战、女职工、知识分子等群团工作。党内及群团各类先进个人和集体的评选推荐组织工作。

现任正职刘书怀。

四、纪检监察室

职责为：①党风廉政建设和反腐败的宣传、教育工作。依规依纪依法监督检查公司合规经营管理以及"三重一大"决策执行等情况。②承担公司监察专员办公室的日常事务，根据公司监察专员的授权，对本公司监察对象依法履职、秉公用权、廉洁从业以及道德操守情况进行监督检查。

现任正职史雷庭，历任负责人马省旗、刘书怀。

五、党委宣传部

党委宣传部与宣传部合署办公，前身为信息宣传中心。

党委宣传部职责为：①制定公司党的思想建设和宣传工作规划、制度、办法，并落实执行。②公司意识形态工作，开展思想政治教育、研究和形势任务教育等工作。③公司企业文化传播体系建设和宣传工作的组织实施。④意识形态工作和企业文化传播体系建设的督导、检查评优。

宣传部职责为：①公司宣传及企业文化传播体系建设方面管理制度的制定，并督导落实。②公司网站、OA系统、微信公众号等平台的信息采编、审核和运行管理。③公司重大活动和会议的拍摄报道工作，主要视频的拍摄、制作及发布，微电影相关管理工作。④公司简报、宣传册及相关书籍刊物的编印及相关宣传资料的更新。⑤企业文化传播体系建设和公司品牌形象策划、推广、管理工作。⑥公司对外宣传的管理工作。⑦公司舆情日常监管及应急处理工作。

现任正职刘刚，现任副职高勇，历任负责人马红、王健、刘书怀、高勇。

六、财务部

由财务审计部拆分而来。

职责为：①贯彻执行《中华人民共和国会计法》《企业会计准则》及国家其他相关法规政策及公司财务管理制度办法。②根据公司发展规划及战略要求，完善健全相配套的财务会计方面规章制度，并监督部门、分(子)公司贯彻执行。③全面负责公司的财务会计工作，并负责对子公司会计业务的监督指导工作。④财务共享服务中心的运营管理。⑤编制月度和年度会计报告，按时向有关管理部门上报。⑥公司全面预算管理，审核各部门、分(子)公司预算编写工作，汇总公司年度预算报表，编制预算执行情况报告，检查监督预算执行、实行预算控制及预算考核等。⑦根据公司建设计划及资金计划，负责建设资金的筹集工作。⑧按照工程、合同管理部门审核确认的工程进度款进行价款结算及资金拨付；遵照国家相关规定及公司制度对费用类支出进行审核及支付。⑨建立健全公司税务管理体系，完善公司税务制度,包含纳税申报、税收政策宣贯、税务协调、销售发票开具、领用登记及存根保管;指导和监督子公司开展税务管理工作。⑩参与工程竣工项目的验收和处理交付使用财产工作,编制竣工财务决算。⑪会计人员的后续教育和培训工作。⑫在建工程保险工作,对保险经纪单位进行履约考核,监督、指导经纪公司开展工程风险防范和保险事故处理赔付的工作。⑬根据《会计档案管理办法》规定,做好会计档案的收集、整理、统计及归档等工作。

现任副职张延霞(主持工作),历任负责人李永辉。

七、综合事务部

由后勤管理中心和基地筹建办公室合并组建而成。

职责为:①引汉济渭工程调度中心工程建设管理协调等相关事务。②公司机关办公区物业、保洁、通信、绿化及餐饮服务管理事务。③公司交通车辆采购、调配、维护、管理等相关事务。④公司办公固定资产及办公用品管理、办公物资及劳保物品采购发放及其他后勤综合性服务管理事项。⑤公司员工职业装、工程装的订制、配发和管理。⑥指导、监督分(子)公司后勤服务管理工作。

现任正职邵军利,现任副职王鹏飞、赵贝贝,历任负责人毛晓莲、王新。

八、审计部

由财务审计部拆分而来。

职责为:①公司内部审计制度制定和流程建设。②制定公司年度审计计划和实施方案,并贯彻执行。③对各部门、分子公司的专项审计、清算审计等项审计。④部门、分(子)公司负责人的离任审计,开展公司安排的专项审计。⑤配合上级部门和有关单位开展政府审计、第三方审计及其他方面审计。⑥对审计结果及时向公司党委会、董事会汇报,并提出初步处理意见。⑦公司内审团队的专业培训和考核。

现任正职寇前锋,历任负责人李永辉。

九、法务部

职责为:①制定公司法律事务管理、法制工作相关管理制度,并督导落实。②公司管理制度办法和重大决策的合法合规性审核,公司合同及其他重大经营管理文件资料的起草、审核。③对公司经营中各项法律事务咨询进行解答,提供一定的合理化建议和意见。④公司有关法律事务纠纷的处理。⑤公司法律文书的起草、审核。⑥建立完善公司风险管控及合规体系,制定相关制度办法并督导落实。⑦公司法律知识及依法治企相关培训,公司法治建设和法律顾问工作。

现任副职徐军明(主持工作),历任负责人满红位、张强。

十、计划合同部

计划合同部与工程造价中心合署办公。职责为:

(1)招标管理。①建立招标管理体系,制定招标投标管理办法。②组织编制、执行年度招标工作计划及执行。③协助配合业务管理部门开展非招标项目谈判、询价工作。④招标文件商务条款的编制、审核,招标控制价的审核。⑤安排参与合同谈判,编制招标项目的合同文本,并办理合同签订手续。⑥开展招标过程资料的整理归档,做好保密工作。⑦组织解决招标、合同执行工作中的投诉、纠纷调解等工作。

(2)合同管理。①工程建设合同管理,制定合同管理办法。②组织合同的评审、谈判及签订。③全面跟踪和监督合同的执行,牵头组织相关部门定期(每季)对合同执行情况进行监督、检查、纠偏。④协助法务部进行合同风险控制,负责检查履约、跟踪与监督变更、索赔、调差、计量与支付、竣工结算、最终结清及合同关闭。⑤合同变更的审核,提供合同方面的咨询和支持。⑥建立合同台账,做好合同文档管理及保密。

(3)计划统计。①制定和调整工程建设总体投资计划和年、季投资计划。②协助编报工程建设统计报表和年报,并协助统计资料上报。③有关投资的统计工作,建立合同结算台账,编制月度、年度投资统计报表。④中央、省级财政资金申报工作,并建立财政资金下达台账。⑤工程造价信息和计价依据的收集整理,计划、统计资料的整理、归档及保密。

(4)投资控制。①组织编制投资控制方面的管理办法并贯彻落实。②技术方案的经济评审。③工程建设项目概预算的审核。④工程价款结算、竣工结算的审核。⑤主持编制年度、季度投资计划,对计划的执行情况进行检查、纠偏,提出控制投资的措施和节约投资的建议。⑥核定竣工计价,组织工程变更的经济评审,审核变更项目价格和合同价格调整。

现任正职井德刚,现任副职雒少江(兼任工程造价中心主任),历任负责人沈晓钧。

十一、总工办

职责为:

(1)技术管理制度建设。①制定及修订公司技术管理方面相关制度。②制定引汉济渭工程重大技术问题的公司技术委员会及外聘专家评审管理办法。③贯彻执行上级管理部门基本建设方面有关方针、政策、法规、规范和技术标准,不断提高工程技术管理水平。

(2)技术支持。①参与公司工程建设技术的总体审核、指导。②根据业务部门提案,组织相关单位、公司技术委员会、外聘专家负责对引汉济渭工程规划、设计、施工中的重大技术问题依据评审管理办法提供技术支持,并提供决策依据。③对工程项目重大技术工作进行管理。④参与公司项目立项与规划设计决策。

现任正职曹双利,历任负责人刘福生。

十二、工程管理部

职责为:

(1)工程前期工作管理。①制定、完善前期工作的规定和制度并组织实施。②报告编制、项目立项、审批和评估等工程前期工作的管理。③工程前期工作各类规划的编制、申报、审批和评估等管理工作。④工程前期工作各类手续办理。

(2)工程建设管理。①参与制定公司建设计划及年度计划并督导、检查执行。②公司对参建单位考核,组织上级主管部门督导检查工作。③组织公司及工程各参建单位文明工地统筹创建等工作。④配合对工程施工所形成档案资料的收集、整理、归档,并进行监督、检查。⑤合同标段开工在上级主管部门备案,组织对一般设计变更、计量支付的监督、检查,履行一般设计变更的核备手续。

(3)工程技术管理。①组织或参与工程实施阶段重大技术问题的研究。②组织或参与招标技术文件技术方案的审定。③主持或参与编制工程技术标准和规定,并监督执行。④组织或参与对重要及重大工程变更和重大项目施工组织设计文件的审查。

现任正职刘国平,现任副职曹林顺,历任负责人张忠东、曹双利。

十三、安全质量部

职责为:①建立、健全公司安全、质量体系,落实安全质量责任制。②制定安全工作目标、安全计划和实施方案,组织制定安全保证措施,确保安全目标的实现。③制定安全检查制度,组织定期和日常的监督、检查。④开展安全生产和工程质量检查和监督工作,组织处理安全质量事故,制定纠正和预防措施。⑤组织开展公司级安全质量教育和培训。⑥制定公司安全质量奖惩办法,并负责落实;管理质量检测试验中心,保证质量检测试验工作正常开展。⑦办理公司安全、质量相关手续,报上级主管部门批复。⑧收集、整理安全质量的法律法规资料、文件,建立法律法规台账,贯彻落实相关法律、法规、政策及办法。⑨组织制定防洪度汛方案并组织实施,保证安全度汛,监督、检查工程建设现场防洪工作。⑩公司应急管理工作。⑪安全质量管理方面的资料整理、归档工作,协助工程档案整理及移交工作。⑫制定工程验收管理办法、法人验收计划及年度验收计划,并监督落实,负责工程质量索赔。⑬组织工程验收工作,参与工程阶段验收。

现任正职刘福生,现任副职陈方,历任负责人李晓峰。

十四、移民环保部

职责为:①工程征地拆迁、补偿及建设环境保障组织管理,具体包括征地和环境保障工作管理办法制定,土地报批材料组卷、征地组织协调和资金拨付把关、工程建设环境保障等。②工程移民搬迁安置,具体包括引汉济渭移民搬迁安置组织协调,移民安置政策宣传培训、水库移民资金拨付、管理,移民安置工作统计等。③全面负责工程建设环境保护、水土保持工作组织协调、管理等工作,监督考核分公司及其他参建单位做好环水保现场管理与实施。④公司扶贫攻坚工作组织协调工作。⑤部门公文管理、移民信息化管理、档案管理工作。

现任正职李厚峰,现任副职刘挺、王浩、闫团进,历任负责人曹明、徐国鑫。

十五、机电物资部

职责为:①制定机电设备、工程物资、金属结构管理办法、规章制度及台账档案建立工作。②机电设备、金属结构、物资采购合同技术条款的审核,参与机电设备与物资采购及计划编制工作。③机电设备、金属结构的设计联络、制造、监造、调试、验收等过程管理工作。④机电设备、金属结构、工程物资质量管控工作。⑤参与机电设备、金属结构、工程物资的质量验收、运行验收事项准备工作。⑥跟踪所管辖设备的制造进度、物资供应及合同管理工作,协调现场施工的进度。⑦协调参建各方关于物资供货计划、供应等相关工作。⑧组织相关部门开展物资的核销工作。

现任正职杨振彪,现任副职吴亚军,历任负责人李丰纪。

十六、科学技术研究院

前身为科研中心。

职责为:①制定并实施科技工作的中长期规划,创新科技管理模式,建立健全科技创新制度体系。②各类科技计划项目和公司自立课题的申报、评审、执行、检查、成果咨询及成果验收等工作。③储备项目评优、科技创新报奖、专利申报工作;公司科技论文专辑、专栏的征集和发表工作,引汉济渭工程专辑与丛书的出版工作。④研发平台建设、管理及配合工作。⑤开展引汉济渭工程相关工程技术研发及相关领域人文社会科学研究。⑥协助做好科学技术研究院人才招聘工作。⑦企业创新战略实施的制度机制研究、建立，开展创新工作对外交流合作。⑧引进和吸收国内外先进技术和成果，广泛开展科技与合作。⑨公司专利权日常管理工作。

现任正职苏岩，现任副职宋晓峰、赵力。

十七、数据网络中心

职责为：①贯彻执行国家与相关行业信息化建设的法律、法规，负责信息自动化系统工程建设、运行维护及相关协调工作。②对信息自动化系统项目设计、施工、监理单位的管理，审查合同费用结算工作。③参与信息自动化系统物资管理、盘点工作。④参与竣工决算报告编制、验收及和档案管理移交工作。⑤工区所有信息化项目及数据管理工作。⑥参与引汉济渭工程项目电子档案及数据的收集、保存与管理工作。⑦参与引汉济渭工程纪录片收集与管理工作。⑧公司及全工区信息自动化系统相关网络安全和保密工作。⑨公司计算机维护、软件管理、网络信息技术支持工作。⑩公司信息自动化系统培训工作。

现任正职沈晓钧，现任副职党怀东、李久旺，历任负责人王智阳、刘斌。

十八、分公司

职责为：①工程管理。负责工区工程安全、进度、质量现场监督管理，及与施工、监理、设计单位的沟通、协调；组织参与在建工程安全隐患的防范和工程质量的评定；负责对工程图纸、工程量、单价的审核及工程变更立项的审核；负责对现场各参建单位的管理和监督，组织开展日常巡查、监督工区现场，协调处理施工中出现的各种问题；配合做好工程外围环境保障工作；组织参与工程阶段验收，负责工程信息资料收集、整理和归档。②计划合同管理。按照公司工程建设进度计划，对各施工单位的进度计划进行日常监督管理；负责合同结算、支付与计量的初审，参与组织对工程建设合同执行情况进行监督、检查；负责对合同变更索赔的初审，对工程建设进度计划、合同执行、结算支付、变更索赔等各项工作进行统计及建立台账；组织参与工程及物资设备的招标。③工区水保、环保和移民安置。负责管理、协调工区内环境保护、水土保持和生态建设；组织参与工程水保、环保的专项验收及移交。

公司现有大河坝、金池、黄金峡、秦岭、渭北5家分公司。

大河坝分公司现任正职李晓峰，现任副职张晓明、李金霖、刘斌，历任负责人李丰纪、刘福生。

金池分公司现任正职王振林，现任副职李玉邦、张航库，历任负责人刘宏超、徐国鑫。

黄金峡分公司现任正职张鹏利，现任副职李元来、刘贵雄。

秦岭分公司现任正职王振林，现任副职薛伟、赵立军。

渭北分公司由输配水分公司、长安分公司变更而来。现任副职杨诚（主持工作）、王民社、任吉涛，历任负责人徐国鑫、王民社。

第四节　子公司

近年来，省引汉济渭公司在聚焦建好引水工程主业的同时，积极谋划产业布局，重点围绕"水"全产业链的开发、绿色生态资源开发利用等，逐步构建起涵盖水资源开发、系统集成、项目建设等业务的产业体系，为完成实现公司多元化和集团化发展奠定了基础。依托工程建设，公司先后成立了宁陕引汉济渭开发有限公司、陕西熹点文化传播有限公司（陕西熹点水文化科技有限公司）、陕西子午建设管理有限公司、陕西天道实业有限公司、陕西引汉济渭勘测设计院有限公司、陕西引汉济渭子午发电运营有限公司等子公司。同时，公司推动对外战略合作，与太极计算机公司、江苏亨通海洋光网系统公司组建了陕西智禹信息科技有限责任公司。

宁陕引汉济渭开发有限公司成立于 2014 年 7 月，经营范围为风景区开发、建设、经营与服务；酒店建设、经营与服务；山泉水系列产品生产、销售；石油、润滑油批发、零售；会议服务；商业贸易经营；工艺品研发、生产销售等。现任执行董事、法定代表人邵军利，现任副职向骏滔，历任负责人毛晓莲。

陕西熹点水文化科技有限公司成立于 2016 年 5 月。公司以水利工程建设和运营过程的文化创意与远程巡航服务设施（无人机）开发为主要业务，已独立或联合开发了 4 种拥有知识产权的无人机产品。现任执行董事、法定代表人许涛，总经理孟晨，历任负责人余东勤、李磊、何斐。

陕西子午建设管理有限公司于 2017 年 7 月成立，经营范围为水利水电工程的建设、运营及维护管理；水利水电工程的设计、施工、监理及技术咨询；企业内部员工培训；业务发展需要的其他投资项目等。拥有水利水电工程施工总承包三级资质、水利水电工程监理乙级资质。现任执行董事、法定代表人张鹏利，总经理曹双利，现任副职康斌、党建涛，历任负责人刘福生。

陕西天道实业有限公司成立于 2017 年 11 月,经营范围包括:物业管理;餐饮服务;旅游项目开发、建设、经营;酒店建设、经营、管理;工艺品研发、制作、销售;五金交电、日用百货、劳保用品、家具、办公耗材、预包食品销售;茶叶的种植、加工销售;生态农业开发经营等(依法须经批准的项目,经相关部门批准后可开展经营活动)。公司现任执行董事、法定代表人邵军利,现任副职向骏滔、王鹏飞、袁江涛,历任负责人毛晓莲。

陕西智禹信息科技有限公司成立于 2020 年 11 月,是省引汉济渭公司参股的混合所有制子公司,服务引汉济渭智能化建设,结合引汉济渭智慧化实施方案开发经验积累,开发智慧化管理通用平台,对外扩展信息化业务服务。现任执行董事、法定代表人杜小洲,总经理郝建智,现任副职谢晓、李久旺、朱冯建、刘尚为。

陕西引汉济渭勘测设计研究院有限公司于 2019 年 5 月成立,充分利用公司已经形成的设计能力,开展相关设计、监理和工程咨询工作,取得了多项行业工程设计资质。现任执行董事、法定代表人苏岩,总经理王智阳。

陕西引汉济渭子午发电运营有限公司于 2021 年 9 月 15 日注册成立,主要负责三河口水利枢纽和建成后的黄金峡水利枢纽的水利发电业务,包括电力生产及生产安全保障,机电设备运行、维护、检修及并网调试、发电并网、电费收缴等;根据总公司的调度指令做好电力生产等;负责与汉中国家电网公司的对外联络协调;负责大河坝自来水厂的运营维护,包括生活饮用水生产、供应销售、水质检测、水费收缴及备用水源地日常维护等水务运营相关职能。公司现任执行董事、法定代表人、总经理杨振彪。

第五节 领导成员

2013 年 7 月至 2021 年 12 月中共陕西省引汉济渭工程建设有限公司委员会成员见表 9-3-1。2013 年 7 月至 2021 年 12 月中共陕西省引汉济渭工程建设有限公司纪律委员会成员见表 9-3-2。2013 年 7 月至 2021 年 12 月陕西省引汉济渭工程建设有限公司现任领导成员见表 9-3-3。

表 9-3-1 2013 年 7 月至 2021 年 12 月中共陕西省引汉济渭工程建设有限公司委员会成员

党委书记	党委副书记	党委委员	曾任党委职务
杜小洲	董 鹏,毛晓莲	杜小洲,董 鹏,田再强,田养军,毛晓莲,王亚锋,张艳飞	雷雁斌(2013-12—2019-05 任公司党委书记、副书记);徐国鑫(2018-05—2020-05 任党委委员)

表9-3-2　2013年7月至2021年12月中共陕西省引汉济渭工程建设有限公司纪律委员会成员

纪委书记	纪委委员	曾任委员
田再强	田再强,史雷庭,刘书怀,许　涛,王朝辉	马省旗(2015-08—2019-05任纪委委员)

表9-3-3　2013年7月至2021年12月陕西省引汉济渭工程建设有限公司领导成员

姓　名	性　别	现任职务	籍　贯	政治面貌	说　明
杜小洲	男	党委书记董事长	陕西岐山	中共党员	2013-04 任公司总经理(法人代表) 2017-03 任公司党委副书记、总经理 2017-07 任公司党委书记、执行董事 2018-06 任公司党委书记、董事长
雷雁斌	男	党委副书记总经理	陕西泾阳	中共党员	2013-06 任公司副总经理 2013-12 任公司党委书记、副总经理 2017-07 任公司党委副书记、总经理 2019-05 调出
董　鹏	男	党委副书记董事总经理	陕西丹凤	中共党员	2013-06 任公司副总经理 2018-09 任公司董事、党委副书记 2019-07 任公司党委副书记、董事、总经理
田再强	男	党委委员纪委书记监察专员	陕西靖边	中共党员	2015-04 任公司党委委员、纪委书记 2017-03 任公司党委委员、纪委书记、工会主席 2018-09 任公司党委委员、纪委书记、工会主席、职工董事 2019-12 任公司党委委员、纪委书记、监察专员
石亚龙	男	副总经理董事	陕西富平		2013-10 任公司总工程师 2018-05 任公司副总经理
田养军	男	党委委员副总经理	陕西富平	中共党员	2015-10 月任公司副总经理 2018-05 任公司党委委员、副总经理
毛晓莲	女	党委副书记职工董事工会主席	陕西澄城	中共党员	2018-05 任公司党委委员 2018-09 任公司党委委员、副总经理 2019-08 任公司党委副书记、董事 2020-04 任公司党委副书记、职工董事、工会主席

续表 9-3-3

姓　名	性　别	现任职务	籍　贯	政治面貌	说　明
王亚锋	男	党委委员 副总经理	陕西绥德	中共党员	2019-08 任公司党委委员、副总经理
张艳飞	女	党委委员 总会计师	陕西神木	中共党员	2020-05 任公司党委委员、总会计师
徐国鑫	男	副总经理	四川广元	中共党员	2018-05 任公司党委委员、总经理助理 2020-05 任公司副总经理
张忠东	男	总工程师	陕西泾阳		2014-03 任公司副总工程师 2018-05 任公司总工程师
沈晓钧	男	副总经理 职工监事	陕西渭南	中共党员	2021-05 任公司副总经理、职工监事

注:陕西省引汉济渭工程建设有限公司成立于 2013 年 7 月 31 日,此表信息截至 2021 年 12 月底。

第十篇

党建、公司管理与文化建设

省引汉济渭公司是经省政府批准成立的大型国有企业,由省国资委管理、省水利厅业务指导。省引汉济渭公司十分注重党建工作在企业发展和工程建设中的政治引领作用,全面落实"三重一大"事项党组织前置程序,着力发挥好党组织"把方向、管大局、保落实"作用。健全工作机制,充分发挥公司党委的领导作用、基层党组织的战斗堡垒作用和党员的先锋模范作用,为推进公司改革发展和工程建设提供坚强的组织保证。

省引汉济渭公司根据新的时代条件下组织管理超大型工程建设的实际需要,培育形成了"敬业、创新、严谨、感恩、包容"的企业精神,构建了兼具水利行业共性和引汉济渭自身特色的企业文化,并通过形式多样的文化和宣传活动,增进社会公众对于引汉济渭工程的认知和美誉度,营造良好的工程建设舆论环境,使企业文化与精神成为推动工程建设的深层动力。

第一章　党的建设

中共陕西省引汉济渭工程建设有限公司委员会(简称省引汉济渭公司党委)成立于2013年8月27日(陕国资党组织发〔2013〕74号)。陕西省国资委批复省引汉济渭公司党委设委员7名,其中设书记1名,副书记1名。

省引汉济渭公司党委成立以来,在上级党委的领导下,坚持以学习贯彻习近平新时代中国特色社会主义思想为主线,围绕工程建设和公司高质量集团化发展,全面加强党的建设,着力发挥好党委政治核心作用和党组织战斗堡垒作用与党员先锋模范作用,为工程建设和公司集团化发展提供坚强的政治保证和组织保证。

第一节　思想建设

自2013年公司成立以来,省引汉济渭公司党委狠抓党的思想建设,不断强化党员干部思想理论教育,加强党的基本理论、基本路线、基本方略教育,引导党员干部在思想上、政治上、行动上与党中央保持高度一致,进一步坚定理想信念,增强党员干部纯洁性、先进性。

一、专题教育活动

(1)2014年,开展"抓、建、促"主题活动。及时成立主题领导小组和工作机构,制定了活动实施方案,召开了动员会,从组织上保障了主题活动的顺利开展;认真开展"五查"工作,通过召开座谈会,发放调查问卷等形式,检查群众路线教育实践活动开展以来领导班子整改措施落实情况;开展"庸懒散浮"专项整治,强化工作纪律,提升办事效率。

(2)2015年,扎实开展"三严三实"专题教育。制定印发公司"三严三实"专题教育实施方案,以党委书记上党课开局,领导班子成员率先垂范,分别深入所联系的党支部上党课,确保专题教育工作全覆盖;查找公司党员干部中存在的问题,明确了整改方向,提出了切实可行的整改措施。通过专题教育,公司领导班子及全体党员干部思想政治水平和政治理论水平,执行力、工作效率都有了长足的提升。

(3)2015年,加强理想信念教育。组织公司中层以上干部到革命圣地延安、梁家河党员教育基地参观学习,重温入党誓词,听取中国延安干部学院教授"延安精神及其当代价值"的专题讲座,观看了党内教育参考片《苏联亡党亡国20年祭》,使党员干部受到生动具体的党风党纪教育和延安精神教育,进一步坚定了理想信念。

(4)2016年,扎实开展"两学一做"学习教育。把"两学一做"学习教育作为年度党建工作重点任务,先后下发专题学习讨论、组织生活会等文件通知29次,及时对阶段工作进行安排部署;党委中心组开展专题学习8次、专题研讨35人次,组织党员抄写《党章》,建立学习教育QQ群,编印"两学一做"应知应记要点,开展学习测试,邀请专家专题辅导讲座,组织观看《永远在路上》《长征》等红色教育片,通过多种形式走深走实;通过"两学一做"学习教育,党员干部理想信念进一步坚定,担当意识进一步增强,党员先锋模范作用有效发挥,公司党建工作再上新台阶。

(5)2017年、2018年,深入推进"两学一做"学习教育常态化制度化。对"两学一做"学习教育常态化制度化进行动员部署,强化自我教育和自我提高;持续开展"亮承诺、做表率"党员承诺践诺活动;加强党员学习教育,组织党员赴延安、照金及川陕革命根据地瞻仰革命旧址,追寻红色足迹,弘扬革命精神,激发兴水情怀。

(6)2019年,扎实开展"不忘初心、牢记使命"主题教育。按照中央、省委和省国资委安排,组织召开主题教育工作会议,印发实施方案,成立主题教育工作领导小组,将"学习教育、调查研究、检视问题、整改落实"四方面任务细化分解到党委各部门,指定了不同层次学习教育活动的组织者,力求主题教育取得实效。紧扣主题主线,牢牢把握学习贯彻习近平新时代中国特色社会主义思想这一根本任务,聚焦"早日引水进关中"的初心使命,对标对表党章党规、党史新中国史及张富清、黄文秀等先进事迹,认认真真读原著,持续跟进学讲话,不断接受思想洗礼和党性检视。

(7)2020年,深入开展纪念建党一百周年及"四史"学习主题教育活动。按照省国资委党史学习教育动员部署会议要求,公司党委在全公司上下掀起党史学习教育热潮。

二、日常学习教育

(一)公司党委中心组学习走向制度化

2014年,利用总经理办公会、司务会、引汉济渭大讲堂等形式,组织班子成员、中层干部开展政治理论学习,切实把干部职工的思想统一到中省要求上来。

2015年,利用党政联席会议、总经理办公会等,组织领导班子成员和中层干部系统学习习总书记系列讲话及中省及省国资委党委、省水利厅党组各种文件精神,不断增强领导班子成员政治素养和业务素质。

2016 年,公司党委全面加强领导班子思想政治建设。全年召开司务会议 9 期、总经理办公会议 15 期、党政联席会议 7 期、专题会议 37 期,确保对公司事务进行科学决策。坚持党委中心组学习,制定了中心组学习计划,组织开展中心组集中学习 10 次。

2017 年,制定印发了党委中心组年度学习计划及补充通知,重点学习了党的十九大、十八届六中全会、习近平总书记系列重要讲话、省十三次党代会精神等中央、省上和省国资委、省水利厅有关会议文件及领导讲话精神。全年组织集体学习 17 次、专题研讨 2 次,领导班子政治理论素养不断增强。

2018 年,公司党委始终坚持以习近平新时代中国特色社会主义思想为指引,不断强化理论武装,增强"四个意识",践行"两个维护"。以构建学习型党组织为目标,以学习党的十九大精神、习近平新时代中国特色社会主义思想及全国组织工作会议精神为重点,研讨交流新修订《中国共产党纪律处分条例》《梁家河》《监察法》《中国共产党支部工作条例(试行)》《习近平新时代中国特色社会主义思想三十讲》等文件,组织召开冯新柱案"以案促改"专题研讨及省国资委督学督导中心组学习研讨会。领导班子成员围绕工程建设和公司发展大局,联系岗位职责、使命,深化理论和业务知识学习,带头讲党课、开展调研,不断提高用习近平新时代中国特色社会主义思想和党的创新理论指导实践、解决问题的水平,党委中心组"头雁"效应有效发挥。

2019 年,公司党委坚持以习近平新时代中国特色社会主义思想为指引,深入学习宣传党的十九届四中全会精神。定期专题学习习近平总书记关于国企改革、党的建设、生态文明、治水方针等重要思想,及时跟进学习中央、省上最新会议文件精神,不断把学懂弄通做实习近平新时代中国特色社会主义思想的成果,落实到增强"四个意识"、坚定"四个自信"、做到"两个维护"上,落实到解决工程建设复杂难题,推动公司集团化高质量发展的生动实践中。

2020 年,公司党委以习近平新时代中国特色社会主义思想为指导,以构建学习型党组织为目标,深入学习贯彻党的十九大及党的十九届五中全会精神、习近平总书记来陕重要讲话重要指示精神,以及《习近平谈治国理政》第三卷、《中国共产党国有企业基层党组织工作条例》等重要精神、思想和规定。全年党委中心组共计开展集中学习 12 次、专题研讨 7 次,领导班子成员带头讲党课 10 次,党委中心组示范带动作用有效发挥。

2021 年,公司党委以党史学习教育为契机,围绕党的百年历史主线,聚焦"学史明理、学史增信、学史崇德、学史力行"总要求,把"学党史、悟思想、办实事、开新局"贯穿于日常工作。"学史悟思想强根铸魂 奋进新时代追赶超越"主题活动和"我为群众办实事"实践活动有声有色,群众性学习教育取得新成效,职工幸福感获得感持续提升,学习成效转化工作成果突出,公司改革发展基础更加牢固,高质量发展迈出新步伐。全年党委中心组开展集中学习 13 次、专题研讨 5 次。

(二)党支部"三会一课"走向规范化,党员教育呈现常态化

2014 年,各党支部积极开展读书讨论、观看红色电影等形式多样的组织生活。

2015 年,在公司各党支部和全体党员中开展了以"五个好五带头"为主要内容的"创先争优"活动和民主评议党员工作,在公司内形成了争当优秀、学习先进的良好氛围。

2016 年,各党支部以"四个专题学习讨论"为重点内容,结合各自实际制定了学习计划,确保学习全覆盖。充分利用公司网站、简报和社会媒体,持续加强"两学一做"学习教育宣传,基层党支部创办"党旗红"学习教育专刊,营造学习教育良好氛围。

2017 年,各党支部结合实际制定学习计划、年度党员教育培训计划,举办党务干部培训班,党务干部业务能力不断提高。组织召开党的十九大学习动员会、党的十九大宣讲报告会、省十三次党代会精神宣讲暨学习交流会,通过收看十九大开幕式、十九大报告知识测试、"我读报告谈体会"、学习十九大征文等系列活动,利用公司网站、OA 平台及简报等载体掀起学习宣传贯彻高潮,使习近平中国特色社会主义新思想和"五新战略""柔性治水"理念入脑入心,党员干部"四个意识"不断增强。

2018 年,举办 11 期引汉济渭大讲堂,邀请专家解读《监察法》、讲解《梁家河》、习近平新时代中国特色社会主义思想等重要内容。开展"我的专业我来讲"30 余期,实施新员工入职、师带徒、中层及以上管理人员培训 1 000 余人次,干部职工理论素养和业务水平不断提升。

2019 年,把加强党员教育培训作为基层党建基础工程,丰富培训教育的载体和内容,及时跟进中央、省上最新精神和要求,不断开展红色教育、警示教育等主题党日活动,组织观看《周恩来回延安》等红色电影,不断增强广大党员理想信念。

2020 年,制定并印发《党支部主题党日活动指引》,定期编制下发月度学习参考书目,指导各党支部制定符合自身实际的学习计划,创新学习教育活动形式和内容。通过专题党课宣讲、主题党日、引汉济渭大讲堂、学习强国平台等载体,按时保质保量完成"三会一课"。

2021 年,公司各级党组织有力有序推进党史学习教育,从"学什么、怎么学、要学好"出发,圆满完成党史学习教育学习任务。党建及党风廉政建设工作考核更加精准化,规范运行半年督导、年终考核、党支部书记述职评议相结合的考核评价机制,细化考核指标,强化结果运用,加大对基层党建工作的统筹指导,支部工作水平进一步提升,标准化规范化党支部建设有效推进。

第二节　组织建设

省引汉济渭公司党委高度重视党的组织建设,将管党治党责任与业务工作同部署、同落实,相继成立了机关、分公司、子公司基层党组织,同时逐步扩充、完善相应的党委班子及党支部体系,不断加强基层党组织建设。

一、党委及各部门(含党的机构、岗位)建立与变革

(一)党委及党委班子

2013 年 8 月 27 日,省国资委批复同意成立中共陕西省引汉济渭工程建设有限公司委员会,公司委员会设委员 7 名,其中设书记 1 名,副书记 1 名。(陕国资党组织发〔2013〕74 号)

2013 年 12 月 25 日,省国资委党委决定:雷雁斌同志任陕西省引汉济渭工程建设有限公司党委委员、书记。(陕国资党任〔2014〕2 号)

2015 年 4 月 27 日,省国资委党委决定:田再强同志任陕西省引汉济渭工程建设有限公司党委委员、纪委书记。(陕国资党任〔2015〕13 号)

2017 年 3 月 22 日,省国资委党委决定:杜小洲同志任陕西省引汉济渭工程建设有限公司党委委员、副书记。(陕国资党任〔2017〕10 号)

2017 年 7 月 14 日,省国资委党委决定:杜小洲同志任陕西省引汉济渭工程建设有限公司党委书记,雷雁斌同志任党委副书记。(陕国资党任〔2017〕31 号)

2018 年 6 月 7 日,省国资委党委决定:董鹏、田养军、毛晓莲、徐国鑫同志任陕西省引汉济渭工程建设有限公司党委委员。(陕国资党任〔2018〕6 号)

2018 年 9 月 13 日,省国资委党委决定:董鹏同志任陕西省引汉济渭工程建设有限公司党委副书记。(陕国资党任〔2018〕10 号)

2019 年 8 月 2 日,省国资委党委决定:毛晓莲同志任陕西省引汉济渭工程建设有限公司党委副书记。王亚锋同志任党委委员。(陕国资党任〔2019〕33 号)

2019年8月27日,省国资委党委批复同意召开中共陕西省引汉济渭工程建设有限公司第一次代表大会。(陕国资党发〔2019〕139号)

2019年9月24日,中共陕西省委决定:提名杜小洲同志为陕西省引汉济渭工程建设有限公司党委书记候选人。(陕干字〔2019〕377号)

2019年12月24日,按照省国资委党委《关于同意召开中共陕西省引汉济渭工程建设有限公司第一次代表大会的批复》,召开了中国共产党陕西省引汉济渭工程建设有限公司委员会第一次党员代表大会。本次大会应到正式党员97名,实际到会党员93名。大会以差额选举和无记名投票的方式选举产生了中国共产党陕西省引汉济渭工程建设有限公司委员会和纪律检查委员会。杜小洲、董鹏、田再强、田养军、毛晓莲、王亚锋、徐国鑫七位同志当选为中国共产党陕西省引汉济渭工程建设有限公司第一届委员会委员;田再强、史雷庭、刘书怀、许涛、王朝辉五位同志当选为中国共产党陕西省引汉济渭工程建设有限公司第一届纪律检查委员会委员。经中国共产党陕西省引汉济渭工程建设有限公司委员会及纪律检查委员会第一次全体会议选举,杜小洲同志当选为党委书记,董鹏、毛晓莲同志当选为党委副书记;田再强同志当选为纪委书记。会后上报了《中共陕西省引汉济渭工程建设有限公司委员会关于第一次党员代表大会选举结果的报告》(引汉建党字〔2020〕1号)。

2020年5月21日,省国资委党委决定:张艳飞同志任陕西省引汉济渭工程建设有限公司党委委员。(陕国资党任〔2020〕18号)

(二)党委各部门

2015年9月1日,党群工作部成立,同时设立纪检监察室,与党群工作部合署办公。(引汉建发〔2015〕130号)

2017年9月22日,党委(扩大)会议通过决议:

(1)同意设立党委办公室、行政办公室、党委组织部、党委宣传部4个职能部门,撤销综合管理部。

(2)党委办公室与行政办公室合署办公,党委组织部与人力资源部合署办公,党委宣传部与信息宣传中心合署办公。(引汉建党发〔2017〕31号)

2019年9月4日,党委会研究决定调整党委各部门内设机构:①党委办公室(行政办公室)下设党务科、机要科、文秘科、行政科4个科室;②党委组织部(人力资源部)下设组织人事科、考核科、薪酬社保科3个科室;③党群工作部(工会工作办公室)下设党建科、群团科、综合科3个科室。(引汉建党发〔2019〕52号)

2020年7月28日,党委会研究决定将信息宣传中心变更为宣传部,与党委宣传部合署办公。同时,调整撤销采访编辑部、影视网络部、综合业务部,成立党宣科、采编科和新闻媒体科3个科室。(引汉建党发〔2020〕85号)

2020年7月28日,党委会研究决定将原工会工作办公室调整为党群工作部的下设机构,更名为工会办公室,同时撤销群团科,原群团科的工会工作职能及人员划归工会办公室。撤销原综合科,原综合科的工作职能及人员划归党建科。党群工作部下设团委办公室。(引汉建党发〔2020〕89号)

二、党支部(含党小组)设立与发展

2014年6月27日,公司党委成立了机关党支部(马省旗同志任支部书记)、大河坝分公司党支部(李丰纪同志任支部书记)、金池分公司党支部(刘宏超同志任支部书记)、输配水分公司党支部(徐国鑫同志任支部书记)等4个基层党支部。(引汉建党发〔2014〕4号)(引汉建党发〔2014〕5号)

2015年12月25日,公司党委下设成立了黄金峡分公司党支部。(引汉建党发〔2015〕14号)

2015年12月25日,公司党委研究决定:张鹏利同志任黄金峡分公司党支部副书记;李厚峰同志任大河坝分公司党支部副书记。徐国鑫同志暂代金池分公司党支部书记。(引汉建党发〔2015〕15号)

2016年2月25日,公司党政联席会议研究决定调整成立:机关第一党支部、机关第二党支部、机关第三党支部、机关第四党支部、机关第五党支部、宁陕开发公司党支部。撤销原机关党支部设置,原其他党支部设置不变。(引汉建党发〔2016〕3号)

2017年9月14日,公司党委印发《关于建立健全党小组的通知》,明确各党支部根据党员数量、分布情况和工作需要建立党小组,共有10个基层党支部、19个党小组。(引汉建党发〔2017〕29号)

2019年7月4日,公司党委会议研究决定调整党支部设置,保留机关第一党支部、机关第二党支部、宁陕开发公司党支部,调整其余支部,合计设置8个党支部,分别是:

(1)机关第一党支部,由党委办公室(办公室)、计划合同部、财务部、党委组织部(人力资源部)、机电物资部、审计部、综合事务部7个部门党员组成。设支部委员5名。许涛同志任机关第一党支部书记。

(2)机关第二党支部,由党群工作部(工会工作办公室)、工程技术部、安全质量部、移民环保部、纪检监察室、党委宣传部(信息宣传中心)、数据网络中心、法务部8个部门党员组成。设支部委员5名。刘书怀同志任机关第二党支部书记。

(3)岭南工区党支部,由大河坝分公司、黄金峡分公司、子午建设公司3个分(子)公司党员组成。设支部委员3名。张鹏利同志任岭南工区党支部书记。

(4)岭北工区党支部,由金池分公司、输配水分公司2个分公司党员组成。设支部委员3名。王振林同志任岭北工区党支部书记。

(5)宁陕开发公司党支部,由宁陕开发公司、天道实业公司2个子公司党员组成。暂不设支部委员会。毛晓莲同志任宁陕开发公司党支部书记。

(6)上水水务公司党支部,由上水水务公司党员组成。暂不设支部委员会。徐国鑫同志任上水水务公司党支部书记。

(7)熹点文化公司党支部,由熹点文化公司党员组成。暂不设支部委员会。何斐同志任熹点文化公司党支部书记。

(8)勘测设计研究院公司党支部,由勘测设计研究院有限公司、科学技术研究院(科学技术部)党员组成。设支部委员3名。苏岩同志任勘测设计研究院公司党支部书记。(引汉建党发〔2019〕28号)(引汉建党发〔2019〕29号)

2020年4月14日,公司党委会议研究决定设立陕西善水水务发展有限责任公司临时党支部。许涛同志担任临时党支部书记,暂不设置支部委员会。(引汉建党发〔2020〕21号)

2020年6月18日,公司党委会议研究决定"宁陕开发公司党支部"变更为"天道实业宁陕开发公司党支部"。(引汉建党发〔2020〕40号)

2020年6月18日,公司党委会议研究决定邵军利同志担任天道实业宁陕开发公司党支部书记,毛晓莲同志不再兼任。(引汉建党发〔2020〕41号)

三、党员数量及发展党员情况

截至2021年12月,省引汉济渭公司党务工作基本情况如下:

(1)共有党支部7个,党小组19个(其中机关第一党支部设置党小组6个,机关第二党支部设置党小组7个,岭南工区党支部设置党小组3个,岭北工区党支部设置党小组3个,其他党支部暂不设党小组)。

(2)"全国党员系统"内在册党员合计218人,其中正式党员209人,预备党员9人。

(3)公司各党支部共有发展对象10名,积极分子13名。

(4)历年来发展党员情况如表10-1-1所示。

表 10-1-1　历年来发展党员情况

年份	发展党员数	预备期满转正党员	确定发展对象	入党积极分子
2016	3	2	7	
2017	5	3	3	8
2018	7	8	4	14
2019	7	7	9	14
2020	8	7	7	9
2021	8	9	10	13

第三节　制度建设

制度建设是推进党建工作有序、规范开展的根本保证。将制度建设贯穿党的各项建设之中,是全面从严治党的长远之策、根本之策。

2017 年 7 月,印发《党建工作年度目标责任考核实施办法》(引汉建党发〔2017〕22 号)。

2017 年 12 月,修订完善了以下制度:

《中共陕西省引汉济渭工程建设有限公司委员会党委中心组学习制度》;

《中共陕西省引汉济渭工程建设有限公司委员会党费收缴管理使用制度》;

《中共陕西省引汉济渭工程建设有限公司委员会党员管理规定》;

《中共陕西省引汉济渭工程建设有限公司委员会民主评议党员制度》;

《中共陕西省引汉济渭工程建设有限公司委员会党员教育培训制度》;

《中共陕西省引汉济渭工程建设有限公司委员会"三会一课"制度》;

《中共陕西省引汉济渭工程建设有限公司委员会基层党支部职责》;

《中共陕西省引汉济渭工程建设有限公司委员会党支部委员职责》。

2019 年 8 月,印发《干部廉政档案管理办法》(引汉建党发〔2019〕48 号)。

2019 年 10 月,印发《中层以上管理人员操办婚丧嫁娶事宜相关规定(修订)》(引汉建党发〔2019〕58 号)。

2019 年 10 月,印发《陕西省引汉济渭工程建设有限公司中层管理人员管理办法》(引汉建党发〔2019〕59 号)。

2019 年 12 月,印发《陕西省引汉济渭工程建设有限公司网络意识形态阵地管理办法》(引汉建党发〔2019〕66 号)。

2020 年 1 月,印发《陕西省引汉济渭工程建设有限公司问责实施办法》(引汉建党发〔2020〕2 号)。

2020 年 3 月,印发《陕西省引汉济渭工程建设有限公司关于对公司管理人员进行提醒、函询和诫勉的暂行办法》(引汉建党发〔2020〕12 号)。

2020 年 5 月,印发《中共陕西省引汉济渭工程建设有限公司委员会关于建立党委书记党支部工作联系点制度》(引汉建党发〔2020〕33 号)。

2020 年 6 月,印发《司管班子和干部综合研判实施办法(试行)》(引汉建党发〔2020〕38 号)。

2020 年 9 月,印发《省引汉济渭公司党委贯彻落实〈党委(党组)落实全面从严治党主体责任规定〉工作方案》(引汉建党发〔2020〕61 号)。

2021 年 3 月,印发《中共陕西省引汉济渭工程建设有限公司委员会"第一议题"制度》(引汉建党发〔2021〕19 号)。

第四节　工会与群团

一、工会

省引汉济渭公司工会于 2017 年 4 月经省水利工会委员会《关于同意陕西省引汉济渭工程建设有限公司工会第一次会员代表大会选举结果的批复》(陕水工发〔2017〕39 号)成立。工会下设岭南工区、岭北工区、宁陕开发分会、熹点文化分会、勘测设计研究院等 5 个分会和机关第一工会、机关第二工会 2 个工会小组。截至 2021 年 12 月 31 日,会员共计 452 名。

公司工会在省农林水利气象工会、省国资委党委和公司党委领导下开展工作。工会成立以来,以权益保障、和谐企业构建、工会文化为工作重点,为顺利推进引汉济渭工程建设贡献工会力量。先后制定完善了《慰问管理规定》(引汉建工发〔2018〕11 号)、印发了《厂务公开民主管理制度(试行)(引汉建工发〔2017〕8 号)等制度。

主要开展的工作如下:

(1)职工慰问。2017—2021 年,持续开展节日、生日、送清凉、送温暖、职工结婚生育、生病住院、困难职工、丧葬等慰问活动 9 413 人次,慰问金额 414.77 万元。

(2)组织文体活动。组织"健康引汉济渭"健步走活动、"送万福 进万家"书法志愿服务活动、摄影书画展,羽毛球赛、篮球赛、乒乓球赛、象棋比赛、拔河比赛、"抗击疫情 居家健身""庆全运 迎国庆"网上五子棋比赛等各类文化体育活动,倡导"快乐工作、健康生活",不断提升职工凝聚力与向心力。

（3）提升职工综合素质,倡导"主人翁"精神。公司工会连续五年开展了"三我"主题教育活动。"我的专业我来讲"活动中,先后有126人次上台讲授自己的专业知识,累计收到课件126余个。"我的岗位我负责"活动利用公司微信平台先后推送宣传爱岗敬业、担当负责,在本职工作中做出贡献的典型人物60人次。"我为改革发展献一策"收到职工意见建议48条、合理化建议27条,均已落实办理。

（4）推进企业民主管理,维护职工合法权利。组织召开公司一届一次、二次、三次、四次、五次职代会,听取审议与职工利益相关的规章制度和公司发展重大决策部署。

（5）参加各类评选。公司先后获得陕西省先进集体、全国"安康杯"竞赛优胜单位、全国示范职工书屋、全国工人先锋号、生态文明建设先进单位等荣誉。工会工作连续五年获省农林水利气象工会先进单位,2018年度考核中获得第一名。

二、共青团

共青团陕西省引汉济渭工程建设有限公司委员会于2018年12月21日经省国资委团工委批复同意成立（陕国资团发〔2018〕19号）。2020年9月21日,公司向省国资委团工委报送有关召开第一次团员大会的请示（引汉建党字〔2020〕44号）。根据省国资委团工委批复,2020年10月28日,召开了公司第一次团员大会。会议选举产生了共青团陕西省引汉济渭工程建设有限公司第一届委员会,段美旺同志为团委书记（引汉建党发〔2020〕74号）。

公司团委下设三个团支部,分别为公司机关团支部、岭南工区团支部和岭北工区团支部。截至2021年底,共计团员52人。

公司团委成立以来,相继开展了如下活动:

（1）先后举办"学习青年习近平"梁家河红色教育培训班、"青春梦 感恩心 学习青年习近平"主题演讲比赛、"学习《梁家河》·阔步新时代"主题颂歌会、"不忘初心 牢记使命"主题教育等活动。

（2）组织引汉济渭志愿者服务队开展"当好秦岭生态卫士""饮水思源 感恩汉江""探访汉江源头""走进金龙峡""保护大秦岭 添绿我行动"等多种形式的志愿活动,助力社会公益事业。

（3）组织青年团员开展"感恩月羽毛球赛""乒乓球友谊赛""企地联谊共进共放青春芳华""奋斗青春梦·引汉济渭团员青年联谊会"等系列主题活动。

（4）2020年2月22日,成立青年防疫突击队,引导团员青年冲锋在抗疫一线。

2019 年,熹点文化传播有限公司员工张雨晨被评为省国资委系统优秀共青团员。

（5）2021 年 1 月 20 日,公司团委批复成立了机关团支部、岭南工区团支部、岭北工区团支部等 3 个基层团支部,团组织建设不断健全,团员教育管理机制进一步加强。

（6）2021 年 9 月 26 日,公司团委印发了《团组织工作制度汇编》,团组织工作标准、制度及规范更加清晰。

（7）2021 年 10 月 21 日,公司团委组织成立陕西省引汉济渭工程建设有限公司青年志愿服务队,下设 3 个分队,分别为汉江水源保护志愿者服务分队（机关青年志愿服务队）、岭南工区青年志愿服务分队、岭北工区志愿服务分队。

第二章 纪检监察

国有企业党风廉政建设和反腐败工作是全面从严治党的重要部分,不仅是国有企业健康平稳发展的保证,也是国有企业"大监督体系"的重要组成部分。纪检监察工作在公司发展和工程建设中发挥着重要作用。

第一节 机构与制度建设

一、机构沿革

2013年8月27日,成立陕西省引汉济渭工程建设有限公司纪律检查委员会(陕国资党组织发〔2013〕74号文件,简称公司纪委)。

2015年7月1日,成立公司纪检监察室(引汉建发〔2015〕93号)。

2019年12月19日,公司党委委员、纪委书记田再强被陕西省监察委员会任命为驻陕西省引汉济渭工程建设有限公司监察专员(陕纪干字〔2019〕199号)。

2020年8月5日,按照陕西省纪检监察机构体制改革要求,公司党委印发《纪检监察机构主要职责、内设机构、人员编制和领导职数设置方案》(引汉建党发〔2020〕55号),保留公司纪委设置,设立监察专员办公室,与公司纪委合署办公。公司纪委、监察专员办公室下设纪检监察室。

截至2021年6月底,公司专职纪检监察干部5人,其中纪委书记(监察专员)1人、纪检监察室主任1人、纪检监察干部3人。此外,公司下属7个党支部共配备了13名专兼职纪检监察委员或纪检监察员,机关各部门配备了11名兼职纪检监察联络员,实现了纪检监察人员在公司各级组织和机构的全覆盖。

二、职能定位

纪检监察室主要职能为:负责落实公司党委、纪委下达的推进全面从严治党、加强党风廉政建设和反腐败工作任务,一体推进"不敢腐、不能腐、不想腐"建设;加大对公司党委管理人员的监督执纪力度,始终保持惩治腐败的高压态势;坚持严管和厚爱结合、激励和约束并重,精准、有效地运用监督执纪"四种形态",全面净化企业政治生态;把政治监督摆在首位,负责督促推动公司各党支部牢固树立"四个意识",坚决做到"两个维护",确保党的路线方针政策和重大决策部署落到实处;强化日常监督,抓住"关键少数",督促推动公司党委管理人员忠诚干净、担当作为;承担公司监察专员办公室的日常事务,根据监察专员的授权,对本公司监察对象依法履职、秉公用权、廉洁从业以及道德操守情况进行监督检查;依纪依法开展问责,对违反党章党规党纪和宪法法律,履行职责不力、失职失责的党支部、党员干部,以及监察对象依据授权和权限进行问责,或者向有权做出问责决定的党组织(单位)提出问责建议;加强对公司下属企业(单位)纪检机构的工作指导,检查、督促公司所属纪检机构层层落实监督责任,把管党治党压力传导到基层;加强对本公司纪检监察机构干部的日常教育、管理和监督,发现违纪违法问题及时查处,坚决防止"灯下黑";负责信访举报、案件管理(线索处置、系统上报)、档案管理、宣教、案件审理;完成上级纪检监察机关和公司党委、纪委、监察专员交办的其他工作。

三、制度建设

公司纪委成立以来,共制定了 16 项制度:

2016 年 4 月 12 日,印发《党员干部正风肃纪十条禁令》(引汉建纪发〔2016〕5号)。

2017 年 3 月 16 日,印发《纪检监察工作例会制度》(引汉建纪发〔2017〕2号)。

2017 年 5 月 8 日,印发《关于选拔任用中层管理人员廉政鉴定工作的规定》的通知(引汉建发〔2017〕132 号)。

2017 年 6 月 21 日,印发《纪检监察工作制度》(引汉建纪发〔2017〕9 号)。

2017 年 9 月 28 日,印发《引汉济渭工程党风廉政建设互联共建"八不准"》(引汉建党发〔2017〕33 号)。

2017 年 10 月 14 日,制定《纪检监察业务档案资料整理规范》,作为日常工作规范。

2017 年 12 月 20 日,印发《廉政风险防控暂行管理办法》(引汉建党发〔2017〕34 号)。

2018 年 4 月 19 日,印发《关于转发省纪委、省监委关于严禁领导干部违规插手干预工程建设项目的规定的通知》(引汉建发〔2018〕4 号)。

2019 年 9 月 4 日,印发《干部廉政档案管理办法》的通知(引汉建发〔2018〕4号)。

2019 年 10 月 21 日,印发《中层以上管理人员操办婚丧嫁娶事宜相关规定(修订)》(引汉建党发〔2019〕58 号)。

2020 年 1 月 2 日,印发《陕西省引汉济渭工程建设有限公司问责实施办法》(引汉建党发〔2020〕2 号)。

2020 年 3 月 18 日,印发《陕西省引汉济渭工程建设有限公司关于对公司管理人员进行提醒、函询和诫勉的暂行办法》的通知(引汉建党发〔2020〕12 号)。

2020 年 8 月 3 日,印发《关于党风廉政意见回复工作的暂行规定》(引汉建党发〔2020〕53 号)。

2020 年 8 月 3 日,印发《关于严禁违规插手干预工程建设的若干规定》(引汉建党发〔2020〕54 号)。

2020 年 9 月 25 日,印发《领导干部插手干预工程建设重大事项登记办法》(引汉建党发〔2020〕65 号)。

2020 年 12 月 29 日,印发《问题线索协同联动、处置管理办法》的通知(引汉建纪发〔2020〕11 号)。

第二节　专责监察监督

根据国企工作实际,省引汉济渭公司党委每年组织召开党风廉政建设专题会,全面部署党风廉政建设和反腐败工作。公司纪委认真贯彻落实全面从严治党的监督职责。

以责任制为抓手,确保工程建设顺利推进。制定落实年度党风廉政建设"两个清单",组织逐级签订《党风廉政建设目标责任书》,两级班子成员认真履行"一岗双责"。公司纪委认真履行监督责任,坚持监督关口前移,紧盯关键岗位、关键环节和关键少数,强化警示教育和约谈提醒。印发《关于强化监督执纪确保公司全面落实疫情防控工作的通知》,对疫情防控和复产复工责任落实情况进行监督检查。深化运用纪检、监察建议,保障工程建设顺利推进和各项节点目标的圆满完成。

创新纪检监察工作机制,搭建党风廉政建设互联共建平台。公司党委、纪委紧密结合工程建设实际,牢牢把握工程领域腐败问题易发多发的特点,不断创新工作机制,积极主导与参建各方共同深化落实党风廉政建设责任制。坚持每年与参建单位签订《工程党风廉政建设互联共建协议书》,共同搭建并不断完善党风廉政建设互联共建平台。持续加强互联共建责任考核督导力度,将责任履行情况纳入对分公司、子公司和各参建单位的季度综合考核,使党风廉政建设目标责任和监督体系进一步拓展和完善。结合党风廉政建设互联共建,健全完善廉洁风险防控体系,认真排查工作和业务往来中的廉洁风险点,制定防控措施,取得了显著效果。

监督关口前移,完善监督机制。针对工程任务艰巨、资金量大、风险点多的特点,公司纪委坚持参与公司重大决策、重要人事任免、干部公开考试选拔、重要项目安排和大额资金使用的决策过程。加强对"三重一大"决策事项的监督和风险防范,制定实施纪检监察工作例会制度、问题线索协同联动和综合月报制度,确保及时发现和解决问题。

协助党委把好干部使用政治关、品行关、作风关、廉洁关。参与干部选拔聘用工作,对遵守选拔聘用工作纪律、程序、票数统计、推荐和考察结果进行监督,对新选拔聘用干部出具党风廉政意见回复,对新选拔聘用干部进行任前廉政考试和廉政谈话,做到凡聘必考、逢提必谈。

强化监督执纪问责。对重点部门负责人和关键岗位人员进行不定期约谈提醒。建立内部问题线索沟通机制,定期与有关部门了解业务范围内发现的问题,排查问题线索。畅通监督渠道,设立"党风廉政建设信箱",公布监督举报电话,鼓励广大职工群众以各种形式参与党风廉政建设和监督工作。

纪检监察干部队伍建设。持续深化"三转",贯彻落实"两个为主"要求,持续推进纪检监察体制改革工作。认真开展业务培训,锤炼"勤快严实精细廉"的工作作风,不断提高全体纪检监察人员综合素质和业务能力,适应新形势、新任务、新要求。

第三节　廉政教育与廉洁文化建设

面对腐败发生高风险领域的党风廉政建设和反腐败艰巨任务,省引汉济渭公司党委、纪委始终坚持贯彻落实党中央和中央纪委一体推进"三不"的总体部署,特别是把廉洁教育与廉洁文化建设作为不断筑牢全体员工"不想腐"思想堤坝的重要抓手,逐步形成具有引汉济渭特色的企业廉洁文化。

一、廉洁教育

公司领导班子成员带头做好反腐倡廉宣传教育,党委中心组定期进行廉政专题学习,公司党委委员坚持讲廉政党课,以上率下,发挥"头雁效应"。每年6月定期组织开展反腐倡廉宣传教育月和纪律教育学习宣传月活动,组织党员干部赴红色教育基地和廉政教育基地考察学习,使大家在接受革命传统教育和正反典型案例教育中不断筑牢思想道德防线。配发党规党纪和廉洁从业教育书籍资料给干部职工,组织自学、集体学习讨论和网上答题。坚持每年对新入职员工进行廉洁从业专题教育,教育新员工从加入引汉济渭大家庭第一天起扣好廉洁从业的"第一粒扣子"。利用"引汉济渭大讲堂"等平台进行党风廉政建设和反腐倡廉专题讲座,不断增强全体干部职工的纪律和规矩意识。落实监督关口前移,对关键部门和重要岗位人员就廉洁从业、遵守纪律规矩和履职履责中苗头性问题进行预防约谈提醒,有效防止"小毛病"演变成大问题。

二、廉洁文化建设

制作廉洁从业规定和廉政主题手绘画、反腐倡廉公益广告《戒尺与红线》。组织编演反腐倡廉文艺节目。连续五年编印不同专题的《以案明纪 警钟长鸣》典型案例汇编。收集公司成立以来的反腐倡廉文化作品,编印《引汉济渭职工廉政文化作品集(一)》,持续弘扬清风正气。在公司内部刊物设置党风廉政建设专栏,刊登职工学习心得、思想感悟和基层单位党风廉政建设动态。组织开展省国资系统廉政文化精品建设和"德润三秦"家风建设主题系列活动。制作廉洁家风微视频、征集并向上级推荐报送各类作品共59件,其中3篇入选陕西国资委系统干部职工廉政散文诗歌优秀作品选集《国风清扬》,2篇书画作品获奖并在省国资委系统"德润三秦"家风建设暨2021年度廉政文化精品建设书画展网上展厅展播,4篇家风家训作品入选《省国资委系统家风建设作品汇编》,营造浓厚的廉洁从业和廉洁家风氛围。开展送廉洁文化下基层活动,巡回播放廉洁从业专题教育片和典型案例警示教育片。承担省国资系统党风廉政建设专题片脚本起草和素材拍摄任务,高质量完成专题片后期制作。组织开展"廉政文化建设示范点"建设工作,纳入"我为群众办实事"实践活动项目,公司"廉政文化建设示范点"于2021年9月在岭南工区枫筒沟营地建成并投入使用。

三、配合上级调研考核,推动纪检监察高质量发展

组织配合省纪委监委领导、驻省国资委纪检监察组、驻省水利厅纪检监察组各类督导检查调研活动。联合业务部门,总结提炼公司利用信息化管理手段促进廉洁从业和责任追究方面的工作成效,形成综合汇报和信息化监管成果表。在上级历次调研考核中,公司纪检监察工作得到充分肯定。2018年,在省国资委系统

《中华人民共和国监察法》知识竞赛中,公司代表队取得决赛第三名;2019年,省纪委监委对省管企业摸底调研时,公司纪检监察工作和纪委书记个人被评为"双优秀";在驻省国资委纪检监察组2020年度纪检监察宣传工作考评工作中,公司5名同志荣获通报表彰;公司纪检监察机构被省纪委监委评为派驻机构2020年度考核"优秀单位"。

第三章　法　务

　　法务工作是省引汉济渭公司贯彻中省"法治国企"建设工作要求,保障引汉济渭工程建设安全和公司集团化、多元化健康发展的重要工作内容。公司成立以来,法务工作建设方面取得了长足进步。

第一节　法务机构和制度建设

　　省引汉济渭公司自 2013 年成立以来,高度重视法律事务管理工作。公司成立之初即聘请陕西德伦律师事务所担任公司法律顾问机构,聘任梁志新律师担任公司法律顾问,对公司经营管理工作所涉法律事务进行全面法律审核。

　　根据法务工作需要,2017 年,公司招聘专职法务岗位人员,与计划合同部合署办公,专职负责公司基础法律实务工作。2018 年,公司成立法制工作委员会,确定董事长杜小洲为公司法治工作第一负责人,并加强公司法务人员配置,成立了独立的法务部,确立法务部对法律事务管理、法治宣传培训、风控合规、诉讼案件办理等重点工作的职责权限。

　　2019 年,公司按照省国资委关于建立公司法律顾问制度的工作要求,调整了公司助理总法律顾问和外聘律师的关系,建立起董事长、法制工作委员会、外聘律师和法务部四位一体的法务工作机制,真正实现了从领导到基层、从决策到执行的立体化法务工作体系建设,为公司工程建设和管理经营工作提供了有力的法律服务和保障。

　　2020 年 3 月,公司发布《陕西省引汉济渭工程建设有限公司法律事务管理制度(试行)》,确立了公司党委会、法务部、外聘律师、具体业务部门四级机构在公司重大法律事项审核、合同审核、法律事务咨询协助、涉诉案件办理等基础法律事务工作中的具体职能。

　　2020 年 10 月,公司法务部通过与外聘企业管理咨询公司共同努力,历经一年时间,通过对公司各部门、分(子)公司规章制度进行梳理,对负责领导进行访谈,与业务骨干沟通协调,完成省国资委及公司党委要求的公司风险防控体系建设项目第一阶段工作。

第二节 涉诉案件管控与普法教育

省引汉济渭公司高度重视合法合规管理工作,力求在基础法律事务管理工作中,坚持事前严密防范、事中有效管控、事后妥善解决,较好地抑制了一般纠纷事项形成诉讼。

截至 2021 年底,产生与公司相关诉讼案件 16 起。通过涉诉部门、法务部及外聘律师的共同努力,所有案件均按照既定的诉讼方案进行了有效应对和解决。典型案例如与水电十五局工程结算纠纷案件、魏建宏著作权纠纷案件、瓦房石料厂征迁赔偿案件等。通过富有成效的法务工作,历年来累计为公司避免直接损失超过 7 600 万元,有效地维护了公司合法权益,最大限度地避免了国有资产的损失。

配合国家“六五普法”“七五普法”活动,积极开展普法教育。法务部按照省国资委及公司党委要求,在公司范围内全面开展法制宣传培训教育工作,不断扩大法治宣传培训工作力度,努力提升公司干部职工法制意识和法律水平。

具体措施包括:颁布《领导干部学法用法制度》,每年固定 2 次组织公司中层及以上领导开展专题法律知识主题学习活动,提高领导干部履职合法合规意识;每年利用“引汉济渭大讲堂”面向全体干部职工固定开展 2~4 次专题法制讲座,邀请执业律师、法学专家、教授进行“企业法律风险防范”“现代企业治理”“企业投资法律风险”“建设工程合同履约管理”等法律知识内容;利用微信公众号、多媒体播放平台、深入工程一线现场普法等多种形式,向公司广大员工、参建单位职工等进行了《中华人民共和国宪法》《中华人民共和国民法总则》《中华人民共和国民法典》《中华人民共和国工会法》及“农民工法制宣传”“恋爱婚姻中的法律常识”等的宣传和培训工作,为基层同事提供了内容丰富、贴近生活的法律服务;积极努力提升法务部干部职工的法律知识水平,每年参加省国资委、省水利厅等组织的法律知识培训。

第三节 风险防控建设

省引汉济渭公司自成立至今,一直高度重视风险防控工作,定期排查化解重大风险,推进建立全面风险控制体系。

公司聘请经验丰富的专业律师担任公司法律顾问,设置了独立的法务部、审计部和纪检监察室等风控职能部门,搭建了合同会签、财务共享、计量支付等核心业务信息化管理平台,制定了《合同管理办法》《招标投标管理办法》《投资项目监督管理办法》《计量支付管理办法》等重要业务流程制度,在工程建设、工程变更、财务、法律、审计、纪检等重大业务领域建立了较为全面规范的风险控制体系。

自2018年以来,公司开展了一系列风险防控专项工作,安排法务部等进行了一系列调研、走访、学习活动,为建立风险防控体系进行前期准备。

2019年,为彻底排查、化解各项风险,经公司法务部牵头,在全公司范围内开展了风险排查化解专项工作。措施包括:制定下发《陕西省引汉济渭工程建设有限公司关于排查化解企业重大风险的工作方案》(引汉建发〔2019〕79号),明确工作指导思想、工作目标、具体落实措施及工作要求;成立风险控制工作领导小组,发挥公司法治工作第一责任人、总法律顾问、风险控制部门(单位)的组织领导及风控职能;在各部门(单位)确定专人负责风险排查工作,建立长效联动机制;设定风险排查化解工作考核措施及方案,明确考核标准和奖惩措施,保障工作执行力度;拟定《省引汉济渭公司重大风险清单》,归纳了公司排名前十的重大风险事项,要求各责任部门限期整改完毕。

2020年,法务部在走访调研陕西汽车控股有限公司、陕西建工控股集团有限公司、陕西铁路集团等企业风控工作开展情况的基础上,结合公司实际情况,拟定《陕西省引汉济渭工程建设有限公司风险防控制度(初稿)》和《陕西省引汉济渭工程建设有限公司风险控制实施内容(初稿)》,总结并归纳了包括“工程项目管理”“安全环保管理”等在内的共计21项风险控制模块。在上述工作基础上,又引入专业的风险控制服务机构,对公司进行专业的风险梳理排查、风险辨识评价及重大专项风险分析,明确了重大专项风险应对策略和方案,梳理风险防控流程框架和内部管理制度,编写流程控制规范文件,形成公司风险事项库、风险监督评价机制和风控自我评价报告等体系文件,于2020年10月印发《风险防控管理办法》《风险评估管理实施办法》《风控评价管理办法》三项制度及公司《风险数据库》,涵盖公司经营管理及工程建设领域风险控制事项200余项,要求按期完成年度目标任务。

2021年上半年,法务部与相关咨询机构接洽,启动对OA系统操作流程、致远A8+协同管理软件评估,风险防控信息管理提升项目方案已开展调研、选项,2021年底初步完成风险防控信息化系统的搭建工作。

第四章　人事管理

省引汉济渭公司人力资源管理工作坚持人才强企战略,根据工程建设和公司发展要求,建设高素质人才队伍;不断完善薪酬和激励体系,打造公司人才核心竞争力,保障工程建设和公司发展又好又快地向前推进。

第一节　制度建设

截至 2021 年 12 月底,公司合同制员工 374 名,按照学历分类,博士学历 5 名,占比 1.3%,硕士研究生 105 名,占比 28.1%,大学本科 235 名,占比 62.8%,大专及以下 29 名,占比 7.8%。按照专业技术职务分类,正高级 11 名,占比 2.9%,高级 69 人,占比 18.4%,中级 149 人,占比 39.9%,初级及以下 145 人,占比 38.8%。公司积极组织开展人才认定工作,通过西安市人才认定 208 人,其中 D 类人才 39 人,E 类人才 169 人。

省引汉济渭公司自成立以来,先后制定修订 20 余项人事管理制度,逐步形成了较为完善的选人、用人、考核、问责制度体系。

2014 年,经过多次与省国资委沟通完善,确定了薪酬发放方案及定岗定级办法,并在职工大会上予以通报解读,得到了落实,使工资发放正常化;出台《员工请休假及考勤管理办法》。此外,在绩效考核、员工招聘、劳动合同管理、岗位竞聘、干部管理、教育培训、职称评聘等方面,都已摸索总结出一套实践办法,陆续提交总经理办公会正式建章立制。

2015 年,出台《公司劳动合同管理办法(试行)》《奖励管理办法(试行)》《问责处罚管理办法(试行)》《员工手册》和《员工教育培训管理办法(试行)》。

2016 年,制定《员工招聘办法(试行)》《中层干部管理办法(试行)》《补充医疗保险管理办法(试行)》《积分考评办法(试行)》《企业年金实施方案》,至此,人力资源管理基础性制度已基本健全,特别是落实"一险一金",使职工医疗费用报销、退休后待遇水平有了保障和提高,调动了职工的劳动积极性,建立了人才长效激励机制,增强了公司员工的凝聚力。

2017 年,制定并施行公司《鼓励激励办法(试行)》《纠错容错办法(试行)》《干部能上能下员工能进能出办法(试行)》等"三项制度",将年度考核、积分考评全部纳入鼓励激励机制,对部门、分公司、子公司按季度进行督导排名。

2018 年,完成公司六个办法的制订修订:《中层管理人员管理暂行办法(修订)》《师带徒实施办法(试行)》《学分管理办法(试行)》《员工教育培训管理办法(试行)》《员工请假及考勤管理办法(修订)》,以及《中层管理人员竞聘管理办法(试行)》的起草工作。

2019 年,修订《中层管理人员管理办法》,根据相关规定适当放宽了任职年限要求,为对党忠诚、敢于负责、敢于担当、善于创新、清正廉洁、实绩突出的年轻干部打通了晋升通道;研究分析积分考评改进方向,修订完善《积分考评管理办法(修订)》,集体积分与个人积分分开考评,避免集体积分高从而拉高个人积分、已给予经济奖励再加分等不平衡现象。制定公司《工资总额管理办法》。

2020 年,制定印发《变更处理工作专项考核办法》《提醒、函询和诫勉办法》《党委书记党支部工作联系点制度》《司管班子和干部综合研判实施办法(试行)》《人事档案管理办法(试行)》《补充医疗保险管理办法(试行)》《三项制度改革实施办法》《专业技术人员聘任方案》,修订《企业年金方案》和《补充医疗保险管理办法》。

印发公司《领导干部违规插手干预工程建设和矿产开发突出问题专项整治工作实施方案》《土地领域突出问题专项治理实施方案》《深入查一查选人用人情况通知》,组织开展了工程、土地领域以及违规经商办企业自查等相关工作。

第二节   人力资源管理

一、薪酬管理与社会保障

省引汉济渭公司薪酬分配制度经历三次修订,从支付原则、薪酬结构、薪酬构成等方面日趋完善。2018 年,公司工作报告中提出薪酬管理办法配套制度改革的要求。同年 3 月 12 日,根据公司安排,人力资源部组织召开公司薪酬管理制度宣贯会议,实施员工工资补差方案。这次薪酬制度改革按照外在竞争性和内在科学性的基本原则,解决了公司员工职务和职称双重工资晋升通道,并及时根据员工学历、职称、工龄、岗位变动进行薪酬调整。

人力资源部按照 2018 年公司工作报告提出的"建立与公司薪酬制度配套的专业技术岗位和普通管理岗位"的聘任制度要求,完善了配套聘任制度。岗位聘任不单看职称、学历等硬件条件,也将工作业绩、个人能力等软性指标纳入考量。

省引汉济渭公司结合引汉济渭工程建设处于秦岭深处、基层一线职工工作环境相对艰苦的特点,为鼓励员工去基层、去一线,工资分配在制度设计时均向一线倾斜。2016年,为保障和调动职工工作的积极性,增强内部凝聚力,公司为员工建立了企业年金。公司自成立以来,一直在不断地建立、完善"六险二金"等相关福利体系,吸引了一批又一批人才投身引汉济渭高质量集团化建设。

二、考核管理

省引汉济渭公司自成立以来,先后制订季度考核方案、年度考核方案、积分考评办法、工作日志法等,形成对单位个人考核、年度季度考核、新老员工考核、干部试用履职考核等四考并存、全员考核"赛马"、全过程管理的新局面。

实行交叉考核。为使分公司与总公司深入沟通,公司创新组织开展总部各业务部门和各基层单位交叉考核。搭建公司本部各部门与分(子)公司相互交叉考核的平台,公司本部考核分(子)公司、分(子)公司考核公司本部,通过交叉考核促进公司本部与分(子)公司之间增进沟通理解、强化配合协同,及时解决基层或本部工作中急需解决的问题。为了解决对各部门、单位考核中因业务类别不同而难以科学对比评价的问题,结合公司和工程建设的特点,将所属各单位(部分)分公司、子公司、业务部门、综合部门四类,每年度、季度按照考核打分在每一类中划分A、B、C、D等级,实行分类分级考核。对所属各单位进行分级分类考核。

创新开展积分考评。为解决公司员工在日常工作中不严格执行办公纪律,不注意着装、考勤、言行等问题,公司在组织开展经营业绩考核之外,借鉴驾驶证分数管理模式,自2016年起在全公司推行积分考评,将职业道德、遵章守纪、行为礼仪、表彰奖励、好人好事、日常行为规范等,全部纳入积分考评范围,有奖有罚、奖罚结合,实现对个人的考评从粗放式向精细精准转变,与绩效考核相互呼应。

深入实施全员考核。对中层管理人员、二级部门负责人和普通员工进行季度、年度考核,根据考核结果划分等级,兑现考核工资,拉大收入差距,在公司形成了积极上进、公平竞争、重业绩、看品行的良好氛围,激发了全员的干事创业活力。

实施"三项制度改革"。为破解之前考核分配差距不够大,季度考核中仅有对单位(部门)的考核但没有对个人的考核等瓶颈,公司印发实施《进一步发挥考核分配激励作用的通知》,下放考核工资分配权限,拉开分配差距,扩大对个人的考核范围、缩短考核频次,并制定《"三项制度改革"实施办法》,将考核结果与人员调整、员工收入等挂钩,推动中层管理人员能上能下、员工能进能出、收入能增能减。

三、职工教育与职称管理

省引汉济渭公司开展公司政工系列专业技术职务认定及推荐,落实水利工程系列专业技术职务认定及推荐,公司形成政工系列职称走省国资委评审,水利工程系列职称走省水利厅评审,经济财会系列职称走社会考试、先考后评等三个通道并驾齐驱的局面。

制定印发了公司《专业技术职务聘任办法》,逐步实现专业技术人员收入能增能减,打造公司高效能的专业技术人才队伍。

四、招聘与人才队伍建设

省引汉济渭公司采取社会人才引进和高校毕业生招聘并举的方式,有效地招才引智,满足工程建设和公司经营发展的需求。人力资源结构持续优化,在原有网络招聘的基础上,参加省国资委在清华大学、中国人民大学的专场校园招聘会,深圳中国国际人才交流大会,陕西省新疆籍少数民族毕业生联盟招聘会等活动;组织西北农林科技大学、陕西理工大学校园招聘宣讲会和面试;与西安理工大学联合并与电厂"订单式"培养、储备水电站人才多种方式引进人才。

建立公司内部岗位轮换机制,强化人力资源的整体调配职能。为满足员工成长需要、开拓员工视野,锻造和积累员工多方面的能力与经验,截至 2021 年底,公司组织交流轮岗共调整 67 人次,其中中层管理人员 17 人。通过多岗位锻炼,提高员工工作责任心和积极性,为公司培养复合型人才和创新型人才创造条件,为引汉济渭工程储备关键岗位、重要岗位的人才。

促进公司人力资源内部的有序流动。根据分子公司工作内容变化及需求,适时调整岗位;为推进公司集团化发展,对相关子公司人员结合所学专业、工作经历、特长意愿等,分流安置到其他分子公司,盘活公司现有人力资源,达到人尽其用的目的。

五、干部管理

省引汉济渭公司坚持党管干部原则,印发实施了《中层管理人员管理办法》《后备干部管理办法》《司管班子和干部综合研判实施办法(试行)》《关于对公司管理人员进行提醒、函询和诫勉的暂行办法》《子企业经理层成员任期制和契约化管理办法》,不断健全选人用人机制,大力实施"三项机制"和"三项制度"改革,注重德、能、勤、绩、廉全方位考察,促进能者上、庸者让、劣者汰,大胆启用德才兼备、勇于担当、敢于严格管理的干部,充实各级管理队伍,为公司高质量集团化发展提供了坚强的人才保障。

截至 2021 年 10 月底,公司有中层管理人员 53 人,绝大多数都具有 10 年以上工作经验,获得过公司及厅局级以上表彰。其中,高级及以上职称的 32 人,占

60.38%;研究生学历的 13 人,占 24.53%;45 岁及以下 29 人,占 54.72%,绝大多数具有 10 年以上工作经验。

六、人事档案管理

2019 年 12 月底,人力资源部完成 325 名公司员工的人事档案数字化工作,实现了人事档案数字化智能化管理,档案管理工作步入新的阶段。2020 年 9 月,印发实施《陕西省引汉济渭工程建设有限公司人事档案管理办法(试行)》,对人事档案归档材料的类型、满足条件,档案的转递、查阅、保护及利用等方面提出细致的要求,使人事档案管理更精细、便捷,推进公司人事档案管理工作更趋规范。2021 年 11 月对《陕西省引汉济渭工程建设有限公司人事档案管理办法(试行)》进行了修订。

第五章 后勤管理与基地建设

省引汉济渭公司成立之初,后勤管理由公司原综合管理部(办公室)统一管理。2016 年 2 月,成立"后勤服务中心",单独负责公司后勤综合保障工作。2018 年 12 月,"后勤服务中心"与"基地筹建办公室"合并,成立"综合事务部",同时撤销"后勤服务中心"与"基地筹建办公室"。综合事务部具体负责公司基地工程建设管理及综合性后勤服务等工作,总编制人数 22 人。

第一节 后勤管理

一、办公资产管理

省引汉济渭公司完善管理制度及相关办法,规范办公资产采购程序。陆续出台了公司《低值易耗品管理制度(暂行)》《办公资产报废处置办法》;配合计划合同部完成电子类家具类办公用品、员工工装等采购合同询价、竞争性谈判及招标相关工作;总结和吸取审计、巡查提出的指导性意见,在办公资产和车辆管理工作中提高风控能力,降低风险层级。

公司及时制定印发《办公设备、家具管理办法(暂行)》,严格办公设备、家具日常管理,规范采购、验收、入库、出库、调剂管理,完成公司办公电脑正版化系统部署工作,2020 年 7 月,建设投用引汉济渭办公资产管理系统,实现办公资产全生命周期智能化管理,持续提升公司办公资产管理水平。

建立办公用品库存管理制度(进销存管理体系)、办公设施购置审批制度,会商相关部门发"办公资产(用品)台账盘点清查通知"、严把办公用品配备标准层级审定关,努力实现办公资产高层次的规范管理。通过进销存系统建立各类办公用品出入库明细台账,分析了购置费用消耗定额。以复印纸为例,2016 年三季度全公司消耗 36 箱,费用 6 360 元;四季度消耗 31 箱,费用 4 960 元,经数理统计分析,下半年季度成本降低率为 22.01%。

二、餐饮管理

省引汉济渭公司现运营管理 3 个职工食堂,分别为机关总部食堂、岭南工区食堂、岭北工区食堂。食堂采取自助餐形式保障职工工作用餐,同步对标省属兄弟企业及工区驻地实际情况,制定搭配营养均衡、经济实用的菜品供应计划。2017年3月,印发《陕西省引汉济渭工程建设有限公司业务招待管理办法》,严格履行日常业务招待流程审批制度。2019年5月,建设投用引汉济渭餐饮智能化消费系统,实现"面部、指纹、刷卡"三种消费方式,方便职工就餐。

严格落实公司《食堂管理制度》《食堂采购和出入库管理办法》《工作餐费用结算管理办法》《后厨员工奖罚管理办法》《就餐刷卡一卡通管理规定》等食堂管理制度,检查指导分公司食堂管理提升,确保全员用餐的服务保障。成立公司伙委会,建立机关食堂问卷调查机制,实现了总公司、分公司就餐卡一卡通,提升了食堂管理品质,强化了餐饮服务能力。

定期对后厨人员进行教育培训。2016年,在省水利厅工会委员会考核评比中,获得厅属系统"职工满意"食堂,选派的2名厨师获得厨艺比拼优秀选手、省饭店业烹饪技术能手,为公司争得荣誉。与省粮农集团米面油购销合同谈判、合同签订工作,保证了食堂米面油等主流原材放心受控,从源头上保证食品安全。

三、车辆管理

根据引汉济渭工程建设实际需要,公司主要配备轿车、越野车、大巴车等类型车辆,先后制定《车辆配置和管理办法(暂行)》《机动车交通安全管理办法》等车辆管理办法,根据引汉济渭一期、二期车辆批复指标,公司严格车辆购置审批,精细车辆运行管理,及时组织开展车改工作,2020年9月,建设投运车辆管理系统,不断提升公司车辆管理水平,服务工程建设。

不断完善部门内控管理,出台了《驾驶员工作细则》《驾驶员服务礼仪细则》《驾驶员随车队管理规定》《驾驶员的保密工作要求》《驾驶员应急事件的处置办法》,坚持驾驶员周一例会制度。

逐步实现运行费用精细化管理。建立"一车一账户"管理体系,年均发生车辆运行费用200万元,包括油费、ETC费、保险费、维保费等;同时,结合"一车一账户体系"数据分析,为车辆运行成本精细化管理提供重要依据。坚持运用"GPS"车载定位联机系统等高科技技术,完善公司公务、生产用车调派申请制度,认真落实公司"十条禁令",严格执行公司节假日车辆封存制度。无公车私用、私车公养等违规用车现象。

落实省国资委"优势互补、共渡难关"的号召精神,在公司与延长石油集团签订战略框架协议的基础上,与延长壳牌公司签订车辆用油协议,办理公司车队用油加密卡,争取到3%的优惠,年节省油费约2.7万元,同时大大降低了车辆现金加油管理工作量。

四、工装管理

为保障员工工作需要,展现公司良好企业形象,依托公司文化及 LOGO 设计理念,公司统一组织设计、定制了职工工装,主要分为工程装、商务装、运动装 3 类。同时,印发《职工工作服装管理规定(修订)》,规范工装日常领用管理。为职工提供工程装免费清洗服务,不断提升后勤服务保障水平。

五、物业管理

实行动态门禁管理制度、常态卫生保洁检查制度、定期消防安全排查制度,优化办公用房分配制度,推行物业及办公设施维修申请审批制度。做好物业安全管理工作。向后勤员工宣贯公司《安全生产标准化管理手册》,开展安全检查,重点排查夏季用电安全、冬季明火隐患,常态检查供配电线路及设施设备(含电梯)安全状况。

六、会务管理

严格执行公司会议服务审批制,不断强化会务培训管理,制定会议服务工作要点,持续增强会议服务人员专业素养,高质量完成公司各类重要会议服务保障工作。

第二节　办公场所建设

引汉济渭调度管理中心在未建设完成之前,省引汉济渭公司机关曾先后在户县余下镇和西安航天城兴水苑租居办公。

2013 年省引汉济渭公司成立之初,公司机关临时在户县余下镇惠安宾馆租房办公。2017 年 11 月,感恩月活动期间,公司授予 19 位在户县工作时期的老员工"创始功勋人物"称号,并颁发了纪念杯和纪念章。2015 年初,公司机关搬迁至长安区韦曲街道兴水苑小区办公楼。入住前,公司综合管理部牵头完成了新办公场所的改建装修工作。改建装修内容包括:7 楼钢结构主体加建,水、电、暖、消防设施安装,室内装修,2~4 层隔断拆除及配套设施建设。2015 年 3 月 18 日,办公场所装修改造工程全面完成,如期实现公司机关搬迁。

2021 年 3 月 18 日,公司机关由兴水苑整体搬迁入位于浐灞生态区的省引汉济渭调度管理中心办公。

一、项目概况

省引汉济渭调度管理中心项目场地位于西安市浐灞生态区,是引汉济渭工程的运行管理指挥中枢,功能包括调度运行管理、信息自动化远程控制、水源安保、水质监测、水权置换等。项目一期包含 1 栋 16 层的调度管理中心办公大楼和 1 栋 12 层的公寓式办公楼,包括调度指挥大厅、会商室、报告厅、实验室、办公楼活动中心和公寓,净用地面积 67.32 亩,建筑面积 7.7 万平方米。

引汉济渭调度管理中心于 2017 年 2 月 14 日取得土地产权证,4 月完成地勘工作,8 月完成建筑设计,10 月签订施工二标(土建)合同,同月完成文物勘探工作,11 月签订施工一标(电力)合同。2018 年 3 月签订施工三标(装修)合同。2018 年 4 月正式开工,8 月 23 日调度管理中心主楼主体结构封顶,随即转入二次结构、机电安装及精装修施工阶段。2020 年 12 月具备办公条件。2021 年 3 月 18 日,公司机关乔迁新址,整体入驻调度管理中心。

项目依托 IBMS 智能管理平台,将安防、通信、楼宇管理、智能车库等各子系统进行集成,实现集中监视、管理和分散控制的智能化管理成效。采用全新的 FTTD 布线架构实现了光纤直通用户终端,大幅提升传输速度,实现更高网速的接入以及内外网物理隔离效果。办公楼具有 10 米挑高大堂,600 平方米的调度管理大厅,楼内配备 4 部高速电梯及 1 部消防电梯,具备了工程调度指挥、观摩会商的功能。北裙楼设置的报告厅可容纳 500 人会务需求,南裙楼的活动中心内设置有羽毛球、乒乓球、篮球场地,满足职工体育健身的使用要求。

二、建设过程

为确定永久办公地址,公司基建办对西安市长安区常宁新区地块、西北水电设计院地块、曲江成熟写字楼、桃花潭公园地块等几处选址方案进行了反复比较,广泛征求意见,从自然环境、地铁交通、容积率、是否独立院落等角度考虑,最终与浐灞生态区管委会达成公司落户浐灞企业总部园区协议,2016 年 3 月 31 日签定入园协议。

争取最大地块面积及各项优惠条件。依照待建项目建筑面积,原本浐灞管委会只答应 30~40 亩地,经过反复努力,劝退相关企业,最终宗地总面积达到 100 亩,净用地面积 67 亩,代征道路 18.7 亩,代征绿化 14.9 亩,且绿化带、道路等代征地费用不用公司负担。这样使得总部基地办公环境十分宽松,而且预留了公司后期发展的建设用地。此外,还与浐灞管委会洽谈了公司迁址后的各项优惠政策,包括企业税赋返还、个人所得税减免、建筑补贴等,争取管委会最大的优惠力度,并与浐灞公安分局积极沟通了职工普遍关心的户籍问题。

克服城市规划调整延期,完成建筑方案征集。基地选址期间,经历了西安市第四轮地市规划调整。申报周期长,审批慢,变化多,存在许多的不确定因素。基建办超前考虑,提前摸底,掌握规划限制条件,避免了不利影响。为了提高建筑方案的设计水平,采用了在全国范围进行方案设计征集的方法,并邀请同济大学、西北建筑设计院等国内知名的设计单位参与。经专家、公司领导评审,方案报送浐灞管委会,得到一致好评,项目建成后有望成为区域性地标建设。如办公楼一层大厅装修方案,先后易稿十余次,对企业社会职责分析、对公司 LOGO 进行提炼,采用飘带对立柱进行柔化装饰,形成别具特色、体现公司企业文化的设计方案。

为加快项目前期的手续办理,公司基建办详细收集了管委会办事规定和要求,汇总、编制《项目报建工作事项表》《项目报建流程图》,全面把控办理流程及周期。安排专人,跟踪浐灞管委会内部会签进程,督促浐灞国土分局完成面积测量、权属界定,协调浐灞生态区招商局、规划局、国土局、土地储备中心、浐灞园区办公室之间工作衔接和流转。组织骨干力量倒排工期,紧盯报建节点,完成了项目备案、总平审批、环评审批、质监备案、施工许可等 20 余项审批手续,涉及土地、发改、规划、人防、消防等 17 个职能部门,先后提交了交评报告、文勘报告、环评报告、稳评报告等 10 余项前置报告文件,审核盖章 40 余项,递交各类表格资料百余项。在不到一年的时间里,四大证照全部办结。缩短整体申报周期达 37%,高效完成了前期工作。

与此同时,紧密开展了方案设计的优化工作。委托设计单位编制了项目初步设计图纸、单体报建图册、景观绿化方案、夜景亮化方案以及项目用电方案,认真组织开展预审校对工作,督促设计单位修改完善,保证各专业施工图纸内容翔实、专业规范,图审工作均一次通过,在政府各部门审核过程中获得认可,节约了审批时间。积极配合公司计划合同部完成项目土建、监理招标,完成技术交底和项目进场。启动了项目装修设计工作。

调度管理中心项目场平工程由西安市浐灞管委会具体实施,面对区财政局招标时间延后、"铁腕治霾"政策加码、中高考期间停工、秋季强降水及冬防期"禁土令"等因素,基建办与浐灞园区办、场平单位奋战场平一线,优化清运方案、配合购置新型清运车辆、申报日间及中高考施工许可、制定基坑开挖方案、申报冬防期施工许可等具体的对应措施,保障了日均清运进展,实现了项目如期开工、总工期不变的良好效果。

建设过程中,环境保护各项政策加码,陕西省、西安市环保及住建部门均出台多项制度,明确要求增加施工项目治污减霾各项措施,加大了项目实际建设投入。此外,受新冠肺炎疫情影响,全国各类工程项目均有停工,基地建设也不可避免地受到冲击,对工期造成一些不利影响。

第六章 宣传工作

引汉济渭宣传工作主要围绕引汉济渭工程建设和公司发展开展对内对外宣传。省引汉济渭公司自成立以来,及时设立了宣传工作机构,建立健全了宣传管理制度和通讯员队伍,逐步形成了以网站、简报、微信、抖音等为主要平台的立体宣传格局。同时,通过微电影、专题片、展会、图册、书籍和相关文创产品等多种形式,传播引汉济渭好声音,讲述引汉济渭好故事,营造良性、健康的工程建设环境和企业发展环境。

第一节 宣传工作模式

引汉济渭宣传工作经历了一个从创建到逐渐成熟的过程。省引汉济渭公司相继出台了《新闻宣传管理办法》《舆情管理办法(试行)》《意识形态阵地管理办法》等一批管理制度,优化完善了发稿审批流程,通讯员队伍逐步壮大,宣传水平不断提升,宣传工作逐步走上了规范化、标准化、制度化道路。加强与相关政府部门、新闻单位以及社会团体、知名人士的联系,积极构建"内外结合"的宣传工作格局,宣传报道的覆盖面、层次、质量和影响力不断提升,得到了社会各界的认可。2019年,省引汉济渭公司荣获省网信办、省农业厅、省国资委、中国互联网新闻中心主办的"让世界倾听陕西声音"主题宣传活动"外宣工作先进单位";2020年,公司党委宣传部荣获省国资委"2020年度思想政治工作先进集体";2021年,公司荣获2021年度西部网"融媒传播探索先进单位",公司党委宣传部荣获陕西日报社2021年度"新闻宣传先进单位"。

一、宣传机构设置

省引汉济渭公司于2014年3月4日成立信息宣传中心。

2017年9月4日,设立党委宣传部,与信息宣传中心合署办公。

2020年8月3日,信息宣传中心变更为宣传部,与党委宣传部合署办公。

为了加强文化传播和创新,公司于2016年6月12日,成立了熹点文化传播公司。2019年7月5日,成立了文化创新工作室。文化创新工作室的主要任务是通过创新思维和方法,推进公司品牌创建与管理工作,提升品牌权益与品牌无形资产。

二、新闻管理办法

2020年9月23日,省引汉济渭公司党委会通过《陕西省引汉济渭工程建设有限公司新闻宣传管理办法(修订)》,规范和加强新闻宣传工作管理,为工程顺利建设和公司发展营造积极舆论环境。

依据公司《新闻宣传管理办法(修订)》,党委宣传部(宣传部)的主要职责包括:负责指导、协调公司新闻宣传工作,制定新闻宣传工作相关制度;按照公司党委部署和年度工作计划,围绕中心工作,制定年度新闻宣传计划并组织实施;组织重大工作部署、重大活动和重要会议的宣传报道;组织开展重大新闻宣传效果评估;负责公司网站、简报、微信等以"引汉济渭"为主体认证的平台载体建设和日常管理;会同相关单位统一对外宣传口径及准备背景资料;负责与媒体沟通联系,协调组织媒体采访活动;做好公司通讯员队伍建设及管理;跟踪研究分析热点、焦点,负责舆情监测及信息日常管理。

报道原则:新闻报道需围绕公司的重大决策及工作部署,着重报道工程建设和公司发展中重大事件、阶段成果、最新动态、创新措施、典型事例、先进人物以及其它亮点工作。对公司范围内重大突发事件及新闻的报道,要以维护企业大局、维护员工利益为前提,在遵守客观事实的前提下,由公司指定新闻发言人按照公司统一部署及口径对外宣传,坚决杜绝自由发挥,避免报道失实。

稿件采编分工:公司布置宣传的重大工作部署、重要成果、重大节点进展及典型人物事迹等宣传任务,原则上由党委宣传部(宣传部)负责采编、修改、审核和发布,涉及的相关单位负责提供背景资料并做好配合;公司重大活动、重要会议原则上由承办(组织)单位负责背景资料收集,提前与党委宣传部(宣传部)对接配合。承办(组织)单位负责撰写报送新闻通稿,原则上活动结束当日完成。党委宣传部(宣传部)负责活动新闻宣传工作前期策划、统筹安排,以及图片视频拍摄及新闻通稿的修改审核和发布工作;各单位负责承办(组织)的常规活动和日常工作新闻由各单位负责安排和采编,报送党委宣传部(宣传部)审核发布。

稿件报送和审核发布:凡以引汉济渭名义发布的新闻稿件(包括影像、照片、文字等),发布前应一律进行审核。

统一新闻口径:公司规定外部媒体采访应由党委宣传部(宣传部)统一受理,公司内任何单位和个人未经审核均不得擅自接受新闻媒体的采访(包括电话采访),不得擅自向新闻媒体提供任何形式的的信息资料。

三、宣传体系搭建

省引汉济渭公司不断加强宣传工作传播平台建设,陆续建立了简报、期刊、网站、微信、抖音等一批宣传平台,持续加强纸媒和网媒相互融合运用,充分利用文字、图片、视频等形式制作适合不同平台传播规律的作品,面向不同需求和层次的受众传播引汉济渭声音和引汉济渭故事。

(一)《引汉济渭》简报

《引汉济渭》简报于2013年9月24日编印第一期,截至2022年2月,共编印90期。简报每期4个版面,1万字左右,图片10余幅,聚焦展示工程建设进度、移民环保、安全质量、科技创新等成就和做法。主要发送至陕西省政府、省发改委、省国资委、省水利厅及地方水利部门和参建单位。

(二)《陕西河流环境观察》

《陕西河流环境观察》于2012年创办,2012年6月20日出版第一期。2013年开始由省引汉济渭公司协办,内容主要以原创、约稿及摘引的形式深度反映引汉济渭工程和国内外水利建设及水情、水文化发展情况。截至2018年12月,共出版22期,每期2万字左右,图片70余幅,主要发送对象为全国水利系统、主要新闻媒体、水利院校及科研单位、西安市各中小学校及引汉济渭参建单位等。2019年停办。

(三)网站

2014年2月,省引汉济渭公司网站正式上线运行。经过两次改版,现有网站首页、关于我们、党的建设、新闻中心、工程建设、通知公告、企业发展等7个一级栏目,28个二级子栏目。截至2022年2月底,共发布各类文字、图片、视频等新闻报道4820余条,全面报道引汉济渭工程建设和公司改革发展情况,是对外宣传引汉济渭的主要窗口之一。

(四)微信

2016年2月7日,引汉济渭官方微信上线运行,并发布第一条《省引汉济渭公司执行董事、总经理杜小洲发表猴年新春贺词》。截至2022年2月底,共发布各类信息2000余条,是引汉济渭对外宣传的主要新兴阵地之一。

(五)抖音

2019年8月14日,引汉济渭官方抖音号注册开通上线运行,发布了第一条短视频"子午玉露来自秦岭深处的天然山泉水"。截至2022年2月底,共发布作品224条,是引汉济渭对外宣传的新兴阵地之一。

（六）头条号

2019 年 11 月 19 日，引汉济渭官方头条号注册开通，发布第一条推文"陕西省副省长赵刚调研引汉济渭工程"。截至 2022 年 2 月底，陆续发布 155 条作品，是引汉济渭对外宣传的新兴阵地之一。

（七）视频号

2022 年 2 月 5 日，引汉济渭官方视频号注册开通，并发布第一条视频"引汉济渭秦岭输水隧洞建设"。截至 2022 年 2 月底，共发布视频 14 条，是引汉济渭对外宣传的新兴阵地之一。

第二节　重大宣传活动

省引汉济渭公司通过丰富多彩、形式多样的活动，推动宣传工作走出去，邀请社会人士走进来，使更多的人了解引汉济渭、关注引汉济渭、支持引汉济渭建设。

一、宣传工作会议

（1）2014 年 3 月 11 日，省引汉济渭公司召开 2014 年度宣传工作座谈会，邀请主流媒体、文化名人、专家学者代表共商引汉济渭宣传工作，就进一步加强与新闻媒体合作、促进引汉济渭工程建设及公司的宣传工作广纳良策，明确了引汉济渭宣传工作的整体思路为对内铸魂、对外树形、聚合力量。

（2）2014 年 7 月 19 日，引汉济渭宣传工作会在户县二电厂宾馆召开。会议总结前期宣传工作的成绩，并剖析当前宣传工作的形势特点及存在问题，并就下一步宣传工作开展进行安排部署。

（3）2017 年 3 月 23 日，省引汉济渭公司召开信息宣传工作会议。会议要求，不断创新信息宣传的方式方法，提高信宣工作质量，讲好引汉济渭故事，为工程建设和公司长远发展提供强大的思想保障、舆论支持和精神动力。

（4）2018 至 2021 年宣传工作会议与党建工作会议合并召开，会议内容主要为：总结前一年宣传工作，安排部署下一年工作，表彰宣传工作先进集体和个人。

二、展览活动

（1）2014 至 2017 年，公司连续参加了第二十一届、第二十二届、第二十三届、第二十四届中国杨凌农业高新科技成果博览会。通过沙盘、展板、影片互动等形式，运用声、光、电等高科技手段展示了引汉济渭工程的重大意义及建设理念、最新进度等。公司荣获第二十二届杨凌农高会优秀展示奖和优秀组织奖。在第二十三届农高会上,时任陕西省委书记娄勤俭、省长胡和平等领导莅临展厅视察,并给予较高评价。

(2)2015年11月13日至15日,公司参加了省属国有企业优秀文化展览会。时任陕西省副省长姜锋对公司把企业文化融入工程建设的做法给予高度评价。公司荣获"省属国有企业优秀文化成果展三等奖"。

(3)2016年9月22日至24日,公司参加了第五届西部跨国采购会。公司开发的茶叶、山泉水,以及引汉济渭岩石标本礼器等系列产品参加展出,吸引了国内外参会客商的高度关注。

(4)2019年8月15日至17日,公司参加了第十一届香港国际茶展。子午谷茶、子午玉露山泉水、子午谷熏香等系列产品亮相茶展,选送的汉江水·秦岭茶在153种参赛产品中脱颖而出,荣获传统手工红茶亚军。

三、全国性大奖赛

2015年10月,公司主办了"引汉济渭杯"全国书法摄影大奖赛。书法大赛共收到作品479幅,经过陕西书法家协会、中国水利文协专家初评和终评,评选出一等奖2名、二等奖5名、三等奖10名、优秀奖50名。摄影大赛共收到作品917幅,经过陕西省摄影家协会、中国水利摄影家协会专家初评和终评,评选出一等奖3名,二等奖10名,三等奖20名,优秀奖30名。

四、文化教育活动

(1)世界水日系列活动。在每年3月22日世界水日·中国水周期间,积极开展科学用水节水、爱护水环境、保护水资源等宣传活动。推出系列微电影、宣传海报、答题讲座、摄影展、征文、书画展,进机关、进企业、进社区开展宣传。利用公司网站、微信、抖音等平台发布宣传报道,开展有奖互动,吸引公众广泛参与,让爱水护水的种子播撒在人们心间,形成节水惜水的良好氛围。

(2)"我与大坝同成长"系列活动。2014年启动,在引汉济渭三河口、黄金峡水利枢纽施工现场举行。活动以"感恩汉江、保护水源"为主题,组织关中、陕南两地学生参观引汉济渭施工现场,进行表演互动、互赠礼品,促进两地学子的进一步交流,加深了对引汉济渭工程的了解。

(3)"感恩汉江·小水滴爱心图书馆"援建行动。2014年启动,是由公司参与打造的长期性公益活动,为陕南偏远地区学校合作援建100所爱心图书馆,捐赠配送书籍2万余册。

(4)"感恩月"系列活动。2014年启动,每年11月举办系列活动。目的是传承中华民族的感恩美德,塑造感恩文化,增强感恩意识,履行社会责任,着力促进省引汉济渭公司形成心怀感恩、爱岗敬业、和谐快乐的工作氛围。

第三节 重大新闻报道

省引汉济渭公司主动加强与中省主流媒体及社会知名媒体沟通联系,联手策划重大选题,力争在重大宣传、热点宣传中发出引汉济渭声音,提升引汉济渭知名度。

一、中央级新闻媒体

截至 2022 年 2 月底,央视新闻联播、朝闻天下、走进科学等共播发引汉济渭工程相关视频新闻和专题报道 28 次。2022 年 2 月 8 日,央视 CCTV-1《新闻联播》播出《新春走基层 秦岭深处的引水人》报道,全长 3 分 01 秒,是公司成立以来时长最长、规格最高、影响最大的电视新闻报道。《人民日报》刊发有关引汉济渭工程新闻报道 11 篇次,新华社刊发 13 篇次,《光明日报》《中国水利报》等刊发 20 余篇次。人民网、新华网、央广网等中央级网站刊发近 100 篇次。

二、省部级新闻媒体

陕西电视台共播发引汉济渭工程相关视频新闻 93 次。《陕西日报》刊发引汉济渭工程和公司相关新闻及专题报道 60 篇次。2022 年 2 月 22 日,联合陕西卫视开展的"水自汉江来——引汉济渭秦岭输水隧洞全线贯通"大型融媒直播活动,在陕西卫视、陕西广电融媒体集团(台)新媒体矩阵及群众新闻网、西部网、《华商报》、《三秦都市报》引汉济渭视频号等平台进行了直播,累计观看量逾 100 万人次。社会反响异常强烈,受众参与讨论热烈,进入地方话题热榜。

三、社会知名自媒体

2020 年,"三一博士"走进引汉济渭工地拍摄视频在微信、今日头条等自媒体平台发布,浏览量达 300 万,点赞量累计超 6.2 万,极大地扩大了引汉济渭影响力。贞观、西安城际、悦西安、荣耀西安等知名自媒体走进引汉济渭,采编《大江大河 2020:秦岭地下千米的隧洞里,汉江将顺此流入关中》等稿件,点击突破 10 万+,引起热烈反响,并被《中国青年报》以《一根世界上最难修的水管快通了》改编发布。

第四节　新闻宣传成果

引汉济渭工程建设期间,吸引了《人民日报》(人民网)、新华社(新华网)、中央广播电视总台、《中国水利报》以及《陕西日报》、陕西电视台等中省主流媒体持续关注,新闻工作者围绕工程建设、重大节点和重要成就进行全面深度报道,展示了引汉济渭攻坚克难、砥砺奋进的英勇形象,为工程建设稳步推进营造了良好的舆论氛围。以下是历年来各级媒体关于引汉济渭工程的新闻报道与宣传的初步统计,限于篇幅,只列出部分篇名与刊发信息。

一、中央级

(一)央视发布:28篇

(1)CCTV-1[新闻联播]　引汉济渭重要调蓄工程开工　2015年3月2日

(2)CCTV-1[新闻联播]　亚洲最长输水隧洞首段贯通　2015年8月13日

(3)CCTV-1[新闻联播]　今年重大水利工程投资规模超9 000亿　2017年1月7日

(4)CCTV-10[走近科学]　洞穿秦岭　2017年07月13日

(5)CCTV-13新闻频道　[还看今朝]喜迎十九大特别节目:引汉济渭工程　2017年9月16日

(6)CCTV-13新闻频道　[朝闻天下]引汉济渭秦岭隧洞出口段贯通2017年11月28日

(7)CCTV-10科教频道　[走近科学]引汉济渭工程2019年或将通水 综合难度世界第一　2018年1月3日

(8)CCTV-13新闻频道　[新闻直播间]建设者假日无休 大工程齐头并进2018年5月3日

(9)CCTV-13新闻频道　[新闻直播间]陕西引汉济渭水利工程施工进展 秦岭输水隧洞岭南段贯通　2018年12月4日

(10)CCTV-13新闻频道　[新闻直播间]陕西引汉济渭工程取得进展,秦岭隧洞岭北段全面贯通　2018年12月26日

(11)CCTV-1[新闻联播]　引汉济渭秦岭隧洞岭北段贯通　2018年12月27日

(12)CCTV-4中文国际频道　[中国新闻]引汉济渭秦岭隧洞岭北段全面贯

通　2018年12月27日

（13）CCTV-1［新闻联播］　各地多措并举 恢复经济社会秩序　2020年3月16日

（14）CCTV-2财经频道　［经济信息联播］引汉济渭输水隧洞即将穿越秦岭主脊　2020年6月10日

（15）CCTV-13新闻频道　［新闻直播间］陕西引汉济渭输水隧洞即将穿越秦岭主脊　2020年6月10日

（16）CCTV-13新闻频道　［新闻直播间］陕西引汉济渭工程黄金峡水利枢纽成功截流　2020年11月13日

（17）CTV-13新闻频道　［新闻直播间］陕西:引汉济渭工程取得关键性进展2020年12月3日

（18）CCTV-13新闻频道　［24小时］陕西:新春走基层——秦岭最深处的引水人 2022年2月8日

（19）CCTV-13新闻频道　［新闻30分］向引汉济渭输水工程的劳动者致敬2022年2月8日

（20）CCTV-13新闻频道　［朝闻天下］全国各地重大项目平稳有序开工2022年2月8日

（21）CCTV-1［新闻联播］　我国在建重大水利工程投资规模超万亿元2022年2月9日

（22）CCTV-1［新闻联播］　［新春走基层］秦岭深处的引水人　2022年2月9日

（23）CCTV-1［新闻联播］　陕西引汉济渭工程秦岭输水隧洞全线贯通2022年2月22日

（24）CCTV-2财经频道　［正点财经］陕西:引汉济渭工程秦岭输水隧洞全线贯通　2022年2月23日

（25）CCTV-4中文国际频道　［中国新闻］陕西引汉济渭工程秦岭输水隧洞全线贯通　2022年2月23日

（26）CCTV-13新闻频道　［新闻30分］史上首次! 下穿秦岭的输水隧洞全线贯通　2022年2月23日

（27）CCTV-13新闻频道　［朝闻天下］陕西引汉济渭工程秦岭输水隧洞全线贯通 攻克施工难题 环保理念先行　2022年2月23日

（28）CCTV－13新闻频道　［新闻直播间］陕西引汉济渭工程秦岭输水隧洞全线贯通　2022年2月23日

（二）报刊及通讯社：36篇

1.《人民日报》：11篇

（1）治秦者先治水：陕西全面推进水利现代化建设纪实　2016年10月12日

（2）引汉济渭秦岭隧洞出口段贯通　2017年11月26日

（3）引汉济渭工程有序推进　2020年10月24日

（4）引汉济渭工程从这里贯通——秦岭隧洞里的日与夜　2020年12月8日

（5）引汉济渭工程　如期顺利推进　2020年11月13日

（6）致敬！这是秦岭地下1 840米施工现场　2020年11月28日

（7）重大工程建设忙　治水兴水惠民生　2021年3月2日

（8）引汉济渭秦岭输水隧洞建设奏响贯通"冲锋号"　2021年11月20日

（9）清水碧波再荡漾　2021年12月2日

（10）引汉济渭工程从这里贯通——秦岭隧洞里的日与夜　2021年12月8日

（11）引汉济渭秦岭输水隧洞全线贯通活动举行　2022年2月22日

2.新华社：13篇

（1）引汉济渭三河口大坝已完成基坑开挖　2016年10月17日

（2）引汉济渭调水工程进入攻坚阶段　2017年1月5日

（3）我国正"洞穿"秦岭调水　将实现长江黄河"握手"　2017年1月17日

（4）别样的工地春节问候　2017年1月26日

（5）引汉济渭工程秦岭隧洞岭南段贯通　2018年12月4日

（6）烈日下的黄金峡　2020年8月4日

（7）地下的光——探访引汉济渭工程秦岭输水隧洞　2020年12月14日

（8）秦岭地下深处　焊花里迎新春　2021年2月5日

（9）陕西宁陕：旅游"家族"添新宠　子午梅苑醉游人　2021年2月21日

（10）引汉济渭二期工程开工建设　2021年6月17日

（11）引汉济渭工程秦岭输水隧洞预计2022年上半年全线贯通　2021年11月10日

（12）引汉济渭工程首根超大口径钢管在陕西宝鸡下线　2021年11月16日

（13）史上首次！下穿秦岭的输水隧洞全线贯通　2022年2月22日

3.《光明日报》：2篇

（1）水润三秦谱华章——陕西推进水利建设的启示　2016年10月12日

(2)秦岭深山一块铁(报告文学)　2018 年 5 月 18 日

4.《中国水利报》:10 篇

(1)砥砺奋进的五年|穿越秦岭的使命——陕西省引汉济渭工程建设有限公司发展纪实　2017 年 10 月 17 日

(2)建一处工程 多一处景观——陕西省引汉济渭引领生态水利建设侧记 2018 年 11 月 28 日

(3)陕西引汉济渭工程秦岭输水隧洞黄三段全线贯通　2018 年 12 月 20 日

(4)寒冬热火——陕西省引汉济渭工程进展取得新突破　2019 年 1 月 7 日

(5)引汉济渭黄金峡水利枢纽二期截流让三秦大地水工程体系更完整　2020 年 11 月 17 日

(6)引汉济渭黄金峡水利枢纽成功截流　2020 年 11 月 19 日

(7)陕西引汉济渭工程:鏖战秦岭 攻坚前行　2021 年 1 月 23 日

(8)识水情 亲水利 塑水魂 南水研学风向标　2021 年 3 月 27 日

(9)引汉济渭二期工程全面开工建设　2021 年 6 月 19 日

(10)建世纪工程 润三秦大地——记陕西引汉济渭工程建设　2021 年 10 月 29 日

5.《中国青年报》:1 篇:

一根世界上最难修的水管快通了　2020 年 9 月 8 日

6.《中国企业报》:1 篇

引汉济渭 一水兴陕激活全局　2016 年 10 月 12 日

7.《经济参考报》:1 篇

引汉济渭工程秦岭隧洞岭南段贯通　2020 年 12 月 3 日

8.《文汇报(香港)》:1 篇

水自汉江来——好山 好水 好茶,陕西引汉济渭献礼香港国际茶展 2019 年 8 月 15 日

(三)网站

1.人民网:19 篇

(1)汉中供电不畏烈日"烤"验 奋战引汉济渭一线　2016 年 10 月 12 日

(2)引汉济渭三河口水库成功下闸蓄水　2019 年 12 月 31 日

(3)引汉济渭工程有序推进　2020 年 10 月 24 日

(4)陕西汉中:引汉济渭工程黄金峡水利枢纽二期成功截流　2020 年 11 月

13 日

（5）引汉济渭工程 如期顺利推进 2020 年 11 月 13 日

（6）引汉济渭黄金峡水利枢纽实现大坝截流 2020 年 11 月 17 日

（7）碧水浩荡润三秦——写在引汉济渭黄金峡水利枢纽截流之际 2020 年 11 月 18 日

（8）秦岭地下 1 840 米深处的火热 2020 年 11 月 28 日

（9）世界级水利工程：长江黄河在这里握手 2020 年 12 月 16 日

（10）秦岭地下深处,焊花里迎新春 2021 年 2 月 4 日

（11）引汉济渭三河口水利枢纽大坝全线浇筑到顶 2021 年 3 月 2 日

（12）陕西省引汉济渭二期工程全面开工建设省长赵一德宣布开工 2021 年 6 月 18 日

（13）陕西引汉济渭三河口水利枢纽建成 防洪效益显著 2021 年 9 月 29 日

（14）增殖放流 保护秦岭生态 2021 年 9 月 30 日

（15）引汉济渭秦岭输水隧洞建设奏响贯通"冲锋号" 2021 年 11 月 20 日

（16）"激战"黄金峡 2021 年 11 月 25 日

（17）连接长江和黄河流域,1 400 万人受益！陕西引汉济渭秦岭输水隧洞全线贯通 2022 年 2 月 22 日

（18）引汉济渭秦岭输水隧洞全线贯通活动举行 2022 年 2 月 22 日

（19）穿越秦岭近百公里 黄河与长江在这里"握手" 2022 年 2 月 23 日

2. 光明网:8 篇

（1）引汉济渭公司拓宽教育渠道 深化"两学一做" 2016 年 10 月 11 日

（2）引汉济渭引水隧洞完成 94.1 公里 将穿越秦岭主脊贯通在即 2020 年 8 月 14

（3）国家重大水利工程引汉济渭工程有序推进 2020 年 10 月 23 日

（4）港媒点赞引汉济渭"智能建造" 2021 年 7 月 9 日

（5）就在明年！西安人能喝到汉江水了 2021 年 7 月 16 日

（6）引汉济渭工程秦岭输水隧洞预计 2022 年上半年全线贯通 2021 年 11 月 17 日

（7）98 千米长！引汉济渭工程秦岭输水隧道贯通 2022 年 2 月 22 日

（8）引汉济渭！人类首次从底部横穿秦岭 2022 年 2 月 22 日

3. 新华网:34 篇

（1）鲮鲤造河穿秦岭——陕西省引汉济渭工程 TBM 掘进纪事 2016 年 7 月

23 日

（2）引汉济渭调水工程进入攻坚阶段　2017 年 1 月 4 日

（3）横穿秦岭的引汉济渭调水工程进入攻坚阶段　2017 年 1 月 5 日

（4）我国正"洞穿"秦岭调水　将实现长江和黄河"握手"　2017 年 1 月 16 日

（5）引汉济渭输配水工程初探　2017 年 1 月 24 日

（6）世界最长水利隧洞引汉济渭秦岭隧洞出口段贯通　2017 年 11 月 26 日

（7）引汉济渭　润泽三秦——"让世界倾听陕西声音"采访团走访引汉济渭工程建设一线　2018 年 6 月 25 日

（8）西安小学生开学第一天　共上第一课《美丽大秦岭》　2018 年 9 月 3 日

（9）【美丽中国·网络媒体生态行】坚持生态优先守好汉江出陕"最后关卡"2018 年 10 月 30 日

（10）引汉济渭工程秦岭隧洞岭南段贯通　2018 年 12 月 3 日

（11）引汉济渭黄金峡水利枢纽主体工程开工建设　2018 年 12 月 21 日

（12）引汉济渭秦岭隧洞岭北段全面贯通　2018 年 12 月 26 日

（13）陕西省引汉济渭工程秦岭隧洞（越岭段）贯通　2018 年 12 月 27 日

（14）引汉济渭二期输配水工程年内全面开工　2020 年 7 月 22 日

（15）引汉济渭二期输配水工程进入实施阶段　2020 年 7 月 24 日

（16）引汉济渭二期工程争取中央投资补助 36 亿元　2020 年 7 月 29 日

（17）烈日下的黄金峡　2020 年 8 月 4 日

（18）国家重大水利工程引汉济渭工程有序推进　2020 年 10 月 23 日

（19）引汉济渭黄金峡水利枢纽实现大坝截流　2020 年 11 月 17 日

（20）秦岭地下 1 840 米深处的火热　2020 年 11 月 27 日

（21）致敬！这是秦岭地下 1 840 米的施工现场　2020 年 11 月 28 日

（22）世界级水利工程：长江黄河在这里握手　2020 年 12 月 16 日

（23）秦岭地下深处，焊花里迎新春　2021 年 2 月 5 日

（24）引汉济渭二期工程初步设计报告获批复　2021 年 4 月 8 日

（25）引汉（江）济渭（河）二期工程开工建设　2021 年 6 月 18 日

（26）陕西省引汉济渭公司成果获国内岩石力学与工程领域最高奖　2021 年 11 月 5 日

（27）引汉济渭工程秦岭输水隧洞预计 2022 年上半年全线贯通　2021 年 11 月 10 日

（28）引汉济渭首根超3 448毫米大口径钢管在陕西宝鸡下线　2021年11月16日

（29）2 012米！引汉济渭秦岭输水隧洞通过最大埋深段　2021年12月6日

（30）引汉济渭工程三河口水利枢纽投产发电 年平均发电量可达1.214亿千瓦时　2021年12月11日

（31）史上首次！下穿秦岭的输水隧洞全线贯通　2022年2月22日

（32）穿越近100千米，黄河和长江在这里"握手"　2022年2月22日

（33）穿越秦岭近百公里 黄河与长江在这里"握手"　2022年2月23日

（34）赵一德宣布引汉济渭秦岭输水隧洞全线贯通　2022年2月22日

4.中国水利网：22篇

（1）李元来的新年喜事　2018年2月24日

（2）引汉济渭秦岭隧洞最难施工段贯通　2018年12月4日

（3）陕西引汉济渭工程：分层次分重点做好复产准备　2020年2月18日

（4）陕西引汉济渭工程 戴着口罩施工忙　2020年3月3日

（5）有备而战 战之能胜——陕西引汉济渭工程黄金峡水利枢纽成功应对入汛首场洪水　2020年6月9日

（6）陕西引汉济渭二期输配水工程可行性研究报告获批　2020年7月22日

（7）陕西省引汉济渭公司为扶贫村修建的"扶贫大桥"即将合龙　2020年7月22日

（8）陕西省引汉济渭公司召开引汉济渭二期工程建设誓师动员大会　2020年8月10日

（9）陕西引汉济渭二期工程乘风破浪再出征　2020年9月1日

（10）陕西省引汉济渭公司应用新技术完成柳木沟料场边坡生态修复　2020年12月30日

（11）从郑国渠到引汉济渭：关中重回"天府之国"之路——写在引汉济渭"十四五"全面开启之际　2021年3月19日

（12）喜讯！引汉济渭二期工程初步设计报告获得批复　2021年4月17日

（13）陕西省引汉济渭二期工程全面开工建设省长赵一德宣布开工　2021年6月18日

（14）陕西省引汉济渭公司传达学习贯彻引汉济渭二期工程开工动员会精神 2021年7月2日

（15）建世纪工程 润三秦大地 ——记陕西引汉济渭工程建设　2021年10月29日

（16）陕西引汉济渭二期工程 北干线下穿黑河输水管道工程开工　2021年12月7日

（17）引汉济渭工程三河口水利枢纽投产发电 年平均发电量可达1.214亿千瓦时　2021年12月12日

（18）陕西引汉济渭工程输水隧洞成功穿越秦岭最深处　2021年12月21日

（19）陕西引汉济渭公司：当好秦岭生态卫士　2022年1月25日

（20）圆梦贯通——陕西引汉济渭秦岭输水隧洞全线贯通侧记　2022年2月23日

（21）陕西引汉济渭秦岭输水隧洞全线贯通　2022年2月23日

（22）陕西引汉济渭二期工程获130亿元贷款　2022年4月8日

二、省级

（一）陕西电视台（93篇次）

1.［陕西新闻联播］我省引汉济渭前期工程进入全面实施阶段　2013年12月23日

2.［陕西新闻联播］引汉济渭 润泽三秦　2014年2月14日

3.［陕西新闻联播］引汉济渭秦岭输水隧洞完成勘探试验掘进20公里　2014年3月31日

4.［陕西新闻联播］引汉济渭"穿山甲"TBM硬岩掘进机首次移动 6月初将在秦岭主脊段试掘进　2014年4月3日

5.［陕西新闻联播］引汉济渭工程土地预审获批　2014年5月13日

6.［陕西新闻联播］引汉济渭工程：举行隧洞坍塌事故应急救援演练　2014年7月12日

7.［陕西新闻联播］《引汉济渭工程安全预评价报告》通过水利部审查　2014年9月4日

8.［陕西新闻联播］抓紧时间赶工期 确保引汉济渭工程早日通水　2014年10月5日

9.［陕西新闻联播］引汉济渭工程可行性研究报告获批 项目建设进入全面实施阶段　2014年10月20日

10.［陕西新闻联播］引汉济渭工程：决议规划 实施十年　2014年10月22日

11. [陕西新闻联播]引汉济渭工程:驱动陕西未来发展的"水动力"　2014 年 10 月 24 日

12. [陕西新闻联播]引汉济渭工程秦岭岭南隧道月底开始掘进　2015 年 1 月 8 日

13. [陕西新闻联播]引汉济渭工程初步设计报告获国家水利部批复　2015 年 5 月 8 日

14. [陕西新闻联播]引汉济渭工程建设有限公司举行突发环境事件应急演练 2015 年 6 月 27 日

15. [陕西新闻联播]强降雨威胁引汉济渭工程岭南工区 省引汉济渭公司启动防洪预案　2015 年 6 月 30 日

16. [陕西新闻联播]陕西:力挺重点项目建设 稳投资促增长 引汉济渭工程:上半年完成投资 8.3 亿元 实现时间任务双过半　2015 年 07 月 14 日

17. [陕西新闻联播]引汉济渭工程秦岭岭北输水隧洞 TBM 掘进实现首段贯通　2015 年 08 月 11 日

18. [陕西新闻联播]引汉济渭输配水干线工程总体规划出台　2015 年 09 月 17 日

19. [陕西新闻联播]引汉济渭工程 9 个项目集中签约 合同金额 10.38 亿元 2015 年 9 月 29 日

20. [陕西新闻联播]引汉济渭工程秦岭岭北输水隧洞进入第二阶段施工 2015 年 10 月 31 日

21. [陕西新闻联播]引汉济渭三河口水利枢纽工程今天成功截流　2015 年 11 月 27 日

22. [陕西新闻联播]引汉济渭工程进入全断面隧道掘进施工阶段　2015 年 12 月 22 日

23. [陕西新闻联播]引汉济渭工程:TBM 刀盘手刘平的新春生活　2016 年 2 月 9 日

24. [陕西新闻联播]百名水利学生探秘引汉济渭工程接受水情教育　2016 年 3 月 28 日

25. [陕西新闻联播]引汉济渭工程:克难攻坚保进度 今年计划完成投资 17 亿　2016 年 3 月 29 日

26. [陕西新闻联播]引汉济渭工程三河口水利枢纽举行防汛应急联合演练

2016 年 5 月 20 日

27. [陕西新闻联播]引汉济渭工程秦岭输水隧洞 0-1 号洞贯通　　2016 年 7 月 4 日

28. [陕西新闻联播]"引汉济渭院士专家工作站"成立　　2016 年 07 月 12 日

29. [陕西新闻联播]陕西省"十三五"劳动竞赛在引汉济渭工地正式启动 2016 年 8 月 10 日

30. [陕西新闻联播]佛坪引汉济渭淹没村村史馆:见证搬迁历史 留住浓浓乡愁　　2016 年 10 月 9 日

31. [陕西新闻联播]省政府决定设立引汉济渭工程饮用水水源保护区　　2016 年 10 月 27 日

32. [陕西新闻联播]引汉济渭黄金峡大桥主体实现合龙　　2016 年 12 月 29 日

33. [陕西新闻联播]清华大学与省引汉济渭公司共建"陕西省博士后创新基地"　　2017 年 3 月 30 日

34. [陕西新闻联播]引汉济渭秦岭输水 7 号隧洞与上游 6 号洞实现贯通 2017 年 4 月 29 日

35. [陕西新闻联播]引汉济渭输配水干线工程占地范围内禁止新增建设项目和迁入人口　　2017 年 5 月 20 日

36. [陕西新闻联播]我省将全面启动引汉济渭输配水干线工程移民实物调查工作　　2017 年 06 月 10 日

37. [陕西新闻联播]联播简讯 引汉济渭秦岭隧洞出口段今天顺利贯通 2017 年 11 月 25 日

38. [陕西新闻联播]引汉济渭工程秦岭最南端近 8 公里输水隧洞贯通　　2018 年 2 月 4 日

39. [陕西新闻联播]引汉济渭工程为我国"TBM 施工规范"贡献陕西经验 2018 年 4 月 25 日

40. [陕西新闻联播]新时代 新创造 引汉济渭三河口枢纽工程:奋战一线建大坝 精心施工保质量　　2018 年 5 月 1 日

41. [陕西新闻联播]联播简讯陕西设立千万元基金助力"引汉济渭"工程建设　　2018 年 6 月 30 日

42. [陕西新闻联播]引汉济渭工程秦岭输水隧洞最后 9.2 公里成"硬骨头"岭北"穿山甲"过界援助　　2018 年 7 月 21 日

43. [陕西新闻联播]引汉济渭三河口水库:降温"组合拳"为大坝浇筑造出"23℃清凉环境"　2018年7月29日

44. [陕西新闻联播]引汉济渭秦岭输水隧洞岭南段贯通　2018年12月5日

45. [陕西新闻联播]引汉济渭工程岭北输水隧洞贯通　2018年12月26日

46. [陕西新闻联播]劳动创造美好生活2 000多名建设者奋战引汉济渭工程一线　2019年5月1日

47. [陕西新闻联播]引汉济渭二期工程(输配水)环境影响报告书获生态环境部批复　2019年7月10日

48. [陕西新闻联播]引汉济渭二期工程(输配水)地勘外业工作全面完成2019年10月11日

49. [陕西新闻联播]引汉济渭三河口水库大坝成功取出25.2米碾压混凝土拱坝芯样　2019年11月2日

50. [陕西新闻联播]引汉济渭三河口水库年底有望下闸蓄水　2019年11月19日

51. [陕西新闻联播]全国水利工程建设信息化创新示范活动在西安举办2019年12月14日

52. [陕西新闻联播]引汉济渭工程三河口水库成功下闸蓄水 库容相当于三个半西安黑河金盆水库　2019年12月31日

53. [陕西新闻联播]奋力夺取疫情防控和实现经济社会发展目标双胜利 引汉济渭工程:压实一线疫情防控责任 保防疫和工程"双安全"　2020年2月15日

55. [陕西新闻联播]向抗疫英雄致敬 汲取战"疫"力量 奋发有为夺取双胜利2020年4月7日

56. [陕西新闻联播]陕西省重点水利项目全部复工复产! 今年将投入105亿元!　2020年4月14日

57. [陕西新闻联播]胡和平:将引汉济渭打造成集供水、生态等功能于一体的优质工程　2020年4月29日

58. [陕西新闻联播]"远程问诊"解决施工难题 架设"天眼"确保生态环保2020年5月5日

59. [陕西新闻联播]胡和平:认真学习贯彻习近平总书记来陕考察重要讲话把渭河建成安宁和谐美丽母亲河家乡河幸福河　2020年7月1日

60. 陕西卫视[我的家乡在陕西]引汉济渭惠泽三秦　2020年7月3日

61. [陕西新闻联播] 在习近平新时代中国特色社会主义思想指引下 习近平总书记在推进南水北调后续工程高质量发展座谈会上的重要讲话在我省引发热烈反响　2021 年 5 月 16 日

62. [陕西新闻联播] 引汉济渭二期(输配水)工程可行性研究报告获批 2020 年 7 月 23 日

63. [陕西新闻联播] 引汉济渭"子午谷""子午玉露"扶贫产品崭露头角 2020 年 8 月 18 日

64. [陕西新闻联播] 引汉济渭工程:建设生态水利工程 做好秦岭生态卫士 2020 年 8 月 31 日

65. [陕西新闻联播] 引汉济渭工程:建设生态水利工程 做好秦岭生态卫士　2020 年 9 月 4 日

66. [陕西新闻联播] 引汉济渭黄金峡水利枢纽汉江截流成功　2020 年 11 月 13 日

67. [陕西新闻联播]"十四五"开好局 起好步 引汉济渭工程:发扬"三牛"精神 争做水利项目工程建设的"领跑者"　2021 年 3 月 2 日

68. [陕西新闻联播] 引汉济渭二期(输配水)工程初步设计报告获水利部批复　2021 年 4 月 8 日

69. [陕西新闻联播] 引汉济渭工程秦岭输水隧洞关键技术高层次专家咨询会在北京召开　2021 年 6 月 7 日

70. [陕西新闻联播] 引汉济渭二期工程开工动员会在西安举行 赵一德出席并宣布开工　2021 年 6 月 17 日

71. [陕西新闻联播] 奋斗百年路 启航新征程 秦创原的"魔法屋":引汉济渭工程的巡航无人机"猛禽"　2021 年 9 月 3 日

72. [陕西新闻联播] 国庆我在岗 引汉济渭黄金峡水利枢纽项目:克服汛雨洪水不利影响 奋力冲刺抢进度　2021 年 10 月 3 日

73. [陕西新闻联播] 引汉济渭三河口水库首次进行增殖放流 17.5 万尾鱼儿"回家"　2021 年 10 月 09 日

74. [陕西新闻联播] 引汉济渭二期(输配水)工程建设全面加快推进　2021 年 10 月 18 日

75. [陕西新闻联播] 长江黄河即将"握手"! 明年上半年 98 公里隧洞贯穿秦岭　2021 年 11 月 12 日

76.［陕西新闻联播］引汉济渭项目超大口径 3 448 毫米钢管在宝鸡下线 2021 年 11 月 19 日

77.［陕西新闻联播］加压奋进 引汉济渭二期北干线下穿黑河输水管道工程 正式开工 2021 年 11 月 24 日

78.［陕西新闻联播］引汉济渭工程三河口水利枢纽投产发电 2021 年 12 月 11 日

79.［陕西新闻联播］新年伊始 我省重点水利工程稳步推进建设忙 2022 年 1 月 17 日

80.［陕西新闻联播］引汉济渭无人机全面消杀 高科技手段助力复工复产 2022 年 1 月 20 日

81.［陕西新闻联播］工人坚守施工一线 引汉济渭工程稳步推进 2022 年 1 月 21 日

82.［陕西新闻联播］新春走基层 重点工程进行时 引汉济渭工程:千余名建设 者春节假期抢工期 赶进度 2022 年 2 月 5 日

83.［陕西新闻联播］省长赵一德调研引汉济渭工程建设情况 2022 年 2 月 11 日

84.［今日点击］新春走基层 引汉济渭工程稳步推进建设忙 2022 年 2 月 11 日

85.［陕西卫视］带你沉浸式体验引汉济渭秦岭输水隧洞小火车 2022 年 2 月 18 日

86.［陕西卫视］长江与黄河最大的支流分别是什么？原来还有这样一层关系 2022 年 2 月 18 日

87.［陕西新闻联播］奋进新征程 建功新时代 引汉济渭工程(一):引来汉水 润关中 2022 年 2 月 20 日

88.［陕西新闻联播］奋进新征程 建功新时代 引汉济渭工程(二):当好秦岭 生态卫士 打造生态样板工程 2022 年 2 月 20 日

89.［陕西 2 套都市快报］冰火两重天!秦岭山下 2 000 米的引水人 2022 年 2 月 21 日

90.［陕西新闻联播］奋进新征程 建功新时代 引汉济渭工程(三):破解隧洞 施工多项"世界难题"的科技工程 2022 年 2 月 21 日

91.［陕西新闻联播］【奋进新征程 建功新时代】秦岭最长输水隧洞今天贯通

施工综合难度世界罕见　2022年2月22日

92.[陕西新闻联播]引汉济渭秦岭输水隧洞实现全线贯通 赵一德出席活动 2022年2月22日

93.[都市晚高峰]秦岭输水隧洞全线贯通 陕西引汉济渭工程取得关键进展 2022年2月24日

(二)《陕西日报》:60篇

1.引汉济渭工程功莫大焉　2014年2月25日

2.一水穿秦岭 水通兴三秦 ——写在引汉济渭三河口水利枢纽开工动员会召开之际　2014年2月25日

3.引汉济渭工程下穿椒溪河底部隧道　2014年3月21日

4.引汉济渭工程"主动脉"施工全面推进　2014年3月26日

5.新装备为引汉济渭工程提速　2014年4月4日

6.引汉济渭工程建设用地预审获批　2014年5月14日

7.引汉济渭0-1项目主洞掘进突破千米大关　2014年6月3日

8.引汉济渭:攻坚"世界第一难"　2014年6月7日

9.引汉济渭输配水干线工程建设征地移民实物调查工作启动　2014年6月12日

10.我省启动"感恩汉江·我与大坝同成长"活动　2014年6月19日

11.引汉济渭工程安全预评报告通过审查　2014年9月2日

12.引汉济渭工程可研报告获国家发改委批复　2014年10月21日

13.一水通秦岭 水通兴三秦 ——陕西引汉济渭工程进入全面实施阶段 2014年11月18日

14.引汉济渭初步设计报告获水利部批复　2015年5月7日

15.引汉济渭:工程安装"天眼"打造"智能环保"　2015年5月11日

16.引汉济渭:留住青山引来绿水　2015年7月2日

17.引汉济渭环保与水保管理办法出台　2015年7月11日

18.引汉济渭秦岭输水隧洞岭北实现7 272米贯通　2015年8月12日

19.我省出台引汉济渭输配水干线工程总体规划　2015年9月19日

20.引汉济渭三河口水利枢纽成功截流　2015年11月28日

21.引汉济渭二期工程项目建议书通过审查　2016年2月19日

22."穿山甲",向秦岭深处掘进　2016年2月25日

23. 黄金峡：引汉济渭舞"龙头"　2016 年 3 月 1 日

24. 引汉济渭工程列入国家"十三五"规划纲要　2016 年 3 月 13 日

25. 引汉济渭秦岭输水隧洞 0-1 号洞顺利贯通　2016 年 7 月 4 日

26. 我省首个重大水利工程院士专家工作站挂牌 胡四一出席　2016 年 7 月 13 日

27. "铁龙"钻山"铁军"克难 ——引汉济渭岭南 TBM 施工纪实　2016 年 7 月 19 日

28. 我省设立引汉济渭工程饮用水水源保护区　2016 年 10 月 28 日

29. 引汉济渭三河口水利枢纽大坝开始浇筑　2016 年 11 月 3 日

30. 陕西省博士后创新基地落户引汉济渭公司　2017 年 3 月 31 日

31. 引汉济渭：为柔性治水提供有力支撑　2017 年 7 月 3 日

32. 引汉济渭水权置换关键技术研究通过审查　2017 年 8 月 16 日

33. 引汉济渭三河口水利枢纽大坝建设进展顺利　2017 年 8 月 18 日

34. 引汉济渭秦岭隧洞出口段顺利贯通　2017 年 11 月 26 日

35. 引汉济渭工程秦岭输水隧洞起始段贯通　2018 年 2 月 3 日

36. 科技助力陕西引水工程破解难题　2018 年 6 月 28 日

37. 引汉济渭黄金峡水利枢纽主体工程开工建设　2018 年 12 月 21 日

38. 引汉济渭二期工程环境影响报告书获批复　2019 年 7 月 10 日

39. 引汉济渭工程三河口水库成功下闸蓄水 库容相当于 3.5 个西安黑河金盆水库　2019 年 12 月 31 日

40. 高峡出平湖 ——写在三河口水利枢纽下闸蓄水之际　2020 年 1 月 8 日

41. 引汉济渭施工按下"快进键"奋力夺取"双胜利"　2020 年 4 月 9 日

42. 生态修复让秦岭颜值越来越高　2020 年 4 月 9 日

43. 引汉济渭二期工程年内全面开工　2020 年 8 月 17 日

44. 引汉济渭黄金峡水利枢纽实现大坝截流　2020 年 11 月 17 日

45. 引汉济渭 镌刻在秦岭深处的答卷　2020 年 11 月 26 日

46. 省引汉济渭公司科研成果获全国水利科技最高奖　2020 年 12 月 31 日

47. 流淌在地下的光——国家级重点水利工程引汉济渭施工现场纪实　2021 年 1 月 13 日

48. 引汉济渭三河口水利枢纽大坝全线浇筑到顶　2021 年 3 月 2 日

49. 陕西省引汉济渭二期工程全面开工建设 赵一德宣布开工　2021 年 6 月

18 日

50. 明年西安人能喝到汉江水了 2021 年 7 月 16 日

51. "助力十四运会 节水陕西空瓶行动"活动启动 2021 年 9 月 7 日

52. 生态放流鱼苗"安家子午湖" 2021 年 10 月 12 日

53. 省引汉济渭公司成果获国内岩石力学与工程领域最高奖 2021 年 11 月 15 日

54. 引汉济渭工程三河口水利枢纽投产发电 2021 年 12 月 11 日

55. "激战"黄金峡 2021 年 11 月 25 日

56. 引汉济渭工地上的坚守者 2022 年 1 月 17 日

57. 能参与这个工程,我感到很荣幸 2022 年 2 月 1 日

58. 坚守与奋斗 2022 年 2 月 16 日

59. 引汉济渭秦岭输水隧洞全线贯通活动举行 赵一德宣布贯通 2022 年 2 月 22 日

60. 引汉济渭"大动脉"贯通 2022 年 2 月 23 日

(三)学习强国:12 篇

(四)中国网:346 篇次

(五)西部网:235 篇次

(六)其他省级媒体:1 200 余篇次

第七章　文化建设

省引汉济渭公司自 2013 年成立以来,努力将水利工程建设与文化建设紧密结合,培育凝练企业精神,以厚重扎实的文化价值充实工程建设的内涵和灵魂,促进企业健康发展。公司设立文化总监岗位,成立信息宣传中心、文化传播公司、文化创新工作室等相关工作机构,聘请社会各界知名人士担任文化顾问,研讨推进企业文化建设,将文化根植于工程的设计和建设全过程。

第一节　企业文化的形成

公司根据企业性质特点,结合发展目标任务,提出企业使命,建立企业愿景,彰显企业价值,积极探索和努力凝练企业精神,通过文化建设为企业和水利工程赋予了深厚的文化底蕴和内涵,为工程建设和公司科学发展注入了动力。

一、企业使命

以"引汉济渭 造福三秦"为企业使命。

引汉济渭工程因严重的水源危机而起,公司专注于引汉济渭工程建设,通过坚持不懈的努力尽早将汉江清水引入关中,解决制约陕西发展的瓶颈问题,为陕西经济快速发展和人民生活提供充足的水资源保障。

引汉济渭工程是中华人民共和国成立以来陕西省举一省之力,投资力度最大的单项民生工程。省委、省政府的殷殷重托、三秦人民对于美好生活的热切期望既是公司的使命所在,也是公司远景目标和价值追求。引汉济渭建设者以此为初心,牢记不忘。

二、企业愿景

建设一流水利工程和一流水利企业,绘就以水资源开发运营管理为核心、建立一体化水生态产业链的企业发展蓝图。

三、企业核心价值观

引汉济渭工程自建设以来,紧紧围绕"敬业、创新、严谨、感恩、包容"来构筑企业文化精神的内核,努力构建符合自身特色和定位的企业文化。

(一)企业精神

敬业、创新、严谨、感恩、包容。

（二）精神诠释

敬业：专心致志，认真负责，无私奉献，乐在其业的职业精神。

创新：突破自我，敢为人先，克难攻坚，勇创佳绩的奋斗精神。

严谨：严肃谨慎，遵纪守法，科学规范，追求完美的工作态度。

感恩：感恩家庭，珍惜工作，积极向上，回报社会的感恩文化。

包容：敬山爱水，广纳贤才，文化多元，和谐发展的管理理念。

四、视觉标识系统

企业标识也是企业文化体系的一部分。它承载着企业的无形资产，是企业综合信息沟通和企业形象传递的重要媒介。企业的自我定位、愿景及其价值观，都凝聚在标识中，通过不断的刺激和反复刻划，深深留在受众心中。

省引汉济渭公司标识徽标上半部由黄、蓝两色构成，以双弧线形式表意渭河、汉江；下半部由黄、绿、蓝三色构成，以三弧线形式表意由陕北、关中、陕南构成的三秦大地。中间的圆形则表意引汉济渭工程主体隧洞。上半部弧线和下半部弧线相交，则表意渭河、汉江二水汇流后，水润关中，兼济陕北，最终惠及三秦大地。

第二节　主题年活动

省引汉济渭公司成立以来，每年确定一个主题，相继开展了"精细化管理年""环保年""效率年""担当年""质量年""服务年""创新年"等主题年活动，厚植引汉济渭文化底蕴，让企业精神深入人心。

2014年主题为"精细化管理年"，在生产管理上"精细规范"，确保平稳高效；在安全管理上"精细标准"，确保安全可控；在项目建设上"精管细控"，确保目标实现；在管理流程上"精编细排"，确保体系畅通。

2015年主题为"环保年"，强化环保水保工作，助力生态工程建设。

2016年主题为"效率提升年"，通过效率提升，实现观念明显转变，素质明显提升，团队执行能力明显增强，"企业发展我发展，企业成长我进步"的活动目标。

2017年主题为"担当年"，实现科学决策、干事主动、目标明确、执行到位、担当作为的良好氛围。

2018年主题为"质量年"，树立以质量求发展、以质量促发展、以质量检验发展的意识，着重提高工程建设质量、安全质量、管理质量和服务质量。

2019年主题为"服务年"，聚焦工程建设、聚焦企业发展，通过强化机关服务基层，推进基层服务一线，形成全员服务工程建设良好氛围。

2020年主题为"创新年",着重把创新发展理念落实并融入工程建设和公司发展改革具体实践中,坚持国企党建和公司治理创新、工程建设管理创新、集团化高质量发展创新,实现在工程建设上提水平、在企业管理上增效益、在集团化发展上激活力的目标效果。

2021年主题为"数字赋能年",聚焦数字化工程设计、数字化工程建管、数字化调度运行、数字化运维保障、数字化经营管理,全面建设智慧引汉济渭。

第三节　企业精神的培育和实践

自省引汉济渭公司成立以来,全体员工紧紧围绕"敬业、创新、严谨、感恩、包容"来构筑企业文化精神的内核,努力构建符合自身特色和定位的企业文化。

一、敬业精神

引汉济渭人的敬业精神主要体现在三个层面:

(1)体现在使命责任上。水资源危机是困扰陕西省当前和未来长期发展的瓶颈问题。引汉济渭工程将从根本上化解水危机进而整合陕西全省水利资源,使命和责任重大。面对这份沉甸甸的使命,引汉济渭建设者有高度的自觉,也敢于迎接挑战,更能勇于担当。

(2)体现在"工匠精神"中。引汉济渭人在各自岗位上需要发扬"工匠精神""劳模精神",做好本职工作,做好工程建设管理中的每一个细节,立足平凡岗位,发扬奉献精神,绽放人生光彩。

(3)体现在与公司同成长共命运中。发扬主人翁精神,爱公司,积极主动,安心岗位、忠于职守、尽心尽力、尽职尽责。同时,公司关爱每一名员工,坚持人才是第一资源的人才发展理念,广开渠道、聚贤纳才,多措并举保障员工薪酬福利,创建"职工食堂""职工书屋";举办"引汉济渭大讲堂",创新开展"我的专业我来讲",组织多种活动不断丰富员工精神文化生活,引导员工快乐工作,幸福生活,致力创建良好的人文环境,增强企业凝聚力和员工归属感。

二、创新精神

引汉济渭工程难度大、技术复杂,多项参数突破世界工程记录,也超越了现有设计规范。无现成工程实例可参考,也无相关标准可遵循。面对综合难度世界罕见的引汉济渭工程,引汉济渭管理者大力弘扬创新精神,给一线科研人员和工程施工管理人员最大的创新空间。引汉济渭工程也成为了水利工程领域诸多创新和大胆尝试的新工场。创新精神不仅体现在技术和施工环节,在组织管理层面,引汉济渭公司也努力构建适宜工程建设的团队、富于弹性的制度框架和公司长远发展的方向定位。

引汉济渭工程中的创新主要分为三个层面:

(1)新技术、新工艺的推广应用。公司依托院士专家工作站和博士后创新基地,不断推进科技创新,攻克了一个又一个世界级难题。充分利用云计算、大数据、移动互联网、人工智能技术,率先在全国水利工程管理中使用信息化、打造智能化,实现智慧化,VR、AR、无人机直播等新技术应用在全国处于领先地位。

(2)管理制度创新。安全措施费采取单独结算,实报实销,在全国属制度上的首创。对参建单位主要管理人员实施面部扫描考勤,有效保证了参建单位主要管理人员在场工作,解决了全国普遍存在的高投标低配备问题。按照200年一遇标准在隧洞口设置应急避险洞,保证人员安全避险。

(3)工作思路创新。在建好工程的同时,谋划布局公司长远发展,通过相关水资源业务同步发展和建设,为公司集团化和可持续发展提供有力支撑。

三、严谨精神

引汉济渭工程是国家172项重大水利工程建设项目之一。严谨是工程建设成败的重要保障,需要把严谨细致的工作作风贯穿于工作全过程,按规矩办事、层级负责、限时完成,才能把引汉济渭工程建设好。

引汉济渭人的严谨主要体现在四个层面:

(1)在施工技术层面,明确工程质量验收标准,严格执行设计及施工要求,以精益求精的严谨精神把控好项目建设的各个环节。

(2)在制度作风层面,从工程管理、业务流程、员工行为、考核奖惩、党建等方面建立健全各项内控制度300余项,为工程建设和企业发展提供了有力的制度保障。狠抓党风廉政建设,守住底线,不越红线,弘扬吃苦耐劳、真抓实干的精神,构建风清气正的廉洁安全文化。

(3)在管理层面,落实精准化,组织开展了"环保年""效率提升年""责任担当年""质量年"等主题年活动,细化目标管理,以目标为导向,推进管理升级,强化了价值认同和目标追求。

(4)在执行层面,严谨就是要按规矩办事,有规可依、有规必依。涉及工程安全和质量控制的规定,必须不打折扣地严格落实到底。

四、感恩精神

作为一家水利企业,省引汉济渭公司大力弘扬饮水思源的感恩文化。广大干部职工不忘初心,牢记使命,埋头苦干,决心把引汉济渭工程建成绿色生态的环保工程,建成质量一流的群众满意工程。

引汉济渭人的感恩精神主要体现三个方面:

(1)感恩于秦岭自然万物给予的水源涵养宝地。引汉济渭主体工程地处秦岭腹地,经过4个国家级、1个省级自然保护区以及西安市黑河水源保护区,环保工作任重道远。省引汉济渭公司积极践行"绿水青山就是金山银山"的发展理念,加强工程沿线生态保护,设立保护区,与多部门联动、上下配合,实行环保工作会商制,共享治理、整改信息,形成合力,建立长效机制,形成齐抓共管格局。在环保重点施工区加大无人机巡查和"飞检"频次。将环保工作纳入施工单位季度考核,实行"一票否决"制,倒逼环保责任落到实处,坚决打赢秦岭生态保卫战。用实际行动感恩大自然、回馈大自然。

(2)感恩工程建设中各参建单位、各级地方政府的大力支持以及沿线群众的理解与支持。省引汉济渭公司以工程建设打响了脱贫攻坚战,引导贫困移民转变思想观念,加大科技培训,提高创业就业能力,通过对贫困家庭青年劳动力的技能培训、就业、子女上学等给予补助,增强他们脱贫致富内在动力。完成千亩生凤茶园建设,有机蔬菜、大米等农副产品开始线上销售;成功注册"宁陕山珍"电商销售平台,扶贫产品入选国家第六批扶贫产品目录,"子午玉露"山泉水系列产品入驻国家"扶贫832"网络销售平台,引汉济渭扶贫产品北京展销中心开业运营;投资3 000万元的生凤大桥通车运行。公司获得省委组织部和省扶贫办组织的驻村扶贫工作优秀等次,连续三年被授予"陕西省助力脱贫攻坚优秀企业"。

(3)感恩公司提供的成长、发展平台,感恩公司领导、同事的指导和帮助。公司每年确定一个主题,在10月开展感恩月活动。各部门、分(子)公司结合各自实际,紧扣主题,从纪念性、趣味性、感悟性、激发性等方面切入,通过文艺演出、团建活动、开展说一句感恩话、做一件感恩事、送一张感恩卡等多种互动方式,表达感恩之情,着力促进形成心怀感恩、爱岗敬业、和谐快乐的工作氛围。

五、包容精神

引汉济渭工程涉及面广,时间周期长,需要考虑并协调生态、工程技术、社会等多方面的因素,在客观上催生了博大深远的包容文化。

引汉济渭人的包容精神主要体现在四个方面:

(1)引汉济渭工程牵涉面广,涉及水利、电力、市政、公路、矿业等多个行业,每个行业都有不同的技术特点和行业文化,省引汉济渭公司作为统筹全局的业主单位,需要包容这些不同行业技术、理念及文化。

（2）对于做出巨大牺牲与贡献的工程区域内的地方政府、移民群众，引汉济渭建设者心存感恩，也尽力理解、包容他们的实际诉求，尽力解决他们的实际困难。

（3）引汉济渭工程施工难度极大，技术挑战严峻，公司在鼓励创新的同时，也对创新工作中必然伴随的错误和偏差给予理解与包容。

（4）员工来自五湖四海、不同背景，在工作当中要学会妥协，团结协作，共同进步，形成一种多元性的包容文化。

第四节　文化活动与成果

省引汉济渭公司在发掘自有宣传力量的同时，联合各方，连续推出引汉济渭文化书系，包括小说、散文、摄影、书法、绘画等，多题材、多角度展示引汉济渭工程和引汉济渭人的情怀。精心策划、制作发行多部与工程建设相关微电影和专题片，通过一个个工地一线感人故事，讲述了引汉济渭工程的艰难不易，讴歌了引汉济渭人的奉献精神。此外，还研发了引汉济渭系列文创产品，从不同的视角和形式，宣传引汉济渭工程建设。详见表 10-7-1、表 10-7-2。

表 10-7-1　省引汉济渭公司主要文化活动

序号	活动名称	成效
1	2014 年 4 月起，省引汉济渭公司与省引汉济渭办、西部网等单位联合举办为期一年的"感恩汉江·小水滴爱心图书馆援建行动"	在汉江流域四县援建 100 所小学图书室
2	2014 年、2017 年，省引汉济渭公司分年举办关中与陕南少年手拉手的"我与大坝同成长"现场教育活动	开展水情教育，让孩子做汉江水源的"守护者"和引汉济渭工程的"见证者"
3	2016 年，省引汉济渭公司配合省水利学会组织三所高校开展"探秘引汉济渭"活动	开展现场科普宣传及水文化知识竞赛，使广大师生进一步了解秦岭山水、认识引汉济渭工程
4	2016 年 5 月，省引汉济渭公司组织省国医研究会多名中医专家深入引汉济渭工程建设一线，免费为工人提供义诊	关心工程建设一线工人身体健康，感恩建设工人辛勤付出
5	2017 年，省引汉济渭公司承办"保护汉江优质水源建设绿色引汉济渭"青年志愿者公益宣传活动	呼吁全社会保护青山绿水，建设美丽中国

续表 10-7-1

序号	活动名称	成效
6	2018 年世界水日,省引汉济渭公司举办"保护青山绿水 建好引汉济渭 共创美好明天"宣传进校园活动	开展生态保护宣传,增强广大学生环境保护意识,做"青山绿水蓝天"的保护者
7	2018 年,省引汉济渭公司联合西安影世欣闻联合会分别在武警学院、西北农林大学、大学南路小学等 15 所大中小学举办引汉济渭摄影展,开展保护大秦岭宣传教育	22 000 多师生参观展览,关注引汉济渭工程,关心大秦岭环境,进一步教育广大师生树立爱水源、爱秦岭、爱家园意识
8	响应陕西妇女儿童发展基金会和省水利工会委员会倡议,省引汉济渭公司每年定期开展"关爱工程——中小学生教育系列丛书"图书捐赠活动	共募集购书款 10 528.60 元,捐赠图书 5 万册,支持移民安置点教育事业发展
9	2018 年 6 月,40 余位文化工作者深入引汉济渭工程一线采风慰问,现场进行拍摄、书画创作活动	引汉济渭工程引起社会各界广泛关注,文化工作者通过手中的笔、照相机讴歌建设者的伟大和攻坚克难的精神面貌
10	2019 年,引汉济渭工程被评为第九届"中国水利记忆·TOP10"——"激浪杯"2019 年有影响力的十大水利工程	引汉济渭引起水利传媒和水利文化圈广泛关注
11	2020 年 11 月 18 日,陕西日报"全媒体行动"走进引汉济渭工程调研采访	运用文字、图片、访谈、视频等全媒体形式,通过报纸、网站、微博、新闻客户端、抖音等平台,对引汉济渭进行全方位、多角度的报道,为工程顺利建设做好宣传、营造氛围
12	2020 年 12 月 5 日,新华社探访黄河之美采访组一行 30 人赴引汉济渭岭北工区调研采访	新华社系列报道扩大了引汉济渭工程的全国影响力
13	2020 年 12 月,"引汉济渭工程黄金峡水利枢纽截流"入选"大地河源杯"2020 年有影响力十大水利工程之一	引汉济渭工程建设工作再次获得社会高度认可和肯定,为未来工程推进注入了强大动力

续表 10-7-1

序号	活动名称	成效
14	2021 年 2 月,西安美术学院采风创作团队前往引汉济渭水土保持示范园——子午梅苑及岭南工区建设一线开展采风创作活动	艺术家们以不同的形式和角度展现了子午梅苑的美丽风光和工程建设巨大成就,扩大了引汉济渭品牌影响力
15	2021 年 6 月,组织开展"永远跟党走 奋进新征程"党史知识竞赛线上答题活动	进一步推动党史学习教育走深走实,引导全体干部职工从党的光辉历程中汲取经验智慧,汇聚奋进力量

表 10-7-2　省引汉济渭公司文化创作成果

序号	成果名称	形式	著(作)者/主持人	数量	成效
1	《陕西河流环境观察》	期刊	余东勤	季刊,3 000 册/期	自 2013 年至今,出刊 21 期,发送范围为全国水利系统、水利院校及陕西省各中小学
2	《引汉济渭移民工作手册》(之一、之二)	工具书籍	移民环保部	各印刷 2 000/期	发至引汉济渭工程各项目工区、各移民工作部门和所涉及移民群众
3	《叩首秦岭》	报告文学	王卫平	30 万字	已被省委宣传部纳入 2016 年"四个一"工程资助项目,正在创作中
4	《子午湖》	纪实小说	王安泉	26 万字	已出版发行
5	《江援行动》	微电影	孟晨	15 分钟	荣获 2016 年全国第四届职工微影视大赛银奖、最佳人气奖
6	《伏流激情》	微电影	曹季燕	14.5 分钟	荣获 2016 年全国第四届职工微影视大赛铜奖

续表 10-7-2

序号	成果名称	形式	著(作)者/主持人	数量	成效
7	《妈妈嫁给了水》	微电影	高勇	20分钟	宣传播放
8	引汉济渭工程动态模型展示	农高会水利展	余东勤	8部	获第22届农高会优秀组织奖、优秀展示奖,获省属国有企业文化成果展三等奖
9	《引汉济渭党旗红》	VR展览展示	余东勤	展出为时一周	获省国资委"省属国有企业优秀文化成果展获奖单位"
10	引汉济渭工程现场实景远程展示	无人机运用	孟晨工作室	实景远程展示46次	获陕西省总工会、陕西省科技厅、陕西省人社厅、陕西省国资委联合授予的"陕西省职工(劳模)创新工作室"称号
11	《山川作证》	画册	刘正根	500册	送阅建设一线职工
12	《洞穿秦岭》	科技电视片	石亚龙(协助)	50分钟(上、下集)	央视10套"走进科学"栏目播出
13	《穿"阅"黄金峡》	科技电视片	余东勤	上、中、下三集	陕西广播电视台播放
14	《"引汉济渭杯"全国书法大赛》	书法作品集	余东勤	2 000册	送阅全国水利行业
15	《"引汉济渭杯"全国摄影大赛》	摄影作品集	余东勤	2 000册	送阅全国水利行业
16	《社会主义核心价值观主题宣传海报》系列挂图	手绘画	魏薇等	20 000份	由省国资委统一部署,省引汉济渭公司创作,并在全省国有企业张贴悬挂
17	《踏歌三河》	散文集	王安泉	2 500册	已出版发行

一、出版发行书籍及读物

(一)《汉江·秦岭·渭水书法作品集》

该书于 2015 年 10 月由陕西新华出版传媒集团陕西旅游出版社出版发行。《引汉济渭杯全国书法大奖赛作品集》编委会审核编辑,编委会主任:杜小洲,主编:余东勤。此书汇集了由公司与中国水利文协联合主办,陕西书画院、陕西省水利书画协会承办的"引汉济渭杯"全国书法大奖赛获奖作品。原陕西省书法家协会名誉主席茹桂为此书做序。书中刊登特邀书法作品 7 幅,特邀绘画作品 10 幅,一等奖作品 2 幅,二等奖作品 5 幅,三等奖作品 10 幅,优秀奖作品 49 幅。

(二)《汉江·秦岭·渭水摄影作品集》

该书于 2015 年 10 月由陕西新华出版传媒集团陕西旅游出版社出版发行。《引汉济渭杯全国摄影大奖赛作品集》编委会审核编辑,编委会主任:杜小洲,主编:余东勤。此书汇集了由公司与陕西省摄影家协会承办的"引汉济渭杯"全国摄影大奖赛获奖作品。原陕西省文联副主席、陕西省摄影家协会主席胡武功为此书做序,其中刊登一等奖作品 3 幅,二等奖作品 10 幅,三等奖作品 19 幅,优秀奖作品 32 幅。

(三)《子午湖——追风引汉济渭工程》

该书于 2018 年 4 月由陕西新华出版传媒集团三秦出版社出版发行,作者王安泉,全书 26 万余字,六十四章,插图 50 余幅。由中国工程院院士、中国水利水电科学研究院水资源所名誉所长,水文与水资源学家专家王浩;著名作家,原中国现代文学馆副馆长周明;公司党委书记、董事长杜小洲为此书分别做序。本书讲述了引汉济渭工程建设的精彩故事及工程沿途的人文风俗和历史文化,给这个综合施工难度堪称世界第一的工程赋予了神奇斑斓的色彩和浩瀚的人文情怀。

(四)《梅子熟了》

该书于 2019 年 12 月由陕西新华出版传媒集团陕西旅游出版社出版发行,作者徐中强。此书用清雅别具佳趣的文笔阐述了中国梅文化的形成与发展,探讨了中国人对梅的审美观,分享了中国历史上一些文化名人与梅花的逸闻趣事,赏析了许多咏梅诗词以及"子午梅苑"落成背后的故事。

(五)《引汉济渭精准管理模式创新与实践》

该书由杜小洲、朱宗乾合著,经济管理出版社 2021 年 10 月出版。著作者在广泛调研、走访和资料研读的基础上,系统梳理了引汉济渭工程建设实践经验,对公司精准管理实践进行了精当的综合和必要的理论提升。

(六)《引汉济渭200问》

该书系水情教育科普读物,由引汉济渭200问编写组创作完成。一问一答,约200多个工程相关问题,均以通俗易懂的语言加以解答,此外,还约请专业插图画师配图说明,图文并茂。主要内容包括工程的来由、上马决策过程、艰苦卓绝的建设过程、期间所遭遇的施工挑战和充满智慧的应对、环保与生态问题、移民问题,以及工程沿线的民风民俗及水文化问题等。

(七)《企业社会责任报告》

该报告由公司宣传部编制,2018年、2021年共发布2期。报告从科技创新、安全质量、环境保护、员工成长、移民安居、回报社会等方面全面展示了公司社会责任实践和绩效,彰显了公司作为国有大型企业勇于担当社会责任的优秀品质和良好形象。在省国资委和省工业经济联合会主办的"2019陕西企业社会责任报告发布会"上荣获"2019陕西企业社会责任品质奖"。

(八)《新闻汇编》

该汇编由公司宣传部编制,主要收录在中央和省部级媒体有关引汉济渭的重要宣传报道,记录和见证引汉济渭奋斗的经历,自2018年开始每年制作1部。目前编辑制作4部,分别为《记录》《见证》《经历》《引汉济渭这八年》,共收录各类宣传报道220余篇。

二、微电影拍摄

(一)《江援行动》

该片根据发生在引汉济渭工程一线的真实故事改编,讲述了引汉济渭员工在暴雨之夜对移民群众张蕙兰在河边遇险实施救援的故事。该片生动展示了引汉济渭一线员工的优秀品质和精神风貌,体现了引汉济渭人与水源地移民群众之间的深厚感情。2017年,在全国总工会"中国梦劳动美"第四届全国职工微影视大赛中荣获"银奖""最佳人气奖",在第六届亚洲微电影艺术节上荣获"金海棠奖"。

(二)《伏流激情》

该片讲述了引汉济渭建设者在秦岭输水隧洞施工中遭遇2·28特大涌水险情和7·7特大岩爆险情,巧妙运用科技手段,众志成城,上下一心,排除万难,化险为夷的故事。2017年,在全国总工会"中国梦劳动美"第四届全国职工微影视大赛中荣获"铜奖"。

(三)《妈妈嫁给了水》

该片以寻亲为主线,讲述了水电工人女儿暑期来到引汉济渭工地、岭南山间小镇寻找亲人,奔波在不同的引汉济渭工地,体验到TBM隧洞掘进、厂房开挖、大坝浇筑等施工的艰辛与不易,讴歌了水利人为了事业舍小家为大家的高尚精神。

(四)《父亲的地图册》

该片讲述了一个发生在两代水利人身上的故事。通过一老一少两代水利人与家人的亲情,表现了我国水利工作者在平凡的岗位上坚守初心、在复杂的环境中砥砺前行的奉献精神和牺牲精神。该微电影在 2018 年中国文化管理协会企业文化管理年会暨第五届最美企业之声展演活动中荣获"最美品质之声"金奖,在"网聚职工正能量争做中国好网民"主题活动网络正能量微电影征集活动中荣获"二等优秀作品"。

(五)《候鸟于飞》

该片以引汉济渭工程建设者执着坚守为主线,讴歌贯穿水利人一生的家国兼顾、执着坚守的水利情怀。2018 年,在"网聚职工正能量争做中国好网民"主题活动网络正能量微电影征集活动中荣获"三秦最佳故事"。

(六)《荣途》

该片取材于 2020 年初全国新冠肺炎疫情暴发时省引汉济渭公司逆行而上、援助抗疫前线这一真实事件,讲述了省引汉济渭公司员工李浩宇不顾个人安危、历尽千辛万苦,将援鄂物资成功运送至武汉医院途中发生的惊险故事,传达了省引汉济渭公司心怀国家、心系人民的真挚情感,展示了公司员工及亲属奉献社会、勇于担当的优秀品质和崇高精神。2020 年 11 月,在中华全国总工会和中央网信办主办的"网络正能量微电影"征集活动中荣获一等奖。

三、专题片

(一)《穿"阅"黄金峡》

该片由陕西卫视拍摄于 2016 年,时长 60 分钟,在陕西网络广播电视台《七女秀陕西》节目播出。该片对黄金峡地理地貌及流域进行了全面拍摄,对沿岸历史文化进行了走访记录,访谈了数位汉中地区地方志专家和文化名人,为人们揭开了黄金峡的前世今生,展示了黄金峡流域的文化故事。

(二)《洞穿秦岭》

该片由中央电视台拍摄,时长 50 分钟,于 2017 年 7 月 26 日、27 日,在 CCTV10 频道《走进科学》栏目播出。该片第一次全面、形象直观地报道了引汉济渭工程秦岭输水隧洞克难攻坚的掘进过程,揭秘了综合施工难度堪称世界第一、长度为 98.3 千米的秦岭输水隧洞掘进技术,展开了引汉济渭人的智慧和创新精神。

(三)《我的家乡在陕西》

该片由陕西卫视拍摄于 2020 年,时长 44 分钟,于 2020 年 7 月 4 日在陕西卫视频道播出,并在优酷、哔哩哔哩同步播出,累计观看总次数达 1000 万。该片对引汉济渭工程建设情况进行了全景式的拍摄,重点对秦岭输水隧洞进行了记录展示,通过主持人亲身体验和人物访谈还原了一个真实而又震撼人心的工程建设场景,讴歌了来自全国不同地区的一线工人的奋斗精神。

(四)《引汉济渭造福三秦》

该片由公司宣传部拍摄制作,阶段性进行素材更新,时长约 20 分钟,是公司整体对外宣传的主要专题片,全面讲述了工程建设的意义、总体布局、施工管理、安全质量、环境保护、移民安置、科学技术、公司发展等情况。

(五)《名人看引汉济渭》

该片由公司宣传部拍摄制作,时长为 7 分钟,通过采访中国工程院院士王浩,中国工程设计大师石瑞芳,原中国作协副主席、著名作家陈忠实,陕西作协副主席、著名作家冷梦,陕西作协副主席、著名作家叶广芩等,从不同的视角对引汉济渭工程进行解读。

(六)《子午玉露山泉》

该片由公司宣传部拍摄制作,时长 6 分钟,主要是通过镜头为大家追寻子午玉露山泉水的源头和严谨科学的产品制作工艺。

(七)《子午谷茶叶》

该片由公司宣传部拍摄制作,时长 3 分钟,主要是通过镜头为大家讲述了秦岭深处引汉济渭子午茶园优美生态和子午谷茶的精良制作工艺。

四、文创产品

(一)引汉济渭吉祥物

公司吉祥物为一对卡通版水利建设者,名为"水宝",分男女版及男女双人版。男版头戴白色安全帽、身着绿色工程装,可爱活泼;女版黑发长裙,端庄大方。吉祥物以企业宣传 U 盘的形式开发应用,使用时分别可从男版安全帽和女版头顶部中拔出 U 盘独立使用,或通过附带的 OTG 转接头实现手机与 U 盘之间的数据传送。

(二)"梅子熟了"系列文创酒品

"子午梅苑"是宁陕引汉济渭开发有限公司建设的梅主题生态人文景区,梅子熟了是依托"子午梅苑"开发的一款果酒。用尊崇、热烈、真诚的心喊出一个梅朵灿烂、梅子成熟的世界。这是对烂漫、雅丽、圣洁生命的赞美,也是对一种精神生活的向往与期待。

(三) 工程文创品

工程文创品主要有系列岩石标本、马克杯、文化衫、手提袋,纪念微章等。在重要的工程建设宣传节点、重大企业文化活动、水情教育等活动中,文创品承载着企业文化传播的使命,在行业中建立良好的工程形象和企业形象。

第八章　国家水情教育基地建设

省引汉济渭公司在加快建设引汉济渭工程的过程中,牢固树立和践行"绿水青山就是金山银山"理念,严格落实环水保管理制度,把引汉济渭工程建成环保水保示范项目,同时深刻认识到开展水情教育的迫切性和必要性,努力担负起水情教育和水文化传播的社会责任和使命,科学有序、系统深入、持续有效地开展水情教育,以期凝聚全社会治水兴水合力。公司自成立以来便致力于水情教育基地规划和建设,充分发挥水利建设单位和工程在建优势,依托已有设施、场所、在建项目,面向社会公众广泛开展水情教育,全面展示工程建设的作用、地位、意义,重点突出先进施工理念、技术和工艺应用,让人们通过工程建设观摩真切感受到其中所蕴含的环境协调、科技创新、民生福祉等水情元素。

第一节　基地概况

2021年1月22日,引汉济渭水情教育基地被水利部、共青团中央、中国科协联合公布为第四批国家水情教育基地,成为在建的国家172项重大水利工程首批入选者之一。

引汉济渭水情教育基地主要由引汉济渭工程展示厅及工程施工现场、工程环水保措施、水利移民和水源地扶贫保护性开发等工程项目现场观摩构成。其中,面向社会公众开放的引汉济渭工程展示厅于2014年底设立,位于秦岭北麓西安市周至县马召镇黄池沟引汉济渭工程秦岭输水隧洞出口段,与西安市水源地黑河水库毗邻。展示厅共2层,建筑面积2 500平方米,集工程展示和水情教育为一体。

引汉济渭水情教育基地采取"请进来、走出去"等多种形式,对社会各界人士开展多角度、深层次的水情宣传教育,取得了良好的社会反响。水利部副部长周学文参观引汉济渭展示厅后评价:引汉济渭公司文化建设氛围浓厚,水情教育开展形式多样。

第二节　基地标准化建设

水情教育基地是面向社会公众开展教育活动的实体平台。省引汉济渭公司严格按照水利部、中宣部、教育部、共青团中央联合印发的《全国水情教育规划（2015—2020 年）》及《国家水情教育基地设立及管理办法》的要求，加强日常管理，不断提升水情教育能力，充分发挥水情教育基地的示范引领作用，在建设中运用科技手段，注重创新，力求突出工程特色。

一、引汉济渭工程展厅

展厅利用声光电一体化和信息化技术创新开展水情教育。展厅主要由 4D 工程建设体验厅，工程建设无人机直播和 VR、AR 互动体验教学大厅组成，展示内容有大型声光电一体模拟升降式智能沙盘、工程调水原理及配水原理动态模型、TBM 掘进机施工刀盘模型、岩石标本、掘进机刀头实物等。展厅还设有水文化宣传互动趣味体验屏等多种高科技体验教具，力求使水情教育寓教于乐。

此外，展厅还常年展示工程摄影、书画，以及反映工程科技、移民环保、安全质量、水文化等主体的微电影和电视专题片、宣传片，并设有大量展板，展出内容丰富全面，受到社会各界人士的一致好评。

二、引汉济渭工程施工现场

为追求教育效果，充分发挥工程在建优势，公司在部分工程施工现场建设观摩平台，并安装护栏设置展板。可供观摩及开展水情教育的项目主要由三河口水利枢纽、黄金峡水利枢纽及秦岭输水隧洞组成。公司在三河口水利枢纽还建设有信息化大楼，全方位展示水利工程建设信息化应用成果。在三河口水利枢纽、黄金峡水利枢纽主要展示内容有大坝、泵站、发电机组等水利枢纽基本构成及 BIM 工程信息模型，"1+10" 全生命周期工程信息管理系统，无人驾驶碾压智能筑坝等大坝智能化建造技术应用。输水隧洞项目设有美国罗宾斯 TBM 掘进机大型模型，主要展示 TBM 掘进机施工、施工难题破解措施和安全措施。例如，独头掘进长距离施工隧洞通风技术，高压水刀破岩技术，激发极化、三维地震、瞬变电磁等地质超前预报技术等。

三、工程环水保措施观摩

公司开放工程环水保措施观摩，旨在通过对外展示绿色工程、生态工程形象，接受社会各界监督，致力形成全社会亲水爱水、关心水利、支持水利的良好氛围，有力推动节水型社会建设。

工程环水保措施展示主要有黄金峡鱼类增殖放流站。该站集生产、科普、休闲为一体，将水景观与巴山建筑风格有机结合，被环保部誉为亚洲最高标准的鱼类增殖站，每年可培育放流中华倒刺鲃等 12 种鱼类 65 万尾，对保护汉江流域水生态环境、恢复工程河段连通性、实现坝址上下游鱼类种质资源基因交流、汉江流域珍稀特有鱼类育苗研究工作有着重要意义。秦岭输水隧洞 6 号洞等涌水处理池和三河口水利枢纽拌和站水处理系统,高标准"高效池+石英砂池+活性炭池"废水处理设施,处理后水质可达二类标准,可实现施工废水循环利用零排放。水土保持措施主要有引汉济渭水土保持示范园,具有水土保持示范、水利观光旅游、科普知识教育、扶贫就业增收等多种功能。弃渣场复垦及边坡绿化措施,如:秦岭输水隧洞 0-1 号支洞郭家坝弃渣场、秦岭输水隧洞四亩地弃渣场、秦岭输水隧洞出口段边坡覆土绿化、三河口水利枢纽风筒沟施工平台边坡水保措施、三河口水利枢纽柳木沟料场边坡植草养护、黄金峡水利枢纽边坡生态修复试验区等。

四、水库移民和水源地扶贫保护性开发等水利扶贫项目观摩

由于工程点多面广,涉及水库移民较多,因此水库移民和水利扶贫项目是工程的关键。公司通过展示库区移民和水利扶贫项目成就,不仅对外达到了水情教育的目的,也培养了水源保护区当地群众自身的爱水意识,起到了良好的水情教育效果。其观摩地点有梅子镇寇家湾安置点、筒车湾镇干田梁安置点、大河坝马家沟安置点、石墩河安置点等,通过移民新村生产生活条件改善和变化,展示水利建设移民成就。水源地扶贫保护性开发项目主要有引汉济渭子午水厂,展示山泉水生产工艺和流程;引汉济渭生凤茶园,展示水源保护区生态种植及开发。

第三节 管理运营情况

引汉济渭水情教育基地由省引汉济渭公司委托子公司——熹点水文化科技有限公司负责运行管理,开展项目筹建规划及展馆布设、展出策划、展厅讲解、无人机和 VR 直播等工作。现有管理、讲解、技术骨干 7 名,青年志愿者队伍 1 支,为全社会免费开展水情教育活动。主要经费来源为总公司拨付的场馆建设费用及子公司水文化相关产品营收。

引汉济渭水情教育基地分三期建设。一期建设工程展示厅和开放部分工程施工现场供学习参观,展示厅于 2017 年建成,年接待各类学习参观团队人员 5 000 余人次;二期内容为继续完善工程展示厅,建成鱼类增殖放流站并计划开放移民新村、子午梅苑等项目。完成后,预计年平均接待各类学习参观人员 2 万余人次。三期计划在调水工程完工后,将水利枢纽、输水隧洞等主体工程项目与工程文旅项目、水利风景区、工程展示厅等组合为一体,成为集水利工程学习参观、

水文化感受体验、水利风景观光为一体的综合性水情教育基地。

第四节 水情教育活动

除基地展示外,省引汉济渭公司主动发力,使水情教育"走出去",通过各种形式在全社会广泛开展,以期达到最佳的教育效果。

一、通过各类媒体广泛开展活动

省引汉济渭公司利用网站、微信、抖音、简报等自媒体开展水情教育宣传千余次。配合央视《走近科学》栏目组完成《洞穿秦岭》专题片,对秦岭输水隧洞 TBM 掘进机及艰难的掘进过程进行了深度报道。通过省内各类媒体,进行了大量相关专题和系列报道,提高了引汉济渭水情教育的覆盖面和知名度。

二、参加各类大型展会

省引汉济渭公司立足水情教育和水利科普宣传,多次组织团队参加杨凌农高会、省属企业文化展、省职工科技节、"一带一路"科技创新博览会等活动。通过智能沙盘模型及宣传片、互动屏、展板等方式,重点展示了工程意义、难度,以及科技创新、移民保护、文化建设等方面取得的成就。先后共吸引了数十万名参观者,得到了社会各界的高度关注和一致好评,吸引了中国摄影家协会主席王瑶和中国音乐家协会理事、中国音乐文学学会副主席尚飞林等名家和多个社会组织、民间团体数次来引汉济渭工程一线采风并创作出大量文艺作品,对水情教育工作起到积极的推进作用。

三、进学校,进机关,进社区

省引汉济渭公司成立引汉济渭水源保护志愿者服务队,利用图片、展板、宣传片等形式,结合"世界水日·中国水周""小水滴""我与大坝同成长""保护大秦岭·守护青山绿水""探访汉江源"等主题活动,分别走进西安、安康、汉中等地20余所大、中、小学,部分机关单位和社区开展宣传,向广大师生和群众讲解引汉济渭工程,并通过捡拾清理河道垃圾、植树等方式,让公众体会引水不易,增强水资源的保护意识。

四、组织学习培训,推进"产学研"一体化

引汉济渭水情教育基地成立以来,分别被授予陕西省科普教育基地、中国水利水电科学研究院研究生校外教育实践基地、西安理工大学和西北农林科技大学实践教学基地、中铁十七局教育实践基地。教育基地每年接待上千名各校水利专

业学生参观工程建设,进行现场教学实践实习;每年定期接待春、秋两季水利部党校干部培训班学员参观;组织承办了全国水利科技工作会和全国水利信息化大会现场观摩部分,来自全国各地的水利行业领导和技术专家对引汉济渭水情教育的开展给予了高度赞扬。

第十一篇

人　物

　　引汉济渭工程从前期可研、设计、立项到建设全过程,倾注了各级领导、科技工作者、工程技术人员和广大建设者的大量心血和辛勤付出,涌现了一批先进人物。正是他们的无私奉献、担当作为、精心组织、精细管理、大力推进、艰辛劳作,才使引汉济渭工程伟大设想变为现实。他们是引汉济渭工程的功臣、当之无愧的英雄,有力彰显了水利人"忠诚、干净、担当"的可贵品质,厚植了水利行业"科学、求实、创新"的价值取向,是新时代水利人的优秀代表。本篇采用人物简介和人物名录的形式予以记叙。

第一章　专家学者

本章采用人物简介的形式，记述了 6 位为引汉济渭工程前期工作、科研攻关做出贡献的专家学者。

王德让（1933-04—2016-12）男，汉族，陕西西安人，西北工学院土木系水工结构专修班毕业，1955 年 9 月参加工作，高级工程师。1955 年 9 月至 1956 年 12 月先后在新疆水利局第一勘测设计队、新疆水利厅勘测设计院工作。1957 年 1 月，调至陕西省水电设计院。

王德让同志工作勤勉敬业、作风严谨，具有丰富的水资源、水库综合利用及水电站规划设计经验。先后参与过泾河、洛河、渭河、黄河等陕西的各大河流综合治理规划与宝鸡峡工程设计与施工工作；参与完成了泾惠渠土渠改善工程、小水河宝鸡峡灌区补水调节设计、南水北调入陕渠线查勘；参与了陕北盐环定引黄工程、陕西黄河龙门灌区、新疆叶尔羌河流域、新疆下坂地水利枢纽工程、黑河灌溉引水、石头河供水的规划工作；配合上海设计院完成泾河东庄水库规划可行性研究报告；独立完成宝鸡峡渠首进水闸、冲刷闸设计以及宝鸡峡大型弧形钢闸门的金属结构设计与加工安装工作等。

1984 年 8 月，王德让同志首次提出省内南水北调构想，并参与编制引汉济渭工程规划和"重现'八水绕长安'盛景工程"研究报告，由此荣获陕西省科学技术进步奖二等奖。

席思贤（1939-09—）男，汉族，陕西泾阳人，民革党员，陕西水利学校水工建筑专业毕业，1959 年 8 月参加工作，教授级高级工程师。长期在陕西省水电设计院从事水利水资源研究和各类规划工作，期间主编或参编并获得省级以上科技进步奖等奖项 10 余项。1995 年晋升为副总工程师。

1986 年，席思贤同志撰写了"解决陕西省严重缺水地区供需矛盾的对策"一文，提出了与王德让同志倡议省内南水北调共同的想法。席思贤同志全面参与了陕西省南水北调前期及规划报告的编制工作，先后经历了全面普查、重点查勘、应急工程调水规划、总体规划和引汉济渭单项工程规划等工作过程，包括各项规划方案的拟定、比选及成果报告的编写，主要出案成果 8 项，因在引汉济渭工程规划中的突出表现,2015年8月获得陕西省水利厅颁发的引汉济渭工程前期工作特别贡献奖。

王浩(1953-08—)男,汉族,北京市人,中国水利水电科学研究院教授级高级工程师,水文水资源学家。2005年当选为中国工程院院士。2016年7月,受聘为引汉济渭公司顾问专家。王院士团队先后参与开展了"陕西省引汉济渭工程关键技术研究计划""长距离调水工程闸泵阀系统关键设备与安全运行集成研究及应用"及"陕西省引汉济渭工程初期运行(三河口—黄池沟段)调度模型研究"等研究工作,为解决长距离调水工程关键设备安全运行难题,实现引汉济渭工程调水的自动化和智能化提供了强有力的技术指导与智力支撑。

陈祖煜(1943-02—)男,汉族,重庆市人,中国水利水电科学研究院教授级高级工程师,水利水电、土木工程专家。2005年当选为中国科学院院士。2018年10月,入驻引汉济渭院士专家工作站。陈院士团队先后参与开展"引汉济渭工程深埋引水隧洞衬砌结构外水压力确定研究""引汉济渭工程长距离大口径预应力钢筒混凝土管结构性能及安全评价研究""引汉济渭二期工程复杂地质环境下盾构施工关键技术与数字化平台研究""人工智能在引汉济渭工程岩爆预测中的应用研究"及"黄金峡水利枢纽基于区块链技术的混凝土生产信息管理系统开发"等研究工作。在陈祖煜院士指导协助下,引汉济渭公司在预应力钢筒混凝土管施工和运行、盾构施工、区块链技术与水利工程融合发展等领域均走在了水利行业的前列。

何满潮(1956-05—)男,汉族,河南灵宝人,中国科学院院士,矿山工程岩体力学专家,中国矿业大学(北京)教授、博士生导师。现任深部岩土力学与地下工程国家重点实验室主任。

2021年6月,省引汉济渭公司与深部岩土力学与地下工程国家重点实验室联合成立了"深部岩土力学与地下工程国家重点实验室引汉济渭研究中心",旨在合作开展深层次水利工程技术研究,解决引汉济渭工程秦岭输水隧洞建设过程中存在的岩爆、高地温等难题。目前,依托引汉济渭工程开展了恒阻大变形锚杆(NPR)研究,研究成果应用于隧洞建设,有效抑制了岩爆灾害的发生,在岩爆防治领域做出了突出贡献。

张建民(1960-03—) 男,汉族,陕西商洛人,清华大学教授,土动力学及岩土工程抗震领域专家。2017 年当选中国工程院院士。2019 年 2 月,受聘为引汉济渭公司顾问专家。张建民院士团队参与开展"无人驾驶碾压混凝土筑坝技术研究""无人摊铺无人碾压混凝土筑坝技术研究"及"引汉济渭二期工程南干线地下调蓄水库可行性研究"等研究工作。其中,无人驾驶智能碾压和智能摊铺筑坝技术在引汉济渭工程施工中成功运用,提高了碾压混凝土的工程质量和筑坝效率,开启了引汉济渭智能建造的新征程。张建民院士多次把脉问诊工程建设,提出了众多具有建设性的意见和建议,为促进工程顺利实施提供了重要保障。

第二章　人物名录

　　本章采用人物名录的形式,列表记录了获得省水利厅及以上政府部门、专业学术团体表彰的先进集体和先进个人名单,省引汉济渭公司、参建单位高级以上职称名单,省引汉济渭公司获得省级及以上表彰奖励的员工名单,各标段设计单位、参建单位负责人名单,以及省引汉济渭公司年度优秀员工名单。

第一节　获得荣誉

一、引汉济渭工程前期工作先进集体和先进个人名单

　　2015 年 8 月 20 日,陕西省水利厅下发《关于表彰引汉济渭工程前期工作先进集体和先进个人的决定》(陕水发〔2015〕24 号)。

先进集体(10 个):

陕西省引汉济渭工程协调领导小组办公室

陕西省引汉济渭工程建设有限公司

陕西省水利厅规划计划处

陕西省水利厅总工办

陕西省水利厅重大项目前期工作处

陕西省水电设计院引汉济渭工程勘测设计项目部

陕西省水利水电工程咨询中心

中铁第一勘察设计院集团有限公司引汉济渭工程指挥部

长江设计公司引汉济渭工程项目部

黄河勘测规划设计有限公司引汉济渭项目部

先进个人(36 名):

张克强	严伏潮	靳李平	李绍文	葛 雁	田 伟
赵阿丽	王民社	陈军礼	李武杰	杜小洲	石亚龙
张忠东	曹 明	邵军利	马清瑞	闫团进	张文乐
刘永宏	惠仲德	程子勇	赵 静	田养军	苏关键
龙正未	陈建平	毛拥政	赵 玮	王文成	彭穗萍
金勇睿	张晓库	张兴安	解新民	刘宁哲	焦小琦

特别贡献奖(10 名):

洪小康　田万全　蒋建军　吴建民　王德让　席思贤

汤宝澍　石子真　寇宗武　张　毅

特别奉献奖(1 名):

赵伯友

二、获得上级单位表彰名单

表 11-2-1　2013—2021 年省引汉济渭公司荣获上级单位表彰名单

奖项名称	获奖单位	颁授单位	获得时间
2013 年度全省重点水利工程"仪祉杯"劳动竞赛先进集体	陕西省引汉济渭工程 0-1 勘探试验洞中铁十七局项目部、二滩国际监理项目部	陕西省水利厅	2013 年
2013 年度陕西省青年文明号	陕西省引汉济渭工程铁一院引汉济渭设计组	共青团陕西省委	2014 年
全省水利科技工作先进集体	省引汉济渭公司	陕西省水利厅	2014 年
厅直系统第七届职工运动会"优秀组织奖"	省引汉济渭公司	陕西省水利厅	2014 年
厅直系统"中国梦、劳动美、我为陕西水利做贡献"演讲比赛"优秀组织奖"	省引汉济渭公司	陕西省水利厅	2014 年
2014 年陕西省重点工程建设劳动竞赛先进集体	省引汉济渭公司	陕西省劳动竞赛委员会	2014 年
2013—2014 年度全国水利工程建设文明工地	省引汉济渭工程 7 号勘探试验洞项目	水利部精神文明建设指导委员会	2015 年
2013—2014 年度陕西省水利工程建设文明工地	省引汉济渭工程 TBM 岭北工程项目	陕西省水利厅精神文明建设指导委员会	2015 年
2013—2014 年度陕西省水利工程建设文明工地	省引汉济渭工程 0-1 号勘探试验洞项目	陕西省水利厅精神文明建设指导委员会	2015 年

续表 11-2-1

奖项名称	获奖单位	颁授单位	获得时间
2014 年陕西省重点工程建设劳动竞赛先进集体	省引汉济渭公司	陕西省劳动竞赛委员会	2015 年
厅直系统"抓整改、建机制、促工作"主题活动先进单位	省引汉济渭公司	陕西省水利厅	2015 年
厅直系统"2014 年度目标责任考核先进集体"	省引汉济渭公司	陕西省水利厅	2015 年
第八届职工运动会"体育道德风尚奖"	省引汉济渭公司	陕西省水利厅	2015 年
全省重大水利工程前期工作先进集体	省引汉济渭公司	陕西省水利厅	2015 年
陕西省引汉济渭工程前期工作先进集体	省引汉济渭公司	陕西省水利厅	2015 年
2014 年度"仪祉杯"劳动竞赛夺杯单位	省引汉济渭公司	陕西省水利厅	2015 年
省属企业财务管理工作先进集体	省引汉济渭公司	陕西省国资委	2015 年
2015 年度省属企业文明单位	省引汉济渭公司	陕西省国资委	2016 年
2015 年度全省水利文明单位	省引汉济渭公司	陕西省水利厅	2016 年
省属国有企业优秀文化成果展获奖单位	省引汉济渭公司	陕西省国资委	2016 年
厅直系统第九届职工运动会"优秀组织奖"	省引汉济渭公司	陕西省水利厅	2016 年
2015 年度安全生产工作先进单位	省引汉济渭公司	陕西省人民政府	2016 年
厅属系统"示范职工书屋"	省引汉济渭公司	陕西省水利厅	2016 年
厅属系统"职工满意食堂"	省引汉济渭公司	陕西省水利厅	2016 年
2016 年度工会工作创新奖	省引汉济渭公司	陕西省水利厅工会	2017 年

续表 11-2-1

奖项名称	获奖单位	颁授单位	获得时间
"陕西省先进集体"称号	省引汉济渭公司	中共陕西省委、陕西省人民政府	2017 年 4 月
陕西省 2016 年度安康杯竞赛优胜单位	省引汉济渭公司	陕西省总工会、陕西省安全生产监督管理局	2017 年 6 月
陕西省职工创新型优秀企业、陕西省示范性职工(劳模)创新工作室	省引汉济渭公司	陕西省总工会、省人社厅、省科技厅、省国资委	2017 年 1 月
厅直系统"2016 年度目标责任考核先进集体"称号	省引汉济渭公司	陕西省水利厅	2017 年
2017 年陕西省劳动竞赛先进班组	省引汉济渭公司大河坝分公司	陕西省劳动竞赛委员会	2018 年 2 月
2016—2017 年度"安康杯"竞赛优胜集体	省引汉济渭公司	全国总工会、应急管理部	2018 年 5 月
2018 年模范院士专家工作站	省引汉济渭公司院士专家工作站	中国科协	2018 年
全国水利系统书法家走基层活动优秀组织单位	省引汉济渭公司	中国水利职工思想政治工作研究会	2018 年
第六届亚洲微电影艺术节金海棠奖"最佳作品奖"	公司拍摄的微电影《江援行动》	中国电视艺术家协会	2018 年
"中国梦·劳动美"第五届全国职工微影视大赛(故事片)金奖	公司拍摄的微电影《地心救援》	中国职工文化体育协会	2018 年
网络正能量微电影作品征集"一等优秀作品"	公司拍摄的微电影《地心救援》	全国总工会、中央网信办	2018 年
第五届最美企业之声活动"最美品质之声"金奖代言作品	公司拍摄的微电影《父亲的地图册》	中国文化管理协会	2018 年
网络正能量微电影作品征集"二等优秀作品"	公司拍摄的微电影《父亲的地图册》	全国总工会、中央网信办	2018 年
三秦最佳故事奖	公司拍摄的微电影《候鸟于飞》	全国总工会、中央网信办	2018 年

续表 11-2-1

奖项名称	获奖单位	颁授单位	获得时间
陕西省助力脱贫攻坚优秀企业	省引汉济渭公司	陕西省脱贫攻坚指挥部	2018 年
2018 年度"仪祉杯"劳动竞赛先进集体	省引汉济渭公司	陕西水利厅	2019 年
生态文明建设先进集体	省引汉济渭公司	陕西省农林水利气象工会	2019 年
2018 年度先进单位先进集体	省引汉济渭公司	陕西省农林水利气象工会	2019 年
全国水利系统先进集体	省引汉济渭公司黄金峡分公司	人力资源和社会保障部、水利部	2019 年 1 月
"职工书屋"荣誉称号	省引汉济渭公司金池分公司	全国总工会	2019 年
"让世界倾听陕西声音"主题宣传活动外宣工作先进单位	省引汉济渭公司	中共陕西省委网信办、中国互联网新闻中心等单位	2019 年 1 月
企业社会责任报告品质奖	省引汉济渭公司	陕西省工业经济联合会	2019 年 1 月
2018 年度"安康杯"竞赛活动优秀组织单位	省引汉济渭公司	陕西省总工会、陕西省应急管理厅	2019 年 4 月
2019 年陕西省工人先锋号	省引汉济渭公司	陕西省总工会	2019 年 4 月
2018 年度因公出国(境)培训总结优秀单位	省引汉济渭公司隧道掘进机施工技术培训团	陕西省科技厅	2019 年
大禹水利科学技术奖(科技进步奖)二等奖	省引汉济渭公司	水利部大禹水利科技奖奖励委员会	2020 年
中国大坝工程学会科技进步二等奖	省引汉济渭公司	中国大坝工程学会	2020 年
司南奖·中国科技创新先进单位	省引汉济渭公司	中国科学家论坛组委会	2020 年
金翅奖·中国科技创新优秀发明成果	公司发明专利《一种自动升降的话筒支架及控制话筒支架自动升降的方法》	中国科学家论坛组委会	2020 年
水利先进实用技术推广证书	公司牵头完成的课题《无人驾驶碾压筑坝技术》项目	水利部水利科技推广中心	2020 年

续表 11-2-1

奖项名称	获奖单位	颁授单位	获得时间
"网聚职工正能量 争做中国好网民"主题活动一等奖	公司拍摄的微电影《荣途》	中华全国总工会网络工作部、中央网信办网络社会工作局	2020年
2019—2020年度工作先进集体	省引汉济渭公司	中国水土保持学会水土保持规划设计专业委员会	2020年
第十四届陕西省自然科学优秀学术论文奖三等奖	公司科技论文《引汉济渭工程调水区水库群调水模式研究》	陕西省人民政府	2020年
2019年度陕西省"安康杯"竞赛优胜单位	省引汉济渭公司大河坝分公司	陕西省总工会、省应急管理厅、省卫健委	2020年
2020年"梦桃式班组"	省引汉济渭公司大河坝分公司	陕西省总工会	2020年
2020数字陕西建设高峰论坛筹办工作先进单位	省引汉济渭公司	中共陕西省委网信办	2020年
陕西省农林水利气象系统生态文明建设先进集体	省引汉济渭公司	陕西省农林水利气象工会	2020年
2019年陕西省劳动竞赛优胜集体	省引汉济渭公司黄金峡分公司	陕西省劳动竞赛委员会	2020年
2019年陕西省劳动竞赛先进班组	省引汉济渭公司金池分公司计划合同部	陕西省劳动竞赛委员会	2020年
2020年陕西省创新方法大赛三等奖	公司科技成果"高水头大流量减压调流阀的研制仿真及关键参数研究"	陕西省科学技术协会	2020年
2020年陕西省创新方法大赛优胜奖	公司科技成果"VRAR技术在黄金峡水利枢纽中的应用"	陕西省科学技术协会	2020年
2020年陕西省创新方法大赛优胜奖	公司科技成果"碾压混凝土坝无人驾驶碾压方法、系统及应用"	陕西省科学技术协会	2020年
2020年陕西省创新方法大赛优胜奖	公司科技成果"自动升降麦克风支架系统"	陕西省科学技术协会	2020年
2020年陕西省创新方法大赛优秀组织单位	省引汉济渭公司	陕西省科学技术协会	2020年

续表 11-2-1

奖项名称	获奖单位	颁授单位	获得时间
文明单位标兵	省引汉济渭公司	中共陕西省国资委委员会、陕西省国资委	2021 年 1 月
2020 年度思想政治工作先进集体	省引汉济渭公司党委宣传部	中共陕西省国资委委员会	2021 年 1 月
全国脱贫攻坚先进集体	省国资系统助力脱贫攻坚汉中合力团(省引汉济渭公司为助力单位之一)	中共中央、国务院	2021 年 2 月
工人先锋号	省引汉济渭公司宁陕引汉济渭开发公司子午水厂	中华全国总工会	2021 年 4 月
先进基层党组织	省引汉济渭公司天道实业宁陕开发党支部	中共陕西省国资委委员会	2021 年 6 月
2021 年陕西省创新方法大赛一等奖	省引汉济渭公司(项目名称:大口径调流调压阀节流套筒开孔方案设计与验证)	陕西省创新方法大赛组委会	2021 年 9 月
2021 年陕西省创新方法大赛二等奖	省引汉济渭公司(项目名称:基于 TRIZ 创新方法的锚索张拉安装装置)	陕西省创新方法大赛组委会	2021 年 9 月
第十二届中国岩石力学与工程学会科学技术奖(科学技术进步奖)一等奖	省引汉济渭公司(参与"引汉济渭隧洞施工岩爆预警与防治"课题研究)	中国岩石力学与工程学会	2021 年 10 月
2021 年度新闻宣传先进集体	省引汉济渭公司	中国水利报社	2021 年 11 月
2021 年陕西省企业"三新三小"创新竞赛项目一等奖	省引汉济渭公司(成果名称:基于虚拟和增强现实技术的水利枢纽可视化平台)	陕西省科学技术协会、陕西省工业和信息化厅、陕西省国资委	2021 年 10 月
2021 年度水文化建设先进单位	省引汉济渭公司	中国水利文学艺术协会	2021 年 12 月
"全国水利系统庆祝中国共产党成立 100 周年美术书法摄影作品展"优秀组织单位	省引汉济渭公司宣传部	中国水利文学艺术协会	2021 年 12 月
2020 年陕西省重点项目建设先进集体	省引汉济渭公司	陕西省发改委	2021 年 12 月

三、2013—2021年省引汉济渭公司荣获省级及以上奖项荣誉人员

表 11-2-2　2013—2021 年省引汉济渭公司荣获省级及以上奖项荣誉人员

姓名	获奖时间	授予单位	获奖名称
董　鹏	2015 年	陕西省劳动竞赛委员会	陕西重点工程劳动竞赛先进个人
沈晓钧	2016 年	陕西省水利厅	仪祉杯劳动竞赛先进个人
刘福生	2017 年	陕西省劳动竞赛委员会	陕西省劳动竞赛和助力脱贫攻坚竞赛先进个人
雷升云家庭	2017 年	陕西省国资委	省国资委系统企业"文明家庭"称号
孙振江家庭	2017 年	陕西省国资委	省国资委系统企业"文明家庭"称号
王军家庭	2017 年	陕西省国资委	省国资委系统企业"文明家庭"称号
徐国鑫	2017 年	陕西省国资委	年度思想政治工作先进个人
刘书怀	2017 年	陕西省国资委	年度思想政治工作先进个人
张中东	2017 年	陕西省水利厅	"仪祉杯"劳动竞赛先进个人
李厚峰	2017 年	陕西省水利厅	"仪祉杯"劳动竞赛先进个人
徐国鑫	2017 年	陕西省国资委	优秀共产党员
董　鹏	2018 年	陕西省国资委	科技创新标兵
徐国鑫	2018 年	陕西省科技厅	因公出国(境)培训总结优秀个人
沈晓钧	2018 年	陕西省国资委	优秀党务工作者
李永辉	2018 年	陕西省厂务公开民主管理协调小组	陕西省厂务公开民主管理先进个人
刘书怀	2018 年	中华全国总工会	全国优秀工会积极分子
刘福生	2019 年	陕西省总工会、陕西省应急管理厅	"安康杯"竞赛先进个人
毛晓莲	2019 年	陕西省农林水利气象工会委员会	"五一巾帼标兵"

续表 11-2-2

姓名	获奖时间	授予单位	获奖名称
张忠东	2019 年	中国水利水电勘测设计 BIM 应用大赛组委会	综合应用奖二等奖
毛晓莲	2020 年	陕西省总工会女职工委员会	"陕西省五一巾帼标兵"
杜小洲,白 涛,马 旭,武连州,黄 强	2020 年	陕西省人民政府	"引汉济渭工程调水区水库群调水模式研究"荣获陕西省自然科学优秀学术论文奖三等奖
杜小洲,黄 强,罗军刚,白 涛,石亚龙,张忠东,李 瑛,张艳玲,刘 晋,宋晓峰,张 晓,肖 瑜	2020 年	大禹水利科学技术奖奖励委员会	"大型复杂跨流域调水工程预报调配关键技术研究"荣获大禹水利科学技术奖(科技进步奖)二等奖
杜小洲,唐春安,李立民,董 鹏,胡 晶,张忠东,刘福生,李凌志,唐烈先,刘国平,王振林,游金虎,吕二超,陶 磊,赵 力	2021 年	中国岩石力学与工程学会	参与的研究课题"引汉济渭隧洞施工岩爆预警与防治"荣获第十二届中国岩石力学与工程学会科学技术奖(科学技术进步奖)一等奖
朱 羿	2021 年 6 月	陕西省水利厅	陕西省二轮《水利志》编纂工作先进个人
刘书怀	2021 年 6 月	中共陕西省国资委委员会	陕西省国资委系统优秀党务工作者
赵贝贝	2021 年 6 月	中共陕西省国资委委员会	陕西省国资委系统优秀共产党员
刘国平,党康宁,张 昕	2021 年 9 月	陕西省创新方法大赛组委会	"大口径调流调压阀节流套筒开孔方案设计与验证"项目荣获 2021 年陕西省创新方法大赛一等奖

续表 11-2-2

姓名	获奖时间	授予单位	获奖名称
赵　力,王家明,党建涛	2021 年 9 月	陕西省创新方法大赛组委会	"基于 TRIZ 创新方法的锚索张拉安装装置"项目荣获2021 年陕西省创新方法大赛二等奖
杜小洲,苏　岩,赵　力	2021 年 9 月	陕西省科学技术协会、陕西省工业和信息化厅、陕西省国资委	"基于虚拟和增强现实技术的水利枢纽可视化平台"成果荣获 2021 年陕西省企业"三新三小"创新竞赛项目一等奖
马光明	2021 年 12 月	陕西省发改委	2020 年陕西省重点项目建设先进个人

第二节　专业技术职称

一、省引汉济渭公司高级及以上职称人员

表 11-2-3　省引汉济渭公司高级及以上职称人员(截至 2021 年 12 月)

姓名	性别	籍贯	出生日期（年-月-日）	专业技术职务	取得时间（年-月-日）
杜小洲	男	陕西岐山	1961-12-11	正高级工程师	2012-12-27
董　鹏	男	陕西丹凤	1972-11-04	正高级工程师	2014-10-27
田再强	男	陕西靖边	1969-11-05	高级企业培训师	
石亚龙	男	陕西富平	1963-12-21	正高级工程师	2006-12-29
田养军	男	陕西富平	1972-12-19	正高级工程师	2014-10-27
张艳飞	女	陕西神木	1972-10-02	高级会计师	
徐国鑫	男	四川广元	1971-05-03	高级工程师	2018-12-21
张忠东	男	陕西泾阳	1961-11-06	正高级工程师	2019-03-03
沈晓钧	男	陕西渭南	1973-10-16	正高级工程师	2020-08-15
刘贵雄	男	陕西凤翔	1963-07-04	正高级工程师	2012-12-27

续表 11-2-3

姓名	性别	籍贯	出生日期（年-月-日）	专业技术职务	取得时间（年-月-日）
党怀东	男	甘肃正宁	1976-09-09	正高级工程师	2016-05-22
刘福生	男	河南虞城	1971-07-24	正高级工程师	2019-03-03
李元来	男	青海乐都	1972-06-22	正高级工程师	2019-03-03
李厚峰	男	河南固始	1974-09-12	正高级工程师	2021-05-16
井德刚	男	陕西渭南	1974-07-21	正高级工程师	2021-05-16
刘书怀	男	陕西丹凤	1968-08-13	高级政工师	2006-12-31
雒少江	女	陕西户县	1983-09-21	高级工程师 高级经济师	2018-12-21 2021-03-27
周亚波	男	陕西岐山	1982-11-23	高级工程师	2019-12-28
王青	男	陕西长安	1982-08-14	高级工程师	2020-12-28
李保明	男	甘肃正宁	1984-05-20	高级工程师	2020-12-28
鲁焕雄	男	湖北蕲春	1984-08-20	高级工程师	2017-12-15
段美旺	男	湖南永州	1981-06-01	高级经济师	2014-09-16
王红霞	女	甘肃兰州	1970-01-07	高级经济师	2009-08-12
董肖玮	男	陕西岐山	1974-04-14	高级政工师	2020-09-28
刘国平	男	安徽霍邱	1980-10-08	高级工程师	2018-12-21
曹林顺	男	陕西渭南	1979-09-22	高级工程师	2014-11-29
马清瑞	男	甘肃天水	1984-04-24	高级工程师	2019-12-28
党辉	男	陕西凤翔	1984-04-15	高级工程师	2019-12-28
李雄	男	山西太原	1983-03-05	高级工程师	2016-10
曹双利	男	陕西大荔	1978-09-30	高级工程师	2011-12-31
孙振江	男	辽宁海城	1978-01-31	高级工程师	2013-12-07
杨振彪	男	陕西渭南	1981-06-03	高级工程师	2020-12-28
吴亚军	男	甘肃礼县	1982-06-20	高级工程师	2020-12-28
淡娟君	女	陕西泾阳	1975-12-28	高级工程师	2020-12-28
屈红岗	男	陕西周至	1980-03-23	高级工程师	2013-12-31

续表 11-2-3

姓名	性别	籍贯	出生日期 (年-月-日)	专业技术职务	取得时间 (年-月-日)
牟 勇	男	陕西扶风	1985-06-01	高级政工师	2020-09-28
陈 方	男	陕西商洛	1982-07-13	高级工程师	2016-12-09
王 萌	男	陕西宝鸡	1982-06-03	高级工程师	2014-12
王 浩	男	陕西蓝田	1985-11-11	高级工程师	2019-12-28
闫团进	男	陕西武功	1984-11-14	高级工程师	2019-12-28
杨小军	男	陕西扶风	1980-07-04	高级工程师	2018-12-21
邵军利	男	陕西旬邑	1974-09-28	高级工程师	2012-12-27
赵 彧	男	陕西西安	1984-11-09	高级工程师	2018-12-17
王智阳	男	陕西凤翔	1983-09-09	高级工程师	2017-12-22
宋晓峰	男	河北元氏	1968-09-08	高级工程师	2004-12
赵 力	男	陕西咸阳	1988-11-23	高级工程师	2020-12-28
薛 伟	男	陕西户县	1977-09-20	信息系统项目 管理师	2016-11
王沛芝	女	陕西西安	1985-09-26	高级工程师 (计算机)	2018-11-10
罗 畅	女	江西高安	1990-12-14	高级工程师 (计算机)	2021-05-29
王竞敏	女	河南民权	1990-08-27	高级工程师 (计算机)	2018-11-10
杨 洋	男	陕西西安	1984-07-21	高级工程师 (计算机)	2018-11-10
白 瑀	男	山西吕梁	1986-03-07	高级工程师 (计算机)	2020-11-07
李晓峰	男	陕西岐山	1974-04-16	高级工程师	2013-12-07
张晓明	男	陕西洋县	1975-10-23	高级工程师	2010-12
李金霖	男	甘肃平凉	1984-08-24	高级工程师	2018-12-21
高文元	男	甘肃临夏	1964-01-08	高级工程师	1998-11-04
王佐荣	女	陕西周至	1981-11-16	高级工程师	2016-12-09

续表 11-2-3

姓名	性别	籍贯	出生日期 （年-月-日）	专业技术职务	取得时间 （年-月-日）
张忠利	男	陕西富平	1974-09-26	高级工程师	2014-12-12
任喜平	男	甘肃会宁	1984-02-03	高级工程师	2019-12-28
钟玉柱	男	青海海东	1982-03-07	高级工程师	2017-12
郑红玺	男	甘肃民乐	1982-07-03	高级工程师	2017-12-22
陈元盛	男	陕西乾县	1986-05-13	高级工程师	2019-12-28
王振林	男	陕西凤翔	1968-08-05	高级工程师	2008-12-28
王　新	男	陕西富平	1980-12-17	高级工程师	2019-12-28
李荣军	男	陕西礼泉	1980-08-06	高级工程师	2017-12-22
张鹏利	男	陕西户县	1973-01-19	高级工程师	2016-12-09
马光明	男	山东沂水	1974-06-05	高级工程师	2009-12-31
谷振东	男	陕西大荔	1981-03-27	高级工程师	2017-12-22
晏安平	男	陕西富平	1979-12-31	高级工程师	2019-12-28
赵立军	男	河北逐州	1974-01-19	高级工程师	2011-12
邵北涛	男	陕西西安	1981-03-06	高级工程师	2019-12-28
简江涛	男	陕西渭南	1981-08-13	高级工程师	2018-12-21
冯　磊	男	陕西韩城	1983-03-14	高级工程师	2020-12-28
杨　诚	男	陕西户县	1980-10-04	高级工程师	2019-12-28
任吉涛	男	陕西淳化	1979-04-06	高级工程师	2020-12-28
郭红浩	男	陕西西安	1980-10-16	高级工程师	2019-12-28
金国红	女	吉林双阳	1977-01-14	高级工程师	2018-10
党建涛	男	陕西渭南	1981-07-21	高级工程师	2018-12-21
康　斌	男	陕西榆林	1986-11-23	高级工程师	2020-12-28
蒙小康	男	甘肃灵台	1984-10-22	高级经济师	2021-03-27
宋通林	男	贵州东南	1978-11-08	高级工程师	2019-12
王　军	男	陕西西安	1980-02-10	高级政工师	2021-08-11

二、引汉济渭工程各标段参建单位正高级职称人员

表 11-2-4 引汉济渭工程各标段参建单位正高级职称人员(截至 2021 年 12 月)

标段	承建单位/监理单位	姓名	职称名称	获得时间（年-月-日）
秦岭输水隧洞 7 号洞探试验洞	中国水利水电工程建设咨询西北有限公司监理公司	巨建康	正高级工程师	2011-11-08
秦岭输水隧洞出口段	中铁十七局集团	张栓柱	正高级工程师	2009-08-10
秦岭输水隧洞岭北 TBM 施工段	陕西大安工程监理工程公司	李恩阳	正高级工程师	2020-08-15
三河口水利枢纽施工期监控管理智能化项目	华北水利水电大学	魏 群	二级教授	1993-11
三河口水利枢纽施工期监控管理智能化项目	华北水利水电大学	孙文怀	教授	2004-11
三河口水利枢纽施工期监控管理智能化项目	华北水利水电大学	刘尚蔚	教授	2012-11
三河口水利枢纽施工期监控管理智能化项目	华北水利水电大学	孟闻远	教授	2004-11
黄金峡水利枢纽土建及金属结构安装工程	中国水利水电第十二工程局有限公司	余勇军	正高级工程师	2019-03-31
黄金峡水利枢纽土建及金属结构安装工程	中国水利水电第十二工程局有限公司	任海平	正高级工程师	2019-03-31
黄金峡水利枢纽工程施工监理	监理单位	刘永刚	正高级工程师	2005-12-30

第三节 参建单位负责人

一、引汉济渭工程各标段设计单位负责人

表 11-2-5 引汉济渭工程各标段设计单位负责人(截至 2021 年 12 月)

引汉济渭调水工程

标段	项目	设计单位	项目负责人
勘察设计 I 标	总体初步设计	陕西省水利电力勘测设计研究院	程汉鼎
勘察设计 II 标	三河口水利枢纽	陕西省水利电力勘测设计研究院	程汉鼎
勘察设计 III 标	黄金峡水利枢纽	长江勘测规划设计研究有限责任公司	于习军
勘察设计 IV 标	秦岭隧洞越岭段	中铁第一勘察设计院集团有限公司	李立民
勘察设计 V 标	秦岭隧洞黄三段	黄河勘测规划设计有限公司	罗　涛
引汉济渭调度管理中心设计	引汉济渭调度管理中心	中国建筑西北设计研究院有限公司	郭　锐

二期工程

标段	项目	设计单位	项目负责人
勘察设计 I 标	南干线——黄池沟至灞河水厂段干线工程	中铁第一勘察设计院集团有限公司	李凌志
勘察设计 II 标	总体勘察设计及协调、北干线——黄池沟至杨武分水口段干线工程和黄池沟配水枢纽工程	中国电建集团西北勘测设计研究院有限公司	王明疆
勘察设计 III 标	北干线——杨武分水口至泾河新城分水口段干线工程	黄河勘测规划设计有限公司	郑会春

二、引汉济渭工程各标段参建单位负责人

表 11-2-6　引汉济渭工程各标段参建单位负责人(截至 2021 年 12 月)

标段	承建单位	项目经理	总工程师	总监理工程师
三河口水利枢纽左岸上坝道路及下游交通桥工程	陕西水利水电工程集团有限公司	李 辉		庹建华(四川二滩国际工程咨询有限公司)
三河口水利枢纽前期准备工程一期工程	中国水电建设集团十五工程局有限公司	张少卫	张尚青	宁钟(四川二滩国际工程咨询有限公司)
三河口水利枢纽导流洞工程	中国水电建设集团十五工程局有限公司	曲明庆	张尚青	宁钟(四川二滩国际工程咨询有限公司)
三河口水利枢纽二期准备工程第Ⅱ标项砂石骨料加工系统及施工辅助工程	中国水电水电第四工程局有限公司	李 猛	吴 刚	宁钟(四川二滩国际工程咨询有限公司)
三河口水利枢纽二期准备工程项目第Ⅰ标项施工供电工程	陕西送变电工程公司	姜伟军	杜晓斌	秦清平(四川二滩国际工程咨询有限公司)
三河口水利枢纽大坝工程	中国水利水电第四工程局有限公司	贾习武	刘成斌	秦清平,任勇(四川二滩国际工程咨询有限公司)
三河口水利枢纽坝后电站厂房土建及机电安装工程	中国水利水电第八工程局有限公司	郑智仁	秦民生	秦清平,任勇(四川二滩国际工程咨询有限公司)
三河口水利枢纽安全监测工程	南京南瑞集团公司	韩世栋	蔡 纯	秦清平,任勇(四川二滩国际工程咨询有限公司)
三河口水利枢纽施工期监控管理智能化项目	华北水利水电大学	魏鲁双	魏 群	赵开源(成都久信信息技术股份有限公司)
三河口水利枢纽水库专用地震监测台网系统建设项目	珠海市泰德企业有限公司	张刚勇	张刚勇	任勇(四川二滩国际工程咨询有限公司)
三河口供水工程	中铁十七局集团有限公司	刘祥良	张 鹏	吴文涛(陕西子午建设管理有限公司)

续表 11-2-6

标段	承建单位	项目经理	总工程师	总监理工程师
三河口水利枢纽电站厂房装修工程	陕西海天建筑工程有限公司	郭媛媛	文炳全	任勇(四川二滩国际工程咨询有限公司)
秦岭输水隧洞(越岭段)椒溪河勘探试验洞工程	中国水电建设集团十五工程局有限公司	党晓青	商晓辉	杜存诚(上海宏波工程咨询管理有限公司)
秦岭输水隧洞(越岭段)0号勘探试验洞工程	中铁五局(集团)有限公司	于延寿	李月湘	帅扬(陕西省水利工程建设监理有限责任公司)
秦岭输水隧洞(越岭段)0-1号勘探试验洞工程	中铁十七局集团有限公司	马 真	韩义浩	罗斌(陕西大安工程建设监理有限责任公司)
秦岭输水隧洞(越岭段)1号勘探试验洞主洞延伸段工程	中铁二十二局集团第四工程有限公司	柯虎保	秦士全	安伟(上海宏波工程咨询管理有限公司)
秦岭输水隧洞(越岭段)2号勘探试验洞主洞延伸段工程	中铁十七局集团有限公司	吴 剑	刘 凯	王顺祥(上海宏波工程咨询管理有限公司)
秦岭输水隧洞(越岭段)3号勘探试验洞主洞延伸段工程	中铁隧道集团有限公司	赵志强	游金虎	赵伟(四川二滩国际工程咨询有限公司)
秦岭输水隧洞TBM施工段岭南工程	中铁隧道集团有限公司、中国水电建设集团十五局有限公司联合体	赵志强	游金虎	赵伟(四川二滩国际工程咨询有限公司)
子午河大桥及交通道路工程	中铁十五局集团有限公司	尉永军	王师梧	李典孝(陕西鑫联建设监理咨询有限责任公司)
大河坝至黄金峡公路大坪隧道机电工程	盛云科技有限公司	单继飞	刘帮均	王必琛(陕西省地方电力监理有限公司)
黄金峡水利枢纽土建及金属结构安装工程	中国水利水电第十二工程局有限公司	黄献新	任海平	(刘永刚)二滩国际监理公司
黄金峡水利枢纽土建及金属结构安装工程	中国水利水电第十二工程局有限公司	汪永芳	任海平	(熊细和)二滩国际监理公司
黄金峡水利枢纽土建及金属结构安装工程	中国水利水电第十二工程局有限公司	余勇军	任海平	(利胜勇)二滩国际监理公司
黄金峡水利枢纽土建及金属结构安装工程	中国水利水电第十二工程局有限公司	余勇军	任海平	(任勇)二滩国际监理公司

续表 11-2-6

标段	承建单位	项目经理	总工程师	总监理工程师
秦岭输水隧洞 7 号洞探试验洞工程	中铁十七局集团有限公司	许雪庭/朱云飞	陈进明/张建勋	(刘小洲/巨建康)中国水利水电工程建设咨询西北有限公司监理公司
秦岭输水隧洞出口延伸段工程	中铁十七局集团有限公司	栗帅武	邵晨恩	(段俊杰/刘全利/胡东鹏)陕西大安工程监理工程公司
秦岭输水隧洞出口段主洞工程	中铁十七局集团有限公司	秦国兵/张栓柱	任 伟/栗帅武	(田永智/晏坤安)湖北长峡工程建设监理有限公司
秦岭输水隧洞 6 号洞探试验洞工程	中铁十八局集团有限公司	薛永庆	王建伟/张 莽	(车中强/李恩阳)陕西大安工程监理工程公司
秦岭输水隧洞岭北 TBM 施工段	中铁十八局集团有限公司	王希旺/吕二超	徐 海	(李恩阳)陕西大安工程监理工程公司

注:含历任,按先后顺序排列。

第四节 优秀员工

表 11-2-7 2013—2021 年度省引汉济渭公司授予的优秀员工

年度	优秀中层管理人员	优秀员工
2013		李永辉,李丰纪,刘宏超,张晓明,刘积慧,杨 诚,蒙 晶,邵军利,赵云杰,刘丽君,赵 哲,孙 立,耿 亮,翟 宇
2014	张忠东,沈晓钧,马省旗,毛晓莲,张晓明	耿 亮,李金霖,张鹏利,杨小军,赵翔元,王 军,赵贝贝,高 望,刘积慧,牟 勇,周亚波,张延霞,张延芳,万继伟,王 亮,陈 方,闫团进,赵 哲,李 鑫
2015	沈晓钧,徐国鑫,张忠东,李晓峰,毛晓莲	李金霖,张忠利,简江涛,任吉涛,王 新,秦 涛,王鹏飞,翟 宇,余 龙,雒少江,刘丽君,张延芳,王智阳,王佐荣,吕毓敏,王 浩,赵 哲,王 军

续表 11-2-7

年度	优秀中层管理人员	优秀员工
2016	毛晓莲,沈晓钧,徐国鑫,马省旗,刘福生	李金霖,谷振东,吴学谦,王文添,张航库,欧志远,万继伟,黄　毅,赵贝贝,刘积慧,周亚波,张延霞,雷　莹,王智阳,曹林顺,董康乾,刘光汉,刘正根,吕建民,张建琪
2017	毛晓莲,徐国鑫,沈晓钧,曹　明,刘书怀	白少博,李元来,朱嘉琳,谢　帅,简江涛,郭红浩,欧志远,马光明,向骏滔,孟　晨,雷　宁,俄克勇,曹双利,张延霞,李　娜,马清瑞,郭　恒,王　萌,孙　立,许　征,段　蕾,高亚芹,吕建民,吴亚军,杨法凯,肖　瑜,宋　晗,杨宏伟,支建峰,赵　刚,罗念均
2018	沈晓钧,刘福生,许　涛,张鹏利,史雷庭	陈元盛,高文元,耿　亮,党建涛,王文添,李治洪,雷升云,刘德伟,向骏滔,陆嘉豪,贾娜娜,张　波,余　龙,王　青,高　月,周建鹏,刘　刚,张文乐,杨　诚,白少博,于　冰,张航库,李舒展,高　伟,吕建民,王　乐,赵　力,罗　畅,刘　峰,李桂君,林　薏,范喜生,杜小虎
2019	张鹏利,许　涛,王振林,邵军利,刘书怀	刘炜山,张永强,柯　啸,简江涛,任吉涛,杨　诚,马光明,康　斌,贾　宁,王鹏飞,朱财稳,王　涛,贾王瑞,魏　薇,高星星,朱健康,张海妮,俄克勇,李保明,李瑞娟,李凌涛,田安安,王　亮,吕毓敏,蒙　波,徐　兵,刘　凯,吴申深,吕建民,李　明,肖　瑜,王沛芝,杨天佼,徐军明,李新杰,支建峰,邬　颖,杨洪伟,王联战
2020	许　涛,张鹏利,李晓峰,井德刚,刘书怀	王　俊,刘少龙,常耀孔,马宏煜,马　峰,赵立军,李　卓,李超然,李永富,缪晓勇,雷升云,赵贝贝,李　栋,毛雪茹,王　涛,支建锋,杨　帆,米　锐,许　浩,蒙小康,王家明,俄克勇,梁军刚,马梦鸽,刘柬材,周建鹏,李宏伟,王启国,李　悦,马博林,于　冰,淡娟君,秦　奋,吕建民,杨寒飙,任　童,王竞敏,牟　笑,徐军明,张　乐,张　鹏,秦天途,李俊君,史卫平
2021	刘国平,张鹏利,井德刚,许　涛,王振林,李晓峰,孟　晨	王佐荣,郑红玺,薛润玮,黄会有,王　新,简江涛,黄国强,李治洪,晏安平,李　程,刘波波,康岸波,路博文,杨　帆,金国红,秦　波,杨　瑞,商嘉胤,柯贤博,白瑞杰,朱健康,牟　勇,刘伟娟,吕　瑾,胡永亮,程海铭,索爱民,党　辉,田安安,王　萌,王惠滨,耿　亮,杨　曼,葛　立,高　伟,蒲逸眉,陶　磊,张　昕,白　钰,杨　洋,杨天佼,冯逸雷,赵　伟,林　薏,张宏岗,朱少峰

第十二篇

艺　文

引汉济渭是一项规模宏大的水利工程,也是一个激发文艺创作的精神源泉。十几年来,社会各界围绕引汉济渭工程建设和人文精神创作了一大批优秀作品,涵盖文学、书画、影视及新闻报道等各类题材。创作者被宏大的引汉济渭工程所震撼,他们怀着对引汉济渭建设者的崇敬之情,深入引汉济渭工地,用纸笔和镜头记录下了工程建设的一幕幕场景,记录下了工人、移民和管理者的汗水和辛劳,把引汉济渭工程和引汉济渭建设者通过文艺作品展示给公众,让人们通过文艺作品更加深刻地感受引汉济渭工程的意义。

第一章 文学作品

在文学作品部分,编者收录了若干与引汉济渭工程相关的辞赋、乡土文学和报告文学作品。除明代王任和清代邹溶作品外,其他均属今人作品。

第一节 辞 赋

七律·黄金峡

□〔明〕王任

九十余里黄金峡,二十四处白云滩。
雷向汉中驱乱石,水从天上倒狂澜。
铁崖碍日千山险,玉鹘井生六月寒。
信宿龙潭幸蚤出,片帆回首抵长安。

黄金峡赋

□〔清〕邹溶

伊银河之澄景,映天汉之灵波。论涓涓于蟠冢,汇淼淼于江沱。趋东海而朝宗,广南国而兴歌。方其沧浪未达,漾水既同,嘘噏沔丙,吐纳褒龙,姚墟之西,婿河之东,厥有天险,锁钥汉中。

其地则武康雄镇,洋川故州,玉符征瑞,珠台环流。控秦楚以扼塞,据郧襄之上游。穆王却西征之辔,赤帝纾东顾之忧。典午设郡于木末,拓跋置邑于岩头。山则脉连秦岭。势接巴陵,纡回磅礴,雾蔚云蒸,骆谷逶迤,子午杳冥,万螺叠翠,千髻浮青。水则支壑咸容,细流罔拒,馨椒艳桃,柔蒲挺苎,悦浅潜深,贯规溢矩。文川武谷之归,逊水廉泉之聚。羡彻底之澄清,无纤毫之尘缕。

夫河山势促,水流湍,束断濑,泻重滩。疑龙门阙竦而斤削,恍虎牙杰峙而载攒，讵藉丁开，匪缘灵擘。共工之头触，诏应龙以尾画。绀峰巀而摩霄，赭嶂嵯峨而碍日。悬崖斗府而屏列，绝岸夹流而壁立。漏天光于一线，云起还遮；挂瀑布之千寻，烟来如织。亭午微射曦晖，夜分略窥婵魄。虽盛伏而阴寒，纵晴明而晦黑。怒涛风鼓，雷不夏而常鸣；骇浪汤翻，雪非冬而恒积。游女心悸于苇航，交甫魂销而珮失。客星犯斗，惊回八月之槎；仙令朝天，悄度双飞之舄。

若乃蟠萝蚪木，密箐丛芒。藤有钩端缨络，竹有箭筼筜。岩桂岭松，作济川之舟楫；秋兰春蕙，韫幽谷之芬芳。灵禽构虚，捷兽腾荒，群蜼肱接而饮涧；狐猿唇翻而啸冈。色分，角别。豹濡雾以泽文，麝护脐而怜香，獭数月而肝益，熊应时而胆藏。凫鹥啖喋，雕鹗翱翔。浮鸘鸡于沙诸，嗅鹫于山梁。忘机狎其鸥鸟，定偶羡夫鸳鸯。鹦鹉吉了，应空谷之清响；鹧鸪杜宇，叫落月而悲伤。尔其奇鳞异甲，潜锦昭妍，扬鬐耀溜，掉尾晃渊，既乘波而奋翅，亦吹浪而飞涎。鼋鲸沿途群于讷际，鲤暴腮于垠前。出丙穴而嘉美，丽槎头而肥鲜。或顺时而偶至，或土产之自然。复有胚玑孕璜，含琛藏璞，晶珀敛辉，球琳未琢，斑瑁元，百朋双珏，皆稀世之奇珍，岂凡庸之能索！

惟是金河之水，金水之砂，注于碧磵，养厥黄芽。扬迈浮檀，经淘汰而呈采；蔓苔麟趾，由披拣而显华。百炼斯精，鉒镕幅度在镠而成器，一经兼教，鼎铉叶吉以传家。

故以黄金命名，与丽水而同夸，岂非媲双南之珍重，历千古以休嘉也哉？然而天下之险，莫之与齐。互林羊角，大小高低，曰笼、曰瓮。獭揹蒿溪，二十四滩，九十余里，下如陨石，上如升梯，不辨南北，难指东西，屈曲驶逸，目眩神迷。假使澹台问渡，虽不遇蛟而投壁；纵令摩诃善没，曷敢探珠于睡骊。第见冯彝蠲忿而亦威，罔象忏嗔而犹勇。石龙不恶而自阻，封姨虽婉而仍猛。天吴震荡以滔滔，阳侯澎湃而汹汹。诚可藐艳预而傲瞿塘，易人鲊而轻惶恐也。矧夫云根浸底，不测之深；石笥满壑，砑成林。似盆倾而盎注，如鼎沸而瓴淋，触激回澜，铁维欲绝。盘涡迅漩，羽芥都沈。渔人生长于烟波，过比收纶，犹必逡巡而股栗；商子往来于湖海，抵兹停棹，不觉怔忡而戒心。

吾因思世路险，尚鉴崇园之侈；人性翻覆，应欲决穴之谣。君子奉椿萱之遗体，奈何侣蛟龙以相寻。故宁居易而白壁，慎毋行险于黄金。

三河口赋

□ 黄文庆

秦岭巍巍,天地分南北之城;太白峨峨,日月割阴睛之时。万山聚集,遏断南风;众壑幽深,掖藏白云。风暖而草茂,云湿以雨沛。佛坪山地,处秦岭之阳,尽纳阳和之气;桃源世外,广草木之绿,遍盈缥碧之水。有椒兰之溪潺潺,纵贯南北;更菖蒲之河滔滔,横接东西。汶水加焉,汇于三河口,浩浩渺渺,归入汉江。

有远游者,惊山青而惜沧浪;来慧眼者,叹国宝而爱净天。奇思顿生,异想天开。动截椒溪之念,运牵汉江之心。三秦之水,当穿秦岭而滋关中;陕南之波,可逾终南以绕长安。几经运筹,上下一心,反复权衡,千利无弊。公元二零一四年二月开工焉,斥资四十六亿,耗时五个春秋。其坝焉,约高一百五十米;库容也,可蓄七点一亿立方米。年调水十五亿立方,年发电一亿余度。工程之宏伟,属世界级别;利惠之巨大,引四方瞩目。其坝耸立,其库成海,都江之堰,郑国之渠,秦凿之渠,添兄弟焉;斯渠凿通,其流北归,渭泾沣涝,谲涌浐灞,八水一客,九姊妹也。

然于库区焉,虽草木摇落金银,箕田供给炊烟,沉祖园而迁别乡、牵猪牛而耕他地。燕子归来,不见旧时屋院;鹭鸟回返,难寻浅濑沙滩。然众民愿抛小利而聚大爱,舍小家以顾大家。何况水兮,乳兮! 流兮,情兮! 古人云:峨峨兮若泰山,洋洋兮若江河! 此种情怀,岂非大爱焉为!

毋须遥想,仙境在目,水库既成,海清河晏。水天镜一,碧渊栖云;曦月龙宫,空幻迷离。泽国梦地,高峡平湖。水禽翩翩,误为江南;北国雁阵,过云照影,岂非胜境哉!

第二节　乡土文学

渭门往事

□ 刘章建

在地球上,哪里有水,哪里就有生命。一切生命活动都是起源于水。

坐落在秦岭南麓、汉江河边的老村落渭门,依旧与世无争地恬淡着、挣扎着、延续着、更替着一座村庄的不朽脉络,那是山的魂,河的根。

一

滔滔汉江，奔泻千里，于湖北省武汉市汇入长江，为长江的一大支流。自周秦以来，汉江汉中段一直担负着汉中以及京都长安、咸阳和陇东、青海的物资运输任务。每天，穿梭在汉江上游200多公里江面上的两千余艘舟楫，源源不断地把汉中的土特产运往江南，把人们所需要的生产、生活必备品运进来。在历史的长河中，它见证过辉煌，也经历了衰落黯淡；它不仅给沿江流域人民带来了交通上的便利，也推动了沿江两岸经济的发展，更重要的是沟通了沿江州县与南方等地的对外交流，孕育和丰富了辉煌灿烂的地域文化。

汉江自发源地宁强，自西向东，横贯宁强、勉县、汉台、城固、洋县、西乡7个县（区）近百个乡镇，东至西乡县茶镇新鱼坝进入安康市石泉县。汉江流经洋县新铺入峡，顿时成为地地道道的"恶水"——著名的黄金峡。峡谷长54公里，河床宽200米至400米，最窄处仅30米，河道两岸山势陡峭，高出河床200米至400米。正如邹溶《黄金峡赋》头两句所描绘的"伊银河之澄景，映天汉之灵波"。船行至此，汉江水流由于山峦地势的阻隔，水流由自西向东变为自东向西，汉江水流呈一个巨大的S形，黄金峡著名的24险滩就隐藏在此。而位于黄金峡峡尾的渭门古镇，便是历史上著名的黄金峡渭门渡口。

二

关注渭门，源于陕西省重点工程项目引汉济渭黄金峡库区建设。我始终想象不出，渭门这一片水域，在经历了石泉水库蓄水后，水面抬升成为库尾而改变原貌之后的今天，黄金峡大坝建成拦截之后，地处库坝下游的渭门，又将是一副怎么样的境况呢？附近的农民会不会因为新一次的库区建设得到新的生存法则呢？还是由于黄金峡库区建设即将迎来新一次的发展？

渭门的出名，既是历史赋予的必然属性，又是地理环境塑造的自然属性，千里汉江，唯其最为特殊和重要。那些大大小小的鸭梢船、梭子船、三页瓦等就是"游走"在江面的常客。鸭梢船吃水深、吨位大，能载40吨货；梭子船次之，也能运送10吨货物；三页瓦最便捷，装两三吨物资，来如影去无踪，是河里最常见的运载工具。就是这些看似不起眼的木船，运输着南方的雪花膏、发蜡、洋油、洋蜡、人丹、风油精，丰富和方便了汉中本地的流通，他们也把陕南的茶叶、桐油、烟叶、蓑草、木耳、香菇等土特产送出去，换成一把一把的银洋。

水上走舟，自然也有法则。从洋县县城沿汉江下行走州过县的船只也还罢了，行至黄金峡口，竹篙浅点，船舵轻摇，躲过滩头礁石和水中暗礁，船只便会顺着浪头，迂回曲折，一路浩浩荡荡"轻舟已过万重山"了。然则从外县返航回汉中方向逆向上行的大小船只,到了渭门渡口,就相当于到了"鬼门关"。位于渭门三台山下的四浪滩,就是船老大们要过的第一关。它是黄金峡24滩中第二十三条滩,从前在这个长约500米的河道中心,由上及下有门坎石、将军石、母猪石、鹰嘴石四块巨石横立江中。它们掀起了四道巨浪,外地商船历来都请渭门当地的太公(也叫稍公,即把舵人)掌舵才敢通过。因此,当地把这种"一夫当关万夫莫开"的职业叫"送峡"。大小船只迤逦而行,停在河道中间。首当其冲,由资历深、有经验的船老大出面协调,花钱聘请渭门水上"大佬"出面掌舵。这样的情景,直到后来石泉水库建成蓄水,四浪滩淹没。

渭门的太公,大多世家,代代相传。这,也是汉江流域渭门地段独有的"专享绝活"。荡荡一千多公里的汉江水面上,独此一家,绝无仅有。独特的地理环境和特殊的功能需求,让渭门这地方出产了很多汉江上的厉害角色——太公。按洋县本地话说,太公就是河里的"浪里白条",是驾船的大拿,玩弄河水于股掌之间的高手,河道里明的礁石、水下的暗礁、河床的宽窄、河流的深浅、吃水线、载重量等一应数据,都烂熟于心,手到擒来。汉江黄金峡二十四险滩,说实话,不是谁想过就能过得去的"鬼门关"。渭门出产啥?靠着河道,吃水上饭,自然就不缺太公,而且是汉江上一等一的高手。

渭门有名的太公几乎都是世家,靠着世袭的舵把子技术,独霸一方,称雄汉江。他们练就了在天险黄金峡航道驾船且确保安全通行的绝技。航运盛行时期,外地商船通过黄金峡必须要请黄金峡本地的太公掌舵。代阳滩滩背上,住着史洪贤一家,祖祖辈辈干太公而且专给外地船只把舵放行代阳滩,以此生存几代人。渭门的张功成一家也是身怀绝技。他们原是下江人(即汉口人),后因在黄金峡专为过往船只把舵当太公而在渭门住了下来,他的两个儿子都是很有名的太公。他们最拿手的技术就是把舵放行四浪滩。航行四浪滩时,船只要驶进门坎石,外地船只不请张姓太公是不敢通过的。渭门撑船太公里,还有一门张氏不容忽视。父亲叫张玉成,三个儿子也是黄金峡很有名气的太公。父亲在新中国成立前后有名,三个儿子在20世纪六七十年代都是生产队有名的舵手。上世纪80年代石泉水库蓄水,汉江在渭门境内变成了高峡平湖,新一代船家开始驾机动船搞运输,渭门航运业又兴旺起来,多的时候全村有20多家买机动船跑运输。机动船速度快,但只能跑库区。后来公路多了,船家只好卖掉机动船又开三轮车。

三

汉江是一条神奇的河流。由于特殊的水情和险恶的峡谷,汉江穿梭的船只大都结伴而行,尤其是上行穿越黄金峡。船走上水,必须拉纤。这又成就了吃水上饭的另一个特殊行业——纤夫。渭门村的陈兴林、张继红、张孝哉、薛存轩、薛存清等人，爷爷那一辈带着他们从安康迁来，专门拉纤，也算是黄金峡河道拉纤的高手。一般情况下，鸭梢船需要6个纤手，梭子船3个，三页瓦最省事，1个纤手就可以了。逆水行舟的艰辛，让过往的船老大懂得了"团结就是力量"的行为准则。斯时，当日的几十只船，排着队，扬着帆，顺次飘在汉江，船上只留大太公掌舵，其余一干人等，统统下河，全部集中在一起，抓牢纤担，弓背塌腰，沿着江岸陡峭险峻的岩石，踩着一辈又一辈纤夫留下的脚窝，把载重的行船，一寸一寸挪过黄金峡。逆水行舟结伴而行的可贵之处在于，除了共渡难关，还能节省劳力和财力，这也是黄金峡上行船的另一个生存规则。

　　从渭门通过的上行船还另有招数。因90里的黄金峡滩多水急，河窄浪大，当年许多船老大到了渭门无不战战兢兢、小心异常。许多贵重物品都从渭门卸货，然后"起旱"（走陆地），徒步近40华里，入关沟、过关梁、经新铺、到还珠庙新铺渡口，然后重新装载船只，一路逆水行舟，攀滩涉险，坎坷北上进汉中府卸货。这绝不是耸人听闻。

四

　　渭门是行船入峡前最后的"驿站"。

　　船只到此必然驻足停歇。繁荣的贸易往来，久而久之这里便成了汉江河岸繁华的码头。斯时，百船泊岸，蔚为壮观；水手太公们上岸，端着面皮和菜豆腐，吃着汉江大鲤鱼，嘬几口谢村黄酒、秦洋特曲，那快活的日子是三台山上供奉的神仙们都无法比拟的。

　　渭门渡口这一段汉江水，没有"大江东去"的磅礴气势，也没有"小桥流水"的细致婉约，唯有静、幽、朗、阔。恬静的江水映衬着蔚蓝天空，漾起的波纹吻着飞逝流云，碧波荡漾，意境清美。远处是高耸云天的山峦，近处是平静如镜的江面，极目四望，阔大的平坝就坦然地搁置在这秦岭和汉江挤压的缝隙里，耀眼而珍贵。依山、傍水、地足、水满，还有秦岭深处的原始森林、汉江的碧波荡漾。岸的两边陈铺着百十户人家，千年古镇风韵犹存。这里的自然风貌和历史人文，像一块活化石，静静地隐藏在秦巴谷地的怀抱之中。

　　拾级而上，踏上古街。一条古朴的山镇街道展现在眼前，渭门街长约300米，由于公路的开通，很少有人再走水路。街上行人不多，略显萧条。几家开门面的，有收购山货土特产的，有开小商店卖日用品的，也有打了几条鱼，捕捞了几斤虾临时上街叫卖的，还有理发的，做裁缝的，生意不见得有多好，可也能够勉强度日，调节山区人的余缺。岁至年末，街户人家开始杀年猪了。依旧是古老的杀猪案、大木桶、吊肉架、杀猪刀、烫猪毛、翻肠子、洗下水那些折道。

看着这千百年不变的场景，忍不住又想起黄金峡水库建成后，渭门将面临的新情况。据说，水库建成后，将会改善汉江航道的水域，而大坝下游的渭门将会怎么样呢？"封山禁猎"已经20多年了，库坝拦水也已成事实，那么，生活在这里的渭门人，必定会重新形成新的生活模式。据说，一条通衢大道将穿越本地，形成新的水陆运输线；又据说，这里将成为本县旅游发展新的经济增长点。但愿，这些美好的愿望在不久的将来都能成为现实，从而让这个偏居一隅的古镇踏上致富路……

（原载《文化艺术报》2019 年 5 月 10 日，有删节）

三河口蜕变史

□ 屈丽

佛坪有座美丽的小村庄即将潜入湖底！

一个周末，我随朋友沿三陈路去石墩河梓桐园游玩。车过瓦口子大桥，拐过两个大弯之后，大家下车登上路边护堤上的小山坡远望。朋友说在这里能清楚地看见引汉济渭三河口水利枢纽下闸蓄水后的原三河口村。

时节正值春分过后，气温还有些寒凉，阴郁的天空时不时地飘着霏霏细雨，地面有点潮湿。我们脚下的缓坡上有一大块白牡丹园，牡丹园的下面，苍翠的两山之间，一条微风吹皱的青光粼粼的宽阔水面环山而走。水和山体相连接的地方，形成了一条清晰的、长蛇似的曲岸。河对岸三面环水岛屿似的陆地，延伸出来的部分，就是原三河口村的街道及村委会。昔日密集对立着的两排屋舍，变成了高高低低梯田似的土台，连接三河口和枣树岭的原三河口大桥已经完全浸入水中，只有桥面上的几丛蒿草隐隐约约地露出水面。再远处，就是由新旧三陈路组成的两条平行线，以及椒溪河、蒲河、汶水河的交汇处。

朋友说，砍掉树木的部分就是三河口水库水位线的高度，海拔在六百多米以上。2011 年，陕西省近现代规模最大的跨流域调水工程——引汉济渭工程全面开工，蓄水大坝建在三河口村下游两公里处，也就是子午河上游最狭窄的地方。佛坪境内有 240 余条干净清澈的水流汇溪成河，县境中东部约三分之二的地表水流进了三河口水利枢纽，西部金水河流域的水则奔向汉江注入黄金峡水利枢纽。

搬迁前的三河口村地势险要，森林葳蕤，人烟稠密，属佛坪县大河坝镇管辖。佛坪自古就是关中、陇南、巴蜀的咽喉要道。三河口村据佛坪南部的古道上，是佛坪南部交通干线上的重要枢纽。宋金对峙期间，秦岭淮河一线是两个政权的分界线，位于秦岭"肚脐眼"上的佛坪，是宋金秦岭战场的前沿阵地。据考古发现，在佛坪沙窝村冷水沟口、子午河下游与石泉交界的大河坝柑园，遗有宋代军事遗址；据《汉南续修郡志》记载，在今西岔河镇磨石沟村密峰岭梁顶设有三十六盘关，在三河口设有三河关，在石墩河镇回龙寺设有榆林关等。其中，三河关记载的最为详细。它东到宁陕、商洛，南通石泉、安康，北达佛坪县城袁家庄及省会西安，在明朝就设有巡检司。清朝顺治初年设黑水屿游击一员，驻守三河关，康熙元年裁撤，康熙十三年复设，康熙十九年又撤销。

三河口村在大河坝镇北部要冲位置，椒溪、蒲河、汶水河未汇聚之前，峡谷开阔，河流平缓，落差较小，冲击平地较多。三条河汇聚进子午河之后，河滩变窄，河水跌宕，两岸山峰巍峨。椒溪河末端的蚂蟥嘴、木耳沟、崖子沟、八亩田，蒲河尾巴上的西湾、枣树岭，子午河上游的老鸹石、铁线沟、共里等几个自然村落，自古或滨水而居，或隐匿在支流沟谷，民风蔚然，勤俭好客，多蒲河口音。岁月悠悠流逝，三河口人务农、经商、行医、办企业，人才辈出。民俗风情，文化礼仪，世代存留。三河口人不仅将祖先的智慧融入生活，还保留下了村落的原始风貌。在西湾村村口，有一株四人合抱不住的麻柳树，树冠如盖，遮天蔽日。一年四季，树身上挂满了祈求平安幸福的红布条，当地人称此树为"麻柳大仙"。2002年佛坪遭遇百年洪水，蒲河沿岸无数良田、房屋被毁，受损严重，这棵不知年岁的麻柳树却安然无恙，屹立在河边，更添了传奇色彩。

三河口村，携带着历史的沧桑与沉淀，在新的世纪又承载了新的历史使命，整村集体搬迁至大河坝镇马家沟口移民点。规划整齐的徽派小区，门口"三河雄关"四个大字，苍劲有力地保留了古关口的凛然之气。世人多善忘，保持它的名称，使人记得还有个"三河关"的地方，这可能是最有效的办法了。几年来，迁徙到新家园的三河口人，快速地把生命的根须扎进新的土壤，在春天的阳光里拼命生长，谱写新的生息历程。还有那颗麻柳大树，也被移栽到蚂蟥嘴的公路边，继续享受着乡民的供奉膜拜。

2019年12月，三河口水库下闸蓄水，海拔在525米以上的淹没区正在被清澈浩瀚的水面覆盖，一汪碧波在开阔绵延的山脉之间缓缓展开。那群峰倒立，美若镜面，撼人心魄的画面令我幻想起种种不可预知的未来。我想，不久之后，作为一个旅行者，走进这一方山水，平视公路在半山腰与山谷转折盘旋，群峰竞秀，积翠凝蓝，香草山花，随手可揽；俯瞰夹河高山，清奇秀美，古木丛树，重叠清壮，烟波缥缈，一切如画。远去的三河口村，像是时光中的琥珀，焕发着新的光芒。

第三节　当代文学

从郑国渠到引汉济渭

□ 靳怀春

"古有郑国渠,今有引汉济渭!"在热火朝天的引汉济渭工程建设工地采访时,笔者不时听到这样的话。尽管工程还在建设中,但毋庸讳言,引汉济渭这项陕西历史上最为宏大的水利工程,构建关中水网的一招大棋,必将以巅峰之作的身份载入三秦乃至共和国的水利史册。如果 2 200 多年前的水工大师郑国在天之灵有知,当会发出"伟哉! 壮哉!"之类的感叹。

盛世风流,水主沉浮

关中是一块物产丰饶的土地,是"天府之国"和"天下陆海"两大嘉言美词的发源地。关中是一块历史文化底蕴丰厚的土地,是中华民族的重要发祥地。关中是帝都之数,先后为周、秦、汉、隋、唐等 13 个王朝建都之所,历时千余载。

之所以关中成为"天府之国"和"天下陆海",离不开渭河(包括泾河、灞河等大小支流)的滋养哺育。因为,水是生命之源,万物依水而生。没有水,生命,人类,文明,一切都无从谈起。

古老天成的渭河,是中华民族母亲河黄河的第一大支流,汪洋恣肆的流程达818 公里,多年平均水量 75.7 亿立方米 (陕西境内长 502.4 公里,多年平均水量53.8 亿立方米)。"鸟鼠同穴之山,渭水出焉。"渭河发源于今甘肃省定西县鸟鼠山,横贯甘肃东北部和陕西中部,至渭南潼关注入黄河。

陕西人视渭河为母亲河,对其顶礼膜拜。何也?

君不见,关中平原就是由渭河及其支流泾河、北洛河等挟带着泥沙塑造而成的。"山林川谷美, 天材之利多",这块河网密布的肥沃土地,是关中人赖以繁衍生息的摇篮。

君不见,距今约 70 万年到 115 万年(旧石器时代)的蓝田人,距今五六千年(新石器时代)左右的半坡人、姜寨人、史家人等,都成长在渭河及其支流的臂弯里。

君不见,周朝始祖后稷及其优秀子孙公刘、古公亶父、季历、姬昌、姬发等,还有秦国嬴政等杰出后代们,无不以渭河平原为基地,南征北战,开疆拓土,成就霸业。

君不见,盛世风流、汉唐雄都,非长安莫属。这长安(今西安一带)乃风水宝地,有渭、泾、浐、灞、潏、涝、沣、滈等八水环绕——"荡荡乎八川分流,相背而异态"。"八水绕长安",直到今天还是这座古都的一张响亮名片。这八水皆能灌溉和供应城乡用水,渭水还能航运——大河,浪花,漕舟,精壮的船工汉子,嘹亮的船工号……这场景,这图画,其实就在离我们不远的昨天。

不过,渭河平原也有天然的缺陷。这里虽说土地肥沃,气候温和,但降水量不够丰沛。更为要命的是,降水的时空分布极为不均,涝则汪洋一片,旱则遍地冒烟。而且,十年九旱,旱魔这个幽灵不时在这一带徘徊。好在渭河南部水系发达,渭河河谷地带近水楼台,干旱少雨的时候,靠着发达的灌溉系统,基本上还能对付过去。但渭河北面的渭北旱原就不行了,因地势高昂,降水较少,河流稀疏,经常处于干渴的状态。大旱时,禾苗枯焦,颗粒无收并不稀奇。

如何拯救渭北旱原呢?聪明的古人想到了调水。

那是2 200多年前,一个精心策划的阴谋,把一个叫郑国的韩国人推到了历史的前台。他来到秦国后,用十年左右的时间修了一条横贯渭北平原的大渠——郑国渠,使那里的贫瘠旱渴之地变成了肥田膏壤。但修渠的过程,却充满了曲折和惊险。

原来,秦国自商鞅变法以来,从西戎小国一跃上升为实力强劲的西部强国。面对咄咄逼人的强秦,韩国君臣如惊弓之鸟,惶惶不可终日。为了苟延残喘,经过一番密谋,以韩桓惠王为首的韩国君臣们想出了一条后来证明非常拙劣的"疲秦"之计:派水利工程师郑国为间谍,以帮助秦国兴修水利为名,诱使秦国把大量的人力、物力和财力投入到水利建设上,耗竭秦国实力,使其无力发动兼并战争。

郑国到来,让秦国吃到了从天而降的馅饼。他们听从郑国之言,放手让他修一条引泾水(今泾河)穿过渭北高原的大渠,从而以水利的神奇为大秦打造一座"天下粮仓"。公元前246年,渭北高原上,出现了当时中国最为火热的水利建设工地,修渠大军多达十万人,而郑国正是这项空前规模的水利工程建设的总指挥兼总工程师。

大渠修了一半左右的时候,韩国的"疲秦"阴谋败露,秦国朝野震惊。本来,不久前因嫪毐、吕不韦集团案件引发的大清洗运动已搞得朝廷上下风声鹤唳,草木皆兵,现在又发生了"郑国间谍案",更是一石激起千层浪。年轻的秦王嬴政派人将水工郑国从施工现场抓来,亲自审理这起惊天大案。

咸阳秦王宫的大殿中,稚气未消的秦王嬴政血脉贲张,声色俱厉,他痛斥郑国"疲秦"之计的无耻,并扬言要杀掉郑国以谢天下。面对秦王的咆哮和朝堂上秦国公卿们的金刚怒目,郑国竟毫无惧色,从容作答,说出了一番让秦王息怒和改变主意的话来:"始臣为间,然渠成亦秦之利也。臣为韩延数岁之命,而为秦建万世之功。"——开始的时候,我以间谍的身份来秦不假,但大渠建成之后,秦国将大获其利。我这样做充其量不过为韩国苟延数年性命,但却可以为秦建万世的功勋。

郑国这几句申辩精彩极了。特别是那句"为秦建万世之功"的话,深深打动了志存高远、不甘平庸的年轻嬴政。嬴政想,你韩国欲用"疲秦"之计,我何不将计就计,等大渠修好了,秦国会更加强大,那时,我大秦将无敌于天下……这样一盘算,嬴政怒气全消,他非但没杀掉郑国,反而命他戴罪立功,把工程进行到底,并命令有司全力保障工程所需的人、财、物。秦王政十一年(公元前 236 年),全长三百里、横跨渭北平原的大渠终于告竣。

"渠就,用注填淤之水,溉泽卤之地四万余顷,收皆亩一钟(六石四斗:250斤)。于是关中为沃野,无凶年,秦以富强,卒并诸侯。"郑国渠让秦国如虎添翼,"六王毕,四海一"的大秦帝国随之横空出世。

郑国渠开关中大规模引水灌溉的先河,也树起了一座巍巍的水利丰碑。之后,关中水利长盛不衰,尤其是持续了 2 000 多年的引泾灌溉工程更是薪火相传,沿袭不衰,史册有载者如汉代的六辅渠和白渠,唐代的郑白梁,宋代的丰利渠,元代的王御史渠,明代的广惠渠,民国的泾惠渠,一脉清流浇灌着三秦大地的光荣与梦想。

可以说,不论是天府之国的关中,还是盛世风流的长安,其雄壮的乐章都少不了水和水利的铿锵音符。

正可谓:盛世风流,水主沉浮!

旱魃为虐,关中喊渴

水多的时候,水根本就不是个事儿,人们司空见惯,不以为意;水少的时候,水不但是个事儿,而且往往是个要命的事儿。

随着关中经济社会的发展,特别是工业的增长,城市的扩张,人口的膨胀,生态的渴望,都对水依赖有加,需求巨大。就工业和城市而言,关中是我国重要工业基地之一,工业门类齐全,特别是机械、电子、纺织、化工、电力航天、航空、国防以及高新技术产业发达,形成了以西安为中心,西起宝鸡,东至潼关的"工业走廊"。而在这条工业走廊上,聚集了西安、宝鸡、咸阳、渭南、铜川等十多个大中城市。它们个个张着干裂的大嘴,嗷嗷待哺。

水荒的警报一再被拉响,焦渴和忧患写满了关中大地。

还是用数字说话吧。

资料显示:关中作为陕西政治、经济、文化的中心,区内集中了全省 64% 的人口,56%的耕地,75%的灌溉面积和近80%的工业产值。然而关中地区水资源总量仅为82亿立方米,人均和亩均水资源量分别只有370立方米和350立方米.相当于全国平均水平的17%和15%,人均水资源量大大低于国际公认的1 000立方米的重度缺水警戒线。如果不能打破缺水这个瓶颈,关中经济社会可持续发展就无从谈起,未来的前景除了黯淡还是黯淡。

进入20世纪90年代,关中遭遇持续的干旱。尤其是1995年,自上一年的12月到当年的7月中旬,除了偶尔有几点雨星光顾打湿地皮外,差不多连续220天都在焦渴中苦苦挣扎。抬头看天,天是"蓝格盈盈的天",太阳如火,云霓隐匿;低头望地,地是黄涯涯的地,草木枯萎,风过尘扬。盼水的人们,只有在梦中才会见到饱满晶莹的雨滴……

"那年真是太旱了。渭河断流,水库见底,庄稼枯萎。空气似乎划一根火柴就能点着,西安市民一度要抬着水桶到自来水龙头前排队接水,甚至靠购买矿泉水度日;不少企业因缺水而停产,损失很大。无奈,只好大量超采地下水来解燃眉之急。仅1986年至2000年,关中一带累计超采地下水就达70亿立方米,年均4.6亿立方米。过分超采地下水,引发了一系列地质问题,特别是西安市区地面加速沉陷,地裂缝活动加剧。大雁塔成了'斜塔'……"陕西省引汉济渭工程协调领导小组办公室主任蒋建军讲起当年关中大旱的情景时,剑眉紧蹙,语调沉重。

触目惊心的旱情,让整个陕西都蹙紧了眉头,焦虑写在了许多人的脸上。蹙紧眉头的还有一位老水利——曾长期担任水利(电力)部部长,时任全国政协副主席的钱正英。1991年4月上旬,钱正英带领多名院士到陕西视察,目睹了关中一带河道断流、水库干涸、地下水严重超采等种种"渴态"后,脸色凝重,连连说了几个"想不到",并发出了"抢救西安"的强烈呼吁。

秋风吹渭水,水上有白帆,浪花在岸边发出轻柔的呢喃……那曾经的诗情画意还在吗? 十几年来,我寻访的脚步多次踏上关中这片神奇的土地,但每次看到的渭河差不多都是一线残流,像被吸得干瘪的乳房;更为悲催的是,即便是一线残流,也多是污水,充斥着刺鼻的恶臭。

看来,那曾经体态丰腴、精神饱满的渭河真的精疲力竭、力不从心了。她悲苦的样子,似乎在告诉世人:我自己都病魔缠身,哪里还有乳汁滋养万物苍生呢?!

那么,关中到底缺多少水呢? 后来,陕西人认认真真地算了一笔水账:关中地区水资源的使用效率高于全国平均水平,在各种节水措施到位和进一步提高用水效率的前提下,到2020年,至少缺水13亿立方米。

可是,这13亿立方米的水从何而来呢?

引汉济渭，攻坚克难

答案是：从汉江穿秦岭而来。这是解决关中水问题的又一个壮举。

蒋建军，陕西省引汉济渭办主任，一位典型的关中汉子，别看他外表刚硬板正，甚至有些"冷"，但如果他视你为朋友，就会对你推心置腹，热情似火。

因为在水文化研究方面志趣相投，多年前他在担任陕西渭河流域管理局局长时，我们之间就建立了深厚的友谊。谈及引汉济渭工程前期工作经历的风风雨雨、坎坎坷坷，蒋建军感慨良多："为了让引汉济渭工程尽快上马，我们可没少遭受白眼、冷脸。但我们厚着脸皮，一而再再而三地耐心地给人家摆事实，讲道理，诉苦衷，说需求……说这番话时，蒋建军棱角分明的国字脸上写满了坚毅与倔强，一双不大的亮眼中放射出执着的光芒。

我在心中感叹：难怪有人说关中人是"冷娃"，他们委实够"冷"够"倔"，认死理，一根筋，拼命硬干，八头牛也拉不回来。假如没有这种不达目的不罢休的倔劲、韧劲，引汉济渭能干得成？！

精诚所至，金石为开。

2011 年 3 月，引汉济渭工程被列入《全国"十二五"规划纲要》

4 个月以后，又有喜鹊登梅报佳音——

2011 年 7 月 21 日，国家发改委批复引汉济渭项目建议书。文件写道：1. 原则同意所报引汉济渭工程项目建议书及补充报告。2. 引汉济渭工程由黄金峡水利枢纽、黄金峡泵站、黄三隧洞、三河口水利枢纽、秦岭隧洞等五部分组成。工程规划近期年平均调水量 10 亿立方米，远期年调水量 15 亿立方米……

可不要小觑这份只有两页纸几百字的批文，对陕西人而言，那可是字字都有千钧的分量，它标志着引汉济渭工程正式获得国家层面的认可，不再是陕西方面剃头挑子一头热了。

三年后的 2014 年 9 月 28 日，又是一个令人振奋的大日子。这一天，《陕西省引汉济渭工程可行性研究报告》获国家发改委批复。

半年后的 2015 年 4 月 30 日，同样是个令人振奋的大日子。这一天，《陕西省引汉济渭工程初步设计报告》获水利部批复。

我知道，这些批文的背后，凝聚着引汉济渭人的无数心血和汗水。

蒋建军告诉我们，从引汉济渭初步设想的提出，到国家批复立项，到可行性研究报告和初步设计报告的批复，前后经过了 30 多年漫长而又艰辛的历程，真是不容易啊！有时想想引汉济渭走过的艰难历程，我真想流泪。酸甜苦辣的故事，真可以装上一火车。我举一个例子，就是在可行性研究报告编制、审查和咨询评估过程中,我们先后编制完成了支撑可研报告的水土保持方案、环境影响评价报告书、防洪影响评价、水资源论证报告书、工程建设征地和移民安置规划报告、工程建设用地预审报告等15个专项报告的编制,其中环境影响评价报告另外还有4个支撑性专题研究,这些专项(题)报告还要经过国家相关部委或流域机构的审批。有的专题研究报告经反复修改完善才过了审查这一关。

通过对引汉济渭办主任蒋建军、引汉济渭工程建设有限公司总经理杜小洲等人的采访,我还了解到——

在全力推进引汉济渭项目建议书、可行性研究报告、初步设计等前期工作的同时,工程的移民、输配水及各项施工前的准备工作也在紧张有序地进行着,特别是为了确保主体工程建设的顺利开展,对施工过程中可能遇到的困难和问题进行了充分研究预判,并提早介入了设备采购、勘探试验等工作。比如,巍巍秦岭是引汉济渭的最大屏障,必须在秦岭深处打一条长长的隧洞才能让汉江与渭河牵手。

然而,这无论是工程量还是技术难度都是空前的:隧洞从世界十大主要山脉之一的秦岭底部横穿,这是人类的首次尝试;隧洞长度98.3公里,最大埋深2 012米,综合技术难度堪称世界第一。此外,隧洞长距离通风,复杂地质环境下随时可能出现的涌水、突涌泥、岩爆、高温地热等均为世界性难题。

为了破解这些难题,聪明的引汉济渭人没有单打独斗,而是借智、借力,组织多家高校和科研院所联合攻关,拿下了一个又一个“碉堡”。针对秦岭岭脊段34公里隧洞开凿这块最难啃的骨头,经过反复调研比选,几年前他们就根据岭南、岭北不同的岩石状况,分别从美国、德国预订了一台开敞式硬岩掘进机(TBM)。2014年6月初,德式TBM在岭北试掘进,2015年2月15日,美式TBM从岭南试掘进……

5月20日这天,在位于岭南宁陕县四亩地镇五棵树村一带的秦岭深处,3号隧洞施工现场,我们采访组一行亲眼目睹了从美国进口的TBM向坚硬的山体轰隆隆掘进的场景,深深被这个现代化的庞然大物迸发出的惊人能量所震撼,也深深为施工人员为加快工程进度做出的努力所感动。

几天的采访和现场参观考察,让我对“引汉济渭”这招构建关中水网的大棋有了比较全面的了解和认识,感动和震撼更是时时伴随着我。艰难困苦,玉汝于成!我不由地想起清代文学家蒲松龄撰写的一副对联:“有志者,事竟成,破釜沉舟,百二秦关终属楚;苦心人,天不负,卧薪尝胆,三千越甲可吞吴。”

引汉济渭,再续秦人治水辉煌!期待汉江与渭河牵手的那一天早日到来!

(原载《中国水利》2015年14期)

机遇的施舍

——引汉济渭工程拍摄手记

□ 王瑶(原中国摄影家协会主席)

一

陕西省水利厅的同志很早就邀请我去拍引汉济渭工程,一直抽不出身。今年10月下旬,安排出时间,可临行之前,又有他事相扰,前后夹击,几乎不能成行,最后首尾各砍去一天,五天调至三天,方得启程。虽然时间太短,不无遗憾,可也只有如此才能兼顾了。

这一趟摄影之旅一如往日急促而紧张,一路奔走。心弦蹦得很紧,主要是担心时间短,拍不出片子,因而忐忑不安。一出西安机场,我们就直奔秦岭而去。深秋的秦岭,风景殊丽,群山逶迤,白云缭绕,林木秀茂,色彩斑斓。这么美丽的风景,也顾不上欣赏,只盼着早日赶赴工地。秦岭自古乃关中天然屏障,山路艰险。唐朝文人韩愈诗曰:"云横秦岭家何在?雪拥蓝关马不前。"而今,交通顺畅,汽车翻山穿岭,如履平川。

车行数小时后,我们到达三河口大坝。三河口水利枢纽位于佛坪县和宁陕县交界地子午河峡谷段,这是引汉济渭的重要调蓄工程。

我们登上145米高的坝顶,远眺子午河峡谷,不由想起当年诸葛丞相六出岐山伐魏之事。《三国演义》中写道,魏延曾建议兵出子午谷,突袭魏国,而诸葛亮一生谨慎,不肯弄险。不知所说的子午谷是不是此处。杜甫诗云:"出师未捷身先死,长使英雄泪满襟。"追思先贤,令人无限感慨。

引汉济渭三河口大坝是国内同类坝的第二高坝,从一百多米高的坝顶俯瞰工地,如临弈局,壮观非常。我俯拍了几张照片,以作管中窥豹。镜头中有十余人,如同棋子般在不同方位上移动。大的板块中呈现着不同色泽,电缆如游丝般贯通其中。工程之宏伟,由此可见一斑。然而,正是这些如棋子般的人能开山凿岭,南水北调。人生如弈棋,工程亦如弈棋,谋事在人,成事也在人。

二

三河口大坝浇筑层一片忙碌的景象,吊车摇臂,马达轰鸣,电花闪烁。

真是叫人眼花缭乱,不知所措。眼看天就要黑了,于是,我们赶往黄三洞隧道。隧道很深,工人们正在紧张作业。摄影受现场客观环境限制较大,不似绘画那样可以汪洋恣肆,随心所欲。然而,有些时候,正是因为极度的局限,反而造就影像意料不到的效果。

由于隧道光线太暗,我只能采用手动曝光和手动聚焦拍摄,利用游动的射光拍摄。画面呈现出工人的剪影,还有剪影在受光的石壁上的投影。幻影摇曳,使得影像发散出一种强烈的躁动和紧张感,幽暗而神秘。

三

也正是借助这种法,我意外地拍到了一张特写。

这一张年轻而英俊的面孔。他仿佛是一个电影明星穿着工人装在隧道中体验生活,然而,这确确实实是一张工人的脸,一张在超强度环境中作业的工人的脸。也许,也许他也做过明星之梦,但梦境不是现实。此刻,正是这张他的劳作面庞,深深地打动了我。你看,这双眼睛,能直透你的灵魂,它是多么明亮、向上,传递对美好生活的渴望!

这幅人物特写的拍摄,是一种机遇的施舍。恰恰就在那一瞬间,那个"特定性瞬间",或许只是百分之一秒,他向我回过头来,也正是在那个连眨半只眼功夫都算不上的刹那,一束光扫过他的面部,就在那个瞬间,我捕获了它。这既是机遇的施予,也是技术的呈现,还有主观状态的准备——你对典型形象的观察、关注、思索和热爱正是这要素的汇聚,成就了这张影像的唯一。

我拍了两个小时。晚上八点,在陕西省引汉济渭办公室主任蒋建军的再三催促下,我们从洞里出来,此时已经是夜幕沉沉。我们赶往大坝河镇,在那里吃饭住宿。

秦岭深山一块铁

□ 邢小俊

如梦一般,我在莽莽秦岭的地心深处捡到一块锈迹斑斑的生铁,一块被千万次执着冲击而严重变形的生铁……

在这里,所有人都穿着汗津津、颜色不清的短裤,空气、蒸汽与汗水交织在一起。灯光灰黄,岩石真切,碎石飞溅,挥汗如雨……影影绰绰中,有人用肩部紧顶一个钻机,身子倾斜得几乎与地平行,他身上的肌肉同机器一个频率,一边颤抖一边掘进——这是肌肉与岩石的角力!有人用铁锨不断把这些从未见过天日的碎石铲进让人眩晕转动的履带……他们置身于大山的深处。哦,不!准确地说,他们置身在秦岭的腹部!在距离山顶 2 000 余米的另一个世界里紧张地舞蹈!

秦岭中的地心历险记

丁酉年春,我和几位知名中医专家赴引汉济渭工程秦岭隧洞岭南段、岭北段施工现场进行义诊,走马观花之际,专家们深深为这座称之为"陕南小三峡"的工程所震撼,对昼夜奋战在工地上的建设者肃然起敬。

通俗地讲,引汉济渭工程就是要凿通秦岭,再把滔滔汉江水引入水资源严重短缺的渭河流域,从而实现前人梦寐以求的长江水系与黄河水系之联通。如今,在这有着数亿万年历史的秦岭之中,开凿 2 000 多米埋深的隧洞,造一条长河,就像是打开一个从未开放过的史前世界,高古而静谧,幽远而神秘。

引汉济渭工程又称陕西南水北调工程,被专家誉为"陕西历史上规模最大、影响最为深远的战略性、基础性和全局性水资源配置工程"。工程地跨黄河、长江两大流域,横穿秦岭屏障。其近百公里长的秦岭输水隧洞便是这一巨作的纽带。秦岭输水隧洞是引汉济渭工程中最难啃的"硬骨头"。经常性的岩爆、涌水加剧了施工难度,同时,通风、出渣等一系列技术难题,如同一个个"拦路虎"横亘在前,综合施工难度堪称世界第一。其中,穿越秦岭主脊段全长约 34 公里,受地质地形等条件影响,无法采取传统钻爆法施工,因此工程引进了两台国际最先进的全断面隧道掘进机(TBM)。可以说,这条"铁龙"是为此特殊工程量身打造,是机、电、液、水、气等系统集成的装备,从秦岭南北相向掘进,直面天险。

异于其他情境下的施工隧洞,岭南、岭北两处隧道工地洞内湿度之大、温度之高难以想象。随同进洞的摄影师有这样一番描述:"眼镜片全是雾气,刚刚擦拭干净,却发现相机的取景器也是雾气腾腾。等把取景器擦干净,眼镜片上又蒙上了一层水雾。除此之外,手中的相机还会突然死机、相机肩屏不时出现'无法连接电池信息'的字样。防水和密封设计绝佳的机器都频频罢工,足可见施工环境的恶劣。"

我在 TBM 的后部捡到一块废弃的生铁,铁锈斑驳。正在操作机器的工人小王接过来看了看,毋庸置疑地说,这是一块运输石料履带下的挡石板,原来的厚度是三寸。而这块三寸厚的生铁,被碎石成千上万次剧烈撞击,已被敲打成仅有一公分厚的波浪状废铁。我抚摸着这块严重变形的生铁,感受到力量的"重量"。

兴陕之要,其枢在水。渭河是陕西的母亲河。她从大山的夹缝中猛地一跃,跳脱群山的包围倾泻而出,泥沙冲击而成的关中平原肥沃丰饶,八百里秦川大地应运而生。2 000 余年前,一条大型灌溉渠在渭河之北开工兴修,这项被后人称作"郑国渠"的水利工程,西引泾水东注洛水,灌溉着秦国四万余顷良田。郑国渠和随后修建的都江堰,形成了关中和成都两大平原的灌溉系统,孕育了平原的灿烂文明,河道水流充沛,河畔土壤肥沃,为秦军南征北战提供了有力的后勤保障。秦灭六国,一统天下,泱泱大国的历史由此展开。千年过去,如今,这条母亲河依然静静流淌在三秦大地上,却已被诸多问题萦绕周身。然而,无论历史如何变迁,在千百万秦川儿女心中,关于渭河的复兴梦想,却始终未曾抹去……

到 2030 年,汉江之水将跨越巍巍秦岭,15 亿立方米水将注入渭河流域,以满足西安、咸阳、渭南、杨凌 4 个重点城市及沿渭河两岸的 11 个县城和 6 个工业园的用水需求。更深层次的意义在于,战略性解决陕西关中、陕北缺水问题,有效改变关中超采地下水、挤占生态水的状况,实现地下水采补平衡,防止城市环境地质灾害。

“软硬不吃”的地底世界

虽然,TBM 相比于传统的钻爆法,在相同条件下,其掘进速度为常规钻爆法的 4 至 10 倍,然而,面对秦岭的复杂地质构造,即使国际最先进的设备、最专业的技术团队,依然是困难重重,掘进速度不尽如人意。特别是全长 18.3 公里的岭南 TBM 标段是制约输水隧洞贯通的“卡脖子”工程,其最大的特点就是“硬”。这里的岩石以石英岩和花岗岩为主,强度极大,好似一块钢板,刀具磨损量巨大。雪上加霜的是,岩爆区段致使 TBM 掘进过程中掌子面频频崩塌落石,对此,目前在世界范围内还没有成熟有效的应对技术,这对人员安全及 TBM 的正常作业都有严重的影响。

文斌谈起第一次进秦岭隧洞,洞内的岩爆情况把这位“老猎手”也给吓到了。这位时不时推一下鼻梁上的眼镜,身材修长,谈吐文雅的人是岭南 TBM 三号洞项目部土木项目副总工程师。他回忆道,昏暗幽深的隧洞里,忽然响起巨大的闷雷声,接着几公分到几十公分厚不等的岩块从洞壁上高速弹射下来,这样的岩爆是文斌从未经历过的。为了保障施工人员的安全,文斌和他的团队制定了一套颇为有效的支护方案。首先通过在掘进机护盾尾部快速插放安设紧密的钢筋排,系统加密锚杆等,达到快速控制岩爆坍塌的目的。同时对出露围岩进行喷水,将需释放的能量转变为热能,用来削弱岩爆的力度,确保现场施工安全。流程结束后,抓住岩爆空窗期,组织人员快速喷浆支护。

即便如此,该段施工作业依然步履维艰。文斌介绍说,在掘进过程中,TBM 每天最多要换 20 多把刀,而一把刀的成本根据类型不同就高达 3 万至 6 万元。三号支洞 TBM 操作主司机程广涛描述,他所经历过的同类项目——辽西引水工程中也同样采用了 TBM,掘进过程中一年更换刀具数量 135 把,而岭南标段一个星期刀具更换数量就达 123 把。该段自 2015 年 2 月底试掘进以来,截至目前仅完成了

2.1 公里的施工任务,月均进尺 170 米,施工进展十分缓慢。但在这样的施工条件下,已经是十分傲人的成绩。

频繁换刀不仅带来成本压力,也给项目工期带来巨大挑战。单只刀具重达 400 余斤,换一把正常磨损的刀具需要 40 分钟,如遇刀具出故障,更换一把的时间甚至长达两小时。每天都有 4 名刀具工进行不停歇不间断的更换作业。当重达数吨的落石横亘在 TBM 前面时,只能安排掘进班工人钻入刀盘内,对孤石进行钻孔爆破,然后分批将碎石运出洞外。高温换刀早已让工人们疲惫不堪,此时又常常出现连续换刀的情况。往往第一把刀刚装上没几分钟,还没有开始掘进,瞬间又有梦魇般的岩爆、落石砸坏刀具,不得不再次停机整修换刀。而换刀可一点也不轻松,刀具班陆居全介绍,进入刀盘的通道位于刀盘后方,那是几个直径不大的圆孔,一次只能容下一个人钻入。由于涌水还在,换刀工要是想要更换刀盘下方的刀片,需要身体完全潜入水中才能进行换刀,其难度可想而知。在上部换刀时,虽然不用潜入水中,但是因刀盘与硬岩摩擦产生的高温,再加上洞内四五十摄氏度的高温,足以使人昏厥。

"快点、快点……要换刀了。"这是陆居全常说的一句话。2 059.9 米的进尺,用废了 1 774 把刀。在这里被提到最频繁的词是"硬岩",当"铁龙"的钢牙遭遇罕见超硬岩石的时候,也显得心有余而力不足。

家家有本难念的经!相对于岭南 TBM 标段的"硬",岭北隧洞开挖的最大困难在于"软"。

"涌水其实不算真正的困难,哪个隧洞不出现涌水?"即便如此,中铁十八局隧道公司引汉济渭项目部总工王建伟却信心满满。岭北五号支洞,洞内的积水一直很深,进洞的小型机车几乎是在水中涌浪行进。到达 TBM 机器工作面时,只能踩着铺设在槽钢架台上的铁轨登上机器扶梯,因为这里水深已经及腰。

正因此复杂的地质环境,五号支洞在掘进过程中就曾出现大面积塌方。那天,石渣如流沙一般,从一处细小孔洞涌出,瞬间这一细小孔洞就扩大了数倍,此前如同沙漏计时一般的流沙此时则变成了一场沙暴,混杂着裂隙涌水,最终像泥石流一般奔涌。"太可怕了,简直一塌糊涂。"王建伟告诉笔者,如此软的围岩,幸好采用 TBM 掘进,若采取人工钻爆,坍塌部分没有实体支撑,那对于他的工友们则是一场灭顶之灾。笔者此前在掌子面查看,印证了王建伟所说。塌方部位下落的砂石像刹车盘一样,几近将 TBM 刀盘抱死,不留任何缝隙。掌子面上,重新开挖的用以抢救 TBM 设备的辅洞尽头,岩石裂缝满满,没有喷浆的岩体上,竟被细小涌水冲出一道道深浅不一的沟壑。

岩爆、涌水、塌方……重重困难,直接导致 TBM 的表现似乎不尽如人意。

乘着"铁龙"寻找汉江水

穿山甲,古时谓之鲮鲤。明末士子屈大均亦撰文:"鲮鲤,似鲤有四足,能陆能水,坚利如铁,绝有气力,穿山而行。"鲮鲤无论特性还是掘进原理均与 TBM 有颇多相似。

与穿山甲不同的是,工作中的 TBM 就像一只猛兽,牙口好,力气足。通俗点说,它推进起来,大概相当于近 7 000 辆轿车产生的扭矩。能够产生如此大的能量,其耗电量之大可想而知。岭南这台 TBM 仅一个月的平均用电量可满足 5 万多户城市家庭一个月的用电量。

赵毅,中铁隧道集团秦岭隧洞岭南 TBM 项目经理,年轻,有魄力,而且对地质复杂的长大隧道颇有经验,擅长攻坚。他组建了"铁龙"护卫队,一共 15 人。TBM 是一个复杂的整体,其内部任何一环出现问题都能造成停机。杨忠,TBM 保养班副班长,在掘进机保养及维修方面是个专业人才。最初的时候,杨忠是 TBM 设备上唯一一个通晓 TBM 皮带保养知识的人,后来在他细心的指导培养下,皮带保养班逐渐成为一支专业化的"铁龙"保养团队,为 TBM 的顺利掘进保驾护航。

圣人语:"吾闻宥坐之器者,虚则欹,中则正,满则覆。"这句话向我们讲述了中庸的道理。可现实中,尤其是在工程建设领域,困难和现状却往往不"遵循"中庸的道理,困难都来得很极端。而这支在秦岭深处默默战斗的"铁军",不畏惧挑战,以非凡的气魄和乐观,以浩然气概与聪明才智,实施陕西水资源战略,见证和创造工程史上的奇迹。他们说:

"我和很多同事都曾是一名军人,我们从不抱怨,不叫苦不叫累!"

"困难重重,但我们信心不减。根据目前的项目进展情况,预计 2022 年能够实现通水,西安市城区郊县的部分居民,就能饮用上纯净甘甜的汉江水。"

……

我提着这块严重变形的生铁,乘坐三节地下轨道车从 40 摄氏度的大地腹中撤离,地下水不时地漫进车厢,黏稠的蒸汽在身上马上变成汗滴,汗滴也顷刻之间化为蒸汽,约莫半个小时后,铁轨走完了,我们看见了一个亮光的洞口,像极了黑夜之月。我们又换乘一辆面包车,黑暗中豁开一条水路,迎着"月亮"奔突而出,迎接我们的却是太阳……

我们从车上迫不及待地奔跑到阳光下,阳光如此的刺眼而亲切,我们第一次贪恋地看着秦岭深处的群山,蓝天白云,林木葱郁,带着花香的山风徐徐吹来让人陶醉。蜿蜒曲折的山路上偶尔能看到几户人家,白墙灰瓦,竹林环绕,门前又有小桥流水,如水墨画似的映入眼帘,愈发觉得此地宛若净土。从古至今,秦人治水之脚步从未停歇。对自然的改造和利用,使得这片土地充满生机。

我提着的这块铁,亦被我郑重地摆进书房的隔板上,成为最贵重的一件收藏。每当案牍劳形,睹此物,总给人一种发自内心的震撼和力量!

（原载《光明日报》2018 年 5 月 18 日）

第二章 风物与民间传说

引汉济渭工程所在地,尤其是黄金峡水域和三河口一带的乡民中,有许多与水息息相关的民间传说、历史遗迹和人文景观。它们也是滋养和丰富引汉济渭水文化的一个重要来源。在此编者收录了部分内容,包括风物和民间故事与传说。

第一节 风 物

黄金峡上的船工号子

黄金峡的船工号子,也叫纤夫号子,属于船渔号子的一种,是旧时候当地船夫行船至上滩时,拉船的必要口号。

过去交通运输陆路不及水路方便,船是当时盛行的交通工具,没有机械化的船只,以划桨木船为主,上险滩时水流湍急,不能只靠船桨,主要依赖纤夫拉船。以前有一种比较流行的货运船只,因形似织布的梭子,起名梭子船。这种船的舵手叫梭子手,也就是船老大,是当地熟知水性水域,驾船经验丰富的人。梭子手主要负责船只的航线规划,掌握方向,发号施令。尤其在船遇险滩时,既要充当舵手,又要扮演号子手,只有与纤夫们口号一致,同时发力,船才能顺利上滩。黄金峡的船工号子,分为号词和调子两个部分,梭子手在船上喊号词,纤夫们在岸上遥相呼应回答调子。

号子的大概内容是:

梭子手:啊哦……啊哦……

纤夫:啊哦……啊哦……

(以下梭子手喊前半句号词,纤夫只喊:哈号……)

汉江河呀嘛弯又弯吆;哈号……

十里河道呀嘛九里滩吆;哈号……

过了一滩呀嘛又一滩吆;哈号……

上下都是呀嘛滩连滩吆;哈号……

有名滩呀嘛无名滩吆;哈号……

都是船工呀嘛鬼门关吆;哈号……

洪水滩上呀嘛号子喊吆;哈号……

技术不高呀嘛难过滩吆;哈号……

船怕号子呀嘛马怕鞭吆;哈号……

船行如飞呀嘛过险滩吆;哈号……

"黄金峡众船帮首事公议"石碑

曾繁盛一时的黄金峡水道险象环生,行船多忧,不时有船难发生。为解决船只失事后当地百姓只抢捞东西不救人的恶俗,船帮迫于无奈立下公议,订立了关于船只失事救助的"江湖规矩"。这份留存至今的清末碑刻公议中提到,船帮在当地备下救生船只,凡是行船遇事,在水中救出活人或者打捞死尸者均会给予相应报酬。

金水河口对面,有一块"黄金峡众船帮首事公议全立"的巨大石碑,碑文如下:

黄金峡众船帮首事公议全立

盖闻救蚁埋蛇身得荣贵,济急惩厄,德及子孙。黄金峡者实属之最险之所,往来船只多受惊怖,倘有不利货物漂流而人众坠入水被,两岸人夫只知捞货希图卖资并不顾人性命,即有人依货漂流率皆舍人而抢货,凡此皆习俗所致。而众无可如何,我船帮人等何患其惜,不恐目视?会同商议全立拯济会议,备救生船□只。凡有遇事时于水中救一活人者,给钱□百文;捞一死尸者,给钱□百文;众人知救人有功又不失其图财物利之益久之。济急拯恶之心油然而生者尝不止我等已也。兹倡首诸人各出私囊救助,共成斯本嗣后,上下船只除旧规香火钱外,每船助钱□百文,以善其继凡四方。

仁人君子有愿乐助者众祈解囊帮助,但得积有成,数购置义地捐施棺材将见生者,土戴淹死者阴感商贾船只平安莫不尽,不从此善行所积而废也。至于勒石书名,永垂久远,是又在已成之日,当不泯众性之善念也。是为序。

汉江船帮公置义地买明两处:

大龙滩义地山主　江永贵

鳖滩江口义地山主　李文举

道光二十八年四月吉日众船帮首事公议全立

第二节　民间故事与传说

二十四滩为何统称为望娘滩

民间将黄金峡的二十四滩统称为望娘滩,缘起于一个神奇的传说:

古时候,黄金峡里有母子二人相依为命,母亲为人纺纱,独生子替人放牛。一天,儿子在江边捡到一颗龙珠,拿回家去藏在米罐里,第二天早上起来一看,原来只剩半罐的米又涨满了。从此天天吃天天涨,再也不愁没米吃了。时间一长,东家知道了,硬逼着儿子交出宝贝。情急之下,儿子一口将龙珠吞了下去,顿觉腹内热如火烧,急忙跑到江边趴下喝水。喝着喝着,身上长出了鳞甲,头上长出了龙角,变成一条小龙游向江心。母亲急了,连忙喊:"儿呀!"娘喊一声,小龙依恋地回头一望,就形成了一个深滩。就这样小龙越游越远,娘连喊二十四声,小龙回头望了二十四次,就在峡中形成了 24 个望娘滩。

黄金峡二十四滩之懒人床的传说

东周末代之君周赧王,继位的时候周朝已处于风雨飘摇之中,他没什么能力,可做的事情委实也不多,世人都称他为"周懒王"。这个周懒王在民间留下了不少传说,跟黄金峡有关的就有两三处。

在二十四滩之代阳滩下游东岸约两公里处,有一奇石,酷似一张单人床,床头有石枕头、石灯盏,床侧面有一块方石,似被利刃切割,整个石头自然天成,未曾修饰。这就是懒人床。

老人们曾说当年周懒王治理汉江,沿途而下,走到此处天色已晚,顺势找一块平坦石块躺下休息,因感慨惆怅,久久难眠,猛然拔剑砍向路旁方石,不料巨石被劈成两半,剑痕清晰。因周懒王是真龙天子,他躺过、枕过的石头就变成了石床、石枕头,放过油灯的石头也变成了石灯盏。

周宣王斩龙脉

周宣王斩龙脉的传说版本很多,秦腔《斩断山》中有唱词:"周宣王坐庆阳 龙脉斩断……"。黄金峡当地老乡则流传着一个版本,说的是周宣王斩龙脉迫使汉江转弯的故事。

还珠庙上游 3 公里左右的观音山上,有一条五尺多宽的深沟,从山顶直插山底。据说观音山里藏着一条蛟龙,河对面的老君岭里住着一只会说话的公鸡。每天夜里,它俩悄悄说话,并慢慢向前移动,互相靠拢。一天,这件事被一个有心人发现了。他心想:有朝一日,若两山合拢,堵截河水,村庄岂不被淹没了?心里越想越害怕,就将这件事报告给治理汉江的周宣王。

周宣王非常震惊,却也一时想不出好办法来。到了晚上,一位白发老人给周宣王托梦说:"要除此患,必集千人,挖山斩龙,方安百姓。端午为期,蛟龙必除,若留余患,人畜难存!"周宣王明白这是神仙指点,第二天下令招集数千人马,开始挖山斩龙。可奇怪的是头一天挖了的大坑,第二天还是被填得满满的,好像没挖过一样。眼看端午将至,这座山还是原封不动,人们非常着急,周宣王也有些不知所措,当晚回去他又梦见白发老人说:"要斩此龙,必断其脉,龙无所惧,只怕来回"。周宣王翻来覆去也解不开这梦。突然他看见了挂在墙上的锯子,恍然大悟:原来这就是"来回"。

第二天,大伙吃饱饭,带足干粮,又上山不停地挖,到正午时刻,挖出一根合抱粗的红刺根,周宣王命人拿锯子将红刺根来回锯断。霎时盆口粗的血水直喷出来,顺山流下,把河水都染红了,龙头从观音山滚入河中,滚过的地方被压出一道五尺多宽的深沟。

从此以后,龙脉被斩,两座山再也不动了。汉江原本在这里直流南下,这么一来,河水绕道东流,转弯后才向南而去。

九关沟的神水传说

九关沟,秦岭腹地一条不起眼的清澈溪流,位于佛坪四亩地镇偏远一隅,源出天华山国家级自然保护区,自高山无人区清悠而下,沿途花草掩映,在秦岭众水之中,并不显目。在子午玉露山泉水大步伐走入三秦人生活中之前,这条溪水只因水质格外甘洌清甜而被溪畔的几十户山民世代熟稔。

九关沟隐卧于碧翠群山之间,沿途花草掩映,水流清宛如镜,是宁陕四亩地镇当地山民心中的"神水"。距九关沟三十余公里的地方就是张果老洞沟,相传曾是张果老隐居之地。张果老在当地广为治病行善,当地流传有九关沟的水之所以额外甘冽，是因张果老在成仙升天的途中匆匆将给人们治病剩下的灵药洒入了溪中的美丽故事。附近山民每行至此溪，都会掬水饮之。家中有微恙者，家人更是不辞山路迢迢远赴此溪担水。

（省引汉济渭公司于 2015 年投资建设子午水厂，引流九关沟天然涌泉水源，生产子午玉露牌山泉水。）

第三章　职工文艺

引汉济渭工程的广大建设者,也是引汉济渭题材文艺创作的生力军。这里编者选取了职工文艺的部分代表作品。这些作品就单纯的文艺标准而论也许未必属于精品,但却从一个特殊的参与者的角度,表达出了广大水利人对引汉济渭工程的热爱与情怀。

第一节　楹联与诗词

赋洞贯秦岭

□ 王安泉

关中焦渴岁月长,
望穿云岭思汉江。
十载凿空南山险,
旦晨引汉旌旗扬。
洞通龙脉赋华章,
润泽秦人大业旺。
从此谁还怯魃旱,
且饮琼浆说过往。

(谨以此诗祝贺引汉济渭秦岭输水隧洞顺利贯通。写于二零二二年二月二十二日二时。)

词三首·咏引汉济渭

□ 胥亚军

沁园春 · 引汉济渭

秦岭山巅,万里云天,满眼风光。

望汉江淼淼,波清气爽;

渭河灿灿,源远流长。

百业峥嵘,千家竞富,万众齐心奔小康。

追宏梦,有源头活水,成就辉煌。

风光在水一方,看眼底群英神采扬。

见穿山凿洞,雄风浩荡;

测图放线,士气高昂。

子午河中,黄金峡内,水电工人筑坝忙。

排艰险,到联通汉渭,万古流芳。

水调歌头 · 引汉济渭

汉水清如许,越岭到秦川。数千将士出征,鏖战在深山。

难顾妻儿老小,苦了柔肠铁汉,遥望月儿圆。

寒来复暑往,弹指已十年。

凿隧洞,筑高坝,攻难关。以心筑梦,青春无悔意犹坚。

山在天边守望,水在地心陪伴,奋斗不孤单。

待到成功日,壮士凯歌还。

临江仙 · 引汉济渭

遥想当年缺水事,长安记忆犹新。

日常用水贵如金。

为除缺水困,汉水入关中。

汉渭联通活水至,助推国计民生。

三秦大地奏强音。

千秋功业伟,彰显大江风。

子午梅花四弄春

□ 蒲逸眉

大地回春一夜间,东君和煦拂梅苑。

冬半至春少雨声,新枝早起弄春晖。

适逢人间烟雨时,子午梅花竞争春。
春风一夜轻轻过,蜂舞蝶随暗香涌。

呼朋引伴行百里,踏春赏梅至子午。
但闻梅花数万株,不知蕴藉几多香。
碾作尘泥护花红,来年依旧笑春风。
朝花夕拾催奋进,莫使人生空寂寥。

引汉济渭抒怀

□ 董肖玮

知恩于心远乡关,感恩以行除万难。
为使青山添绿色,敢擎赤旗战长天。
寒风彻骨何曾惧,穿越秦岭汗未干。
汉江渭水相契阔,执子之手润秦川。

子午梅苑赞

□ 董肖玮

子午有梅苑,虬枝成秀林。
移来瑶池树,作伴秦岭云。
春风启新绿,娥黄嫩晚晴。
时有银河鹊,梢头叶下鸣。
夏日妆碧玉,青青复葱葱。
细雨润翠枝,斜阳映彩虹。
秋深林无语,山冷夜有风。
却把金黄色,静友青苍松。
冬至傲霜冷,沐雪白玉身。
钟灵毓神秀,繁花自芳芬。
严寒何所惧,睥睨千里冰。

三九最寒日,怒放向长空。
南风慕高洁,轻摇一地红。
群山皆染遍,粉泥护春英。
今人至梅苑,赏花思绪萦。
煮酒豪杰远,且看济渭人。
誓引汉江水,开源润三秦。
行知踌壮志,攻坚战冬深。
泉甘泽后世,梅芳留远名。

引汉济渭铭记照

□ 田文朝

南北通途千壑让,东西达意五云来。
长江握手黄河笑,秦岭闻声石洞开。
凤翥先贤生大禹,龙翔后辈出英才。
能工绿水青山地,巧匠红霞白玉台。

赞铁军

□ 孙卫昌

铁军威力大,啃山掘洞涵。
只为引汉水,日夜无休战。

为水献策

□ 孙卫昌

幅员辽阔秀华夏,秦岭中阻气候差。
南水北调是大计,引汉济渭功利佳。

七律·引汉济渭工程

□ 张苏京

千山翠绿整衣冠，一路蜿蜒一水欢。

欲访深山真勇士，待观秦岭那波澜。

从来都是登天苦，此后便知打洞难。

一日蓝图拼十载，甘霖指日到长安。

第二节 散 文

陈忠实的引汉济渭情结

□ 王军

2016 年 4 月 29 日早晨，我乘车赶往引汉济渭岭北工地，山上的绿树青草飞快地掠过车窗，天上的白云的倩影游动在水中，微信里大家不停地转发一个惊心的噩耗，著名作家陈忠实先生离世。我一时悲痛万分，眼前浮现出先生关心引汉济渭的情怀。

2013 年初，陈忠实先生与友人王安泉闲聊时，说起上世纪 80、90 年代西安缺水的事。那时八条环绕西安的河流流量骤减，多数在旱季里完全断流，水田变成旱地，稻田没水改成旱地了。源自西安城郊的自来水的抽水井，因为河水断流水位下降而抽不出水来，家家户户吃水用水便成为横在眼前的头等大事。陈忠实先生感慨万千地说："西安城里的水荒越来越严重，从上世纪 80 年代初到 90 年代头几年，已经不缺米面的居民却为吃水用水犯愁。不必例举用水紧张的世象和传闻，仅说我的一次亲身体验。我是 1993 年初住进西安城的一个小院的，到这年的夏天，供水的钟点已经不能保证本来就很短促的时间，断水已经成为街谈巷议的甚为激烈的话题。记得一个三伏天的晚上，燥热难捱，汗流不止，想洗一把脸却舍不得水桶里所剩不多的那点水。这时从楼下传来一声吆喝，说临近一个家属院的公用水管有水，我几乎从座椅上弹起来，拎起一只空桶便下楼去了。刚走出住宅院大门，便看见从对面那个家属院排列到街巷大路上来的队列，我当即接排在最后一个人后头。眨眼功夫，我的身后又接排上几个人了。我把水桶托付给身后的人,走到队列最前头,看到一个接在地皮上的水龙头,流出一股不过小拇指般的细流,流速慢到随时都可能断流。我便作最简单的盘算,即使不断流,轮到我接水的时候,肯定到明天早晨了。然而我没有动摇,以少见的又是巨大的耐心排下去,站累了蹲一会儿,蹲得腿脚发麻了再站起来走走步。到东方发亮黎明到来的时候,我终于接满了一桶水,不仅没有怨言,倒庆幸那股细流没有断止……”

后来省市想办法解决居民吃水的难题。陈忠实先生松一口气说:“忽然有一天,水管里喷涌而出哗哗哗响亮着的清流,而且一天 24 小时随时打开龙头,都是这动听的水声和清亮的水流,因水而绷紧了几年的那根神经顿然松弛了。”

王安泉给陈忠实先生详述关中缺水和正在建设的引汉济渭工程:“那只是解决吃水困难。工农业生产和第三产业的用水持续紧张。不断增长的城市人口等着盼着那一脉水。”关中人均水资源仅有 325 立方米,和世界人均 1 000 立方米的水平比起来,关中是绝对缺水啊。“引汉济渭建成后,每年给关中引水 15 亿立方米,泽被关中,惠泽陕北。”

引汉济渭公司到陈忠实先生的住处录制一段电视。公司领导带着信息宣传中心的同志,登门拜访先生。陈忠实先生迎接我们后,录电视的同志支好设备拿上话筒录制时,陈忠实先生指着厅堂、卧室、地面、柜子到处堆放的书籍、杂志、报纸、手稿,摇手苦笑说:“你看乱得三国一样,一时没法收拾,咋拍呢?”大家一楞,这咋办?

陈忠实先生想了想,又去窗口朝下看看说:“是这。走,咱下去到小区的绿化树林里拍。”

我们一行下到楼厅门前的绿化带里,陈忠实先生穿上一件西服打好领带,理一理头发,坐上椅子,深吸一口气微笑问:“得行?”大家看着周围的绿树草坪,面前的先生精精神神,都说好。

陈忠实先生侃侃而谈西安曾经吃水的困难、引汉济渭的壮举说:“引汉济渭是西安乃至关中和全省未来发展最大、最迫切的一个工程,也是惠及三秦的民生工程。期盼引汉济渭工程如期建成,惠泽人民。”

陈忠实先生虽然离世,但他对引汉济渭的关注,对工程建设的期盼,对这片黄土地的眷恋和热爱,将永远感染和激励着我们。

思谋汉江 60 载

□ 路萱

汉中的朋友发来短信说,洋县有一位老人,1952 年在他 25 岁时就测算了汉江黄金峡的水量和地形,写了一个在黄金峡建大坝截住汉江水,发电造福汉中人民的方案,上报国家有关部门,并获得回信认可。

一封复信藏奥秘

这位思谋汉江开发的老人引起了我们的关注与敬重。

我们正在参与建设的引汉济渭调水工程 2014 年正式开工,规划方案中即有在黄金峡建设一座重力式混凝土大坝,截留汉江水发电造福,并从这里将部分水流调入关中的宏大思路。

2015 年秋天,在洋县有关部门帮助下,我们在各个敬老院里打听探寻,终于找到了短期居留在县荣誉军人疗养院的耄耋老人黄世荣。

短暂的交谈,黄世荣得知黄金峡大坝将要开工建设,他非常兴奋。在我们随同他回老家黄金峡镇的路上,老人关心地询问着引汉济渭工程的很多问题,掩饰不住他对黄金峡水利枢纽工程建设的满腔激情。

在距离县城 70 里的黄金峡镇外,坐在越野车前排的黄世荣指着汉江南岸边一颗绿荫如盖的大树说:"看见那颗大栎树了吗？那就是黄金峡的标志。"他说自己从小就住在黄金峡镇南侧二三里处的山沟里,常常到黄金峡畔嬉闹玩耍,对黄金峡两岸的一切都非常熟悉。

回到家里,气喘吁吁的黄金荣顾不上顺一口气,便把头扎进那只卧式柜子里翻腾起来。打开一只绑得紧紧的小包袱,黄世荣取出来一封竖式牛皮纸信封,用两只苍劲的老手婆娑着,喃喃地说,"找到了,找到了。我终于等到了这一天。"捧着老人递过来的这封陈旧信件,我们顿时激动不已。这是 63 年前国家水利部部长傅作义与副部长李葆华、张含英给黄金荣的一封回信,肯定他提议修建汉江黄金峡水电站的建议,鼓励他继续关心国家建设。

84 岁的黄世荣拄着木棍,不时地喘息。他顾不上照料卧病在床的老伴,却要陪上我们诉说自己心底的一番衷情。这种状态让我们心里升起一丝酸楚！

坐在江边的大石头上,望着滔滔不绝的流水,老人打开了自己的思绪,揭开了隐藏在心底半个多世纪的"秘密"。

"在那个社会主义建设的热潮时代,我们满腔激情地思谋着,想为国家做点什么。"黄老侃侃而谈:"我从小就生活在黄金峡,本来就对黄金峡的地形地貌、水能状态、自然气候、生物、泥沙等自然资源比较了解,我身为一名有文化的军人,又利用在部队作文化教员的方便条件,查阅了大量地理、历史资料,又多次沿着黄金峡观察,才渐渐地明晰了在这里建设水力发电站的想法,建坝也就成了我挥之不去的梦想。"

随后,黄世荣悉心地画图、验算,写成了一套建设黄金峡水力发电站的实施草案,并写了建议书,寄到了国家水利部。他万万没有料到,很快就收到了水利部部长的联名回信,让他既感到意外,又非常兴奋。

在这封信件中,傅作义部长和副部长李葆华、张含英写到:

黄世荣同志:

你五月七日及六月五日的信和所附的陕南黄金峡水电站建筑工程草案均收悉。我们研究了你的计划,认为是正确的。黄金峡确是一个建筑水库地点,据我们和西北水利部负责同志了解情况,知道过去已派人勘查过,可筑五十公尺高坝,发电力约为十万匹马力。惟开发汉江水力资源配合工业交通各方面,因此在时间上尚须研究。

关于由嘉陵江上游引水入汉江一点,因汉江本身水量既已敷用,目前似无举办的必要,但是将来为沟通四川和陕西航运,你的意见还是值得考虑的。

除将你的计划草案分别发交西北水利部及长江水利委员会参考研究外,对于你关心伟大祖国水利建设的热忱,我们非常感谢,并希望以后有意见时,随时再寄来。

部长　傅作义

副部长　李葆华　张含英

1952 年 7 月 4 日

收到这封部长回信,黄世荣看了一遍又一遍。他的建坝梦想更为坚定了。

坚守梦想半世纪

黄世荣于 1933 年出生在洋县黄金峡镇西沟村。1949 年 11 月,16 岁的他从县城里的一所初中毕业,抛却家里的优裕生活,报名加入了人民解放军,成为一名光荣的学生兵。1952 年 8 月,驻扎在陕南的这支部队整建制转为石油师,黄世荣随之到了广袤的新疆玉门关,穿上羊皮大衣戴上狗皮帽子,成了新中国第一代开采石油的工人。黄世荣是个十分敬业的人,他爱动脑子,勤奋学习,很快成为石油师的技术骨干。师部派他到北京参加石油总局组织的业务学习,提拔他作师里的计划组组长、机关共青团书记等。一路春风一路喜,黄金荣终于披着阳光走上了事业的坦途。

天有不测之风云。六十年代初期的政治运动中,他由于出身问题被划为阶级异己分子,离开了玉门的石油师,被调往吐鲁番进行劳动改造。后来叶落归根,终于回到了生他养他的汉江畔,在黄金峡南岸的山坡上,他沐风栉雨,娶妻生子,苦苦地拨拉着自己的生活。

岁月漫漫,酸甜苦辣紧紧地伴着他。他在迎接每一个黎明的同时,也在抛却大量的负担与累赘。唯有寄托着梦想的信物——那封部长回信——他紧紧地揣在心口的牛皮纸袋,则跟着他走遍了大半个中国,又随他回到了宁静的黄金峡畔。他以 60 多年的等待,期盼着梦的实现。

衷情不泯可记功

站在黄金峡岸边,脚下的汉江波涛滚滚。两山巍峨夹持,一峡坦荡辽阔。黄世荣似乎更为引汉济渭的上马而欣慰,为他的梦想得以实现而骄傲!

汉江,黄金峡大坝的功能已经被赋予新的内容。除了强大的发电量为汉中电网提供动能,大坝还要截取汉江部分水流,通过近 100 公里的秦岭隧洞,接济关中,实现全省经济共同发展,实现秦岭南北共同繁荣。

说起当今实施的引汉济渭工程,黄老感觉到现代的建设者看得更远,做得更完美。他说:"没有水资源,无论是人、畜、植物,什么也不行。汉江的水太值钱了,过去我们只知道水可以发电,却没想到还能送往关中,推动陕西经济的大发展。汉江水能润泽关中,是让人非常高兴的事儿。"

黄世荣的梦想即将成真。黄金峡是引汉济渭工程的重要水源地之一。2015年下半年,黄金峡的锅滩轰鸣了。这里是黄金峡大坝枢纽区,经过多年的艰难攻关,地质勘探、水文演算、工程初步设计都已完成,大坝左岸的道路也已经修好,边坡开始进行处理,右岸开始移民、架桥等工作,马上就要启动建坝。五年之后,大坝筑起,这里的一切都会改变模样。

听到这一工程将改善当地生态环境,促进当地旅游开发,群众也会因此致富,黄世荣露出了本真的笑容。他把自己珍藏了半生的信件郑重地交给我们,嘱咐我们倍加珍惜,让更多的后辈青年借此明了一位汉江人跨世纪的精神追求。捧着这封被黄世荣视为精神食粮的信件,我们感受到了沉甸甸的分量。他的梦想将要在我们的手中实现,责任何其重大!

2019 年,汉江黄金峡大坝正在日日升高。我去洋县看望这位无法忘却的老人。他作为黄金峡水利工程的历史见证者,应该是 86 岁高龄了。我一路上猜想着见到他的现状:还是那样的佝偻着腰躯,还是那样的不近俗人,还是日日坚持收看《新闻联播》,还是对国家大事侃侃而论,争得脸红脖子粗……让我失望的是,荣军疗养院的一群老人们异口同声地说:黄世荣已经走了!

我不知道怎样才能表达对这位老人的一腔怀念。我只知道他一定是在生命的最后阶段,还会默念着黄金峡的大坝建设,还在估计着工程建设的进度,还在憧憬着汉江之水流进关中的盛况。

我想,大坝建成之日,应该筑一丰碑。除了镌刻各类创造丰功伟绩的建设者,还应该补记上黄世荣以及更多像黄世荣一样关注、牵挂、支持黄金峡水利建设的各界人士,因为,他们也是工程建设的同盟军!

金水镇最后的铁匠

□ 余东勤

金水镇东街,最后的一个铁匠炉灭火了。

82 岁的铁匠高景新,是黄金峡左岸上金水镇铁匠炉的主人。

认识老铁匠高景新,是在 4 年前的一个下午。那天,我陪着一个摄影团队首次来金水镇。小镇上突然出现了这么多挎着"长枪短炮"的异乡人,老乡们都觉得很新奇。高铁匠也高兴,于是搬出来一套铜锣铜钹牛皮鼓,邀请了几位帮手敲敲打打起来,作为对我们这些新客人的欢迎。铁匠铺门前顿时热闹起来了,这一条小街道也立刻充满了欢快的气氛。

一阵吹打之后,高铁匠应我们的请求,搬出他的打铁工具,支起了小火炉,大方地填满了焦炭,点着了炉火。小小的鼓风机吹得火苗呼呼作响,高铁匠的情绪也和火苗一样胀满着热情。"叮叮当当",铁锤敲打着红铁棒,也在铁砧上有节奏地空击。摄影师们围着老铁匠和他的火炉子在拍照。老铁匠脸上露出了少有的灿烂。红红的火苗也不停地散发着光和热,尽情地展示着这一传统手艺最后的光辉。

高景新的祖上来金水镇已经有上百年了。现在的金水镇大约有一小半的居民都是高姓人氏。居民们世世代代在这里谋生,或者上山坡垦种,或者下金水河捕捞,或者靠街吃街地做些集贸交流生意。高景新自读完小学后,就跟上一位老铁匠学手艺。他算是一位有文化的人,铁器活儿做的很有口碑,特别是钢口家具的淬火,他总是掌控的极到位,顾客们往往会步行几十里山路来买他打造的铁器。靠着两间铁匠铺,他相继娶妻生子,有了一份家庭生活。

一晃悠就是几十年。高景新最惬意的就是每月的九个"3、6、9"日,即小镇逢集的日子。金水镇由于靠着交通要道,人来人往,算是洋县东部比较兴旺的一个镇子。高铁匠为人也不错,他成天乐呵呵地为方圆数十里的乡亲们服务,也留下了名声。他的铁锤每日击打着铁砧,金属器乐的独特节奏,使金水镇平添了几分活气。小火炉的青烟弥漫在小镇上,让小街居民习惯了这种淡淡的香韵。

高景新是个乐观的人。他把自己对生活的感受都以对联的形式写在铁匠铺的门框上,逢有客人赞扬他有文化时,他就会用纯正的洋县方言把自己编写的对联读给客人听。他给我们拿出来一张保存了十多年的《华商报》,报纸一版大幅照片登载着2007年8月30日那场百年不遇的洪灾时的高景新。他赤裸着上身站在铁匠铺门外,脸庞上展现着灾后重生的坚毅与乐观,他身后是刚刚贴在门上的抗洪励志对联。

高景新也是一个学什么会什么的灵醒人。他自幼少时期就熟悉了金水镇到汉江黄金峡这段河流的水情,下河捕鱼捞虾、洪水中捡捞漂料,从来不会失手。高景新做了铁匠师傅后,他打造的马脖铃、羊系铃、以及农家厨具、农具、玩具,品种多样,形态优雅。他还为我们演示了自己铸造黄铜烟锅的过程:磨料、模具、型厢一样都不能缺,塑型、起模、熔炼、浇筑,一步都不能少。尽管他满手满脸都是炭灰,但当他拿起一个个作品检验和欣赏的时候,脸上会洋溢着会心的笑。随着农业耕种模式的变化,铁匠铺的生意渐渐地淡了下来。一些山外批发来的机制铁器带着幽幽的炫光摆在了小街道敞亮的柜台里,试图与日见普及的各类电子产品媲美。

随着铁匠铺的锤击声日渐低沉,高景新渐渐地老了。他的儿子不愿跟着老爹学习铁匠手艺。四岭八乡的年轻人宁愿去外地打工,还有那个看得上在这个山区小镇做铁匠?

"怎见得,路到头,愁断肠!"愁云漫上了高景新浸透烟火的面庞。

2007年,一条消息如同地震一样动撼了金水镇。镇子上的男女老少无不惊诧地议论着:国家要在汉江黄金峡修建大型水利枢纽工程,回水将淹没金水镇,全镇要搬迁!

传闻属实。距离小镇20多公里的黄金峡水利工程即将动工,金水镇处于淹没区。全镇9所机关单位和528户1900多名居民都要在大坝建成之前迁往金水河北岸的关岭村新址。

2008年6月,省上颁发了停建令,一切建筑物保持原貌,不得再建。

2015年3月,新址基建启动。

高景新心怀不舍之情,这里的小街和两间瓦房,曾经给与他生活的贴补和用度,记录下他大半辈子的喜怒哀乐。搬到新地方,白天还能享受到小街熙熙攘攘的氛围和笑脸吗? 晚上还能听到窗外金水河的滔滔流水声吗?

但是,陕西省的南水北调工程要引汉江水穿过秦岭到关中,这样的大事咱们肯定不能挡着。高景新也在盘算着,别人都住上了小楼房,自己的旧房子早该翻修了,这次搭上移民的专列,还能享受到省内高于其他建设项目的补助,也算是个好茬口。于是,这处铁匠炉旧容无改,并不时地传出铁锤断断续续的击打声,和着老铁匠偶然哼出的小调。

我们又一次采访高景新时,他依然快活地面对镜头述说着对铁匠生活的眷恋,同时也流露出他对将来的搬迁有一份新鲜的期盼。当小街的乡亲们再次围拢在铁匠铺前观看采访时,他那显现着倦容的面庞又透出了几分难以掩饰的自豪。

2020 年秋季,新镇基本建成,搬迁启动了。

据最近回来的同事说,小镇开始拆迁。我着急地打听高景新那两间铁匠铺的动向。金水镇主管拆迁的一位领导在电话中告诉我,在强劲的拆迁动员令下达后,动迁进展很快。高景新签了拆迁合同,领取了为时一年的过渡费,搬往镇上安排的临时过渡房。按照扶贫政策给予照顾,高景新家可以住上一处三间大瓦房。镇上正在加紧为他家盖房子。

明朗朗的新镇上,高景新的那一处铁匠炉火还能再燃起来吗?

故乡水望

□ 尚泽阔

我的故乡在关中平原、渭河以北大约 20 公里一个叫朝李村的小村庄。

记得小时候,院子里有一口关中典型的铸铁压水井。三下两下就能抽压出汩汩清水来,母亲经常在旁边大盆小盆的浆洗衣物。夏天娃娃们自然少不了玩水,也帮着大人们压水、抬水、洗衣、浇菜…… 每个夏凉的傍晚,就是在这个小院嬉戏中度过的。

因为用水方便,房前屋后种了很多菜。黄花菜、油菜成片,花开时娃娃们就爱钻进花海里疯玩儿;架上葫芦成荫、藤上豆角一行行,初秋满院瓜果香;最惦记的是两颗葡萄树,葡萄还是绿豆豆时每天就眼巴巴蹲在架下,仰脖儿瞅着有那绿中带紫的赶忙掐下来,剥了皮儿就往嘴里吸,碰到酸涩无比的赶紧吐掉! 经常等不到成熟季,就只剩下一个个光串串果梗。

父亲的故乡，也就是父亲成年以前的家，在朝李村往西北方向，搭班车翻山越岭大约一百多公里、颠簸一整天才能到达的旬邑革命老区一个叫门家村的地方。

小时候每年都跟着大人回旬邑老家。印象中旬邑山大沟深，缺水严重。人们大多住窑洞，记忆最深的是门口有一个特别大的涝池，人们都在这里喂牲口、洗衣裳，全村只有一口深水井可供人饮水。母亲曾跟随父亲在旬邑老家短住，就切身尝过干渴的滋味。有一年的夏天母亲在门家村办裁剪学习班，本来讲课、做活儿就乏累，偏偏一个下午没水喝，嗓子冒烟干着急，最后目光落在窗台一瓶底儿白酒上，一仰脖儿喝下白酒来解渴，顺喉而下的烈酒抵达胸口时灼心又烧胃，使喉管变得更加烧渴！……

旬邑的庄稼人自然是看天吃饭，一年到头就是土豆、粗粮、黑面馍馍，菜和肉就少得可怜，娃娃们初中毕业就纷纷学个手艺出门谋生了。可能是自然资源太匮乏了，人们的精神世界反而愈发丰富。旬邑是中国剪纸之乡也是木工之乡，著名民间剪纸大师库淑兰就是旬邑人，是在这偏远贫瘠的北方沟壑里结出的最美山花。

父亲也不例外。年少家穷，初中一毕业，父亲就早早出门跟着师傅学木工手艺。由于勤快好学，17岁便出了师，雕刻、油漆、时兴家具都在行！后来就常年到自然经济条件好的平原一带给人家做家具。那时候，关中乡下娶媳妇、嫁女子都得有几件像样儿的家当。女子陪嫁有个雕花红漆大衣柜能惊艳一个村，自然地位不一样。父亲精湛的手艺和朴实的性格，很快成了方圆几里有名的木匠小哥。"木匠哥"勤快朴实人缘儿好，很快就被朝李村富裕主家——我的外爷相中，招了上门女婿。

相比旬邑老家，朝李村老家人的日子就好很多。受惠于杨虎城将军支持、李仪祉先生兴修的泾惠渠，农民种的都是小麦玉米。那时候，人们把泾惠渠的水叫"大渠水"，每到冬灌和春灌时候，家家户户就不分昼夜排队轮流引水浇地。这可是个技术活儿——从大渠引水到主渠，再到自家地头还有一段小土渠，得事先扛上大铁锨去修那一段"引水工事"。工事修不好，后边不是跑水漏水就是大水泛滥"纵横四海"。

含金量更高的技术在于上下两家切换水的无缝交接！只有种地"老把式"们才能自然娴熟的掌握这门技能。既保证浇完自家最后那一分地，又不能"水漫金山"越过地脑儿或邻家界梁子白白浪费！

庄稼人不易。冬灌的时候，他们得裹上厚厚的棉大衣穿好雨鞋，戴个"火车头"棉帽下地，轮到晚上就扛个大铁锨提上手电筒去浇地，冷到撑不住时便就地取材拢上一堆玉米秆生火取暖，旷野里吼上一段千年的秦腔，字正腔圆，震彻夜空⋯⋯

每年能引水浇田、旱涝保收得感谢杨、李两位先辈。再往早了说,更要感谢秦人老祖先们的智慧和胆魄。泾惠渠脱胎于两千多年前的郑国渠,为秦国统一天下奠定了物质基础。两千多年后,秦人子孙们依然受惠于祖先遗留的基业,所以这片土地也就有着关中"白菜心"的美誉。

上世纪 90 年代初,随着人口增加城市发展,"白菜心"也开始出现缺水现象。压水井早都抽不上水,人们又发明了一种"二级站"的土办法——向地下垂直开挖出一个方形地窖,深约一丈有余,在地窖壁上掏出脚窝儿,成年人骑跨着下到窖底抽水,再用绳把水桶吊上来,完成二级接力取水的目的。没过几年,"二级站"也干了井底儿,家家打起了几十米深的"罐罐井"。就是一种水泥翻制的圆柱状井壁,直径约 40 厘米、每节约 1.2 米,向下逐次箍到井底。从井口吊下抽水泵和电缆,一直深入井水里向上抽水。

1995 年前后,乡镇经济异军突起!朝李村附近饲料厂、砖厂、水泥厂纷纷红火起来,母亲也来到离家大约 5 公里的镇上开起了裁缝店。镇上吃水不方便,每天扛个扁担到处挑水就成了固定功课。后来镇上建了大水塔,从更深的地下抽水,家里通上自来水。随着人口密度增加,地下水位持续下降,自来水也慢慢变得又浑又咸,必须用一个大盆沉淀好久,烧水壶用不久内层就结了一层厚厚的水垢。

90 年代末我离开小镇,读了大学、毕业、参加工作。之后的很多年里,朝李村老家逢年祭祖才回去了一次。"罐罐井"也没了水,不远处的"二级站"用来填埋垃圾和荒草,压水井只剩残件,早已遗忘在角落里,铁锈斑斑⋯⋯

2000 年以后,平原老家经济社会发展迅速,长庆、陕汽、潍柴动力纷纷进驻,我家的老院子也拆迁建成了汽车产业园。老家所在的地区早已进入陕西县域经济前五名!正在着力打造以渭北工业大走廊交通集散枢纽、渭北工业产业聚集枢纽、渭北配套服务枢纽为重点的国家中心城市先进制造业核心承载区⋯⋯

然而水却日益缺乏,农业、工业、城市发展需要的水在哪里?

经过默默勘测、调研规划,2004 年,一个雄伟的计划被省委省府提上工作日程。那就是统筹全省水资源分布,从水资源富足的陕南地区调水进入关中地区。在解渴关中、解渴渭北平原的同时,缓解陕南洪灾水患,进一步通过水权置换,支撑陕北能源化工基地用水需求。

这就是陕西的"南水北调",也是国家南水北调战略的重要补充——陕西引汉济渭工程的宏伟蓝图。

按照引汉济渭工程规划,不久的将来,不光我的故乡可以因水而变得更加富饶,父亲的故乡也将从关中平原辐射发展中受益。

当年的"木匠哥"早已年过花甲,却常常回忆那时候如何翻山越岭、逐水谋生。如今我也成了一名参与引汉济渭工程建设的水利人,引水关中、造福三秦,期盼着一泓清水早日到来。

这是我们的水望,也是故乡的水望。

渭水之困

□ 梁军刚

二十世纪九十年代,正是渭北农村拆翻胡基厦房大建砖瓦平房的年代,也是结束陕西八大怪之一"房子半边盖"的历史时期。这个时候,我们还是未成年的孩子,未走出过村庄,没见过长江长城黄山黄河,也不知道渭河的真实容貌。

村庄大兴土木之际,常有满载砖头水泥沙子的拖拉车出入村庄,从拉沙子的司机那里我们得知,沙子自渭北原下的渭河采挖而来。

当石头变成了沙子,坚硬变得如此柔软细滑。刚拉回来的沙子是潮湿暗淡的,风干后会在阳光下闪耀着微弱的白光。沙子对我们来说是异常新奇的,沙堆里面有黄土里淘找不到的东西,比如白火石、铁沙子、贝壳。光溜溜的白火石对碰的时候会迸出明晃晃的火花,黑幽幽的铁沙子在作业纸上随着磁铁会游动成活生生的刺猬,贝壳的结晶更容易使我们联想到海洋或者珠宝——渭河变得如此神秘。在我们儿时的想象中,它代表着富饶、丰满、奇特。

城里人说"学好数理化走遍天下都不怕",可乡下人依旧信奉"上知天文下知地理",因为只有中学里的教书先生说得清"渭河之水天上来":甘肃定西西南部有个鸟鼠山,属于秦岭山脉的西延山,为渭水发源之地,渭源县因此得名;渭河从定西流经天水、宝鸡、咸阳、西安、渭南,至潼关汇入黄河。

尼罗河孕育了古埃及文化,古印度文化起源于恒河和印度河流域,古代巴比伦也是在幼发拉底和底格里斯两河流域发展繁衍的,而黄河则被誉为中国古代文明的发祥地。渭河作为黄河的最大支流,至少曾经她无比骄傲过。生活用水、农田灌溉、水路运输等诸多便利,使得人们逐水而居,城市临河而建。

第一次见到渭河是我上小学时候去宝鸡,渭河并不像我想象得那般浩浩荡荡、汹涌流淌或者碧波荡漾。渭河太瘦,水流太细,河床太宽,桥梁太长,令我大失所望。长大成人后,我见过了众多的湖泊河流,省内以汉江的丰沛清澈最为印象深刻,我更是常常行走在关中平原的渭河一带,甚至连家也安在了西咸新区渭河南岸,朝夕与渭河相见。渭河断流,一段时期甚至成为了沿线企业的"下水道",对于渭河的日渐脆弱消瘦,人们似乎早已变得麻木,见怪不怪。好在,城里人智慧多,他们想方设法修坝蓄水,让高楼大厦得以倒映。二〇〇五年夏,咸阳沿城南造湖蓄渭河之水千余亩,湖光增瑞,辉映全城,取名咸阳湖。十多年来,湖畔的统一广场和渭滨公园成了休闲娱乐的好去处,市民无不欣喜称道。后来又在渭河沿岸引水修建了宏兴码头观光园。如今,咸阳湖二期工程正在加紧进行,预建成上万亩的湖面景观。可是,每次当我经过渭河之上的近千米之长的秦都桥,凝望那不足百米之宽的潺潺之流,看到渭河边上悬挂的"严禁非法采沙"的牌子和"加快实施渭河流域综合治理"的宣传语时候,我想:渭河,她困了。

作家秦岭曾在《人民日报》上发表过一篇题为《渭河是一碗汤》的散文作品,道出了渭河与渭水子民的血脉情怀。在北方,在陕甘,一条河,就是一碗汤,生生不息,养育了一个民族。"从岐陇以西的渭河上游采伐和贩运的木材,联成木筏,浮渭而下"的壮观景象已成为遥远的历史,当渭河剩下皮包骨头的时候,陕西的农民感慨,"渭河干了,咱就没汤喝了。"

人与水的和谐是人与自然最大的和谐,水利则兴,水患则颓。从大禹治水到高峡出平湖,人类一直在努力使江河之水更大限度地滋润生活、造福子孙。

兴陕之要,其枢在水。当我驶出西安零距离走近引汉济渭工程现场的时候,我被这誉为陕西的"南水北调"工程所震撼。埋头苦干的工匠们在秦岭深处的河道和硬岩中摸爬滚打,深山之外他们也有父母妻儿,他们确是在开辟一片新天地,汉江之水将被引入西安,惠泽三秦、润泽关中以解渭水之困的民生工程指日可待。

正是一个个类似这样平凡的"引水梦",让我们建设"三个陕西"的"陕西梦"变得充实丰满,也构筑起来我们强大的"中国梦"。遥想历史上的京杭大运河、都江堰、郑白渠、坎儿井、沙洲坝,劳动人民是何等的伟大。

吃水不忘挖井人。我想起魏巍《谁是最可爱的人》。是呀,亲爱的朋友,当你坐上早晨第一列地铁走向单位的时候,当你安安静静坐到办公桌前计划这一天工作的时候,当你和爱人在江边湖畔或运动公园悠闲散步的时候,你是否意识到你是在幸福之中呢? 除了我们的战士,各行各业默默奉献在台下幕后的劳动者不失为新时期最可爱的人。

此时此刻,我想许个愿:汉江,永葆生机。

(作者系陕西省作家协会会员、中国水利作家协会会员)

春　事

□　刘伟娟

　　年年花开,岁岁春去,但见花如故,不见赏花人。春事,大概如是!

　　在长安上班已是第 5 个年头了,航天中路是必经之地,于是,这条街的四季更迭便收在眼底记在心头。时下,梅花、红叶李已到晚时,樱花含苞待放,如一个个朝气蓬勃的豆蔻女子立在春的枝头。也许,仅一两夜,她便可悄然绽放,在某个清晨烂漫整条街。我依然期盼着,当春的阳光暖了路途,枝头的鸟雀欣喜而鸣时,我还能嗅着花香走在这条街的樱花树下,抬头时,刚好有一缕穿过繁花与枝丫的阳光照耀在脸上,一片随风起舞的花瓣落在肩头……也许,只有这样,才算不辜负这场春事。

　　然,整个单位将搬迁至浐灞调度中心,我所在部门在第一批搬迁之列,长安的这场春事竟也要擦肩而过了。

　　今天是 2021 年 3 月 16 日,天空阴沉灰暗,空气里充斥着离别的惆怅。就要搬去浐灞了,这条走了 5 年的路以后就只能留在记忆深处了,于是,早早起床、出门,以前没有认真地途经,那么今天,我选择认真地告别。下了地铁,沿着航天中路漫步到单位所在的兴水苑,红叶李和一些不知名的花香摇曳在冷风里,樱花的花朵愈加饱满,偶尔走过一两人,匆匆碌碌,没有眼神的交流,没有步伐的驻足,彼此都沉寂在各自的世界里,找寻着属于自己的那一抹芬芳。恍惚中忆起往昔,曾经的回眸灿笑,曾经的夜下灯影,曾经兴水苑里漫步看云,曾经电脑前的以笔为矛,堆叠起我们的青春,书写了我们的故事。在长安的一日三餐,一年四季,桩桩幕幕,都串成记忆的线条,布满了这即将要成为旧时的路。

　　在感叹白驹过隙,时光如梭时,许多事未及想起已成叹,许多人未曾熟悉又入陌路,疫情中万城皆空的冬成了心上的旧事,春满长安已是眼前的景,而我们,在这场春事里启航,告别长安即将来临的樱花盛事,期待着"灞柳飞雪"的别样风景。

引汉济渭工程大事记

（1984—2022）

1984—2006 年

20 世纪 80 年代　针对关中严重缺水的问题,1984 年、1986 年,陕西省水利专家王德让、席思贤分别提出省内南水北调设想。

1991 年 7—10 月　省水利厅组织编制《陕西关中灌区综合开发规划》《关中地区水资源供需现状发展预测和供水对策》两项报告,对省内南水北调工程做了初步的前期研究。

1993 年　在省政府领导支持下,省水利学会依据省水利厅的工作安排,组织水利专家,历时 7 个月,开展了省内南水北调工程首次查勘,最终拟定了 7 条调水线路:引嘉陵江济渭河、引褒河济石头河水库、引湑水河济黑河、引子午河济黑河、引旬河济涝河、引乾佑河济石砭峪水库、引金钱河济灞河。

1994 年　省水利厅厅长刘枢机主持党组会讨论省内南水北调工程查勘报告,认为查勘报告提出的调水工程是解决关中缺水问题的重大举措,且技术上可行,经济上合理,推荐近期实施引红济石工程,以解决西安、咸阳的城市用水问题,将引嘉济渭、引湑济黑列为远景项目。4 月 28 日,省水利厅向省计划委员会报送了查勘成果。

1997 年 2 月　省水利厅南水北调考察组提交了《陕西省两江联合调水工程初步方案意见》。与此同时,根据省政府《关于加快汉江梯级开发带动陕南经济发展的决定》(陕政发〔1997〕9 号)文件精神,对引嘉入汉进行了查勘和规划研究,由省水电设计院于 1997 年 5 月提交了《陕西省引嘉入汉调水工程初步规划报告》。

2001 年 12 月 27 日　省水利厅以陕水计发〔2001〕448 号文向水利部上报关于对南水北调中线方案有关审查会议的意见,意见中明确要求今后召开有关中线调水工程技术论证和审查等会议时通知陕西省参加,同时提出调汉江水入渭河是解决关中缺水问题、保持陕西经济社会稳定发展和保护生态环境必不可少的途径之一。

2002 年 1 月　水利部征求有关省市对南水北调工程规划意见,陕西省以陕政函〔2002〕32 号文向水利部提出了从汉江流域调水的请求。6 月水利部召开南水北调中线一期工程项目建议书审查会时,省计委、水利厅以陕计农经〔2002〕801 号文再一次向国家计委、水利部重申了为陕西省预留水量的请求。

2002 年 5 月　经过对多项调水线路组合方案的论证与比较研究,省水利厅选取了由东(引乾济石)、西(引红济石)、中(引汉济渭)三条调水线路,基本形成了省内南水北调工程的基本框架,并编制完成了《陕西省南水北调总体规划》。

2002 年 11 月 12 日　省水利厅向省政府上报关于国家南水北调中线方案规划与实施有关问题的建议。一是建议省政府成立"国家南水北调中线方案规划和实施陕西协调领导小组",协调解决南水北调规划中涉及陕西省的重大原则问题。二是建议省政府抽调有关方面的专家,由省政府研究室牵头,就国家南水北调中涉及陕西省的问题进行研究。三是抓好陕西省南水北调——引汉济渭的规划论证工作,并力争列入国家南水北调项目中,与国家南水北调中线项目一同实施,解决陕西省关中地区水资源严重短缺的问题。

2002 年 12 月　省水利厅咨询中心组织编制完成了《陕西省引汉济渭调水工程规划》。

2003 年 1 月 21 日　省长贾治邦做《政府工作报告》时明确提出:"坚持以兴水治旱为中心,抓好骨干水源工程建设……着手进行'引汉济渭'项目的前期工作。"

2003 年 6 月 3—5 日　省长贾治邦、副省长王寿森带领省级有关部门负责同志和工程技术人员赴宝鸡市、汉中市,实地考察省内南水北调"引红济石""引汉济渭"工程规划选址,并在汉中市召开南水北调考察汇报座谈会。会议要求,尽快成立省南水北调工程领导小组,统一负责规划的组织协调和骨干工程布局;会议责成省水利厅尽快启动引汉济渭调水工程的前期工作。

2003 年 6 月 26 日　省计委召开由省水利厅、交通厅、西汉高速公司等单位参加的专题会议,研究引汉济渭调水工程三河口水库与西汉高速公路布线矛盾问题,会议要求水利厅和交通厅分别研究提出避让方案报省计委。

2003 年 7 月 9 日　省水利厅向省政府专题报告,请求就引汉济渭调水工程三河口水库与西汉高速公路建设相关事项进行协调。报告申述了三河口水库选址的水文、地形、地质和利用价值等条件的不可替代性,恳请省计委协调,争取西汉高速公路做出局部调整,保留三河口水库建库条件,力争引汉济渭调水工程顺利立项,开工建设。

2003 年 8 月 13 日　省水利厅以陕水字〔2003〕62 号文向省政府上报关于引汉济渭工程前期工作总体安排意见和 2003 年工作计划的请示。

2003 年 11 月 20 日　受省水利厅副厅长、引汉济渭前期工作领导小组组长王保安委托,厅总工、引汉济渭前期工作领导小组副组长田万全主持召开引汉济渭前期工作领导小组第一次会议。

2003 年 12 月 1 日　省水利厅以陕水字〔2003〕96 号文向省政府报送关于省

内南水北调工程前期工作有关问题的请示。

2003年12月3日 省水利厅以陕水字〔2003〕97号文向省政府报送了关于引汉济渭调水工程三河口水库与西汉高速公路交叉问题的紧急请示,恳请省政府出面协调,使西汉高速与三河口水库交叉问题能够得到妥善解决,实现水利建设和高速公路建设的协调发展。

2003年12月29日 引汉济渭一期工程项建招标开标会正式举行。中水北方公司、辽宁省水电设计院、甘肃省水电设计院、陕西省水利水电勘测设计院、国电西北勘测设计研究院、铁道部第一设计院等参与了三河口水库、秦岭隧洞标段投标。

2004年2月6日 省政府决定成立以常务副省长陈德铭为组长、副省长王寿森为副组长,省政府办公厅、省水利厅、省计委、省财政厅、省国土资源厅、省交通厅、省环保局和安康市、汉中市主要负责人为成员的省内南水北调工程筹备领导小组,并以陕政办函〔2004〕16号文印发关于成立省内南水北调工程筹备领导小组的通知。

2004年2月13—16日 省计委召开引汉济渭调水工程三河口水库与西汉高速公路交叉协调论证会,建议公路局部改线。2月19日,省发改委主任办公会对专家论证结论进行了研究并取得了"保水改路"的意见,省交通厅对该意见表示同意。

2004年7月19日 陕西省政府以陕政字〔2004〕61号文向国务院报送关于南水北调中线工程中考虑陕西用水问题的请示,恳请国务院考虑陕西省作为国家南水北调中线工程的水源区和调出区,水源保护任务十分艰巨,需付出巨大代价,而关中地区缺水十分严重,近期无法从其他途径解决,从汉江调水条件优越、较为现实的实际情况,在批复国家南水北调中线工程时,近期能给陕西省留出20亿立方米水量调入渭河,在远期三峡工程向丹江口水库补水后,再适当增加入渭水量,以支持陕西省经济社会可持续发展和生态环境的改善。

2004年7月28日 省水利厅以陕水字〔2004〕48号文向长江水利委员会报送关于陕西省南水北调工程有关问题的请示,恳请长江水利委员会在汉江流域水资源配置中充分考虑陕西省关中地区严重缺水情况,为陕西省省内南水北调工程预留水量20亿立方米,以解决关中地区严重缺水的燃眉之急。

2004年12月31日 省长陈德铭主持召开2004年省政府第30次常务会议,决定在省水利厅内设负责引汉济渭工程前期工作的专门工作班子,并决定从2005年起,每年多渠道安排2800万元用于重大水利建设项目前期工作。

2005 年 8 月　省委、省政府在制定"十一五"发展规划时,省委书记李建国、分管副省长组织开展了全省水资源开发利用调研活动,提出了"五水齐抓""两引八库"的水利发展思路,其中的"两引"是指引红济石和引汉济渭。

2005 年 12 月 16 日　国务院以国函〔2005〕99 号文批准的《渭河流域重点治理规划》,明确将陕西省陕南地区汉江上游水量调入渭河流域关中地区的大型跨流域调水工程作为渭河治理的重要措施,要求加快做好项目前期工作,为建设引汉济渭工程提供了规划上的依据,后来国务院批准的《关中—天水经济区建设规划》要求加快建设引汉济渭工程。

2006 年 10 月　省水利厅审定通过《引汉济渭调水工程规划报告》。

2007 年

1 月 22 日　省发改委、省水利厅联合以陕发改农经〔2007〕42 号文向国家发改委、水利部报送关于上报陕西省引汉济渭调水一期工程项目建议书的请示。工程规划分两期实施,一期工程建设三河口水库和秦岭输水隧洞,实现从汉江支流子午河自流调水 5 亿立方米,施工总工期 47 个月,动态总投资为 64.4 亿元;二期工程建设汉江干流黄金峡水利水电枢纽、抽水泵站以及黄金峡至三河口水库输水工程。

4 月 29 日　省长袁纯清主持召开会议,专题研究引汉济渭调水工程建设问题。会议确定:一是按照实质性启动的要求制定好引汉济渭工程实施方案;二是多渠道筹集工程建设资金;三是年内启动准备工程建设;四是成立省引汉济渭工程协调领导小组及其工作机构,负责工程建设管理中重大问题的决策和协调。同时,责成省水利厅抽调精干力量组建专门的工作机构,负责工程的建设管理。

6 月 12 日　省政府决定成立引汉济渭工程协调领导小组。

6 月 15 日　省水利厅组建省引汉济渭工程协调领导小组办公室,厅长谭策吾任主任,副厅长田万全任副主任,将关中九大灌区更新改造世行项目办公室全体工作人员转入省引汉济渭办,并与从厅直系统抽调的同志组成综合、工程、技术、移民 4 个工作组。

7 月 25 日　省政府办公厅召集省发改委、水利厅、国土资源厅、林业厅、环保局等部门负责同志审查了引汉济渭前期准备工程征地拆迁补偿标准,并安排后续相关工作。同日,省发改委以陕发改农经〔2007〕937 号文批复了三河口水库勘探试验洞项目。

8月7日　省水利厅组建了以厅长谭策吾为组长、副厅长田万全为副组长的引汉济渭工程招标投标工作领导小组。

同日　经省政府同意,省政府办公厅下发了《引汉济渭前期准备工程涉及宁陕、佛坪、周至三县临时用地补偿有关问题的意见》。

8月24日　副省长张伟带领省水利厅主要负责人赴国家防总、水利部汇报工作。水利部部长陈雷召开专门会议听取了副省长张伟和省水利厅厅长谭策吾关于陕西省今年暴雨灾害和引汉济渭工程工作汇报。引汉济渭工程得到了水利部的关注和支持。

9月11—15日　省水利厅在西安召开引汉济渭工程项目建议书审查会。

9月12日　省长袁纯清带领省水利厅主要负责人赴水利部汇报工作。水利部部长陈雷表示,在近期考虑引汉济渭工程是现实可行的,项目建议书上报水利部后将尽快安排审查、将抓紧安排上会研究后向国家发改委报送审查意见。

9月28日　省委书记赵乐际带领省委办公厅、发改委、水利厅、农发办和汉中市委、市政府主要领导,检查引汉济渭准备工程建设情况。

11月15—19日　水利部水规总院在北京召开引汉济渭工程水资源配置规划技术咨询会。

11月23日　水利部部长陈雷视察三河口水库坝址,听取了省水利厅副厅长、引汉济渭办副主任田万全关于工程有关情况汇报并做指示。

同日　省库区移民办在西安主持召开三河口水利枢纽水库淹没及工程占地实物指标调查大纲审查会。

12月16—17日　水利部与陕西省人民政府在西安联合召开引汉济渭工程项目建议书论证咨询会议。

12月26日　省水利厅副厅长王保安主持召开会议,就引汉济渭工程前期工作及咨询意见落实进行了专题研究。

2008 年

1月24日　省水利厅副厅长田万全主持召开引汉济渭工程建设座谈会,与工程所在地佛坪、宁陕、周至县人民政府及有关部门负责人共同研究了加快推进和保障引汉济渭工程建设的具体措施。

2月18日　副省长洪峰召开会议研究引汉济渭工程相关事项。会议听取了省水利厅关于引汉济渭工程2007年工作情况和2008年工作安排意见的汇报,研究了前期工作及准备工程建设有关问题。

2月19日　由中铁二十二集团第四工程有限公司承建的三河口勘探试验洞工程顺利贯通。

3月20日　省政府以陕政函〔2008〕37号文印发《关于调整部分省政府议事机构和临时机构主要负责人的通知》。通知明确:省引汉济渭工程协调领导小组,组长由副省长洪峰兼任,副组长由副省长姚引良兼任;撤销省内南水北调工程筹备领导小组。

4月8日　省水利厅副厅长田万全在汉中市主持召开了引汉济渭工程有关库区移民安置规划工作协调会议。

4月9日　水利部原部长、全国人大农经委主任杨振怀视察引汉济渭工程,给予了充分肯定和赞誉。

4月15—16日　副省长洪峰到引汉济渭工程工地调研。

4月19—21日　水利部水规总院在北京主持召开《引汉济渭工程项目建议书阶段调水规模专题报告》技术讨论会。

4月26日　省水利厅副厅长田万全在西安主持召开引汉济渭工程筹融资方案座谈会。

7月7日　省引汉济渭办在西安主持召开引汉济渭工程水库移民安置规划工作会议。会议要求年底前全面完成移民安置规划报告编制任务,确保引汉济渭前期工作有序推进。

8月10日　省水利厅党组召开引汉济渭工程专题会议,研究通过了经修改完善的引汉济渭工程建设筹融资方案。

8月11日　省长袁纯清主持召开省政府常务会议,审定并原则通过了《引汉济渭工程基本情况及建设资金筹措方案》。

8月12日　省水利厅在西安市召开西汉高速公路佛坪连接线永久改线工程可行性研究报告审查会。

9月19日　秦岭输水隧洞2号勘探试验洞工程施工和建设监理招标开标会在西安召开。

10月23日　省文物局批复《陕西省引汉济渭工程文物影响评估报告》。

10月24日　省水利厅在西安召开大河坝至汉江黄金峡道路工程初步设计审查会。

11月1日　秦岭输水隧洞2号勘探试验洞工程正式开工建设。

12月18日　副省长洪峰在省政府召开专题会议,听取省水利厅关于《引汉济渭 2008 年工作情况及 2009 年实施计划》的汇报。

12 月 23—28 日　水利部水规总院在北京召开引汉济渭工程项目建议书技术审查会。

2009 年

1 月 13 日　省引汉济渭办组织召开三河口勘探试验洞工程完工验收会议。三河口勘探试验洞工程是 2007 年开工建设的 5 项前期准备工程的第一个验收项目。

2 月 12 日　省委常委、副省长洪峰主持召开省引汉济渭工程协调领导小组第二次全体成员会议,专题研究引汉济渭工程建设有关问题。

4 月 3 日　省环境保护厅以陕环批复〔2009〕169 号文批复西汉高速佛坪连接线永久改线工程环境影响报告书;以陕环批复〔2009〕170 号文件批复大河坝至汉江黄金峡交通道路工程环境影响报告书。

4 月 8 日　省政府委托省水利厅在西安市组织召开引汉济渭工程环境影响评价公众参与座谈会。

4 月 21—23 日　省水利厅在西安组织召开《陕西省引汉济渭工程大河坝基地建设初步设计》《秦岭隧洞 1 号、3 号、6 号勘探试验洞设计》《大河坝至黄金峡供电工程初步设计》审查会。

5 月 4 日　水利部水规总院以水总设〔2009〕385 号文将陕西省引汉济渭工程项目建议书审查意见报送水利部。

5 月 5 日　省引汉济渭工程协调领导小组组长、副省长洪峰带领省级有关部门负责同志到引汉济渭办检查指导工作。

6 月 12 日　大河坝至汉江黄金峡交通道路工程施工和建设监理招标开标会在西安召开。

6 月 20—22 日　水利部水规总院会同省库区移民办在西安主持召开引汉济渭工程三河口水库和黄金峡水库建设征地移民安置规划大纲审查会议。

6 月 23 日　秦岭 1 号、3 号、6 号试验洞工程施工和建设监理招标开标会在西安召开。省发改委、财政厅及水利厅规计处、建管处、监察室等有关处室负责人和各投标人代表参加了开标会。

7 月 6 日　水利部以水规计〔2009〕355 号文将引汉济渭工程项目建议书审查意见报送国家发改委,标志引汉济渭工程审批立项工作取得重大进展。

7月7日　引汉济渭工程可研勘测设计合同签字仪式在西安举行。省水利厅副厅长、引汉济渭办常务副主任田万全与省水电设计研究院、铁道部第一设计研究院等设计单位负责人分别签订了《引汉济渭秦岭隧洞工程可行性研究报告》和《引汉济渭工程可行性研究报告》可研勘测设计合同。同日,田万全还与施工、监理等单位签订了引汉济渭工程秦岭1号、3号、6号勘探试验洞施工合同。

7月15—16日　引汉济渭秦岭特长隧洞设计方案论证会在西安召开。

7月30日　秦岭6号试验洞工程开工典礼在岭北施工现场举行。

8月20日　引汉济渭工程大河坝基地(一期)建设施工和监理招标会仪式在西安举行。

8月24日　省水利厅副厅长洪小康主持召开会议,专题研究了引汉济渭工程项目建议书阶段前期工作有关事项。

9月23日　省水利厅召开《引汉济渭工程水库坝址河段水文监测实施方案》《引汉济渭工程施工期通信系统一期工程初步设计》审查会。

9月25日　省水利厅召开《引汉济渭工程秦岭隧洞弃渣场设计方案》技术论证会。

10月10日　省水利厅厅长、省引汉济渭办主任谭策吾在引汉济渭办全体职工大会上宣布省江河局局长蒋建军任引汉济渭工程协调领导小组办公室副主任。

10月13—15日　引汉济渭办副主任蒋建军赴施工现场实地调研、检查引汉济渭前期准备工程建设。

10月16日　引汉济渭可研阶段工程地质成果咨询会在西安召开。

10月19—23日　长江科学院副院长兼总工仲志余带领长江水利委员会水政水资源局、长江科学院一行5人来陕西开展汉江流域水量分配前期调研工作。

10月23日　省引汉济渭办召开全体职工大会,宣布成立引汉济渭工程现场工作部。

10月27—30日　省水利厅厅长、引汉济渭办主任谭策吾在副主任蒋建军陪同下,带领厅有关处室负责人一行实地检查了引汉济渭前期准备工程施工进展情况。

11月3日　省委常委、副省长、引汉济渭工程建设协调领导小组组长洪峰带领省水利厅、省引汉济渭办负责同志赴武汉,与长江水利委员会、湖北省水利厅座谈,征求对陕西省引汉济渭工程的意见,寻求湖北省对引汉济渭工程的理解与支持。

11月6—13日　受国家发改委委托,中国国际工程咨询公司在西安主持召开陕西省引汉济渭工程项目建议书评估会议。

11月24日　在引汉济渭项目建议书通过中咨公司第一阶段评估后,省委常委、副省长洪峰带领省政府、发改委、水利厅和引汉济渭办相关负责同志赴北京向国家发改委汇报。

12月7—10日　引汉济渭工程可行性研究阶段测绘成果和地质成果验收会在西安召开。省引汉济渭办、省水电设计院、铁一院及特邀专家共30余人参加会议。

12月10日　陕西省机构编制委员会以陕编发〔2009〕22号文批复同意组建省引汉济渭工程协调领导小组办公室,明确为省水利厅管理的副厅级事业单位;内设综合处、规划计划处、工程建设管理处、移民与环保处、财务审计处5个机构;核定人员编制45名,其中主任1名(厅长兼任,不占编制),常务副主任和副主任各1名(副厅级),总工程师1名(副厅级),处级领导职数13名。

12月19—21日　中国国际工程咨询公司在北京对引汉济渭工程项目建议书补充报告进行复评。

12月24—25日　引汉济渭办在西安召开岭南、岭北道路工程合同工程、单位工程完工验收会议。

2010年

1月7日　省水利厅以陕水任发〔2010〕1号文任命张克强为引汉济渭办主任助理、副总工程师,王寿茂为引汉济渭办主任助理、综合处处长,靳李平为引汉济渭办副总工程师、移民与环保处处长,严伏朝为引汉济渭办规划计划处处长(试用期1年),周安良为引汉济渭办工程建设管理处处长(试用期1年),曹明为引汉济渭办综合处副处长(试用期1年),李绍文为引汉济渭办综合处副处长(试用期1年),田伟为引汉济渭办规划计划处副处长(试用期1年),李丰纪为引汉济渭办工程建设管理处副处长(试用期1年),刘宏超为引汉济渭办移民与环保处副处长,李永辉为引汉济渭办财务审计处副处长,葛雁为引汉济渭办财务审计处副处长(试用期1年)。

1月21日　省引汉济渭工程协调领导小组组长、副省长洪峰主持召开领导小组第三次会议,专题研究引汉济渭工程建设有关问题,安排部署2010年工作,确定年度项目实施计划。

2月3日　引汉济渭工程可行性研究报告编制工作座谈会在西安召开。

2月20日　省引汉济渭办主任办公会决定从3月5日起启用"陕西省引汉济渭工程协调领导小组办公室现场工作部"印章。现场工作部作为引汉济渭办的派出机构,履行省引汉济渭办基本职责,处理现场工程、环境保障等方面的问题。

3月1—3日　引汉济渭工程征地拆迁和移民安置准备工作座谈会在西安召开。

3月11日　省水利厅在西安主持召开引汉济渭工程秦岭隧洞出口与受水区控制高程技术论证会。

3月21日　省库区移民办在西安组织召开引汉济渭工程移民安置试点临时控制补偿标准论证会议。

4月12日　省引汉济渭办副主任蒋建军带领有关处室负责人赴北京与中国水利水电科学研究院专家学者就引汉济渭工程面临的关键技术问题进行座谈。

4月23日　省水利厅在西安组织召开引汉济渭工程秦岭输水隧洞出口与受水区控制高程技术论证收口会。会议确定秦岭输水隧洞出口高程和受水区控制高程为510米。

4月25日　陕西省库区移民工作领导小组办公室在西安组织召开了引汉济渭移民集中安置试点工程初步设计审查会议,原则同意初步设计方案。

5月11日　中国国际工程咨询公司以咨农发〔2010〕278号文向国家发改委报送了引汉济渭工程项目建议书咨询评估报告。

5月19日　省委常委、副省长洪峰带领省水利厅副厅长洪小康、引汉济渭办副主任蒋建军及省发改委有关负责同志专程到国家发改委汇报陕西省引汉济渭工程前期工作,促请国家发改委尽快审批引汉济渭工程项目建议书。

5月21日　省环境评估中心在西安主持召开《秦岭隧洞6号勘探试验洞工程环境影响报告书》和《秦岭隧洞7号勘探试验洞工程环境影响报告书》技术评估会。

5月24日　省林业厅在西安组织召开《引汉济渭工程对秦岭四个自然保护区影响评价报告》评审会。

6月1日　省引汉济渭办举行干部任职宣布大会。省水利厅副厅长管黎宏宣读省委组织部任命决定:任命洪小康为省引汉济渭工程协调领导小组办公室主任,蒋建军为省引汉济渭工程协调领导小组办公室常务副主任。

6月4日　《陕西省引汉济渭秦岭特长隧洞施工通风方案研究阶段成果》在中铁第一勘察设计院召开评审会。

6月8—9日　省水利厅副厅长、引汉济渭办主任洪小康赴武汉市与湖北省水利厅沟通,寻求共同破解引汉济渭工程立项障碍。

6月18日 省水利厅副厅长、引汉济渭办主任洪小康主持召开会议,专题研究引汉济渭工程项目可行性研究阶段成果咨询事项。

6月21日 省库区移民办在西安主持召开《引汉济渭工程三河口水库移民安置试点工作规划报告》审查会议。

7月7日 引汉济渭工程三河口水库移民安置试点工作动员会在西安召开。

7月7—11日 水利部水规总院江河水利水电咨询中心在西安召开《陕西省引汉济渭工程可行性研究报告》技术咨询会。

7月30日 省水利厅副厅长洪小康召开专题会议,研究引汉济渭工程可行研究报告修改完善工作。

8月12日 省水利厅在西安主持召开秦岭隧洞7号勘探试验洞设计技术审查会。

8月13日 省水利厅在西安主持召开引汉济渭工程受水区输配水工程规划工作大纲技术审查会。

8月17—19日 省引汉济渭办常务副主任蒋建军赴北京向国家发改委、水利部有关部门及领导汇报引汉济渭工作,并就7月31日至8月2日水利部、国家发改委、国务院南水北调办联合开展汉江流域水资源开发调研后有关情况,与调研组组长、水利部副总工程师庞进武和水利部调水局分别进行了座谈。

8月24日 引汉济渭三河口水库移民安置试点工程监督评估开标会议在西安召开。

9月2日 省水利厅副厅长、引汉济渭办主任洪小康主持召开引汉济渭工程受水区输配水工程规划工作座谈会。

9月13—20日 黄河水利委员会就引汉济渭工程与黄河干流水权置换和陕北地区从黄河取水问题来陕西进行专题调研。

9月17日 副省长姚引良带领省政府办公厅、省发改委等部门负责人专程到省引汉济渭办检查指导工作。

9月29日 省水利厅副厅长、省引汉济渭办主任洪小康在引汉济渭办主持召开干部大会,省水利厅副厅长管黎宏宣读了陕西省委组织部关于任命水利厅供水处原处长杜小洲担任引汉济渭办副主任的通知。

10月22日 省引汉济渭办在西安召开《引汉济渭工程关键技术研究计划》成果验收会。

10月25日 省水利厅在西安召开引汉济渭工程近期建设实施方案技术讨

论会。

10月26日　省水利厅在西安主持召开引汉济渭工程1号、2号、3号、6号勘探试验洞延长段设计审查会。

10月29日　省引汉济渭办在西安召开陕西省引汉济渭工程博物馆可行性研究报告审查会。

11月4日　省水利厅以陕水建发〔2010〕225号文批复引汉济渭工程施工期信息管理系统(一期)工程招标实施方案。

同日　省交通厅就西汉高速公路佛坪连接线永久改线工程建设资金拨付有关问题以陕交函〔2010〕818号文复函省引汉济渭办,同意将项目建设的启动资金拨付给汉中市交通运输局,建设事宜由汉中市交通运输局商佛坪县人民政府办理。

11月5日　省引汉济渭办在西安召开引汉济渭工程信息化系统总体设计评审会,形成了评审意见。

11月16—18日　省水利厅副厅长、引汉济渭办主任洪小康,引汉济渭办副主任杜小洲一行赴京,分别拜访水利部部长陈雷以及规计司、水资源司、国科司等有关部门负责人,汇报引汉济渭工程前期工作开展情况,寻求指导和支持。

12月8日　引汉济渭施工期信息管理系统(一期)工程招标会在西安召开。黄河勘测规划设计有限公司、西安迪飞科技有限责任公司、陕西颐信网络科技有限责任公司、郑州天诚信息工程有限公司、西安煤航信息产业有限公司等13家单位到会竞标。

同日　省委副书记王侠就联系的引汉济渭工程专门听取工作汇报并做指示。

12月9日　西汉高速公路佛坪连接线永久性改线工程在佛坪县大河坝镇隆重开工。

同日　省引汉济渭工程协调领导小组组长、副省长姚引良主持召开领导小组第四次会议,专题研究引汉济渭工程建设有关问题。

12月21日　在全国农村经济会议间隙,副省长姚引良到国家发改委拜访副主任杜鹰,汇报引汉济渭工程前期工作,促请加快审批引汉济渭工程项目建议书。

12月24日　引汉济渭移民试点工程佛坪县大河坝移民集中安置点建设项目开工仪式在大河坝镇举行。

2011 年

1月11—14日　为加快前期工作步伐,省水利厅副厅长、省引汉济渭办主任洪小康、常务副主任蒋建军带领相关同志分赴北京、武汉,就争取项目建议书尽快得到国家批复、衔接可研报告咨询、继续协调湖北省意见等事宜,专程拜访国家发改委农经司,水利部规计司、水利部水规总院、移民局、调水局及长江水利委员会和湖北省水利厅等单位和部门,汇报工作进展情况,沟通、协调有关意见,以争取项目建议书尽快得到批复。

2月18日　省水利厅在西安主持召开《引汉济渭工程秦岭隧洞出口勘探试验洞初步设计》技术审查会。

3月3日　省委书记赵乐际带领省级有关部门负责人与水利部就进一步深化合作、加快水利改革发展在北京举行会谈。水利部党组书记、部长陈雷表示水利部将继续与国家发改委沟通协调,争取尽快批复引汉济渭项目建议书。

3月7—10日　水利部水规总院在西安市召开会议,对引汉济渭工程可行性研究报告(初稿)进行全过程技术咨询。

3月16日　《中华人民共和国国民经济和社会发展第十二个五年规划纲要》发布,明确要求加快推进陕西引汉济渭等调水工程前期工作。引汉济渭工程进入全国"十二五"规划纲要,为项目建议书获得国家批准提供了最重要依据。

3月25日　省委副书记王侠调研引汉济渭工程三河口水库枢纽现场。

3月29日　引汉济渭工程移民实物指标数据库及信息管理系统项目验收会议在西安召开。

4月8日　秦岭隧洞7号勘探试验洞工程在西安开标。共有20家施工和监理单位递交了投标文件,参与了工程竞标。

4月21日　《引汉济渭工程秦岭隧洞精密平面控制网测量》项目验收会在西安召开。

4月26—27日　省人大常委会副主任吴前进到引汉济渭工程现场进行调研。

5月7日　引汉济渭工程泵站水泵选型方案咨询交流会在西安召开。

5月13—15日　省水利厅在西安主持召开《引汉济渭调水工程秦岭隧洞总体设计》审查会。

5月15—16日　省水利厅在西安主持召开《引汉济渭工程秦岭隧洞1号、2号、3号、6号勘探试验洞主洞试验段设计》审查会。

5月29日　省引汉济渭办在西安召开秦岭隧洞2号勘探试验洞施工围岩变形监测、测试试验、围岩参数反演及动态设计优化专项研究验收会。

6月9日　副省长祝列克在北京出席会议期间,走访国家发改委,向国家发改委副主任杜鹰汇报引汉济渭及渭河治理工作。

6月10日　秦岭 7 号勘探试验洞工程正式开工建设。

6月19—20日　引汉济渭工程三河口水利枢纽施工组织设计专题论证会在西安召开。

6月21日　陕西省人民政府与湖北省人民政府签订"重点领域战略合作协议"。协议中明确:"引汉济渭工程的实施对陕西省具有重大战略意义,湖北对此表示理解和支持,并按照国家的协调意见,配合陕西做好项目建设工作"。

7月5日　引汉济渭工程秦岭隧洞(越岭段)3 号勘探试验洞主洞 TBM 试验段初步设计和引汉济渭工程秦岭隧洞(越岭段)6 号勘探试验洞主洞 TBM 试验段初步设计审查会议在西安召开。

7月13日　副省长祝列克召开专门会议,听取省水利厅关于引汉济渭工程进展情况汇报,并对近期工作和有关问题做出了指示。

7月21日　国家发改委以发改农经〔2011〕1559 号文批复引汉济渭工程项目建议。

7月22日　省发改委、省水利厅在西安联合召开引汉济渭工程可行性研究报告省内初审会议。

7月29日　省发改委、省水利厅以陕发改农经〔2011〕1347 号文向国家发改委、水利部报送《关于上报陕西省引汉济渭工程可行性研究报告的请示》。

8月1日　省水利厅在西安召开会议,对《引汉济渭受水区输配水工程规划报告》进行审查。

8月2日　水利部水规总院在北京召开引汉济渭工程建设征地移民安置规划大纲复审会。

8月9日　省政府召开会议,专题研究重大水利项目建设和省水利厅直属机构整合问题。会议确定:将引汉济渭工程协调领导小组办公室改设为省引汉济渭工程建设局、省引汉济渭工程建设总公司,实行两块牌子、一套人马,总公司作为项目法人,承担工程融资、建设、管理、运营以及输配水管网建设运营等职能。

8月17—21日　受水利部委托,水利部水规总院在西安主持召开了陕西省引汉济渭工程可行性研究报告审查会。

9月7日　水利部和陕西省人民政府联合批复了《引汉济渭工程建设征地移民安置规划大纲》(水规计〔2011〕461 号)。

同日　受省发改委委托,陕西省投资评审中心在西安召开秦岭隧洞(越岭段)出口勘探试验洞工程设计报告评审会,同意项目通过评审。

9月13日　省政府召开 2011 年第 17 次省政府常务会议,会议听取了省水利厅关于引汉济渭工程建设管理体制有关问题的汇报,同意成立引汉济渭工程建设总公司,与省引汉济渭工程协调领导小组办公室合署办公,总公司由省国资委监管,业务由省水利厅管理。

9月27日　水利部副部长李国英在省水利厅厅长王锋陪同下,视察了引汉济渭工程。

9月29日　省水利厅副厅长、引汉济渭办主任洪小康在西安主持召开《引汉济渭工程水价调整、资金筹措、管理体制与运行机制研究》评审验收会。

10月9日　环境保护部在北京组织召开汉江上游干流(陕西段)水电开发环境影响回顾性研究报告讨论会。

10月11—13日　水利部水规总院在西安组织召开引汉济渭工程移民安置规划农村居民点及防护工程设计审查会。

10月15日　由中铁十七局集团、中国葛洲坝集团承建的大河坝至汉江黄金峡交通道路工程4.2千米的大坪隧道顺利贯通。

11月9日　秦岭输水隧洞(越岭段)出口勘探试验洞工程在西安公开开标。经严格评审,评标委员会推荐中铁十七局为施工标第一中标候选人、湖北长峡工程建设监理有限公司为监理标第一中标候选人。

11月9—10日　省水利厅在西安组织召开《引汉济渭三河口水利枢纽前期准备工程初步设计》技术审查会。

11月11日　省水利厅在西安组织召开《引汉济渭工程秦岭隧洞(越岭段)椒溪河、0号、0-1号工区勘探试验洞》技术审查会。

11月12日　省水利厅在西安组织召开《引汉济渭工程对汉江西乡段国家级水产种质资源保护区影响评价专题论证报告》评审会。省引汉济渭办、省渔业局、汉中市水利局、西乡县渔政站等单位的代表参加了会议。

12月6日　副省长祝列克在省水利厅厅长王锋、省政府副秘书长胡小平、西安市副市长张宁陪同下,赴周至县楼观镇上黄池村黄池沟口,检查引汉济渭工程建设动员大会筹备情况。

12月8日　引汉济渭工程建设动员大会在西安市周至县黄池沟口举行。

12月10日　引汉济渭工程初步设计在西安开标。经评标委员会评议,引汉济渭工程招标领导小组确认,分别由陕西省水电设计院、长江勘测设计公司、黄河勘测设计公司、中铁第一勘测设计公司承担引汉济渭三河口、黄金峡水库枢纽和输水隧洞的勘测设计任务。

12月12—14日　水利部长江水利委员会在武汉分别主持召开引汉济渭工程

建设规划论证报告、黄金峡水利枢纽防洪评价报告、水资源论证报告审查会。

12月22日　农业部在北京组织召开引汉济渭工程建设对汉江上游西乡段国家级水产种质资源保护区影响专题报告审查会。

12月23日　引汉济渭工程勘察设计合同及秦岭隧洞出口段勘探试验洞工程合同正式签订。省引汉济渭办常务副主任蒋建军分别与省水电设计院、长江勘测设计公司、中铁一院集团公司、黄河勘测设计公司签订了工程勘察初步设计合同，与中铁十七局、湖北长峡监理公司签订了秦岭隧洞出口段施工和监理合同。

12月30日　引汉济渭秦岭隧洞 TBM 施工段工程施工、监理开标会在西安召开。

2012 年

1月10日　水利部水规总院以水总设〔2012〕33号文向水利部报送《关于陕西省引汉济渭工程可行性研究报告审查意见的报告》，同意该可研报告上报水利部审定。

1月13日　省引汉济渭工程协调领导小组组长、副省长祝列克主持召开领导小组第五次会议，专题研究引汉济渭工程建设有关问题。

2月9日　省水利厅副厅长、省引汉济渭办主任洪小康主持召开引汉济渭工程勘测设计工作专题会议。

2月13日　农业部渔业局以农渔资环便〔2012〕19号文《关于落实陕西省引汉济渭工程对汉江西乡段国家级水产种质资源保护区影响措施报告的复函》回复省引汉济渭办，原则同意报告提出的基本结论和渔业资源与生态补偿措施，同意报告的主要内容和结论纳入环评报告。

2月14日　省引汉济渭办组织召开秦岭隧洞 TBM 设备招标工作组会议。

2月15日　省引汉济渭办常务副主任蒋建军主持召开引汉济渭工程初步设计工作第一次联席会议。

2月21—22日　省政协主席马中平带领驻陕全国政协委员视察引汉济渭工程，了解工程进展情况和需要帮助解决的问题。

2月28日　水利部水规总院以水总环移〔2012〕161号文向水利部报送《引汉济渭工程水土保持方案报告书审查意见》。

2月29日　引汉济渭工程可研报告通过水利部部长办公会研究审定。

同日　省引汉济渭办常务副主任蒋建军主持召开专题会议。会议研究决定成立"陕西省引汉济渭工程协调领导小组办公室岭南现场工作部和岭北现场工作部",隶属引汉济渭办直接领导。

3月1日　省环保厅在西安召开引汉济渭秦岭隧洞6号、7号勘探试验洞施工区环保治理工程初步设计技术审查会议。

3月15日　省引汉济渭办在西安主持召开秦岭输水隧洞地下水环境影响评价专题报告咨询会。

3月23日　秦岭隧洞TBM设备在北京公开开标,有罗宾斯、维而特、海瑞克、SELI四家单位分别递交了岭南、岭北设备投标文件。

3月29日　长江水利委员会以长许可〔2012〕52号文签发陕西省引汉济渭工程建设规划同意书。

3月30日　国家发改委以发改投资〔2012〕565号文安排引汉济渭工程可行性研究项目前期工作中央预算内资金400万元。该笔资金是引汉济渭工程首次获得国家预算内资金,标志着引汉济渭工程建设正式列入国家投资计划。

4月5日　水利部以水规计〔2012〕134号文将引汉济渭工程可行性研究报告审查意见报送国家发改委。

4月5—8日　省水利水电工程咨询中心在西安召开《陕西省引汉济渭三河口水利枢纽工程施工总体布置及主体工程施工方案专题报告》咨询评估会议。

4月11日　引汉济渭工程秦岭隧洞岭北施工区域施工期水量水质预测与分析评价报告技术评审会在西安召开。

4月17日　省引汉济渭办邀请陕西省水利系统从事规划前期工作的部分离退休老领导、老专家召开引汉济渭规划资料整编座谈会,部署引汉济渭规划资料整编工作。

4月20日　水利部以水规计〔2012〕171号文将引汉济渭工程建设征地移民安置规划报告审核意见报送国家发改委。

5月7日　秦岭隧洞越岭段安全监测设计初步审查会在西安召开。

5月8日　水利部以水保函〔2012〕128号文批复《引汉济渭工程水土保持方案》。

同日　秦岭隧洞椒溪河、0号、0-1号勘探试验洞工程开标会在西安召开。椒溪河试验洞施工标有31个单位递交了投标文件,监理标有5个单位递交了投标文件;0号试验洞施工标有27个单位递交了投标文件,监理标有5个单位递交了投标文件;0-1号试验洞施工标有28个单位递交了投标文件,监理标有5个单位递交了投标文件。

5月16日　省环保厅、省引汉济渭办在西安共同召开《秦岭隧洞6、7号勘探试验洞施工区环保治理工程初步设计》技术复审会。

6月1日　秦岭隧洞椒溪河、0号、0-1号勘探试验洞工程合同签字仪式在西安举行。省引汉济渭办分别与中国水电建设集团十五工程局有限公司、中铁五局(集团)有限公司、中铁十七局集团有限公司及上海宏波工程咨询管理有限公司、陕西省水利工程建设监理有限责任公司、陕西大安工程建设监理有限责任公司签订了秦岭隧洞椒溪河、0号、0-1号勘探试验洞工程施工和监理合同协议书。

6月8日　秦岭隧洞(越岭段)1号、2号、3号、6号勘探试验洞主洞延伸段工程在西安开标。秦岭1号、2号、3号、6号勘探试验洞主洞延伸段工程施工标分别有11家、15家、12家单位,监理标分别有4家、5家、5家单位递交了投标文件。

6月11—15日　受国家发改委委托,中国国际工程咨询公司在西安组织召开引汉济渭工程可行性研究报告评估会议,同意引汉济渭工程可研报告通过评审。

6月13日　秦岭输水隧洞岭北TBM设备采购合同签字仪式在西安举行。省引汉济渭办、秦岭输水隧洞岭北TBM段施工单位及TBM设备购买方中铁十八局、TBM设备采购中标方广州海瑞克、TBM设备技术支持方德国海瑞克签订了相关合同。

6月18日　长江水利委员会以长许可〔2012〕105号文批复《引汉济渭工程黄金峡水利枢纽防洪影响评价报告》。

6月20日　省引汉济渭办常务副主任蒋建军主持召开引汉济渭工程可研报告修改安排部署会议,要求7月5日前完成全部可研报告的修改完善工作。

6月21日　副省长祝列克一行拜访国家环境保护部,协调引汉济渭工程环境影响评价报告审批事项。当日,国家环境保护部以环评受理〔2012〕0621003号文受理了《陕西省引汉济渭工程环境影响评价报告书》。

6月26日　水利部水规总院江河水利水电咨询中心在西安召开引汉济渭工程秦岭隧洞(越岭段)初步设计报告技术咨询会议。

6月28—29日　省引汉济渭办在西安召开引汉济渭工程移民安置规划设计咨询会议。

6月30日至7月1日　省库区移民办在西安主持召开引汉济渭工程马家沟等5个移民集中安置点初步设计审查会议。

7月1日　陕西大安工程建设监理有限责任公司向施工单位中铁十八局下发开工令,秦岭5号勘探试验洞工程正式开工建设。

7月9—13日　受环境保护部委托,环境保护部环境工程评估中心在西安召开引汉济渭工程环境影响报告书技术评估会议。

7月18—20日　水利部水规总院江河水利水电咨询中心在北京组织召开《陕西省引汉济渭工程三河口水利枢纽初步设计报告》技术咨询会议。

7月31日　陕西省水利工程建设监理有限责任公司向施工单位中铁五局下发开工令,秦岭0号勘探试验洞工程正式开工建设。

8月8—9日　省人大常委会副主任吴前进一行到引汉济渭工程建设现场进行调研。

8月13日　经过中铁十七局和中铁二十二局集团公司日夜奋战,秦岭输水隧洞1号、2号勘探试验洞精确贯通,标志着引汉济渭秦岭输水隧洞在大埋深超长隧洞控制测量技术上取得了重大突破,检验了引汉济渭工程统一高程控制网测量成果。

8月24日　陕西大安工程建设监理有限责任公司向施工单位中铁十七局下发开工令,秦岭0-1号勘探试验洞工程正式开工建设。

同日　中国国际咨询公司在北京召开陕西省引汉济渭工程节能评估报告评审会。引汉济渭办主任洪小康及省引汉济渭办、省水电设计研究院有关负责人和代表参加了评审会。

8月26日　省水利厅厅长王锋调研引汉济渭工程建设一线。

9月24—25日　省住房和城乡建设厅在西安组织召开陕西省引汉济渭工程建设项目选址审查会。

9月25—27日　省十一届人大常委会第三十一次会议听取了副省长祝列克关于引汉济渭工程建设情况的报告,审议通过了《关于引汉济渭工程建设的决议》。

9月27日　省水利厅在西安组织召开陕西省引汉济渭三河口水利枢纽施工准备工程规划报告审查会,基本同意该规划报告通过审查。

9月29日　中国国际工程咨询公司以咨农发〔2012〕2512号文向国家发改委报送了引汉济渭工程(可行性研究报告)的咨询评估报告。

10月10日　凌晨5时30分,位于周至县辖区秦岭腹地,承担引汉济渭秦岭输水隧洞6号勘探试验洞施工的中铁十八局工程项目部生活营地,一栋用彩钢板搭建的三层临时职工宿舍突发火灾,造成13名施工人员遇难、25人受伤。

10月23日　省水利厅党组成员、巡视员,引汉济渭办主任洪小康主持召开引汉济渭副处级以上干部会议,就工程质量与生产安全进行再安排再部署。

10月24—27日　水利部江河水利水电咨询中心在西安组织召开《陕西省引

汉济渭工程黄金峡水利枢纽初步设计报告》《陕西省引汉济渭工程秦岭输水隧洞黄三段初步设计报告》以及《陕西省引汉济渭工程初步设计总报告阶段成果》技术咨询会议。至此,引汉济渭工程四大主要部分的初步设计报告已全部完成技术咨询。

11月2日　省引汉济渭办在西安召开引汉济渭前期准备工程质量与生产安全管理工作会议。

11月13—17日　环境保护部环评司组织环境保护部评估中心、中国电力建设集团有限公司、中国水电顾问集团西北勘测设计研究院、北京院等相关单位有关同志对汉江陕西段及引汉济渭工程环境影响进行现场调研。

11月15日　水利部以水资源函〔2012〕358号文将引汉济渭工程环境影响报告书预审意见报送环境保护部。

11月21—22日　水利部副部长蔡其华到引汉济渭工程现场调研。

11月22日　上海宏波工程咨询管理有限公司向施工单位中水十五局下发开工令,椒溪河勘探试验洞工程正式开工建设。

12月13日　国家林业局野生动植物保护与自然保护区管理司在北京召开引汉济渭工程对野生动植物及其栖息地影响专题论证会。

12月19日　省政府以陕政函〔2012〕227号文批复同意成立引汉济渭工程建设有限公司。

12月25日　环境保护部在北京主持召开《汉江上游干流梯级开发环境影响回顾性评价研究报告》专家论证会。

12月26日　中国国际咨询公司以咨环资〔2012〕3261号文向国家发改委报送引汉济渭工程节能评估报告的咨询评估报告。

12月28日　三河口水利枢纽左岸上坝道路及下游交通桥工程开标会在西安召开。共有9家施工单位、3家监理单位递交了投标文件。

2013 年

1月5日　陕西省引汉济渭工程建设项目选址意见书通过省住房和城乡建设厅审核,并核发了中华人民共和国建设项目选址意见书(选字第610000201200091号)。

同日　环境保护部以环法〔2013〕1号文对陕西省引汉济渭工程违反环评制度案向省引汉济渭办下达行政处罚决定书。

1月7日　省引汉济渭办对外发布新闻统稿,诚恳接受环境保护部行政处罚决定。

2月23日　省引汉济渭办在西安举办引汉济渭工程安全生产培训班。省水利厅安监处负责同志就安全生产工作的形势进行了分析讲解,各参建单位项目负责人参加了培训。

2月26日　省政府办公厅以陕政办发〔2013〕10号文印发省政府《2013年度立法计划的通知》,将《陕西省引汉济渭供水工程建设管理条例》列入需要抓紧研究、待条件成熟时上报审议的立法项目。

同日　省引汉济渭办在西安召开秦岭隧洞6号、7号勘探试验洞施工区环保治理工程开标会。

3月8—9日　省引汉济渭办、省库区移民办在佛坪县召开引汉济渭工程建设征地移民安置联席会议。

3月8—10日　水利部水规总院江河水利水电咨询中心在西安召开会议,对引汉济渭工程初步设计阶段有关专题成果进行技术咨询。

3月11日　省引汉济渭办、省库区移民办联合在宁陕县召开引汉济渭工程建设征地移民安置联席会议。

3月22日　长江水利委员会以长许可〔2013〕66号文批复《陕西省引汉济渭工程水资源论证报告书》。

3月25日　省发改委以陕发改农经函〔2013〕221号文批复同意《引汉济渭三河口水利枢纽前期准备工程总体规划》。

3月28日　副省长祝列克主持会议,专题研究重大水利工程建设资金筹措等问题。

4月8日　省审计厅在引汉济渭办召开审计进点会,安排部署引汉济渭工程2013年度跟踪审计工作。

4月19日　环境保护部以环办函〔2013〕425号文同意《汉江上游干流水电开发环境影响回顾性评价研究报告》。

5月3日　省水利厅以陕水发〔2013〕16号文转发《陕西省人民政府关于同意成立省引汉济渭工程建设有限公司的批复》。

5月10日　陕西省引汉济渭工程社会稳定风险评估报告评审会在西安召开。

5月20日　省水利厅厅长王锋主持会议,宣读省政府关于同意成立省引汉济渭工程建设有限公司的批复及杜小洲任省引汉济渭工程建设有限公司总经理的任命通知。

6月3—6日　中铁十八局、省引汉济渭办、广州海瑞克共同组成秦岭隧洞岭北 TBM 设备工厂验收工作组,按照秦岭隧洞岭北 TBM 设备采购合同及各方共同确认的验收大纲,对岭北 TBM 设备进行验收。

6月5日　省水利厅党组书记、厅长王锋主持厅党组会议,重温了党内监督有关文件,研究了省引汉济渭公司架构及人员配备事项,明确了引汉济渭公司的职能职责,省引汉济渭办受水利厅委托对引汉济渭公司实行日常管理。会议同意省引汉济渭公司下设综合管理部、计划合同部、财务审计部、人力资源部、工程技术部、安全质量部、移民环保部和大河坝分公司、黄池沟分公司,同意各部门临时负责人人选,并要求尽快到位开展工作。

6月8日　长江水利委员以长许可〔2013〕149 号文批复陕西省引汉济渭工程取水许可申请。

6月13—14日　环境保护部环境工程评估中心在北京召开会议,对补充修改后的引汉济渭工程环境影响报告书进行技术复核。

6月28日　省引汉济渭办以引汉济渭发〔2013〕58 号文向各参建单位转发《陕西省人民政府关于同意成立省引汉济渭工程建设有限公司的批复》的通知。明确从文件转发之日起,省引汉济渭公司作为引汉济渭工程的项目法人,负责引汉济渭工程建设管理,各参建单位与省引汉济渭办签订的合同中的甲方改由省引汉济渭公司负责履行职能。

同日　省引汉济渭办以引汉济渭发〔2013〕59 号文撤销岭南、岭北现场工作部,其工作职能转由省引汉济渭公司承担。同日,省引汉济渭公司首批注册资本 2 亿元到位。

7月10日　完成省引汉济渭公司验资,由陕西恩慈会计师事务所有限责任公司出具验资报告。

7月20日　陕西省政府以《陕西省人民政府关于保护汉江黄金峡库尾以上干流及相关支流有关意见的函》(陕政函〔2013〕132 号文)向环境保护部承诺将汉江干流黄金峡梯级库尾以上 249 千米天然河段及其支流沮水、漾家河、大双河、将军河作为鱼类栖息地进行保护,不再修建水电工程或其他拦河工程,并对已建工程尽快采取措施恢复河道连通。

7月29日　省国资委下发了《关于陕西省引汉济渭工程建设有限公司章程的批复》(陕国资改革发〔2013〕302 号),明确了公司的性质、权益、职责等。

7月30日　经双方签字确认,省引汉济渭办向省引汉济渭公司完成相关工作和资料移交。

7月31日　省引汉济渭公司通过省工商行政管理局审批,领取了企业法人营业执照。

8月2日　省引汉济渭公司通过省质量技术监督局审批,领取了组织机构代码证。

8月8日　省水利厅下发了《关于启用陕西省引汉济渭工程建设有限公司公章的通知》(陕水办法〔2013〕44号),使公司正常运行得到了保障。

8月9日　省引汉济渭公司总经理杜小洲参加2013年省重大科学技术难题攻关项目专家组论证会。会上,专家一致认为《引汉济渭工程安全生产关键技术研究项目》对引汉济渭调水工程的顺利实施具有积极的作用,建议列入省重大科学技术难题攻关项目,尽快组织招标实施。

8月22日　省引汉济渭公司、中铁隧道集团有限公司、罗宾斯(上海)地下工程设备有限公司、美国罗宾斯公司四方在省引汉济渭公司机关本部签订了引汉济渭秦岭隧洞岭南TBM设备采购合同。

8月27日　省国资委印发《关于同意成立陕西省引汉济渭工程建设有限公司党委纪委的批复》,进一步完善了公司体制。

8月14日至9月1日　省引汉济渭公司印发了《陕西省引汉济渭工程建设有限公司岗位责任管理制度(试行)》《陕西省引汉济渭工程建设有限公司印章管理制度(试行)》《陕西省引汉济渭工程建设有限公司考勤记工管理办法》等15种各类行政规章制度(办法),加快了公司管理和制度化的脚步。

9月3—4日　省水利厅厅长王锋赴引汉济渭工程工地开展党的群众路线教育实践活动调研,并分别召开了参建、监理、设计和工程涉及各市、县政府等单位座谈会。他要求,改变项目法人对施工单位、监理单位、设计单位以领导者自居的错误观念,建立平等、和谐、服务的新型关系;突出生态环境保护,减少施工对周边群众影响,切实解决参建单位困难,全面加快引汉济渭工程建设。

9月17日　省引汉济渭公司组织省水利厅科技处、铁一院及西北大学等单位参加省科技统筹创新工程重大难题项目《引汉济渭工程安全生产关键技术研究》审查会。

9月23日　秦岭输水隧洞(越岭段)7号勘探试验洞主洞试验段工程开标,施工中标候选人为中铁十七局集团有限公司,合同中标价33 718.413 0万元;监理中标候选人为中国水利水电建设工程咨询西北公司,合同中标价为375.351 8万元。9月26日起招标结果在陕西省水利厅网站上公示,10月11日签订了合同协议书。

9月　省引汉济渭公司组织完成了《长江水利委员会〈关于印发陕西省引汉济渭（长江流域段）水土保持监督检查意见〉落实整改情况的报告》，并制定了《陕西省引汉济渭工程水土保持工作规章制度》和《陕西省引汉济渭工程水土保持工作实施考核管理办法》。

10月10—12日　秦岭隧洞岭南TBM项目第一次设计联络会在西安举行，本次设计联络会确定了TBM主要设计内容。

11月5日　第二十届中国杨凌农业高新科技成果博览会开幕，省水利厅在农高会C馆布展，展厅以"推进水利现代化，促进富裕、和谐、美丽陕西建设"为主题。在农高会上以TBM盾构机模型和引汉济渭供水网络沙盘立体形象展示了引汉济渭调水工程。

11月14日　引汉济渭工程安全预评价签订委托合同。

11月20日　省委主要领导视察了引汉济渭椒溪河勘探试验洞、水库移民五四新村安置点。汉中市委书记胡润泽、水利厅厅长王峰陪同。

11月22日　省引汉济渭公司工程部协助计划合同部分别对1号、2号、3号洞分部工程进行验收。

11月24日　国家发改委农经司副司长石波调研引汉济渭工程，察看黄金峡水库枢纽坝址、三河口水利枢纽坝址、椒溪河勘探试验洞，现场听取引汉济渭工程总体汇报。省发改委、省水利厅相关领导陪同。

11月28日　省引汉济渭公司与北京银行在西安签订5 000万元流动资金贷款合同，公司筹融资工作有了实质性的突破。本笔贷款由陕水集团担保。

11月29日　省水利厅厅长王锋、总工程师王建杰与西安市副市长张宁、市政府副秘书长王西京等检查引汉济渭输配水工程。

12月3—4日　省引汉济渭公司移民环保部协助省库区移民办在宁陕县召开了"引汉济渭工程三河口水库552米高程以下移民搬迁安置阶段验收会"，完成了三河口水库552米高程以下移民搬迁安置的验收工作。

12月5日　省水利厅下发引汉济渭工程三河口水利枢纽前期准备一期工程及导流洞实施方案和招标实施方案的批复，标志着三河口水利枢纽招标工作开始实施。

12月17日　省引汉济渭公司总工程师石亚龙主持召开专题办公会议，研究了7号勘探试验主洞35千伏变电站建设、出口段勘探试验洞排水、秦岭隧洞（越岭段）出口及7号勘探试验洞洞型优化等事项。

12月20日　中华人民共和国环境保护部印发《关于陕西省引汉济渭工程环

境影响报告书的批复》(环审〔2013〕326号),通过引汉济渭工程项目环境影响评价。

12月24日 省引汉济渭公司召开2014年引汉济渭工程安全质量管理工作会。设计单位、质量检测单位及在建项目标段项目经理、技术负责人、安全总监近100人参加会议,会议邀请水利厅建管处、安监处、质量监督中心站等部门领导莅临指导工作。

12月26日 省引汉济渭公司在惠安宾馆召开三河口水利枢纽征地工作座谈会,有力推进了三河口水利枢纽工程建设征地工作。

12月27日 省引汉济渭公司再次与北京银行签订3.5亿元流动资金贷款合同,有效缓解了引汉济渭工程春节前建设资金短缺压力,保障在建工程项目的安全稳定和顺利推进。

2014年

1月11—12日 省引汉济渭公司协助并配合省库区移民办,召开了2014年实施的9个移民集中安置点初步设计文件审查会。

1月12日 省引汉济渭公司配合省库区移民领导小组办公室编撰及印发《全面实施引汉济渭工程移民安置工作的意见》。

1月15日 引汉济渭工程三河口水利枢纽前期准备一期工程和导流洞工程开标,1月底前与施工单位、监理单位签订了合同。

1月22日 省水利厅在西安召开了"陕西省引汉济渭工程受水区水量配置规划技术审查会",汇报了引汉济渭工程建设进展情况,省水电设计院专题汇报了受水区水量配置规划,与会专家对引汉济渭工程受水区水量配置规划提出修改意见。

1月23日 省水利厅、省财政厅联合印发《关于下达2014年引汉济渭工程省级财政专项资金计划的通知》(陕水规计发〔2014〕19号),拨付引汉济渭工程省级财政专项资金1亿元。

1月27日 省国土资源厅在西安召开了"陕西省引汉济渭工程耕地补充协调会",根据国土资源部《关于引汉济渭工程补充说明告知书》的要求,部署安排引汉济渭工程土地占补平衡补正工作。2月28日提交土地预定补充报告,3月2日国土资源厅出具审查意见,报国土资源部。

2月14日 引汉济渭工程三河口水利枢纽开工动员会在佛坪县大河坝镇三

河口水库坝址召开。省委主要领导发布"开工令",省长娄勤俭做动员讲话,省委常委、常务副省长江泽林主持,副省长祝列克对工程建设进行安排部署,省委、省政府有关部门负责人,以及西安、汉中、安康市委、市政府负责人参加动员会。

3月26日 省引汉济渭公司配合省库区移民办,召开了引汉济渭工程2014年度移民安置工作部署会,省水利厅、省库区移民办、汉中市、安康市相关领导参加会议。省引汉济渭公司党委书记雷雁斌代表公司与汉中、安康两市人民政府签订了《陕西省引汉济渭工程2014年建设征地补偿和移民安置工作协议书》。

3月1日 岭北TBM主要设备运输及安装前的准备工作就绪,开始TBM组装。

3月5日 省引汉济渭公司配合省库区移民办编撰印发《引汉济渭工程移民安置规划设计变更管理暂行办法》。

3月7日 省引汉济渭公司在西安召开"陕西省引汉济渭工程7号勘探试验洞主洞施工供电周至35千伏陈河用户变电站初步设计"技术评审会。

3月10日 省引汉济渭公司配合省库区移民办,召开了《引汉济渭工程建设征地移民安置规划实施各类项目补偿(补助)标准》评审会。

3月11日 省引汉济渭公司依据工程建设需要,组建成立输配水分公司。

3月17—19日 省引汉济渭公司对引汉济渭工程黄金峡水利枢纽、黄三隧洞、三河口水利枢纽平面控制网测量项目成果进行验收。

3月18日 省引汉济渭公司获得了北京银行30亿元综合授信。

3月19日 省引汉济渭公司组建成立信息宣传中心。

3月22日 省引汉济渭公司开展"世界水日""中国水周"宣传活动,通过展板、宣传海报、现场讲解等形式,进一步宣传了引汉济渭工程,展现了工程建设成就。

3月24—26日 省引汉济渭公司组织由水利行业工程安全质量管理专家组成的检查组,对引汉济渭工程建设安全质量进行首次"飞检"。

3月26—27日 省财政厅副厅长康仲涛、省水利厅副厅长管黎宏领队深入引汉济渭工程建设工地,调研引汉济渭工程筹融资工作。省引汉济渭办主任蒋建军,省引汉济渭公司总经理杜小洲、党委书记雷雁斌,省财政厅农业处,省水利厅规计处,省引汉济渭办,省引汉济渭公司,宁陕县政府、移民局等相关负责人参加调研。

3月27日 省引汉济渭公司和长江勘测规划设计研究有限责任公司举行引汉济渭工程黄金峡水利枢纽2014年第一次设计工作联系会。

4月2日　省国资委党委书记孙安会在省水利厅副厅长管黎宏陪同下,深入引汉济渭工程秦岭6号勘探试验隧洞,检查指导岭北TBM组装工作。

4月8日　由北京银行向省引汉济渭公司出具20亿元融资性保函,省引汉济渭公司作为借款人与齐鲁证券有限公司(委托贷款人)、长安银行股份有限公司(代理人)三方共同签订20亿元2年期委托贷款合同,贷款资金于4月11日全部到账。本合同的签订使引汉济渭2014年度建设资金有了保障。

4月9日　省引汉济渭公司组织环境保护、鱼类养殖、施工设计等专家,对引汉济渭工程黄金峡水利枢纽鱼类增殖放流站设计选址进行现场踏勘,为鱼类增殖找"产房"。

4月10日　省库区移民工作领导小组办公室、省引汉济渭办联合下发了《关于引汉济渭工程建设征地移民安置实施各类项目补偿(补助)标准的通知》,为引汉济渭工程移民安置确定了补偿标准。

4月23日　由省水利厅参与指导,省引汉济渭办、省引汉济渭公司、西部网等单位和媒体联合举办的"感恩汉江·小水滴爱心图书馆援建行动"在西安市高新一中举行了启动仪式。

5月5日　省水利厅、省财政厅联合印发《关于下达引汉济渭工程2014年第二批省级投资计划的通知》(陕水规计发〔2014〕75号),拨付引汉济渭工程省级财政专项资金0.5亿元。

5月6日　引汉济渭工程建设用地预审工作获得国土资源部正式批复。至此,引汉济渭工程可行性研究阶段国家发改委批复所需的前置性文件,已全部取得相关部委的批复,意味着引汉济渭工程可研正式进入国家发改委批复层面。

5月12日　省科技厅组织"省科技统筹地方重大、难题攻关创新工程项目落实推进会",全面部署"引汉济渭工程安全生产关键技术研究"项目,标志着该项目正式启动实施。这也是迄今为止陕西省水利系统首次争取到的省科技统筹创新工程重大难题项目,也是陕西省水利系统争取到的最大科技厅计划项目。

5月14—16日　省引汉济渭协调领导小组成员单位近30名代表,冒雨深入工程建设一线,实地调研工程建设,为工程建设出谋划策。

5月15日　山西省水利厅厅长潘军峰一行深入三河口水利枢纽坝址、椒溪河勘探试验洞实地调研引汉济渭工程。

5月20日　省引汉济渭公司与成都银行股份有限公司西安分行签订5 000万元1年期借款合同,标志着引汉济渭工程融资结构多元化有了新突破。

5月23日　省引汉济渭公司下发2014年"安全生产月"活动方案。引汉济渭工程"安全生产月"正式启动。

5月28日　省库区移民办主任杨稳新调研引汉济渭工程移民工作,并与公司领导座谈,就加快库区移民工程建设进度、加强移民资金管理、保障移民生产生活等问题进行了深入探讨。

同日　由省引汉济渭公司联合西部网举办的"感恩汉江·小水滴爱心图书馆"捐建仪式在镇安县铁厂镇中学举行,标志着该活动进入实施阶段。

6月3日　省国资委任命郁伟为省引汉济渭公司监事、监事会主席。

6月4—5日　中国作家协会会员、国家一级作家叶广芩,文化名人王安泉深入引汉济渭工程一线采风。

6月9日　省国资委任命杜小洲为陕西省引汉济渭工程建设有限公司执行董事。

6月15日　在黄金峡水利枢纽坝址,省引汉济渭公司联合西部网举办的"感恩汉江·我与大坝同成长"活动仪式启动,来自陕南和关中的16名学生代表将共同见证水库大坝成长。

6月20日　秦岭输水隧洞7号支洞环保治理工程建成并投入运行。

6月24日　全长17千米的西汉高速公路佛坪连接线永久改线工程全线通车,将为引汉济渭三河口水利枢纽年底截流和后期施工提供交通保障。新建公路由原来的三级标准提升到二级标准,大幅改善了通行条件,行车时间缩短近半小时。

7月3日　水利部部长陈雷、人社部副部长信长星调研引汉济渭工程建设。水利部部长陈雷听取了引汉济渭工程建设情况汇报,实地查看了工程进展情况。副省长祝列克、省水利厅厅长王锋、西安市市长董军及省引汉济渭公司总经理杜小洲、总工程师石亚龙陪同调研。

7月3—4日　省引汉济渭公司在宁陕县召开三河口水库导(截)流工程征地移民安置规划及库底清理交底会。通过现场实地踏勘,对三河口水库导(截)流涉及的宁陕县梅子镇淹没区域逐一进行打桩定界,确定库底清理范围。

7月4日、10日　省引汉济渭公司分别对中隧集团、中水十五局公司法人进行约谈,指出其承担标段的施工进度、资源投入、现场管控等方面存在的问题,讨论确定了整改措施及完成时限。

7月11日　按照全省水利安全生产工作的总体部署,省引汉济渭公司在引汉济渭工程秦岭输水隧洞7号支洞举行了隧洞坍塌事故应急演练。省水利厅副厅长薛建兴、副巡视员马景国、省引汉济渭办主任蒋建军、省引汉济渭公司党委书记雷雁斌及省应急办专家组成员参会。

7月15日 引汉济渭工程TBM施工段项目划分及质量评定工作讨论会在西安举行。会议深入讨论了安全质量需要解决的问题,并提出了意见和建议。

7月17日 引汉济渭工程移民安置工作座谈会在西安召开。工程移民安置涉及的两市三县移民管理机构以及省水电设计院、江河水利水电咨询中心负责人分别汇报了上半年移民安置工作完成情况,讨论研究了工程移民安置工作中相关问题。

7月19日 省引汉济渭公司召开"引汉济渭宣传工作会",宣布设立引汉济渭宣传工作联席会机制,下发了《引汉济渭宣传工作联席会制度(试行)》,表彰了上半年宣传工作成绩突出的优秀通讯员。

7月21日 省引汉济渭公司成立引汉济渭工程秦岭隧洞岭南TBM外籍技术人员安全监管领导小组,加强TBM外籍技术人员管理,确保外籍技术人员安全,严防在涉外活动中泄密。

7月22日 副省长祝列克带队赴京,向国家发改委专题汇报引汉济渭工程前期工作,推进工程可研审批及初设工作。省政府副秘书长王拴虎、省发改委副主任李忙全、省水利厅厅长王锋、省引汉济渭公司总经理杜小洲参加汇报会。

7月24日 水利部外资办主任于兴军一行,深入引汉济渭工程秦岭6号勘探试验洞,实地调研引汉济渭工程建设情况和工程筹融资工作。

8月1日 《陕西省引汉济渭受水区输配水工程项目建议书》编制完成。

8月1—11日 省水利厅专项稽查组对引汉济渭工程项目建设进行了专项稽查和情况通报。

8月4—7日 省引汉济渭公司副总经理董鹏带队,公司安全质量部、工程技术部、分公司相关人员赴辽宁省辽西北供水工程调研开敞式TBM单元工程项目划分、质量评定及质量管理相关工作。

8月5日 省引汉济渭公司印发了《员工岗位工资定级定档实施方案(修订)》和《员工薪酬发放方案(试行)》,标志着公司薪酬体系初步建立。

8月5—6日 省水利厅召开三河口水利枢纽前期准备工程二期工程初步设计审查会。审查通过《三河口水利枢纽前期准备工程二期工程初步设计报告》。

8月7日 省水电设计院建筑所向省引汉济渭办汇报《省引汉办三桥办公基地建筑方案》。省引汉济渭办主任蒋建军出席会议,公司基地筹建办相关人员参加会议。

8月8日 省水利厅召开会议,审查通过了《引汉济渭输配水工程干线总体规划》，标志着引汉济渭输配水工程从规划研究阶段进入项目前期工作新阶段。

同日　省库区移民办在宁陕县召开宁陕县筒车湾镇油坊垴集中安置点初步设计审查会。会议审查通过了设计单位编制的油坊垴集中安置点初步设计文件。

8月13日　省库区移民办在佛坪县召开引汉济渭工程建设征地移民安置工作协调会，对推进征地移民安置工作进行讨论和部署。

8月15日　陕西引汉济渭博物馆专题会议在西安召开，会议邀请公司文化顾问及外聘专家共商引汉济渭博物馆规划事宜。

8月20日　水利部安全监督司副司长张汝石率水利部大型水利枢纽安全评价工作调研组，深入引汉济渭工程建设现场，调研工程安全管理工作。

同日　秦岭输水隧洞越岭段6号支洞环保治理工程建成并投入运行。

8月22日　中国工程院院士、中国水科院水资源所所长王浩考察指导引汉济渭工程建设。

8月29—30日　水利部水规总院在北京召开专题审查会，审查通过了引汉济渭工程安全预评价报告。这是水利行业首次开展工程安全预评价工作，不仅为引汉济渭工程建设提供了安全管理的科学依据，也为全国大型水利工程建设开展安全评价积累了经验。省引汉济渭公司总经理杜小洲出席审查会并做汇报。

9月1日　省长娄勤俭深入引汉济渭工程三河口水利枢纽施工现场，实地检查引汉济渭工程建设情况。省发改委主任方玮峰、省国土厅厅长王卫华、省财政厅副厅长韩中林、汉中市委书记魏增军、汉中市副市长党振清陪同。

9月2日　省引汉济渭公司内部综合信息平台开始试运行。平台内设新闻、部门动态、文件公告、通报、督办台等多个栏目，不仅是公司内部沟通交流的重要方式，也是协作地方政府和引汉济渭工程参建单位之间的交流展示窗口。该平台通过通报、督办台等栏目，能够进一步推进工作落实。

同日　省财政厅印发《关于下达引汉济渭工程建设省级专项资金的通知》（陕财办预〔2014〕125号），拨付引汉济渭工程省级财政专项资金0.5亿元。

9月11日　省水利厅、省财政厅联合印发《关于下达引汉济渭工程2014年第三批省级投资计划的通知》（陕水规计发〔2014〕344号），拨付引汉济渭工程省级财政专项资金2亿元。

9月13日　引汉济渭工程高程控制网复测技术方案评审会在西安召开。

9月15日　省库区移民办在佛坪县召开三河口水库导（截）流移民安置验收督导会议，成立了由省库区移民办、省引汉济渭公司、省水电设计院、监督评估单位等相关人员组成的现场工作督导组，并要求相关人员于9月16日进驻现场，督促、指导市县加快三河口 570 米高程下移民搬迁、专业项目复建、库底清理以及三河口水库导(截)流阶段移民安置工作自验和初验工作。

9 月 19 日　宁陕引汉济渭开发有限公司揭牌成立,随后省引汉济渭公司在宁陕县召开了旅游开发工作座谈会,宁陕引汉济渭开发有限公司与宁陕县人民政府签署了旅游开发协议。安康市移民局、宁陕县相关领导,顶峰国际(北京)规划设计人员参加座谈会。

9 月 25 日　省引汉济渭公司编制完成了《引汉济渭输配水干线工程南干线黄池沟至西安子午水厂段可行性研究报告》,为上报审批和开工建设创造条件。

9 月 26 日　引汉济渭工程设计工作联络会第 5 次会议在西安召开。会议对设计单位在初步设计工作中存在的问题进行集中梳理、归纳和补充,要求加快初步设计报告修编,确保按节点上报审批。

9 月 26—28 日　省引汉济渭公司组织水利安全生产专家,采取不打招呼、突击抽查的方式对引汉济渭工程 3 号洞、岭南 TBM 段、0-1 号支洞、岭北 TBM 段和出口段项目部进行了"飞检",现场指出存在问题,提出整改意见。

9 月 28 日　陕西省引汉济渭工程可行性研究报告获得国家发改委批复,标志着引汉济渭工程正式立项,进入全面实施新阶段。

同日　省引汉济渭公司印发《陕西省引汉济渭建设工程文件归档整理办法(试行)》,进一步规范引汉济渭工程建设文件归档管理工作。

9 月 28—29 日　黄金峡水利枢纽前期准备工程初步设计审查会在石泉县召开,会议审查通过了黄金峡水利枢纽前期准备工程初步设计报告。

9 月 29 日　省引汉济渭公司印发《陕西省引汉济渭工程安全质量专家管理办法》,建立工程安全质量专家库,规范专家管理。

10 月 6—7 日　省库区移民办副主任王浩一行赴三河口水库,现场督查库区移民房屋拆迁、林木清理进展情况,并在佛坪、宁陕两县分别召开座谈会,详细了解目前的移民搬迁安置、库底清理任务完成和三河口水库导(截)流阶段移民安置自验、初验工作准备情况,讨论解决移民工作中遇到的问题。省引汉济渭公司党委书记雷雁斌陪同。

10 月中旬　省引汉济渭公司印发《引汉济渭工程移民安置工作问答》读本。主要针对引汉济渭工程移民工作中遇到的各类政策性、法规性问题,以问答的形式做以普及性宣传。

10 月 16—19 日　省引汉济渭公司分别会同汉中市移民办、安康市移民局在佛坪县、宁陕县召开了引汉济渭工程三河口水库导(截)流移民安置初验会,对引汉济渭工程三河口水库导(截)流阶段移民安置初验。验收委员会及专家组成员审阅了相关资料,实地查勘了相关现场,听取了相关工作报告,形成了验收意见。

10月21日　省水利厅厅长王锋主持召开引汉济渭工程建设专题会。会议充分肯定了引汉济渭工程前期工作取得的重大成效,听取了省引汉济渭工程建设进展情况及下一步工作计划汇报,研究了亟待解决的相关问题,与会厅领导及相关部门负责人做了讨论发言。副厅长管黎宏、席跟战,总工程师王建杰,省引汉济渭办、省引汉济渭公司、省库区移民办、省水电设计院及厅办公室、规计处、水资源处、总工办、供水处主要负责人参加会议。同日,公司召开中层以上干部会议,传达省水利厅引汉济渭工程建设专题会议精神,安排部署贯彻落实工作。

10月22日　省引汉济渭公司就岭南TBM标段皮带机合同履约有关问题,约谈中隧集团。

11月5日　省引汉济渭公司在西安召开了引汉济渭秦岭超长隧洞修建技术科研项目大纲评审会,总工程师石亚龙参加会议并代表公司对研究单位做了项目介绍,并对研究单位的下一步工作做了具体部署和明确要求。

11月6日　水利部水规总院下发《关于印发陕西省引汉济渭工程安全预评价报告审查意见的函》(水总设〔2014〕1172号)文件,引汉济渭工程安全预评价获得正式批复。此批复是水利行业首家通过的工程安全预评价,在水利行业具有重要意义。

11月10日　省发改委、省水利厅联合印发《关于下达2014年引汉济渭工程中央预算内投资计划的通知》(陕发改投资〔2014〕1368号),拨付引汉济渭工程中央预算内资金1亿元。

11月11—14日　省引汉济渭公司配合省库区移民办在汉中市佛坪县召开了引汉济渭工程三河口水库导(截)流阶段移民安置终验会,原则同意该工作通过终验。省库区移民办主任杨稳新、省引汉济渭办主任蒋建军、公司党委书记雷雁斌及汉中市水利局、移民办,安康市移民局,佛坪县,宁陕县人民政府移民管理机构、省水电设计院、移民监督评估单位的有关负责人及特邀专家70余人参加了会议。

11月12日　引汉济渭工程三河口水利枢纽及秦岭隧洞施工期环保水保监理、监测及大河坝至黄金峡交通道路大坪隧道机电工程开标。

11月14日　由中铁十八局承建的秦岭引水隧洞越岭段5号支洞,经过全体建设者2年5个月的艰苦努力,顺利完工。至此,5号支洞工程全部完成掘进任务,为打通秦岭输水隧洞主洞奠定了坚实的基础。

11月28日　省引汉济渭公司在大河坝分公司召开了三河口水利枢纽导流洞

工程外观质量评定及分部工程验收会议。省水利质量监督中心站相关领导参会。

11月28日至12月4日　水利部水规总院在北京组织对《陕西省引汉济渭工程初步设计报告》进行了审查。会议基本同意工程初步设计报告,提出了局部修改意见和建议。水利部总工程师汪洪、水规总院副院长刘志明出席会议,水规总院副院长董安建主持会议。省水利厅厅长王锋出席会议并致辞。省水利厅总工程师王建杰,水利部建管司、长江水利委员会有关负责人,省水利厅规计处、总工办、水资源处、前期项目工作处,省库区移民办,省引汉济渭办,省引汉济渭公司,安康市移民办,汉中市移民办,宁陕县政府、移民局,佛坪县政府、移民办,洋县政府、移民办以及工程设计单位相关负责人参加了会议。

12月3日　省引汉济渭公司主持的三河口水利枢纽导流洞单位工程验收会在大河坝分公司召开,会议通过三河口水利枢纽导流洞单位工程验收。

12月12日　按照环评相关要求,省引汉济渭公司进行引汉济渭工程三河口水利枢纽及秦岭隧洞施工期环境监理、生态调查、施工期水土保持监理、水土保持监测招标投标工作,确定了中标单位,正式开展工作。

12月16—18日　省水利厅在西安主持召开了《引汉济渭输配水干线工程南干线黄池沟至西安子午水厂段可行性研究报告》审查会。省引汉济渭办,省水利厅规计处、水资源处、总工办、供水处、咨询中心,省水电设计院,省引汉济渭公司,西安市水务局等单位的代表和特邀专家共70余人参加了会议,会议原则通过该可研报告。

12月18日　由西部网发起,省引汉济渭办和引汉济渭公司参与组织,众多爱心企业捐资购书的"感恩汉江·小水滴爱心图书馆"捐建仪式在佛坪县石墩河小学举行。至此,"感恩汉江·小水滴爱心图书馆"活动圆满收官。

12月20日　由中铁十七局集团项目部承担施工任务的秦岭2号洞主洞延伸段主体工程全部完工。这是引汉济渭工程首个主洞开挖初期支护、二次衬砌全部完成的标段。

12月23日　省引汉济渭公司收到省级财政水利前期(输配水工程)资金500万元。

12月24日　省引汉济渭公司收到省财政厅下达引汉济渭工程建设项目资本金2亿元。

12月29日　省引汉济渭公司与兴业银行在西安先期签订了20亿元项目贷款合同,贷款期限18年,贷款利率为基准利率,增信方式为信用免担保。此次项目贷款合同的签订,标志着引汉济渭项目中长期贷款有了实质性突破。

12月30日　省引汉济渭公司收到中央预算内资金1亿元。

同日　省引汉济渭公司按照省引汉济渭办《关于引汉济渭工程资产移交有关情况的通知》(引汉济渭发〔2014〕51号)接收了资产,接收资产总额25.59亿元,负债0.55亿元,并按照移交清册编制了并账明细表,进行了账务处理。

12月31日　省引汉济渭公司印发了《陕西省引汉济渭工程建设有限公司会计核算及稽核制度(试行)》《陕西省引汉济渭工程建设有限公司会计基础规范实施细则(试行)》等六项财务管理制度,进一步完善了公司财务管理制度体系。

2015 年

1月7日　《陕西省引汉济渭工程水权置换关键技术研究》在西安通过技术评审,省引汉济渭公司、黄河水利科学研究院及特邀专家10余人参加了会议。

1月8日　省引汉济渭公司在西安召开工程初步设计阶段建设征地移民安置规划修改促进会。

1月14—15日　省水利厅在石泉县主持召开了引汉济渭工程三河口枢纽截流阶段验收会议。验收委员会听取了工程建设管理、设计、施工、监理工作报告和工程质量监督报告,现场查验了工程,查阅了有关资料,依据《水利水电建设工程验收规程》(SL 223—2008)进行了认真讨论和评审,阶段验收委员会同意引汉济渭工程三河口枢纽工程通过截流阶段验收。

1月22日　引汉济渭工程秦岭隧洞0号勘探试验洞下游主洞延伸段与0-1号勘探试验洞上游主洞延伸段顺利贯通。

1月24日　岭北TBM设备验收工作开始。

2月3—5日　省引汉济渭公司配合省库区移民办,对三县移民资金进行审计检查工作,最后由华信会计师事务所完成专项检查报告。

2月6日　省引汉济渭公司为偿还较高成本资金,再一次与兴业银行签订了2亿元信托贷款合同,贷款期限2年,贷款利率7.6%。

2月11日　为降低贷款成本,经过多方沟通与协调,省引汉济渭公司偿还了北京银行8亿元委托贷款。

2月15日　引汉济渭工程秦岭输水隧洞岭南TBM掘进机,在秦岭深处进行试掘进。这标志着引汉济渭关键控制性工程——穿越秦岭主脊的岭南施工段建设全面进入TBM施工新模式。

2月26日　省引汉济渭公司总经理杜小洲带队与西安市水务局局长杨立进

行座谈,沟通输配水分公司办公基地工作进展及存在的问题。

3月6日　引汉济渭三河口水利枢纽工程筒车湾至大河坝库周交通复建道路、梅子镇寇家湾安置点、筒车湾镇干田梁安置点等3个工程同时开工建设。

3月16日　农发行为省引汉济渭公司批复贷款额度10亿元,期限3年,贷款利率为同期基准利率下浮20%的过桥贷款授信。

3月17日　省引汉济渭公司配合省库区移民办在西安召开引汉济渭工程2015年度移民安置工作部署会。会议期间,省引汉济渭公司与汉中、安康市政府签订《陕西省引汉济渭工程2015年建设征地补偿和移民安置工作协议书》。

3月19日　中国农业银行为省引汉济渭公司批复贷款额度72亿元,期限28年,利率为基准利率,担保方式为信用的项目贷款授信,引汉济渭调水工程项目贷款在国有商业银行取得突破。

3月28日　长安区兴水苑办公场所装修改造工程全面完成,省引汉济渭公司正式入驻西安市长安区兴水苑办公。

3月29日　由中铁五局引汉济渭项目部承建的0号勘探试验洞主洞延伸段开挖施工,经过32个月艰苦奋斗,开挖进尺突破5 000米大关。

4月10日　省引汉济渭公司与农发行签订了10亿元过桥贷款合同。

同日　秦岭7号勘探试验洞项目环境保护再添新设施,该项目的施工道路自动喷洒设施正式启用,实现了从7号勘探试验洞洞口到108国道全长800米施工道路的定时自动喷洒除尘,受到西安市环保局的肯定和赞扬。

4月14日　省引汉济渭公司对左岸上坝路、0号勘探试验洞主洞延伸段、椒溪河勘探试验洞的11个分部工程进行了验收。

4月15日　省引汉济渭公司总经理杜小洲主持召开办公会,传达学习全省重大水利工程领导小组会议精神,研究部署当前工作。

同日　成都银行为公司批复2亿元流动资金贷款,贷款期限不超过2年,利率为央行规定的基准利率上浮10%,担保方式为信用,贷款用途不限。

4月17日　引汉济渭工程黄金峡水利枢纽黄金峡大桥与左岸一号公路初步设计分别获得了省水利厅的正式批复,这标志着引汉济渭黄金峡水利枢纽准备工程将正式启动。

4月22日　国家发改委、水利部联合印发《关于下达2015年重大水利工程第一批中央预算内投资计划的通知》(发改投资〔2015〕809号),拨付引汉济渭工程中央预算内资金26亿元。

4月29日　省引汉济渭公司偿还北京银行委托贷款剩余的12亿元。至此,北京银行成本较高的20亿元委托贷款全部提前偿还完成。

4月30日　引汉济渭工程初步设计报告获得水利部批复（水总〔2015〕198号），标志着优化陕西水资源配置、破解陕西水资源瓶颈的重大水利工程——引汉济渭工程将全面加快建设。

5月4日　来自中铁十七局第二工程公司的17对新人在引汉济渭工程秦岭输水隧洞出口段举行集体婚礼，喜结连理。

5月7日　省引汉济渭公司党委书记雷雁斌、西安市水务局局长杨立前往西安航天基地管委会，拜访了航天基地管委会书记陈长春，就引汉济渭输配水基地落户西安航天基地事宜进行了座谈。

5月11日　宁陕引汉济渭开发有限公司与梅子镇政府联合设立拆迁安置办公室，现场派驻专人负责用地拆迁补偿工作。

5月12日　省引汉济渭公司召开2015年度环境保护工作会，安排部署工程环境保护工作，确定2015年为引汉济渭工程建设"环境保护年"。

5月14—15日　秦岭输水隧洞1号、2号、3号、6号、7号勘探试验洞等5个标段完成外观质量验收。

5月18日　省引汉济渭公司与成都银行签订了额度5 000万元、期限1年、利率为5.61%的流动资金贷款合同，贷款资金以贷新还旧的方式用于公司开发性项目上。

同日　省发改委、省水利厅联合印发《关于下达2015年引汉济渭工程中央预算内投资计划的通知》（陕发改投资〔2015〕656号），拨付引汉济渭工程中央预算内资金26亿元。

5月20日及6月12日　引汉济渭旅游区规划宁陕专篇、佛坪专篇、洋县专篇评审会在大河坝分公司举行，省引汉济渭公司分别与宁陕县、佛坪县、洋县三县政府及相关单位主要负责人就引汉济渭旅游区规划细节进行座谈磋商，达成初步合作意向。

5月24—26日　水利部江河水利水电咨询中心组织专家在北京召开会议，对《引汉济渭输配水干线工程项目建议书》进行了技术咨询。水利部水规总院副院长沈凤生、原副院长董安建，省水利厅总工程师王建杰出席会议。

6月1日　省委主要领导在省水利厅厅长王锋陪同下，调研引汉济渭工程三河口水利枢纽建设情况。省委调研组要求，引汉济渭工程要在保证安全质量的前提下，加快建设进度，加强生态环保，确保早日建成，早日受益。

6月5日　为迎接第44个"环境保护日"，省引汉济渭公司在秦岭输水隧洞6

号支洞举行了环保宣传活动。

6月10日　省引汉济渭公司分别进行了子午河大桥及交通道路工程和三河口水利枢纽二期准备工程第Ⅱ标项砂石骨料加工系统及施工辅助工程开标与评标,最终确定中国铁建十五局有限公司承建子午河大桥及交通道路工程。中国水电四局有限公司和四川二滩国际监理有限公司分别承担三河口水利枢纽二期准备工程第Ⅱ标项砂石骨料加工系统及施工辅助工程的施工和监理工程。

同日　省档案局、省水利厅、省库区移民办、省引汉济渭公司组成的联合检查组,深入宁陕县,检查指导宁陕县水库移民档案管理工作。

6月11—12日　省引汉济渭公司组织对2号勘探试验洞主洞延伸段工程、0-1号勘探试验洞工程、5号支洞工程、出口段勘探试验洞工程等4个标段的19个已完分部工程进行了验收,验收会上,施工单位对工程建设情况和单元工程质量评定情况进行了汇报,验收小组现场检查了分部工程完成情况及工程质量,检查了单元工程质量评定及相关档案资料,讨论并通过分部工程验收鉴定书,同意上述分部工程全部通过验收。

6月18日　省引汉济渭公司与省水电设计院举行座谈会,研究讨论输水工程项目建议书修编工作,安排部署输水工程地质勘探工作。

6月19日　国家发改委农经司司长吴晓一行5人,深入引汉济渭工程秦岭输水隧洞出口段建设工地,检查指导工程建设。

6月26日　省引汉济渭公司党政联席会议审议通过公司纪委委员人选、成立纪检监察室及其负责人的提案。

7月1—3日　省引汉济渭公司在西安召开《黄金峡水利枢纽左岸场内道路、坝肩开挖及渣场施工招标文件》咨询会,为黄金峡前期准备工程顺利招标奠定基础。

7月6日　《陕西省引汉济渭工程施工区环境保护、水土保持工作考核基金管理办法》《2015年引汉济渭工程环境保护年环境保护工作实施方案》印发。

7月8日　省引汉济渭公司执行董事、总经理杜小洲主持召开引汉济渭输水工程南干线地质勘探洞初选方案专题会,要求抓住机遇,克服困难,加快推进输水工程南干线地质勘探洞相关建设工作。省水电设计院院长李友成参加会议。

7月9日　受水利部委托,黄河水利委员会水保局副局长熊维新带队检查引汉济渭工程岭北施工工地水土保持工作。

7月9—10日　著名词作家屈塬到引汉济渭岭北工区采风。

7月12日　《陕西省财政厅关于下达引汉济渭工程建设省级专项资金的通

知》(陕财办农〔2015〕59号),拨付省级财政专项补助资金1亿元。

7月12—13日 《黄金峡水利枢纽右岸场内道路、坝肩开挖及渣场施工招标文件》咨询会在西安召开。

7月16日 省引汉济渭公司在机关会议室召开了关于三河口水利枢纽二期准备工程砂石骨料加工系统及施工辅助工程施工及监理合同交底会。

7月20日 省引汉济渭公司提前归还兴业银行7亿元信托贷款,降低了融资成本和公司负债。

7月24日 省引汉济渭公司召开《引汉济渭输配水工程南干线黄池沟至西安段11号勘探试验洞实施方案》技术咨询会。

同日 省引汉济渭公司在西安召开引汉济渭工程出口段工程移民搬迁安置初步设计审查会。

7月29—31日 省引汉济渭公司对秦岭输水隧洞1号、2号、3号、6号、7号勘探试验洞(支洞)单位工程暨合同工程进行完工验收。这次验收是引汉济渭公司成立以来组织的第一次合同工程完工验收。

7月30日 《中国水利》引汉济渭专版出版。

8月4日 黄金峡水利枢纽施工监理和黄三隧洞施工监理标项在曲江宾馆开标。省引汉济渭办、省水利厅招标办及相关处室和省引汉济渭公司等单位参加。

8月5日 省引汉济渭公司审议通过并实施《劳动合同管理办法(试行)》。

8月7日 引汉济渭工程大安监理项目部召开岭北TBM转场方案评审会。中铁十八局引汉济渭项目部等单位负责人以及相关技术人员参加会议。

8月11日 岭北TBM圆满完成第一阶段7 272米的施工任务,贯通至5号支洞,较原计划工期提前了3个月,共计92天。

8月13日 《引汉济渭跨流域复杂水库群联合调度研究》项目启动及技术大纲审查会在西安召开。该研究旨在建立和求解引汉济渭跨流域复杂水库群多目标优化调度和方案评价模型,提出水库群联合调度最优方案,解决汉江和渭河流域水库群管理分散、缺乏流域管理和区域统筹等问题。专家咨询组组长、工程院院士李佩成,专家咨询组成员、省水利厅总工王建杰,省水利学会孙平安教高、寇宗武教高,中国水科院张双虎教高参加评审会。

同日 三河口水利枢纽主材采购在曲江宾馆开标,招标范围主要包括三河口水利枢纽施工用钢筋、水泥、粉煤灰的供货及售后服务。水利厅招标办及相关处室和省引汉济渭办、省引汉济渭公司等单位参加。

8月17日 输配水南干线11号勘探试验洞开始实施。9月21日对11号地质勘探试验洞开始实施洞挖工程作业,标志着南干线隧洞工程勘探工作进入实质性实施阶段。

8月上旬　陕西省劳动竞赛会员会表彰了2014年全省劳动竞赛先进集体和先进个人,省引汉济渭公司荣获"2014年全省劳动竞赛先进集体"称号。

8月25日　秦岭隧洞黄三段工程施工Ⅰ标和Ⅱ标、黄金峡水利枢纽施工Ⅱ标和Ⅲ标共4个标项在陕西宾馆开标。省引汉济渭办、省水利厅招标办及相关处室和省引汉济渭公司等单位参加。

8月28日　西安市水务局召开引汉济渭输水工程南干线西安段专题会议,部署安排工程前期相关工作。

8月31日　省引汉济渭公司组织的秦岭输水隧洞(越岭段)出口延伸段工程施工及监理标项在曲江宾馆开标。省水利厅招标办、省引汉济渭办等单位负责人参加了开标会议。

9月1日　省国土资源厅召开引汉济渭工程项目先行用地报批工作会,加快推进引汉济渭工程先行用地报批工作。

9月2日　省库区移民办主任杨稳新一行调研引汉济渭移民安置工作。

9月6日　省人大常委会副主任吴前进到引汉济渭工程岭南工区调研工程建设。省水利厅副厅长管黎宏,省引汉济渭办主任蒋建军,省引汉济渭公司党委书记、副总经理雷雁斌,总工程师石亚龙陪同。

9月7日　省引汉济渭公司组织的三河口水利枢纽大坝施工工程标项在曲江宾馆开标。省水利厅招标办及相关处室和省引汉济渭办等相关单位负责人参加。

同日　省引汉济渭公司在西安召开"跨流域调水系统安全防控与高效运行关键技术"研究交流会,中国工程院院士王浩出席会议并讲话。

同日　省发改委、水利厅联合印发《引汉济渭输配水干线工程总体规划》,明确了输配水工程的总体布局、水量配置等内容,标志着引汉济渭输配水工程前期工作取得突破性进展,为输配水干线工程尽快开工建设奠定了基础。

同日　国家发改委、水利部联合印发《关于下达2015年重大水利工程中央预算内投资计划的通知》(发改投资〔2015〕1639号),拨付引汉济渭工程中央预算内资金5亿元。

9月8日　引汉济渭工程建设征地移民安置实施过程技术咨询服务标项在曲江宾馆开标。省水利厅招标办及相关处室和省引汉济渭办等单位参加。

9月9日　中铁十七局引汉济渭工程出口标段完成合同段3 000米掘进施工任务,比年初制定的年度计划提前了51天。

9月15日　汉中市委书记魏增军到引汉济渭工程岭南建设工地,考察调研工程建设。省水利厅副厅长薛建兴,省库区移民办主任杨稳新,省引汉济渭办主任蒋建军,省引汉济渭公司执行董事、总经理杜小洲,省引汉济渭公司党委书记、副总经理雷雁斌等陪同调研。

9月15—17日　省水利厅副厅长薛建兴带领省库区移民办、省引汉济渭办及相关设计单位对汉中市引汉济渭工程移民安置工作进行督导检查。

9月17日　水利部在北京开展重大水利工程建设项目质量与安全管理谈心对话活动,副部长矫勇出席会议与64个重大水利工程项目法人代表共同研究水利安全生产和质量工作。省引汉济渭公司执行董事、总经理杜小洲作为10个在建重大水利工程建设项目法人代表之一,就做好项目安全生产和工程质量工作交流了经验。

9月18日　省引汉济渭公司针对三河口水利枢纽砂石骨料加工系统及施工辅助工程建设中存在的问题,约谈中国水利水电第四工程局有限公司,二滩国际工程咨询有限责任公司参加会议。

9月24—25日　省水利厅在西安召开《引汉济渭输配水工程南干线黄池沟至西安段13号、16号、17号、22号施工支洞实施方案》审查会。省水利厅相关处室、省引汉济渭办、省水电设计院相关人员参加会议。

9月29日　省林业厅召开引汉济渭工程建设项目使用林地协调会,要求加快推进引汉济渭工程建设项目林地使用报批工作,服务保障引汉济渭工程建设。省林业厅副厅长陈玉忠出席会议并做工作部署。

9月30日　省引汉济渭公司在本部举行引汉济渭工程三河口水利枢纽主材、黄金峡水利枢纽准备工程、黄三隧洞施工、监理合同等9个标段集中签约仪式,合同金额共计10.38亿元。水利部建设管理与质量安全中心、水利部引汉济渭工程质量监督项目站、省水利厅相关处室以及9个签约单位参加。

9月　西安市长安区、户县分别成立由副区(县)长为组长的引汉济渭协调工作领导小组。

10月10日　省引汉济渭公司召开关于黄三隧洞Ⅰ、Ⅱ标,黄金峡Ⅱ、Ⅲ标和出口延伸段的施工及监理合同交底会,中铁十七局、中铁二十一局、水电十局、厦门安能等单位负责人参加了会议。

10月12日　引汉济渭控制性工程先行用地通过国土资源部正式批准(国土资函2015〔1292〕号),涉及秦岭隧洞(黄三段)、三河口水利枢纽、黄金峡水利枢纽3个单体工程的11宗土地,总面积180.20公顷。

同日　省环保厅、水利厅联合组织,环保厅主持的《陕西省引汉济渭工程饮用水水源保护区划分技术报告》审查会在西安召开。省发改委、省财政厅、省国土厅、省卫计委相关处室,汉中市、安康市政府、西北勘测设计院相关人员参加。

10月12—31日　水利部特派员万贻鹏带领水利部节水供水重大水利工程第21稽查组对引汉济渭工程建设总体实施情况进行稽查。

10月14日　水利部副部长刘宁到引汉济渭工程黄金峡水利枢纽坝址调研工程建设情况及面临的困难、问题,并对引汉济渭工程各项工作给予了充分肯定。省水利厅副厅长管黎宏、省引汉济渭办主任蒋建军、省引汉济渭公司总经理杜小洲陪同。

10月21日　省引汉济渭公司召开三河口水利枢纽主材(钢筋、水泥、粉煤灰)合同交底会。尧柏水泥、冀东海德堡水泥、陕西省水电物资、中铁物资、陕西电力华西、陕西天烘轩等单位参加了会议。

同日　省引汉济渭公司完成了引汉济渭二期工程筹融资方案的编制。该方案以工程规划测算的最大贷款能力作为基础,对引汉济渭二期工程不同资本金比例进行了投资效果敏感性分析,并结合工程建设期年度资金需求强度,提出较为优化的建设资金结构。

10月25—28日　水利部引汉济渭项目站对岭北中铁十七局出口项目部、中铁十七局7号主洞项目部、中铁十八局TBM项目部、湖北长峡、西北监理的工作进行检查。

10月27—30日　省引汉济渭公司在西安召开了《三河口水利枢纽安全监测工程招标文件》《黄金峡水利枢纽安全监测工程招标文件》《秦岭输水隧洞安全监测工程招标文件》咨询会。特邀相关专家,省水电设计院、长江设计公司、黄河勘测规划设计有限公司等单位领导及相关人员参加会议。

11月2—5日　省引汉济渭公司组织设计单位在西安举行金水集镇、十亩地镇、石墩河集镇等7个移民安置点初设修编咨询会。

11月4—8日　水利部水规总院组织相关专家在西安召开引汉济渭二期工程项目建议书审查会。省水利厅副厅长管黎宏、总工程师王建杰出席会议,省水利厅有关处室、省库区移民办、省引汉济渭办、省引汉济渭公司、省水电设计院相关负责人参加会议。

11月5—6日　省引汉济渭公司对引汉济渭工程大河坝至汉江黄金峡交通道路工程Ⅰ～Ⅳ标单位工程暨合同工程进行了完工验收。

11月5—9日　省引汉济渭公司代表省水利厅参加第二十二届杨凌农高会,

以"水利新技术展——创新引领现代水利"为主题的陕西水利引汉济渭专题展厅成为农高会的一个亮点。水利展区引汉济渭专题展获农高会两项大奖。

11月11日　省引汉济渭公司参加省属国有企业优秀文化成果展,公司展区获省国资委赞誉。副省长姜锋参观省属国有企业优秀文化成果展引汉济渭公司文化展厅,高度赞赏引汉济渭文化与科技结合的方式呈现了特色。

11月14日　省水土保持局监测中心主任胡克志带领由省、市、县三级水保监督部门组成的检查组,到引汉济渭工程岭北工地,专项检查工程建设水土保持监测工作。

11月20日　省水利厅召开引汉济渭工程、东庄水利枢纽前期工作表彰大会,省水利厅党组书记、厅长王锋主持会议并做讲话。大会表彰了引汉济渭工程前期工作10个先进集体、36名先进个人、10名特别贡献奖,追授赵伯友特别奉献奖。省引汉济渭公司荣获先进集体,公司执行董事、总经理杜小洲,总工程师石亚龙等8人荣获先进个人,副总经理张毅荣获特别贡献奖。

11月23日　三河口大坝施工合同签约仪式在公司机关举行。

11月26—27日　陕西省科技统筹创新工程重大难题项目"引汉济渭工程安全生产关键技术研究"课题讨论会暨2015年度总结会在西安召开。

11月27日　引汉济渭工程三河口水利枢纽施工围堰截流成功。

11月30日　省引汉济渭公司在机关召开了三河口水利枢纽大坝施工及监理合同交底会,水电四局等参建单位负责人参加会议。

11月30日至12月4日　水利部建设管理与质量安全中心调研员邱信蛟带队,对引汉济渭工程进行了首次质量巡查监督。

12月7日　省引汉济渭公司在西安召开了《引汉济渭二期(输水)工程南干线西安段25号勘探试验洞实施方案》评审会。

12月9日　省引汉济渭公司召开引汉济渭工程质量领导小组会议,通报相关问题,研究部署工程质量管理工作。水利部建安中心驻引汉济渭工程项目站负责人参加会议。

同日　省引汉济渭公司召开中铁隧道集团有限责任公司引汉济渭工程施工约谈会,会议就中隧集团在引汉济渭工程中的人员管理、施工进度、资源投入、现场管控等方面存在的问题进行了通报,就中隧集团下一步的工作重点做了详细要求。

12月9—11日　省引汉济渭公司在西安对《引汉济渭工程高程控制网第一次复测项目》进行评审验收。

12月16日　引汉济渭工程永久用地勘测定界和黄金峡水利枢纽等工程施工期环境、水土保持监理及监测、生态调查等共计6个标项开标。省水利厅招标办及相关处室和省引汉济渭办等有关领导参加开标会议。

12月17日　水利部副部长周学文一行在西安出席全国水利科技工作座谈会期间,赴引汉济渭工程岭北工区建设工地调研。

12月18日　水利部总工程师汪洪带领国务院安委会第七督查组,到引汉济渭工程秦岭输水隧洞出口段建设工地,检查安全生产"回头看"工作落实情况。

12月22日　省水利厅、省国资委宣布田养军任省引汉济渭公司副总经理。

12月23—24日　省引汉济渭公司对岭北工区6号主洞、7号主洞、出口段等3个标段15个分部工程进行验收。水利部质量与安全监督总站相关领导列席验收会议。

12月24—26日　省引汉济渭公司在西安召开引汉济渭工程环境保护与水土保持工作咨询会议,邀请省水土保持局和中国电建西北勘测设计研究院6名专家,审议完善"环境保护工作实施方案"。

12月30日　省引汉济渭公司在大河坝召开三河口左岸上坝路及交通桥工程2个单位工程验收会议。

2016 年

1月1日　"陕西省投资项目在线审批监管平台"正式启用,省内涉及投资项目的审批事项,项目法人单位一律通过在线审批平台申报,适用引汉济渭输配水南干线西安段可行性研究报告报审。

1月8日　大河坝基地对外交通道路单位工程暨合同工程完成验收。

1月13日　水利部水规总院印发《陕西省引汉济渭二期工程项目建议书审查意见》(水总设〔2016〕61号),引汉济渭二期工程前期工作技术路线基本确定。

1月15日　引汉济渭椒溪河勘探试验洞主洞与0号洞实现精准贯通。

1月18日　省水利厅厅长王拴虎带队调研引汉济渭工程,实地查看11号勘探试验洞。省引汉济渭公司负责人表示将严格按照省厅"输水工程总体立项,分段可研,首先突破西安段,同步开展北干线过渭段及咸阳段可研工作"的思路,加快输配水项目建议书报审在监管平台注册和西安段可行性研究编制工作;同步推进地质勘查试验段工程。

1月28日　省引汉济渭公司邀请全国著名文学评论家李星、陕西知名文化人士袁秋香、王安泉等 6 位专家学者,座谈研讨引汉济渭宣传文化工作。

2 月 1 日　根据省委书记娄勤俭"经济下行压力加大,力争引汉济渭输配水工程在国家层面立项"的指示,省水利厅副厅长管黎宏带队赴国家发改委、水利部衔接引汉济渭输配水工程立项工作。国家发改委农经司司长吴晓表示,按照基建项目审批事权划分有关规定,引汉济渭输配水工程不存在跨流域、跨省区水量调度事宜,所配水量已在引汉济渭工程批复中涵盖,仅是省内水资源配置,对于此类项目由地方审批更为有利,国家发改委将由专项建设基金给予补助支持。

同日　省引汉济渭公司荣获省政府 2015 年度全省安全生产工作先进单位称号。

2 月 22 日　省林业厅以《关于引汉济渭工程先行使用林地的批复》(陕林资字〔2016〕36 号)对先行使用林地进行批复。2 月初,省引汉济渭公司完成了引汉济渭先行用地林地组卷工作及报批工作。

2 月 23 日　省引汉济渭公司与成都银行签署了关于编号为 H930101151214100 的《借款合同》的补充协议,该协议约定上述《借款合同》项下的 10 000 万元流动资金贷款利率调整方式变更为"以同期基准利率下浮 5% 为准",并于 2016 年 3 月 16 日生效。

2 月 24 日　引汉济渭秦岭输水隧洞岭南 TBM 3 号支洞掘进至 1 900 米处时,突发大量涌水。

2 月 24—25 日　省引汉济渭公司召开《三河口水利枢纽压力钢管制造招标文件》《三河口水利枢纽供水阀门设备采购招标文件》咨询会。

2 月 29 日　省国资委印发《关于命名表彰 2015 年度省属企业文明单位的决定》(陕国资党宣传发〔2016〕15 号),省引汉济渭公司荣获省属企业文明单位。

2 月 29 日至 3 月 1 日　省库区移民办在西安召开引汉济渭工程 2016 年度移民安置工作部署会议。会议期间,省引汉济渭公司与汉中、安康市政府签订《陕西省引汉济渭工程 2016 年建设征地补偿和移民安置工作协议书》。

3 月 2 日　省库区移民办组织有关单位及专家对《引汉济渭二期工程南干线黄池沟至子午水厂段建设征地移民实物调查细则》进行技术审查。

3 月 14 日　省水利厅厅长王拴虎带队赴北京拜会国家发改委副主任张勇,衔接落实省长娄勤俭在国家发改委座谈时达成的陕西水利发展及引汉济渭输配水工程专项工作,希望引汉济渭输配水工程能够在国家层面立项,并力争调整进入国家"十三五"支持建设的 172 项重大水利项目。国家发改委认为:引汉济渭配水量有一个逐步增长的过程,他们将按照事权划分原则开展相关工作,根据引汉济渭输配水前期进展和配水情况给予资金支持。

同日　省引汉济渭公司约谈厦门安能建设有限公司负责人,主要内容是针对其承建的黄金峡水利枢纽前期准备工程施工Ⅲ标施工中存在问题进行整改。四川二滩国际工程咨询有限责任公司负责人参会。

3月15日　引汉济渭质量检测中心(第三次招标)开标,招标内容分别为黄金峡水利枢纽工程建设所需的水泥采购,热轧带肋钢筋、热轧光圆钢筋建筑钢材采购,散装粉煤灰、Ⅱ级粉煤灰采购等三项。陕西省水利厅招标办及相关处室、省引汉济渭办等相关领导参加。

3月17日　西安市水务局局长杨立带领水务局机关副处级以上干部,局属各单位、各重点工程管理处主要负责人70余人来到引汉济渭工程岭北工地现场观摩,省引汉济渭公司执行董事、总经理杜小洲陪同并介绍了工程有关情况。

3月18日　由于农业银行批复的引汉济渭调水工程项目贷款提款权将于2016年3月19日到期,为保留该项目贷款提款权,省引汉济渭公司与农业银行签署了编号为61010420160000046的《中国农业银行股份有限公司固定资产借款合同》。

同日　引汉济渭工程生态文化实录《叩首秦岭》入选2015年省委宣传部重大文化精品扶持项目。

3月22日　省库区移民办以陕移发〔2016〕20号文批复《陕西省引汉济渭二期南干线黄池沟至西安子午水厂段建设征地移民实物调查细则》。

3月23—24日　陕西省政协主席韩勇、副主席李冬玉一行深入引汉济渭岭南、岭北工区,调查了解移民安置和工程建设情况。

3月25日　大河坝至汉江黄金峡交通道路Ⅲ标合同工程通过完工验收。

3月29日　省引汉济渭公司在西安召开《三河口水利枢纽坝后电站厂房土建及金属结构安装工程招标文件》咨询评审会。

3月30日　省水利厅、省国土资源厅召开规范全省水利工程建设用地工作第一次联席会议。会议明确,要增强大局意识,利用好联席会议平台,解决发展中的问题;全省土地利用规划正在调整,引汉济渭输配水用地名目要进一步细化,水利部门要提前知会,主动联系,确保进入土地利用规划;水利规划要单列专门章节进行说明;争取引汉济渭输配水项目在国家层面审批,不占用陕西土地指标。

3月31日　省引汉济渭公司与浐灞生态区管委会正式签订《入区协议》,基地选址取得了阶段性成果。

同日　引汉济渭工程建设期计算机网络系统和视频会商系统项目开标,该项目划分为 1 个监理标项、1 个施工标项,分别进行招标。陕西省水利厅招标办及相关处室和省引汉济渭办等相关领导参加了开标会议。

4 月 8 日　省引汉济渭公司副总经理田养军主持召开引汉济渭输配水工程专题会议,研究布置引汉济渭输配水工程用地进入全省土地利用规划和南干线西安段移民实物调查事项。会议要求做好与省水利厅、省国土资源厅和有关市县的密切衔接,确保全部用地进入全省土地利用规划,力争上图,确保引汉济渭输配水工程用地在修编后的全省土地利用规划中有文字叙述。

4 月 10 日　省水利厅副厅长管黎宏主持召开专题会议,研究推进引汉济渭输配水工程前期工作。会议明确,全力争取引汉济渭输配水工程在争取国家层面立项同时,同步按照陕西省"总体项建,分段可研"的思路,做好南干线西安段可行性研究报告和相关前置要件的编制工作;积极争取试验段优先审批的可能性。为进一步推动国家层面立项申报工作,明确立项政策,尽快将经过水规总院技术审查的《陕西省引汉济渭二期工程项目建议书》上报国家发改委。

4 月 13 日　省引汉济渭公司向省水利厅上报了中国农业发展银行水利建设 PSL 项目贷款的申请,并由省水利厅继续向水利部上报相关事宜。

4 月 18—19 日　配合黄河水利委员会开展 2016 年第一次黄河流域(片)节水供水重大水利工程建设督导检查工作。

4 月 19—23 日　配合水利部完成 2016 年第一次节水供水重大水利工程建设专项稽查工作。

4 月 26 日　省引汉济渭公司召开引汉济渭二期工程前期工作对接会。会议要求技术设计工作不能受国家立项影响,应明确目标,立足整体推进,做好各项技术设计工作。南干线西安段可行性研究一刻不停,全力推进,确保今年 6 月内出案,相关前置要件承担单位也要按照报审时间节点,严格控制设计质量和进度。

4 月 27—28 日　省引汉济渭公司委托省水电设计院召开引汉济渭工程施工规划设计报告咨询会。西北勘测设计研究院有限公司、中铁第一勘察设计院集团有限公司、长江勘测规划设计研究有限责任公司等相关单位参会。

4 月 28 日　省发改委、水利厅联合向国家发改委上报《关于上报陕西省引汉济渭二期工程项目建议书的请示》(陕发改农经〔2016〕488 号)。

4 月 29 日　省水利厅厅长王拴虎带队赴北京拜会国家发改委副主任张勇,重点就引汉济渭二期(输配水)工程建设、东庄水库可研审批、渭河岸线管控纳入国家试点及渭河生态区建设等工作进行衔接汇报,争取国家对陕西省重大水利工程和水生态文明建设的支持。国家发改委表示,按照国家事权划分,引汉济渭输配水工程由地方审批。

5月1日 三河口水利枢纽砂石系统正式投入运行。

5月4日 省委书记娄勤俭听取省发改委、省水利厅关于引汉济渭输配水工程前期立项衔接工作专题汇报,要求从引汉济渭是南水北调配套工程的角度出发,再争取国家发改委的支持。

同日 经省国资委党委批复同意成立公司工会委员会(陕国资党群工发〔2016〕46号)。

5月5日 省引汉济渭公司副总工程师张中东召开《引汉济渭二期工程南干线黄池沟至西安子午水厂段可行性研究报告》协调会,掌握可研报告和相关前置文件进展,研究解决存在的问题,力争按计划节点完成报告编制。

同日 引汉济渭工程黄金峡水利枢纽砂石加工系统、混凝土生产系统建设及运行管理工程开标,省水利厅招标办及相关处室参加了开标会议。

5月6日 省引汉济渭公司向省水利厅报送《关于将引汉济渭二期(输水)工程纳入省级土地利用总体规划的请示》(引汉建字〔2016〕37号),请省水利厅协调省国土资源厅,将该项目建设用地纳入正在修编的全省土地利用总体规划(2006—2020年)。

5月12日 省引汉济渭公司约谈省水电设计院,就该院在勘察设计现场服务、设计进度、工程变更、现场管控及监理工作等方面存在的问题进行了通报。

5月13日 省政府研究室主任杨三省调研输配水工程,在充分了解输配水工程南干线的实际情况后,要求加快输配水工程前期工作,特别是加快南干线西安段的工程建设。

同日 三河口水利枢纽大坝工程坝基开挖施工全部完工,转入大坝主体混凝土浇筑施工阶段。

同日 陕西万隆金剑工程管理咨询有限公司受公司委托,对引汉济渭工程项目相关招标投标、工程建设、企业内部管理等工作进行内部管理咨询,检查评价项目建设期间的投资活动合法合规性,评估公司各项内部控制制度的完整性、执行性。

5月17日 省委常委、常务副省长姚引良深入三河口水利枢纽施工现场调研。他要求,要切实加快工程建设进度,统筹移民安置,确保工程早日建成通水,造福三秦百姓。省政府副秘书长张光进、省水利厅厅长王拴虎、汉中市市长王建军陪同调研。

5月20日 三河口水利枢纽低位混凝土生产系统调试成功,进入试运行生产。该系统是三河口项目部前期临建项目以及二道坝、水垫塘施工混凝土浇筑的主料来源。

5月23日　省引汉济渭公司与陕西省4D组织健康与发展研究院签订了工程建设"三合一"体系建设咨询合同。

5月24日　水利部下发《关于审核水利建设贷款PSL项目库有关情况的函》,其中引汉济渭工程调水工程以及二期工程已通过水利部审核,成功进入中国农业发展银行水利建设贷款PSL项目库。

5月25日　引汉济渭工程建设期计算机网络系统和视频会商系统项目正式开工。

5月30日至6月3日　省引汉济渭公司在西安召开《黄金峡水利枢纽土建及技术结构安装工程招标文件》咨询评审会。特邀专家、长江设计公司等单位负责人参加会议。

5月31日　省水利厅以《关于商请将引汉济渭二期(输配水)工程纳入省级土地利用规划的函》(陕水规计函〔2016〕36号)商请省国土资源厅将输配水工程纳入正在修改完善的省级土地利用规划(2006—2020年),确保后期建设用地预审和利用工作顺利开展。

6月2—3日　由省水利厅组织的中央、省内20余家媒体采访团深入引汉济渭工程建设一线,开展"追赶超越办水利"主题采访,实地感受引汉济渭工程建设的艰辛不易,报道建设者攻坚克难建设一流水利工程的风采。

6月7日　陕西省科学技术协会正式批复在省引汉济渭公司设立院士专家工作站。

同日　省引汉济渭公司召开黄金峡水利枢纽砂石骨料及混凝土加工系统、引汉济渭工程建设期计算机网络系统和视频会商系统合同谈判会。

6月12日　省引汉济渭公司与北京银行签署关于为陕水集团于北京银行贷款提供担保的《担保合同》(合同编号:0348194-002),该合同项下担保的债权是指北京银行依据与陕水集团在2016年6月12日至2018年6月11日期间所签署的总规模不超过1亿元的主合同而享有的一系列债权。

同日　省引汉济渭公司成立陕西熹点文化传播有限公司,由信息宣传中心代为管理。

6月15日　省水利厅召开2015年度省级水利科技计划项目评审会,省引汉济渭公司申报的"三河口水利枢纽工程拱坝建基面优化研究"和"高水头过鱼建筑物布置及水力学研究"入选本次评审会。经过专家评审,"三河口水利枢纽工程拱坝建基面优化研究"成功入选本年度省级水利科技计划项目。

6月18—20日 省引汉济渭公司特邀国内7名专家,为引汉济渭工程三河口水利枢纽拱坝建基面提供技术咨询。此次专家技术咨询会对三河口水利枢纽坝基进行了优化,为日后明确大坝建基面的合理高程、拱坝的建设稳定性等提供有力的技术支撑。水利部江河水利水电咨询中心、省水利厅、省水电设计院等单位领导、专家和代表参加了会议。

6月24日 引汉济渭三河口水利枢纽砂石系统建安及附属8个分部工程顺利通过验收。水利部水利工程建设质量与安全监督总站、相关设计单位及监理单位相关人员参加了验收。

6月27日至7月1日 省引汉济渭公司召开《三河口水利枢纽闸门及其附属设备采购招标文件》《三河口水利枢纽金属结构设备制造监理招标文件》咨询评审会。

6月30日 《陕西省引汉济渭输配水工程南干线西安段可行性研究报告》编制完成,具备了省内技术审查条件。

7月3日 引汉济渭秦岭输水隧洞0-1号洞顺利贯通,标志着引汉济渭工程秦岭输水隧洞(越岭段)岭南工区的人工钻爆法全线完成。

7月5—6日 中国三峡建设管理有限公司董事长樊启祥一行12人到引汉济渭工程建设现场,学习考察深埋长隧洞的建设管理经验。

7月7日 引汉济渭工程三河口水利枢纽坝后电站厂房土建及机电安装工程、三河口、黄金峡水利枢纽安保服务项目开标。省水利厅招标办及相关处室、省引汉济渭办等部门有关领导参加了开标会议。

7月8日 省引汉济渭公司举办第一届"陕西引汉济渭创新发展研讨会",邀请了省国资委企业改革与改组处调研员白建云、西安理工大学教授王义民、西安交通大学老师叶红等6名专家,共商引汉济渭公司建设与发展大计。

7月12日 "引汉济渭院士专家工作站"揭牌仪式在省引汉济渭公司举行,中国水利学会理事长胡四一、中国工程院院士王浩、省水利厅副厅长张玉忠、省科协副主席韩正兴等领导和专家出席仪式。

同日 中国水利学会胡四一、于琪洋、杨启贵等专家一行深入输配水工程南干线11号勘探试验洞调研,对引汉济渭水资源优化配置与环境保护及工程施工的关键技术提出了具体要求。

7月13日 省引汉济渭公司参与申报的国家"十三五"重点研发计划"水资源高效利用"专项"长距离调水工程建设与安全运行集成研究及应用"项目中的6

个课题通过科技部批复,正式立项。

7月15日 省引汉济渭公司向西安市引汉济渭工程协调管理办公室发送《关于协助开展引汉济渭二期工程南干线黄池沟至西安子午水厂段建设征地移民实物调查工作相关事宜的函》(引汉建函〔2016〕97号),准备开展南干线西安段移民实物调查工作。

7月17—22日 水利部建安中心会同南京水利科学研究院组织开展对引汉济渭工程开展实体质量监督检测。

7月20日 省引汉济渭公司执行董事、总经理杜小洲做客省政府门户网站"在线访谈"栏目,重点围绕引汉济渭工程的施工难度、安全质量、科技环保等内容,就引汉济渭如何攻坚克难打造世纪工程接受了该网的专访。

7月21日 新华网全文刊发引汉济渭工程建设报道"鲮鲤造河穿秦岭——陕西省引汉济渭工程TBM掘进纪事"。新华社手机客户端显示该报道浏览点击量突破50万次,对于更好地宣传引汉济渭工程,提升企业形象起到了良好的促进作用。

7月28日 国务院国资委综合局副局长刘源带队检查中国铁建十七局相关工作,并深入其承建的引汉济渭秦岭输水隧洞出口延伸段工地检查指导。

7月30日 《引汉济渭工程2016年度汛方案》通过省水利厅审查。

8月2日 国家发改委主任徐绍史回信函陕西省委书记娄勤俭同意:"引汉济渭输配水工程设计年引水量超过3亿立方米以上且供水对象较为重要的骨干工程建设内容,由国家发改委直接审批工程可研报告(代项目建议书),并按规定予以中央补助,统筹纳入172项重大水利工程范围;其余工程由陕西省自行审批和筹资建设"。

同日 省引汉济渭公司执行董事、总经理杜小洲带队考察西咸新区秦汉新城,详细了解秦汉新城整体规划及生态、旅游规划,并与新城党工委书记、管委会主任杨占文及其相关人员接洽引汉济渭输配水工程相关事宜。

同日 省引汉济渭公司副总经理董鹏主持约谈中国水利水电第四工程局有限公司,针对其承建的三河口水利枢纽大坝工程、砂石骨料加工系统及施工辅助工程中存在的问题提出整改要求。

8月3日 省引汉济渭公司执行董事、总经理杜小洲带队赴渭南市清峪水库调研,就引汉济渭输配水工程供水规划、渭南市水资源开发利用、输配水工程的供水对象、水厂的规划及建设、输配水工程的调蓄等事宜进行座谈。

8月5日 水利部水利工程建设质量与安全监督总站引汉济渭项目站下发

《陕西省引汉济渭工程项目划分确认书》,正式批复了引汉济渭工程项目划分。

8月9号 省引汉济渭公司针对黄金峡水利枢纽前期准备工程施工Ⅲ标施工中存在的问题,再次约谈厦门安能建设有限公司。会谈针对厦门安能建设有限公司承担的黄金峡水利枢纽前期准备工程施工Ⅲ标工程中的重大合同履约问题,明确提出整改要求。

8月10日 陕西省"十三五"劳动竞赛暨"引汉济渭 润泽三秦"主题劳动竞赛在引汉济渭工地正式启动。

8月15日 省水利厅下发《关于配合做好引汉济渭二期(输配水)工程建设项目用地纳入各市土地利用总体规划(2016—2020年)的通知》(陕水规计发〔2016〕272号),要求各市及相关县(区)水利(务)局抽调专人负责,配合省引汉济渭公司协调各市、县(区)国土部门,将引汉济渭二期(输配水)工程建设用地纳入市、县(区)正在修改完善的土地利用总体规划(2016—2020年),并做好相关土地利用计划和用地指标的衔接工作。

8月16日 引汉济渭工程秦岭隧洞黄三段4号支洞主洞段下游与椒溪河主洞上游精确贯通,较计划工期提前3个月,此次贯通标志着引汉济渭工程秦岭隧洞越岭段与黄三段首段顺利贯通。

同日 省引汉济渭公司党委书记、副总经理雷雁斌带队前往武汉,参加长江水利委员会组织的水土保持检查会议,引汉济渭工程水土保持工作开展情况得到了会议充分肯定。

8月17日 陕西省人力资源与社会保障厅正式批复在陕西省引汉济渭工程建设有限公司设立"陕西省博士后创新基地"。

同日 收到陕财办建〔2016〕178号文件,根据财政部财建〔2016〕329号和省发改委、省水利厅陕发改投资〔2016〕427号文件,下达公司2016年中央预算内基建支出预算(拨款)12亿元。

8月18日 省水利厅副厅长管黎宏带队赴国家发改委对接引汉济渭输配水工程审批边界。与国家发改委农经司、投资司就支持引汉济渭输配水工程建设达成一致意见:输配水工程由国家发改委审批的范围为:南干线灞桥水厂以上段(104.92千米),过渭及北干线泾河新城张家水厂以上段(92.03千米),新建配水枢纽1座,输水干线2条,总长196.95千米,估算总投资约160亿元。

8月20日 引汉济渭黄金峡水利枢纽项目5号公路完成混凝土挡墙和路基填筑施工,达到重车通行条件。

8月22日 引汉济渭工程质量检测中心通过水利部质量监督总站引汉济渭

项目站验收,正式投入使用。

8月23日　针对砂石加工系统及混凝土生产系统初设方案,省引汉济渭公司召开砂石、混凝土系统设计方案专家咨询会。

8月24日　省引汉济渭公司总经理杜小洲与国家开发银行陕西分行行长鞠品生进行座谈。国家开发银行方面介绍了该行对于国家重大水利工程项目贷款的新政策,并表示希望与公司进行实质性合作。经沟通协商,双方初步达成了调水及输配水工程建设期基准利率下浮15%的项目贷款合作意向。

8月25日　省水利厅安全生产第二督查组对引汉济渭工程安全生产工作情况进行了重点督查,并给予了充分肯定。

8月26日　西安市水土保持监督站对引汉济渭工程水土保持工作进行现场检查。

8月29日　引汉济渭黄三隧洞2号支洞进入主洞断面开挖施工。

8月30日　省水利厅副厅长管黎宏召开专题会议研究输配水工程前期工作。会议确定,输配水工程复杂性不亚于调水工程,当前主要工作是联系国家发改委确认审批边界和输水线路定线工作。省水利厅规划计划处、省库区移民办、省水电设计院相关负责人员参加。

9月7日　省水利厅副厅长管黎宏带队赴国家发改委、水利部及中咨公司衔接引汉济渭输配水工程前期工作。副厅长管黎宏一行与水利部中咨公司处长马新忠进行座谈,探索开展输配水工程南干线西安段洞线咨询、试验段开工的可能性。厅规计处处长刘晓明,省引汉济渭公司总经理杜小洲、副总经理田养军,省水电设计院相关人员参加。

9月9日　省引汉济渭公司成立工程建设期信息化项目管理小组。

9月12日　省引汉济渭公司向户县人民政府报送《关于确定引汉济渭二期工程户县境内弃渣场位置的申请函》(引汉建函〔2016〕119号),请求确定引汉济渭二期工程户县境内弃渣场的位置。

9月13日　省引汉济渭公司总经理杜小洲与铁一院李凌志等一行座谈输配水工程可研专题研究及设计审核等合作事项。

同日　省引汉济渭公司总经理杜小洲与中国水利水电科学研究院殷峻暹、段庆伟及双方单位业务负责人在公司本部召开座谈会,就引汉济渭院士专家工作站"陕西省引汉济渭工程初期运行(三河口—西安段)生产调度模型系统研发"等3个科研项目立项有关问题进行座谈,达成了共识。

同日　省国资委同意省引汉济渭公司建立企业年金。

9月14日 省水利厅副厅长管黎宏在省水利厅防汛会商室召开引汉济渭输配水前期工作协调会。会议要求尽快落实受理边界条件、制定勘测设计、项目审批的工作方案及行政协调,推动输水线路的定线工作。

同日 省引汉济渭公司向省水利厅上报了《关于征求引汉济渭二期工程输水线路布置意见的请示》(引汉建字〔2016〕102号),请求省水利厅联合省发改委征求各有关受水区人民政府关于引汉济渭二期工程线路布置的意见。

9月18日 省引汉济渭公司安全生产标准化创建工作通过省水利厅的初评,初评结果满足水利工程项目法人安全生产标准化一级达标要求。

9月18—24日 水利部建安中心组织开展引汉济渭工程年度安全巡查工作。

9月19日 国家档案局检查陕西区域内建设项目档案工作会议在西安举行,省引汉济渭公司副总经理田养军分别从引汉济渭工程基本情况、档案管理工作开展情况、今后档案工作努力的方向等三个方面做了专题工作汇报。

9月20日 户县副县长郭强召集县国土局、水务局、环保局等相关部门召开专题会议,研究确定引汉济渭二期工程户县境内弃渣场选址有关事宜。

同日 省引汉济渭公司总经理杜小洲、省水电设计院院长李友成及双方单位业务负责人在公司本部召开专题会议,研究引汉济渭二期工程前期工作推进有关问题,并形成共识。

同日 省引汉济渭公司召开战略研究专题座谈会,启动公司战略规划及"十三五"规划编制工作,委托西安交通大学工商管理学院进行专题研究。

9月23日 陕西省人民政府同意设立引汉济渭工程饮用水水源保护区(陕政办函〔2016〕249号文)。

9月26日 水利部黄河水利委员会水土保持局检查组对引汉济渭工程水土保持工作进行检查,召开了监督检查座谈会议。

同日 省引汉济渭公司召开引汉济渭输配水工程前期工作专题会议,研究确定了输配水工程勘测设计与项目审批的工作方案。

9月27日 省水利厅向省政府上报了《关于请求以省政府办公厅名义下发〈关于引汉济渭输配水工程输水线路及水厂布置有关问题的通知〉的请示》(陕水字〔2016〕65号)。

同日 大黄路边坡治理工程、三河口水利枢纽金结监理和机电监理、三河口水利枢纽闸门及其附属设备采购共4个标项在曲江宾馆开标。省水利厅招标办及相关处室和省引汉济渭办等相关领导参加了开标会议。

同日 引汉济渭隧洞工程岭南段环形控制闸交通洞进洞施工。

9 月 30 日　宁陕引汉济渭开发公司与长安银行安康分行签订编号为"长银安小企借〔2016〕052 号"的贷款协议,贷款额度 700 万元,期限 1 年,利率为 1 年期同期基准利率下浮 5%。贷款资金 9 月 30 日到账,及时解决了宁陕开发公司资金短缺的燃眉之急。

10 月 8 日　省政府办公厅转由各相关厅局、市政府办理(陕水字〔2016〕65 号)文件《关于请求以省政府办公厅名义下发〈关于引汉济渭输配水工程输水线路及水厂布置有关问题的通知〉的请示》。

10 月 10 日　因遭遇断层塌方而被迫停机的引汉济渭岭北 TBM,在建设者的努力下战胜了软岩,彻底清除了前行的障碍,提前 21 天恢复掘进施工。

同日　三河口水利枢纽水轮发电机组及其附属设备采购项目在曲江宾馆开标。省水利厅招标办及相关处室和省引汉济渭办等相关领导参加了开标会议。

10 月 13 日　黄金峡水利枢纽左坝肩二次上山处理 553 米高程以上开挖支护施工图纸进行设计技术交底,标志着左坝肩塌方处理进入实施阶段。

10 月 14 日　省国土资源厅对引汉济渭工程压覆重要矿产资源进行了函复。

10 月 15 日　引汉济渭秦岭隧洞岭北 TBM 掘进突破万米大关。

10 月 21 日　国务院南水北调办副主任张野调研引汉济渭工程。

同日　水利部水利建设管理督察专员田克军一行赴引汉济渭三河口水利枢纽、黄三Ⅱ标 4 号支洞和秦岭隧洞出口标段,检查指导引汉济渭工程安全生产工作。

10 月 25—26 日　中国摄影家协会主席王瑶赴引汉济渭工程建设工地,进行采风创作。

10 月 29 日　省引汉济渭公司召开《陕西省引汉济渭工程管理调度自动化系统总体框架设计》技术评审会。

10 月 30 日　三河口水利枢纽闸门及其附属设备第一次设计联络会在郑州召开,省水电设计院、江河机电装备工程有限公司、中水八局、中水四局相关人员参会,会议确定了闸门的设计方案和制造工艺。

11 月 1 日　省水利厅向各有关厅局和地市政府印发了《关于加快办理引汉济渭输配水工程输水线路及水厂布置有关问题的函》(陕水规计函〔2016〕83 号),要求各单位加快反馈引汉济渭输配水工程线路及水厂布置线路意见。

同日　省水利厅副厅长管黎宏在省水利厅主持召开专题会议,研究推进引汉济渭输配水工程前期工作。会议确定输配水工程前期工作进展要打破常规,明确主要时间节点,实行责任清单管理。年内完成设计中间成果,提供各前置要件单位开展工作,2017年3月底完成可研报告编制。省水利厅人事处将前期工作任务完成情况纳入年度考核进行推进;引汉济渭公司统筹协调,各有关部门要密切配合,责任到人,做好前期各项工作。

同日   省审计厅厅长李健到引汉济渭工程岭北建设工地,调研工程建设情况。

同日   秦岭隧洞黄三段隧洞(Ⅰ标、Ⅱ标)二次衬砌专项施工方案审查会在中铁十七局黄三隧洞Ⅰ标项目部举行。

同日   省引汉济渭公司组织各参建单位及相关专家召开"三河口水利枢纽碾压混凝土配合比及碾压工艺试验"审查会。

11月2日   引汉济渭工程三河口水利枢纽首仓混凝土开始浇筑,标志着该水利枢纽建设由基础开挖全面转入主体混凝土浇筑施工阶段。

11月4—7日   京水江河(北京)工程咨询有限公司对省引汉济渭公司开展安全生产标准化工作进行了现场评审。

11月5—9日   输配水工程动感沙盘参展第23届杨凌农业高新科技成果博览会,受到与会领导的高度关注和参观人员的一致好评。

11月6日   省水电设计研究院承担的11号勘探试验洞完成了设计要求和合同约定的二衬混凝土工程,衬砌至桩号0+637处,标志着11号勘探试验洞主体工程完工。

11月8日   省引汉济渭公司向省水利厅上报了《关于引汉济渭输配水工程在投资项目审批监管平台进行项目申报的请示》(引汉建字〔2016〕118号)。请示按照省水利厅与国家发改委衔接确定的审批边界和建设内容进行项目申报。

11月16日   黄金峡分公司就砂石料混凝土供应系统标进度滞后、合同履约情况偏差等情况约谈相关单位。

11月17日   黄三隧洞4号支洞分部工程验收通过,质量合格。

同日   成都银行以"2016总行级58次28号"审批单,批准引汉济渭公司总额5.0亿元的集团授信,其中总公司授信额度4.5亿元,子公司授信额度5 000万元,贷款期限3年,利率为同期基准利率下浮10%。11月18日宁陕开发公司与成都银行签订5 000万元贷款合同。11月19日先期提款3 500万元用于归还到期贷款和近期经营发展。

11月17—18日   三河口水利枢纽水轮发电机组及附属设备技术协议谈判在西安召开。会议确定了机组设备的具体参数要求,省水电设计院、郑州国水机械设计研究所有限公司、天发重型水电设备有限公司相关人员参会。

11 月 18 日　黄三隧洞 1 号支洞分部工程验收通过,质量合格。

11 月 22 日　黄金峡水利枢纽土建及金属结构安装工程开标,该标项主要内容包括黄金峡水利枢纽一期、二期导流围堰填筑及拆除,厂房导墙围堰浇筑拆除,大坝一期、二期基坑开挖,基础防渗处理,大坝填筑,修建鱼道、泵站、电站等,省水利厅招标办及相关处室和省引汉济渭办等相关领导参加。

11 月 22—24 日　水利部江河水利水电咨询中心对《黄金峡水利枢纽左岸坝肩边坡处理设计初步报告》进行了技术咨询,省水利厅、长江设计公司、二滩国际等单位领导、专家参加了会议。此次会议的召开,为进一步优化黄金峡水利枢纽坝肩边坡处理方案,确保 2017 年主体工程按节点顺利动工实施奠定了基础。

11 月 22—25 日　黄金峡水利枢纽左右坝肩处理方案专家咨询会在西安召开。

11 月 23 日　省引汉济渭公司副总经理田养军主持召开引汉济渭输配水工程线路及水厂布置征求汇总汇报会。会议确认了省水电设计院关于线路征求意见的初步汇总成果,主要涉及增设分水口和调整分水口位置问题,确认可以依据该成果开展先一步工作。省水电设计院相关负责人参加。

同日　黄三隧洞Ⅱ标提前 38 天完成公司下达的 2017 年度进度目标(隧洞开挖支护 3 400 米)。

11 月 29 日　省引汉济渭公司收到陕财办建〔2016〕291 号文件,根据财政部财建〔2016〕713 号和省发改委、省水利厅陕发改投资〔2016〕1273 号文件,下达公司 2016 年中央预算内基建支出预算(拨款)5 亿元。

11 月 30 日　省引汉济渭公司成立公司深化改革领导小组。

同日　省引汉济渭公司收到陕财办农〔2016〕67 号文件,陕西省财政厅一次性下达引汉济渭工程建设补助资金 1.2 亿元。

同日　省引汉济渭公司召开战略规划及"十三五"规划座谈会,主要就委托西安交通大学编制的《引汉济渭中长期战略规划(讨论稿)》进行了座谈讨论。

12 月 1 日　省引汉济渭公司配合省库区移民办印发了《关于加强引汉济渭移民安置单项工程验收管理工作的通知》(陕移发〔2016〕98 号)。

12 月 8 日　省引汉济渭公司完成调水工程永久用地组卷工作,配合省国土资源厅上报国土资源部。

12 月 9 日　黄金峡水利枢纽施工期洪水预报系统、景观方案及初步设计项目在曲江宾馆开标,省水利厅招标办及相关处室、省引汉济渭办等相关领导参加。

12 月 10 日　省林业厅在西安召开《陕西省引汉济渭工程使用林地可行性报

告》评审会,通过了《引汉济渭工程使用林地可行性报告》。

12月10—11日 三河口水利枢纽可逆机组及其附属设备第一次设计联络会在四川德阳召开,省引汉济渭公司总工程师石亚龙,省水电设计院、郑州国水机械设计研究所有限公司、东方电气集团东方电机有限公司相关人员参会,会议确定了闸门的设计方案和制造工艺。

12月13日 陕西省各有关厅局,西安、咸阳、渭南、杨凌等市(区)政府对引汉济渭输配水工程线路及水厂布置线路意见正式反馈,无颠覆性意见,引汉济渭输配水工程输水线路定线工作基本完成。

12月14日 省引汉济渭公司向省水利厅上报《关于引汉济渭输配水工程可行性研究报告编制委托方式的请示》(引汉建字〔2016〕123号)。

12月18日 黄三隧洞Ⅰ标提前13天完成公司下达的2017年度进度目标(隧洞开挖支护3 340米)。

12月19日 省引汉济渭公司完成浐灞CB2-6-710地块的国有建设用地使用权竞买,于12月20日与浐灞管委会签订出让合同。

同日 中国工程院院士杜彦良到引汉济渭工地考察调研,帮助解决工程建设中遇到的难题。杜彦良院士通过与设计、施工、监理以及管理方的深入沟通,对工程建设遇到的问题提出了科学的建议和意见。

12月21—24日 三河口水利枢纽水轮发电机组及附属设备第一次设计联络会在天津召开,省引汉济渭公司总工程师石亚龙,省水电设计院、郑州国水机械设计研究所有限公司、东方电气集团东方电机有限公司相关人员参会,会议确定了闸门的设计方案和制造工艺。

12月22日 省引汉济渭公司向省水利厅上报了《关于引汉济渭输配水工程输水线路及水厂布置征求意见情况的报告》(引汉建字〔2016〕144号)。

12月24日 引汉济渭工程秦岭输水隧洞越岭段7号洞主洞工程下游段掘进胜利完成,创造了钻爆法无轨运输独头通风6 430米的国内纪录。

12月27日 黄金峡水利枢纽砂混系统2号拌和站系统联动试运转圆满完成,并达到了系统联动试生产条件,将进一步满足水利枢纽建设的砂石混凝土需求。

12月28日 引汉济渭输配水工程可行性研究报告中间设计成果完成。

同日 省引汉济渭公司主持召开引汉济渭输配水工程前期工作推进会,会议统一思想认识,明确了各单位目标任务,启动了工程选址、移民安置、地灾评估、环评、文物等30个专题(子专题)的编制工作。

同日　黄金峡大桥主体合龙,为后续正式通车奠定了坚实基础。

12月30日　黄三隧洞Ⅱ标1号支洞上游主洞段贯通。

12月31日　省引汉济渭公司与引汉济渭输配水工程工地涉及市县(区)国土部门衔接全部完成,各方均同意将引汉济渭输配水工程建设用地指标纳入正在修编的土地利用总体规划文本。

2017 年

1月1日　省引汉济渭公司全面实施积分考评。

1月3日　省水利厅下发《关于引汉济渭输配水工程可行性研究报告编制招标问题的批复》,同意"由项目法人通过一定方式选择具有该工程可行性研究报告编制能力的单位签订委托合同"。

1月4日　引汉济渭秦岭隧洞黄金峡至三河口段Ⅰ标项目1号主洞控制区上游顺利贯通。

1月5日　新华社在《新华每日电讯》、新华网、新华社手机客户端等载体,以"引汉济渭调水工程进入攻坚阶段"为题报道了引汉济渭工程建设进展情况。

1月8日　《引汉济渭工程突发事件综合应急预案》评审会在西安科技大学召开,专家组经会商一致通过评审。

1月9日　省引汉济渭公司委托中铁第一勘察设计院召开秦岭超长隧洞修建技术科研工作检查会,中铁第一勘察设计院相关领导、各课题负责单位代表参加了会议。

同日　省水利厅下发《关于在国家发改委投资项目审批监管平台注册申报引汉济渭输配水工程的意见》,同意在国家发改委在线审批监管平台进行注册申报,范围为:南干线灞桥水厂以上段(104.92千米),北干线泾河新城张家水厂以上段(92.03千米),估算总投资约160亿元。

1月9日至3月31日　审计署西安特派办对引汉济渭工程等重大水利建设项目及国家重大政策措施执行情况进行审计。

1月10日　省引汉济渭公司召开移民安置设计、监评工作座谈会。省库区移民办、省水电设计院等单位相关领导参加会议。

1月13日　省引汉济渭公司向省水利厅上报了《关于引汉济渭输配水工程可行性研究报告任务书的请示》。

1月15日　引汉济渭秦岭输水隧洞控制闸交通洞直线段与闸室精准贯通。

1月16日　新华社在《新华每日电讯》、新华网、新华社手机客户端等载体，以"中国正'洞穿'秦岭调水 将实现长江和黄河'握手'"为题，专题报道了引汉济渭工程。

1月20日　省引汉济渭公司向省库区移民办上报了《关于引汉济渭输配水工程建设征地实物调查细则的请示》。

2月8—9日　省库区移民办在西安召开会议，审查通过了《陕西省引汉济渭输配水工程建设征地移民实物调查细则》，标志着引汉济渭输配水工程前期工作进入实质推进的新阶段。

2月14日　省引汉济渭公司取得了浐灞项目宗地不动产证书，陕西省引汉济渭调度管理中心项目正式落户浐灞。

2月15日　省引汉济渭公司举办2016版《水利工程建设标准强制性条文》宣贯培训会，特邀黄河勘测规划设计有限公司副总工程师、国家注册岩土工程师路新景对《水利工程建设标准强制性条文》进行了辅导解读。

同日　省库区移民办批复了《陕西省引汉济渭输配水工程建设征地移民实物调查细则》。

同日　省引汉济渭公司向省水利厅上报了《关于申请颁布引汉济渭输配水工程建设征地移民实物调查停建通告的请示》。

2月16日　省引汉济渭公司召开引汉济渭工程使用林地组件报批工作会。

2月21日　省引汉济渭公司向省水利厅上报了《关于请求成立咸阳市引汉济渭工程协调机构的请示》，请求省水利厅协调咸阳市成立引汉济渭工程协调机构，推进输配水工程前期工作进程。

2月24日　省引汉济渭公司博士后创新基地团队赴清华大学，与该校水利水电工程学院联合召开引汉济渭博士后创新基地合作座谈会，并就清华大学水利水电工程学院博士后进站工作达成了协议。会议由清华大学水利水电工程学院院长张建民主持。省引汉济渭公司执行董事、总经理杜小洲及相关业务负责人参加了座谈。

2月27日　水利部建设与管理司副司长张严明赴引汉济渭工程建设工地，开展工程建设检查。省引汉济渭公司执行董事、总经理杜小洲，省水利厅建管处处长孙润民，省引汉济渭公司副总经理董鹏陪同检查。

2月28日　引汉济渭工程测量项目（二次）、引汉济渭工程施工变电所及输电线路运行维护、引汉济渭工程地质灾害危险性评估报告编制开标。

2月　省引汉济渭公司组织对二期输配水工程项目可行性研究报告及相关专

题 15 份合同先后进行了 20 余次谈判,将合同总额由 2.38 亿元审减至 1.54 亿元。二期输配水项目建议书合同谈判总共进行了 10 多轮,将合同金额由 2.2 亿元审减至约 1.0 亿元。

3 月 1 日　省水利厅副厅长管黎宏主持会议,研究分析输配水工程面临形势和存在问题,要求实行前期工作进展情况周报制度。

3 月 2 日　省水利厅向省政府上报《关于发布"禁止在引汉济渭输配水工程建设征地范围内新增建设项目和迁入人口通告"的请示》。

3 月 4—9 日　水利部建设管理与质量安全中心派出巡查组,对陕西省引汉济渭工程开展 2017 年度质量监督巡查。

3 月 6 日　水利部部长陈雷在全国两会期间给陕西代表团的回复中,要求输配水工程"加快可研阶段前期工作,争取与引水工程同步建成发挥效益",水利部"将继续给予技术指导,积极协调国家发展改革委,在项目立项和中央投资补助比例等方面给予支持"。

3 月 7 日　省财政厅、水利厅联合发文《关于下达 2017 年引汉济渭工程省级财政专项资金项目计划的通知》,下达省级财政专项资金项目计划 21 548 万元,专项用于引汉济渭工程秦岭隧洞、三河口水库和黄金峡水库工程建设。

3 月 9 日　省引汉济渭公司召开会议,传达落实 3 月 8 日省水利厅厅长办公会议精神,就加快引汉济渭输配水前期工作进一步安排部署。

3 月 10 日　省引汉济渭公司组织主要设计单位召开设计协调推进会,传达水利部部长陈雷、省委书记娄勤俭关于输配水工程的有关精神和批示,要求加快进度,确保按期完成可研报告。

3 月 22 日　省国资委委托陕西三秦会计师事务所对公司 2016 年度财务决算合并报表、母公司报表及子公司决算报表进行了审计,出具了标准无保留意见审计报告。

3 月 28 日　长江委汉江水利水电集团有限公司、长江委水文局汉江局相关人员赴引汉济渭工程考察,就工程建设、工程效益和防洪度汛等方面与公司进行深入交流。

同日　省引汉济渭公司党委书记雷雁斌牵头组织,公司移民环保部、金池分公司会同西安市水务局与周至县政府、县引汉济渭协调办,在周至县召开引汉济渭岭北工区征迁工作专题会议。

同日　中国工程院院士、清华大学教授王思敬调研引汉济渭工程,就秦岭输水隧洞 TBM 施工及掘进难题展开调研和科学考察。

同日　引汉济渭输配水干线工程可研报告较原定计划提前3天编制完成,并上报省水利厅。

3月29日　省水利厅副厅长管黎宏主持召开了输配水干线工程协调推进会,围绕移民停建通告颁布、协调机构组建、基本农田调整协调等前期工作中存在的问题和限制因素进行了深入讨论和研究,要求省库区移民办和省引汉济渭公司向省政府做好汇报,以便尽快颁布停建公告;并确定由省厅领导带队赴水利部沟通,确认输配水干线工程可研报告报审有关事项。

3月30日　引汉济渭陕西省博士后创新基地揭牌仪式在省引汉济渭公司举行。中国工程院院士王思敬,清华大学土木水利学院院长张建民,陕西省人民政府副秘书长薛建兴,清华大学河川枢纽所所长、博士生导师王恩志,清华大学河川枢纽所教授、博士生导师刘晓丽,陕西省人力资源和社会保障厅专业技术人员管理处副处长李空军,省引汉济渭公司领导班子成员出席仪式,省水利厅副厅长管黎宏主持会议。

3月31日至4月1日　省水利厅副厅长管黎宏带领省发改委农经处、省厅规计处、省引汉济渭公司及省水电设计院相关人员赴国家发改委、水利部就可研报告报审情况进行了沟通衔接,确定了水利部受理可研报告的条件。

4月6日　陕西省重点水利工程建设管理工作会暨精准化管理推进会在引汉济渭三河口水利枢纽召开。

4月15日　引汉济渭黄金峡至三河口段Ⅰ标二次衬砌首仓混凝土在1号支洞主洞上游完成浇筑。

4月16日　省水利厅向水利部上报了《关于上报陕西省引汉济渭输配水干线工程可行性研究报告的请示》。

4月17日　省引汉济渭公司工会召开第一次会员代表大会和第一届工会委员会第一次会议,会员代表大会选举产生了公司工会委员会、经费审查委员会,田再强、刘书怀、马省旗、毛晓莲、张忠东、王朝辉、李永辉当选为公司工会委员会委员;李永辉、王朝辉、史雷霆当选为公司工会经费审查委员会委员,李永辉为经费审查委员会主任。经公司第一届工会委员会第一次会议选举,田再强当选为工会主席;经第一届工会委员会提名,产生了女职工委员会,同意毛晓莲为女职工委员会主任。公司执行董事、总经理杜小洲,公司党委书记雷雁斌,省水利工会主席姜晓军,省国资委群工处调研员李蓉,公司工会主席团成员、工会会员代表共70余人参加了会议。

同日　经与省水利厅沟通,省引汉济渭公司完成了引汉济渭工程2014—2016

年度开工的 14 个施工项目的开工备案工作。

4 月 18 日　引汉济渭工程鱼类增殖放流站项目、引汉济渭工程测量项目Ⅲ标(第三次)、引汉济渭工程地质灾害危险性评估报告编制(第二次)开标。

4 月 18—19 日　水利部黄河水利委员会督导检查组深入引汉济渭工程建设现场,开展 2017 年第一次节水供水重大水利工程建设督导检查。

4 月 19 日　省防汛抗旱总指挥部第四检查组由副组长、省水利厅副巡视员马景国带队,深入岭南三河口水利枢纽检查工程防汛工作。

4 月 20 日　省引汉济渭公司向省水利厅上报了《关于上报引汉济渭输配水干线工程防洪影响评价报告的请示》。

4 月 24 日　陕西省水利厅印发了《关于下达 2017 年度省级水利前期工作费项目计划的通知》,下达省级水利前期工作费 1 200 万元(暂列),专项用于引汉济渭输配水干线工程可研报告编制。

4 月 25 日　由中铁十七局承建的引汉济渭秦岭输水隧洞 7 号洞与上游 6 号洞实现精准贯通。

4 月 28 日　在陕西省庆祝“五一”国际劳动节暨表彰省劳动模范大会上,省引汉济渭公司获陕西省先进集体荣誉称号,受到省委、省政府通报表彰。

5 月 3 日　陕西省财政厅印发了《关于下达 2017 年重大水利工程中央预算内基建支出预算(拨款)的通知》,下达公司 2017 年中央预算内基建支出(拨款)4 亿元,专项用于引汉济渭工程建设。

5 月 11 日　毛晓莲作为省十三次党代会代表,参加了在西安举行的中国共产党陕西省第十三届委员会第一次全体会议。

5 月 15 日　省政府发布《关于禁止在引汉济渭输配水干线工程(一期)占地范围内新增建设项目和迁入人口的通告》。

5 月 16 日　省委书记娄勤俭在调研渭河综合治理时,对加快引汉济渭输配水干线工程前期工作提出了新的期望。

5 月 18 日　输配水干线工程压覆矿产与储量评估报告上报省国土厅评审中心。

5 月 18—19 日　省水利厅副厅长管黎宏带队赴水利部上报衔接《陕西省引汉济渭输配水干线工程可行性研究报告》审查事宜,请求水利部先行受理,委托水规总院进行技术审查,待社会稳定风险评估结论批文完备后再出具正式意见。水利部规计司规划二处受理了报告,表示在综合分析、与国家发改委衔接一致、汇报部领导同意后确定委托水规总院审查。

5月19日　省引汉济渭公司召开引汉济渭输配水干线工程前期工作统筹推进会。公司领导及承担移民调查、社会稳定分析、社会稳定评估等任务的业务部门参加。

同日　周至县委、县政府召开2016年度安全生产总结表彰大会,引汉济渭秦岭隧洞出口延伸段项目被评为2016年度安全生产先进单位。

5月22—24日　国家"十三五"重点研发计划项目《长距离调水工程建设与安全运行集成研究及应用》(第八课题)研讨会在省引汉济渭公司本部召开。

5月24日　省引汉济渭公司与佛坪县政府召开联席工作会议,共同研究加快推进引汉济渭移民安置、保障工程建设用地、推进工程建设等工作。

5月25日　省水利厅向省政府上报《关于提请以省政府名义召开引汉济渭输配水干线工程建设征地移民实物调查动员会的请示》,请求省政府在6月初召开引汉济渭输配水干线工程建设征地移民实物调查动员会。

5月26—27日　省水利厅厅长王拴虎带队赴水利部衔接输配水干线工程可研报告委托水规总院审查等相关事宜。

5月26—31日　省引汉济渭公司组织开展了工程占地界桩测设和现状航拍取证工作,为后续移民实物调查提供第一手资料和佐证依据。

5月27日　省引汉济渭公司组织进行三河口水利枢纽工程导流洞工程、前期准备一期工程、左岸上坝路及下游交通桥工程等标段合同工程完工验收。

5月31日　省国土厅评审中心组织专家对《输配水干线工程压覆矿产与储量评估报告》进行了咨询。

6月2—3日　水利部安监司副司长钱宜伟率中国水利工程协会主任王晶华一行5人复查省引汉济渭公司安全标准化创建工作,对公司安全生产标准化工作给予肯定。

6月4日　在2017丝绸之路国际博览会暨第21届中国东西部合作与投资贸易洽谈会上,省引汉济渭公司与陕西旅游集团正式签订了《引汉济渭水利风景区开发建设战略合作协议》。

6月9日　省政府在陕西宾馆召开了引汉济渭输配水干线工程(一期)建设征地移民实物调查动员会及培训会,全面安排部署引汉济渭输配水工程征地移民实物调查工作。省政府副秘书长薛建兴做动员讲话,省水利厅副厅长管黎宏安排部署工作。

6月12—15日　省引汉济渭公司在天津市天发重型水电设备制造有限公司召开三河口水利枢纽常规机组第二次设计联络会,主要讨论水轮机、发电机设计技术问题,保证设备制造顺利开展,省水电设计院、郑州国水机械设计研究所有限公司、水利水电第八工程局有限公司、天津市天发重型水电设备制造有限公司相关负责人参加了会议。

6月14日　省引汉济渭公司副总经理田养军主持召开输配水干线工程建设征地及移民实物调查工作统筹会。

6月16日　引汉济渭岭南隧洞TBM掘进顺利突破5 000米大关,取得开工以来阶段性胜利。

6月18—19日　引汉济渭工程黄金峡泵站水泵母材泥沙磨损研究会在北京召开,成功验收了黄金峡泵站水泵母材泥沙磨损的研究试验结果。省水利厅、长江勘测设计规划研究有限公司、北京中水科水电科技开发有限公司等单位代表及特邀专家参加了会议。

6月19—23日　省引汉济渭公司在东方电气集团东方电机有限公司召开三河口水利枢纽可逆机组第二次设计联络会,主要讨论水轮机、发电机设计技术问题。省水电设计院、郑州国水机械设计研究所有限公司、水利水电第八工程局有限公司、东方电气集团东方电机有限公司相关人员参加了会议。

6月20日　省引汉济渭公司召开2017年现场质量管理工作会议,水利部质量监督总站引汉济渭项目站站长朴昌学应邀出席会议。

6月22日　省引汉济渭公司成立科学技术研究中心、数据网络中心、人才工作领导小组、网络安全与信息化建设工作领导小组。

同日　周至县政府召开引汉济渭输配水工程建设征地移民实物调查动员大会,对周至县辖区内引汉济渭输配水工程建设征地移民工作进行安排部署,副县长周训良参加会议并讲话。

6月23日　咸阳市政府召开引汉济渭输配水北干线工程建设征地移民实物调查动员会,安排部署了引汉济渭输配水北干线工程的实物调查工作。

6月27—28日　省督查组到宁陕对引汉济渭工程2017年上半年移民安置工作进行督导检查。省库区移民办主任杨稳新,省引汉济渭公司党委书记雷雁斌,省库区移民办副主任王浩,省引汉济渭办、省水电设计院、移民安置监督评估项目部等有关单位负责人参加了督查。

6月28日　省引汉济渭公司组织的三河口碾压混凝土拱坝智能化碾压施工技术可行性研究报告评审会在西安召开。清华大学、中水四局、省水电设计院及二滩国际监理公司相关人员和评审专家参加了会议,公司总工程师石亚龙主持会议。

6月28—29日　省水利厅副厅长管黎宏带队赴京分别与国家发改委、水利部就输配水干线工程在线注册、可研报告审查等相关工作进行了衔接。

6月28—30日　省库区移民办主任杨稳新带队,省引汉济渭公司、省引汉济渭办、省水电设计院、移民安置监督评估项目部等单位领导及相关人员参与,对安康市宁陕县、汉中市佛坪县、洋县2017年上半年移民安置工作进展情况进行了督导检查。

6月29日　西安市政府召开引汉济渭输配水干线工程建设征地移民实物调查工作推进会。

6月30日　省引汉济渭公司党委召开"七一"纪念表彰暨"两学一做"学习教育常态化制度化推进会,10名优秀共产党员、5名优秀党务工作者、3个先进基层党支部受到表彰。

7月1—9日　中央电视台《走近科学》栏目组深入引汉济渭工地,对引汉济渭工程建设进行了深度采访拍摄。

7月6日　省引汉济渭公司成立陕西子午建设管理有限公司、陕西上水水务有限公司等子公司。

7月10—14日　省引汉济渭公司组织开展了引汉济渭工程建设领域施工转包、违法分包问题自查自纠工作以及2017年度上半年劳务工工资支付专项检查。

7月11日　黄金峡水利枢纽砂混标供水及废水处理系统设计方案专家咨询会议在黄金峡分公司召开。省引汉济渭公司总工程师石亚龙及公司相关部门、黄金峡分公司负责人、与会专家及相关参建单位人员参加。

7月12日　省引汉济渭公司向省水利厅上报《关于在省水利厅网站刊登〈陕西省引汉济渭输配水干线工程环境影响评价第一次公示〉的请示》。

7月13日　水利部水利水电规划设计总院下发《关于召开陕西省引汉济渭输配水干线工程可行性研究报告审查会议的通知》,定于7月24—26日在北京召开陕西省引汉济渭输配水干线工程可行性研究报告审查会议。

7月14日　省水利厅和省引汉济渭公司网站同步发布《陕西省引汉济渭输配水干线工程环境影响评价第一次公示》。

7月17日　省引汉济渭公司向省水利厅上报《关于上报陕西省引汉济渭输配水干线工程文物影响评估报告和节能评估报告的请示》。

7月18日　省水利厅副厅长管黎宏主持召开引汉济渭输配水干线工程可行性研究报告报审工作讨论会,总工程师王建杰,省水利厅规计处、总工办、水资源处,省引汉济渭办、省引汉济渭公司、省水电设计院相关负责人参加了会议。

同日　省水利厅向省政府上报《关于邀请省政府领导参加引汉济渭输配水干线工程可行性研究报告审查会的请示》，邀请省政府领导出席会议并致辞。

7月23日　省水利厅副厅长管黎宏在北京主持召开会议，协调解决可研报告审查中可能出现的用地、选址、环保、文物、地质灾害、压覆矿产等限制因素和问题。省发改委、国土厅、环保厅、住建厅、交通厅、农业厅、林业厅、文物局、移民办、引汉济渭办，西安市、咸阳市、渭南市人民政府，杨凌区、西咸新区管委会，省引汉济渭公司，省水电设计院及各专项报告编制单位人员参加会议。

7月24日　引汉济渭输配水干线工程可行性研究报告审查会在北京召开。水规总院副院长刘志明主持会议，省水利厅副厅长管黎宏出席会议并致辞，水规总院副总工程师李现社，省水利厅总工程师王建杰，省引汉济渭公司执行董事、总经理杜小洲，党委书记、副总经理雷雁斌出席会议。

同日　宁陕县召开引汉济渭工程三河口水库移民搬迁安置工作推进会。

7月25日　引汉济渭工程秦岭输水隧洞黄三段主洞开挖累计达到10 213米，成功突破万米大关。

7月26日　省水利厅副厅长管黎宏在北京主持召开了可研报告审查后续工作协调推进会。省引汉济渭公司通报了输配水干线工程目标任务和时间节点安排，各设计单位汇报了进展情况，水利厅各处室就做好可研报告修改和手续报审等工作进行了讨论，提出了很多具有针对性、可操作性的意见和建议。

同日　CCTV10频道《走进科学》栏目播出由中央电视台摄制的引汉济渭工程建设纪录片《洞穿秦岭》。

同日　引汉济渭输配水干线工程可行性研究报告通过水规总院审查。

7月27—29日　由水利部原副部长索丽生、水利部原总工汪洪带领的中国水利学会专家组，深入引汉济渭工地，就引汉济渭输配水工程关键技术及水资源优化配置进行了专项调研。

7月28日　国家发改委同意陕西省引汉济渭输配水干线工程在全国投资项目在线审批监管平台申报，确定工程名称为"陕西省引汉济渭二期工程"，项目代码为：2017-000052-76-01-001222。

8月1日　陕西省音乐家协会主席尚飞林一行，与省引汉济渭公司执行董事、总经理杜小洲，就引汉济渭工程之歌创作等事宜进行深入探讨。

8月2日　省引汉济渭公司副总经理田养军带领工程部相关负责人赴北京，与中国国际咨询公司就引汉济渭二期工程可研报告咨询、水价形成机制等问题进行对接。

8月7日　省引汉济渭公司召开水土保持方案变更工作推进会,公司党委书记雷雁斌出席会议并讲话。

8月9日　省引汉济渭公司向省水利厅上报了《关于陕西省引汉济渭输配水干线工程更名为陕西省引汉济渭二期工程的报告》,向省水电设计院、中电建西北院、中电建北京院发送了《关于陕西省引汉济渭输配水干线工程更名为陕西省引汉济渭二期工程的函》,通报了工程更名的相关情况。

8月10日　省引汉济渭公司向省水利厅上报《关于以省水利厅名义开展引汉济渭二期工程可行性研究报告报审前技术咨询的报告》和《关于协调提供编制引汉济渭工程受水区水污染防治规划所需资料的请示》,请求省水利厅委托技术权威机构对可研报告报审前做技术咨询,加快报审进程,同时协调省环保厅等相关单位提供水污染防治规划所需有关资料。

8月15日　省水利厅邀请相关院士、专家,在西安召开了《陕西省引汉济渭水权置换关键技术研究》审查会。

8月15—17日　水利部移民局局长唐传利一行对引汉济渭工程征地移民安置工作进行督导检查。省库区移民办主任杨稳新主持督导座谈会议,省水利厅厅长王拴虎,省江河局党委书记蔡积仓,省引汉济渭公司执行董事、总经理杜小洲,党委书记雷雁斌参加会议。

8月15—19日　水利部建设管理与质量安全中心组织对陕西省引汉济渭工程三河口水利枢纽、黄金峡水利枢纽、黄三隧洞进行了实体质量检测。

8月18日　秦岭输水隧洞4号支洞实现了与上游段主洞的精准贯通。

8月21日　省引汉济渭公司向省水利厅上报《关于呈报陕西省引汉济渭二期工程压覆重要矿产资源调查报告的报告》,请求由省水利厅发函省国土资源厅对二期工程压覆重要矿产资源调查报告进行审查。

同日　省引汉济渭公司向西安市、咸阳市、西咸新区规划局(住房和城乡规划局、规划建设局),西安市秦岭办,周至县、鄠邑区、长安区、灞桥区、武功县、兴平市、秦都区、礼泉县、泾阳县城乡建设局(住房和城乡建设局、规划建设和住房保障局),周至县、鄠邑区、长安区、灞桥区秦岭办致函,请求其对建设项目选址报告进行审查并出具初审意见。

同日　省水利厅分别向省文物局、省发改委、省环保厅发送《关于请求审批陕西省引汉济渭二期工程文物影响评估报告的函》《关于请求审批陕西省引汉济渭二期工程节能评估报告的函》《关于商请提供引汉济渭工程受水区水污染防治规划编制所需监测数据的函》,请求省文物局、省发改委对文物影响评估报告、节能评估报告进行审批,商请省环保厅协助提供引汉济渭工程受水区渭河流域相关国控、省控监测断面的水质监测指标数据。

8月24日　省引汉济渭公司"我与大坝同成长"活动在引汉济渭三河口水利枢纽施工现场举行。

8月28日　西咸新区规划建设局出具《关于陕西省引汉济渭二期工程建设项目的初审意见》,同意二期工程建设项目选址报告及南、北干线的选址方案。

8月30日　省水利厅向中国国际工程咨询公司发送《关于邀请开展陕西省引汉济渭工程关键技术调研咨询工作的函》,邀请中咨公司对引汉济渭二期工程现场进行调研。

8月31日　引汉济渭工程水土保持工作监督检查会议在西安召开,黄河水利委员会水土保持局、陕西省水土保持局相关负责人和省引汉济渭公司党委书记雷雁斌、北京华夏水土保持监理单位以及岭北工区各参建单位主要负责人员参加。

8月　中文双核心科技期刊《水利水电技术》引汉济渭专辑正式出刊。

9月4—9日　应省水利厅邀请,中国国际工程咨询公司专家组对引汉济渭工程进行了现场调研。

9月4—22日　水利部稽查组对陕西省引汉济渭等节水供水重大水利工程建设管理情况进行稽查。

9月5日　省引汉济渭公司与西安理工大学联合培养陕西省引汉济渭水电站人才签约仪式在西安理工大学举行。

9月6—8日　陕西省引汉济渭工程关键技术研讨会在西安曲江宾馆召开,会议对工程布置、地质、投资及运行管理等技术问题进行了研讨。

9月7日　省国资委党委第五巡察组巡察省引汉济渭公司党委情况反馈会在西安召开。省国资委党委第五巡察组组长王文斌反馈巡察情况,巡察办主任张铁龙做了讲话,省引汉济渭公司执行董事、总经理杜小洲主持会议,党委书记雷雁斌做表态发言。

9月11—14日　引汉济渭工程三河口水利枢纽水泵水轮机模型试验验收会在中国水利水电科学研究院召开。省水电设计院、郑州国水机械设计研究所有限公司、东方电气集团东方电机有限公司、北京中水科水电科技开发有限公司等单位代表及特邀专家参加了会议。

9月11—15日　水利部建设管理与质量安全中心对引汉济渭工程进行了2017年度重大水利工程建设安全生产巡查。

9月12—13日　省水利厅副厅长管黎宏带队赴环境保护部提前对接引汉济

渭环评有关工作,沟通了引汉济渭整体及二期工程环保工作的总原则。

9月12—14日　省引汉济渭公司委托江河水利水电咨询中心对长江勘测规划设计研究有限责任公司编制的《黄金峡水利枢纽左岸坝肩边坡处理设计初步报告(第二阶段)》进行了技术咨询。

9月15日　省环保厅提供了《引汉济渭工程受水区水污染防治规划》编制所需的渭河流域国控、省控断面水质监测资料。

9月18日　省引汉济渭公司相关人员会同省水电设计院、省文物公司就引汉济渭二期工程选线事宜与省文物局进行对接,省文物局明确要按照《关于引汉济渭二期工程选线的意见》要求,优化工程线路,尽量绕避文物保护单位。确无法避让的国家级、省级文物保护单位,须准备相关报批材料,按照文物保护单位的级别履行报批。

同日　咸阳市武功县住房和城乡建设局印发《关于陕西省引汉济渭二期工程武功段规划选址的初审意见》,同意二期工程建设项目武功段线路走向。

9月18—19日　由长江水利委员会水土保持局,陕西省水保局,汉中市、洋县、佛坪县水保部门组成的检查组,就引汉济渭工程水土保持工作进行了现场监督检查。

9月19日　省引汉济渭公司向泾阳县行政审批服务局报送《陕西省引汉济渭工程建设有限公司关于审查引汉济渭二期工程建设项目选址报告并出具初审意见的函》,请其对选址报告进行审查并出具初审意见。

同日　黄河水利委员会重大水利工程督导组深入引汉济渭工程三河口水利枢纽、黄金峡水利枢纽建设现场进行检查。

9月22日　省引汉济渭公司设立党委办公室、行政办公室、党委组织部、党委宣传部,撤销综合管理部。

同日　省审计厅副巡视员阎观臻一行来公司,检查2016年引汉济渭工程建设项目跟踪审计整改情况,并对审计执行的廉政建设情况做了回访。

9月25日　按照水利部办公厅“关于2016—2017年度水利建设质量考核工作”的安排,由太湖流域管理局副局长黄卫良带队的水利部第十二考核组,对引汉济渭工程建设的质量管控工作进行了检查。

9月27日　省引汉济渭公司向咸阳市国土资源局秦都分局,武功县、兴平市、礼泉县、泾阳县国土资源局发送《关于商请提供引汉济渭二期工程项目用地预审相关资料的函》,函请其提供相关基础资料,并在用地预审办理过程中给予协助支持。

9月29日　省引汉济渭公司向省水电设计院发送《关于补充完善引汉济渭二期工程文物影响评估相关工作的函》,要求其根据合同约定,加强前期工作统筹,按照省文物局工作意见要求,同步推进引汉济渭二期工程选线在陕西省文物局的报审批复工作。

同日　省引汉济渭公司组织省水电设计院、江河机电装备工程有限公司、中国水利水电第八工程局等单位在安康市对陕西外经贸实业集团有限公司供货的压力钢管 G1/2-13#~17#进行了出厂验收,会议同意产品消缺后出厂。

9月30日　省引汉济渭公司召开专题会传达学习省国资委脱贫攻坚有关会议精神,安排部署公司助力脱贫攻坚工作。

10月2日　中央电视台"喜迎十九大"特别栏目《还看今朝》报道引汉济渭工程。

10月10日　省引汉济渭公司与洋县政府在黄金峡水利枢纽召开现场工作推进会,研究黄金峡水利枢纽移民生产安置推进工作,双方签订《陕西省引汉济渭工程建设有限公司助力洋县脱贫攻坚工作意向协议书》。

10月10—16日　省引汉济渭公司机电总监李丰纪带队,计划合同部、机电物资部、长江勘测规划设计研究有限公司、三峡国际招标有限责任公司派员组成调研组,赴三峡公司、云南牛栏江滇池补水工程有限公司调研三峡集团大型机组招标的先进经验。

10月13日　省引汉济渭公司副总经理田养军主持召开引汉济渭二期工程可行性研究报告协调推进会,研究部署加快推进引汉济渭二期工程前期工作。

10月16—18日　省引汉济渭公司在北京召开《陕西省引汉济渭工程管理调度自动化系统招标设计方案》技术评审会。

10月17日　省引汉济渭公司向咸阳市住建局报送了《关于审查陕西省引汉济渭二期工程建设项目选址报告并出具初审意见的函》。

10月18日　水利部建设管理与质量安全中心副处长李琳湘带队检查引汉济渭工程岭南工区建设。

10月18—19日　黄河水利委员会副主任赵勇带队莅临公司进行调研。

10月19—21日　中国水利学会2017年学术年会在西安召开,省引汉济渭公司作为主要承办单位,较好地完成了各项工作任务,中国水利学会发来感谢信以示感谢。

10月20日　省引汉济渭公司与国家开发银行陕西省分行举行引汉济渭调水工程项目贷款合同签约仪式。

10月25日　咸阳市水利局召开引汉济渭二期工程建设征地移民安置规划大纲(征询意见稿)初步审查会,征求所涉及5个区县对建设征地移民安置规划大纲的意见。

10月27日　省发改委召开重大水利工程前期工作推进会议,听取引汉济渭二期等重大水利工程前期工作情况汇报,研究需要协调的重大问题和进一步加快推进前期工作的措施。

同日　西安市规划局组织相关部门召开会议,专题研究引汉济渭二期工程南干线输配水线路布置方案。

10月28日　省引汉济渭公司设立财务部、审计部,撤销财务审计部。

10月31日　省水利厅副厅长管黎宏在西安拜会了中国国际工程咨询公司农村经济与地区业务部处长马新忠,就引汉济渭二期工程重大技术难题、建设管理占地、管理营地及人均房建面积等指标确定进行了沟通座谈。

10月31日至11月3日　省引汉济渭公司分别向西安市城乡建设委员会、周至县旅游局、楼观台国家森林公园管理处、陕西省沣峪林场、陕西周至黑河湿地省级自然保护区管理中心致函,函请分别对楼观台风景名胜区、楼观台国家森林公园、陕西沣峪省级森林公园、周至黑河湿地省级自然保护区等影响专题报告进行审查。

11月1日　省引汉济渭公司副总经理张毅赴水规总院就二期工程建设管理用地、用房面积的相关事项进行汇报沟通。水规总院同意引汉济渭输配水工程全段建设管理内容列入二期工程可研报告中进行阐述和说明。

11月2日　省引汉济渭公司印发《引汉济渭二期工程可研报告及前置专题编制工作计划》,要求各设计单位按期完成可研报告及前置专题编制工作。

11月6日　省引汉济渭公司审议通过并印发《陕西省引汉济渭工程建设有限公司薪酬管理办法(修订)》。

同日　省引汉济渭公司召开11号地质勘探洞专题推进会,会议研究讨论了公司工程技术部提出的《11号地质勘探洞相关工作分工及推进计划的报告》,要求根据讨论结果修改,并尽快报送公司领导审定实施。

11月7日　省建设项目环境监督管理站深入引汉济渭工程三河口水利枢纽建设现场,就引汉济渭工程环境保护工作进行了现场监督检查。佛坪县环保局环境监察大队,各环保监理单位、水电四局环保水保相关负责人员陪同检查。

同日　陕西上水水务有限公司揭牌仪式在浐灞新基地举行。

11月8日　西安市农林委召开引汉济渭二期工程占用湿地协调会,对湿地专题的报审材料、审批流程、手续办理进行了规范和统一。

同日　咸阳市泾阳县行政审批服务局出具《关于陕西省引汉济渭二期工程泾阳段规划选址初审意见的函》，初步同意项目泾阳段线路走向。

同日　省引汉济渭公司分别向咸阳市涉及的 5 个县（区、市）人民政府及国土部门发送《关于办理陕西省引汉济渭二期工程项目"履行保护耕地法定职责的承诺"的函》和《关于办理陕西省引汉济渭二期工程项目用地预审的函》，请求国土部门对项目用地预审相关材料予以审查并出具用地预审查意见，地方人民政府办理"履行保护耕地法定职责的承诺"。

同日　省引汉济渭公司向咸阳市及涉及的 5 个县（区、市）国土局、西咸新区国土局发送《关于落实补充耕地和征地补偿费用纳入工程概算的承诺函》，承诺保证将补充耕地和征地补偿费用纳入工程概算。

同日　陕西省农林水利气象工会一届一次全体委员会议，选举产生了陕西省农林水利气象工会第一届委员会领导机构，省引汉济渭公司纪委书记、工会主席田再强当选为第一届工会委员、常务委员会委员；公司基建办主任、宁陕开发公司执行董事兼总经理、天道实业有限公司执行董事兼总经理毛晓莲当选为工会委员，确认为第一届女职工委员会委员。公司党群工作部副部长刘书怀当选为第一届经费审查委员会委员。

11 月 9 日　引汉济渭工程三河口水利枢纽 110 千伏电力变压器及其附属设备采购、引汉济渭工程三河口水利枢纽 126 千伏户内气体绝缘金属封闭开关设备采购、陕西省引汉济渭调度管理中心项目施工 I 标项（二次）开标。

11 月 9—10 日　省发改委副主任贺久长带领农经处有关负责人赴西安、汉中、安康三市对引汉济渭工程建设情况进行现场调研。

11 月 13 日　省引汉济渭公司收到鄠邑区建设局《关于引汉济渭二期输配水隧道涵洞工程（鄠邑区段）规划走径初审的意见》，同意二期工程在鄠邑区段的选址。

11 月 15 日　省引汉济渭公司副总经理田养军带队与西安市水务局副局长刘博一行就二期工程涉及西安市境内工程选线、土地预审资料提供、秦岭办准入等问题进行沟通。

11 月 16 日　省引汉济渭公司向西安市水务局发送《关于商请加快推进引汉济渭二期工程前期工作相关事项的函》，请求协调推动选线定线、项目选址初审、秦岭准入手续办理、用地预审专题编制等工作。

同日　省引汉济渭公司副总经理田养军带队与兴平市副市长殷建强就兴平

市项目选址征求意见阶段提出的二期工程改线意见进行座谈。

同日　省引汉济渭公司分别向武功县、泾阳县、空港新城相关部门发送《关于报送陕西省引汉济渭二期工程对陕西省重要湿地影响评价报告的函》,请求对重要湿地影响评价报告予以审查。

11月20日　省引汉济渭公司收到武功县国土资源局对引汉济渭二期工程用地预审的审查意见,同意报上级国土资源主管部门预审;礼泉县住房和城乡建设局发来《关于陕西省引汉济渭二期工程建设项目选址意见的复函》,原则同意工程在礼泉区段的选址方案。

11月21日　省引汉济渭公司召开引汉济渭二期工程前期工作协调推进会,协调加快可研报告及前置专题要件的编制及报审。

11月21—26日　引汉济渭工程黄金峡水利枢纽水泵机组技术交流会在西安召开。省引汉济渭公司、长江勘测规划设计研究有限公司、三峡国际招标有限公司、日立泵业有限公司、奥地利安德里茨泵业公司、三菱重工泵业有限公司、伏伊特西门子公司、哈尔滨电机股份有限公司、日本荏原泵业公司的代表及特邀专家参加了会议。

11月22日　西安市水务局副局长刘博在灞桥区政府主持召开会议,协调解决引汉济渭二期工程灞桥区境内线路与绿源项目存在交叉的问题。

11月25日　引汉济渭工程秦岭输水隧洞出口延伸段与7号洞实现贯通。

11月27日　咸阳市礼泉县、泾阳县国土资源局出具对引汉济渭二期工程用地预审的审查意见,同意报上级国土资源主管部门预审。

同日　省引汉济渭公司党委书记、执行董事杜小洲与中铁高新工业股份有限公司李建斌就引汉济渭二期工程建设及水务开发等进行座谈。

11月28日　西安市水务局副局长贺乐军带队来省引汉济渭公司座谈,公司党委书记、执行董事杜小洲参加座谈,并就二期工程前期工作推进、工程调蓄、退水口设置等情况进行了交流。

同日　省引汉济渭公司收到西安市引汉济渭工程协调管理办公室《关于上报灞桥区引汉济渭输配水干线工程(一期)建设征地移民实物调查指标成果的函》。

同日　《引汉济渭工程考勤管理系统设备采购》《引汉济渭工程管理调度自动化系统》项目由省水利厅批准招标并在水利厅网站发布招标公告。

11月29日　省引汉济渭公司与中国水利水电科学研究院正式签订《博士后联合招收培养协议》。

同日　省引汉济渭公司向省水利厅上报《关于上报引汉济渭二期工程社会稳

定风险分析报告的报告》，请求省水利厅指定评估主体开展评估论证、提出社会稳定风险评估报告。

同日　省引汉济渭公司分别向长安区、鄠邑区、周至县人民政府发送《关于报送引汉济渭二期工程对陕西省重要湿地影响评价报告的函》，请求对重要湿地影响评价报告予以审查。

同日　省引汉济渭公司通过省水利厅河库处请示黄河水利委员会水政局，明确引汉济渭二期工程防洪影响评价报告的审批权限为：渭河、泾河单独编制报告上报黄河水利委员会，其余河流由地方水行政主管部门进行审批。

11月30日　引汉济渭二期工程可研报告修改完成。

12月1日　省水利厅召开科技项目验收会，对公司承担的《引汉济渭工程施工期洪水预警预报研究》《引汉济渭工程运行调度关键技术研究》两个省级水利科技计划项目进行验收，会议同意两个项目通过验收。

12月4日　省水利厅咨询中心编制完成《引汉济渭二期工程社会稳定风险评估报告》，并报送至厅规划计划处，请其对报告组织审查。

12月4—5日　王光谦院士团队，三江源学者、清华大学教授魏加华带领水生态、水环境保护专家一行，深入三河口水利枢纽、黄金峡水利枢纽和黄金峡水库库尾防护工程等施工现场，实地调研引汉济渭生态环保建设及相关科研工作。省引汉济渭公司党委书记、执行董事杜小洲就启动"引汉济渭工程水生态研究"课题与专家进行了座谈。

12月6—12日　省引汉济渭公司按照省国资委及省水利厅文件要求，积极开展软件正版化工作，并参与国资委软件正版化督查考核和评优工作。

12月7日　省引汉济渭公司副总经理田养军会同省水电设计院相关人员赴水规总院，衔接沟通二期工程可研报告修改后的报审事宜，明确了可研报告复核后的报送方式，以及移民安置规划大纲、社会稳定评估结论随同可研报告一并报送。

12月8日　省引汉济渭公司向西安市人民政府发送《关于审查引汉济渭二期工程穿越西安市田峪河及沣峪河水源地保护区可行性论证方案的函》，请其对水源地保护区可行性论证方案予以审查。

同日　省引汉济渭公司向省水利厅上报《引汉济渭输配水干线工程受水区水污染防治规划的报告》，请其办理后续审查事宜。

12月11日　咸阳市兴平市住房和城乡建设规划局出具《关于引汉济渭二期工程兴平市过境段规划选址初审意见的函》，原则同意项目兴平段线路走向。

12月12日 西安市引汉济渭协调办召开引汉济渭二期工程前期工作协调推进会,研究解决二期工程西安市境内项目选址、用地预审、移民安置规划、环境影响评价等专题报告在编制、审批过程中存在的问题,并讨论形成初步处理意见。

12月15日 省引汉济渭公司向西安市水务局发送《关于审查引汉济渭二期工程穿越水源地保护区可行性论证方案的函》,请其对穿越西安市田峪河及沣峪河水源地保护区可行性论证方案予以审查。

同日 省引汉济渭公司分别向西安市国土资源局灞桥分局、长安分局、鄠邑分局,周至县国土资源局发送《关于商请提供引汉济渭二期工程项目用地预审相关资料的函》,请其提供用地预审相关基础资料,并在用地预审办理过程中给予协助支持。

12月18日 咸阳市兴平市政府出具《关于履行保护耕地法定职责的承诺函》,同日,兴平市国土资源局出具用地预审初审意见,同意报上级国土资源主管部门预审。

12月19日 陕西省引汉济渭调度管理中心项目《施工许可证》正式核发,项目四大证照全部办理完毕。

同日 西北农林科技大学实践教学基地在省引汉济渭公司金池分公司揭牌成立。

同日 省引汉济渭公司向周至县引汉济渭办发送《关于对引汉济渭二期工程移民实物调查过程中有关问题说明的函》,就其提出的南干线12号支洞口、14号支洞口进场道路与现状道路充分结合及周至管理站选址等问题回复说明。

12月20日 省引汉济渭公司与清华大学、中国水利水电科学研究院博士后联合招聘会在公司举行,成功与2家单位联合招收博士后研究人员2名。

同日 经沟通,周至县旅游局向西安市建委上报了楼观台风景名胜区专题报告。

12月20—23日 引汉济渭工程关键技术研讨会在西安召开。省水利厅副厅长管黎宏出席会议,中国国际工程咨询公司,省水利厅相关处室,省水电设计院,中电建北京院、西北院相关人员参加会议。

12月21日 省引汉济渭公司向省水利厅上报《陕西省引汉济渭二期工程跨渭(河)、泾(河)建筑物防洪评价报告的报告》,请求按照审批权限和要求办理相关审批事项。

同日 省引汉济渭公司向西安市水务局发送《关于请求审批陕西省引汉济渭二期工程西安市境内南山支流跨河建筑物防洪评价报告的函》,请求对《防洪评价报告》进行审批。

12月22日　省引汉济渭公司召开水利科技计划项目内部验收会。西安理工大学承担的《引汉济渭工程水资源合理利用和调配的关键技术研究》及山东大学承担的《秦岭隧洞超前探测测试化验研究》顺利通过内部验收。

同日　在西安市引汉济渭办和灞桥区引汉济渭办的积极协调下,二期工程输水线路布置与绿源农产品市场规划用地的矛盾基本得到解决。

12月25日　省引汉济渭公司收到西安市引汉济渭协调办《关于上报周至县引汉济渭输配水干线工程(一期)建设征地移民实物调查指标成果的函》。

同日　省引汉济渭公司收到咸阳市秦都区人民政府《关于履行保护耕地法定职责的承诺函》。

同日　灞桥新区管理委员会规划局向公司发送《关于引汉济渭二期工程规划意见的函》,原则同意线路走径。

12月25—28日　省引汉济渭公司在天津市天发重型水电设备制造有限公司召开三河口水利枢纽常规机组第二次设计联络会,主要讨论确定了水轮机、发电机、蝶阀、励磁系统、调速系统、在线检测等设计技术问题。省水电设计院、郑州国水机械设计研究所有限公司、中国水利水电第八工程局有限公司、天津市天发重型水电设备制造有限公司相关负责人参会。

12月25—29日　省引汉济渭公司组织对下半年合同执行及投资控制情况、民工工资发放情况进行了全面检查。

12月26日　中国水科院研究生校外实践教学基地在省引汉济渭公司金池分公司揭牌成立。中国工程院院士王浩,省水利厅副厅长管黎宏,中国水科院副院长刘之平,公司党委书记、执行董事杜小洲为基地揭牌,总工程师石亚龙主持揭牌仪式。中国水利水电科学研究院与省引汉济渭公司就研究生工地实习签署合作框架协议。

12月26—27日　由中国工程院院士王浩领衔,中国水科院副院长刘之平带队,中国水科院水资源所、水力学所、岩土所、结构所,清华大学、西安理工大学组成的专家团队,深入引汉济渭建设一线开展调研,并就"陕西省引汉济渭工程关键技术补充研究计划"科研规划项目与工程设计单位铁一院、省水电设计院、长江设计公司的项目相关负责人开展了座谈。

12月27日　咸阳市秦都区政府出具了《关于引汉济渭二期工程建设征地移民安置规划大纲的确认函》。

12月28日　省引汉济渭公司向省水利厅上报《关于呈报引汉济渭二期工程

穿越秦岭终南山世界地质公园环境影响报告的报告》,请求办理后续审查事宜。

同日 省引汉济渭公司向黑河多鳞铲颌鱼国家级水产种质资源保护区管理中心报送《关于审查引汉济渭二期工程对黑河多鳞铲颌鱼国家级水产种质资源保护区影响专题论证报告的函》,请求对论证报告进行审查。

12月29日 《引汉济渭二期工程社会稳定风险评估报告》通过省水利厅组织的评审。

12月31日 省水利厅精神文明建设指导委员会印发《关于命名表彰2017年度全省水利文明单位的决定》(陕水文委〔2017〕16号),省引汉济渭公司金池分公司荣获"全省水利文明单位"称号。

2018年

1月2日 西安市协调办召开《引汉济渭二期工程建设征地移民安置规划大纲》意见征询会。

1月3日 陕西省脱贫攻坚指挥部办公室印发了《关于省国资委系统助力脱贫攻坚工作考核结果的通报》,省引汉济渭公司被评为2017年度"陕西省助力脱贫攻坚优秀企业"。

1月8—9日 由省库区移民办、省引汉济渭公司、省引汉济渭办、省水电设计院等单位组成考评组,对2017年度引汉济渭工程建设征地移民安置工作任务完成情况进行考评。

1月9日 由中国科学院院士陈祖煜及中国水科院、北京勘测设计研究院、西安理工大学组成的调研团队,深入引汉济渭建设一线开展调研,并就《岩石掘进机法水工隧洞工程技术规范》编写工作开展座谈。

1月14—15日 引汉济渭二期工程可行性研究报告复核会议在北京召开,省水利厅厅长王拴虎、水规总院院长沈凤生出席会议。

1月17—18日 由水规总院教授王治国带队,黄河水利委员会上中游局、中电建西北院、四川省水利水电勘测设计研究院等单位专家组成专家组,对引汉济渭工程水土保持方案设计变更工作进行了现场踏勘,并在西安召开技术讨论会。

1月19日 省政府办公厅印发《关于引汉济渭二期工程社会稳定风险评估报告的函》(陕政办函〔2018〕28号),原则同意工程社会稳定风险评估报告,社会稳定风险等级定为低风险。

1月19—20日 水规总院组织专家在西安对二期工程水土保持方案报告书

进行技术讨论。

1月22日 省引汉济渭公司召开了省级水利科技计划项目《引汉济渭工程三河口水利枢纽仿真计算及关键参数研究》实施大纲、DN400调流调压阀模型机试验大纲评审会。省水利厅、中水科院等单位5位专家参加评审会,同意项目实施大纲和模型机试验大纲通过评审。

1月22—24日 水规总院会同省库区移民办在西安召开引汉济渭二期工程建设征地移民安置规划大纲审查会。西安市政府、咸阳市政府相关领导参加会议。

1月31日 省水利厅副厅长管黎宏主持召开引汉济渭二期工程前期工作协调推进会,布置落实可研报告复核会专家意见,协调推进二期工程前期工作。

2月2日 引汉济渭工程秦岭输水隧洞黄三段Ⅰ标顺利贯通。

2月28日 省引汉济渭公司党委书记、执行董事杜小洲与西安市水务局副局长贺乐军就推进二期工程前期相关工作开展座谈。

3月5日 省水利厅向省政府上报《陕西省水利厅关于引汉济渭输配水干线工程受水区水污染防治规划的请示》(陕水字〔2018〕17号),请求其予以审定并出具意见。

3月7日 省水利厅厅长王拴虎在北京与水规总院院长沈凤生座谈,共商加快推进引汉济渭二期可研。

3月9日 省引汉济渭公司与中国水科院签订了《博士后研究人员联合培养协议》,联合招收了1名博士后人员。

3月16日 省环保厅委托省环境工程评估中心召开《引汉济渭二期工程对周至黑河湿地自然保护区生态影响专题报告》技术评审会。

3月17日 水规总院在北京召开了引汉济渭二期工程可行性研究报告技术讨论会。

3月19日 省国土厅召开《引汉济渭二期工程穿越终南山世界级地质公园环境影响报告》技术评审会。

3月22日 省引汉济渭公司通过水利部水利工程项目法人安全生产标准化一级达标认证。

3月22—23日 西安市水务局组织专家审查通过了《引汉济渭二期工程西安市境内南山支流过河建筑物防洪评价报告》。西安市水务局副局长刘博主持会议,省引汉济渭公司副总经理田养军参加会议。

4月22日 水利部原党组成员、副部长张春园,原党组成员、纪检组组长李昌凡,原副部长索丽生,原党组成员、黄河水利委员会原主任綦连安,原党组成员、长江水利委员会原党组书记周保志等老领导一行深入工程建设现场调研。

4月23日　西安市秦岭办印发《关于引汉济渭二期工程项目准入的通知》(市秦岭办发〔2018〕33号),原则同意项目准入。

4月23—25日　水利部在西安召开我国首部《岩石掘进机法水工隧洞工程技术规范》编制会议,省引汉济渭公司受邀参与编制"复杂地质条件安全掘进"章节。

5月3日　省文物局评审通过引汉济渭二期工程穿越省级文物楼观台建设控制地带专题报告。

同日　中央台CCTV1频道《晚间新闻》栏目播出新闻"建设者假日无休 大工程齐头并进";今日头条发布报道"致敬劳动者:秦岭隧道工,每个白天都是黑夜"。

5月4日　省国资委主任、党委副书记任国一行调研引汉济渭。公司党委书记、执行董事杜小洲做了专题汇报。省国资委委员、副主任邹满绪,国有企业监事会主席臧文举及公司领导班子成员参加了座谈。

同日　水利部水规总院召开院长办公会通过了引汉济渭二期工程可研报告审查意见,待环评满足要求后出具审查意见。

5月9日　受省环保厅委托,省环境工程评估中心召开评审会,《引汉济渭工程移民安置区对陕西汉中朱鹮国家级自然保护区生态影响专题报告》顺利通过评审。

5月10日　省水利厅向省政府报送了征求相关地市、厅局意见之后修改完善的《输配水干线工程受水区水污染防治规划》(陕水字〔2018〕37号),请求其审定并出具意见。

5月10—18日　水利部建安中心委托长江水利科学院开展对引汉济渭工程质量监督检测。

5月12—13日　水规总院在西安召开了引汉济渭二期工程可研阶段环境影响专题技术讨论会。

5月14日　秦岭国家植物园出具对《陕西省引汉济渭二期工程对陕西田峪国家湿地公园生态影响评价报告》的审查意见,同意报告内容和结论。

5月16日　省引汉济渭公司收到省环保厅对《引汉济渭二期工程对陕西周至黑河湿地省级自然保护区生态影响专题评价报告》的审查意见(陕环生态函〔2018〕63号)。

5月18—19日　黄河水利委员会水政局在郑州召开引汉济渭二期工程跨渭河、穿泾河防洪影响评价报告专题技术讨论会。

5月25日　省引汉济渭公司组织设计单位编制完成《陕西省引汉济渭工程三河口水利枢纽拱坝建基面抬高设计变更报告》，并以引汉建字〔2018〕57号文件上报省水利厅。

5月28日　引汉济渭秦岭输水隧洞岭南段TBM掘进顺利突破7 000米大关。

5月31日　省文物局印发《关于陕西省引汉济渭二期工程选线的意见》（陕文物函〔2018〕226号），原则同意二期工程整体选线方案。

6月13日　省环保厅印发《关于同意引汉济渭二期工程穿越西安市田峪河及沣峪河水源地保护区有关意见的函》（陕环污防函〔2018〕49号），原则同意二期工程穿越西安市田峪河及沣峪河水源保护区的二级保护区和准保护区。

6月13—14日　40余名文化工作者深入引汉济渭工程三河口水利枢纽、秦岭输水隧洞岭南TBM等施工现场一线采访慰问，现场进行拍摄、书画创作活动。

6月19日　省引汉济渭公司收到省文物局《关于陕西省引汉济渭二期工程南干线选线涉及楼观台建设控制地带的意见》（陕文物函〔2018〕256号），原则同意二期工程南干线涉及楼观台建设控制地带保护方案。

6月21日　《陕西省引汉济渭二期工程地质灾害危险性评估报告》通过省国土资源厅审查。

6月26日　省科技厅与省引汉济渭公司、陕西煤业化工集团在省科技资源统筹中心签订了陕西省自然科学基础研究计划企业联合基金协议。省委科技工委书记、省科技厅厅长赵岩，陕煤集团董事长杨照乾，省引汉济渭公司党委书记、董事长杜小洲等参加了会议。

6月27日　省水利厅召开2018年全省重点水利工程建设管理现场推进会。会议对2017年陕西省重点水利工程"仪祉杯"劳动竞赛活动中表现优秀的集体及个人进行表彰，省引汉济渭公司大河坝分公司所辖岭南TBM项目部荣获先进集体荣誉称号。

6月28日　"陕西省自然科学基金——引汉济渭联合基金"正式成立。

7月3日　中国地震学会出具了《陕西省引汉济渭二期工程地震安全性评价报告》技术审查意见，同意通过技术审查。

7月5—7日　国家重点研发计划项目"长距离调水工程建设与安全运行集成研究及应用（2016YFC0401800）"项目课题中期检查会在武汉召开。省引汉济渭公司总工程师张忠东带队参加，并做了经验交流发言。

7月10日　省人大副主任梁宏贤一行深入引汉济渭工程岭北工地调研。省引汉济渭公司党委书记、董事长杜小洲陪同调研。

7月12—13日　省引汉济渭公司邀请教授级高工景来红、陈德基等专家召开了《引汉济渭工程秦岭输水隧洞(越岭段)TBM施工段接应方案》咨询会。

7月18日　宁陕引汉济渭开发公司获发食品生产许可证,子午玉露山泉水正式上市销售。

7月27日　《陕西省引汉济渭二期工程对田峪河国家湿地公园生态影响评价专题报告》《陕西省引汉济渭二期工程对泾河国家湿地公园生态影响评价专题报告》通过省林业厅审查。

同日　《引汉济渭二期工程可行性研究过渭建筑物专题报告》通过省渭河生态区管理局审查。

7月30日　省引汉济渭公司党委书记、董事长杜小洲与华侨城旅游投资管理有限公司常务副总裁张平、陕西筒车湾旅游投资有限公司董事长赵海实座谈,共商引汉济渭旅游开发工作。

8月1日　省引汉济渭公司大河坝分公司党支部荣获省国资委系统"先进基层党组织"。

8月6日　省引汉济渭公司与省水利厅规计处衔接,明确引汉济渭工程已被列入《水利改革发展"十三五"规划》,属于自然资源部《关于做好占用永久基本农田重大建设项目用地预审的通知》(自然资规〔2018〕3号)规定的可以占用永久基本农田项目。

8月14日　省人大副主任梁宏贤一行深入引汉济渭工程三河口水利枢纽工地调研工程建设情况及地震安全工作。

8月15日　省引汉济渭公司召开引汉济渭工程建设征地移民信息管理系统技术方案咨询会议。

8月17日　省引汉济渭公司召开引汉济渭二期工程(楼观台风景名胜区段)选址报告技术协调会。省水电设计院、省城乡规划设计院有关负责人参加会议。

8月19日　由中国国际工程咨询有限公司牵头,省引汉济渭公司副总经理田养军带领相关部门与省发改委、省水利厅、省引汉济渭办一行11人,赴新疆开展为期5天的引额济克、引额济乌工程调研活动,旨在为引汉济渭工程建设与后期运营管理提供借鉴。

8月22日　受陕西省环境保护厅委托,陕西省环境科学研究院组织有关专家召开评审会,《"绿盾2017"引汉济渭工程环保问题整改方案报告》顺利通过评审。

8月23日　省引汉济渭公司与省科技厅、陕西煤业化工集团共同召开联合基金资助指南论证会,中国科学院院士陈祖煜、中国工程院院士王双明等28位专家参加了会议。

8 月 29 日　在汉中市洋县县委、县政府召开的 2017 年度目标责任考核表彰大会上，黄金峡水利枢纽工程项目荣获"重点项目建设先进单位"殊荣。

同日　黄金峡鱼类增殖站开工仪式在黄金峡工区良心沟渣场举行。

8 月 31 日　省渔业局印发了《关于陕西省引汉济渭二期工程对黑河多鳞铲颌鱼水产种质资源保护区影响专题报告的意见函》（陕渔函〔2018〕60 号）。

9 月 4 日　省引汉济渭公司与西安沣东发展集团有限公司就沣东新城辖区内水务市场合作开发开展座谈。公司党委委员徐国鑫与西安沣东发展集团有限公司党委书记陈夏军就双方在水务市场战略合作等方面进行了交流。

9 月 8 日　由水利部和中国作家协会联合组织的"水利改革发展辉煌 40 年美术书法工作者走黄河创作采风与送文化活动"走进引汉济渭工区。省库区移民办主任、中国水利书法家协会副主席兼秘书长杨稳新，中国水利文协副秘书长雷伟伟，中国水利书协刘照渊，华北水利水电大学党委副书记石品等 10 位美术书法艺术家深入工程一线采风送文化。省引汉济渭公司纪委书记、工会主席田再强陪同创作采风活动。

9 月 10 日　省渭河生态区管理局出具了《关于省引汉济渭二期工程过渭建筑物与渭河堤路衔接方案的批复》（陕渭生态发〔2018〕34 号），基本同意二期工程过渭建筑与渭河堤路衔接方案。

9 月 12 日　由长江流域水资源保护局局长王方清带队的调研组深入引汉济渭工程岭南工区调研汉江水资源保护工作。

9 月 14 日　省环保厅与省水利厅联合召开评审会，《引汉济渭输配水干线工程受水区水污染防治规划》通过评审。

9 月 17 日　省引汉济渭公司和西北农林科技大学水建学院在杨凌签订水电站人才培训协议。

9 月 18 日　省水利厅联合省环保厅向省政府上报《关于批复引汉济渭工程受水区水污染防治规划的请示》（陕水字〔2018〕76 号）。

同日　省引汉济渭公司党委副书记董鹏带领相关人员与黄河水利委员会建管局相关领导进行座谈，就引汉济渭工程阶段验收进行了专题汇报。

9 月 26 日　引汉济渭秦岭隧洞岭南 TBM 掘进突破 8 000 米大关，标志着项目施工建设取得关键性突破。

9 月 26—27 日　省引汉济渭公司主持召开"引汉济渭工程秦岭隧洞专项研究"项目成果评审暨预验收会。会议邀请了中国工程院院士梁文灏、中国科学院院士张国伟、天津市工程勘察设计大师高玉生等 7 位国内外知名专家。专家组同意"引汉济渭工程秦岭隧洞专项研究"项目通过成果评审和预验收。

9 月 27 日　省引汉济渭公司召开引汉济渭工程三河口水利枢纽施工期监控管理智能化项目大坝混凝土温度智能监控管理系统功能需求分析评审会及大坝施工跟踪反演分析决策系统实施方案评审会。

9 月 27—28 日　省住建厅召开会议评审通过《引汉济渭二期工程(楼观台风景名胜区段)选址报告》。

9 月 30 日　省引汉济渭公司取得陕西省环保厅《关于印送〈绿盾 2017 引汉济渭工程环境保护问题整改方案报告〉专家咨询意见的函》(陕环生态函〔2018〕159号)。

10 月 9—19 日　由水利部特派员王学鲁带队的水利部节水供水重大水利工程第 14 稽察组,深入引汉济渭工程建设一线进行专项稽察。

10 月 11—12 日　省引汉济渭公司在西安召开了引汉济渭工程秦岭输水隧洞(越岭段)岩爆防治方案国际咨询会,会议特邀长江科学研究院岩土力学实验室主任丁秀丽、美国罗宾斯原亚太区总裁佐佐木清美、美国罗宾斯总部技术经理(总工)史蒂夫·斯麦丁等国内外岩爆防治方面的知名专家参会。

10 月 12 日　省国资委党委书记邹展业一行调研引汉济渭工程岭南工区。

10 月 14 日　由文史学者、书画家王安泉所著的首部引汉济渭工程纪实文学《子午湖》出版发行会在西安举行。

10 月 15 日　中国科学院院士陈祖煜入驻引汉济渭院士工作站签约仪式在西安举行。

同日　省水利厅召开会议,审查通过了《引汉济渭二期工程对黑河多鳞铲颌鱼国家级水产种质资源保护区影响专题论证报告》。

10 月 18 日　水利部黄河水利委员会在郑州审查通过了《陕西省引汉济渭二期工程跨渭河管桥建设项目防洪评价报告》《陕西省引汉济渭二期工程穿泾河倒虹建设项目防洪评价报告》。

同日　咸阳市引汉济渭办召开了二期工程穿越渭河湿地生态恢复方案协调会。

10 月 21 日　副省长魏增军在引汉济渭工程佛坪县、周至县施工现场,调研工程建设进展和施工管理等情况,省引汉济渭公司党委书记、董事长杜小洲汇报工程建设情况。

同日　省水利厅厅长王拴虎调研引汉济渭工程岭南工区建设情况,省水利厅副厅长管黎宏一同调研。

10月22日　省引汉济渭公司参加全省国资系统网信工作现场推进会和视频培训会,公司党委书记、董事长杜小洲做了题为《创新驱动 科技助力 着力打造信息化智能化引汉济渭》的交流发言。

10月23日　陕西省人民政府批复《引汉济渭工程受水区水污染防治规划》(陕政函〔2018〕227号)。

10月26—27日　省引汉济渭公司在西安召开了引汉济渭工程秦岭输水隧洞(越岭段)岭北TBM设备检修改造实施方案专家评审会。

10月26日至11月2日　华北水利水电大学水利学院水利水电工程专业278名学生分三批到引汉济渭工程三河口水利枢纽参观学习。

10月28日　黄河水利委员会水土保持局联合陕西省水土保持局、西安市水保站、周至县水保站深入引汉济渭工程岭北工区,就引汉济渭水土保持工作开展督导检查。

10月28—29日　根据陕西省水利科技计划项目——《引汉济渭工程高扬程大流量离心泵选型关键技术研究》进度安排,省引汉济渭公司在杭州桐庐主持召开了"高扬程大流量离心泵水力模型研发"报告评审会,中国工程院院士张勇传等5位专家对专题报告进行了评审。

10月30日　省引汉济渭公司与秦岭植物园签订《引汉济渭二期工程建设项目通过田峪河国家湿地公园保护管理协议》。

10月30—31日　西安市农林委和水务局联合组织会议,审查通过了《引汉济渭二期工程对陕西省重要湿地(西安市)影响评价报告》《陕西省引汉济渭二期工程占用省级重要湿地(西安)占补平衡实施方案》。

10月31日　省引汉济渭公司在西安召开三河口水库专用地震台网可行性研究报告评审会,公司总工程师张忠东主持会议,省地震局、汉中市地震局、佛坪县人民政府、省水电设计院相关负责人参加了会议。

11月1日　中国水电四局引汉济渭三河口水利枢纽碾压混凝土拱坝7坝段C25二级配防渗区成功取出一根直径为219毫米、长度为22.6米的芯样混凝土,刷新了国内碾压混凝土双曲拱坝取芯最长纪录。

同日　汉中市水利局组织有关部门调研黄金峡水利枢纽料场开采。

11月5日　农业部渔政局在北京召开会议,审查通过了《引汉济渭二期工程对黑河多鳞铲颌鱼国家级水产种质资源保护区影响专题论证报告》。

同日　西安市环保局召开《陕西省引汉济渭二期工程穿越西安市峪河饮用

水保护区可行性论证方案》评审会。

11月9日　《陕西省引汉济渭二期工程跨渭河管桥、穿泾河倒虹吸防洪评价报告》通过黄河水利委员会组织的技术复审。

11月10日　省林业厅召开评审会,引汉济渭工程涉及4个保护区生物多样性影响评价报告通过评审。

同日　省国资委国有企业文明单位考核组对宁陕开发公司创建"陕西省国有企业文明单位"工作进行考核验收。

11月12—14日　中国国际工程咨询有限公司在西安召开了引汉济渭工程重点问题讨论会。

11月13日　省水利厅审查通过《引汉济渭二期工程可行性研究报告任务书》。

同日　水利部水库移民司稽查组一行8人在特派员袁松龄的带领下,对引汉济渭工程建设征地补偿和移民安置资金管理情况进行专项稽查。

同日　省自然资源厅与周至县人民政府召开会议,协调解决引汉济渭工程使用林地遗留问题,推进工程占用林地手续办理工作。

11月14日　省纪委驻省国资委纪检组组长贺向东一行到省引汉济渭公司对2018年国资委领导联系服务企业有关事项进行调研督导。省引汉济渭公司党委书记、董事长杜小洲向调研督导组全面汇报了引汉济渭工程建设进展和公司业务开展情况。

11月16日　宁陕引汉济渭开发公司子午水厂取得全国工业产品生产许可证。

11月19日　水利部召开引汉济渭工程节水评价专题报告论证会。水规总院副总工侯传河主持会议,节水办副主任张清勇等到会指导,省水利厅厅长王拴虎参加了会议。

11月21日　引汉济渭院士专家工作站获评"全国模范院士专家工作站"称号。

11月22日　汉中市林业局召开陕西汉江湿地省级自然保护区与引汉济渭工程衔接座谈会。省引汉济渭公司党委副书记、总经理雷雁斌出席会议并讲话。

11月23日　引汉济渭二期工程移民安置规划大纲审查意见由水规总院上报水利部。

11月26日　省林业局分别向秦岭国家植物园、咸阳市林业局复函(陕林函〔2018〕454号、455号),原则同意引汉济渭二期工程穿越田峪河、泾河国家湿地公园。

11 月 28 日 省自然资源厅在西安召开引汉济渭二期工程建设项目用地预审实地踏勘论证会。省自然资源厅规划处、耕保处、利用处和省水利厅规计处相关负责人参加会议。

11 月 29 日 省自然资源厅召开《陕西省引汉济渭二期工程建设项目占用永久基本农田补划方案》审查会,方案审查通过。

11 月 29 日至 12 月 20 日 引汉济渭工程黄金峡水利枢纽水泵模型同台对比复核试验在中国水科院水电科技开发有限公司进行。

12 月 3 日 引汉济渭秦岭输水隧洞岭南第一掘进段 TBM 实现精准贯通。

12 月 11 日 省引汉济渭公司与周至县引汉济渭(黑河治理)办公室签订《引汉济渭二期工程占用陕西省重要湿地(西安市境内)恢复协议》。

12 月 11—13 日 省引汉济渭公司举办了第一届引汉济渭科技节。

12 月 12 日 罗宾斯(上海)地下工程设备有限公司副总裁 Lok Home 及中铁隧道集团梁奎生等一行 11 人赴引汉济渭岭南 TBM 项目部会谈。

12 月 20—21 日 引汉济渭工程黄金峡水利枢纽导流(一期)阶段移民安置工作通过验收。

12 月 14 日 省林业局召开评审会,《陕西省引汉济渭工程移民安置区对陕西汉中朱鹮国家级自然保护区生物多样性影响评价报告》通过评审。

12 月 15—16 日 国家生态环境部环境影响评价与排放管理司处长常仲农带队调研指导引汉济渭工程环境保护工作。省水利厅厅长王拴虎、副厅长管黎宏,省生态环境厅环评处处长孙丽陪同调研。

12 月 18 日 引汉济渭秦岭输水隧洞黄三段 3 号洞与 4 号洞精准贯通。

同日 引汉济渭二期工程土地利用和耕地保护专项报告、占用永久基本农田补划方案通过省国土资源规划研究院和相关专家复核并出具专家评审意见。

12 月 19—20 日 水利部党组成员、副部长蒋旭光一行赴引汉济渭三河口水利枢纽、岭南 TBM 等工区现场调研。省水利厅厅长王拴虎、副厅长席跟战陪同调研。

12 月 20 日 省引汉济渭公司召开引汉济渭二期工程前期工作协调推进会。

12 月 20—21 日 省库区移民办召开引汉济渭工程黄金峡水利枢纽导流(一期)阶段移民安置终验会议。

12 月 26 日 引汉济渭工程秦岭输水隧洞(越岭段)TBM 施工段岭北工程合同段顺利贯通。

12月27日　省引汉济渭公司微电影《地心救援》《父亲的地图册》《候鸟于飞》在 2018 年"网聚职工正能量 争做中国好网民"主题活动网络正能量微电影征集活动中分别荣获"一等优秀作品""二等优秀作品""三秦最佳故事"。

同日　引汉济渭二期工程占用省级重要湿地(西安市)议题通过第 16 届 77 次西安市政府常务会议。

同日　省引汉济渭公司组织设计单位编制完成《陕西省引汉济渭工程秦岭输水隧洞(越岭段)TBM 施工段变更设计报告》,并以引汉建字〔2018〕201 号文件上报陕西省水利厅。

12月28日　省引汉济渭公司召开《引汉济渭工程水利风景区总体规划》专题汇报会。

2019 年

1月10日　省引汉济渭公司党委书记、董事长杜小洲与宁陕县县委书记张益民、副县长胡学军就三河口水利枢纽库区旅游项目建设情况开展座谈。

1月11日　西安市人民政府印发《关于引汉济渭二期工程占用陕西省重要湿地的批复》,原则同意引汉济渭二期工程穿越西安市境内 6 处省级重要湿地。

1月14—15日　水规总院在北京召开陕西省引汉济渭工程水土保持方案变更报告书技术讨论会议。

1月16日　省引汉济渭公司召开引汉济渭二期工程前期工作专题推进会。省水电设计院副院长魏克武、总工程师焦小琦参加会议。

1月22日　受省引汉济渭公司委托,中国电建集团西北勘测设计研究院有限公司在西安主持召开引汉济渭工程三河口水库库底清理实施方案等项目技术咨询会。省库区移民办相关领导出席会议。

1月22—23日　省引汉济渭公司在西安召开了"十三五"国家重点研发计划项目"长距离调水工程建设与安全运行集成研究及应用"依托引汉济渭工程的试验实施方案技术讨论会。

1月23日　咸阳市林业局组织相关单位对引汉济渭二期工程穿越渭河重要湿地段进行了现场踏勘。

同日　西安市引汉济渭办召开了《陕西省引汉济渭二期工程建设项目(西安市段)选址报告》评审会。西安市水务局、规划局、西安市引汉济渭办相关领导出席会议。

1月24日 省引汉济渭公司收到咸阳市住房和城乡建设规划局颁发的引汉济渭二期工程(咸阳市段)建设项目选址意见书,这是项目选址行政审批权限下放到市级层面后取得的首个选址意见书。

1月 黄河水利委员会向省引汉济渭公司颁发了《陕西省引汉济渭二期工程跨渭河管桥和穿泾河倒虹吸建设项目洪水影响评价类审批准予行政许可决定书》,同意项目建设。至此,引汉济渭二期工程洪水影响评价专题相关批复全部办结。

2月18日 中国工程院院士张建民入驻引汉济渭院士专家工作站签约仪式在省引汉济渭公司举行。

2月19日 "无人驾驶碾压混凝土筑坝技术"在引汉济渭黄金峡水利枢纽工程正式开启应用。中国工程院院士、清华大学土木水利学院院长张建民出席启动仪式并讲话,省引汉济渭公司党委书记、董事长杜小洲做动员讲话,省引汉济渭公司党委副书记董鹏主持仪式。此系无人驾驶碾压技术首次运用于黄金峡碾压混凝土重力坝建设。

2月21日 省科技厅在西安理工大学和中铁第一勘察设计院集团有限公司分别召开了2019年度"陕西省自然科学基础研究计划——引汉济渭联合基金"拟立项项目现场考察会。"引汉济渭联合基金"是陕西省水利企业首次与省科技厅设立联合基金,意义深远。联合基金经费由省科技厅与引汉济渭公司共同出资,双方出资比例原则上为2∶8,"引汉济渭联合基金"规模为1 000万元/年,协议有效期3年。

2月25日 农业部渔政局向公司复函,原则同意《引汉济渭二期工程对黑河多鳞铲颌鱼国家级水产种质资源保护区影响专题论证报告》的主要结论及渔业资源保护和补偿措施。

同日 省引汉济渭公司党委书记、董事长杜小洲与长安银行行长王作全就引汉济渭工程旅游开发等领域深化合作开展座谈。

3月6日 水利部致函国家发改委,正式报送引汉济渭二期工程可行性研究报告的审查意见(水规计〔2019〕75号),引汉济渭二期工程前期工作取得重大突破。

3月7日 省水利厅召开会议,对省引汉济渭公司承担的省级水利科技计划项目《引汉济渭工程生态安全监测技术研究》进行验收。省水利厅总工程师王建杰主持验收会议,验收委员会一致同意该项目通过验收。

3月7—8日 省引汉济渭公司邀请水规总院副院长刘志明、总工程师温续余一行 11 位专家,在西安召开《秦岭输水隧洞(越岭段)TBM 施工段论证报告》技术咨询会。专家组一致认为,考虑工程建设实际,实施岭北 TBM 对岭南 TBM 施工标段接应是非常必要的。

3 月 8 日　省引汉济渭公司党委书记、董事长杜小洲与中铁工程装备集团党委书记、董事长谭顺辉就引汉济渭二期工程建设中的 TBM 施工、盾构施工等领域深化合作开展座谈。

3 月 12 日　省林业局向公司下发了准予行政许可决定书(陕林护许准〔2019〕31 号),同意引汉济渭秦岭隧洞 7 号支洞项目在陕西周至黑河湿地省级自然保护区实验区建设。

3 月 18 日　省引汉济渭公司与宁陕县政府召开座谈会,就工程移民搬迁、生态环境保护、脱贫攻坚等进行了深入交流。

3 月 27 日　岭南 TBM 转场检修工作历时 3 个多月,比计划提前 14 天完成。岭南 TBM 第二掘进段剩余 6 800 余米,是引汉济渭秦岭输水隧洞最后的建设难点。

3 月 28 日　经省政府同意,省生态环境厅向省水利厅复函,原则同意引汉济渭二期工程穿越西安市峪饮用水源地保护区。

3 月 29 日　引汉济渭工程黄金峡水利枢纽施工期洪水预报系统项目(包括水位站和水文监测站建设)完工验收会在省水文局召开。

4 月 1 日　中铁一院党委书记、董事长刘为民率该院相关部门负责人对引汉济渭工程进行了设计回访,与省引汉济渭公司党委书记、董事长杜小洲开展座谈。双方就秦岭隧洞的智能数字化搭建和全生命周期服务进行了深入探讨,就未来可能开展的合作进行了广泛交流。

4 月 2 日　水利部、省政府联合批复了《引汉济渭二期工程建设征地移民安置规划大纲》,基本同意《引汉济渭二期工程建设征地移民安置规划大纲》编制原则和主要内容,可作为开展建设征地移民安置规划设计工作的依据。自此,引汉济渭二期工程前期工作已经进入冲刺阶段。

同日　省引汉济渭公司召开水下无人巡检探查技术方案交流会,公司党委书记、董事长杜小洲与中天飞龙(西安)智能科技有限公司董事长陈虹就秦岭输水隧洞巡检探查无人潜航器综合系统初步方案进行座谈,双方拟在无人机巡检和信号实时传输等方面开展合作。

4 月 4 日　水规总院在北京召开陕西省引汉济渭二期工程水土保持方案报告书审查会。与会专家经过认真评议,一致同意审查通过。

4月10日 引汉济渭工程2019年度移民安置工作会议在西安召开。省引汉济渭公司与汉中、安康两市人民政府签订了引汉济渭工程2019年度建设征地补偿和移民安置工作协议书。

4月10—11日 全国水利工程建设工作会在贵阳召开。会上,省引汉济渭公司党委书记、董事长杜小洲以《智能助力强监管、科技引领解难题,着力打造空间均衡的引汉济渭典范工程》为题做了交流发言,从科技引领打造智能工程、精细管理打造千年工程、环保先行打造生态工程、文化传承打造一流强企4个方面全面介绍了引汉济渭工程建设经验。

4月18日 水规总院在北京召开会议,审核通过了《引汉济渭二期工程建设征地移民安置规划报告》。

4月19日 国家重点研发计划项目"长距离调水工程建设与安全运行集成研究及应用"子题"长距离调水工程闸泵阀系统关键设备与安全运行集成与应用"在湖南株洲召开研讨会,对长距离调水工程闸泵阀系统集成平台设计方案进行讨论并确定。

4月22日 西安市自然资源和规划局核发了《陕西省引汉济渭二期工程建设项目(西安市段)选址意见书》。

4月26日 省水利厅对省引汉济渭公司承担的省级水利科技计划项目"引汉济渭工程水资源合理利用和调配的关键技术研究"进行验收。

同日 省引汉济渭公司科学技术研究院召开博士后研究人员中期考核会。会议由中国水利水电科学研究院院长、中期考核小组主席王义成主持,公司副总经理石亚龙出席会议。陶磊博士进行题为《深埋水工隧洞岩爆监测预警和防治措施研究》的中期汇报,专家考核小组一致同意其博士后中期考核结果为优秀。

5月5—7日 陕南及关中地区连续降水,汉江流域水位暴涨。引汉济渭工程黄金峡水利枢纽成功应对入汛首场洪水。

5月6日 省引汉济渭公司召集工程使用林地相关设计单位召开引汉济渭工程使用林地报批工作推进会,研究解决工程使用林地和涉及国家级自然保护区行政许可报批工作中存在的问题。

5月8日 省引汉济渭公司熹点文化传播公司首批外贸订单发货。

5月9日 国家自然资源部向省自然资源厅和省引汉济渭公司复函,认为引汉济渭二期工程项目用地符合供地政策,原则同意通过用地预审。

5月14—15日 省库区移民办召开引汉济渭二期工程建设征地移民安置规划报告审核会。省水利厅总经济师杨稳新、工程移民处处长程子勇到会指导,省库区移民办副主任王浩、省引汉济渭公司副总经理田养军出席会议。

5月17—18日　省引汉济渭公司邀请水规总院专家在西安召开《陕西省引汉济渭工程三河口水库下闸蓄水安全鉴定工作大纲》布置会。

5月18—19日　省引汉济渭公司在西安召开黄金峡坝肩边坡稳定分析专题技术咨询会,会议邀请水规总院副院长刘志明一行10位专家,对长江勘测规划设计研究有限公司编制的《黄金峡左岸Ⅰ区边坡加固处理设计报告》及《黄金峡右岸边坡加固处理设计报告》进行技术咨询。

5月19日　水规总院副院长刘志明深入引汉济渭工程岭南工区调研,对引汉济渭信息化建设工作给予好评。

5月23日　引汉济渭黄金峡党员突击队授旗仪式在黄金峡水利枢纽左岸基坑举行,省引汉济渭公司党委书记、董事长杜小洲主持授旗仪式。至此,引汉济渭第三支党员突击队正式成立。这是省引汉济渭公司全面加强党的建设,将党建工作与工程建设深度融合的实践。

5月28日　省引汉济渭公司子午建设管理公司资质申请由省住建厅、水利厅审批通过,获得安全许可证。

5月29日　省引汉济渭公司党委书记、董事长杜小洲与中交第二公路工程局有限公司总经理、党委副书记蔡唐涛就工程建设领域合作事宜开展座谈。

5月30日　西安市人民政府副市长杨广亭带队调研引汉济渭工程。省引汉济渭公司党委书记、董事长杜小洲介绍了引汉济渭调水工程建设和输配水工程前期工作进展。

5月31日　永临结合的黄金峡一期纵向混凝土围堰全部达到防洪度汛设计要求的高程。黄金峡水利枢纽一期围堰已全部达到10年一遇防洪度汛设计标准,左岸基坑内建筑物具备全年施工条件。

5月　陕西省市场监督管理局下达2019年第一批陕西省地方标准制修订计划项目,由省引汉济渭公司申请制定的两项地方标准《长距离水工隧洞控制测量技术规范》和《水工长隧洞施工期通风技术标准》均获批立项,两项标准填补了水工长隧洞在控制测量和施工期通风方面地方标准的空白。

从2019年6月起,无人驾驶摊铺技术开始在黄金峡水利枢纽工程建设中进行测试和优化,相继完成摊铺机的机器端和控制端的设计改装、参数程序设定、网络监控布设、数据收集分析、系统试验运行等工作,于12月正式在黄金峡水利枢纽导墙坝段实现无人摊铺和无人碾压设备现场联合施工。无人摊铺技术的成功应用在国内工程领域尚属首例,获得了大量宝贵的施工数据以及工程经验,促进了无人驾驶智能筑坝施工技术的发展。

6月12日　引汉济渭二期工程勘察设计合同签约仪式在省引汉济渭公司举行。省水利工程建设管理局局长王永儒,省引汉济渭公司党委书记、董事长杜小洲出席签约仪式。省引汉济渭公司分别与中铁第一勘察设计院、西北勘测设计研究院、黄河勘测规划设计研究院代表签订了引汉济渭二期工程勘察设计合同。

同日　水规总院在北京召开陕西省引汉济渭工程水土保持方案变更报告书审查会。

6月17日　引汉济渭三河口水利枢纽工程首台机组(4号机)转子支架及发电机轴顺利吊入安装间,进行清扫检查。此举为年底首台机组安装完成奠定了坚实的基础。

6月25日　省引汉济渭公司在西安召开《陕西省引汉济渭工程关键技术补充研究计划》报告评审会。

6月28日　省引汉济渭公司召开引汉济渭二期工程勘察设计协调推进会,西安市引汉济渭办、咸阳市引汉济渭办相关领导参加会议。

7月8日　国家生态环境部以《关于陕西省引汉济渭二期工程环境影响报告书的批复》(环审〔2019〕84号),正式批复了引汉济渭二期工程环境影响报告书。

7月9日　水利部正式批复了引汉济渭工程水土保持方案变更报告,为项目积极推进"国家级水土保持生态文明工程"创建工作奠定了基础。引汉济渭工程水土保持方案变更报告编制期间,共召开4次推进协调会、3次总院专家技术咨询,开展2次集中设计办公,经各方共同努力最终顺利获批。

7月10日　省引汉济渭公司召开《智慧引汉济渭概念设计》汇报会,听取了中国水利水电科学研究院科研团队的成果汇报。

7月16日　省引汉济渭公司与洋县人民政府召开座谈会,公司党委书记、董事长杜小洲与洋县县委副书记、县长杜家才就当前洋县境内引汉济渭工程建设涉及的移民搬迁、金水集镇建设、汉江防护工程等问题进行了深入交流。

7月17日　国家林业和草原局以《关于同意陕西省引汉济渭工程项目使用林地及配套黄金峡水利枢纽及库尾防护工程等项目在陕西汉中朱鹮等国家级自然保护区实验区建设的行政许可决定》(林资许准〔2019〕382号)对引汉济渭工程使用林地和工程涉及3个国家级自然保护区行政许可进行了批复,标志着工程使用林地手续办理告捷。

7月18日　省引汉济渭公司工程技术部与移民环保部组成联合检查组对引汉济渭工程饮用水水源保护区勘测定界设计及环境保护规划编制工作进行专项

检查。

7月24日　西安市引汉济渭协调办召开引汉济渭二期工程西安市境内现场勘测工作协调会。

7月27日　省引汉济渭公司在北京召开《环境保护科研项目实施规划》等三项环境保护类科研课题验收会。

7月30日　为顺利完成环境保护验收工作,根据《建设项目竣工环境保护验收暂行办法》及环评批复文件,省引汉济渭公司特邀陕西水利学会、中电建集团北京勘测设计研究院有限公司等相关专家,成立验收组进行三河口水利枢纽工程蓄水阶段环境保护验收现场检查。验收组成员对省引汉济渭公司的环境保护工作给予高度评价,一致认为省引汉济渭工程自觉践行习近平总书记"绿水青山就是金山银山"的生态理念,施工现场环境保护措施到位,是生态文明工程的典范工程。

7月31日　省国资委公布2018年度省属企业经营业绩考核结果,省引汉济渭公司荣获2018年度经营业绩考核A级企业,公司作为省属功能类企业代表首次获此殊荣。

同日　省引汉济渭公司召开《三河口水库下闸蓄水专题报告》评审会,特邀中电建西北院张锦堂、水规总院孙双元、黄河设计公司王亚春等6位专家对设计单位编制的下闸蓄水技术要求、导流洞封堵设计方案、蓄水方案及调度运用方案、2020年度汛方案4个关键技术专题进行评审。

7月　省国资委通报了2018年度省属企业党委书记抓基层党建工作述职评议考核情况,省引汉济渭公司得分91.24,被评定为"好"等次。

8月2日　省引汉济渭公司召开引汉济渭二期工程勘察设计第二次协调推进会,会议分别听取了中铁一院、中电建西北院、黄河设计公司关于7月勘测设计工作进展及8月工作计划的汇报,就勘察设计工作进行了充分的讨论沟通,尤其对现场勘测需要协调解决的问题提出了解决方法。同时,会议对引汉济渭二期工程总体勘察设计协调工作大纲、技术约定中存在的异议进行了讨论协商,达成一致意见。

8月9日　省引汉济渭公司在北京召开《引汉济渭工程信息模型标准规划及标准编制工作大纲》评审会。专家组一致认为,引汉济渭工程信息模型标准编制工作大纲定位准确、内容基本完整,满足引汉济渭工程信息模型标准规划和标准编制工作要求,对项目后续施行有着重要意义。

8月12日　省引汉济渭公司与省外经贸实业集团签订战略合作协议。

8月15—17日　由香港贸易发展局主办的第十一届香港国际茶展在香港会议展览中心举行。省引汉济渭公司子午谷茶、子午玉露山泉水、子午谷熏香等系列产品亮相茶展,其中省引汉济渭公司全资子公司熹点文化传播公司选送的汉江水·秦岭茶荣获传统手工红茶亚军。

8月20日　省引汉济渭公司召开陕西汉江湿地省级自然保护区范围调整方案咨询会。

8月23日　陕西省引汉济渭调度管理中心主楼主体结构成功封顶,标志着调度管理中心项目建设取得了阶段性胜利。省引汉济渭调度管理中心项目场地位于西安市浐灞生态区,是引汉济渭调水工程、输配水工程的运行管理指挥中枢,功能包括调度运行管理、信息自动化远程控制、水源安保、水质监测、水权置换等,项目由调度指挥大厅、会商室、报告厅、实验室、办公楼活动中心和公寓组成,净用地面积67.32亩,建筑面积7.7万平方米。

8月26日　引汉济渭工程三河口水库下闸蓄水阶段移民安置工作推进会议在西安召开。省水利厅副厅长管黎宏出席会议并讲话,省水利厅总经济师杨稳新主持会议,安康市政府副市长鲁琦,汉中市政府副秘书长张弦,省引汉济渭公司党委书记、董事长杜小洲参加会议。

8月30日　省引汉济渭公司与陕西省地电集团举行战略合作签约仪式。公司党委书记、董事长杜小洲,省地电集团党委书记、董事长邹满绪出席并致辞。公司党委副书记、总经理董鹏与省地电集团党委副书记、总经理刘玉庆代表双方公司签订了战略合作协议。

8月　由中铁第一勘察设计集团有限公司承担的引汉济渭二期工程Ⅰ标段南干线勘察钻探总进尺突破万米大关。

9月3日　省引汉济渭公司召开了两项陕西省地方标准的编制启动会。在引汉济渭秦岭输水隧洞工程建设过程中,公司与中铁第一勘察设计院集团有限公司合作,开展多项科研攻关,成功解决了长距离隧洞测量和施工期通风等一系列技术难题,经过验收组多位院士和专家评定,多项科研成果均达到国际领先水平。对此,公司科学技术研究院对研究成果进行整理,申报了《长距离水工隧洞控制测量技术规范》和《水工长隧洞施工期通风技术规范》两项陕西省地方标准编制项目,并于5月中旬获批立项,开创了公司编制陕西省地方标准的先河。

同日　省引汉济渭公司在西安召开《重大引调水工程科普教育与工业旅游融合发展对策研究》项目启动会。

9月5日　省引汉济渭公司与三秦都市报社举行座谈,公司党委书记、董事长杜小洲与三秦都市报社总编辑刘国英就"讲好引汉济渭故事,传播引汉济渭声音"开展深入交流。

9月5—6日　省引汉济渭公司在西安召开省级水利科技项目初步验收会,对公司承担的《引汉济渭工程三河口水利枢纽供水阀仿真计算及关键参数研究》《引汉济渭工程深埋引水隧洞衬砌结构外水压力确定研究》《引汉济渭工程碾压混凝土大坝温控防裂与施工质量控制系统研究》和《引汉济渭工程碾压混凝土大坝温控防裂与施工质量控制系统研究》4个省级水利科技项目进行初步验收。会议邀请行业内知名专家和省节约用水办公室(省水利厅科技处下辖)有关领导组成验收委员会。

9月11日　省引汉济渭公司在北京召开《引汉济渭工程水源地水库水面开发利用与水质保护研究》《引汉济渭工程退水对于渭河流域资源潜在影响研究》《陕西省引汉济渭工程(调水)水源地水质保护监督管理对策研究》等三项环境保护类科研课题验收会。公司党委委员、总经理助理徐国鑫,副总经理、科学技术研究院院长苏岩和特邀专家出席会议。

9月12日　省引汉济渭公司在北京召开会议,对公司承担、长江勘测规划设计研究院有限公司协作的2016年陕西省水利科技计划项目《引汉济渭黄金峡水利枢纽高扬程大流量水泵关键技术研究》进行初步验收。会议邀请相关专家成立验收专家组对项目进行验收。

9月以来,陕南、关中等地连续降水,降水主要集中在汉中东部、安康北部,14日降水达到峰值。此次洪水过程是三河口水利枢纽、黄金峡水利枢纽围堰工程投入使用以来经历的最大量级洪峰过程。

9月17日　由审计署驻西安特派员办事处二级调研员李武杰带队的陕西省贯彻落实国家重大政策措施情况跟踪审计组正式进驻省引汉济渭公司开展审计工作。

9月18—19日　水利部总工程师刘伟平带队到省引汉济渭公司检查全国水利工程建设信息化创新示范会筹备工作。

9月24日　省引汉济渭公司副总经理石亚龙带领长江水利委员会设计院等相关单位负责人深入黄金峡工区一线,实地踏勘现场,及时处理大黄路边坡塌方问题。

9月25日　引汉济渭工程水价机制与管理模式研究框架讨论会在西安召开。会议听取了研究单位关于引汉济渭工程水价机制与管理模式研究框架的汇报。与会专家和参会单位代表分别从受水区用水需求、供水管理现状、引汉济渭水价机制与管理模式建立等方面进行了讨论。

9月　省引汉济渭公司职工李元来获得了由中共中央、国务院、中央军委联合颁授的"庆祝中华人民共和国成立70周年纪念章"。

10月8日　省引汉济渭公司就贯彻落实省属国有企业"管理人员能上能下、员工能进能出、收入能增能减"的"三项制度"改革暨公司考核分配改革召开工作推进会。

10月11日　三河口水库库底清理工作座谈会在佛坪县召开。省水利厅工程移民处、宁陕县、佛坪县相关领导,省水电设计院等相关负责人参加会议。

10月12—17日　省引汉济渭公司委托水规总院对引汉济渭工程三河口水库导流洞下闸蓄水进行安全鉴定。本次安全鉴定的顺利通过为导流洞下闸蓄水工作奠定了坚实基础。

10月12日　省引汉济渭公司在北京召开《引汉济渭工程洪水资源利用专题研究》《引汉济渭工程受水区纳污容量模式的验证和修正研究》两项环境保护类科研课题验收会。

10月15日　省引汉济渭公司特邀水利部水规总院专家,对《黄金峡水利枢纽大坝边坡加固处理设计专题报告》进行技术咨询。本次专家咨询会为黄金峡水利枢纽大坝边坡加固处理提供了可靠的技术支撑,有效确保了大坝边坡施工及运行期稳定,同时为工程下一阶段建设任务扫清了障碍。

10月17日　引汉济渭三河口水利枢纽大坝工程碾压混凝土拱坝1坝段高程644米至高程618.8米处取出一根碾压混凝土芯样。该芯样直径为189毫米、长度为25.2米,成为目前世界上最长的碾压混凝土芯样。该芯样是三河口大坝工程继2018年11月1日成功取出22.6米碾压混凝土长芯后,取出的又一根优质长芯,标志着引汉济渭三河口水利枢纽大坝工程混凝土施工质量和工艺均达到了国内领先水平。

10月18日　引汉济渭供电工程接入系统可研评审会在西安召开。本次会议的顺利召开为引汉济渭工程供电工程接入系统提供了可靠的技术支撑,为下一步完成上网发电业务奠定了良好基础。

同日　黄河水利委员会水土保持局联合省水利厅、省水土保持和移民中心、西安市水保站在西安召开水土保持监督检查会议,对引汉济渭工程水土保持工作开展督导检查。

10月22日　省引汉济渭公司党委书记、董事长杜小洲主持召开脱贫攻坚专题工作会议。会议要求,对标公司脱贫攻坚各项工作任务,按照会议精神做好贯彻落实。

10月25日　省引汉济渭公司在西安召开《引汉济渭工程移民安置点石墩河镇和干田梁村生活污水处理方案研究》项目验收会。

10月30—31日　省引汉济渭公司副总经理、科学技术研究院院长苏岩带队参加在昆明召开的2019年全国水利水电勘测设计协会计算机应用工作委员会年会暨全国水利水电勘测设计信息化研讨会。公司与长江勘测规划设计研究有限责任公司联合申报的《黄金峡水利枢纽三维协同设计与应用》项目获得二等奖。

10月31日至11月1日　省引汉济渭公司召开引汉济渭二期工程初步设计阶段工程地质勘察成果验收会。会议认为，二期工程初步设计阶段工程地质勘察工作方法、勘察布置及工作量、勘察成果符合有关规范及合同要求，可作为初步设计阶段进一步工作的依据，同意通过验收。

11月8日　省引汉济渭公司召开勘察设计第四次协调推进会。会议分别听取了中铁一院、中电建西北院、黄河设计公司关于勘察设计工作总结及工作安排的汇报，重点就当前需要协调解决的问题进行了充分的沟通讨论并达成一致意见。

同日　省引汉济渭公司召开引汉济渭风险控制体系建设项目推进会，公司党委委员、副总经理王亚锋，项目合作方安永（中国）企业咨询公司项目总监吴玮出席会议。

11月12日　省引汉济渭公司与黄河勘测规划设计研究院有限公司就引汉济渭二期工程勘察设计工作进行座谈交流。

11月17日　水利部副部长蒋旭光来陕西检查全国水利工程建设信息化创新示范活动筹备工作。省水利厅厅长王拴虎、省水利建管局局长王永儒陪同检查。

11月18日　省环境调查评估中心在西安环保大厦召开会议，评审通过《引汉济渭移民安置区项目环境影响报告表》。引汉济渭工程移民安置区项目中草坝安置点、孤魂庙安置点等4个安置点涉及汉中朱鹮国家级自然保护区实验区。本次《引汉济渭移民安置区项目环境影响报告表》顺利通过评审，是省引汉济渭公司移民工作的一项重大节点和重要突破。

11月21日　副省长赵刚深入引汉济渭工程岭南工区调研。省政府副秘书长兰建文陪同调研。省引汉济渭公司党委书记、董事长杜小洲，党委副书记、总经理董鹏陪同并汇报有关情况。

11月22日　省引汉济渭公司召开引汉济渭工程管理调度自动化系统项目软件建设启动会。该项目是公司建设智能工程、智慧引汉济渭的重要步骤，建设内容包括引汉济渭调水工程综合监测、远程控制、智能调度、运维管理和决策支持等,由太极计算机股份有限公司负责实施项目建设。

11月25日　省引汉济渭公司召开第一次学术委员会对2020年度省自然科学基础研究计划引汉济渭联合基金拟开展课题立项评审会。学术委员会主任杜小洲主持会议。公司学术委员会副主任董鹏、石亚龙、田养军、张忠东、苏岩,委员刘福生、李元来,科学技术研究院相关负责人参加了会议。

11月29日　省引汉济渭公司召开秦岭输水隧洞(越岭段)TBM施工段精准贯通测量中期成果评审会。会议邀请国内测量专业领域的专家组成评审专家组。

11月29—30日　中国水利水电科学研究院和江河水利水电咨询中心在西安召开《全断面岩石掘进机法水工隧洞工程技术规范》编写启动会。水规总院副院长刘志明主持会议,中国科学院院士陈祖煜出席会议。

11月　中国水利学会、中国水利工程协会、中国大坝工程学会、中国岩石力学与工程学会、中国土木工程学会相继通过了省引汉济渭公司的入会申请,正式成为5家行业组织的会员单位。

12月1—3日　省引汉济渭公司参与承办的第三届全国隧道掘进机工程技术研讨会在西安举行,本次研讨会以“面向重大工程的隧道掘进机挑战与创新”为主题。公司党委书记、董事长杜小洲做了“凝心聚智,砥砺前行,科技引领破解秦岭深埋超长隧洞建设难题”的主题报告,并邀请与会专家学者为引汉济渭工程建设把脉问诊,为攻克引汉济渭难题出谋划策。12月3日,部分专家学者赴秦岭输水隧洞岭南TBM施工段现场开展调研,实地了解TBM掘进段所面临的问题,并在现场深入探讨了岩爆处理措施、TBM掘进效率改进等技术难题。

12月5日　水利部副部长陆桂华检查秦岭北麓及引汉济渭工程水土保持工作。陆桂华指出,引汉济渭工程作为国家重点建设的工程,要以习近平生态文明思想为指引,以创建国家水土保持生态文明示范工程为目标,力争建成全国标杆。水利部水保司副司长张文聪,省水利厅副厅长管黎宏,公司党委书记、董事长杜小洲及省水利厅水保处负责人陪同检查。

12月12—13日　由水利部建设司主办、水利部水规总院和省引汉济渭公司承办的全国水利工程建设信息化创新示范活动在西安成功举办。水利部副部长蒋旭光出席活动并讲话,副省长魏增军致辞,水利部总工程师刘伟平主持会议。来自水利部有关司局、全国各流域管理机构及各省水利厅,以及各重大工程建设单位、设计单位等150余家单位300多位代表前往引汉济渭公司岭南基地考察观摩施工现场信息化应用示范演示。

12月17日　省水利厅召开会议,对省引汉济渭公司承担的省级水利科技计划项目《引汉济渭工程三河口碾压混凝土拱坝施工过程仿真与优化研究》和《引汉济渭工程深埋引水隧洞衬砌结构外水压力确定研究》分别进行验收。省水利厅总工程师王建杰主持验收会议并担任专家验收组组长,通过听取项目汇报、审阅验收资料、质询和讨论,一致同意2个项目通过验收。

12月20日　国家自然资源部正式批复引汉济渭工程(调水工程)建设用地。引汉济渭工程(调水工程)建设用地总面积4 775公顷,涉及西安市周至县、汉中市佛坪县及洋县、安康市宁陕县的21个乡(镇)和26家国有单位。此次建设用地的批复,为引汉济渭三河口水库下闸蓄水创造了条件,也为后续二期工程建设用地征占和办理工作积累了宝贵经验。

12月20—22日　黄河水利委员会会同省水利厅在汉中市佛坪县大河坝镇主持召开陕西省引汉济渭工程三河口水库初期下闸蓄水阶段验收会议。黄河水利委员会总工程师李文学、省水利厅总工程师王建杰参加会议。

12月24日　省引汉济渭公司第一次党员代表大会隆重召开。大会听取、审议了党委工作报告和纪委工作报告,选举产生了公司第一届党委会和纪律检查委员会。大会选举产生了中国共产党陕西省引汉济渭工程建设有限公司委员会和纪律检查委员会。杜小洲、董鹏、田再强、田养军、毛晓莲、王亚锋、徐国鑫当选为第一届党委会委员;田再强、史雷庭、刘书怀、许涛、王朝辉当选为第一届纪律检查委员会委员。经党委第一次全体会议及纪委第一次全体会议选举,杜小洲当选为党委书记,董鹏、毛晓莲当选为党委副书记,田再强当选为纪委书记。

12月25日　省引汉济渭公司文化创新工作室挂牌成立。

12月　中华全国总工会授予金池分公司职工书屋"全国职工书屋"荣誉称号,获赠图书600册。

2020年

1月2日　省引汉济渭公司向国家发改委政务服务大厅上报引汉济渭二期工程可行性研究报告申报材料。

1月8—9日　省引汉济渭公司邀请中国国际工程咨询有限公司专家对引汉济渭工程历次关键技术咨询意见落实情况进行复核。

1月9日　省引汉济渭公司《关于引汉济渭工程移民安置区环境影响报告相关事宜的请示》(引汉建字〔2019〕190号)获得省生态环境厅批复(陕环评批复

〔2020〕3号）。本次报告获批,标志着引汉济渭移民安置项目建设期环评手续圆满完结。

同日　省引汉济渭公司黄金峡分公司在全国水利工作会议上荣获"全国水利系统先进集体"称号。黄金峡分公司等7家单位作为陕西省代表受邀到北京接受表彰,其中黄金峡分公司是唯一获此殊荣的水利工程建设企业。

1月15日　省引汉济渭公司召开二期工程勘察设计部署推进会。会议听取设计单位关于勘察设计情况、后续工作安排及措施和工程管理部关于二期工程2020年度勘测设计工作计划的汇报。会议就目前存在的施工用电、穿越重要建筑物等主要问题及工作计划进行讨论,针对初步设计报告及其移民、信息化、用电接入方案等专项设计进行了安排部署。

1月17日　国家发改委正式受理二期工程可行性研究报告并委托中国国际工程咨询公司承担项目评估任务。

1月20日　省引汉济渭公司召开二期工程初设阶段移民安置规划设计补充调查工作会,明确移民补充实物调查工作内容和计划安排。

2月9日　省引汉济渭公司召开疫情防控和复工复产视频会议。公司党委书记、董事长杜小洲主持会议并讲话,党委副书记、总经理董鹏安排部署相关工作。

3月2日　为加快二期工程前期工作,由省引汉济渭公司和西北勘测设计院组成的调查组分赴西安市5区(县)开展二期工程实物补充调查工作。二期工程初设阶段新调整线路涉及西安市和咸阳市的周至县、鄠邑区、长安区、灞桥区、高新区、武功县、兴平市、泾阳县、空港新城等8个市(县、区)和1个新城。

3月4日　中国国际工程咨询有限公司召开引汉济渭二期工程可研报告评估工作视频会议,来自规划、地质、水工、施工及投资等领域专家对二期工程任务与规模、工程布置及主要建筑物、施工组织设计、移民环境水保、投资估算及经济评价等内容进行深入讨论,提出补充修改意见。

3月5日　引汉济渭黄金峡水利枢纽迎来春节后首仓大体积碾压混凝土浇筑施工。

3月18日　省水利厅厅长王拴虎调研督导省引汉济渭公司疫情防控和复工复产工作。省引汉济渭公司党委书记、董事长杜小洲介绍公司疫情防控和复工复产情况。王拴虎对省引汉济渭公司及时采取有力有效措施克服疫情影响,实现防疫和复工复产两手抓、两手硬,稳步有序推进各项工作表示了肯定,并对下一步工作提出了要求。

3月21日　《陕西省引汉济渭二期工程勘察设计Ⅳ标(陕西省引汉济渭二期

信息化工程)需求分析报告》专家视频评审会召开。会议邀请水利部信息中心副主任钱峰等7位相关领域知名专家对该报告进行评审。

3月26日　由省引汉济渭公司博士后创新基地和中国水科院博士后科研流动站联合培养的陶磊博士通过出站答辩,公司第一位博士后顺利出站。省引汉济渭公司博士后创新基地是陕西省水利行业建立的首家博士后科研基地。自2016年成立以来,创新基地先后与清华大学、中国水科院签订了联合招收和培养博士后合作协议。

4月13日　省引汉济渭公司与省地震局就共享岩爆监测数据、强化业务互补进行座谈。省地震局监测预报处副处长韩晓飞、公司副总经理石亚龙参加座谈。石亚龙介绍了TBM标段隧洞岩爆发生机制,地质结构、应力释放过程、产生的危害及岩爆治理中所采取的超前地质预报、微震监测等措施。韩晓飞介绍了佛坪弱小地震监测和发生情况。双方表示将进一步加强震情监测,强化沟通合作,做好工程安全保障。

4月15日　省引汉济渭公司邀请中国工程院张建民、李术才两位院士就制约引汉济渭先期通水的"卡脖子"问题、隧洞施工中的"三高两强一长"等技术难题进行远程咨询问诊,为破解施工难题指明了方向。

4月17日　省引汉济渭公司召开二期工程初步设计收口协调推进视频会。会议听取了各设计单位关于二期工程初步设计完成情况和收口工作存在问题的汇报,研究讨论初步设计收口需协调推进事项,提出初步设计收口和报审工作时间节点计划。

4月26日　省引汉济渭公司党委书记、董事长杜小洲与中国中铁二局集团有限公司总经理张威就二期工程建设领域合作事宜开展座谈。

4月27日　受国家发改委委托,中国国际工程咨询有限公司召开引汉济渭二期工程项目评估视频会议。与会专家和领导听取了设计单位对可研报告水利部审查版成果、骨干工程划分及评估期间开展的补充工作汇报,提出了合理化的意见和建议。国家发改委相关负责人,中国国际工程咨询有限公司副总经理赵国栋,省发改委副主任李生荣,省水利厅厅长王拴虎、副厅长管黎宏,省引汉济渭公司党委书记、董事长杜小洲,党委副书记、总经理董鹏出席会议。

同日　三河口水利枢纽首台发电机转子成功完成吊装,此举标志着三河口水利枢纽首台机组进入了总装阶段,离全面具备发电条件的目标更进了一步。

4月29日　省引汉济渭公司召开工程管理调度自动化系统项目推进会。会议听取了承建单位太极计算机股份有限公司和监理单位陕西赛威信息工程监理评测有限公司的工作进展汇报,从项目建设进度、计划安排、质量控制、资源投入、合同人员履约等方面全面梳理了目前存在的问题和不足,查找原因,研究讨论解决办法,并结合公司整体计划安排,明确了下一阶段工作要求。

5月4日　省水利厅厅长王拴虎带领厅规计处处长王宇、公司副总经理田养军及有关业务部门负责人,赴京与中国国际工程咨询有限公司、国家发改委相关司局衔接引汉济渭二期工程可研审批事宜。

5月7日　省水利厅厅长王拴虎在北京与中国国际工程咨询有限公司(简称中咨公司)副总经理赵国栋,就加快推进引汉济渭二期可研评估进行座谈,并对做好下一步工作交换了意见。赵国栋表示,中咨公司非常重视引汉济渭工程前期推进,可研评估专家组一致意见,当前工作重点是保证投资合理性,力促工程尽早开工。

5月12日　为争取引汉济渭二期工程评估意见早日报送国家发改委,促进项目审批和早日开工,实现引汉济渭工程年内稳投资、稳增长目标,省国资委党委书记邹展业与中国国际工程咨询有限公司副总经理赵国栋沟通,促请中咨公司早日来陕对引汉济渭二期工程进行现场复核查勘。

5月13日　省水利厅召开引汉济渭向西安市应急供水工程可行性研究报告讨论会。

5月14日　省引汉济渭公司召开二期工程初设报告汇总成果讨论会,中铁一院、中电建西北院、黄河设计公司项目技术负责人参加会议。总体牵头单位西北院对二期工程初步设计成果进行了详细汇报,与会代表就汇报成果、中咨公司及水规总院有关意见修改落实情况进行讨论,形成初步设计成果下一步补充完善的统一意见。

5月18日　省引汉济渭公司召开疫情防控与复工复产表彰大会,表彰疫情防控与复工复产工作中涌现出的先进集体和先进个人。

5月20日　省引汉济渭公司承担的两项省级水利科技计划项目《碾压混凝土大坝温控防裂与施工质量控制系统研究》《引汉济渭水资源监控手段及信息化应用模式研究》顺利通过省水利厅验收。

5月24—26日　受国家发改委委托,中国国际工程咨询有限公司副总经理赵国栋带队对引汉济渭工程进行现场查勘。省发改委副主任李生荣,省水利厅厅长王拴虎、副厅长管黎宏,西咸新区管委会副主任姚海军,省引汉济渭公司党委书记、董事长杜小洲,党委副书记、总经理董鹏陪同查勘。

5月25日　省国资委党委书记邹展业、省水利厅厅长王拴虎与中国国际工程咨询有限公司副总经理赵国栋进行座谈，重点就加快推进引汉济渭二期工程评估工作，中咨公司尽快出具并向国家发改委报送评估意见进行了讨论。讨论认为，引汉济渭二期工程建设必要且非常紧迫，通过专家论证和现场复核，不存在重大制约因素，中咨公司将全力支持并加快推进评估与后续工作。省引汉济渭公司党委书记、董事长杜小洲陪同座谈。

6月3—5日　为推动水源保护区勘测定界工作，省引汉济渭公司和西北勘测设计研究院成立联合工作组，就《陕西省引汉济渭工程饮用水水源保护区勘测定界设计报告》(征求意见稿)征求宁陕县、佛坪县和洋县政府意见。

6月4日　引汉济渭二期工程可研评估意见通过中国国际工程咨询有限公司内部评审。

同日　水利部水利工程建设司副司长袁文传一行赴引汉济渭工程调研监理工作实施情况。袁文传对引汉济渭工程建设管理工作创新举措及监理工作实施情况表示肯定，认为引汉济渭工程在监理管理模式上进行了深入的探索，相关成果对项目法人监管模式改革和全国水利工程监理工作改革创新具有借鉴意义。

同日　三河口水利枢纽电站厂房2号水泵水轮机转子吊装成功。这是继4月27日首台发电机转子成功吊装之后的又一进展，标志着机电安装工作进入冲刺阶段，为全部4台机组无水调试的目标奠定了坚实基础。

6月12日　省引汉济渭公司召开二期工程初步设计报告成果汇报会。中电建西北院代表设计单位从工程建设条件、工程任务和规模、工程布置及主要建筑物、施工组织设计、管理调度自动化、建设征地与移民、工程管理、投资概算等14个方面对二期工程初步设计成果进行详细汇报，中通服咨询设计研究院就二期工程信息化设计成果进行专题补充汇报。

6月18日　省引汉济渭公司在大河坝基地召开三河口水利枢纽大坝裂缝处理方案讨论会，初步确定大坝裂缝处理方案，明确了裂缝处理及其验收、备案工作的节点目标和施工要求。

6月28日　陕西省政府向国家发改委出具《关于引汉济渭二期工程建设资金筹措方案的函》(陕政函〔2020〕83号)。

7月7日　省发改委召开重点水利工程建设推进会，研究推动陕西省重点水利工程实施的相关工作，省发改委副主任李生荣主持会议并讲话。李生荣表示，二期工程亟待开工建设，省发改委将会同省水利厅，积极研究新增中央预算内投资相关工作。

7月10日　省引汉济渭公司在西安召开秦岭输水隧洞出口延伸段衬砌开裂

处理方案内部审查会。会议听取了设计单位中铁第一勘察设计院集团有限公司关于秦岭输水隧洞出口延伸段衬砌开裂处理方案的汇报,并就裂缝发展情况、处理方案及施工组织、投资概算等方面内容进行了详细讨论,基本确定了裂缝处理方案及下一阶段工作程序。

7月21日 国家发改委批复引汉济渭二期输配水工程可行性研究报告,此举标志着引汉济渭二期输配水工程正式立项,进入实施阶段。

7月21—22日 省引汉济渭公司组织各相关业务部门及单位赴设备制造厂对黄金峡水利枢纽底孔弧形工作闸门2×2 500千牛固定卷扬式启闭机进行出厂验收。

7月22日 引汉济渭工程三河口水利枢纽最后一台水轮机组核心部件——3号机组转轮顺利通过出厂验收。省引汉济渭公司组织分公司、设计单位、监理单位相关人员组成验收组在制造现场对转轮进行了严格的出厂验收。验收组见证了转轮外观检查、静平衡试验、机加工尺寸检查和焊缝无损检查等项目,经查,转轮各项技术参数满足设计要求且符合合同约定。此次出厂验收,标志着三河口水利枢纽机组设备生产制造全面完成。

7月23日 省水利厅在西安市召开引汉济渭工程移民安置工作推进会,通报引汉济渭工程建设进展,检查移民安置工作情况,部署下半年移民安置工作。

8月7日 省引汉济渭公司召开二期工程誓师动员大会,签订年内开工建设军令状,集体宣誓,总结前期工作经验,安排部署下半年二期工程重点工作,表彰前期先进集体和个人,为长安分公司、空港分公司授牌并揭牌。

8月12—14日 省引汉济渭公司在西安召开《引汉济渭工程秦岭隧洞专项研究》项目验收会议。会议特邀中国科学院院士陈祖煜、中国科学院院士张国伟、全国工程勘察设计大师高玉生、省水利厅原总工程师孙平安、省工程勘察设计大师刘斌、长安大学教授李宁军、省水电设计院测绘分院总工程师李军安等7位专家组成验收专家组。经讨论,专家组一致同意《引汉济渭工程秦岭隧洞专项研究》项目通过验收,并给予了高度评价,认为2项课题技术水平达到国内领先水平,1项课题技术水平达到国际先进水平,5项课题技术水平达到国际领先水平。

9月16日 省引汉济渭公司在北京召开引汉济渭工程信息模型标准规划及初步设计阶段应用标准编制成果验收会,水规总院副院长刘志明参加会议。

9月17日 水规总院受水利部委托,在北京召开引汉济渭二期工程初步设计审查会议。会议由水规总院副院长刘志明主持,省水利厅厅长王拴虎出席会议并致辞,中国水利水电科学研究院院士陈祖煜受邀到会指导。水规总院副总工程师李现社、省水利厅副厅长管黎宏出席会议。省发改委、省自然资源厅、省生态环境厅、省水利厅，西安市、咸阳市、西咸新区相关部门负责人和涉及区县的相关负责人，中电建西北勘测设计研究院有限公司、中铁第一勘察设计院集团有限公司、黄河勘测规划设计研究院有限公司、中通服咨询设计研究院有限公司主管领导、项目经理及相关技术负责人参加会议。

9月　西安市水务局以市水函〔2020〕208号文批复了《引汉济渭二期工程南干线过河建筑物防洪评价报告》，同意报告中的水文分析计算方法及成果、过河建筑物防洪标准、影响分析及补救措施等内容。

10月10日　《引汉济渭二期工程先行建设任务报告》审查会在西安召开。

10月24—27日　水规总院在西安召开引汉济渭二期工程初步设计报告相关专题讨论会。讨论会上，与会专家和代表听取了关于初步设计审查会后开展的相关工作以及水力过渡计算、压力管道、黄土隧洞、跨河建筑物、信息化等5个重要专题报告的汇报，经充分讨论，提出专题修改意见，为完善二期工程初步设计报告奠定了基础。

10月30日　省市场监督管理局联合省水利厅召开会议，对省引汉济渭公司承担的《长距离水工隧洞控制测量技术规范》《水工长隧洞施工期通风技术规范》进行审查。省引汉济渭公司副总经理苏岩参加会议。

11月5—6日　省农林水利气象系统"喜迎十四运 奋进小康路"职工羽毛球比赛在省气象运动中心举办，省引汉济渭公司荣获团体冠军。

11月12日　水利部办公厅批复了《陕西省引汉济渭二期工程先行建设任务报告》，同意将黄池沟配水枢纽、南北干线隧洞进口段、管理站和部分施工准备工程作为陕西省引汉济渭二期工程先行建设任务。

同日　引汉济渭工程黄金峡水利枢纽汉江截流顺利完成。

11月25日　引汉济渭二期工程初步设计复审会议在北京召开，水利部水规总院副院长刘志明，省水利厅副厅长管黎宏、总工程师王建杰出席会议。

12月22日　由全国总工会、中央网信办主办的2020年"网聚职工正能量 争做中国好网民"主题活动总结展示活动在江苏省苏州市举行。省引汉济渭公司参评的原创微电影《荣途》在来自全国28个省、自治区、直辖市的2 083余部微电影作品中脱颖而出，斩获一等奖殊荣。

12月23日　2020年度全国水利科技最高奖项"大禹水利科学技术奖"揭晓，由省引汉济渭公司承担，西安理工大学、陕西省水文水资源勘测局、珠江水利委员会珠江水利科学研究院参加完成的《大型复杂跨流域调水工程预报调配关键技术研究》成果喜获大禹水利科学技术奖科技进步二等奖,这是引汉济渭科研成果首次获得此殊荣,实现了公司在省部级奖励方面零的突破。

12月24日　水利部科技推广中心在西安召开水利信息化技术(产品)推介会,省引汉济渭公司党委书记、董事长杜小洲做了题为《坚持需求导向和问题导向 打造面向未来的智慧引汉济渭工程》的主题报告和推介交流。

2021 年

1月15日　省引汉济渭公司党委书记、董事长杜小洲在与专家学者座谈时首次提出"数字调蓄库"构想,进一步明确了"智慧引汉济渭"建设内涵。

1月16日　引汉济渭调水工程管理调度自动化项目综合通信网络系统首根7.5千米海缆完成敷设任务。

1月20日　经国家人力资源和社会保障部、全国博士后管理委员会批准,省引汉济渭公司成功获批设立国家级博士后科研工作站。这是继2016年获批省级博士后创新基地后,省引汉济渭公司在高层次人才培养和科研创新平台建设方面取得的又一重大突破。

1月28日　省引汉济渭公司被省国资委授予2020年度陕西省国有企业"文明单位标兵"荣誉称号。

1月31日　黄金峡水利枢纽右岸二期工程首仓混凝土开始浇筑。

2月1日　三河口水利枢纽大坝主体工程全线浇筑到顶。三河口水利枢纽大坝为碾压混凝土双曲拱坝,属1级永久建筑物,坝顶高程646米,最大坝高141.5米,为国内同类型第二高坝。

2月6—8日　引汉济渭工程三河口水利枢纽下闸蓄水阶段移民安置终验会议在西安召开。此次验收顺利通过标志着三河口水利枢纽移民搬迁安置任务的全面完成。

2月9日　引汉济渭工程三河口水利枢纽正式下闸蓄水。

2月　水利部、共青团中央、中国科协办公厅联合印发通知,公布第四批国家水情教育基地。引汉济渭是陕西省唯一一家成功入选的水情教育基地,也是国家172项重大水利工程首批入选的水情教育基地。

3月16日　省水利厅厅长魏稳柱赴引汉济渭工程建设工地调研。省水利厅副厅长丁纪民、总工程师王建杰,省引汉济渭公司党委书记、董事长杜小洲一同调研。

3月20日　水利部稽察组在西安国际会议中心组织召开2021年重大水利工程(引汉济渭)稽察启动会。省引汉济渭公司党委书记、董事长杜小洲参加会议。

同日　水利部水规总院副院长李原园一行调研引汉济渭工程。

4月6日　中国岩石力学与工程学会在北京召开"引汉济渭隧洞施工岩爆预警与防范"科技成果评价会。会议特邀两院院士钱七虎、何满潮、方岱宁、张国伟、李术才等9位专家组成评价委员会,钱七虎院士担任委员会主任。省引汉济渭公司党委书记、董事长杜小洲代表项目组做成果汇报。评价委员会一致认为项目研究成果总体上达到国际先进水平,在秦岭输水隧洞岩爆等级综合判定方法和分级标准方面达到国际领先水平。

4月7日　水利部批复引汉济渭二期工程初步设计报告,标志着引汉济渭二期工程迈入全面建设阶段。目前,二期工程的控制性工程黄午隧洞等先行建设任务已经开工,施工准备工作正在加紧推进。

4月12日　国家发改委党组副书记、副主任唐登杰一行调研引汉济渭工程,副省长魏增军陪同调研,省引汉济渭公司党委书记、董事长杜小洲汇报工程建设情况。

5月7日　省引汉济渭公司召开三河口水利枢纽消力塘单位工程验收会,水利部质量监督总站引汉济渭项目站、省水利工程质量安全中心相关领导应邀参会指导。

5月12日　咸阳市引汉济渭二期工程建设征地座谈会召开。

5月　西安市、咸阳市分别发布《国民经济和社会发展第十四个五年规划和二〇三五年远景目标纲要》,将引汉济渭二期工程纳入工作计划。

5月27日　省引汉济渭公司申请制定的三项标准《水工隧洞突涌水风险评估及防治技术规范》《水工隧洞外水压力确定与应对技术规范》和《水工隧洞深埋软弱围岩变形安全控制技术规范》批准列入2021年第一批地方标准计划。

6月17日　引汉济渭二期工程开工动员会在西安市鄠邑区召开。陕西省省长赵一德出席并宣布开工,西安市委书记王浩出席,副省长魏建锋安排部署建设任务,西安市市长李明远做表态发言,省政府秘书长方玮峰主持。

6月18日　14时,随着洪水位下降至419米高程,黄金峡水利枢纽安全度过2021年第一次洪水。

同日　省决策咨询委员会副主任张光强带队调研引汉济渭工程。省人大常委会原副主任、省决咨委原副主任邓理,省决咨委城镇化组组长、省水利厅原厅长谭策吾,省老科协副会长、省委原副秘书长杨志刚参加调研。省引汉济渭公司党委书记、董事长杜小洲,纪委书记田再强介绍建设情况。

6月24日 省引汉济渭公司与深部岩土力学与地下工程国家重点实验室举行战略合作协议签约仪式,联合成立"深部岩土力学与地下工程国家重点实验室引汉济渭研究中心"。中国科学院院士、深部岩土力学与地下工程国家重点实验室主任何满潮,省引汉济渭公司党委书记、董事长杜小洲出席签约仪式并代表双方签订协议。

6月29日 《南华早报》在"中国压路机器人大军为未来基础设施铺平道路"的报道中,称赞引汉济渭工程"无人驾驶碾压混凝土智能筑坝技术"是"建筑机器人军队",正在引领未来工程建设智能化。

7月2日 省引汉济渭公司党委副书记、总经理董鹏主持召开引汉济渭二期工程建设推进会,要求确保2022年实现向西安市先期供水这一目标,全力加快推进引汉济渭二期工程建设,重点抓好黄池沟配水枢纽和黑河供水联通工程建设工作。

7月6日 省引汉济渭公司召开引汉济渭工程PCCP项目学术交流会。中国科学院陈祖煜院士出席会议,10位业内知名专家受邀作主题报告。

7月7日 清华大学水利水电工程系生产实习基地落户引汉济渭。中国工程院院士、清华大学海洋工程研究院院长张建民,清华大学土木水利学院副院长刘晓丽,省引汉济渭公司党委书记、董事长杜小洲,省引汉济渭公司党委副书记、总经理董鹏共同为生产实习基地揭牌。

7月9日 省国资委召开学习贯彻习近平总书记"七一"重要讲话暨"两优一先"表彰大会,省引汉济渭公司天道实业宁陕开发公司党支部被授予"省国资委系统先进基层党组织"荣誉称号,赵贝贝被授予"省国资委系统优秀共产党员"荣誉称号,刘书怀被授予"省国资委系统优秀党务工作者"荣誉称号。

7月14日 省引汉济渭公司在西安组织召开《三河口大坝坝踵区微震监测与稳定性分析研究》验收会。

同日 省引汉济渭公司依托第七期引汉济渭大讲堂举办引水工程调度与信息化建设交流研讨。南水北调中线建管局总调度中心处长卢明龙、南水北调中线信息科技有限公司数据管理部部长王伟、天津市引滦入津工程管理处原总工刘尚为3位水利专家做交流分享。

7月21日 省引汉济渭公司召开三河口水利枢纽电站首台机组启动试运行准备工作专题会,系统、全面地梳理三河口水利枢纽电站首台机组启动试运行前形象面貌要求、相关准备工作,安排部署三河口水利枢纽电站接入系统及厂房消防验收等重点工作。

7月22日　省国资委公布了2020年度省属企业负责人经营业绩考核结果，省引汉济渭公司再次荣获经营业绩考核A级企业，这是公司组建成立8年来第2次在省国资委经营业绩考核中获得A级等次，也是截至目前陕西省唯一一户2次获得A级等次的水利企业。

同日　省水利厅组织会议，对省引汉济渭公司承担的"复杂地质条件深埋长隧洞TBM掘进关键技术研究""陕西省引汉济渭工程初期运行（三河口—黄池沟段）调度模型研究"两项省级水利科技计划项目进行验收。

7月26日　省委、省政府第十二考核巡查组对公司安全生产和消防工作情况进行检查。

7月28日　省引汉济渭公司党委书记、董事长杜小洲带队赴咸阳市，与咸阳市委副书记、市长卫华就引汉济渭二期工程建设开展深入交流。咸阳市副市长程建国，省引汉济渭公司党委委员、副总经理田养军，省引汉济渭公司副总经理徐国鑫参加座谈。

7月30日　咸阳市政府召开引汉济渭二期工程咸阳市建设征地移民安置工作动员会。省水利厅党组成员、副厅长魏小抗，咸阳市副市长程建国，省引汉济渭公司党委副书记、总经理董鹏出席会议。

同日　省引汉济渭公司与中国国际工程咨询有限公司就引汉济渭工程水价机制研究开展座谈。省引汉济渭公司党委书记、董事长杜小洲，中国国际工程咨询有限公司农村经济与地区业务部副主任马新忠参加座谈。

8月24日　省引汉济渭公司通过视频会议形式召开《引汉济渭工程施工图阶段信息模型标准研究工作大纲》评审会。

8月26日　省引汉济渭公司党委副书记、总经理董鹏带队赴兴平市检查指导二期工程征地工作。

同日　汉中市委书记钟洪江带队调研引汉济渭工程建设，省引汉济渭公司党委书记、董事长杜小洲参加调研。

8月30日　6时58分，现场总指挥下达启动命令，三河口水利枢纽厂房5号供水管蝶阀旁通阀缓缓开启，三河口水利枢纽首台（3号）水轮发电机组开始充水试验，标志发电调试工作进入实质性阶段。

8月31日　黄金峡水利枢纽泵站出水洞竖井开挖全部完成。该泵站出水洞竖井将连通黄金峡水利枢纽和黄三段输水隧洞，为下一步枢纽泵站扬水总管安装奠定了坚实基础。

8月31日至9月6日　省引汉济渭公司组织召开2021年度引汉济渭联合基金项目启动会暨工作大纲评审会。会议评审通过了16项联合基金项目工作大纲,要求各项目组根据专家评审意见,完善工作大纲,推进项目有序开展。

9月7日　省引汉济渭公司获2020年度陕西省"安康杯"竞赛优胜单位,金池分公司经理王振林获得优秀个人称号。

9月10日　省引汉济渭公司组织召开引汉济渭二期工程施工规划讨论会。会议听取了引汉济渭二期工程初步设计批复、标段划分、招标进展、施工规划及工程重难点的汇报,围绕施工规划及组织设计、施工工期、工程弃渣消纳等事项进行了详细讨论,并就进一步完善施工规划提出针对性意见和建议。

9月12日　16时,引汉济渭三河口水利枢纽子午水电站首台机组完成前期调试试验。

同日　省引汉济渭公司组织召开《陕西省引汉济渭工程三河口水库调度规程》(简称《规程》)专家评审会。会议听取了黄河设计公司关于《规程》的详细汇报和省水电设计院对三河口水库工程设计情况的补充说明。通过专家组详细质询和讨论,一致认为《规程》工作内容较为全面,条文清晰准确,基本同意编制成果,建议进一步完善相关内容。

9月15日　西咸新区沣西新城秦创原入孵企业签约仪式在沣西新城举行。清控科创西部创新加速中心总经理张伟与秦创原引汉济渭研究中心负责人孟晨在入孵合作签约书上签字,正式入驻秦创原创新平台。双方将在科技成果转化市场渠道、企业需求落地、技术转换、产业链条等方面进行深入合作。

9月16日　省引汉济渭公司党委书记、董事长杜小洲带队赴西安市长安区,就引汉济渭二期工程建设与长安区委书记吕强座谈交流。

9月24日　引汉济渭黄金峡水利枢纽5号~6号泵站首次岔管水压试验顺利完成。

同日　省引汉济渭公司组织行业知名专家,对"高地下水复杂地层盾构隧洞衬砌与围岩渗流应力变形耦合响应研究""三河口水库水质特征解析及水质保障应用研究"两项2021年陕西省水利科技计划项目进行工作大纲评审。

9月26—29日　国家可再生能源发电工程质量监督站组织专家对三河口水利枢纽子午水电站3号、4号机组开展启动阶段质量监督检查。

9月29日　省引汉济渭公司在汉中市佛坪县三河口库区上蒲家沟码头首次开展鱼类增殖放流活动。

同日　省引汉济渭公司"大干九十天 提质量促进度 保安全抢节点"主题劳动

竞赛动员大会在引汉济渭黄金峡水利枢纽工区举行,旨在深入贯彻习近平总书记来陕西考察重要讲话精神,认真落实省劳动竞赛委员会部署和全省凝心聚力开局起步暨重点项目开工会议要求,以超额完成秦岭输水隧洞、三河口水利枢纽和黄金峡水利枢纽工程建设年度目标任务。

10月8日　引汉济渭二期工程北干线输水管道施工Ⅵ、Ⅶ、Ⅷ标(渭河管桥、泾河管桥、输水管道)招标公示结束,标志着引汉济渭二期工程北干线主体工程招标工作全部完成。

10月18—19日　省引汉济渭公司组织召开引汉济渭联合基金项目初步验收会。验收委员会对《黄金峡库区湿地及消落区生态系统重建与保护研究》《引汉济渭原水特征及输送蓄存过程的演变规律与控制方法》《地震-水流耦合作用下闸门与启闭设施抗震设防标准及减震方法研究》《水泵系统瞬态工况稳定性的多维度耦合研究》的研究成果进行质询和讨论,认为项目组完成了合同任务书规定的研究内容和考核指标,同意通过初步验收。

10月19日　省水土保持和移民工作中心召开会议,审查通过了引汉济渭三期工程移民实物调查细则。

10月24日　中国岩石力学与工程学会2021年科学技术奖评选结果揭晓,由省引汉济渭公司牵头,中铁第一勘察设计院集团有限公司、大连理工大学、中国水利水电科学研究院、辽宁科技大学、中铁隧道股份有限公司、中铁十八局集团有限公司参与完成的"引汉济渭隧洞施工岩爆预警与防治"成果喜获"第十二届中国岩石力学与工程学会科学技术奖(科学技术进步奖)一等奖"。

10月26日　省引汉济渭公司党委书记、董事长杜小洲与到访的西安市水务局局长董兆为就引汉济渭二期工程建设等事项座谈交流,省引汉济渭公司总经理董鹏参加座谈。

10月27日　省水利厅批复引汉济渭三期工程可行性研究报告编制工作任务书,基本同意了三期工程工作范围、设计水平年、主要工作任务及工作内容,为下一步开展可研阶段工作提供了指导依据。

10月28日　由省科协、省工信厅、省国资委联合主办的2021年陕西省企业"三新三小"创新竞赛评审结果公布,省引汉济渭公司参赛项目荣获一等奖2项、二等奖1项。

10月29日　黄河水利委员会水土保持局联合省水利厅、西安市水保监督站、咸阳市水保持站及各相关区县水保站组成检查组,以视频连线的方式对引汉济渭工程水土保持工作开展跟踪检查。

10月31日　省引汉济渭公司组织召开二期工程黄池沟配水枢纽右岸边坡处理专家咨询会。由张玉芳、党立本、王华江3位高工组成的专家组建议,进一步优化黄池沟配水枢纽右岸边坡抗滑桩和锚固工程设置,加强边坡安全监测及动态设计,为保证黄池沟配水枢纽顺利实施提供有力的技术支撑。

10月　省档案局公布了全省数字档案馆(室)建设试点单位名单,省引汉济渭公司被评定为全省数字档案馆(室)建设试点单位。

10月　秦创原引汉济渭研究中心应解放军某部邀请,组织技术人员组装配备定制化设备,为参演部队提供长续航远程侦察垂直起降无人机和一批大载重长续航物资投放六旋翼无人机,并在演习期间全程提供技术服务和维修伴随保障,为军演任务完成提供了有力保障,事后参演部队发来了感谢信。

11月1—3日　省国资委第二检查组对省引汉济渭公司2021年度重大投资决策、执行和效果情况进行中期监督检查。

11月10日　省国资委党委书记刘斌调研秦创原引汉济渭研究中心,省国资委一级巡视员骆东山参加调研。

11月15日　陕西省副省长程福波到秦创原引汉济渭研究中心调研指导。省政府办公厅副主任徐刚、省国资委党委书记刘斌、省科技厅副厅长王军陪同调研,省引汉济渭公司党委书记、董事长杜小洲介绍相关情况。

11月17日　《引汉济渭二期工程黄池沟配水枢纽连通洞、北干线黄池沟隧洞与黑河引水渠道工程交叉建筑物设计方案》获得西安市水务局批复,基本同意了黄池沟配水枢纽供水连通洞与黑河供水箱涵交叉段、北干线黄池沟隧洞下穿黑河引水隧洞段设计方案。

同日　省自然资源厅党组副书记、副厅长雷鸣雄带队调研引汉济渭二期工程西安境内建设征地及用地手续办理情况。

11月24日　引汉济渭二期工程北干线下穿黑河输水管道工程在西安市周至县开工。

11月30日　经过近10年的艰苦奋战,引汉济渭工程秦岭输水隧洞岭南TBM顺利通过秦岭岭脊最大埋深段(桩号K43+300),标志着秦岭输水隧洞建设成功穿越施工难度最大区间,为顺利贯通奠定了坚实的基础。

12月1日　省水利厅批复引汉济渭三期工建设征地移民实物调查细则。

12月6日　随着引汉济渭二期工程南干线黄午隧洞施工标招标公示结束,标志着二期主体工程施工标项招标任务全部完成。

12月7日　省发改委党组副书记、副主任李九红,省水利厅党组成员、副厅长丁纪民带队调研引汉济渭工程建设推进工作。

12月8日 省发改委印发《关于表彰2020年陕西省重点项目建设先进集体和先进个人的决定》,授予省引汉济渭公司"2020年陕西省重点项目建设先进集体",黄金峡分公司马光明"2020年陕西省重点项目建设先进个人"荣誉称号。

12月9日 "引汉济渭水利枢纽工程数字化智能建造系统"成功入选2021年数字陕西建设优秀成果和最佳实践案例。

12月10日 13时58分,引汉济渭工程三河口水利枢纽首台机组(4号机组)顺利完成72小时试运行,正式投产发电。这标志着引汉济渭工程开始发挥发电效益。三河口水利枢纽子午水电站共设4台机组,总装机容量60兆瓦,年平均发电量1.214亿千瓦时。

12月13日 长安区水务局组织召开会议,审查通过引汉济渭二期工程南干线建筑物穿越滈河、潏河、浐河专项施工方案。

12月14日 黄金峡水利枢纽5号坝段完成最后一仓混凝土,浇筑至455米封顶高程。这是继1号左非坝段、16号右非坝段之后,黄金峡水利枢纽第三个浇筑至顶的坝段。

2022年

2月22日 秦岭输水隧洞实现全线贯通。秦岭输水隧洞是引汉济渭的控制性工程,是人类首次从底部穿越秦岭,全长98.3千米,最大埋深2012米,工程集合了隧洞(隧道)施工的大多数不良地质问题,综合施工难度堪称世界第一。其中,穿越秦岭主脊段长34千米,分别从德国、美国引进2台全断面隧道掘进机(TBM),从秦岭南北双向掘进。

编后记

　　《引汉济渭工程建设志（上卷）》自 2020 年初启动，到 2022 年 2 月终稿送审，历时 2 年，现在交付出版，倍感欣慰。

　　记史存续，垂鉴未来。引汉济渭工程作为陕西省有史以来建设规模最大、综合施工难度堪称世界少有的水资源配置工程，从设想的提出，到水利专家的调研查勘、前期工作的启动、国家的立项批复、工程的全面建设，前后经历了 38 年。正值调水工程建设即将完成之际，启动编纂一部全面反映引汉济渭调水工程建设历程、总结建设经验的志书，显得非常必要和及时。

　　本志书编纂工作是在引汉济渭公司党委和引汉济渭工程建设志编纂委员会领导下进行的。本志书始终坚持唯物主义史观，以习近平新时代中国特色社会主义思想为指导，实事求是地记载了 1984 年至 2022 年 2 月这段期间内引汉济渭工程可研、立项、建设的重要过程以及取得的建设成果、科研成果。志书始终坚持准确性、科学性、总结性、资料性相统一，努力达到"资治、存史、教化"的目的。

　　编纂《引汉济渭工程建设志（上卷）》是一项任务艰巨的文化工程。本志编纂工作大致经历了四个阶段：第一阶段为编纂大纲起草阶段。为了编纂一部质量上乘、经得起历史检验的工程志书，编纂组同志先后翻阅了大量水利专业志书样本，并向省史志办、省水利厅水利志编纂办公室专家请教，博览众长，形成了 3 万字的编纂大纲，其中的"打磨"过程令人难以忘怀。第二阶段为资料收集阶段。为了全面收集到引汉济渭工程设想提出的经过与内容、工程上马的前因后果、工程的决策过程以及可研、初设、批复、建设的各个阶段的历史资料，编纂组以"向内"和"向外"两只抓手，一方面向公司各部门、分（子）公司征集资料，设立专项联络人，召开会议安排部署志稿编纂工作，并邀请志书编纂专家对各联络人、参与者进行培训。另一方面，编纂组同志走出去，多次到陕西省、西安市图书馆、档案馆查找资料，走访省水利厅、省引汉济渭办、省水利电力勘测设计院老同志以及岭南、岭北最早参与工程建设的一线建设者，并对老同志进行抢救性口述采访，先后查找、收集文字资料约 500 万字，口述采访老同志 20 余人，采集视频、音频时长超过 20 小时，为工程志下一步编纂奠定了扎实基础。第三阶段为资料整理优化阶段。引汉济渭工程前后经历 38 年，点多面广历时较长，资料分散繁杂，同时志书的语言表达有别其他文体写作，要求编纂者重新按照志书的体例进行编写优化。将 500 多万字的资料压缩优化成一部自成体系、逻辑性很强的图书是一件极其艰苦、煎熬的事。为了高质量完成工程志的文本写作，编纂组同志俯首甘为孺子牛，兢兢业业，默默无闻，加班加点，废寝忘食，有时甚至带病工作。第四阶段为征集意见阶段。建设志初稿完成后，先后向"内部"和"外部"广泛征求意见，"内部"主要向公司领导层以及各部门、分(子)公司负责人、参与者征求意见看法，核实相关数据和事实；"外部"主要向省内水利、志书专家和工程建设亲历者征求对工程志的修改意见，查漏补缺，力争全面完善。几经反复修改、调整、规范、打磨，才形成了终审稿。全志书主体篇目 12 篇、38 章、168 节，连同卷前彩页、序言、概述和卷后大事记、附录、编后记等项目，共计 93 万余字。

群策群力，众手成"志"，是本志书编纂完成的一大显著特征。近两年的编纂历程，承载了公司引汉济渭工程建设志编纂委员会各成员的殷切期望，汇聚了省水利厅、省引汉济渭办和省引汉济渭公司相关部门与单位的集体力量，更凝结了志书编纂者和参与者的辛勤汗水。引汉济渭公司党委书记、董事长杜小洲亲自部署志书编纂工作，要求客观公正记录事实经过，并多次帮助解决志书编纂过程中遇到的难题；公司党委副书记、总经理董鹏多次过问志书编纂过程，要求各部门各相关单位加强支持。建设志编纂过程中得到了各方面老领导、老同志以及专家的大力支持。作家、志书编纂专家王安泉，青年作家邢小俊，水利志专家、宝鸡市水利局原总工樊维翰，编志专家、省乡镇企业局杂志主编薛新中等诸位老师给予了无私、周到的业务指导。值此志书出版之际，谨向关心支持《引汉济渭工程建设志(上卷)》编纂的各相关单位、领导、个人和参与者表示由衷的感谢！

《引汉济渭工程建设志(上卷)》时跨数十年，事涉千条线，内容纷繁，资料浩瀚，由于水平有限，疏漏和舛误在所难免，恳请各级领导、专家和读者批评指正。

主编　余东勤

2022 年 2 月

附 录

一、引汉济渭工程前期工作与准备工程历史文献(存目)

1. 省政府 2007 年第 59 次专项问题会议纪要(2007 年 5 月 17 日)

2. 省政府 2007 年第 75 次专项问题会议纪要(省引汉济渭工程协调领导小组第一次会议,2007 年 6 月 19 日)

3. 省政府常务会议 2008 年第 23 次会议纪要(2008 年 8 月 18 日)

4. 省政府 2009 年第 27 次专项问题会议纪要(省引汉济渭工程协调领导小组第二次会议,2009 年 2 月 20 日)

5. 陕西省机构编制委员会关于省引汉济渭工程协调领导小组办公室机构编制问题的批复(2009 年 12 月 10 日)

6. 省政府 2010 年第 13 次专项问题会议纪要(省引汉济渭工程协调领导小组第三次会议,2010 年 2 月 3 日)

7. 省政府 2010 年第 132 次专项问题会议纪要(省引汉济渭工程协调领导小组第四次会议,2010 年 12 月 28 日)

8. 省政府常务会议 2011 年第 17 次会议纪要(2011 年 9 月 19 日)

9. 省政府 2011 年第 96 次专项问题会议纪要(2011 年 8 月 10 日)

10. 省引汉济渭工程协调领导小组第五次会议纪要(2012 年 2 月 14 日)

11. 省人大常委会关于引汉济渭工程建设的决议(2012 年 11 月 2 日)

12. 陕西省人民政府关于同意成立省引汉济渭工程建设有限公司的批复(2012 年 12 月 19 日)

13. 省政府 2013 年第 114 次专项问题会议纪要(2013 年 9 月 9 日)

二、国家发改委和水利部批复文件

国家发展改革委关于陕西省引汉济渭工程项目建议书的批复

发政农经〔2011〕1559 号

陕西省发展改革委：

报来《关于上报陕西省引汉济渭工程项目建议书的请示》（陕发政农经〔2008〕416 号）收悉。经研究，现批复如下：

一、原则同意所报引汉济渭工程项目建议书及补充报告。该工程主要任务为向渭河沿岸重要城市、县城、工业园区供水，逐步退还挤占的农业与生态用水，促进区域经济社会可持续发展和生态环境改善。

二、该工程由黄金峡水利枢纽、黄金峡泵站、黄三隧洞、三河口水利枢纽和秦岭隧洞等五部分组成。初拟黄金峡水库正常蓄水位 450 米，总库容 2.36 亿立方米，电站装机容量 12 万千瓦；三河口水库正常蓄水位 643 米，总库容 6.81 亿立方米，电站装机容量 4.5 万千瓦；黄金峡泵站设计流量 75 立方米每秒，扬程 113.5 米，装机容量 16.5 万千瓦；三河口泵站设计流量 50 立方米每秒，设计扬程 95.1 米，装机容量 6.06 万千瓦；黄三隧洞设计流量 75 立方米每秒，洞长 15.79 千米；秦岭隧洞设计流量 70 立方米每秒，洞长 81.58 千米。

工程规划近期多年平均调水量 10 亿立方米，远期在南水北调中线后续水源工程建成后，多年平均调水量 15 亿立方米。初拟采取"一次立项，分期配水"的建设方案，逐步实现 2020 年配水 5 亿立方米，2025 年配水 10 亿立方米，2030 年配水 15 亿立方米。工程总工期约 11 年。

三、按 2009 年第四季度价格水平估算，该工程总投资 154 亿元，建设资金来源在可行性研究阶段落实。

四、下阶段，要重点在以下几个方面做好和完善前期工作：

（一）在充分考虑受水区节水、治污等措施的基础上，进一步调查复核受水区需水预测。

（二）进一步研究工程对南水北调中线调水和汉江中下游用水的不利影响，加强与下游湖北省的协调，服从汉江流域水资源统一调度，在满足南水北调中线调水和汉江中下游用水的条件下，制定工程调度方案。

（三）进一步优化工程布局及建设方案。研究取消三河口泵站或者调整泵站规模的可行性。加强各项工程建设的衔接，按照配水目标要求合理安排资金和建设工期。抓紧开展受水区水资源配置和输配水工程建设前期工作，争取与主体工程同步实施,尽早发挥工程效益。

(四)优化工程设计。复核各单项工程的特征水位及建设规模,根据复核后的规划参数变化及地质勘察成果对各单项工程主要建筑物设计进行优化。

(五)建立科学的水资源管理体制和水价形成机制。深化水资源管理体制改革,加强流域和区域水资源统一调度、统一管理。分析各类用水户对水价的承受能力,研究制定合理可行的两部制水价方案,促进工程运行初期水量合理消纳,切实增强项目融资能力。工程建设和管理要研究引入市场机制,吸引企业或其他社会投资人参与,多渠道落实资金。

(六)按照项目法人负责制的要求,深化工程建设管理体制机制改革,根据精简高效的原则,研究提出项目法人组建方案。

(七)全面调查复核工程淹没及占地范围内的各项实物指标,在充分征求移民和安置区居民意愿的基础上,科学确定移民安置方案,按照《大中型水利水电工程建设征地补偿和移民安置条例》的有关要求,做好移民安置规划编制审核工作。

(八)根据有关法律规定,做好环境影响评价、建设用地预审、节能审查等工作。

(九)根据招标投标法及其相关规定,提出招标投标方案。

五、请据此编制工程可行性研究报告,按程序报批。

2011 年 7 月 21 日

国家发展改革委关于陕西省引汉济渭工程可行性研究报告的批复

发改农经〔2014〕2210 号

陕西省发展改革委：

你委《关于上报引汉济渭工程可行性研究报告的请示》（陕发改农经〔2011〕1347 号）和你省人民政府《陕西省人民政府关于引汉济渭工程建设资金筹措意见的函》（陕政函〔2014〕103 号）均悉。经研究，现批复如下：

一、原则同意所报引汉济渭工程可行性研究报告。该工程主要任务为向陕西省渭河沿岸重要城市、县城、工业园区供水，逐步退还挤占的农业与生态用水，促进区域经济社会可持续发展和生态环境改善。工程采取"一次立项，分期配水"的建设方案，逐步实现 2020 年配水 5 亿立方米，2025 年配水 10 亿立方米，2030 年配水 15 亿立方米。

二、该工程由黄金峡枢纽、三河口枢纽和秦岭输水隧洞等组成。黄金峡水利枢纽水库坝型采用混凝土重力坝，最大坝高 68 米，正常蓄水位 450 米，总库容 2.29 亿立方米，调节库容 0.69 亿立方米，电站装机容量 13.5 万千瓦，泵站装机 12.95 万千瓦，设计流量 70 立方米每秒，设计净扬程 112.6 米。三河口水利枢纽水库坝型采用混凝土拱坝，最大坝高 145 米，正常蓄水位 643 米，总库容 7.1 亿立方米，调节库容 6.62 亿立方米，电站装机容量 4.5 万千瓦，泵站装机流量 2.7 万千瓦，设计流量 18 立方米每秒，设计净扬程 93.16 米。秦岭输水隧洞设计流量 70 立方米每秒，洞长 98.30 千米。

本工程等别为Ⅰ等。黄金峡水利枢纽主要建筑物混凝土重力坝挡水、泄水建筑物级别为 2 级，河床式泵站厂房为 1 级，坝后电站厂房为 3 级，升船机与坝体结合部分为 2 级，上、下游升降段为 3 级，下游引航道为 4 级。重力坝设计洪水标准为 100 年一遇，校核洪水标准为 1 000 年一遇；泵站厂房设计洪水标准为 100 年一遇，挡水部分校核洪水标准与大坝一致为 1 000 年一遇，非挡水部分校核洪水标准为 300 年一遇；电站厂房设计洪水标准为 50 年一遇，校核洪水标准为 200 年一遇；消能防冲建筑物设计洪水标准为 50 年一遇。三河口水利枢纽主要建筑物混凝土拱坝为 1 级建筑物，泵厂房为 2 级，电站厂房为 3 级。大坝设计洪水标准为 500 年一遇，校核洪水标准为 2 000 年一遇；泵站和电站厂房设计洪水标准为 50 年一遇，挡水部分校核洪水标准与大坝一致为 200 年一遇；下游消能防冲建筑物设计洪水标准为 50 年一遇，并按 200 年一遇进行校核。秦岭输水隧洞为 1 级建筑物。

根据国土资源部用地预审意见，项目用地规模应控制在 4 485.17 公顷以内，其中农用地 2 617.21 公顷(含耕地 832.87 公顷)。规划水平年搬迁安置人口 9 612 人,其中水库淹没搬迁安置 9 145 人(农村居民 8 567 人);生产安置人口 9 142 人,其中水库淹没生产安置 8 759 人。

三、按 2014 年二季度价格水平估算,该工程静态总投资 163.4 亿元,总投资 181.7 亿元,其中建设期贷款利息 18.3 亿元。总投资中,中央预算内投资安排 58 亿元,利用银行贷款 75.2 亿元。其余投资由你省政府安排解决。

四、该工程为地方水利建设项目。同意由陕西省引汉济渭工程建设有限公司作为工程项目法人,负责项目前期工作、工程建设和运营管理。陕西省有关部门和项目法人要进一步落实各项建设资金,保证资金足额及时到位;按照招标投标法及有关规定,委托招标代理机构公开招标选择勘察、设计、施工、监理以及与工程建设有关的重要设备材料供应等单位;要按照精简高效原则,进一步理顺管理体制,协调好各方面意见,落实工程管护责任主体、管理维护经费和各项措施。要根据当地水资源利用形势,从促进区域水源高效利用、加快用水结构调整的角度,考虑预期与可能,兼顾当地群众生产生活实际和工程运行需要,制定并落实真实、合理反映当地水资源稀缺程度和工程建设运行成本的水价实施方案,确保工程建成后的良性运行。

五、在初步设计阶段,要根据审查意见和评估报告提出的要求,重点做好以下工作:在充分考虑受水区节水、治污等措施的基础上,进一步复核水资源供需平衡分析结果,优化水资源配置方案,复核工程规模和各行业用水量指标;加强流域和区域水资源统一调度、统一管理,在满足南水北调中线调水和汉江中下游用水的条件下,落实工程调度方案;深化地勘工作,结合地形地质条件,综合考虑建筑物结构形式、工程占地、施工条件及配水目标等因素,优化工程总体布局,细化工程设计;从严控制建设用地规模,节约和集约用地,落实安置规划;加快受水区输配水工程建设,与主体工程同步建设,尽早发挥工程效益。

六、请根据上述原则进一步优化工程方案,编制初步设计。初步设计投资概算经我委核定后,初步设计由水利部审批。

2014 年 9 月 28 日

水利部关于陕西省引汉济渭工程初步设计报告的批复

水总〔2015〕198 号

陕西省水利厅：

你厅会同陕西省发展和改革委员会《关于上报陕西省引汉济渭工程初步设计的请示》（陕水字〔2014〕91 号）收悉。我部水利水电规划设计总院对随文上报的初步设计报告进行了审查，并提出了审查意见（见附件）。经研究，我部基本同意该审查意见。现批复如下：

一、陕西省引汉济渭工程地跨长江、黄河两大流域，是从陕南汉江流域调水至渭河流域关中地区的大型跨流域调水工程，由黄金峡水利枢纽、三河口水利枢纽和秦岭输水隧洞组成。工程建设任务是向关中地区渭河沿岸重要城市、县城、工业园区供水，逐步退还挤占的农业与生态用水，促进区域经济社会可持续发展和生态环境改善。工程实施后，可实现区域水资源的优化配置，有效缓解关中地区水资源供需矛盾，为陕西省"关中—天水"经济区可持续发展提供保障，还可替代超采地下水和归还超用的生态水量，增加渭河的生态水量，遏制渭河水生态恶化和减轻黄河水环境压力。因此，建设该工程是必要的。

二、同意引汉济渭工程 2025 年多年平均调水量 10 亿立方米，在南水北调后续水源工程建成后，2030 年多年平均调水量 15 亿立方米；2025 年和 2030 年分别向受水区供水 9.3 亿立方米和 13.95 亿立方米（黄池沟节点）。

基本同意黄金峡水库正常蓄水位为 450.00 米，水库总库容 2.21 亿立方米；电站装机容量 135 兆瓦，多年平均发电量 3.87 亿千瓦时；泵站设计水流量 70 立方米每秒，总装机 126 兆瓦。

基本同意三河口水库正常蓄水位为 643.00 米，水库总库容 7.10 亿立方米；电站装机容量 60 兆瓦，多年平均发电量 1.325 亿千瓦时；可逆式机组设计抽水流量 18 立方米每秒。

基本同意秦岭输水隧洞（含黄三段和越岭段）设计流量为 70 立方米每秒。

三、同意引汉济渭工程为大（1）型Ⅰ等工程。

同意黄金峡水利枢纽主要建筑物混凝土重力坝挡水、泄水坝段为 2 级建筑物；河床式泵站厂房根据装机容量为 1 级建筑物，坝后电站厂房为 3 级建筑物；升船机和过鱼建筑物与坝体结合部分为 2 级建筑物，上、下游升降段为 3 级建筑物，下游导航、靠船建筑物为 4 级建筑物；大坝左岸边坡级别为 1 级，右岸边坡级别为 2 级，2 号滑坡体边坡级别为 5 级。重力坝设计洪水标准为 100 年一遇，校核洪水标准为 1 000 年一遇;泵站厂房设计洪水标准为 100 年一遇,挡水部分校核洪水标准与大坝一致为 1 000 年一遇,非挡水部分校核洪水标准为 300 年一遇;电站厂房设计洪水标准为 50 年一遇,校核洪水标准为 200 年一遇;消能防冲建筑物设计洪水标准为 50 年一遇。

同意三河口水利枢纽主要建筑物混凝土拱坝及其边坡、供水系统流道部分为 1 级建筑物,供水系统厂房及坝后消能防冲建筑物为 2 级建筑物,大坝下游雾化区边坡级别为 3 级。大坝设计洪水标准为 500 年一遇,校核洪水标准为 2 000 年一遇;供水系统厂房设计洪水标准为 50 年一遇,校核洪水标准为 200 年一遇;下游消能防冲建筑物设计洪水标准采用 50 年一遇,并按 200 年一遇进行校核。

同意秦岭输水隧洞主要建筑物隧洞主洞、交通洞、检修洞及控制闸为 1 级建筑物;各隧洞出口主要建筑物设计洪水标准采用 50 年一遇,校核洪水标准采用 200 年一遇。

基本同意黄金峡水利枢纽主要建筑物抗震设计烈度采用 6 度,其他工程主要建筑物抗震设计烈度采用 7 度。

四、陕西省引汉济渭工程由黄金峡水利枢纽、三河口水利枢纽和秦岭输水隧洞组成。

基本同意黄金峡水利枢纽工程总布置。主河槽布置混凝土溢流坝段,其左侧布置泄洪冲砂底孔坝段,左岸联合布置泵站、电站坝段及坝后泵站厂房和电站厂房,其余布置混凝土挡水坝段,溢流坝段右侧边孔布置通航建筑物,生态放水设施布置在纵向围堰坝段,鱼道布置在左岸。主坝为混凝土重力坝,最大坝高 63 米。

基本同意枢纽工程总布置。河床布置碾压混凝土拱坝,坝顶拱冠布置开敞式溢流堰、底部布置泄流底孔,坝后右岸布置供水发电系统及厂房建筑物,大坝下游右岸通过设置连接洞与秦岭隧洞控制闸相接。下阶段应在复核底孔功能及运行安全要求的基础上,优化底孔布置和结构设计。主坝为混凝土拱坝,最大坝高 145 米。

基本同意秦岭输水隧洞的布置,隧洞由黄三段和越岭段两段组成,中间通过控制闸连接。黄三段隧洞起点接黄金峡水利枢纽泵站出水池,末端通过控制闸与秦岭输水隧洞越岭段和三河口水利枢纽连接洞相接,越岭段隧洞出口位于渭河一级支流黑河金盆水库下游右侧支流黄池沟。秦岭输水隧洞总长 98.26 公里,其中黄三段隧洞长 16.481 公里,越岭段隧洞长 81.779 公里,隧洞最大埋深 2 000 米。

五、基本同意各单项工程施工进度安排和工程施工总进度计划,黄金峡水利枢纽施工总工期为 52 个月,三河口水利枢纽工程施工总工期为 54 个月;秦岭输水隧洞工程施工总工期为 78 个月。结合黄金峡水利枢纽、三河口水利枢纽以及秦岭输水隧洞工程施工进度安排,基本同意引汉济渭工程施工总工期为 78 个月。

六、按 2014 年第四季度价格水平,核定工程静态总投资为 1 751 253 万元,总投资为 1 912 549 万元(不含送出工程投资)。

七、请你厅按照基本建设程序要求,认真做好开工前的准备工作,抓紧开工建设;根据审查意见要求,进一步完善和优化工程设计;在工程实施过程中,要认真做好征地补偿和移民安置工作,维护移民合法权益,妥善解决移民安置工作中出现的问题,接受群众和社会的监督;按照项目法人责任制、招标投标制、建设监理制、合同管理制及批复的设计文件要求,认真组织好项目实施,加强节能减排和环境保护管理,确保工程质量,按期完成工程建设任务并及早发挥效益。严格验收管理,工程竣工验收由水利部主持,阶段验收由黄河水利委员会会同陕西省水利厅主持。

附件:水规总院关于报送陕西省引汉济渭工程初步设计报告审查意见的报告(水总设〔2015〕401 号)(略)

2015 年 4 月 29 日

国家发展改革委关于陕西省引汉济渭二期工程可行性研究报告的批复

发改农经〔2020〕1160 号

陕西省发展改革委：

　　报来《关于报送陕西省引汉济渭二期工程可行性研究报告的请示》（陕发政农经〔2019〕1193 号）收悉。经研究，现批复如下。

　　一、原则同意所报陕西省引汉济渭二期工程（项目代码 2017-000052-76-01-001222）可行性研究报告。工程任务是将引汉济渭工程调入水量输送供给关中地区渭河两岸重点城市、县城和工业园区。工程建成后，可有效发挥引汉济渭工程效益，工程末端 2025 年和 2030 年分别向受水区城镇生活工业供水 8.9 亿立方米13.5 亿立方米。

　　二、工程主要由黄池沟配水枢纽、南干线和北干线等组成。黄池沟配水枢纽建设内容主要包括分水池、泄洪箱涵、池周进出水闸、黑河连接洞等。南干线长103.33 公里，渠首设计流量 47 立方米每秒；北干线长 88.99 公里，渠首设计流量30 立方米每秒。工程总工期 60 个月。

　　三、按照 2019 年第四季度价格水平，工程估算总投资为 2 002 314 万元，其中资本金 850 324 万元，利用银行贷款 1 151 990 万元。总投资中，骨干段工程投资1 698 369 万元，中央预算内投资对骨干段工程资本金定额补助 360 620 万元、超支不补，其余投资由你省负责安排；延伸段工程投资 303 945 万元，全部由你省负责安排。

　　四、工程建设要严格执行项目法人责任制、招标投标制、合同管理制、建设监理制和竣工验收制等制度，落实社会稳定风险防范及应急处置预案。要健全完善节水制度，进一步强化节水，提高用水效率和效益。抓紧推进相关调蓄和配套工程建设，确保与主干输水工程同步建成，如期发挥效益。要进一步理顺工程管理体制，完善水价政策与水费征收机制，落实工程管理维护经费和各项措施，确保工程良性运行和长期稳定发挥效益。严格落实各项环境保护措施，确保供水水质安全。

　　五、在初步设计阶段，要根据审查和评估意见重点做好以下工作：一是进一步复核和优化工程线路布局、主要建筑物设计，复核干线分段输水流量；二是结合地质条件，进一步研究穿越活动断层带和湿陷性黄土段衬砌结构设计，优化南干线 1#隧洞、北干线 2#隧洞的施工方案；三是优化弃渣处理，进一步研究提高隧洞和管槽开挖料利用量；四是对供水范围内的调蓄工程进行专题研究，优化外调水、黑河水和地下水联合调配方案,研究黑河金盆水库等作为在线调节水库的可行性。

六、请据此编制工程初步设计报告,由水利部审批。

附件:项目招标事项核准意见(略)

2020 年 7 月 15 日

陕西省引汉济渭二期工程初步设计报告准予行政许可决定书

水许可央〔2021〕18 号

陕西省水利厅：

本机关于 2020 年 9 月 8 日受理你厅关于审批陕西省引汉济渭二期工程初步设计报告的请示。经审查，该申请符合法定条件，根据《中华人民共和国行政许可法》第三十八条第一款、《水行政许可实施办法》第三十二条第一项及《国家发展改革委关于陕西省引汉济渭二期工程可行性研究报告的批复》（发改农经〔2020〕1160 号），决定准予行政许可。

一、原则同意所报陕西省引汉济渭二期工程初步设计报告。工程任务是将引汉济渭工程调入水量输送供给关中地区渭河两岸重点城市、县城和工业园区。

二、工程直接供水范围为西安市、咸阳市、渭南市、杨凌区，西咸新区注西、沣东、秦汉、空港、泾河 5 个新城，兴平市、武功县、周至县、鄠邑区、长安区、临潼区、三原县、高陵区、阎良区、华州区、富平县等 11 个县城，以及西安渭北工业区。设计水平年 2025 年和 2030 年，通过与金盆水库和受水区地下水联合调度，引汉济渭二期工程末端分别向受水区城镇生活和工业供水 8.90 亿立方米和 13.50 亿立方米。

三、工程总体布局是在秦岭隧洞出口新建黄池沟配水枢纽，通过新建南干线、北干线和周至、杨武等 23 条支线（含预留），向关中地区渭河两岸的重要城区和工业园区供水。

四、工程建设内容主要由黄池沟配水枢纽、南干线工程和北干线工程三部分组成。黄池沟配水枢纽包括分水池、黄池沟泄洪设施、池周进出水闸、黑河连接洞、黑河供水连通洞等建筑物，黑河连接洞和黄池沟黑河供水连通洞的设计流量分别为 35 立方米每秒和 15 立方米每秒。南干线工程由隧洞、倒虹吸、渡槽、箱涵及分退水设施等组成，线路长 100.41 公里，进水闸设计流量 17 立方米每秒。北干线工程由隧洞、压力管道、倒虹吸、管桥、箱涵、进出水池及分退水设施等组成，线路长 89.54 公里，进水闸设计流量 30 立方米每秒。

五、工程为 I 等大（1）型工程。黄池沟配水枢纽分水池、黄池沟泄洪箱涵、池周进出水闸、退水侧槽、黑河连接洞控制阀室等主要建筑物级别为 1 级，设计洪水标准为 50 年一遇，校核洪水标准为 200 年一遇；黑河连接洞和黄池沟黑河供水连通洞主要建筑物级别为 2 级，设计洪水标准为 30 年一遇，校核洪水标准为 100 年一遇；泄洪箱涵出口消能防冲建筑物洪水标准为 100 年一遇。南干线黄池沟至灞河分水口段和北干线黄池沟至泾河新城分水口段输水干线及其沿线建筑物、永久检修支洞、消力池及其上游退水建筑物等主要建筑物级别为 2 级,设计洪水标准为 30 年一遇,校核洪水标准为 100 年一遇;北干线渭河管桥、泾河管桥级别为 1 级,设计洪水标准为 50 年一遇,校核洪水标准为 200 年一遇,北干线渭河管桥、泾河管桥和南干线浐河渡槽主跨拱式支撑结构满足公路桥涵结构设计安全等级一级设计要求;消力池下游退水建筑物级别为 3 级,渭河南岸退水穿堤建筑物级别与堤防级别一致为 2 级。主要建筑物按地震基本烈度 8 度设防。

六、工程永久征收土地 1 351 亩,临时征用土地 16 514 亩,撤迁人口 505 人,拆迁房屋 4.1 万平方米。

七、工程施工总工期为 60 个月。根据水利水电规划设计总院审查意见,按 2020 年第三季度价格水平,核定工程静态总投资为 1 871 469 万元,总投资为 1 990 579 万元。其中,工程部分投资 1 701 060 万元,建设征地移民补偿投资 117 240 万元,环境保护工程投资 34 324 万元,水土保持工程投资 18 845 万元,建设期融资利息 119 110 万元。

根据《国家发展改革委关于陕西省引汉济渭二期工程可行性研究报告的批复》(发改农经〔2020〕1160 号),中央预算内投资定额补助 360 620 万元,超支不补;其余投资由陕西省负责安排。

八、陕西省有关部门按照审查意见及相关工作要求,抓紧做好以下工作。

(一)严格按照基本建设程序,抓紧主体工程开工建设。按要求落实地方投资,抓紧推进相关调蓄和配套工程建设,保证工程顺利实施并尽早发挥工程整体效益。

(二)严格控制工程建设规模、标准、投资和工期。做好与一期工程的衔接,不得扩大范围、重复安排建设项目和投资。严格设计变更管理,强化资金管理,专款专用。严格执行项目法人责任制、招标投标制、建设监理制、合同管理制及国家和水利部有关规定,认真组织实施,确保工程质量和安全。

(三)落实最严格水资源管理制度,加强区域用水总量控制,严格用水管理。按规定编制和报批水量调度方案(计划)。

(四)切实重视生态环境保护工作,按照环评批复要求,严格落实生态环境保护各项措施。

(五)进一步完善和落实移民安置方案,严格按照国家有关政策和标准,切实做好建设征地补偿和移民安置工作,保障移民合法权益。认真落实社会稳定风险防范及应急处置预案,使工程建设社会稳定风险降至最低。

（六）根据国务院办公厅批转的《水利工程管理体制改革实施意见》（国办发〔2002〕45号）要求，进一步理顺管理体制，明确管理职责，完善水价政策与水费征收机制，落实工程运行管护经费和各项措施，保证工程建成后良性运行。

（七）工程建成后要及时组织验收，严格验收管理，工程竣工验收由陕西省水利厅主持。

附件：水规总院关于报送陕西省引汉济渭二期工程初步设计报告审查意见的报告（水总设〔2021〕100号）（略）

中华人民共和国水利部

2021年4月2日